HISTOIRE

DE LA ZOOLOGIE

PARIS. — IMPRIMERIE MOTTEROZ

Rue du Four, 54 *bis*.

HISTOIRE

DE

LA ZOOLOGIE

DEPUIS L'ANTIQUITÉ JUSQU'AU XIXᵉ SIÈCLE

PAR

VICTOR CARUS

Professeur d'anatomie comparée à l'Université de Leipzig

TRADUCTION FRANÇAISE

Par P.-O. HAGENMULLER

ET NOTES

Par A. SCHNEIDER

Professeur de zoologie à la Faculté des sciences de Poitiers

PARIS

LIBRAIRIE J.-B. BAILLIÈRE ET FILS

19, RUE HAUTEFEUILLE, 19

Près du boulevard St-Germain

—

1880

PRÉFACE

Le règne animal occupe dans la nature autour de l'homme une place si importante qu'on ne saurait faire l'historique de nos connaissances sur ce règne, montrer le développement des sciences zoologiques, sans considérer d'abord quelle place l'état général de la civilisation assigne à l'homme vis-à-vis des animaux. De ce rapport, et par suite de l'état même de la civilisation, dépend la possibilité de questions scientifiques déterminées. On ne peut comprendre l'histoire de la zoologie que par l'histoire générale de la civilisation. Cela ressort d'autant mieux qu'on se reporte plus en arrière aux temps où manquaient, et les moyens de recherche et d'observation, et les points de vue spéciaux pouvant servir de fils conducteurs. Nous aurons donc à étudier à fond l'histoire de la civilisation et à montrer comment grâce à celle-ci se sont développées graduellement des idées plus spéciales. Pour cette étude, utile sans doute, la voie n'a été préparée par aucun travail digne d'être cité.

Peut-être pourtant trouvera-t-on étrange qu'un grand tiers de l'espace réservé aux temps modernes ait été donné à l'antiquité et au moyen âge.

Cependant toute justification est presque inutile. La

renaissance scientifique n'a pas coïncidé avec le début
de l'époque moderne, elle commençait déjà au treizième
siècle.

Et puis, les faits qui n'intéressent pas que la zoologie
et qui caractérisent ce point de vue critique de l'histoire
de la civilisation, ne pouvaient être exposés, sans une
étude complète des manifestations de la vie scientifique
aux époques plus reculées. Le développement des notions relatives à certains animaux, les vues sur les
mœurs et la vie de formes spéciales, d'où souvent sont
sorties des idées générales, ne pouvaient, d'après le plan
de cet ouvrage, être ici l'objet d'un travail complet.
Mais une étude approfondie des moyens d'enseignement
et d'instruction, des monuments écrits des temps primitifs, était d'autant plus indispensable, que ce côté de
l'histoire de la science a pour ainsi dire complètement
échappé aux savants. Il suffira de rappeler comme
exemple la zoologie des Arabes et le *Physiologus*. Ce
dernier, aujourd'hui même, n'est guère connu que par
les extraits qu'en donnent Bochart et quelques autres.
Les philologues connaissaient bien, il est vrai, quelques
versions de ce *Physiologus;* mais il peut être intéressant
pour un zoologiste aussi de voir comment un petit nombre de données, sans critique et où le préjugé abonde,
ont, semble-t-il, suffi pendant plus de mille ans
aux exigences d'un livre populaire de zoologie. Je ne
prétends pas d'ailleurs n'éclaircir que pour les spécialistes des siècles en somme stériles en découvertes.
Dans les premiers ouvrages des temps modernes nombre
de vues curieuses, de communications étranges, qui ont
servi au progrès, ne s'expliquent pas par la science du
temps ; pour les éclairer il faut remonter à son histoire
antérieure. Dans l'histoire générale de la civilisation au
moyen âge ces points pouvaient à peine être indiqués
en passant, il fallait donc également, malgré toutes les

difficultés, poursuivre ici ce fil conducteur à travers ces dix siècles si stériles d'ailleurs. Je me suis éclairé, toujours avec profit, des conseils et des lumières de beaucoup de savants, mes amis. Ce n'est pas à moi de décider si j'ai toujours bien employé ces ressources ; mais si j'ai pu rendre plus claire l'histoire de la zoologie aux premiers siècles du moyen âge, c'est à elles surtout que je le dois.

Il est encore moins besoin de dire pourquoi cette histoire ne va pas jusqu'aux dernières années. Le mouvement actuel, le ferment scientifique qui travaille de nos jours, pouvaient sans doute être étudiés dans leurs origines et dans leurs rapports avec le progrès général, mais un exposé historique était impossible. Se limiter était facile ; car le livre de Darwin sur l'origine des espèces apparaissant presque en même temps que mourait, trop tôt, hélas ! pour la science, Jean Müller, marque une période nouvelle dans l'histoire de la zoologie. Au sein de l'époque où cette période est née, le contemporain ne saurait juger tranquillement ce qui est essentiel, ce qui ne l'est pas, distinguer les erreurs nombreuses, inévitables, après un élargissement si subit de l'horizon et du cadre des recherches, reconnaître ce qui doit durer et, progrès réel, survivre aux orages des idées en conflit. Cette tâche sera plus facile aux historiens de l'avenir.

L'histoire naturelle moderne s'est montrée peu disposée jusqu'ici à s'occuper de l'histoire de ses temps primitifs. Cependant cette notion que l'état actuel n'est qu'une phase de l'évolution progressive est utile, elle fait pressentir de nouveaux développements, de nouveaux progrès. En outre, l'esprit prenant une autre direction, plus d'une lutte s'adoucira si cette nécessité tellement accentuée de soigner aux besoins idéalistiques est satisfaite par des recherches historiques. Celles-ci, par la méthode, par les résultats à atteindre, à chaque aspiration vers l'idéalisme, sont d'un secours exceptionnel. Ici quelque jour peut-être l'histoire en général étendra son rôle ; ces recherches doivent donc montrer le progrès intellectuel tellement inhérent aux sciences naturelles qui l'ont déterminé, qu'elles puissent, et par leurs résultats positifs et par la façon même de tracer leur propre développement, contribuer utilement au développement de la civilisation.

Victor Carus.

La traduction de l'*Histoire de la Zoologie* a été faite de la page V à la page VIII, et de la page 1 à la page 373, par M. P.-O. Hagenmuller — de la page 374 à la page 451, par M. Louis Olivier — de la page 452 à la page 624, par M. E. de Tannenberg.

Les épreuves des pages 240 à 373 ont été revues et corrigées par M. Louis Olivier, celles des pages 417 à 451, par M. E. de Tannenberg.

HISTOIRE

DE

LA ZOOLOGIE

INTRODUCTION

L'homme devait nécessairement, au milieu de la nature dont
il se sentait partie intégrante, observer de très-bonne heure les
formes, la vie, les mœurs, l'apparition, la propagation des animaux, et y donner la plus grande attention. L'homme a pu
trouver dans le règne animal, parmi les espèces les moins propres à la résistance, de quoi satisfaire ses besoins matériels,
nourriture, vêtement ; peut-être aussi les animaux « indépendants du sol, doués de la liberté du mouvement, de la puissance
de la voix, marchant à côté de l'homme, partageant son activité au milieu de la vie silencieuse d'un monde végétal pour
ainsi dire passif [1] » l'ont-ils, par leurs actes si variés, amené à
les observer avec soin, ou même à se défendre de leurs attaques. Quoi qu'il en soit, des idées ont dû se former conduisant
bientôt à des mots ; elles répondaient aux impressions des sens
ou les dépassaient, mais appartiennent toujours aux premières
acquisitions de la conscience. Ceci dut se passer déjà aux
temps où peu d'autres rapports encore, ceux d'homme à homme,
ceux des membres de la famille entre eux, avaient pris place
dans le cercle des idées humaines.

[1] J. Grimm, *Einleitung zum Reinhart Fuchs*, p. 1.

Si l'origine d'une science doit dater du jour où, pour la première fois, elle a connu son objet, la Zoologie est sinon la plus ancienne, du moins une des plus anciennes parmi les sciences. Sans doute elle ne comprit d'abord que les notions de quelques formes animales, notions sans liens et nées d'expériences fortuites ; mais, pourtant, ce que nous pouvons déduire des résultats enregistrés dans le langage sur cette première connaissance des animaux offre un intérêt scientifique, même pour les questions de zoologie pure.

Dans ses rapports avec la nature, incomparablement plus intimes alors qu'aux époques ultérieures, car rien ne le séparait d'elle, ni des mœurs adoucies et raffinées, ni des occupations peu en rapport avec elle, l'homme arriva peu à peu à se familiariser intimement avec la vie des animaux. Il observait chez eux des phénomènes passionnels, des penchants et des antipathies, une vie domestique ou sociale, toutes choses semblables, sinon dans le fond, au moins dans la forme, à ce qu'il sentait et éprouvait lui-même. Il en vint, et non sans raison, à rapporter des effets extérieurs identiques à des causes internes semblables, à mesurer à l'échelle des facultés de son âme les mouvements de vie intellectuelle des animaux. Bien que l'imagination ait largement mêlé l'absurde à l'ensemble des observations exactes, ces connaissances sur la vie psychique de quelques animaux ne restent pas moins dans ce qui nous vient de plus précieux de ces beaux âges primitifs, tout pleins de légendes, « où les animaux parlaient encore. » Ici aussi nous pourrons puiser bien des faits importants pour une histoire de la zoologie.

C'est ainsi que ces premières relations avec les animaux faisaient connaître leurs formes extérieures et les particularités qui déterminaient leur rapport avec l'homme ; mais en même temps l'esprit, capable de combiner et d'ordonner, ne pouvait s'arrêter là, devant le tableau, toujours plus riche, de la vie animale. Déjà dans les appellations des différents animaux, le langage n'avait pas créé des noms individuels, mais des expressions collectives s'appliquant à tous les animaux ayant mêmes traits, même vie. Ces expressions à leur tour s'élargirent graduellement jusqu'à prendre l'importance de sortes de casiers destinés à recevoir les animaux nouveaux que l'homme apprenait peu à peu à connaître. Ainsi naquirent des mots comme *oiseau, poisson, ver,* etc., qui, ne visant d'abord par leurs racines que les particularités saillantes de certains animaux, gra-

duellement, parfois même perdant leur signification première,
devinrent des noms de groupes. Mais cette façon presque in-
stinctive, en tout cas non scientifique, de réunir des similitudes
et des analogies sous des dénominations communes, ne pouvait
suffire au besoin d'un arrangement réfléchi. Ce besoin dut apparaître du jour où l'on connut des animaux qui ne pouvaient rentrer immédiatement dans les catégories créées par le langage.
Peut-être faut-il ranger parmi ces animaux n'ayant encore dans
la langue aucune appellation générique quelques-uns de ceux
désignés dès l'antiquité comme fabuleux.

C'est cette nécessité même de donner à la multiplicité des
choses, non-seulement un ordre, mais encore un sens, qui fit
naître ces essais continués jusqu'à nos jours de division ou de
classification du règne animal. Du désir d'ordonner l'ensemble
des formes en un tableau synoptique, de façon à retrouver facilement le connu et classer aisément l'inconnu, sortirent les
systèmes appelés, avec plus ou moins de raison, artificiels. On ne
peut méconnaître un grand sens à beaucoup des essais tentés
pour élever ces édifices ; mais il n'y eut de système à sens vrai
que du jour où l'on ne prit plus, pour base essentielle de division
et de classification des animaux, des caractères isolés choisis arbitrairement, mais où l'on étudia et compara, dans toutes leurs
particularités et leurs rapports, les animaux les uns avec les
autres.

A cet égard, l'apparition d'un mot servant à désigner les
rapports des animaux entre eux fut d'une grande importance.
Ce mot, dont les écoles philosophiques ne tardèrent pas à tirer
des dérivations à leur usage, faisant ainsi oublier sa signification
originelle, rendit intelligible la systématisation et jeta du jour
sur les analogies frappantes de beaucoup d'animaux ; c'est le
mot *parenté*. Chez les anciens, le sentiment l'emportait sur la
raison, et leurs spéculations s'attachaient étroitement à la forme.
Mais elles ne pouvaient se soustraire à la direction qu'imprimait
le langage. Celui-ci, par une série de mots significatifs comme
genre, *association générique*, *parent* [1], conduisait à l'idée ou

---

[1] Chez Homère on trouve encore γένος ἀνθρώπων, βοῶν, etc., pour désigner une
collection de formes reposant sur une procréation commune ; mais, à partir d'Hérodote,
le sens de γένος s'élargit pour désigner la famille ; de là sortit enfin, peu à peu, l'idée
de parenté en génér al. C'est ainsi que les γένη μέγιστα, les συγγενεῖα, les μορφή
συγγενετική d'Aristote ont un sens qui répond d'autant mieux à notre terme « parent »
que, pour nous aussi, le sens du mot « genre » est à peine saisissable. Avant les

peut-être seulement au soupçon inconscient d'une communauté
particulière entre les formes analogues. Dans ce sens, ce n'est
qu'aujourd'hui que cette conception est devenue la source d'observations aussi nombreuses que stimulantes et fécondes.

En même temps qu'il apprenait à connaître et à distinguer
les animaux, l'homme faisait, dès le début, des observations non
plus limitées à l'extérieur, mais portant sur l'organisation profonde du corps animal. Il ne s'agit d'abord que d'apprendre à
reconnaître et à isoler par un procédé quelconque ce qui pouvait satisfaire aux besoins les plus pressants. Ce fut d'abord un
pâtre, un chasseur dépouillant et vidant son bétail ou ses
fauves, puis bientôt un devin obligé, par son métier même,
d'acquérir une connaissance générale des formes et de la position des organes, bien qu'il ne demandât que l'avenir au sang
et aux entrailles des animaux [1]. Dès lors on ne pouvait méconnaître la similitude frappante qu'offrent maints animaux. D'une
trouvaille due primitivement au hasard sortirent des recherches
auxquelles il ne manquait plus que la méthode. Le but poursuivi était une classification zoologique à laquelle avaient déjà
conduit d'autres voies. Ainsi, dès l'origine, la zootomie multipliait les caractères utilisables pour l'arrangement des groupes
zoologiques.

L'attention se concentrait de plus en plus sur les phénomènes
vitaux qui entouraient l'homme chaque jour, mais que lui mas-
quait encore un voile épais. On tenta peu à peu de discerner le
stable dans la foule des éléments variables, de ramener les formes
et les fonctions animales à des rapports fondamentaux communs,
ou, plus généralement, de montrer ce que, malgré l'indépendance
apparente des manifestations vitales, on croyait pouvoir appeler
leur loi. Ici encore l'observateur allait trouver un avertisse-
ment dans l'expérience de tous les jours. Le cours régulier des
phénomènes de la vie était souvent troublé ; des atteintes violentes ou des causes n'agissant qu'à la longue rendaient malades
l'homme et les animaux ; ailleurs apparaissaient des malforma-

---

Grecs, rien de pareil. Les anciens Indiens n'avaient pas d'expressions pour ces relations éloignées. Les mots sanscrits *kula* et *gotra* ne laissent pas sous-entendre
« une origine commune, » et *gati*, voisin, d'après le radical, de γένος, n'est employé
qu'au sens philosophique.

[1] Ou des hommes chez les Cimbres, Strabon, 7, 2 : εκ δὲ τοῦ προχεομένου αἵματος
εἰς τον κρατῆρα μαντειαν τινὰ ἐποιουντο, surtout du sang des prisonniers immolés.
La divination, par les entrailles des victimes, existait encore au commencement du
moyen âge.

tions congénitales, des monstruosités. On demanda de remédier à ces maux à ceux que leurs occupations, leur métier et, dans la suite, des études spéciales initiaient à la connaissance du corps de l'homme et des animaux. C'est ainsi que l'étude de la vie et la science qui étudie ceux où elle réside vinrent à dépendre des études pathologiques et thérapeutiques. On a déjà essayé d'affaiblir l'intimité de ces rapports ; mais, au détriment des deux parties, on n'a pu obtenir encore de séparation complète. Le fait est que le progrès date du moment où les représentants des sciences naturelles se dégagèrent de l'alliance de la médecine et se posèrent en chercheurs indépendants.

On dut comprendre dès l'abord que les animaux, doués du mouvement, pouvaient changer de séjour suivant les circonstances, qu'ils pouvaient voyager. Mais comme les ruminants cherchaient de nouveaux pâturages après avoir épuisé les anciens, et que les carnassiers les suivaient, on ne tarda pas à voir des formes étrangères au lieu nouveau. On avait observé sans doute bien avant Hippocrate l'action « de l'air, de l'eau, de l'habitat » sur les êtres vivants, et cela ne fut pas sans effet sur les idées relatives à la distribution des animaux. On trouva que tout être ne pouvait prospérer partout, que les plantes et les animaux avaient une aire d'extension à limites déterminées. En conséquence, en décrivant les pays étrangers, on n'oublia pas de donner les animaux nouveaux qui leur étaient spéciaux. Mais ce n'est que plus tard qu'il fut démontré qu'il y avait une loi régissant la distribution des animaux en régions déterminées. Un double obstacle devait empêcher des idées justes de se développer à cet égard. D'abord on ne pouvait apprécier encore les rapports des différentes formes animales entre elles et avec le monde végétal ; puis, en l'absence d'une connaissance suffisante de la forme et de la surface de la terre, les conditions qui découlent de ces deux facteurs pour l'existence des groupes zoologiques devaient rester inconnues.

On ne devait trouver des restes d'animaux enfouis dans la pierre ou pétrifiés que lorsque des travaux considérables nécessitèrent l'exploitation de carrières, et que les mineurs commencèrent à bouleverser les entrailles de la terre. En creusant des puits, on avait déjà peut-être eu occasion de voir que l'écorce terrestre renferme des ossements et des coquilles. On ne sait pas si, antérieurement déjà, on avait trouvé soit dans les labours, soit dans les terres éboulées, ces vestiges de races éteintes. Plus tard les masses minérales furent exploitées plus largement, les minerais recherchés avec ardeur. Les pétrifications servirent alors à étayer des systèmes sur la formation de l'écorce terrestre ; décorées de ce que l'imagination inventait de plus merveilleux, on les fit entrer dans des contes fantastiques sur la vie préhistorique, ou encore on les admira comme des jeux de la nature. Ce n'est que très-tard que l'on comprit que les animaux fossiles sont parents de ceux d'aujourd'hui et qu'ils forment avec eux un seul grand système. Il reste encore aujourd'hui un souvenir de ces temps passés, c'est cette injustifiable habitude de placer dans la géologie l'étude des plantes et des animaux fossiles. Parfois, il est vrai, la géologie donnerait difficilement à certaines couches de meilleurs caractères que ceux tirés des empreintes organiques. Mais la zoologie, en raison même du but qu'elle poursuit, étude absolue du règne animal, ne pourrait pas plus se passer des formes éteintes qu'on ne saurait pénétrer à fond la nature de ces formes sans posséder les détails de l'anatomie comparée.

Le règne animal offre donc à l'observation scientifique plusieurs points de vue. Réunis d'abord, séparés plus tard, ils donnèrent lieu à des sciences spéciales. Celles-ci progressèrent toutes isolément pendant un certain temps et possèdent chacune leur histoire propre. Mais ces essais de systématisation des formes animales, de représentation du savoir zoologique du moment dans son ensemble, la connaissance de l'organisation et de la forme animale *sensu latiori* ou morphologie animale, la connaissance de la distribution géographique ou du rapport des animaux avec la surface du globe et tout ce qui s'y trouve, enfin la connaissance des formes éteintes et des relations des faunes de chaque âge de la terre, tout conduit à faire une histoire synthétique du règne animal revenu à l'unité. Ces différentes parties de notre savoir zoologique ne doivent pas être des branches s'écartant sans liaison possible, mais au contraire des racines se réunissant pour former une science, un tronc unique.

Il serait injuste, dans l'état aujourd'hui si satisfaisant de la zoologie, de ne pas rappeler l'aide que lui ont prêtée les sciences sœurs. Nulle part, peut-être, il n'y a tant à lutter contre des préjugés enracinés, que lorsqu'il s'agit d'expliquer des processus vitaux ; et la difficulté augmente encore, soit qu'on s'attache au développement d'un seul animal, soit qu'on suive celui du règne entier, lorsque, bien que ne pouvant tout expliquer, on ferme la porte au merveilleux.

Un autre obstacle vient de notre faiblesse intellectuelle et morale, qui se refuse à suivre ces autres phénomènes de mouvement non matériels, mais attachés à un substratum corporel. Ces phénomènes, désignés généralement sous le nom de *psychiques*, sont caractérisés par le libre arbitre et une grande puissance d'abstraction; ils échappent encore, il est vrai, à une explication détaillée, mais ils ne sauraient être séparés des autres processus partiels qui avec eux forment la vie. C'était une inconséquence que de permettre aux sciences naturelles l'emploi des notions de métaphysique, et de leur défendre de les appliquer, un peu élargies selon le besoin, à l'étude des êtres vivants. Il est utile de demander exemple et conseil aux sciences voisines; c'est ainsi que la méthode se fortifie pour résoudre de nouveaux problèmes. Plus que les autres sciences, qui n'y échappent pourtant pas, par la nature même de son objet, la zoologie tend à user trop largement des moyens auxiliaires généraux[1]. Mais si les sciences synthétiques servent ici à la zoologie, elles apprendront à leur tour de la science de la nature vivante qu'en dehors du nombre et de la mesure, il est d'autres moyens de connaître, qui ramènent la pluralité à l'unité, la variété à la loi. Ainsi, après un affaiblissement passager, se renouent autour du règne animal les liens qui resserreront de plus en plus en une science unique tous les efforts tentés pour soulever le voile de la nature.

---

[1] « Man is prone to become a deductive reasoner; as soon as he obtains principles which can be traced to details by logical consequence, he sets about forming a body of science, by making a system of such reasonings. » (Whewell, *History of the induct. Scienc.* 3e éd., vol. I, p. 115.)

CHAPITRE PREMIER

CONNAISSANCES ZOOLOGIQUES DE L'ANTIQUITÉ

———

ARTICLE PREMIER

TEMPS PRIMITIFS

La zoologie ne devint scientifique au moyen âge que lors-qu'elle chercha à s'approprier le trésor de connaissances accu-mulé par la Grèce, gardé par les Arabes; de même l'antiquité classique ne pouvait avoir de science zoologique que parce qu'il avait existé d'abord une connaissance des animaux, simple, sans prétention. L'observation de la nature, avant de donner des ma-tériaux à une science ayant son but et sa satisfaction en elle-même, devait fournir aux besoins intellectuels et matériels de l'homme; les sciences naturelles ne sont venues qu'après.

Le premier pas vers une étude scientifique vint du premier essai d'expliquer un phénomène. La nature même des faits observés règle le moment où le besoin d'une explication la fera rechercher. Dans ce que l'on a si bien nommé les *processus de la nature*, les mouvements qui les caractérisent étaient aussi le côté le plus frappant, et, peu faciles à pénétrer, ils appelaient immédiatement une explication. Bientôt donc l'homme employa sa sagacité et son esprit à chercher des interprétations, à élever des théories. Le règne animal frappe avant tout par la diver-sité de ses formes; on chercha à les embrasser; les mouvements observés sur les animaux furent expliqués par ce qu'on voit d'analogue chez l'homme[1]. Tandis que les autres sciences s'efforçaient dès leurs débuts d'expliquer des phénomènes de mouvement comme le cours des fleuves, l'éclair, le tonnerre, la chute des corps, etc., ou du moins de développer des hypothèses sur ces faits incomplétement et imparfaitement observés, et de généraliser, la zoologie s'attachait à distinguer et à décrire les animaux. Cela devait naturellement aux premiers âges se borner à leur donner des noms.

§ 1. — Preuve linguistique des premières connaissances zoologiques.

Ce qui devait être plus tard une science eut pour fondement des connaissances tirées d'un petit nombre d'animaux. Il importe donc pour l'histoire de la zoologie primitive de savoir quels animaux les peuples civilisateurs connurent tout d'abord.

Les Sémites n'ont rien fait pour ce côté des sciences naturelles.

Nous nous adresserons aux Indo-Germains ou Aryens. Il est des noms d'animaux dont on trouve les racines ou les formes fondamentales dans les différentes langues aryennes; ceux qu'ils désignent ont donc été connus des Aryens avant leur dispersion. Nous en tirerons des données non-seulement sur la distribution géographique primitive de quelques espèces, et ses modifications, mais encore sur l'origine des animaux domestiques. C'est à ce double titre que la zoologie doit soigneusement vérifier ce que les langues anciennes offrent de noms d'animaux[2]. Ces relations géographiques des animaux donnent des indications sur l'habitat primitif des peuples. Enfin, et ceci

---

[1] Même jusque dans les temps modernes, on a procédé de l'homme à l'animal pour juger celui-ci dans sa vie, dans son organisation, etc. Aristote avait fondé cette marche en disant (*Hist. Animal.*, 1, 6) : ὁ δ᾽ ἄνθρωπος τῶν ζῴων γνωριμώτατον ἡμῖν ἐξ ἀνάγκης ἐστίν, et l'anatomie comparée n'était, au début, que la simple comparaison de l'organisation de quelques animaux avec celle de l'homme. On en est encore là en psychologie comparée, lorsqu'on se demande si certaines parties de la ψυχή humaine existent chez les animaux.

[2] Une étude comparative de tous les noms d'animaux d'une langue (ce travail conviendrait plutôt à une histoire du règne animal qu'à celle de la zoologie) aurait pour résultats, outre ceux déjà indiqués, de renseigner sur le temps que certains peuples ont vécu ensemble, d'éclairer l'histoire des temps primitifs, ou du moins de contribuer à les éclairer, par exemple pour la longue union du rameau slave avec le rameau indien ou persan déjà signalé par Kuhn (*Indische Studien* von Weber, 1, p. **324**, Rem.) Pour ce travail il faudrait la collaboration de deux savants, d'un linguiste et d'un naturaliste.

nous intéresse plus vivement, on reconstitue ainsi le noyau autour duquel se sont groupées dans l'évolution ultérieure les autres connaissances zoologiques[1].

C'est une chose étonnante que nos animaux domestiques, qui ont tant de prix pour nous, soient précisément ceux que l'homme a connus les premiers. Le mot allemand *Vieh* est lui-même ancien (sanscrit *paçu*, grec πῶυ, latin *pecus*, gothique *faihu*, *fihu*). L'espèce bovine avec des appellations variant suivant l'âge et le sexe se trouve dans la plupart des langues en question (ainsi sanscrit *go*, grec βοῦς, latin *bos*, haut allemand *Ochs*; sanscrit *ukshan*, latin *vacca*, gothique *auhsan*, haut allemand *Kuh*: sanscrit *sthûra*, grec et latin *taurus*, haut allemand *Stier*). Le mouton dont nous avons perdu le nom aryen primitif s'appelle, sanscrit *avi*, grec ὄις, latin *ovis*; en gothique, une étable à mouton se dit encore *avistr*; en certaines localités on emploie le haut allemand *Aue* pour *Lamm*. Il y a eu scission pour les appellations de la race caprine; à cause de la parenté étroite des deux espèces ovine et caprine, elles ont peut-être des rapports semblables avec les mots *avi* et ὄις, comme les appellations sexuelles de l'espèce bovine avec le mot *go* et peut-être *paçu*. Du sanscrit *aga* vient αἴξ et le lithuanien *ozys*; le latin *hœdus* se relie au gothique *gaitei*, haut allemand *Geis*; le sanscrit *chaga* se lie à *Ziege*, haut allemand. Pour le porc, la dérivation est régulière: sanscrit *sûkara* (l'animal qui fait *sû*), grec ὗς, latin *sus*, haut allemand *Sau* et *Schwein*. Pour le chien connu partout, haut allemand *Hund*, latin *canis*, grec κύων, sanscrit *çuan*. Le cheval désigné presque exclusivement en allemand par un dérivé de *parafredus*, *Pferd*, se dit en sanscrit *açu*, grec ἵππος, latin *equus*; on trouve encore d'autres formes de ce mot en gothique. Pour l'âne do-

[1] Le premier essai de ce genre a été fait par A. W. von Schlegel dans sa *Bibliothèque indienne*, vol. I, 1823, p. 328, *des Noms des animaux*. — Outre Curtius, *Griechische Etymologie*, voir encore Kuhn, *Zur aeltesten Geschichte der indogermanischen Voelker. Programm.* Berlin, 1845, publié dans Weber's *Indischen Studien*, vol. I, p. 321; Foerstemann, *Sprachlich-naturhistorisches*, in : Kuhn's *Zeitschr. für vergleich. Sprachforschung*, 1re année, 1852, p. 491; 3e année. 1854. p. 43; J. Grimm, *Geschichte der deutschen Sprache*, p. 28 et suiv. (*Noms des animaux*); Pictet, *les Origines indo-européennes ou les Aryas primitifs*. Paris. 1859, 1re partie, p. 329-410; M. Müller, *Chips from a German Workshop*. Vol. II. p. 42 (1re éd.); Bruno Kneifel, *Culturzustand der indo-germanischen Voelker vor ihrer Trennung. Programm.* Naumbourg, 1867; Bacmeister, *Ursprung der Thiernamen*, in : Ausland, 1866, p. 924, 997; 1867, p. 91, 472, 507, 1133. — Pour les animaux domestiques, voir aussi Link, *Urwelt und Alterthum*, 1 vol., 2e éd., p. 369 et suiv.

mestiqué, dès les temps les plus anciens, nous n'avons rien en sanscrit [1] qui corresponde au grec ὄνος (pour ὄσνος), latin *asinus*, gothique *asilu*, haut allemand *Esel*. Pour les oiseaux, nous savons seulement que l'oie (sanscrit *hansa*, grec χήν, latin *anser*, anglais *gander*, haut allemand *Gans*) a été connue de tout temps. Il est douteux que le canard puisse réclamer une pareille ancienneté [2].

Parmi les animaux non domestiques, mais qui vivent près de l'homme, il est étonnant de ne pas trouver répandu partout le nom de l'abeille. On trouve pour le « doux » miel, *madhu* en sanscrit, μέθυ en grec, *Meth* en allemand, et rien pour l'insecte si anciennement admiré qui le produit [3]. Nos premiers pères aussi étaient infestés de petits voleurs domestiques ; l'animal chargé de les en débarrasser n'était pas celui qui a ce rôle aujourd'hui. Le mot sanscrit *mûsh* fait μῦς en grec, *mus* en latin et *Maus* en haut allemand. Le chat, déjà anciennement connu aux Indes, cependant, ne prit qu'assez tard le rôle de destructeur de souris [4]. Une compagne non moins importune de l'homme, la mouche (il ne s'agit naturellement pas ici d'une espèce déterminée), remonte jusqu'aux âges anciens par les mots *musca*, μῖα et en sanscrit *makshika* [5]. L'expression désignant les vers en général est ancienne également ; sanscrit *krmi*, grec ἕλμις, latin *vermis*, gothique *vaurmi*, haut allemand *Wurm*, lithuanien *kirminis*.

---

[1] Pictet donne (*op. cit.* p. 355), pour l'âne, la forme sanscrite *khara*, qui aurait passé dans le persan, le kurde, l'afghan, etc. Bensey veut ramener ὄνος, *asinus* à une racine sémitique, reconnaissable encore dans l'hébreu *athon*, ânesse.

[2] Le sanscrit *âti* (anti) signifie un oiseau d'eau, et *anas* semble se relier à *Ente*, allemand ; mais νῆσσα conduit à νήχω. Le *Kadamba*, dans l'Amarakoscha, est indiqué comme canard ; c'est peut-être un passage à κολυμβος, peut-être à *columba*, dont on peut, à tout prendre, rapprocher l'allemand *Lumme*. Les Romains, qui n'ont connu le pigeon que plus tard, lui ont peut-être appliqué le vocable grec parce qu'il plonge, en quelque sorte, dans les airs. Quoi qu'il en soit, le gothique *dubo*, haut allemand *Taube*, reste isolé. B. Hehn (dans l'ouvrage cité plus loin pour la poule, p. 245) le relie à l'adjectif *daubs*, sourd, muet, aveugle, de couleur sombre, comme πελεια à πελός, πελιός, etc.

[3] Le sanscrit *bhramara* mène à βρέμω, *Bremse* (taon) ; *druna*, sanscrit, ne peut être l'allemand *Drohne* (abeille mâle), l'allemand *Imme* et le grec ἔμπις, latin *apis* ; l'allemand *Biene* se relie peut-être aussi à *apis*.

[4] *Catus* et *Katze* sont de source sémitique. (Voyez l'article *Katze* de Hildebrand dans Grimm's *Woerterbuch*, 5 vol.) L'αἴλουρος, indiqué ordinairement comme chat, est le *Mustella foina*, martre, comme l'a montré Rolleston. (*Journ. of Anat. and Physiol.*, vol. II (2e Sér.) 1867, p. 47, 457.) Le chat d'Égypte prit plus tard le nom de son prédécesseur dans les maisons grecques, γαλῆ.

[5] La puce (ψύλλα, *pulex*, *Floh*) et le pou, dont les œufs (*Nisse*) ont un nom dans ces mêmes langues, sont peut-être aussi anciens.

Parmi les animaux sauvages, le premier à considérer, l'ours, montre sa grande extension originelle par les mots, sanscrit *rhsha*, grec ἄρκτος, latin *ursus*, celtique *art;* son nom allemand a une autre origine[1]. L'ours, connu dès les premiers temps, n'a jamais été confondu avec aucun autre animal; les séries nominales du loup et du renard, malgré leur opposition ultérieure, semblent avoir été confondues d'abord. Du radical *vrka*, déchirer en sanscrit, par le grec λύκος, latin *lupus* et *hircus*, d'autre part ἀλώπηξ et *vulpes*, on arrive à l'allemand *Wolf*. Le castor aussi date de loin. Son nom allemand *Biber* mène par *fiber* au sanscrit *babhru, brun* (aussi nom d'animal). Pour le serpent, l'allemand *Unke* rappelle peut-être *anguis* et se relie avec *Aal, anguilla,* ἔγχελυς, au grec ἔχις et au sanscrit *ahi,* tandis que le sanscrit *sarpa* mène au grec ἑρπετόν, latin *serpens,* gaëlique *sarf.* En ajoutant à cette liste la loutre (sanscrit *udras,* grec ὔδρα, serpent d'eau, lithuanien *udra,* haut allemand *Otter*), le coucou (sanscrit *kokila,* grec κόκκυξ, latin *cuculus,* allemand *huckuck*) et le corbeau (sanscrit *kâravas,* grec κόραξ, latin *corvus,* gothique *hraban,* allemand *Rabe*), nous aurons le tableau à peu près complet des animaux familiers aux Aryens. Nous ne pouvons ni ne devons faire ici l'étymologie des appellations zoologiques. Nous dirons seulement encore qu'un certain nombre d'animaux ont une désignation commune dans la plupart des langues aryennes, et que d'autres au contraire, l'élan par exemple (sanscrit *rças,* grec et latin *alces,* ancien haut allemand *Elaho,* allemand *Elch*) n'ont reçu que plus tard une dénomination à racine aryenne. En étudiant ces faits dans le sens indiqué plus haut, on pourrait arriver à d'importants résultats. Nous nous bornerons à ajouter ce qui suit.

Dans la liste précédente on est frappé de l'absence de plusieurs animaux, que l'on considérerait volontiers comme les premiers compagnons de l'homme, ses premiers associés dans ses domaines, et que l'on croyait avoir existé avec lui dans ses premières stations. La poule, que l'on fait maintenant, avec raison, dériver du *gallus bankiva* de l'Inde, était peut-être connue des anciens. Cependant, ni l'Ancien Testament, ni Homère, ni Hésiode n'en parlent; on accorde en général qu'elle apparaît d'abord chez les lyriques grecs, plus sûrement chez les tragiques et les comiques, enfin dans le Nouveau Testament. Mais les noms

---

[1] Grimm's *Deutsches Woerterbuch,* vol. 1.

n'ont rien de commun ; ce sont le plus souvent des imitations du
cri du coq[1]. Le chameau nous offre quelque chose de tout
particulier. Il paraît avoir eu d'abord des appellations communes
à plusieurs groupes de peuples aryens[2]. Aux Indes une étymologie populaire adapta son nom sémite au sanscrit, forme sous
laquelle il passa presque sans altération dans la plupart des autres langues. Au moyen âge, on lui donna le nom de l'éléphant[3],
et de nos jours enfin, la langue germanique lui a restitué son
nom sémite.

§ 2. — Introduction des animaux dans le cercle des idées religieuses.

La jeune humanité croissait au milieu des mystères de la nature ; son esprit vivant et naïf ne pouvait se contenter de ne connaître les animaux que dans leur forme. Ceux-ci, en effet, n'étaient
pas « d'indifférents habitants des bois et des plaines, » mais ils
forçaient l'homme à mettre ses forces en jeu, à exercer son juge-

---

[1] Le mot ὄρνις, pris ordinairement chez les lyriques pour poule, ne désigne peut-
être que de petits oiseaux (Alkmann, 24. *Fragm.* ὥστ' ὄρνιθες ἱέρακος ὑπερπταμένω;
aussi Alkæos, 27, *Fragm.*). Il se relie peut-être à l'allemand *Aar*, anglo-saxon *earn*,
slave *orl*, radical sanscrit *ar*. Il y a donc eu ici un changement assez commun,
d'ailleurs, dans la signification. Sur la poule dans la Bible, voy. Bochard, *Hierozoïcum*,
tom. II, lib. I, cap. 16. — Voy. aussi Victor Hehn, *Culturpflanzen und Hausthiere
in ihrem Uebergang aus Asien nach Griechenland und Italien, sowie in das
übrige Europa.* Berlin 1870, p. 223.

[2] Pictet, *Origines indo-europ.*, p. 382 et suiv.

[3] De l'arabe *gamal* on peut passer au sanscrit *krâmela*, radical *kram*. En
gothique, le chameau s'appelle *ulbandus*; ce mot, évidemment identique avec le mot
éléphant, est cité ordinairement pour prouver la confusion fréquente des noms des
grands animaux. On y rattachera *olfend*; et *Olpenta*, ancien haut allemand. On n'en
peut non plus séparer l'anglo-saxon *ylpend*, l'ancien haut allemand *Helfant* et l'appellation slave du chameau *velblud* ou *verbud*. Ulfilas emploie ce mot au passage de
Marc, 10, 25, : « Il serait plus facile de faire passer un chameau par le trou d'une
aiguille. » Une expression chaldaïque dit, il est vrai : faire passer un éléphant par le
trou d'une aiguille (Buxtorf, *Lex. Chald.*, *Talmud*, s. v., phila, cité par Schleusner,
Nov. Lex. græco-latin., in N. T. 4° éd. t. I. s. v. κάμηλος; voir aussi le mémoire
ci-dessous de Cassel, p. 10). Ulfilas aurait pu connaître cette expression et avoir fait
la confusion. Cependant il emploie aussi le mot *ulbandus*, Marc, I, 6, et l'hypothèse
précitée ne saurait expliquer ce nom pas plus que le nom slave du chameau. Il y
aurait donc eu réellement transposition de noms comme on le voit encore ailleurs.
C'est ainsi que le musc, en sanscrit *mushka*, testicule, prend cependant le nom de
kasturi du castor plus connu dans l'Asie Mineure; voy. Lassen, *Indische Alterthumskunde*, I. 2° édit., p. 368. Pour les noms de l'éléphant, voir les remarques antérieures
à la période étymologique scientifique de A. W. Schlegel dans son *Indischen Bibliothek*, vol. I, 1823, p. 241. Pour les noms gothiques du chameau, voir aussi le
mémoire (l'étymologie n'y est peut-être pas assez critique) de P. Cassel, *Ulbandaos*.
Tirage à part des *Maerkischen Forschungen*, vol. IX (1866).

ment, et prenaient une part considérable à sa vie intérieure.
Maintenant encore, bien que « la science ait partout détruit l'illusion et que la vieille croyance à la nature animée par les
dieux ait depuis longtemps disparu, » le sentiment enraciné de
notre parenté nous rattache par des liens réels à la nature et à
ses mystères. Combien aux temps où l'homme vivait intime avec
la nature, combien la vie des animaux dut paraître en relation
étroite avec les autres phénomènes naturels ! Les animaux n'é-
taient pas que l'expression du mouvement dans la nature inerte,
de simples témoins marquant par leur apparition et leur disparition le mouvement des saisons. Une vie en commun plus
étroite avait fait mieux observer leurs mœurs et leur existence
avait moins de secrets. L'imagination poétique, avide en tout
temps et en tout lieu de rattacher l'incessant *devenir* à un premier passé, trouvait de quoi animer surabondamment des phénomènes maintenant froids et soumis à des lois immuables. « Dès
qu'on vit dans les phénomènes de la nature des personnes di-
vines, ou leurs émanations, on ne fut plus loin de supposer des
rapports plus intimes entre le phénomène naturel et l'animal en
qui s'exaltaient l'activité, la force et l'énergie. L'animal devint
l'expression du phénomène naturel, il portait ou accompagnait
sa divinité, il en devint bientôt le symbole [1]. » Voilà pourquoi,
excepté la version juive de la création, il n'est peut-être pas une
seule forme de religion primitive où de manière ou d'autre les
animaux n'apparaissent comme porteurs, compagnons ou symboles des divinités. Pour éclairer cette liaison d'incarnations,
froides en apparence, mais profondément poétiques, avec les notions intellectuelles et morales les plus élevées, il n'est pas besoin d'admettre un développement d'abord considérable, puis
disparu des sciences naturelles. On n'a que trop cette tendance
depuis Creuzer, et cependant rien de sérieux ne la justifie.

L'introduction des animaux dans la cosmogonie ou la mythologie n'eut lieu qu'après la séparation des peuples primitifs,
après que quelques-uns d'entre eux s'étaient déjà développés. La
couleur locale de ces mythes le prouve, bien qu'on y trouve
quelques traits communs, restes de la vie commune primitive.
Il n'y figure, en effet, sauf les animaux domestiques primitifs,
que des animaux spéciaux à certains pays, à certaines régions.
Voici quelques exemples. Les Indiens font supporter leur monde

---

[1] Lassen, *Indische Alterthumskunde*, VI, 2ᵉ éd., p. 346.

par quatre éléphants, reposant eux-mêmes sur une gigantesque tortue; mais les fleuves sont comparés à des vaches qui nourrissent. Lakschmi, femme de Vischnou, a la vache pour symbole. A côté de ce signe de la complète soumission emprunté au monde des animaux domestiques, nous trouvons comme symbole de la puissance sur la nature sauvage à la suite de Çiva l'Indien ou de Dionysos le Grec, des lions et des panthères. Des coursiers sont attelés au char du soleil de Mithra, comme à celui de l'Hélios grec; Wuotan, le Zeus du Nord, galope à cheval, et Donar est traîné par deux boucs. Un sanglier traîne le char de Freyr, le dieu du soleil septentrional, et la vache lui est consacrée comme dieu de la fécondité. L'aigle était sacré à Ormuz et à Zeus, le rouge-gorge à Donar, le dieu du tonnerre. Le lion domine dans les allégories méridionales (sphynx à corps de lion et tête humaine, lion de Némée); dans le Nord, ce sont deux loups qui feront finir le monde, en avalant l'un le soleil, l'autre la lune. Cependant l'oie (cygne), déesse de la parole chez les Indiens, sacrée à Junon chez les Romains, douée chez les Grecs de la divination et du chant, était enfin également l'oiseau prophétique chez les anciens Germains.

Il y a donc dans ces premiers mythes de l'humanité des témoignages nombreux, que nous ne pouvons qu'indiquer, de l'impression profonde que le monde animal avait produite sur les sentiments et le cœur de l'homme [1]. Les animaux mythologiques ont d'ailleurs un caractère commun, celui de n'apparaître en quelque sorte que dans leur être collectif sans être dessinés plus complétement dans tous leurs détails.

§ 3. — Ancienneté et extension de la fable animale.

La conscience zoologique de l'homme, si je puis m'exprimer ainsi, doit beaucoup à ces animaux, attributs vénérés des dieux, expressions vivantes pieusement consacrées des forces naturelles, victimes offertes en sacrifice. Mais la fable animale offre un trésor incomparablement plus riche en observations vraies. Ce

---

[1] Pour plus de détails je renverrai à Jac. Grimm, *Deutsche Mythologie*, 3e édit., 2e vol., p. 620-660, et à A. Bastian, *Das Thier in seiner Mythologischen Bedeutung* dans : Bastian et Hartmann, *Zeitschrift für Ethnologie*. 1re année. 1re part., 1869, p. 45-66.

n'est plus l'animal représenté dans la valeur générale de son être et de ses fonctions, mais étudié avec un détail souvent très-grand, dans toutes les propriétés de son corps et surtout de son intellect.

Au fond, il y a dans la fable animale, et surtout dans sa forme la plus élevée, l'épopée animale, cette sympathie poétique pour tout ce qui est de la nature; elle devait trouver des aliments toujours nouveaux dans la vie de l'animal, mouvementée comme celle de l'homme et pleine de tant de charmes [1]. La nature entière est vivante pour le poëte. La forêt, même dans la mythologie finlandaise, est personnifiée sous le nom de Tapio. Les animaux de la forêt sont sous la protection ou sous la surveillance de personnalités spéciales, l'Homme des bois (Thiermann) quelquefois la Femme des bois (Thiermutter) qu'accompagne parfois le jeune Samung, parfois aussi la Mère Loup (Wolfsmutter). Ailleurs, à quelques phénomènes naturels se rattachent des animaux déterminés. Ainsi, dans une chanson de l'*Edda*, le vent qui pousse l'homme invisible sur les flots vient des ailes de Jotun Hrasvelg; celui-ci sous les traits d'un aigle est assis au sommet des cieux. Les saisons, les mouvements de la nature inanimée sont rapportés à l'apparition et à la disparition d'animaux, et le plus souvent d'animaux déterminés. Le coucou annonce l'année nouvelle [2]; chez nous le rossignol l'a remplacé; mais en Angleterre où le rossignol est plus rare, on a conservé le coucou. Le hibou règne sur l'hiver.

Ce qui nous intéresse le plus, ce sont les rapports de l'homme aux animaux. Certains animaux sont regardés comme plus nobles, aussi est-il plus glorieux de les combattre. Ainsi chez les anciens Germains, l'ours était réservé de droit aux coups des héros. Le sanglier n'avait pas moins d'honneur en Allemagne (Siegfried) et en Angleterre (Guy de Warwick), peut-être comme animal consacré à Freya dans la religion du Nord. De là vint l'usage à Oxford de promener solennellement une tête de sanglier la nuit de Noël [3]. Un certain nombre des épithètes données aux animaux prouvent des observations assez exactes [4].

---

[1] Compar. L. Uhland, *Schriften zur Geschichte der Dichtung und Sage*, 3e vol., Stuttgart, 1866.

[2] Dans Alkman κηρύλος, identique avec ἀλκύων, signifie martin-pêcheur : ἀλιπόρφυρος εἴαρος ὄρνις; 21, *Fragm.* L'hirondelle apparaît comme la messagère du printemps dans les χελιδονίσματα.

[3] *Caput apri defero reddens laudes domino.* Sandy, *Christmas Carols LIX*, 17.

[4] Le rossignol est un des plus riches sous ce rapport dans l'antiquité. Rien que

Ces rapports devinrent encore plus intimes, lorsqu'à l'image
de l'homme, on donna aux animaux caractère, esprit, parole.
« Mais, comme par une sorte de disgrâce, les animaux deviennent
muets ou se taisent devant l'homme, par la faute de celui-ci[1]. »
Les oiseaux surtout entendent et comprennent la parole humaine ; ils parlent un « latin » particulier que ne comprennent
que les gens sages[2]. C'est du corbeau et du rossignol qu'il s'a-
git le plus souvent. Mais si les animaux ont la parole, ils ont
aussi bien que l'homme la pensée et le sentiment. Que d'amuse-
ments dans les noces des animaux ! Que d'enseignements dans leurs
combats entre eux ou avec l'homme ! En voici comparaissant
en justice devant l'homme[3], ou devant un animal, par exemple
le loup et le curé devant l'ours. En voilà d'autres frappés de
bannissement.

Les fables et les légendes animales gagnent encore d'importance, à la pensée qu'elles sont le patrimoine commun qui, depuis les premiers temps, appartient aux peuples de même souche
sans transmission visible de l'un à l'autre. La première forme
de ce cycle de légendes communes nous apparaît dans les Indes
avec une force et une séve qu'on ne retrouve nulle part. Ce
n'est cependant probablement pas la forme primitive dans toute
sa pureté. En effet dans le *Pantschatantra*, dans l'*Hitopadesa*,
dans les fables du *Mahabharata* qui en dérivent, nous voyons
bien les animaux intervenir en actions, en paroles ; mais ce ne
sont que des mannequins choisis arbitrairement. On leur attribue
la parole et les actions de l'homme pour rendre sensible n'importe quelle maxime et l'on n'a pas égard aux aptitudes particulières de l'animal ; ainsi par exemple, dans le conte des deux
poissons dont les noms seuls, Prudence et Ruse, trahissent le sens

---

dans les lyriques grecs on peut citer λιγυφθόγγος, ἱμερόφωνος, πολυκώτιλος, χλω-
ραύχην, etc. Il est vrai que dans Alkman on trouve, pour les perdrix (κακκαβίδες)
l'épithète de γλυκυστόμοι. 60, *Fragm.*

[1] Dans la magnifique introduction déjà citée de J. Grimm à son édition du *Reinhart
Fuchs*, p. 5.

[2] Alkman se vante d'en être, 61, *Fragm.* : οἶδαδ' ὀρνίχων νόμως πάντων.

[3] Il fut fréquemment porté plainte contre les animaux du VIIIᵉ au XVIIIᵉ siècle, et
des procès en toute règle leur furent intentés. Berriat de Saint-Prix les a recueillis :
Rapport et recherches sur les procès et jugements relatifs aux animaux,
in : *Mémoires de la Société Royale des Antiquaires de France,* t. VIII.
Paris, 1829, p. 403-450. En Angleterre cet usage parait avoir duré plus longtemps
encore ; voir *Allgem. deutsche Strafrechtszeitung,* 1861, p. 32. Voir aussi, sur ce
point intéressant de la civilisation, Geib, *Lehrb. d. deutschen Strafrechts,* V, 2,
p. 197, et Osenbrüggen, *Studien zur deutschen u. schweizer. Rechtsgeschichte.*
Schaffhausen, 1868, VII. *La personnification des animaux,* p. 139.

allégorique. Le but principal de la fable est un but didactique. Chez les Grecs, la fable, respectant l'individualité, s'est plus attachée aux caractéristiques de quelques animaux. Certains semblent encore pris au hasard dans les fables anciennes, celle par exemple de l'autour et du rossignol de l'*Erga* d'Hésiode (V. 200-210). Mais déjà nous en voyons qui ont leur physionomie complète, et qui deviendront bientôt sur un autre terrain les héros principaux de l'épopée animale.

Nous rappellerons seulement ici Reineke Fuchs, qui, sans être absolument Allemand, est né cependant sur le territoire allemand. Un fait important, c'est que sous une forme un peu différente, quelques traits déjà étaient répandus en manière de proverbes [1]. Autre fait intéressant; selon les pays où se déroulent les légendes, on voit changer les *dramatis personæ*. C'est ainsi que J. Grimm a montré que dans l'Allemagne du xe siècle, ce n'est pas le lion qui est le roi des animaux, mais l'ours, animal indigène. L'ours prend également la place prépondérante dans le *Kalevala*, épopée finlandaise. Dans la fable indienne, à la place du renard nous voyons le chacal, un peu moins fidèlement dépeint. Dans l'*Hitopadesa* l'âne se revêt de la peau du tigre. Plus tard, dans les fables occidentales, le loup et le renard échangent souvent leurs rôles comme aussi leurs noms [2]. Remarquons enfin que non-seulement les gros animaux, mais aussi les petits étaient pris en considération. Témoin les cigales, les grillons qui entrent en scène; témoin aussi la *Batrachomyomachie*. Celle-ci pourtant, comme beaucoup de fables arabes et persanes pour ne rien dire des modernes, n'appartient pas au cercle des légendes primitives; c'est une œuvre postérieure faite sur les modèles préexistants.

---

[1] Ils rappellent souvent l'âpre verdeur de nos proverbes actuels et surtout de nos proverbes bas allemands. Ainsi dans les *Scolies* d'Alcaios (16. *Fragm.*) : « Un ami doit aller droit et ne pas faire de détours, dit l'écrevisse en saisissant le serpent de sa pince. » D'autres proverbes sont des emprunts faits aux fables pour les appliquer à l'occasion; ainsi du τέττιγες χαμόθεν ἄδωσιν de Stésichore ou du τέττιγα δ'εἴληφᾶς πτεροῦ d'Archiloque, ainsi du πόλλ' οἶδ' ἀλώπηξ du même.

[2] Ainsi trouve-t-on, dans les *Narrationes* d'Odo de Cirintonia (Shirton) une fable des funérailles d'Isegrimm, non de Reineke (Grimm, *Reinhart Fuchs*, Introduction, p. 221, et Lemeke's, *Jahrb. für romanische und engl. Litteratur*, 9 vol. 1868, p. 133). Dans l'ouvrage précité qui contient les *Narrationes*, édition de H. Oesterley, on trouve, p. 139, n° XXI, une fable dans laquelle, au lieu du loup, c'est le renard qui se revêt d'une peau de mouton pour mieux étrangler moutons et agneaux.

§ 4. — Monuments écrits de l'époque antéclassique.

Ces dernières productions du cycle de la fable et de la légende
nous mènent sur un autre terrain. Jusqu'ici nous avons demandé
à des concordances étymologiques, à des légendes transmises
dans leur forme ou dans leur esprit, les preuves d'une connaissance primitive générale des animaux.

L'apparition de l'écriture va nous ouvrir des sources nouvelles, et l'histoire appuiera ses considérations sur un nouveau
terrain. Le développement de la science dont l'élément préalable,
la connaissance des objets à étudier, s'éparpillait jusqu'ici pour
nous dans toutes les divisions d'un groupe de langues ou de
peuples, se rattache maintenant plus spécialement à quelques
peuples qui, grâce à l'écriture, devanceront les autres en civilisation. Mais il est d'autres circonstances à prendre en considération. D'autres conditions de progrès peuvent avoir favorisé
les connaissances zoologiques. L'extension des voies de communication, surtout, peut avoir eu pour résultat de faire connaître à certains peuples un nombre plus considérable d'animaux. La position géographique et les phénomènes qui en
dépendent ont également pu avoir une influence marquée. Ainsi
les alternances régulières du vent du N. sur la mer Rouge et de
la mousson S.-O. sur la mer des Indes d'avril en octobre, avec
la mousson N.-E. et le vent du S. sur la mer Rouge d'octobre
en avril, ont beaucoup facilité les rapports des Égyptiens, des
Hébreux, des Arabes avec les Indes. C'est à cela que l'Occident
dut de connaître de bonne heure déjà bien des choses de l'Inde.
Mais, avantage incomparablement plus grand, l'écriture désormais permettra de transmettre ce qui est le fond même de la
science : l'union de l'expérience des sens et du travail de l'esprit. C'est celui-ci qui, des faits isolés d'observation, fait un
tout coordonné, d'où dérivent des lois générales en harmonie
avec les faits. Il sera encore intéressant dans certains cas, pour
l'intelligence historique des faits, de montrer outre l'augmentation des matériaux zoologiques due à l'extension de l'homme, l'état
exact des connaissances zoologiques générales ou particulières ;
mais en général il importe peu désormais de faire le relevé
exact des animaux mentionnés par tel ou tel auteur pour juger
de ses connaissances zoologiques. Les progrès de la zoologie

ne dépendent pas du nombre des espèces connues, mais de la conception des formes animales. Ces relevés cependant et la détermination des noms qu'ils donnent peuvent être de quelque utilité pour une histoire des animaux.

Dans cette littérature de plus en plus riche, nous nous attacherons particulièrement aux travaux où la science zoologique, libre de tout objet accessoire, est devenue à elle-même son propre but. Ceci n'est possible que lorsque la culture générale d'une nation lui permet de s'intéresser à des objets qui ne sont pas en rapport avec les nécessités quotidiennes de la vie. Mais il faut surtout encore que l'accroissement de bien-être d'un peuple permette d'user, sans intérêts immédiats, de la partie excédante en quelque sorte de son capital, soit dans la personne de quelques-uns de ses membres qui formeront peu à peu une classe particulière de savants, soit dans la fondation d'institutions purement scientifiques [1].

Cela est vrai du moyen âge, où les corporations religieuses seules, isolées des agitations de l'époque, eurent le pouvoir, et comme on disait volontiers, la charge de conserver les connaissances avant de devenir elles-mêmes les auxiliaires de la revivification des sciences naturelles, mais cela s'applique bien mieux encore au début de l'antiquité. Bien que dans les livres religieux-poétiques des Indiens et des Hébreux, dans les grands poëmes épiques, plus d'un trait permette de conclure à une certaine connaissance des animaux, on n'y trouve rien d'une histoire naturelle scientifique. La haute estime et la vénération religieuse qui entourent la Bible ont souvent conduit à y placer les débuts de l'histoire. Sauf cependant la mention d'un certain nombre d'animaux, on n'en peut guère tirer qu'un aperçu des idées des anciens Hébreux sur la nature. Dans l'histoire mosaïque de la création, et dans l'épisode du déluge, on trouve bien l'indication de groupes d'animaux comme : petits animaux aquatiques, grands animaux aquatiques, oiseaux, quadrupèdes, vers. Mais on ne saurait évidemment voir là un essai de système zoologique. La division des animaux en purs et en impurs, où sont mentionnés les ruminants et les pieds fourchus — Moïse, III, ch. XI, — vient en partie d'un usage antique, et en partie probablement de cette

---

[1] Cette dépendance du développement de la vie scientifique du bien-être général a déjà été indiquée dans Tennemann, *Geschichte der Philosophie*, V, I, p. 30, et plus récemment dans H. T. Buckle, *History of Civilization in England*, vol. I, chap. II. Leipzig, 1865, p. 38.

façon caractéristique de l'antiquité de concevoir la différence entre l'homme et l'animal ; cette conception à un degré ultérieur de développement fit accepter cette admirable idée de la migration des âmes. Si les fables et les légendes qui se rattachent plus ou moins à l'observation de la vie des animaux n'ont pas trouvé d'écho dans la Bible, du moins abonde-t-elle en images et en allégories empruntées aux animaux. Quelques descriptions (le cheval des batailles, par ex., Job, XXXIX, XIX, XXV) appartiennent à ce que la poésie orientale nous a légué de plus élevé, de plus vivant.

On pourrait aussi penser, d'après le caractère de la littérature indienne, trouver dans l'œuvre du plus ancien lexicographe indien, dans l'*Amarakosha*, les indices les plus accusés d'une méthode scientifique[1]. Les animaux qu'il énumère sont répartis en groupes, non d'après leurs propres particularités, mais d'après leurs rapports avec l'homme. Ici donc, pas plus que dans la Bible, il n'y a de division systématique du règne animal. Dans les moyens alimentaires, Amara-sinha donne comme animaux domestiques le bœuf, le chameau, la chèvre, la brebis, l'âne ; puis dans les machines de guerre, l'éléphant, le cheval. Dans les animaux sauvages, le cochon, le buffle, l'yack (on s'est servi de sa queue dès les temps les plus reculés), les chats, les pigeons sont à côté du lion, du tigre, de la panthère, de l'hyène. Le chien vient à propos du chasseur. La liste finit par les animaux de luxe, singes, paons, perroquets, kokilas, et autres[2]. La littérature indienne mériterait bien d'ailleurs, autant que le permettrait une chronologie excessivement difficile, des recherches sérieuses au point de vue d'une histoire des animaux. Pour n'en dire que quelques mots en passant, rappelons qu'on y voit le coccus à laque et la moule perlière, très-anciennement connus, que de très-bonne heure le byssus des jambonneaux a servi à faire des tissus, etc[2].

Rappelons enfin, à titre de simple mention, que les œuvres d'art d'Égypte et d'Asie nous donnent les premières représentations d'animaux[3]. Sans visée scientifique aucune et destinées

---

[1] Comp. *Amarakosha*, publié par A. Loiseleur-Deslongchamps. Paris, 1839, p. 1, et Lassen, *Indische Alterthumskunde*, vol. I, 2ᵉ édit., p 348, 367, 368.

[2] Lassen (*loc. cit.*), vol. III, p. 46 et *passim*.

[3] On ne peut passer sous silence ici les représentations d'animaux bien connus, gravés sur les os de la période quaternaire, représentations assez fidèles pour qu'il soit possible de reconnaître les espèces que l'artiste préhistorique a voulu définir. Voyez Lyell, *l'Ancienneté des hommes prouvée par la géologie*, 2ᵉ édition augmen-

à un tout autre but, ces images pourtant ont quelque valeur
dans la reconnaissance et la détermination de bien des animaux
des auteurs anciens.

En parlant des temps primitifs, nous ne pouvions éviter de
toucher avec l'histoire de la zoologie, l'histoire des animaux.
Mais bientôt la zoologie devient une science indépendante, et les
travaux sur l'histoire des animaux, que jusqu'ici malheureusement les philologues et les zoologistes n'ont pu se résoudre à
étudier en commun, prennent leur place particulière.

ARTICLE II

L'ANTIQUITÉ CLASSIQUE

Les relations des peuples civilisés de l'antiquité classique, soit
avec la nature en général, soit avec le règne animal en particulier, nous intéressent moins ici que la façon graduelle dont ils
arrivèrent à concevoir un examen scientifique appliqué aux objets de la nature.

Les Grecs et les Romains, au point de vue intellectuel, ont un
certain nombre de traits communs dans leurs différences d'avec
les modernes. Les quelques passages que nous avons cités des
écrivains grecs montrent que les anciens, dans leurs vues sur la
nature, ne manquaient pas de cette profondeur poétique et senti-
mentale que l'on attribue volontiers exclusivement aux modernes, surtout aux Allemands. Gœthe l'a fort bien dit [1] : « Le
moderne, presque à chaque considération, se jette dans l'infini,
pour revenir, s'il le peut, à un point plus déterminé ; les anciens

---

tée d'un *Précis de paléontologie humaine*, par E. Hamy. Paris, 1870, in-8, avec
182 figures.   A. S.

[1] *Œuvres*, vol. XXXVII (Winkelmann), p. 20. Comparez l'opinion certainement
trop exclusive de Schiller (*Ueber naive und sentimentalische Dichtung*). *Œuvres*,
édit. en 12 vol., Stuttgart, 1847, vol. XII, p. 178. Plus récemment A. de Humboldt
in *Cosmos*, vol. II, p. 6-25 ; Motz, *Ueber Empfindung der Naturschoenheit bei den
Alten*. Leipsig, 1865. Ce dernier réfute l'assertion inexacte de Gervinus : « L'antiquité
ne mit aucune joie dans la Nature. » (*Geschichte der deutschen Dichtung*. 4e édit.,
vol. I, p. 132) et la dissertation basée sur une pétition de principe de Pazschke,
Ueber die homerische Naturauschauung. Stettin, 1849, E. Müller pense plus
juste dans : *Ueber Sophokleische Naturauschauung*. Liegnitz, 1842.

aussi, sans tant de détours et sans dépasser ses aimables limites, trouvaient du charme à la belle nature ».

Les Grecs gardèrent mieux leur individualité et surent, heureusement, préserver leurs institutions de cette uniformité qui nivelle et abaisse tout. Mais ce qui les distingue surtout, c'est cet esprit naturel, d'où est sortie la science, et tout le reste, grâce auquel, sans se laisser arrêter par le froid souci des intérêts pratiques, ils cherchèrent à interpréter et à ordonner les phénomènes de la nature. Ces dispositions ne pouvaient être que très-favorables aux travaux de science pure.

Les Romains ne manquèrent pas d'objectivité, cette autre condition d'activité scientifique, mais ils en perdirent tout le bénéfice par leur façon étroite de concevoir le peuple, l'État, le monde.

Les Grecs n'avaient pas de prêtres formant classe à part et se prétendant les dépositaires exclusifs de la science, surtout des secrets de la nature en connexion plus intime avec les conceptions religieuses. La liberté intellectuelle était complète pour tous les citoyens, et c'est là une des conditions de la rapidité avec laquelle ils arrivèrent à un niveau scientifique.

Chez les Romains, les prêtres étrusques ne passèrent pas directement dans la constitution de l'État, en restant une caste à part; mais il n'y eut jamais chez eux cette bourgeoisie libre qui fit fleurir en Grèce l'industrie et les arts, le commerce et la science. Les études de science pure et les nécessités pratiques qui, sans être la cause nécessaire, les avaient rendues possibles, ne pouvaient se séparer qu'après la constitution d'une classe instruite, qui sentît que la science n'a d'autre but qu'elle même [1].

Il était donc naturel que le talent essentiellement organisateur des Romains se laissât féconder par la civilisation grecque (on trouve des traces de cette influence jusqu'aux âges les plus anciens de l'Italie) pour atteindre un développement plus élevé quoique toujours un peu attaché à la forme. Mais en même temps, conséquence bien explicable de l'extension romaine et d'un mode d'administration essentiellement niveleur et centralisateur, les Grecs, absorbés dans l'empire du monde, recevaient

---

[1] D'après Welcker (die Hesiodische Theogonie, p. 73) une classe savante n'a commencé à se former qu'après Pherekydes, le premier prosateur (environ 544 ans avant J.-C.).

de Rome une direction nouvelle. Ce qui caractérise l'époque alexandrine, c'est qu'alors comme au moyen âge, la rhétorique, la grammaire, et la dialectique étaient, avec la musique et la géométrie, les éléments nécessaires à la jeunesse pour entrer dans le monde instruit. Rien d'étonnant dans ces conditions que l'étude scientifique des animaux, si brillante à ses débuts, restât muette. Cette science n'eût pu exister que si quelques hommes, avides de science pure, eussent trouvé dans son objet assez d'intérêt pour sortir du cadre ordinaire d'études. Il y a de plus, encore, cette tendance spéciale à l'époque alexandrine de tout traiter grammaticalement, et la préoccupation de conserver les anciens manuscrits ; ces deux causes imprimèrent à la littérature une tournure didactique, et conduisirent à ce que l'on pourrait appeler la scolastique de l'antiquité. Enfin c'est peut-être aux recueils de prodiges, de paradoxes, de merveilles de toute sorte que produisit cette époque, que nous devons ces histoires fabuleuses venues jusqu'à nous à travers le moyen âge, depuis l'antiquité la plus reculée.

Au sens propre du mot, le fondateur de la zoologie est Aristote, qui le premier réunit tous les faits zoologiques connus de son temps qu'il put trouver en un système coordonné. Son influence sur le développement ultérieur de la zoologie ne se soutint pas pourtant, durant l'antiquité. Bien qu'Aristote, plus que personne avant ou après lui, ait contribué à modifier les idées générales du monde instruit, il ne faudrait pourtant pas chercher en lui de traces d'une science naturelle au sens moderne du mot. Il ne put se soustraire à l'influence de son temps et l'on peut dire à son sujet, comme au sujet de toutes les grandes individualités, que l'esprit national de son temps agit par lui sur lui-même. Nous verrons à la fin de ce chapitre ce que valent les œuvres d'Aristote, et nous étudierons d'abord comment se sont développés et réunis dans l'antiquité les différents côtés de la science zoologique.

Il est à peine besoin de rappeler l'imperfection des moyens auxiliaires d'observation dont disposaient les anciens. Plus tard, il est vrai, les Romains eurent des piscines, des volières et d'autres collections d'animaux vivants ; mais il est rarement question de dispositions propres à conserver et observer certains animaux, surtout des petites espèces. Les abeilles font seules exception. Aristote parle souvent d'observations faites sur les abeilles ; ainsi à propos de leur façon de bâtir quand on leur donne une ruche vide [1]. Toutefois l'importance économique et technique des abeilles leur donnait une place à part. On employait le miel à la conservation des cadavres, des fruits, de la pourpre, des médicaments [2] pour les empêcher de pourrir. La cire, employée de bonne heure au même usage, resta plus longtemps en vogue [3]; c'est par elle que les livres enfermés dans le tombeau de Numa furent retrouvés intacts au bout de cinq siècles. Si les anciens ont connu les propriétés antiseptiques du sel marin, ils ont toujours ignoré des méthodes convenables de conservation. Ils ne pouvaient observer que très-superficiellement ou par hasard, dans ces climats méridionaux où la décomposition est plus rapide, les grosses espèces un peu rares ou les petites espèces à corps mou et délicat. Ne connaissant pas de moyens de conservation, ils ne pouvaient avoir de collections d'histoire naturelle. Les curiosités pendues en ex-voto dans les temples devaient attirer l'attention ; elles furent peut-être, à l'occasion, l'objet de considérations scientifiques. Mais ces collections de curiosités n'aidèrent pas beaucoup aux études. Les anciens ne pouvaient rien tirer non plus des objets de petite dimension. Les instruments délicats pour tenir, disséquer, etc., et surtout les moyens de grossissement leur manquaient [4]. La structure intime des gros animaux, la forme, l'existence même des petits leur restèrent cachées.

Les anciens naturalistes manquaient donc de moyens d'observation ; mais ils manquaient aussi d'une méthode rigoureusement logique qui les empêchât de dépasser le but. Aristote plaçait bien l'expérience en tête de nos moyens de connaître et ajournait son jugement sur un phénomène jusqu'à expérience suffisante ; mais ses spéculations si belles dans leur forme n'arrivèrent jamais à la liberté complète. Et quand la philosophie cessant de systématiser, il s'agit de réduire en leurs moments les phénomènes complexes et de les expliquer, alors apparut cet anthropomorphisme qui domine tout, et d'où devait sortir la téléologie. Les observateurs de l'antiquité n'ont pas eu des

---

[1] *Histor. Anim.*, IX, 40, 166 (Aubert et Wimmer).

[2] Plinius, *Hist. nat.*, XXIX, 4. Il cite, VII, 3, la conservation d'un hippocentaure dans le miel. Il parle du sel, XXXI, 9 et 10.

[3] Livius, XL, 29. Plinius, *Hist. nat.*, XIII, 13. Au siècle dernier encore, les cadavres des rois d'Angleterre étaient entourés de bandelettes imbibées de cire.

[4] Il est supposable pourtant qu'ils avaient des verres grossissants, puisqu'on ne peut voir, sans leur secours, tous les détails des camées antiques sur pierre dure.

A. S.

faits assez nets ou assez nombreux, ils ignoraient ou savaient à peine l'art d'expérimenter ; ils devaient donc, comme le dit Whewell, avoir peine à former des idées adéquates à chaque groupe de phénomènes observés. Cela est vrai évidemment pour toutes les sciences naturelles. Et c'est précisément cette faiblesse des sciences alliées qui empêcha la zoologie de s'élever jusqu'à des questions générales de grande importance. Il est intéressant de voir comment Aristote aborde la question des différences de la plante et de l'animal. La vie est commune à l'un et à l'autre et cependant des corps inertes aux végétaux, le passage est graduel. Au total les plantes paraissent animées quand on les compare aux minéraux, inanimées quand on les compare aux animaux. Mais de tous les êtres animés l'animal seul est sensible ; le mouvement volontaire n'existe pas nécessairement chez tous les animaux. Pour bien des productions marines, on peut douter si ce sont des plantes ou des animaux. Il ne s'agit cependant pas ici de ce que l'on a appelé plus tard des *zoophytes* (bien que le doute d'Aristote fonde en quelque sorte ce groupe), mais des testacés (Pinna, Solen). Les ascidies aussi, dit Aristote, peuvent être à bon droit appelées des plantes, puisque, comme les plantes, elles ne rendent aucun excrément[1]. Aristote, ici, tombait dans la même faute où sont tombés, depuis, presque tous les modernes. L'expression « *plante* » est prise comme devant comprendre une classe de corps donnée par la nature elle-même. Il en fut de même plus tard pour le mot « *espèce* ». On ne cherchait pas s'il y avait dans la nature quelque chose d'immuable ou de nettement déterminé répondant au mot. Ce quelque chose manquant, on aurait dû respecter la nature dans sa liberté et n'attacher au mot qu'une valeur factice en rapport avec l'état de la science. Au contraire on crut devoir considérer le mot comme symbole d'un secret que l'on espérait arracher à la nature.

Il était plus facile de tracer les limites supérieures du règne animal que de séparer ses limites inférieures du règne végétal. Aussi Aristote et Pline procèdent-ils dans leur description de haut en bas. Le premier dit expressément qu'il faut commencer par ce que l'on connaît le mieux, et c'est l'homme l'animal le mieux connu. Dans ses écrits, partout où il traite d'anatomie ou de développement, Aristote commence par l'homme. De même

---

[1] Les passages principaux dans Aristote sont : *De anima*, cap. II et III. *Hist. anim.*, VIII, 1, 4-8 (Aub. et Wimm.). *De gener. anim.*, 1, 23., 103. (Aub. et Wimm.). *De part. anim.*, IV., 5., 681, a, b.

Pline ouvre le livre qui suit la description de l'homme par
ces mots : « Passons maintenant aux autres animaux ». Mais
pour tous deux et avec eux naturellement pour toute l'antiquité,
l'homme était le centre de la création, « de nature divine »
(Aristote), « celui pour qui la nature semble avoir créé tout le
reste. » (Pline.)

§ 1. — Formes animales connues.

Toutes les vérités scientifiques fécondes sont de nature générale. Elles sont trouvées par induction ou saisies par intuition
et s'appuient dans les deux cas sur le témoignage confirmatif
de faits positifs. Ces faits les plus élémentaires sont en zoologie
la connaissance des formes animales. Nous avons essayé dans
nos premières pages de montrer qu'on pouvait déjà trouver
dans la langue des preuves de cette connaissance de certains
animaux. Plus tard encore, et jusqu'à nos jours, sans penser à
rien de scientifique, nous voyons se succéder de nouvelles
formes animales, simplement indiquées parfois, parfois plus ou
moins complétement décrites. Car dans l'antiquité comme de nos
jours, pour bien des espèces, les notions superficielles ont précédé
l'arrangement savant des faits nouveaux dans le cadre systématique des autres connaissances zoologiques[1].

Il nous paraît facile aujourd'hui de nommer un animal. Chaque année dans nos catalogues de nouveaux animaux viennent
grossir de leurs noms les classes et les ordres. Mais pour les
anciens deux circonstances devaient rendre difficile la dénomination des animaux nouveaux ou déjà connus; aujourd'hui

---

[1] On trouve une autre preuve, intéressante au point de vue linguistique, de la
connaissance populaire des animaux dans la façon d'exprimer leur voix. Voir à ce
sujet Wackernagel, *Voces animalium*, que la mort de l'auteur a empêché d'être
réédité. Il a échappé à Wackernagel une riche collection d'expressions, dans :
Fr. Guil. Sturzii *Opuscula nonnulla*. Lipsiæ, 1825 (8), p. 131-228. Outre Sturz :
Isidorus Hispal., *De sonitu avium* (et autres animaux), *opera ed. Areval*. Rom.
1801, t. IV. *Etymol.*, p. 523; Vincent. Bellovac. *Specul. natur.*, lib. XXIII, cap. VI;
Physiologus syrus, éd. Tychsen, p. 128; Aretin, *Beitraege* VII, p. 259; *aus einem
Freisinger, ietzt Müncher Codex des 11 Jahrhund.* Extraits des manuscrits grecs
dans Yriarte, *Regiæ Biblioth. Matritensis Codices græci*, t. 1, p. 306-314, 371
et *passim*. Sur les cris des animaux, dans la Bible et le Talmud, voir Levvysohn,
Zoologie du Talmud, § 38, p. 23, § 520, p. 366 (du deuxième Targum à Esther,
1, 2). La seconde édition de Wackernagel a paru depuis l'impression de cette note
(correction de l'auteur).

encore elles nous empêchent souvent de reconnaître les formes qu'ils ont eues en vue. Il leur manquait la notion de l'espèce et une nomenclature rigoureuse.

Pour le premier point on ne trouve nulle part dans les anciens auteurs un mot exprimant uniquement l'idée d'un groupe d'animaux se ressemblant dans leurs traits principaux, quels que fussent d'ailleurs les caractères considérés pour ce groupement. « L'*Eidos* » d'Aristote, qui, très-atténué pourtant, répond au « *species* » de Pline a souvent paru devoir être considéré comme l'espèce moderne, ou tout au moins son avant-coureur. C'est à coup sûr une erreur. Le « *Genos* » et « l'*Eidos* » d'Aristote ont la signification purement logique de deux divisions, l'une subordonnée à l'autre, en sorte que l'Eidos devient Genos dès qu'il embrasse plusieurs subdivisions secondaires qui sont alors elles-mêmes des Eidos; et réciproquement le Genos descend au rang d'Eidos dès qu'il fait partie d'une division plus élevée, appelée alors Genos. On saisira bien ce mode d'emploi et en même temps l'impossibilité de comprendre sous l'Eidos quelque chose approchant seulement de notre espèce, par ce fait qu'Aristote subordonne parfois un Eidos à un autre. Pline suit entièrement Aristote, mais avec moins de rigueur dans la subordination[1]. Les écrivains de l'époque classique ne caractérisent pas davantage l'Eidos comme ils auraient pu, par exemple par l'aptitude à donner des produits féconds. Les unions sont admises entre animaux voisins ou non, et l'on décrit les produits sans soupçonner même qu'il puisse y avoir d'autres empêchements à ces unions que les trop grandes différences de taille.[2] Ainsi par exemple, les chiens indiens viennent de l'accouplement du tigre (d'après un autre passage d'Aristote, d'un animal semblable au chien) avec le chien, le rhinobatis de l'union de la rhiné et de la batis, etc.

---

[1] Comp. Spring, *Ueber die naturhistorische Begriffe von Gattung, Art und Abart.* Leipzig, 1838, p. 40; J. B. Meyer, *Aristoteles' Thierkunde.* Berlin, 1855, p. 348. Voy. aussi Aristoteles, *Hist. anim.*, I, 6, 33 (A. et W.) : Τῶν δὲ λοιπῶν ζώων οὐκέτι τὰ γένη μεγάλα · οὐ γὰρ περιέχει πολλὰ εἴδη ἐν εἶδος. » Entre autres Pline parle, par ex., X, 8, 9, du *Genus accipitum,* et quelques pages plus loin, X, 19, 22, il dit : « *Nunc de secundo genere dicamus, quod in duas dividitur species, oscines et alites,* » où certainement les *species* venant en second lieu sont plus étendus que le *genus* cité d'abord.

[2] Par opposition aux produits de ces croisements, les individus d'une espèce constituent l'ὁμογενῆ (ainsi à propos des Mulets, *Hist. anim.*, VI, 23, 161); mais la pensée qui a dicté ce mot s'arrête là. *De gener. anim.*, II, 4, 53, Aristote dit précisément : μίγνυται δὲ ων.... τὰ μεγέθη τῶν σωμάτων μὴ πολύ διέστηκεν. Sur le chien indien voir *Hist. anim.*, VIII, 28, 167, et *De gener. anim.*, II, 7, 118.

La nomenclature scientifique manqua complétement aux anciens. Leurs noms étaient les noms populaires. Nous voyons en effet dans une seule et même langue plusieurs noms pour un seul animal, et pour un seul animal des noms divers à chaque âge[1]. Aucune description explicite n'accompagne ces noms, présentés comme usuellement connus. Il en résulte qu'on ne peut reconnaître les animaux auxquels ils se rapportent que par quelques particularités le plus souvent disséminées. Nous reviendrons plus tard sur les difficultés que cette circonstance apporte dans la détermination des animaux. Aristote ne s'est astreint à aucun principe rigoureux, même dans la dénomination d'unités systématiques plus élevées.

§ 2. — Animaux domestiques des Grecs et des Romains.

Les animaux domestiques furent naturellement le point de départ des connaissances zoologiques. En nous proposant ici de donner un aperçu rapide des animaux domestiques que citent les auteurs classiques, notre but ne saurait être de faire au complet l'histoire des races, mais plutôt d'indiquer d'une manière générale les espèces connues.

Pour le bœuf, il y a l'espèce domestique, dont il est assez difficile de déterminer la race ; puis parmi les formes les plus voisines le zébu, qu'Aristote dit originaire de Syrie, Pline de Syrie et de Carie, et le bison ou *bonasus*. Pline cite encore l'ur ou aurochs. Les deux auteurs ont également connu le buffle. Élien (XV, 14) parle du yack, d'une antiquité bien plus reculée encore en Orient. Naturellement les fables (abstraction faite des données économiques qui n'ont rien à faire ici) ne manquent pas sur le bœuf ; ainsi Élien raconte (XVI, 33) qu'en Phénicie les vaches sont si grandes, que pour atteindre leurs mamelles et les traire, il faut monter sur un banc. Pour les moutons, Hérodote parle de ceux à queue grasse, d'Arabie, dont on attachait la queue sur de petits chariots que l'animal traînait derrière lui[2]. Aristote parle aussi de races à grosse queue, à

---

[1] Voici des synonymes de cette espèce : γλάνος et ὕαινα, λάταξ et κάστωρ, *apus* et *cypselus*, etc. Les différents âges du thon ont, dans Aristote et Pline, des noms différents.

[2] Russell rapporte la même chose dans *Natural History of Aleppo*, p. 52. On la trouve aussi dans la *Mischna* (Sabbatt., 6, 4) et dans les commentateurs au même passage.

queue mince, à laine courte, à laine longue. Dans Pline apparaît le musimon (VIII, 49, 75), donné plus tard par Isidore de Séville comme un métis de la chèvre et du bélier. A propos de chèvre, il est question de la race à longs poils de Syrie, de la race de Lycie (Aristote) ou de Phrygie (Varron), que l'on tond comme des moutons. Le chameau n'a pas compté parmi les animaux domestiques des Grecs : mais il est souvent parlé, à cause de leur emploi répandu en Orient, du chameau et du dromadaire. Plus tard on les importa et on en eut un nombre considérable [1].

En fait de solipèdes, les anciens ont connu le cheval, l'âne, le koulan et le dzzggetai. Aristote vante surtout les chevaux de Nisie pour leur course rapide. (*Hist. anim.*, IX, 50, 251.) Élien donne les mêmes éloges à ceux de Lybie qui, en outre, n'exigent aucun soin (*De nat. anim.*, III, 2). On ne saurait dire si les ânes à neuf bandes [2], de Magnésie, dont parle Archiloque, formaient une race particulière. D'après Aristote, les ânes de l'Épire sont petits, comparativement aux autres mammifères ; il dit aussi que l'âne n'existe ni en Scythie ni dans le Pont, à cause de sa grande sensibilité pour le froid. Élien (XIV, 10), dit de l'âne de Mauritanie qu'il est d'une vélocité peu commune, mais qu'il se fatigue vite. Xénophon, Varron, Pline, Élien, parlent de l'âne sauvage (*onager*, aujourd'hui koulan). On rapporte au dzzggetai l'expression d'Aristote, *hemionus* (demi-âne), (*Hist. anim.*, VI, 24, 163); mais en d'autres passages elle s'applique au métis du cheval et de l'âne, presque synonyme par conséquent d'*oreus*. Le croisement de l'âne et du cheval pour la production des bardeaux et des mulets, supérieurs sous bien des rapports aux espèces mères, est certainement très-ancien, mais chez les Aryens seulement, car il était défendu aux Sémites. Anacréon attribue l'idée première aux Mysiens [3]. Élien rapporte qu'aux Indes, dans les grands troupeaux de chevaux et d'ânes sauvages, souvent les juments se laissent saillir par les ânes et engendrent des bardeaux bruns excellents à la course (XVI, 9). Aristote ne fait encore aucune distinction entre le mulet (métis d'un âne et d'une cavale),

---

[1] D'après Aurélius Victor (Cæs., 41) l'usurpateur Calocerus était gardien, à Chypre, des dromadaires impériaux, *magister pecoris camelorum* (335 après J.-C.).

[2] Μάγνης ἐννεάμυχλος ὄνος; 183. Hartung (*Die griech. Lyriker*) traduit « à neuf plis; » mais il s'agit certainement de bandes.

[3] ἱπποθόρον δὲ Μυσοὶ εὗρον μίξιν ὄνων (πρὸς ἵππους). 35, *Fragm.*

et le bardeau (métis d'un cheval et d'une ânesse), et les désigne également sous le nom d'*oreus* ou d'*hemionus*. Il pense pourtant que les petits ressemblent à la mère [1], ce qui ferait croire qu'il aurait remarqué la différence. Plus tard le mulet s'appela *mulus*, le bardeau *hinnus* (*burdo* dans Isidore de Séville). Sous le nom de *ginnos* (*hinnus*), Aristote désigne le produit du mulet et de la jument. Pline (VIII, 44, 69) cite des mulets féconds, mais sans preuves authentiques.

On sait que le cochon était élevé en Grèce dès les temps les plus reculés. Nous ne savons rien des résultats d'une éducation soignée dont parle Columelle. Varron cependant signale en Gaule des cochons si gras, qu'ils ne pouvaient plus se remuer. Aristote dit qu'il y a en Pæonie et en Illyrie des porcs à un seul sabot (*Hist. anim.*, II, 1, 17). Pline décrit le babiroussa.

Les récits du sanglier de Calydonie, du sanglier d'Érymanthe et leurs chasses merveilleuses nous mènent au dernier mammifère qui nous reste à citer, le chien. Ceux de Laconie étaient, d'après Aristote, d'excellents chiens de chasse [2] qui devaient descendre d'un croisement du chien avec le renard ; les molosses sont partie chiens de chasse, partie chiens de garde. Aristote parle du petit chien de Malte [3], on le retrouve même dans les auteurs ultérieurs (Pline, Élien) ; enfin Linné a fait un *canis familiaris melitæus ;* tout cela c'est-il la même race ? Nous ne saurions le dire n'ayant ni sa description, ni son véritable habitat d'origine [4] Outre le croisement précité du chien et du renard (et celui du chien et du tigre ou peut-être du chacal), Aristote parle encore de celui du chien et du loup, dont il semble considérer le produit comme fécond, puisqu'il ne cite que les *hemionoi* comme stériles. (*De gen. anim.*, II, 7. 118.)

Les oiseaux furent moins nombreux à l'origine dans l'économie domestique des anciens ; cependant les Romains portèrent le nombre des espèces sinon privées, du moins captives, à un

---

[1] *Hist. anim.*, VI, 23, 162. Columelle, au contraire (chap. IX), dit que les produits ressemblent plus au père.

[2] Peut-être la race que Simonides appelle κύων Ἀμοκλαιος.

[3] κυνίδιον μελιταῖον. *Hist. anim.*, IX, 6, 50. Élien, *De nat. anim.*, XVI, 6.

[4] Aubert et Wimmer (*Aristot. Thierkunde*, I, p. 72) pensent que ce pourrait être le *Canis Zerda*, qui aurait été apporté à Malte d'Afrique. Mais le mot Μελίτη revient très-souvent, et il s'agit plus probablement d'une race grecque de petits chiens d'agrément.

chiffre qu'on ne doit guère dépasser aujourd'hui. Nous avons déjà dit que la poule n'avait dû être importée qu'assez tard ; Aristophane l'appelle encore « oiseau persique », par allusion à son origine orientale. Aristote cependant mentionne des races supérieures de poules domestiques, à plumes bigarrées, mais sans aucun détail sur la forme, la taille, etc. (*Hist. anim.*, VI, 1. 1.) La seule race qu'il nomme est celle des petites poules adriatiques, dont nous ne connaissons d'ailleurs ni l'espèce ni la provenance. A cette époque déjà on profitait de l'instinct qui porte les poules à couver pour leur confier les œufs d'autres espèces (Aristote en parle à propos des œufs de paon). L'instinct batailleur des coqs n'a pas échappé aux anciens. Il est souvent parlé des combats de coqs qui, après les guerres persiques, furent institués à Athènes comme amusement populaire. Outre les combats de coqs, les Romains avaient encore ceux de cailles et de perdrix (Pline, *Hist. nat.*, XI, 51, 112)[1].

L'oie, oiseau domestique fameux, tenue pour sacrée chez les Romains, était déjà connue d'Aristote comme oiseau privé. La gourmandise des Romains leur apprit de bonne heure l'art d'empâter les oies pour les engraisser artificiellement ; le foie gras, surtout celui de l'oie entièrement blanche, était alors déjà un mets très-recherché. L'usage des plumes d'oie pour l'écriture est indiqué pour la première fois par Isidore de Séville, mais comme une chose déjà connue. La petite oie, vivant en troupeaux, d'Aristote, *chenerotes* de Pline, est probablement l'oie sauvage. Le *chenalopex* est à coup sûr l'oie-canard d'Égypte. Bien que ce ne soit pas ici tout à fait sa place, mentionnons l'outarde que Pline place près de l'oie comme sa parente. D'après Xénophon (*Anabase*, I, 5) l'outarde était commune dans les plaines nues de l'Arabie. Aristote ne donne à son endroit que des indications insuffisantes. Le canard était également domestiqué ; en fait de races spéciales, Pline ne cite que les canards du Pont ; encore est-ce pour indiquer leur sang comme médicament. Parmi les pigeons, Aristote parle du pigeon domestique privé, des pigeons des bois, des pigeons à collier, des tourterelles. Nous ne savons rien des races spéciales, ou des formes particulières. Le paon et la pintade, sans être privés complétement, figurent aussi dans la basse-cour des anciens ;

[1] Sur les combats de coqs et de cailles chez les anciens, voy. Beckmann, *Beitraege zur Geschichte der Erfindungen*, vol. V, p. 446.

rappelons enfin le cygne pour les légendes qui s'y rattachent, et les cigognes aux disparitions périodiques.

Nous ne pouvons non plus passer sous silence la chasse au faucon, à l'épervier, à l'autour, déjà connue des anciens. Il se peut qu'elle ait commencé comme le dit Aristote (*Hist. anim.*, IX, 36, 131)[1]; on aurait chassé, d'abord peut-être par hasard, les petits oiseaux des buissons et des roseaux, sous les serres de rapaces planant au voisinage; terrifiés, les oiselets se laissaient tomber et devenaient une proie facile. Quoi qu'il en soit, Élien nous apprend (d'après Ctésias) qu'aux Indes on dressait régulièrement de petits rapaces, l'autour, l'épervier, le corbeau et la corneille, à la chasse au lièvre et même au renard.

§ 3. — Formes animales connues des Anciens.

Nous ne saurions encore, même d'une façon approchée, énumérer tous les animaux connus des anciens dans la plupart des familles du règne. Ce n'est pas à nous d'ailleurs de donner les résultats complets des travaux plus particulièrement conçus dans le but de réunir et de déterminer les animaux cités par les auteurs anciens. C'est une tâche pleine de difficultés. Ils sont rares ceux qui sont à la fois très-versés en philologie et en histoire naturelle, comme Johann Gottlob Schneider Saxo. Il faudrait cependant ce double savoir, que la collaboration de deux spécialistes ne saurait bien remplacer, pour résoudre convenablement la question.

Cette étude aurait des résultats intéressants à plus d'un égard. La géographie physique d'abord y gagnerait un aperçu au moins général sur les faunes de l'ancien monde pendant une période de plus de vingt siècles. L'histoire des animaux qui comprend celle de leurs déplacements et de leurs migrations aurait intérêt à comparer tout ce qui a été dit sur les animaux, leur vie, leur habitation et ce qui existe maintenant.

Mais l'avantage le plus considérable serait pour l'histoire de la zoologie dans l'antiquité, si l'on pouvait donner une idée plus complète du règne animal connu des peuples classiques. Il res-

---

[1] Cette citation ne préjuge pas de l'authenticité du 9e livre en question. Voy. aussi Antigonus Carystius, *Histor. mirabil.*, cap. XXXIV.

terait encore d'assez nombreuses lacunes. Bien des auteurs anciens nous sont arrivés incomplets ou altérés ; d'autres et des plus importants, Apulée par exemple, sont totalement perdus. Souvent les animaux sont simplement nommés sans indication aucune, ou avec des indications trop générales comme dans Ovide, Athénée, Ausone, le *Deipnon* de Philoxène, Dion Cassius, Sénèque[1], etc.

Il y aurait encore un autre travail, qui intéresserait non-seulement l'antiquité, mais, comme nous le verrons bientôt, toute la première période du moyen âge. Ce serait de recueillir le vrai et le faux qui d'Aristote d'une part, de Ctésias de l'autre, à travers Pline, Oppien, Élien, s'est propagé si longtemps, de suivre ces données dans toute leur extension et de remonter aussi à leur point de départ. On pourrait de la sorte élucider l'origine du *Physiologus*, ouvrage didactique sur les animaux, mentionné déjà aux premiers temps de l'ère chrétienne par Origène. Ce serait d'autant plus important que nous allons retrouver ce livre dans plusieurs langues, soit entier, soit par fragments.

Les anciens ne connaissaient qu'une petite partie de la terre, c'était là une limite à leur connaissance des formes animales. Les animaux d'Asie et d'Afrique furent connus du peuple grec et passèrent dans sa langue de très-bonne heure déjà par les colonies d'Asie Mineure, par le contact incessant avec la Phénicie et l'Égypte. Mais ces connaissances ne s'appuyaient pas sur l'observation et l'expérience personnelle ; elles restèrent incertaines, enjolivées et augmentées sans cesse de nouvelles fables. Ces récits créèrent des êtres purement imaginaires et firent attribuer à l'Europe des animaux qui ne s'y trouvent point[2].

---

[1] Pour ces deux derniers, voy. le mémoire de J.-G. Schneider, *Ueber Oppian's und Ælian's Verdienste um die Naturgeschichte*, in *Allerneueste Mannigfaltigkeiten*. 2e année, 1783, p. 392.

[2] Cela s'applique surtout au lion qui, d'après Hérodote, devait exister entre les fleuves Acheloos et Nestos, en Thrace. Sundevall (*Die Thierarten des Aristoteles*, Stockholm, 1863, p. 47) a certainement raison d'admettre que les deux passages de l'*Hist. Anim.* d'Aristote, où la même région, avec indication des mêmes fleuves, est donnée comme habitat du lion en Europe (VI, 31, 178, et VIII, 28, 165), ont été tirés d'Hérodote. Pline, qui répète aussi cette donnée, dit expressément : « is tradit... inter Acheloum etc., leones esse. » Au temps d'Homère, le loup était le plus grand carnassier indigène en Grèce, bien que dans les chants homériques le lion du nord de l'Asie (Syrie), bien connu des Ioniens, revienne souvent comme personnification du courage et de la force indomptable. La donnée d'Hérodote, qui se rapporte à un fait survenu peu après sa naissance (480 ans avant J.-C.) et écrit longtemps après, peut-être à Thurii, dans le golfe de Tarente, repose vraisemblablement sur une confusion soit du narrateur, soit de ceux qui prirent part à l'événement, soit de ceux qui transmirent le fait à Hérodote.

L'extension lente et graduelle du commerce et des relations faisait progresser les connaissances géographiques et zoologiques. Mais ce sont surtout les guerres persiques et la conquête des Indes par Alexandre d'abord, le développement de l'empire romain plus tard, qui firent connaître une grande étendue du monde ancien. Ces terres nouvelles furent sinon explorées au sens moderne du mot, du moins observées avec soin dans leurs produits naturels. Même avant la guerre qui devait mettre fin à leur autonomie, les Hellènes avaient des relations actives avec l'Orient. Des voyages fréquents leur avaient appris bien des choses sur ces pays des merveilles, qu'ils appelaient « *Terre du Soleil.* » Ils n'avaient pas borné leurs excursions au sud de l'Asie, ils avaient également parcouru la vallée du Nil pleine de mystères et les rivages du Pont si profondément mêlé à l'histoire primitive de la Grèce.

Mais ce qui est resté de ces relations porte si peu le caractère de la vérité qu'on ne saurait y voir de sources pour les connaissances zoologiques. On ne visait d'ailleurs pas à des descriptions scientifiques, et c'était incidemment que les hommes et les animaux étaient esquissés dans les récits. Les auteurs que nous considérons sont de valeur très-diverse. Hérodote, en général, mérite plus de confiance que Ctésias et Mégasthène. Il ne faut pourtant déprécier aucun d'eux. Certainement il ne faut rien leur demander qu'on puisse utiliser en zoologie, ni même, comme nous verrons plus loin, en anthropologie. Mais par contre on y trouve une foule de choses très-utiles pour comprendre leur époque, même à d'autres points de vue que l'histoire de la civilisation. Ctésias notamment est très-important, car comme l'a fort bien dit A. W. de Schlegel [1], « son livre sur l'Inde est devenu le grand trésor des fables subséquentes. » Aristote avait mis en doute ou même réfuté certains faits ; Pline, Élien les répètent sans scrupules, et, ceci a beaucoup de conséquence pour le développement des idées préconçues du moyen âge, le compilateur du *Physiologus* les reprend encore, en reportant souvent l'histoire d'un animal à un autre tout différent.

Pline, Élien, Athénée et les auteurs qui suivent avaient en dehors des sources littéraires anciennes d'autres moyens scientifiques d'étendre leurs connaissances zoologiques, s'ils avaient

---

[1] Voy. son mémoire : *Zur Geschichte des Elefanten,* dans son *Indische Bibliotek* vol. I, 1823, p. 149.

été en état d'en tirer parti. Avec cette grande extension de l'empire romain, les missions officielles et les voyages de gens instruits se succédaient dans toutes les parties du monde connu alors, c'est-à-dire l'Europe presque entière, l'ouest et le sud de l'Asie jusqu'aux Indes, l'Afrique jusqu'à l'Atlas et aux sources du Nil. Les renseignements devaient abonder à Rome et souvent très-exacts. Puis grâce au luxe toujours croissant des festins, des fêtes publiques, des jeux, des combats d'animaux, les occasions ne manquaient pas d'étudier à l'aise des animaux vivants ou de disséquer ceux qu'on tuait en si grand nombre. Nous examinerons plus loin comment ces occasions ont été négligées, comment ont été perdus ces matériaux dont on n'aura peut-être plus jamais pareille abondance.

Dans son *Histoire des animaux*, Aristote n'a pas voulu décrire tous ceux qu'il connaissait. Le nombre des formes qu'il cite n'a donc qu'une signification relative. Il y a au total environ cinq cents espèces dans ses ouvrages ; elles ne sont pas toutes décrites avec le même soin et l'on ne peut pas toujours les reconnaître. Les progrès les plus considérables de la zoologie depuis Aristote jusqu'à la fin de l'antiquité portent sur les vertébrés. Leur taille en général plus considérable facilitait leur observation et les signalait davantage soit aux peuples sauvages, soit aux peuples civilisés. La facilité de transporter ces animaux en vie, leur emploi de plus en plus considérable dans l'alimentation (voyez les poissons), dans ce monde romain toujours en quête de nouvelles excitations sensuelles, poussaient à amener sans cesse de nouvelles acquisitions.

Comme plus haut pour les animaux domestiques, nous nous bornerons aux points principaux.

Commençons pour plus de facilité par l'homme. Aristote ne fait aucune mention de races particulières (le passage du huitième livre de l'*Histoire des animaux* où il est traité des Pygmées est certainement apocryphe). Cependant Hérodote déjà décrit différents peuples. La vérité et la fable se succèdent ici tour à tour. La description des différents rameaux scythiques, des Borysthénides, Kallipides, Alapes, Olbiopolites, etc., des Sauromates sortis du mélange des Hellènes et des Amazones, des Adyrmachides, Giligammes, Asbystes de Lydie n'est pas assez précise pour y trouver des particularités de races distinctes. A propos des Neuriens, autre nation scythe, il parle du changement des hommes en loups ; c'est peut-être là la plus ancienne citation

du loup-garou. Les Budins ont des cheveux blonds et des yeux
bleus. Les Androphages, mangeurs d'hommes, n'appartiennent
pas à la famille des Scythes. Jusqu'ici nous sommes encore dans
les limites du vraisemblable. Mais c'est d'après des exagérations
fabuleuses, ou d'après des relations mensongères, qu'Hérodote
parle ensuite des Argippaernes chauves dès leur naissance, des
cyclopes Arimaspes qui gardent l'or avec les griffons au centre
de l'Asie, des Cynocéphales, des Acéphales dont les yeux sont à
la poitrine. Il dit de ces derniers que ce sont les Lybiens qui les
décrivent ainsi et il ajoute : « d'autres animaux encore qui ne
sont pas inventés. » Hérodote lui-même avait donc quelques
doutes en répétant ces fables [1]. Aux Cynocéphales et Acéphales,
que de Lybie, pays fabuleux, il transporte aux Indes, autre pays
de merveilles, Ctésias ajoute encore les Pygmées chevauchant
sur des grues, « les Coureurs à une seule jambe, les Pieds-Plats
qui se mettent sur le dos et, tenant leurs jambes en l'air, se font
un parasol de leurs larges pieds » et bien d'autres contes que nous
retrouverons plus tard dans le pseudo-Callisthène, dans la légende
de saint Brandanus, dans les voyages de Sindbad et de Mande-
ville, enfin en Allemagne dans les aventures du duc Ernest [2].
Mégasthène reproduit les mêmes fables.

Il est difficile de remonter à l'origine de ces mythes, plus difficile
encore de décider si ce sont des absurdités inventées à plaisir, ou
s'il y a au fond quelque fait mal ou incomplètement observé sur
lequel on a continué à broder à loisir. On approchera peut-être
de la solution du premier problème, sachant que certains faits
plaident en faveur d'une origine asiatique. Dans le *Chan-haï-King*,
« livre des montagnes et des mers, » ouvrage chinois apocryphe
qui doit remonter au premier siècle de notre ère, on trouve
décrits et figurés des démons, rappelant par bien des traits les
animaux et les hommes fabuleux de Ctésias [3]. Pour le second
problème, on s'est efforcé souvent de rapporter ces formes
étranges à des objets déterminés qui auraient été exagérés ou
mal interprétés [4]. Mais pour beaucoup toute explication est im-

---

[1] Hérodote, liv. IV, chap. CXCI; voy. aussi chap. XVII-XXVII, 103-110 et liv. III,
chap. CXVI et *passim*.

[2] A. W. von Schlegel (*loc. cit.*), p. 149; voy. aussi Lassen, *Indische Alterthumskunde*, vol. II, p. 651.

[3] Bazin aîné, *Du Chan-haï-King, cosmographie fabuleuse attribuée au grand
Yu*, in : *Journ. asiat.*, 3ᵉ sér., t. VIII, p. 337-382. 1839.

[4] Par ex. H. H. Wilson, *Notes on the Indica of Ctesias*. Oxford (*Ashmolean
Soc.*), 1836.

possible, et il faut bien admettre que l'imagination du narrateur a extraordinairement exagéré ce qu'il a pu observer.

Pas un des successeurs de Ctésias, dans la description des races humaines, ne sut entièrement se débarrasser de ces exagérations, destinées à suppléer à une observation trop superficielle. Cependant il semble, en général, que des considérations plus sobres gagnent peu à peu du terrain. Ce qui nous empêche seul de déterminer les Ichtyophages, les Chélonophages et autres peuples d'Agatharchide, c'est qu'en l'absence d'un criterium suffisant, la description ne roule que sur quelques détails. Mais pour les Hylophages qui passent leur vie à courir tout nus sur les arbres, se nourrissant de feuilles et de pousses succulentes, on ne saurait dire si ce sont des singes ou une race d'hommes merveilleuse. Hérodote déjà cherchait à établir sur la physiognomie et l'histoire de la civilisation les relations des différents peuples ; quoi qu'il en soit, les anciens n'eurent pas idée d'une histoire naturelle de l'homme. Pline reproduit encore les fables de Ctésias, Mégasthène, Artémidore, etc. ; mais il n'hésite pas à considérer ces hommes merveilleux comme des jeux de la nature[1]. Arrian donne, au contraire, une description des Nègres, et remarque même que les Indiens ressemblent aux Éthiopiens. Ctésias déjà mentionne des albinos aux Indes ; Philostrate décrit des nègres albinos (*Biographie d'Apollonius de Tyane*); sa description doit, comme toutes celles de ce genre, avoir été tirée d'auteurs plus anciens.

En fait de singes, les anciens connaissaient les babouins, les macaques, des espèces à queue longue et à queue courte et les cercopithèques. Il est certain qu'ils n'ont vu ou du moins décrit, et encore moins disséqué, aucune espèce anthropomorphe. Le singe de Galien n'est pas l'orang-outang, comme on l'a cru pendant un certain temps[2].

Aristote parle déjà des chauves-souris, mais on ne saurait distinguer ses espèces. En fait d'insectivores, on connaissait : la taupe (celle du midi de l'Europe probablement), le hérisson et peut-être la musaraigne. Les rongeurs avaient pour représentants : les lièvres, souris, rats, loirs, castors, etc. C'est chez les

---

[1] *Hist. natur.*, VII, 2, 2. « Hæc atque talia ex hominum genere ludibria sibi, nobis miracula, ingeniosa fecit natura. » Antigonius Carystius même était critique plus sévère pour Ctésias quand, après avoir rapporté un de ses contes, il dit : « διὰ δὲ τὸ αυτον πολλά ψεύδεσθαι, παρελείπομην τὴν ἐκλογήν. »

[2] Les Chinois paraîtraient avoir tiré du sang du singe une matière colorante pourpre. Voy. Erasm. Francisci, *Ost und Westindischer Lustgarten*, p. 390.

rongeurs que le nombre des espèces connues s'accrut relativement le moins[1]. Rien ne fait supposer que les anciens aient connu les lémuriens.

C'est aux carnivores que les Romains demandaient les plus forts contingents pour leurs combats d'animaux. Mégasthène avait déjà mentionné le tigre ; Pompée, le premier, en fit voir un à Rome[2]. Élien parle de lions dressés à la chasse par les Indiens ; il doit s'agir là du guépard. Cœlius demandait des panthères à Cicéron, pendant qu'il était proconsul en Cilicie. En 168 (av. J.-C.), on vit au cirque les combats des grands félins d'Afrique : panthères, léopards et peut-être aussi des hyènes, sous le consulat de Scipion Nasica et Lentulus. Les lions apparaissent à Rome pour la première fois en 185 (av. J.-C.). Sous l'empereur Claude, on trouva une nouvelle manière de les prendre. Le lynx des anciens est certainement le caracal; le lynx parut à Rome seulement sous Pompée[3]. Ajoutons à cette liste les chats, les civettes, l'ichneumon, la martre, le renard, le loup, le chien (les chiens sauvages venaient d'Écosse), les ours et le blaireau, et enfin les phoques, et nous aurons les principaux groupes de carnivores[4].

L'éléphant indien fut connu le premier; c'est lui dont il est question dans Aristote. Au temps des Romains, les Carthaginois amenèrent en Italie l'éléphant d'Afrique. Les soldats romains virent les premiers éléphants en 286 (av. J.-C.) en Lucanie (d'où le nom de *boves lucani*), dans l'armée de Pyrrhus. En 274 (av. J.-C.), Curius Dentatus attela des éléphants à son char de triomphe. Pline parle déjà d'éléphants apprivoisés et dressés

---

[1] La mantichore de Ctésias est rapprochée souvent du porc-épic ; il n'y aurait plus, en tout cas, que quelques traits isolés dans cette fantastique image.

[2] Le roi Seleukos aurait déjà envoyé un tigre à Athènes en présent, d'après Athénée, XIII (éd. de Schweighaeuser), vol. V, p. 133. — Pour les espèces qui ont figuré dans les combats d'animaux, voy. Mongez, *Mém. sur les animaux promenés ou tués dans les cirques*, in : *Mém. de l'Instit. Acad. des Inscript.*, t. X, 1833, p. 360-460; et Friedlaender, *Darstellung aus der Sittengeschichte Roms*. 2e part. (1re éd.), p. 332.

[3] Le passage de Pline qu'Aubert et Vimmert (*Thierkunde*, p. 72) rapportent au λύγξ (VIII, 19, 28) n'a certainement pas trait au lynx du même auteur, mais à un animal qu'il nomme *chama* ou *chaus*, appelé *rufius* par les Gaulois; c'est notre lynx qu'il appelle plus loin (VIII, 22, 34) *lupus cervarius*.

[4] Il faut y ranger peut-être les μύρμηκες d'Hérodote et autres, qui déterrent l'or aux Indes. Ils avaient le pelage du renard, mais étaient plus gros. Néarque déjà dit qu'ils déterrent de l'or, par hasard, en se creusant des tanières (Voy. Arrian, *Hist. Ind.*). Voy. aussi Graf Veltheim, *Von den goldgrabenden Ameisen und Greifen*, Helmstaedt, 1795.

aux tours de force. On a beaucoup de représentations de cet animal, même de l'espèce d'Afrique. On vit un hippopotame à Rome en 58 (av. J.-C.); on ne doit pas trouver de mention antérieure de cet animal. Au quatrième siècle de notre ère, Ammien Marcellin dit déjà qu'on ne trouve plus l'hippopotame au-dessous des cataractes du Nil; Arrian remarque qu'il n'existe pas aux Indes. Agatharchide décrit un rhinocéros (chap. LXXI des *Geogr. min.*, de C. Müller); Pausanias, le premier, décrit l'espèce à deux cornes. Il est représenté sur les monnaies de Domitien; Ptolémée Philadelphe en avait déjà fait voir à Alexandrie. Pour les solipèdes, nous renvoyons à ce que nous en avons dit plus haut. Le zèbre (*hippotigris?*) vint à Rome sous Caracalla.

Outre le porc domestique, on connaissait le sanglier et le babyroussa déjà cité. L'hyrax de la Bible (« saphan » que Luther traduit par lapin) n'était pas connu des peuples classiques.

Parmi les ruminants [1], outre ceux qui étaient domestiqués et leurs plus proches voisins, on connaissait le cerf, le chevreuil, le daim, l'élan (Pline, Pausanias), le renne et plusieurs espèces d'antilopes. On ne trouve aucune mention du cerf géant. Agatharchide (LXXIIe chap.) décrit la girafe; Ptolémée Philadelphe en amena à Alexandrie; elle parut à Rome sous César (*diversum confusa genus panthera camelo,* dit Horace à son sujet). On la trouve souvent représentée ainsi sur une mosaïque postérieure à l'époque d'Adrien, sur un sarcophage dans le triomphe de Bacchus [2]. Nous avons déjà parlé du chameau.

Parmi les cétacés, on connaissait le dauphin, les marsouins et l'on savait l'existence du *balæna mysticetus.* Les ossements énormes que M. Æmilius Scaurus apporta à Rome en 83 après J.-C. venaient peut-être d'une grande baleine échouée. Arrian parle d'animaux voisins des baleines dans l'Inde; Pline parle du plataniste du Gange qui a une trompe et la queue du dauphin.

Il est beaucoup plus difficile que pour les mammifères d'exposer pour les autres vertébrés les connaissances des anciens.

---

[1] Ce fut César qui introduisit à Rome les combats de taureaux, empruntés aux Thessaliens.

[2] La mosaïque de Préneste, reproduite par Barthélemy in : *Mém. de l'Ac. des Inscr.*, t. XXX, 1760, p. 334; aussi sur une peinture murale d'un columbarium de la villa Pausili, V. O. Jahn, dans : *Abhandlg. d. K. Bayer. Acad. Philos. hist. kl.*, vol. VIII, 1858, pl. I, fig. 1; enfin sur des monnaies, même avant J.-C., en Cyrénaïque (voy. Liebe, *Gotha numm.*, p. 393), au sujet desquelles Cavedoni, qui y voit une girafe, a certainement raison sur Liebe et Eckhel; enfin sur des monnaies d'Alexandrie du temps d'Antonin le Pieux. Pour le sarcophage, voy. *Bollet. dell' Instit. arch.*, 1858, p. 40 et p. 125.

Mais nous ne voulons pas ici énumérer exactement toutes les espèces plus ou moins reconnaissables, nous désirons simplement indiquer l'étendue des notions que les anciens avaient sur les formes animales. Ce qui suit suffira pour cela.

Pour les oiseaux, Aristote dit que les perroquets habitent les Indes ; de même Arrian ; mais on en connaissait aussi d'Afrique. Les anciens avaient parfaitement observé l'habitude du coucou de pondre dans les nids des autres oiseaux ; dans cet ordre ils connaissaient encore le martin-pêcheur[1], le guépier et la huppe plus ou moins bien décrits. Ils connaissaient plusieurs espèces de pics et aussi le torcol. Dans les macrochises, on reconnaît facilement les engoulevents et les martinets. Il régnait à l'égard de ces derniers une confusion avec les hirondelles, qui a duré jusqu'aux temps modernes. Les passereaux, crieurs et chanteurs, figurent en nombre plus considérable. Les moineaux, mésanges, lavandières, grives, rossignols, alouettes, hirondelles et loriots représentaient ce groupe nombreux en espèces. L'appétit impitoyable des gourmets romains faisait tuer, comme malheureusement encore en Italie, quantité d'oiseaux arrivant ou passant dans le midi de l'Europe. Nous avons encore des menus romains qui ne cèdent en rien aux raffinements les plus délicats de notre cuisine moderne. On gardait les rossignols pour leur chant ; on savait engraisser les grives. Parmi les corvidés on trouve cités les geais, les corbeaux et les corneilles. Comme oiseaux de proie on distinguait les vautours, les aigles, les faucons et les hiboux ; il n'est pas facile de déterminer les espèces, mais en comparant entre eux les divers auteurs, on pourrait aller plus loin dans cette voie. Martial parle en deux endroits d'un aigle apprivoisé, peut-être dressé, qui s'éleva dans les airs avec un enfant dans ses serres. Nous avons déjà parlé des pigeons, des poules, des cailles et des perdrix. Le faisan était connu ; le méléagris des anciens était la pintade. Les autruches jouaient un grand rôle dans les combats d'animaux chez les Romains. Hérodien dit à ce sujet que les autruches dont Commode avait abattu la tête dans le cirque continuèrent à courir quelque temps, comme si de rien n'était[2]. Parmi les échassiers, outre

---

[1] D'après le passage rapporté plus haut d'Alkmann (*Rem.* 16, p. 19), il est probable qu'Antigonus Carystius a raison quand il décrit le κήρυλος comme le mâle de l'ἀλκύων. Il n'apparaît qu'une fois dans Aristote (*Hist. anim.*, VIII, 3, 47).

[2] Προϊέναι δὲ ποι τὸ σῶμα τῆς κεφαλῆς ἀφῃρημένης οὐδεν ἄλογον, dit Aristote, *De partibus*, III, 10, 673 a.

ceux que nous avons mentionnés, on trouve encore la cigogne, le héron, la spatule, l'ibis, le butor, les grues. Celles-ci, d'après Dion Cassius, étaient dressées à se livrer bataille. La bécasse et les espèces voisines étaient également connues. Les palmipèdes avaient des représentants assez nombreux. On ne sait pas si Aristote a déjà connu le flamant, dont Pline vante la langue, d'après Apicius, comme un morceau délicat. Outre les cygnes, oies, canards déjà cités, on connaissait aussi le pélican, le cormoran, le plongeon et les mouettes.

Comparativement aux autres vertébrés, ce sont les reptiles et les amphibies qui sont le plus mal représentés chez les écrivains de l'antiquité. On connaissait des tortues de mer, de terre, et d'eau douce, mais seulement par quelques formes assez mal déterminées. Les crocodiles du Nil parurent aussi dans le cirque à Rome. On les apprivoisait et dans plusieurs villes de l'Égypte on en entretenait en grande vénération; Vopiscus nous apprend qu'à Alexandrie, Firmus (272 ap. J.-C.) nageait impunément au milieu d'une foule de crocodiles; à Arsinoé les prêtres nourrissaient ces animaux (IVe siècle). Arrian parle d'animaux de l'Inde semblables au crocodile; on retrouvera plus tard cette assertion dans les géographes arabes. Parmi les serpents, il est difficile de déterminer les espèces connues en Europe. Outre la vipère de l'Europe méridionale et l'aspic d'Égypte, on connaissait encore peut-être quelques serpents de l'Inde, dont quelques-uns venimeux [1]. Sous Auguste, un serpent colossal fut montré dans le cirque (python). Quelques petites espèces de lézards, les stellions [2], le caméléon et quelques autres espèces de détermination difficile représentent les sauriens. Parmi les amphibies, les anciens avaient vu et observé la salamandre, mais ils l'entourèrent de toute espèce de fables. C'est à peu près la seule forme urodèle connue. Les grenouilles et les crapauds étaient bien connus.

On avait appris peu à peu à connaître un nombre considérable de poissons. La recherche gastronomique des Romains et plus tard les jeûnes du christianisme et l'obligation de faire maigre

---

[1] Andromachus, médecin particulier de Néron, mentionne, dans la composition de sa fameuse thériaque « θηριαχὴ δι᾽ ἐχίδνων », un certain nombre de serpents dont il ne donne d'ailleurs que le nom.

[2] Apollonius Dyscolos cite (*Hist. mirab.*, 39), d'après Aristote (ἐν ταῖς ἐκλογαῖς τῶν Ἀνατομῶν) un passage où ce dernier dit qu'il existe, à Paphos, un serpent avec deux pieds, semblable au crocodile de terre (*stellio*). Est-ce une observation incomplète d'une forme de scincoïde?

contribuèrent beaucoup à les faire connaître. Mais au fur et à mesure que les espèces connues augmentent, il devient de plus en plus difficile de les déterminer avec quelque exactitude. C'est ici surtout qu'on trouve de simples listes de noms [1], avec tout au plus quelques épithètes de pure ornementation, absolument générales, sans signification et donnant lieu facilement à l'erreur. Il y aurait grand intérêt, à cet égard, à explorer soigneusement de proche en proche quelques régions bien limitées, en utilisant les traditions religieuses depuis les premiers siècles de notre ère. Pour quelques noms on trouverait aussi de bons renseignements dans les glosses ; elles donneraient au moins des indications utiles sur le goût, l'utilité, les propriétés nuisibles des espèces [2]. — On trouve souvent dans les classiques différentes espèces de squales et de raies ; quelques-unes, grâce à certaines particularités caractéristiques, peuvent être déterminées exactement. Aristote connut les raies électriques de la Méditerranée. Mégasthène (dans Élien) celles de la mer des Indes. Parmi les ganoïdes, on connaissait probablement quelques esturgeons. Mais ici, chez les anciens déjà (et plus tard au moyen âge), les noms se confondent souvent. *Anthias* et *elops* d'Aristote, *accipesios* imité du latin par Athénée, *esox*, *silurus* et *accipenser* de Pline qui donne encore comme synonyme *elops*, se rapportent probablement à différentes espèces d'esturgeons parmi lesquels le sterlet était le plus estimé. [3] Les anciens ne

[1] Ainsi, par ex., dans le fragm. περὶ ἰχθύων de Marcellus Sidites, dans le *Mosella* d'Ausone, etc.

[2] Pour citer un exemple de ces fausses déterminations qui ne laissent pas d'être nombreuses, je renverrai à Ausone, *Mosella*. Il dit, v. 89 : « Et nullo spinæ nociturus acumine redo. » Boecking traduit par « sans arêtes » ; et là-dessus Schaefer (dans *Moselfauna*) et Florencourt *(Jahrbücher d. Rheinl.*, V et VI, p. 202) veulent faire du *redo* un cartilagineux, quelque chose comme une lamproie. Forcellini indique un passage de l'*Halieutica* d'Ovide (?) où il est dit, v. 128 : « Et spina nocuus non gobius ulla. » Le *gobius* est bien un poisson à arêtes. Enfin Pline dit de l'*areneus*, poisson qu'on ne saurait déterminer d'ailleurs (*Trachinus vipera*, d'après Cuvier) : « spinæ in dorso aculeo noxius (IX, 48. 72). » Par conséquent le « spinæ acumine nullo » d'Ausone doit signifier « sans aiguillon sur le dos ». D'autre part une glosse ancien haut allemand (XIᵉ siècle, Haupt, *Zeitsch. f. deutsch Alterthum*, v. IX, p. 392) traduit *redo* par *Munewa*. Pour *Munivva*, Graff donne déjà la forme *Munvva*. Ce nom, du pays rhénan moyen, se retrouve dans la *Physica* de S. Hildegard, et Nau (*Oehon. Naturgesch. d. Fische um Mainz*, 1787) l'attribue, sous la forme *Mulbe*, à un cyprin qui vit dans tout le bassin du Rhin, le *C. aspius*. Il est donc probable que c'est là le *redo*, et le *redo*, à coup sûr, n'est pas un cartilagineux.

[3] Il n'est donc pas impossible que, comme Florencourt le suppose pour d'autres raisons, Ausone ait voulu désigner l'esturgeon par *silurus*, mais que par confusion il ait décrit le silure, comme on voit par ce passage : « Velut actæo perducta tergora olivo », v. 135.

semblent pas avoir connu de cyclostomes. Les poissons osseux par contre sont largement représentés dans les auteurs anciens. Nous rappellerons seulement le silure *(glanis)*, le brochet *(lucius et lupus)*, les carpes, les poissons blancs, le barbeau, la perche, l'anguille, les murènes, le saumon, la truite saumonée, la truite et autres salmonidées d'eau douce ; le thon, le maquereau, le serran, le hareng, la sardine et beaucoup d'autres poissons de mer qu'il est inutile de donner ici quoiqu'on puisse arriver à les déterminer. On savait que certains poissons bâtissent des nids[1], et que d'autres émettent des sons[2]. Les viviers, comme encore en général, n'avaient qu'un but gastronomique.

Parmi les mollusques, ce sont les céphalopodes que l'on connaissait le mieux ; déjà Aristote distingua les principaux genres et connut assez bien leurs mœurs. Il aurait même, d'après un passage de l'*Histoire des animaux* (IV, 1, 15) connu le vrai nautile. On a infiniment moins de renseignements sur les gastéropodes. On trouve quelques noms, qui ont même passé dans la nomenclature scientifique, mais il n'y a rien à en tirer de précis. On n'est même pas fixé sur la pourpre dont on a tant discuté ; on incline cependant en général à croire que c'est le *murex brandaris* ou *trunculus ;* mais ce pourrait être également un *purpura,* ou même un *buccinum.* En fait de bivalves, les anciens connaissaient les moules, les *pecten, pinna, solen,* l'huître perlière, l'huître ; on cultivait même celle-ci dans des réservoirs spéciaux. Pour les tuniciers on ne trouve que dans Aristote une description de ce groupe un peu caractéristique (surtout des ascidies). Les auteurs subséquents n'en parlent plus.

Les arthropodes terrestres, les plus accessibles en somme, échappaient par leur petitesse à l'observation. On ne trouve sur les insectes que des remarques très-générales et à propos d'espèces attirant l'attention par quelque particularité. Les lampyres, les xylophages, les scarabées, les cétoines, les lucanes représentent les coléoptères. Parmi les hyménoptères, les abeilles, que l'on élevait en domesticité, étaient assez bien connues, si ce n'est qu'on se trompait sur les sexes, comme on continua d'ailleurs à le faire jusqu'aux temps modernes. La vie des guêpes sociales fut aussi décrite. Les anciens connaissaient

---

[1] Ovide, *Halieut.*v. 122 : « Atque avium dulces nidos imitata sub undis. »

[2] Comp. le mémoire de J. Müller (*Ueber die Fische, welche Toene von sich geben,* dans ses *Archiv für Anatomie,* 1857, p. 249) où il réunit et discute les observations des anciens.

les papillons en général, ils savaient leurs métamorphoses, mais on ne saurait reconnaître d'espèces. Tout au plus peut-on croire qu'Aristote a connu les chenilles arpenteuses. Pour le ver à soie, on savait au temps d'Alexandre que le cocon venait d'une chenille ; peut-être auparavant déjà on avait appris quelque chose sur cet insecte de la Chine par l'Asie centrale. Il fut introduit dans les pays iraniens plus tard seulement, vers la fin des Sassanides [1]. On ne trouve dans Aristote à son égard que des données incomplètes et non personnelles. Tout ce que les anciens ont su du ver à soie semble se borner à ceci, que c'était un insecte qui produisait la soie. Quant à la forme de cet insecte, à la série d'états par où il passe, ils n'ont pas eu là-dessus des idées bien nettes. Les sauterelles, les grillons, les punaises, les cigales (Anacréon), les mouches représentent les autres ordres d'insectes. Nous avons déjà dit qu'on connaissait les poux et la puce. On rangeait aussi parmi les poux les parasites des poissons, mais sans distinguer de formes spéciales. Le coccus à laque s'était de bonne heure propagé de l'Inde vers l'Occident. On trouve cités les araignées, les faucheux, les scorpions et même le petit scorpion des livres. On connaissait plusieurs formes de mille-pieds. Les crustacés, moins nombreux, fournissent le homard, l'écrevisse, la langouste, la squille, plusieurs crabes. Parmi les cirrhipèdes, qu'on ne mettait naturellement pas encore dans les crustacés, il y avait les glands de mer, balanes. Les lépades d'Aristote sont des patelles.

Les anciens n'ont presque rien connu des vers. En dehors du ver de terre, il n'y a quelques données que sur les vers parasites rubanés et cylindriques et peut-être sur les vers marins. Les échinodermes avaient pour représentants les holoturies, les oursins et les étoiles de mer. Mais on en savait trop peu pour distinguer les espèces. Pour les actinies et les méduses, tout ce qu'on peut dire, c'est que quelques formes frappèrent Aristote et l'amenèrent à jeter les yeux sur elles ; encore reste-t-il des doutes pour les méduses. On connaissait bien les coraux, mais on ne savait rien de leur nature (*tempore durescit, mollis fuit herba sub undis*. Ovide). On ne savait trop où placer les éponges dont on connaissait quelques formes, mais on n'attachait à cette question ni pour le fond ni pour la forme l'importance qu'elle a prise depuis.

[1] Voy. Lassen, *Indische Alterthumskunde*, vol. I, 2º édit., p. 372-379.

Après cette rapide esquisse du tableau du règne animal chez les anciens, rappelons encore que malgré les critiques d'Aristote (seul il est vrai) contre tous les mensonges et toutes les fables, ces embellissements durèrent vivaces et à travers l'antiquité passèrent jusqu'au moyen âge. La zoologie, dont l'objet apparaît de prime abord sans recherches spéciales et sans opérations spéculatives, a nécessairement une bonne part de son *Histoire* consacrée au redressement graduel d'erreurs premières. Nous ne les énumérerons pas ici ; car en parlant des sources de l'histoire de la zoologie au moyen âge et en faisant l'histoire de certaines classes nous aurons occasion souvent de montrer combien ces mythes sont difficiles à arracher une fois enracinés dans l'esprit populaire.

§ 4. — Connaissance de l'organisation animale.

L'antiquité n'a jamais possédé assez de faits zootomiques pour que l'induction ait pu asseoir sur cette base des considérations morphologiques générales. Nous admirerons d'autant plus la netteté avec laquelle Aristote a vu des lois et, appliquant pour la première fois le principe de la corrélation des parties, y trouva de si utiles appuis pour ses vues systématiques. Nous avons déjà montré comment, en immolant ou tuant des animaux, on était par des observations fortuites arrivé à certaines considérations générales en anatomie. Les besoins médicaux firent naître ensuite des études régulières pour arriver à connaître le corps humain. Enfin, surgirent des questions générales de philosophie et surtout de psychologie, que l'on crut pouvoir résoudre (la perception des sens par exemple), en étudiant les organes correspondants. Mais il y avait dans les conditions subjectives de ces deux méthodes une source considérable d'erreurs. En transportant à l'homme ce qu'on trouvait chez l'animal, et en attribuant aux organes de l'animal les fonctions (souvent hypothétiques) de ceux que l'on croyait analogues chez l'homme, on devait souvent arriver à des erreurs. Avant que la physique n'eût atteint un certain développement, les organes des sens ne pouvaient donner de quoi évaluer la part psychique de la perception. Enfin, pour terminer par les conditions matérielles, on ne pouvait encore comprendre les modifications que la mort imprime aux organes et les phénomènes qui en découlent (les artères, par exemple, qui se vident de sang) et les utiliser convenablement dans les systèmes anatomiques.

Si l'anatomie comparée avait pu s'inspirer dans son développement des considérations qui président aujourd'hui à la conception de la complication graduelle de l'organisme animal, si elle avait pu s'élever de l'organisation la plus simple aux formes les plus compliquées, on eût évité bien des erreurs. Mais les anciens, dominés, comme nous ne le sommes que trop souvent encore, par un anthropomorphisme obstiné, cherchaient avant tout des explications, quelles qu'elles fussent, des manifestations et des phénomènes de la nature. Cette explication était alors, selon la méthode, le plus souvent fortuite, rarement raisonnée, ou grossièrement mécanique, ou purement spiritualiste, mais marquée toujours de l'idée préconçue d'une commune dépendance. On essaya bien peu de la méthode inductive. Nous revenons ici à Aristote, car de tous les naturalistes de l'antiquité, c'est lui qui sut le mieux surmonter les difficultés qui s'opposaient à une conception exacte de l'organisation animale. Il resta esclave de bien des préjugés de son temps, mais par ses nombreux services, il a droit au titre de fondateur de l'anatomie comparée.

Un certain nombre de philosophes du temps d'Aristote sont connus pour avoir étudié l'organisation, et même le développement des animaux. Mais chez aucun il n'y a de vues aussi larges que chez Aristote, chez aucun non plus ces études n'ont leur intérêt en elles-mêmes. La plupart ne demandent à l'anatomie que des arguments en faveur de leur système général de philosophie de la nature. Nous ne pouvons pas ici les suivre dans cette voie. D'ailleurs, l'histoire de la zootomie a peu à prendre à leurs systèmes. Comme il ne reste plus de ces auteurs que des fragments, dont une bonne partie a été conservée dans Aristote même, nous nous bornerons à signaler brièvement quelques points.

Alcméon de Crotone (vers 520 avant J.-C.), est le plus ancien auteur qu'Aristote cite comme zootomiste et dont il reproduit en outre quelques aperçus dans ses écrits zoologiques. Mais il n'en a pas donné assez pour que nous puissions nous faire une idée complète de sa façon de concevoir l'organisation animale. Pour lui, l'âme humaine diffère du principe général de la vie, par le pouvoir de comprendre les perceptions des sens[1]. Aristote, à propos du moment d'apparition des particularités sexuelles, dit qu'Alcmaeon a montré que les plantes aussi ne fleurissent que lorsqu'elles sont aptes à porter graine. Aristote réfute Alcmæon (*Hist. anim.*, I, 11, 45), lorsqu'il dit que les chèvres respirent par les oreilles. Pline (*Hist. nat.*, VIII, 50, 76)[2], attribue, sans la réfuter, cette opinion à Archelaos. Mais Aristote croit également devoir reprendre Alcmæon lorsqu'il dit[3] que dans l'œuf le blanc correspond au lait, c'est-à-dire à la première nourriture du jeune animal. Ce sont là des observations qui intéressent différents points de la vie animale, et il est probable que les recherches d'Alcmæon portaient sur un champ assez large.

Il nous reste un ensemble un peu plus cohérent d'Empédocle (environ 440 ans av. J.-C.). Suivant ses tendances philosophiques qui forment le passage en quelque sorte des Pythagoriciens aux atomistes, il voulut considérer les parties similaires du corps animal, muscles, sang, os, non comme étant des éléments simples ou multiples, mais comme résultant du mélange des éléments en certaines proportions. Il admet quatre éléments, les mêmes qui ensuite, à partir d'Aristote, régnèrent jusqu'à la fin du moyen âge (et même jusque dans les temps modernes dans le peuple). Devant l'immense variabilité des formes animales, il eut le premier cette idée de placer à côté de la matière une force, origine de tout mouvement. Mais il fut loin de suivre cette conception dans toute sa rigueur. Il chercha à expliquer, en partie mécaniquement, l'organisation animale. Aristote lui reproche, en effet[4], de dire que, chez les animaux, bien des parties n'ont d'autre raison d'être que parce qu'elles se sont arrangées de la sorte lors de la formation ; l'épine dorsale des mammifères se fractionne, lors de sa formation, en vertèbres isolées. Lorsqu'Empédocle ne peut plus employer cette explication assez étrange, il se perd dans des spéculations sans intérêt. Dans la génération, il attribue au mâle autant d'influence

---

[1] Theophrasti Opera, éd. J.-G. Schneider, t. I, p. 657-25. *De Sensu.*

[2] Ceci revient dans Origène : *Philosophumena,* lib. IV, cap. XXXI (p. 67, éd. Müller : Αἰγῶν δὲ κἂν ἐπιπάσῃ τις κηρωτῇ τὰς ἀκοάς φασι θνῄσκειν μετ' ὀλίγον ἀναπνεῖν κωλυομένας. Ὁδὸν γὰρ αὐταῖς ταύτην εἶναι λέγουσι τοῦ δι' ἀναπνοῆς ἑλκομένου πνεύματος.

[3] Aristoteles, *De generat. anim.*, III, 2, 33.

[4] *De partibus anim.*, I, 1, 640 a. Pour la participation des éléments, même ouvrage, I, 1, 642 a.

qu'à la femelle sur le produit ; pour lui, les sexes se forment de
la manière suivante : dans un utérus chaud, il se forme des
mâles ; dans un utérus froid, il se forme des femelles. Chez les
plantes, les sexes, d'après lui, ne sont pas encore séparés. Il
explique la stérilité des mulets par l'épaississement des deux
liquides séminaux. Les yeux bleus contiennent plus d'eau que
de feu, et ne voient pas bien pour cela au jour [1].

Anaxagoras, un peu plus âgé qu'Empédocle, n'enseigna
qu'après lui, à ce qu'il semble. Il sépara de la matière la cause
du mouvement sous le nom de νοῦς, esprit. Il admet, outre les
éléments, des parties semblables invisibles (homoiomères), d'où
se forment les éléments. Il applique aussi cette vue au corps
animal. Il n'y a pas formation de parties semblables ; mais dans
ce qui est mangé la viande va s'ajouter à la viande, et c'est ainsi
que celle-ci s'accroît. Il se montre bien l'enfant de son siècle,
dans toutes les questions obscures. Il explique ainsi la formation
des sexes, problème alors déjà si intéressant. La semence vient
du mâle, la femelle détermine le lieu ; les mâles viennent du côté
droit, les femelles du gauche, et les deux sexes existent dans
l'utérus. Il comprit très-mal les phénomènes de la vie ; selon lui,
en effet, les corbeaux et l'ibis s'accouplent par le bec, et la belette fait ses petits par la bouche [2].

Il y a peu de faits à glaner chez les auteurs que nous venons
de nommer, et leurs études ont peu servi la méthode des sciences
naturelles. Les atomistes par eux-mêmes ont appris très-peu
de faits zootomiques et physiologiques ; mais ils ont beaucoup
servi par leurs spéculations. « Lorsqu'on n'oublie pas l'inférior-
rité de l'esprit qui admet une cause finale, en face des théories
expérimentales, on arrive nécessairement à préférer à toute
autre une explication mécanique, sans tenir compte des différences apparentes de la matière et de l'esprit ; on arrive, par
conséquent, à l'atomisme pur. » « La théorie atomique a une
grande importance ; car, dans les sciences inductives, elle emprunte ses principes aux hypothèses de la physique et de la
chimie, qui ont permis de relier les mathématiques et les
sciences naturelles et d'en tirer parti pour l'explication des

[1] Aristote, *De gener. anim.*, I, 18, 41, et IV, 1, 10 ; I, 18, 45, et V, 1, 3 ; I, 23, 100 ; II, 8, 127 ; V, 1, 14.
[2] Aristote, *De gener. anim.*, I, 18, 44 ; IV, 1, 2 ; III, 6, 66. Pline répète le dernier fait, mais en l'attribuant au lézard, non à la belette, et il ajoute : « Aristoteles negat. » *Hist. nat.*, X, 63, 85.

phénomènes de la nature[1]. » Démocrite déjà étudie les organes
au point de vue de leurs fonctions ; il admire leur adaptation,
mais pour les expliquer, il n'admet que des principes matériels.
Aristote reproche à cet égard (*De generat. anim.*, V, 8, 101) à
Démocrite d'avoir négligé la cause finale (le τὸ οὖ ἕνεκα) et de tout
faire dépendre dans la nature de la nécessité. Cela se voit surtout
à propos des phénomènes de développement où Aristote dit que
les parties inférieures du corps existent dans les parties supérieures (tête, yeux) bien plus considérables au début. Démocrite,
au contraire, dit que la matière n'est limitée ni dans le temps, ni
dans l'espace, et par conséquent qu'elle n'a pas de cause (Aristote,
loc. cit., II, 6, 80). Démocrite mourut en 380 (av. J.-C.); Aristote
avait alors quatorze ans. Il paraît avoir entrepris des dissections
d'animaux ; Severino même, en son honneur, intitula un ouvrage *Zootomia Democritea*. Aristote le cite relativement plus
que les autres. Dans ce qui nous en est parvenu de la sorte, il y
a des considérations très-claires, mais aussi des idées préconçues
et des observations incomplètes. On le verra suffisamment par
les remarques suivantes, empruntées à Aristote. Il pense que
chez les animaux qui n'ont pas de sang, les viscères (foie, rate,
reins) ne nous échappent que par leur petitesse. Aristote, au
contraire, dit expressément : « Chez les animaux qui n'ont pas
de sang, il n'y a point de viscères. » La toile des araignées provient d'une sécrétion interne. Aristote croit qu'elle se détache
de la peau comme une écorce ou comme les piquants du porc-
épic qui, d'après une fable assez répandue, aurait le pouvoir de
s'en servir comme de flèches. L'infécondité des mulets vient de
l'oblitération des canaux de la matrice de la mule ; il y a là une
vraie tentative d'explication par défaut ou insuffisance de développement. D'autres passages sont obscurs ou erronés ; ainsi la
formation des sexes dépend de celui des deux générateurs qui
fournira le plus de semence. Les vaisseaux ombilicaux vont aux
parois de la matrice, et c'est par là que les parties du jeune sont
formées d'après les parties de la mère. Ici, Aristote a vu juste et
il dit très-bien que ces vaisseaux servent à la nutrition. Les
dents tombent[2] parce que la succion pendant l'allaitement les

---

[1] L. Strümpel, *Geschichte der griechischen Philosophie,* vol. I, Leipzig, 1854,
p. 69 et 70.

[2] Aristote, *Hist. anim.*, IX, 39, 162; *De partibus*, III, 4, 665 a; *De gener.
anim.*, II, 4, 64; II, 4, 67; II, 6, 86; II, 8, 126; IV, 1, 4; V, 8, 93; V, 8, 107.

fait sortir trop tôt ; elles devraient n'apparaître que lorsque l'animal a déjà presque tout son développement.

Il me semble naturel de penser ici à l'école d'Hippocrate, qui s'occupait surtout d'anatomie humaine. Mais elle rendit peu de services à la zootomie et à l'anatomie comparée. Elle n'eut guère d'influence non plus dans la suite. Polybe (environ 380 av. J.-C.) aurait étudié le développement du poulet. Mais il nous reste trop peu sur cet auteur et sur les résultats de ses recherches pour faire plus ici que de le mentionner.

Les philosophes de l'Académie restèrent complétement étrangers à la véritable étude de la nature. L'idéalisme téléologique de Platon, manquant de l'idée de causalité, ne développa pas de considérations sur la dépendance causale des phénomènes, ne put donc ni ne tenta de l'expliquer. Lorsque le besoin d'une explication se fait sentir, comme dans le *Timée,* on trouve des échos des nombres de Pythagore, des ressouvenirs du flux éternel des phénomènes d'Héraclite ou même de l'être absolu des Éléates. La conception de la vie animale ne devait retirer aucun fruit des idées de Platon, pour qui toutes les parties du corps dérivaient de la moelle formée de triangles élémentaires.

Tout autre apparaît Aristote. Nous ne dirons rien ici de sa signification philosophique générale dans l'histoire du développement intellectuel de l'humanité ; le cadre de ce livre ne permet pas de s'arrêter sur ce sujet, très-bien traité d'ailleurs autre part. Mais il était indispensable de montrer comment ses prédécesseurs avaient compris la nature. Nous devons aussi pour le « *Maestro di color che sanno* » dire de quels principes il partit et quelle méthode il employa pour étudier la nature. Il ressort déjà des quelques citations précédentes d'Aristote qu'il n'était pas un atomiste rigoureux, qu'il ne cherchait plus ou pas encore à rapporter les phénomènes à des conditions nécessaires. Il ne faudrait pas ne voir de progrès que là où l'on soupçonne déjà les conquêtes positives d'aujourd'hui ; Aristote, à ce compte, ne se rattacherait en rien à la science moderne. Il n'est pas à croire non plus que la science actuelle ait emprunté ses principes à l'atomisme ; seulement, au point de vue historique, il faut dire que par l'induction se sont développées des lois générales et qu'ainsi les faits ont conduit à la théorie atomique. Ce qui importe, c'est le mode de conception des faits, leur généralisation et le mode de celle-ci. Il faut accorder

qu'Aristote, malgré son opposition aux idées de Platon (qui
jusque de nos jours ont mis la confusion dans le domaine des
sciences naturelles et ont étouffé toute saine philosophie de
la nature), a conservé un certain idéalisme. Mais il eut surtout
l'entière conviction, et nous devons l'en remercier, qu'il y a
dans la nature une réalité complétement indépendante du sujet
qui la représente, et que par conséquent la perception des sens
a une vérité objective. Il s'est placé ainsi sur le seul terrain
possible pour les sciences naturelles. Il procédait toujours d'ailleurs aux propositions générales, en partant de faits particuliers. S'il se trompe encore souvent, c'est que la logique et l'art
d'observer sont encore trop peu développés pour lui permettre
des conceptions mesurées des phénomènes, et qu'il ne sépare
pas encore le savoir populaire de la connaissance scientifique.

Rien que d'après ce qui précède, en tenant compte de l'influence de son époque, Aristote est sans aucun doute le plus grand
naturaliste de l'antiquité ; sa place n'est pas moins honorable,
à cause de l'insignifiance même des moyens dont il disposait,
si nous l'opposons à l'empirisme actuel. Aujourd'hui on se
perd dans un détail infini, on ne cesse d'accumuler expériences
nouvelles sur expériences, connaissances nouvelles sur connaissances ; c'est la marque obligatoire d'un vrai mouvement
scientifique, mais il y manque trop souvent ce génie qui éclaire
les faits et les utilise scientifiquement. Aristote le possédait,
mais sans échapper complétement à l'influence de son temps. Ce
qui empêche tout d'abord chez Aristote une conception plus
profonde de la nature vivante, c'est le sens multiple du mot
cause. Il a eu la notion de causalité ; mais entraîné par son formalisme logique, il admet quatre moments causaux différents,
savoir : la matière (d'où), la forme (comment), le mouvement
(par où), la fin (vers où), une chose se forme ou se passe. Ces
quatre questions particulières se réunissent ensuite dans une
question générale, le pourquoi de la physique [1]. Il y a là naturellement un danger qu'Aristote, non plus, ne sut éviter ; c'est
d'inventer, lorsqu'on ne peut trouver l'une ou l'autre de ces
causes, au moins la dernière, la fin. Plusieurs de ses explications perdent par là toute valeur. Il y a enfin dans Aristote un
passage souvent cité par les historiens, où il dit expressément

[1] *Phisic.*, II, 7, 198 a. Les quatre causes sont ὕλη, εἶδος, κίνησις et τὸ οὗ ἕνεκα ;
le physicien les réunit dans le διὰ τί.

que l'observation mérite plus confiance que la théorie [1]. Il n'en
faudrait pas conclure qu'Aristote s'est perdu dans l'empirisme.
Ce passage signifie bien plutôt qu'on doit élargir la science par
la spéculation, mais vérifier celle-ci aussi loin que possible par
les perceptions des sens [2].

Aristote dépasse encore d'une autre manière les limites du
sensible dans ses considérations sur les êtres vivants, au risque
de ne plus les comprendre. Ceci a quelque intérêt au point de
vue historique; des expressions employées aujourd'hui dans une
acception toute différente, comme force vitale, type, etc., ont
eu pendant longtemps un sens qui était assez exactement celui
de la conception que se faisait Aristote de l'état animé. Aristote
distingue les corps de la nature en *animés* et *inanimés*. Les
corps animés ont la forme, la vie. Si au sens logique formel de
leur définition, les corps animés n'avaient pour caractère essentiel que l'état animé, il n'y aurait pas d'objection possible. Mais
en déterminant plus étroitement la notion de l'âme, il la représente comme entéléchie de la matière susceptible de vie. Puis il
rapporte ensuite les différentes formes de l'état animé (plante,
animal, homme) à différents modes avec autant d'entéléchies
correspondantes; la notion de l'entéléchie se sépare ainsi facilement de la considération de la matière et fait tendre plus encore que la notion du possible et du réel à considérer l'âme (ou
forme, ou force vitale) comme un principe de vie, immatériel,
placé en dehors de la nature. Nous renvoyons à Aristote lui-
même, sans nous arrêter davantage sur ce point [3].

Ce qu'on a admiré dans Aristote, ce n'est pas seulement la valeur scientifique de ses nombreux ouvrages de zoologie, mais

[1] *De gener. anim.*, II, 10, 101. Levves signale encore d'autres passages de même
sens dans son livre: *Aristote* (traduction), p. 111. Voy. aussi J.-B. Meyer, *Aristoteles'
Thierkunde*, Berlin, 1855, p. 508.

[2] Il dit expressément, par exemple (*De partibus*, III, 4, 666 a): οὐ ... νον δὲ κατὰ
τὸν λόγον οὕτως ἔχειν φαίνεται ἀλλὰ καὶ κατὰ τὴν αἴσθησιν.

[3] *De partibus*, II, 1, 646 a. b. (τῷ μὲν οὖν χρόνῳ προτέραν τὴν ὕλην ἀναγκαῖον
εἶναι καὶ τὴν γένεσιν, τῷ λόγῳ δὲ τὴν οὐσίαν καὶ τὴν ἑκάστου μορφήν), d'où il ressort
qu'Aristote comprend par forme l'image immatérielle d'après laquelle s'ordonne la
matière. Il ajoute immédiatement que le λόγος de celui qui élève une maison renferme
le λόγος de la maison. Cela devient encore plus évident dans le passage suivant (*De
partibus*, I, 1, 641 a): ὥστε καὶ οὕτως ἂν λεκτέον εἴη τῷ περὶ φύσεως θεωρητικῷ
περὶ ψυχῆς μᾶλλον ἢ περὶ τῆς ὕλης, ὅσῳ μᾶλλον ἡ ὕλη δι' ἐκείνην φύσις ἐστὶν ἢ
ἀνάπαλιν. Le sens de δι' ἐκείνην devient clair par les mots suivant immédiatement:
καὶ γὰρ κλίνη καὶ τρίπους τὸ ξύλον ἐστίν, ὅτι δυνάμει ταῦτά ἐστιν, que Frantzius
traduit à tort: « Weil es durch (Kunstlers) Kraft das ist. » Gaza le traduit parfaitement
par: « Quia idem potentia illa est. »

surtout encore sa richesse de détails sur une foule d'animaux, d'animaux supérieurs particulièrement. Aussi de tout temps, au moins depuis l'époque romaine, zoologistes et biographes ont-ils cherché l'origine de la quantité extraordinaire de matériaux qu'il semble avoir eus à sa disposition. Regrettons ici que ses contemporains n'aient rien laissé qui puisse éclairer la question. Les deux données les plus répandues à cet égard, et qui paraissent mériter le plus de confiance, dans leurs points principaux, nous viennent d'écrivains postérieurs l'un de quatre cents, l'autre de cinq cents ans à Aristote. Pline rapporte qu'Alexandre plaça sous ses ordres quelques milliers d'hommes qui eussent à lui rapporter de la Grèce et de l'Asie entières tous les documents possibles, intéressant l'histoire naturelle, pour que rien ne lui échappât dans le monde entier. Athénée au contraire parle de huit cents talents qu'Alexandre aurait donnés au Stagirite. La première donnée, selon laquelle Aristote aurait eu à sa disposition un nombre considérable de personnes pouvant observer et prendre des animaux et chargées spécialement de lui envoyer ou communiquer tout ce qu'elles pourraient d'histoire naturelle, n'a sans doute rien que de vraisemblable. Mais il faut en tout cas laisser l'Asie de côté. Car d'une part il est suffisamment établi qu'Aristote travaillait déjà à la rédaction de ses ouvrages zoologiques en Macédoine et qu'il les continua de retour à Athènes, avant par conséquent qu'Alexandre eût dépassé l'Asie Mineure, et l'on sait d'autre part que dans les derniers temps de l'expédition d'Asie, les rapports entre Aristote et Alexandre se refroidirent assez vite. D'après cela seul, il est assez difficile de croire qu'Aristote ait reçu beaucoup de communications régulières d'Asie. Il y a bien une autre opinion d'après laquelle Aristote aurait d'abord accompagné Alexandre et ne serait revenu qu'en 331 (av. J.-C.) d'Égypte à Athènes, avec de riches matériaux pour son *Histoire des animaux*[1]. Mais il n'y a pour appuyer cette opinion aucune donnée historique certaine, et des raisons intimes plaident contre la vraisemblance de ce séjour. Quant à l'opinion d'Athénée, il n'est pas douteux que Philippe, l'ami d'Aristote, et Alexandre aussi ont été pour le philosophe d'une libéralité large, royale. Mais la somme indiquée est

---

[1] Fabricius, *Bibliotheca græca*, vol. III, p. 204, remar. g., et Schoel, *Geschichte der griech. Literatur*, vol. II, p. 156. Ce dernier dit, dans l'ouvrage original français (III, p. 258), que cette opinion est « plus vraisemblable, » sans dire sur quoi il s'appuie.

vraiment trop considérable. Il y a bien à tenir compte de ce que dit Aristobule (dans Plutarque) généralement considéré comme véridique ; selon lui, les préparatifs de la campagne d'Asie achevés, il restait encore soixante-dix talents dans le trésor macédonien. D'ailleurs, même en ne réduisant pas de beaucoup la somme généralement accordée à Aristote, la partie employée spécialement aux recherches zoologiques a dû être minime, comparativement à ce que prirent les autres études, surtout l'achat des livres alors si chers [1]. Nous savons par d'anciens témoignages et par son érudition que sa bibliothèque était riche.

Bien qu'il faille reconnaître que les facilités directes ou indirectes qu'aurait eues Aristote, même réduites aux proportions que comportait l'époque, n'aient pour elles qu'une probabilité, assez grande il est vrai, il est un fait pourtant qui ressort bien évident de tout ce que nous avons encore de ses nombreux écrits zoologiques [2]. C'est qu'il n'a peut-être pas vu ou disséqué un seul animal en dehors de ceux qui vivaient sur le territoire gréco-ionien ou y avaient été introduits avant lui [3]. Dans cette dernière catégorie il y a, par exemple, dans les oiseaux, la pintade, le faisan et le paon ; mais pour l'autruche, il ne la connaît guère par lui-même ; et ainsi des autres classes.

Si l'on se demande alors à quelles sources Aristote a puisé, il faut tout d'abord se rappeler qu'il avait énormément lu, comme on a déjà pu voir d'après les citations précédentes. Lorsqu'il reproduit les relations ou les opinions des autres, il le fait avec un esprit plein de critique, et l'on en dirait difficilement autant d'un seul de ses successeurs dans l'antiquité. Il ne pouvait d'ailleurs avoir de critérium que celui qu'avec ses idées philosophiques il pouvait se faire à son époque. Mais

---

[1] Aristote aurait payé les œuvres de Speusippe trois talents ; Platon aurait donné cent mines ou aussi trois talents pour celles de Philolaüs. Voy. Stahr, *Aristotelia*, vol. I, p. 116 ; V, 2, p. 289.

[2] Des cinquante livres qu'indique Pline, ou des soixante-dix que donne Antigonus Carystius, il ne nous reste pas beaucoup, et encore, dans ce qui nous reste, il y a beaucoup d'altérations.

[3] D'après A. de Humboldt, il n'y a rien dans Aristote qui oblige de conclure qu'il en a vu ou disséqué lui-même (*Cosmos*, vol. II, p. 428) ; rien cependant ne prouve le contraire. Cependant ce qu'il dit du sommeil des éléphants, ses incertitudes à propos de l'âge où ils deviennent aptes à la reproduction, rendraient probable l'opinion de Humboldt. Il en est de même pour l'autruche ; les trois passages où Aristote en parle (*De partibus*, IV, 14. 697 b ; *De gener. anim.*, III, 1, 5 ; *Hist. anim.*, IX, 15, 88) ne permettent pas de se faire une opinion certaine.

son scepticisme paraît d'autant plus remarquable que les auteurs
ultérieurs, malgré ce qu'ils pouvaient avoir d'expérience personnelle, négligèrent toute critique. Cette circonspection,
Aristote l'apporta également dans les nombreuses communications orales et sans doute aussi épistolaires qui furent certainement la source principale de ses connaissances zoologiques et
zootomiques. Ses recherches personnelles que, sans les réduire
outre mesure, il ne faut pas porter si haut qu'on le fait généralement,
ont toutes un grand défaut : elles n'ont pas été conduites chacune
avec méthode. Il n'a peut-être pu à lui tout seul surmonter le
préjugé dominant contre la dissection des animaux. Il a peut-être
manqué de méthodes techniques appropriées pour surmonter
des difficultés climatiques ou locales. Mais certes par la dissection méthodique d'un mammifère, d'un poisson, etc., il eût pu
redresser bien des erreurs fondamentales qui entachent encore
son anatomie. A bien des égards la voie des hippocraticiens
était certainement meilleure. Quoi qu'il en soit, ce qu'Aristote a
réalisé n'en est pas moins merveilleux [1].

Si nous comparons, il est vrai, les vues d'Aristote avec ce que
nos nouvelles recherches exactes nous ont appris, nous trouve-
rons les premières souvent si étranges, que nous nous demanderons peut-être comment on a pu arriver de là à des notions
vraies. Mais ses fautes de détail, Aristote les rachète largement par la vue d'ensemble dont il dota son temps et les époques suivantes. Nous ne lui demanderons certainement rien, ni
d'angiologie ni de névrologie comparées, à lui qui ne distingue
pas encore bien les nerfs des tendons, qui ne sait pas que les
premiers viennent du cerveau [2], ni même qu'ils prennent part
à la sensibilité ; à lui qui a fait du cœur la source de toute la
chaleur du corps, qui a vu dans le pouls et la respiration l'effet
d'une évaporation du sang échauffé dans le cœur, qui a mis les
tendons en connexion avec le cœur et attribué les mouvements
des membres et de tout le corps aux vaisseaux et tendons sans
connaître le véritable rôle des muscles. Mais il a suffisamment
bien connu les organes de la digestion et leurs glandes, il les a

---

[1] Comp. l'ouvrage déjà cité de J.-B. Meyer, *Aristoteles' Thierkunde.*

[2] L'étrange erreur où sont tombés tous les traducteurs, même les plus récents,
d'après laquelle Aristote aurait dit que la partie postérieure du crâne est vide *(Hist.
anim.*, I, 7, 39 ; I, 16, 66 ; *De partibus*, II, 10, 656 b) alors qu'il décrit cependant
le cervelet (παρεγκεφαλίς), a déjà été signalée et relevée par Sonnenburg, *Zoolog.
krit. Bemerkungen zu Aristoteles Thiergesch.*, Bonn, 1857.

même suivis dans quelques invertébrés, non sans se tromper quelquefois. Il a suivi assez loin dans le règne animal les fonctions de reproduction, avec quelques erreurs dans la détermination des organes correspondants, dues à ses considérations téléologiques. Sa théorie de la fécondation aujourd'hui encore vaut mieux que bien d'autres émises depuis. Enfin, il connut même les phénomènes du développement des vertébrés et de beaucoup de formes inférieures. Plusieurs de ses données, vérifiées de nos jours seulement, ont étonné par leur exactitude.

Il est impossible de donner ici, même en abrégé, la foule de faits anatomiques laissés par Aristote. Aussi bien le mérite principal de ses travaux est-il moins dans une simple accumulation de faits incohérents que dans leur utilisation scientifique. Bien que l'organisation des animaux soit pour lui une preuve que tout est beau dans la nature et bien approprié à son but, bien que pour lui ce soit le rôle des organes qui détermine leur place aux différents endroits du corps, il sut malgré ces vues téléologiques établir certaines lois dont la portée n'a été reconnue et appréciée que plus tard et qui ont souvent servi. Il n'emploie pas, il est vrai, pour désigner ces généralisations, le mot propre de lois de formation ; mais le fait seul d'avoir tiré de ses observations particulières tout ce qu'il y avait de général, d'avoir mis ces notions générales au service de son système et de sa physiologie absolument téléologique d'ailleurs, montre bien qu'il avait vu la constance de certaines relations et sa nécessité inconnue encore dans sa cause intime. Ce qui caractérise bien la route téléologique qui a conduit Aristote à ces lois de formation, c'est qu'il ne mettait pas à la base de ses considérations ce que depuis Cuvier on nomme un *type* ou *plan d'organisation*, qui en somme, au sens historique rigoureux, n'est qu'un état transitoire dans la conception de l'organisation animale ; ce n'est qu'occurremment qu'il lui arrive de parler de semblables rapports généraux. Il donne au contraire des preuves nombreuses pour la loi de corrélation des parties et pour celle de corrélation ou compensation de croissance. Les insectes diptères ont l'aiguillon à l'avant, les tétraptères à l'arrière du corps ; aucun insecte à étuis n'a d'aiguillon. Tous les quadrupèdes vivipares ont des poils, tous les ovipares des écailles. Aucun animal n'a à la fois des cornes et des défenses. La plupart des bêtes à cornes sont bisulques. L'origine inductive de ces principes généraux se révèle clairement par des remarques

comme celle, par exemple, qui suit immédiatement la dernière
donnée : « Nous n'avons jamais vu de solipède avec deux cornes. »
On pourrait voir dans ces données, résultats immédiats chez
Aristote de ses vues téléologiques, l'expression de rapports morphologiques généraux, tels qu'on les a compris beaucoup plus
tard seulement ; mais les exemples qu'il donne pour l'économie
de la croissance (ou *loi d'uniformité d'harmonie*, comme la
nomme J. B. Meyer) restent plus étroitement liés à ses idées
de cause finale dans la nature.

Mais négligeons complétement ce que dans les idées d'Aristote sur l'organisation et la vie animale, la zoologie a depuis
sanctionné et étendu ; son mérite n'en reste pas moins considérable. Le premier en effet il a apporté dans l'étude du règne
animal la méthode et la science. C'était rendre possibles, c'était
même préparer des recherches ultérieures, plus assurées par la
découverte de moyens nouveaux d'investigation ou le perfectionnement des anciens ; mais c'était surtout placer la zoologie
et l'anatomie comparée pour la première fois dans les sciences
inductives et contribuer ainsi également à leur développement.
On sait que quelques-uns seulement de ses écrits sont venus jusqu'à nous. La perte des autres écrits relatifs à l'histoire naturelle [1] est d'autant plus regrettable qu'il devait s'y trouver des
descriptions plus précises (les *Zoïca*) et des figures anatomiques
(les *Anatomæ* et *Eclogæ anatomon*) et que nous ne pouvons plus
nous faire une idée de la façon dont il employait le dessin
pour éclaircir son texte aux endroits nécessaires. Ce qui est
certain, c'est qu'ici aussi il devança son époque, inaugurant ce
moyen précieux pour l'intelligence, que l'on a peut-être exagéré
de nos jours, où tant de superflu embarrasse déjà la littérature.

Ce n'est pas sans dessein que nous avons insisté sur l'importance d'Aristote pour la zoologie du moyen âge, ici, où il fallait
rappeler ce que les anciens avaient connu de l'organisation des
animaux. La connaissance de l'organisation des êtres vivants
était et est encore le centre autour duquel les autres points de
vue de leur étude se sont développés en sciences distinctes, ou
se sont groupés en faisceaux plus étroits. Ce que l'on racontait
de la vie et des mœurs des animaux, que l'on réunissait sous

---

[1] Pour les œuvres perdues d'Aristote, outre les indications disséminées dans les
nombreux ouvrages sur Aristote, voy. E. Heitz, *Die verlornen Schriften des Aristoteles*. Leipzig, 1865, p. 70, 220 et suiv.

forme d'anecdotes en ouvrages didactiques, avait sa justification et son apparente raison dans des rapports anatomiques que l'on croyait connaître et qui n'étaient souvent que le produit de l'imagination. Nous verrons bientôt combien la classification du règne animal d'Aristote s'appuie sur l'organisation des animaux.

Mais auparavant, il nous faut encore jeter un regard sur le développement subséquent de l'anatomie dans l'antiquité. On voudrait bien rattacher à Aristote toute une série de naturalistes pour la suivre au moins jusqu'au moment où les sciences se turent toutes ensemble devant les luttes au dehors et au dedans que soulevèrent la chute de Rome et de l'antique civilisation et la lente éclosion des germes du christianisme. Mais la série souvent interrompue s'arrête bientôt tout à fait. Dans l'exil où les sciences chassées de leur ancien foyer d'Europe et d'Asie se réfugièrent à Alexandrie, le savoir grec trouva un centre nouveau pour se conserver et se répandre [1], mais il eut peine à progresser désormais. Remarquons cependant que précisément pour l'anatomie l'école d'Alexandrie devint un foyer de lumière. Sous Ptolémée Philadelphe l'esprit s'éveillait aux études d'histoire naturelle, le désir du merveilleux si vif en lui-même y poussait encore; il en sortit les travaux anatomiques les plus importants d'avant l'ère chrétienne, ceux d'Hérophile et d'Érasistrate (ce dernier élève et d'après des auteurs antérieurs petit-fils même d'Aristote). Ces deux auteurs démontrèrent que les nerfs, organes de la sensibilité, venaient du cerveau, reconnurent les muscles pour les véritables agents du mouvement, ajoutèrent aux vaisseaux déjà connus les vaisseaux galactophores, montrèrent les artères pleines de pneuma et les veines conduisant le sang (sans soupçonner naturellement leur relation); c'étaient des faits qui donnaient à toute la doctrine anatomique des bases nouvelles plus solides. Mais l'anatomie comparée y gagnait peu. Érasistrate aurait entrepris des recherches comparatives sur la structure du cerveau, pouvant mettre à profit les découvertes d'Hérophile. Mais ce qui a pu être écrit à ce sujet et l'impulsion qui a pu en sortir se sont bien vite perdus.

[1] Bernhardy (*Grundriss der griech. Litter.*, 4 Bearb., 1ᵉ part., p. 363) dit : « Byzance n'aurait guère connu la littérature grecque et notre civilisation moderne générale n'existerait pas si toute une série de savants n'avaient fouillé avec ardeur sous les Ptomélées et longtemps après encore les trésors accumulés dans les bibliothèques d'Alexandrie. » Cela est vrai pour l'origine historique de la civilisation moderne pour ce qui est d'Alexandrie, mais rien ne prouve, pour les sciences naturelles au moins, que Byzance ait été une étape de cette grande route.

On parle bien de l'école des Érasistratiens, mais elle n'a à son actif que des services médicaux. C'était bien plutôt l'influence générale des Alexandrins qui réagissait sur Athènes, et en même temps initiait quelques États de l'Asie Mineure au goût de l'étude et des sciences. En première ligne parmi ceux-ci se place la Bithynie, et Pergame surtout dont les rois étaient jaloux de rivaliser avec Alexandrie. Le dernier et le plus grand des anatomistes de l'antiquité, Claude Galien (131-201 ap. J.-C.) était un enfant de Pergame. La tendance pratique de l'époque se fait déjà sentir, Galien recommande la dissection. On ne pouvait encore disséquer le cadavre humain, et il dissèque et dit de disséquer des animaux, mais il ne tire parti de l'anatomie animale que pour la médecine. Galien a mérité assez par l'anatomie humaine (ou mieux peut-être l'anatomie des mammifères) pour qu'il ne nous arrête pas plus longtemps ici où il s'agit de zootomie et que nous puissions dire que pour le développement de l'anatomie comparée il n'a droit qu'à un rang inférieur. On trouve dans les livres VI à VIII de ses *Instructions anatomiques* des détails, confirmant parfois ceux d'Aristote, sur les organes digestifs, le cœur et l'appareil respiratoire de différents mammifères, et du singe qu'il a surtout étudié.

Jusqu'ici ce sont les Grecs qui ont tenu le flambeau de la science. Dans l'histoire romaine tout entière, nous ne trouvons à opposer même de loin à ces philosophes grecs pas un nom qui ait donné quelque impulsion nouvelle à la zootomie ; il en était déjà de même, avons-nous vu, pour la zoologie descriptive. Ce n'est que parmi les encyclopédistes de l'époque impériale qu'apparaît un homme qui, possédant tout ce qui avait été fait avant lui, semble avoir entrepris des recherches personnelles dans l'intérêt même du sujet, L. Apulée, de Madaure. Il y a, en effet, dans son *Apologie*, écrite pour la défense de la magie, beaucoup de données d'après lesquelles il se serait occupé sérieusement, non-seulement des animaux en général, mais encore et surtout de leur anatomie [1]. Disciple de Platon, on ne peut lui demander beaucoup d'enthousiasme pour Aristote. Et cependant, à propos de ses études d'histoire naturelle, il parle avec le plus grand respect du Stagirite. Nous n'avons malheu-

---

[1] Lorsqu'il dit, par exemple, au chapitre XL, du *lepus marinus* : « Il a seul, quoique privé de squelette, douze osselets, *ad similitudinem talorum suillorum in ventre connexa et catenata*, » ce qui avait échappé à Aristote. Cuvier n'hésite pas à reconnaître l'Aplysie (*Hist. des sci. nc. natur.*, t. I, p. 287).

reusement plus ses ouvrages d'histoire naturelle, et Rome n'a dans la littérature des sciences zoologiques pas un nom qui la représente [1].

Nous aurions encore, pour donner une idée complète de tout ce que l'antiquité a pensé et écrit sur les animaux, à parler des ouvrages dont le but était d'étudier la vie animale dans son côté psychologique. Mais en écartant les collections de merveilles, où à côté d'emprunts nombreux à Aristote et aux autres auteurs, nous trouverions aussi quelques traits paraissant pris à l'observation personnelle ou à la tradition populaire. Il ne reste plus que les deux ouvrages de Plutarque, connus généralement sous les titres : *Du Bonheur des animaux* et *Les Animaux ont une intelligence*. Ni l'un ni l'autre ne nous offrent de considérations scientifiques profondes. Dans le dernier, par analogie avec les actions humaines, l'auteur attribue aux animaux des propriétés intellectuelles, la passion, la réflexion ; le premier est une espèce de recueil anecdotique dont les différentes parties, venant moins d'une observation méthodique que d'une grande érudition, sont présentées sans ordre.

§ 5. — Essai de systématisation.

Nous avons déjà dit comment par la marche même des choses, dans les appellations populaires étaient nées peu à peu des expressions caractérisant des groupes animaux plus ou moins étendus. Sans connaître assez d'animaux pour être obligés par leur nombre d'adopter quelque artifice dans l'arrangement de leurs idées, les anciens, rien qu'à distinguer et à observer de plus en plus exactement, durent éprouver le besoin d'établir des divisions fondées sur des particularités communes à plusieurs animaux. Mais abstraction faite de cette nécessité, inhérente au sujet même, d'établir des groupes déterminés, qui donnait à la langue plus de facilité et de liberté d'allure, il était déjà dans les tendances formelles de la philosophie de définir et de classer les objets.

---

[1] Voy. Stahr, *Aristoteles bei den Roemern*, p. 141 et suiv. — L'apologie d'Apulée nous apprend qu'il a écrit sur la zoologie. Au chapitre XXXVII il rapporte l'histoire de Sophocle qui, accusé de faiblesse d'esprit, pour toute défense lut à ses juges son *Œdipe à Colonne*, et il ajoute : « Cedo enim experiamur an et mihi possint in judicio litterœ meœ prodesse. Lege pauca de principio, dein quœdam de piscibus. »

Notre systématisation actuelle diffère de celle des anciens, même de celle d'Aristote. Ce n'est plus aujourd'hui un édifice d'une minutieuse logique, mais bien plutôt la forme qui permet de ranger le plus synoptiquement, d'exposer le plus facilement des connaissances maintenant innombrables ; en d'autres mots, le système est en quelque sorte l'expression d'ensemble de ce qu'on sait sur les animaux. La systématisation des naturalistes anciens n'est au contraire qu'une partie spéciale d'une logique appliquée. C'est à ce point de vue qu'il faut se reporter quand Aristote, par exemple, fait la critique de certaines bases de sa division. Il s'agit moins d'insister sur les particularités propres des objets à classer (comme on pourrait le faire maintenant) que de justifier logiquement un mode déterminé de classement.

Des systèmes de l'antiquité, celui qu'Aristote a pris pour base de ses descriptions est le seul qui se laisse embrasser sous une forme suivie. Mais ce serait se tromper que de croire que dans ce système tout est d'Aristote. Quand il reproche à Démocrite d'avoir dit que les « aneimes » paraissent dépourvus de viscères, par cela seul qu'ils sont trop petits, cela prouve bien que Démocrite avait déjà parlé d' « aneimes ». Ce cas doit se reproduire pour beaucoup d'autres groupes. Mais d'autre part aussi, il serait injuste de croire que le seul objet d'Aristote a été de perfectionner un système en quelque sorte déjà existant. Il ne nous est rien parvenu des essais de classification des auteurs antérieurs, sauf quelques expressions isolées [1]. Chez Aristote, le seul des naturalistes de l'antiquité qui ait embrassé assez de matériaux pour avoir besoin de les ordonner, il y a d'abord la préoccupation de satisfaire aux exigences de la forme logique ; mais il y a en plus la conviction que dans le règne animal il existe des groupes déterminés, alliés à des degrés divers, qui bien que susceptibles de ressembler à divers autres par quelques caractères superficiels, n'en sont pas moins fortement et distinctement séparés des autres. Lorsqu'il s'explique sur les principes fondamentaux de sa division, la forme est l'élément qui paraît au premier plan : les variations déjà citées dans la valeur des expressions systématiques « Eidos » et « Genos » font croire à l'incertitude de

---

[1] Dans ces essais Aristote en a-t-il trouvé qui n'étaient pas seulement de logique formelle, mais répondaient bien aux choses ? Cela est difficile à décider. Il parle de « οἱ διχοτομοῦντες, » « διαιρούμενοι εἰς δύο διαφοράς, » « συμβαίνει τοῖς διαιρουμένοις τὸ μὲν ἄπτερον κτλ » ; mais cela peut convenir aux deux alternatives (De partibus, I, 2 et 3, 264 b et 643 b.)

ses divisions, et il n'y a cependant là que le résultat d'un manque de terminologie pour les groupes à coordonner ou à subordonner, comme famille, ordre, classe, espèce, genre ; tout cela
a bien pu faire qu'on ait émis des jugements si divers sur le
système d'Aristote, qu'on se soit même demandé s'il en avait
un et quel il était.

Ce serait une répétition inutile que de réimprimer ici à la suite
les uns des autres les passages d'Aristote où il signale les défauts des classifications dichotomiques et de l'emploi des
caractères isolés ; il ressort aussi de ces passages qu'il jeta
réellement la base d'un système naturel que l'on peut considérer
dans ses traits essentiels comme le point de départ de la méthode
naturelle actuelle. J. B. Meyer a traité ce point d'une façon si
complète [1], qu'il suffit de renvoyer à ce qu'il en dit ; mais il y a
quelque intérêt pour les recherches ultérieures à esquisser ici
brièvement les grands traits du système d'Aristote.

Disons tout de suite au sujet d'un reproche qu'on lui a fait
souvent, que les expressions : *animaux pourvus de sang,
dépourvus de sang, animaux terrestres, animaux aquatiques,
vivipares* et *ovipares*, etc., Aristote ne les a pas employées
pour désigner ses grands « genres » c'est-à-dire ses grandes
coupes systématiques. Il les considère simplement comme des
différences qu'il utilise à titre de particularités, importantes ou
secondaires, pour caractériser plus rigoureusement ces genres.
Meyer déjà a surabondamment prouvé qu'il est absolument
faux qu'Aristote ait divisé le règne animal en *animaux à sang*
et *animaux aneimes*, division correspondant à nos *vertébrés* et
invertébrés. Il n'emploie ces expressions que pour réunir des
genres présentant quelques particularités communes. Il n'appelle
jamais *genres* les catégories formées à ce point de vue, ne les
prenant que dans le sens d'une coordination ou d'une subordination purement de forme et ne confond jamais les expressions comme *poisson* et *oiseau* avec celles d'*animal aquatique*
ou *ailé* [2]. C'est avec raison que Cuvier a déjà dit que le but de

---

[1] Dans la première partie du livre plusieurs fois cité de J.-B. Meyer, l'auteur fait
l'histoire des opinions sur la systématique d'Aristote.

[2] Ainsi il dit de la chauve-souris qu'elle a certains caractères communs avec
d'« autres animaux ailés » et non pas avec les « oiseaux ». La confusion énoncée
dans cette dernière appellation était certainement populaire. Antigonus Carystius rapporte de la chauve-souris que seule parmi les oiseaux (μόνον τῶν ὀρνέων) elle a des
dents. C'est ainsi que Pline (IX, 28, 44) emploie *piscis* comme équivalent d'animal
aquatique, tandis qu'Aristote ne confond jamais ἰχθύς avec ἔνυδρον.

l'*Histoire des animaux* d'Aristote n'était pas de faire l'exposé du système, mais la description de l'organisation et des fonctions des animaux. De là vient qu'à côté des noms systématiques de quelquesgroupes devaient se trouver des expressions caractérisant, par opposition à la classification elle-même, la conformité plus ou moins grande de ces groupes dans certains de leurs caractères.

On a encore objecté contre le caractère scientifique du système d'Aristote qu'il était des méprises auxquelles son application exposait en quelque sorte nécessairement. Il n'est pas rare en effet d'entendre dire qu'Aristote a mis les cétacés dans les poissons, les chauves-souris dans les oiseaux, etc. Mais on peut démontrer qu'Aristote a parfaitement connu les différences et les traits communs des cétacés et des poissons, des chauves-souris et des oiseaux, et que de plus il n'avait pas de doutes sur la position systématique de ces formes. La chauve-souris est bien pour lui un mammifère qui rentre entièrement dans le groupe par la définition même qu'il en donne, quadrupède, vivipare. Ce caractère manquant aux cétacés, Aristote en fait non des poissons, mais un genre particulier, autonome, qu'il place près des vrais mammifères (à quatre pieds).

En appliquant les principes fondamentaux qu'il avait énoncés, celui surtout d'établir des divisions sur de nombreux caractères, Aristote obtint de grandes catégories caractérisées absolument comme dans notre système moderne par l'ensemble des phénomènes vitaux. Que souvent il ait méconnu des particularités communes à plusieurs de ses genres, nous ne nous en étonnerons pas. Ainsi pour considérer les différents appareils osseux et cartilagineux des mammifères, oiseaux, reptiles et poissons, comme les états successifs du développement d'un appareil identique, il fallait d'abord connaître à fond un grand nombre de squelettes et connaître aussi le développement de la charpente osseuse. Nous ne nous attendrons pas non plus à trouver dans son système les groupes animaux à leur place exacte, ni même à les voir décrits avec suffisamment de détails ; il fallait pour révéler leurs formes, leur organisation, leur vie, des méthodes de recherches plus perfectionnées. Cela s'applique particulièrement aux formes inférieures des invertébrés, qu'Aristote lui-même considérait comme le passage des plantes aux animaux ; cependant sans les réunir en une seule grande catégorie, il les ajoute simplement comme annexe à son groupe le plus inférieur, celui des testacés.

Voici les grands genres (classes) qu'il admet :

a. Les quadrupèdes vivipares, les mammifères actuels moins les baleines, mais les phoques compris [1]. Ils sont couverts de poils, sont solipèdes, bisulques ou pieds fourchus, ont des dents, etc. On ne voit pas qu'Aristote ait poussé plus loin sa division sur l'un ou l'autre de ces caractères, bien qu'il ait encore plusieurs petits groupes, mais aucun avec la valeur des ordres ou sous-ordres actuels. Peut-être a-t-il eu l'idée de quelques grandes divisions de ce genre ; mais elles n'avaient pas de noms spéciaux (*Hist. anim.*, 1, 6, 35), car la langue populaire, que lui-même conseille de suivre, ne lui fournissait aucune désignation. Ce n'est que pour le cheval, l'âne, l'hémione et autres qu'il donne un nom : *Lophures* ou à queue en panache ; il ne pouvait les appeler solipèdes, puisqu'il donne lui-même des cochons solipèdes qui ne rentraient pas ici.

b. Les oiseaux, y compris les autruches. Ce sont des animaux pourvus d'ailes, de plumes, bipèdes et ovipares. Quant aux ordres, Aristote n'en distingue que trois avec certitude : les oiseaux de proie ou *Campsonycha,* les nageurs ou *Steganopodes,* et les échassiers ou *Macrosceles.* Leurs limites sont bien établies par les caractères qu'il leur donne. Il mentionne encore plusieurs groupes plus petits, mais sans faire pour la plupart de « genres » (ordres) communs qui les embrassent. L'autruche aussi forme un groupe à elle seule.

c. Les quadrupèdes ovipares, les reptiles et les amphibies, y compris les serpents et les crocodiles. Appelés aussi *Pholidota,* ils sont quelquefois, exceptionnellement, apodes et même vivi-

---

[1] Dans le seul passage d'Aristote où les phoques soient mis dans les cétacés : « Les animaux couverts de poils, comme l'homme et le cheval, et les cétacés, comme le dauphin, les phoques et la baleine » (*Hist. anim.*, III, 20, 99), Meyer prétend qu'il faut changer de place και φωκη et le placer après και ἵππος, avec ceux ὅσα τε τρίχας ἔχει. Dans deux manuscrits de Leipzig, de Wilhelm von Moerbeke, il y a « Sicut delphis et balæna et bos marinus; » mais dans un manuscrit de Michel Scotus il y a seulement : « .... Pilos habent sicut homo et equus, et cete sicut delphinus et kolli (pour koki). » Albert le Grand, au passage correspondant de son troisième livre (*Opera,* éd. Jammy, t. VI, p. 150 b.) dit : Pilos autem habet homo et equus et hujusmodi ... ; adhuc autem et marina magna mamillas habent sicut balæna secundum genus suum et delphinus et id quod vocatur chochi (ou koki, comme le porte un imprimé de Venise, 1495). Il appelle cet animal (p. 655 b, koki) : « Vitulus marinus, de hoc jam superius diximus, quod vocatur latine helcus. » Le mot *helcus* manque dans Ducange. « Kuki » se trouve dans Damiri et Kazwini et, d'après le Lexikon de Freytag, c'est : « Nomen piscis unicornis et validi. » Pour établir l'accord sur ce point controversé, il faudrait peut-être lire, au lieu de φώκη, φώκαινα, mot sur lequel les copistes, à cause de la désinence successivement répétée αινα, se seraient trompés.

pares, mais respirent par des poumons. Aristote connaissait et séparait même comme groupes distincts : le crocodile, les tortues, les sauriens, les serpents et les grenouilles. Mais il ne caractérise pas ses divisions de manière qu'on puisse dire qu'il a fondé les classes encore en vigueur. À part les serpents et les tortues, les autres groupes ne forment que de petites divisions avec quelques annexes.

d. Les cétacés, pulmonés, vivipares, ayant lait et mamelles, apodes. Il les oppose aux poissons ; il parle des deux groupes sous l'appellation commune d'animaux aquatiques.

e. Les poissons. Ils sont ovipares ou vivipares, respirent par des branchies, sont apodes, mais le plus souvent pourvus de nageoires (par paires) [1]. Aristote les divise en cartilagineux et à arêtes ; par les premiers il entendait les sélaciens ou plagiostomes, auxquels il joignait pourtant, comme encore Linné, la baudroie ou *Lophius*. Dans les poissons à arêtes il décrit plusieurs petits genres sans attacher de valeur particulière à des groupes caractérisques définis.

Les cinq classes ou « genres » précédents sont appelés par Aristote « sanguifères ». Nous avons déjà dit qu'il n'avait pas voulu par là établir une division fondamentale du règne. Les genres suivants sont ses « aneimes ».

f. Les mollusques, les céphalopodes actuels. Ils ont les pieds groupés autour de la tête, une pièce solide dans le corps ou dans la tête, et une poche à encre. La forme de la pièce squelettique, la disposition des pieds, l'existence de deux bras plus longs outre les huit pieds, la présence d'appendices natatoires lui servent à distinguer les genres seiches, calmars et poulpes.

g. Les malacostracés polypodes, répondant aux crustacés supérieurs. Manquant d'une appellation générale pour les formes qu'il réunit ici, il créa celle de *Malacotraca* (*Hist. anim.*, 1, 6, 32). Leur corps mou est contenu dans une enveloppe solide, flexible, peu résistante (*ibid.*, IV, I, I). Il distingue les crabes, les astaques, les carides et les carcines. Mais il est difficile de décider si ces catégories, souvent désignées comme genres, correspondent à nos groupes naturels.

---

[1] Aristote paraît déjà cependant avoir considéré les nageoires comme homologues des pieds, des ailes ; il n'emploie l'expression pied que pour une forme d'organe du mouvement (voy. *De incessu anim.*, cap. V, 706 a, 26-32). Il dit des poissons (*De partibus*, VI, 13, 695 b) : ἐπεὶ δ'ἔναιμα ἐστι κατὰ τὴν οὐσίαν, διὰ μέν τὸ νευστικὰ εἶναι πτερύγια ἔχει, διὰ τὲ τὸ μὴ πεζεύειν οὐκ ἔχει πόδας. Comp. aussi *Hist. anim.*, I, 5, 31.

h. Les polypodes articulés entomes, comprenant les insectes, arachnides, myriapodes et vers. Sauf le nombre des pieds et l'articulation du corps, il ne se sert pas d'autres caractères ; les précédents même ne ʼsont pas absolument constants, puisque les vers intestinaux font partie de cette division. Les divisions secondaires sont encore moins bien déterminées. Il donne bien des genres, mais la plupart sans valeur systématique. Seuls les groupes des coléoptères, papillons, poux sont peut-être autre chose qu'une réunion de formes basée sur le genre de vie.

i. Les apodes testacés *(Ostracodermata)* avec un corps interne, mou et une coquille extérieure solide, fragile. Ils répondent d'une manière générale aux céphalophores et acéphales actuels. Aristote établit ici aussi un certain nombre de « genres ». Mais leur détermination est difficile, car il n'établit aucun caractère qui revienne d'une manière constante, mais se sert tantôt de l'anatomie comparée, tantôt de leur genre de vie pour les former. Les groupes qui paraissent les plus constants sont les strombodes (spiralés, colimaçons), les univalves (patelles et haliotis) [1], les bivalves et les echinides. Il leur ajoute encore quelques genres plus petits, les balanes et les tethyes (ascidies).

Enfin, comme nous l'avons déjà dit, Aristote ajoute aux testacés un certain nombre de « genres particuliers » qu'il ne compte pas directement dans ces derniers. On en a formé plus tard la division des zoophytes, animaux dont Aristote avait indiqué la place incertaine entre les règnes animal et végétal, mais sans se prononcer sur leur place définitive. Ce sont essentiellement les holothuries, les étoiles de mer, les acalèphes, les éponges (acalèphes non au sens actuel).

On ne peut nier après cette rapide esquisse que le système d'Aristote ne contienne le germe de la classification naturelle du règne animal, telle qu'elle se développera quand les périodes plus troublées auront passé. Alors de nouveaux courants apporteront les éléments nécessaires ; on pourra poursuivre la mé-

---

[1] Il n'est pas bien évident que, comme le veulent Meyer et Aubert, le λεπὰς ἀγρία, ἥν τινες καλοῦσι θαλάττιον οὖς ne puisse pas être i'haliotis. Aristote dit *(Hist. anim.,* IV, 4, 51) : « Chez les autres (les univalves), les excréments sortent par un canal placé latéralement mais, chez l'oreille de mer, par-dessous la coquille (ὑποκάτω τοῦ ὀστράκου), mais pourtant toujours sur le côté. Au lieu de dire ὑποκάτω, Aubert et Wimmert lisent δί αὐτοῦ, ce qui ne ferait que confirmer qu'il s'agit bien de l'haliotis. Car τετρόπεται veut dire seulement perforé et non pas percé d'un seul trou. Quelle que soit donc la version exacte, l'oreille de mer est montrée munie du περίττωμα latéral, situé immédiatement contre la coquille perforée. Cela ne convient, en tout cas, pas à la fissurelle.

thode, remplir grâce à l'induction les lacunes qui subsistent dans les observations, et reprendre les recherches là où Aristote a dû les interrompre.

Avec Aristote finissent les efforts de l'antiquité vers une connaissance un peu exacte des formes et de l'organisation animales, avec lui aussi s'arrête l'histoire de la systématique dans l'antiquité. L'école d'Alexandrie cherche à le commenter ou à le paraphraser. Ce qui nous reste d'elle, de sa période de prospérité, ne nous permet pas de juger favorablement la manière dont elle comprenait les problèmes scientifiques. Jusqu'au commencement de la période impériale, la littérature zoologique (si on peut l'appeler ainsi) se borne à des extraits, à des commentaires d'Aristote (Antigonus Carystius, Aristophane de Bysance, Trogue Pompée, Dorion cité par Athénée, etc.)[1]. Ces auteurs, où le merveilleux abonde, ne satisfont guère quand on se rappelle qu'Aristote les avait précédés. Dans la suite même, sous la domination romaine, l'étude de la nature n'atteint qu'exceptionnellement le sérieux d'une recherche scientifique. Apulée est perdu, Pline seul nous reste.

A lire le pompeux éloge de Pline par Fée[2], ou l'exposé de ses services dans Cuvier[3], ou même dans Spix[4] les passages qui le concernent, on croirait que c'était un homme qui, embrassant du regard du génie le domaine entier du savoir humain, a partout tracé des voies nouvelles, partout mis l'ordre, partout créé et, en zoologie particulièrement, fait époque pour longtemps. Un chevalier romain, souvent à la guerre ou au service de l'État, toujours mêlé aux affaires publiques, enfin capitaine de la flotte, concevoir l'idée d'une encyclopédie du savoir humain, et la réaliser, cela a dû exciter sans doute l'étonnement de ses contemporains et de ses proches (lire la lettre de Pline le Jeune sur son oncle à Macer). Mais qu'aujourd'hui encore on vienne dire que la perte de ses écrits eût été irréparable pour l'humanité, c'est ce que nous comprenons difficilement. L'historien y perdrait pour l'état des connaissances d'alors, car nous ne sommes pas riches en détails sur la civilisation intellectuelle du temps. Mais étudions

---

[1] Il paraît que nous avons réellement à regretter la perte d'un ouvrage écrit en grec par Juba, roi de Mauritanie (mort en 23 ou 24 après J.-C.), d'après des citations de Pline et autres auteurs.

[2] A. L. A. Fée, *Éloge de Pline le naturaliste*, 2ᵉ édit. Lille, 1827.

[3] Cuvier, *Histoire des sciences naturelles*, t. I, p. 223 et suiv.

[4] J. Spix, *Geschichte und Beurtheilung aller Systeme in der Zoologie*. Nürnberg, 1811.

avec un peu de précision une science en particulier, et nous verrons que Pline en a tracé un tel tableau, que l'on ne peut même
pas juger avec certitude du point où elle était parvenue à son
époque. On ne saurait qu'admirer d'ailleurs comment il sut tirer
parti de son époque, tout faire servir à son dessein, tant lire et
tant faire d'extraits. Dans la dédicace et dans l'index des matières de son *Histoire naturelle* il énumère avec soin les auteurs
dont il a fait des extraits, la masse de faits qu'il a rapportés.
Oui, sans doute, mais sans discernement. Pour la zoologie, son
livre n'est qu'une compilation suspecte et sans critique. Il s'appuie souvent sur Aristote [1], mais ou il l'interprète mal, ou il ne
lui accorde pas plus de confiance qu'à un autre narrateur. Les
histoires d'animaux fabuleux dont Aristote avait fait justice, il
les reprend tranquillement sans l'ombre d'un doute. Son *Histoire naturelle* montre certainement qu'on connaissait un certain nombre d'animaux de plus à son époque qu'au temps d'Aristote (quatre siècles les séparent), mais les descriptions qu'il en
donne sont trop incomplètes et trop vagues pour qu'on puisse
en tirer parti. Pour résumer (avec Ajasson) ce qui caractérise
son *Histoire naturelle*, il a souvent été malheureux dans le choix
de ses autorités, il a le plus souvent décrit sans avoir vu par lui-
même, les noms et les mesures exacts lui importent peu, souvent
il se répète et se contredit : voilà la mesure de l'importance
scientifique des travaux de Pline.

On a souvent attribué à Pline un système particulier de classification : ceci demande ici quelques explications. En vérité,
il semble presque qu'on pense sérieusement que Pline ait eu son
système propre, conséquence logique de cette idée devenue traditionnelle que son apparition a fait époque dans l'histoire de la
zoologie. La lecture impartiale de son *Histoire naturelle* ne justifie pas cette opinion. Après avoir traité de l'homme dans le
septième livre, de sa naissance, des analogies, de la durée de la
vie, de la taille, des différentes facultés, le tout avec plus ou moins

---

[1] J.-G. Schneider prétend (*Aristot.*, *Hist. anim.*, I, præf. p. XVIII) que Pline
n'a que rarement ou jamais vu ou employé les écrits d'Aristote, mais qu'il a pris de
Fabianus Papirius et Trogue Pompée tout ce qu'il rapporte d'après Aristote. Stahr
l'admet aussi (*Aristotelia*, vol. II, p. 98). A. von Gutschmid montre pourtant que
Pline, qui n'avait d'ailleurs du grec qu'une connaissance très-moyenne, a consulté non-
seulement Trogue, mais Aristote lui-même. C'est ce qui ressort surtout du parallèle du
passage (*Hist. nat.*, XI, 39, 94, et Aristot., *De gener. anim.*, IV, 5, 774 a) où, à
côté du terme d'Aristote *dasypus* pour lièvre, il donne aussi *lepus*. Voy. A. von Gutschmid, *Ueber die Fragmente des Trogus Pompeius*. Leipzig, 1857 (tirage à part
du 2e vol. du suppl. des *Jahrbücher für classiche Philologie*).

de fable, il commence le huitième livre par ces mots : « Passons aux autres animaux. Le plus grand de tous et celui qui approche le plus de l'homme par son intelligence, c'est l'éléphant. » Ce livre, il est vrai, a pour titre : *De la nature des animaux terrestres*, et les neuvième, dixième, onzième traitent successivement des animaux aquatiques, des oiseaux, des insectes. Mais l'auteur a été bien loin de penser à une division des animaux suivant le milieu où ils vivent. Ces quatre rubriques ne sont que des compartiments qui lui faciliteront l'exposé des matériaux qu'il a recueillis pour ses histoires. Si Pline se rencontre avec Aristote c'est donc pur hasard, car la différence sur laquelle Aristote insiste tant entre les classes et les catégories purement nominales n'existe plus du tout pour lui.

D'une manière générale, c'est à tort que l'on considère Pline comme zoologiste. Il fut encyclopédiste, comme cent ans plus tard le sera Apulée, sauf que ce dernier apportera plus d'expériences personnelles, partant plus de critique à ses travaux. Avec cette réserve importante, le jugement suivant porté sur Apulée s'applique parfaitement à Pline : « Nous voyons en tout cas se dessiner dans cette activité littéraire la tendance particulière à l'encyclopédie pratique. Mais si l'on considère le sens et les moyens qu'il apportait à la composition de ses ouvrages, Apulée est l'expression d'une époque où les éléments de la vie nationale s'en allaient en décomposition, où les moyens les plus divers étaient recueillis et associés par une civilisation raffinée à l'excès pour exciter et tromper sa satiété, où l'on tentait surtout de donner de nouvelles forces au paganisme mourant devant les triomphes du christianisme »[1]. Ce dernier rapprochement est à peine nécessaire si l'on envisage dans son ensemble la direction des esprits aux IIe et IIIe siècles après J.-C. Les conditions déjà indiquées suffisent amplement à expliquer la crédulité de Pline, le superficiel et l'inconsidéré de ses écrits.

<h2 style="text-align:center">§ 6. — Idées sur la distribution géographique des animaux et sur les animaux fossiles.</h2>

Il nous reste à dire quelques mots des idées sur la distribution géographique et sur l'existence d'animaux fossiles.

---

[1] O. Jahn, *Ueber rœmische Encyclopædisten*, in : *Berichte über die Verhandl. d. K. Sæchs. Gesellsch. d. Wiss. Philol. hist. Kl.*, vol. II, 1850, p. 263.

Pour le premier point il y a bien dans Aristote (*Hist. anim.*, VIII, 28) des renseignements sur la présence de certains animaux en différents pays. Mais il ne formule aucune loi générale et ne cherche pas, ce qu'il aurait fallu faire d'abord, des causes de cette présence. Il rapporte cependant cette cause, pour beaucoup de contrées, au climat (28, 162), mais sans pousser plus loin cette idée.

Pline est naturellement insuffisant sur le sujet, dont il fait surtout ressortir le côté merveilleux (VIII, LVIII). Ptolémée fait ressortir un rapport entre l'habitat de certains animaux et la position géographique. D'après lui, l'éléphant et le rhinocéros ne peuvent dépasser le parallèle d'Agisymba [1]. Mais il va trop loin en faisant de ce cas spécial une règle sans exception, et l'on ne connaissait d'ailleurs pas assez les rapports des faunes pour pouvoir généraliser. Une autre idée erronée, c'est que les animaux seraient d'autant plus grands qu'on se rapprocherait de l'équateur. Pour l'homme il était admis que le sol et le climat influaient sur la civilisation et l'intelligence ; son corps se modifiait suivant le plus ou moins d'éloignement du soleil : c'est ainsi qu'on expliquait par exemple les cheveux crépus des nègres. Les auteurs anciens, quand ils décrivent des pays étrangers, citent bien des animaux, mais ils ne renseignent sur la distribution géographique ni des espèces ni des groupes. Quand ils en parlent c'est par hasard et pour compléter leur description.

L'antiquité connaissait les animaux fossiles, mais cette connaissance était stérile pour la zoologie, car on ne voyait pas que ces fossiles différaient des espèces vivantes. C'est de suppositions métaphysiques et non d'observations directes qu'Empédocle a tiré son histoire de l'apparition des êtres. L'idée déjà émise par Xénophane, que la terre avait été primitivement recouverte d'eau, subsista pendant toute l'antiquité ; on y ajouta plus tard l'hypothèse qu'elle pouvait de nouveau s'enfoncer sous la mer [2]. C'est ainsi qu'on expliquait les coquilles, les restes de poissons trouvés sur les montagnes, comme Hérodote le dit pour l'Égypte, comme plus tard le répètent Eratosthène, Ovide, Tertulien, et enfin Origène d'après Xénophane [3]. Comme plus tard on crut ex-

---

[1] *Ptolemæi Geographia,* éd. Nobbe (éd. Tauchnitz), lib. I, cap. IX, § 9 (p. 21), cap. XII, § 2 (p. 25).

[2] *Ovidii Metamorph.*, XV, V, 262-264 : Vidi ego, quod fuerat quondam solidissima tellus esse fretum.

[3] Herodote, liv. II, chap. XII ; Eratosthenes, *Geograph. fragment.*, éd. Seidel,

pliquer la disparition de nombreuses espèces en généralisant le
déluge de Noé, ainsi à une époque reculée le déluge de Deuca-
lion servait à faire comprendre les restes d'animaux marins trouvés sur les montagnes ou dans les carrières.

§ 7. — Fin de l'antiquité.

De même que le développement d'un être organisé est un fait
nécessaire, déterminé par la nature du germe et l'action des influences extérieures, ainsi l'histoire d'une science n'est pas une
succession de faits sans liaison reposant sur des découvertes fortuites. Au développement de la science aussi président des conditions nécessaires extérieures et intérieures. Cela est peut-être
plus évident que partout ailleurs dans les sciences naturelles,
dont l'objet est toujours, on peut dire, nettement en rapport
avec les idées morales et religieuses des peuples. Et c'est de
ces idées que dépend la liberté du mouvement intellectuel.

On comparaît donc à tort la science de l'antiquité à un monument élevé avec art mais sans solidité, bientôt tombé et dont
les ruines auraient fourni au moyen âge quelques piliers, quelques arceaux pour un édifice nouveau. C'est plutôt l'antiquité qui
a posé une soubassement solide. Comme dans les éruptions vol-
caniques, d'effrayantes secousses ont bouleversé l'humanité et ont
couvert de cendres et de scories les fondements. Le moyen âge a
commencé à les déblayer, l'époque moderne continue à bâtir
dessus.

Pour comprendre comment le moyen âge se rattache à l'antiquité, il importe de dire quelques mots sur la fin de celle-ci. La
résurrection ne fut pas soudaine ; raison de plus d'étudier comment se forma ce voile épais entre l'ancien monde et le nouveau,
qui, aujourd'hui même, nous cache encore bien des choses.

Les conditions extérieures jouent ici un grand rôle. Dans l'é-
panouissement de la domination romaine, les Latins avaient fait
de leur pays, de leur capitale, le pivot d'une forte centralisation
politique; bien plus, dans les choses même de l'esprit, Rome

---

p. **28, 33**; G. Berhardy, *Erastosthenica*, p. 46-48. Apuleius, *Opera*, éd. Hildebrand, t. II, p. 534 (*Apologie*, ch. XXXXI), Tertulliani, *lib. de pallio*, éd. Claud.
Salmasius. Lugdun. Bat., 1656, cap. II, p. 6 : Mutavit et totus orbis aliquando, aquis
omnibus obsitus : adhuc maris conchæ et buccinæ peregrinantur in montibus. Origenes,
Philosophumena, éd. Miller, p. 19 (περὶ Ξενοφάνους).

donnait le ton. La civilisation elle-même était grecque assurément. Sans atteindre à l'originalité, on prit à Rome, dans les classes qui s'occupaient de science, avec les fleurs de son érudition, les manières et le langage de la Grèce. Athènes, malgré bien des malheurs, était toujours en honneur comme école supérieure de la civilisation. Mais c'est désormais d'Alexandrie que viennent les progrès ou plutôt la diffusion de la science. Mais bientôt son importance politique lui fit perdre son rôle intellectuel. L'Égypte était la clef des provinces orientales de Rome ; sa capitale, Alexandrie, à l'extrémité de la vallée du Nil, dont l'importance stratégique était connue de vieille date, devait à sa situation une grande valeur politique. Elle était aussi un centre où affluaient les éléments les plus disparates. Les Grecs y représentaient la civilisation ; puis venaient en contraste les indigènes, s'éloignant d'autant plus des étrangers que leur religion, aux innombrables dieux animaux, chancelait depuis les guerres persiques devant les envahissements du culte du Soleil ; puis des Juifs en nombre, enfin les Romains eux-mêmes. Au milieu de ces intérêts multiples sans cesse en conflit, sous le contrôle d'une police qu'imposait la politique, la science n'avait pas place pour prendre un libre essor.

Voilà ce qui advenait de ce pays si important pour la civilisation par ses relations avec Byzance, voilà ce qui advint de bien d'autres ; Rome ne put pas échapper à cette influence. Par les peuplades vaincues admises dans la légion romaine, la barbarie envahit d'abord les garnisons des provinces limitrophes, bientôt les provinces elles-mêmes, que les colons romains initiaient naguère aux bienfaits de la civilisation. Le moment ne fut pas long à venir où l'armée presque entière fut étrangère d'origine, étrangère de mœurs, de langue et de civilisation ; par son contact fréquent avec la capitale elle la rendit bientôt étrangère elle-même à ses anciennes traditions. Comme conséquence immédiate, l'usage de la langue grecque diminua, la latine se répandit davantage, servant de lien extérieur d'union. Mais à côté du latin, les dialectes nationaux se développèrent de plus en plus. Partout où il n'y avait pas à conserver de liens avec une vieille et traditionnelle civilisation, on se servit des idiomes nationaux étrangers aux Romains. Les Syriens, à cet égard, offrent un intérêt tout particulier à cause des relations qu'ils eurent plus tard avec les Arabes. Leur gnostique Bardesanes dès le II° siècle de notre ère, Ephraïm au IV°, écrivent dans leur langue. Des autres productions de ce genre, il n'est resté que le travail du Goth Ulfilas.

Ces mouvements politiques, dont nous ne donnons naturellement qu'une esquisse très-générale, offrent assez de circonstances pour expliquer les bouleversements que subit la vie scientifique des peuples. Mais il est clair que les rapports sociaux changés, la culture individuelle ou nationale modifiée, comme à l'époque de la décadence romaine, suffisaient bien pour arrêter le progrès de la science. Nous avons déjà parlé de la différence du Grec et du Romain au point de vue intellectuel. Ses mauvais effets s'aggravèrent encore par l'importance croissante de l'armée. Les légions absorbèrent les classes moyennes ; et à côté d'une aristocratie trop riche, souvent menacée par le pouvoir, il ne resta plus que des prolétaires vivant de l'aumône démoralisante, de l'argent distribué par l'État. Artisans et travailleurs manquaient de la considération publique ; le commerce n'avait pas l'aiguillon intellectuel qui l'élève au-dessus d'un trafic mesquin.

Même tristesse si nous examinons le développement intellectuel. Ce que le Grec comprenait le mieux, c'était l'image humaine. Le phénomène naturel, qu'il ne saisissait pas dans sa forme réelle, lui devenait sensible sous la forme concrète de l'image humaine. De là vint le caractère psychologique de son naturalisme anthropomorphe. Les divinités du Romain n'étaient que des personnifications fortuites d'événements souvent historiques. Les produits de l'esprit grec une fois connus, la culture grecque fut à la mode et un mélange se fit dans les idées religieuses ; par le contact avec les cultes asiatiques on arriva à une vraie mosaïque en religion. Dans les temps précédents la culture intellectuelle avait trouvé guide et soutien dans les idées mythologiques ; maintenant, au contraire, l'esprit a cessé d'être profond et cède au formalisme et à l'influence de superstitions qui ne le satisfont qu'un moment. Les mystères, revivifiant peut-être le sentiment national de la bourgeoisie romaine tombée dans le cosmopolitisme, relevèrent un instant le sentiment moral ; mais leur influence disparut aussi lorsque leurs dieux à figure humaine disparurent, faisant place aux démons. Toute superstition est inconciliable avec l'idée d'ordre dans les phénomènes de la nature. On peut considérer l'Olympe entier comme un produit de la superstition, mais au moins lui reste-t-il la forme humaine qui déguise un aveu d'ignorance. Mais à l'époque alexandrine déjà apparaissent des symptômes équivoques, qui font penser à l'astrologie, aux incubes, etc. Dans ces circonstances, ceux qui croyaient encore pouvoir prétendre à l'élévation de l'esprit devinrent étrangers aux croyances populaires, trop vagues pour eux, on le comprend bien. Un culte de la nature, qui remplaçât et la croyance populaire qui ne soutenait plus, et la philosophie dont les lumières ne satisfaisaient point, n'était plus possible ; la nature était devenue étrangère à l'homme, elle lui faisait peur.

Avec les progrès du christianisme, cet éloignement de la nature ne cessa pas ; ce fait est capital dans l'histoire des progrès des sciences naturelles. Il fallait d'abord à l'humanité le temps de s'habituer aux nouvelles façons de penser, pour les accorder, le premier contraste vaincu, avec une conception raisonnable de la nature. Toute la force intellectuelle de l'antiquité avait ses racines dans les conceptions religieuses primitives de l'essence de la nature. « Le christianisme s'attaqua à ces racines. » Il supprima la croyance à la nature, renversa les vues fondamentales sur son essence, et refoula la foi ancienne sous une foi nouvelle, sous de nouvelles croyances en opposition diamétrale avec celles d'autrefois [1]. On renchérissait en même temps sur les superstitions. Au temps de Constantin on demandait à Virgile, comme plus tard à la Bible, des présages pour l'avenir. Lactance et Arnobius croient aux enchanteurs et à la magie. Arnobius dit que Jésus diffère d'un enchanteur en ce qu'il faisait des miracles par la force de son nom, l'enchanteur par l'aide des démons. Dans un monde où le paganisme grec et romain, le culte de Mithras et d'Isis, les mystères de la Perse et de Carthage avaient trouvé place, il devait bien y en avoir pour le christianisme. Le souci d'une autre vie, dont avaient déjà parlé les philosophes anciens, était devenu d'autant plus vif que cette vie ne valait presque plus la peine qu'on la traversât. Les persécutions des chrétiens, pendant les deux premiers siècles, furent des actes purement politiques, comme il ressort clairement par exemple de la lettre souvent citée de Pline le Jeune. Il y eut aussi des hommes qui se pressaient à la mort, que l'on jeta à la foule brutale, avide de

---

[1] Cela eut même lieu pour les choses extérieures, comme le témoigne le changement de sens du mot *Cosmos* qui, chez les auteurs anciens, désigne toujours l'univers dans son unité, le monde beau, bien ordonné. Dans le *Nouveau Testament* déjà il sert à désigner le monde terrestre par opposition au céleste, et, chez les premiers auteurs chrétiens, *Cosmos* devient l'expression caractéristique de ce monde de péchés qui doit passer.

sang et de cruautés. Quand on voit que les évêques eux-mêmes durent s'opposer à ce qu'on célébrât comme martyrs ceux qui avaient cherché une mort inutile, on admettra bien que ces tableaux, presque uniquement d'écrivains chrétiens, ne reproduisent pas l'esprit de la majorité du peuple.

La répulsion pour les croyances anciennes, exaltée par les outrages et les persécutions, devait d'autant plus sûrement dégénérer en hostilité déclarée, que la conscience humaine n'offrait aucun moyen de rapprochement qui n'augmentât encore les blessures des deux partis. « Chaque ligne des temps précédents, depuis l'hiéroglyphe jusqu'à l'écriture grecque du jour, était imprégnée de paganisme, d'idolâtrie ou de magie [1]. » Un zèle fanatique s'éleva contre les écrits païens. Le pont fut rompu qui unissait à la civilisation ancienne. On voulut, dans un ascétisme austère et un communisme imprégné d'amour, fonder à l'homme, sur une nouvelle idée de Dieu, une place nouvelle dans l'univers. Les anciens avaient rempli le monde de dieux aux pensées et aux actions humaines, mais dont la figure idéale ennoblissait la nature ; on la rabaissa au rang de créature déchue, et il ne valut plus la peine qu'on s'occupât d'elle. Les œuvres des anciens se cachèrent ; c'est un bonheur pour la postérité qu'elles n'aient pas été entièrement détruites. Les récits sur le sort des ouvrages d'Aristote et de Théophraste, le rôle qu'auraient joué un Nérée, un Apellicon, etc., pour nous les conserver et les répandre, sont en partie mythiques. Mais il est certain qu'Aristote était connu des Romains, que ses écrits zoologiques comme exotériques, peut-être plus facilement accessibles, étaient lus à Rome, en Égypte, dans le nord de l'Afrique où ils étaient répandus du temps d'Apulée. Ces livres aussi disparurent pour ne réapparaître que plus tard en d'autres lieux. Cette réapparition marque au moyen âge le début d'une vie nouvelle pour les travaux zoologiques.

[1] J. Burchhardt, *die Zeit Constantin's des Grossen*. Basel, 1853, p. 442.

CHAPITRE DEUXIÈME

LA ZOOLOGIE AU MOYEN AGE

ARTICLE PREMIER

PÉRIODE DE SILENCE JUSQU'AU XII° SIÈCLE

L'empire romain qui l'avait encore soutenue quelque temps était tombé, entraînant dans sa chute la civilisation antique, inséparablement attachée au paganisme; le christianisme ne se frayait sa voie qu'à travers des luttes pénibles: un nouvel ordre de choses ne pouvait se développer que lentement et peu à peu. L'humanité ne pouvait continuer à ajouter au trésor de connaissances amassé par les anciens; le développement ininterrompu de la science était impossible à côté de la lente réédification de l'état politique et social. Tout progrès scientifique se lie à la civilisation générale : où celle-ci disparaît, la science ne peut plus se manifester isolément.

Souvent on a dit, pour caractériser l'époque qui s'écoule du IV° ou V° siècle, au XIII° ou XIV°, que pendant cette période la science n'existait plus. Mais les conquêtes de l'esprit humain ne peuvent être perdues; les vérités acquises peuvent se réfugier en des endroits où les foules passionnées pour d'autres intérêts ne les suivront point; elles resteront pour un temps dans l'oubli. Mais il n'est pas à dire pour cela que la science ait cessé d'exister. Seuls les moyens auxiliaires disparaissent aux temps difficiles des nations sous l'influence funeste des agitations poli-

tiques. Les sciences naturelles ne peuvent prospérer dans un
milieu défavorable, nous l'avons déjà reconnu et nous le véri-
fierons encore. Non-seulement les conditions et le milieu n'existaient plus qui leur auraient permis de se manifester, mais un
grand éloignement s'était fait entre l'homme et la nature.

La zoologie dans son développement était arrivée à la phase
de repos. Elle semble maintenant, nourrie du vivifiant esprit de
la Grèce, avec les sciences ses sœurs, se retirer comme dans
une enveloppe de chrysalide. Elle n'en sort que longtemps
après, à la fin seulement de cette grande période dont nous
allons donner l'histoire. Mais alors la vie intellectuelle est débarrassée de ses derniers nuages, et dans le ciel pur la zoologie
à son essor s'élance d'un tel coup d'aile, que dans les cinq
derniers siècles elle fait plus de chemin que dans les vingt
précédents.

Il serait douloureux de penser qu'avec la chute de l'empire
d'Occident et de la civilisation générale, au commencement du
moyen âge, tout intérêt cessa pour la nature, tout mouvement
disparut vers ce monde vivant des plantes et des animaux. Mais
çà et là on retrouve encore le sentiment de la nature qu'il est
impossible d'écraser tout à fait; il apparaît encore. Toutefois le
courant général entraînait l'esprit humain dans une autre
direction.

Il nous importe beaucoup d'examiner brièvement les moyens
d'éducation et d'enseignement de l'époque. Les impressions du
foyer et de l'enfance déterminent, trop souvent peut-être, la
direction ultérieure de l'esprit de l'homme; circonstance qui,
aux temps de réforme et de décomposition politique et sociale,
imprime sa marque aux nouvelles générations.

La jeunesse romaine, aux derniers temps déjà de l'empire,
n'était plus élevée par la mère de famille, mais par des esclaves.
C'était assez pour affaiblir le côté moral de l'éducation. Il
suffit de se rappeler comment aux derniers siècles du paganisme
on pensait et on jugeait de la position des esclaves[1]. Mais auparavant déjà on avait particulièrement développé l'éducation au
point de vue de ce que l'on appelait les vertus civiques. On
n'avait pas songé à réveiller chez le jeune homme sa conscience

---

[1] Themistius, que sa manière de traiter les esclaves fit appeler *Basanistes*, refusait
aux esclaves nés toute aptitude aux conceptions élevées. Macrobe se demande très-
sérieusement si les esclaves en général ont rang d'hommes et si les Dieux s'inquiètent
d'eux. *Saturn.*, I, 11. Comp. Burckardt, *loc. cit.*, p. 427,

humaine pour réprimer l'égoïsme que n'alimente que trop la
vie du monde; rien non plus dans l'éducation ne suppléait à ce
manque absolu de facultés affectives qui ennoblissent la vie de
famille[1]. Le jeune homme apprenait la grammaire, science
élémentaire des formes, des lois du langage et de la littérature,
puis avec ce seul bagage il allait chez les rhéteurs apprendre à
couvrir de phrases creuses et sonores le peu que l'on disait et
qu'il était permis de dire. En philosophie on arriva bientôt aux
minuties de la dialectique. L'inactivité à laquelle un régime
despotique et sévère condamnait la plupart des citoyens pour
les choses publiques, restreignit de jour en jour à une seule
corporation l'étude autrefois générale du droit; on la réduisit à
la simple connaissance des lois les plus importantes. La
géométrie et l'arithmétique, cultivées autrefois pour leurs rapports avec l'astronomie, furent peu à peu délaissées. L'élément
étranger, de plus en plus nombreux dans la population, faisait
disparaître le goût des études, que même la discipline plus
sévère des colléges impériaux, l'Athenœum à Rome, par
exemple, ne pouvait plus réveiller. Telle était la situation en
Italie. Mais les écoles établies dans la plupart des grandes villes
de chaque province, dont le trésor public payait les grammairiens et les rhéteurs, n'échappaient pas non plus à la pression
des populations nouvelles qui marchaient vers l'Occident.

Dans ces conditions, l'enseignement des écoles ne pouvait
servir en rien au progrès d'aucune science. Un autre obstacle
s'opposait encore au développement ultérieur des sciences naturelles ; ceux mêmes qui luttaient encore suivaient de plus en plus
près les vues étroites de l'encyclopédisme d'Alexandrie. Outre
les sept arts libéraux, on ne cultivait que la jurisprudence et la
médecine, d'après des principes d'ailleurs empiriques. Serenus
Sammonicus, Sextus Placitus, Marcellus Empiricus sont là pour
montrer combien la médecine aux premiers siècles avait peu le
droit de prétendre et prétendait peu se fonder sur des principes scientifiques. Ils parlent des animaux et des moyens
thérapeutiques qu'ils fournissent; mais quelle recherche du
merveilleux, quelle superstition dans les recettes mystérieuses,
quelles niaises répétitions les uns des autres dans tout ce qui
a trait à la vie animale et aux animaux! Cette direction fut

---

[1] Comp. C. Schmidt, *Essai historique sur la société civile dans le monde
romain*, Strasbourg, 1853, p. 64.

longtemps prédominante, alors même que la réforme entrait déjà d'autre part dans la médecine.

La civilisation et l'enseignement couraient donc à une ruine complète, mais les communautés chrétiennes allaient se multipliant; cette circonstance, d'un effet immédiat peut-être douteux, devait avoir l'influence la plus considérable pour la conservation des monuments littéraires de l'antiquité. Sans doute on ne peut pas demander aux premiers docteurs des jeunes écoles chrétiennes d'avoir eu d'autre but que d'affermir la foi nouvelle, surtout si l'on considère que c'est plutôt comme apologétistes qu'ils apparurent. Souvent les apologétistes, attaquant la mythologie païenne avec la science aussi des païens, ont cherché à les représenter l'une et l'autre comme des émanations du démon, Tatien par exemple. Ainsi s'accomplissait la rupture avec la science antique. Mais deux circonstances surtout ont influé profondément sur la civilisation en général; cette influence n'a pas été moins fatale aux sciences naturelles et à leur développement, et ne se borne malheureusement pas aux premiers temps du moyen âge. Les couvents se multiplièrent et l'Église devint une institution aux mains des prêtres et des évêques. Elle ne se restreignit pas à limiter et à affermir les dogmes de la foi; mais elle voulut s'assurer, dans le domaine des sciences qui n'était pas le sien, une voix prépondérante, par des moyens souvent qui ont peu fait aimer les représentants de la religion.

Dans leur zèle pour le christianisme, ses défenseurs chargeaient des plus noires couleurs le génie impie de l'antiquité, et il n'était plus d'autre joie que de se sacrifier à servir Dieu et son prochain. Ces cœurs embrasés arrivèrent bientôt à se plonger dans une vie de pénitences et de prière, à renoncer à toute jouissance terrestre pour assurer le bonheur éternel. L'Orient surtout, si disposé déjà à la vie contemplative et au fanatisme de l'ascète, ne voyait la perfection idéale que dans la mort. Paul, le premier ermite, et son disciple Antoine, souvent cités au XIIIe siècle pour la prétendue apparition de figures humaines et de bêtes fantastiques, eurent bientôt de nombreux imitateurs. Pachomius leur donna les premières règles de la vie en commun : il fondait ainsi le règne des couvents. Ermites et moines des communautés au début ne s'occupaient guère de littérature. Cependant au IVe siècle les moines s'étaient répandus dans toute l'Asie occidentale, jusque dans le royaume des Sassanides; et ceux d'Edesse, en Syrie, étaient célèbres par leur érudition. C'est aux Syriens, avant même Mahomet, que l'Orient doit d'avoir connu Aristote et les autres écrivains de la Grèce.

L'Occident connut les moines pour la première fois lorsqu'après la paix trompeuse et de peu de durée que le concile de Nicée imposa aux luttes soulevées par l'arianisme, Athanase vint en Gaule et en Germanie pendant son exil temporaire. Les moines d'Occident restèrent étrangers, les premiers temps au moins, au fanatisme oriental. Leur règle suprême avait pour bases la vie en commun, la communauté des biens, l'égalité complète de tous les membres; pour devoir, de remplir la mission idéale du Sauveur : soigner les àmes, enseigner, répondre aux besoins de l'àme et du corps.

Le plus grand intérêt s'attache, à cause du rôle qu'allaient avoir les religieux dans le développement intellectuel des dix siècles suivants, à la fondation des premiers ordres monastiques d'Occident. La fondation du couvent de Monte-Cassino, par Benedict de Nursia (529), eut beaucoup d'importance pour la conservation de ce qui restait encore de la science antique. A l'instigation de Cassiodore, les moines ne tardèrent pas à être attachés à la culture des sciences et à la multiplication des manuscrits. Les cloîtres se multiplièrent vite; Benedict leur permit de recevoir des enfants : les premières écoles de couvents étaient fondées. Ces écoles et celles que les évêques avaient à côté des grandes églises acquirent d'autant plus d'importance que les écoles impériales entretenues par Rome ne tardèrent pas à disparaître. Les écoles des couvents préparaient surtout à l'état ecclésiastique; celles des cathédrales cultivaient de plus, et souvent avec beaucoup de succès, les sciences profanes ; mais l'émulation gagna les premières, et les couvents ne voulurent en rien céder aux écoles rivales.

Les bénédictins se multipliaient, répandant le goût de la culture au moins dans les cloîtres. Les premiers missionnaires irlandais, en Bourgogne, en Allemagne, en Suisse, Colomban Gallus, Kilian, n'étaient pas de l'ordre des bénédictins ; mais Boniface, le grand apôtre de l'Allemagne, en était. On lui attribue entre beaucoup d'autres la fondation de l'abbaye de Fulda, où siégea le plus savant pédagogue allemand du IXe siècle, Hrabanus Maurus. Le zèle pour l'instruction qui caractérisa la fin du règne de Charlemagne est dû surtout à deux bénédictins, Alcuin et Paulus Diaconus. Quelques congrégations, soit à

cause des conclusions du synode d'Aix-la-Chapelle (817), soit
à cause de leur obéissance aux règles de Cluny et de Cîteaux,
rameaux bénédictins, s'adonnaient moins aux soins des écoles;
mais pour la plupart elles favorisèrent la culture des sciences
et des arts. Nous rappellerons ici seulement York et Saint-
Alban, Le Bec, Fulda, Hirschau, Reichenau, Corvey, etc.
Ce n'est qu'au XII° siècle, quand les riches revenus des
abbayes, les priviléges des couvents, les occupations profanes
des supérieurs religieux, presque tous de race noble, eurent fait
oublier l'ancienne devise de l'ordre : *ex scholis omnis nostra
salus, omnis gloria, omnis felicitas*, ce n'est qu'alors que des
ordres plus populaires, les dominicains et les franciscains, vinrent s'emparer de l'instruction du peuple.

L'instruction était donc aux mains d'ordres religieux. Pour
comprendre l'importance de ce fait, il faut d'abord jeter un
regard sur le développement de la puissance ecclésiastique, voir
ce que l'on enseignait et ce qu'il était permis d'enseigner[1].
L'accroissement des communautés chrétiennes au milieu de
peuples divers exposait la nouvelle doctrine à un danger : des
divergences plus ou moins grandes pouvaient envahir la foi et
le rituel, diviser l'Église en autant d'Églises particulières. Naturellement déjà, les populations passées du polythéisme au
dogme du Christ tendaient à rattacher leur nouvelle religion à
l'ancienne, au moins dans les formes extérieures. Cela pouvait
facilement conduire au schisme. Depuis les Alexandrins, Clément
et Origène, les préceptes gnostiques, si voisins du polythéisme,
avaient été refoulés au moins en apparence, malgré leur
influence heureuse sur le développement intellectuel de la
chrétienté. Mais le dogme de la Trinité, le culte de Marie et des
saints, offraient encore assez d'occasions de confondre un
Olympe aux dieux nombreux et le ciel d'un Dieu unique.

---

[1] Nous nous proposons ici surtout d'étudier le terrain où se sont développées,
jusque vers le x° ou xii° siècle, des productions très-intéressantes pour l'histoire des
sciences naturelles. On n'arrive que par de longs détours à refaire le tableau complet
de la civilisation occidentale. Sur bien des points manquent encore les premiers travaux. Comme ouvrages importants, outre le livre déjà signalé de C. Schmidt, nous
citerons Ozanam, *la Civilisation chrétienne chez les Francs* (Œuvres, t. IV),
Paris, 1855; Léon Maitre, *les Écoles épiscopales et monastiques de l'Occident
depuis Charlemagne*, Paris 1866; H. Heppe, *das Schulwesen des Mittelalters*,
Marburg, 1860; Boëk, *die sieben freien Künste im elften Jahrhundert*, Donnau-
woerth, 1847; H. Kaemmel, article : *Mittelalterliches Schulwesen* in : Schmid,
Encyclopædie des gesammten Erziehungs und Unterrichtswesen, vol. IV.
Gotha, 1865, p. 766-826.

L'étendue était considérable où se mouvaient les traditions diverses; les nouveaux convertis, d'aptitude très-inégale, ne pouvaient participer tous à l'administration extérieure de la communauté, ni aux progrès intérieurs de l'Église. On n'en arriva que mieux à établir des articles de foi dont il suffisait de s'écarter pour être chassé comme hérétique de la communauté des croyants. Tel avait été le but de tous les conciles depuis les apôtres. La constitution de l'épiscopat donna à ces efforts une vigueur nouvelle. Se considérant comme les successeurs directs des apôtres, les évêques arrêtèrent et fixèrent la tradition dans sa forme, mais de plus enlevèrent le spirituel à la communauté qu'ils privèrent peu à peu de son libre arbitre. Leur prépondérance devint ainsi de jour en jour plus décisive, non-seulement dans la discipline ecclésiastique, mais surtout dans les points difficiles du dogme et de la science.

Que fut cette influence pour la conception de la nature? Il suffit, pour s'en rendre bien compte, de voir comment les conceptions libres des siècles antérieurs sur la place de l'homme, sur son indépendance et son libre arbitre, sur la résurrection, passèrent graduellement aux sombres idées du péché originel, de la servitude, de la résurrection de la chair. Il n'est pas besoin de rappeler la puissance qu'apporta à l'Église la doctrine des moyens de la grâce, dont le développement se rattache à la transformation dont nous avons parlé dans les idées. Les conceptions du règne animal portent naturellement le cachet de l'esprit du temps. Nous trouvons bien dans les premiers écrivains chrétiens des pages tendres, presque sentimentales pour la nature[1]. Mais de notion concrète d'un phénomène, de vue scientifique, de philosophie élevée de la nature, il n'en est pour ainsi dire plus question. Y eût-il eu même quelques efforts isolés vers un niveau supérieur, la masse du peuple, même la partie instruite, serait restée indifférente.

Voilà ce qui ressort d'un coup d'œil sur la littérature qui servait aux études. Pour parler de science, on ne pouvait se passer du trésor de la civilisation antique, mais on la comprimait dans les formes nouvelles. Boëthius eut à cet égard une grande influence sur la direction des esprits au moyen âge. Se rattachant directement au passé classique, il composa toute une série d'ouvrages longtemps restés en haute estime; mais il a

---

[1] A. von Humboldt, *Cosmos*, vol. II, p. 26, 31.

surtout essayé d'asseoir sur les formules d'Aristote les préceptes de la foi orthodoxe, de relier par la dialectique les philosophes anciens et de les réconcilier avec l'Église; il préparait ainsi les fondements où s'érigera plus tard la scholastique. Sa traduction de quelques écrits d'Aristote demeura longtemps la seule source où l'on étudiait la philosophie du Stagirite[1]. Ses traductions d'Euclide, de Nicomachus, de Ptolémée, etc., sur les sept arts libéraux servirent de base à l'éducation. Son livre *De consolatione philosophiæ* fut traduit dès le commencement du moyen âge dans la plupart des langues de l'Europe, et resta pendant des siècles la lecture favorite des gens instruits. Les *Institutiones ad divinas lectiones* de Cassiodore, aussi répandues dans les écoles, eurent également beaucoup d'influence. L'auteur trace d'abord un plan d'études théologiques; puis il montre qu'il y a dans l'Écriture sainte beaucoup de vérités exprimées par figures, qui ne peuvent être comprises que par la grammaire, la rhétorique, la dialectique, etc. Il traite par suite d'une manière étendue des sciences classiques, des sept arts libéraux, et son livre « est devenu un code pour tout l'enseignement dans les écoles du moyen âge. » Un autre ouvrage qui resta de même pendant des siècles une mine d'érudition est le livre de Marcianus Capella[2], sur le mariage de la Philologie avec Mercure, où dans la présentation de la Philologie à l'Olympe, il lui donne les sciences en question comme servantes. A ces trois ouvrages se rattachent d'autres classiques plus spéciaux conçus dans le même esprit : Donat, Priscian, plus tard le *Doctrinale puerorum* d'Alexandre de Villa Dei, et autres qui exposèrent d'une façon plus ou moins pédante les humanités du Trivium et du Quadrivium.

L'ouvrage d'Isidore de Séville, du commencement du VII° siècle, prend une place éminente à côté des précédents. Avec les sept arts libéraux, il embrasse la théologie, la jurisprudence, la médecine, l'histoire naturelle, la géographie. Mais comme l'indique son titre : *Origenes s. etymologiæ*, c'est plutôt un dic-

---

[1] Otto von Freising se servit le premier d'une traduction arabo-latine de la *Logique* d'Aristote, au XII° siècle. Voy. Pertz, *Monumenta, Scriptores*, vol. XX, p. 96 (Introduction de Wilman au *Chronicon* d'Otto).

[2] Marcianus Capella était-il chrétien? Ce point reste dans le doute. Tout au moins connaissait-il les idées chrétiennes, comme l'ont remarqué E. Boettger (Jahn's *neue Jahrbücher für Philol.*, 13. Suppltbd. 1847, p. 592) et avant lui Caspar Barth (in *Adversar. comment.*).

tionnaire explicatif et étymologique (voir par exemple son dixième livre). Son influence fut considérable et jusqu'au XIII° siècle il est cité dans les compilations d'histoire naturelle à côté d'Aristote et de Pline. Pour la zoologie historique, son livre n'a qu'une valeur purement extrinsèque. Il donne, il est vrai, foule d'extraits des anciens auteurs, mais il n'a pas pris à tâche de résumer la somme des connaissances zoologiques de son temps. Ce serait donc une erreur que de chercher dans l'ordre suivi par Isidore pour ses descriptions quelque chose comme un essai de système. Dans les faits qu'il étudie, son but n'est pas non plus de tracer un portrait zoologique de l'animal qu'il considère; il donne d'abord l'étymologie du nom, qu'il place toujours en tête et à laquelle il se borne souvent, et y ajoute des indications tantôt zoologiques, tantôt médicinales ou fabuleuses, rarement avec citation d'auteur à l'appui. Dans ces autorités d'ailleurs, Horace, Nævius, Lucain, Lucrèce, Macer, Virgile, etc., figurent aussi souvent, plus souvent même que Pline et qu'Aristote, qu'il ne cite qu'une fois dans son douzième livre consacré aux animaux. Isidore n'était pas naturaliste, son livre n'est qu'une compilation destinée à l'enseignement; on ne peut donc lui demander d'idées personnelles. Il collectionnait en littérature, comme le firent, depuis Pline jusqu'au XIII° siècle, tous les auteurs zoologistes. Par un côté cependant Isidore diffère de ses prédécesseurs et de ses successeurs immédiats : il n'a aucun de ces commentaires symboliques, de ces allégories où l'on s'efforçait de trouver pour la nature animée, et souvent même pour la nature inanimée, des rapports avec l'humanité.

Des premiers siècles du moyen âge il reste encore beaucoup d'autres témoignages de cet esprit particulier qui animait l'enseignement; ils ont tous le même caractère. Il nous importe peu, d'ailleurs, que l'instruction ait été délaissée pour quelque temps dans les cloîtres, comme le prouvent les plaintes réitérées des papes et des évêques (en 826 et 850, par exemple). Parfois même les classes profanes des écoles monastiques, les *scholæ exteriores*, instituées en vertu du synode d'Aix-la-Chapelle, se fermèrent complétement, pour mieux garantir la vie ascétique des moines des influences extérieures (même au Monte-Cassino). Il est un fait plus important : l'intelligence du grec, que l'on n'étudiait presque plus, devenait chaque jour plus rare. Byzance, il est vrai, conservait ses traditions et des liens plus intimes avec l'antiquité grecque; son influence sur l'Occident

était assez variée. On prenait à Byzance ses modes, les mœurs
de sa cour; le luxe copiait ses patrons, ses modèles, ses meu-
bles. Mais sa langue restait étrangère, malgré les liens intimes
qui plusieurs fois unirent la maison impériale d'Allemagne à la
cour de Constantinople. Quelques faits expliquent assez cet état
de choses : la conscience nationale se réveillait peu à peu, les
villes se développaient et avec elles le sentiment municipal;
sous les efforts enfin de la chevalerie, le patriotisme local et la
langue nationale prenaient leur essor.

Jusqu'à quel point ces circonstances étaient-elles ou non favorables à l'introduction de l'histoire naturelle comme branche
d'instruction régulière? La place que l'on accordait aux sept
arts libéraux nous l'apprendra suffisamment. A cet égard, Hrabanus Maurus sera d'un précieux témoignage; il eut un esprit
indépendant pour son temps : il prit en effet parti et contre la
doctrine de la prédestination de Gottschalk et contre celle de la
transsubstantiation de Paschasius Radbertus. Dans son *De in-
stitutione clericorum*, énumérant les sciences encyclopédiques,
c'est toujours au point de vue de leur utilité pour l'Église ou la
religion qu'il les examine. La grammaire sert à comprendre le
latin, la langue de l'Église, les Psaumes et autres poésies religieuses; l'arithmétique enseigne les secrets des nombres, l'astronomie fait comprendre la chronologie de l'Église; on étudie
la musique pour saisir et apprécier la dignité du service divin.
Le but de tout l'enseignement est la seule glorification de
Dieu, telle qu'on la comprenait alors. Ces idées étaient bien enracinées : nous le voyons au concile de Tours (1163), à celui de
Paris (1209), qui défendent aux moines la lecture impie des ouvrages de physique. Est-il besoin de dire que la superstition
fleurissait sous toutes ses formes : astrologie et recettes mystérieuses, culte des reliques, foi aux miracles?

Tel était l'étroit enchaînement de tout ce que l'on appelait
savoir aux objets du culte et de la foi. Il n'est donc pas étonnant qu'en histoire naturelle générale ou particulière, on n'ait
toléré que ceux qui l'accommodaient par toutes sortes d'allégories aux besoins du prédicateur pour moraliser et parler
aux consciences. Au VIIIe et au IXe siècle, plusieurs ouvrages
importants s'occupèrent de la nature et de l'univers, comme
ceux : de Beda (*Natura rerum*), de Hrabanus Maurus
(*De universo*), de Johannes Scotus Erigena (*De divisione
naturæ*); mais ces œuvres homilétiques ou philosophiques, ou

ne donnaient rien sur les animaux, ou n'offraient que des considérations dogmatiques sur l'histoire de la création.

Il nous reste à examiner d'un peu plus près un fait des plus intéressants : à côté de ces ouvrages existait un livre qui pendant près de mille ans servit de traité élémentaire de zoologie, mais dont l'origine première reste encore entourée d'une assez grande obscurité. C'est le *Physiologus*.

L'examen de l'état de la culture intellectuelle des premiers temps du moyen âge montre que l'instruction, aux origines du christianisme, n'accordait aucune place à la connaissance intime de la nature vivante. Ceux donc qui tendaient aux connaissances possibles alors ne pouvaient, sous la contrainte de plus en plus pesante des dogmes ecclésiastiques, arriver à une autre conception des êtres vivants que celle qui ressort du mythe de la création. Mais pour aucune période de l'histoire de l'humanité dont il reste des traces littéraires, il n'y a d'exemple d'un manque absolu de goût pour la nature et les phénomènes naturels. Le christianisme, dans ses premiers efforts, condamnait tout écrit venant des païens. Il était donc de la plus haute importance pour l'histoire naturelle, comme agent de civilisation générale, de trouver une forme d'exposition qui conservât à l'abri de l'autorité ecclésiastique le goût de la nature.

Cette forme, le *Physiologus* l'offrit [1]. Son importance s'accuse dès l'abord par sa grande diffusion. Il n'existe pas que dans les langues antiques; il apparaît dans toutes les nationalités qui entrèrent dans le cercle de la civilisation chrétienne, partout où le christianisme fit pénétrer avec lui son enseignement symbolique. Nous avons le *Physiologus* plus ou moins complet, soit dans sa forme originelle en prose, soit, partiellement ou entièrement, en vers dans les langues suivantes : grec, latin, syriaque,

---

[1] Nous avons un excellent travail sur l'histoire première du *Physiologus* et sur les questions les plus importantes qu'il soulève, sauf pour l'histoire naturelle, de Pitra dans : *Spicilegium Solesmense*, t. III, p. XLVII-LXXX. C. Hippeau l'a bien compris dans l'introduction de son édition du *Bestiaire divin* (voy. plus bas). On trouve une esquisse très-intéressante de la position historique du *Physiologus*, se rattachant à Pitra et au travail de Cahier, dans le mémoire de Kollof, *die sagenhafte und symbolische Thiergeschichte des Mittelalters*, dans F. v. Raumer, *histor. Taschenb.*, série 4, vol. VIII, 1867, p. 171-269. Voy. aussi le court mais excellent mémoire de Thierfelder, *Description d'un manuscrit du* Physiologus *Theobaldi, avec considérations sur ce que l'on a appelé* Physiologi, in : *Serapeum* de Naumann, 1862, n°s 15 et 16, p. 225-231, 241-249. Je dois la plupart de ces indications bibliographiques à la bienveillance de M. le D' Hügel, qui travaille à une histoire du *Physiologus*.

arménien, arabe, éthiopien, ancien haut allemand, anglo-saxon, ancien anglais, islandais, provençal et vieux français. Il disparaît avec le xiv° siècle. On voit bien après cette date apparaître encore quelques prétendus *Physiologi;* quelques productions littéraires aussi, du xiii° siècle et de l'époque qui suit immédiatement, ont avec lui quelque parenté; mais c'est à partir de cette époque qu'il cesse de se répandre dans sa forme originelle, pour faire place à d'autres ouvrages.

Le titre de l'ouvrage se rattache à l'usage fréquent de prendre dans la position ou la profession de l'auteur connu ou inconnu, dans la personnification en quelque sorte de son ouvrage, la désignation de son livre. Au sens classique du mot on devrait donc trouver dans le *Physiologus* une explication de la nature en général. Souvent, en effet, les *Physiologi* du moyen âge mentionnent encore des pierres, des arbres. Mais comme on le verra, bientôt le livre se restreignit à un nombre limité d'animaux, et de très-bonne heure même, la zoologie pure passa à l'arrière-plan. Bien plus, la « Physiologie » oublia son but des premiers siècles de l'ère chrétienne : expliquer les vieilles histoires des dieux et des héros et les merveilles même de la Bible par les lois de la nature. Epiphanius désignait encore l'ouvrage qu'on lui a faussement attribué, sous le titre plus juste de *ad Physiologum;* mais dans des remaniements ultérieurs, la partie désignée ainsi expressément comme une addition se fondit avec le texte proprement dit, probablement plus ancien, et un titre unique subsista pour l'ouvrage, où il faut considérer deux parties distinctes. Pour cette extension du nom de *Physiologus*, on peut dire, il est vrai, qu'il est arrivé ici un fait qui s'est souvent produit ailleurs : on a rattaché à la description de la nature des considérations afférentes, et parce qu'elles dépendaient du sujet, on a pensé qu'elles rentraient également dans la « Physiologie ». Il y a des témoignages directs de cette réunion de considérations religieuses et d'un exposé d'histoire naturelle, dans le but d'arriver à une physiologie en quelque sorte chrétienne. Clemens Alexandrinus, par exemple, dit expressément que la physiologie, fondée sur les règles de la vérité, doit commencer par la création première des choses, pour s'élever ensuite à la contemplation religieuse [1].

Dans le *Physiologus* ce but est rempli, et chaque description

---

[1] ἡ τὸν κατὰ τῆς ἀληθείας κανόνα γνωστικῆς παραδόσεως φυσιολογία ἐκ τοῦ περὶ

d'un objet d'histoire naturelle est accompagnée d'éclaircissements. En outre il y règne la tendance qui caractérise presque
toute la littérature de l'époque. En opposition directe avec le
sens primitif du mot physiologie, on rattache tout dans la
nature à Dieu ou au moins à la Bible ; en même temps par des
symboles et des allégories mystiques, on accommode de mieux
en mieux les récits historiques de l'Écriture et les coutumes
ecclésiastiques à un but de morale. On verra comment à cet
égard on en usait facilement à l'origine, et comment peu à peu
on s'inquiéta moins du texte que du commentaire ; c'est pour
cela que ces expressions reviennent souvent : « le *Physiologus*
dit », et à la fin de bien des paragraphes « le *Physiologus* a
donc eu bien raison. »

Pour faciliter l'exposition de l'ouvrage, examinons-le d'abord
au point de vue bibliographique. Les différentes versions du
Physiologus qui se sont conservées et ont été publiées jusqu'à
présent sont indiquées ci-après. La forme grecque, comme on
verra, paraît être la plus ancienne. Pitra a publié pour la première fois un *Physiologus* grec d'après des manuscrits du
XIII° au XV° siècle, qui donnent aux moins deux rédactions
différentes[1]. La plupart des articles sont en prose, quelques-uns
sont tirés d'un *Physiologus* versifié (manuscrit du XIV° siècle).
Bien que la date récente de ces manuscrits donne à penser
qu'on n'a pas là le texte primitif, un autre fait milite pour
cette opinion. L'édition arménienne, publiée également pour la
première fois par Pitra[2], d'après des manuscrits grecs des IV° et
V° siècles, concorde dans les points essentiels pour la forme et le
fond avec la version grecque qui nous est parvenue. Au *Physiologus* se rattache, comme une sorte d'extrait, le travail précité
attribué à tort à Epiphanius, qui d'après son éditeur Ponce de
Léon doit avoir contenu trente-neuf articles ; vingt seulement
sont connus[3].

κοσμογονίας ἥρτηται λόγου · ἐνθένδε ἀναβαίνουσα ἐπὶ τὸ θεολογικὸν εἶδος. Clemens,
Opp., ed. Potter, Oxonii, 1715. *Stromat.*, lib. IV, p. 564. Comp. Pitra, *loc. cit.*,
p. 2. C'est ce qu'on appelle l'ἄνω θεωρία.

[1] *Spicilegium Solesmense*, tom. III, p. 338-373.

[2] Ibid., p. 374-390.

[3] *S. Epiphanii* εἰς τὸν φυσιολόγον, *ad physiologum, etc. D. Consali Ponce de
Leon otium Antverpiæ*, 1588, 8, avec planches représentant des animaux. On en
possède trois manuscrits à Vienne. — Dans le poëme de Manuel Phile, d'Éphèse,
(+ 1321) περὶ ζώων ἰδιότητος, il y a quelques traits pris au *Physiologus* ; mais il ne
moralise pas et ne se limite pas à un certain cercle d'animaux.

La version la plus ancienne ensuite est la syriaque, très-importante en tous cas comme point de départ de toutes les éditions orientales. La seule rédaction qu'on en ait donnée jusqu'ici, avec quelques lacunes au commencement, a été prise sur un manuscrit du Vatican [1]. L'unique fragment publié jusqu'ici d'un *Physiologus* arabe [2] ne permet de tirer aucune conclusion sur l'étendue et les liens généalogiques de cette version ; la seule chose positive, c'est que son auteur était chrétien. On n'a imprimé qu'un seul article (en traduction) du *Fisalogus* éthiopien, et il ne se trouve pas dans les autres versions, sauf dans un manuscrit grec d'Oxford. Il se rapproche étroitement du texte grec [3] ; de façon que, suivant Pitra, il pourrait bien avoir été directement traduit sur ce dernier.

D'après la date des manuscrits, le *Physiologus* latin serait plus ancien que le grec ; au moins doit-il dater de la même époque que le *Physiologus* syrien. La rédaction la plus ancienne, du VIIIᵉ siècle, contient une copie incomplète d'après un *Codex* du Vatican, par Angelo Mai, complété par Pitra d'après un manuscrit parisien du *Glossarium Ansileubi* [4]. Deux manuscrits de Berne la suivent de très-près, avec de légères différences ; Cahier les a publiés ; deux autres manuscrits viennent ensuite, également publiés par Cahier [5] : l'un du xᵉ siècle (Bruxelles),

---

[1] *Physiologus Syrus seu Historia Animalium in S. S. memoratorum, syriace e codice bibl. Vatic.*, éd. O. G. Tyschen, Rostochii, 1795, 8. Land décrit un autre manuscrit d'un *Physiologus* syriaque du xiiᵉ siècle, à Leyde. (*Anecdota syriaca*, t. I; p. 5). L'original est attribué à Basilius. Je dois à la bonté du professeur Land la table des matières de ce *Physiologus*, d'après laquelle il serait plus complet que celui du Vatican. Pour certaines merveilles, voy. plus bas. Une *Historia animalium* syriaque (manuscrit du British Museum, add. mss. 25,878) sur laquelle le professeur Land m'a également renseigné, ne paraît pas appartenir à la série des vrais *Physiologi*.

[2] Pitra, *loc. cit.*, p. 535, d'après un manuscrit de Paris. Un autre *Physiologus* arabe, dont l'original est attribué au « théologien Gregorius », se trouve manuscrit à Leyde ; voy. de Jonge, *Catal., codd. orient., bibl. Acad. Scient. Lugd.*, Bat. 1862, p. 186.

[3] Pitra, *loc. cit.*, p. 416. — Le British Museum possède un manuscrit du *Physiologus* éthiopien qui contient quarante-huit animaux. Sauf que « Fisalegos » est donné ici comme un saint, la forme et le fond se rapprochent beaucoup de la vieille forme grecque. Les noms des animaux ont des analogies étroites avec les noms grecs : ainsi *karádyon*, *Charadrios*, *nhitiko*, *nycticorax*, *fineks*, *phœnix*, *aspadaklôni*, *aspidochelone*, etc. Je dois à l'extrême obligeance de M. Wright la connaissance de cette version, qui mériterait d'être étudiée avec soin au point de vue du développement comparé des différentes éditions.

[4] Ang. Mai, *Classicorum Autorum*, tom. VII. Romæ, 1835, p. 589-596.. Pitra, *loc. cit.*, p. 418-419.

[5] Le *Physiologus ou Bestiaire*, par Charles Cahier in : Cahier et Martin, *Mélanges d'archéologie, d'histoire et de littérature*, tom. II. Paris, 1851. *Intro-*

l'autre du xivᵉ siècle (Paris). Un autre *Physiologus* latin, ne différant des précédents que par des points de détail, est celui qu'à publié G. Heider [1], d'après un manuscrit du xiᵉ siècle du couvent de Göttweih. C'est de Jean Chrysostome que viendrait cette version, ainsi que celle de Paris dont il a été question. Les manuscrits de cette dernière ne sont pas rares.

Le *Physiologus* latin d'un certain Théobald est un court extrait en vers qui ne parle que de douze animaux. Quel était ce Théobald, c'est ce qu'il est difficile d'établir. Souvent on lui donne le titre d'évêque, et dans les manuscrits, comme Pitra le rapporte, l'épithète tantôt de *Senensis*, tantôt de *Placentinus*. Les manuscrits de son *Physiologus* sont très-répandus. L'ayant trouvé dans un manuscrit du xiiiᵉ siècle, parmi les œuvres d'Hildebertus Cenomanensis, Beaugendre l'attribua à ce dernier et le publia avec ces œuvres (p. 173) ; il le croyait à tort inédit [2]. Il existe déjà dans des manuscrits du xiᵉ siècle (British Museum) et Hildebert appartient à la première moitié du xiiᵉ. Il est donc impossible aussi que Théobald ait été archevêque de Paris, comme le dit Heider, puisque Paris, simple évêché alors, ne devint archevêché qu'en 1622. Bien plus, Théobald ne peut même pas avoir été évêque de Paris, puisque le seul évêque parisien de ce nom exerça de 1143 à 1159. Il y a donc lieu de prendre en considération l'indication de Thierfelder, qui pense que l'auteur du *Physiologus* en question pourrait bien être Théobald, abbé au Monte-Cassino de 1022 à 1035. Il existe encore de lui au Monte-Cassino un manuscrit du xiᵉ siècle qui, outre des traités sur la médecine, contient aussi un ouvrage d'histoire naturelle, *De quadrupedibus et alitilibus*, en vers [3]. Mais pour assurer la présomption de Thierfelder, il faudrait faire la comparaison du manuscrit. On a imprimé plusieurs fois dans notre siècle, d'après un manuscrit du commencement du xiiiᵉ siècle, une traduction en vieil anglais du *Physiologus* de Théobald, qui re-

duction, p. 85-100. Texte (vieux français et latin), p. 106-232. Tom. III, 1853, p. 203-288. Tom. IV, 1856, p. 56-87 (avec figures d'animaux dans le deuxième vol.).

[1] Avec introduction historique in : *Archiv für Kunde œsterreich. Geschichtsquellen,* 3ᵉ année, 1850, vol. II, p. 541-582. Avec fac-simile des dessins d'animaux.

[2] Lessing (*Œuvres,* édit. par Lachmann, v. II, p. 309) a déjà fait remarquer que le *Physiologus* publié parmi les œuvres de Hildebert ne vient pas de lui, et de plus qu'il avait déjà été imprimé. Sur les éditions de Théobald, voy. Choulant, *Handbuch der Bücherkunde für die ältere Medicin.* Leipzig, 1841, p. 310.

[3] Voy. Salv. de Renzi, *Collectio Salernit.,* t. I. Napoli, 1852, p. 39. Pitra aussi l'attribue à l'époque de Constantin l'Africain, *loc. cit.,* p. LXXI.

produit assez fidèlement l'original [1]. Deux animaux seulement
sont intervertis (cerf et renard); de plus, après la description de
la panthère qui termine l'original latin, indépendamment d'un
article déjà donné sur la tourterelle, il y a en plus une petite notice : *Natura columbæ et significatio*. Cette traduction, d'après
Morris, viendrait de l'Angleterre méridionale [2]. Il existe aussi
une imitation du *Physiologus* de Théobald, en vers, en vieux
français [3].

Parmi les traductions de l'ancien *Physiologus* en langues modernes, celle en haut allemand ancien doit être la première en
date. Ont été publiés : un fragment du xie siècle, le *Physiologus* complet en prose du commencement du xiie siècle (tous
deux manuscrits à Vienne) [4], une édition en vers d'après un
manuscrit du xiie siècle de Klagenfurt (autrefois à Millstadt) [5].

Le *Physiologus* islandais, conservé presque tout entier, se
rattache en général aux *Physiologi* latin et ancien haut allemand ;
mais, dans les détails, il garde une certaine originalité. Il serait
à désirer qu'on le publiât, vu l'intérêt qui s'attache pour le fond
et pour la forme à ce morceau de la vieille littérature du
Nord [6].

D'un *Physiologus* anglo-saxon, il ne reste malheureusement

---

[1] La première fois par Th. Wright, in Haupt et Hoffmann, *altdeutsche Blætter*.
Leipzig, 1840, vol. II, p. 99-120; une seconde fois dans Wright et Halliwell, *Reliquiæ antiquæ*, London, vol. I, 1841, p. 208-227; enfin dans Maetzner et Goldbeck,
Altenglische Sprachproben, Berlin, vol. I, 1e part., 1867, p. 55-75, avec une
introduction d'histoire littéraire.

[2] Morris, *Genesis and Exodus*. London, 1855. Préface, p. XV, « in the dialect of
Suffolk. »

[3] Sensuyl, *le Bestiaire d'amours, moralisé sur les bêtes et oyseaulx, le tout par
figures et histoyres*. Paris, s. d., in-4°; réimpression, Paris, 1529, in-4°. Comparez
Thierfelder, *Serapeum*, 1862, p. 231.

[4] Le fragment, interrompu brusquement, pour la première fois dans : F. v. d.
Hagen, *Denkmale*, Breslau, 1824, p. 50-56, puis par Hoffmann, *Fundgruben*,
1e part., Breslau, 1830, p. 17-22; enfin de nouveau dans Müllenhof et Scherer, *Denk-
mæler deutscher Poesie und Prosa*. N° LXXXI, p. 199-203. Le *Physiologus*
complet parut pour la première fois dans Hoffmann, *Fundgruben*, loc. cit, p. 22-37;
presqu'en même temps dans Graff, *Diutiska*, vol. III, 1829, p. 22-39; puis dans
Massmann, *deutschen Gedichten des zwælften Jahrhunderts*, 2e partie, Qued-
linburg et Leipzig, 1837, p. 311-325.

[5] Publié par Karajan dans : *Deutsche Sprach denkmale des zwælften Jahrhunderts*, avec 32 fig. (dessins d'animaux). Vienne, 1844, p. 71-106.

[6] Manuscrits sur parchemin du xiiie siècle, biblioth. de Copenhague. Je dois à la
bienveillance de mon excellent ami le professeur Theodore Moelius, de Kiel, un fac-similé
lithographié de cette pièce rare, avec traduction; sans lui je n'aurais pu toucher ce
précieux trésor. Puisse-t-il bientôt exécuter son dessein et publier ce document si
intéressant pour l'extension géographique du *Physiologus*.

plus que des lambeaux : la panthère et la baleine en entier, un fragment de la perdrix. Ce peu suffit pour lui assigner une place dans la série des autres rédactions ; il est versifié, sans attache avec le *Physiologus* de Théobald, mais se rapproche du *Physiologus* anonyme plus étendu [1].

D'après son éditeur, le *Physiologus* provençal appartient au XIIIᵉ siècle. Dans son ensemble ce n'est sans doute pas une œuvre complétement isolée ; mais quelques différences dans sa forme lui assignent une place à part dans les autres recensions [2]. Il ne contient pas non plus de morales.

Les traductions du *Physiologus* ou *Bestiarius* en différents dialectes vieux français sont anciennes. Citons, comme la plus ancienne, la recension normande, en vers, de Philippe de Thann, composée en 1121 [3] ; assez soignée dans son ensemble, elle se rapproche beaucoup des *Physiologi* latins, ou plus généralement des formes anciennes. Environ cent ans plus tard, un autre trouvère normand, Guillaume, appelé aussi clerc de Normandie, mit une seconde fois le *Physiologus* en vers [4]. Presque en même temps, un religieux de Picardie, Pierre, écrivait un *Physiologus* en prose, dans la langue du Beauvoisis [5]. On cite encore des remaniements français du *Physiologus* en prose latine, mais on ignore la date d'apparition. Il faudrait une plus ample connaissance de ces publications pour déterminer leurs rapports avec l'original [6]. L'œuvre de Richard de Fournival [7] représente une

[1] Publié dans : Grein, *Bibliothek der angelsæchsischen Poesie*, vol. I, Goettingen, 1857, p. 233-238.

[2] Dans : Bartsch, *Chrestomatie provençale*. Elberfeld., 1868. Sp. 325-330.

[3] Philippus Taonensis, *Bestiarius*, reproduit dans : Th. Wright, *Popular treatises on science written during the middle ages*. London, 1841, p. 74-131, d'après un manuscrit de Londres. Il existe un autre manuscrit à Copenhague : voy. Abrahams, *Descrip. des manusc. franç. du moyen âge de la bibl. roy. de Copenhague*. Copenhague, 1844, n° XIX, p. 44.

[4] *Le Bestiaire divin de Guillaume, clerc de Normandie, publié par C. Hippeau* ; Caen, 1852, avec une très-bonne analyse, reproduit par Cahier in : *Mélanges d'archéol.*, *loc. cit.* On peut y ajouter un ouvrage en vers, malheureusement inédit, le *Volucrarius* de Guillaume Osmont, qui paraît avoir été goûté et répandu, puisqu'au XVᵉ siècle encore Jean de Bauveau, évêque d'Angers, entreprit de le refaire en prose. Voy. Roquefort, *De l'état de la Poésie française dans les XIᵉ et XIIᵉ siècles*. Paris, 1815, p. 254-255 ; *Hist. littér. de la France par les Bénédict. de Saint-Maur*, t. XVI, Paris, 1825, p. 220.

[5] Dans Cahier, *loc. cit.*, un des manuscrits employés désigne aussi Jean Chrisostome comme l'auteur de l'original.

[6] Entre autres l'œuvre anonyme : *Les dicts des bêtes et aussi des oyseaulx*. Paris, s. d., in-4° ; réimprimé, Paris, 1830, in-8°.

[7] *Bestiaire d'amour*, par Richard de Fournival, publié par C. Hippeau. Paris, 1860.

branche toute particulière de la littérature *physiologienne;* les
animaux n'y servent plus aux mystiques allégories chrétiennes :
leur rôle est tout autre, c'est d'amour qu'on les fait parler.

Ici s'arrête la série des vrais *Physiologi.* Sans doute le *Physiologus* et la tendance qu'il représente gardèrent leur influence;
on en trouve suffisamment de preuves, soit dans la littérature
générale du moyen âge, soit dans les écrits plus particulièrement
zoologiques ou dans les passages de ce genre d'autres ouvrages.
Mais ce n'est plus sous cette forme que se produisirent les
idées.

D'après le titre de cet opuscule, *Physiologus,* on s'attendrait,
nous l'avons dit déjà, à y trouver une histoire naturelle générale, d'autant que les phénomènes que l'on observe chaque jour
dans la nature vivante et inanimée semblent devoir fournir un
aliment suffisant aux considérations religieuses allégoriques. Et
dans le fait, les *Physiologi* les plus anciens, les plus complets,
en outre des animaux, parlent encore de quelques pierres, de
quelques plantes. Mais ces plantes et ces pierres, bien inférieures en nombre aux animaux dans tous les *Physiologi,* disparaissent bientôt complétement dans la plupart des versions,
lorsqu'il en reste, ce sont des espèces toutes spéciales. Ce n'est
que dans les recensions les plus récentes, où les vues s'élargis-
sent un peu, que le *Physiologus* étend ses descriptions à la nature en général et qu'une plus large place est donnée aux
plantes et aux minéraux. Comme plantes on trouve : l'arbre indien *Peridexion,* dont le doux fruit sert de nourriture aux pigeons, que son ombre défend en outre contre les poursuites des
dragons [1]; le figuier, la mandragore, enfin (dans le *Physiologus*
syrien de Leyde) la ciguë et l'hellébore. Parmi les pierres mentionnées, celles qui reviennent le plus souvent sont celles qui
donnent du feu ou s'enflamment; l'une est mâle, l'autre femelle;
dès qu'elles se touchent un feu violent s'allume [2]. Sont encore

---

[1] Je ne saurais indiquer sur quel passage de la Bible est fondée la citation de cet
arbre. Dans l'allégorie, l'arbre c'est Dieu, l'ombre le saint Esprit, et le tout a trait à
saint Luc, I, 35. Pour la désignation de l'arbre il y a peut-être un rapport avec les
mots de Clemens Alex. (Opp. Potter, Strom., lib. VI, p. 791) : ὁ περιδέξιος ἡμῖν καὶ
γνωστικὸς ἐν δικαιοσύνῃ ἀποκαλύπτεται δεδοξασμένος. Cette fable se retrouve jusqu'au xive siècle. Le seul passage auquel on pourrait penser, à cause du sens analogue,
se trouve dans Pline (XVI, 13, 64, Sillig.); il y est dit que les serpents redoutent
l'arbre *Fraxinus,* qu'ils fuient même son ombre.

[2] Dans la description de la nouvelle Jérusalem, Isaïe, 54, 12, il y a dans l'original :
« les portes sont d'Eldach, » אֶקְדָּח, de קָדַח, enflammer. Probablement c'est à cet

signalées, les propriétés du diamant, de l'agate, des perles et de la « pierre indienne ». L'agate sert à la pêche aux perles. La pierre indienne est spécifique contre l'hydropisie, fable qui a cours encore au xiiiᵉ siècle chez les Cyranides et Thomas de Cantimpré. Les descriptions d'animaux l'emportent en étendue, en nombre et en précision.

En rangeant les animaux suivant la fréquence avec laquelle ils sont cités dans les *Physiologi* divers de toute langue que nous avons énumérés, on obtient l'ordre suivant. 1º Mammifères : panthère, sirènes (et onocentaures), antilope, éléphant, lion, renard, castor, cerf, chamois, hyène, une espèce de dauphin nommé scie, chèvre (bouquetin), baleine, onagre, singe et belette ; 2º oiseaux : aigle, charadrius, nycticorax, pélican, phénix, fulica, perdrix, huppe, corneille (ou plus tard tourterelle), autruche, pigeon, ibis, hirondelle ; 3º reptiles et amphibies : serpent, hydre, salamandre, vipère, lacerta solaris, aspic ; 4º arthropodes : fourmi. Outre ces trente-sept espèces on en trouve encore une quarantaine d'autres, mais qui ne figurent la plupart que dans une seule, rarement dans deux ou plusieurs rédactions à la fois. Nous signalerons seulement, parcequ'ils se trouvent dans les plus anciens *Physiologi* et à raison de l'intérêt qu'offrent les particularités de leur histoire, l'ichneumon, la tourterelle et le fourmi-lion.

Le choix particulier qui a réuni les animaux que nous venons d'énumérer fait déjà penser que ce sont des espèces déterminées et qu'on ne les a pas prises au hasard dans la foule du règne animal. Le premier qui ait vu juste à cet égard est Tychsen, bien que les preuves sur lesquelles il s'appuie ne soutiennent pas l'examen. Dans son édition du *Physiologus* syrien, il l'appelle : « histoire des animaux cités dans la Bible ; » Tyschen s'appuie sur ce qu'Origène déjà signalait le *Physiologus* comme l'auteur le plus ancien qui ait écrit sur les animaux de la Bible [1]. Mais Origène renvoie simplement à un naturaliste d'une manière tout à fait générale [2] ; et on ne peut guère admettre

endroit que se rapportent les *lapides igniferi*, λίθος πυροβόλος, *turrobolen, cerébolim*, que l'on trouve dans les *Physiologi*. Les Septante traduisent par λίθος κρυστάλλος. Il n'est pas exact de traduire ce cristal par escarboucle (comme Schleusner, voy. χρυσταλλον, où il dit : אֶקְדָּה, *carbunculus*); la Vulgate donne *lapides sculpti*.

[1] Préface du *Physiologus syrus*, p. IX, X.
[2] Dans la 17ᵉ homélie sur la Genèse, 49, 9 (*Opera*, ed. Delarue, t. II, p. 107) il y a : « Nam physiologus de catulo leonis hæc scribit. » Cette homélie, nous ne l'avons

que de son temps déjà il y ait eu une histoire particulière des animaux de la Bible. Epiphanius aussi [1], en parlant des particularités des serpents, dit : « comme disent les naturalistes (ὡς φασιυ οἱφυσιολόγοι) ».

Le *Physiologus* n'aurait donc compris à l'origine que les animaux de la Bible. Cette opinion a pour elle ceci, que les formes simples anciennes, la syriaque par exemple, ne donnent aucune moralisation ; par contre la plupart des animaux y sont accompagnés d'une citation de la Bible ou au moins d'un renvoi général à quelque passage de ce livre, comme « la Loi dit » ou « Jean, Salomon, David rapporte ». On pourrait même penser que l'auteur a dû être très-versé dans la connaissance de la Bible, quand on lit, par exemple, « le *Physiologus* dit de l'ibis, que c'est d'après la Loi un oiseau impur [2] ». Ce n'est pourtant pas sous cette forme que ce passage a dû se présenter d'abord, c'est là vraisemblablement une tournure venant de quelque traducteur ultérieur. Une preuve encore que les animaux du *Physiologus* viennent de la Bible, c'est que presque tous on peut les ramener à des passages de ce livre. C'est ainsi avant tout que s'explique la singularité du groupement.

Il n'y a pas dans le *Physiologus*, comme on pourrait croire, de description complète, ni même de détails caractéristiques des espèces. Ce qu'on y trouve, c'est quelque trait de la vie de l'animal, que fournit le passage même de la Bible, avec des citations à l'appui, tirées des naturalistes de l'antiquité, ou n'importe quel récit se conciliant tant soit peu avec ce que l'on connaît de l'animal, qui permette une interprétation allégorique. Cette allégorie, dans les anciennes formes, la grecque, par exemple, a sa place à côté de la notice d'histoire naturelle ; dans les remaniements ultérieurs, elle refoule de plus en plus à l'arrière-plan la partie vraiment « physiologique ». Ces allégories et ces morales sont gravées profondément dans le caractère des premiers âges du christianisme. La preuve en est dans la

---

plus dans le texte original grec, mais seulement dans la traduction latine de Rufinus; cependant son authenticité, d'après mon honorable ami Tischendorf, est hors de doute.

[1] Non dans le *Physiologus* qu'on lui a attribué, mais dans *Adversus hæres*, lib. I, tom. III (*Opera*, ed. Petavius, p. 274). Ce passage a déjà été signalé par Ponce de Léon dans la préface de son édition du *Physiologus*, et plus récemment par Goldbeck (dans Maetzner, *loc. cit.*).

[2] *Physiologus syrus*, un *Physi. grec* (manuscrit grec du XVᵉ siècle) dit : ἀκάθαρτόν ἐστι κατὰ τὸν νόμον ἡ ἴβις · κολυμβᾶν οὐκ οἶδε, etc.

richesse de la littérature symbolique, qui de la « Clavis » de saint Méliton, fin du II° siècle (éditée par Pitra), va sans cesse grandissant, et à qui des hommes comme Hrabanus Maurus ont apporté leur esprit indépendant, parce qu'ils y voyaient un moyen de prédication efficace. La preuve en est encore et surtout, dans l'emploi considérable que les arts plastiques ont fait des symboles. Comme exemple à l'appui il suffira de rappeler combien saint Bernard s'éleva contre l'abus des peintures d'animaux pour l'ornement des cloîtres et des églises. Mais nous n'avons pas à suivre ici ni en général, ni à ce point de vue particulier, la symbolique animale [1].

Ainsi les *Physiologi* remontent à la littérature que nous venons de mentionner ; nous allons essayer de relever, pour les plus importants des animaux de la série, les passages correspondants de la Bible et les sources qui ont fourni des détails sur leur vie. Nous verrons, pour le dire de suite, qu'aussi bien pour le *Physiologus* que pour les traductions de la Bible, nous manquons de témoignages anciens.

Il est dit de la panthère qu'elle est tachetée, qu'elle dort trois jours après s'être repue, qu'elle s'éveille ensuite en rugissant et répand une odeur si agréable, que tous les animaux viennent à elle. Son seul ennemi est le dragon. Les paroles du prophète sont signalées expressément : « Je serai comme un lion dans la maison de Juda et comme une panthère dans celle d'Éphraïm ». C'est la traduction gréco-alexandrine du passage d'Osée, 5, 14. Les mouchetures de la panthère (ou *Pardalis*) sont signalées par Aristote (*De gener. anim.*, 5, 69) ; son odeur qui doit plaire aux autres animaux est aussi dans Aristote (*De gener. anim.*, 5, 69) et dans les auteurs subséquents (Élien, *Hist. anim.*, 5, 40). Le sommeil de trois jours et l'inimitié du dragon paraissent des additions faites plus tard.

Les sirènes et les onocentaures sont aussi arrivés au *Physiologus* par la traduction des Septante ; plusieurs passages en effet, (Michée, 1, 8 ; Job, 33, 29 ; Isaïe, 13, 22 et 34, 11), où il s'agit dans l'original de l'autruche, de la baleine, ou même de pierres, sont rendus aux mots correspondants par sirènes et onocentaures. L'histoire fabuleuse de ces êtres mixtes, contre

---

[1] Voy. les travaux cités de Cahier, de Heider, de Kotoff. Consult. aussi Mme Félicie d'Ayssac sur les Bestiaires, in *Revue d'architecture*, t. VII, 1847, p. 48, 66, 97, 123, 177, 321.

nature, se trouve dans beaucoup d'auteurs anciens (Élien, par exemple, 17, 9 et 17, 22).

Il est plus difficile de dire où le *Physiologus* a pris l'antilope. La diversité des noms frappe d'abord. Dans Epiphanius, l'animal s'appelle *Urus,* dans les autres rédactions grecques du *Physiologus, Hydrops* ou *Hydrippus.* Dans l'*Hexameron* d'Eustathius il est nommé *Antholops.* C'est de cette forme que dérivent les appellations de plus en plus altérées des *Physiologi* arménien, latin, allemand et français, comme *Utolphoca* et *Tolopha* (armén.), *Antalops, Antolops, Antula, Aptalon, Aaptalops.* C'est sans doute à cette forme aussi que se rattache le nom du *Physiologus* syrien : *Rupes.* Ce qu'il y a de certain, c'est que ces différents noms désignent l'animal appelé *Jachmur* dans le texte hébreu, que Moïse place dans les animaux purs, 5, 14, 5. Car les mêmes histoires reviennent dans Damiri et Kazwini sur le *Jamur* arabe, comme le dit Bochart[1]. C'est le même animal, grand, semblable à un bœuf, à cornes dentelées, qui va boire à l'Euphrate ou à la mer, et qui s'embarrassant alors les cornes dans les branchages d'un taillis (quelquefois désigné par son nom), se laisse prendre facilement. Ni dans la traduction gréco-alexandrine, ni dans la Vulgate, dont le *Physiologus* d'ailleurs donne parfaitement les deux noms quand il cite un passage de la Bible, il n'y a d'*Anthalops* ou d'*Urus.* Les talmudistes et Tychsen aussi n'ont pas plus raison d'en faire un daim, que Berger de Xivrey[2] un élan. D'autres points font penser que le *Physiologus* naquit à Alexandrie sous des influences coptes, qu'on ne peut plus ou pas encore démontrer (voy. plus loin l'article *Onagre* et *Phénix*). On peut donc avec Bochart[3] rapporter le mot *Antholops* au *Pantholops* copte, qui aurait servi à traduire *Jachmur* dans les passages précités (entre autres, p. ex., Rois, 1, 4, 23) ; le Syrien Peschito donne d'ailleurs les deux mots. Quant à la partie zoologique, ce ne sont pas des données précises empruntées à des auteurs anciens ; ce sont des détails reposant bien sur des faits, mais dénaturés ensuite jusqu'à la fable.

Pour l'éléphant, il n'est pas besoin de rapporter aucun passage de la Bible ; son existence n'est pas douteuse, ni dans l'An-

---

[1] Bochard, *Hierozoicon,* t. I, col. 912 (édition de Francfort).
[2] *Traditions tératologiques,* Paris, 1836, p. 299-302 ; de l'ouvrage *De monstris et belluis* (manuscrit du x° siècle).
[3] *Loc. cit.,* col. 914.

cien ni dans le Nouveau Testament[1]. Ce que le *Physiologus*
donne de détails zoologiques sur lui vient de plusieurs sources
distinctes. L'impossibilité où est l'éléphant de plier les genoux
(ce qui l'oblige à dormir debout), a été relatée par Strabon,
Diodore, Élien, Solinus, Agatharchides ; d'après Aristote [2]
il lui est seulement impossible de fléchir les deux jambes à la
fois, c'est pourquoi il s'incline sur un des côtés. Parmi tous les
auteurs, le *Physiologus* seul rattache la mandragore directement à la reproduction de l'éléphant. Élien (8, 17), au contraire, raconte son accouplement et sa pudeur ; il mentionne
aussi (6, 21) l'inimitié de l'éléphant et des dragons.

La description du lion, dont on signale plusieurs « natures »,
s'ouvre le plus souvent par un renvoi au 1er livre de Moïse, 49, 9.
Comme pour l'éléphant, ce qu'on dit de lui ne sont que des
données anciennes enjolivées. Ainsi le jeune lion demeure
comme mort les trois premiers jours de sa naissance ; son père
vient alors, lui souffle dans la figure et lui donne ainsi la vie.
Dans la moralisation annexée, il renvoie encore à Moïse, 4, 24, 9
(un jeune lion, qui le réveillera ?). Aristote dit seulement que le
lion fait partie des mammifères qui, comme le renard et l'ours,
mettent au jour des petits presque informes[3], ce que Pline répète.
Le *Physiologus* dit que les yeux du lion veillent même pendant
son sommeil [4] ; Élien avait seulement dit que même pendant
son sommeil il agitait la queue. Sa ruse qui lui fait effacer ses
traces quand il a senti le chasseur se retrouve, sinon identique,
du moins de même sens dans Élien [5].

Le renard apparaît souvent dans la Bible. La ruse que le
Physiologus lui attribue, de simuler le mort quand il est affamé,
pour attraper des oiseaux, se trouve dans Oppien (*Halieu-*

---

[1] Il est intéressant de voir que, dans le *Physiologus* islandais et dans les poésies
islandaises du x° siècle déjà, l'éléphant est désigné sous son nom persique *Phil*, qui
doit s'être répandu jusque dans le Nord avec la légende d'Alexandre. Le passage sur
l'éléphant diffère dans ce *Physiologus* de ce que donnent les autres, et se rapporte
au livre des Macchab., 1, 3, 34, — 8, 6, — et surtout 6, 37.

[2] *Hist. anim.*, 2, 5.

[3] Ponce de Léon ajoute aux mots du *Physiologus* : « Ita edi leonem narrant Aristoteles et Plinius. » Mais Aristote dit seulement (*De gener. anim.*, 4, 95) : τὰ μὲν
ἀθίαρθρωτα σχεδὸν γεννᾷ καθάπερ ἀλώπηξ ἄρκτος λέων. Heider répète, d'après
Ponce de Léon : « On trouve cela également dans Aristote et dans Pline », sans s'être
assuré de la fausseté de la citation.

[4] « Cum dormierit leo vigilant ejus oculi. » Quelque chose d'approchant se trouve
aussi dans Plutarque, comme le remarque déjà Ponce de Léon.

[5] *Hist. anim.*, 9, 30.

tica, 2, v. 107 — 119), qui l'avait prise lui-même à des sources plus anciennes ou à des récits populaires [1].

On ne saurait établir sur quel passage de la Bible est fondé ce que le *Physiologus* dit du castor, car dans aucune des versions qui nous restent, la Bible ne donne ce nom. La seule explication possible, en ramenant l'interprétation à des sources antérieures, serait la traduction de l'hébreu *Anaka* par castor, comme la donne Rabbi Salomon, d'après Kimchi [2]. Quant à l'histoire que le *Physiologus* en rapporte, — le castor poursuivi se couperait les testicules avec les dents et les jetterait aux chasseurs qui le laissent ensuite aller en paix, — elle se trouve dans beaucoup d'auteurs anciens, comme Pline (8, 109), Élien (6, 34), Solinus (13, 2), Horapollon (2, 65).

Le cerf est montré, avec nombreuses variantes, comme l'ennemi du serpent ; il le fait sortir de sa retraite, le tue, et cherche ensuite une source pour se débarrasser du poison. C'est au commencement du 42me psaume qu'on se reporte le plus souvent à ce sujet. Cette relation entre le cerf et le serpent paraît avoir été souvent admise dans l'antiquité. On la trouve au moins dans de nombreux passages : Élien, 2, 9 et 8, 6; Lucrèce, 6, v. 776; Martial, 12, ep. 29.

Le hérisson, dont la citation, amenée sans doute par Isaïe, tire une certaine importance de la manière dont elle est faite, pourrait jeter quelque lumière sur la patrie du *Physiologus*. Le *Physiologus* grec en effet, ainsi que l'*Hexaméron* d'Eustathius, pour rendre leur description plus claire, comparent les piquants du hérisson à ceux de l'oursin ; cette comparaison fait certainement supposer une connaissance familière des animaux marins. Celle-ci ne saurait avoir été acquise que dans un pays côtier. Ce que le *Physiologus* dit du hérisson : qu'il escalade les vignes, détache les grains de raisin et les accroche à ses piquants, se trouve déjà dans Élien (3, 10), sauf qu'il remplace les raisins par des figues.

Le monocéros, ou licorne, que la Bible mentionne en plusieurs endroits, a été décrit par les auteurs du moyen âge jusqu'au

---

[1] Dans le *Physiologus* syrien, le renard s'appelle *Thalo* (Tychsen). Dans un manuscrit de Londres, d'un livre syrien d'animaux, la même histoire, semble-t-il, est rapportée à l'*Elolo*, qui est le chacal. Il y aurait donc, ici comme dans la fable animale, confusion entre le chacal et le renard.

[2] Comp. Bochard, *Hierozoïcon*, I, col. 1067. Voy. aussi Lewisohn, *die Zoologie de Talmud*, Frankfurt-a.-M., 1858, p. 98.

XII° siècle, comme il l'est dans le *Physiologus*. Le conte suivant lequel cet animal indomptable et farouche vient reposer sa tête dans le sein d'une jeune fille vierge, s'apaise et s'endort, moment qu'épient les chasseurs pour le prendre ou le tuer, se trouve dans Eustathius, Isidore de Séville, Pierre Demiani et autres ; mais il n'existe pas dans les auteurs de l'antiquité. D'après Bochart[1], cette fable serait la transposition d'une histoire d'Élien (16, 20), qui dit que le monocéros s'apprivoise au temps des amours et vit paisiblement avec sa femelle. Quel animal est ce monocéros ? Est-ce l'âne indien comme dans Aristote, ou quelque ruminant voisin du cerf ? Le *Physiologus* ne se pose pas cette question. Plus tard ce fut le rhinocéros.

Au chapitre de la hyène on trouve aussi quelques indications sur l'origine du *Physiologus*. Le *Physiologus* grec rapporte le passage de Jérémie, 12, 9, avec les mots de la traduction des Septante ; le *Physiologus* latin aussi, mais la Vulgate donne une autre traduction[2]. Aristote avait déjà dit qu'il est faux que la hyène change de sexe pour être alternativement mâle et femelle (Arist., *De gener. anim.*, 3, 6, 68) ; Élien cependant le répète (1, 25). D'après Clément Alexandrinus, c'est pour cela que la hyène est impure, et il s'appuie, avec les *Physiologi* latin et syrien, sur Moïse, liv. v, 14, 7. Mais l'animal du passage en question n'est pas la hyène, elle n'y a été mise que par la traduction grecque d'Alexandrie.

Le *Serra* qui revient dans la plupart des *Physiologi* est une espèce de dauphin, dont ils rapportent identiquement les mêmes faits que Pline raconte du dauphin lui-même (9, 24)[3]. Par quelle voie cet animal est-il arrivé dans le *Physiologus* sous un nom qu'il n'est guère possible de rapporter à une espèce déterminée ? On reste dans le doute à cet égard, malgré l'accord général sur le fait. Le même animal existe dans les Commentaires sur la Création (d'Eustathius, p. ex.), où il est dit également qu'avec ses ailes (ou nageoires) déployées en l'air, il lutte de vitesse avec les navires marchant à pleines voiles, jusqu'à ce que

---

[1] *Loc. cit.*, I, col. 941.

[2] σπήλαιον ὑαίνης ἡ κληρονομία μου ἐμοί, LXX; la Vulgate dit : « Avis diversicolor », et Luther après elle : « Ein sprenklichter Vogel. » Le *Physiologus* latin de Goettweih, et les *Physiologi* ancien haut allemand indiquent Isaïe ; les *Physiologi* latins antérieurs, le grec (de Pitra), ceux en vieux français, citent exactement Jérémie. Heider, qui dit que ce passage ne se trouve pas dans Isaïe, aurait pu facilement voir où était l'erreur.

[3] De même la *Cosmographie* de Kazwini.

la fatigue l'oblige à retourner. On ne saurait penser ici ni à l'échénéis ni à l'argonaute.

La description du bouquetin *(Caprea dorcas* ou *Dorcon* en grec), que la Bible cite plusieurs fois, se rattache surtout au Cantique des Cantiques, 8, 14. Il est déjà fait allusion à sa vue perçante dans d'anciennes étymologies de son nom grec, et c'est de ce nom probablement que vint le sens en question. Pline dit même que le bouquetin voit la nuit (28, 11).

Le grand cétacé et les deux traits qui le caractérisent dans le *Physiologus* se trouvent aussi dans Basilius et Eustathius à propos de l'histoire de la Création[1]. On trouve dans Néarque, le contemporain d'Alexandre[2], l'histoire de l'île, qui suit. Cette histoire a été reproduite par tous les *Physiologi,* sauf les dernières versions latines et celles en haut allemand ; c'est peut-être parce que dans les pays où ces versions ont été faites, on ne connaissait guère ni la mer ni ses habitants. Voici l'histoire. La baleine atteint une telle taille, que, lorsque son dos s'élève au-dessus des eaux, les navigateurs la prennent pour une île. Ils y jettent l'ancre, y allument du feu, et dès que l'animal sent la chaleur, il les entraîne dans l'abîme. Lorsqu'elle a faim, la baleine ouvre la gueule, et la suave odeur qui en sort attire en foule de petits poissons qu'elle n'a qu'à avaler. Le passage de la Bible auquel on rapporte la citation de l'aspidochélone est Osée, 12, 18 ; ici comme souvent ailleurs, le mot en question vient de la traduction des Septante[3]. Les Pères de l'Église cités plus haut parlaient de la baleine à propos de la création des animaux aquatiques ; il devait donc suffire d'une circonstance extérieure pour faire entrer dans le *Physiologus* une fable qui prêtait à d'excellentes morales. Le passage en question a fourni cette occasion ; quant à l'origine même de la fable, elle reste inconnue. Comme

[1] Basilius, 7° homélie, au 1ᵉʳ livre de Moïse, 1, 20, 21 (*Opera,* ed. Garnier, Paris, 1724, t. I, p. 68) ; Eustathius, *Commentaire à l'Hexameron* (ed. Leo Allatius, Lugduni, 1729, p. 19). Le mot ἀσπιδοχελώνη revient partout, en partie altéré : *Aspidohelune, Aspis ;* syrien *Espes,* anglo-saxon *Fastitocalon ;* dans un manuscrit latin de Leipzig, *Fastilon,* islandais *Aspedo.* Le mot *lacovie,* du *Physiologus* en prose vieux français de Pierre Picard, est regardé par Cahier comme une altération de *maclovie,* et rattaché par lui à la légende d'après laquelle saint Malo (Maclovius) aurait lu la messe sur le dos d'une de ces baleines.

[2] Édit. de C. Muller (Didot), *Script. rer.,* Alex., p. 66, frag. 25.

[3] Dans le *Physiologus* syrien : « Datur cetus in mari dictus aspis (espes) quæ illa testudo est. » Pour *Testudo* il y a dans le texte *Golo* ; celui-ci est le mot hébreu גלים, que les Septante traduisent χελῶναι.

bien d'autres passages du *Physiologus*, cette légende a passé aux Arabes : on la trouve chez Damiri, Kazwini et autres.

L'âne sauvage sert souvent dans la Bible comme symbole de sauvagerie farouche : Job, 24, 5 ; 39, 5 ; Isaïe, 32, 14, etc. Le *Physiologus* (grec, vieux français, éthiopien) raconte qu'il châtre par jalousie les jeunes mâles au moment de leur naissance. Pline rapporte le fait (8, 108), après lui Solin (27, 27) et Oppien *(Cyneget.,* 3, 205) ; Aristote l'attribue au cheval sauvage de Syrie. Il est encore dit de lui (dans tous les *Physiologi* qui parlent de l'*onagre*), qu'au 25 mars il fait retentir sa voix douze fois le jour et douze fois la nuit, pour marquer l'égale division du nycthémère à ce moment de l'année. Un fait curieux, les anciennes versions du *Physiologus* (jusqu'au xi⁰ siècle à peu près), surtout la grecque et les premières latines, désignent le mois en question par un mot copte, *Faminoth;* ce n'est que plus tard que le mot « mars », ajouté d'abord au mot copte comme explication, le remplace. Le seul passage de la Bible où avec l'onagre vienne une indication d'époque, est Jérémie, 2, 24. D'où vient le nom précis du mois (dans le passage de la Bible il y a seulement « mois ») et surtout le nom copte, c'est ce qui reste inexpliqué pour le moment [1].

Le singe est cité deux fois dans le *Physiologus*, une fois seulement comme allégorie (se rattachant le plus souvent à l'onagre) ; c'est le *Pithecus* sans queue, qui revient dans la plupart des rédactions anciennes, et dans l'islandaise ; dans les versions postérieures, il est parlé de son affection pour ses petits, comme déjà dans Pline et dans Solin (27, 57).

Pour la belette, il y a eu une confusion particulière. Elle est mentionnée au livre 3 de Moïse, 11, 29, et en d'autres endroits [2]. Aristote *(De gener. anim.,* 3, 6, 66) repousse expressément l'opinion que la belette mette au monde ses petits par la bouche. Tout au contraire les *Physiologi* grec, syrien, latin, vieux français et les naturalistes arabes qui vinrent plus tard, disent que la belette s'accouple par la bouche et met bas par l'oreille. Un

[1] Le *Physiologus* grec (Pitra) commence la description par ces mots : ἔστιν ἡ ἄλλη φύσις τοῦ ὀνάγρου. ὅτι ἐν τοῖς βασιλείοις εὑρίσκεται. Mais ni dans les Rois ni dans Samuel, ni dans les Chroniques il n'y a de passage qui réponde à cela. Le nom de mois copte est donné par Abdallatif *(Relation de l'Égypte,* par S. de Sacy, p. 140), qui l'explique par *Adar,* comme le *Physiologus* grec à propos du phénix ; dans la suite, la plupart l'ont traduit par mars.

[2] D'après Bochard il s'agirait ici de la taupe ; mais toutes les traductions donnent belette.

manuscrit parisien d'un *Physiologus* latin dit que la chose est fausse, mais dans les autres elle ne soulève pas de doute. La belette étant le plus souvent citée avec le serpent *Aspis,* il est possible que l'histoire de la vipère ait influé sur celle de la belette. Il se pourrait aussi qu'il y ait eu anciennement confusion entre la belette γαλῆ et un squale γαλέος.

Les autres mammifères qui ne sont mentionnés qu'une ou deux fois nous fourniraient aussi plus d'une indication sur les différents textes bibliques qui ont servi de base aux *Physiologi;* mais leur examen nous entraînerait trop loin.

Parmi les oiseaux, c'est l'aigle qui est le plus fréquemment nommé. Dans cet oiseau on considérait surtout son rajeunissement, comme le psaume 103, 5, d'une manière générale, ou Isaïe, 40, 36, à propos de la repousse de ses plumes. On parle aussi du crochet que forme avec l'âge la mandibule supérieure, qu'Aristote (*Hist. anim.,* 9, 117), Pline (10, 3), Antigonus Carystius (cap. 52) avaient déjà mentionné. Quant à se plonger trois fois dans une source pure pour se rajeunir, c'est une allégorie chrétienne ajoutée par le *Physiologus.*

L'antiquité n'avait admis que pour une seule maladie, la jaunisse, que le *Charadrius* eût la puissance de la guérir d'un simple regard; Pline donne ce pouvoir au loriot, Élien au *Charadrius.* Il n'était pas difficile d'amplifier la fable. Le nom de l'oiseau vient de la traduction des Septante [1].

C'est de là aussi que vient le *Nycticorax,* qu'on a placé en plusieurs endroits : ainsi 3, Moïse, 11, 17, 5, Moïse, 14, 15, et psaume 102, 7. Les descriptions, comme celle d'Aristote (*Hist. anim.,* 9, 122), donnent en substance que l'oiseau préfère la nuit (et l'obscurité) au jour.

La légende, dont on a tant usé, du pélican qui nourrit ses petits de son propre sang, vient sans doute, comme Ponce de Léon déjà l'indiquait, de plusieurs sources différentes. Beaucoup d'auteurs de l'antiquité ont parlé de son amour pour sa progéniture. Dans Horapollon (éd. Leemans, p. 17), c'est le vautour qui nourrit ses petits de son sang. Le nom du pélican revient souvent dans les Septante, par exemple psaume 102, 7 (Luther, Rohrdommel) [2].

---

[1] Pour la traduction de l'hébreu אנפה par le grec χαράδριος, il y a à tenir compte de la conjecture de Bochard, qui veut que le traducteur ait lu אנבה. *Loc. cit.,* t. II, 4, col. 340.

[2] Dans le *Physiologus* ancien haut allemand, pélican est traduit par *Sisegoum.*

Les anciens commentateurs de la Genèse parlent déjà du phénix qui vit mille ans (voy. Bochart), parce qu'il n'a pas mangé du fruit de l'arbre de la science, et ils rattachent à cette donnée le passage de Job, 29, 18. Sa légende se trouve déjà dans Hérodote (2, 73), qui ne parle cependant pas de la combustion. Pline répète Hérodote (10, 2), mais plus loin il fait allusion aux cendres du phénix (29, 29). Un fait important pour l'origine du *Physiologus*, c'est qu'ici encore, dans toutes les anciennes rédactions, le nom du mois où le phénix entre dans son nid pour se consumer est le même mot copte que nous avons déjà vu pour l'onagre, *Faminoth*.

Pour la perdrix, c'est Jérémie qui a fourni le point de départ (11, 17). L'histoire de la perdrix qui couve des œufs étrangers, et que les petits abandonnent ensuite, vient du fait d'observation que plusieurs oiseaux qui, comme ici, nichent à terre, couvent des œufs d'autres oiseaux. On comprend assez l'emploi qu'on peut faire de cette histoire avec quelques enjolivures, comme Antigonus Carystius, cap. 45.

La huppe, dans le *Physiologus*, vient par exemple au quatrième commandement (2, Moïse, 20, 12). Son amour filial, cité par Élien (*Hist. anim.*, 10, 16), est raconté plus au long par Horapollon (1, 55, éd. Leemans, p. 54).

Dans le *Physiologus* grec, la corneille et la tourterelle sont louées l'une et l'autre, parce qu'après la mort du mâle elles gardent le veuvage et restent fidèles à la foi conjugale, même après la mort. Pour la corneille, c'est Jérémie qui est cité, 3, 2 [1]. Pour la tourterelle, c'est le Cantique des Cantiques, 2, 12, et il est dit qu'elle aime la solitude. La chasteté et la fidélité des colombes sont déjà signalées dans Aristote (*Hist. anim.*, 9, 53 et 56), et dans Élien (*Hist. anim.*, 3, 44) ; ce dernier attri-

---

Au psaume 102, 7, πελεκάν traduit קאת, que les hébraïsants modernes et les exégètes expliquent par תכשפת. Ce dernier *Tinsemeth* est l'*Ardea stellaris*, mais aussi le caméléon (Bochart). Il semble donc que קאת ait encore désigné un oiseau qui, entre autres particularités, aurait été remarquable aussi par sa coloration. D'autre part (2, Moïse, 26, 14 et 29, 34), il est prescrit de faire au tabernacle une couverture de peaux de moutons, puis une autre par-dessus que les Septante appellent δέρματα ὑακίνθινα, et la *Peschito* syrienne « pelles arietum sosganno. » Y a-t-il quelques liaisons dans la tradition ou dans l'histoire entre l'expression haut allemand et le mot syrien ? Quoi qu'il en soit, l'étymologie de *Sisegoum* est bien incertaine.

[1] Pitra pense qu'il faudrait se reporter à Isaïe, 59, 11 ; mais les mots : ἐκάθιστα ὡς εἰ κορώνη μεμονωμένη répondent si bien à la traduction alexandrine de Jérémie, 3, 2, qu'il n'y a pas de doute que c'est bien de Jérémie qu'il s'agit. Il y a là : ἐκάθισα αὐτοῖς ὡσεὶ κορώνη ἐρημουμένη (édit. de Tischendorf).

bue (3, 9) la fidélité et la constance dans le veuvage à la corneille. Dans le *Physiologus* syrien (Tychsen), où se trouvent les deux oiseaux, la tourterelle est indiquée seulement comme aimant la solitude. Lorsqu'il est question de la tourterelle dans les rédactions ultérieures, on célèbre, sous l'invocation du passage cité du Cantique des Cantiques, sa fidélité dans le veuvage, mais on ne dit rien de la qualité que lui attribue le passage en question. La similitude d'attributions des deux oiseaux a donc fait naître une confusion, et la corneille a fini par disparaître complétement. C'est aller trop loin que d'expliquer cette transposition par l'usage de l'expression « pigeon noir », au lieu de tourterelle [1].

Le *Fulica* des *Physiologi* latins et subséquents diffère primitivement du genre qui porte aujourd'hui ce nom ; c'est l'hébreu *Chassida*, que les Septante traduisent par *Erodios*. Là-dessus le *Physiologus* grec et le syrien représentent l'*Erodius* [2] comme un oiseau rempli de sagesse, qui ne court pas çà et là, ne touche aucun cadavre, mais cherche sa nourriture au lieu de son séjour. Mais Augustin déjà suit une traduction qui rendait *Chassida* ou *Erodius* par *Fulica*, et tous les autres *Physiologi* postérieurs ont rapporté à cet oiseau les particularités données plus haut [3].

C'est par des transpositions analogues que l'autruche a pris place dans le *Physiologus*. Elle aussi, on a voulu la rapporter au *Chassida* . Le *Physiologus* grec ne cite d'elle que sa gloutonnerie et sa facilité à oublier ses œufs ; ce dernier détail a pour base la description du livre de Job, 39, 13-14. Il est dit aussi qu'elle compte le temps par l'inspection du ciel, et par extension dans les *Physiologi* ultérieurs, qu'elle attend le lever de l'étoile Vigiliæ pour pondre ses œufs ; cela se rapporte à Jérémie, 8, 9 ; la traduction alexandrine rend le mot hébreu

---

[1] Horapollon indique (2, 32) la περίστερα μέλαινα comme une veuve fidèle. Cahier a pensé que ce pouvait être l'origine de la transposition *(Mélanges, etc., t. III, p. 264).*

[2] Tychsen traduit *avis maligna*. Mais l'accord unanime de tous les autres *Physiologi* montre bien que le mot syrien *ârîm* veut dire ici seulement rusé, sage.

[3] Dans le *Physiologus* latin de Goettweih et dans le *Physiologus* ancien haut allemand, une notice ajoutée à la hyène dit que le *Fulica* est également impur parce qu'il change, lui aussi, de sexe ; l'origine et le sens de cette notice se rattachent probablement à ceci, que Moïse, 3, 11, 19, énumère le *Chassida* parmi les oiseaux impurs.

directement par *Asida;* saint Jérôme là et dans d'autres endroits, traduit par *Milvus*[1].

Ce qui est dit des pigeons, souvent cités dans la Bible, que de toutes les variétés de couleur, les dorés seuls rentrent au nid sans encombre, se rapporte probablement aux données d'Élien, 4, 2. La conduite de l'autour vis-à-vis des pigeons, qu'Aristote (*Hist. anim.*, 2, 129) décrit d'une manière générale, est spécialement développée ici sous une forme qui, d'après Tychsen, doit se trouver aussi dans saint Jérôme.

Parmi les autres oiseaux qu'on trouve encore isolément dans les *Physiologi*, quelques-uns offrent un certain intérêt pour l'histoire des différentes rédactions ; leur description, se dégageant d'une confusion première, est devenue indépendante ; tels sont par exemple la cigogne et le milan, réunis dans les rédactions primitives au *Fulica* et à l'autruche. Il est très-curieux aussi de voir l'oiseau *Zerahav* du *Physiologus* arménien, reparaître dans le *Physiologus* vieux français de Pierre Picard, sous le nom de « oiseau indien. » Enfin, l'apparition de la barnacle dans ce dernier *Physiologus* prouve le caractère populaire de cette légende.

Parmi les reptiles, ce sont les serpents qui sont le plus souvent cités. On leur attribue quatre particularités. D'abord les serpents renouvellent leur peau : il y a là un fonds de données anciennes avec quelques ornements (voy. Aristote, *Hist. anim.*, 9,113 ; Élien, 9, 13). En second lieu, le serpent dépose son venin avant de boire. Cette indication n'a encore été trouvée que dans les Pères de l'Église, sans qu'on ait pu découvrir son origine première. Puis le serpent n'attaque que l'homme couvert de vêtements, fuyant au contraire l'homme nu ; Epiphanius dit juste le contraire. Il est douteux que cela ait quelque rapport avec la légende des Psylles, comme le voudrait Ponce de Léon. Damiri raconte encore ce fait. Enfin, le serpent poursuivi cacherait sa tête et abandonnerait tout le reste de son corps. Là-dessus, Ponce de Léon donne un passage d'Isidore qui s'appuie sur Pline[2].

---

[1] Luther traduit : « La cigogne dans les airs connaît son temps. » Le *Physiologus* ancien haut allemand dit simplement : *Struthio;* cet animal s'appelle autruche, en grec *Asida;* même chose dans Thomas de Cantimpré. Papias l'indique dans son Vocabulaire de la manière suivante : « Asida Wido (c'est le *Milvus* de saint Jérôme), Asida animale est, quod græci struthiocamelon, latini struthionem dicunt. » On voit combien ont persisté ces différentes interprétations.

[2] Isidore de Séville dit bien (XII, 4, 43) : « Plinius dicit. » Mais la citation est de

La vipère est séparée des autres serpents ; on répète d'ailleurs sur elle ce qu'avait dit Hérodote, 3, 109. L'accouplement se passerait ainsi : la femelle reçoit dans la bouche la tête du mâle et la détache en la mordant ; dans Hérodote, c'est le cou, (éd. Baehr, II, p. 214) (comparez avec la belette). La femelle toutefois ne tarde pas non plus à périr, car les jeunes, n'attendant pas le moment de la naissance, dévorent les entrailles de leur mère pour se faire jour au dehors. Pline (10, 62), Élien (1,24), Galien (de Theriaca, cap. 9), parlent du mâle qui met sa tête dans la bouche de la femelle ; Horapollon et les *Physiologi* ancien haut allemand seuls disent que celle-ci tranche la tête du mâle. Dans tous les autres *Physiologi*, ce sont les parties génitales du mâle que la femelle couperait de ses dents. Antigonus Carystius raconte (cap. 25) que les jeunes dans le ventre de la mère la tuent en lui mangeant les viscères ; Aristote dit seulement que cela arrive parfois (*Hist. anim.*, 5, 160).

C'est la traduction alexandrine qui a introduit le serpent *Aspis*, au psaume 58, 5, 6 ; la Vulgate l'a suivie. Dans les *Physiologi* vieux français et provençal, ce serpent garde l'arbre à baume. Cela pourrait bien remonter à un passage de Pausanias (9, 28, éd. Siebelis, IV, p. 99). Dans les autres *Physiologi* qui parlent de l'*Aspis*, il est dit seulement qu'il ferme les oreilles aux sons des enchanteurs Marses ; pour cela il presse une oreille contre terre et bouche l'autre de sa queue. Cette histoire ne se trouve que dans les auteurs chrétiens.

L'ichneumon a eu un sort tout particulier. Dans les *Physiologi* grec et syrien, ce mammifère se couvre le corps d'argile pour combattre les serpents dangereux. Aristote attribue cette manière d'attaquer à l'*Aspis* (9, 44), et Antigonus Carystius le répète (cap. 38). L'ichneumon, comme ennemi du crocodile, devient le serpent *Enhydris*, ou *Hydrus* (séparé encore dans le *Physiologus* syrien sous le nom altéré de *Andrion*); bien mieux, le *Physiologus* islandais en fait un oiseau, le confondant par conséquent avec le *Trochilus*. L'animal pénètre dans le gosier du crocodile et le tue en lui mangeant les entrailles [1]. Cet *Hydrus* n'est probablement qu'une transformation de l'ichneu-

Servius à propos de Virgile, *Géorgiques*, III, 422 (timidum caput abdidit ille), et dit : « Serpentis caput etiam si duobus evaserit digitis nihilominus vivit. » La citation n'est pas dans Pline, au moins dans ce qui nous en reste.

[1] Populatisque vitalibus erosa exit alvo, dit Solin (32, 25, p. 160, Mommsen), d'après Pline.

mon, qui a subsisté quelque temps à côté de l'ichneumon lui-
même.

Aristote (*Hist. anim.*, 5, 106) et Pline (10, 108), ainsi que
d'autres auteurs anciens, ont parlé de la manière d'être de la
salamandre devant et dans le feu ; un glossateur chaldéen l'indique au Iᵉʳ livre de Moïse, 11, 29 (Bochart), mais d'autres commentateurs pensent qu'il s'agit là du lézard cité dans le verset
qui suit. C'est sur ce passage également que se fonde l'introduction dans plusieurs *Physiologi* du *Lacerta solaris*, vraisemblablement le varan ou crocodile de terre, dont le *Physiologus*
rapporte une histoire relative au changement de peau.

Les articulés ne sont à peu près représentés que par les fourmis, qui ne manquent que dans les *Physiologi* provençal et islandais. Les trois particularités qui leur sont attribuées se trouvent
aussi dans Pline, d'une façon plus ou moins concordante. Guillaume le Normand y ajoute la description des fourmis qui déterrent l'or, comme l'ont donnée Hérodote, Ctésias, Mégasthènes et autres.

Le fourmi-lion de quelques *Physiologi* est moins un insecte
qu'un composé fabuleux. Sa mention se base sur Job, 4, 11,
passage où les Septante ont introduit le mot grec *Mymre-
coëlo*[1].

Le tableau suivant donne un aperçu du nombre et de la sériation des animaux mentionnés dans les principaux groupes de
rédactions du *Physiologus*. Les animaux qui ne sont cités
qu'une fois n'y figurent pas.

---

[1] μορμηκολέων ὤλετο παρὰ τὸ μὴ ἔχειν βοράν ; dans la Vulgate, « tigris periit eo
quod non haberet prœdam ; » Luther : « der Lœve ist umgekommen. »

	ARMÉNIEN A GREC B Pitra.	GREC d'Épiphane.	SYRIEN Tychsen.	LATIN 8e siècle. Mai et Pitra.	CHRYSOSTOME lat. et a. h. a.	THÉOBALD	VIEUX FRANÇ. Guillaume.	ISLANDAIS
Panthère. . . .	18			16	2	12	24	21
Sirènes.	15		28		5	9	12	2,3 et 6
Antholops. . .	2	3	3	6	11		2	
Éléphant. . . .	B. 44	4		10	10	10	34	22
Lion.	1	1, 2			1	1	1	
Renard.	17	19	4	22	18	5	15	
Castor.	26		2	8	19		17	
Cerf.	32	5		16		6	30	10
Hérisson. . . .	16		10	15	21		13	
Licorne.	15			18	3		16	
Hyène.	B. 37		1	12	6		18	
Serra.	4		32	19	12		4	
Bouquetin. . .	B. 43			17			20	16
Aspidochelone .	19		30	4		8	25	4
Ane sauvage. .	11				8		21	17
Singe.	(B près de 11)				9		22	18
Belette.	23		11				27	
Aigle.	8	6	14	2	22	2	8	
Charadrius. . .	5	23	15	7	29		5	
Nycticorax. . .	7	20	21		24		7	14
Pélican.	6	8	20	17	23		6	
Phénix.	9	11	16	12	30		9	1
Fulica (Erodius)	B. 46 Er.		17 Er.	14	7,25		23	20
Perdrix.	21	9	23		26		26	5
Huppe.	10		22		28		10	
Corneille. . . .	29		24					
Tourterelle. . .	30	10	25			11	29	9
Autruche. . . .	B. 49		29	3	27		28	
Vautour. . . .	20	7	19					12
Pigeon.	B. 41		26				32, 33	
Ibis.	B. 42		18				14	
Serpents. . . .	13	13 - 16	7	20	14	3		
Vipère.	12		6	21	13			
Aspis.				5			Avec la Belette	8
Lacerta solaris.	B. 36		8		15			
Ichneumon. . .	27		5					
Hydrus.	24		31		4		19	15
Salamandre. . .	B. 39		9				31	11
Grenouille. . .	B. 38	22						
Fourmi.	14	17, 18	13	11	20	4	11	
Fourmi-Lion. .	22		12					

34 Hirondelle. 33 Zerahav. 34 Abeille. 35 Tigre. (3 Pierres à feu 28 Peridexion).	42 Paon. 24 Abeille. 24 Pic. 25 Cigogne.	27 Hirondelle.	4 et 9 Pierres 13 Manque		7 Araignée	3 et 35 Pierres (se rattache étroitem. au latin du 8e au 10e siècle).	13 Sanglier 7 Pour le moment indéterminé.

A côté des descriptions d'animaux, dont nous avons exposé brièvement les sources littéraires et zoologiques, on trouve dans les derniers *Physiologi* une application qui manque dans les formes anciennes. Ainsi à l'onagre il y a, par exemple : « L'âne sauvage figure le diable ; lorsqu'il voit que le jour et la nuit s'égalisent, c'est-à-dire que les peuples qui s'agitaient dans les ténèbres se convertissent à la pure lumière, il fait retentir sa voix d'heure en heure, nuit et jour, cherchant la proie qui lui échappe. » Ou encore pour le castor : « Ainsi tous ceux qui veulent vivre chastes en Jésus-Christ doivent arracher les vices de leur âme et de leur corps et les jeter à la face du démon. » Dans le *Physiologus* syrien, dans la rédaction latine la plus ancienne (A. Mai et Pitra, Ansileubus), il n'y a pas encore de morale de ce genre, mais de simples renvois à la Bible. Ces deux rédactions appartiennent donc aux formes les plus anciennes que nous ayons encore du *Physiologus*. Les autres rédactions, dont vingt à peine, en tenant compte des différents manuscrits utilisés, ont été publiées jusqu'à présent, ne sauraient encore être classées suivant leurs liens généalogiques ; il faut attendre d'abord que des matériaux plus nombreux permettent de combler les lacunes historiques si manifestes dans l'extension graduelle du *Physiologus*. Pour nous borner ici à quelques points, les *Physiologi* syrien et grec ancien (arménien, sans les morales) concordent en beaucoup de points, mais Epiphanius déjà s'en écarte essentiellement. Parmi les récensions latines, celles qui portent le nom de Chrysostome forment un groupe à part ; celles de Mai et Pitra, de Cahier, du manuscrit inédit de la bibliothèque de l'Université de Leipzig (xiii°-xiv° siècle) se rattachent plus étroitement dans le détail au *Physiologus* grec. Le *Physiologus* islandais paraît au premier abord à peu près autochthone. Dans beaucoup de détails, pourtant, il concorde avec tous les autres, surtout dans le choix particulier des animaux. Mais on y trouve des animaux qui n'existent nulle part ailleurs, comme le sanglier, le taon, etc. ; de plus, ses récits diffèrent parfois de tous les autres, par exemple sa description de l'éléphant, qu'on n'a pu retrouver jusqu'ici nulle part ailleurs.

Nous ne pouvons pas ici traiter plus à fond ce sujet, aussi intéressant en lui-même qu'important pour l'histoire littéraire du moyen âge. Mais nous avons à examiner d'une façon générale quel a pu être l'auteur, quel a pu être le mode de développement du *Physiologus*.

Faisons d'abord ressortir que ce n'est pas un ouvrage dont le texte est resté identique dans son ensemble et que les copistes zélés des couvents ont reproduit fidèlement en le multipliant. De la plus ancienne à la plus récente rédaction, il y a toujours quelques manuscrits qui concordent. Mais d'une manière générale, on peut démontrer qu'il y a eu changement constant, une incessante modification dans l'expression, dans le choix des animaux et dans la forme des allégories surajoutées; il est bien rare que deux manuscrits de dates différentes concordent nettement. D'après ce seul fait déjà, au commencement même du moyen âge, on ne croyait donc pas à un auteur unique; mais il y a une autre preuve encore. Dans l'écrit pseudo-épiphanique (du IVe ou Ve siècle cependant) et dans le *Physiologus* syrien (pour ne rien dire des autres), le *Physiologus* est souvent cité lui-même. Autrement dit, dans les recueils relatifs aux animaux les plus intéressants de la Bible, on commençait par réunir tout ce que les naturalistes avaient dit à leur sujet; pour le reste de la composition, n'importe qui s'occupait de ces recueils pouvait changer, ajouter, élaguer à son gré.

D'accord avec cette opinion, la tradition, à tort ou à raison, désigne différentes personnes comme auteurs du *Physiologus*. Ainsi, outre Epiphanius, souvent cité, et Chrysostome, nous trouvons en tête Ambroise[1], Basile le Grand[2], Jérôme et même Isidore, tous indiqués comme auteurs; d'autres encore étaient considérés tacitement comme tels[3]. Il se peut d'ailleurs fort bien que les personnages précités aient non-seulement utilisé et mentionné le *Physiologus*, mais qu'ils l'aient augmenté ou

---

[1] Pitra a déjà attiré l'attention sur le seul recueil qui donne ce nom. Il se trouve au collége Sainte-Marie-Madeleine, à Oxford, n° 27 (non 32, comme dit Pitra). Je dois à la bienveillance de mon ami Max Müller l'indication du contenu de ce manuscrit du XIVe siècle. Comme le titre déjà l'indique *(Excerptio de Hexæmeron Ambrosii, lib. 5, De natura bestiarum et piscium)*, et le texte le confirme, il n'appartient pas à la série des *Physiologi*.

[2] Voy. plus haut, remarque 12.

[3] Voy. Pitra, *loc. cit.*, t. III, p. XVIII et suiv. L'ouvrage appelé *Physiologus de Florinus*, de la bibliothèque de Leipzig, que cite Freytag *(Analecta*, p. 967) et dont Thierfelder, *loc. cit.*, a déjà donné un sommaire, est absolument différent. Il est en distiques, renferme cent dix-neuf animaux et porte la signature : « Magister Florinus composuit. Explicit *Physiologus*, Anno domini 1493. » Il commence par *Homo, Bos, Ovis, Aries, Agnus, Hedus, Hircus, Capra,* etc. Il ne faut pas mettre non plus dans les *Physiologi* l'ouvrage anonyme du XIe siècle : περὶ ζῴων τινῶν ἰδιότητος, publié par Matthei dans les Ποικίλα Ἑλληνικά. Moscou, 1811. Il y a cinquante-trois animaux décrits; trois descriptions ont été perdues. Cet ouvrage est voisin de celui cité plus haut de Manuel Phile (voy. remarque 12).

rédigé d'une façon spéciale. Mais ce ne sont pas des auteurs au sens propre du mot. Les manuscrits ne fournissent pas de renseignements suffisants pour cette question d'auteur, il est à peine besoin de le dire.

C'est pour des raisons analogues qu'on ne saurait accepter non plus l'opinion de Cahier, pour qui l'auteur serait Tatien (seconde moitié du II⁰ siècle). Pitra a déjà réfuté cette vue. Tatien parle, il est vrai, d'un ouvrage qu'il a écrit sur les animaux et cite quelques exemples d'instinct [1]. Il est probable qu'il était encore païen lorsqu'il rédigea l'ouvrage en question ; d'après le passage où il en fait mention, ce livre doit avoir eu trait bien plus à la nature de l'homme, à la pneumatologie, à la métempsychose, qu'à l'histoire naturelle des animaux [2]. Mais tout cela mis à part, Pitra a fort bien montré que les descriptions zoologiques sont antérieures, les explications ou morales ajoutées postérieures à Tatien, puisqu'elles n'existent encore ni dans le *Physiologus* syrien, ni dans le premier latin.

Pitra indique une circonstance qui pourrait bien jeter quelque jour sur le mode et le lieu d'origine du *Physiologus*. Il remarque que la plupart des animaux qui y sont relatés avaient été consacrés aux dieux, et il ajoute que ces animaux d'origine si variée font penser au séjour des dieux antiques chassés de l'Olympe par les Titans sous les traits protecteurs des animaux. Cette opinion aurait quelque valeur si l'on ne pouvait expliquer plus simplement ce curieux groupement des êtres du *Physiologus*. Il suffit d'y voir les animaux de la Bible pour n'avoir pas à chercher d'autre raison d'un choix d'ailleurs si particulier. Un seul point étonne encore au premier abord : l'ecphrasis proprement dite, la description de la nature, en opposition avec l'herménéia, commentaire moral, ne se reporte presque jamais à des autorités en histoire naturelle, comme Aristote, Théophraste, etc. Nous avons vu précédemment, dans l'examen des sources du *Physiologus*, qu'en bien des points on peut le ramener à Aris-

---

[1] Oratio ad Græcos, ed. Otto. Jenæ, 1851, p. 68, cap. XV (n. 24, sed 57, ed. Worth) καὶ περὶ μὲν τούτου ἐν τῷ περὶ ζώων ἀκριβέστερον ἡ μῖν συνέτακται, et p. 82 τίνος δὲ χάριν οὐ τῷ δυνατωτέρῳ προσέρχῃ δεσπότῃ, θεραπεύεις δὲ μᾶλλον αὐτὸν ὥσπερ ὁ μὲν κύων διὰ πόας, ὁ δὲ ἔλαφος δι' ἐχίδνης, ὁ δὲ σῦς διὰ τῶν ἐν ποταμοῖς καρκίνων, ὁ δὲ λέων διὰ τῶν πυθήκων. Des passages analogues reviennent souvent ; le partage que font eux-mêmes les chiens et les lions est donné exactement comme ici dans Cyrillus Alexandrinus, περὶ ζώων ἰδιότητος *(Gregorii Nazanzieni Carmina selecta.* Romæ, 1590, p. 95, v. 14-17).

[2] V. Daniel, *Tatian der Apologet.* Halle, 1837, p. 112.

tote. Il faut probablement chercher les sources directes du *Physiologus* dans ces compilations d'Alexandrie qui marquent la fin de l'antiquité et montrent un manque complet de sens critique et d'intérêt scientifique pur pour les objets de la nature. On ne sentait pas encore que le simple exposé des faits ne suffit pas en lui-même pour fonder une doctrine scientifique; on n'éprouvait pas encore le besoin de vérifier les connaissances, mais on subissait le charme du merveilleux, d'autant qu'on en pouvait tirer plus d'applications utiles. D'autres raisons moins intimes, auxquelles nous avons déjà souvent fait allusion, prouvent que c'est en Égypte que naquit le premier recueil connu sous le nom de *Physiologus*. Origène est l'écrivain le plus ancien qui cite le *Physiologus*, mais cette circonstance est peut-être fortuite; nous ne la ferons pas intervenir. Les preuves linguistiques, au contraire, sont décisives. C'est d'abord presque partout la traduction des Septante que l'on a commentée. Et si, à cause de la notoriété qui, de bonne heure, s'attacha à cette traduction, on ne tenait pas cette raison pour péremptoire, comment donc expliquer les mots coptes? Il faut bien admettre que l'auteur avait à sa disposition des glosses ou même des chapitres traduits en langue copte.

Si maintenant on cherche à se représenter comment le *Physiologus* s'est produit d'abord, voici, d'après les données précédentes, ce qui a dû se passer. Ceux qui, aux premiers siècles, enseignaient les communautés chrétiennes d'Orient (à Alexandrie) reconnurent l'efficacité des exemples empruntés à la nature sur l'esprit de leurs auditeurs, surtout lorsqu'ils étaient pris dans les animaux sur lesquels la littérature païenne avait déjà répandu tant de merveilleux. On prit les animaux dans les passages que l'on commentait de la Bible, les renseignements d'histoire naturelle dans les recueils alexandrins, pour utiliser le tout dans le sens de la doctrine chrétienne. Une liberté entière avait présidé au choix de la matière, la compilation primitive tout éventuelle n'avait été astreinte à aucune règle; cependant elle revêtit peu à peu une forme permanente, se fixa en quelque sorte dans un canon, dont les dehors seuls varièrent avec les besoins du lieu et de l'époque. Plus tard les besoins de la prédication étendirent l'allégorie jusqu'aux limites du possible; il naquit des productions comme la *Clavis* de Méliton, les *Distinctiones monasticæ et morales*, bref tout un matériel de moyens de prédication; mais ce qui est relatif aux animaux se maintint à part, formant un traité de zoologie élémentaire, dont on n'exigeait rien de plus d'ailleurs que des connaissances étymologiques des noms d'animaux. De ces éléments semblent encore être sortis les livres d'animaux des siècles suivants.

C'est peut-être parce qu'il tirait son origine de traditions païennes, qui ne s'entourèrent que plus tard d'allégories chrétiennes, que le *Physiologus* aux premiers temps ne fut rien moins qu'en faveur auprès de l'Église. A moins de soumettre la lettre des morales à une critique sévère, il n'y a guère dans le *Physiologus* ni manichéisme, ni priscillianisme, ni gnosticisme. Mais avant qu'il n'y eût des morales dans le *Physiologus* (autant du moins qu'on en peut juger jusqu'ici), déjà l'interdiction pesait sur ses descriptions zoologiques. En 496, dans un décret conciliaire du pape Gelasius, *De libris recipiendis et non recipiendis*, après l'indication des livres permis, il suit : *Cætera quæ ab hæreticis sive schismaticis conscripta vel prædicta sunt, nullatenus recipit catholica et apostolica Romana ecclesia.* Et parmi ces ouvrages proscrits se trouve *Liber Physiologus, qui ab hæreticis conscriptus est et B. Ambrosii nomine signatur, apocryphus*[1]. Pitra pense pouvoir reporter ce décret au pape Damasius et dit qu'il a augmenté de sévérité, ou au moins reparu sous sept papes différents. Il cite textuellement le prétendu décret du pape Hormisda, le sixième après Damasius. Mais ce décret est littéralement le même que celui de Gelasius et n'est attribué à Hormisda, vraisemblablement à tort, que sur des indications manuscrites[2]. Mais les temps et les idées changent, et cent ans plus tard le *Physiologus* célébrait son entrée officielle en quelque sorte dans la littérature symbolique. Grégoire le Grand le cite à plusieurs reprises, et non-seulement il lève ainsi l'interdiction

---

[1] Le décret est publié dans : Sedulii *opera*, ed. Arevalo. p. 424 (438). Zaccaria *Storia polem. delle proibizione de' libri*, p. 33 (38). Autres citations dans Jaffé; *Regesta Pontific. Romanorum*, p. 56, nᵒ 378.

[2] Vigilius Tapsensis dit à la fin du sixième livre de son *De Trinitate :* « Si quis contra traditionem canonis hæreticorum apocrypha, quæ ecclesia catholica omnino non recipit, super hæc præponere vel defendere voluerit, anathema sit. » P. F. Chifflet (édition de Victoris Vitensis et de Vigilii Tapsensis, *Provinciæ Bizacenæ episcoporum opera*, Divione, 1664, notæ, p. 149) remarque que le canon rappelé ici est bien celui du pape Gelasius, de 494 (6). Un « Jurensis codex pervetustus » l'attribue à Hormisda. Il donne (p. 149-156) encore d'après ce Codex le canon « tum ordinatius tum emendatius ». Tous les autres manuscrits l'attribuent à Gelasius, et le pape Nicolas 1ᵉʳ, dans sa 42ᵉ épître (environ vers 865), attribue encore le décret à Gelasius (p. 157). D'après Chifflet, Gelasius a rendu le décret comme « concilii totius canon, » et Hormisda l'a repris comme « decretale pontificum. » Comp. aussi la Notice de Labbé dans : Mansi, *collect. Concilior.*, VIII, p. 531.

de ses prédécesseurs, mais il place l'ouvrage au rang des plus recommandables et des plus utiles.

On pourrait incliner à prendre les commentaires détaillés sur l'histoire de la création pour des développements ultérieurs du *Physiologus*. Ils ont été écrits dans le même esprit, sinon la même forme. Mais leur influence n'a pas été, à beaucoup près, aussi considérable, surtout au point de vue du développement de l'histoire naturelle. Longtemps on les a cités, et une haute considération s'est attachée aux trois *Hexamérons* les plus célèbres, ceux de Basile, Ambroise et Pseudo-Eustathius, pour le nom même de leurs auteurs. Mais c'étaient des œuvres individuelles qui expliquaient mot pour mot toute la création à la façon des commentateurs homilétiques et prenaient par cela même trop d'étendue ; c'étaient autant d'obstacles à leur diffusion, qui les empêchèrent de devenir aussi populaires que le *Physiologus*. Nous en dirons autant d'autres ouvrages, du poëme déjà signalé de Cyrille d'Alexandrie. Celui-ci moralise bien, il est vrai, et cherche à faire admirer la sagesse et l'amour divins dans la création ; mais il n'a pas encore la manière la plus répandue, la plus efficace, qui caractérisa pour des siècles la littérature théologique, la manière symbolique. Il ne serait pas difficile de dresser une liste étendue de ces descriptions symboliques. Bien que les principaux ouvrages du XIII° siècle inaugurent une direction quelque peu différente, les symboles persistent longtemps encore, bien au delà de la période où fleurit le *Physiologus*. Le concile de Trente sanctionne encore dans le catéchisme romain la haute utilité de ces figures ; avant et après cette date il y a encore des exemples nombreux de cette manière d'envisager la nature, si opposée à la vraie science. Il suffira de rappeler Alanus ab Insulis [1], Hildefonse [2] et Joannes Institor [3].

---

[1] Alanus ab Insulis, Oculus s. Summa. Argentor. s. a. (Pitra).

[2] Dans le *lib. II, itineris deserti quo pergitur post baptismum* (Baluze, *Miscellan.*, ed. Mansi, t. II, p. 39), viennent du chap. LIII au chap. LXXI, d'abord le « Solatium avium spiritualium, » puis les « significationes » d'oiseaux, de serpents et de mammifères.

[3] Le même rapporte dans le *Breviloquium animi cujuslibet reformativum* la signification symbolique de vingt oiseaux, parmi lesquels il compte la chauve-souris.
— Voy. encore Pitra, *Spicilegium*, t. III.

ARTICLE II

ÉTAT DE LA SCIENCE ET DE LA CIVILISATION A LA FIN DU XII⁰ SIÈCLE

Nous avons parlé plus haut de la fondation de deux ordres mendiants, les *dominicains* et les *franciscains*. Pour bien apprécier le rôle important qu'ils eurent dans le développement de la science au xiii⁰ siècle, il n'est pas inutile de jeter un rapide coup d'œil sur les conditions générales de la civilisation à l'époque où ils apparurent. Nous avons dit déjà comment ces deux ordres avaient enlevé aux *bénédictins* l'instruction populaire. Des raisons profondes permettent de reconnaître en eux les propagateurs involontaires de la science, qu'ils ont conservée aux temps mêmes où les principes de l'Église étaient plutôt de plier la science à la foi que d'appuyer celle-ci sur les progrès de la science.

Charlemagne a fondé et soutenu des écoles, il a fait revivre les études classiques sérieuses, sans négliger les langues nationales. Il a cherché ainsi à faire revenir cette vie intellectuelle disparue dans la tourmente des migrations et des luttes intestines. Mais c'est lui aussi qui a semé le germe de la lutte entre le pouvoir temporel et le pouvoir spirituel, qui pendant des siècles a ébranlé les âmes et les hommes de toute l'Europe occidentale. D'après d'anciennes traditions, le souverain allemand, en prenant le titre d'*empereur romain*, se plaçait à la tête du monde chrétien ; tout fut bien, aussi longtemps que sa puissance garantit son entière indépendance vis-à-vis du pape et de l'Église. Mais déjà cent soixante ans plus tard, quand Othon le Grand renouvela le « Saint-Empire romain de la nation allemande », des événements précédèrent et suivirent immédiatement son couronnement, où l'on peut voir que non content de régner sur les croyances de toute la chrétienté, le pouvoir spirituel se préparait à réaliser les idées pseudoïsidoriennes. Cent ans plus tard Henri IV se prosternait pénitent aux pieds de Grégoire VII ; et juste encore cent ans plus tard, Frédéric I⁰ʳ à son tour, non dans un excès de contrition, mais après les tran-

quilles débats du concile de Venise, reconnaissait le pouvoir
du pape, alors Alexandre III. A cet essor de la papauté, on
voit qu'à côté du pouvoir temporel des princes et des seigneurs,
l'Église avait appris à exercer une influence décisive sur les
sentiments des masses ; mais on voit en même temps que l'enseignement et l'instruction ne pouvaient prospérer avec un
clergé aussi séculier, que d'autres intérêts détachaient de ce
qu'à part les soins immédiats de l'âme, il aurait pu faire
pour le peuple au point de vue intellectuel. Un instant sous les
Othon, brilla la flamme d'une vie intellectuelle plus vive, mais
elle s'éteignit bientôt de nouveau au souffle des luttes qui ne
cessaient de bouleverser tout l'Occident. Et lorsque, sentant en
quelque sorte l'inutilité d'une destruction réciproque, les adversaires signèrent la trève de Dieu, le monde chrétien, tout entier
à l'idée d'une lutte générale contre les infidèles, ne s'intéressait
plus à ces questions.

Par les croisades il vint en Occident une foule d'idées nouvelles. Déjà auparavant les voyages et les pèlerinages aux lieux
saints avaient permis à plus d'une légende orientale de subsister
en Occident. Il y eut aussi des échanges de présents, d'ambas-
sades entre les monarques d'Europe et d'Asie (Charlemagne et
Haroun al Raschid), qui enrichirent de quelques faits l'histoire
naturelle populaire. Les relations des mythes occidentaux avec
certaines légendes grecques, l'extension des histoires merveilleuses des Alexandrins, s'expliqueraient peut-être d'une façon
analogue. Les croisades, dont nous n'avons pas à faire ressortir
ici les résultats intellectuels, donnèrent à l'Occident une impulsion plus profonde et plus efficace. Grâce à elles l'horizon s'élargit, et en même temps renaît au sein du clergé, du clergé
français surtout, le goût qui ne s'était éteint qu'un instant,
de la spéculation. Des essais en opposition directe avec la
foi absolue à l'autorité devenaient de plus en plus fréquents:
on cherchait par une conception plus indépendante et plus
libre de certains dogmes à rendre leur mystère plus accessible,
plus accessibles aussi les vérités religieuses dont la curie romaine réclamait la propriété exclusive d'une façon chaque jour
plus absolue. Ces divergences d'opinion, occasions fréquentes
de luttes envenimées, mettaient du temps à agir sur les grandes
masses incultes, et le monde séculier n'y participait qu'assez
tard. Mais c'était surtout la vie extérieure du clergé à tous les
degrés qui provoquait de toute part de violentes attaques. Ces

deux ordres de causes ont été de la plus grande importance dans la préparation et le développement des événements littéraires du xiii° siècle.

A la première cause se rattache le développement d'un système général de philosophie, relié à ce qui restait des philosophes de l'antiquité ; c'était une conséquence nécessaire de l'accumulation de plus en plus considérable de matériaux. Mais l'Église devait avant tout chercher à sauvegarder ses intérêts, c'était une obligation non moins nécessaire. C'est aux mains de l'Église et non des laïques qu'étaient le soin et la conservation de la science.. La chrétienté tout entière, menacée d'une dissociation incessante, n'avait que la hiérarchie pour protéger de l'influence dissolvante des partis les sciences qu'elle représentait. Il était donc naturel que l'on comprimât ou que l'on fît disparaître les opinions dissidentes, comme les doctrines de Gottschalk, de Paschasius Ratpertus, les contestations de Bérenger de Tours. La philosophie tout entière prit une forme appropriée aux besoins de l'Église. Mais il ne s'agissait pas seulement de donner une base philosophique à tout l'ensemble de la foi, tel qu'il venait des Pères de l'Église, des synodes, des conciles, des acquisitions de chaque jour. Il fallait surtout trouver un compromis entre Platon et Aristote, entre les vues idéales et les vues réalistes sur la nature des choses, compromis dont l'influence devait être grande sur le développement de la conception scientifique de la nature.

La philosophie au moyen âge se confondait donc avec la théologie, bien qu'elle ne dût pas rester dans les limites de celle-ci. Tous ses efforts portèrent sur le problème qu'avaient légué Porphyrius et Boethius : la conception générale de l'espèce et du genre est-elle une réalité indépendante des choses existantes ? ou n'est-elle qu'une considération subjective ? C'est là la question fondamentale de la scolastique. La première solution se rattachant à Platon, est celle du *réalisme*, représentée particulièrement par Guillaume de Champeaux ; l'autre est celle du *nominalisme*, dont le rénovateur, Roscellinus, fut obligé d'abjurer ses doctrines. Dans le fond, Jean Scotus Erigena était déjà scolastique. Pour lui Dieu est la vraie substance ; toute créature est une conception intellectuelle de Dieu, qui est éternelle. Mais ces vues et d'autres du même genre parurent trop libres et opposées à la foi orthodoxe. On appliqua alors toutes les finesses de la dialectique à établir ce principe qu'Anselme le

premier avait fait ressortir : la connaissance a la foi pour base.
Les théologiens accordaient ainsi la prééminence aux idées pla-
toniques sur le monde et la création ; mais ils restreignaient
l'horizon scientifique en diminuant la valeur de l'expérience immédiate des sens. Anselme, dans toutes ses vues, se rattache
encore de très-près aux traditions des Pères de l'Église. Aussi,
longtemps encore après lui l'Église s'opposa à ce que le besoin
de plus en plus pressant d'étudier la constitution des choses
reçût d'autres satisfactions, que la réapparition d'Aristote au
xiii° siècle rendit possibles. Les sciences pour revivre avaient
absolument besoin que la conception de la nature changeât et
devînt le résultat de l'expérience des sens ; la preuve en est dans
toutes ces tentatives sans résultats. Ni le rationalisme d'Abailard
et d'Arnaud de Brescia, ni la mystique orthodoxe de Bernard de
Clairvaux et des Victorins, de Hugo en particulier[1], ne renouve-
lèrent ou n'élargirent en rien les vues sur la nature. Nous reviendrons plus loin particulièrement sur l'introduction dans la
science du moyen âge des œuvres zoologiques d'Aristote et ses
résultats. Nous verrons qu'après différents essais, quelques-
uns très-heureux pour l'époque, de réunion du réalisme au
nominalisme, ce dernier arriva peu à peu à rapporter l'étude
de la nature à l'expérience des sens ; il légua cette méthode
aux sciences séculières, et brisant ainsi les liens du dogme il
ouvrit une ère nouvelle.

Au commencement, c'est encore des bénédictins que viennent
les idées nouvelles, les mouvements vers une vie intellectuelle
plus vive et plus militante ; ce sont eux avec Lanfranc et Anselme qui fondent la scolastique. Mais la direction du mouvement passa bientôt en d'autres mains. Nous avons déjà dit
comment les bénédictins, laissant l'enseignement pour les travaux plus paisibles de l'historien, abandonnèrent l'arène à d'autres ordres. C'est ici que s'accuse l'importance des deux ordres
mendiants. La papauté s'était fatiguée à lancer continuellement
ses foudres contre les dissidences de toutes sortes ; dans ces ordres
nouveaux, nés cependant d'une opposition aux désordres des

[1] Nous renvoyons à l'ouvrage *De bestiis,* généralement attribué à Hugo de Saint-
Victor, et publié dans ses *Opera,* 1516, t. II, fol. CCXLI. D'après Casimir Oudin
(*Comment. de Scriptor. eccles.,* t. II, p. 1107), dont les éditeurs de l'*Histoire
littér. de la France* (t. XIII, p. 493 et t. XVI, p. 422) suivent l'opinion, ce serait
l'œuvre de trois auteurs différents : Hugo de Folieto, Alanus ab Insulis, Gulielmus
Perrotensis.

papes, elle salua des aides qui devaient lui être d'un secours puissant contre les hérésies. Depuis le XIᵉ siècle déjà, isolément et sans accord, mais avec une violence parfois extrême, la lutte avait commencé contre la rigidité inflexible des dogmes de l'Église, contre la vie somptueuse et mondaine du clergé et des papes eux-mêmes. Ces mouvements devinrent considérables à la fin du XIIᵉ et au commencement du XIIIᵉ siècle. Innocent III vit dans les franciscains et les dominicains, dont les principes étaient la pauvreté et la renonciation, le moyen de donner satisfaction aux plaintes les plus vives contre le clergé ; mais ce qu'il vit surtout, c'est que ces moines mendiants, vite et facilement pliés aux relations roturières, agiraient directement sur le peuple par l'enseignement et la prédication. L'extension rapide des deux ordres, la situation quasi hérétique parfois des franciscains, la participation des dominicains à la répression insensée des hérésies, à l'épouvantable guerre des Albigeois, l'Inquisition et toutes ses horreurs, la soumission du pouvoir exécutif séculier à la justice ecclésiastique, sont autant de faits que nous ne ferons qu'indiquer en passant. Mais un fait important dans l'histoire des progrès de leur influence, c'est que les deux ordres n'avaient pas tardé à s'approprier presque tout l'enseignement. Mais pour conserver cette influence, ils devaient se rendre maîtres de toutes les questions brûlantes de chaque époque pour les expliquer selon l'esprit de ce qui était devenu leur loi. Ils l'ont fait. Comment ? — cela ne nous intéresse ici que fort peu. Mais un fait certain, c'est qu'aux XIII et XIVᵉ siècles, il n'est pas un nom important dans le développement des sciences naturelles, et plus particulièrement dans celle qui nous intéresse, en zoologie, qui n'appartienne à un dominicain ou à un franciscain. Thomas de Cantimpré et son traducteur Jacob de Mærland, Conrad von Megenberg, Albert le Grand et Vincent de Beauvais étaient dominicains ; Roger Bacon et Bartholomæus Anglicus étaient franciscains. Mais avant de montrer comment ils en usèrent en zoologie, il faut voir par quelle voie les écrits d'Aristote revinrent en Occident.

ARTICLE III

LA ZOOLOGIE DES ARABES

§ 1er. — Caractère historique de la civilisation arabe.

Partout où il s'agissait jusqu'à présent de développement scientifique, c'était toujours chez des membres de la grande famille aryenne. Toutefois un élément très-important dans le mouvement civilisateur sortit d'un rameau sémite de la Palestine, le *christianisme*. Les connaissances qu'avait amassées l'antiquité, repoussées d'abord par les chrétiens, finirent cependant par être reconnues par eux pour la base indispensable du développement ultérieur; elles se répandirent dans une direction exclusive et sous leur seul côté formel par l'intermédiaire d'un corps religieux séparé du reste du peuple. Mais il restait à reprendre le trésor de faits que les auteurs de l'antiquité, spécialement Aristote, avaient laissé après eux dans le domaine des sciences de la nature.

Par une destinée particulière, ici encore c'est un rameau sémite, les Arabes, qui servit d'intermédiaire, avec l'aide il est vrai d'autres éléments, les Perses notamment et les Syriens. Moins d'un demi siècle après que Mahomet eût rattaché les différentes branches païennes de son peuple à la croyance en un Dieu unique, les Arabes, aux passions et à l'imagination vives, se livrèrent avec ardeur à l'explication de la lettre et des faits de la doctrine du Coran et à sa propagation. Par un reste de leur culte religieux de la nature, ils arrivaient d'eux-mêmes à l'astrologie apotélesmatique et en même temps à l'astronomie. Mais ils ne seraient devenus ni les fondateurs de la médecine expérimentale et des sciences naturelles qui s'y rattachent, ni les dépositaires de la zoologie d'Aristote, si les savants syriens ne leur avaient apporté les trésors de la littérature grecque, si les Perses, déjà initiés par les Syriens au savoir grec, n'étaient entrés dans le monde arabe pour le pousser aux recherches originales et à la connaissance approfondie des travaux de l'antiquité. Un des plus grands philosophes et paraphrastes de la zoologie d'Aristote, Avicenne, était même de famille perse, comme d'ailleurs la plupart des commentateurs et des traducteurs, qui n'étaient pas Arabes, mais en général Syriens.

Le caractère de la direction intellectuelle des Arabes ressort déjà en grande partie de la façon dont Mahomet comprit le monothéisme. Et d'abord, le Dieu de Mahomet n'était pas, comme celui d'Abraham, une divinité exclusivement réservée au peuple arabe, ne se révélant qu'à lui seul; dès l'origine il eut le caractère d'un Dieu qui s'imposait au monde entier. Proclamer sa grandeur, répandre sa foi, devinrent la cause sainte de l'Arabe dès la proclamation de Mahomet. Quelque analogies qu'il y eût entre le mahométanisme d'une part, le judaïsme et le christianisme de l'autre, quelque accentuées qu'elles fussent surtout dans le rituel, il n'en restait pas moins une différence considérable entre les deux religions. Dans la juive et la chrétienne, l'idée de Dieu est revêtue d'un anthropomorphisme profond; le mahométanisme au contraire se place avec l'universalité des choses en opposition bien plus vive à l'égard de la divinité. Il n'est pas à dire par là que l'imagination poétique des Arabes n'ait créé quantité d'images pour rendre l'idée de la divinité accessible à l'esprit humain. Mais il importait de rappeler cette circonstance pour bien apprécier les rapports entre Dieu et la nature.

Tant que l'Islam se propagea par le glaive, surtout au commencement de sa course, la vie scientifique ne pouvait s'épanouir. Sous Muavia I, le califat quitta La Mecque pour Damas; les Arabes se transportaient ainsi au sein d'une population gréco-chrétienne, et bientôt Muavia et son successeur Abd-el-Melik fondèrent une école de médecine où les auteurs grecs durent être la base de l'enseignement[1]. Mais c'est surtout sous les Abassides que la sience reçut une vive impulsion, quand les chrétiens grecs déjà rompus aux travaux de

[1] Fondée par un médecin grec, Theodoros, dans la première moitié du viiie siècle. Il en sortit un médecin, entre autres, que Haeser (*Geschichte der Medicin*, 2ᵉ édit., vol. I, p. 128) désigne à tort sous le nom de Ibn Sehdinatha comme un des plus célèbres médecins et naturalistes arabes. Dans *Abulfaragii Hist. dynast.*, éd. Pococke, p. 200, traduction, p. 128, on donne seulement le Juif, vivant sous Mansour, Phorat Ibn Schonatha (ou Forat Ibn Schachnasa, d'après Hammer von Purgstall, *Litteraturgeschich. d. Araber*, I, 3, p. 270) comme élève de cette école; comp. au passage de Haeser: E. Meyer, *Gesch. der Botanik*, vol. III, p. 92, qui signale déjà l'erreur.

l'esprit et les Perses particulièrement érudits prirent part au développement du génie arabe. Les études eurent d'abord pour objet d'interpréter le Coran et d'en tirer les lois nécessaires à l'affermissement du nouvel ordre social. Mais une fois éveillé, l'esprit de recherche ne pouvait rester là; il employa la méthode déjà accessible d'Aristote à établir philosophiquement les dogmes de la nouvelle foi. En même temps se développaient des systèmes philosophiques plus étendus, dont nous allons examiner ceux qui ont eu le plus d'influence sur la conception de la nature vivante.

Le fatalisme absolu qui donne un caractère si particulier à l'islamisme orthodoxe eut sa première légitimation philosophique d'El Aschari, au x⁰ siècle. Les Ascharites résument tout en ceci, qu'il est absolument impossible de concilier l'idée de Dieu et l'idée du monde. Celui-ci n'est pas seulement une création, ce n'est qu'une simple émanation de Dieu, dont il est le côté sensible. Aucune chose, aucun atome de matière n'existerait plus longtemps qu'un atome de temps, si Dieu ne l'engendrait à nouveau. Les relations de cause à effet n'existent point; toutes choses existent sans connexions entre elles par la seule volonté de Dieu. Dieu même n'est pas la cause première des choses; celles-ci sont seulement ses créations. Partant de ces principes, on ne pouvait pas arriver à établir des lois de causalité dans les phénomènes de la nature.

El Farabi prend une position intermédiaire entre la doctrine de Platon et celle d'Aristote. Il appartient aussi au x⁰ siècle; c'est lui qui par la doctrine néoplatonique de l'émanation donna à l'astrologie la forme systématique qu'elle conserva durant tout le moyen âge[1]. Entre Dieu, cause première et nécessaire, et l'ensemble du monde composé, il place l'entendement actif, émanation de Dieu. C'est de lui que descend de sphère en sphère la force qui anime l'univers physique, jusqu'aux mouvements qui s'accomplissent à la surface de la terre, point central du monde.

[1] L'entendement humain fait partie de l'entendement actif de Dieu. L'entendement n'est d'abord que la matière susceptible de forme *(intellectus possibilis)*; lorsque la pensée se confond avec son objet, lorsque dans la pensée nous saisissons la forme intime de l'objet, c'est l'entendement formé *(intellectus formatus)*. Lorsque nous apprenons à conserver cet entendement et que, par le système des pensées, augmenté des autres espèces d'entendement, il représente tout le système des formes, c'est alors l'entendement acquis *(intellectus adeptus)*. C'est là l'origine du mot *adepte* dans ses différentes acceptions. Comp. Ritter, *die christliche Philosophie*, vol. I, dont je me suis beaucoup servi pour les pages précédentes.

L'entendement actif pénètre le monde entier, et tout ici bas sur la terre obéit à sa loi, à la loi de l'univers.

Pour Ibn Sina (Avicenne) la matière est distincte de Dieu et représente le second principe, le sujet des phénomènes contingents. « Elle est le fond des choses particulières qui n'ont qu'une existence possible, en d'autres termes le fond de l'individualisation ». Il distingue en conséquence dans l'âme qui connaît la forme sensuelle de la forme non sensuelle, celle-ci donnant seule la vraie notion des choses. Il admet aussi l'entendement actif qui des sphères célestes agit jusque sur la terre et préside au développement graduel de notre intelligence ; ce n'est qu'en lui que réside l'intelligence de l'*adepte*, de la science acquise, que nous tirons des principes généraux scientifiques par la démonstration.

Dans la doctrine d'Ibn Sina il y avait déjà plutôt place pour une étude de la nature que dans les doctrines précédentes, qui ne comprenaient la dépendance mutuelle des choses qu'en revêtant à leur façon d'idées métaphysiques les forces physiques primordiales. Ibn Roschd (Averroës) donna à sa conception philosophique une forme qui la rapproche beaucoup de nos conceptions modernes, avec une simplicité et un cachet de naturel qui la firent déjà remarquer au moyen âge. Il n'est pas dans notre plan de retracer le système philosophique de cet élève indépendant d'Aristote ; nous renvoyons au travail de Renan[1]. Signalons seulement les points importants. Ibn Roschd admet l'éternité de Dieu et de la matière, il n'y a rien de créé. Naissance et développement sont de simples mouvements. L'entendement qui meut (entendement actif), se borne à changer les rapports des éléments de la matière et manifeste ainsi les formes qui sont en lui. De même que la forme qui se trouve en toutes choses est immatérielle, de même aussi l'âme immatérielle n'est qu'une forme du corps vivant ; les pensées naissent de la matière dans un ordre déterminé. Le mouvement circulaire du ciel fait se manifester les formes qui sont dans la matière, et l'intelligence qui connaît, en pénétrant la cause réduit la matière aux formes qui sont en elles. Elle ne peut donc plus être une limite à la connaissance des choses. On voit que les principes que développait Ibn Roschd, s'il avait été possible de les appliquer plus largement aux formes animées, auraient peut-être conduit par leur

---

[1] E. Renan, *Averroës et l'Averroïsme*. Paris, 1852.

remarquable importance méthodique à une conception plus libre de la vie et des êtres vivants.

Le préjugé religieux et national défendait toute recherche d'anatomie, que les Arabes avaient particulièrement en horreur[1]. Aussi dans les travaux relatifs aux animaux on s'occupait moins d'approfondir la connaissance des êtres étudiés, que de réunir tout ce que l'on savait déjà sur la forme, les mœurs, etc., des différents animaux ; souvent on y ajoutait ce qui s'y rattachait de détails fabuleux et poétiques, religieux, historiques et surtout les indications des vertus médicinales. Les débuts de la chimie ont procédé des travaux de métallurgie pratique et des premiers essais de la pharmacie ; c'est ainsi qu'une connaissance plus exacte des animaux et des plantes sortit des efforts faits pour augmenter le trésor thérapeutique. Mais de même qu'en chimie et en astronomie, les Arabes ne purent guère se débarrasser des préjugés d'alchimie et d'astrologie ; ainsi, dans ce qu'ils ajoutèrent aux descriptions d'animaux, il y a tant de superstitions et d'absurdités, qu'on ne peut guère dire qu'ils aient enrichi la science. Ces mêmes préjugés se retrouvent chez les successeurs des Arabes en Occident ; des religieux même employaient médicalement, à leur exemple, tout ou parties d'animaux, en particulier dans les troubles des fonctions sexuelles, Albert le Grand par exemple.

Bien que la zoologie n'ait pas à retirer un bénéfice très-considérable de l'étude des livres d'histoire naturelle arabes, il n'est pas moins regrettable que nous ne puissions profiter jusqu'ici que d'un nombre si restreint des écrits de l'Orient. Les fragments qu'on a traduits à des époques et des endroits divers suffisent il est vrai pour donner une idée générale de la façon des mahométans de concevoir le règne animal. Mais pour l'histoire particulière de la connaissance de quelques espèces, pour l'origine et la propagation de maintes légendes, pour éclaircir même bien des points de la littérature grecque des derniers jours, il serait vivement à souhaiter qu'on pût aborder plus largement les œuvres en question. Il y a encore dans l'histoire du développement de certaines idées des lacunes de plusieurs siècles. Pour l'histoire de la zoologie et de la civilisation en général,

---

[1] Les Arabes n'ont guère ajouté à l'anatomie, même à l'anatomie humaine. Leurs auteurs sont Aristote et Galien. Dans la liste des ouvrages originaux, nous indiquerons une Anatomie des animaux ailés ; mais on ignore les rapports que peut avoir cet ouvrage, connu seulement par son titre, avec une véritable anatomie des oiseaux.

mais surtout pour l'histoire littéraire du moyen âge où tant
d'erreurs et d'énormités subsistent encore, que n'éclaircissent
point les mauvais ouvrages écrits depuis, ce serait pour elles un
grand profit si ces ouvrages dont nous ne connaissons encore
que les titres devenaient facilement accessibles. Dans l'état actuel nous ne pouvons pas juger jusqu'à quel point les Arabes,
dans leurs étonnantes pérégrinations à travers des pays encore
inconnus, ont ajouté à la connaissance des espèces animales, ni
comment ils ont utilisé ces acquisitions forcées à élaborer des considérations générales. Bref, nous ne pouvons même pas nous
faire une idée complète des ressources littéraires où pouvaient
puiser les auteurs européens du XIIIᵉ siècle.

§ 2. — Travaux originaux des Arabes.

Nous avons déjà dit que pour les travaux scientifiques qui ne
se rattachent pas immédiatement au Coran, c'est du dehors que
l'impulsion vint aux Arabes. Avant Mahomet il y avait en Syrie
et en Égypte des écoles grecques-chrétiennes et juives. An-
tioche, Damas, Beyrouth sont des lieux souvent cités. Une des
plus anciennes écoles chrétiennes était celle de Nisibis, où l'on
cultivait la théologie à l'exclusion des sciences profanes. Éphraïm
le Syrien la transporta à Édesse, où son enseignement ne se li-
mita plus à la théologie. Lorsque Zénon l'Isaurien ferma
cette école en 489, beaucoup de ses docteurs s'en allèrent à
Gondischapour, fondé deux cents ans auparavant. C'est une des
plus anciennes écoles où les Perses eurent contact direct avec
des Grecs et des chrétiens comme maîtres[1]. Cinquante ans plus
tard, les philosophes chassés par Justinien se réfugiaient à la
cour de Kosru Nuschirvan. On fit bientôt des traductions du
syrien, et même directement du grec. Lorsque au milieu du
VIIᵉ siècle le royaume persan tomba devant les progrès de
l'Islam victorieux, les Arabes trouvaient déjà devant eux une
grande activité intellectuelle. Mais il n'est pas dans la nature

---

[1] Pour le développement ultérieur des écoles et des académies, dont l'histoire
nous entraînerait trop loin, voy. Wüstenfeld, *die Akademien der Araber und ihré
Lehrer*. Gœttingue, 1837. — Haneberg, *Ueber das Schul- und Lehrwesen der
Muhammedaner in Mittelalter*. München, 1850. — E. Meyer, *Geschichte der
Botanik*, vol. 3, p. 19 et suiv., p. 102 et suiv.

des guerres fanatiques et religieuses qu'un accord direct ait pu se
faire; mais ici comme en d'autres pays, la destruction de la civilisation préexistante, surtout de la littérature, vint d'abord; et
plus tard seulement ressuscitèrent les travaux scientifiques.

Nous ne pouvons pas indiquer ici les travaux de chaque auteur, les matériaux amassés, les tendances individuelles. Mais,
pour appeler au moins l'attention sur ce travail qui reste à faire,
nous donnerons la liste qui suit. Ces ouvrages, compilations
pour la plupart, n'en sont pas moins des œuvres personnelles si
on les oppose aux traductions. Les voici par ordre de date [1]. Il
ne s'y trouve que les ouvrages manuscrits dont le titre indique
un livre de zoologie plus ou moins spéciale, ou d'histoire naturelle générale.

L'ouvrage le plus ancien, cité par el-Razi (Rhases), est d'un
médecin Aboru Zakerija Iahia Ben Masoweih (Mesuë des anciens), qui mourut en 857. Le titre *De Animalibus* ne permet
pas de reconnaître si c'est une énumération des animaux utiles
en médecine, ou une Histoire naturelle des animaux [2].

A peu près en même temps parurent deux traités, plutôt
deux lexiques d'après Wüstenfeld, qui ont quelque intérêt pour
la reconnaissance de certaines formes et pour les histoires qui
s'y rattachent. Ils forment chacun deux livres intitulés *De Feris*
et *De Apibus*. Leurs auteurs sont Abou-Said Abdelmalik Ben
Koris el-Asmai (mort en 832) et Abou Hakim Sahl Ben-Moham-
med el-Sedschitani (mort en 864).

Vient ensuite Abou Othman Amru el Kinani el Dschahif
(Dschahid, Wüstenfeld; Algiahid, Bochart) mort en 868. Hammer-Purgstall dit bien que c'est avec raison que la plupart des
catalogues classent son livre dans les œuvres philosophiques. Mais
ses principaux objets sont les animaux et c'est toujours en
somme l'ouvrage fondamental de la zoologie arabe. Le titre
Kitab-el-haiwan, Livre des animaux, et les extraits qu'en donne
Bochart font désirer de mieux connaître ce livre que par le sommaire de Hammer [3]. Cet ouvrage doit avoir été répandu chez

[1] Nous avons recouru principalement à Wüstenfeld, *Geschichte der arabischen
Aerzte und Naturfoscher*. Gœttingen, 1840, que nous avons complété pour certains
points par Hammer-Purgstall, *Manuscrits*. Vienne, 1840 (dans les vol. LXI-LXVIII des
Wiener Jahrbücher) et Hadschi Khalfa. Nous ne prétendons pas d'ailleurs donner
une liste complète.

[2] Assemanni, *Biblioth. Naniana*, II, p. 231.

[3] Se trouve d'après Wüstenfeld à la bibliothèque de Hambourg. Casiri en a donné
des extraits, *Bibl. Escurial*, 892, 896. Voy. Hammer-Purgstall, *Manuscrits*, p. 127,
n° 151. Bochard aussi le cite souvent.

les Arabes ; nous trouvons en effet dans Osseibia, le biographe des médecins arabes, qu'Abdallatif en avait tiré un Compendium qui nous est également encore inconnu.

Le célèbre traducteur des livres grecs d'astronomie et de mathématiques, Abul Hassan Thabit Ben Corra (835-901), est donné par Osseibia comme l'auteur de l'ouvrage *de Volucrum anatomia*, dont on ne sait pas s'il existe encore.

Vient ensuite le célèbre Abou Bekr Ahmed Ben Ali Ibn Wahschijah, qui vécut au commencement du x° siècle. Il y a de lui à la bibliothèque de Leyde un ouvrage intitulé *Descriptio animalium*. Mais d'après ce qu'on connaît de Ibn Wahschijah, cet ouvrage ne doit guère intéresser que l'histoire littéraire [1].

Abou Dschafer Ahmed Ibn Abul Asch'ath, mort en 970, écrivit un ouvrage dont il existe un manuscrit à la bibliothèque Bodleienne d'Oxford : *Liber de animalibus*, dont Abdallatif a également fait des extraits [2].

Abul Casim Moslima el Madschriti, le plus célèbre astronome et mathématicien de son temps, vivant à Cordoue, mort en 1007, a laissé un ouvrage, *Generatio animalium,* dont on possède un manuscrit à Madrid [3].

Avicenne doit être signalé ici pour sa paraphrase de la *Zoologie* d'Aristote. Sa position en philosophie, sa renommée en médecine (galéniste) le rangent aussi parmi les chercheurs originaux, bien qu'à notre point de vue particulier ce ne soit qu'un traducteur. Nous en dirons autant d'Averroës.

Des ouvrages précités on ne connaît plus guère que les titres ; il en est autrement pour Abou Mohammed Abdallatif Ben Jusuf (1161-1231), qui marqua son intérêt pour la zoologie par de nombreux extraits d'auteurs arabes et grecs. On connaît de lui une Description des merveilles de l'Égypte écrite en 1203, avec un chapitre tout entier consacré aux animaux, par des traductions latines, allemandes et françaises [4]. Il s'était occupé de

---

[1] E. Meyer *(Geschichte der Botanik*, t. III) avait déjà élevé quelques doutes au sujet de la traduction de l'Agriculture Nabathéenne. Depuis, A.-V. Gutschmid a prouvé la tromperie : *Die nabatæische Landwirthschaft und ihre Geschwister,* in : *Zeitschrift d. deutsch. morgenlænd. Gesellsch.,* vol. XV, 1861, p. 1-108. Pour le livre cité plus haut, voy. Wüstenfeld, *loc. cit.,* p. 39.

[2] El Razi (Rashès), célèbre médecin mort en 923 ou 932, qui cite l'ouvrage zoologique de Mesue, ne paraît rien avoir écrit lui-même sur l'histoire naturelle.

[3] Wüstenfeld, *loc. cit.,* p. 62; *Biblioth. Escur.,* 895.

[4] *Compendium memorabilium ægypti, arabice et latine,* éd. J. White. Oxford,

l'*Histoire des animaux* d'Aristote, il n'est donc pas étonnant que dans les notions générales il distingue les *Homœoméries* (*Partes consimiles*) des *Anomœoméries* (*P. instrumentariæ*). Comme données relatives à quelques animaux, on peut relever les suivantes :

Poules : il décrit en détail l'incubation artificielle.

Ane : parfois aussi grand, aussi rapide que le mulet.

Vache : la race la plus estimée est la *Khaïsiji* à cornes courbées en arc.

Crocodile : la colonne vertébrale serait composée d'un seul os, et sous le ventre l'animal aurait une sorte de poche à musc.

Scinque : il diffère du *Waral* par son habitat ; il vit en effet dans la plaine et dans l'eau, le *Waral* dans la montagne ; il fait sa nourriture du lézard *Addayeh* (*Lacerta ocellata*, Forsk). Celui-ci ressemble au *Sam-abras,* au *Gecko*, que l'on trouve, dit plus loin l'auteur, aussi momifié dans les tombeaux.

Hippopotame : l'extérieur est en général mal décrit ; l'intérieur doit ressembler, d'après Nitualis, à ce qui se voit dans le porc. Ce Nitualis est, d'après de Sacy, l'*Anatolius* du Geoponika, appelé aussi par les Arabes *Antulius*.

Les *poissons* dont il parle ne sont pas tous déterminables. Il y a entre autres le silure électrique et l'anguille (dragon d'eau).

La coquille bivalve, ovalaire, que l'on vend à la mesure, appelée *Delineas* par Abdallatif, est la *telline*.

Comme exemple de description allégorique d'animaux, Wüstenfeld (*loc. cit.*, p. 152) cite l'*oratio Avium* d'Ibn el Wardi (mort en 1349). Dans l'ouvrage cosmographique du même auteur, il y a peut-être aussi des renseignements de zoologie [1]. Les *Dialogues des oiseaux* de Scheich Ferededdin Attar (Persan) se rapprochent au moins par le titre du précédent ; ils furent écrits au commencement du xvᵉ siècle [2].

Abulfath Ali Ibn el-Doreihim, mort en 1361 à Bagdad, écrivit sous le titre *Utilitates animalium* une Histoire naturelle en

---

1800, trad. allem. par S.-F. Günther Wahl. Halle, 1790. Trad. franç. par Sylv. de Sacy. Paris, 1810.

[1] Wüstenfeld, *loc. cit.*, p. 151, le signale sous la rubrique *Ouvrage de géographie et d'histoire naturelle,* et en donne des fragments.

[2] Voy. Hammer-Purgstall, *Manuscrits*, p. 95, nᵒ 124. « *Mantik Attair.*» C'est un des principaux ouvrages des Schusites, publié et traduit par Garcin de Tassy. Texte : Paris, 1857 ; traduction, 1864.

quatre parties : des quadrupèdes, des oiseaux, des poissons et des insectes [1].

Seinneddin Mohammed Ben Hussein el-Mossuli el-Hanefi, mort en 1324, écrivit en persan un traité de l'*Utilité des animaux*, que son titre rapproche du précédent. Cependant, d'après le sommaire donné par Hammer-Purgstall, on y trouverait, outre la zoologie, la. botanique, la science des couleurs, l'art d'enlever les. taches, la physiognomique et une partie de la magie naturelle [2].

Le dernier grand ouvrage de zoologie est le *Hayat ul-Haywan*, la Vie des animaux, par Abulbeka Mohammed Kemaleddin el-Damiri, mort au Caire en 1405. Il en a donné deux éditions dont la première, plus étendue, parut en 1371. Cet ouvrage, où Bochart a beaucoup puisé et dont Tychsen et S. de Sacy ont publié quelques morceaux, a été récemment imprimé en entier [3]. Il n'a pas encore été traduit. Dschemdleddin el-Schebebi (mort en 1433) a donné un appendice (zoologique ?) au livre de Damiri [4]. L'auteur arabe que Bochart cite sous le nom de Abdarrachman est Abderrachman Dschelaleddin el-Sojuti (mort en 1445) qui a publié un extrait du *Hayat ul-Haywan* sous le titre *Diwan ul-Haywan*. Il a été publié en latin [5]. D'après Hammer il y a aussi un abrégé de Damiri en persan.

Outre ces auteurs, qui sans être exclusivement zoologistes, méritent cependant ce nom à certains égards, il faut encore citer le botaniste Abou Mohammed Abdallah Ibn el-Beitar, mort en 1248. D'après les citations que donne Bochard de son *Corpus medicamentorum*, il y a dans cet ouvrage de nombreux renseignements zoologiques, ainsi que des citations d'autres sources arabes.

L'histoire de la zoologie chez les Arabes doit encore s'intéresser aux géographes à cause des indications qu'ils donnent sur différents animaux. Mais l'absence d'une nomenclature

[1] Wüstenfeld, *loc. cit.*, p. 153. Il y en a un fragment dans Tychsen, *Elementale arabic.*, p. 41.

[2] Hammer-Purgstall, *Manuscrits*, p. 147, n° 156.

[3] *Hayat ul-Haivvan al kubra lil Damiri.* Bulaq, a. H. 1275 (a. Chr. 1857); 2 vol., fol. pp. 436 et 480. Les extraits sont indiqués dans Wüstenfeld, *loc. cit.*, p. 153. Hammer-Purgstall donne l'indication complète des animaux traités à la manière des lexiques, *loc. cit.*, p. 132, n° 153.

[4] Wüstenfeld, *loc. cit.*, p. 156.

[5] D'après Wüstenfeld, *loc. cit.*, p. 157, *De proprietatibus et virtutibus medicis animalium*, éd. Abr. Ecchellensis. Paris, 1647, avec remarques de J. Eliot. Londres, 1649 ou Leyden, 1699. Je n'ai pas vu le livre moi-même.

scientifique rend bien difficile la reconnaissance des animaux. Un des livres de géographie les plus anciennement connus est *le Livre des pays*, de Scheick Abou Ishac el-Farsi el-Isztachri, écrit vers 950 [1]. On n'y trouve que peu de renseignements zoologiques : Dans l'Yemen il y a beaucoup de singes ; ils suivent un chef comme les abeilles une reine. Il y a aussi un animal qui s'attaque à l'homme et lui remplit le corps de vers. Mordtmann croit pouvoir reconnaître là la *Filaria medinensis*, ou ver de Guinée [2]. Près Sirin (en Portugal) se voit parfois un animal marin, dont on arrache les poils qui sont très-souples, d'un beau jaune d'or, pour en tisser des étoffes très-chères. Les crocodiles du Nil ne sont vulnérables que sous les pattes antérieures et aux épaules ; il y a des endroits dans le Nil où les crocodiles ne font point de mal. Dans le fleuve Mihram, province de Multan (Indes), il y a des crocodiles aussi gros que ceux du Nil. Dans le lac d'eau douce près de l'embouchure du Nil, il y a des poissons de la forme d'une tortue qu'on appelle dauphins (Abdallatif signale des dauphins dans les mêmes circonstances, près de Tennis et de Damiette). « A Said, il y a des ânes que l'on appelle *Sehlabie* (Esclavons) ; on les suppose descendus d'un animal domestique et d'un animal sauvage (p. 33). » « Près Nissibin en Dschesira on trouve les serpents qui tuent le plus vite et beaucoup de scorpions dont la piqûre est mortelle. Dans l'Askar Mokrem, il y a une espèce de petits scorpions de la grandeur d'une feuille de *Laserpitium*, nommés *Kerure*, de la morsure desquels personne ne peut échapper, car elle est plus funeste que celle de certains serpents (p. 59). » « On prépare là le kermès (dans le Debil). D'après ce que j'ai entendu dire, c'est un ver qui se fait un cocon comme le ver à soie. »

C'est à peu près de la même époque que date le livre d'Abul Hasam el-Masoudi : *les Prairies d'or*, dont on a donné une traduction française [3]. Il ne renferme, pas plus que l'ouvrage précédent, de renseignements généraux d'habitat et de distribution des êtres organisés, et même relativement moins d'indica-

---

[1] *Das Buch der Lænder von Schech Ebu Ishak el-Farsi el Isstachri. Aus dem Arabischen übersetzt von A.-D. Mordtmann.* Hamburg, 1845 *(Schriften des Akademie von Hamb.*, vol. I, 2° partie).

[2] Il y a ici (p. 14) un passage naïf : « De certaines hyènes on raconte quelque chose qu'il n'est pas permis de répéter ; car celui qui cache un fait et ne le répand pas est plus à pardonner que celui qui raconte comme vrai ce qu'il ne sait pas. »

[3] *Les Prairies d'or.* Texte et traduction par C. Barbier de Meynard et Payet de Courtelle. Paris, 1863, t. I, II, III.

tions spéciales. Il mentionne déjà le silure électrique (comme plus tard Edrisi et Abdallatif). Une étrange fable d'animaux marins qui interrompirent constamment Alexandre dans l'édification de sa grande cité du Nil relève sa description de la Basse-Égypte.

Les Relations de voyages aux Indes et en Chine[1] d'Abou Soleiman renferment quelques maigres données sur les animaux, parmi lesquelles il faut signaler ce qui est relatif au musc. Il dit que les canines de cet animal sortent du maxillaire inférieur; elles remontent en haut sur les côtés de la face, et portent aussi le nom de cornes. Cela rappelle tout à fait ce que les anciens auteurs avaient dit de l'éléphant.

Dans la Géographie d'El Scherif Abou Abdallah Mohammed ben Edris (Edrisi)[2], écrite en 1153 sous le titre *Récréations des voyageurs*, il y a plusieurs données intéressantes sur les idées générales qu'on se faisait de la distribution des espèces à la surface du globe. D'après lui, l'hémisphère septentrional seul est habitable. Au sud de l'équateur la chaleur est si intense, que toute l'eau disparaît; et là où il n'y a pas d'eau, il ne peut y avoir ni plantes ni animaux. Conséquent avec ces idées sur l'influence des climats, il voit dans la constitution des nègres un résultat direct des agents extérieurs. Dans le sud, les indigènes sont brûlés par le soleil; c'est pour cela qu'ils sont noirs et qu'ils ont les cheveux crépus. Souvent dans les descriptions des pays il énumère des animaux; il y a par exemple toute une liste des poissons du Nil. Mais de tels documents n'acquerront une valeur historique que lorsque les travaux des autres auteurs arabes pourront être réunis et mis en regard.

La zoologie a moins à retirer de deux autres célèbres géographes arabes qu'il nous reste à mentionner, Abulfeda et Ibn Batuta, bien qu'il faille donner leurs noms dans un exposé général des progrès dus aux Arabes.

Enfin, dans les ouvrages originaux, signalons encore les Cosmographies et les Recueils de merveilles; dans leur revue des curiosités du monde, ils accordent parfois aux animaux une certaine attention.

[1] *Relation des voyages faits par les Arabes et les Persans dans l'Inde et la Chine,* etc., publ. par Reinaud. Paris, 1845, 2 vol. Roulin a ajouté quelques explications zoologiques.
[2] *Géographie d'Edrisi,* trad. par P.-A. Jaubert, 2 vol., Paris, 1836-40, in-4°; *Recueil des voyages,* publ. par la Soc. de géogr., t. V, VI.

Le premier livre de ce genre dont l'histoire littéraire fasse
mention ne nous est pas encore accessible ; Mohamme' ben Mohammed ben Achmed Tusi Solmani l'écrivit en 1160 sous le titre, souvent repris depuis, des *Merveilles de la création* (*Adschaïb-
el-Machlukat*)[1]. Mais nous ne pouvons que le mentionner.

La Cosmographie de Zacharija ben Mohammed el Kazwini[2],
parue sous le même titre, est plus connue que le précédent.
Pour l'appréciation de ce livre, il est important de savoir que
son auteur, mort en 1283, est moins encore que son prédécesseur de l'époque florissante de la science arabe ; c'est surtout
par les compilations qu'il fait des auteurs anciens qu'il a de
l'importance. Ainsi, dans les auteurs qu'il cite à propos des
animaux, nous trouvons les noms connus d'Avicenne (le plus
souvent pour l'usage thérapeutique), de Dschahif, déjà cité ;
puis, Mohammed ben Zakarija el-Razi, Zakarija ben Sahia
ben Shakan « l'Espagnol », Abu Ham Jid (auteur d'un *Livre
des Merveilles*), Kitab el-Adschaib, Ibn Elfeki (Aboubekr
Achmed ibn Mohammed el Hamadani), Abderrahman ben Harun
el Maghribi, etc. Il mentionne aussi souvent les auteurs de
deux ouvrages très-connus de son temps, le *Tuchfat-el-Garaib*
(*Présent des Merveilles*), et l'*Adschaib-el-Achbar* (*Histoires
merveilleuses*). Kazwini s'en rapporte souvent au témoignage de
négociants voyageurs, sans plus s'inquiéter de leur bonne foi.
Parmi les Grecs, il cite Ptolémée dans la partie astronomique,
Hippocrate et Aristote, ce dernier une seule fois, à l'histoire
des combats des pygmées et des grues, d'après un passage
apocryphe, ou du moins qu'on n'a pu retrouver. C'est surtout
dans la partie minéralogique qu'il a fait des emprunts à Aristote.
Enfin, il mentionne encore un livre, *Chavas-el-Haiwan* (*les
Particularités remarquables des animaux*), de Belinas, auteur
sur qui nous aurons à revenir plus loin.

Dans ses considérations zoologiques, Kazwini n'a plus rien des

---

[1] Je n'ai trouvé d'indication sur cet ouvrage que dans la notice de Hadschi Khalfa
(IV, 288) et dans Hammer-Purgstall, *loc. cit.*, p. 129.

[2] Hammer-Purgstall en a donné le sommaire (*loc. cit.*, p. 149) ; de Sacy en a
publié quelques morceaux dans sa *Chrestomathie arabe*, et il vient de paraître la
première partie d'une traduction complète en allemand : *Zakarya ben Muhammed
ben Mahmud el-Kazwini's Kosmographie. Nach der Wüstenfeld'schen. Text-
ausgabe zum ersten Male vollstændig übersetzt von Herm. Ethé. Die Wunder
der Shæpfung. Halbband.* Leipzig, 1868, in-8°. Tous nos vœux pour l'heureuse continuation de cette œuvre si impatiemment attendue! Il y a beaucoup de citations de
Kazwini, de Damiri, de Dschahif dans le *Hierozoikon* de Bochart. Comme dit Hammer-Purgstall (*loc. cit.,* 142), il y a une traduction de Kazwini en persan.

opinions sensées d'Aristote, depuis longtemps connu et répandu
pourtant à son époque. Souvent ses descriptions sont des histoires merveilleuses, trop souvent aussi l'esprit étroit du dogme
se trahit dans ses idées générales. Tous les corps issus des éléments primitifs vont en série ininterrompue des imparfaits aux
parfaits. Cette série commence à la terre et aux minéraux qui la
touchent de très-près, et par les plantes, les animaux et l'homme
arrive jusqu'aux anges. Les plantes et les animaux se distinguent
des minéraux parce qu'ils sont susceptibles de croissance. Les
animaux se distinguent des plantes par la faculté de sentir et de se
mouvoir. L'animal le plus inférieur ressemble aux plantes et n'a
qu'un sens (le sentiment). C'est un ver qui vit dans l'intérieur
d'un tube pierreux et qu'on rencontre sur quelques côtes. Les
animaux les plus voisins de l'homme par la forme du corps et
par l'âme sont les singes. Le cheval aussi et l'éléphant se rapprochent de nous par les facultés de leur âme. La première section de l'ouvrage, qui traite particulièrement des animaux aquatiques, ayant seule paru, nous ne connaissons qu'en partie ses
vues d'anatomie et de physiologie. Bien des choses y rappellent
les anciennes notions. La respiration sert à rafraîchir la température que développe le corps. Chez les animaux aquatiques, ce
refroidissement se fait directement dans l'eau ; ils n'ont donc pas
besoin de poumons, puisque c'est l'eau qui joue le rôle de l'air.
Soulignons cette idée générale, qu'un animal est d'autant plus
complet qu'il a plus de membres et d'organes différents. Mais
pour expliquer cette organisation Kazwini se hâte de dire que
dans tout animal les membres sont proportionnés au corps, les
articulations appropriées aux mouvements, les téguments bien
disposés pour le protéger. Il semble n'avoir vu dans les espèces
fossiles que des pétrifications des espèces encore vivantes. Il
rapporte (à l'explication du mot *Gharib*) qu'on a dit qu'il s'élève
de terre une vapeur qui change en pierre solide les animaux et
les plantes qu'elle atteint. Les traces de cette action sont visibles
à Ansina en Égypte et à Jaleh Beschem dans le pays de Kaswin.
On trouve des renseignements spéciaux dans la description des
mers et des îles, et dans l'énumération des époques de l'année
et des mois (soleils) syriens que Kazwini entremêle de quelques
indications biologiques sur le rut, la croissance, les migrations
des animaux. Il y a en outre un chapitre particulier sur les
animaux aquatiques. Le merveilleux ne manque pas. C'est
ainsi qu'il rapporte, d'après Dschahif, que tous les poissons

(reste à savoir si Dschahif parle bien de poissons ou seulement
d'animaux aquatiques) d'eau douce ont une langue et un cerveau, mais que les poissons marins en sont tous privés. Il y a
pourtant quelques données qui ne manquent pas d'intérêt C'est
peut-être à l'orang-outang qu'il faut rapporter la description des
singes ou descendants des hommes, qui ont le naturel des animaux sauvages et habitent Java et Sumatra. Il indique très-
clairement les ptéropes de Java sous le nom de *chats ailés*.
Enfin, c'est sans doute du dugon qu'il s'agit dans la description
d'un poisson (de la mer Rouge !) à forme de vache, qui met au
monde des petits et les allaite. Il assure que le crocodile ne
peut mouvoir que la mâchoire supérieure et qu'il n'a pas de vertèbres dans le dos. Ses relations amicales avec un oiseau qui
lui nettoie les dents sont rapportées telles qu'on les a souvent
reproduites. Beaucoup des histoires du *Physiologus* se retrouvent ici, sauf que l'auteur les attribue parfois à d'autres animaux : ainsi, c'est le chien d'eau et non le castor qui se châtre
lui-même, et c'est au chien d'eau que Kazwini rapporte ce que
le *Physiologus* dit de l'hydre. L'histoire du *Serra* devient,
comme dans Pline, celle du dauphin. Ce ne sont plus des baleines qui apparaissent comme des îles trompeuses, ce sont des
tortues de mer : l'histoire se rapproche ici du sens étymologique
du mot *Aspidochelone*. Il y a certainement dans Kazwini un
grand intérêt pour l'histoire de quelques idées, pour les contes
relatifs à quelques animaux ; mais il n'y a pas chez lui d'exposé
particulier des théories zoologiques.

La troisième Cosmographie qui nous reste à signaler apporte
encore moins de faits à l'histoire des connaissances zoologiques. Elle est intitulée *Nukhbet-el-Dahr* (*Extrait du Monde*) et
vient de Schemseddin Abou Abdallah Mohammed el
Dimeschki, 1256-1327 [1].

Outre les auteurs originaux que nous venons de mentionner, Bochard cite encore quelques Arabes sur lesquels il manque encore de renseignements suffisants. Tels sont les deux
auteurs appelés Asseidalanius et Arruvianus [2], et Abulsapha [3].

---

[1] *Cosmographie*. Texte arabe publié par Mehren. Saint-Pétersbourg, 1866, in-4°.

[2] Sic : l'un de Seidalan et l'autre de Ruvan (Rujan en Perse?). Peut-être Asseidalani
est-il une altération de Sandalani, le pharmacien? Comp. E. Meyer, *Geschichte der
Botanik*, t. III, p. 123.

[3] Abusalpha *lib. de animalibus, quem ex arabica lingua in hebræam transtulit
Kalonymus*, a. Chr., 1316 (Bochart).

§ 3. — Traductions des Arabes.

C'est incomparablement moins par leurs travaux originaux que les Arabes ont contribué à la renaissance de la zoologie, que par leurs traductions qui ont fait d'eux les intermédiaires entre l'antiquité et les temps modernes. L'Occident avait à lutter seul et sans secours pour conquérir un état social plus libre, des lois agraires mieux réglées, tout ce qui était en un mot dans sa situation particulière. Pendant cette lutte il n'y avait pas de refuge possible en Occident pour les trésors du savoir antique ; c'est alors que la science atteignit son plus riche épanouissement chez les Arabes. La *Logique* d'Aristote était restée en vigueur en Europe et y avait donné lieu à un certain nombre de travaux. Mais elle ne connut les œuvres zoologiques du même auteur que par des traductions arabes et arabo-hébraïques, jusqu'au milieu du XIIIᵉ siècle, où pour la première fois le texte grec put être directement traduit en latin.

Les premiers intermédiaires entre la Grèce et les Arabes furent les Syriens. C'est par eux que les auteurs grecs pénétrèrent dans les écoles arabes et même juives. D'après Ebed-Jesus, dans le catalogue des écrits syriens publié par Assemani[1], et d'après d'autres indications, au Vᵉ siècle déjà, Hibas, administrateur de l'Église d'Édesse (435-457), Cumas, Probus et Mana, tous professeurs à Édesse, traduisaient Aristote[2]. On ne sait pas s'ils ont traduit toutes les œuvres d'Aristote, et par conséquent aussi la partie zoologique. On ne sait pas non plus si le Syrien Uranius les a traduites, bien qu'Agathias (II, 28) apprenne qu'il traduisit Aristote en persan, sur l'ordre de Kosru Nuschirvan (531-570). Parmi les savants de l'école d'Édesse, on cite encore aux VIᵉ et VIIᵉ siècles Sergius de Rasain, l'évêque Jacob, et Georges, évêque des Arabes, comme traducteurs d'Aristote. Mais il n'est pas probable que les traductions de ces

---

[1] *Biblioth. Clement. Vatican.*, t. III, P. I, p. 85, d'après Wenrich, *De auctorum græcorum versionibus et commentariis syriacis, arabicis*, etc. Lipsiæ, 1842, p. 130.

[2] Comp. E. Sachau, *Ueber die Reste der syrischen Uebersetzungen classisch-griechischer nicht aristotelischer Litteratur*, in : *Hermes de Hübner*, vol. IV, nᵒ 1, 1869, p. 74, 75.

anciens théologiens et médecins syriens existent encore ni même qu'elles aient existé à l'époque où le goût des travaux scientifiques s'éveilla chez les Arabes. Nous l'avons déjà dit, cette vieille littérature syrienne fut détruite au premier choc des propagateurs de l'Islam. Un fait, difficilement explicable autrement, confirme cette supposition : le calife El-Mamun (812-833) fit faire des traductions (d'abord en syrien) d'après les textes grecs. C'est à partir de lui que la littérature appliquée aux traductions prit un nouvel essor ; elle devait, par les traductions arabes qui sont restées des livres grecs, acquérir une extrême importance.

Dans cette nouvelle série de traducteurs, Abou Saïd Honein ben Ishak se fit une certaine renommée ; il est connu aussi comme médecin sous le nom de Joannitius. Il traduisit les œuvres d'Aristote en syrien ; son fils Jshak ben Honein (mort en 910 ou 911) reporta cette traduction en arabe. Abulfaradsch Abdullah ben Attaüeb (mort en 1044) traduisit aussi Aristote du syrien en arabe. Pour aucun de ces trois auteurs comme pour les précédents, on ne sait s'ils ont traduit la partie zoologique. Cependant dès le ix° siècle il y a des indications positives qui attestent que l'on avait également traduit les livres zoologiques. Jahia Ibn Albatrik (vers 820-830) traduisit les dix-neuf livres en syrien [1] ; vers la fin du x° et au commencement du xi° siècle déjà, il y eut des traductions arabes. Abou Ali Isa ben Zara (mort en 1001) traduisit du syrien en arabe l'*Histoire des animaux* et les livres sur les parties des animaux avec le commentaire de Johannes Grammaticus. Il aurait aussi publié une édition arabe, améliorée, du *Compendium de la Zoologie d'Aristote*, de Nicolaus (Damascenus) [2]. About Ali Hasan ben Haithem (mort en 1038) et plus tard Mohammed ben Badschah (plus connu sous son nom hébreu Aven Pace, mort en 1138) ont expliqué avec commentaires l'*Histoire des animaux ;* About Mohammed Abdallatif tira du même ouvrage un Compendium. Ajoutons enfin que l'évêque Abulfaradsch Dschordschis, médecin et philosophe (indiqué plus souvent sous le nom de Gregorius Barhebræus, 1226-1286) comprit dans ses

---

[1] Wenrich, *loc. cit.*, p. 129. Wüstenfeld, *Geschichte der Arab. Aerzte u. Naturf.*, p. 18, 19. On compte dix-neuf livres, savoir : neuf livres pour l'histoire des animaux, plus le dixième reconnu apocryphe déjà par Camus, puis les quatre livres sur les parties et les cinq sur la génération et le développement des animaux.

[2] Wenrich, *loc. cit.*, p. 300, 294.

éclaircissements de la *Philosophie* d'Aristote les œuvres zoologiques. On voit donc que l'Orient était initié à la *Zoologie* du
Stagirite par des traductions, des compendiums et des commentaires variés. Mais toutes ces traductions, tous ces commentaires, comme influence sur la reprise des études d'Aritoste, de
sa *Zoologie* particulièrement, restèrent bien en arrière des traductions d'Ibn-Sina et d'Ibn-Roschd, au moins en Occident.

Abou Ali el-Hosein ben Abdallah el-Scheich el-Reis Ibn Sina
(d'après la forme hébraïque, Avicenne, 980-1037), dont nous
avons indiqué plus haut la place en philosophie, doit avoir
commenté tout Aristote dans un ouvrage en vingt volumes.
Mais cet ouvrage, suivant Osseibia, a été perdu sous le sultan
Massoud. Il reste encore un commentaire sur les écrits zoologiques d'Aristote que Michel Scotus a traduit d'arabe en latin.
Ce n'est pas un commentaire rigoureux, suivant le texte pas à
pas ; c'est une paraphrase plus libre, se rapprochant en un mot
des écrits d'Albert le Grand. L'ouvrage se divise en dix-neuf
livres, comprenant les histoires des animaux, les parties et la
génération. Quelques livres d'ailleurs de ce commentaire, au
moins dans la traduction de Michel Scotus, seule conservée,
sont extrêmements courts, réduits parfois à des extraits incomplets de quelques lignes : le xi° par exemple ou premier
des parties. Les citations d'Avicenne dans Albert le Grand ne se
rapportent pas exclusivement à cette paraphrase, mais aussi souvent à son *Canon* où il donne les médicaments tirés des animaux et la valeur thérapeutique des animaux venimeux.
D'après la forme hébraïque du nom d'Ibn Sina, la plus répandue au moyen âge, il serait à supposer que Michel Scot aurait
fait sa traduction latine d'après une première traduction
hébraïque ; Camus a soutenu cette opinion ; mais les recherches
de Jourdain montrent que c'est probablement du texte arabe
qu'il s'est servi [1]. Quoi qu'il en soit, Ibn Sina était déjà connu
sous le nom d'Avicenne par des traductions hébraïques d'autres
de ses ouvrages qu'avait fait faire l'archevêque Raimond de
Tolède à des Juifs, entre autres Jean de Séville (Avendeath).

Abul Welid Muhammed ben Achmed Ibn Roschd, en hébreu
Averroës (1120-1198), eut dans le développement de la philosophie au moyen âge un rôle bien plus important qu'Avicenne ;

---

[1] Jourdain, *Recherches sur les traductions latines d'Aristote*. Nouv. éd., 1843,
p. 131.

mais comme propagateur de la *Zoologie* d'Aristote il ne vient qu'après lui. Il a peut-être contribué, en préconisant dans son système la séparation de la philosophie et de la théologie, à faire défendre aux xii° et xiii° siècles l'*Histoire naturelle* d'Aristote, que l'on ne connaissait guère que dans Averroës [1]. Cette prohibition dura jusqu'au jour où Aristote, répandu par les commentaires d'Averroës, prit une autre tournure entre les mains d'Albert le Grand et de Thomas d'Aquin et put servir à l'Église. Mais Averroës n'a pas servi à propager les livres zoologiques. Sans doute il a commenté les œuvres zoologiques complètes du Stagirite [2], en manière plutôt de notes exégétiques ajoutées au texte, que de véritables paraphrases. Mais on n'a jamais imprimé l'original, on ne le possède même plus en entier. Nous n'avons plus le Commentaire sur l'*Histoire des animaux;* il n'existe plus que pour les parties et la génération, d'après des traductions hébraïques dont l'une fut écrite en 1169 à Séville. Plus tard on cite encore d'autres traductions en hébreu de ces mêmes Commentaires des livres XI à XIX de la *Zoologie*, de Jacob ben-Machir (1300) et d'Abba More Jarchi (1306). En 1260 déjà, Moses Aben Tibon avait donné à ses coreligionnaires une traduction complète des Commentaires d'Averroës.

On voit donc que les Arabes n'ont contribué que très-peu par leurs propres travaux aux progrès de la zoologie. Dans leur caractère national et la religion qui en découle, il y avait trop d'obstacles pour cultiver avec fruit une science d'observation exacte, où la fantaisie et le préjugé doivent être bannis avec soin. Dans l'histoire cependant de la civilisation, les Arabes et surtout les Syriens ont une place importante, ils ont rendu de grands services à la zoologie ; ils ont recueilli et transmis plus tard les œuvres des anciens, ils ont permis à la science d'attendre l'époque où les esprits se sont repris d'une vie plus active. C'est par la philosophie d'Averroës, qui rendit possible une étude scientifique de la nature, qu'ils s'en sont occupés d'un peu plus près. Sans doute, ils n'ont guère fait que fouiller et reproduire en partie ou en entier les chefs-d'œuvre de l'antiquité. Mais c'est là précisé-

---

[1] Ainsi en 1215, Robertus Carthonensis, legatus papæ, ordonnait encore aux écoliers et aux professeurs de Paris : « Legant libros Aristotelis de dialectica tam veteri quam de nova in scholis ordinarie et non ad cursum ; non legantur libri Aristotelis de metaphysica et naturali philosophia nec summa de eisdem. Comp. Bulæus, III, p. 82.

[2] Voy. Renan, *Averroës*, p. 47, 17.

ment le grand service de cette époque d'exaltation poétique et
d'enthousiasme religieux, d'avoir retrouvé l'antiquité.

Jusqu'ici c'est Aristote qui joue le plus grand rôle ; aussi bien
sa réapparition marque-t-elle le début d'une nouvelle période
dans l'histoire du développement du moyen âge. Mais d'après
une opinion bien répandue, Aristote n'aurait pas régné seul au
moyen âge en zoologie, il aurait partagé son domaine avec
Pline. Disons tout de suite qu'à partir du xiii⁰ siècle Pline
fut beaucoup lu. Dans l'Allemagne méridionale , on le
connaissait déjà au xi⁰ siècle [1]. En 1189, Robert de Thorigny
l'apporta pour la première fois au monastère de Le Bec,
où, cent ans auparavant, Lanfranc avait éveillé le goût des études littéraires. Il fut bientôt si estimé, qu'au xv⁰ siècle, à
Brescia, on fonda pour lui une chaire spéciale. Pour justifier
cependant l'opinion que nous avons rapportée plus haut, il resterait à prouver que l'influence de Pline ne s'est pas bornée aux
idées d'histoire naturelle de son temps, mais qu'il y en a quelque trace dans les ouvrages qui ont fait époque au xiii⁰ siècle. Nous reviendrons plus loin sur ce dernier point, ne
répondant pour le moment que sur le premier. La zoologie et
la médecine sur qui elle s'appuyait de préférence étaient aux
mains des Arabes et c'est d'eux qu'elles se répandirent dans les
écoles juives de l'Europe méridionale. Ce fut aussi la marche
d'Aristote. Si Pline a partagé avec lui son influence, il doit
aussi avoir été connu des Arabes et avoir été propagé par eux
en Occident.

Fabricius indique dans sa *Bibliotheca latina* une traduction
arabe de Pline par Honiam, c'est-à-dire Johannitius (Abou Saïd
Honein ben Ishak) ; mais cette traduction n'existe pas. Cependant les auteurs arabes renvoient souvent à un certain Belinas,
ou Belinus, ou Bolonius (le nom varie avec la prononciation).
Ils citent de lui différents ouvrages, ainsi : un livre des *Secrets
de la Nature*, un livre des *Propriétés*, un livre des *Causes*, un
livre des *Sept corps (or, argent, cuivre, fer, plomb, « fer
chinois » , étain)* [2] ; enfin Kazwini en cite encore un : les

---

[1] Ellinger, abbé de Tegernsee, enrichit l'*Histoire naturelle* de Pline de figures
d'animaux. Frhr. von Freyberg, *Aelteste Geschichte von Tegernsee*. München, 1822,
p. 179.

[2] Dans Hadschi Khalfa (édition de Flügel, vol. II, p. 48) il est dit que ce livre a
été commenté par Aidemir ben ali Dschildeki (xiv⁰ siècle). Honein ben Ishak fit une
traduction arabe de l'*Astrologia apotelesmatica* d'Apollonius. Voy. Wenrich, *loc. cit.*,
p. 240, 239.

Particularités remarquables des animaux (*Chawass-el-Haiwan*).
C'est à Pline que l'on pense tout d'abord, pour plusieurs raisons. Les *Secrets* (*Sir*) *de la nature* deviennent facilement
l'histoire (*Siar*) de la nature. On ne saurait s'arrêter à la modification du nom, car on ne connaît pas dans l'antiquité d'autre
auteur qui ait un nom semblable avec une même spécialité. Il ne
faudrait pas s'étonner non plus qu'il soit devenu un personnage
quasi fabuleux bien différent de celui de l'histoire, qu'il ait été
placé au rang des sept sages, qu'il ait passé pour le précepteur
d'Alexandre le Grand, etc.; tout cela ne saurait surprendre
chez des Orientaux à qui Rome était inconnue et qui par leur
« Rum » désignaient Constantinople. On prit donc réellement
pendant quelque temps ce Belinus pour Pline. Cependant en
1800 (an VII) déjà, Sylvestre de Sacy donnait comme vrai nom
Apollonius de Tyane [1]. Le *Dictionnaire géographique* de Jakut [2]
a prouvé le fait à l'évidence; au mot *Bolonias* il y est dit que
cette ville est ainsi appelée du nom du Maître du Talisman
« Sahib el-tilsamat »; celui-ci n'est autre qu'Apollonius.

Nous n'avons pas à approfondir ici la vie et le caractère de
cet homme qui, contemporain du Christ [3], lui a souvent été
opposé comme dernière manifestation idéale du paganisme et
que se sont partagé tant de jugements divers. S'il est prouvé
que c'est lui et non Pline, ce naturaliste connu des Arabes,
toute recherche ultérieure sur les observations qu'on lui attribue n'a plus d'intérêt pour l'histoire des sciences naturelles.
Dans sa biographie écrite au IIIᵉ siècle par Philostrate, on
trouve la narration de ses voyages; les emprunts à Agatharchides, à Ctesias, à d'autres, y sont en foule; la martichore, les
pygmées et les griffons, le phœnix, la chasse aux dragons, la
femme noire jusqu'aux reins, blanche au-dessous, etc., etc.,

---

[1] *Notices et extraits*, t. IV, p. 107. Wenrich suivit cette opinion, *loc. cit.*,
p. 238; Flügel, au contraire, dans Hadschi Khalfa (VII, 645) se prononce pour Pline.

[2] Édité par Wüstenfeld, 1ʳᵉ part., p. 729. Je dois cette communication à la bienveillance de M. le professeur Fleischer, qui partage maintenant ma conviction sur
l'identité de Belinus et d'Apollonius. La comparaison des citations attribuées à Belinus
a conduit L. Leclerc à la même opinion. Voy. *Journal Asiatique*, 6 sér., t. XIV.
1869, p. 111-131.

[3] Plus tard à Byzance, comme chez les Arabes, il eut aussi une réputation fabuleuse et passa pour avoir vécu sous Constantin. Burckhardt, *die Zeit Constantin
d. Gr.*, 467. Pour des renseignements personnels et biographiques sur Apollonius,
nous renverrons aux ouvrages de Baur et de Ed. Müller, ainsi qu'au mémoire de
Wellauer dans Jahn et Klotz, *Archiv für Philol. und Pædag.*, t. X (*Neue
Jahrbb. Supplbd.*), 1844, p. 418.

voilà ce qu'on y retrouve. Ses histoires reproduisent plus ou moins fidèlement les fables antiques de l'Inde et n'ont rien d'original.

On peut donc accorder que Pline était déjà connu au XIII° siècle, comme le prouvent beaucoup de citations; mais ce n'est que plus tard qu'il se répandit dans la vie littéraire du moyen âge. Aristote fut le maître, même sur le terrain des sciences naturelles, soit par ses écrits dont les Arabes répandaient les textes, soit par ses conceptions méthodiques et les développements que leur donna particulièrement Averroës.

ARTICLE IV

LE TREIZIÈME SIÈCLE

§ 1. — Progrès de la Zoologie spéciale.

Il est toujours périlleux de prétendre fixer le développement graduel de la science dans des limites exactes; cependant le XIII° siècle offre plusieurs événements qui font époque dans l'histoire. Le plus important est la réapparition d'Aristote. Pour renouveler sa civilisation, l'Occident devait renouveler ses liens avec l'antiquité intellectuelle, et c'est avec raison que l'on attribue la renaissance scientifique aux grands humanistes qui permirent au XIV° et au XV° siècle de renouveler ces liens; à cet égard, pour les sciences naturelles, c'est le XIII° siècle qui a le plus d'importance. Le fait saillant ici aussi est la réapparition d'Aristote. Il ne parut pas d'abord dans sa forme antique, dont l'action eût été restreinte par suite de l'ignorance générale de la langue grecque; mais il agit d'abord par son esprit toujours vivace même sous les fantaisies orientales, sous le bavardage scolastique. Le siècle où il réapparut est en relation intime avec les temps modernes; il n'en a été séparé par aucun de ces événements qui font date dans l'histoire du monde; nos vues, nos mœurs, nos tendances ont des racines si profondes dans l'époque préhumanistique du moyen âge, que malgré l'interruption considérable des XIV° et XV° siècles, c'est au XIII° siècle à bon droit qu'il faut reporter le nouvel essor des sciences naturelles en général et de la zoologie en particulier. On ne saurait trop dire que c'est l'humanisme qui réveilla la civilisation et rendit à l'enseignement scientifique un intérêt nouveau avec une forme meilleure; mais sauf en théologie, on n'a pas assez étudié la vie intellectuelle de ce siècle étonnant, dont il n'y a plus de traces que dans nos bibliothèques; c'est un fil délicat qu'il est difficile maintenant de poursuivre chez les auteurs du moment et chez ceux des littératures voisines, où il semble former des écheveaux inextricables. C'est sans doute de leurs liens avec Aristote que les livres que nous aurons à rappeler tirent leur valeur; mais lorsqu'ils parurent, les croisades, les rapports plus fréquents, un esprit général plus libre avaient fait naître un goût plus vif pour la nature, et la littérature accordait plus de place à son étude. Il est donc intéressant, encore autrement qu'au point de vue littéraire, d'étudier les conditions où se fit ce mouvement.

Si du jour où revint Aristote on avait bien pénétré les principes de sa méthode ou de ses considérations, l'examen des formes animales connues alors aurait une signification toute particulière. On en pourrait conclure jusqu'où la science d'alors pouvait porter ses déductions. Mais personne ne s'adonnait exclusivement à la zoologie, il n'y avait même pas de médecins qui s'en occupassent particulièrement.

Il importe cependant d'examiner rapidement les animaux dont la connaissance formait le fond des notions zoologiques aussi bien des écrivains que du public instruit de l'époque.

Le moyen âge aussi manquait de la notion importante de l'espèce en histoire naturelle. L'observateur, perdu dans un formalisme logique, ne voyait pas que les analogies et les ressemblances des animaux. Il ne sortait pas des distinctions et des définitions de forme et de mots; la question du pourquoi de ces ressemblances ne pouvait encore se poser. Abailard dit bien déjà : *nihil omnino est præter individuum.* Mais ses développements ne sortent pas du formalisme logique, comme on pourrait le prouver par bien des citations [1]. N'ayant pas la notion de

---

[1] Adelardus Anglicus (Adelard de Bath) dit dans son livre *De eodem et diverso* (écrit entre 1105 et 1116). « Pour les philosophes, les objets soumis à nos sens, considérés comme différant de noms et de nombre, sont des individus; ainsi Socrate, Platon, etc. Mais lorsqu'ils considèrent ces objets non plus séparés, mais réunis sous un même nom, ils en forment l'espèce. » Voy. Hauréau, *De la philosophie scolastique.* Paris, 1850, t. I, p. 253. Voy. même passage dans Jourdain, *Recherches*, etc., 2e édit., p. 267.

l'espèce, on ne pouvait avoir de nomenclature scientifique. Comme aux temps anciens, le nom des animaux est emprunté à l'usage populaire. On ne peut donc reconnaître que ceux qui étaient très-répandus et connus au loin, car avec le nom scientifique la description scientifique manque aussi. Il en résulte une variabilité très-grande dans les appellations des animaux des différents pays, et aujourd'hui encore leur détermination est très-difficile.

Parmi les animaux domestiques, le cheval au moyen âge avait le premier rang; son élevage était très-répandu[1] et passait pour important. Le cheval était petit, ainsi que le bœuf; c'était le cheval de selle et le cheval de trait. L'âne est signalé dans le droit des Burgondes; dans le glossaire de Mons on indique l'onagre comme âne sauvage[2]; on cite également des moulins à ânes. Le bœuf servait aussi de bête de trait[3]; Clotaire I allait à l'assemblée du peuple dans un char traîné par des bœufs. L'extension prise par l'élève du bœuf résulte encore de l'apparition d'épizooties mentionnées en 809 et 994[4]. Pour déterminer les races préférées que l'on élevait le plus, il nous manque des dessins et des descriptions exacts. A côté du bœuf domestique on voit encore paraître l'ur (Bos primigenius), le bison (Bison europæus)[5] et le buffle[6] qu'on chassait tous trois. L'élève du mouton, encore à l'époque de Charlemagne, était bien en retard sur celle du porc, qu'elle n'égala que plus tard[7]. On élevait aussi des chèvres; ni pour elles, ni pour le mouton, ni pour le porc il

[1] L'étalon s'appelait *Emissarius* ou *Burdo* (*Specim. breviarii rerum fiscalium Caroli M. IV*). *Burdo* veut dire ordinairement mulet; ainsi dans Isidore de Séville: « burdo ex equo et asina. » Voy. aussi Anton, *Geschichte der deutschen Landwirthschaft*, vol. I, p. 427.

[2] Dans son poëme déjà cité, Manuel Phile (mort en 1321) donne à l'onagre comme τῶν μανύχων (sic) τῶν ἄλλων μόνος un astragale, une vésicule biliaire et une corne. Dans Ruodlieb, il y a des onagres apprivoisés: *mites onagri, domitique*. Voy. *Latein. Gedichte des X und XI Jahrhunderts*, von J. Grimm u. Schmeller, p. 146, V. 168.

[3] L'espèce bovine répandue en Angleterre aux XIIIe et XIVe siècles était probablement la petite race qui existe encore. A l'approvisionnement de la flotte on voit les animaux peser quatre quintaux et moins. (Rogers, *History of Agriculture and Prices*. Vol. I, p. 328.)

[4] Anton, *loc. cit.*, vol. I, p. 421; vol. II, p. 297.

[5] Voy. le passage souvent cité du *Chant des Niebelungen*.

[6] Le buffle paraît pour la première fois dans Paulus Diaconus, *Hist. Longob.*, 4, 11.

[7] Au XVIe siècle, où l'on importa des béliers anglais pour la reproduction. Voy. Langethal, *Geschichte der deutschen Landwirtschaft*, vol. I, p. 258. Isidore de Séville appelle *Tityrus* les métis de bouc et de brebis.

n'y a d'indications de races. Pour le chien au contraire on en indique beaucoup; les descriptions manquent pour une comparaison rigoureuse avec nos races d'aujourd'hui toujours variables. D'après les codes frison, alémanique et bavarois on arrive à réunir les races suivantes[1] : limier, chien courant, chien d'arrêt, chien-castor, lévrier, chien à faucons, chien pour l'ours et le buffle, chien à sanglier, chien de berger, chien de boucher, chien de garde et « Barnbrake » (d'après Schilter, petit chien d'agrément). Il est à remarquer qu'aucun des anciens règlements ne parle de la rage[2]. Parmi les animaux que l'on chassait, la loi bavaroise (*Lex Baj.*, Tit. IX, VII) cite les ours et les buffles, le gros gibier et les bêtes noires[3]; la loi alémanique (*Lex Alemann.*, Taf. 99. IV) distingue aussi le gros gibier des bêtes noires et cite également le buffle et le bison. Outre le cerf ordinaire, on connaissait encore l'élan, le cerf géant, et le renne[4]. Souvent on apprivoisait des loups[5]. En 1507 il y avait encore des ours[6] en Écosse; il y en eut en Thuringe jusque dans le xvii° siècle; dans le Fichtelgebirge on tua le dernier ours en 1769[7].

---

[1] Anton, *loc. cit.*, vol. I, p. 151.

[2] Phile indique le ventre de l'hippocampe comme remède contre la rage.

[3] D'après la *Chronique de Colmar (Geschichtschreiber der deutschen Vorzeit, XIII Jahrhund.* Bd. 7, S. 72). « Dans la forêt qui est proche de Hagueneau, un cerf saillit une vache, et celle-ci mit bas un cerf, d'après ce que l'on rapporte » (1294). (L'indication bibliographique ici donnée se rapporte à l'édition allemande. Il y a une édition plus récente et meilleure des *Annales et Chronique des Dominicains de Colmar*, texte latin et traduction française par Ch. Gérard et J. Liblin. Colmar, in-8°, 1854. A. S.)

[4] Paulus Diaconus dit qu'il y a, à l'extrême ouest de l'Allemagne, près des Scriptovins, un animal qui ressemble au cerf. De sa peau à poils rudes on fait des habits qui tombent jusqu'aux genoux, comme des espèces de tuniques (*Histor. Longobar.*, I, 5; traduction allemande par O. Abel, p. 13). Gaston de Foix, plus de dix siècles après César, décrit encore le renne dans les Pyrénées sous le nom de *rangier* ou *ranglier* (d'après Wildungen's, *Taschenbuch für 1805 und 1806*, p. 5; Bujack, *Geschichte des preuss. Jagdwesens*. Kœnigsberg, 1839, p. 17). Il faut rapporter aussi à l'élan l'*Helim* d'Hildegard, ainsi que l'*Elo* ou *Schelo* qu'Othon le Grand indique dans sa charte à l'évêque Walderich d'Utrecht. Voy. Bujack, dans les *Preuss. Provinzial-Blœttern*, vol. XVII, p. 99, 1837.

[5] La *Chronique de Colmar* raconte, à la date du 14 février 1276 : « A Zurich, une louve apprivoisée mit bas deux loups roux, deux lévriers blancs et trois chiens tachetés de diverses espèces. Depuis 959 il n'y avait plus de loups en Angleterre; le roi Edgard avait exigé de son vassal Ludwal trois mille loups, et en moins de quatre ans ils disparurent de l'Angleterre. Voy. Klein, *Natürl. Ordnung dervierfüssigen Thiere*. Herausgeg. von Renger, p. 74.

[6] Ruodlieb mentionne parmi les cadeaux royaux des ours dressés : « Ursi gemini multo variamine ludi. » *Latin. Gedichte des X und XI Jahrhund.*, von J. Grimm und Schmeller, p. 146. *Fragm.*, vol. III, p. 172.

[7] La chasse de quelques-uns de ces animaux devait même s'imposer comme une nécessité. En 1475 encore, les ours étaient si nombreux aux environs de Guebviller

Le commerce des peaux avait une grande extension. Les four-
rures communes venaient du Nord ; le castor, la zibeline, l'hermine (estimée en Angleterre) venaient de Russie et du Vinland
(Amérique du Nord)[1]. Parmi les animaux les plus connus il y
avait encore l'éléphant, le chameau, le léopard, le lynx[2].

Les animaux précédents étaient connus d'une façon générale ;
certaines populations, en raison de leur habitat ou de leurs occupations spéciales, apprirent à connaître plus particulièrement
certains groupes. C'est ainsi que le *Miroir royal (Kœnigsspiegel)*
du Nord, qui date du xiii° siècle, montre qu'à cette époque dans le
Nord on connaissait très-bien les cétacés. Le fragment en question mentionne les variétés suivantes : Huisa, Vogunhvalr,
Hofrungar, Schvinholr, Andvahlr, Hafrnhvalr, Hahiringr, Hui-
tingar, Sildrecki, Buhrvalr, Sandlagia, Slottbakr, Geirhvalr,
Hafrkiki, Hrosvalr, Randkembingr, Nachvalr, Skelinngr, Hafrei-
der, Reider, Troldhvale, Trœllhvalur, Steipereidar, Fifrrecki[3].

En fait d'oiseaux, on trouvait dans les basses-cours du moyen
âge, d'après la loi salique, des poules, canards, oies (renommées
pour la mollesse de leur duvet), des grues et des cygnes. Charlemagne, en modifiant la loi en question, fit disparaître le cygne
et la grue ; on cite encore celle-ci en 1279 comme oiseau de passage. Charlemagne cependant recommandait à ses administra-
teurs *(Capitul. de. vill.*, § 40)[4] d'orner les fermes de volatiles
beaux et rares, comme poules de race, paons, faisans, canards,
pigeons, tourterelles et perdrix. Plus tard on mentionne aussi
des oiseaux chanteurs. Ruodlieb cite comme oiseaux apprenant à
parler les corbeaux, les choucas, les étourneaux et les perroquets.

On employait à la chasse, d'après la loi bavaroise, le faucon au
canard, le faucon à l'oie, le faucon aux grues et l'épervier. L'introduction de quelques pratiques orientales au xiii° siècle déve-

(Alsace), que les cultivateurs n'osaient s'aventurer dans les champs. Le dernier ours
tué en Alsace le fut en 1760, dans la vallée de Munster (Ch. Gérard, *Essai d'une
faune historique des mammifères sauvages de l'Alsace*. Colmar, 1871).   A. S.
   [1] Voy. Fischer, *Geschichte des deutschen Handels*, vol. 1, 2° édit., p. 94, Roger,
loc. cit., vol. II, p. 647. Il est difficile de reconnaître les peaux qu'indique ce dernier ; le
miniver est l'hermine, mais le *bugeye*, le *stanling* et le *popul* nous sont inconnus.
   [2] Ruodlieb, *loc. cit.*, p. 146. V. 167 et 169. Il parle aussi de deux singes : « Simia
nare brevi, nate nuda murcaque cauda, voceque milvina, cute crisa catta marina. »
loc. cit., p. 145, V. 131 et 132.
   [3] Voy. Fischer, *Gesch. d. deutsch. Handels*. Vol. I, 2° édit., p. 699-700.
   [4] Voy. la traduction dans Anton, *loc. cit.*, vol. I, p. 209. On élevait des paons et
des cygnes aux xiii° et xiv° siècles en Angleterre. Roger, *loc. cit.*, vol. I, p. 340. Sur
les pigeonniers, *ibid.*, p. 326.

loppa singulièrement la fauconnerie répandue depuis le iv° siècle en Europe. C'est ainsi que la *ciliatio* (on passait un fil dans la paupière inférieure que l'on relevait sur l'œil, pour priver de la vue le faucon que l'on voulait apprivoiser), fut remplacée à l'époque de Frédéric II par la coiffe ou chaperon d'un usage général en Orient[1]. Ici c'est une pratique spéciale, ailleurs ce sont des oiseaux nouveaux que des relations plus fréquentes avec les peuples étrangers amènent chez nous. Nous trouvons dans une description de l'Alsace au commencement du xiii° siècle : « On ne connaissait alors dans le pays qu'une seule espèce de poules, qui étaient petites ; mais plus tard on apporta des pays lointains des poules barbues et huppées, sans queue, à pieds jaunes et d'une espèce plus grande. On ne connaissait qu'une espèce de pigeons et de ramiers ; mais dans la suite on introduisit en Alsace les pigeons grecs qui avaient des plumes aux pattes. Un clerc apporta les faisans d'outre-mer[2]. »

Les récits de serpents et de reptiles merveilleux ont orné bien des contes au moyen âge, mais ils ne décèlent pas une connaissance bien profonde de ces animaux, et il n'y a pas d'autres documents qui prouvent que l'on ait quelque peu connu les amphibies et les reptiles. D'après des indications anciennes souvent répétées, il n'y avait en Irlande ni grenouilles, ni crapauds, ni serpents venimeux. Les détails sont rares dans les auteurs. « En l'année 1277, dit la Chronique, un moine errant a pris à Bâle des serpents qu'il maniait comme il voulait et dont il obtenait des choses merveilleuses[3]. »

Il y a incomparablement plus de renseignements sur les poissons ; mais pour la plupart, l'absence de description précise en rend aujourd'hui la détermination très-difficile. C'était un besoin pour les moines de se procurer facilement des plats maigres, et c'est ainsi qu'ils contribuèrent à faire mieux connaître les poissons. Les moines irlandais, qui écrivaient en latin mais parlaient celte, ont apporté en Allemagne beaucoup d'expressions qui s'y sont implantées. La pêche « Thrate » ou « Thrachte » est le latin *tractus*, le filet « Segen » *sagena*. Quelques localités ont emprunté leur nom aux poissons : ainsi Jockrim, entre Ger-

---

[1] Voy. *Reliqua librorum Frederici II de arte venandi cum avibus.*, éd. J.-G. Schneider, t. I, p. 97 : *De ciliatione seu bluitione falconum*, p. 162 : *De mansuefactione falconum cum cappello.*

[2] *Annalen und Chronik von Colmar*, loc. cit., p. 110, n° 19.

[3] *Chronique de Colmar*, loc. cit., p. 27.

mersheim et Lauterbourg, baigné autrefois par le Rhin ; son nom allemand est Salmeneck ; « iach » irlandais, veut dire « Salm » (saumon), « rhim » signifie « Rand », « Eck » (bord ou rive) [1]. Les observations anatomiques ou biologiques sont rares, et elles ont trait le plus souvent à des phénomènes merveilleux. Ainsi l'annaliste note que dans l'évêché de Bâle, près de Graufeld, dans la vallée de la Susse, il y a des poissons blancs sans vessie natatoire [2]. Il rapporte encore, par exemple, que dans la maison des chevaliers de l'ordre Teutonique, à Wissembourg, une anguille est montée dans un arbre et a avalé trois petits oiseaux dans un nid [3]. Les règlements particuliers sur la pêche ne sont venus que plus tard ; le plus ancien, du village d'Auenheim, près Kehl, date de 1442 [4]. Pourtant auparavant déjà quelques stipulations juridiques existaient à cet égard. Une *Lex Visigothorum* défend d'empêcher la montée du saumon dans les fleuves et de barrer avec des filets l'embouchure des cours d'eau [5]. Certaines espèces de poissons étaient frappées de droits régaliens ; ainsi en 1205 la pêche au saumon sur les côtes de Poméranie appartenait au Domaine ; de même, les esturgeons et autres grands poissons qu'un homme seul ne peut porter (on indique ici expressément les baleines) appartenaient de droit au souverain [6]. La pêche si importante des harengs amena des observations plus exactes. Jusqu'au xiii° siècle ils vinrent sur les côtes de Poméranie ; ces poissons y étaient souvent en légions si serrées, qu'on les pouvait prendre à la main. En 1124, on avait pour un pfennig (un centime) une pleine voiture de harengs frais [7]. Au x° siècle la pêche aux harengs était très-importante sur les côtes d'Angleterre, de Norvége, d'Écosse, à Calais, à Grevelingen. En 1313 les harengs se retirèrent des côtes orientales vers la Scanie et la Norvége. Les migrations du pilchard furent aussi observées avec soin ; en 1310 on les pêchait à Elham

---

[1] Voy. Mone, *Zeitsch. d. Geschichte des Oberrheins*, vol. IV, 1853, p. 66. En Angleterre également les moines avaient des ruisseaux, des étangs, des réservoirs pour les poissons. On aurait même importé en Angleterre des poissons étrangers, comme l'ombre, *greyling*, la carpe et la truite. Voy. Rogers, *loc. cit.*, vol. I, p. 607, 608, 614.

[2] *Jahrbücher von Basel*, dans les *Annales de Colmar*, *loc. cit.*, p. 16.

[3] *Ibid*, p. 97 ; voy. la notice sur le pape Martin à propos de sa mort, p. 52.

[4] Mone, *loc. cit.*, p. 69.

[5] Lindenbrog, *Codex leg. antiqu.*, leg. *Visigothor.*, lib. 8, tit. IV, lex 29.

[6] Fischer, *Gesch. d. deutsch. Handels*, vol. I, 2° édit., p. 691. Pour le droit régalien sur les esturgeons, voy. aussi Weinhold, *Altnordisches Leben*, p. 71.

[7] Ludewig, *Scriptor. rer. Wirceburg*, I, 690. Fischer, *loc. cit.*, p. 689.

dans le Kent, bien plus à l'ouest qu'on ne les vit dans la suite.
En Angleterre, le poisson le plus recherché au xiii° siècle
était la lamproie. Une pratique spéciale de l'art du pêcheur
était l'emploi de la *buglossa,* sur laquelle nous manquons de
renseignements [1]. Nous n'énumérerons pas ici les différents poissons. Outre la plupart des espèces familières aux anciens, dont
la connaissance d'ailleurs n'avait pas fait de progrès, on connaissait alors beaucoup de poissons d'eau douce. Mais tout
essai de catalogue serait forcément incomplet, car ce recen-
sement ne saurait comprendre que ceux qui ont été mentionnés incidemment dans les actes, annales, tarifs, poésies, etc.
A cet égard, l'Allemagne du Sud offrirait des documents
incomparablement plus nombreux que les autres pays ; cette
circonstance elle-même n'est pas sans influence sur les noms
appliqués aux différentes espèces [2].

Il y a très-peu d'indications qui dénotent une connaissance

---

[1] Il y a dans Ruodlied un passage où le héros montre son habileté à la pêche. Il
emploie alors une gaule et la *pulvis buglossæ* (*Loc. cit.,* p. 183. *Fragm.* XII, V.
11, 12; *Fragm.* XIII, V. 1). On ne peut pas savoir ce qu'était cette buglosse. Dans
Aldrovandi, *Quadruped. digit. vivip.,* lib. II, p. 342, à l'article *Felis civeta,* une
plante est citée : *Ælurogonum Magorum, i. e. Buglossa.* Dans une formule médicale d'un manuscrit du xv° siècle à Kœnigsberg il y a : « Lapatia acuta idem quod
Buglossa. » Voy. Haupt, *Zeitschr. für deutsch. Alterthum. Neue Folge,* vol. I,
2e cahier, p. 382. *Lapatia acuta,* dans les officines, réunissait différentes espèces de
Chenopodium. — S'agirait-il du πλόμος d'Aristote *(Hist. anim.,* VIII, 132, Aub.
et W.)? Pline le traduit par *Verbascum,* 25, 8, 54.

[2] Comme exemple des difficultés que présentent ces noms, je prendrai le *Silurus* et
l'*Esox.* D'après Anton *(loc. cit.,* vol. I, p. 21) le *Silurus* serait l'esturgeon (dans les
glossaires anciens, *Escarus)* et l'*Esox* le saumon, comme dans le Glossaire de Lindenbrog, *loc. cit.,* p. 1395, et dans Albert le Grand. Mais dans l'Allemagne méridionale on traduisait *Ipocus* et *Esox* par esturgeon (Graff's, *Diutiska,* III, 154); Conrad
de Megenberg traduit également *Esox haizt ain Haus,* et enfin un cartulaire de
Tegernsee dit aussi : *membranæ de esonibus quæ dicuntur Husenwambe* (Freyberg, *loc. cit.,* p. 153). *Silurus* paraît aussi avoir désigné un esturgeon dans
H. Hildegard *(Physica).* Le silure y est appelé comme dans Ruodlieb de son nom allemand, *Walsa* et *Welza.* Le brochet est le *Lucius* ou le *Lupus aquaticus.* Le passage
en question de Ruodlieb est intéressant pour la linguistique à cause des noms de
poissons allemands. Mais pour la plupart des noms la détermination nous échappe.
Les *ling, melyng, grelyng, haburdenne, cropling* de Rogers, *loc. cit.,* vol. I,
p. 616, ne sont que des âges différents ou des variété du *Gadus morrhua.* Mais je
ne saurais dire ce que sont les *Memelinge* et les *Munretten* d'Anton, *loc. cit.,*
vol. II, p. 362, et de Seibertz, *Landes und Rechtsgeschichte des Herzogth. West-
phalen,* vol. I, t. III, 3e partie, p. 250. De même on peut rapporter des noms vulgaires qui vinrent plus tard, comme dans Hirsch, *Handels und Gewerbsgeschichte.*
Danzig, 1858, p. 154, note 418 , pour la plupart à des désignations d'âge qui n'étaient
connues que des populations littorales; ainsi *Halwassen, Eroplinge, Lothfische,
Tydlinge, Rakelfische, Ore.* Les habitants des côtes étaient plus familiarisés avec
les poissons ; ainsi on voit en Hollande, en 1350, deux partis politiques avoir pour
sobriquets des noms de poissons, *huic* et *cabillaud.*

générale des mollusques. Déjà au XIIIᵉ siècle les huîtres
figurent sur des comptes pour marchandises livrées ; au XIVᵉ siècle on connaissait les moules. L'histoire naturelle des mollusques n'attirait pas plus l'attention que leur organisation ou leur
développement. L'Allemagne du Sud cependant, indépendamment de ses côtes méditerranéennes, offrait d'assez grandes
espèces où l'on aurait pu trouver des éléments d'observation.

Peu d'observations aussi pour les insectes ; dans le Capitulaire
de Charlemagne au paragraphe 43, il est question du kermès,
sans explication aucune [1]. Au XIIᵉ siècle plusieurs couvents
percevaient des redevances en kermès [2]. Dès 550, deux moines
avaient apporté de Chine à Constantinople des œufs de ver
à soie, et Justinien faisait de leur culture un secret. Plus tard
la sériciculture fut introduite par les Arabes en Espagne, et
en 1130 par le roi Roger en Sicile ; elle ne pénétra qu'au XVᵉ
siècle en Italie ; en 1470 elle apparaissait dans le Midi de la
France, où elle se répandit surtout au commencement du
XVIᵉ siècle. (Élisabeth-Madeleine, veuve du duc François-
Othon de Brunswick-Lünebourg, fille de l'électeur Joachim II
de Brandenbourg, doit vers 1590, vraisemblablement dans le but
d'essayer la culture du ver à soie, avoir planté des mûriers [3].)
Il est intéressant de dire, pour la position systématique que l'on
faisait aux insectes ailés, que souvent on les cite comme
oiseaux [4]. Les abeilles avaient été l'objet d'une attention très-
vive ; l'apiculture était depuis longtemps répandue sur une vaste
échelle [5]. Déjà, dans la vieille mythologie germaine, le Frêne du
Monde secouait tous les matins le miel de ses feuilles pour
nourrir les abeilles. La loi salique parle déjà des abeilles. On
connaissait les trois formes de l'espèce, mais on prenait la reine
pour le mâle, le roi ou conducteur et les travailleurs pour une
espèce distincte ressemblant au roi (*fucus api similis*). On avait
diverses espèces de ruches, en bois, en écorce, en paille tressée [6].

---

[1] Rogers, *loc. cit.*. vol. I, p. 617 ; vol. II, p. 558.

[2] Voy. Fischer, *Geschichte des deutschen Handels*, vol. II, 2ᵉ édit.; p. 85.

[3] D'après un article de Krünitz, Encyclop. (article *Seide und Seidenbau*, V. 152,
p. 45).

[4] Ainsi l'abeille. Voy. Wackernagel, *Voces variæ animantium*, 1867, p. 30, rem. 91 :
« *Rat, Ritter! Zehen Vœgel guot.* » Réponse : « *der drit ein Bien.* » Plus loin
la fourmi, voy. *Geistlicher Vogelgesang*, dans Wackernagel, *ibid.*, p. 49.

[5] Elles semblent avoir été rares aux XIIIᵉ et XIVᵉ siècles en Angleterre, car le miel
et la cire y étaient fort chers. Voy. Rogers, *loc. cit.*, vol. I, p. 18 et 66.

[6] *Lex Bajuw*, dans Pertz ; *Monumenta, Legum* ; t. III, p. 333 (premier texte,
tit. XXII) et p. 448 (troisième texte, tit. XXI), cap. IX.

Pour les fossiles on n'avait pas encore de soupçons sur leur
véritable nature. L'ambre le plus estimé était celui où la nature avait formé des insectes [1], mais on n'avait aucune idée sur
l'explication de ce phénomène. Les chroniqueurs enregistraient
encore comme des merveilles les trouvailles de grands ossements [2].

On était peu familier en somme avec les côtés particuliers du
règne animal, et les renseignements qu'aurait pu donner l'antiquité n'étaient pas encore accessibles. Il n'est donc pas étonnant que les fables et les contes se soient répandus facilement
et aient pris de fortes racines dans la littérature. On n'avait des
écrivains de l'antiquité que des choses complétement étrangères
à l'histoire naturelle, ou des extraits défigurés par des additions
de toutes sortes, ou *Pseudépigraphes*. C'est ainsi que l'ouvrage
du prêtre irlandais Dicuil [3], écrit selon Letronne en 825, renferme beaucoup d'extraits de l'Histoire naturelle de Solin, qui
n'était lui-même qu'un abréviateur de Pline. C'est à ces écrits,
propageant les fables zoologiques avec d'autres récits peu historiques, qu'appartient le Pseudocallisthènes, et plus généralement le groupe entier des auteurs qui reprirent la légende
d'Alexandre [4]. Cette légende, née en Égypte vers l'an 200 environ après Jésus-Christ, devint accessible à ceux qui ne comprenaient pas le grec par la traduction latine de Julius Valerius
(IVe ou Ve siècle). C'est dans cette forme, souvent remaniée,
qu'elle se répandit en Europe ; au Ve siècle même, on la traduisait en arménien. Plus tard, sous la plume de Palladius, de
l'archiprêtre Léon (*Historia de præliis*, entre 920-944), elle
s'enrichit d'additions qui allèrent en augmentant. A côté de la
légende, mais en demeurant assez distincte, se place la Correspondance d'Alexandre et du roi des Brahmanes, Dindimus.
Répandue dès le IXe siècle en de nombreux manuscrits, elle est
avec la Relation du séjour d'Alexandre aux Indes, la source où

---

[1] Fischer, *Gesch. d. deutsch. Handels*, vol. I, 2e édit., p. 182.

[2] Ainsi dans les *Annales de Colmar*, en 1253 et 1231, *loc. cit.*, Préface, page IX
et p. 4.

[3] Letronne, *Recherches géographiques et critiques sur le livre*, « *De mensura
orbis terræ...* » par Dicuil, suivies du texte restitué. Paris, 1814, p. 30, 40, 47, 48,
49, 52 *et passim*, où l'on cite le plus souvent Julius, c.-à-d. Solin comme autorité
pour ce qui touche les animaux d'Allemagne et d'Afrique, les éléphants des Indes et
de l'île Taprobane, etc.

[4] Pseudocallisthènes, *Forschunger zur Kritik und Geschichte des ältesten
Aufzeichnung der Alexandersage*; Jul. Zacher, Halle, 1867.

l'on puisera plus tard nombre de données ethnographiques[1]. Dans la légende d'Alexandre, on retrouve l'aspidochélone du *Physiologus*, l'odontotyrannus, les oxydraques et autres conceptions ayant leur origine dans quelque observation, mais que l'imagination tournait de plus en plus au fantastique. Dans un autre chapitre sur les services de la zoologie historique, nous essayerons en quelques lignes de déterminer ces formes et de montrer en elles ce qu'il y a de réel.

Parmi toutes ces fables, il en est une douée d'une vitalité particulière, qui s'est perpétuée à travers les siècles, bien que de bonne heure des voix autorisées se soient élevées pour montrer son inadmissibilité. C'est la fable des oiseaux qui naissent des fruits de certains arbres au bord de la mer. Tous les auteurs qui ont écrit sur la Grande-Bretagne, aux xii° et xiii° siècles, sont d'un tel accord sur la présence de cet oiseau sur les côtes anglaises, qu'on a pu croire que cette fable avait germé dans le cerveau d'un moine anglais, désireux de rendre possible aux jours maigres l'usage de cet oiseau, en le faisant passer pour un produit végétal. A en croire ces seuls documents, ce serait à la fin du xii° siècle que cette fable aurait pris naissance. Mais cette opinion ne saurait être soutenue. D'autres faits plaident pour une origine bien plus ancienne, et pour une toute autre patrie, bien qu'on ne puisse donner ni une date, ni un lieu certains et qu'il soit impossible de suivre pas à pas le développement de la légende.

Dans sa forme septentrionale, la fable a pour sujet l'oie bernache (*Anser Bernicla*, L.)[2]. Le premier auteur qui ait parlé d'un oiseau sortant des valves d'un mollusque est Saxo Grammaticus ; mais on ne nous dit pas quelle patrie il assigne à la bernache[3]. Gervasius Tilboriensis (1210) porte assez loin vers le sud le domaine de cet oiseau, qu'il dit se trouver sur la côte

---

[1] Il faut y rapporter la notice de Hoffmann von Fallersleben, d'après laquelle les Hindous auraient été connus de bonne heure en Europe. Voy. Mone, *Anzeiger*, 2 Jahrg. 1833, p. 164. Comp. aussi l'histoire souvent répétée au moyen âge des oxydraques dans l'*Alexandre* du prêtre Lamprecht. Édition Weismann, vol. I, p. 259 et suiv., p. 4609 jusqu'à 4952.

[2] Pour l'extension de la légende dans le Nord et l'étymologie du nom, voy. M. Müller, *Lectures on the science of language*. 2· séries. London, 1864, p. 536 et suiv.

[3] Cité par Sébastien Münster, *Cosmographia*, p. 49. Je n'ai pas pu trouver le passage dans Saxo. Münster indique comme lieu de séjour de l'oie *arborigène* l'île *Pomonia quæ haud procul habest a Scotia versus aquilonem*, par conséquent l'île Orkney.

de l'archevêché de Canterbury, dans le Kent, près de l'abbaye
de Faverthsam [1]. Sylvester Giraldus (de Cambrai, né en 1146,
mort après 1220) dit que l'oiseau vit en Irlande [2]. D'après Jacobus de Vitriaco (mort en 1240) [3], il naît des arbres sur les
côtes de Flandre. Tous ces auteurs assignent un habitat déterminé à ces oiseaux, et ne disent nulle part qu'on en ait
déjà parlé avant eux. Odoricus de Pordenone (de Porta Nao-
nis, appelé aussi d'Udine), mort en 1331, dit que le mouton
végétal, comme on l'appelle, qu'il a vu en Tartarie, lui rappe-
lait l'oiseau des arbres d'Écosse [4]. Le premier qui cite une
source ancienne, est Thomas de Cantimpré. Il dit expressément
« que les barliates croissent, comme le dit Aristote, sur les
arbres ; ce sont les oiseaux que le peuple appelle *barnescas* ».
Dans Aristote on ne trouve aucune donnée qui ait trait à cette
fable ; on y pourrait tout au plus rapporter cette opinion
d'Aristote, qui pense que les insectes naîtraient dans le bois
pourri. On peut prouver que ce rapprochement n'est pas tiré
d'aussi loin qu'il pourrait paraître, par une citation de Michel
Mayer. Il dit que Plutarque en examinant la question : l'œuf
est-il plus ancien que la poule, parle d'oiseaux de la sorte. Or,
dans Plutarque, le seul passage qu'on puisse rapporter à notre
sujet, parle seulement d'insectes qui naissent des arbres ou
dans des arbres. Ces insectes peuvent avoir été désignés
comme oiseaux, ainsi que cela a lieu (voy. plus haut) pour les
abeilles et les fourmis ailées [5]. Thomas de Cantimpré raconte

[1] *Otia imperialia*, Dec. III, cap. CXXIII (faute d'impress., CXXXIII) dans Leibniz, *Scriptores rerum Brunsvicens*, I, p. 1004 : *Ad confinium albaciæ de Fave-
rethram*. Ce doit être *abbatiæ*. Il appelle l'oiseau *Barneta*.

[2] *Topographia Hiberniæ*, cap. XI. *De Bernacis ex abietibus nascentibus
earumque natura* dans *Anglica, Hibernica, Normannica, Cambrica a veteribus
scripta*, etc. Francfurt, 1602, p. 706. Il parle d'abord de l'usage de la viande de cet
oiseau comme aliment maigre, et le désapprouve en faisant remarquer qu'à ce compte
on aurait aussi pu manger la chair d'Adam qui n'était non plus *de carne natus*.

[3] *Historia Hierosolimitana*, dans le *Gesta Dei per Francos*. Hanoviæ, 1611,
p. 1112.

[4] Ramusio, *Secondo volume delle Navigazioni e Viaggi*. Venetia, 1574,
fol. 248, V. « Pomi violati e tondi alla guisa di una zucca, da quali quando sono
maturi esce fuori un' ucello. » Même histoire dans les mêmes conditions dans sir
John Maundeville, *the Voiage and travaile*, etc., ed. by J.-O. Halliwell. London,
1839, p. 264.

[5] Mich. Maïer, *Tract. de volucri arborea absque patre et matre in insulis
Orcadum forma anserculorum proveniente*. Francofurti, 1619. Michel Mayer était
médecin particulier de Rodolphe II, qui le nomma comte palatin. Il y a un extrait de
ses ouvrages dans Joh. Johnstonus, *Thaumatographia naturalis*. Amstelod, 1661,
p 277-292. Le passage de Plutarque se trouve : édit. de Reiske, vol. VIII, p. 521.

aussi que déjà Innocent III, au synode de Latran (le 4° par conséquent, 1215), défendit la chair de ces oiseaux les jours maigres. Il semble donc, d'après tous ces témoignages, qu'à partir du XIII° siècle la fable se soit localisée dans le Nord-Ouest de l'Europe. Nous citerons à l'appui de cette hypothèse la réfutation d'Albert le Grand, qui dit avoir vu lui-même les oiseaux s'accoupler et couver leurs œufs, et plus tard la remarque critique que le Hollandais Gérard de Vera oppose à la légende. Il dit qu'il n'est pas étonnant que personne encore (1597) n'ait vu pondre ces oiseaux, puisque personne encore n'a pénétré jusqu'au 80° N. (Groënland) [1]. Cette objection et les autres remarques auxquelles la légende donna lieu par la suite montrent combien sa réfutation, par Albert le Grand et par Roger Bacon, s'était peu répandue et avait peu trouvé de crédit.

Il est inutile de suivre plus loin dans la littérature les oiseaux *arborigènes;* on les retrouverait dans Eneas Sylvius, Olaüs Magnus, dans l'*Ortus sanitatis*, dans Mizaldus (*Memorabilia*, centurie 8, n. 18), dans Hector Bœthius, Abraham Ortelius, etc. [2]. Ce qui importe, c'est de montrer que la fable existait déjà auparavant. Déjà J.-G. Schneider, dans l'édition du livre de Frédéric II sur la chasse au faucon, à propos des notices d'histoire naturelle qui se trouvent dans Gervasius Tilboriensis (vol. 2, p. 86), a appelé l'attention sur un passage de Pierre Damiani [3]. Cet homme marquant joue un rôle important dans l'histoire du moyen âge par ses rapports avec Grégoire et l'aide qu'il apporta au pouvoir temporel. Il a laissé (né en 1006, mort en 1072) des écrits religieux et entre autres un traité où il montre que

De La Faille, dans un mémoire *(Mém. pres. Acad. d. Scienc.*, Paris, t. IX, 1780, p. 331) cite Élien et Pline; il n'y a rien qui s'y rapporte ni dans l'un ni dans l'autre.

[1] Gerardus de Vera, *Diarium nauticum, seu vera Descriptio trium navigationum admirandarum ad Septentrionem.* Amstelod, 1598, fol. 15 (3° voyage). Il appelle les oiseaux *Barniclæ.*

[2] Pour suivre la légende aux XVI° et XVII° siècles, voy. G. Funck (resp. G. Schmidt), *De avis britannicæ vulgo anseris arbores ortu et generatione.* Regiomonti, 1689, et J.-E. Hering (resp. Joh. Junghaus), *De ortu avis britannicæ.* Witebergæ, 1665. Schneider, dans les *Litterarischen Beitrægen zur Naturgeschichte aus den Alten*, p. 36, dit que d'après Guettard c'est Alexander ab Alexandro qui aurait donné naissance à cette fable, d'où serait venu le nom de la coquille. On ne peut prendre en considération un auteur si récent.

[3] La citation de Schneider se rapporte à une édition qui m'est inconnue. J'ai trouvé le passage dans *Opera P. Damiani ed. Constantinus Cajetanus.* Bassani, 1783, t. III, p. 631 : *unde et terra illa (insula Indiæ Thilon) occiduis partibus hanc consecuta est dignitatem ut ex arborum rami volucres prodeant.*

celui qui a créé la nature en peut aussi changer les voies. A
l'appui de sa thèse, entre autres choses, il déclare que des oiseaux peuvent même naître sur un arbre, comme il arrive dans
l'île de Thilon aux Indes. Pour Schneider, cette légende ainsi
transportée aux Indes prouverait une altération du texte ; cette
opinion n'a pas de fondements sérieux. Il est vrai que les manuscrits et les recensions de Pierre Damiani n'ont été l'objet
d'aucune étude. Mais ce n'est pas là le seul témoignage qui
plaide pour une origine orientale. Dans le livre principal de la
Kabale, le Sohar, il est dit (II, 156) que Rabbi Abba a vu un arbre
des fruits duquel il s'envolait des oiseaux. Le Sohar a été mis
dans le Schulchan Aruch, où le passage en question existe donc
aussi (Jose Deah, 84, 15)[1]. Le Schulchan Aruch, composé par
Joseph Karo à Nicopolis, ne date que de 1522 ; il comprend toutefois le Sohar tout entier. Celui-ci, d'après la tradition, aurait été
écrit au II° siècle par Siméon ben Jochai ; mais, d'après la critique, il ne date que du XI° siècle. Jellineck l'attribue à Moses ben
Schem Tob de Léon et le reporte en conséquence au XIII° siècle.
Il est probable que cet écrivain, qui vraisemblablement possédait
le Sohar entier, en a publié différentes parties manuscrites et a pu
paraître l'avoir composé lui-même. Cette opinion a particulièrement pour elle le fait indiqué par Loria ; les archives rabbi-
niques de Caonim à Babel, qui ne dépassent pas l'an 1000, citent
Sohar comme Misdrach Ha-nielam ou Misdrach Jeruschalmi[2].
Sans discuter si le passage de l'oie *arborigène* est antérieur ou
non au Talmud babylonien, il est, selon toute probabilité, antérieur à l'an 1000. Ce serait donc là l'indication la plus ancienne d'oiseaux naissant du fruit de certains arbres, et c'est
de cette partie du monde qui a été le berceau de tant de contes
merveilleux, de l'Orient, qu'elle viendrait. Si nous n'avons pas
là une démonstration historique rigoureuse que cette légende
aussi est fille de l'imagination orientale, nous ne pouvions pas-

---

[1] Voy. le passage du Sohar, dans Jellinck, *Beitræge zur Geschichte der Kabbala.*
Leipzig, 1852, p. 48; celui du Schulchan Aruch dans Lewysohn, *Zoologie des Talmud.* Frankfurth a. M.; 1858, p. 362. Jacobus de Vitriaco *(episcopus acconensis)* y
devient *episcopus atheniensis.*

[2] Voy. Jellinck, *Moses ben Schem Tob de Leon und sein Verhæltniss zum
Sohar.* Leipzig, 1851 ; Loria, זהד ס קדמות מאמד (Considérations sur la haute
antiquité du livre Sohar). Joannisburg, 1857. Les recherches de Loria, dont je dois la
connaissance à mon honoré collègue Dr Fürst, conduisent à ce résultat que le Sohar existait avant le Talmud babylonien (500 environ), et qu'en tout cas certaines de ses
parties datent déjà du temps de Simeon ben Jochai (II° siècle).

ser sous silence cette indication d'une source juive absolument impartiale.

Ces contes trouvaient sans cesse un nouvel aliment dans les voyages de plus en plus fréquents, de plus en plus étendus depuis le milieu du xiii° siècle, et les relations nouvelles avec les parties encore peu connues de l'ancien continent : c'étaient les régions centrales de l'Asie, qui devaient se refermer plus ou moins complétement par la suite, où l'on pénétrait de jour en jour plus avant; c'était l'Afrique centrale, que les missions envoyées par Rome dans l'Abyssinie chrétienne faisaient entrer, en partie du moins, dans le cercle des contrées connues. Encore que la plupart de ces entreprises ne datent que du xiv° et du xv° siècle, quelques-uns cependant des écrivains dont nous aurons ici surtout à parler puisèrent à ces sources déjà bien auparavant. Roger Bacon connaissait aussi bien Jean de Plano Carpini, arrivé en 1246 à Kara-Korum, que Ruysbrœck (ou Guillaume de Rubruquis), qui en 1253 se rendit au même endroit sur l'ordre de saint Louis. Vincent de Beauvais a mis à profit Plan Carpin, le Benedictus Polonus, Nicolaus Ascelinus et autres[1]. Au commencement ces voyageurs étaient ou des missionnaires ou des envoyés à des sociétés religieuses établies au centre de l'Asie ou à des princes asiatiques. Le commerce ne tarda pas à s'intéresser à ces voyages. La connaissance du globe par ces conquêtes étendit son domaine; des localités furent déterminées, les climats et les conditions physiques des pays nouveaux, leurs voies commerciales furent notés ; en même temps on donnait une attention toute particulière aux produtions naturelles. Elles ne se rattachaient pourtant que d'une façon trop secondaire au véritable but de ces voyages pour que leur connaissance pût en tirer grand profit. Et je ne veux pas parler ici d'une connaissance quelque peu scientifique, mais des simples connaissances qui avaient cours dans le peuple. Les sciences naturelles d'ailleurs n'avaient pas encore de méthode assez développée pour utiliser des faits nouveaux, et les bases indispensables manquaient encore pour la juste appréciation de ce que l'on observait. Les voyageurs ne pouvaient donc soumettre à aucune critique les renseignements qu'ils recueillaient sur place, sur les différents phénomènes naturels; aussi ne manquet-il pas dans leurs relations de merveilles, de contes orientaux et

---

[1] Voy. Peschel, *Geschichte der Erdkunde,* p. 150 et suiv.

même de fables antiques. Il y en a même dans ce qu'ils rapportent sur les différentes races humaines, qu'ils avaient pourtant bien observées en partie. Plan de Carpin donne assez exactement les caractères de la race mongole, mais il ne manque pas dans Marco-Polo d'hommes à queue, sans tête, à tête de chien, et Maundeville renchérit encore avec les coureurs unipèdes, les cyclopes, les pygmées et leurs batailles avec des oiseaux.

Le voyage le plus important du XIII° siècle est celui des frères Poli, dont l'un, Marco-Polo, resta dix-sept ans (1275-1292) au service du grand khan mongol Kubilai et apprit à connaître tout l'intérieur de l'Asie, du rivage oriental de la mer Noire à Pékin et à la côte orientale ; et de l'Altaï jusqu'à Sumatra. Pour donner une idée des connaissances zoologiques de l'époque, nous allons examiner rapidement les faits zoologiques les plus importants qu'a communiqués Marco-Polo[1].

Animaux domestiques. Ruysbrœck avait déjà signalé les chevaux sauvages vivant en grands troupeaux dans les steppes de la Tartarie. Marco-Polo vante les chevaux turcomans et perses ; dans la province d'Usbeck il y a des chevaux de race qui descendraient de Bucéphale. Il y a dans la ville de Schang-tu une écurie avec dix mille étalons et juments, tous blanc pur. Les ânes les plus grands et les plus beaux sont ceux de Perse ; plus rapides que les chameaux, on les emploie plus fréquemment aux transports. On élevait des mulets en Turcomanie : Marco-Polo dit avoir vu le zèbre à Kamandu, ville inconnue de Perse. Ruysbrœck avait déjà mentionné le yack au pays de Tangut. Marco-Polo en voit à Erginul (Liang-tscheu) ; il dit qu'il a la taille de l'éléphant, est noir et blanc, et a du poil long de trois empans sur les épaules. Il signale un fait intéressant, le croisement du yack et du bœuf ordinaire, dont on obtient une race de bœufs supérieure. Il décrit les moutons à queue longue de Perse. Ils sont de la taille d'un âne, ont une longue queue, épaisse, pesant jusqu'à trente livres. Les grands moutons du pays de Bokan ont des cornes qui atteignent jusqu'à trois et six empans de long. En fait de chiens, Marco-Polo cite le lévrier, le basset et le dogue[2] ; il rapporte aussi que dans le Nord de

---

[1] *Die Reisen des Venezianers Marco-Polo im dreizehnten Jahrhundert. Zum ersten Male vollstændig nach der besten Ausgaben deutsch mit einem Kommentar von Aug. Bürck.* Leipzig, 1845, in-8° ; en italien dans Ramusio, *Secondo volume delle Navigazioni e Viaggi,* 1574, fol. Je me suis servi des deux éditions.

[2] « Cani da caccia e da paiso, da lepori e mastini » dans Ramusio, fol. 27. Voy. la traduction de Bürck, p. 313, que j'adopte.

la Sibérie les indigènes font tirer leurs traîneaux par des chiens.
Les Mekrites (Tartares de Sibérie) se servent pour voyager de
grands animaux ressemblant au cerf, manifestement les rennes.
Renseignement intéressant pour la distribution géographique
des animaux, Kubilai avait dans ses parcs près de Pékin des
léopards de chasse (guépards et lynx) qui servaient pour les
grands animaux. Le camélopard vient de Madagascar. Les éléphants et les rhinocéros vivent sur le territoire de l'Irawaddi
(sans nom) et de Sumatra. Ici Marco-Polo croit de son devoir
de réfuter une fable et dit : « Le monoceros ne se laisse pas
prendre par les jeunes filles, comme on le conte chez nous[1] ». Le
musc est si commun au Thibet, que partout on sent son odeur ;
le meilleur musc vient d'Erginul (Liang-tscheu). L'animal, de la
taille d'une chèvre au plus, ressemble à une antilope ; il n'a pas
de cornes mais quatre défenses, deux à chaque mâchoire, longues de trois doigts, minces et blanches comme l'ivoire. Au
moment de la pleine lune il se forme au voisinage du nombril
une vésicule ou abcès (apostema) plein de sang coagulé. Comme
gibier il cite le sanglier, le cerf, le daim, le chevreuil, les ours,
la zibeline, le rat de Pharaon (marmotte), les renards noirs et les
lièvres. Marco-Polo déjà montre que le tigre remonte assez loin
vers le Nord ; il l'appelle le plus souvent lion, mais la description ne laisse aucun doute. Il l'indique aussi dans les territoires
de l'Irawaddi et de Sumatra. En Sibérie il y a des ours blancs
qui ont jusqu'à vingt empans. Près de la ville de Scassem (pays
d'Usbeck?) il y a des porcs-épics qui lorsqu'on les poursuit dé-
cochent comme des traits les piquants dont leur peau est armée.
Marco, qui a réfuté la fable du rhinocéros, accepte celle-ci,
sans plus de critique. Aux Indes il y a des chauves-souris
de la taille d'un vautour. A la pointe méridionale de l'Inde
il y a des singes qui ressemblent à l'homme pour l'extérieur et la taille, mais avec une grande queue. Ce que Thomas
de Cantimpré raconte des Amazones, que les femmes vivent séparées des hommes et n'habitent avec eux que très-peu de temps
de l'année, Marco-Polo le rapporte aux habitants de deux îles de
l'Océan entre l'Inde et l'Arabie : dans l'une vivent les hommes,
dans l'autre les femmes.

Oiseaux. Il cite surtout des faucons de différentes espèces,

---

[1] Comp. ce qu'il y a dans le *Physiologus* à ce sujet. Il est aussi intéressant de
comparer les descriptions du musc des différents auteurs du moyen âge.

employés à la chasse dans toute l'Asie. Ce sont les Tartares qui
ont les meilleurs faucons pour la chasse. Kubilai avait dix mille
fauconniers; Polo mentionne ici expressément l'appeau et le
chaperon (*richiamo e cappeletto*). On trouve des faucons depuis
la Perse dans les montagnes de Balaschan jusqu'à Schang-tu;
près de l'Océan, sur les côtes orientales d'Asie, il est une montagne où nichent beaucoup de gerfauts et faucons pèlerins.
Comme espèces l'auteur signale les gerfauts, les faucons pèlerins,
les éperviers, les laniers, les autours, les faucons-éperviers, les
sacres. Au reste il est douteux que ces distinctions aient beaucoup de valeur dans le fond, puisque les expressions gerfaut et
faucon pèlerin sont employées indistinctement pour désigner le
même oiseau. Il ne dit pas grand'chose des autres oiseaux. Il
remarque que tous les animaux et oiseaux de l'Inde sont différents des nôtres, sauf l'alouette qui est tout à fait la même que
chez nous. A Quenlin-fu il y a des poules sans plumes, à pelage
noir rappelant la peau du chat. Les faisans, les coqs de bruyère
et en Perse d'innombrables quantités de tourterelles ne laissent
pas que d'attirer l'attention de l'auteur. Sur la côte orientale on
chasse au faucon un oiseau appelé *bergelac*, de la grosseur d'une
perdrix, à queue fourchue et avec des griffes de perroquet. Il y
a des détails très-intéressants sur l'oiseau *rok* : il vit à Madagascar; il est si grand et si fort, qu'il peut emporter un éléphant
dans les airs; il mesure seize pas d'envergure; une de ses plumes,
qu'on apporta au grand khan, avait quatre-vingt-dix empans[1]. En
fait d'autres vertébrés, Marco-Polo signale seulement d'énormes
serpents de dix pas de long et de dix palmes de circonférence.
Ils ont près de la tête deux courtes pattes avec des griffes
comme les chats-tigres et font leur proie de gros animaux, comme
lions et loups. Parmi les invertébrés les coquillages seuls attirent
l'attention de Marco-Polo. A la pointe sud de l'Inde on pêchait
les huîtres perlières; toutes les porcelaines (cauries) qui vont en
d'autres contrées servir de monnaie viennent du pays de Lochak
(Bornéo).

Comparés au voyage de Marco-Polo, ceux qui le suivirent
dans la même direction ont moins d'importance encore pour le
développement de la zoologie. Oderico de Pordenone ajoute à
la collection des fables zoologiques celle du mouton végétal;

---

[1] Pouchet déjà, *Histoire des sciences naturelles au moyen âge*. Paris, 1853,
p. 601, attire l'attention sur ce passage qui se rapporterait peut-être à l'*Æpyornis*.

là superstition se mêle si intimement à ce qu'il rapporte, les vieilles histoires merveilleuses y sont si nombreuses, que ni lui ni son plagiaire ou compagnon, sir John de Maundeville, ne méritent de nous arrêter plus longtemps [1].

Dans les pages précédentes nous avons essayé de montrer quels matériaux s'offraient à l'élaboration scientifique. Une autre question se présente maintenant : la culture intellectuelle de l'époque permettait-elle cette mise en œuvre, et de quelle façon ? Nous avons déjà suivi la philosophie dans son développement et indiqué la place qu'elle donnait à la nature dans le système. Mais ses progrès seuls expliqueraient difficilement la reprise des observations zoologiques. Il est donc nécessaire d'indiquer rapidement les autres circonstances favorables qui y poussèrent, avant de passer à l'examen plus approfondi des œuvres capitales du XIIIe siècle.

§ 2. — Retour d'Aristote

Toute l'instruction restait aux mains du clergé ; des recherches originales, personne n'en faisait encore ; c'étaient là des conditions déplorables pour une conception scientifique de la nature, surtout de la nature vivante, du monde animal. La philosophie n'avait marché, fait des progrès que pour donner des bases métaphysiques aux principes du dogme ; ces principes, le clergé les recevait complets et absolus, il ne pouvait recourir à la philosophie pour les développer lui-même. La liberté nécessaire à l'esprit humain pour étudier la nature faisait complètement défaut. L'Église s'était silencieusement séparée du monde, et ses idées restaient étrangères au peuple, alors même que les Ordres mendiants eurent diminué la séparation ; ces luttes,

[1] Voy. Odoricus dans Ramusio, *loc. cit.;* sir John de Maundeville, *The voiage and travaile, reprinted from the edition of 1725, with an Introduction,* by J.-O. Halliwell. London, 1839. Plusieurs points ne manquent pas d'intérêt : ainsi l'indication de l'incubation artificielle, les pigeons messagers *(clovers)* en Syrie ; mais les emprunts à l'antiquité y sont nombreux : ainsi les serpents de Sicile (Cilicie?) qui épargnent les enfants légitimes et font mourir les illégitimes, les grands chiens d'Albanie qui attaquent les lions ; enfin les hommes fabuleux y reviennent encore. Il ne parle pas de poules noires à peau de chat, mais de poules blanches qui ont de la laine au lieu de plumes. Il est de ces histoires qui traversent tout le moyen âge : celles par exemple du peuple nain qui ne vit que de l'odeur de certaines pommes, les fourmis qui gardent l'or, la mer Lybique où il n'y a pas de poissons, parce que la grande chaleur du soleil la maintient constamment en ébullition, etc., etc.

d'ailleurs, devaient accentuer celle-ci davantage entre l'Église
et l'autorité temporelle : au xiiiᵉ siècle (en partie déjà au xiiᵉ)
elles eurent pour résultat l'émancipation, la suprématie de la
papauté.

L'état politique de l'Europe d'alors, les luttes incessantes
qui la déchiraient ne permettaient pas d'ailleurs à la science
de prendre son essor. C'est pourtant à cette époque tour-
mentée qu'a poussé le germe si important de la rénovation
sociale. Déjà, sous Frédéric Barberousse, les villes lombardes
avaient conquis leur liberté et triomphé officiellement au congrès
de Venise de la puissance impériale. Après la mort de Frédéric II, de cet homme de génie qui s'intéressait également à
l'humanité, à la politique, à la nature, un nouveau mouvement
s'empare des villes allemandes. Leurs relations politiques et
commerciales étaient peu assurées ; les princes autour d'elles
formaient chaque jour de nouveaux partis ; tout concourait à
leur faire sentir de plus en plus le besoin de prendre un rang
que leur assignait d'ailleurs leur réelle importance. Elles firent
comme les princes allemands, qui suivant les événements et
leurs espérances luttaient pour ou contre l'empereur, et ne
soutenaient pas moins souvent les intérêts de Rome que ceux
du nom allemand ; les villes se réunirent en confédérations
régionales et se lancèrent au courant des événements.

Ce fut au premier moment un nouvel obstacle aux progrès de
l'esprit humain. La séparation des classes eut d'abord pour
résultat d'isoler des tendances faites pour se réunir. Chevaliers
et nobles cultivaient la poésie, mais le sérieux de la science leur
était inconnu ; les clercs avaient la science en partage, mais le
goût, l'imagination, la grâce artistique leur échappaient. En
s'accentuant davantage, ce contraste devint plus facile à faire
cesser, et bientôt l'instruction fut accessible à tous. Désormais
la science pouvait devenir *populaire*[1].

Pour cela il fallut un certain temps. La séparation des classes avait été si marquée, que l'instruction, devenue indépendante de l'Église, resta d'abord le privilége de quelques corporations. La fondation des universités ne fut absolument que la
concession d'un privilége à certains maîtres, à certaines communautés enseignantes. Au lieu, ou plutôt à côté de la tyrannie du dogme, car il fallut du temps pour combattre l'Église,

---

[1] Non *nationale*, comme on pourrait le croire à certains égards.

il y eut alors la tyrannie de l'École et de l'autorité. Ni les
savants juristes de Bologne, constitués par Frédéric Ier en
université privilégiée, ni les médecins qui professèrent à
Salerne n'étaient du clergé [1]. Le développement scientifique
n'avait pas son libre essor ; on se tenait aux autorités écrites, des
« Sommes », qui faisaient la base de tout enseignement scientifique ; l'esprit ne pouvait sortir des étroites limites qu'une
dialectique exagérée rendait plus étroites encore.

On croirait peut-être que les médecins, dont on parle si souvent pour le développement des sciences naturelles, poussés
par le besoin d'une base expérimentale, arrivèrent pour les
nécessités mêmes de leur art à faire un pas en avant. Mais d'a-
près tout ce que nous en connaissons, les médecins d'alors, pas
plus que les autres savants, ne purent se débarrasser des chaînes de la scholastique. Si la physique prit quelque essor entre
les mains de Roger Bacon [2], le seul grand nom de l'époque,
cela tient à d'autres causes, les mêmes pour la plupart qui firent
tomber peu à peu la zoologie symbolique, les légendes d'Alexandre
et les fables de la guerre de Troie.

Celle de ces causes dont nous parlerons tout d'abord est l'introduction des auteurs arabes en Occident. Du IXe au
XIIe siècle tout le monde était platonicien, Aristote n'avait
plus de disciples. Rien n'était plus propre à remettre Aristote
en vigueur que la philosophie naturelle si positive d'Averroës
qui dépassa même le maître. Au XIIe siècle déjà quelques
tendances se manifestaient vers Aristote, même chez les derniers platoniciens, milieu tout réaliste. C'est ainsi que Gilbertus
Porretanus disait : « Les individus sont la condition indispensable du monde sensible, et les expressions genres, espèces, ne
prennent substance que dans l'individu. » Les doctrines sévères

[1] Cette opinion est déjà développée dans Meiners, *Geschichte*, u. s. w., *des
Hohen Schulen*, vol. I, 1802, p. 7; *Vergleichung der Sitten*, u.s.w., *des Mittelalters*, vol. II, 1793, p. 406 ; Hæfer, *Geschichte der Medicin*, 2e édit., p. 281, et
d'autres auteurs antérieurs.

[2] Pour donner une idée de la critique de Roger Bacon, nous citerons les passages
suivants de son *De secretis operibus artis et naturæ et de nullitate magiæ*.
Hamburg, 1618, p. 30 : « Et ideo homo potest facere virtutem et speciem extra se
quum sit nobilior aliis rebus corporalibus, et præcipue propter dignitatem animæ
rationalis, et nihilominus exeunt spiritus et calores ab eo sicut ab aliis animalibus.
Et nos videmus, quod aliqua animalia immutant et alterant res sibi objectas, sicut
basiliscus interficit solo visu et lupus reddit raucum si prius videat hominem, et
hyæna intra umbram suam canem non permittit latrare, sicut Solinus de mirabilibus
mundi narrat et alii auctores... et equæ impregnantur in aliquibus regnis per odorem
equorum ut Solinus narrat.

du réalisme étouffèrent ces nouvelles idées. L'opposition des scholastiques fut vive aux Arabes élèves d'Aristote et à leurs travaux sur la nature. Cependant « l'éveil était donné au sens de la nature et l'imagination commençait déjà à l'embellir ». On ne sort guère encore de la dogmatique et de la morale, « mais déjà revit dans les averroistes l'espérance d'une étude de la nature, qui aura ses fruits ».

L'Europe, qui n'avait encore d'Aristote que ses œuvres philosophiques, apprit à connaître son *Histoire naturelle*, et ce fut un grand progrès. Le grec n'était plus guère connu, c'était là un obstacle considérable à la réapparition de la *Zoologie* du Stagirite. Il serait difficile de prouver qu'après le pillage de Constantinople par les croisés en 1204, il vint en Occident beaucoup de manuscrits des œuvres physiques d'Aristote. Tout près d'ailleurs du centre de la civilisation grecque, en Grèce, nous verrons bientôt un moine d'Occident ne pas toujours pouvoir se rendre maître du texte grec qu'il voulait traduire. Quoi qu'il en soit, c'est cet événement qui devait amener les premiers essais d'un rapprochement vers les sources grecques. Lorsque l'humanisme eut manifesté son réveil, des relations s'établirent entre Byzance et l'Occident ; nos savants allaient étudier à Constantinople, les maîtres grecs se répandaient en Italie ; la conquête de cette ville par les Turcs les y amena en foule. Mais on n'eut pas à attendre si longtemps, et ce furent les Arabes, célèbres déjà dans les autres sciences, qui donnèrent dans leurs traductions la *Zoologie* d'Aristote.

L'Europe occidentale connaissait déjà l'érudition arabe par quelques auteurs, mais elle n'avait encore rien de leurs travaux en histoire naturelle. Depuis quelque temps déjà les Juifs, presque seuls à exercer la médecine, puisaient la plus grande partie de leur science dans les chefs-d'œuvre arabes. Au xii° siècle vinrent les traductions de Gérard de Crémone, mort en 1187, celle surtout de l'*Almagest* de Ptolémée ; c'était un premier coup d'œil sur les ouvrages d'histoire naturelle des Arabes et aussi des anciens. La *Zoologie* d'Aristote restait encore fermée.

Pour se faire un nom en zoologie, Frédéric II n'eût pas eu besoin d'écrire son bel ouvrage sur la chasse et les oiseaux ; il mérite bien assez sans cela, car son nom se rattache à la première traduction des œuvres zoologiques d'Aristote. Nous ne disons pas que c'est lui directement qui fit traduire à Michæl Scotus l'*Histoire des animaux* : il n'y a pas de preuves à cet égard. Mais

s'il n'y a pas eu part directe, il a connu cette traduction et
plus tard poussé Scotus à des travaux de même genre. Il est
bien connu que l'Université de Bologne reçut de lui en cadeau
la traduction des œuvres d'Aristote. Frédéric comprenait que
pour savoir la médecine ou connaître les animaux il fallait
d'abord étudier la constitution des corps vivants. Il permit le
premier de disséquer les cadavres humains. On voit dans son
ouvrage combien il chercha à baser la zoologie sur la zootomie[1].
Ces travaux, ces vues, l'astrologie dont il s'occupait aussi, ne
pouvaient lui valoir auprès du clergé, et du peuple qui accepte
ses jugements, la réputation de bon chrétien; ses aides et ses
conseillers devaient être jugés plus sévèrement encore[2]. Le premier d'ailleurs il déploya un peu vivement l'étendard de la révolte
contre la suprématie papale, bien qu'il fût pour tout le reste, en
vrai fils de son temps, soumis à l'Église. Rappelons encore qu'il
fit venir en Europe un certain nombre d'animaux exotiques;
ils ne servirent, il paraît bien, à aucune étude scientifique, et
l'impression qu'ils produisirent ne fut ni étendue ni de longue
durée. Parmi ces animaux figurait la girafe.

    J.-G. Schneider, cherchant de quelle traduction s'est servi
Albert le Grand pour l'*Histoire des animaux*, a déjà fait voir
que les premières traductions d'Aristote ont été faites sur un
des textes arabes[3]. Grâce aux recherches de Jourdain[4], on
connaît bien maintenant toute la série des traductions. Pour la
partie zoologique, dont nous avons à nous occuper seule ici,
il est positif que jusqu'à la seconde moitié du XIII° siècle on
n'eut que des traductions latines faites sur les textes arabes[5]; ce
n'est que plus tard, grâce à Thomas d'Aquin, que l'on traduisit
directement l'original grec. En étudiant les traducteurs arabes,

---

[1] *Reliqua librorum Frederici II, imperatoris, de arte venandi cum avibus*,
éd. J.-G. Schneider, t. I, II. Lipsiæ, 1788-89, in-4°.

[2] Dante le plonge dans un gouffre de feu (*l'Inferno*, canto X) : « Qua entro e lo
secondo Federico. » Michæl Scotus est encore bien plus bas dans l'enfer avec les
devins, les nécromants, etc. (*l'Inferno*, chant XX) :

> Quell' altro che ne' fianchi e cosi poco,
> Michele Scoto fu, che veramente
> Delle magiche frode seppe il giuocco.

[3] *Litterærische Beitræge*, etc., p. 10.

[4] Jourdain, *Recherches critiques sur l'âge et l'origine des traductions latines
d'Aristote*, nouv. édit., Paris, 1843. La première édition, 1819, a été traduite en
allemand par Starr.

[5] On connaît une traduction, sur l'original grec, de l'*Organon*, au XII° siècle déjà,
par Otto von Freysing. Voy. p. 84, note 1.

nous avons vu qu'il y eut un certain nombre de traductions différentes des œuvres zoologiques d'Aristote. On n'en connaît qu'une, arabe-latine, attribuée ordinairement à Michæl Scotus, dont les manuscrits ne sont pas rares, mais qui n'a pas encore été imprimée [1]. C'est aussi Michæl Scotus qui a traduit la paraphrase de la *Zoologie* d'Aristote par Avicenne, en l'abrégeant, comme le montrent plusieurs manuscrits qui portent expressément *Abbreviationes Avicennæ* [2]. D'après Thomas d'Aquin, il existait plusieurs traductions grecques-latines [3] des autres œuvres d'Aristote ; pour la partie zoologique on n'en connaît qu'une, également inédite, dont l'auteur est Guillaume de Mœrbeke, comme l'a montré Schneider [4]. Celui-ci s'en est servi pour son édition de l'*Histoire des animaux;* elle suit mot à mot l'original grec et mérite toute attention. Bien que Schneider ait basé sur elle certaines conclusions insoutenables, comme Aubert et Vimmer l'ont fait voir, elle n'en a pas moins une valeur considérable ; elle mériterait bien d'être publiée tout entière.

Le premier des deux traducteurs en question, Michæl Scotus, fut bien innocent de la mauvaise réputation qui s'attacha à son nom. On s'accorde assez généralement aujourd'hui à le faire naître en 1190, dans le comté écossais de Fife, à Balwearie ; d'autres l'ont fait naître à Durham (Dundmen, Zettler, territorium Dunelmense, Balæus, Dérasmes, Jourdain), même à Salerne, ou en Espagne. Il étudia en Espagne les sources arabes des sciences exactes de l'époque et traduisit à Tolède (1217) le *De sphæra* de Nurredin Alpetrongi, d'arabe en latin. En 1240, il était à Naples, à la cour de Frédéric II, qui l'aurait prié de traduire les œuvres complètes d'Aristote. Nous le trouvons plus tard à la cour d'Édouard I en Angleterre, où il fut très-connu et devint une sorte de personnage légendaire. On ignore la date de sa mort. D'après une opinion fort peu probable, en 1286 encore, après la mort du roi Alexandre III, il aurait conduit une ambassade d'Édouard en Écosse. Comme tous ceux à cette époque qui s'occupèrent de physique, d'astrologie, etc., Michæl Scotus fut accusé de magie et d'un pacte conclu avec le diable.

---

[1] Comme Jourdain le remarque avec raison contre Buhle et Schneider.

Ouvrage imprimé plusieurs fois ; Jourdain cite une édition de Venise, 1500, mais ne dit rien de deux autres : Sans lieu ni date, et Venise, 1494.

[3] Jourdain, *loc. cit.*, p. 40.

[4] Aristotelis, *Historiæ animalium*, éd. J.-G. Schneider, vol, I, p. CXXVI.

On retrouve dans Walter Scott des récits légendaires qui se rattachent à ce détail[1]. La date que nous avons donnée plus haut est la seule que l'on possède relativement à ses traductions. En admettant que la traduction arabe-latine de l'*Histoire des animaux*, que Thomas et Albert eurent à leur disposition, soit bien de lui, elle doit être antérieure à 1233 ; c'est en 1233, en effet, comme nous verrons bientôt, que Thomas de Cantimpré commença son ouvrage, où il cite souvent Aristote, d'après un travail de ce genre.

Nous sommes à peu près dans la même incertitude sur la vie personnelle de Guillaume de Mœrbeke. L'année de sa naissance est inconnue ; on l'a souvent confondu avec Thomas de Cantimpré qui porte également le surnom de Brabantinus, et les données anciennes qu'on a de lui sont parfois entièrement erronées. En 1274, il assistait le pape en qualité d'helléniste au concile de Lyon ; mais auparavant déjà, d'après Échard, le Saint-Siège lui aurait confié des missions en Grèce. Peut-on rapporter à ce premier séjour en Grèce une traduction manuscrite, grecque-latine, de l'*Histoire des animaux*, datée de Thèbes ? Ce n'est qu'une supposition, mais elle ne manque pas de vraisemblance. D'après la suscription du manuscrit, la traduction fut terminée le dixième jour des calendes de janvier 1260[2]. D'après plusieurs indications, en 1273, Thomas d'Aquin aurait prié ou chargé Guillame de Mœrbeke d'entreprendre des traductions. En 1277, Guillaume est cité comme archevêque de Corinthe (voy. les sources dans Schneider) ; mais il ne fut lui-même à Corinthe qu'en 1280 et 1281, comme on le voit par des traductions datées de cette ville. Guillaume avait-il appris le grec au collège grec fondé à Paris par Philippe-Auguste, ou ailleurs ? Ce qu'il y a de certain, c'est qu'il ne le possédait pas assez pour manier son sujet avec la liberté indispensable. S'attachant seulement à rendre chaque mot de l'original par un mot latin, il ne pouvait non plus respecter le génie latin. Souvent il donne simplement le mot grec transmis en caractères latins, sans autre explication, qu'il n'aurait du reste pas toujours pu fournir. Quelque raide, quelque peu latine que soit sa traduction, elle

---

[1] *Lay of the last Minstrel*, notes XI, XIII and XIV to canto II.
[2] Comme l'ont dit Schneider (*loc. cit.*, p. XXX) et Jourdain (*loc. cit.*, p. 75) d'après Zachariæ, *Itiner. lett. per Italiam*, p. 95, et comme l'a constaté Muccioli, *Catal. Codd. Mss. biblioth. Malatest. Cæsen*, vol. II, p. 41.

tire de cette circonstance même beaucoup d'importance [1]. Les manuscrits de cette traduction, qui comprend toute l'œuvre zoologique d'Aristote, ne sont pas très-rares.

Pourquoi donc l'apparition des œuvres d'Aristote a-t-elle été un fait si important pour les sciences naturelles, et la zoologie en particulier? Leur forme et leur fond pourraient suffire à l'expliquer. Cependant les Arabes les connaissaient et ils n'ont pas eu de zoologie scientifique; les Romains aussi les connurent, et elles furent sans influence sur eux. Mais il y avait au moyen âge des circonstances particulières qui devaient rendre leur influence efficace. Après les défenses réitérées qui avaient frappé Averroës, il faut bien admettre que les tendances platoniciennes des réalistes ne suffisaient par aux nouveaux savants. Tout l'édifice de la dialectique avait été bâti sur les préceptes d'Aristote, et maintenant seulement l'on s'apercevait qu'il y avait tout un trésor de connaissances cachées dans ce même auteur qui réglait depuis si longtemps le côté formel du savoir. Quelque chose aussi a contribué à la mise en œuvre rapide de ces nouveaux matériaux: c'est le zèle des maîtres isolés et des communautés enseignantes à trouver du nouveau, comme on pourrait le voir dans les divergences mêmes des écoles. Il importait de relier les idées nouvelles aux anciennes; nous verrons comment se fit cette transition du nominalisme au réalisme, avec Albert le Grand par exemple. Mais ce qui frappa surtout, c'est que dans Aristote un grand nombre de faits appelaient des observations nouvelles pour les confirmer, les renverser ou les étendre. Ici se révèle la première fois cette chose si importante, la constatation exacte, la vérification des faits observés ou donnés comme tels: c'est le premier indice de la critique en zoologie. Les progrès toutefois ne pouvaient pas être assez rapides pour chasser immédiatement de la science toutes les fables.

---

[1] Voici quelques exemples : ἔτι τόποις τα μεν τρωγλοδυτικα, est traduit : *adhuc hæc quidem cavernosa*; ετι τα μεν αμυντικα τα δε φυλακτικα, par : *ad huc hæc quidem amintica hæc autem silactica*. Au chapitre XIII du premier livre les expressions *bifles, monofles, itron* (ἤτρον), *epision, cholas, diazoma, cotilidon* sont données telles quelles. — Je possède une copie d'une partie de cette traduction de l'*Histoire des animaux*, faite sur deux manuscrits de la bibliothèque de l'Université. Jourdain *(loc. cit.*, p. 426 et suiv.) donne aussi des exemples de la façon de traduire de Guillaume de Mœrbeke.

3. — Les trois œuvres capitales du XIIIe siècle.

Trois dominicains, les premiers, au milieu du XIIIe siècle, se donnèrent la mission, en s'aidant d'Aristote, de réunir en un vaste cadre tout ce que l'on savait de zoologie de leur temps. A suivre l'ordre chronologique de leurs travaux, c'est probablement Vincent de Beauvais qu'il faudrait placer entre les deux autres ; mais Albert le Grand se rattache si étroitement à Thomas de Cantimpré, qu'on ne peut les séparer.

I. *Thomas de Cantimpré.*

Connu comme hagiographe, Thomas a une grande importance aussi dans l'histoire naturelle du moyen âge. Il mérite un examen approfondi, car non-seulement il vint le premier, mais il est aussi la source où souvent les deux autres ont puisé.

Appelé quelquefois Brabantinus, de son lieu de naissance, Leeuw Saint-Pierre, près Liége, il porte plus souvent le nom de son cloître. Choulant le fait naître en 1186 et mourir en 1263 [1]. Colvenerius, pour retracer la vie de notre auteur, s'est servi des propres œuvres de Thomas et il arrive ainsi à d'autres dates [2]. Thomas âgé à peine de quinze ans entendit prêcher Jacobus de Vitriaco, pendant son séjour en Lorraine. Thomas dit lui-même qu'il a composé son ouvrage sur les abeilles dans sa cinquante-neuvième année [3] ; on sait par différentes dates, quelques-unes prises dans cet ouvrage même, qu'il est certainement de 1269. L'auteur serait donc né en 1210, et c'est en 1225 qu'il a entendu, à Ognies, Jacobus de retour de Ptolémaïs [4]. C'est vers cette époque qu'il entra comme *canonicus* au couvent des augustins de Cantimpré près Cambrai ; en 1231 il ajouta un troisième

[1] *Die Anfænge wissenschaftlicher Naturgeschichte und naturhistorischer Abbildung im christlichen Abendlande.* Leipzig, 1856, p. 23.
[2] *Thomæ Cantipratani Miraculorum et exemplorum mirabilium sui temporis libri duo (olim : Bonum universale de Apibus). Opera et studio* Georg. Colvenerii. Duaci, 1597. *Vita Thomæ Cant. ex operibus ejus conscripta.*
[3] *Loc. cit.,* Duaci, 1597, lib. II, cap. XXX, n° 46, p. 287.
[4] E. Meyer *(Gesch. der Botanik,* vol. IV, p. 93) le fait naître en 1201, ce que l'on ne peut admettre avec les dates que donne le *Bonum universale.*

livre aux deux premiers que Jacobus de Vitriaco avait consacrés à la biographie de Marie d'Ognies, et entra dans les Ordres prêcheurs. En 1232 il écrivit la Vie de sainte Christine, morte huit ans auparavant. Après la mort de sainte Lutgard, 1246, il écrivit également sa Vie, vraisemblablement en 1247 ou 1248. Son ouvrage principal, dont nous allons parler maintenant, *De naturis rerum*, lui demanda quatorze ou quinze ans de travail, comme il nous l'apprend lui-même. C'est précisément le temps qui sépare les dates des biographies précitées, et va de 1233 à 1247 ou 1248 [1]. Pendant cet intervalle, il fit des extraits, recueillit des matériaux pour son ouvrage, suivit les leçons d'Albert le Grand à Cologne, vint à Paris, comme il le rapporte lui-même, en 1238, et communiqua à son maître Albert le Grand différentes parties de son ouvrage qui arrivait peu à peu près de sa fin. Ce n'est que plus tard qu'il donna, à titre de commentaire au chapitre des abeilles de son grand ouvrage, son *Bonum universale de apibus,* qui l'a fait connaître plus particulièrement comme moraliste. Si Choulant ou Meyer qui le font naître en 1186 et 1201 étaient dans le vrai, ce serait donc en 1245 ou 1260 qu'il aurait écrit son ouvrage, à cinquante-neuf ans. Mais Thomas parle non-seulement de la croisade de saint Louis (1248, d'après d'autres 1246), mais encore d'autres événements postérieurs. Colvenerius pense que l'ouvrage date de 1263, se fondant sur ce que l'auteur l'a dédié à Humbert, cinquième général des dominicains, qui suivant quelques attestations ne remplit ces fonctions que jusqu'en 1263. Cependant l'ouvrage parle d'événements accomplis en 1265 et 1267 [2] : Humbert même, d'après Léander, serait resté général jusqu'en 1273, c'est-à-dire pendant dix-neuf ans (la date de son entrée en exercice, 1254, est douteuse), ce qui rendrait cette date encore plus probable pour l'ouvrage en question. L'époque de la mort de Thomas est pleine d'incertitude, il n'en est pas de même de son nom. C'est bien Thomas qu'il s'appelle, non Henri ou Guillaume comme on l'a nommé quelquefois plus tard; ses propres écrits en font foi. Jean de Cantimpré, avec lequel on l'a également confondu, était un autre religieux de son couvent,

---

[1] Hoffmann von Fallersleben arrive à ce résultat que l'ouvrage a été écrit de 1230 à 1244. Voy. *Horæ belgicæ,* t. I, p. 36,

[2] Au lieu de MCCLXXI il faudrait lire, d'après d'autres Chroniques, MCCLXVII. La *Chronique* de Christianus Massæus Cameracensis donne, pour l'ouvrage sur les abeilles, la date de 1269.

que Thomas cite lui-même dans son ouvrage sur les abeilles [1].

L'ouvrage assez étendu de Thomas de Cantimpré, pour lequel nous l'étudierons d'un peu plus près, a pour titre, comme il a été déjà dit : *De naturis rerum*; il comprenait primitivement une introduction et dix-neuf livres. L'auteur y ajouta plus tard un vingtième *De ornatu cœli et motu siderum*, sans doute après la publication en 1256 du *Sphæra* de Johannes à Sacrobosco [2]. Thomas commence par l'anatomie de l'homme, traite dans le second livre de l'âme, dans le troisième des hommes monstrueux de l'Orient; du quatrième au neuvième, des animaux; du dixième au douzième, des arbres et des herbes; il passe ensuite aux sources, aux pierres précieuses, aux sept métaux, aux sept régions et *humores* de l'air; décrit la voûte du ciel, les sept planètes, le tonnerre et autres phénomènes physiques, et termine enfin par les quatre éléments. C'est comme on voit une revue complète de la nature; c'est le premier ouvrage de ce genre du moyen âge. L'introduction et les livres trois à neuf nous intéressent particulièrement ici [3].

L'auteur est encore imbu des préjugés d'une époque où la liberté manquait dans la recherche des problèmes de la nature; dans ses moralisations, dans ses comparaisons apparaît le religieux, écrivant pour des religieux, tout au moins pour des gens instruits sachant le latin. Cependant il a traité tout son sujet avec le sens vrai de la nature, il a compris les animaux d'une manière conforme à celle-ci. Lorsqu'il trouve quelque particularité curieuse il se pose des questions qu'il cherche à résoudre

---

[1] Voy. sur Thomas et ses œuvres complètes, Bormans, *Thomas de Cantimpré indiqué comme une des sources où Albert le Grand .... ont puisé*, dans *Bull. Acad. Bruxell.*, t. XIX, p. I, 1852, p. 132.

[2] Pfeiffer (préface de son édition du *Livre de la Nature, de Conrad von Megenberg*, p. XXXI) paraît très-sûr de ce fait.

[3] Bormans indique sept manuscrits : à Breslau, Cracovie, Wolfenbüttel, La Haye, Utrecht, Liége, Namur. Pitra en ajoute douze *(Spicil. Solesm.*, t. III, p. LXXVI, Rem.), savoir : sept à Paris, un à Compiègne *(Carolopolis)*, un à Strasbourg, deux à Turin, un à Londres. Ils n'ont connu ni l'un ni l'autre le manuscrit de Gotha, qu'il faut compter comme un des meilleurs. Pfeiffer ne connaissait d'abord que le manuscrit de Cracovie; il découvrit un autre exemplaire à Stuttgard, du xve siècle, d'après lui. A. Walcher (*Thomas Rhediger und seine Büchersammlung*, p. 35) assigne une date inexacte au manuscrit de Breslau; cette erreur a déjà été redressée par Hoffmann (*Horæ Belgicæ*, t. I, p. 37). Il est antérieur d'un siècle au manuscrit de Gotha. J'ai copié l'introduction et les livres trois à neuf sur le manuscrit de Gotha, que l'on a bien voulu me confier, ainsi que le manuscrit de Rhediger, avec une facilité que je ne saurais trop louer. Dans le manuscrit de Rhediger, il y a quelques variantes assez intéressantes. Cet ouvrage important pour la zoologie l'est également pour l'histoire de la littérature du xiie siècle.

de son mieux. C'est surtout dans les introductions des livres consacrés aux animaux que se révèle un véritable esprit zoologique. On est loin déjà des considérations allégoriques et mythiques du passé; c'est le premier essai aux temps modernes de fonder des classes sur des caractères zoologiques généraux. Sans doute il n'y faut pas chercher de description systématique. Aristote non plus n'avait pas défini ses grands genres, et Thomas ne croit pas utile de systématiser les grands groupes, tout formés déjà dans la langue usuelle, qu'il retrouvait pour la plupart dans Aristote.

Les moralisations abondent particulièrement dans le quatrième livre, consacré aux animaux, soit dans l'introduction, soit dans le texte, où les espèces se suivent par ordre alphabétique; il y en a également, mais bien moins, dans les autres parties de l'ouvrage. La partie la plus importante des introductions consiste en remarques de zoologie comparée, faites surtout d'après Aristote. Ainsi, tous les animaux, à deux ou quatre pieds, ou apodes, ont du sang; ceux à pieds nombreux n'en ont pas; tous les animaux pourvus d'oreilles les ont mobiles, l'homme excepté; tous les quadrupèdes à cornes manquent d'incisives supérieures; tous les animaux munis de paupières les ferment dans le sommeil, le lion et le lièvre exceptés. Çà et là aussi quelques considérations rappellent plus particulièrement les fonctions religieuses de l'auteur: lorsqu'il se demande, par exemple, si les hommes monstrueux descendent d'Adam, pourquoi l'homme naît sans défense et sans armes naturelles. Les principes anatomiques de Thomas sont encore ceux des anciens: il appelle encore les tendons des nerfs. Ses vues physiologiques sont en tout celles d'Aristote. Il prend à cette source erreur et vérité: lorsqu'il rapporte, par exemple, que l'animal marin chilon (le chelon d'Aristote, sorte de kestreus, mugil) ne se nourrit que de son propre mucus, tout comme Aristote le raconte (*Hist. anim.*, VIII, 30). Il est grand téléologiste et ne manque pas, le cas échéant, de souligner l'inconséquence de telle ou telle disposition défectueuse: lorsqu'il en voit une, par exemple, chez le dauphin qui a la bouche à la face inférieure d'un museau effilé en bec; c'est là une imprévoyance de la nature, dit Thomas[1]. Une large place est faite aux usages thérapeutiques des animaux; mais dans les chapitres mêmes où il en parle, il ne

---

[1] « Improvidentia », ou selon une autre version « imprudentia naturæ ».

relègue pas la zoologie proprement dite si loin qu'il n'y ait plus qu'une matière médicale populaire, ainsi qu'il advint pour beaucoup d'ouvrages postérieurs sur l'histoire naturelle.

Après l'homme viennent immédiatement les quadrupèdes, puis les oiseaux ; les monstres marins dont il est ensuite question comprennent les cétacés et les poissons ; le livre suivant traite des poissons de mer et d'eau douce. Les serpents viennent ensuite, et en dernier lieu les vers, comprenant des insectes, des vers, quelques mollusques et aussi les grenouilles et les crapauds. On a donc là avec le premier livre une encyclopédie anatomique et physiologique complète. Pour l'homme excepté, les descriptions suivent, comme nous l'avons déjà dit, l'ordre alphabétique. L'auteur adopte d'ailleurs exclusivement les noms latins qu'il trouve dans les sources où il a puisé ses notes. De nombreux passages prouvent effectivement que Thomas ne comprenait pas le grec, comme le pensaient déjà des auteurs antérieurs, Roger Bacon par exemple. C'est ainsi qu'il dit (pour ne citer que deux preuves entre cent) qu'*Agochiles* (plus exactement *Agothiles*, grec *Aigotheleas*) est un mot arabe et signifie : qui suce le lait des chèvres ; *Cignus* vient de *canere*, chanter ; c'est en grec *olor*, qui veut proprement dire « entièrement » (ὅλος !), les cygnes étant presque entièrement blancs.

Les animaux dont il parle ou qu'il décrit plus ou moins brièvement sont assez nombreux ; mais il ne faut naturellement pas y chercher le relevé complet de toutes les formes connues de son temps. Il mentionne 110 quadrupèdes, mais il est probable, à cause de la diversité des sources qu'il a utilisées, que le même animal revient parfois sous plusieurs noms. Ainsi *Bonachus* (*Bonasus* d'Aristote) *Duran* et *Hemchires* ne sont qu'un seul animal dont l'histoire revient encore au *Zubrones* (tout cela est donc le bison, wisent ou zubr) ; on rapportera également à cette forme *Gali* et *Mustela* ou à une autre très-voisine. Les oiseaux sont représentés par 114 espèces, parmi lesquelles il y a la chauve-souris. Ici aussi *Lucina* et *Philomena* sont un même animal. Le nombre des monstres marins monte à 57 ; entre *Foca*, *Helcus* et *Koky*, il n'y a guère de différence. On retrouve ici le *Platanista* du Gange de Pline. Pour montrer l'incroyable mélange de formes qu'il y a dans ce livre, il suffit de dire qu'on y voit les uns à côté des autres, polypus (céphalopode), chilon (poisson), phoque, dauphin, fastaleon (aspidochelone ?) et tortue de mer. Parmi les 85 poissons ou mieux animaux aquatiques, il y a des pois-

sons à côté de céphalopodes *(Loligo, Sepia),* de mollusques (huître perlière), de crabes et d'échinodermes, si le *Stella* est vraiment une étoile de mer. Le livre des serpents, avec 44 formes,
renferme aussi les lézards, les mille-pieds, les scorpions, la tarentule. On peut voir jusqu'où va l'anthropomorphisme de l'auteur, lorsqu'il dit qu'à la vue d'une espèce de stellion, le scorpion
a si peur, qu'il est pris de sueur froide. Parmi les 50 espèces de
vers, il énumère pêle-mêle abeilles, guêpes, fourmis, mouches,
scarabées, sauterelles, cigales, punaises, mille-pattes, araignées,
grenouilles, crapauds, sangsues, etc.

Il n'y a pas lieu de s'étonner que dans les différents chapitres,
à côté de descriptions empruntées à Aristote, les récits fabuleux
abondent. La critique n'avait pas encore affranchi l'étude de la
nature de la foi aux autorités et du respect des vieilles traditions.
Aussi voyons-nous reparaître nos vieilles connaissances, les sirènes, les onocentaures, les oies *arborigènes,* le phénix, les dragons, le serra et beaucoup d'autres, tirés partie des anciens, partie du *Physiologus* ou d'écrits analogues. Les noms des groupes,
ceux des espèces sont tous empruntés au langage populaire. Il
en donne assez souvent l'étymologie, mais nous avons vu de
quelle étrange façon ; l'expression *genus* revient assez souvent et
semble même parfois prendre un autre sens que dans les prédécesseurs de Thomas. Mais en réalité chez lui aussi c'est un
simple terme de division logique. Ainsi, à propos du faucon, il
dit que le genre faucons laniers comprend deux genres.

L'œuvre de Thomas a un intérêt historique tout spécial ; il ne
la donne pas comme fruit de ses propres études, il dit lui-même
qu'il l'a prise dans les différents auteurs. Elle pourrait au premier abord paraître sans importance scientifique et son auteur
sans mérite ; mais s'agit-il donc d'une époque où les connaissances étaient encore assez restreintes pour qu'un seul homme
en pût embrasser l'ensemble ? Les moyens d'observation étaient-
ils perfectionnés, la méthode des sciences développée, et y avait-
il donc déjà ce besoin instinctif d'asseoir toute considération sur
une base matérielle et non purement littéraire ? Il n'en est point
ainsi, et nous devons juger autrement l'écrivain qui le premier
tenta de donner en un tableau synoptique l'ensemble complet des
faits connus. Telle a été l'œuvre de Thomas de Cantimpré. Il
prit l'idée de son travail dans une parole de saint Augustin, qui
dit dans sa *Doctrine chrétienne* que celui qui se chargerait de
réunir en un volume la nature des choses, surtout celle des

animaux (conclusion de Thomas), rendrait un grand service. Mais ce faisant, il s'astreignit plus rigoureusement qu'il n'eût probablement fallu pour le but de saint Augustin, à un examen des choses conforme au sens vrai de la nature. L'auteur prenant sa tâche à cœur dut veiller avec soin à n'énoncer aucune opinion sans preuve, aucun fait sans attestation. Aussi son livre renferme un nombre prodigieux de citations, la plupart textuelles, d'autant plus importantes qu'elles nous permettent un coup d'œil sur la littérature alors connue, au moins dans ses œuvres les plus répandues, les plus accessibles. Il y a plus : grâce au peu d'années qu'a pris la composition de l'ouvrage, il est possible d'élucider la chronologie de plusieurs publications importantes.

L'auteur le plus cité, qui a le plus fourni aux introductions générales, est Aristote. Thomas revient avec complaisance sur les relations réciproques des dispositions anatomiques (lois de corrélation), et il est évident qu'il y avait là pour lui, ainsi que pour les lecteurs auxquels il destinait son livre, un intérêt tout particulier, en raison des considérations philosophiques et théologiques que fournissait le sujet. Il n'abuse pas d'ailleurs des vues philosophiques dans sa narration. Il se montre aussi très-prudent à l'égard de ses sources. Il est également un fait très-significatif en faveur de son intelligence réelle de la nature : il se défend de rien rapporter de faux, et prie de considérer que certains phénomènes, dans son pays, doivent avoir un autre ordre, une autre époque d'apparition que l'indiquent ses auteurs originaires de contrées méridionales, car il y a une grande influence dans la position géographique. Il ne connaît Aristote que par la traduction d'arabe en latin de Michæl Scotus, qu'il cite d'ailleurs une fois comme traducteur. Peut-être faut-il rapporter au même Scotus une autre citation d'un certain Michel. C'est de cette traduction arabo-latine que viennent tous les noms mutilés des auteurs cités par Aristote (Arothinus pour Herodorus, Alkinos pour Alcmæon, etc.). De là aussi tous les noms maltraités d'animaux, que leurs altérations répétées ne permettent même plus de rapporter exactement aux racines grecques ou arabes dont ils dérivent. Il faut regarder comme venant de l'arabe les mots ana, duran, lachta pour les mammifères, amraham, ibor, kim, karkolaz, komor pour les oiseaux. Grâce à la conformité de la description, on peut ramener quelques-uns de ces animaux à ceux qu'a décrits Aristote. Comme mots d'origine grecque, on peut citer ahane (*cervus achaïnes*), gali (*gale*), kiches (on a dû lire d'a-

bord *kittes* pour *kitta*), et beaucoup d'autres. Théophraste est
cité rarement ; Pline très-souvent : il lui emprunte presque autant
qu'à Aristote ; les extraits de Solin ne sont pas rares non plus.
Marcus Varron, Martial, Lucain, Palladius, sont cités çà et là. En
fait d'ouvrages historiques, il y a une Histoire des Perses, une autre
des Grecs, et dans le livre des hommes monstrueux, quelques
traits de la légende d'Alexandre. Les Oxydraques et les Brag-
manes, synonymes dans Pseudocallisthènes, sont ici deux peuples
différents. Il y a un dialogue entre Alexandre et le roi des Brag-
manes, nommé Dindimus (Didasscalus, chez Thomas ; Dandamus,
dans Pseudocallisthènes) qui ne se trouve ni dans Pseudocallisthènes, ni dans Julius Valerius, tel que le rapporte Thomas. On le
rencontre ainsi dans Jacob de Vitry et dans l'*Alexandre*, un vieux
roman du prêtre Lamprecht. Il y a beaucoup de passages aussi
d'Augustin, d'Ambroise, de Basile, de Grégoire, de Beda. Les citations d'Isidore de Séville sont extraordinairement nombreuses ;
son ouvrage était une mine précieuse d'explications étymologiques. L'Adelinus qui revient assez souvent, que Jourdain dit lui
être inconnu, est Adhelmus[1]. Thomas a fait aussi de nombreux
emprunts aux *Récits orientaux* d'un auteur qu'il estimait
beaucoup, Jacob de Vitry, plus tard évêque d'Acco[2]. Il invoque
aussi comme autorités quelques-uns de ses collègues, comme Jor-
danus et Hugo. Celui-ci, comme il ressort de la comparaison des
textes, n'est autre que Hugo de Saint-Charo (cardinal de Sainte-
Sabine)[3]. Parmi les livres d'histoire naturelle du moyen âge,
l'auteur mentionne le *Physiologus*, un *Liber physicorum*, un
Lapidarius, un ouvrage anonyme qu'il cite beaucoup comme
Experimentator, et un *Liber rerum*, d'un auteur également inconnu. Les autorités médicales sont Galien, Esculapius (dans un
ouvrage adressé à Octavianus Augustus), Platearius, Constantin
l'Africain et les Cyranides[4]. En citant ces derniers, il lui arrive

[1] Dans l'édition de ses *Œuvres* publiées par Giles, j'ai retrouvé presque toutes les
citations qu'en fait Thomas, et la plupart textuelles.
[2] Publié dans *Gesta Dei per Francos*, Hanoviæ, 1611, p. 1100 et suiv.
[3] Voy. ses *Œuvres*, t. I, Venet., 1732, p. 112.
[4] Voy. pour les Cyranides, E. Meyer, *Geschichte der Botanik*, vol. II, p. 348.
Meyer suppose que cet ouvrage aurait été traduit par Raymond Lulle ; cette hypothèse
ne tient pas devant ce fait que Thomas cite textuellement la traduction latine. Raymond Lulle est né en 1235 et Thomas a commencé à écrire, ou à réunir des notes,
déjà en 1233. Il est étonnant que Meyer, qui pense que les Cyranides ont été cités
pour la première fois dans Simon Jannensis, et qui a copié les livres des plantes
dans le manuscrit de Gotha, n'ait pas feuilleté la partie bien plus considérable relative
aux animaux, où les Cyranides sont cités une trentaine de fois au moins.

dans l'ardeur de la transcription de laisser à la première personne le passage qu'il donne ; et Thomas semblerait être lui-même l'auteur de l'essai qu'il rapporte avec un « je [1] ».

Ici se place une question importante. Thomas de Cantimpré, qu'on désigne habituellement comme l'élève et comme le successeur en zoologie d'Albert le Grand, n'a-t-il pas connu et mis à profit pour son livre les chapitres qui traitent des mêmes sujets dans le grand ouvrage d'Albert? Comme il arrive souvent, on a cru devoir rapporter presque toutes les productions intellectuelles à l'influence ou à la plume même de l'auteur le plus connu de l'époque, Albert le Grand, dont l'importance incomparablement supérieure dura beaucoup plus longtemps. C'est ainsi que Thomas aurait puisé dans les œuvres d'Albert le Grand. À l'encontre de cette supposition ,il y a la différence des dates où furent composés les deux ouvrages : ceci tranche la question d'une manière décisive. Il y a aussi ce fait, que dans le dénombrement consciencieux qu'il fait de ses sources, Thomas ne cite aucunement Albert. Thomas a composé son ouvrage entre 1233 et 1248. On ne saurait donner des dates aussi précises pour les travaux d'Albert, mais nous verrons qu'il ne peut guère avoir écrit sur la zoologie avant 1249. Bormans a déjà remarqué que Thomas ne cite pas Albert, bien qu'il eût pour lui, comme l'atteste l'opuscule sur les abeilles, une profonde vénération. Il serait sans doute étrange que, traitant un sujet identique, l'élève eût oublié le maître si celui-ci avait déjà publié un ouvrage sur le même objet. Thomas d'ailleurs cite bien un Albert à propos du loup, en un seul endroit ; et le passage en question ne se trouve pas dans Albert. Si donc il s'agit d'Albert le Grand, ce dont il n'y a aucune raison particulière de douter, il faut se rappeler que Thomas, dès avant 1245, suivait les leçons d'Albert à Cologne. Le fait en question s'expliquerait ainsi par une communication verbale. Il est certain que Thomas n'a pas puisé aux ouvrages d'Albert. Au contraire, il est plus que probable qu'Albert a largement mis à contribution l'œuvre de Thomas, comme Bormans le premier l'a indiqué [2]; mais nous y reviendrons plus tard.

---

[1] Il y aurait dans la tête de l' « Ydrus serpens fluvialis » une pierre douée de propriétés thérapeutiques. Pour en prouver l'efficacité, l'auteur des Cyranides dit : « Circumcinxi lapidem mulieri hydropicæ. » Ce passage est cité tel quel à la première personne par Thomas.

[2] Bormans, *loc. cit.*

L'œuvre de Thomas fut très-lue, très-répandue ; on le voit par les nombreux manuscrits qui en restent et par des traductions dont nous parlerons plus tard. L'opuscule sur les abeilles, commentaire avec morale du propre texte de l'auteur, n'a aucune valeur en histoire naturelle, mais pour l'histoire de la civilisation du temps, il est d'un grand intérêt.

Thomas de Cantimpré n'a pas exercé une action bien profonde sur l'ensemble du développement intellectuel de son temps. C'est qu'il est resté étranger à la marche des doctrines philosophiques aussi bien dans un sens que dans l'autre, et qu'il s'est abstenu de prendre part aux luttes des différents camps. Son ouvrage est celui d'un religieux, mais il y a plus d'objectivité que n'en montra personne avant Albert le Grand. C'est ce qui lui fait dans l'époque de la renaissance des études zoologiques sérieuses une place des plus honorables. Ses écrits méritaient bien d'être connus ; ils ont été pour Albert une source féconde, et nous les verrons au XIVᵉ siècle donner lieu à deux travaux importants. Toutefois dans l'histoire du développement intellectuel une place bien plus importante revient à son célèbre successeur.

II. *Albert le Grand*[1].

Albert de Bollstatt, selon l'opinion la plus répandue, naquit en 1193 à Lauingen sur le Danube, dans la Souabe bavaroise. Ne se destinant pas d'abord à l'état religieux, il étudia les arts libéraux à Padoue. Mais entré en 1223 dans l'ordre des dominicains, il alla étudier la théologie à Bologne. Durant ce séjour en Italie, il observait déjà la nature et lui donnait une place dans ses pensées ; souvent, en effet, dans ses écrits, il se reporte à ce qu'il a vu et appris à cette époque de sa vie. Vers 1230 environ, il fut envoyé comme *Lector* à Cologne, où il ne fit pas encore de longs séjours ; il enseigna successivement à Strasbourg, à Fribourg, Ratisbonne, Hildesheim et sans doute encore en d'autres endroits. Ce n'est qu'en 1243 qu'il revint à Cologne. De 1245 à 1248 on le trouve à Paris, où la lutte entre l'Université et les dominicains rendait précieux pour

---

[1] Consultez surtout sur cet homme éminent le livre de Pouchet : *Hist. des sciences naturelles au moyen âge, ou Albert le Grand et son époque considérés comme point de départ de l'école expérimentale*, par F.-A. Pouchet. Paris, 1853.   A. S.

l'ordre le concours de ses maîtres les plus savants. De 1248 à
1260 il fit un nouveau séjour à Cologne, souvent interrompu
soit pour aller prêcher, soit pour remplir les fonctions de pro-
vincial de son ordre qui les lui avait confiées en 1254. Le dé-
bat de l'Université de Paris le conduisit en 1256 en Italie.
Promu en 1260 au siége épiscopal de Ratisbonne, il le quittait
dès 1262 pour retourner à Cologne à ses livres et aux nouvelles
missions qui lui furent confiées. Sa présence au concile de Lyon
en 1274 est demeurée très-douteuse. Il mourut en 1280.

Albert, qui mérite bien le nom de Grand, fut certainement au
XIIIᵉ siècle l'apparition littéraire la plus importante dans le
domaine des sciences naturelles. Sans compter ce qu'il fit en
théologie pure et en morale, il entreprit de donner toute
l'œuvre philosophique d'Aristote avec sa *Métaphysique* et sa
Physique, de la commenter et de la ramener non-seulement
pour la forme, mais pour le fond, aux croyances de l'Église.
Il sut comprendre son époque et exerça sur elle une influence considérable. Il n'est malheureusement pas possible
de donner une chronologie même approximative de ses innombrables écrits, pas même pour la partie qui nous intéresse ici.
Pour établir leur ordre de succession, Albert fournit lui-même
quelques renseignements et l'on en peut tirer d'autres des
passages où il cite des parties déjà publiées de ses œuvres[1]. Les
livres sur les animaux seraient les derniers parus de son *Histoire
naturelle;* il dit lui-même à la fin : « Voici donc terminé le
livre des animaux et avec lui l'ouvrage entier sur la nature *(Opus
naturarum)*[2] ». Sauf le chapitre particulier des faucons, rien
dans la partie zoologique n'est antérieur à 1250. Jourdain dit bien que *le Miroir de la Nature*, de Vincent de Beauvais, terminé en 1250, cite Albert très-souvent, entre autres
son ouvrage des animaux ; E. Meyer va plus loin et dit que
dans Vincent les citations de cet ouvrage sont très-fréquentes.

[1] Il ne faudrait tirer aucune conclusion à cet égard du passage suivant : « Ita quod
expertus sum in villa mea super Danubium, ubi sunt plurimæ cavernæ in muris et
lapidibus, quod omni anno post æquinoctium autumni congregantur ibi pisces. » Op.,
t. VI, p. 224. La « villa mea super Danubium » est Lauingen et non le château de
Donaustauf près Regensburg, comme pense Sighart, qui en tire cette conclusion
qu'Albert, après son abdication du siége épiscopal de Ratisbonne, aurait repris ses
œuvres pour y faire des additions. Voy. Sighart, *Albertus Magnus, sein Leben und
seine Wissenschaft.* Ratisbonne, 1857, p. 331.
[2] Il dit pareillement à la fin du XXIᵉ livre: « In his ad finem usque scientia de
corporibus animalium producta est et per ea licet imperfecta sint auxiliante Deo perfecta
est scientia naturalis. »

Pourtant le nom d'Albert dans les livres 17 à 23 de Vincent, relatifs aux animaux, ne paraît en tout que trois fois, dans le 71° chapitre du 17° livre qui sert d'introduction à l'histoire des faucons[1]. Il semble bien que le chapitre d'Albert où renvoie cette citation soit d'une date antérieure ; le début est tout différent de celui des autres livres sur les animaux. Voici comment il commence : « Dans le but de décrire en détail la nature des faucons, que beaucoup désirent connaître, etc.[2] ». Ce n'est pas le langage qu'emploie Albert partout ailleurs. D'autre part, dans le chapitre des faucons, il n'y a d'allusion à aucune autre partie du livre des animaux. Mettant à part le chapitre en question, il n'est pas facile de préciser l'époque où fut écrit le livre sur les animaux. Peut-être de 1250 à 1254, peut-être aussi plus tard, après les années moins tranquilles de 1254 à 1262.

L'ouvrage entier sur les animaux, qui forme le 6° volume de l'œuvre complète dans l'édition si incorrecte de Jammy, est divisé en vingt-six livres. A la fin du premier chapitre du premier livre Albert nous apprend qu'il a ajouté sept livres nouveaux aux dix-neuf livres d'Aristote. Ces dix-neuf livres sont ceux que les commentateurs arabes avaient déjà fait connaître comme l'œuvre zoologique d'Aristote, soit neuf livres authentiques et un livre apocryphe pour l'*Histoire des animaux*, quatre livres sur les parties, cinq sur la génération et la reproduction. Schneider a déjà remarqué qu'Albert a si fidèlement suivi le texte de Michæl Scotus, qu'il n'a peut-être pas négligé dix lignes dans un livre d'une telle étendue. L'ouvrage lui-même est une paraphrase dans le genre de celle d'Avicenne, tandis qu'Averroës et plus tard Thomas d'Aquin ont préféré donner un commentaire indépendant en regard du texte[3]. Pour les sept livres ajoutés à Aristote ils traitent, le premier (20°) du corps des animaux en général, le second (21) des degrés de perfection ; il y a dans ce livre une sorte de classification, tandis que dans les autres les descriptions se succèdent par ordre alphabétique ; le troisième (22) est relatif à l'homme et aux quadrupèdes ; le quatrième (23) aux oiseaux ; le cinquième (24) aux animaux

---

[1] Cette citation paraît avoir complétement échappé à Bormans, *loc. cit.*, p. 114; pour le reste ce qu'il dit est exact. — E. Meyer, *Geschichte des Botanik*, vol. IV, p. 34 et 103 ; aux deux endroits il dit que Vincent s'est beaucoup servi des œuvres zoologiques d'Albert.

[2] « Falconum naturam quam multi scire cupiunt subtiliter describere cupientes, » etc., t. VI, p. 620.

[3] Voy. Jourdain, *loc. cit.*, p. 317 et suiv.

aquatiques ; le sixième (25) aux serpents, et le dernier (26) aux
petits animaux qui n'ont pas de sang. Dans chaque livre une
introduction précède la description alphabétique des espèces.

Comparée aux œuvres de Thomas de Cantimpré et de Vincent,
celle d'Albert offre un travail plus approfondi, une étude bien
plus consciencieuse. Les emprunts sont nombreux, mais ce ne
sont plus comme dans Thomas de simples citations, textuelles
le plus souvent, accompagnant le nom de l'auteur ; Albert se
les approprie et ce sont des parties intégrantes de son œuvre.
Les citations proprement dites semblent beaucoup plus rares
et l'on ne voit pas aussi nettement à quelles sources Albert a
puisé, comme pour Thomas et pour Vincent. Dans la partie
générale (c'est-à-dire les vingt et un premiers livres), à part
Aristote, on trouve peu de noms d'auteurs : Solinus, Galien,
Avicenne, Razi, Ambroise, etc. [1] ; ils sont plus fréquents dans
la seconde partie, partie spéciale. Ainsi que Bormans l'a dit
le premier, c'est dans Thomas de Cantimpré qu'il a surtout
puisé pour ces livres ; il suffit pour s'en assurer de comparer
les deux ouvrages. Il n'est pas à dire pour cela qu'Albert n'y a
pas mis du sien. Mais ici comme ailleurs, il n'a pas indiqué ses
sources, négligeant même de nommer les auteurs que citait
Thomas [2]. Les écrivains cités textuellement par Thomas qu'Albert s'est appropriés sont surtout Pline et Solin, puis Adelinus
(Aldhelmus) et deux autres dont Jourdain n'a pu percer l'énigme :
Jorach et Semurion. On trouve ce dernier mot pour la première fois dans la traduction latine du Canon d'Avicenne par
Gérard de Crémone ; une épigraphe de l'original : chapitre de
la Murène *(Fasl fi Semuria)*, a été omise par négligence, mais en
revanche l'animal devient « un sage Semurion [3] ». Pour Jorach
nous ne savons rien du tout. Y a-t-il aussi sous ce mot une
pseudépigraphe [4] ? On l'ignore. Aurait-il quelque rapport avec

---

[1] Comp. Buhle, *De fontibus, unde Albertus Magnus libris suis de Animalibus
materiem hauserit,* dans : *Comment. Soc. Reg. Gœtting,* t. XII, p. 94. Buhle y
étudie particulièrement les physiognomistes Loxus et Palemon. Jourdain, *Recherches,*
etc., 2° éd., p. 325, s'étend surtout sur les noms des auteurs grecs défigurés par les
traducteurs arabes.

[2] Albert dit au *Picus martius* : « Unde quidam versificando dixit : parva loquax
volucris, etc. » Thomas cite textuellement : « Experimentator (voy. plus haut) dicit,
quemdam in versu de pico martio dixisse : parva loquax; etc. »

[3] Avicenna, *Canon,* Venet., 1495, Lib. IV, Feu. 6, Tract. C, Cap. 56, p. 220.
L'original cite un passage d'Ætius : περὶ σμοραίνας *(Tetrabiblon IV, Sermo I,* ou
cap. XXXVIII du Sermo XIII).

[4] Ce nom a une tournure sémitique; Bartholomæus Anglicus, mais cela ne prouve

l'ouvrage inconnu: *le Livre des soixante animaux*, qu'Albert cite à propos de l'animal akabo et du chien [1]? On ne s'étonnera pas, après ce que nous avons dit, que les noms d'animaux soient aussi mutilés, aussi méconnaissables que dans Thomas. A dire vrai il n'y a pas que nous pour qui ces animaux sont aujourd'hui inconnus et étrangers; il est bien certain qu'Albert ne s'en faisait aucune idée. Il a rassemblé dans son ouvrage tout ce qu'il a pu trouver dans les livres, mais il n'est pas question pour lui d'un travail original au sens actuel du mot. Seule la partie générale, où à côté des idées d'Aristote Albert donne les siennes propres, fait exception et peut être considérée comme le résultat particulier de son travail personnel.

Si l'on veut caractériser exactement les vues et les tendances scientifiques d'Albert, dans leurs rapports avec la zoologie, il faut ne pas oublier qu'il était prêtre et scholastique [2]. Il eut donc à réunir en un seul les deux systèmes qui se partageaient la science antique. Ce système, par sa dialectique poussée presque à l'excès, peut paraître de pur formalisme, mais il eut un grand mérite pour l'époque : il satisfaisait entièrement aux besoins de la théologie, sans laisser dans l'oubli l'instruction philosophique si importante pour cette dernière. Albert semble tenir le milieu entre les deux camps extrêmes ; cette circonstance devait avoir une grande influence sur le développement des sciences naturelles. Le nominalisme d'Aristote l'amène à ceci, qu'il faut toujours partir de l'expérience ; la théologie, considérée comme science pratique, lui fournit cet autre principe, qu'en dehors de l'expérience extérieure il est à considérer encore l'expérience intérieure, celle de notre conscience. La première mène l'homme à la seconde, et l'expérience naturelle, dont l'expérience intérieure n'est qu'une forme plus élevée, s'accorde bien avec cette expérience intérieure, et enfin avec la foi qui n'est que la confiance aux résultats de l'expérience. En admet-

pas grand'chose, l'appelle *Chaldæus*. Un certain nombre de noms d'animaux, les poissons *Abren, Fastem, Leviathan,* le *Peridexion* du *Physiologus*, appelé *Arbor zilanim,* indiqueraient assez une origine sémitique. Est-ce le nom d'un auteur ou le titre d'un livre? faut-il dire Jorath ou Jorach? on n'en sait rien encore. Thomas n'en parle pas ; son traducteur Conrad von Megenberg le cite à l'*Amphisbène,* au même endroit où il cite aussi l'*Ortus sanitatis*. Vincent le cite souvent. Aldrovandi en parle à propos de l'onagre. Gesner rappelle qu'il est cité dans Albert le Grand.

[1] « Akabo ut in libro sexaginta animalium dicitur, animal est multum valens medicinæ. — Dicitur autem in libro sexaginta animalium, quod caro canis calida est et sicca. »

[2] Je renverrai de nouveau ici à Ritter, *Christlicher Philosophie,* vol. II.

tant la double expérience, Albert se trouve d'accord avec la doctrine scholastique sur le général. Le général est avant l'objet dans l'intelligence divine, dans l'objet dans la nature, après l'objet dans l'intelligence humaine. Cette dernière idée, à moitié réaliste, aidée de celle d'une loi de causalité dans les phénomènes de la nature, eût porté bien plus de fruits, si dans les nombreux efforts que l'on tenta pour arriver à la vérité, ou juger le merveilleux par l'expérience propre, il y eût eu quelque méthode doublée d'une saine critique. Mais sur ce point son système n'était plus d'accord avec la tendance générale de son époque. C'est la raison pour laquelle son influence n'a pas duré autant qu'on aurait pu l'attendre.

En suivant la loi de la théologie, Albert ne pouvait arriver à une conception féconde et scientifique du règne animal, qu'il veut mesurer d'après le critérium de l'homme et de ses facultés intellectuelles. S'il était conséquent avec lui-même lorsqu'il disait « l'imparfait ne peut être compris que par le parfait[1], » c'est là précisément le principal obstacle à des vues conformes à la nature, dans lesquelles on ne s'occupe pas du parfait, mais seulement du simple et du composé. Albert, dans ses considérations générales d'anatomie comparée, ne s'éleva pas jusque-là. Ses vues ne dépassent pas celles d'Aristote, et quand il ajoute lui-même des « digressions », ce sont de pures spéculations de philosophie générale. Ainsi, il discute longuement si en dehors des quatre éléments, un cinquième encore, qu'il estime être la lumière, prend part à la composition du corps des animaux. Quelquefois cependant il fait appel à ses propres expériences, mais celles-ci sont d'un genre qui donne à penser. Il compte, par exemple chez le cerf, à chaque mâchoire (en haut et en bas) quatre dents, plus quatre en bas. La grenouille a la langue soudée au palais, et l'air ne pouvant entrer directement fait gonfler les deux vésicules aux côtés du cou. La mouche n'a que deux ailes, mais huit pattes. La façon dont il traite des faits aussi élémentaires ne parle guère en faveur d'une notion exacte de ce qu'on peut acquérir par la simple observation. Il n'y a chez lui aucune généralisation utile en dehors de ce que donne Aristote. On ne comprend pas comment Pouchet a pu lui attri-

---

[1] « Cum imperfectum sciri non possit nisi per rationem perfecti, etc, Ratio autem perfectionis animalis secundum animæ vires quærenda est. » Lib. XXI, ed. Jammy, t. VI, p. 562.

buer d'avoir pressenti la composition vertébrale de la tête [1]. Albert dit seulement à l'endroit visé par Pouchet [2], que certaines parties de la face sont mobiles. Il est vrai qu'il appelle ces parties des membres, mais seulement au sens d'Aristote, en les opposant aux parties intégrantes. Mais il n'est pas le moins du monde question de les comparer comme membres articulés à ceux du tronc.

En anatomie il décrit les muscles (appelant les côtés de la flexion et de l'extension aux extrémités, comme *Mundinus*, *domestica* et *sylvestris*); mais il continue à appeler nerfs les tendons, leur attribue la force motrice et les fait naître du cœur. Quant aux nerfs véritables il n'en a aucune idée, non plus que de leur importance dans le fonctionnement des organes des sens. Décrivant le cerveau d'après Aristote, il est particulier qu'il tombe dans l'erreur dont nous avons parlé plus haut, qu'on a répétée depuis, qu'Aristote donne comme vide la cavité inférieure du crâne au-dessous de la tente [3]. Les artères renferment de l'air, le cœur a trois cavités ; le cerveau est humide et froid, etc.

Avec de semblables notions anatomiques, il n'y a pas à s'étonner que la physiologie de l'auteur soit encore plongée dans les anciennes erreurs fondamentales, malgré l'étendue avec laquelle il traite la génération, la procréation des sexes, l'accouplement. Le goût scolastique pour les minutieuses définitions de mots et la dialectique la plus méticuleuse s'y donnent libre carrière. L'auteur fait appel quelquefois à des expériences sans les communiquer, mais très-rarement et dans des questions sans importance majeure, ou dont il n'est pas à même d'apprécier la portée, par exemple : la salamandre peut-elle vivre dans le feu? On ne sait trop que penser en pareil cas, ou d'erreurs grossières, ou d'une crédulité extrême. Dans la description du ver *Seta* (peut-être un *Gordius*), il dit que ce ver naît peut-être des crins du cheval ; il ajoute qu'il a souvent vu lui-même dans les eaux stagnantes ces crins prendre vie et se mouvoir. Plus loin il a vu un bouc monstrueux à deux pattes, qui courait sur ses

[1] Pouchet, *Hist. des sciences naturelles au moyen âge, ou Albert le Grand, etc.* Paris, 1853, p. 271.
[2] *Opera ed. Jammy*, t. VI, p. 45. « Videmus autem moveri in facie septem membra universaliter ab omnibus et a quibusdam octo : Quæ sunt frons, oculi, palpebræ superiores, et maxilla in communitate labiorum et labia sine maxillis et duæ inferiores narium extremitates. Movetur autem et mandibula inferior forti motu.
[3] *Opera ed. Jammy*, t. VI, p. 79.

deux seules pattes de devant et, sans traîner l'arrière-train sur le sol, le maintenait en l'air. Il décrit aussi, sans l'ombre d'un doute, la licorne, si sauvage à l'ordinaire, s'apprivoisant sur le sein d'une vierge, puis pégase, puis le porc-épic qui lance au loin ses aiguillons, etc. Il est cependant des choses qu'il rectifie ou rejette comme inadmissibles. D'après son propre examen il déclare qu'il est faux que le blaireau ait les jambes gauches plus courtes que les droites. Il ne croit pas davantage à la naissance des oies sur des arbres, à la fécondation de la gélinotte par la salive du mâle. Il n'admet pas non plus que le castor se châtre lui-même, que la cigogne reconnaisse à l'odeur l'adultère de sa femelle. Mais il n'a pas un mot de critique ou d'étonnement quand il rapporte qu'une femme ne peut devenir enceinte tant qu'elle porte sur elle un calcanéum de belette arraché à l'animal vivant.

Cela nous mène à dire quelques mots de l'emploi médical et superstitieux des animaux. A l'oiseau *Caladrius*, il répète et cherche à expliquer, sans la critiquer pourtant, l'histoire connue du *Physiologus*; il ajoute qu'il ne rentre pas dans son cadre de parler de la divination par les oiseaux. Mais s'il repousse une forme de superstition il n'admet que plus largement les autres : talismans, remèdes secrets, etc. Moyens de se faire aimer, de conserver la puissance génitale, aphrodisiaques de tout genre, moyens pour faire pousser ou pour faire tomber les cheveux, remèdes contre l'épilepsie, la colique, etc., etc., tout cela a chez lui un rôle très-important[1]; il n'oublie pas non plus les moyens de voir dans l'obscurité (v. le hérisson), de chasser les puces et autre vermine, etc.[2] Comme nous l'avons dit déjà,

---

[1] Voy. sa description du *Lamma* dans les quadrupèdes, qui rappelle beaucoup celle des Cyranides; voy. aussi *Equus*, *Capra* (*fel hirci depilat*), *Leopardus*, etc.

[2] Le nom d'Albert est encore synonyme, dans les campagnes, de sortilége et de magie; des livres ineptes portent pompeusement le titre de *Secrets du grand Albert*. Il est donc curieux de rechercher l'origine de cette réputation de sorcellerie qui ternit la gloire de ce grand homme. Pouchet, qui discute soigneusement la question et démontre l'impossibilité d'attribuer à Albert certains ouvrages, comme *De mirabilibus Mundi*, la *Pierre philosophale*, le *Traité des secrets*, les *Secrets des femmes*, le livre *De alchymia*, est bien forcé de confesser que son héros avait un goût prononcé pour les sciences occultes, pour ce qu'il appelait lui-même ses *opérations magiques*. Ce goût, joint à l'esprit d'invention, amena probablement Albert à réaliser quelque chef-d'œuvre de mécanique, comme la tête parlante qu'il possédait, au gré des chroniques, l'*Androïde* d'Albert, qui a donné lieu à « une milliace de fables et impertinences »; ou encore à réaliser quelques phénomènes merveilleux de végétation par la construction d'une serre chaude dans son cloître. C'est sans doute, dit Pouchet d'après Humboldt, grâce à cette invention qu'Albert put recevoir Guillaume,

le 21º livre traite du degré de perfection des animaux. Il en
faut pas voir dans la division qu'il y adopte une classification
propre à l'auteur ; Albert y montre simplement que sa conception des formes animales est à peu près la même que celle de
son maître Aristote. Au premier rang ce sont les facultés de
l'âme qui établissent la supériorité de l'homme [1], immédiatement
après vient la forme du corps humain. Mais, ici aussi, il a des
idées préconçues ; il admet gratuitement que les différentes
dimensions n'ont pas toutes la même valeur, et de la mensuration des corps il conclut que c'est l'homme qui a la forme la
plus parfaite [2]. On pourrait s'attendre à le voir caractériser de
façon ou d'autre les divers groupes animaux d'après leur perfection relative, mais il se borne à décrire la sagesse, les
facultés intellectuelles innées des animaux, en suivant la division populaire en quadrupèdes, oiseaux, animaux aquatiques,
serpents, animaux articulés ou annelés. Ces derniers sont
exactement les entomes d'Aristote, peut-être avec quelques
additions étrangères. Dans sa partie spéciale il les désigne
comme de petits animaux privés de sang, et y place les insectes,
les araignées, les grenouilles, les crapauds, les étoiles de
mer, etc. Dans les animaux aquatiques il met pêle-mêle les
poissons, les crustacés, les mollusques. Au dernier degré il cite
encore un petit groupe d'animaux imparfaits qui comprennent,
d'après ses données, le lombric et l'éponge. Dans la partie spéciale il ne parle plus de ce groupe, faute sans doute de le connaître suffisamment. Il est donc difficile de dire qu'Albert ait eu
un système ; le point de départ de toute systématique, l'espèce
zoologique, lui manquait d'ailleurs. Pouchet cependant [3] estime
que c'est Albert le premier qui a défini l'espèce, qu'il a même

---

comte de Hollande, le jour des Rois, la terre étant couverte d'un manteau de neige,
dans un jardin de son cloître tout rempli d'arbres et de verdure où gazouillaient
des oiseaux. Ce fait est un des prodiges d'Albert qui ont eu le plus de retentissement.

A. S.

[1] Albert parle le premier de l'éducabilité, *disciplinabilitas*, p. 566, qu'Aristote ne
fait que soupçonner, livre IX de l'*Histoire des animaux*. Il ne donne naturellement
pas encore à ce point l'importance qu'il a acquis de nos jours.

[2] « Longitudo in corpore animali semper vincere debet latitudinem, si non sit vitium
naturæ..... cum igitur sensus organa ponantur secundum longitudinem descendendo
et motus organa secundum latitudinem, perfectionem distinctionis majorem habent organa
corporis in homine, quam in aliquo animalium aliorum. » T. VI, p. 564.

[3] *Loc. cit.*, p. 279. Il appuie cette opinion sur un passage de Blainville, *Hist. des
sciences de l'organisation*, t. II (Paris, 1845), p. 86. Mais il n'est pas possible d'interpréter comme celui-ci le passage d'Albert : « L'espèce, dit Albert, est la réunion
des individus qui naissent les uns des autres. » Jamais Albert n'a eu pareille idée.

montré comment plusieurs espèces composent un genre. Mais dans Albert aussi de nombreux exemples prouvent que l'espèce et le genre n'ont que le sens purement logique de division et de subdivision. Des passages comme celui-ci : « Le pic n'est pas une espèce » pourraient conduire à une autre conclusion. Mais d'autres passages ne laissent pas de doute: « Comme il y a beaucoup de genres de cet oiseau ». Il s'agit bien là de genres subordonnés à d'autres genres. Encore à propos du *Cetus*, « ce poisson a beaucoup de genres », dit-il. « On trouve trois genres de hérons chez nous ». La valeur purement logique du *genus* et du *species* ressort enfin à l'évidence lorsqu'il va jusqu'à opposer à l'espèce deux formes génériques: un genre prochain, un genre éloigné [1]. C'est parce qu'on était prévenu en faveur d'Albert, qu'on a cherché en lui ce qui, d'après la loi du développement scientifique, ne pouvait encore y être ; cela n'enlève d'ailleurs rien à ses mérites.

Dans ce que nous avons vu jusqu'ici de son grand ouvrage, Albert ne s'éloigne guère du texte d'Aristote qu'il avait entrepris de commenter, n'y ajoutant que quelques détails ou des spéculations tout à fait générales. En dehors du cadre général de ses connaissances zoologiques, on pourrait s'attendre à trouver dans la seconde partie, partie spéciale, les notions qu'il se faisait des différentes particularités d'organisation, dans leur rôle anatomique ou biologique. Mais ce serait se tromper que d'y chercher des descriptions quelque peu précises. C'est à peine si l'on pourrait citer un animal qu'Albert ait fait connaître le premier, ou qu'il ait introduit dans la science avec une description suffisante. L'insuffisance de cette partie tient surtout à l'absence de nomenclature scientifique et de terminologie. Mais ici, dans l'étude concrète des formes animales, où les considérations générales n'ont plus rien à faire, on voit combien sont superficielles les prétendues observations d'Albert, combien peu de critique il apporte à recueillir tout ce qui lui paraît avoir quelque importance, quelque intérêt. Thomas de Cantimpré est sa source principale, parfois il le copie simplement, parfois il l'abrége et l'annote. Il n'est pas jusqu'à l'ordre alphabétique et même les dérogations à cet ordre qui ne soient identiques dans

---

[1] « Diximus quod homo non solum specifica differentia differt ab aliis animalibus, sed etiam secundum esse generis proximi et secundum esse generis remoti..... genus proximum est sensibile, genus remotum est vivum ; » *Loc. cit.*, p. 362.

les deux auteurs. Comme dans Thomas on trouve le même animal sous des noms différents, sans renvoi à ce qui a déjà été dit sous un autre nom ; la girafe se présente sous trois noms, *Oraflus, Anabula, Camelopardus;* le bison a les quatre noms que nous avons vus chez Thomas. Dans les additions qu'il a faites à Thomas, il ne s'est pas toujours demandé si ces nouveaux animaux ne figuraient pas déjà sous quelque autre nom. C'est ainsi qu'au *Murilegus* il ajoute encore le *Cattus,* au *Calopus* l'*Analopos.* Comparé au chiffre des animaux mentionnés dans Thomas, le nombre de ceux qu'a ajoutés Albert n'est pas considérable. En y comprenant les noms en double emploi, il ajoute aux quadrupèdes : *Analopos, Alphec, Akabo, Cattus* et *Martarus;* aux oiseaux : *Bonara, Athilon, Muscicapa, Noctua* ; aux poissons, qui comprennent les monstres marins et les poissons de Thomas : *Gobius, Raychæ, Stincus, Sturitus* ; aux vers, les deux articles : *Limax* et *Scorpio.* Albert a beaucoup augmenté le nombre des serpents en y ajoutant toutes les espèces d'Avicenne. Elles ont toutes les noms arabes latinisés que leur avait donnés Gérard de Crémone dans sa traduction du Canon ; c'est ici que s'est glissé l'auteur Semurion dont nous avons déjà parlé. La division des serpents en trois ordres, d'après la gravité de leur morsure, est aussi d'Avicenne. Il est à noter l'absence dans Albert de quelques-uns des animaux de Thomas, dans les oiseaux[1] : *Isopigis (Scisopigis* des *Cyranides)* et *Kiliodromos;* dans les monstres marins : *Cervus marinus, Falatha, Ipotamus* et *Onos* ; dans les poissons: *Fundula* et *Uranoscopus.* C'est surtout pour les noms d'animaux qu'une critique du texte (par une édition correcte de Thomas de Cantimpré) serait éminemment désirable. *Cefusa* de Thomas devient *Confusa* chez Albert, le poisson *Kim (Kym)* devient *Kyrii, Pirander, Pyradum;* une foule de dissemblances analogues pourraient être reconnues et disparaître grâce à une comparaison des manuscrits.

Quelques notes éparses dans la partie générale laissent à penser qu'en dehors des animaux qu'il énumère dans les livres spéciaux, Albert connaissait encore d'autres groupes du règne animal. Il semble avoir vu de grandes méduses échouées sur la plage, ou même nageant dans l'eau ; sa description est suffi-

---

[1] Le *Licaon* de Thomas (cervice jubatus est et tot modis varius, ut nullum ei colorem deesse dicant) est seulement indiqué, dans Albert, à l'article loup, par ces mots : « dicit quidam quod Æthiopia (Thomas, Oriens) lupos habet varios crine jubato. »

sante pour reconnaître leur forme générale. [1] Il n'y a rien sur
l'idée qu'il se faisait de leur structure et de leur parenté avec
les autres formes. Quelques données aussi se rapportent aux
holothuries, mais elles prouvent seulement, comme aussi dans
Aristote, que l'auteur avait vu ces animaux.

Si maintenant, sur ce que nous venons d'exposer, nous voulons vraiment apprécier Albert le Grand comme zoologiste, il
faut bien nous rappeler qu'il ne saurait être question du naturaliste au sens moderne du mot. Autrement nous l'estimerions
bien au-dessous de sa valeur. Il ne pouvait d'abord rompre d'un
coup avec toute la direction de son époque, et comme religieux
il devait surtout chercher à rattacher l'étude de la nature aux
croyances de l'Église, pour la défendre des présomptions qui
pesaient sur elle. Mais il ne faut pas non plus l'estimer trop
haut. Blainville, Pouchet, Sighart, ont fait de lui un éloge trop
enthousiaste, et son mérite n'est pas toujours où ils l'ont vu.
Albert a été incontestablement une grande apparition dans
l'histoire. Mais son plus grand mérite est moins d'avoir été le
premier dans de tremblants essais d'observation directe, que
d'avoir rendu à Aristote son autorité de philosophe de la nature,
de maître de la zoologie, et d'avoir montré comment on doit
considérer la nature. Qu'il n'ait pas toujours suivi lui-même sa
propre doctrine, peu importe pour son mérite. On dit souvent
que son influence a été médiocre. L'action des œuvres moins
considérables, par cela même plus susceptibles de se répandre,
de Thomas de Cantimpré, de Bartholomæus Anglicus, a été
plus directe et s'est soutenue assez longtemps ; mais Albert a
rendu à Aristote son autorité sur les sciences naturelles, malgré
l'Église qui n'a pu ni l'empêcher, ni s'emparer exclusivement
de toute la puissance intellectuelle ; c'est là un fait dont l'importance et la portée priment tout autre. Albert, à l'époque où
la science quittait l'étroite prison du cloître et se répandait,
fécondant de larges espaces, Albert fournit une base, la meilleure, qui permit au zèle ardent des nouveaux chercheurs de
s'élever jusqu'à un niveau vraiment scientifique. Si ce résultat
s'est fait attendre, la faute n'en est ni à Albert ni à son plan,
mais à l'époque, qui ne laissait pas encore l'humanité poursuivre librement ces intéressantes tentatives.

[1] *Loc. cit.*, p. 154 et 167 ; il dit, p. 153 : « Ego in mari causa experimenti navigans
et exiens ad insulas et arenas, manibus collegi decem vel undecim genera (animalium
marinorum sanguinem non habentium). »

III. *Vincent de Beauvais.*

Nous avons à parler d'un troisième ouvrage, un peu plus consi-dérable que l'œuvre complète d'Albert, essentielle ment, différent d'ailleurs, surtout dans les chapitres zoologiques. Son auteur est Vincent, souvent appelé de Beauvais, conformément à l'usage ancien. On ne sait ni quand il est né ni quand il est mort ; pour cette dernière date on indique ordinairement 1264. C'était un dominicain attaché à la maison de l'ordre à Beauvais; il ne fut ni évêque, ni même prieur de son couvent [1]. Sur l'ordre de Louis IX et de ses supérieurs il entreprit de réunir en un ouvrage encyclopédique l'ensemble des connaissances de son temps. Il remplit son projet d'une manière vraiment étonnante. Aidé de collaborateurs nombreux, il réunit d'abord avec méthode une quantité d'extraits qui dépasse tout ce qu'on a fait depuis en ce genre, puis il en tira un tableau de l'état des connaissances où nous trouvons dans les moindres détails ce que l'on savait à l'époque. Nous devons à Thomas de Cantimpré la première éclosion de la zoologie d'Aristote, sa première application à la solution des faits particuliers ; à Albert le Grand, l'exposition régulière et systématique de toute la philosophie de la nature d'Aristote ; ce que nous admirons dans Vincent, c'est son zèle de chercheur, sa patience de compilateur que rien ne put rebuter.

Nous ne nous occuperons ici que de son *Miroir de la Nature.* Il comprend, avec l'introduction, trente-trois livres qui traitent, du 17° au 23°, du cinquième jour de la création, c'est-à-dire des animaux; du 24° au 29°, de l'homme et de l'âme. Il donne lui-même la date exacte de l'ouvrage au 102° chapitre du dernier livre, où l'on trouve, avec les âges du monde et quelques événe-ments historiques, la date de l'année courante 1250. Il n'y a pas d'erreur possible, car il ajoute que cette année est la huitième (en toutes lettres, non en chiffres) du pontificat d'Innocent IV. Comme à Thomas de Cantimpré, il arrive aussi à Vincent de

---

[1] Voy., pour la vie et l'œuvre de Vincent : *Hist. littér. de la France,* par les bénédictins de Saint-Maur, t. XVIII, 1835, p. 449-519 (par Daunou) ; Aloys Vogel, *Litterär. historische Notizen über den mitteralterlichen Gelehrte Vincenz von*

laisser à la première personne le passage qu'il copie dans un auteur [1]. Le nombre des écrivains où il a puisé et qu'il cite le plus souvent textuellement est beaucoup plus considérable que dans Thomas et dans Albert. Fabricius a publié la liste exacte des auteurs cités dans le *Miroir de la Nature* [2], il y en a environ trois cent cinquante. Nous ne pouvons pas entrer ici dans de grands détails sur cette liste; mais comme il y a à tirer de quelques-unes de ces citations certains éclaircissements pour les ouvrages du temps, nous dirons quelques mots à ce sujet.

Aristote est encore cité d'après la traduction arabe-latine de Michæl Scotus. Après Aristote, les noms les plus fréquents sont Pline, Solinus, l'étymologiste Isidore de Séville. Très-souvent aussi paraît un Philosophus. C'est souvent d'Aristote qu'il s'agit par ce mot; mais il est certain pourtant que toutes les citations de ce philosophe ne sauraient être attribuées à Aristote, celle par exemple des oies *arborigènes* que le *Philosophus* dit exister en Flandre. Il y a beaucoup de passages, deux, trois souvent par page, empruntés à Thomas de Cantimpré; son nom n'y figure pas, mais son *De naturis rerum* y est presque tout entier. Dans les livres relatifs aux animaux (17-23), Albert le Grand, comme on sait, n'est cité qu'au 17e livre, et rien que pour les faucons, bien que la citation porte *Liber de animalibus*. Dans tout le reste du texte du 9e au 23e livre, Albert ne paraît pas. Il est cité pour son *Traité de l'âme* au troisième livre, pour d'autres écrits du 4e au 8e; mais pour la partie botanique et zoologique son nom fait complétement défaut, sauf au chapitre mentionné. Parmi ses autorités il cite souvent aussi un *Physiologus*. On pense immédiatement au *Livre des animaux* dont nous avons fait l'histoire plus haut. Il y a bien quelques passages, l'histoire du castor, par exemple, qui concordent avec le *Physiologus* que nous connaissons, mais un nombre considérable de citations indiquent un auteur tout différent de celui du *Livre des animaux* [3]. Il cite en outre encore un *Physicus;* reste à savoir si

Beauvais. Programm. Freiburg, in Brisg. 1843; Schlosser, Vincenz von Beauvais. *Hand und Lehrbuch für Königliche Prinzen.* Frankfurt am M., 1819.

[1] Ainsi à l'animal *Lamia*, tout en citant Thomas de Cantimpré, il répète aussi le « audivi » dont s'est servi Thomas. Cette négligence, qui n'en est peut-être même pas une, importe moins chez Vincent, car il fait toujours suivre chaque citation du nom de l'auteur.

[2] *Bibliotheca græca*, vol. XIV (ed. I), p. 107-152. Fabricius n'indique pas Zénon parmi les auteurs à qui Vincent a fait des emprunts *(Liber de animalibus*, le cheval) : il le met à tort au compte d'Albert.

[3] Ainsi Vincent fait dire au *Physiologus* : « Psittacus, qui vulgo papagabio, i. e principalis seu nobilis gabio dicitur. Loligo aliquando quinque cubitorum capitur.

ces deux appellations ne désigneraient pas toutes deux quelque écrivain connu. Jorath reparaît aussi et même bien plus souvent que dans Albert le Grand. Parmi ces nombreux auteurs manque plus d'un classique, mais on y trouve représentées toutes les catégories : naturalistes, poëtes, médecins, les Arabes sont surtout des médecins : Avicenne, Rasis, Hali. La série des auteurs chrétiens commence aux Pères de l'Église, Augustin, Basile, Grégoire, Ambroise ; viennent ensuite les glossateurs, les exégètes de la Bible, les chroniqueurs jusqu'à Jacob de Vitry. Nous avons dit déjà que Vincent connut et mit à profit les premiers voyages en Asie. Enfin à côté des *auctores* qu'il cite apparaît souvent un *Actor*. C. Meyer a déjà montré que c'est Vincent lui-même, le *Red-actor* de tout l'ouvrage. Il serait très-utile pour l'histoire littéraire du XIIIᵉ siècle de faire un travail critique sur l'état de la littérature telle qu'elle s'offrit à Vincent de Beauvais. Ce que l'on a publié là-dessus jusqu'à présent est insuffisant, comme il ressort de quelques-unes des remarques précédentes.

La question la plus importante est de savoir si, avec des matériaux si considérables, Vincent a pu arriver à un degré plus élevé ; s'il a pu tirer réellement un parti scientifique d'un aussi riche trésor. Sans conteste, il le cède de beaucoup sous ce rapport à Albert. Ses introductions générales, ses deux livres d'anatomie et de physiologie (22ᵉ et 23ᵉ) contiennent, sans doute, à côté des différentes descriptions de détail, des propositions générales, d'après Pline et Aristote surtout ; mais quant à y trouver une élaboration comme dans Albert le Grand, il n'y en a pas trace ici. Son ouvrage est une vraie mosaïque où les passages des divers auteurs se placent les uns à côté des autres sans un mot de critique un peu approfondie. Les remarques mêmes que fait Vincent sont le plus souvent de simples renvois à d'autres passages du livre pour compléter l'exposé général. Mais jamais il n'y ajoute de développements de son propre fonds ; tout au plus lui arrive-t-il de résumer en quelques mots ce qu'il vient d'exposer.

Il a disposé son sujet dans le même ordre à peu près que Thomas. Après une courte introduction générale à chaque livre, on trouve dans le 17ᵉ les oiseaux, dans le 18ᵉ les poissons et

---

Botaurus quasi bootaurus. Cor bubonis si appositum fuerit mulieri dormienti in parte sinistra omnia quæ geseit (ut dicitur) narrabit. »

monstres marins, dans le 19ᵉ les animaux de trait et de bou-
cherie, dans le 20ᵉ les animaux sauvages, dans le 21ᵉ les autres
animaux, notamment les serpents, reptiles et vers. Tous sont
décrits séparément et par ordre alphabétique, d'après le nom
latin de l'animal. Çà et là Vincent se départit quelquefois de
cet ordre : au 20ᵉ livre, par exemple, où il décrit les petits
animaux pour la plupart après les gros. Non plus que Thomas
de Cantimpré, il ne prend garde qu'il se répète en des descriptions où le nom seul diffère. Le nombre des espèces paraît plus
considérable dans Vincent, parce qu'il donne séparément à leur
place alphabétique tous les noms qui se rapportent à des différences d'âge ou de sexe, comme *Agnus, Ovis, Vitulus, Bos,
Taurus.* Quant à ce que l'on pourrait appeler sa systématique,
ses vues sont encore moins sûres, moins conséquentes que celles
d'Albert. Ce dernier a observé par lui-même, bien qu'il ait
manqué souvent de bonheur et de talent, tous les animaux qu'il
a pu ; il est très-douteux que Vincent en ait fait autant. Il suit
donc uniquement la langue usuelle et ses variations quand il
place à côté les uns des autres les serpents, les animaux rampants et les vers, et qu'il distingue ensuite les animaux rampants
de ceux qui nagent et les divise en trois genres : serpents,
lézards (grenouilles comprises) et vers. Les expressions genre
et espèce, dont il subordonne la première à la seconde, n'ont
qu'une valeur formelle. Ses notions en physiologie sont celles
qu'on avait généralement à l'époque : la chair est l'instrument
de la sensibilité ; les tendons (nerfs) naissent du cœur et sont
les agents du mouvement actif.

On sait que le *Speculum majus* de Vincent eut plusieurs
réimpressions au xvᵉ siècle ; la dernière est de 1624. Ce travail colossal, qui peut tenir lieu de toute une bibliothèque, eut
pour principal mérite à l'époque de reproduire d'une façon
complète tous ceux qui avaient écrit sur les animaux et la vie
animale ; mais pour les progrès de la science il n'eut aucune
utilité. Tout au plus a-t-il contribué à propager en zoologie la
doctrine d'Aristote, encore que son énorme volume fût un
obstacle naturel à sa propre multiplication, qui fut rarement
surmonté. Il n'est pas inutile de faire remarquer que, pour
Vincent comme pour Albert, les éditions les plus récentes sont
les plus incorrectes.

§ 4. — Autres signes d'activité littéraire.

Ces trois ouvrages, par leur fond et par leur forme, attestent bien la renaissance scientifique de l'étude des animaux, et leur valeur est extrême pour l'historien ; mais nous n'avons pas épuisé avec eux tout ce qui a contribué à préparer le progrès ou à le porter plus avant. Dans tous les livres qui parlent de la nature, dans les traités spéciaux, on remarque un changement analogue à celui qui s'est passé pour certains côtés des études historiques. Il est un fait sur lequel on a souvent insisté avec raison : les légendes sur Alexandre et sur Troie, si multipliées aux premiers siècles du moyen âge, disparurent ou ne furent plus que de simples fictions du jour où l'on connut Homère et les historiens grecs, du jour où le charme toujours puissant de la vérité dégagea l'élément historique du mythe de la légende. Il en est absolument de même en zoologie, et on ne saurait méconnaître que l'apparition d'Aristote ne marque une direction nouvelle. On s'occupa dès lors plus immédiatement des objets mêmes de la nature, et l'observation encore superficielle, mais directe, apprit à connaître la vie des animaux, où il y a bien assez de merveilles sans y ajouter des fables. On s'était plu auparavant aux explications mystiques, aux commentaires symboliques de quelques traits de la vie animale, sans savoir même toujours s'ils avaient été observés ; cette tendance est désormais peu à peu comprimée ou du moins se restreint singulièrement.

Des traductions, commentaires et extraits arabes des œuvres d'Aristote, fort peu passèrent dans la littérature occidentale ; le nombre des commentateurs européens au XIIIᵉ siècle est également très-restreint. La traduction arabe-latine de Scotus et l'ouvrage d'Albert le Grand, capital pour l'époque, semblent avoir satisfait aux besoins les plus pressants ; mais il est difficile d'admettre qu'à une époque si vivante pour les lettres, aucun autre écrivain n'ait essayé de s'assimiler les nouveaux matériaux mis à sa disposition. Jourdain [1] mentionne, d'après un manuscrit de la Sorbonne, un commentateur pour l'*Histoire des animaux,* Gérard de Broglio. Peut-être en trouvera-t-on d'autres encore manuscrits. Comme travaux originaux spécialement

[1] *Loc. cit.*, p. 75.

consacrés aux animaux, on cite encore les deux suivants : le *De animalibus ex multis collectus* [1] de Bartholomæus de Bragantiis, et le *De naturis animalium* [2] d'Engelbert, abbé d'Admont, en Styrie ; ils sont l'un et l'autre du XIII° siècle. On ne sait rien de ce qu'il y avait dans ces deux ouvrages, et il est impossible de deviner ce qu'ils étaient. C'est l'époque où, à côté des Livres des animaux et des *Bestiarii,* dont une partie en langue moderne, on trouve encore les dernières formes du *Physiologus,* déjà sur le point de disparaître de la littérature.

Zélés à compiler et à écrire, les savants du moyen âge ont appris ainsi, aux époques suivantes, comment on comprenait alors l'étude scientifique ou du moins intelligente du règne animal ; mieux encore, de nombreux manuscrits nous donnent, par des représentations figurées, des témoignages plus vivants des formes animales, telles qu'on les concevait alors ; seulement ces dessins sont toujours très-vagues et n'expriment souvent que des conceptions purement fantastiques. Pour s'en convaincre, il suffira de se rappeler qu'assez tard encore, on n'oubliait pas de dessiner, avec le plus grand soin, même les animaux fabuleux [3].

Avant de quitter ce siècle étonnant, citons encore, pour terminer, un ouvrage que l'on a souvent reporté à une époque plus récente, mais qui, par son fond et son exécution, appartient bien au milieu ou à la seconde moitié du XIII° siècle : le *Livre des propriétés des choses (De proprietatibus rerum),* de Bartholomæus Anglicus. On ne sait pas grand'chose sur l'auteur ; l'épithète d'Anglicus qui accompagne son nom dans les plus anciens manuscrits, dans les premiers ouvrages où il est question de son livre, a fait supposer généralement qu'il était Anglais. C'est à tort qu'on lui a donné, assez communément encore, jusque dans ces dernières années, le nom de Glanvilla [4]. On sait qu'il était franciscain, mais on ne connaît ni son couvent, ni sa patrie, ni sa résidence d'une manière un peu certaine. Longtemps même on fut dans le doute sur l'époque de

[1] Voy. Quetif et Echard, *Scriptores ordin. prædicat.,* t. I. Lutet. 1719, p. 258 (vers 1270).

[2] Fabricus, *Biblioth. latin.* ; p. 295 (seconde moitié du XIII° siècle).

[3] L'attestation de Pouchet est bien étonnante, qui dit *(loc. cit.,* p. 70) que les dessins d'animaux de Gaston Phœbus (XIII° siècle) peuvent être comparés pour l'exactitude à nos dessins actuels.

[4] Bartholomæus de Glanvilla est un auteur plus récent, comme l'ont fait voir Quetif et Echard, *loc. cit.,* t. I, p. 486.

sa vie, la reportant, à tort, au xiv⁰ et même au xv⁰ siècle. On possède de ses manuscrits datés du xiii⁰ siècle. Outre cela, le caractère même des citations de Bartholomæus Anglicus indique également une période moins avancée, comme, le premier, Jourdain l'a remarqué. Il ne connaît pas encore ces traductions grecques-latines d'Aristote, qui se répandirent dès 1360 et firent bientôt oublier entièrement la vieille traduction arabe-latine. Il n'indique rien non plus des travaux publiés à la même époque par ses contemporains Albert, Thomas, Vincent et autres. Ces derniers exceptés, les auteurs qu'il cite sont à peu près ceux que nous avons trouvés dans les ouvrages que nous venons de voir. Il cite beaucoup les Pères de l'Église : Augustin, Ambroise, Grégoire, Jérôme, Basile ; parmi les écrivains ecclésiastiques plus récents : Isidore, Johannes de Saint-Ægidio, Jacob de Vitry et les glossateurs. Parmi les anciens, il cite : Aristote, Pline, Mégasthène, Dioscoride, Macrobe, Lucain, Ennius, etc. L'*Historia Alexandri Magni* paraît aussi à l'article *Sirènes*. Des auteurs médicaux, il cite : Hippocrate, Galien, Æsculapius, Sextius Isaac, Constantin, Avicenne. Le *Physiologus* dont il parle souvent, identique en général avec le livre bien connu du moyen âge, est une version plus complète que celles que nous possédons jusqu'à présent. Jorach reparaît aussi ; dans l'indication de ses sources, il l'appelle Chaldéen. Il donne de son *Livre des animaux* des extraits plus étendus et plus cohérents que les auteurs précédents. Aux articles *Alietus* et *Lorus* il indique un ouvrage, *Aurora*. C'est dans ces auteurs que Bartholomæus a puisé les faits qu'il a décrits ; d'autres autorités lui ont fourni un critérium qu'il a utilisé consciencieusement pour soigner le côté grammatical de ses noms d'animaux, ce sont : Isidore, Papias et Huguitio.

La disposition générale de son ouvrage qui, très-resserré pour un plan aussi vaste, embrasse le monde entier, est à peu près celle des œuvres analogues de la même époque. Il commence par Dieu, les anges, l'âme humaine ; continue par le corps humain, et, ayant donné en quelque sorte le couronnement de la création, il y ajoute le reste du monde. On voit bien que son but est l'exaltation du Créateur et de son œuvre, lorsqu'à l'introduction des oiseaux et poissons, il les représente comme les ornements, la parure des airs et des eaux. Il n'y a d'intérêt pour nous que dans le 12⁰ livre qui contient les oiseaux, le 13⁰ qui parle de l'eau et, au dernier chapitre, des poissons, le 18ᵉ qui embrasse tous les autres animaux. Sauf les poissons, dont il donne une description suivie comme dans les livres d'Aristote, il énumère les autres espèces par ordre alphabétique. Chaque article, du reste, a plus de continuité et de liaison que dans Vincent de Beauvais. Il n'est pas rare de trouver des passages : « dans le *Physiologus* je me rappelle avoir vu ce qui suit », qui dénotent une grande assimilation du sujet. Ce ne sont pas que des animaux qui se suivent ainsi par ordre alphabétique ; ainsi, au 18ᵉ livre, on trouve intercalés les articles : *Cornu, Femina, Fetans, Fetus,* ce qui décèle un certain effort pour définir plus rigoureusement quelques expressions. Mais c'est, nous semble-t-il, aller bien loin que d'y voir, avec E. Meyer [1], un essai de terminologie scientifique ; les descriptions de l'auteur montrent assez qu'il ne sentit pas le besoin de cette terminologie, et qu'il ne se serait pas rendu compte des avantages d'un langage plus précis. Pas plus que chez Vincent de Beauvais, rien chez lui ne rappelle la moindre critique. Il dit qu'il est faux que la belette s'accouple par l'oreille et mette bas par la bouche ; mais, ici même, ce n'est que le jugement d'un autre qu'il rapporte, comme il répète aussi les fables et les histoires merveilleuses. On ne peut donc lui attribuer de place particulière ni dans l'histoire de l'anatomie et de la physiologie, ni dans celle de la zoologie. La chair sert seulement à combler les espaces vides entre les nerfs (tendons), organes proprement dits du mouvement, et à conserver la chaleur animale. Le cœur est la source du calorique, la respiration sert à rafraîchir le sang et le *spiritus*. Ces échos de la science d'Aristote forment la base de ses notions physiologiques. Cet ouvrage ne pouvait donc nullement contribuer au progrès ; il dut cependant à son volume, peu considérable, d'être assez répandu. La dernière édition est de 1619 [2].

---

[1] Voy. Meyer, *Geschichte der Botanik*, vol. IV, p. 87.

[2] Le livre de Barthélemy l'Anglais a servi de base à un manuscrit curieux révélé par Berger de Xivrey (*Traditions tératologiques*, 1836, p. 56), intitulé : *Propriétés des Bêtes qui ont magnitude, force et pouvoir en leurs brutalitez.* Pouchet (*Hist. des sc. natur. au moy. âge*, p. 485) cite des fragments intéressants de cette œuvre, dans lesquels se dénotent une ignorance absolue des choses, une puérilité étonnante et un respect sans borne pour « Monseigneur Sainct Isidore, le docteur Plinius, » etc. Avant de quitter le xiiiᵉ siècle, signalons encore avec Pouchet l'*Image du Monde,* livre d'un auteur inconnu et consacré à la vulgarisation des notions d'histoire naturelle ; les *Secrets naturiens*, de Bonnet, et un *Traité des sciences naturelles*, de Conrad d'Alberstadt.   A. S.

ARTICLE V

FIN DU MOYEN AGE

Nous avons vu se développer rapidement l'intérêt pour la nature; nous assistons maintenant à une période de silence intellectuel. Les notions acquises ne furent pas perdues, elles se répandirent même davantage, comme on va le voir, et de différentes manières. Mais personne ne se trouva plus qui voulût faire du nouveau. Il n'est pas facile, au point de vue du développement général, de trouver pourquoi disparut tout à coup cet amour de la nature qui, naïf encore, avait montré de si beaux aspects; pourquoi la nature n'eut plus d'attraits, ni dans ses détails, ni dans son ensemble.

L'influence des travaux du xiii° siècle se maintenait. Les œuvres les moins répandues, pour des raisons faciles à saisir, étaient les ouvrages si considérables d'Albert et de Vincent. Mais Thomas de Cantimpré et Bartholomæus Anglicus se multipliaient en nombreuses copies; des traductions dans les langues vivantes assuraient encore leur propagation. Les traductions de Bartholomæus Anglicus n'eurent lieu que plus tard; dès le xiv° siècle, il y en eut deux de Thomas de Cantimpré, importantes pour l'époque et pour la littérature de leur pays, l'une en allemand, l'autre en néerlandais. La première est le *Livre de la Nature*, de Conrad de Megenberg; la seconde, le poëme de Jacob de Mærlandt, connu sous le titre de *Naturen Blœme*.

Le *Livre de la Nature*, de Conrad de Megenberg, dont Pfeiffer a donné une édition très-soignée au point de vue du développement de la langue[1], est un exemple des plus intéressants de cet esprit naïf des naturalistes allemands du moyen âge.

---

[1] La première analyse complète du *Livre de la nature* est de Choulant, dans : *Die Anfänge wissenschaftlicher Naturgeschichte und naturhistorischer Abbildung im christichen Abendlande.* Dresde, 1856. Il émet la supposition très-juste que c'est l'ouvrage de Thomas, traduit par Conrad. E. Meyer apporta des preuves à l'appui dans *Geschichte d. Botan.*, vol. IV, p. 198. L'édition de Pfeiffer a pour titre : *Das Buch der Natur von Conrad von Megenberg. Die erste Naturgeschichte in deutscher Sprache. Herausgegeben von Franz Pfeiffer.* Stuttgart, 1861, in-8°. Je m'étonne que Pfeiffer n'ait pas connu ce qu'avaient dit de Conrad les deux auteurs que je viens de citer, et qu'il ait, lui aussi, découvert que Thomas de Cantimpré était l'original de Conrad. Il est à regretter que Pfeiffer n'ait pas suivi les noms des animaux dans les ouvrages latins plus anciens qui traitent de l'histoire des animaux.

La partie la plus essentielle de son ouvrage n'appartient pas à Conrad. Ce qui frappe en lui, c'est sa façon de reproduire son original ; quand il le modifie, quand il y fait de légères additions, il ne paraît guère se soucier de l'opinion de ses collègues et ne se gêne pas pour tomber vigoureusement sur les vices de son état. Comme Thomas de Cantimpré, il fut dominicain ; il naquit en 1309 dans la Bavière septentrionale, près de Mayence (né à Megenberg ? ou fils d'un bailli de Megenberg ? on ne sait), fut élevé à Erfurt, suivit pendant huit ans les cours de l'Université de Paris, y fut reçu maître en théologie, et revint en Allemagne en 1337. Envoyé, selon toute apparence, à Vienne, il y dirigea l'école de Saint-Étienne jusqu'en 1341, alla en 1342 à Ratisbonne, où il prit part aux luttes locales, et mourut chanoine en 1374. Mal vu d'abord à Ratisbonne, il sut, par son habileté et son talent d'orateur, s'y conquérir une très-grande influence ; c'est lui, en 1357, lors du conflit entre l'abbaye de Saint-Émeran et la curie, que le conseil de la ville envoya à Avignon pour apaiser l'affaire directement auprès du pape[1]. Écrivain actif et fécond, il composa plusieurs ouvrages de théologie et, dans différentes publications, prit part aux luttes politiques de l'Église à cette époque. De ces travaux, il n'a été imprimé que des fragments. Sa traduction de Thomas est de 1349 et 1350, comme il ressort des événements historiques auxquels il fait allusion. C'était la première encyclopédie d'histoire naturelle en langue allemande ; elle se répandit beaucoup, comme on le voit par les innombrables manuscrits qui en restent dans les bibliothèques de l'Allemagne méridionale. En 1500 elle atteignait déjà sa sixième réimpression. (Voy. Choulant, *loc. cit.*, p. 23.)

L'ordre très-logique de Thomas a été un peu modifié par Conrad, par suite peut-être d'une cause extérieure. C'est par l'homme aussi qu'il commence, mais il supprime complétement le livre de l'âme et reporte tout à la fin de son ouvrage celui des hommes merveilleux, sur la prière de bons amis, « pour l'amitié desquels je veux aussi traduire cela, » dit-il ; il en fait en quelque sorte un appendice. A la place des animaux qui suivaient ici dans Thomas, Conrad donne dans sa seconde partie les planètes, les éléments, etc. Les animaux viennent dans la troisième partie. Conrad donne ensuite le treizième livre de

---

[1]. Ces détails biographiques sont empruntés principalement à l'introduction de Pfeiffer, qui énumère également tout ce qu'a produit l'activité littéraire de Conrad.

Thomaš, qui traite des eaux et fontaines et forme l'introduction
en quelque sorte aux corps inorganiques, après les pierres précieuses et les métaux. La forme générale n'est donc plus la
même ; dans le détail non plus les différences ne manquent pas.
Et d'abord Conrad n'a pas traduit tout ce qu'il a trouvé dans
Thomas. Pour ne parler que des animaux, il lui manque des
espèces décrites par Thomas : 41 pour les quadrupèdes, 42 pour
les oiseaux, 33 pour les monstres marins, 56 pour les poissons,
4 pour les serpents, 17 pour les vers ; en tout 193 espèces.
L'original lui avait été donné comme d'Albert le Grand, ce
qu'il ne croit point. Dans certains récits on s'aperçoit bien de
la différence d'époque des deux siècles ; c'est le dernier naturellement qui est le plus éclairé. Conrad rejette, en les déclarant
non fondés, bien des faits que Thomas avait reproduits sans
critique aucune, d'après ses autorités. Mais il est encore assez
superstitieux pour croire aux remèdes miraculeux, aux exor-
cismes et aux sortiléges. Conrad indique, et on le comprend,
bien moins de sources que Thomas ; ce sont, au total, celles de
ce dernier. Fait curieux, intéressant surtout pour l'ouvrage en
question, à propos de l'*Amphisbène*, Conrad cite le maître
Jorach ; Thomas, avons-nous déjà dit, ne donne pas une fois
cet auteur inconnu.

Plus libre dans ses détails, la traduction de Jacob de Mærlandt suit de plus près les formes animales de Thomas. Elle est
aussi plus ancienne que celle de Conrad de Megenberg. Jacob
naquit vers le milieu du xiiiᵉ siècle, à Damme (non loin de
Bruges, dans la province actuelle de Flandre occidentale), et
mourut en 1300, secrétaire de cette ville. Ces renseignements
insuffisants sont tout ce qu'on sait de sa vie.

Nous n'insisterons pas sur son rôle dans le développement de
la vieille littérature néerlandaise ou mieux flamande. Sa traduction de Thomas de Cantimpré est en vers rimés. On n'a publié
jusqu'à présent que la première moitié du *Naturen Blœme*[1],
elle comprend les premiers livres relatifs aux animaux. Jacob
de Mærlandt supprime également le deuxième livre de Thomas

[1] *Der Naturen Blœme von Jakob van Mærlandt. Mit Inleiding, Varian-
ten van Aenteekeningen en Glossarium aitgegeven door J. H. Bormans.*
I. Deel. Brüssel, 1856 *(Acad. des sc.).* Outre le glossaire, qui doit paraître dans la
seconde partie, il manque encore l'introduction. Pour la comparaison de Jacob de
Mærlandt et de Thomas de Cantimpré, voy. le mémoire cité plus haut de Bormans
dans : *Bullet. Acad. Bruxelles*, t. XIX, 1852, p. 132.

et réduit considérablement le premier, les âges de l'homme, pour le réunir au troisième. Son deuxième livre, des quadrupèdes, correspond de la sorte au quatrième, le troisième au cinquième, le quatrième au sixième. Là s'arrête ce qui en a été publié jusqu'à présent. La comparaison des espèces montre que, dans les quadrupèdes, il n'en manque qu'une, l'*Uranoscope,* qui n'est même pas dans tous les manuscrits de Thomas (celui de Gotha, p. ex.). On le trouve, dans les manuscrits où il existe, entre l'*Uria* et le renard. Parmi les oiseaux manquent : *Egithus, Othus* et *Ulala;* parmi les monstres marins : *Cetus vel Balæna, Ludolacra* et *Testeum.* Il écrit ses noms comme Thomas, *Fastaleon,* par exemple, pour *Aspidochelone, Ipothamus* pour l'hippopotame, etc. Conrad de Megenberg ne connaissait pas le véritable auteur de l'ouvrage qu'il traduisit, tout en ne l'attribuant pas à Albert le Grand. Jacob de Mærlandt dit expressément et sans hésiter que *van Cœlne Brœder Alebrecht* est l'auteur. Les articles un peu abrégés reproduisent cependant les moralisations, les applications médicales de Thomas, et, malgré les licences de la forme poétique, Jacob suit plus étroitement l'original que Conrad. Il semble s'être beaucoup moins répandu que le *Livre de la Nature.* Bormans indique, dans les variantes, sept ou huit manuscrits; mais avant l'édition dont nous avons parlé, l'ouvrage n'avait pas encore été imprimé, peut-être à cause du peu d'extension de la langue dans laquelle il a été écrit.

Mener plus loin cette étude de la culture intellectuelle du moyen âge, examiner tous les livres où il fut plus ou moins question d'animaux, nous entraînerait trop loin sans grand profit. Nous ne citerons plus que le *Thesaurus* d'Alphonse X et son imitation, le *Tesoro,* de Brunetto Latini[1]. L'ampleur de leur cadre les rattache aux encyclopédies précédentes, mais en général ils traitent plutôt de philosophie et de morale. Nous ne nous arrêterons pas non plus aux poésies nationales, si intéressante au point de vue littéraire que soit leur apparition. L'épopée allemande des *Niebelungen,* terminée dès le commencement du XIIIe siècle, n'a même, sous le rapport littéraire, qu'une moyenne importance ; la poésie chevaleresque avait déjà sa

---

[1] Bien que ce *Trésor* ne fût qu'une imitation, il paraît avoir exercé une certaine influence en Italie, où n'existait pas, en langue nationale, d'encyclopédie d'histoire naturelle, si toutefois le terme encyclopédie peut convenir ici. Le livre ne traite que des vertébrés ; les poissons commencent, les reptiles, oiseaux et mammifères viennent ensuite (Voy. Pouchet, *loc. cit.*, p. 491).   A. S.

langue et son caractère général. Mais une apparition frappe entre toutes par sa grandeur : c'est la *Divine comédie*, de Dante Alighieri. Nous ne parlerons ni du sujet même de sa puissante poésie, ni de sa langue qu'il eut à fonder tout entière ; mais il faut bien le dire, c'est par lui que le monde revit pour la première fois s'unir à la beauté de l'expression les pensées les plus nobles, les plus profondes.

Il nous importe plus ici d'examiner la position respective des deux puissances à la tête du mouvement intellectuel : Aristote, d'une part ressuscité à un point de vue exclusif par les scholastiques, d'autre part, l'Église. Aristote, non dans sa méthode ni dans sa véritable doctrine, mais dans cette doctrine et cette méthode que les scholastiques avaient élevées peu à peu sans se soucier toujours de la science, porta son autorité, son influence, bien au delà de ce qui aurait dû être son domaine. Cette autorité était aussi grande que celle de la Bible ; ce qu'on ne pouvait pas prouver par Aristote, on le rejetait ; Aristote fournissait même des sujets de sermons. Il va sans dire que, du fond même de ses ouvrages, on ne s'en occupait guère ; la plus pointilleuse des dialectiques ne visait qu'à cette forme de spéculation qui se rattache, à tort ou à raison, au nom d'Aristote. La grande affaire était, d'ailleurs, de donner des bases scientifiques aux préceptes de la foi. Au xive siècle, en Italie, en Allemagne, sous la pression des événements, on cessa de s'intéresser à la théologie pure et aux sciences en général ; c'est en Italie qu'elles eurent leur réveil. Nous ne prétendons pas expliquer cette étonnante léthargie des études scientifiques au xive siècle par les seules conditions politiques de l'Allemagne et de l'Italie. A cet égard, ce siècle ne diffère pas tellement du précédent que l'on puisse y voir l'unique cause du silence des sciences naturelles. Nous voulons simplement ne négliger aucune circonstance dans l'examen d'un événement aussi difficile à expliquer. La science, comme on la comprenait alors, n'était pourtant pas délaissée.

Le xive siècle se distingue par la création de nombreuses universités en Allemagne ; peut-être faut-il y voir le résultat ou même la continuation de l'ancienne lutte entre réalistes et nominalistes. L'Université de Prague (1348) fut fondée, selon toute apparence, pour répondre au désir de Charles IV de faire de sa capitale un centre scientifique. Celle de Vienne fut établie sous le duc Albert V, par Jean Buridan (1365) ; celle d'Heidelberg, sous l'électeur Rupert I, par Marsilius von Inghen (1386) ; il semblerait que ces deux maîtres, élèves d'Occam et nominalistes, aient fui devant le terrorisme des réalistes triomphant à Paris. C'est un soulèvement national qui fit sortir les Allemands de Prague ; mais il ne faut pas oublier que ceux qui partaient étaient presque tous nominalistes ; les nationaux de Bohême et, à leur tête, Jean Huss, tous réalistes. On ne voit pourtant dans le cercle des idées scientifiques en Allemagne aucune prédominance, aucune influence du nominalisme d'Aristote. Les seules questions que l'on discutât étaient des questions de forme ou de théologie.

Il ne faut cependant pas méconnaître qu'une certaine précision caractérise maintenant les idées. Au xive siècle, l'histoire ne s'écrit plus d'après un modèle épique et idéal ; elle est devenue plus locale et plus précise ; de même aussi les sciences pratiques revêtent un caractère plus positif. L'astrologie et l'alchimie subsistent encore, mais c'est grâce à elles qu'on recueille des matériaux inutiles aux besoins ordinaires, que l'on eût sans elles complétement négligés. Un intérêt particulier rattache l'essor prochain de la zoologie aux travaux d'anatomie humaine du commencement du xive siècle. Mondino, en 1316, suivait encore presque textuellement Galien. Mais déjà la foi aveugle aux autorités est chancelante ; déjà les observations originales commencent en quelques branches. La zoologie ne suivit pas immédiatement ce mouvement, peut-être bien surtout parce qu'avec Aristote on crut avoir trouvé tout ce qu'on devait, tout ce qu'on pouvait savoir. La vérification de quelques-unes de ses données zoologiques confirma encore son autorité si solide pour le reste. Aristote, tel qu'on apprit à le connaître, ne satisfaisait peut-être pas tous les esprits ; mais on ne connaissait rien de mieux, et l'on se contentait de ce que l'on possédait.

L'impulsion vigoureuse que les humanistes donnèrent à la renaissance des études classiques vint à propos pour la zoologie. La scholastique était l'humble servante des besoins hiérarchiques, et, tant qu'elle régna, il n'eût guère servi de connaître les œuvres d'Aristote. Mais des événements nouveaux étaient venus appuyer les premiers essais de réforme ; Rome avait cessé pour un temps d'être la capitale des papes ; le grand schisme de la papauté avait donné une bien triste image du pouvoir religieux ; les écrits et les discussions se multipliaient, apportant toujours plus de lumière, sur les origines de la religion et les rapports de la science et de la foi. L'autorité des ordres mendiants tombait, faisant place au mysticisme allemand, aux doctrines communistes des *fraticelli*. C'étaient surtout des satisfactions spirituelles; mais en même temps s'affichaient les droits d'examen de chacun, et c'est ainsi qu'allait tomber la tyrannie scholastique de la hiérarchie. Les écrivains eurent une action plus considérable encore, et nous ne pouvons oublier de nommer les quatre célèbres théologiens français, Pierre d'Ailly, Jean Gerson, Nicolas de Clémanges et Raymond de Sabonde. Les trois premiers appartiennent plus particulièrement à l'histoire de l'Église; cependant leurs idées de réforme, leur influence dans l'essor général, leur méritent une place ici. Pour le quatrième, aussi connu comme médecin que comme théologien, il est le premier qui, depuis Albert le Grand, élève de nouveau la voix en faveur de la nature et proclame la nécessité d'étudier « ce livre de Dieu, que rien ne saurait altérer. »

Il ne faudrait pas croire que, rompant avec le passé, on n'ait étudié dès lors la nature qu'en elle-même. Les relations avec l'antiquité subsistèrent, mais plus pures et moins altérées. Ce fut en Italie que se manifesta le premier effet d'une tendance nouvelle. D'esprit plus vivace, moins écrasé par les chaînes du scholastisme, ce pays offrait en outre des conditions toutes particulières au développement des sciences, dans ses innombrables petites cours princières. La culture antique n'existait plus, mais la tradition en était vivante encore, et Dante venait de donner une vie nouvelle à ces souvenirs de l'antiquité. Cette renaissance trouva des aliments puissants dans les travaux de Pétrarque, de Boccace, dans les trésors de la littérature ancienne qu'ils ramenèrent au jour. Les malheurs de Byzance furent une coïncidence heureuse; des Grecs lettrés venaient en Italie et à Avignon essayer de rapprocher les deux Églises, ou du moins d'obtenir des Latins un secours contre les envahissements de plus en plus menaçants des Turcs. Après Barlaani nous voyons un maître plus important, Chrisoloras, puis Georges de Trapézonte, puis Bessarion; enfin, en 1430, le premier traducteur de la *Zoologie* d'Aristote, aussi savant en grec qu'en latin, Théodore Gaza. Une nombreuse phalange d'hommes éminents porta d'Italie en Allemagne le goût renaissant des études. Nous rappellerons seulement Conrad Celtes, Érasme de Rotterdam, Jean Reuchlin, Ulrich de Hutten, Philippe Mélanchthon, sans dire ici tous les fruits qu'a portés l'activité de ces premiers maîtres de l'Allemagne. L'humanisme, à ne considérer que le service qu'il rendit de restituer les œuvres de l'antiquité, n'a pas été aussi important pour les sciences naturelles que pour les autres branches des connaissances humaines. Mais alors la science était plus générale, moins spécialisée dans le détail, et l'humanisme lui apporta des aliments puissants ; il éveilla aussi l'esprit d'indépendance. Jusqu'à nos jours cependant, l'enseignement a gardé quelque chose de l'ancienne scholastique ; on ne saurait s'en étonner, la renaissance n'ayant pas complétement rompu avec le passé. Cependant les sources pures de la science antique étaient retrouvées. On exposait la science dans un langage meilleur, mieux adapté, et l'esprit de l'antiquité, accessible à tous, ne disparaissait plus comme autrefois sous des subtilités et des arguties sans fin.

Deux autres faits apparurent au milieu de la rénovation générale : l'un donnait une nouvelle impulsion à l'esprit humain, l'autre reculait à l'infini le champ des sciences naturelles : invention de l'imprimerie, extension des découvertes géographiques. Grâce à la première, tous purent posséder Aristote, qui s'occupaient de zoologie. Répandues par l'imprimerie, ses œuvres ont eu une grande part aux progrès de la zoologie au siècle suivant et à la résurrection de l'anatomie comparée. Le texte grec parut en 1427 ; la traduction latine de Théodore Gaza, rien qu'à Venise, eut cinq éditions successives avant la fin du siècle (s. d., 1476, 92, 97, 98). L'influence des découvertes géographiques n'est pas comparable à celle de l'imprimerie. Ce ne fut que peu à peu et très-lentement que la zoologie s'enrichit par ce moyen de matériaux nouveaux. Les voyages des Portugais et des Espagnols le long des côtes africaines, au cap de Bonne-Espérance et en Amérique, étaient faits pour toute autre chose que pour agrandir l'histoire naturelle. Mais ces voyages apprenaient à connaître des pays nouveaux, multipliaient les objets d'histoire naturelle, et c'était beaucoup déjà pour une science comme la zoologie, qui a besoin du plus grand nombre possible d'observations particulières et de la connaissance des formes du monde entier pour établir des lois générales. Il y avait donc les meilleurs auspices pour la zoologie à la fin du moyen âge. Il restait encore à surmonter bien des obstacles, à faire tomber bien des théories hors d'âge, bien des préjugés ; la méthode entière était à refaire. Mais la voie était trouvée, et désormais le progrès était possible.

CHAPITRE TROISIÈME

LA ZOOLOGIE DES TEMPS MODERNES

ARTICLE Ier

PÉRIODE ENCYCLOPÉDIQUE

Grâce à l'imprimerie, les œuvres autrefois si coûteuses de l'antiquité pouvaient largement se répandre, et en très-peu de temps on fit revivre un nombre extraordinaire d'ouvrages. Les livres n'étaient plus le privilége de quelques riches particuliers ou des grands couvents. On voyait à quelles sources impures on avait cherché la science jusqu'alors. Il fallait, avant tout, retrouver la limpidité première et bien établir, en chaque science, quelles avaient été les doctrines réelles de l'antiquité. La philosophie générale du temps reste encore au pouvoir de la scholastique. Il semble sortir des luttes religieuses un peu plus de mouvement, un peu plus de liberté ; mais il n'y a encore ni but assuré, ni autonomie, et l'on revient toujours aux autorités anciennes ou nouvelles. Personne ne saisissait bien encore ce dont il s'agissait dans l'étude de la nature vivante. On étudiait les plantes pour les besoins de la thérapeutique, et le désir de trouver des simples nouveaux faisait connaître de plus en plus les espèces botaniques ; mais pour les animaux, pendant longtemps encore les savants n'auront guère pour s'en occuper que ce seul motif : admirer Dieu dans ses créatures. La connaissance intime des animaux parut cependant devoir être de quelque utilité aux médecins. L'histoire naturelle prit une tournure biologique et thérapeutique, s'éloignant en général de la physiologie comparée.

Il fallut répondre à un premier besoin, et fonder la zoologie sur les bases solides que donnait la science antique débarrassée de toutes ses obscurités. Comme trois cents ans auparavant, lorsqu'on avait retrouvé Aristote pour la première fois, les travaux qui vinrent d'abord furent des exposés généraux embrassant tout ce que l'on savait à l'époque sur les animaux. Mais en même temps, grâce aux publications multipliées par l'imprimerie, aux rapports et aux échanges plus actifs, on arriva bientôt à reculer les limites du règne animal par des observations directes. L'autorité des anciens maîtres ne régnait plus absolue, on lui ajoutait pour l'aider l'expérience personnelle.

Le droit de recherche et de libre pensée reconnu à chacun amena plus de liberté dans les relations individuelles. Des cercles scientifiques commencent à se former, dont on ne voit guère trace au moyen âge, si ce n'est dans les différentes écoles. Johann von Dalberg, à Heidelberg et à Mayence, Cosme de Médicis, à Florence, réunissent autour d'eux des savants; le dernier même appelle son cercle florentin, Académie platonicienne; Vittorino de Feltre fonde l'Académie de Mantoue. Ce ne sont pas encore des sociétés savantes comme nous les comprenons aujourd'hui; il n'y a encore ni organisation ni but défini, mais ces cercles en sont les précurseurs et ils nous montrent le désir arrêté de réunir les forces, peut-être même de répartir scientifiquement le travail pour mieux explorer les régions encore obscures de la science. Ici aussi l'Italie fut la première. Après l'Académie platonicienne, l'Académie des sciences de Padoue (1520), l'*Academia secretorum naturæ* (1560), l'Académie Pontani à Naples; ces trois premières n'eurent pas une longue existence, les papes les fermèrent. A Rome même, l'*Academia dei Lincei* (1590) se donnait pour mission d'éclaircir les secrets de la nature, et prenait pour emblème le lynx, dont la clairvoyance extraordinaire est célèbre dans la fable. Ce ne fut que plus tard que l'Europe centrale entra dans le mouvement; nos trois académies les plus anciennes ne datent que de la période suivante.

Il y avait donc communauté de travail, ou peut-être seulement d'intérêt, et l'histoire naturelle en profitait. Un autre avantage lui venait des voyages et des collections auxquelles ils donnaient lieu. On faisait des explorations aux contrées lointaines, mais on en faisait surtout aussi dans nos propres pays, dans des contrées et des mers connues, pour étudier avec soin les moindres objets de la nature. Ces collections ne furent d'abord que de simples cabinets de curiosités, et bien rarement quelque méthode apparaît chez les collectionneurs [1]. On était d'ailleurs limité à certains objets, car on ne savait pas conserver : les méthodes et les moyens de conservation manquaient encore. L'esprit-de-vin ne fut employé que plus tard, et l'on ne pouvait guère garder que des objets secs. Cela suffisait pour apprendre quelle importance il y avait à pouvoir comparer directement les objets entre eux.

Ne pouvant tout conserver en collection, on employa le dessin lorsqu'une simple description paraissait insuffisante. Auparavant déjà, dans les manuscrits du *Physiologus* ou des encyclopédistes du XIII° siècle, on trouve représentés des animaux. Ce sont à peine des figures d'histoire naturelle ; il n'est pas toujours impossible de les reconnaître ; mais dès qu'il s'agit de formes étrangères, la fantaisie du dessinateur ne connaît pas plus de limites que pour les monstres fabuleux. L'art, à cette époque, achevait de briser les barrières conventionnelles et gagnait en grandeur en se rapprochant de la nature ; par une juste conséquence, les représentations d'animaux gagnèrent en fidélité, en charme et en liberté. Il faut ajouter que la xylographie prit un grand développement, assurant aux dessins une immense propagation. Je sais bien qu'à cette époque déjà quelques éditeurs faisaient servir les mêmes gravures à illustrer des ouvrages différents. Mais pour des lecteurs qui devaient apprendre progressivement à voir dans la nature des objets d'étude scientifique, cette circonstance même était favorable. On prit l'habitude d'illustrer les grands ouvrages de dessins d'animaux ; en même temps se formait l'art du dessin anatomique. Les premières œuvres portèrent surtout sur l'anatomie humaine ; mais déjà dans l'ouvrage sur les squelettes d'animaux de Volcher

---

[1] On peut voir, par l'exemple suivant, quel intérêt de curiosité surtout s'attachait à ces objets. Justus Jonas junior, dans une lettre au duc Albert de Prusse, datée de Wittenberg, 6 mai 1559, le prie d'envoyer, pour le prince électeur de Saxe, une patte d'élan entière *(Elendsklaue)*, « avec les grands os et les poils jusqu'au genou. Cet objet est ici très-rare et peu connu. » Je dois cette communication, tirée des Archives de Kœnigsberg, à l'obligeance de mon honoré collègue, M. le professeur G. Voigt.

Coiter, ce sont les dessins qui forment la partie la plus importante.

Quelque influentes que pussent être toutes ces conditions
dans le développement de la zoologie, elles n'auraient amené
aucun progrès, si l'esprit tout entier de l'époque n'avait eu une
direction nouvelle. Il fallut quelque temps encore, surtout en
Allemagne, pour se débarrasser de la foi aveugle aux autorités et
ne plus demander aux livres, mais à la nature elle-même, ses
secrets. Mais le mouvement intellectuel au xvi° siècle fut assez
puissant pour ébranler la confiance aux connaissances classiques. La philosophie scholastique devait disparaître, faire
place à une philosophie s'appliquant mieux aux objets ; c'est là
ce qui caractérise cette période.

Le doute religieux précéda le doute scientifique. Ce fut moins
la foi en elle-même que l'abus que fit l'Église de ce qu'on appelait le trésor de la grâce, qui provoqua cet examen des rapports
de chaque âme avec Dieu. Luther opposait à la puissance autori-
taire de l'Église au moyen âge, la Parole divine interprétée par
la raison, et de jour en jour des défenseurs plus nombreux se
levaient pour la raison, contre la foi aveugle aux autorités. Le
doute et la critique prirent d'abord l'habit de la satire ; nous rappellerons seulement l'*Ecclesiastical Polity* de Richard Hooker
et l'œuvre satirique de François Rabelais. Autre événement :
Copernic démontre que le monde de Ptolémée n'est qu'erreur et Kepler et Galilée adoptent ses opinions, malgré l'autorité d'Aristote, malgré la Bible qu'on leur oppose. Galilée
introduit l'expérience et les mathématiques dans la recherche
des lois naturelles. Il n'y eut pas là profit direct pour la zoologie,
mais c'était une impulsion générale à laquelle elle ne put échapper. Dans tous les travaux scientifiques ultérieurs on retrouve
l'influence vivifiante du scepticisme de Descartes et des essais de
François Bacon d'une philosophie naturelle. C'est à tort que de
nos jours on a accusé lord Verulam d'être parfois absurde et
inconséquent avec lui-même. Il y a des choses folles dans ses
expériences, et, en bien des points, il aurait pu de son temps
déjà acquérir des notions plus exactes ; mais on n'a jamais cherché son influence et son mérite dans les faits nouveaux qu'il
peut avoir trouvés. Il ne faut pas oublier qu'il dépendait
entièrement à cet égard des moyens que lui fournissait son
époque. Mais le premier il apprit à se défier des causes finales
comme moyen d'explication, le premier il recommanda dans

chaque cas particulier de rechercher la cause de l'effet observé. Comme Aristote, il n'a pas distingué nettement l'induction et l'abstraction ; il a commis l'erreur de soumettre toute la logique à l'induction, et par suite a beaucoup trop négligé toutes les autres méthodes heuristiques. Mais le premier il a donné à l'induction sa véritable portée, en montrant qu'elle fournit des principes d'une généralité plus grande que ceux que renferment les faits isolés. En d'autres termes, depuis Bacon, c'est l'induction qui fait servir les faits à augmenter nos connaissances, c'est par elle que se fondent les vérités scientifiques [1].

Nous ne pouvons nous étendre ici sur les résultats immédiats qu'ont eus les travaux littéraires et surtout les travaux zoologiques de cette période. Elle était près de sa fin lorsqu'ils apparurent ; il y a loin d'ailleurs entre les événements qui préparent une nouvelle tendance dans l'histoire et ceux qui en assurent l'accomplissement régulier. Ce n'est peut-être qu'aux derniers jours de la zoologie qu'on a vu clairement les résultats de cette méthode scientifique. Cependant, chez les naturalistes de l'époque, ce mouvement ne saurait passer complétement inaperçu ; il était une condition fatale du temps, et ils se trouvaient en plein courant. Ce qui en résulta de plus important pour la zoologie, ce fut la nécessité reconnue des observations, le besoin bien établi de voir par soi-même ou de n'admettre que sur des preuves certaines. Les descriptions commencèrent à être plus claires, moins chargées de fables et de préjugés ; elles furent plus dignes de confiance. Bientôt il vint s'ajouter une nouvelle conséquence. Plus on observa directement la nature, et plus, en Allemagne surtout, on y trouva d'intimes jouissances. Cette conception troublée du règne animal, où la créature est inséparable du péché, fit place au besoin — Albert le Grand, Raymond de Sabonde, etc., avaient ouvert la voie — d'admirer dans l'animal la sagesse et la majesté du créateur.

Dans les travaux dont nous nous occuperons immédiatement, il faut distinguer deux courants. L'un essaye de classer le règne

---

[1] Le vrai fondateur de l'induction est certainement Kepler. Son influence est demeurée restreinte en d'étroites limites pour l'étude morphologique de la nature organisée. A l'égard de cette dernière les moyens manquent encore de donner à l'induction une base mathématique. Il en résulte qu'elle prend beaucoup plus le caractère d'une méthode heuristique, au sens le plus étroit du mot ; c'est ce qui a souvent conduit à la confondre avec la spéculation. Mais au fond la marche est la même que dans les autres sciences.

animal ; un seul livre le représente, qui se rapproche beaucoup d'Aristote. Dans l'autre nous trouvons des ouvrages d'érudition, d'observations personnelles de l'auteur, qui cherche plutôt à décrire les espèces qu'à les classer. Le premier de ces deux genres a plus de mérite réel pour le savant, le second frappe plus par l'étendue, le détail et les particularités de la description.

Le premier ouvrage systématique est d'Édouard Wotton. Né en 1492 à Oxford, il exerça la médecine à Londres et y mourut en 1555. Il nous apprend, dans sa préface datée de 1551, qu'il a consacré beaucoup de temps à son *De differentiis animalium*, qu'il ne publia que sur les instances de ses amis. Cet ouvrage, imprimé à Paris en 1552, contient dix livres. Dans les trois premiers, il donne un exposé général des parties du corps animal, il y montre aussi comment les animaux peuvent différer de cent façons : par la présence ou l'absence de certaines parties, par les mœurs, les mouvements, les conditions de reproduction, la nourriture, les sens, la respiration, etc. Ces différences, cependant, ne lui servent pas à établir de grands groupes (qu'il appelle encore grands genres, comme Aristote). Dans le troisième livre, il passe en revue les « différences » des animaux pourvus de sang, qu'il oppose comme genre principal aux animaux qui n'en ont point. Il examine successivement les parties extérieures, les parties profondes, les parties semblables, la reproduction et les mœurs. L'énumération des parties servant à l'alimentation ou à la médecine interrompt la description anatomique, qu'il termine par deux chapitres sur les excrétions et le lait.

Dans ses vues anatomiques, Wotton est le disciple direct d'Aristote ; ainsi pour lui la chair ne sert qu'à revêtir les os, ou dans le cœur à combler les lacunes des fibres, etc. C'est encore d'après Aristote qu'il met l'homme au commencement des animaux pourvus de sang (4e livre). Dans le cinquième livre, les quadrupèdes vivipares sont classés, d'après la forme du pied, en solipèdes, bisulques et pieds fourchus. Le sixième livre réunit sous le nom de *Pholidota* les quadrupèdes ovipares et les serpents. Au septième livre, les oiseaux sont divisés en oiseaux à doigts libres, oiseaux de proie, oiseaux d'eau aériens, oiseaux d'eau lourds ; à ce dernier groupe se rattache l'autruche. Le huitième livre est consacré aux animaux aquatiques pourvus de sang, « savoir le genre des poissons et le genre des cétacés. »

Parmi les poissons, il distingue les cartilagineux et les poissons
plats, et traite des autres selon leur habitat particulier. Il y a
un chapitre spécial pour les poissons que leur grosseur a fait
prendre souvent pour des cétacés. C'est bien la preuve que
Wotton distinguait les deux groupes aussi nettement qu'Aristote. Le neuvième livre commence la description des animaux
privés de sang par les insectes (arachnides compris), pour lesquels il n'établit pas de grandes divisions. Le dixième livre traite
du reste des animaux inférieurs, partagés en quatre groupes :
les mollusques, au sens d'Aristote (céphalopodes et téthys); les
crustacés, les testacés (oursins, colimaçons, bivalves et balanes);
enfin les zoophytes. Dans ces derniers il met les holothuries,
les étoiles de mer, les méduses, les orties de mer (actinies), les
éponges. Il ne donne pas pour ses groupes des caractères anatomiques rigoureux; il évite aussi de trop généraliser et
préfère s'en tenir à ce qu'il dit de chaque forme en particulier.
Il n'y a pas, dans ses grands groupes, de plan qui coordonne les
espèces; les caractères de celles-ci ne sont pas bien solides en
général, mais Wotton fait preuve d'une véritable pénétration
zoologique, car il ne réunit guère que les animaux réellement
voisins pour la plupart. Il donne bien dans un chapitre le renard
et le lièvre, dans un autre la taupe et la chauve-souris, mais il
ne dit nullement qu'il y ait entre eux la moindre parenté. Dans
d'autres chapitres on trouve les premiers essais de rapprochement entre des formes voisines.

L'ouvrage de Wotton restaurait l'édifice zoologique d'Aristote et donnait le premier essai de classification naturelle [1],
telle que la permettait l'état des connaissances zoologiques.
Bien qu'il marque le moment où la science entra dans la voie
qui seule pouvait conduire au progrès, il fut loin d'avoir le succès qui s'attacha aux ouvrages analogues de la même époque. Il

---

[1] Cuvier (*Hist. des sc. natur. depuis leur origine*, etc., t. II. Paris, 1841,
p. 62) dit que l'*Histoire des animaux* de Pétrus Gyllius, faite d'après Élien, a servi
de base à tous les travaux ultérieurs, et en particulier à celui de Wotton. Isidore-
Geoffroy Saint-Hilaire place Gyllius comme zoologue à côté de Wotton et de Salviani
(*Hist. natur. géner. des règnes organiques*, t. I, p. 38. Paris, 1854). L'ouvrage
auquel il se rapporte est : *Ex Æliani historia latini facti, itemque ex Porphy-
rio, Heliodoro, Oppiano, luculentis accessionibus aucti libri XVI, de vir et
natura animalium*, Lugduni, 1583. On ne peut admettre que cet ouvrage ait exercé
quelque influence sur Wotton. Il cite en tout Gyllius huit fois, et seulement comme
autorité pour les écrivains anciens, ainsi : « sic Gyllius ex Æliano », « Gyllius ex
auctore quodam incerto. » Gyllius n'a pas publié les observations qu'il avait recueillies
ui-même dans ses voyages, à l'exception de ce qui se rapporte à l'éléphant.

n'a pas été réimprimé, il n'a été traduit en aucune langue, bien
qu'il fût d'un format plus commode que maint autre ouvrage.
Cela tient peut-être à sa précision un peu sèche, peut-être à
l'absence de détails sur les nouvelles espèces qui venaient
d'Amérique ; l'auteur n'en dit rien, tandis que ses rivaux ne né-
gligeaient jamais de les faire connaître à leurs lecteurs, souvent
même sur des renseignements plus qu'insuffisants. Mais à l'égard
des animaux fabuleux, il a usé d'une critique plus sévère qu'on
ne l'avait fait avant lui, et que bien des auteurs ne le firent après.
S'il parle de la mantichore, des griffons, du phénix, il n'oublie pas de dire « s'il faut en croire Élien », ou « on raconte », etc. ; bref il prévient toujours que le fait est peu digne
de foi.

L'œuvre ésotérique de Wotton reliait Aristote et les tendances plus objectives de l'époque ; mais elle ne se répandit
que dans un petit cercle de lettrés et ne devint jamais populaire. D'autres livres développèrent les idées qui commençaient
à poindre dans les esprits indépendants et éclairés du xvie siècle.
Ce ne fut pas d'ailleurs sans une lutte assez vive. Il fallut attaquer des préjugés bien anciens, bien répandus, des erreurs bien
enracinées ; il suffit, pour nous en convaincre, de jeter un coup
d'œil sur la littérature populaire et de voir comment elle traitait
les animaux. L'humanisme avait fait des progrès si rapides, si
étonnants, que la nature délaissée faisait partout place aux anciens, partout admirés, partout redevenus les maîtres ; bien
plus, la scholastique était à peine vaincue, et déjà, malgré les
réformes qui s'essayaient de tous côtés, on sentait renaître l'esprit de dogme. L'imprimerie favorisait ce courant général et
répandait, avec les œuvres du xiiie et du xive siècle, des idées
que la science naissante allait immédiatement avoir à combattre.
Le *Livre de la Nature* de Conrad von Megenberg eut cinq
rééditions jusqu'en 1500, et deux autres encore au xvie siècle,
1536 et 1540. Bartholomæus Anglicus eut quatorze ou quinze
rééditions jusqu'en 1500, et six autres au xvie siècle. Cet esprit
se retrouve même dans des ouvrages bien postérieurs ; par
exemple dans le « *Welt Tummel und Schau-Platz* » d'Égidius
Albertinus [1]. Son auteur dit « l'avoir colligé dans de bons et

---

[1] Æg. Albertinus, *Der Welt Tummel und Schau-Platz* : « Sampt der bitter-
süssen Warheit, darinn mit Einführung vieler schœner und fürtrefflicher Discursen nit
allein die natürliche, sondern auch die moralische und sittliche Eigenschaften und
Geheimnussen der fürnemsten Creaturen und Geschœpf Gottes sehr lustig geist und

solides auteurs », mais il ne tient compte d'aucun de ses devanciers immédiats, comme Gesner ; il se rattache immédiatement
aux auteurs du xiiie siècle, à leurs histoires et à leurs moralisations. Même manque de critique, même absence de fond dans le
Recueil d'histoires merveilleuses de Mizaldus ; nous le voyons
cependant souvent cité encore assez tard[1]. Ce n'est pas que dans
des compilations générales qu'on entassa cet inutile fatras. Il
parut des ouvrages de descriptions particulières qui sont de
même étoffe, le *Nic. Marescalei Thurii historia aquatilium*,[2]
Rostock, 1520, par exemple, que Gesner a jugé très-sévère-
ment au quatrième livre de son ouvrage des animaux, à l'énumération des auteurs. Dans les ouvrages généraux d'éducation,
les animaux, lorsqu'on en parle, ne sont pas mieux compris.
Nous rappellerons seulement le *Lucidarius* ou *Elucidarius*,
ouvrage didactique sous forme de dialogues, qui, dans la description des différentes parties du monde, réédite toutes les
vieilles histoires merveilleuses d'autrefois. L'Asie nourrit encore ses hommes fabuleux comme dans Ctésias et dans Hérodote : les acéphales, les cynocéphales, les nains, qui vivent de
l'odeur des pommes, etc. ; plus loin reparaissent les dragons,
les mantichores, leucrocottes, licornes, toutes ces vieilles connaissances de l'antiquité. L'*Elucidarius*, destiné au peuple, fut
très-répandu par l'imprimerie. Paru pour la première fois
en 1479, il eut quelques éditions jusqu'en 1500, et un grand
nombre après ; les premières portent la date de l'année ; plus
tard il y a seulement : « imprimé cette année ». Aujourd'hui encore, on le débite au vulgaire, presque dans sa forme primitive,
à nos marchés et à nos foires[3].

Nous venons de faire l'histoire de la traduction allemande de
l'*Elucidarius* latin, mais comme son prédécesseur, le *Physiologus*, il fut traduit dans presque toutes les langues de l'Europe : italien, français, anglais, bohémien, bas-allemand, hollandais, irlandais, suédois, danois[4].

---

politischer Weiss erklært, etc. » München, 1612, in-4°. Nous y remarquons entre
autres l'histoire du poisson *Chelion*, toute pareille à celle de Thomas de Cantimpré.

[1] Mizaldus, *Memorabilium utilium Centuriæ IX*. Francofurti, 1599, in-12.

[2] Cet ouvrage, des plus rares, est cité dans Beckmann, *Geschichte der Erfindungen*, vol. III, p. 431. Je n'ai pas vu ce livre par moi-même.

[3] Voy. Wackernagel, *Die altdeutschen Handschriften der Basler Universi-
täts Bibliothek*. Basel, 1836, p. 19. Comp. aussi Hoffmann, *Fundgruben*. 2me part.,
p. 103, rem. 6.

[4] Le *Lucidarius*, attribué ordinairement à Anselme de Canterbury, appartiendrait,

C'étaient là, dès l'abord, des obstacles pour l'étude scientifique de la nature ; mais d'autres circonstances devaient lui être
favorables. Nous avons déjà vu les principales ; deux autres encore sont peut-être plus discutables. Quelques mots d'abord des
ménageries et des parcs à animaux : rares encore dans nos pays,
dès la fin du xv⁰ siècle ils faisaient partie nécessaire du luxe
princier des petites cours italiennes. On y trouvait des animaux
exotiques : zèbres, girafes, éléphants, rhinocéros ; les villes riva-
lisaient avec les seigneurs à entretenir des lions ; les léopards
étaient élevés pour la chasse, etc[1]. Mais, comme autrefois déjà,
ces usages furent de peu de profit pour le développement de la
science. En effet, c'est à Constantinople que Pierre Gyllius fit la
première description d'après nature de l'éléphant ; c'est en Orient,
où il accompagnait Bernhard de Breydenbach, que le peintre
Erhard Remich fit le premier dessin de la girafe, qui se répandit
ensuite par la gravure. Pas plus qu'autrefois, on n'utilisait donc
les sujets que l'on avait à sa portée dans nos propres pays.

Un caractère généralement pratique se révèle dans la plupart des ouvrages du temps. Ajoutons encore que les progrès
de la thérapeutique, utiles surtout à la botanique, attirèrent
aussi l'attention sur le règne animal ; bien qu'encore exclusifs
dans leurs idées, les médecins commencent à se familiariser
avec certaines formes animales. Les ouvrages dont il nous reste
à parler ne manquent jamais, à côté de la description zoologique,
de donner plus ou moins longuement les propriétés médicinales
des animaux, de leurs différentes parties ou de leurs excrétions.

Adam Lonicer, dont nous parlerons d'abord, est un de ces
naturalistes qui préférèrent réunir tout ce que l'on connaissait
sur les animaux, qu'à essayer de classer ces matériaux de jour
en jour plus nombreux. A cet égard, le médecin de la ville de
Francfort, quoique inférieur à ceux qui vont suivre, est un
excellent exemple ; il est d'ailleurs plus connu comme botaniste.
Lonicer naquit en 1528 à Marbourg, où il fit ses études ; reçu
très-jeune magister, dès 1553 il est médecin de la ville à Franc-

---

d'après C.-J. Brandt, à Honorius Augustodunensis ; voy. *Lucidarius*, in : « Folkebog
fra Middelalderen udgive af det nordisket Literatur-Samfund ved C.-J. Brandt. »
Kjobenhaven, 1849, p. V. Honorius vivait au xii⁰ siècle, et on peut tout au plus lui
attribuer un remaniement du *Lucidarius*. Mone *(Anzeiger*, III, 1834, 311) a fait
connaître quelque chose de très-analogue du x⁰ siècle déjà. Brandt indique aussi les
traductions du *Lucidarius*.

[1] Pour plus de détails, voy. Burckhardt, *Die Cultur der Renaissance in Italien.*
Basel, 1860, p. 288.

fort ; il s'y maria avec la fille du libraire Christian Egenolph, et mourut en 1586. Nous avons parlé de son mariage, car c'est peut-être par les relations qui durent le précéder avec Egenolph que Lonicer fut amené à publier sa compilation ; son beau-père avait déjà édité plusieurs ouvrages d'histoire naturelle, avec des bois qui servaient plusieurs fois. L'ouvrage de Lonicer parut en 1551 sous le titre : *Naturalis Historiæ opus novum*[1]. La partie la plus considérable est la botanique, avec 268 feuilles ; la zoologie ne comprend que 41 feuilles. L'auteur commence, sans introduction zoologique, par une étude diététique médicale des parties et humeurs des mammifères ; il traite successivement de la chair, du sang, du lait, du beurre, du fromage, de la graisse, de la moelle, de l'urine et des fèces. Vient après un chapitre sur le miel, une énumération des parties de l'homme employées en médecine. Le mouton commence la série des animaux domestiques : bœuf, buffle, chèvre, cochon, cheval, âne, mulet, chien, chat. Les descriptions sont très-rapides, ne sont basées sur aucun caractère constant, et témoignent seulement d'une connaissance générale des espèces ; les usages thérapeutiques sont traités avec plus de détail. Le lion, l'éléphant, le chameau, sont les seuls mammifères exotiques ; puis suivent immédiatement : la grenouille, le crapaud, le crocodile, le scinque, différentes espèces de serpents, le basilic, les dragons, l'araignée, le ver à soie, la fourmi, le ver de terre, le cloporte, l'escargot, les chenilles. Dans tout cela et dans ce qui suit aucun ordre scientifique, aucun essai même d'y arriver. Il commence l'histoire des animaux ailés par une étude des propriétés des œufs, énumère ensuite des espèces connues, et termine par les abeilles, les guêpes et quelques coléoptères. Même méthode pour les animaux aquatiques, où les crabes, les céphalopodes, les cétacés et les coquillages sont placés au mi-

---

[1] Le titre complet indique déjà les tendances du livre : *De vera cognitione, delectu et usu omnium simplicium medicamentorum quorum et medicis et officinis usu esse debet*. Ce fut naturellement Ch. Egenolph qui l'édita. Il parut en allemand sous le titre : *Kraüterbuch* (livre des herbes), tout en comprenant les animaux. Il fut réédité par P. Uffenbach ; il eut encore plusieurs éditions, même au xviii⁰ siècle. Un seul fait montrera comment on s'inquiétait des gravures, dans l'édition de 1716, Ulm ; la copie d'un animal, publié d'abord comme *Tatou* par Claudius, est donnée comme portrait de la civette. — Il ne faut pas oublier qu'outre les traités généraux d'histoire naturelle, il parut à l'époque beaucoup d'ouvrages de matière médicale, où l'on trouve également des descriptions d'animaux. Nous rappellerons l'*Ortus sanitatis*, sa traduction allemande, *Den Gart der Gesundheit*, l'*Aggregator practicus de simplicibus*, l'*Experimentarius medicinæ*; dans ce dernier reparaît la *Physica*, de saint Hildegard. Matthioli (Dioscorides), Bauchin, etc., se sont occupés également des animaux.

lieu des poissons. Il décrit en dernier lieu le pouvoir merveilleux de la rémora, qui arrête les plus grands vaisseaux comme
un aimant, ce dont il ne semble nullement douter. Des gravures
sur bois représentent la plupart des animaux, à une échelle
très-restreinte, mais elles sont bien supérieures aux caricatures
antérieues. Cuvier lui a reproché à tort d'avoir inventé les
figures lorsqu'il n'avait pas les animaux sous la main. Le dessin
de la salamandre n'est pas mauvais ; et ce n'est pas lui le premier qui a inventé ceux du phénix, des dragons, du basilic,
pour remplir une lacune inévitable. Mais à coup sûr Lonicer ne
peut pas compter comme observateur. Ses citations ne sortent
pas d'un très-petit cercle de classiques et de médecins modernes. Il donne aussi les appellations vulgaires des animaux,
ce qui ne laisse pas que d'être utile à certains égards.

Il n'était peut-être pas indispensable de rapporter ici un auteur
comme Lonicer, qui n'a rien été, à proprement parler, dans
le progrès des sciences zoologiques. Quoi qu'il en soit, son livre,
très-répandu, a duré jusqu'à une époque relativement moderne ;
c'est un témoin qui nous montre l'esprit particulier du public instruit des siècles passés, où ces sortes d'ouvrages passaient pour
excellents. Lonicer, comme zoologiste, n'a été qu'un compilateur.
Mais nous allons lui opposer un nom à qui, dès cette époque,
l'Allemagne doit d'avoir ouvert des voies nouvelles en zoologie,
Conrad Gesner, qui réunit à l'érudition allemande le don des observations minutieuses. Gesner a emprunté beaucoup aux
observations de ses contemporains et aux ouvrages qui venaient de paraître ; il serait certainement intéressant à cet égard
d'examiner ce que la littérature du temps mettait à sa disposition. Mais les documents dont il usa surtout sont des études
particulières à certains groupes du règne animal, comme les ouvrages de Belon, de Rondelet, etc., et nous les verrons plus loin.
Le talent propre de Gesner fut de tout pouvoir embrasser.

On a souvent retracé tous les détails de la vie de Gesner [1] ; il
est nécessaire de revoir ici les plus importants, car il représente, à plus d'un titre, un type de savant allemand, et nous
ne pouvons taire ce que lui doit la zoologie moderne. Conrad

[1] Voy. surtout Schmiedel, première partie de son édition: Gesner, *Opera botanica*.
Nuremberg, 1751 (latin). Voy. aussi *Memoir of Gesner*, dans Sir W. Jardine's
Naturalist's Library (Horses, by Ch. Hamilton Smith. Edinburgh, 1841). On trou-
vera les dates principales dans le rapide extrait de Cuvier *(loc. cit.*, p. 83), dans
E. Meyer, *Gesch. der Botanik*, vol. IV, p. 323 et *passim*.

Gesner naquit le 26 mars 1516 à Zurich, du pelletier Urs Gesner; son père trouva la mort dans les rangs des réformés, au
combat de Zug (avec Zwingli, 1531). Le jeune Conrad eut pour
premier maître son oncle maternel le prédicateur Friccius, qui
lui fit étudier les langues, et sut en même temps lui inspirer un
goût très-vif pour les plantes, l'horticulture et tout ce qui tient
à la nature. Il perdit ce maître avant même la mort de son père,
et fut quelque temps élève de J.-J. Amminus. Après la mort de
son père, ne pouvant, à cause de sa propre santé, et aussi
à cause des troubles qui agitaient la Suisse, pousser plus loin
son instruction dans son pays natal, il vint à Strasbourg, auprès de Capito, que, d'après ses propres paroles, « il suivit
quelques mois, non sans profit pour les sciences ». Il s'y appliqua surtout à l'hébreu, donnant en même temps des leçons
de grec. Grâce à un léger subside de sa ville natale, il vint en
France, d'abord à Bourges, où il étudia la médecine tout en
donnant des leçons pour ajouter à ses ressources. A dix-huit
ans (1534), il se rend à Paris où, dit-il, il ne fit que peu de progrès pour l'objet spécial de ses études ; mais il y profita largement de la belle occasion qu'il avait d'approfondir les trésors
des littératures grecque et latine. Il n'eut pas longtemps les
moyens de continuer à Paris ces études générales faites un
peu à l'aventure ; l'appui même d'un riche jeune homme de
Berne, Jean Steiger, qui lui fut plus d'une fois d'un grand secours, était insuffisant. Il fallut donc retourner à Strasbourg ;
bientôt l'invitation vint l'y trouver d'aller occuper une chaire à
Zurich. Il s'y maria dès l'âge de vingt ans. Avec un nouveau
secours du Conseil d'instruction de Zurich, il alla reprendre à
Bâle le cours interrompu de ses études médicales. Mais il avait
besoin de gagner sa vie, et en 1537 il entreprend une édition du
dictionnaire grec de *Phavorinus*. Cette année même sa position
s'améliora, il obtint une chaire dans l'établissement fondé à Lau-
sanne par l'État de Berne. Pendant les trois ans qu'il y demeura,
il fit de l'histoire naturelle tout en se livrant à ses fonctions.
C'est là qu'il composa l'Enchiridion de l'histoire des végétaux,
paru en 1541, et le Catalogue des plantes, imprimé en 1542.
Cependant sa ville natale lui fournit encore une fois de quoi continuer ses études médicales ; il vint à Montpellier où il fit
connaissance et se lia d'amitié avec Rondelet ; il retourna
ensuite à Bâle, d'où il rentra comme docteur en médecine en
1541, à Zurich. Aussi occupé que consciencieux, il réunit

aux devoirs du médecin privé les fonctions de médecin de la ville, dont il ne s'éloigna plus jusqu'à sa mort que pour quelques voyages de peu de durée. Ces voyages avaient un double but : il approfondissait ainsi l'histoire naturelle de son propre pays, et, par les matériaux qu'il recueillait dans les collections étrangères, par les relations nombreuses qu'il formait, il se créait autant de ressources pour achever l'exécution du vaste plan qu'il avait conçu. Il visita Augsbourg, Venise, Vienne, et « mit en mouvement, dans ces différents pays, tous ses correspondants littéraires pour se procurer les descriptions et les dessins de ce qui offrait quelque nouveauté. » Gesner ne donna pas qu'à sa science favorite son activité littéraire, il la dépensa largement aussi en traductions, en publications d'auteurs anciens ; son zèle charitable alla même jusqu'à terminer pour d'autres des ouvrages incomplets, ou leur écrire des préfaces qui en rehaussent singulièrement la valeur ; on est vraiment étonné quand on parcourt le catalogue de ses ouvrages, tel qu'il nous l'a laissé en partie lui-même [1]. Son dévouement, comme médecin, ne mérite pas moins d'éloges ; en 1564, la peste sévissait à Zurich, il se dévoua et fut très-utile à sa ville natale ; le fléau l'épargna, bien qu'il fût toujours maladif et qu'il lui fallût, à plusieurs reprises, demander une amélioration à des bains voisins de Zurich ; l'année suivante la peste revint, il resta à son poste, et cette fois-ci n'y échappa point. Il mourut le 13 décembre 1565, n'ayant pas encore cinquante ans accomplis.

Les tendances de Gesner, la marche même de ses études, devaient l'amener à concevoir pour sa Zoologie un plan très-étendu. Albert le Grand avait tenté d'embrasser et de publier tout Aristote en s'appuyant sur ce que l'on savait en zoologie de son temps ; Gesner aussi voulut décrire le règne animal, non-seulement au point de vue de l'histoire naturelle elle-même, mais aussi de la médecine et de la civilisation en général. Ses premiers écrits botaniques ont trait surtout à la nomenclature des végétaux et à la détermination des formes connues des anciens. Dans l'étude du règne animal, cette direction philologique n'existe plus, et le plan qu'il

---

[1] Parmi les travaux de Gesner, portant sur des matières étrangères à l'histoire naturelle, il convient de citer les traductions grecques de Stobée, Héraclite de Pont, etc. « Il a donné une excellente édition d'Élien ; sa *Bibliothèque universelle* est, pour l'époque, un véritable traité de bibliographie ; et son *Mithridate* est presque, pour la linguistique, ce que ses autres grands ouvrages sont pour l'histoire naturelle. » Is. Saint-Hilaire, *Hist. des règnes organiques*, I, p. 42.)   A. S.

adopte embrasse tout ce que l'on sait sur les animaux. On objectera peut-être que ce n'est, après tout, qu'une simple « compilation », comme on dit de ce genre de travaux pour en marquer l'infériorité relative. Mais il faut pour ces compilations un talent « plus rare qu'on ne croit. » Pour servir réellement à la science, ces travaux demandent plus que des lectures étendues ; il faut surtout un intérêt réel, des connaissances spéciales et un coup d'œil juste qui ordonne tout l'édifice. Tels sont les éléments de ce talent, que Gesner possédait au plus haut degré [1]. Voici, dans la préface à l'Histoire naturelle des mammifères, comment il s'exprime lui-même sur la compilation littéraire : « Quelques personnes diront peut-être qu'on ne doit écrire l'histoire que d'après les meilleurs livres ; pour moi, je n'en ai dédaigné aucun ; aucun livre n'est si mauvais que la critique n'y puisse trouver du bon. ». Son but était d'être aussi commode que possible, et son livre en a gardé le bénéfice presque jusqu'à maintenant. « On ne peut savoir combien il est long et difficile de comparer les différents auteurs, de tout fondre en une forme unique, de ne rien oublier et de ne pas se répéter, que lorsqu'on a soi-même essayé un pareil travail. J'ai donné tous mes soins à mon ouvrage ; je voulais qu'il fût inutile désormais de recourir à d'autres auteurs pour les sujets qu'il traite ; que l'on fût assuré d'y trouver tout ce qui est relatif à la matière ; que l'on eût, en quelque sorte, toute une bibliothèque dans un seul livre. » En ce genre, Gesner a vraiment atteint l'impossible [2], et ses citations sont d'une critique si scrupuleuse, qu'elles rehaussent encore la valeur et l'utilité de son œuvre. Il ne s'en rapporte pas d'ailleurs à ce qu'il trouve dans les auteurs ; il cherche par la dissection ou par des témoignages authentiques plus récents à donner la confirmation aux faits que fournit la littérature.

Le livre de Gesner a pour titre : *Histoire des animaux,* il

[1] L. Ranke, *Deutsche Geschichte im Zeitalter der Reformation*, vol. V, 4° édit. p. 346.

[2] L'immense réputation qui s'est attachée au nom de Gesner atteste assez combien il sut réussir dans son plan. Boerhaave l'appelle un prodige d'érudition *(monstrum eruditionis)*; Tournefort lui décerne le titre de « Père de toute l'histoire naturelle, celui dont les œuvres offrent le magasin le mieux fourni *(totius historiæ naturalis parens ac veluti promptuarium)*. » Presque tous les auteurs qui ont écrit sur l'histoire de la zoologie s'accordent à voir en lui le plus grand naturaliste de son siècle, tant il a su satisfaire à toutes les exigences que réclamaient les progrès de la science d'alors.　　　　　　　　　　　　　　　　A. S.

parut d'abord en latin en 1551 [1]. Il est ainsi divisé, que chacun des grands groupes du règne animal occupe un volume ; le premier donne les mammifères, le second les quadrupèdes ovipares, le troisième les oiseaux, le quatrième les poissons et animaux aquatiques. Il n'en parut pas davantage du vivant de l'auteur. Après sa mort on tira, des matériaux qu'il avait laissés, un cinquième livre sur les serpents ; du livre qu'il avait en projet sur les insectes, il ne fut publié qu'un fragment : la description du scorpion [2]. On est vraiment étonné de l'étendue de l'œuvre de Gesner, qui ne comprend pas moins de quatre mille cinq cents pages in-folio, et plusieurs centaines de gravures sur bois, surtout lorsqu'on pense qu'il ne fallut que huit ans pour composer, graver, imprimer tout ce monument ; que l'auteur n'avait pas trente-cinq ans quand parut la première partie, et qu'il avait déjà publié de nombreux travaux qui avaient dû lui coûter beaucoup de temps (la *Bibliotheca universalis* et les *Pandectæ*) [3]. On n'admire pas moins l'ouvrage en lui-même. Bien qu'encore assez lâches, les descriptions, comparées à celles du moyen âge, offrent de la précision ; on remarquera surtout l'absence de cette polémique interminable, de ces distinctions subtiles qui nous rendent insupportables les ouvrages antérieurs. L'*Histoire des animaux* de Gesner est bien différente de ce qu'on attendrait aujourd'hui d'un pareil livre ; la comparaison cependant ne serait pas entièrement au désavantage de Gesner. Nous verrons plus loin ce qu'il laisse à désirer. Disons d'abord que Gesner a merveilleusement résolu la tâche qui s'imposait à son époque. Il fallait rétablir la continuité du développement scientifique et, pour

[1] *Historia animalium, liber I, de Quadrupedibus viviparis. Opus philosophis, medicis, grammaticis, philologis, poetis et omnibus rerum linguarumque variarum studiosis utilissimum simul jucundissimumque futurum.* Tiguri, 1551, in-fol (48 et 1104 pp.); *lib. II, de Quadrupedibus oviparis. Appendix historiæ Quadrupedum viviparorum et oviparorum.* Ibid, 1554 (6, 140 et 27 pp.); *lib. III, de Avium natura.* Ibid. 1555 (34 et 779 pp.); *lib. IV, de Piscium et Aquatilium animantium natura.* Ibid., 1558 (40 et 1297 pp.). Après la mort de l'auteur parut encore : *lib. V, de Serpentium natura et variis schedis et collectaneis ejusdem compositus per Jac. Carronum.* Ibid., 1587 (6 et 85 fol.), et *Scorpionis Insecti historia a Casp. Wolphio ex ejusdem paralipomenis conscripta.* Ibid. eod. (11 fol.).

[2] On peut considérer le livre de Mouffet, dont nous parlerons plus loin, comme le complément de l'*Histoire des Insectes*, de Gesner.

[3] A la fin d'un opuscule : *Des weltberühmten Medici, Physici und Polyhistoris Conradi Gesneri Leben und Schriften.* Leipzig u. Zittau, *s. d.*, in-8° (103 p.), on trouve en partie, d'après Gesner lui-même, une liste de ses ouvrages ; l'*Historia animalium* y figure sous le n° 37.

cela, réunir en un seul cadre tout ce que l'on connaissait sur les animaux. La manière dont il a groupé ses riches matériaux dénote une division bien réfléchie du sujet. La combinaison qui lui parut le plus propre à le guider, comme il l'expose dans l'introduction à la première partie, montre au mieux sous quel point de vue multiple Gesner embrassait le règne animal. Il range tout ce qu'il a à dire sur les animaux en huit sections; il désigne celles-ci par les huit premières lettres de l'alphabet et non par des chiffres; une section, en effet, peut venir à manquer chez tel ou tel animal, et il faudrait ou désigner par un même chiffre des chapitres différents, ou avoir des interruptions dans la série des nombres, ce qui choquerait plus que de voir manquer une lettre [1]. Ces lettres désignent donc des cadres uniformes, ce sont des têtes de chapitres semblables d'un animal à l'autre. La première section comprend l'énumération des noms des animaux dans les différentes langues, anciennes ou modernes, autant que Gesner a pu se les procurer, les noms arabes d'après la traduction latine. Ses nombreux correspondants lui ont été d'un grand secours pour cette partie. Le deuxième chapitre, le plus important au point de vue zoologique, donne la patrie et l'habitat, le facies, la description intérieure et extérieure de l'animal. Le troisième chapitre traite de la biologie générale sous le titre de facultés intellectuelles du corps; il parle encore des milieux où vivent les animaux et des différents modes de mouvement qui en résultent; enfin, les maladies des animaux y sont décrites à leur tour. Le quatrième chapitre expose la vie intellectuelle, les passions, les mœurs, l'instinct des animaux. Dans les trois chapitres suivants, il est question de ce que l'on peut retirer d'utile des animaux; au cinquième, de leur utilité en général, de la chasse, de l'élevage, de l'apprivoisement, du soin, du traitement, de l'emploi des animaux; au sixième, de ce qu'ils fournissent à l'alimentation; au septième, de ce qu'ils donnent à la médecine. Le huitième chapitre, plus particulièrement philosophique et littéraire, est également divisé par ordre alphabétique; on y trouve les noms moins usités, les noms poétiques ou nouveaux, avec l'étymologie; les épithètes spéciales propres à certains animaux; les variations

---

[1] Absurdum enim videbatur, quartum caput nominare ubi tertium deesset nec placebat quod in una historia tertium fuisset de corporis actionibus, id in alia ingenio et moribus, etc. »

de noms, les symboles, les animaux qui ont donné leur nom à des pierres, plantes, hommes, femmes, fleuves, villes, etc.; enfin, le côté de l'histoire littéraire du monde animal avec toutes ses fables, les prodiges, la divination, les animaux sacrés, les animaux emblématiques, les proverbes qui ont trait aux animaux. Voilà le plan de Gesner, comme il l'expose lui-même ; il arriva à le remplir en réunissant des matériaux littéraires qui rappellent la collection que réunit Vincent de Beauvais. A l'introduction des Mammifères, à celle des Animaux aquatiques, Gesner donne une liste des auteurs dont il s'est servi et des contemporains qui lui ont fourni des descriptions, dessins, renseignements. On y trouve la plupart des auteurs alors connus de l'antiquité, sauf Ctésias, Mégasthènes et les historiens, et, de plus, tous les écrivains postérieurs latins ou grecs qui se sont occupés quelque peu des animaux. Il ne connaît guère les Arabes que par des citations ou des traductions latines. Il ne put se procurer le Commentaire d'Averroës sur Aristote [1]. Parmi les auteurs du moyen âge, il a fait grand usage d'Albert le Grand, de Vincent de Beauvais et du *Livre de la nature des choses*, dont l'auteur, Thomas de Cantimpré, lui est inconnu d'ailleurs. Il donne aussi dans sa liste des auteurs dont s'est servi Albert, mais qu'il ne connaît pas lui-même, comme Jorach, Semurion, les Cyranides, etc. Il a eu à sa disposition de nombreux manuscrits, que nous n'avons plus aujourd'hui ; ainsi le livre d'un Allemand, Michel Herus, sur les quadrupèdes, celui d'un autre, Eberhard Tappe, sur les faucons. Enfin il énumère un grand nombre d'amis qui l'ont aidé, en Allemagne, en Italie, en France, en Angleterre, en Pologne.

Les animaux qu'il décrit selon les huit catégories mentionnées se suivent par ordre alphabétique de leurs noms latins. Il ne peut donc y avoir chez Gesner de groupes qui correspondent à nos ordres ou à nos familles. Il reconnaît lui-même que cette sériation n'est ni scientifique ni naturelle ; dans son introduction à l'*Histoire des animaux aquatiques*, il explique pourquoi il l'adopte cependant, comme plus grammaticale et favorisant mieux les recherches ; il avoue lui-même, d'ailleurs, que l'arrangement adopté par beaucoup d'autres auteurs est plus philosophique. Mais il ajoute pour s'excuser : « Il règne encore tant de doute et d'incertitude, qu'on est souvent incertain

---

[1] « Cum his scriptis nihil egregii sperarem neque apud nos reperirem accessere nolui, etc. »

sur tel ou tel genre; l'ordre alphabétique est donc préférable. »
Quoi qu'il en soit, il est un certain nombre de faits qui prouvent
que l'auteur appréciait exactement les rapports naturels des animaux. C'est ainsi très-souvent que Gesner, outre l'animal qui se
rapporte exactement à un nom, y réunit encore les formes différentes de sexe ou d'âge (p. ex. *Bos, Taurus, Vitulus* ou *Ovis,
Aries, Vervex, Agnus*), et fait suivre immédiatement les espèces
voisines. Après le *Bos*, sans tenir compte de l'ordre alphabétique,
il décrit le bison, le *Bonasus,* l'*Urus ;* après *Capra, Capreolus* et
Dama ; avec *Simia, Cepus, Cynocephalus, Cercopithecus, Sa-
tyrus.* Le hamster et la marmotte sont réunis, comme plus tard
encore, sous l'appellation *Mus ;* cependant Gesner distingue
déjà les *Mus* et les musaraignes, d'après la dentition, dont il
donne un dessin assez grossier. Il appelle le cochon d'Inde
Cuniculus sive Porcellus indicus ; la figure qu'il en donne est
très-mauvaise. Tout en se trompant sur la parenté de certaines
formes, c'est toujours sur des particularités réelles qu'il essaye
ces rapprochements. Le babouin, qu'il met dans le voisinage de
la hyène, se rangerait, dit-il, dans les singes, par la forme de
ses extrémités et sa faculté de grimper ; mais ces mêmes caractères et son pelage le rapprochent aussi des ours. Même méthode pour les oiseaux : au nom d'*Accipiter*, il traite tous les
faucons ; à celui d'*Anas*, tous les canards et plongeurs (*Colym-
bus, Uria, Mergus, Carbo;* ces noms ne correspondent pas à
nos genres actuels); au nom d'*Aquila*, il décrit *Haliætus, Me-
lanætus, Ossifraga, Pygargus ;* au nom de *Gallus* il donne des
gallinacées, *Tetrao, Urogallus ;* la perdrix et la *Coturnix* sont
bien à leur place alphabétique et ne figurent pas ici. Il n'a décrit que très-peu de quadrupèdes ovipares : les grenouilles, les
tortues ; quelques lézards : le scinque, le crocodile, le caméléon.
Le livre des Poissons et Animaux aquatiques donne en série alphabétique : baleines, poissons, céphalopodes, mollusques, coquillages, échinodermes, actinies, méduses, éponges. On remarquera le groupe des coquillages: *Conchæ, Cochleæ, Chamæ,
Mytuli.* Les raies, les squales, quelques pleuronectes, forment
des groupes réunis sous une même lettre ; les turbots, les tor-
pilles, les marteaux et quelques autres formes particulières
en ont été séparés. Les noms ne sont pas encore établis d'une
façon positive. Son *Esox* est une forme d'esturgeon ; il ne donne
ce nom qu'incidemment. L'identité du *Glanis* et du *Silurus*
ne lui paraît pas suffisamment prouvée. Au nom d'*Urtica*, il

reproduit les figures d'actinies et de méduses de Rondelet ; au mot *Pudendum,* les figures des ascidies du même ; ce nom était d'abord l'appellation triviale des holothuries, comme elle subsiste encore aujourd'hui sur les côtes italiennes. Il lui arrive aussi de se répéter : il décrit, par exemple, dans les Animaux aquatiques, des grenouilles et des serpents qui se trouvent déjà dans d'autres chapitres.

Pour juger de l'œuvre de Gesner, on ne peut pas se placer au même point de vue que pour un livre de zoologie contemporain. Ce qu'il y a de certain, c'est qu'il a le premier décrit d'une manière vraiment zoologique les animaux connus de son temps. Mais il n'avait encore, pour asseoir sûrement ses descriptions, ni notion de l'espèce, ni terminologie exacte, ni nomenclature. Les noms, que souvent il dut créer, suivent encore les appellations populaires. L'espèce, comme nous la comprenons, il ne la connaît pas plus qu'Aristote ou Albert le Grand. Ses espèces et ses genres sont de simples désignations qui expriment des rapports d'ordination inférieurs ou supérieurs, comme on pourrait le prouver par beaucoup d'exemples[1]. Ces mots ont un sens trop élastique pour que l'auteur puisse arriver à une classification méthodique. Il n'a pas cherché de caractères différentiels, solides ; il n'a pas établi, dans le règne animal, une série de groupes naturels (sauf les classes mal définies que l'usage avait consacrées dans les vertébrés) ; il n'a donc pu dresser un ensemble systématique bien assuré. Le besoin d'un système ne se faisait pas sentir, d'ailleurs, comme quelque cent ans plus tard. Ces défauts disparaissent lorsqu'on réfléchit que Gesner a fait le premier des observations raisonnées pour appuyer ses descriptions, et qu'il n'est plus un de ces auteurs qui, l'observation ne servant qu'à confirmer les traditions, la plient souvent à leur gré. Sans être libre de tout préjugé, comme les expérimentateurs qui vinrent plus tard, Gesner montra un esprit critique et s'éleva jusqu'à la liberté du doute. Il rapporte encore des animaux fabuleux, des histoires merveilleuses ; mais rarement il oublie d'ajouter ce qu'il faut en penser. Ce n'est que pour les communications de ses amis et correspondants qu'il se montre

---

[1] « Mixti canes vocari possunt, qui ex utroque parente cane, sed diversorum generum ut ex Molosso et Laconico nascuntur. » « Tria dicunt esse Cervorum genera, » lui écrit Georges Fabricius. On pourrait encore citer d'autres passages à l'appui.

plus facile, les supposant probablement aussi consciencieux que lui-même[1].

Quelque chose manque positivement à Gesner : c'est une conception plus large du règne animal considéré comme un grand ensemble. Son travail était indispensable ; il est même la base des progrès ultérieurs en zoologie ; mais en réunissant ses matériaux, l'auteur a complètement perdu de vue l'enchaînement général des faits particuliers. Dans son ouvrage si répandu, si connu par traductions, extraits, réimpressions, il incorpora presque en entier des traités bien moins importants, comme celui de Belon, celui de Rondelet sur les animaux aquatiques, mais il ne leur a emprunté que la surabondance de détails. Après la publication des premiers volumes de l'*Histoire des animaux*, Gesner n'a pas cessé de ramasser des matériaux ; de son vivant, et longtemps après sa mort, les éditions qui se succèdent apportent de nombreuses additions dans le texte ou dans les gravures, sans que se nomme nulle part un nouvel auteur ou un nouvel éditeur. D'une manière générale, l'ouvrage de Gesner, d'après ce qu'il en a dit lui-même, est une encyclopédie destinée à faciliter les recherches. Il a rendu service à cet égard, et tous ceux qui sont venus après lui en ont tiré parti.

Ne s'inquiétant pas de se faire des théories générales, Gesner naturellement s'occupe peu d'anatomie comparée. Il n'a plus de ces introductions anatomiques générales que les anciens auteurs copiaient dans Aristote, mais qui suffiraient à établir de vraies comparaisons. Pour certaines espèces il a décrit leurs particularités anatomiques, mais, ne donnant aucun aperçu général sur l'ensemble d'une classe ou d'une division, il n'a pas de cadre qui assigne à ces détails leur véritable valeur dans la science. Il en résulte que tout ce côté de son œuvre reste isolé et sans liaison. — D'après sa façon de concevoir le règne animal il n'avait pas à parler des espèces fossiles. Il a toutefois décrit en détail des pierres figurées. En quelques endroits, à l'hippopotame, par exemple, il parle de trouvailles de dents fossiles, mais il a là-

---

[1] Il explique la fable de la licorne apprivoisée, etc., tout à fait comme Bochard (voy. p. 126). A propos de l'oie *arborigène*, il cite une lettre de Wilhelm Turner, qui aurait demandé à un prêtre si ce qu'en raconte Giraldus est bien vrai. Le prêtre : « Per ipsum jurans, quod profitebatur evangelium, respondit verissimum esse, quod de generatione hujus avis Gyraldus tradidit. » Gesner ne fait aucune réflexion sur cette attestation. Il traite de fable la prétendue bicéphalie de l'amphisbène. Cependant il décrit des poissons merveilleux et dit les avoir vus lui-même dans la Méditerranée.

dessus l'opinion courante de son temps et ne discute ni leur vraie nature, ni leur signification. Dans son examen du règne animal, Gesner ne dit absolument rien de l'homme; il n'y a là rien de plus à lui reprocher qu'à ses prédécesseurs. L'animal n'est plus, comme autrefois, cette créature déchue, pleine de péché; il est maintenant une preuve merveilleuse de la grandeur de Dieu; mais l'homme est toujours bien au-dessus de lui, et l'anatomie générale ne fait rien encore pour lui disputer cette place privilégiée.

Ce n'est pas par cette œuvre seule que Gesner a conquis son influence. Il fit un extrait de cet ouvrage et le publia avec les figures devenues de plus en plus nombreuses. La première partie de ces *Icones Animalium*, renfermant les quadrupèdes vivipares et ovipares, parut en 1553; la seconde, avec les oiseaux, en 1555; la troisième, avec les poissons et les animaux aquatiques, en 1560[1]; cette année même, Gesner vivait encore, il y eut une nouvelle édition des deux premières parties. Longtemps après sa mort, on rééditait encore ces mêmes parties (Heidelberg, 1606). Souvent on a voulu, s'appuyant sur ces extraits, parler du système de Gesner. On y trouve la nomenclature des animaux en langue latine, italienne, française et allemande, et quelques remarques ajoutées aux éditions postérieures. Les séries ne sont pas alphabétiques; les animaux sont plutôt « réunis en certains groupements ». Mais il n'y a là rien moins qu'un essai systématique, ce sont de simples rubriques pour faciliter le classement. Dans les poissons seulement reparaissent les petits groupes naturels dont nous avons déjà parlé. Quant aux mammifères, ils sont répartis en domestiques et en sauvages; les premiers comprennent ceux qui vivent en troupeau et ont des cornes; ceux qui n'en ont pas, savoir les chevaux, les cochons, les chiens, les chats; les mammifères sauvages sont à leur tour cornus (buffle, éléphant), et sans cornes, grands, moyens et petits.

La dernière édition de l'*Historia animalium* parut en 1617-1621. Auparavant déjà on en avait fait des extraits et des traductions. Rodolphe Heusslin traduisit les Oiseaux, Conrad Fores les Quadrupèdes et les Poissons. Après la mort de Gesner

---

[1] Antérieurement à l'*Historia piscium* parut, avec l'*Halieuticon* d'Ovide et l'énumération des poissons, de Pline, un index allemand des noms des poissons sous le titre : *De piscibus et aquatilibus omnibus libelli III*. Tiguri, 1556, in-8°.

parut une traduction anonyme du livre des Serpents, 1589; de 1669 à 1670, G. Horst réédita en allemand l'œuvre entière de Gesner sous le titre : *Gesnerus redivivus*. Gesner lui-même a cité un extrait de son *Livre des animaux*, par Laurent Hiel, professeur à Iéna; mais il ne paraît pas qu'il ait jamais été imprimé[1].

Un des grands mérites de l'œuvre de Gesner est d'avoir ajouté au texte de bons dessins. Comparées à celles d'à présent, ces figures n'ont ni exactitude ni finesse, mais elles sont infiniment supérieures à celles qu'on possédait alors. On ne sait presque rien des artistes à qui elles sont dues. Gesner dit lui-même que la figure du rhinocéros vient d'Albert Dürer; les oiseaux, d'après lui aussi, on été dessinés par Lucas Schrœn. Gesner cite encore comme dessinateurs Jean Asper et Jean Thomas, artistes de Zurich. Gesner a emprunté à Belon et à Rondelet et leur texte et leurs gravures; il prenait en général partout où il pouvait. Ses amis lui ont beaucoup fourni; il cite assez souvent son ami Keutmann de Misnie. Il a copié la figure de la girafe dans le Voyage de Georges von Breydenbach, celles du sagouin, du paresseux, du tatou, dans les *Exotica* de Clusius. Le lama est représenté pour la première fois, d'après le dessin qu'on lui envoya d'un exemplaire apporté en juin 1558 du Pérou à Anvers; il l'appelle *Allocamelus*. Il y a dans toutes les œuvres de l'époque quelques erreurs vraiment étonnantes. Le scorpion se montre souvent avec des élytres, aussi bien dans Gesner que dans Matthioli, *Commentaires à Dioscoride*, livre 2. Nous ne pouvons donner ici que ces quelques généralités sur l'art du dessin appliqué à l'histoire naturelle, dont il serait tant à désirer que l'on eût une histoire détaillée[2].

---

[1] Jardine cite une ou deux traductions françaises, sur lesquelles je n'ai rien pu trouver. La liste chronologique des publications de Gesner peut avoir quelque intérêt. Les noms de classes d'animaux se rapportent à l'édition latine de l'*Historia animalium* et de ses différentes parties. 1551, *Vivipara*; 1553, *Icones quadrup.*; 1554, *Ovipara*; 1555, *Aves, Icones Avium*; 1556, *Nomenclat. Pisc.*; 1557, *Vogelbuch*; 1558, *Pisces*; 1560, *Icon. Quadrup.* et *Avium et Piscium*; 1563, *Thierbuch und Fischbuch*; 1575, *Fischbuch*, nouv. édit.; 1586, *Ovipara*, nouv. édit.; 1587, *Serpentes et Scorpio*; 1589, *Schlangenbuch und Skorpion*; 1600, *Vögelbuch*, nouv. édit.; 1603, *Vivipara*; 1604, *Pices*; 1606, *Icones Quadrup. et Avium*; 1613, *Schlangesbuch*; 1617, *Ovipara et Aves*, 2e édit.; 1620, *Quadrup. et Pisces*, 2e édit.; 1621, *Serpentes*; 1622, *Schlangenbuch*; 1669-70, *Generus redivivus*. Le prix des œuvres de Gesner était de son vivant : *Historiæ*, complètes, 7 1/4 florins et paulo pluris (bazio forte) si bene memini; l'ensemble des *Icones*, un florin dix batz. Voy. *Epistol. medicinal. C. Gesneri, libri III*. Tiguri, 1577, fol. 149, V.

[2] Après Albert Dürer, qui a donné beaucoup de dessins d'animaux, on peut citer

Tous les défauts de l'époque se trouvent dans le livre de Gesner, mais ils ne lui enlèvent pas le droit d'être compté parmi ceux qui ont donné naissance à la zoologie moderne. Bien des imperfections, d'ailleurs, n'existeraient pas dans son travail, si Gesner avait eu une existence plus libre, moins dépendante des conditions extérieures. Ses successeurs immédiats ont mieux observé, ils ont eu des vues plus profondes, mais n'importe; son zèle a été assez grand, son érudition assez étendue, ses qualités de compilateur assez brillantes pour qu'on ait salué en lui le premier zoologiste allemand[1].

Plus jeune de quelques années, doué du même talent, du même zèle, jouissant en plus de l'avantage considérable d'une position indépendante, un autre homme put appliquer pendant une vie bien plus longue ces qualités à créer une œuvre plus profonde encore, à dresser un impérissable monument à lui-même et au génie scientifique de sa patrie.

Ulysse Aldrovande naquit le 11 septembre 1522 à Bologne[2]. Sa famille s'était distinguée à plusieurs reprises dans les affaires publiques, et l'une des branches possédait le titre de comte. Ulysse Aldrovande lui-même croyait que sa famille et celle des Aldobrandini avaient une origine commune, et se faisait remonter à Hildebrand (Grégoire VII, en italien Aldrovandus)[3]. Ulysse n'avait encore qu'un an lorsqu'il perdit son père. Destiné d'abord au commerce, il fut placé dans une maison à Bologne, puis à Brescia. Rome, où il cherchait une position analogue, ne lui offrit rien à sa convenance. Il s'en retournait,

encore les deux Hœfnagel, et surtout J. Amman (voy. C. Becker, *Jobst Amman, Zeichner und Formschneider, u. s. w., Nebst Zusätzen*, von R. Weigel, Leipzig 1854, in-8°). Son crayon a illustré des ouvrages sur la chasse, sur l'art hippique, sur la science des haras, et a donné toute une série de dessins au *Thierbuch*, de Hans Bocksperger, mis en vers par G. Schaller (1569, 1579, 1592). On trouve aussi de bonnes figures d'animaux dans Matthioli; elles ne peuvent être d'Amman, car il était encore trop jeune lors de leur publication.

[1] Il est vrai qu'on a surnommé Gesner le *Pline de l'Allemagne*, mais cela ne peut évidemment s'entendre que dans le sens de la puissante influence que les écrits de l'illustre savant de Zurich exercèrent en Allemagne. C'est le premier zoologiste suisse qu'il convient de saluer en lui, car il naquit, professa, écrivit et mourut en Suisse, et c'est en France qu'il fit une bonne partie de ses études.

[2] Pour la vie d'Aldrovande nous avons consulté particulièrement Giov. Fantuzzi, *Notizie degli Scrittori Bolognesi*, t. I. Bologna, 1781, p. 163. On y trouve répétées plusieurs erreurs qui ont eu cours même dans des ouvrages écrits depuis sur Aldrovande; l'auteur donne la date positive de sa naissance et détruit quelques histoires qui ont eu cours sur les derniers temps de sa vie.

[3] Voy. la dédicace du premier volume de l'*Historia Avium*, au pape Clément VIII.

quand, à Castel San Pietro, il fit la rencontre d'un pèlerin sicilien
qu'il suivit à Compostelle et à Gênes. Il voulait aller à Jérusalem,
mais son compagnon de voyage refusa de l'y accompagner. Il
revint à Bologne et y commença, à dix-sept ans (1539), l'étude
des belles-lettres et du droit. Il passa un an à Padoue, y étudiant
la philosophie et commençant la médecine. Il venait de passer
l'année suivante à Bologne, tranquille à travailler, lorsqu'en
1549, sur des soupçons d'hérésie, il fut arrêté par l'Inquisition
et envoyé à Rome. Le pape Paul III mourut, et, après l'avène-
ment de Jules II, Ulysse fut rendu à la liberté. Il resta encore
quelque temps à Rome pour étudier et décrire les statues
antiques; il a publié plus tard ce travail. Un événement important se place ici dans sa vie : il fit connaissance avec Rondelet,
venu à Rome comme médecin du cardinal de Tournon; c'est Rondelet surtout qui l'amena à s'occuper de l'étude de la nature. Il
recueillit d'abord des plantes et des poissons. Il apportait un
grand zèle à cette nouvelle étude, et le succès ne se fit pas
attendre; dès 1553 Matthioli lui demandait des conseils pour
la publication de son ouvrage sur les végétaux. Suivant les
idées de son temps, Aldrovande paraît d'abord avoir étudié les
plantes et les animaux au point de vue de leurs propriétés
médicinales. Il étudiait la médecine et prit le grade de docteur
le 23 novembre 1553. Sur le vœu de ses parents il sollicita une
chaire vacante et, dès l'année suivante, commençait une série
de remarquables leçons. Son cours portait d'abord sur la
Logique, deux ans après sur les *Météores,* d'Aristote, puis sur
les *Simplicia*, autrement dit sur la matière thérapeutique. A
chaque vacance, pour augmenter ses connaissances et ses
collections, il faisait quelque voyage en naturaliste; il accepta
d'aller à Trente, où siégeait alors le Concile. A son retour il alla
voir, à Padoue, Fallope, avec qui il était lié depuis 1554. A
partir de 1561 il fut chargé d'un cours régulier sur les simples.
Le meilleur moyen de les bien étudier lui parut de créer un
établissement où l'on pût suivre les plantes dans leur vie et
leur développement. Après bien des luttes, il finit par obtenir,
des autorités de Bologne, en 1568, la création d'un jardin
botanique; il en partagea la direction avec César Odoni, jusqu'en
1571, où la mort de celui-ci le laissa seul directeur. Après
quarante ans passés dans l'enseignement, il se démit de ses
fonctions le 6 décembre 1600; l'année précédente, à l'âge de
soixante-dix-sept ans, il avait donné la première partie de son

grand ouvrage zoologique, le premier de ses trois livres sur les oiseaux. Il légua à la ville de Bologne sa succession assez importante, surtout par ses riches collections. On a dit souvent qu'il mourut pauvre et aveugle; il n'en est rien : sa mort arriva le 10 mars 1605, à l'âge de quatre-vingt-trois ans.

Nous avons vu que la vie d'Aldrovande a été bien plus favorable à l'accomplissement d'un plan scientifique de longue haleine; ajoutons encore qu'il lui fut beaucoup plus facile de faire de riches collections de dessins et d'animaux. Aldrovande eut donc des moyens plus nombreux de classement et de comparaison, et en même temps un besoin plus pressant de mettre en ordre ses matériaux. Gesner publia son ouvrage à trente-cinq ans, surchargé d'autres travaux; Aldrovande employa toute sa longue existence à préparer le sien et ne le publia qu'à un âge avancé; quand parut son premier volume, il avait déjà le double de l'âge de Gesner. N'oublions pas une circonstance qui lui a certainement été de quelque utilité : il avait par devers lui l'œuvre même de Gesner. Il serait vraiment étonnant que dans ces conditions il n'eût pas réalisé quelques progrès sur celui-ci. Ces progrès portent sur deux points seulement, et encore d'une manière assez discrète : essai de systématique, prise en considération de l'anatomie. Aldrovande n'est pas allé loin d'ailleurs; pour l'anatomie, il semblerait s'en être occupé assez tard, poussé peut-être par d'autres travaux de l'époque. Il n'y a d'anatomie que dans ce qu'il a publié lui-même, et seulement pour quelques animaux; il ne paraît pas qu'il y en ait eu dans ces notes qui forment la plus grande partie de ce qui a paru de son œuvre après sa mort. On peut donc admettre qu'il avait fait lui-même assez tardivement des additions à son ouvrage.

Son grand ouvrage devait embrasser toute la nature; il n'en put finir que cinq volumes : trois volumes sur les oiseaux, un volume sur les insectes et un volume sur les « autres animaux privés de sang; » sa veuve ajouta une dédicace à ce dernier. Les premiers volumes qui parurent ensuite sont de son élève et successeur immédiat, le Hollandais Utervérius, les derniers de l'Écossais Dempster et de Bartholomæus Ambrosinus[1]. Comme

---

[1] *Ornithologia, hoc est de avibus historiæ, libri XII.* Bononiæ, 1599; t. II, ibid., 1600; t. III, ibid., 1603 (puis Francofurt, 1610, 1629, 1630; Bononiæ, 1646, 1652, 1681). Fantuzzi cite un tirage à part des gravures des oiseaux. *De animalibus insectis, libri VII.* Bonon., 1602 (puis ibid., 1620; Francof., 1623, Bonon., 1638). *De reliquis animalibus exsanguibus, libri IV, post mortem ejus editi* (par sa

Gesner, pour chaque espèce en particulier, et même pour des groupes, il ajoute à la zoologie pure tout ce qui se rattache de près ou de loin aux animaux. Grâce au concours de quelques personnes de la ville de Bologne, qui l'aidèrent pour l'impression de ses œuvres, il put leur assurer une exécution plus élégante, plus luxueuse que celle des livres de Gesner. Ses chapitres sont beaucoup plus multipliés et chacun est en alinéa et possède un titre particulier. Il expose successivement, lorsque le sujet le permet, les significations diverses des noms d'animaux (*Æquivoca*), les synonymes, les formes et la description générale, les sens, la race, les lieux d'habitat et d'origine, les mœurs, l'éducabilité, les cris, la nourriture, la reproduction, la chasse, les combats, les antipathies, les maladies, l'historique, la signification mystique, morale, hiéroglyphique, les emblèmes, les fables, les proverbes, les usages médicinaux, alimentaires, etc. Il est très-peu d'animaux où il a pu remplir ce cadre complètement.

Il faut, pour bien juger l'œuvre d'Aldrovande, ne prendre en considération que ce qu'il a publié lui-même; le reste semble seulement porter son nom, sans pouvoir aucunement lui être attribué[1]. En dehors même des savantes additions qui augmentent remarquablement certains chapitres, il y a dans l'ouvrage d'Aldrovande un nombre considérable de faits d'histoire naturelle. Cela est facile à voir, mais on voit aussi qu'il n'y a pas suffisamment d'expérience personnelle profonde. A tout prendre, Gesner a plus de critique, il sait mieux contrôler les faits qu'il emprunte aux autres par les résultats de ses propres observations. Aldrovande est surtout compilateur, et son livre est riche

veuve, complèt. imprimé déjà en 1605); Bonon., 1606 (puis Francof., 1623; Bonon., 1642 et 1654). *De piscibus libri V, et de Cetis liber unus.* Uterverius, ed. Bonon., 1613 (puis Francof., 1623 et 1629; Bonon., 1623; Francof., 1640; Bonon., 1661). *De Quadrupedibus solidipedibus.* Uterverius, ed. Bonon., 1616 (puis Francof., 1623; Bonon., 1639 et 1649). *Quadrupedum omnium bisulcorum hist. Uterverius incep.* Dempster, ed. Bon. (1613, d'après Fantuzzi), 1621 (puis ibid., 1642; Francof., 1647; Bonon., 1653). *De Quadrupedibus digitatis viviparis, libri III.* Barth. Ambrosinus, ed. Bonon., 1637 (puis ibid., 1645 et 1665). *Serpentum et Draconum hist.*, idem, ed. Bonon., 1640. *Monstror hist. eum Paralipomenis Histor. Animal*, idem, ed. Bonon., 1842 (puis ibid., 1646; les *Paralopomena* seuls, ibid., 1657).

[1] Dans l'épilogue de son édition des solipèdes, Dempster dit : « Et illud non perfunctorie te scire interest, certe mei multum refert, cum Ulyssis Aldrovandi nomine Rhinoceros, Camelus, Camelopardalis, Sus et Aper a me edantur, nec illius viri maximi libros, scripta ac ne parietes quidem musæi unquam vidi. »

en espèces animales inconnues au temps de Gesner. Les animaux nouveaux viennent principalement de l'Inde, de l'Amérique et de l'Afrique. Il connaît les calaos, les toucans, le casoar
indien, les oiseaux de paradis (manucodes); il décrit et figure
le zèbre, la tridacne, etc. Mais il sert peu de connaître tant
d'espèces nouvelles si l'on n'essaye pas de les rattacher aux
espèces connues ou d'en former des groupes nouveaux. Leur
apparition n'a été utile ni au système, ni à la géographie
zoologique.

Comme classification, le premier livre des oiseaux n'offre
guère de progrès sur Wotton et sur l'ouvrage spécial de Belon,
dont nous parlerons plus loin. Ses divisions sont fondées sur
l'habitat, la nourriture et la forme du bec. Les aigles ouvrent
la série; viennent ensuite les vautours (non pas comme nous
les comprenons aujourd'hui), les autours avec les pies-grièches
et le coucou), les faucons et les oiseaux de proie nocturnes
(il y comprend l'engoulevent, et assure, d'après son obser- ·
vation personnelle, que comme celui-ci, la petite chouette,
ulula, tète aussi les chèvres).

Il n'a guère saisi le sens des groupes d'Aristote ; il réunit
en effet la chauve-souris et l'autruche en une classe commune, celle des oiseaux de transition. Wotton déjà avait
mis la chauve-souris au rang des mammifères. Il rattache à ce
groupe de transition des oiseaux fabuleux : griffons, harpies,
etc. Les perroquets forment ensuite une classe à part. Leur
parenté avec les pics, dont il représente fort bien le pied grimpeur, échappe à l'auteur. Il met ceux-ci avec les corvidés, les
oiseaux de paradis (dessins d'après des peaux sans pieds), les
grimpereaux et les becs-croisés, dans un ordre caractérisé par
un bec dur et solide.

Les deux livres suivants comprennent les pulvérisateurs sauvages et domestiques, c'est-à-dire les oiseaux qui se baignent
dans le sable, autrement dit les gallinacés *sensu latiori*. Dans
le livre suivant nous trouvons les oiseaux qui se baignent
indifféremment dans la poussière ou dans l'eau : pigeons et
moineaux. Viennent ensuite les baccivores : grives et étourneaux; les insectivores : roitelet, hirondelles, huppe, mésanges. Le groupe des chanteurs comprend le rossignol, les
pinsons, les alouettes et autres semblables. En dernier viennent les palmipèdes, les oiseaux qui fréquentent les rivages,
comprenant les échassiers et le martin-pêcheur. Pour la plu-

part des espèces il y a des figures, mais elles sont très-iné-
galement réparties[1]. Il y a des détails anatomiques à propos
du *Chrysætos,* dont le squelette est figuré; de la poule, où
l'on trouve plusieurs dessins très-grossiers des organes internes. Il y a le dessin du squelette du perroquet, de la chauve-
souris, de l'autruche, et la description des muscles pour le
perroquet. Çà et là encore quelques détails : la tête, la langue
et sa musculature, pour la pie ; la tête, la trachée et le sternum du cygne ; l'oreille externe de la chouette. Aldrovande
donne plusieurs figures pour le griffon et la harpie. Il dit
expressément, pour le pélican, qu'il en donne deux figures,
l'une, d'après les idées du dessinateur et les opinions les plus
en vogue; l'autre, d'après nature.

Dans les insectes, dont il sépare les crustacés (pour les mettre
dans les « autres animaux privés de sang »), il établit sept
groupes. D'abord ceux qui fabriquent des rayons : abeilles,
frelons, guêpes, bourdons. Viennent ensuite les « autres tétro-
ptères sans élytres », en particulier les papillons, dont il décrit
et représente les chenilles. Il donne après cela les diptères.
Dans les coléoptères il fait entrer les sauterelles. Dans ces derniers nous trouvons des dessins caractéristiques de la mante,
de mantidées américaines, de locustidées et d'acridiens. Les
aptères pourvus de pieds : fourmis, punaises, puces, poux,
taupe-grillon, scorpion (un des dessins le représente avec des
élytres), araignées et myriapodes, forment un groupe de transition qui mène aux vers. Parmi ceux-ci, il étudie ceux qui
naissent dans l'homme, dans les animaux, dans les plantes,
dans les pierres et dans les métaux, les vers à bois, les vers de
terre et les limaces. Les espèces aquatiques, la nèpe, le scolo-
pendre, les vers tubicoles, les sangsues, et l'hippocampe (avec
une figure reconnaissable) terminent l'ouvrage.

Suivant entièrement pour les « autres animaux dépourvus de
sang » la classification de Wotton, il les partage en mollusques
(céphalopodes), crustacés, testacés et zoophytes. Il met les
balanes dans les testacés, mais il représente les lepas avec l'*oie
arborigène,* sans un mot qui établisse entre eux quelque
rapport d'origine. Il a enrichi ses zoophytes d'un certain nombre
de dessins de méduses et d'actinies, qu'il a pris surtout à Rondelet. Mais il ne comprend pas plus que ses prédécesseurs ce

---

[1] Sur vingt-quatre poules sauvages *(pulverizantes sylvatici)* par exemple, deux
seulement n'ont pas de figures, et sur seize faucons, il n'y en a que cinq de figurés.

que ont ces animaux. Nous avons déjà dit que, pour les autres
classes du règne animal, il n'a plus rien publié lui-même et
qu'on n'a plus là l'expression de ses propres travaux en zoologie.
Pour être complet, nous ajouterons encore quelques mots.
Aucune vue originale pour les poissons, qui sont divisés comme
auparavant, selon leurs lieux d'habitat[1]. Il met l'éléphant dans
les solipèdes. Il décrit la licorne comme un âne cornu ; mais, sur
le dessin, c'est à vrai dire un rhinocéros à pied fourchu. Dans
l'introduction les bisulques forment deux groupes : terrestre et
aquatique ; dans ce dernier il n'a, dit-il, à mettre que l'hippopotame. Mais dans l'exposé courant il n'en dit pas un mot ; il
revient aux digitigrades. Le rhinocéros est placé entre l'élan et
le chameau. Pour les digitigrades, il prend en considération
des caractères de division tout extrinsèques. A leur tête, il
réunit en un groupe le lion, le tigre, l'ours et l'hippopotame,
parce qu'ils sont les plus grands, ce qui l'amène naturellement
à séparer de leurs plus proches voisins tous les petits félins. Les
autres animaux suivent en séries analogues. Pour les serpents
et les dragons, rien de neuf, sauf un certain nombre de formes
difficiles à reconnaître, et quelques anecdotes sur des dragons
(il s'agit le plus souvent de serpents très-gros), dont l'un d'eux
naquit, dit-il, près de Bologne.

Relativement aux sources qui ont servi à Aldrovande, il suffit
de réunir les listes qu'il donne à chaque livre, pour avoir un
aperçu à peu près complet de tout ce que la littérature avait
fourni jusqu'alors. On y trouvera presque tous les auteurs plus
ou moins importants depuis l'antiquité jusqu'à Gesner (cité comme
ornithologiste), Belon et Rondelet, qui lui ont beaucoup fourni.
Pour les gravures comme pour le texte, il a pris partout où il a
pu. A côté de nombreux dessins originaux, il n'en manque pas
d'empruntés à Gesner, à Belon, à Rondelet, aux descriptions de
voyages parues de son temps. Il n'a pas toujours été très-soi-
gneux dans ses emprunts. Il donne la figure du casoar des
Indes orientales, comme tirée « du premier Voyage des Hollandais aux Indes orientales ». Il ajoute immédiatement, comme
venant du même Voyage, des coqs de combat et le lomme de
Loms-Bay, dans l'île d'Orange (*insula Aurangiæ*). Celle-ci est
près de la Nouvelle-Zemble et fut découverte par les Hollan-

---

[1] Il les distingue en *saxatiles, littorales, pelagii, qui in mare et fluviis degunt,*
et *fluviatiles.*

dais dans leur exploration du nord-est sous les ordres de W. Ba-
rentz ; tandis que le premier voyage eut lieu sous la conduite
de Van Neck [1]. Pour ses dessins originaux, il dit dans la préface
du premier livre des oiseaux, que pendant plus de trente années
il fit travailler un peintre d'histoire naturelle, qu'il payait deux
cents pièces d'or par an. Il eut encore, comme dessinateurs, Lo-
renzo Bernini, de Florence, et Cornelius Sivint, de Francfort, et,
comme graveurs sur bois, Christophe Coriolanus et son neveu
de Nuremberg. Les bois paraissent avoir été bien gravés, mais
les tirages semblent avoir été moins soignés que dans l'ouvrage
de Gesner.

Si maintenant nous comparons les œuvres de Gesner et d'Aldrovande, il faut bien reconnaître à celui-ci, malgré ses lacunes,
le mérite d'avoir le premier essayé en grand de classer des matériaux de jour en jour plus nombreux. Il s'est basé sur des caractères purement extérieurs, il n'a pas suivi la méthode d'Aristote,
que Wotton venait de réinaugurer, mais cela s'explique par l'état
même des connaissances bien plus précises sur les formes extérieures que sur la structure interne. On pourrait dire qu'il y a eu
ici un fait qui s'est souvent répété plus tard : les formes nouvelles
entrent dans notre connaissance en bloc d'abord et d'une manière générale, la critique ne vient que plus tard réunir les
espèces voisines, séparer les autres. A cet égard, les deux compilateurs du xvi° siècle n'ont pas eu la même influence dans le
développement scientifique ; mais Aldrovande, complétant en
quelque sorte Gesner, a certainement contribué dans une large
mesure à augmenter et à répandre l'intérêt qui s'attache à l'histoire naturelle.

Cent ans après Gesner, vint le dernier des trois compilateurs
de cette ère de rénovation. C'est Johanes Jonstonus, dont le nom
et les collections sont restés célèbres jusqu'à Linné. Son vrai
nom était John Jonston ; il était d'une ancienne famille écos-
saise et naquit le 3 septembre 1603, à Samter, près Lissa. De
1619 à 1622, il étudia à Thorn et à Saint-Andreuws, en Écosse.
Il revint à Samter, qui paraît avoir été le siège de sa famille,
et exerça les fonctions de professeur particulier. Il alla ensuite
étudier l'histoire naturelle et la médecine à Francfort, à Leipzig,
Wittemberg, Magdebourg, Berlin, Hambourg ; après 1629, il

---

[1] Passage du 3° vol. de l'*Ornithologie*, Bologne, 1603, p. 543 : « Ut in eadem
navigatione legitur, » c'est-à-dire « Hollandorum prima in Indiam orientalem navigatione. »

revint par Leyde en Angleterre. En 1631, il est à Samter, mais il part bientôt avec deux jeunes nobles pour visiter successivement l'Angleterre, la France, les Pays-Bas, l'Italie. C'est pendant ces pérégrinations qu'il prit le titre de docteur en médecine, à Leyde en 1632. Ce voyage terminé, il semble s'être fixé en Silésie (Ziebendorf? près Liegnitz) pour n'en plus sortir. Il y mourut le 8 juin 1675. Ce sont les merveilles de la nature qui paraissent avoir déterminé Jonston à l'étudier de plus près. Son premier travail, dont il réunit les matériaux dans ses voyages, est une Histoire des merveilles du monde, ou *Thaumatographie* [1]. Les cinq derniers des dix livres de cet ouvrage sont consacrés à la nature vivante. Il y enregistre tout ce qu'il trouve de merveilleux chez les oiseaux, les quadrupèdes, les animaux dépourvus de sang, les poissons et l'homme. Il y a plus d'un détail fabuleux, mais il ne faudrait pas croire que l'auteur se proposât simplement un recueil de contes. Les animaux y sont soigneusement décrits par ordre alphabétique, et c'est d'après les meilleurs auteurs, « *nach denen bewahrtesten Autoribus* », comme on disait alors, qu'il donne leurs particularités anatomiques et biologiques. Il n'y a, dans cet opuscule, rien de complet ni de systématique ; mais il a quelque intérêt comme témoignage du goût de plus en plus vif, de plus en plus répandu pour la nature ; il a même quelque valeur par les nombreuses citations qu'il donne. L'auteur s'y montre d'une réserve extrême et ne juge pas volontiers par lui-même. Ce qu'il raconte sur l'éléphant ne vient pas de son observation personnelle, bien qu'il en ait vu un vivant, dit-il, à Amsterdam. Pour l'oie *arborigène*, il donne un extrait du livre de Michæl Maier, mais il laisse son lecteur absolument libre de prendre l'histoire comme il voudra. On pourrait encore citer beaucoup d'exemples de ce genre.

La grande Encyclopédie zoologique, qui parut vers le milieu du xvIIe siècle, beaucoup plus importante et plus répandue, a placé Jonston à côté de Gesner et d'Aldrovande. Cet ouvrage embrasse tout le règne animal, mais il n'a pas été fait d'un trait ; les différentes parties ont été publiées successivement sous les titres : *Histoire des poissons, Histoire des animaux aquatiques dépourvus de sang*, des *oiseaux*, des *quadrupèdes*, des *insectes*, des *serpents*. Ce ne fut que dans les éditions ultérieures qu'il

---

[1] *Thaumatographia naturalis in decem classes distincta.* Amstelod., 1633. La préface est datée de Londres, mai 1630. Reedit., ibid., 1661.

porte le titre de *Théâtre universel des animaux*. Il parut en latin ; on en a fait une traduction en hollandais ; la partie des
oiseaux a été traduite en français [1]. Outre les noms latins des
animaux, les planches donnent encore leurs désignations allemandes. Jonston est beaucoup plus bref dans ses descriptions
que ses prédécesseurs. Son texte n'est plus coupé par ces nombreuses rubriques, ne fait plus cet étalage d'érudition qui distingue Gesner. Les citations et les renvois aux auteurs ne
manquent pas, mais tout ce qui n'est pas histoire naturelle,
nomenclature ou emploi thérapeutique est laissé de côté. Les
propriétés médicinales ont encore un rôle considérable ; les
animaux ne sont plus absolument des « simples » que l'on met
comme tels à côté des plantes, mais l'action thérapeutique est
toujours une étiquette qui attirera plus de lecteurs aux ouvrages
d'histoire naturelle. Jonston n'a guère d'observation personnelle et sa critique n'est pas plus sévère que celle d'Aldrovande.
D'une manière générale, la zoologie est toujours au même point.
Genre et espèce ont toujours la même signification : ce ne sont
que des divisions formelles. Pour les rapports anatomiques,
l'auteur reproduit les auteurs, sans rien donner de personnel.
Pour la classification, la brièveté extrême de Jonston fait ressortir plus vivement certains groupes que dans Aldrovande,
quoiqu'ils ne soient pas caractérisés plus nettement. Nulle part
Jonston n'a utilisé les caractères anatomiques. Les figures
sont celles d'Aldrovande et de Gesner, plus un certain nombre
de dessins originaux, ou copiés dans des livres de voyages
(Marcgrav et autres). Les grands ouvrages dont nous avons parlé
n'avaient employé que la xylographie ; Jonston se sert de la

---

[1] Voici la série des éditions successives des différentes parties du livre de Jonston :
De Piscibus et Cetis, libri V. Francofurt, 1650 ; *De exsanguibus Aquaticis lib, IV*,
ibid., 1650 ; *De Avibus, libri VI*, ibid., 1650 ; *De Quadrupedibus, libri IV*, ibid., 1652 ;
De Insectis, libri III, ibid., 1653 ; *De Serpentibus, libri II*; ibid., 1653. Il y eut
une *Édition complète*, Amstelodami, 1657 ; *De Insectis, reed.*, et *De Serpentibus*,
reed., ibid., 1665. *Une édition de Heilbronn*, 1755-67, commence par les quadrupèdes et finit par les poissons et les animaux aquatiques dépourvus de sang. *Réimpression de l'œuvre complète*, à Rouen (Rothomagi). 1768. L'œuvre complète, augmentée de l'Histoire naturelle des poissons, d'Amboine, parut sous le titre reproduit
plus tard par l'édition d'Heilbronn : *Theatrum universale omnium animalium cura
Henr. Ruyschii*, Amstelod., 1718, sous le nom de Jonston. *Traduction hollandaise*, par M. Grausius, Amsterdam, 1663. L'*Histoire des oiseaux* parut en français
sous le titre : *Histoire naturelle et raisonnée des différens oiseaux qui habitent
le globe*, 2 tomes en un vol. (avec les 62 planches de l'original). Paris, 1773. Autant
qu'on peut s'en assurer, les mêmes planches ont servi pour toutes les éditions.
Après le règne animal, Jonston décrit aussi le règne végétal et le règne minéral.

gravure sur cuivre, que nous trouvons aussi dans un certain nombre de traités spéciaux dont il nous reste à parler. L'artiste a signé le titre et plusieurs des planches : Matthias Merian, le jeune [1]. L'exécution est soignée, il y a progrès réel. On ne saurait cependant reconnaître et déterminer tous les animaux d'après ces dessins ; on négligeait encore comme inutiles bien des détails qui ont acquis depuis la plus grande importance dans la détermination des espèces.

La classification des poissons paraît plus logique que dans Aldrovande ; Jonston ne demande plus seulement à l'habitat l'indication de la nature des eaux. Il admet alors trois classes : poissons de mer, de mer et d'eau douce indifféremment, d'eau douce. Les deux classes d'Aldrovande : poissons de rochers et poissons de côtes, deviennent de simples sous-ordres. Outre ces trois classes, Jonston en donne une quatrième, pour les poissons exotiques, surtout des espèces brésiliennes prises dans Marcgrav. Mais l'auteur n'attribue pas de valeur réelle à cette classe ; il dit expressément qu'il aurait pu la répartir dans les trois autres s'il avait connu à temps l'ouvrage de Marcgrav. La distribution des espèces en classes, titres et chapitres, n'est pas toujours très-naturelle. Parmi les poissons de mer (trois titres : pélagiques, de côte, de rochers) parmi les pélagiques, il met les squales dans les poissons lisses, les raies dans les poissons plats, en y comprenant la lophie ; pour le poisson-scie (figure fantastique), il le reporte aux cétacés. Ces derniers, il les distingue très-nettement des poissons, mais il y réunit les phoques et les morses. Comme Aldrovande il admet, pour les animaux privés de sang, les quatre classes de Wotton : mollusques (céphalopodes), crustacés, testacés et zoophytes. Les planches correspondantes réunissent, en partie réduites, les figures de Gesner, Aldrovande, Rondelet. La classification des oiseaux montre aussi plus de conséquence aux principes ; sans changer essentiellement les groupes admis, il insiste plus fortement sur le régime, la forme des pieds libres ou palmés, etc. Il commence par les carnivores, les frugivores, puis les insectivores, qu'il distingue assez arbitrairement en chanteurs et non chanteurs ; viennent enfin les oiseaux à pieds palmés, et ceux à doigts divisés. Comme pour les poissons, il ajoute un livre pour les oiseaux étrangers, prin-

---

[1] C'est le fils de Matth. Merian (1593-1650), connu par ses *Topographies*. Né en 1621, il mourut en 1687. C'est le frère de Marie-Sibylle Merian, connue par ses dessins d'histoire naturelle.

cipalement des espèces américaines ; on y trouve l'oiseau de
paradis et le casoar, d'après les figures déjà connues ; le dodo,
d'après la figure de Neck ; le colibri, l'oiseau-mouche et le pin-
gouin, d'après Marcgrav. Un appendice est consacré aux oiseaux
fabuleux : griffons, harpies, etc. Les pies-grièches, les engoulevents, l'autruche, les chauves-souris, sont classés comme dans
Aldrovande. C'est pour les quadrupèdes que Jonston a le plus
abrégé le naturaliste italien. Pour chacune des trois classes
qu'il fait dans les quadrupèdes d'après la forme du pied, Aldrovande a écrit un gros volume ; celui où il traite des quadrupèdes est également considérable. Jonston réunit tout cela en
quelques livres, dans un volume assez peu considérable. Il décrit
d'abord les solipèdes, puis les bisulques et les pieds fourchus,
digitata, et termine par les ovipares. La classification dans ses
détails rappelle entièrement celle d'Aldrovande. Jonston met
aussi dans les solipèdes la licorne et l'éléphant, bien que la
figure qu'il donne de ce dernier soit un peu plus exacte pour
les pieds. Il divise également les bisulques en terrestres et
aquatiques, ceux-ci ayant l'hippopotame pour unique représentant. Comme Aldrovande, il met le cochon dans les bisulques.
Il répartit les *digitata* en sauvages, demi-sauvages et privés ;
dans les derniers, il fait rentrer le chien, le chat, plusieurs
petites espèces non domestiquées, comme la civette, etc. Dans
les demi-sauvages se trouvent les rongeurs, la belette, le paresseux, les tatous, le cochon d'Inde et autres espèces, mises
pêle-mêle par rang de taille. Jonston manque encore complètement du coup d'œil du zoologiste qui, à défaut de connaissances
anatomiques, sait tirer des caractères extérieurs les relations de
parenté. Il distingue dans les quadrupèdes ovipares ceux qui
ont une enveloppe cutanée et ceux qui ont un appareil tégumentaire solide. Ce groupe comprend exclusivement les tortues ;
dans le premier rentrent : grenouilles, lézards, salamandres,
caméléons, crocodiles, etc. [1]. Pour les insectes également, sa
division est plus logique que celle des auteurs qui le précèdent.
Il distingue d'abord deux catégories : insectes terrestres,
insectes aquatiques ; puis, dans les premiers, il sépare trois
groupes : insectes qui ont des pieds et des ailes, insectes
aptères qui ont des pieds, insectes aptères et apodes à la fois.

---

[1] Pour les serpents, il expose d'abord l'histoire générale, et consacre ensuite autant
de chapitres à la vipère, à l'ammodyte, au céraste, à l'hemorrhous, au seps, à l'aspic,
l'amphisbène, la cécilie, le cenchris, etc.   A. S.

Il établit ainsi quatre classes. Les insectes de la première sont pourvus de pieds et d'ailes et répartis en deux groupes, selon qu'ils ont ou n'ont pas d'élytres. Dans le groupe sans élytres, nous trouvons les abeilles, les libellules, les punaises, les papillons, les mouches et, dans ces dernières, quelques ichneumonides ; dans le second groupe, que caractérisent des élytres, les sauterelles et les coléoptères. Les terrestres aptères, qui ont des pieds, comprennent pour Jonston : les fourmis, le scorpion, les araignées, etc., enfin les chenilles. Pour ces dernières, il énumère plusieurs modes de développement; d'après Aristote et quelques autres, elles naissent des feuilles vertes, du chou par exemple ; d'après Pline, elles sont produites par de la rosée condensée ; pour d'autres, elles viendraient des papillons. Jonston ne doute pas, il le dit expressément, que tous ces modes d'origine n'existent [1]. Dans ses insectes aquatiques nous retrouvons confondus les étoiles de mer, des vers marins, la lamproie, le syngnathe, l'hippocampe, à côté des punaises d'eau et de larves aquatiques. Le livre des serpents a deux sections : les petits serpents ordinaires dans la première, dans l'autre les dragons. Jonston y suit à peu près exactement Aldrovande, sauf qu'il donne plus complètement toutes les figures parues jusqu'à lui, entre autres celles des espèces américaines. Il donne le dessin réduit, d'après Aldrovande, du squelette d'une couleuvre ; on n'y distingue d'ailleurs, pas plus que sur l'original, d'autre détail ostéologique que la division du maxillaire inférieur.

L'ouvrage de Jonston termine la série [2] de ces descriptions encyclopédiques qui ont exercé dans la science une influence si considérable jusqu'à la rénovation de la zoologie. Ces œuvres devinrent de plus en plus savantes, mais un défaut commun les marque toutes; elles ne donnent guère que la description extérieure des différentes formes animales ; l'organisation, le développement, la succession dans le temps de ces êtres n'y trouvent aucune place. Grâce aux dessins, grâce au détail de la vie

---

[1] Le passage entier est pris presque mot pour mot, le « Ego » compris, dans l'ouvrage de Mouffet (p. 191) dont nous parlerons plus loin.

[2] Pour être complet, signalons encore : Edw. Topsell, *The historie of foure footed Beasts collected out of all volumes of C. Gesner*, etc., London, 1607, et *The historie of Serpents*, *ib.*, 1608, réimprimés tous deux en 1658 avec la traduction anglaise de Mouffet.

des animaux, la reconnaissance des espèces a maintenant pour la plupart quelque certitude. Cependant pour les animaux étrangers, l'absence de la notion de l'espèce, le manque de définitions et de nomenclature scientifiques sont souvent de graves obstacles, lorsqu'on veut les rapporter avec certitude aux espèces décrites plus tard d'une manière systématique. C'était naturellement des livres spéciaux parus sur chaque classe d'animaux que ces ouvrages tiraient surtout leur détail. N'entreprenant pas de recherches spéciales pour vérifier ou rectifier les assertions de leurs devanciers, les encyclopédistes ne pouvaient se substituer complètement à ces œuvres ni même dépasser leur valeur scientifique. Mais, grâce à leur cadre plus large, ils mettaient le lecteur en relation immédiate avec tout le règne animal et l'initiaient aux rapports de la zoologie avec les autres sciences ; leur influence dut donc être plus durable. Plus tard, les auteurs spéciaux reviendront aux monographies de Belon, Rondelet et autres. Mais l'intérêt général ne se limitait pas à quelques classes ; il n'y avait d'ailleurs de monographies de quelque valeur que pour les poissons, et peut-être encore pour les insectes ; le besoin de bien connaître le règne animal sous tous ses aspects se répandait de plus en plus, et ces ouvrages de compilation y répondaient mieux que tout autre. Ils rendirent ainsi d'importants services pendant longtemps, jusqu'au jour où le nombre des nouvelles espèces, que presque chaque décade voyait considérablement grossir, exigea des méthodes également toutes nouvelles de classification.

Bien que souvent réimprimés, les vastes recueils des encyclopédistes n'arrivaient pas toujours aux mains des travailleurs. On se rejetait sur des ouvrages moins considérables, sortes de compendiums comparables aux manuels d'aujourd'hui, où l'auteur se proposait d'exposer sommairement les principaux points de la science. Faut-il ranger dans cette catégorie le livre de Henri de Hœvel[1] : *Die Natur und Eigenschaften der Thiere*, avec dessins sur bois ? Nous ne nous permettrons que des suppositions à cet égard, n'ayant pu examiner nous-même cet ouvrage qui paraît devenu rare. Mais nous classerons, parmi ces livres utiles pour les études, celui du professeur de Wittenberg, Jean Sperling, dont la forme et la distribution affirment bien le but pra-

___

[1] H. v. Hœvel, *Neuwer wunderbarlicher Thiegarten : in welchem der unvernünfftigen indischen Gethieren, auch der Vœgeln und Fischen Natur und Eygenschafften beschrieben,* etc. Francfurt. a. M., 1601, in-4°.

tique de l'auteur. Né en 1603, Jean Sperling professa les
sciences naturelles (physiques) à Wittenberg, jusqu'à sa mort
en 1658. La *Zoologia physica* parut après sa mort (1661) par
les soins du professeur d'éloquence Georges Gaspard Kirchmaier[1], que nous aurons à citer encore pour quelques travaux
sur les animaux. Ce livre, au plan strictement méthodique
duquel on revint plus tard, devint le modèle d'à peu près tous
les compendiums de même nature. L'ouvrage comprend une
introduction et deux parties principales : une générale, l'autre
spéciale. Les points principaux de la science sont donnés en
manière d'aphorismes ou de préceptes, accompagnés d'explications sous forme de questions et de réponses. L'auteur y ajoute
parfois encore des axiomes particuliers. L'introduction définit
d'abord et divise la zoologie physique. C'est la science des animaux (*Bruta*) étudiés en tant que corps naturels ; elle comprend
une partie générale et une partie spéciale ; dans la première, on
considère l'animal en lui-même (*in genere*), pour en étudier la
nature ; dans la seconde, on décrit et on étudie les espèces
(*species*) et leurs mœurs. Ces mots, espèces et genre, ne se
rapportent d'ailleurs à aucune classification par groupes naturels, ils n'ont rien de leur sens actuel, comme il ressort fort
bien de la partie spéciale. L'auteur y dit expressément : « La
Bible atteste que Salomon a traité des mammifères, des oiseaux,
des reptiles et des poissons ; sous ces « espèces » il en est
compris beaucoup d'autres». Un axiome de cette première partie
de l'introduction est assez intéressant pour apprécier la science
zoologique d'alors : « La zoologie, dit-il, est une science fort difficile. » L'auteur visait particulièrement le grand nombre des
formes animales décrites avec leurs noms, leurs habitudes,
leurs propriétés ; il ajoute que dans les seuls coléoptères on ne
connaît pas moins de quarante genres, cinquante dans les chenilles, soixante pour les mouches, et plus de cent pour les
papillons[2]. Après avoir ainsi bien défini la zoologie, Sperling

---

[1] Joh. Sperling, *Zoologia physica posth. brevi et perspicuo ordine, ab ipso cum in vivis esset autore adornata. Accessit in fine disputationum zoologic. hexas (Kirchmaieri) de Basilisco*, etc. Lipsiæ, 1661 ; puis, Wittebergæ, 1669. Sperling lui-
même avait déjà publié quelques dissertations zoologiques, par exemple, en 1641 : *De Leone, Aquila, Delphino, et Dracone*. Wittebergæ.

[2] « Nomina brutorum faciesque externas novisse parum est. Imperitorum habitum fuit detineri in minoribus : formas vero earumque virtutes et operationes tenere permagni momenti res est... Per tot animalium formas et species ire, laboriosissimum est. Observata sunt Scarabæorum genera quadraginta, etc. »

étudie dans le second chapitre ce qu'est l'animal. Il subordonne le mot *brutum* à celui d'« animal » et en précise le sens par l'attribut « irraisonnable ». D'une manière générale, l'animal est un corps vivant et sensible, l'homme est aussi bien un animal que le lion. Il n'y a pas séparation absolue, comme espèces, entre l'homme et l'animal irraisonnable, mais il y en a entre l'homme, l'animal irraisonnable et la plante. C'est là peut-être le premier indice de cette conception du rang de l'homme dans la nature, d'où sortira plus tard l'idée d'un règne distinct pour lui. Dans la partie générale, l'auteur étudie d'abord l'âme, puis le corps de l'animal. Dans son examen des manifestations de l'âme, théories des sens, passions, locomotion, il est toujours spiritualiste, et nulle part il ne déduit l'exécution des fonctions de la constitution des organes qui y président, ce qui lui eût été facile cependant, tout au moins pour la locomotion. Çà et là, percent quelques aperçus qui auraient pu donner lieu à des recherches plus approfondies. Ainsi il dit : « Au commencement, l'âme et le corps de l'animal ont été créés chacun par Dieu, mais depuis, l'âme se fait au fur et à mesure du développement du corps. » Dans un autre passage pourtant, on trouve qu'en fermant un œil l'autre devient plus volumineux, parce qu'il y entre davantage de *spiritus*. Les poissons entendent; le sens de l'ouïe peut donc fonctionner et fonctionne réellement sous l'eau; l'auteur appuie sa proposition sur ce fait, qu'en sonnant de la cloche on rassemble les poissons à l'endroit où l'on veut leur donner à manger. Sperling ne dit rien des muscles, ni à propos de la locomotion, ni au deuxième chapitre, où il étudie le corps de l'animal. Il distingue des parties solides ou renfermant les autres, des parties liquides ou renfermées dans les premières, et enfin, un troisième groupe de parties animant le tout et situées dans le flanc : les esprits. Ceux-ci sont naturels, vitaux et animaux. Ainsi, la physiologie se trouvait encore, bien plus qu'on ne pensait, loin d'être absolument claire ; pour expliquer les phénomènes de la vie, on avait recours aux vieilles théories de Galien sur les influences occultes et mystérieuses. La deuxième partie, partie spéciale de l'ouvrage, est assez intéressante. Le premier, l'auteur y cherche à caractériser les animaux à l'aide de définitions courtes et précises, en tête des « Préceptes », qu'il fait suivre de descriptions plus étendues et plus minutieuses. Mais les caractères extérieurs les plus importants, les rapports anatomi-

ques les plus simples, y sont négligés et ignorés. A l'encontre
de tous ses prédécesseurs immédiats, Sperling définit les quadrupèdes des animaux marcheurs avec quatre pattes, une tête,
un col, un dos et un ventre, et sans tenir compte du genre de
reproduction, y range le lézard, la salamandre, la grenouille.
Dans les diagnoses, si l'on peut ainsi appeler les « Préceptes », où
l'auteur a voulu caractériser chaque animal, il n'a tenu aucun
compte de particularités qu'il eût été facile de voir même sans
connaissances anatomiques préalables. Pour les quadrupèdes
(beaucoup plus rarement pour les oiseaux) il indique souvent le
genre de voix des animaux. C'est ainsi qu'il dit du loup : « C'est
un quadrupède hurleur, ravisseur, très-vorace, ennemi acharné
des moutons ; » le chien est un quadrupède qui aboie, intelligent,
vigilant et très-caressant pour son maître. Les espèces sont
classées d'après leur taille, et dans les petits animaux, chats,
lièvres, écureuils, belettes se suivent sans considération aucune
de leurs vrais rapports ; c'est même pour ce motif que le lézard
et la grenouille viennent avant la souris et la taupe. D'une
manière générale, les oiseaux sont traités de la même manière [1].
Comme ses prédécesseurs, Sperling commence par l'aigle, l'autour, le vautour, puis viennent l'autruche, la grue, la cigogne,
le héron ; le cygne et l'oie se suivent, mais le paon, le dindon,
la poule les séparent du canard. Les poissons sont ainsi caractérisés : animaux nageurs pourvus de branchies, de nageoires, d'écailles, d'arêtes et d'une vessie dans l'abdomen (vessie natatoire). Mais
l'auteur n'est pas conséquent avec sa propre définition. Au chapitre
suivant, qui traite des animaux aquatiques, on lit que la baleine
est le plus gros des poissons de mer, qu'elle a des poumons et
fait des petits vivants. Le dauphin, la baleine, le *Phocæna
orca*, sont rangés dans la même catégorie. Au chapitre suivant, du saumon, il ne parle plus spécialement de ce qu'il a
dit dans sa caractéristique générale, en particulier des branchies.
Les cétacés ont donc une position d'exception dans son système.
Le chapitre des poissons est d'ailleurs très-court, ainsi que les
suivants. Dans un appendice, Sperling y a ajouté la description
de l'écrevisse. La série des serpents s'ouvre par le dragon, le
plus grand d'entre eux d'après l'auteur. Sperling nie qu'il ait
des ailes, mais il ajoute qu'il ne veut pas contester que Satan

---

[1] Il appelle l'aquila avis *clangens*, accipiter, avis *pipans*, vultur *pupans*, l'autruche *lugens*, la grue *gruens*, la cigogne *glottorans*, les hérons également *clangens*.

puisse apparaître aux méchants sous la forme d'un dragon ailé.
En fait de vrais serpents, il donne l'*Aspis*, *Vipera* et *Natrix*. Les
derniers chapitres sont consacrés aux insectes, qu'il caractérise
fort bien par la segmentation de leur corps. Il énumère les
abeilles, les fourmis, les araignées, les mouches, papillons,
sauterelles, vers, punaises et pous. Cet ouvrage de Sperling,
résumé de ses lectures, est certainement insuffisant, mais on
peut le regarder comme la somme de ce que l'on croyait le plus
nécessaire, le plus indispensable pour s'initier à la connaissance
des animaux. Il est intéressant de remarquer qu'à l'époque de
Sperling, l'idée de la destruction d'un certain nombre d'espèces
animales par le déluge commençait à se répandre. Il dit de la
licorne, que selon quelques-uns elle aurait disparu dans le
déluge et qu'on n'en trouve plus maintenant que la corne. Mais
il s'élève contre cette opinion et assure que la providence du
Créateur est si grande, qu'aucune espèce ne saurait périr.

Rien malheureusement ne nous permet de juger de l'accueil
qui fut fait à cet ouvrage. Cependant, après les troubles religieux, et notamment pendant cette période de détente intellectuelle qui succéda en Europe à la guerre de Trente ans, on demanda
souvent à l'étude de la nature un soulagement, une récréation.
Les espèces connues augmentaient sans cesse, leurs noms se répandaient, et les études sérieuses gagnaient de jour en jour. On
ne se contentait plus de ces descriptions superficielles qui figuraient à titre de complément intéressant dans les relations de
voyage ou dans les ouvrages de médecine. En même temps, se
développait une branche particulière de la zoologie. Sans prétention d'abord à constituer une partie indépendante de la
science des animaux, elle produisait dès la fin de cette période
une des œuvres les plus savantes qu'on ait à citer dans l'histoire
de la zoologie. Nous voulons parler de la *Zoologie biblique*.
Ces ouvrages montrent aux fidèles, par des exemples empruntés
à la vie des animaux, que le chrétien peut trouver des enseignements même chez la créature irraisonnable ; quelques-uns,
écrits plus particulièrement pour le clergé, lui permettaient
de mieux utiliser de nombreux symboles et de mieux insister
sur la sagesse qui éclate dans l'organisation de la vie animale.
Peu à peu ces exposés prirent un intérêt plus scientifique,
et l'on chercha quels étaient vraiment les animaux de la *Bible*
dont on n'avait les noms que par des traductions de troisième
main. Dans ces recherches, l'histoire, la philologie, la zoologie

se mêlaient avec une entente qu'il est difficile de retrouver plus tard.

« Enfin, c'est aussi erreur grossière et abus que de croire les animaux créés seulement pour notre ventre. Dieu, pour bien des motifs, nous les a donnés comme des *præceptores*, des maîtres. » Ainsi s'exprimait le pasteur de la ville impériale de Schweinfurth, Hermann-Henri Frey, en l'an 1595, et il ajoutait : « C'est contre ces erreurs, ces abus que nous écrivons cette *Zoologie biblique*. Nous y montrerons, notamment, toutes les vertus dont les animaux nous donnent l'exemple, tous les vices dont ils nous détournent [1]. » Fidèle à sa préface, l'auteur ne donne d'histoire naturelle que ce qui est indispensable pour l'intelligence des divers passages de la *Bible*. Un animal n'est-il cité qu'une ou deux fois dans le livre saint, Frey se contente d'y renvoyer et de signaler le désaccord des traducteurs quand il y a contestation sur les textes. On ne peut donc demander à Frey ni division rigoureuse, ni arrangement logique d'après des caractères zoologiques ; il faut dire cependant qu'il a été trop négligent à cet égard. Il parle d'abord des animaux purs que les juifs pouvaient manger et offrir en sacrifice : mouton, bœuf et chèvre ; puis de ceux qu'on mangeait seulement. Quittant ici l'ordre judaïque, Frey traite entre autres du lièvre qui, bien « qu'il rumine », était impur « parce qu'il n'a pas le pied fendu. » « C'est Jésus qui nous releva, nous chrétiens, de cette interdiction. » En troisième lieu, viennent les animaux domestiques impurs, les *jumenta* dressés au travail. Ce sont : le cheval, l'âne, le mulet, le chameau, le dromadaire, l'éléphant, le chien, le chat. La quatrième partie est consacrée aux animaux sauvages, aux carnassiers nuisibles : lion, panthère, licorne, ours, loup, etc. Sans adopter d'ordre bien rigoureux dans ces quatre premières parties, l'auteur forme des groupes qui n'ont rien de bizarre. Mais, dans la cinquième partie, Frey n'a plus été maître de son sujet, ou peut-être a-t-il décrit les animaux au fur et à mesure qu'ils s'offraient à sa plume. Sous le titre d'animaux venimeux, rampants, vers et vermine, il y réunit : dragons,

---

[1] H. H. Frey, Θηρωβιόλιον : *Biblisch Thierbuch, darinne alle vierfüssige, zahme, wilde giftige und kriechende Thier, Vogel und Fisch (deren in der Bibel Meldung geschieth) sampt iren Eigenschaften und anhangenden nützlichen Historien beschrieben sind, u. s. w.* Leipzig, J. Beyer, 1595, in-4°. Ce livre est devenu très-rare : je ne connais pas les deux parties consacrées aux oiseaux et aux poissons, mais la première partie indique suffisamment l'esprit de l'auteur.

serpents, basilic, scorpion, orvet, lézard, salamandre, hérisson, belette (les cinq derniers dans un même chapitre), souris, grenouille, crapaud, taupe, colimaçon, chenille, etc. Dans sa préface, Frey dit qu'il sait comment les *Physici* classent les animaux d'après leurs différences, mais comme il s'agit d'une zoologie biblique il a préféré suivre son sentiment et adopter cette forme. Diviser les animaux en purs et impurs était en somme simplement séparer les bisulques et les ruminants des autres mammifères. Mais l'auteur eût eu plus de difficulté à justifier son pêle-mêle d'animaux venimeux, de reptiles et vermine. On ne voit pas bien non plus ce qu'un arrangement de pure fantaisie pouvait avoir de préférable, pour le lecteur chrétien, à l'ordre scientifique. Quoi qu'il en soit, Frey n'en a pas moins le mérite d'avoir intéressé à l'étude de la nature, même au point de vue religieux. Son livre a contribué d'autant plus à répandre le goût de l'histoire naturelle, que chaque espèce est accompagnée de gravures sur bois. Elles rappellent pour le trait les figures d'Amman.

Frey avait écrit son livre pour l'édification du lecteur chrétien en général. Un autre ouvrage, beaucoup plus répandu, s'adressa à ceux qui se destinaient à l'enseignement religieux. C'est le livre de Wolfgang Franz, docteur et professeur en théologie à Wittemberg. Il dit expressément que son « Histoire des animaux » est réservée « aux étudiants en théologie, aux serviteurs du Verbe [1]. » Ce n'était donc pas, à proprement parler, un ouvrage qui pût servir directement aux progrès de la zoologie. Comme on peut le voir dans la note ci-dessous, il eut de nombreuses réimpressions ; il représente donc en quelque sorte les idées du temps et mérite ici quelques mots d'examen. Ce livre prouve bien la préoccupation familière dont les animaux devenaient l'objet. Car autrement, les exemples pris dans leur vie, les allusions à leurs mœurs, n'auraient guère eu d'effet sur l'auditoire des sermons. Autrefois déjà, le *Physiologus* s'était rattaché à la vie des animaux pour rendre plus

---

[1] *Wolfg. Franzii*, *Historia animalium sacra* (ce mot ne reparaît plus dans les éditions subséquentes) *in quo plerorumque animalium præcipuæ proprietates in gratiam studiosorum theologiæ et ministrorum verbi ad usum* Εἰκονολογικόν *breviter accomodantur*. Witteberg, 1612 ; édit. III, *ibid.*, 1621 ; édit. V, *ib.*, 1642 ; VI, *ib.*, 1659 ; Amstelod., 1643, 1653 et 1655 ; Francofurt, 1671 ; réédité par Joh. Cyprianus, Dresdæ, 1687, avec la pagination de l'édition de Francfort de 1671 ; en marge : Francofurt et Lipsiæ, 1688 et 1712. Traduction anglaise, Londres, 1670.

sensibles quelques points de la morale chrétienne. C'étaient maintenant des instructions formelles à l'adresse des ministres de la religion pour leur apprendre à se servir « d'une façon imagée » de certains traits de la vie des animaux. Mais l'auteur, avec bienveillance, ajoute ce conseil pratique de ne jamais bourrer un discours de ces comparaisons, mais d'en user de temps en temps, avec jugement, choix et discrétion. Souvent il faut taire le nom et d'autres particularités de l'animal, pour obtenir plus d'effet par de simples allusions. La classification adoptée par l'auteur n'est pas sans intérêt au point de vue zoologique. Il divise les animaux en parfaits et en imparfaits. Ceux-ci sont les zoophytes, c'est-à-dire les éponges, les orties de mer, etc. Les animaux parfaits sont raisonnables (homme) ou irraisonnables. Les animaux irraisonnables ont le corps divisé; la tête, suivant l'auteur, ne forme pas un tout continu avec le corps, contre lequel elle est seulement appliquée (insectes), ou bien ils ont le corps indivis. Ces derniers enfin sont amphibies ou non (*amphibium aut aliud*), autrement dit appropriés à un seul milieu : quadrupè- des, oiseaux, poissons, reptiles. Franz s'écarte d'ailleurs de cette division ; quant au troisième chapitre, il réunit les zoophytes aux autres animaux aquatiques sous le titre de poissons. Dans chaque groupe, l'auteur étudie les animaux par rang de taille, en par- tant du plus grand. Il suffira d'ajouter encore que le dragon et le phénix y figurent. Pour le dragon il dit tranquillement : « Il a trois rangs de dents à chaque mâchoire. Il y a des dragons qui n'ont point d'ailes; les autres en ont, mais sans plumes, ce sont seulement des replis de la peau semblables à des nageoires. » Et plus loin : « Il en est ainsi des dragons naturels. Le principal dragon est le diable. »

Ces ouvrages ont eu beaucoup d'influence sur les esprits de l'époque, on ne saurait le méconnaître. Mais il en fut ¨autres, de portée scientifique incomparablement plus grande, où l'on s'efforçait d'éclaircir les espèces des auteurs bibliques (de l'An- cien Testament surtout). Il n'y avait pas de tradition qui donnât le sens de Leviathan, Behemot et autres noms semblables; les traductions, celle des Septante, celle de Luther, comme on a déjà vu pour le *Physiologus*, offraient souvent de notables écarts. Ce qui dans l'une était tortue, dans l'autre figurait amas de terre ou autel; la hyène de l'un était un oiseau moucheté chez l'autre. Le besoin d'étudier à fond le sens des mots hé- breux devait donc s'imposer tout naturellement. Dans ce genre,

la littérature est assez riche en travaux spéciaux. Déjà, dans
la période précédente, la licorne avait donné lieu à de pareilles recherches, se rattachant pour la plupart au livre V de
Moïse, 33, 17, où Tertullien voyait déjà la corne de cet animal
figurer le tronc de la croix du Christ. Des zoologues, des philologues s'en occupèrent, et nous citerons le vieux Gaspard Bartholin, son fils Thomas Bartholin, le professeur de Leipzig,
Johan-Christian Stolbergk ; Antoine Deusing, professeur à Groningue, mort en 1666 ; enfin G.-K. Kirchmaier, dont nous
avons déjà parlé. Ce serait aller trop loin que suivre de près
toute cette littérature, où figurent encore bien des mémoires
sur les dragons, les basilics, etc. Parmi les auteurs qui apportèrent le plus de zèle à ces recherches, on peut citer B. Kirchmaier, dont les dissertations forment un appendice à l'ouvrage
de Sperling, Jean Bustamantinus, qui fit un gros volume sur
les seuls reptiles de la Bible. Mais ils restent tous bien en arrière
de Bochart et de son ouvrage ; encore aujourd'hui, pour la
littérature et pour la zoologie historique, son *Hierozoikon* est
un trésor inépuisable [1]. Samuel Bochart naquit à Rouen en 1599,
fit ses études à Paris, fut prêtre à Caen en Normandie, fit en
1652 un voyage en Suisse et revint à Caen où il mourut en 1667.
Il étudia à Paris les langues classiques et orientales ; on lui doit,
outre les recherches approfondies dont nous allons parler, la
publication de beaucoup de morceaux de naturalistes arabes et
syriens, qui n'ont plus été réimprimés depuis, comme Aidemir
Dschildeki, Dschahif, el Sojuti, etc. L'ouvrage suit les grandes
divisions des groupes généralement admis à l'époque. Le premier livre traite des quadrupèdes vivipares et ovipares ; le second
des serpents, insectes, animaux aquatiques et animaux fabuleux
dont il est question dans la Bible. Dans le premier livre, il y a
pour chaque classe une introduction avec des détails sur les
différentes parties du corps, les mœurs et d'autres généralités
sur les animaux qu'elle comprend, avec des renvois aux textes
hébreux. Les mammifères sont partagés en domestiques et sauvages, si bien que l'onagre, par exemple, se trouve fort loin de
son plus proche voisin, l'âne domestique. Il faut bien dire que
le but de Bochart n'était pas de grouper systématiquement les

---

[1] *Hierozoicon s. de Animalibus S. Scripturæ.* Londini, 1663, in-fol. *Idem
revisum atque correctum ab innumeris mendis quibus editio Londiniensis sca-
tebat, opera* Dav. Clodii. Francofurt a/M., 1675. *Idem* recens. 2. F. C. Rosenmüller,
3 tomi. Lipsiæ, 1793, 94, 99, in-4.

espèces. Dans ces commentaires, aussi pénétrants qu'approfondis, il embrasse l'étymologie du nom et la signification qui
en ressort, l'application des noms à certaines espèces, l'histoire
naturelle de l'animal comme on peut la refaire d'après les passages de la Bible, ou d'autres livres, classiques, orientaux ou
modernes ; il fournit en outre une source de renseignements de
toute nature pour l'histoire générale de la civilisation dans l'antiquité. En remontant aux étymologies, Bochart assure, aux
explications qu'il propose, une solidité qu'un érudit consommé
seul pourrait essayer d'attaquer. Des doutes restent parfois, ils
tiennent à l'incertitude de l'explication linguistique ou à l'insuffisance du texte biblique. L'auteur n'a pas borné ses recherches à ce qu'il trouvait dans le texte même de la Bible. Des
excursions fréquentes, souvent étendues, hors du domaine du
peuple juif, nous font assister au tableau de la civilisation d'autres peuples de l'antiquité, dans ses rapports avec les animaux,
au triple point de vue de la diététique, de la morale et de la
poésie. Ces études, il faut bien le dire, n'ont guère servi aux
progrès de la zoologie proprement dite. Cependant tout ce qui
touche aux animaux est du domaine du zoologiste, et il ne peut
rien négliger. La science aujourd'hui assigne et réclame, pour
le développement des espèces, des espaces de temps immenses,
que nos monuments littéraires ne permettent pas encore de
sonder. Mais ce sont les années qui font les siècles et les siècles les
époques; il est donc utile pour l'histoire naturelle d'avoir des
travaux de ce genre. Par eux nous pouvons savoir comment il y
a trois mille ans déjà se manifestaient à l'homme, la vie et la
forme des quelques espèces qu'il connaissait, comment il les a
introduites dans ses traditions historiques et dans ses poésies.

Bochart ferme maintenant et pour longtemps la série des
essais d'une histoire littéraire des animaux. Rappelons encore
cependant un livre de la fin de la période encyclopédique, qui
sans partager exactement les tendances de ces ouvrages, s'en
rapproche beaucoup. Il est du fondateur du musée devenu
si célèbre du Collegio Romano, à Rome, du jésuite de Wurtzbourg, Athanasius Kircher. Il y étudie les animaux qui trouvèrent dans l'arche de Noé un refuge contre les eaux du Déluge[1].
Cet ouvrage est intéressant pour l'archéologie biblique; on y
trouve un essai de restauration de l'arche d'après les détails du

[1] Athanasii Kircherii *Arca Noë*, Amstelodami, 1675, in-fol.

texte biblique. Il n'a pas grande portée zoologique. L'auteur, si ingénieux d'ailleurs (nous rappellerons seulement ses instruments de physique), ne paraît pas avoir beaucoup approfondi les animaux. Il fait, dans son *Arca Noë*, le dénombrement minutieux des espèces animales que Noé fit entrer dans l'arche, donne leurs figures gravées, et décrit comment il les prit par couples. Il s'y trouve des sirènes, des griffons et même quelques espèces d'Amérique. Après les travaux d'un critique aussi soigneux, aussi consciencieux que Bochart, la compilation de Kircher, il faut bien l'avouer, ne produit rien moins qu'une impression favorable. Sans doute il ne songeait pas à se poser en zoologiste, mais encore eût-il bien fait de moins négliger ce qu'on avait fait déjà de son temps sur les animaux. Les quelques rares espèces exotiques qu'il présente au lecteur ne suffisent pas à donner un intérêt scientifique au déluge biblique.

Le tableau des progrès de la zoologie serait incomplet, si nous n'examinions que les ouvrages spécialement destinés aux animaux. Il n'entre pas dans notre dessein de faire la revue complète de tout ce qui s'y rattache en littérature, mais nous rappelerons qu'à l'époque qui nous occupe les ouvrages généraux sur la nature spécialement destinés à l'étude de quelques phénomènes, laissaient une large part aux animaux. Nous parlerons plus loin de ce qui se rattache à l'anatomie comparée, nous nous bornons ici à montrer quelle place on faisait aux animaux dans les traités généraux scientifiques. Un de ces livres, souvent cité à l'époque, est l'*Abrégé des sciences naturelles*, de Daniel Sennert[1]. Il donne un aperçu systématique de la nature entière et parle dans un chapitre (p. 559), des différences des animaux. On y trouve, sous une forme très-claire, un exposé des principales différences de forme et d'organisation cadrant en général avec Aristote, sans avoir été calqué directement sur le maître. Plus considérable, mais tout différent de forme, le livre de Jules-César Scaliger contre Jérôme Cardan[2] contient aussi beaucoup de zoologie. Les chapitres 182-244 sont entièrement consacrés aux animaux et à quelques questions soulevées par Cardan à leur sujet. Çà et là encore, on trouve traités quelques points

[1] Dan. Sennerti *Epitome naturalis scientiæ*. Witcbergæ, 1618. Sennert était contemporain de Sperling et mourut en 1637, professeur de médecine à Wittemberg.

[2] *Exotericarum exercitationum liber XV, de subtilitate ad Hieronymum Cardanum.* Paris, 1557, puis Francofurt, 1592.

particuliers, ainsi l'*Excercitatio* 33 sur les serpents venimeux; la 344° sur le loup, où Scaliger réfute, d'après son expérience personnelle, la fable d'après laquelle cet animal rendrait muet par son simple regard ; la 354°, où il nie que le chat puisse élargir ou resserrer la pupille à volonté, n'ayant, dit-il, pour ce aucun muscle particulier. Ce peu d'exemples suffira pour faire voir qu'un fonds assez considérable d'idées zoologiques était entré dans le domaine scientifique général. Le livre de Scaliger est particulièrement significatif à cet égard.

Nous avons déjà parlé des dessins zoologiques des premières années de cette période. Il faut ajouter quelques mots sur les progrès ultérieurs de cette branche spéciale, dans la première moitié du xvii° siècle. La gravure sur bois servait toujours à illustrer les œuvres un peu étendues; mais l'emploi de la gravure sur cuivre se répandait davantage. En même temps les maîtres plus connus cultivent l'iconographie zoologique. Il y a pourtant lieu de faire quelques réserves, car ceci pourrait n'être qu'une apparence et tenir à une connaissance très-imparfaite de ces anciens iconographes dont il ne resterait précisément que des dessins d'animaux. Quoi qu'il en soit, il faut noter comme un fait important dans l'histoire de l'iconographie zoologique la part qu'y prirent des maîtres, ceux surtout de l'école réaliste de Hollande. Un des plus anciens qui aient laissé des planches d'animaux est Abraham de Bruyn l'aîné (né en 1540 à Anvers). On a de lui une collection de douze planches (dix de quadrupèdes avec distiques latins et deux d'insectes). Comme lui, son fils Nicolas de Bruyn (né en 1570 à Anvers), dessina et grava des animaux. Dans l'atelier de Clæs-Janszen Vischer, connu lui-même comme graveur, il parut trois séries de planches de N. de Bruyn, 12 feuilles de mammifères (1621); quelques planches cependant portent (1594); 13 feuilles d'oiseaux et autant de poissons. Adrien Blœmart (1564-1650) a composé dix feuilles de mammifères et quatre d'oiseaux, qui furent gravées par Bl. Bolsverd [1]. Sous le nom d'Adrien Collært (écrit aussi Collard) on connaît vingt feuilles de quadrupèdes, trente feuilles d'oiseaux et vingt-cinq de poissons. On ignore d'ailleurs si ces planches sont d'un premier artiste mort en 1567 ou d'un second du même nom, qui est indiqué en 1597 comme membre de la gilde des peintres

---

[1] Nagler (*Künstlerlexikon*) loue particulièrement un dessin fait de main de maître, l'éléphant, de cet auteur.

de Saint-Lucas, à Amsterdam [1]. Le fondateur de cette gilde, Jacob Cuyp (*Cupius*), est également connu comme peintre d'animaux; 13 feuilles de quadrupèdes ont été gravées sur ses dessins par R. Persyn, et publiées, en 1641, par Cl.-J. Vischer. On a d'Albert Flamen, qui florissait vers 1600, 36 feuilles de poissons de mer (en trois parties avec titre latin et français sur douze feuilles); 24 feuilles de poissons d'eau douce, 7 feuilles de poissons divers et 12 feuilles d'oiseaux [2]. Un graveur parisien du commencement du xviiᵉ siècle, Pierre Firens, a donné également des dessins d'animaux; on ne sait pas, faute de renseignements suffisants, s'il s'agit seulement de poissons ou encore d'autres animaux [3]. Citons encore enfin l'Italien Antonio Tempesta (né à Florence en 1555, mort en 1630). Il parut de lui à Rome, après sa mort, une collection de 204 planches d'animaux [4]. Les figures du livre des oiseaux d'Olina, dont nous parlerons plus loin, ont été gravées par lui. Il a dessiné et gravé un grand nombre de chasses, de combats d'animaux, de chevaux, d'oiseaux; un certain nombre de ses dessins d'oiseaux ont été gravés par Villamena et Maggi.

Nous devrions maintenant analyser ces productions, les comparer entre elles, étudier le progrès dans l'ensemble et le détail. Ce tableau intéresserait l'histoire de l'art et celle de la zoologie, mais nous y renoncerons, faute d'avoir pu juger par nous-même ces planches, dont la plupart sont rares et difficiles à se procurer.

Tous les dessins que nous venons d'énumérer (sans avoir la prétention d'être complet) représentent des vertébrés (sauf deux planches d'insectes). Pour ceux-ci, l'artiste était familiarisé avec les formes qu'il avait à reproduire et il saisissait bien les

[1] Pour les oiseaux et les poissons, Cl.-J. Vischer a publié 18 planches en 1625, 20 en 1634.

[2] On cite aussi, parmi les artistes hollandais qui ont dessiné des animaux, Marcus Gerardus, de Bruges, dont il parut 21 feuilles de quadrupèdes en 1583.

[3] Banks ne possédait que 19 feuilles *Piscium vivæ icones incisæ et editæ a Petro Firens.* D'après Brünnich (*Progrès de l'hist. nat., rous., en Danemarc,* etc., Copenhague, 1783, p. 124), on trouve indiqué dans le « catalogue de M. Davilla », t. 3, p. 226 (probablement le catalogue publié par Romé de l'Isle), un ouvrage intitulé: *Piscium, quadrupedum, avium vivæ icones in æs incisæ et editæ a P. Firens.* Firens est aussi connu comme peintre de végétaux. Le recueil des dessins du musée (*Fasciculus rariorum et Continuatio rariorum et aspectu dignorum varii generis quæ collegit et in æs incidi curavit Basil. Besler.* Nurnb., 1616 et 1622) renferme aussi des dessins d'animaux, mais sans nom de graveur. Ces planches ont été utilisées dans le *Gazophylacium* de Mich.-Aug. Besler.

[4] *Nova raccolta de li animali piu curiosi del mondo.* Roma, 1650.

différences des animaux étrangers. Les premiers dessins d'invertébrés (nous en signalerons un certain nombre dans les pages qui suivent) permettent en général de reconnaître la forme, mais ils sont encore loin de la reproduire avec une entière fidélité et cette liberté de conception que n'exclut pas la plus scrupuleuse exactitude. Les dessins sur cuivre que Fabius Columna ajouta à sa description des animaux aquatiques montrent un progrès remarquable dans cette voie. On y reconnaît la main savante d'un artiste malheureusement inconnu. Pour les insectes, outre les dessins d'Hœfnagel, il faut encore citer avec éloge ceux de Wenzel Hollar. Nous traiterons, dans un chapitre particulier, des dessins d'animaux étrangers et du dessin anatomique.

§ 1er. — Extension des connaissances zoologiques spéciales.

L'observation particulière n'a qu'une valeur relativement insignifiante, lorsqu'elle n'est pas guidée par des principes fondamentaux et des vues générales. Au xvie et au xviie siècle, les espèces nouvelles des pays récemment découverts n'eurent que peu d'influence sur la zoologie du temps. On n'avait encore aucun système, aucun aperçu morphologique général, nul cadre pour y ranger les faits nouveaux, nulle théorie pour expliquer, éclairer l'inconnu. Les particularités curieuses des formes nouvelles, ce qui fait leur véritable intérêt, échappaient pour ce motif même. Les grandes compilations du temps donnent déjà des espèces de l'Inde, de l'Afrique, de l'Amérique. Mais le progrès que la zoologie accomplit dans la période suivante, grâce à la renaissance des études anatomiques, ne tient pas à l'apparition de ces espèces nouvelles; il vient de l'étude plus approfondie des espèces depuis longtemps connues. C'était pour toute autre chose, avons-nous dit déjà, que pour ajouter aux sciences naturelles, que l'on faisait des voyages d'exploration. Les chapitres d'histoire naturelle de ces relations témoignent d'un tout autre intérêt que celui de la zoologie proprement dite. C'était la perspective de trouver de l'or qui mettait en route les explorateurs, c'était l'espoir d'accroître les ressources médicales par de nouvelles plantes, de nouveaux animaux, qui excitait leur zèle pour l'histoire naturelle. Sous le titre, *Histoire naturelle*, nous ne trouvons guère que des chapitres de ma-

tière médicale. Souvent la chose est dite en toutes lettres. Ainsi
Clusius imprime, dans ses *Exotica*, un livre de Nicolas Monardes sur les drogues simples importées du nouveau monde;
Guillaume Piso, dans l'introduction du livre qu'il consacre aux
animaux dans son ouvrage sur le Brésil, prévient (réminiscence
manifeste des idées hippocratiques sur l'eau, l'air et les lieux)
qu'il décrit les poissons, les oiseaux et les animaux utiles à
l'homme, moins pour amuser ou étonner le lecteur, que pour
servir aux malades et aux médecins.

La découverte de chaque espèce, les progrès de son histoire,
appartiennent à la zoologie spéciale; l'histoire de nos connaissances sur les faunes des divers pays a sa place dans leur description géographique. Cependant il n'est pas inutile de donner ici
sur ces deux points quelques-uns des détails les plus importants.

Les connaissances déjà acquises sur le règne animal s'augmentaient des richesses merveilleuses de la faune du nouveau
monde, qui se révélait avant même que la fable et la poésie
s'en emparassent. Ce furent des médecins et des missionnaires
qui nous apportèrent les produits naturels de l'Amérique;
les explorateurs et les conquérants n'ont rien fait à cet égard;
de là un cachet spécial dans les collections. Colomb déjà avait
apporté quelques peaux, et la reine Isabelle lui donna mission
de recueillir particulièrement des oiseaux. Les collectionneurs
qui vinrent après lui, singulièrement favorisés à cet égard, trouvèrent à Huaxtepec, à Chapultepec, etc., des ménageries, des
jardins botaniques, comme l'Europe entière n'aurait pu en offrir.

Le but de ces premiers voyages avait été de trouver une
route vers les Indes par l'ouest, et les descriptions confondent
le plus souvent les nouvelles Indes occidentales et les anciennes
Indes orientales. Aussi trouve-t-on souvent décrits, très-près
les uns des autres, les animaux des deux hémisphères; plus
tard cette confusion disparut et l'on assigna plus exactement à
chaque contrée ses productions. Parmi les plus anciennes compilations, avec gravures, sur les objets naturels exotiques, nous
citerons celle de Charles Clusius d'Arras (1526-1609), *Exotico-
rum libri X*. C'est sur la botanique surtout qu'ont porté les
études de ce naturaliste aussi savant qu'érudit. Son livre contient, d'après les propres collections de l'auteur et aussi d'après
des extraits et des traductions, des descriptions et des dessins
d'animaux des deux hémisphères. Ces descriptions ne sortent
pas du ton général de l'époque; on remarquera surtout les

dessins dont il a illustré son propre texte et celui de Nicolas Monardes dont nous avons déjà parlé. Clusius avait déjà donné une traduction latine de ce dernier ouvrage; il le donne encore, en l'abrégeant, dans ses *Exotica*. Dans les figures de Clusius, on trouve celles du *Pteropus, Dasypus, Bradypus* (à peine reconnaissable), *Manatus;* parmi les oiseaux : celles du casoar, dodo, mormon et apténodytes, colibri (*Tominejus ;* parmi les poissons : *Pristis Chimæra*, diodon, etc., enfin la limule. La classification suit, sans la moindre innovation, les idées du temps. Le livre de Gonzalo Fernandez d'Oviedo y Baldy (né en 1478 à Madrid) [1], ne donne que des espèces américaines. Il y a beaucoup de nouvelles espèces, entre autres le *Dydelphis* signalé pour la première fois par Pierre-Martyr d'Angheria (mort en 1525), dans son *Histoire de la découverte de l'Amérique* [2]; il l'appelle *Chiurcha*, et en donne un dessin inexact, mais moins fantastique que la figure d'animal fabuleux que Nieremberg reproduit encore d'après le frontispice du livre de Gesner.

Après Oviedo, nous trouvons le jésuite José d'Acosta. Né en 1539, il partit comme missionnaire en 1571 pour le Pérou, et revint en 1588 à Salamanque où il mourut. Son *Histoire naturelle et morale des Indiens* [3], souvent réimprimée, traite aussi des plantes et des animaux. Le passage le plus intéressant de sa description est celui qui parle (Hernandez a reproduit cette mention) de la découverte dans l'Amérique méridionale de grands ossements fossiles, qu'il prend pour des restes de géants. Il examine aussi comment les animaux ont pu arriver en Amérique après être sortis de l'arche de Noé [4], et comment il se fait que les espèces américaines diffèrent de celles de l'ancien monde [5]. Francesco Hernandez, médecin particulier de Philippe II, réunit à Mexico, sur les ordres du roi, des collections

[1] *Summario della naturale e generale historia dell' India occidentali* (d'abord en espagnol, Toledo, 1525), publié dans Ramusio, *loc. cit.*, vol. III, in-fol., p. 440. *Historia general y natural de las Indias*, Salamanque, 1535; nouvelle édition complète, les anciennes gravures remplacées par des dessins nouveaux, par J.-A. de Los Rios, Madrid, 1851; partie relative aux animaux, lib. XII, p. 386 — lib. XV, p. 461.

[2] Ramuzio, *loc. cit.*, tome III, p. 15.

[3] Première édition. Séville, 1590; réédité à Madrid, 1792, in-4. En latin avec les deux premiers livres de l'*Histoire naturelle*. Coloniæ Ag., 1596, in-8.

[4] Édit. lat.,.p. 54; édit. espagn. Madrid, 1792, p. 64, liv. I, chap. XXI.

[5] Edit. de Madrid, p. 272, liv. IV, chap. XXXVI.

infiniment plus riches et plus importantes pendant les années comprises de 1593 à 1600. Il fit, dit-il, exécuter douze cents dessins de plantes, d'animaux et d'autres objets d'histoire naturelle pour son ouvrage, qui ne parut pas d'ailleurs dans sa forme originelle; il ne fut imprimé que plus tard, incomplet, comme celui d'Oviedo[1]. Un médecin napolitain, Nardo-Antonio Recchi, fit un extrait de l'ouvrage complet. Cet extrait passa dans les mains du prince de Cesi, et fut publié par Terrentius de Constance (médecin et jésuite, mort en 1630, connu par ses essais de perfectionnement du calendrier), avec commentaires de Johann-Faber de Bamberg et de Fabius Columna[2]. Les bois qui ornent l'ouvrage ne se distinguent pas par la fidélité ou les qualités du dessin, ce ne sont même pas toujours des espèces américaines qui ont servi de modèles; mais grâce aux vicissitudes nombreuses qu'a subies l'ouvrage primitif, il est difficile de déterminer ce qui revient en tout ceci à Hernandez. A la fin, après les commentaires (le commentaire des animaux est de Faber), vient un livre en six sections, dont les cinq premières sont de brèves descriptions d'animaux, sans figures, sous le nom d'Hernandez. Il y a dans cet appendice bien plus d'espèces que dans l'*Extrait* de Recchi et le *Commentaire* de Faber réunis; on y compte : 40 quadrupèdes, 229 oiseaux, 58 reptiles (ou donnés comme tels), 30 insectes (et vers) et 56 animaux aquatiques, entre autres le *Manati*. La détermination des espèces, comme Lichtemberg[3] l'a entreprise pour les quadrupèdes de Hernandez, est ici très-difficile; il n'y a que les noms mexicains et des descriptions très-insuffisantes. Bien que l'ouvrage soit limité rigoureusement au Mexique, on y trouve figuré et décrit l'oiseau de paradis. C'est surtout le *Commentaire* de Johann Faber qui renferme beaucoup d'indications relatives à des espèces non américaines. Il est d'ailleurs très-étendu, très-

---

[1] Le Frère Francisco Ximenes semble avoir eu encore à Mexico une partie du manuscrit à sa disposition. Il traduisit en espagnol l'œuvre originale écrite en latin et la fit paraître sous le titre : *Quatro libros de la naturaleza y virtutes de las plantas y animales que estan recividos en el uso de medicina en la Nueva España*, etc. Mexico, 1615, in-4.

[2] L'ouvrage parut d'abord sous le titre : *Rerum medicarum novæ Hispaniæ thesaurus seu plantarum, animalium, mineralium Mexicanorum historia ex Fr. Hernandez relationibus in ipsa Mexicana urbe conscriptis a N. A. Reccho collecta*, etc. Romæ, 1628: plus tard avec la reproduction du même titre (gravé) et la date 1649 sous le second titre : *Nova plantarum, animalium et mineralium Mexicanorum historia*, etc. Romæ, 1651; les deux éditions in-folio.

[3] *Abhandlungen der Berliner Academie*. 1827. Phys. Classe, p. 89, 128, 55.

circonstancié, et donne beaucoup de détails anatomiques où le bizarre ne manque pas toujours. Ainsi, les porcs du Mexique auraient une inversion des viscères et l'ombilic situé au milieu du dos. Il a aussi quelques notices intéressantes au point de vue historique. Il imprime par exemple la lettre d'un médecin de Darmstadt, François Niedermayer, sur les mœurs et l'anatomie du caméléon; il rappelle des recherches sur l'anatomie des tortues par Cesarinus; il nous apprend que Francesco Stelluti a étudié au microscope l'organisation extérieure de l'abeille, et qu'il en a publié des dessins gravés sur cuivre. Faber donne malheureusement aussi le dessin d'un amphisbène à deux têtes, celui d'un dragon, etc. Au xvi° siècle appartiennent encore les voyages d'André Thevet et de Jean de Léry, à peu près sans résultat pour la zoologie, dont ces voyageurs n'avaient qu'une teinture trop superficielle [1].

De tous les voyages entrepris en vue de l'histoire naturelle dans l'Amérique du Sud pendant les deux premiers siècles après sa découverte, le plus important de beaucoup est celui qu'organisa la Compagnie hollandaise des Indes occidentales sous les ordres du prince Jean-Maurice de Nassau-Siegen. Le prince emmenait avec lui entre autres compagnons deux savants, médecins tous deux, qui recueillirent, dessinèrent et décrivirent les productions naturelles du Nord du Brésil. C'est en 1637 que partit l'expédition qui emmenait vers le nouveau monde Marcgrav et Pison. Avant cette expédition, déjà un directeur de la Compagnie, Jean de Laet, avait fait une description du nouveau monde d'après les lettres et les documents qui lui arrivaient en abondance des possessions d'outre-mer de la Compagnie. Il parle aussi des animaux et en donne un certain nombre de figures, qu'il utilisera plus tard pour la publication de l'œuvre de Marcgrav et Pison [2]. Mais les richesses scientifiques que récoltèrent les deux voyageurs effacent complètement ce premier essai. Guillaume Pison était Hollandais et exerça la médecine à Leyde : c'est tout ce que l'on sait de sa vie; pendant son séjour au Brésil, il s'occupa surtout de la partie minéralogique et médicale de l'entreprise. Son compagnon

---

[1] André Thevet, *Singularités de la France antarctique*. Anvers, 1558. — Jean de Léry, *Voyage en Amérique avec la description des animaux et plantes de ce pays*. Rouen, 1578.

[2] Joh. de Laet, *Novus orbis seu descriptio Indiæ occidentalis, libri XVIII*. Lugduni Bat., 1633, in-fol.

et collaborateur Georges Marcgrav était né à Liebstadt, en Misnie, en 1610. Il était le mieux préparé à un tel voyage, par ses études en mathématiques et en médecine. Au courant des travaux de ses prédécesseurs, il pouvait rattacher ses découvertes zoologiques aux espèces décrites par Rondelet, Belon, Gesner, etc.; assez bon astronome et mathématicien, il put encore exécuter au Brésil, en dehors de ses recherches zoologiques et linguistiques, des travaux d'astronomie théorique et pratique. Les manuscrits de ces dernières études qu'il voulait faire imprimer, n'ont malheureusement jamais été publiés. En 1644, Marcgrav se rendit à Saint-Paul de Loanda, côte occidentale d'Afrique, pour y continuer ses observations ; à peine arrivé, il mourut de la fièvre. Au retour de Pison, les écrits laissés par Marcgrav furent remis à Jean de Laet, c'est lui qui prépara la première édition des travaux d'histoire naturelle des deux voyageurs. Elle parut en 1648. Elle comprend quatre livres sur l'histoire médicale du Brésil, par Pison ; et huit livres sur l'histoire naturelle du Brésil, par Georges Marcgrav. Le quatrième livre de Marcgrav renferme les poissons ou plutôt les animaux aquatiques, comprenant, outre les poissons vrais, les crustacés, et, dans un chapitre spécial, les bernacles et les étoiles de mer ; le cinquième livre traite des oiseaux ; le sixième, des quadrupèdes et des serpents ; le septième, des insectes, *sensu latiori*, comprenant les insectes, les araignées et les mille-pattes. Dix ans après, Pison lui-même rééditait l'œuvre commune ; mais l'ordre était changé, la partie médicale plus développée et la partie zoologique très-abrégée ; il y joignait de plus la description de Java, par Jacob Bontius [1]. Le titre de cette publication mentionne les deux Indes, et Pison se donne comme simple éditeur. Il ressort de là que tout le mérite zoologique (sauf quelques remarques sur les animaux venimeux) appartient à Marcgrav. Des circonstances fâcheuses ont nui singulièrement à l'influence utile de l'œuvre de Marcgrav, ont même diminué son mérite scientifique. Il avait exécuté lui-même, à l'aquarelle, des dessins de plantes et d'animaux, et en avait fait faire d'autres à l'huile sur papier, d'une plus grande valeur artistique, par un peintre dont on ignore le nom. Cette collection servit à Jean de Laet pour la publication

---

[1] Guil. Piso, *Historia naturalis Brasiliæ.* — *De medicina Brasiliensi, libri IV*, et Georgi Marcgravi, *Historiæ Rerum naturalium Brasiliæ, libri VIII*, etc. Joa. de Laert, *in ordinem digessit*. Lugd. Bat., 1648. Guil. Pisonis, *De Indiæ utriusque re naturali et medica libri quatuordecim.* Lugd. Bat., 1658, in-fol.

du *Voyage;* il la vendit ensuite à Jean-Maurice de Nassau-Siegen, qui finit par l'offrir au prince électeur de Brandebourg. Or, de Laet, lors de la publication, utilisa beaucoup des bois de son propre ouvrage, à la place des dessins de Marcgrav; il n'avait d'ailleurs pas assez de connaissances zoologiques pour rapporter toujours bien exactement les figures de Marcgrav à ses descriptions. Ajoutons des transpositions dues à la négligence de l'imprimeur, et l'on s'expliquera les nombreuses inexactitudes de la première édition, qui se retrouvent en partie dans celle de Pison, encore que celui-ci ait bien écourté le texte de Marcgrav. Deux essais intéressants ont été faits, le premier par J.-G. Schneider Saxo; l'autre plus récent, sur des bases plus exactes, par H. Lichtenstein, pour déterminer et rapporter aux espèces établies depuis, les descriptions de Marcgrav, en s'appuyant sur les dessins originaux de l'auteur classés par Menzel et conservés à Berlin [1]. Le voyage du naturaliste saxon primait déjà tous les autres; ses commentaires lui font une place plus belle encore dans l'histoire des découvertes zoologiques. Les observations de Marcgrav ont prouvé pour la première fois ce fait des plus importants pour l'époque et devant les idées régnantes, que les animaux de l'Amérique du Sud, bien que parents de ceux de l'ancien continent, en sont entièrement distincts. On ne soupçonnait pas encore de loi réglant la distribution des êtres, et la démonstration de Marcgrav ne servit pas à éclairer la géographie zoologique. Mais elle ébranla la croyance à un centre unique de dispersion des animaux, qui découlait de la théorie dominante de la création. Marcgrav était une autorité considérable, il complétait les descriptions insuffisantes jusqu'alors d'un grand nombre d'espèces, il en décrivait beaucoup d'autres toutes nouvelles. Parmi les premières, rappelons le *Didelphis,* le colibri, le lama, le cochon d'Inde; parmi les autres, le tapir, le *Seriema, Pacra, Palamedea,* etc. Plus de détails sur ce livre nous feraient sortir du cadre d'une histoire générale. Il n'apporte pas d'autres théories nouvelles, et son intérêt principal, sinon absolu, se rattache aux formes particulières. Cette étude nous montre et nous l'affirmerons bien haut,

---

[1] J.-G. Schneider, *Nachricht von den Originalzeichnungen von Marcgraf's Brasilischer Zoologie,* dans *Leipziger Magazin zur Naturkunde,* v. 1786, p. 270. — H. Lichtenstein, *die Werke von Marcgrav und Piso über die Naturgeschichte Brasiliens,* dans *Berliner Akad. Phys. kl.* 1814-1815, p. 201; 1816-1817, p. 155; 1820-1821, p. 237; 267. 1826, p. 49 (aussi dans *Isis,* 1829, p. 1327; 1820, L. A. P., 635; 1824, L. A. P., 57.

que Marcgrav a réuni un vrai trésor d'observations qui n'ont
été estimées à leur juste valeur que relativement assez tard ;
mais pour ne pas franchir les limites de notre sujet, nous nous
bornerons à ces quelques indications.

Les voyages d'exploration dans l'ancien monde se multiplièrent pendant cette période, leurs résultats furent de la plus
haute utilité à d'autres points de vue ; bien peu cependant
eurent de l'influence sur les progrès de la zoologie. Parmi
les voyages les plus lointains, ceux des Hollandais aux Indes
orientales ont fait beaucoup certainement pour la géographie des
archipels de la mer du Sud, mais bien peu pour leur histoire
naturelle. Le seul ouvrage à citer est l'*Histoire naturelle* de
Jacob Bontius. Tout ce qu'on sait de cet auteur, c'est qu'il
naquit à Leyde, exerça la médecine à Amsterdam, partit pour
Batavia en 1627, où il mourut en 1631. Son ouvrage, publié
par Pison, traite des règles d'hygiène applicables à la vie aux
Indes, avec considérations sur le climat, la nourriture, l'eau, etc.,
puis des moyens de combattre les maladies dominantes du pays.
Il donne ensuite des comptes rendus d'autopsies et des remarques sur quelques passages du livre des drogues indiennes de
Garcias, *ab Horto*. En dernier lieu, il décrit des plantes et des
animaux. Parmi ces derniers, nous trouvons décrits et représentés : le rhinocéros de Java, le tigre, le porc-épic (la figure
est simplement la copie du cercolobe de l'Amérique méridionale, d'après Marcgrav), le dragon, le manis, le babyroussa,
les salanganes et leurs nids, le dodo. Bontius donne deux têtes
à l'amphisbène, même dans son dessin. Il semble avoir entendu
parler de l'orang-outang de Bornéo. Mais la figure qu'il en
donne, reproduite après lui, est celle d'une femme velue. Il
manque en général d'exactitude dans ses observations et n'est
pas très-précis dans ses descriptions. Quoi qu'il en soit, on doit à
Bontius la connaissance d'un certain nombre de formes orientales.

Pour l'Asie, nous citerons seulement encore, le voyage en
Palestine de Georges Breydenbach, qui donna (voy. plus haut) le
premier dessin de la girafe. La même planche donne encore
sept autres animaux, dont un seul offre quelque intérêt historique : c'est un singe marchant debout et conduisant un chameau. On l'a souvent cité plus tard comme anthropomorphe :
c'est tout bonnement un macaque à longue queue.

Deux voyageurs ont étudié, dans cette période, les productions naturelles de l'Afrique. Le plus important comme géogra-

phe est l'Arabe El Hassan Ibn Muhammed el Wasan, plus
connu sous le nom de Jean-Léon, avec l'épithète d'Africain qu'il
prit après sa conversion au christianisme. Maure d'origine, il
naquit à Elvira dans la province de Grenade, se rendit à Fez
en 1491 après la prise de Grenade, et fit alors des voyages
en Afrique et dans l'Asie occidentale. Pris en 1517 par des cor-
saires chrétiens, il fut envoyé au pape Léon, sur les instances
duquel il se fit chrétien. De retour à Tunis en 1526, il y reprit la
religion de Mahomet. Il mourut en 1532. Il écrivit d'abord
ses Voyages en arabe, et les traduisit plus tard lui-même en
italien. Dans la suite on en a fait plusieurs traductions en diverses langues. Sa description de l'Afrique[1] comprend neuf livres,
le dernier réservé aux objets naturels. Il énumère dix-sept mammifères, puis sous le nouveau titre *Poissons*, la série suivante :
baleine, hippopotame, vache marine, tortue, crocodile, quelques
reptiles, autruches, aigle, en tout cinq oiseaux, enfin la sauterelle. Il dit expressément en finissant que les animaux qu'il
décrit n'existent pas en Europe. Trop courtes pour être utiles en
zoologie, ces descriptions ont une certaine valeur au point de
vue géographique.

Prosper Alpinus, médecin de la colonie vénitienne en Égypte,
recueillit des matériaux plus importants pendant son séjour
dans ce pays. Né à Manestica (territoire de Venise) en 1553, il
prit en 1578 ses grades de docteur en médecine à Padoue et
partit pour l'Égypte avec le consul de Venise, Georges Ems.
Ses commentaires sur les serpents d'Égypte, les singes, l'hippopotame, toute son œuvre zoologique, enfin, aurait eu beaucoup d'influence à son époque ; mais la plus grande partie de
l'ouvrage, relative à la zoologie égyptienne, ne parut que plus
d'un siècle après la mort de l'auteur. Il mourut en 1617, professeur de botanique à Padoue, et c'est en 1735 que son *Histoire
naturelle de l'Égypte* parut en latin à Leyde. Nous devions
rappeler ici les travaux d'Alpinus, bien qu'ils n'aient imprimé
de son temps aucune impulsion nouvelle aux études zoologiques.

Nous étudierons plus loin les importantes monographies de
Pierre Belon. Pour réunir les riches matériaux qui en font le prix,
l'auteur voyagea beaucoup : un de ses voyages, en raison de son
itinéraire, trouve sa place naturelle ici. Parti en 1547, Pierre
Belon parcourut l'Italie, la Grèce, la Turquie, plusieurs des îles

---

[1] Elle parut d'abord en italien dans Ramusio, *loc. cit.*, vol. I, puis en latin,
Zurich, 1559 ; Leyde, 1632, etc., etc. ; en allemand, Lorsbach, Herborn, 1805.

grecques, la Crète, Lemnos, la Palestine, l'Égypte, la presqu'île du Sinaï, et revint en 1550 à Rome par l'Asie Mineure et la Grèce. Dans la relation de ce voyage[1], Belon donne beaucoup d'observations d'histoire naturelle, souvent avec figures. Cet ouvrage n'a d'ailleurs rien de systématique, ce n'est qu'une relation où, sans les discuter à fond, le voyageur étudie les objets d'histoire naturelle au fur et à mesure qu'ils se présentent. Il consigne des matériaux qui lui serviront pour de nouveaux travaux. Souvent il donne les appellations locales des animaux qu'il observe ; grâce aux noms grecs et français qu'il fait suivre, on peut parfois reconnaître les espèces des anciens. Cette détermination spécifique n'est cependant pas toujours possible, même lorsque les animaux sont figurés, comme pour le premier poisson dont il parle (liv. i., ch. 8), le *Scarus*. Dans le neuvième chapitre il y a beaucoup de noms d'oiseaux de Grèce et une figure de *Merops*, que Belon appelle en français *guespier*. Le dixième et le onzième chapitre donnent également des noms d'oiseaux. Dans le douzième est décrit le Phalangion, grosse araignée de Crète. Dans le treizième, description et figure du bouquetin de Crète ; dans le quatorzième, du mouton de Crète, le *Strepsiceros*. Dans le dix-septième, la description des espèces de *Coccus* (*Kermes*) ne donne guère que leurs noms. A Lemnos, Belon collectionne des poissons, dont il donne les noms ; au chapitre 31, il étudie les serpents ; il donne une figure de la cenchris et au chapitre 32, celle de l'huître pied-de-cheval des côtes de Lemnos. De retour sur le continent grec, il explore les cours d'eau ; dans ceux du mont Athos, il trouve une écrevisse qui lui paraît différente de celle de l'Europe occidentale (ch. 47). Il énumère ensuite les poissons de Salonique, donne une figure de la langouste (ch. 49), dresse la liste des mammifères des montagnes grecques et représente le chamois et le *Tragelaphus*. Suit la description des pêcheries de la Propontide, avec l'énumération des poissons (ch. 73-75). Au chapitre 76, Belon fait un tableau intéressant de la ménagerie de Constantinople : « Près de l'Hippodrome, s'élève une vieille église où l'on voit à chaque pilier des lions attachés ; ils semblent assez apprivoisés et de temps à autre on les promène à travers les

---

[1] *Les observations de plusieurs singularitez et choses mémorables trouvées en Grèce, Asie, Judée, Égypte, Arabie et autres pays étranges, rédigées en trois livres.* Paris, 1553, in-4. — Aut. édit., *reveus de rechef et augmentez de figures.* Anvers, 1555, in-8.

rues de la ville. On y voit aussi des loups, des ours, des lynx, des porc-épics, des onagres, des girafes, etc. » Belon représente une de ces dernières. Le dernier livre, qui nous mène en Égypte, contient aussi beaucoup d'indications zoologiques. Le chapitre 14 parle du pélican et du serpent *Jaculus;* le chapitre 20, de la civette, qui d'après l'auteur serait la hyène des anciens; le chapitre 22, du rat de Pharaon, de l'ichneumon et des guêpes du même nom, dont le corps ressemble à celui d'une fourmi et dont l'aiguillon peut tuer l'araignée phalangion. L'histoire du caméléon se trouve çà et là; il est figuré au chapitre 60. Il le décrit une première fois au chapitre 25 ; au chapitre 34, il parle de sa nourriture et dit qu'il est faux qu'il vive seulement d'air. Le chapitre 32 est consacré aux animaux du Nil et donne une figure du crocodile. Le chapitre 49 donne une description et une gravure de la girafe. Le buffle paraît au chapitre 50 ; le cerf et les gazelles au chapitre 51 ; les singes au chapitre 52. Le chapitre 54 énumère quelques serpents. Au chapitre 70 il est question de momies de serpents ailés bipèdes; une figure accompagne la description. Le crabe marcheur (*Cancer cursor* L.) vient au chapitre 77. Sur le chemin d'Icone, en Phrygie, Belon vit des chèvres avec un beau poil laineux ; les habitants ne les tondent pas, ils arrachent leur toison (ch. 112). Il renvoie à ce sujet à Élien. La dernière fois qu'il parle d'animaux (ch. 51, liv. 3) c'est à propos de quelques serpents du rivage asiatique de la mer Rouge. Nous avons énuméré en détail tous les passages de Belon qui ont trait à la zoologie, à cause du grand nom de l'auteur. Son Voyage contient encore, répandus çà et là, beaucoup de faits de botanique et d'ethnographie. L'auteur amassait ces observations au courant de sa relation, pour les utiliser plus tard dans ses autres ouvrages.

Un vif intérêt s'attachait à l'exploration de ces continents nouveaux à peine découverts et des pays qui les touchaient de près ou de loin; un autre intérêt, classique en quelque sorte, invitait à parcourir les contrées de l'ancien monde où la civilisation humaine avait eu son berceau ; mais là ne s'arrêta pas ce zèle de découvertes ; il se porta également vers les régions les moins connues de l'ancien continent. C'est vers l'extrême Nord de l'Europe que se tournèrent les efforts les plus sérieux. Ces voyages, entrepris surtout par l'Angleterre, puis par la Hollande, n'eurent pourtant que peu ou point de résultats zoologiques. L'ouvrage du Suédois Olaf Stor, sur la Scandinavie septentrionale, apporta des renseignements bien plus étendus. L'auteur, plus connu sous son nom latin, Olaüs Magnus, naquit en 1490, entra dans les ordres et devint archidiacre de l'église de Strengnüs. Lors de l'introduction de la réforme en Suède par Gustave Vasa, il quitta son pays et se rendit à Rome avec son frère Jean, archevêque d'Upsal. Lorsque ce dernier mourut en 1544, il fut nommé au siège devenu vacant ; mais il ne retourna plus en Suède et mourut à Rome en 1558. C'est ainsi éloigné de son pays natal qu'il en a écrit la description[1]. Parmi les remarques d'histoire naturelle qu'offre son ouvrage, important à beaucoup d'égards, trois surtout sont intéressantes. Elles donnent l'histoire de trois animaux, dont une partie subsiste encore vivace sous forme de légende dans l'esprit populaire, et dont quelques traits viennent d'être confirmés par des faits tout récents. La première concerne l'animal improprement appelé glouton. Olaüs Magnus et Matthias Michovius[2] ont fait sur lui des récits fantastiques, que l'interprétation populaire et son nom mal compris ont fait durer jusqu'à maintenant. C'est encore Olaüs Magnus qui doit avoir fait entrer dans le domaine de la légende moderne l'histoire du grand serpent de mer qui atteint jusqu'à un mille et demi de longueur. La troisième histoire, moins fabuleuse, moins éloignée des faits réels, est celle des *Kraken,* assez forts, comme on sait, pour enlacer de leurs longs bras des navires entiers et les attirer dans l'abîme. Il y a là chez Olaüs Magnus comme une réminiscence de l'aspidochélone. « Les *Kraken*, dit-il, sont parfois d'une taille si considérable, que les navigateurs, les prenant pour une île, jettent l'ancre pour y aborder. » Si l'on veut bien faire la part dans cette description d'une sorte d'exagération poétique, il y reste l'indication de céphalopodes géants, qui existent réellement si nous en croyons les découvertes récentes faites dans nos musées et les observations directes faites sur l'Océan.

Une description de l'empire russe, presque inconnu jusqu'alors, fut pour beaucoup dans le désir d'explorer le Nord-Est de l'Europe et de trouver un passage occidental vers la Chine et le Sud-Est de l'Asie. Ce sont des Allemands qui, à une époque plus rapprochée de nous, ont exploré la Russie ; c'est un Allemand aussi qui a fait le premier pas dans cette voie. Le baron

---

[1] *Historia de gentibus septentrionalibus.* Romæ, 1555, in-fol.
[2] *De Sarmatia asiana et europæa.* Cracov., 1532, in-fol.

Sigismond de Herberstein (1486-1556) vint comme ambassadeur de Maximilien Ier à la cour du czar Bazile IV, en 1517 et y revint, de 1526 à 1527. Après ces deux séjours il publia une description de l'empire russe, avec considérations sur son histoire, sa population, ses produits naturels [1]. Très-important sans doute pour la géographie du Nord-Est de l'Europe et du Nord-Ouest de l'Asie, le livre d'Herberstein n'a pas grand intérêt en zoologie. Nous y noterons seulement la description de deux bœufs sauvages, le bison et l'aurochs. Ces noms existent bien dans les livres d'animaux du moyen âge, mais pour la première fois depuis Aristote, qui avait déjà parlé du bison, les deux espèces sont nettement distinguées et assez bien décrites pour qu'on puisse les reconnaître. Herberstein signale encore un autre ruminant ; on s'accorde à y voir l'urus ou bœuf primitif (*Bos primigenius*), une des souches des races actuelles, à laquelle l'on peut encore rapporter directement quelques troupeaux de maintenant.

Toutes ces grandes découvertes, qui bouleversaient la géographie, ne servaient que d'une manière lente et peu sensible aux progrès de la zoologie. Il est même assez difficile de voir dans ces anciens ouvrages les premiers essais de géographie faunastique. Bien au contraire, quelques auteurs disent précisément qu'il n'y a pas de différence essentielle entre les animaux qu'ils ont découverts et ceux de l'ancien monde. Nous voyons encore, par le genre même de ces descriptions, que l'on se plaçait surtout, sinon absolument, au point de vue médical. C'est encore le cachet des descriptions d'animaux des différentes régions de l'Europe, que l'on commence à publier, seules, ou réunies à d'autres travaux d'histoire naturelle. Un des ouvrages les plus anciens est la *Ménagerie silésienne,* de Gaspard Schwenckfeld (1563-1609), médecin à Hirschberg [2]. Dans la préface de son livre, écrit en latin, l'auteur fait ressortir combien dans la pratique de son art il peut être utile à un médecin de bien connaître les animaux indigènes. Il se propose alors de décrire tous les animaux de la Silésie, qui habitent l'air, l'eau, ou partout ailleurs ; mais il ne reste pas fidèle à son plan, au moins d'après nos idées actuelles, car il donne aussi tous les animaux exotiques

---

[1] *Rerum moscovitarum Commentarii*, s. l. e. a. (Viennæ, 1559) ; Bâle, 1556 et plusieurs autres éditions.

[2] *Theriotropheum Silesiæ in quo Animalium hoc est Quadrupedum, Reptilium, Avium, Piscium, Insectorum natura, vis et usus sex libris perstringuntur*. Lignitii, 1603, in-4.

qu'il a vu montrer en Silésie, et même ceux qu'il connaît à l'étranger. Il va jusqu'à citer des objets de son musée, entre autres un crocodile séché et bourré. Outre un grand nombre d'animaux indigènes qui sont assez bien caractérisés dans son livre, on trouve encore des lions, des éléphants, des singes, des cochons d'Inde, etc. Comme idées générales, Schwenckfeld ne dépasse pas les travaux zoologiques parus jusqu'alors. Dans l'introduction générale et dans les remarques qui sont en tête de chaque groupe, l'auteur donne un tableau complet des parties, parties semblables et parties dissemblables; on retrouve quelques-unes des vues générales d'Aristote. Mais la division systématique ne répond pas à ces promesses de l'exposition, son seul but est de satisfaire à la nécessité d'un certain ordre dans l'énumération. Le tableau synoptique qu'il donne en tête est inférieur aux essais qui avaient déjà paru. Nous ne nous y arrêterons pas davantage. Ce livre a d'ailleurs du mérite, il est intéressant par ses noms allemands, et il ne serait pas juste de le juger à un point de vue qui n'était pas celui de l'auteur.

§ 2. — Travaux monographiques.

Cette acquisition incessante d'espèces nouvelles devait amener le désir d'approfondir les espèces connues déjà depuis longtemps. Lorsqu'une science augmente en étendue, ses nouvelles conquêtes ne peuvent devenir définitives que si l'étude gagne en même temps en force ou en profondeur. Ce mouvement s'accomplit dans deux directions. L'une suivit de près les progrès généraux de l'anatomie et assura à quelques-uns déjà des premiers essais zootomiques le caractère scientifique de l'anatomie comparée. L'autre, complément indispensable de la première, conduisit à résumer les particularités pratiques les plus importantes de ces innombrables formes nouvelles, à ce que l'on pourrait appeler, en forçant un peu l'expression, la caractéristique zoologique de l'espèce. Cette dépendance de la zoologie à l'égard de l'anatomie échappait à cette époque, où l'on examinait en quelque sorte à deux points de vue différents les manifestations extérieures et l'anatomie de l'animal. Pour cette dernière, on la jugeait d'après l'anatomie de l'homme; pour l'organisation extérieure au contraire, on y voyait des manifestations infinies de la sagesse et de la puissance du

Créateur. On ne soupçonnait pas plus qu'il y eût des lois morphologiques, que l'on ne pensait à une connexion nécessaire entre la structure extérieure et le reste de l'organisme animal.

D'après cela, si l'on se reporte à ce qui a été dit plus haut des ouvrages généraux, il ne faut pas demander encore aux travaux spéciaux ce caractère exclusivement scientifique qui les distinguera plus tard. Mais ces monographies, comme on peut déjà appeler cet ordre de productions, montrent que l'on savait se restreindre au milieu de cette multitude d'objets nouveaux, se concentrer en un sujet spécial et bien délimité. Nous allons examiner ces travaux et noter tout ce qui s'y trouve d'anatomie comparée.

On peut adopter pour cette revue l'ordre zoologique; en commençant par les mammifères, nous rappellerons d'abord la description authentique la plus ancienne du chimpanzé, dans les *Observations médicales* du Hollandais Nicolas Tulp [1]. Tulp (1593-1674) exerçait la médecine à Amsterdam, dont il devint bourgmestre par la suite. Il est moins connu par cet unique ouvrage qu'on a de lui que par un tableau de Rembrandt qui le représente au milieu de quelques élèves, devant un cadavre, expliquant les rapports des muscles du bras, bien qu'il n'ait été ni anatomiste ni professeur. Un des singes anthropomorphes, l'orang-outang, était déjà connu à l'époque, mais on n'en n'avait pas encore de bonne description et on ne l'avait pas encore vu vivant en Europe. Tulp rapporta à cette espèce un jeune chimpanzé vivant, amené de la côte d'Angola en Hollande, et lui donna le nom de *satyre indien*, « appelé par les Indiens *orang-outang*, par les Africains *quoias morrou* [2] ». La description assez exacte et la gravure caractéristique qui l'accompagne ne laissent aucun doute. Bien qu'on n'y voie ressortir aucun des caractères distinctifs que l'on établira plus tard entre les singes anthropomorphes, il n'est pas possible de le confondre avec une autre espèce.

Les recherches de Jacob Thomasius sur la vision chez la taupe sont une simple dissertation philosophico-historique [3]. Il

---

[1] Nic. Tulpii, *Observationes medicæ*. Amstelodami (Elzevir), 1641, in-8; puis 1652 et souvent, à partir de 1716, avec la biographie. La description du chimpanzé, au 3e liv., ch. LVI.

[2] Pour l'historique de l'histoire naturelle de anthropomorphes et les anciennes relations de voyage de Pigafetta et Purchas, voy. dans Huxley, *De la place de l'homme dans la nature*, trad. française, Paris, 1869.

[3] Jac. Thomasius, *De Visu Talparum*. Lips., 1659, in-4 (Joach. Corthum).

donne tous les arguments pour et contre l'hypothèse de l'existence du sens visuel chez cet animal, il ne néglige pas une autorité depuis Aristote, mais l'idée ne lui vient point d'étudier lui-même son sujet sur l'animal. Parmi les rongeurs, le lièvre a trouvé le premier son historien. Wolfgang Waldung, professeur à Altdorf, a réuni avec soin tout ce que l'on savait du lièvre au point de vue médical et zoologique [1]. D'après l'usage reçu, il s'occupe d'abord du nom et de tous les animaux que l'on a appelés lièvres, y compris les lièvres marins (*Aplysie* et *Thetys*). Pour les lièvres proprement dits, il parle de leur faculté de ruminer et pense qu'ils n'ont pas quatre estomacs comme les autres ruminants, parce qu'ils sont trop petits ; ils ont en outre un cæcum très-développé. Il ne cherche pas davantage si ce que l'on dit de cette rumination du lièvre repose sur quelque fait réel [2]. Olaüs Worm, dans son histoire du lemming, montre la même complaisance pour les croyances populaires [3]. Il donne avec sa description une assez bonne figure de l'animal, du squelette et des détails de sa dentition. Mais il se garde bien de nier que le lemming naît dans les nuages de matières corrompues imprégnées de la semence du rat, pour tomber en grand nombre sur le sol, comme les grenouilles et les crapauds. Il donne aussi, mais en faisant expressément remarquer que c'est seulement pour être complet, la formule d'exorcisme que l'on emploie contre cette calamité. Parmi les carnivores, le chien et le loup ont eu leurs monographies, mais elles ne sont pas à proprement parler zoologiques [4]. Martin Bœhme expose les précieuses qualités du chien, ses défauts, et parle de la morsure du chien enragé ; J.-Rudolphe Salzmann s'étend sur toutes

---

[1] Wolfg. Waldung, *Lagographia, Natura leporum, quœ prisci autores et recentiores prodidere quidve utilitatis in re medica ab isto quadrupede percipiatur.* Amberg, 1619, in-4.

[2] Le Ζωοτροφειον *seu Leporarium* de Georges Pictorius ne traite pas exclusivement du lièvre, mais embrasse aussi *quorumdam animalium quadrupedum et avicularum naturas.* Il parut à Bâle, 1650, et réédité en distiques latins de vieux contes, comme : *Est male viva caro partus quem reddidit ursa,* et : *Amphibius castor cupiens evadere damna, se viduat scissis testibus ipse suis,* etc. Pour l'observation du fœtus du lièvre, par Rommel, voy. plus bas.

[3] Ol. Wormii, *Historia animalis quod in Norvagia quandoque e nubibus decidit et sata ac gramina magno incolarum detrimento cellerime depascitur.* Hasniæ, 1653, in-4.

[4] Mart. Bohemus, *Christlicher und nützlicher Bericht von Hunden* (écrit en 1591), édité par J. Karp. Crusius. Leipzig, 1677. J. Rud. Salzmann, *De Lupo,* Argentor. 1688.

les particularités du loup, ses sympathies, ses antipathies. Ils n'étudient, ni l'un ni l'autre, leur place zoologique, leurs rapports avec les autres animaux, et autres questions analogues. Nous avons un document important pour l'histoire des races canines dans une réponse à Gesner de l'Anglais John Kay (Johannes Cayes), où se trouvent les caractères des différentes races qui existaient en Angleterre. L'auteur énumère les différents chiens de chasse avec leurs noms anglais et latins, les chiens de garde et les races d'agrément. Gesner et Aldrovande ont pris dans cette communication ce qu'il y avait de plus intéressant ; la lettre elle-même a été plusieurs fois imprimée à part [1]. Une description succinte du glouton, d'après une peau desséchée, a été donnée par Apollonio Menabeni [2] ; il répète aussi tout au long les fables d'Olaüs Magnus, dont nous avons déjà parlé.

L'éléphant, animal si curieux, si différent des espèces de nos pays, devait attirer l'attention d'une façon toute particulière, d'autant que loin d'être farouche et indomptable, il répondait aux anciennes descriptions et se montrait docile et facile à dresser. On n'était pas réduit pour le bien connaître aux renseignements des voyageurs et aux récits orientaux, on pouvait se convaincre *de visu* des particularités étranges de cet animal étonnant. Dès le XVIe siècle, on avait amené en Europe quelques éléphants dressés ; on en montra même dans les foires allemandes, ainsi en 1562, 1628, 1629 ; en 1675 il en vint un à Londres. Justus Lipsius [3] publia la description d'un éléphant qui fut montré en 1652 à la foire de la Saint-Jean, à Breslau ; Gaspard Horn en décrivit un second [4]. Nous avons dit déjà que la première description d'après nature de l'éléphant est de Pierre Gyllius ; comprise d'abord dans la traduction d'Élien (imprimée en 1562 et en 1565), elle fut aussi publiée à part (Ham-

[1] Joh. Cajus, *De Canibus Britannicis libellus*. Londin., 1570, recogn. S. Jebb., ib., 1729 ; reproduit dans : *Paullini Cynographia curiosa*, Norimberg., 1685, p. 231. Quelques ouvrages sur les faucons et la chasse au faucon traitent aussi des chiens de chasse, par exemple Guill. Tardif.

[2] Dans son *Tractatus de magno animali, quod Alcen nonnulli vocant*. Coloniæ, 1581.

[3] Just. Lipsii, *Epistolarum selectarum Centuriæ VIII*. Visiaci, 1604. Cent. I, Epist. L (Ps. I, p. 60).

[4] *Elephas, das ist : Historischer und philosophischer Discurs von dem grosten Wunderthiere dem Elephanten, derren wunderbare Natur und Eygenschaften*, u. s. w. Nurnberg. 1629, in-4. L'éléphant dont il est question ici est probablement celui que J. Jonston a vu à Amsterdam. — Il y a aussi de Joch. Prætorius une *Historia Elephantis*, Hambourg, 1607 ; je ne la connais pas.

bourg, 1614) ; Lipsius et Horn la citent fréquemment. Gyllius avait vu disséquer un jeune éléphant de quatre ans, ce qui lui permit de donner un certain nombre de détails sur l'organisation profonde. Dans les défenses, il voit volontiers des cornes, parce qu'elles ne naissent pas de la mâchoire supérieure, mais descendent plutôt du front. Horn est du même avis, sans attacher grande importance à cette détermination. Justus Lipsius se plaît surtout à retracer les traits les plus caractéristiques des facultés intellectuelles de l'éléphant ; suivant la mode du temps, il fait étalage d'une érudition assez sérieuse. Cristobal Acosta a donné également d'après ses observations personnelles une description de l'éléphant, sa vie, son utilité, ses propriétés particulières, etc. [1]

Un ouvrage d'un certain Jean Æmylianus de Ferrare [2] a pour titre : *Monographie de l'ordre entier des ruminants;* le livre est loin de tenir cette promesse. Il y a huit chapitres ; le premier donne une longue dissertation étymologique et une définition du mot *ruminatio*. Le second réunit tout ce qu'ont dit les auteurs pour prouver que les ruminants font revenir les aliments à la bouche pour les mâcher une seconde fois. L'auteur y décrit aussi les diverses parties de l'estomac composé, avec leurs noms spéciaux, mais sans rien ajouter à ce que l'on savait depuis Aristote. Les citations sont très-nombreuses, parfois singulièrement indigestes ; ainsi un passage de Dante est accompagné d'une critique détaillée des motifs qui l'ont déterminé à donner le nom de comédie à son poème. Dans le troisième chapitre, sur les cornes, Æmylianus examine de quelles parties du corps elles prennent naissance, rappelle ce fait bien connu (!) que d'autres parties cornées, les ongles et les poils, continuent à croître après la mort, et traite enfin des différentes sortes de cornes. Le quatrième chapitre, consacré aux ruminants unicornes, ne donne pour ceux-ci que l'oryx, mais il parle de tous les animaux unicornes en général. Au chapitre suivant, l'auteur distingue les cornes solides et les cornes creuses, mais n'en tire aucun parti ; il y rappelle l'animal nommé *Eale* qui fait mouvoir ses cornes à volonté. Le sixième syntagme attribue la croissance des cornes à la chaleur naturelle. Les femelles du cerf,

---

[1] Dans *Trattato della historia, natura e virtù delle droghe medicinali.* Venezia, 1585, sous le titre : *Trattato dell' elephante e delle sue qualità.*

[2] *Naturalis de Ruminantibus historia Joannis Æmyliani Ferrariensis vario doctrinæ genere referta.* Venetiis, 1584, in-4.

espèce dont il est surtout question, étant d'un tempérament plus froid que les mâles, n'ont pas de bois. Si l'on châtre un cerf, il perd sa chaleur et sa ramure ne croît plus. Au chapitre 7, viennent les ruminants sans cornes, plus spécialement le chameau. Outre les généralités sur cet animal, où se retrouvent toutes les vieilles fables et les propriétés médicales du chameau, il y a des considérations sur la richesse en lait des ruminants, sur leur habitude de ruminer davantage en hiver, enfin sur un poisson ruminant, le *Scarus*. Le dernier chapitre nous apprend que de tous les ruminants, c'est le bœuf qui aime le plus ruminer. Il suffit de cet aperçu rapide pour voir que cet ouvrage ne pouvait avoir aucune influence sur les progrès de la zoologie ; ce n'était qu'un étalage d'érudition littéraire sur un sujet emprunté à l'histoire naturelle.

Parmi les ruminants, le cerf a été plusieurs fois l'objet de traités spéciaux. Les anciennes fables dont nous avons parlé, ce que l'on disait de lui à propos des serpents, d'autres détails analogues avaient maintenu vivace la croyance aux vertus médicinales de cet animal. Le premier ouvrage qu'on ait écrit spécialement sur lui a pour but d'exposer les propriétés médicinales de chaque partie du cerf. Son auteur est Jean-Georges Agricola, médecin de la ville d'Amberg. Dans un court chapitre préliminaire, il est question de la nature et des particularités de l'animal, mais il n'y a que des considérations très-superficielles sur son histoire naturelle. La plus grande partie du livre est consacrée à l'emploi du cerf en médecine. Dans une seconde édition, l'auteur semble avoir accordé plus d'attention à la partie zoologique [1]. Il faut aussi mentionner de la même époque quelques opuscules sur le cerf dus à Florian Meïer, Werner Rolfink et autres, qui n'ont pas contribué davantage à faire connaître son histoire naturelle. Les anciens auteurs (Gesner et Aldrovande encore en partie) confondaient le renne et l'élan ; à partir d'Olaüs Magnus (qui lui donne trois cornes), Apollonius Menabeni, etc., on en possède des descriptions sinon tout à fait exactes, du moins faciles à reconnaître. Pour ces deux

---

[1] J. Geo. Agricola, *Cervi excoriati et dissecti in medicina usus, das ist : Kurze Beschreibung welcher Gestalt des zu gewisser Zeiten gefairgenen Hirscheus fürnembste Glieder in der Artzney zu gebrauchen*. Amberg., 1603. La deuxième édition, que je n'ai pu voi par moi-même, porte le titre : *Cervi cum integri et vivi natura et proprietates tum excoriati*, etc. Ibid., 1617.

animaux d'ailleurs, c'est toujours le point de vue médical qui
est au premier rang. D'après une ancienne fable, l'élan est sujet
à l'épilepsie, qui, en dehors de l'homme, ne s'observe en outre
que chez la caille. L'accès cesse dès que l'animal touche son
oreille de son sabot de derrière. Ce sabot a donc une vertu
thérapeutique. Ce thème revient souvent dans les écrits de
l'époque sur l'élan, mais c'est à peine si l'on effleure son histoire naturelle, qui n'a qu'une place accessoire [1]. — Parmi les
différents équidés, c'est du cheval que l'on s'est d'abord occupé
dans plusieurs traités pratiques d'économie et de médecine vétérinaire et dans bon nombre de traités de chasse. Carlo Ruini
écrivit sur les maladies du cheval et son anatomie [2]. Le zèbre
fut décrit par les voyageurs Pigafetta et Thévenot. On n'avait
guère de détails, sauf pour le cheval, sur les différentes espèces
d'équidés ; les rapports de ces espèces étaient encore obscurs et
plusieurs d'entre elles comptaient comme simples variétés. Un
hippopotame conservé dans le sel, rapporté de Damiette à
Rome par Federigo Zerenghi, fournit à Fabius Columna l'objet
d'une description détaillée avec des mensurations et un dessin
assez bon ; l'auteur ne s'est pas occupé de la place de l'hippopotame dans le système ni de ses relations avec les autres
espèces [3]. — Pour les cétacés, Belon a donné une bonne description avec figure du dauphin (v. plus bas). Il importait beaucoup de bien connaître le narval ; la dent de cet animal, que l'on
prenait pour une corne, restait le sujet des fables que l'on avait
débitées sur là licorne et ses propriétés thérapeutiques. Olaüs
Worm déjà avait reconnu que c'était une dent, bien qu'alors
on attribuât des qualités merveilleuses à de simples morceaux
de ce qu'on croyait être la licorne [4]. Nicolas Tulp, qui donna un

---

[1] Apollinii Menabeni, *Tract. de magno Animali quod Alcen vocant.* Colon., 1581
(italien, Rimini, 1584). Andr. Bacci, *De magna bestia a nonnullis Alcé, germanice
Ellend appellata, latine,* a Wolfg. Gabelschover, Stuttgard, 1598 (avec un traité sur
la licorne). *Dissertations sur l'élan,* par J. Wigaud (Kœnigsb., 1582), Severin
Gœbel (Venise, 1595), etc.

[2] Carolo Ruini, *Anatomia del Cavallo.* Venetia, 1618 ; en latin, avec les maladies
du cheval, 1598 ; en allemand, par Uffenbach. Frankfort, 1603.

[3] Fab. Columna, dans son traité : *Aquatilium et terrestrium aliquot animalium
aliarumque naturalium rerum observationes,* avec un appendice paginé à part,
Minus cognitarum stirpium Ἐκφρασις. Romæ, 1616.

[4] *An os illud quod vulgo pro cornu Monocerotis venditatur verum sit Unicornu?* 1638 ; imprimé dans Thom. Bartholini, *De Unicornu observationes novæ,*
ed. Carp. Bartholinus ; 2 ed., Amstelodami, 1678, p. 113.

dessin de l'animal entier et du crâne, prit de nouveau la dent pour une corne [1].

En passant aux oiseaux, nous dirons d'abord quelques mots des auteurs qui ont essayé d'établir d'une manière rigoureuse la synonymie des différentes espèces d'oiseaux dans les différentes langues. Ce n'est plus par des discussions étymologiques, mais par des indications de géographie zoologique, par les éclaircissements qu'ils apportent aux écrivains classiques, que leurs travaux nous intéressent. C'est un double mérite que l'on n'a peut-être pas assez estimé dans les travaux critiques sur la nomenclature ancienne. Il y a deux ouvrages consacrés plus particulièrement aux textes anciens, l'un d'eux tout spécialement aux noms des oiseaux de Pline et d'Aristote. Son auteur est William Turner, que nous avons cité plus haut parmi les correspondants de Gesner [2]. Le *Dialogue* sur les oiseaux par Gilbert Longolius est conçu dans le même sens; il parut après la mort de l'auteur, par les soins de William Turner. Dans l'introduction qu'il a mise en tête de ce livre, Turner montre combien il est regrettable que des grammairiens et des professeurs expliquent les classiques sans comprendre seulement les noms d'animaux et de plantes qui s'y trouvent. Longolius a voulu remédier à cette ignorance. Son *Dialogue* est assez pauvre, zoologiquement presque nul [3]. Comme contributions à la géographie zoologique, on peut citer les renseignements que Turner a donnés sur les oiseaux d'Angleterre, publiés dans l'ouvrage de Gesner. — Ces ouvrages portent encore plus ou moins la marque du goût philologique de l'époque. Peu après, l'année même de la publication de l'*Ornithologie* de Gesner, parut une œuvre capitale dans l'histoire de la zoologie des oiseaux. L'*Histoire naturelle des oiseaux* de Pierre Belon était la première monographie qui comprît l'ensemble de cette grande classe [4]. Belon, dont nous avons

---

[1] *Loc. cit.*, liv. IV, chap. LVIII, dans l'édit. de 1652, p. 364, avec figure de l'animal entier.

[2] *Avium præcipuarum quarum apud Plinium et Aristotelem mentio est, historia.* Coloniæ, 1544. *De avibus, privately printed* (by Dr. Thackeray). Cambridge, 1823, in-12.

[3] *Dialogus de Avibus et earum nominibus Græcis, Latinis et Germanicis, non minus festivus quam eruditus et omnibus studiosis ad intelligendos Poetas maxime utilis.* Coloniæ, 1544, in-8.

[4] *L'Histoire de la nature des Oyseaux, avec leurs descriptions et naïfs portraicts retirez du naturel.* Paris, 1555, in-fol.

cité les observations et les voyages dans l'Europe méridionale, naquit en 1518, à Souletière, dans le Maine (on l'appelle aussi Belon du Mans). On a peu de renseignements sur ses premières études ; tout ce qu'on sait, c'est que le cardinal de Tournon, que nous verrons aussi protéger Rondelet, et le cardinal de Châtillon, s'occupèrent de lui avec libéralité et le mirent à même d'entreprendre ses voyages. Avant de visiter les pays que nous avons énumérés, Belon vint en Allemagne vers 1540 et y assista aux cours de Valerius Cordus, à Wittemberg. Nous n'oserions assurer que Valerius ait eu de l'influence sur les travaux ultérieurs de Belon. Il visita aussi l'Angleterre et l'Espagne. Charles IX lui donna une maison dans le bois de Boulogne ; il y avait commencé une traduction de Théophraste et de Dioscoride, lorsqu'il fut assassiné dans la forêt en 1564. Sa période d'activité littéraire n'a pas été bien longue, elle va de 1551 à 1557. Quoi qu'il en soit, ses ouvrages comptent parmi les plus importants de l'époque. L'*Histoire naturelle des oiseaux* est divisée en sept livres ; le premier forme une introduction générale, les autres sont consacrés à la description des six ordres que Belon établit dans les oiseaux. Dans le premier livre, des considérations étendues sur la reproduction, non-seulement chez les oiseaux, mais chez tous les animaux, prennent une place très-considérable ; rien de nouveau sur l'œuf et son développement. Un chapitre assez court traite de l'anatomie de l'oiseau. Belon dit quelque part qu'il a examiné, à cet égard, plus de deux cents espèces différentes ; un zèle aussi persévérant mérite bien des éloges. Belon n'est pas exempt d'erreurs. S'il dit que l'anatomie des oiseaux répond, à peu près, à celle des autres animaux terrestres (quasi correspondante), il leur refuse des reins, outre la vessie ; ils n'auraient, à leur place, que des parties charnues d'aspect analogue. Il a une manière très-intéressante, à propos du squelette, de montrer les analogies de l'oiseau et des autres animaux. Il représente, l'un à côté de l'autre, deux squelettes, l'un d'homme, l'autre d'oiseau, avec des noms communs pour les parties correspondantes, et il prend soin, pour faciliter la comparaison, de placer les membres dans la même position. Nous ne lui ferons pas un grand crime de prendre la clavicule (fourchette) des oiseaux pour un os spécial, et de rapporter le corocoïdien à la clavicule humaine. Cet essai de rapprochement entre deux squelettes d'un mécanisme aussi différent, atteste chez Belon un sérieux effort pour mieux comprendre les formes animales, et révèle chez lui le pressentiment du vrai but scientifique. Il énumère aussi les caractères distinctifs qui peuvent lui servir à diviser les oiseaux et à décrire les espèces; c'est du bec et des pieds qu'il les tire surtout. Mais il tient compte aussi des différences de mœurs, d'allures, de voix, d'appariation, de nidification. Il y a des chapitres sur l'emploi des oiseaux comme aliments, leur influence sur l'homme; enfin, pour satisfaire aux idées du temps, sur les présages tirés du vol et des entrailles des oiseaux. Un chapitre sur l'importance de l'ornithologie, sur les maladies et les remèdes propres aux oiseaux, et un autre sur quelques oiseaux inconnus terminent l'introduction. Les oiseaux de ce dernier chapitre ne sont pas ceux que l'on connaissait mal de son temps, mais des noms d'oiseaux pris aux anciens auteurs, dont l'espèce est restée indéterminée. Il ne donne pas de nouvelles recherches à cet égard. Le second livre s'ouvre par une dédicace au roi, où l'auteur dit qu'il a négligé, comme fabuleux, les griffons, les harpies, les chimères; immédiatement après commence la description du premier ordre. Les six ordres de Belon ne répondent pas exactement aux différences qu'il a établies dans ses remarques préliminaires; il essaye cependant de satisfaire aux analogies. En tête viennent les rapaces, puis les oiseaux d'eau, ceux de rivages, ceux qui nichent à terre (autruche, outarde, poule, faisan); ensuite les oiseaux d'une certaine taille, qui font leur nid partout (corbeaux, pies, pics, pigeons, perroquets, grives), enfin les oisillons qui nichent dans les haies et les buissons. Il divise ceux-ci à leur tour, et distingue ceux qui se nourrissent de graines, ceux qui mangent des vers et autres animaux, ceux qui ont indifféremment les deux genres de nourriture. Ses groupes, comme celui où il réunit les pigeons, les pics, les perroquets et d'autres encore, sont mal établis, mais on ne saurait méconnaître à Belon le mérite d'un essai de classification naturelle. Il n'est malheureusement pas toujours resté très-fidèle à ses propres principes. C'est ainsi qu'il réunit les pies-grièches et le coucou aux rapaces. Il ajoute la chauve-souris aux rapaces nocturnes, non qu'il la prenne pour un oiseau, mais seulement pour être complet, parce que l'on avait été pendant longtemps incertain sur la nature de cet animal. Dans sa description du guépier, il donne à cet oiseau des pieds de grimpeur, comme au pic et au perroquet; il en donne un bon dessin, et cependant il laisse le guépier dans les oiseaux de rivages. Il n'a pas toujours examiné si la membrane interdigitale comprenait les quatre doigts, comme chez le pélican, par exemple. Quoi qu'il en soit, il fait preuve, en général, d'un esprit très-critique et détruit les fables partout où il en trouve. Les bernaches passent pour naître de vieux mâts pourris, dit-il, mais on a vu pondre ces oiseaux. Il rapporte au phénix les peaux d'oiseaux, sans pieds, qu'on apportait assez souvent d'Orient en Europe (oiseaux de paradis), et rejette le nom d'*Apus*, parce qu'il appartient à une autre espèce (la frégate). Un des grands mérites de Belon est précisément dans le soin qu'il met à distinguer les espèces. Il n'a pas encore la notion de l'espèce en histoire naturelle comme on la comprend aujourd'hui, mais il donne tous ses soins à bien subdiviser les groupes où les espèces sont nombreuses et à distinguer les formes voisines. Il a senti le besoin d'avoir une nomenclature à l'abri du doute ; il la tire cependant des noms anciens ou du langage populaire ; rarement il forme des noms nouveaux : *Œdicnemus*, *Lusciniola*, etc. Il ne connaissait pas beaucoup d'oiseaux américains : un cassique, une grive (le merle du Brésil) et quelques autres. Belon confond comme Turner le dindon et la pintade, ou *Meleagris* des anciens, et lui assigne une origine asiatique. Le nom de coq d'Inde de Gesner vient de la confusion bien connue entre les Indes occidentales et orientales. Malgré toutes ces imperfections qui tiennent à l'époque, Belon a écrit une œuvre fondamentale qui profitera à ses successeurs. D'après un usage alors assez fréquent, les planches de Belon furent aussi imprimées à part avec des légendes en vers. Cette collection, qui comprend les oiseaux, quelques mammifères, des races humaines, n'est intéressante d'ailleurs que par le dessin [1].

Comme publications locales, on peut citer la liste des oiseaux de l'Elbe, adressée par J. Kentmann, médecin saxon, correspondant de Gesner, au recteur George Fabricius [2]. Elle comprend cinquante noms allemands, avec la synonymie latine, partie d'après Gesner, partie d'après Théodore Gaza ; aucune description n'accompagne les noms.

---

[1] *Pourtraicts d'oyseaux, animaux, serpents, herbes, arbres, hommes et femmes d'Arabie et d'Égypte.* Paris, 1557. Il y a encore deux ouvrages sur les oiseaux, que je n'ai pu me procurer. Franc. Marcuello, *Primera parte de la historia natural de las Aves.* Zaragossa, 1617. Giov. Pietro, Oliva, *Ucelleria*, Roma, 1622, avec dessins par Tempesta (plusieurs éditions et une traduction française).

[2] G. Fabricii, *Rerum misnicarum libri VII*, Lips., 1569, p. 222.

On ne pourrait pas citer autant de monographies pour les
oiseaux que pour les mammifères. C'est peut-être parce que
dans cette classe assez uniforme, il y a moins d'intérêt pour les
théories générales à comparer des êtres peu différents ; peut-
être aussi parce qu'il n'y a guère d'oiseaux qui soient en contact pour ainsi dire domestique avec l'homme. Le fait est que
l'ornithologie spéciale fit incomparablement moins de progrès que
la mammalogie. La chasse au faucon se pratiquait déjà bien plus
rarement, du moins en Europe. Il paraît encore quelques ouvrages
de fauconnerie, mais aucun n'a le mérite, ni en zoologie ni en
anatomie, du livre de l'empereur Frédéric II. Ce dont on s'occupait
encore, c'était de traditions venues de l'antiquité, ou de faits merveilleux dus à des observations incomplètes, à des interprétations
inexactes. Ainsi l'on a un ouvrage spécial de J.-Wolfg. Majer, sur
les oiseaux messagers [1] ; les pigeons, les corneilles, les grues, sont
successivement passés en revue ; mais c'est bien plus une dissertation historique et littéraire, bourrée de citations, qu'un
ouvrage d'histoire naturelle. On a beaucoup écrit aussi sur les
oiseaux migrateurs, surtout les cigognes et les hirondelles. Pour
celles-ci on admettait, il n'y a pas longtemps encore, qu'elles
passaient l'hiver dans des creux, dans des fentes, dans leurs
nids, dans l'eau même. On prouvait, à grand renfort d'érudition,
qu'elles étaient alors dans une léthargie qui suspendait le besoin de respirer ; on en disait autant de la cigogne [2]. Ces oiseaux
intéressaient par leur opposition apparente avec les phénomènes ordinaires de la vie ; d'autres excitaient surtout la curiosité populaire par leur forme ou par leurs mœurs. Ainsi l'on a
de tout temps admiré la docilité et le langage articulé du perroquet. Il a fallu des recherches sérieuses pour prouver que
l'oiseau de paradis a des pieds. On croyait, en général, qu'il
n'en avait point ; toujours en vol, il ne quittait jamais les airs, s'ac-
crochant tout au plus quelquefois à l'aide des longues plumes
recourbées de sa queue [3]. L'histoire de la perdrix [4] montre encore
combien on avait l'habitude de ressasser les fables de l'antiquité

[1] Majer, Jo.-Wolfg., De avibus literigerulis. Ienæ, 1683 et 1684.

[2] Jac. Thomasius, resp. Christ. Schmidichen, De Hibernaculis hirundinum.
Lips., 1658. Prætorius, Joh, Von den Storchs Winterquartier. Lips., 1656.

[3] Schmid. hen, Christ., De Psittaco. Lips., 1659, Grützmann, Dan., resp. Nic.
Bonenberg., Diss. in qua Aves paradisiacas et primarie harum regem sistit.
Ienæ, 1667.

[4] Clodius, Jo., resp. J. H. Rebhuan, Perdicem (mate physiologico degustan-
dum proponit. Vitteberg, 1671. Le titre est un exemple du mauvais goût de l'époque.

ou les vieilles histoires du *Physiologus*, plutôt que de s'essayer à de vraies descriptions d'histoire naturelle. Les oiseaux fabuleux ont aussi trouvé leur place dans cette littérature. L'histoire de l'*oie arborigène* subsistait encore dans l'imagination populaire (v. plus haut les livres sur cette question). On étudiait en détail l'histoire du phénix, des griffons. Il y eut même des auteurs sérieux pour décrire des oiseaux merveilleux qu'on avait vus dans les nuages ou sur terre, ou que l'on avait même réussi à abattre [1].

Entre tous les reptiles, le serpent surtout avait excité la crainte et la curiosité. C'était une des attributions importantes du médecin, de savoir reconnaître les serpents venimeux et les employer selon les formules dans la composition de la thériaque. Ce n'est pas sans une certaine impression qu'on lit le titre d'un livre dédié à la célèbre Lucrèce Borgia, Traité des serpents, particulièrement des serpents venimeux, que le médecin bien connu Nicolaus Leonicenus écrivit à un âge assez avancé ; il est peu important au point de vue de l'histoire naturelle [2]. L'auteur s'écarte peu de Nicander, de Galien et d'Avicenne dont il cite et oppose des passages. L'histoire de la vipère par le médecin Baldus Angelus Abbatius est un peu plus appropriée à son sujet [3] ; un dessin assez fruste représente les viscères de la vipère mâle et de la vipère femelle. Les erreurs ne manquent pas. Ainsi il y aurait une veine allant directement de la vésicule biliaire à la dent à venin ; car l'auteur trouve de grands rapports entre la bile et le poison de l'animal. Un anatomiste dont nous aurons plus loin à faire l'éloge, Marc-Aurelio Severino, ne fit pas faire grands progrès à la zoologie des ophidiens [4]. Dans son volumineux

[1] *Wahrhaffter Abriss und Abbildung eines grossen wunderlichen Vogels welcher in der Stadt Amgemita in Hispanien im verlauffnen Jahr 1628 wunderbarlicher Weise sich erzeigt und bekommen worden.* Une feuille avec grav. s. bois. Corn. Vogel traite l'histoire des griffons depuis leur origine, *De Gryphibus.* Lips., 1670. Joh. Gryphiander explique en détail, avec citations, des passages d'Ovide et autres auteurs, les poèmes de Lactantius et de Claudianus sur le phénix (*Phœnix,* Ienæ, 1618).

[2] Nic. Leonicenus, *De Serpentibus opus singulare ac exactissimum.* Bononiæ, 1518. Reproduit dans l'ouvrage du même, *De Plinii et aliorum medicorum erroribus.* Basil., 1529. Le chapitre *De Tiro seu Vipera* et deux opuscules analogues de Pandulphus Collonutius et Ambrosius Léo Nolanus, reproduits dans : *Actuarius.* Venetiis, 1529.

[3] Bald. Aug. Abbatius, med. phys. Eugubin., *De admirabili viperæ natura et de mirificis ejusdem facultatibus.* Urbini, 1589.

[4] M. A. Severini, *Vipera Pythia ; id est, de Viperæ natura, veneno, medicina demonstrationes et experimenta nova.* Patavii, 1651.

traité sur la vipère, c'est le point de vue médical qui domine. La première partie, plus spécialement consacrée à l'histoire naturelle, passe rapidement en revue la forme, les organes, les mœurs de l'animal ; mais il y a d'interminables dissertations, avec force citations, sur les vertus thérapeutiques de la vipère. La position des dents à venin, leur connexion avec les crochets sont indiquées. Les deux autres parties, où l'auteur parle du venin de la vipère, du traitement de sa morsure et en général de la vipère au point de vue médical, sont plus insignifiantes encore, la dernière particulièrement qui, d'après Severino lui-même, est une simple compilation.

Pour les poissons comme pour les oiseaux, les premières recherches portèrent d'abord sur les espèces qu'avaient connues les anciens, ou sur celles qui avaient pris place dans les notions populaires. Le neuvième livre de Pline fut publié seul, ou avec des remarques spéciales sur la détermination des espèces [1]. On fit paraître aussi des listes synonymiques de poissons avec les noms latins et français [2]. On ne se faisait pas encore une idée très-nette ou systématique du groupe poisson. Au lieu d'appeler ainsi les seuls vertébrés qui portent ce nom dans Aristote, on y comprenait, avec Pline, tous les animaux aquatiques. Nous avons déjà vu que Wotton revint aux doctrines du maître et fit, d'un terme vague, une expression systématique d'une valeur déterminée. Dans la plupart des grandes monographies de l'époque, poisson et animal aquatique sont souvent synonymes. La baleine, les phoques, les espèces aquatiques inférieures rentrent dans les poissons de Belon ; ils forment le groupe des animaux aquatiques dans l'édition latine, mais dans l'édition française ils sont rangés sous le titre de poissons. Rondelet compte dans ses poissons des seiches, des mollusques, des crustacés ; l'ouvrage de Salviani, intitulé : *Des animaux aquatiques*, commence ainsi l'article *Seiche :* « Notre cinquante-neuvième poisson est la sépia, » etc., etc. Ces trois auteurs sont presque contemporains par leurs travaux ; Belon précède un peu les deux autres. Dans sa première publication il décrit rapidement quelques poissons curieux, dont il donne aussi la gravure. Le tout, avec

[1] Franc. Massarii, *In nonum Plinii de naturali historia librum castigationes et annotationes.* Basil., 1537. Le neuvième livre de Pline parut aussi avec l'*Halieutikon* d'Oppien à Strasbourg, 1534.

[2] P. Gyllius, *De gallicis et latinis nominibus piscium Massiliensium*, 1533, dans l'édition d'Élien du même.

« la vraie description du dauphin », ne comprend que 55 pages [1]. C'est en quelque sorte un prélude à son grand travail sur les poissons ; son principal mérite est de donner pour la première fois des dessins très-exacts, qu'on a reproduits plus tard, de l'esturgeon, du thon, et de quelques autres espèces. Son grand ouvrage sur les poissons parut en latin en 1553 ; deux ans plus tard il en donnait une édition française plus accessible au public [2]. Moins considérable que l'*Histoire des oiseaux*, cette œuvre montre la même recherche, le même soin dans la description de chaque espèce. Mais les conceptions anatomiques générales sont complètement négligées. La classification n'est pas fondée sur des bases naturelles, elle est tirée de la taille, de la forme, de l'habitat. L'expression *cétacés* équivaut pour Belon à celle de grand poisson. Il dit : « Je décrirai les grands poissons dans l'ordre suivant : d'abord les cétacés osseux vivipares ou cétacés qui ont des os au lieu d'arêtes.» Il donne ensuite les sélaciens, les raies (avec le *Lophius*), les esturgeons, où il range le silure, trompé encore une fois par le caractère de la taille. Au lieu de lui donner son nom de *Wels*, il l'appelle *Haufe* (esturgeon) et dit que c'est de lui que vient la vessie d'esturgeon. Puis il énumère les cétacés ovipares à arêtes : thon, espadon, etc. Les poissons plats : plies, barbues, soles, forment un groupe qu'il fait suivre des poissons comprimés en hauteur et des espèces marines serpentiformes. Les poissons de mer de petite taille sont divisés en côtiers, pélagiques et saxicoles. Les poissons de rivière et d'étang viennent en dernier. L'hippocampe et le syngnathe ne sont pas pour lui de vrais poissons ; il les rejette au deuxième livre des animaux aquatiques dépourvus de sang, parmi les déjections de la mer (*dejectamenta*). Belon a fait figurer la plupart des poissons qu'il a décrits. Ses gravures sur bois représentent d'ordinaire assez bien la physionomie générale, et on peut généralement y reconnaître les espèces ; le dessin cependant ne satisfait pas encore à toutes les exigences de la systématique. Les petites différences extérieures basées sur les écailles, les

---

[1] P. Belon, *L'Histoire naturelle des étranges poissons marins, avec la vraie peincture du Dauphin.* Paris, 1551, in-4.

[2] P. Belon (Bellonius), *De aquatilibus libri duo cum eiconibus ad vivam eorum effigiem quoad ejus fieri potuit expressit.* Paris, 1553. *La nature et diversité des poissons avec leurs portraicts représentez au plus près du naturel.* Paris, 1555, les deux édit. in-8. En 1550, Belon prit copie d'un certain nombre de dessins de Daniel Barbaro, ambassadeur vénitien à Londres. Rien ne permet de savoir s'il s'en est servi pour sa publication.

aiguillons, etc., échappaient encore à l'artiste et au naturaliste. Il n'y a pas grande différence dans les figures des deux éditions ; la première donne cent neuf poissons entiers, la scie du *Pristis*, un œuf de squale, le squelette sous-dermique du poisson-coffre et la tête d'un saumon femelle. L'édition française reproduit ces quatre derniers dessins, et donne cent treize poissons ; il y en a donc quatre en plus, savoir : *Canicula maris, Canna, Sargus cephalus* et *Gobius fluviatilis*. Remarquons encore que le dessin du *Gobius marinus niger* n'est pas le même dans les deux éditions et que les figures du *Glaucus* et du *Chromis* (celle du *Coracinus* et du *Chromis* d'après la page 328 de l'édition française), ont été interverties. Les descriptions commencent le plus souvent par le nom du poisson en grec, latin, italien et français[1]; elles donnent ensuite la taille, la forme, la couleur et quelques particularités, les caractères de la chair par exemple. Pour un assez grand nombre d'espèces, Belon décrit aussi la forme et la situation des viscères, les lobes du foie, le nombre des appendices pyloriques, etc. Il ne parle pas souvent des opercules branchiaux et ne tient pas compte des rayons des nageoires, d'une façon constante, chez tous les poissons d'un même ordre, ou dans toutes les espèces voisines. Les descriptions de Belon ont encore une certaine importance, parce qu'il a figuré quelques espèces rares qui n'ont été retrouvées et décrites que plus tard, comme le *Falx*, le *Pesce Falce* des Vénitiens, le *Trachypterus*[2]. Cuvier a déjà appelé l'attention sur cette circonstance.

L'ichthyologie du naturaliste romain Hippolyte Salviani semble dépasser, par son étendue et par la beauté de son exécution, l'ouvrage de Belon. Mais il s'y trouve un nombre moins considérable d'espèces ; elle est, d'ailleurs, inférieure pour l'arrangement méthodique et pour la valeur de ses classifications[3]. Salviani naquit en 1514 à Citta di Castello, duché de Spolète ; il professa la médecine à Rome et fut médecin particulier des

---

[1] C'est une habitude très-répandue chez les auteurs du temps, et l'on ne peut guère attribuer d'influence à cet égard, comme le voudrait Joh. Müller (Archives, 1857, p. 257), à P. Gyllius qui a cherché à retrouver les espèces de poissons connues des anciens. Auparavant déjà, P. Jovius avait fait de semblables recherches sur les poissons de Rome, et, presque en même temps que Gyllius, Massaria s'occupait des poissons de Pline.

[2] Ferrante Imperato, *Historia naturale*, 2 ediz., Venetia, 1672, p. 687, donne une figure d'une espèce voisine, le *Regalecus* (*Gymnetrus*), qui n'a été également retrouvée que plus tard.

[3] *Aquatilium animalium historiæ*. Romæ, 1554-1558, in-fol.

papes Jules III, Marcel II et Paul IV ; il mourut en 1572. Son livre, d'après les dates du titre et de la conclusion, parut en plusieurs fois ; en écrivant les derniers chapitres, il avait sous les yeux l'ouvrage de Rondelet, paru entre temps, et il put ainsi se défendre de l'accusation de lui avoir volé des figures. Salviani ne paraît pas avoir connu le travail de Belon, paru un an avant le sien, au moins ne le cite-t-il nulle part. En tête de son livre il donne des tableaux alphabétiques des noms latins, avec les noms grecs et les appellations vulgaires, plus un aperçu de ce que l'on trouve sur chaque espèce dans Aristote, Pline, Oppien, Athénée et quelques autres auteurs anciens ou modernes. Il n'énumère, d'ailleurs, pas que des poissons, mais plus généralement tous les animaux aquatiques : l'hippopotame, le phoque, les limnées, l'holothurie, le basilic même y figurent. Il y a cinquante-six pages de la sorte, puis vient le texte proprement dit, avec planches. Salviani décrit en tout 92 espèces de poissons, représentés en 76 planches. Il y a 99 figures, mais le *Centrina* est figuré deux fois, dessus et dessous ; outre la figure entière du *Xiphias,* il y a une figure en plus pour la tête ; quatre planches enfin représentent des céphalopodes. Le n° 54 (*Rhinobatus*) manque. Ces grandes figures sont très-soignées ; elles sont, pour la plupart, de Bernardus Aretinus, que Salviani garda deux ans près de lui ; on les a gravées sur cuivre avec beaucoup de soin ; le trait est d'une extrême pureté et les attitudes sont très-naturelles. Mais, comme dans les dessins de Belon, les détails qui importent tant pour caractériser les espèces ont été négligés. Un certain nombre de dessins ont été donnés à Salviani par d'autres artistes. Il cite Andræas Masius, de Bruxelles, pour la figure de la lotte, Lucas Chinus, le créateur des jardins botaniques de Florence et de Pise, pour le poisson-lune ; Daniel Barbarus pour l'*Ammodytes.* La partie descriptive, conçue sur un plan assez uniforme pour toutes les espèces, essaye d'abord de reconstituer la nomenclature de chacune dans Aristote et Pline ; la description proprement dite vient ensuite. On y trouve souvent, comme dans Belon, des détails de splanchnologie, et Salviani, dans sa réponse à Rondelet, se vante de s'être familiarisé depuis longtemps avec des dissections de poissons. Les descriptions ne sont pas suffisantes en général pour reconnaître avec sûreté toutes les espèces; la technique descriptive ne s'était pas encore développée. Il donne ensuite ordinairement

des indications sur l'habitat, les circonstances, la nature et
l'époque du frai, les mœurs; quelques autres détails de ce
genre terminent la partie zoologique proprement dite. L'auteur
ajoute presque partout, sous forme de rubriques, des renseignements sur la conservation et la préparation des poissons,
leur valeur culinaire, leur importance comme moyens alimentaires et thérapeutiques. Salviani a borné ses recherches
à un domaine assez étroit, et la plupart de ses espèces étaient
connues des anciens. Il en donne cependant quelques-unes qu'il
croit nouvelles et dont il conserve le nom vulgaire. Il a donc
ajouté quelques espèces à celles que l'on connaissait déjà, mais,
pour les motifs que nous avons indiqués, on ne peut souvent les
reconnaître que grâce à la portion restreinte de mer que Salviani
a explorée; ce sont presque tous des poissons de la Méditerranée ou de l'Adriatique. Il n'y a ni introduction générale ni
explication justificative de l'ordre adopté par l'auteur; après le
marteau, seulement, lorsqu'il passe aux autres squales, il dit
quelques mots préliminaires sur les poissons cartilagineux, dont
il exclut la *Zygœna*. Il donne deux mots encore sur les cartilagineux plats, dont il commence immédiatement la série par la
baudroie *Lophius*, comme tous les auteurs du temps d'ailleurs.
Il donne, avec les céphalopodes, une description des mollusques
et passe ensuite sans transition aucune au *Chrysophrys*. D'ordinaire, cependant, il rapproche les formes parentes; ce sont
d'abord les anguilles serpentiformes, où il met aussi les lamproies. Il rapproche aussi les salmonides et les cyprins, sans dire
pourquoi d'ailleurs. Le mérite essentiel de Salviani est dans la
belle exécution artistique de ses planches (bien que le naturaliste n'en puisse pas toujours tirer parti) et dans les descriptions
faites d'après nature de certaines espèces inconnues jusqu'alors.

Des trois ichthyologistes qui ont illustré le xvie siècle, le plus
important est Guillaume Rondelet. Il a vu et décrit beaucoup
plus d'espèces que les autres naturalistes, mais il a surtout
apporté un soin extrême à les bien répartir et à établir leurs
caractères spécifiques. Rondelet naquit en 1507 à Montpellier;
d'une santé très-délicate dans sa jeunesse, il devait embrasser
l'état ecclésiastique, mais à dix-huit ans il quitta le couvent où
on l'avait mis dans cette intention. Sa constitution s'était bien
améliorée et il se sentait pris d'un désir immense de savoir.
Aidé par son frère aîné, il se rendit à Paris, où il fit la connaissance de Winther (Guntherus) d'Audernach, auprès duquel il

apprit beaucoup d'anatomie; en 1529 il revint à Montpellier. Quoique pauvre, il avait fait comme Gesner et s'était marié jeune (1538); il fut obligé pour vivre d'exercer la médecine dans une petite localité; bien qu'il donnât encore des leçons, il gagnait si peu, qu'il fut dans la nécessité d'aller passer quatre années à Florence, chez son beau-frère, homme riche et sans enfants. De retour en 1542 à Montpellier, il y trouva dans le cardinal de Tournon un protecteur zélé et puissant; le cardinal le prit comme médecin, le fit nommer professeur de médecine à Montpellier en 1545, l'emmena voyager avec lui en Hollande et en Italie et lui fit plus tard une pension particulière. Rondelet consacra à l'étude des poissons toute une année qu'il passa à Rome, et presque tout le temps qu'il séjourna à son retour à Venise, Plaisance, Padoue, Parme, Bologne. A partir de 1551, il ne quitta plus beaucoup Montpellier, contribua à la fondation d'un amphithéâtre d'anatomie, devint chancelier de l'Université, et mourut en 1556 de la dyssentérie. Il fut lié avec les plus célèbres naturalistes de son temps et a partagé leurs efforts pour substituer l'observation directe aux recherches purement littéraires, ou au moins la placer sur le même rang. Mais, pas plus que ses contemporains, il ne réussit à modifier à fond la science à laquelle il s'était voué, car les notions préliminaires indispensables et les moyens techniques manquaient encore. Nous ne nous occuperons pas ici de ses ouvrages médicaux; son livre sur les poissons nous intéresse beaucoup au contraire. Il parut en deux fois (1544-1555), en même temps, par conséquent, que la première partie de Salviani et que l'édition française de Belon, et quatre ans avant l'*Ichthyologie* de Gesner, qui a reproduit toutes les observations de Rondelet[1]. Dans ses vues générales, Rondelet ne dépasse pas le niveau du temps. Comme on l'a vu déjà, poisson et animal aquatique sont pour lui entièrement synonymes. En systématique, il ne connaît pas encore la hiérarchie des séries; la notion d'espèce lui manque aussi. Genre et espèce sont pour lui des appellations applicables aux formes parentes, quelle que soit leur parenté; elles peuvent, en outre, se subordonner tour à tour l'une à l'autre, suivant les cas. Il va

---

[1] Gul. Rondeletii, *Libri de Piscibus marinis in quibus veræ Piscium effigies expressæ sunt.* Lugduni, 1544. *Universæ aquatilium Historiæ pars altera cum vivis ipsorum Imaginibus*, ibid., 1555, in-fol.

jusqu'à employer ces deux expressions pour désigner le même
rapport[1]. On voit par les remarques anatomiques de son Introduction générale qu'il avait soigneusement disséqué des poissons; mais, bien qu'il ait constaté par lui-même la conformité
générale de tout le groupe, il ne put encore se débarrasser
des superstitions qui avaient cours sur certaines espèces. C'est
ainsi qu'il soutient le pouvoir merveilleux de la *Remora,* qui
arrête de grands navires; il veut même en donner une explication mécanique. Beaucoup de petits poissons, qu'il englobe dans
la désignation d'*Aphya,* empruntée à Aristote, naissent réellement, pour lui, du limon, du sable ou de l'écume des flots. Il
donne beaucoup de détails anatomiques sur les cétacés vrais,
qu'il avait réunis aux poissons ; chez lui *Piscis cetaceus* et grand
poisson sont en effet synonymes. Il fait cependant d'excellentes
remarques sur la différence des cétacés et des poissons. Ainsi,
après avoir décrit le diaphragme de la baleine, il remarque que les
poissons n'en ont pas et explique la situation et le mode d'attache
du cœur chez ces animaux. Il note également les trois parties qui
constituent le cœur des poissons, mais sans parler des valvules.
Pour toutes les espèces, il donne des détails sur les branchies.
A propos du syngnathe, il dit fort bien que ses branchies sont
semblables à celles de l'hippocampe ; ce sont, en effet, deux lophobranches, mais, arrivé à l'hippocampe, il dit que cet animal n'a
pas de branchies ! Les poissons pulmonés ont des oreilles, mais
on ne sait pas comment l'ouïe s'exerce chez les autres. Ces
observations anatomiques ne se suivent pas dans un exposé
méthodique des différents systèmes d'organes ; elles ne viennent
qu'en seconde ligne en quelque sorte, lorsqu'il parle des différences des poissons. Quelque chose montre combien Rondelet
s'est peu douté du vrai but ; il étudie le poisson sous toutes ses
faces : mœurs, anatomie, habitat, etc., rien ne lui échappe, et
cependant il n'arrive pas à établir des divisions générales, ordre,
famille, etc. Les groupes dont il parle, celui des poissons cartilagineux, existaient déjà, et Rondelet n'a rien fait pour les
assurer ou les élargir. Son vrai mérite est dans les descriptions particulières. Dans les quatre premiers livres de son
ouvrage, il examine les mœurs, l'habitat, le régime des pois-

---

[1] Ainsi il donne les diverses formes de gadoïdes comme *Asellorum species,* les
formes de labroïdes, comme *Turdorum genera*; mais, pour la dixième forme, il
l'appelle : *decima Turdorum species*; de même : *Luporum duo esse videntur
genera,* etc.

sons, puis il étudie la consistance (cartilages, écailles), la taille,
la forme, le siège, le nombre, le développement de chaque
partie; enfin le goût, l'odorat, la couleur, les propriétés spéciales. Viennent ensuite les différences tirées de la tête, des
oreilles, de la bouche, des dents, etc. Il examine en dernier
lieu la génération, la locomotion, la respiration, les organes des
sens et les mœurs; là se termine la partie générale. Avant
d'aborder la description des espèces, Rondelet discute d'abord
l'ordre qui convient à ce travail. Au lieu d'adopter quelque
plan qui résume ses idées sur l'ensemble du groupe, il préfère,
dit-il, commencer par un poisson très-connu, que l'on a toujours
sous la main, et y rattacher les formes les plus voisines. Il donne
d'abord la dorade, se défendant bien d'avoir voulu suivre l'ordre
alphabétique et d'avoir mis en tête l'*Aurata* pour la première
lettre de son nom. Il décrit en tout 264 poissons (205 poissons
de mer, 59 d'eau douce); sur ce nombre, 239 espèces sont figurées
(191 poissons de mer, 48 d'eau douce). Les figures sont sur bois,
plus grossières généralement que dans Belon, mais plus exactes
aussi pour les détails, bords des opercules, etc., etc. Ce serait
cependant surfaire le mérite de Rondelet que de dire que c'est à
dater de son ouvrage qu'on a pu reconnaître les figures d'histoire
naturelle. Ses illustrations sont à peu près au même niveau que
celles de Belon, et bien moins belles que celles de Salviani, tout
en étant un peu meilleures que ces dernières. Au point de vue
scientifique, Rondelet n'a pas su pousser plus loin la distinction
délicate des formes très-voisines; il n'a pas négligé moins de
détails importants que ses deux contemporains. Il rattache à
l'*Aurata* d'autres poissons marins, couverts d'écailles, habitant
les rivages : *Pagrus*, *Cantharus*, etc. Il décrit ensuite ceux qui
vivent dans les eaux plus pures, auprès des îles et des rochers,
dont Galien avait déjà parlé sous le nom de *Saxatiles* en vantant
beaucoup leur chair. Ce sont les *Scarus*, les *Sparus* (*Turdus* et
Merula), *Phycis*, *Scorpæna*. Viennent ensuite les aphyes, les
plus petits des poissons de mer, dont les uns seraient les jeunes
d'autres espèces, mais dont la plupart naîtraient du limon, du
sable, sans œufs ni semence. Dans le chapitre suivant, qui commence ainsi : « Nous passons graduellement des plus petites
espèces aux plus grandes », il donne différentes séries d'espèces
qu'il rapproche d'après leur forme générale. Ainsi il appelle
aiguilles de mer, *Acus*, le bellone et le syngnathe; citons encore
les scombéroïdes, les maquereaux (*Pelamis*) et l'espadon. Dans

le chapitre qui vient après, c'est encore la forme du corps qui le conduit à réunir les poissons écailleux, presque ronds, non comprimés : *Mugil*, *Cephalus*, *Cestreus* (au sens de Rondelet), et les gadidès (*Aselli*); puis les poissons rouges, arrondis, à grosse tête : *Hirundo*, *Cuculus*, *Lyra* (*Dactylopterus*, *Trigla*, *Peristedion* d'aujourd'hui), *Mullus* et à la fin *Uranoscopus*. Passant ensuite aux poissons plats, il décrit d'abord les non cartilagineux, *Pleuronectides*, et le *Zeus Faber*, puis les cartilagineux, les raies et le *Lophius*, dont il fait une forme de transition aux cartilagineux allongés. Ceux-ci viennent immédiatement, ce sont les squales, suivis des poissons osseux anguilliformes, où Rondelet met la lamproie et à la fin l'esturgeon. Sous la désignation de poissons étrangers et rares, il réunit les *Diodons*, *Orthagoriscus*, *Echeneis*, etc. Les cétacés et les monstres, où il range aussi les tortues de mer, terminent la première partie. En tête de la seconde partie, l'hippocampe figure parmi les vers. Les poissons de lagunes (étangs salés) sont les derniers poissons de mer dont il parle. Il distingue dans les poissons d'eau douce ceux d'étangs et ceux de rivières ; il démembre ainsi les deux groupes naturels, cyprinoïdes et salmones. La carpe, en effet, est décrite comme poisson d'étangs ; l'ombre et la truite, poissons de lacs et d'étangs ; le saumon, poisson de rivières ; les ables et le barbeau comme poissons de rivières. Dans les poissons de rivières figure aussi le reste des sturoniens (*Attilus* et *Galeus Rhodius*); Rondelet attribue ici l'*ichthyocolle* (qui vient de l'esturgeon) au *Glanis*, qu'il désigne sous le nom de *Silurus;* ces termes, *Esox*, *Glanis* et *Silurus* n'avaient d'ailleurs pas encore de signification bien arrêtée. — Rondelet a décrit un plus grand nombre d'espèces qu'on n'en trouve dans Belon et dans Salviani réunis, et ses descriptions diffèrent assez de celles de ces deux auteurs. Il ne se fait pas faute de discuter la synonymie ancienne des espèces chaque fois que l'occasion s'en présente; mais sa description est, en général, plus précise, bien que ce ne soit pas encore de l'histoire naturelle comme nous la comprenons aujourd'hui. Les dessins de Rondelet ont été également reproduits et tirés à part. François Boussuet composa pour chacun d'eux un quatrain, en général très-bien tourné[1]. Pour les pois-

[1] Boussuet, Franc., *De natura aquatilium carmen in universam Gul. Rondeletii quam de Piscibus scripsit historiam*, etc. Lugduni, 1558; id. *in alteram partem*, etc., ibid., 1558.

sons proprement dits, la muse de Boussuet parle volontiers du goût de leur chair et de leur valeur culinaire.

Ce n'étaient pas seulement des médecins qui cherchaient à rétablir la synonymie ichthyologique ancienne. On peut citer l'opuscule d'un auteur bien connu, Paolo Giovio, sur les poissons de Rome[1]. Ce n'est pas précisément une faune des eaux romaines, c'est une simple liste, avec remarques littéraires et historiques, des poissons qu'on apportait à Rome au marché. La liste des poissons du médecin hambourgeois Stephan von Schonfeld a au contraire les caractères d'une faune locale[2]. L'auteur avait exploré une région peu connue des ichthyologistes précédents; il put ainsi aux espèces déjà connues en ajouter quelques-unes dont il donne de bonnes figures gravées sur cuivre. Georges Fabricius publia aussi une liste des poissons de l'Elbe, sur des renseignements que lui fournirent deux pêcheurs, les deux Kern, père et fils[3]. Dans ce catalogue il y a trois catégories de poissons : ceux qui remontent de la mer dans l'Elbe, et n'y séjournent qu'une partie de l'année ; ceux qui y descendent des ruisseaux et des rivières ; ceux enfin qui y habitent en tout temps. Le saumon y est nommé *Esox*, le glanis *Amia*, ou *Silurus* d'après Gesner, avec cette correction, « inexact », le brochet *Lucius*. — L'érudition scolastique se donna libre carrière à cette époque sur certains points de biologie ichthyologique. On discutait l'existence de poissons volants, de poissons vivant à terre. Constatons d'ailleurs que la signification systématique du mot poisson avait déjà pris une certaine précision; Voigt donne la définition suivante : le poisson est un animal nageur qui a des branchies, des nageoires, des arêtes et une vessie natatoire[4].

Une tendance générale apparaît à cette époque ; on cherche de plus en plus à limiter les espèces et à bien déterminer les particularités de chacune. En dehors des grands travaux qui caractérisent l'ichthyologie du temps, nous trouvons encore des

[1] Pauli Jovii, *De romanis piscibus libellus.* Romæ, 1524-1527 ; Augsbourg, 1528 ; Bâle, 1531, etc., trad. en italien par C. Zancaruolo. Venezia, 1560.

[2] Schonevelde, Steph. a, *Ichthiologia et nomenclaturæ animalium marinorum, fluviatilium, lacustrium quæ in Ducatibus Slesvici et Holsatiæ et Hamburgi occurrunt triviales.* Hamburg, 1624.

[3] *Rerum misnic., loc. cit.,* p. 220.

[4] Voigt, Gfr. resp. J. Hnr. Vulpius, *De Piscibus fossilibus atque volatilibus.* Witteberg. 1667.

descriptions de poissons dans des livres très-divers. On commençait à les observer avec autant d'intérêt que les vertébrés supérieurs. Les récits des voyageurs, les ouvrages de thérapeutique offrent de ces descriptions ; nous citerons seulement l'*Ekphrasis,* de Fabius Columna. C'est ainsi que s'aplanissait le terrain et que tout se préparait pour fonder un système ichthyologique réel.

Si nous passons maintenant aux invertébrés, nous verrons les *Mollusques* traités plus ou moins complètement dans tous les ouvrages sur les animaux aquatiques. La connaissance de cette classe n'a marché que bien lentement. On se bornait en général à confirmer ce qu'avait dit Aristote, dont l'autorité subsistait tout entière pour les animaux inférieurs. La division en mollusques nus et testacés était acceptée de tous les auteurs, avec des variations plus ou moins grandes dans les limites de ces deux groupes. Ainsi Rondelet range les lièvres de mer et les actinies, Belon les actinies, à côté des poulpes dans les poissons mous. Ces deux auteurs ont disséqué des poulpes, mais ils n'en disent que ce qu'Aristote avait déjà vu. Belon place dans les testacés les argonautes que Rondelet met très-bien dans les octopodes. Sous la dénomination commune de lièvres de mer, Rondelet réunit deux formes d'aplysies et une *Thetys.* Dans les céphalophores et les acéphales (colimaçons marins et mollusques bivalves), c'est la coquille qui attirait surtout l'attention ; Columna en a représenté un assez grand nombre. Rarement on s'inquiétait de l'animal. La pourpre a été l'objet de travaux spéciaux, faits au point de vue historique. Fabius Columna croit que les anciens la tiraient du buccin de la Méditerranée. Il a quelques doutes cependant, à cause de la *janthine,* dont il donne, avec de bonnes figures, une description exacte et complète, sans détails d'ailleurs sur l'anatomie interne[1]. Beaucoup d'auteurs figurent des ascidies simples, bien reconnaissables à leurs deux ouvertures, quoique assez mal représentées pour le reste. Belon donne le dessin d'une ascidie composée, *Botryllus,* mais il ne se prononce pas sur la nature de cet être.

Gesner, avons-nous dit, s'était occupé des insectes, mais la mort l'avait empêché de mettre en ordre et de publier ses ma-

---

[1] Fab. Columnæ, *Purpura, h. e. de Purpura ab animali testaceo fusa, de hoc ipso animali aliisque rarioribus testaceis quibusdam.* Romæ, 1616. Id. *Nunc terum ilucidatum opera et studio* Joh. Dan. Mayoris. Kiel, 1675, avec remarques et tableaux ostracologiques.

tériaux. Les manuscrits qu'il laissait sur cette classe passèrent, par l'intermédiaire de Joachim Camerarius, aux mains de Thomas Penn à Londres. Celui-ci y ajouta des extraits de l'ouvrage d'Édouard Wotton et travailla pendant quinze ans à compléter l'*Histoire des Insectes;* il mourut à son tour avant d'avoir terminé et mis la dernière main à son manuscrit. Thomas Mouffet [1], médecin à Londres, reprit son œuvre. Ses amis l'en dissuadèrent, ne voyant ni dignité, ni convenance, ni utilité dans un pareil travail [2]. Il finit par triompher de ses scrupules sur les difficultés et sur l'opportunité que pouvait avoir une histoire des insectes, et le livre arriva enfin à bon port. Mais la publication fut encore retardée par la mort (1599) même de Mouffet. Théodore de Mayerne, qui hérita du manuscrit, resta quelque temps sans trouver d'imprimeur. Il parut enfin en 1634, entre les publications d'Aldrovande et de Jonston. Nous avons déjà parlé des scrupules qu'avait eus l'auteur de se consacrer à des animaux aussi infimes ; son livre montre encore qu'à l'époque, s'il y avait un peu plus que la simple curiosité dans l'étude des infiniment petits, on était loin encore de comprendre les rapports des insectes avec les autres classes, ou même avec les autres arthropodes. Sur ce point comme sur bien d'autres, on n'arrivait même pas à la hauteur d'Aristote.

Mouffet prend pour base de classification des insectes, la présence ou l'absence des ailes. Dans ces deux grandes classes, insectes ailés, insectes aptères, les différentes formes se succèdent souvent d'après leur parenté naturelle, c'est-à-dire qu'il y a des groupes comme ceux que Gesner avait faits pour ses mammifères boviformes, capriformes, etc.; mais ces séries sont toujours plus ou moins fantaisistes. Les abeilles viennent en tête, parce que seules elles contribuent à la nourriture de l'homme ; les autres insectes ne lui fournissent que des médicaments. Aux abeilles se rattachent les guêpes et les bourdons. L'auteur donne ensuite, sous la dénomination commune de mouches, des diptères, des tétraptères (parmi ceux-ci des ichneumons et des libellules) ; les mouches proprement dites ne viennent qu'après.

---

[1] Thom. Mouffet, *Insectorum sive minimorum animalium theatrum,* olim ab *Edow. Wottonio, Conr. Gesnero, Thom. Pennio inchoatum.* London, 1634. in-fol.

[2] « *Addebant denique (amici), quum cuique operi recte instituto finis aliquis dignus, honestus, et utilis proponi debeat, soli huic animalium imperfectorum neutrum inesse, sed temporis, impensarum, laborisque ingens factum dispendium* »

Passant ensuite aux papillons, il parle souvent des chrysalides, mais plus rarement des chenilles. On peut voir ici combien Mouffet sentait peu que pour caractériser un animal il est nécessaire de connaître tous ses états successifs. Rejetées bien loin des papillons, les chenilles ouvrent la série des aptères. Mouffet cependant avait reconnu (il dit quelque part le papillon et « sa chenille ») les rapports de filiation qui unissent ces deux formes. Les papillons sont suivis d'une série très-mêlée : coléoptères, cigales, sauterelles, etc. Il y a aussi un insecte, le *Pyrigonum*, qui, d'après l'auteur, pourrait vivre dans le feu. Il disserte longuement à ce sujet s'il peut naître des animaux de vapeurs ignées et, sans s'inquiéter de ce qu'est réellement le *Pyrigonum*, il conclut en admirant la toute-puissance de Dieu qui a soumis le plus puissant des éléments à un si faible animalcule. Il parle aussi de scorpions ailés dont il donne des figures empruntées aux ouvrages connus, tout en remarquant qu'Aristote a dit que les scorpions n'ont pas d'ailes. Les insectes aptères forment un ensemble encore plus hétéroclite. Mouffet les divise d'après le nombre des pattes et l'habitat, sans tenir compte des relations véritables. C'est ainsi qu'il y met des chenilles, des larves, des nymphes, des œufs même, avec des staphylins (la figure est parfaitement reconnaissable), des scolopendres, des notonectes. On y trouve aussi des araignées, le ver de terre, des entozoaires (nématodes et cestodes) ; enfin des insectes d'eau, et parmi eux la sangsue avec quelques vers marins. Ce groupe entier, bien mieux délimité déjà par Aristote, manque de bases sérieuses ; les quelques considérations que Mouffet donne sur l'organisation et le développement sont empruntées aux idées vulgaires et n'ont rien de solide. Il n'a rien vérifié, rien cherché à observer lui-même [1]. On n'avait pas encore à cette époque la ressource des moyens de grossissement dont le siècle suivant tirera de si brillants avantages pour l'histoire naturelle des insectes. Il eût suffi, pour éviter certaines erreurs, de quelques observations qui ne demandaient qu'un peu de soin. Mouffet fait encore naître les abeilles des cadavres en putréfaction ; le roi (il prend la reine pour le mâle) vient du cerveau, la partie la plus noble. Il admet enfin ce genre de formation hétérogène directe pour les chenilles, ainsi que pour les entozoaires.

---

[1] Voy. plus haut ce que nous avons dit à propos des emprunts que Jonston a faits à Mouffet.

Le peintre hollandais Jean Gœdart a dessiné les insectes et leurs métamorphoses (1662 et 1667); son travail n'embrasse pas la classe tout entière et n'offre rien de systématique. Il a cependant exercé une certaine influence sur les progrès de l'entomologie en précisant la série des différentes formes de l'insecte et en montrant, dans ses états successifs, le développement d'une seule et même espèce. Ses services scientifiques se bornent à peu près à ce qui touche les métamorphoses, bien qu'il ait fait encore quelques observations exactes; il a noté, par exemple, le rôle des ailes dans la stridulation de la sauterelle. Dans d'autres travaux du milieu du xviie siècle, nous trouvons un reflet de la découverte d'Harvey. B. Jacob, Wolf de Naumbourg[1], dit que les insectes n'ont pas de sang rouge, mais que l'on peut regarder comme analogue l'humeur blanchâtre, ou plus ou moins colorée, qu'ils possèdent. Il croit pourtant que les insectes ne respirent pas, car cette fonction n'est possible que chez les animaux pulmonés; pour lui comme pour Mouffet, les vers, le taret, etc., sont des insectes aptères. Quelques autres arthropodes, la tarentule, par exemple, ont donné lieu à des travaux médicaux ou littéraires, mais leurs auteurs n'ont fait aucune recherche zoologique proprement dite.

Plus bas dans la série, ce sont les entozoaires surtout qui ont attiré l'attention et provoqué des travaux spéciaux. Le côté médical y domine naturellement; les médecins cependant devaient s'intéresser à l'origine même des parasites. On admettait pleinement avec les anciens qu'ils naissaient des mucosités épaisses et visqueuses, faciles à se décomposer, qui tapissent les premières voies[2]. Cette explication subsista encore lorsque la loi d'Harvey obligea de reconnaître un germe même aux helminthes. On crut alors que ces germes pénétraient dans le sang pour arriver aux différents points où, trouvant les conditions nécessaires, ils provoquaient la transformation des éléments organiques en entozoaires. On les appelait pour ce motif *Semina* et non *Germina*[3].

---

[1] Jac. Wolf, resp. J. H. Thymius. *De Insectis in genere.* Lips., 1669.

[2] Hieron. Gabucinus, *De lumbricis alvum occupantibus.* Lugdun., 1549. Salzberger, *De vermibus in homine.* Lips., 1628.

[3] Théorie exposée par Georges Hierony. Welsch dans un volumineux mémoire, *De vena Medinensi.* Augsbourg, 1674. Il y donne le texte et la traduction du passage d'Avicenne relatif au ver de Médine, avec des remarques grammaticales, littéraires et philosophiques. Dans la deuxième partie de son mémoire, il parle des comedons ou *vermes capillares infantum.*

On distinguait les vers ronds et les vers plats, sans avoir d'idées bien nettes à leur sujet. Je citerai seulement Adrien Spigel, qui se demande sérieusement si le tænia est bien un animal[1], et G.-H. Welsch, qui prend les comedons pour des animaux. Il invente même un moyen spécial pour leur faire sortir la tête hors de la peau et les décapiter en masse. Welsch étudie ensuite le ver de Guinée et, après une foule d'hypothèses, il conclut que c'est un animal; il ne l'a d'ailleurs jamais vu lui-même. Nicolas Tulpius donne un dessin inexact de la tête du tænia[2], en faisant remarquer que personne avant lui n'avait figuré un tænia complet, et témoigne ainsi de quelque velléité d'exactitude.

Le nombre des animaux connus et bien observés augmentait d'une manière lente et constante; mais la science n'avait pas progressé parallèlement en systématique générale ou même particulière. On avait reconnu *grosso modo* que les animaux ne sont pas les mêmes dans les différents continents[3]; on savait que certaines espèces sont particulières à certaines localités. Mais on n'avait pas encore établi les faunes des différentes régions; on ne soupçonnait même pas encore la loi de la distribution géographique des animaux. Quelques mots nous restent à dire sur ce que l'on pensait alors des formes fossiles; aussi longtemps qu'on ignora leurs rapports systématiques avec les formes actuelles, les théories sur leur origine n'eurent pas d'importance. Mais déjà, au commencement du xvie siècle, Léonard de Vinci voyait, dans les coquilles pétrifiées de l'Italie septentrionale, des restes d'animaux vivants. Gesner dit que ces pierres figurées à formes animales pourraient bien être des animaux pétrifiés, mais il ajoute que ce pourrait n'être que des formations naturelles[4]. Les dents fossiles des poissons, *Glossopetræ*, ressemblent à des dents de squales, mais elles ont aussi la figure de langues d'oiseaux; Gesner indique seulement la ressemblance des fossiles avec certains objets connus, mais ne se prononce pas sur leur véritable nature. Bernard Palissy

---

[1] *De lumbrico lato.* Patavii, 1618. Ses œuvres complètes, tome II, Amsterdam, 1645, p. 87.

[2] *Observationes medicæ*, Lugdun., 1652, p. 170.

[3] Pour l'Amérique, voy. Abraham van der Mylius, *De animalium populorumque origine.* 1670. — Pour l'Afrique, voy. Léon l'Africain.

[4] Conr. Gesner, *De rerum fossilium, lapidum et gemmarum maxime figuris et similitudinibus.* Tiguri, 1565, in-8.

s'exprime très-nettement sur les coquilles trouvées dans les roches calcaires et autres, qu'il tient pour des animaux pétrifiés. Il cherche même à montrer comment les substances fossilifiantes, solubles, arrivent à pénétrer les objets à pétrifier; la chimie de son époque, sur laquelle il s'appuyait, entachait ses travaux d'erreurs; cependant il voit en général assez juste, et son mérite est considérable[1]. Il saisissait d'ailleurs moins encore que Gesner les relations qui unissent les espèces fossiles aux espèces vivantes. Les ouvrages ultérieurs rapportent les fossiles au déluge ou à d'autres causes, mais ils reconnaissent tous en eux des animaux disparus. La signification de ces fossiles, des ossements surtout, échappait souvent, était mal comprise, parce que l'on manquait de moyens de comparaison. Félix Plater[2] prend de grands os (d'éléphant?) trouvés près de Lucerne pour des os de géant, à cause de l'analogie qu'il remarque entre certains petits os et ceux du pied humain. Fabius Columna a donné le dessin de quelques fossiles; Ferrante Imperato en collectionna également; il dit formellement que les coquilles pétrifiées viennent de mollusques. Il en voit l'origine dans des changements de rapports entre les terres et les mers, qui ont mis les animaux marins à sec, les transportant même parfois sur des montagnes[3]. Mais ceux-mêmes qui voyaient dans les fossiles des restes d'animaux, ne pensaient pas à des races éteintes. Nous renverrons ici à ce que nous avons dit plus haut de l'ouvrage de Jean Sperling. Ainsi compris, les fossiles ne présentaient plus guère d'intérêt qu'en raison des localités où on les trouvait.

§ 3. — Zootomie et anatomie comparée.

Pour la première fois depuis l'antiquité la conception du règne animal prit quelque ampleur, le jour où l'on comprit la nécessité de séparer l'étude anatomique des organes de celle

---

[1] *Discours admirables de la nature des eaux et fontaines, tant naturelles qu'artificielles, des métaux, des sels et salins, des pierres* (Paris, 1580). Édition des Œuvres de Palissy, par B.-A. Cap. Paris, 1844, p. 266, 267 et suiv.

[2] Fél. Plater, *Observationes*. Basileæ (1641), 1680, p. 566.

[3] Ferrante Imperato, *Historia naturale* (1599), 2ᵉ éd. Venezia, 1672. Voy. aussi des dessins et des descriptions de fossiles dans *Museum Calceolarii a Bern. Ceruto inceptum, ab. And. Chiocco descriptum*. Venetiis, 1622.

de leurs manifestations extérieures. La zoologie descriptive avait eu peine à rompre ses liens avec la médecine et avec cette sorte de philosophie où la théologie et la morale se mêlaient à l'histoire naturelle. L'anatomie animale à son tour restait dans son ancienne dépendance; n'existant pas encore comme science libre, avec son but propre, elle demeurait toujours subordonnée à la médecine et à la physiologie, dans cette sorte de servitude dont elle n'est pas encore entièrement libérée aujourd'hui.

On ne peut nier que quelques chercheurs indépendants n'aient porté leurs efforts sur l'anatomie animale proprement dite; certaines de leurs comparaisons excluent toute idée étrangère à l'anatomie pure. Mais la zootomie doit moins aux zoologistes qu'aux médecins qui ont particulièrement contribué aux progrès de l'anatomie. Ce sont leurs luttes au sujet des auteurs classiques qui les ont conduits à s'intéresser aux animaux; cherchant des faits pour appuyer leurs idées, ils ne pouvaient se limiter à l'étude de l'homme. Dans un autre ordre d'idées, on s'était battu pour et contre Aristote; ici c'était Galien qu'on voulait soutenir ou renverser par des exemples irréfutables pris à la nature elle-même. La lutte bientôt éclata dans les travaux du grand anatomiste de l'époque, Vesale, le rénovateur de l'anatomie. Gunther d'Andernach (mort à Paris en 1574, à quatre-vingt-sept ans), le maître de Vesale, avait rejeté l'autorité incontestée jusqu'alors de Mondino, pour revenir à ce qu'on appelait la source première : ce n'était pas encore la nature, mais Galien. Son célèbre disciple, Andreas Vesalius (proprement Witting de Wesel, 1514-1564), continua la réforme qu'il avait entreprise, mais lui fit faire un pas considérable en laissant Galien pour la nature. C'était porter un coup redoutable à l'autorité galénique, pour tout ce qui est anatomie humaine proprement dite. Dans son grand ouvrage sur l'anatomie du corps humain, 1543, il avait été obligé de refaire la science, fibre à fibre, le scalpel à la main. Ses descriptions d'après nature ne concordaient pas avec celles de Galien, qui avait eu d'autres objets sous les yeux. Vesale revient sans cesse sur cette idée, mêlant à ses descriptions de nombreuses remarques sur l'anatomie des animaux. Cette tendance est plus manifeste encore chez les défenseurs de Galien; Bartholomeo Eustachio, mort en 1574, qui cherchait à expliquer les inexactitudes de Galien par la variabilité de l'organisme humain, ne perd jamais de vue l'anatomie du singe, pour le squelette surtout. Les chirurgiens cependant avaient un intérêt tout particulier à bien connaître la constitution de l'homme. Le réformateur de la chirurgie, Ambroise Paré (1517-1590), suivait Vésale et ses atlas, mais il comparait en même temps lui-même les trois squelettes d'un homme, d'un mammifère et d'un oiseau. Riolan le jeune (1577-1657) donnait à son tour, dans son *Ostéographie de l'homme*, le squelette d'un singe. Pour bien juger Galien, comparer soi-même était indispensable.

Avant Ambroise Paré et Riolan, l'ostéologie et même la zootomie générale avaient fait des progrès dus aux travaux de Volcher Coiter[1], mort en 1600, physicien de la ville de Nuremberg. Né en 1535 à Groningue, il étudia, sous la direction de Faloppia, d'Eustachio, d'Aldrovande en Italie, de Rondelet à Montpellier. Après avoir exercé la médecine en France, il devint finalement médecin de la ville à Nuremberg. Eustachio avait appuyé ses idées sur des études zootomiques ; son élève l'imita et, poussé par les conseils d'Aldrovande, il étudia de nouveaux objets, le développement du poulet, celui des squelettes du fœtus et de l'enfant comparés à celui de l'adulte ; il étendit ses recherches sur les parties molles, à la classe entière des vertébrés, les poissons exceptés[2]. Coiter, dans sa comparaison des squelettes de l'homme et du singe, néglige des points qui nous paraissent aujourd'hui d'importance capitale ; il a cependant relevé des détails intéressants. Lorsqu'il décrit le crâne du fœtus, il n'oublie pas les sutures largement ouvertes, l'accroissement ultérieur et la soudure des os crâniens ; mais pour le crâne du singe il insiste médiocrement sur les différences des sutures. Ses descriptions font moins ressortir les analogies que les caractères différentiels. Les squelettes qu'il représente sont des figures d'ensemble[3] ; pour la tortue seulement, il dessine à part la tête et le sternum ; il a donné enfin la tête seule du pic et du torcol. Coiter a réétudié le premier le développement du poulet ; mais ce serait un anachronisme que de penser qu'il a cherché à baser

---

[1] Koiter, Koyter ou Coeiter.

[2] *Externarum et internarum principalium humani corporis partium tabulæ,* etc. Norinberg, 1573, renfermant l'anatomie comparée du squelette du singe, de l'embryon, le développement du poulet, et les notices zootomiques. Les figures de squelette se trouvent dans : *Lectiones G. Fallopii de partibus similaribus humani corporis.* Norinberg, 1575.

[3] Il y a quatre planches de squelettes. Dans la première, *Porcellus, Martes, Lepus, Psittacus* ; deuxième, *Vulpes, Erinaceus, Sciurus, Talpa, Musculus, Rana* ; troisième, *Capra, Vespertilio, Testudo nemoralis, Pullus gallinaceus monstruo-*

l'anatomie comparée sur l'histoire du développement. Il a vu le cœur battre dans l'œuf de trois jours, il décrit le *sinus terminalis* et suit les changements de l'embryon jour par jour. Mais les grands principes de l'anatomie comparée des vertébrés n'existaient pas encore, et il ne faut pas lui demander d'avoir bien saisi le développement progressif du corps de l'oiseau. Coiter ne cherchait dans les squelettes d'autres rapports que ceux qui résultent de l'architecture générale du corps ou de la terminologie qui s'y rapporte. Ses observations anatomiques sur les mammifères, les oiseaux, les reptiles, sont de simples notices zootomiques et non des travaux d'anatomie comparée. Il y donne quelques détails sur les fonctions de différentes parties, mais sans poursuivre la même fonction à travers une série d'animaux un peu considérable. Outre les animaux dont il représente le squelette, il a encore disséqué le cochon, le mouton, quelques oiseaux, la vipère, etc. Avant Coiter, Belon, avec un but mieux arrêté, avait déjà comparé le squelette de l'homme et de l'oiseau; quoi qu'il en soit, et bien que la forme qu'il adopte montre une simple extension de la lutte galéniste, Coiter peut passer pour avoir fondé l'indépendance de la zootomie.

Un contemporain de Coiter alla plus loin encore dans ses travaux; c'est Fabricius Hieronymus d'Aquapendente (né en 1537, succède à Faloppia comme professeur d'anatomie à Padoue en 1565, y meurt en 1619). Fabricius, à en juger seulement par les services que lui doivent la zootomie et l'anatomie comparée, pourrait être considéré avec Coiter comme un des fondateurs de ces sciences. Quelques réserves sont nécessaires. Fabricius s'est moins occupé du corps et des organes de l'animal en eux-mêmes que des phénomènes dont ils sont le siège. La zootomie était chez lui au service d'une autre science, la physiologie. Cependant, ne méconnaissons pas les services de Coiter et de Fabricius. Avant de sentir l'utilité de l'anatomie comparée, il fallait avoir quelque connaissance des différences et des analogies de l'organisme animal; avant de fonder l'anatomie des

---

sus; quatrième, *Carbo aquaticus*, *Sturnus*, *Lacerta*, les crânes du pic et du lynx. Les planches I, II et IV sont de même grandeur, toutes trois de Coiter, et marquées V, C, D. La planche III est formée de trois parties qui ont ensemble la même grandeur que les autres; celle qui porte *Capra*, *Vespertilio* et *Testudo* porte la marque de Coiter, *Testudo* est sans marque, *Pullus gallinaceus* est signé G. P. D. (Georges Penz?). Coiter n'a donc pas dessiné toutes les figures, comme dit Choulant (*Geschichte der Anatomischen Abbildung*. Leipzig, 1852, p. 66).

animaux il fallait posséder assez de détails et de faits zootomiques, pour l'élever à la hauteur d'une science morphologique particulière. A cette époque, où l'on ne comprenait pas encore d'étude sans utilité pratique immédiate, il importait beaucoup, pour fonder une science qui repose entièrement sur les faits, d'observer et de recueillir. On peut donc mettre Fabricius à côté de Coiter, et dire qu'ils ont contribué tous deux à la renaissance de l'anatomie comparée. Chez Coiter, les notions zootomiques sont des résultats plus ou moins accessoires de recherches comparées entreprises pour élucider l'anatomie de l'homme ; avec Fabricius nous entrons dans une autre voie. Il prend une fonction (mouvement de relation, voix, vision) et la suit à travers toute une série animale. Sans s'occuper de la morphologie anatomique, il peut et cherche à établir la fonction dans ses caractères généraux, une certaine concordance dans la structure des organes auxquels elle est dévolue. C'était surtout travailler pour la physiologie, et Fabricius ne se serait pas écarté de cette voie s'il avait disposé pour l'observation de meilleurs instruments que le scalpel. Il excellait à le manier et son nom, resté celui de l'organe accessoire du cloaque chez les oiseaux, témoigne encore aujourd'hui d'une des premières découvertes zootomiques de l'ère moderne. Comme Coiter, Fabricius a étudié le développement du poulet, dont il a décrit et figuré jour par jour les transformations. Mais comme Coiter, il manquait de vues d'ensemble sur l'organisation des vertébrés, et ses travaux n'ont pu avoir la haute valeur de ceux qu'on fit plus tard sur le même sujet. Nous ne dirons rien ici de l'influence de Fabricius sur l'étude de la circulation sanguine, si bien élucidée par son élève Harvey. Fabricius aurait rendu à la science de plus grands services encore s'il n'avait partagé avec ses contemporains bien des erreurs des temps passés. Nous faisons allusion à ses idées sur la circulation de l'air et des esprits animaux dans le cerveau et dans le cœur, sur le développement des animaux, sur l'utilité (nous reproduisons son mot propre) du tissu musculaire [1].

On peut très-bien comparer aux deux précédents un autre savant contemporain d'Harvey. Marco Aurelio Severino, né en

---

[1] Hier. Fabricii ab Aquapendante, *Opera omnia anatomica et physiologica. Cum præfatione* Joh. Bohnii. Lipsiæ, 1687, in-fol. Autre édition par S. Albinus. Lugdun., 1737, in-fol.

1580 à Tarria dans les Calabres, professa l'anatomie et, comme Fabricius, la chirurgie à Naples, où il mourut en 1656. Il mérite pourtant une mention spéciale. C'est lui qui le premier a écrit un ouvrage exclusivement consacré à la zootomie, et s'il n'a pas cherché à la rendre indépendante, il a essayé du moins, en montrant son importance, de lui assurer une place dans le cercle des études scientifiques. Son ouvrage[1], il faut bien le dire, est peu fait pour familiariser les médecins ou les naturalistes avec la foule de connaissances que l'on possédait déjà de son temps. Il n'y a que fort peu de descriptions d'anatomie comparée, et ce sont plutôt des notices sans liaison que des chapitres d'une œuvre conçue sur un plan uniforme. On n'y trouve l'anatomie suivie d'aucun animal, même en tenant compte de ses comparaisons auxquelles il renvoie souvent. Il expose sans lien une succession de faits nouveaux remarquables par leur singularité. Ce qui prend le plus de place, ce sont des considérations sur l'utilité de la zootomie, ses rapports avec l'anatomie humaine, la physiologie et surtout la médecine. Malgré la façon étroite dont il envisage son sujet, l'auteur rendait grand service à la zootomie en consacrant un ouvrage spécial à décrire son rôle, son but et sa méthode. Severino estime que le but principal de cette science est de servir à la santé de l'homme, en servant aux progrès de l'anatomie et de la physiologie humaines. Il ne faut pas se borner à étudier la vie chez l'homme, car ses phénomènes sont bien plus nets, bien plus faciles à comprendre chez les animaux, que l'on a de plus toujours sous la main. A son avis, les animaux sont faits sur le modèle de l'homme et leur structure présente avec la nôtre de grandes analogies[2]. Voilà à quoi se résume à peu près ce qu'on peut appeler l'exposé du plan général de Severino. Il dit, encore, qu'il faut commencer en anatomie (ses idées à cet égard étaient supérieures à celles de beaucoup d'auteurs qui l'ont précédé ou suivi) par disséquer des mammifères, passer ensuite à l'homme, puis étudier indistinctement tous les autres animaux. Pour la dissection des tout petits animaux, dont il n'exclut que les mouches, les puces et autres animalcules « naissant de matières en décomposition », il faut

---

[1] M. Aurel Severini, *Zootomia Democritæa, id est Anatome generalis totius animalium opificii libris quinque distincta.* Norinberg, 1645, in-4, édit. par Joh. Georg. Volckamer.

[2] *Zootomia Democritæa*, p. 107, 108.

être déjà très-habile (p. 82). Les idées générales qu'on trouve çà
et là se rapportent exclusivement à la physiologie ; nulle part il
ne fait de synthèse des faits morphologiques ou simplement des
faits de cette corrélation si bien exposée déjà par Aristote ; c'est
que, en faisant de l'anatomie, il pense surtout à trouver l'utilité
des parties qu'il décrit. Il fait d'assez nombreuses citations
d'Aristote, mais d'une manière bien plus restreinte et toute
différente de Fabricius.

Thomas Willis trouve encore plus d'intérêt que Severino à
l'anatomie des animaux [1]. On lui doit quelques recherches zootomiques personnelles ; il a essayé, en outre, une nouvelle classification des animaux, basée sur leur anatomie. Les organes
respiratoires paraissaient lui offrir un criterium excellent pour
cela, mais il a conservé l'ancienne division en animaux privés
de sang et animaux pourvus de sang, comme « la plus répandue » [2]. Ses recherches sur le cerveau des vertébrés ont une
certaine valeur, il a assez bien vu les gros rapports et essayé
quelques explications d'anatomie comparée [3]. Mais Willis a un
défaut qu'il partage avec beaucoup de ceux qui l'ont suivi ; il
veut retrouver chez les animaux inférieurs les dispositions
propres à l'homme et aux vertébrés supérieurs. C'est grâce à
ces idées fausses, que Willis n'était pas seul à avoir, que s'est
formée cette nomenclature zootomique souvent si absurde qui
a régné sans conteste pendant fort longtemps.

Malgré les vues étroites qui les avaient inspirés, ces travaux
zootomiques profitaient directement au développement de l'anatomie. Willis, dont nous venons de parler, servit beaucoup, par
ses recherches sur les animaux, à consolider la théorie du cours
du sang. Les progrès de l'anatomie générale suivaient forcément
ceux de l'anatomie animale. La zootomie avait même profité
jusqu'à un certain point de l'esprit un peu étroit qui guidait ces
premières recherches. Nous rappellerons seulement l'influence
d'Harvey, qui démontra la circulation d'une façon certaine,

---

[1] Particulièrement dans un ouvrage très-important pour la physiologie d'alors : *De
anima Brutorum*. Londini, 1672. Willis naquit en 1621 à Great Bedwin, dans le
Wiltshire ; de 1660 à 1666 il fut professeur de physique à Oxford ; à partir de 1666 il
exerça la médecine à Londres, où il mourut en 1675. Chronologiquement, il appartient
plutôt à la période suivante, mais ses travaux zoologiques le relient intimement aux
auteurs dont nous venons de parler, et dont nous ne le séparerons point.

[2] *Loc. cit.*, p. 13. « Aut. 2, *Brutorum recensio instituitur juxta variam humo-
ris vitalis constitutionem... Huic partitioni utpote notiori insistentes*, etc. »

[3] *Cerebri anatome*. Londini, 1664.

fit connaître pour la première fois dans ses leçons les fonctions des différentes parties du système vasculaire, et développa enfin par ses recherches la loi restée célèbre « omni vivum ex ovo », base future de toute la méthode génétique.

Il faut bien avouer que le temps n'était pas encore venu de fonder la morphologie comme science des formes animales; un pareil essai, borné même aux considérations sur la forme extérieure ou à l'étude des rapports des organes dans les différents groupes, était prématuré. On n'avait encore saisi aucun des grands plans d'après lesquels on peut concevoir le règne animal, on n'avait même pas de systèmes bien établis pour réunir les différentes formes du règne. Tout était encore épars, non coordonné; on ne voyait partout que variété et dissemblance. La concordance reconnue implicitement dans les mots généraux : oiseaux, poissons, etc., n'échappait à aucun savant; mais dès qu'ils voulaient aller plus loin que ces expressions, ils n'arrivaient qu'à des réunions artificielles, où s'affirmaient plutôt des essais de classification extérieure que le véritable sentiment de l'unité. Si l'édifice systématique n'avait pas encore de contours bien définis, ses divers éléments ne se présentaient pas mieux. On formait des groupes d'individus et l'on s'arrêtait sans aller plus loin. Il aurait fallu faire un pas de plus : se créer artificiellement et définir une unité systématique inférieure, rompre avec le langage philosophique et ne plus donner aux mots *Genera* et *Species* une valeur variable avec les circonstances. La nomenclature, en dehors des cas où elle s'appuyait sur une forme bien répandue, n'avait aucune solidité; il devenait alors presque impossible de reconnaître et même de comprendre les formes.

Les derniers ouvrages dont nous venons de parler montrent tous, plus ou moins marqué, le même effort, le même élan vers une science plus exacte de l'animal. Poser ici des limites précises, mettre une barrière entre le vieux et le neuf, serait méconnaître complètement la loi du développement scientifique. Il est d'autres faits encore qui témoignaient également d'un mouvement considérable vers les sciences naturelles et la zoologie. Ces faits vont nous servir d'introduction à la période suivante.

ARTICLE II

PÉRIODE DE LA SYSTÉMATIQUE

C'est avec un sentiment de joie qu'on voit au XVIIᵉ siècle les naturalistes approfondir leurs recherches, améliorer les moyens auxiliaires et arriver peu à peu par leurs efforts à constituer définitivement la science. Des points de vue nouveaux se créèrent, le but des efforts devint plus manifeste, les connaissances acquises se répandirent. Tout cela fut lent, moins lent peut-être qu'on n'aurait pu l'attendre des circonstances défavorables du siècle. Nous avons parcouru des époques troublées, peu sûres et rudes à chacun, qui favorisaient bien mal le développement et l'épanouissement de l'intelligence ; mais la dévastation et la ruine, qui fondirent sur l'Allemagne pendant la première moitié du XVIIᵉ siècle, dépassent peut-être en horreur tout ce qu'une nation avait pu souffrir jusqu'alors. Comparées aux effets désastreux de la guerre de Trente ans en Allemagne, les conséquences des secousses politiques qui à la même époque agitèrent l'Angleterre, la guerre même de France, ne furent que des perturbations légères et de peu de durée ; pour l'Allemagne, c'est à peine depuis un siècle qu'elle a pu se relever de ses ruines matérielles. Peut-être précisément parce qu'elle avait perdu tout espoir de succès extérieurs, l'Allemagne travailla plus activement à son élévation intellectuelle ; elle ne pouvait trouver qu'un élément favorable dans les conditions politiques nouvelles que lui avait faites la paix de Westphalie. Trois ans à peine après la conclusion de ce traité, quelques citoyens pensaient déjà à fonder une Académie des sciences naturelles. Nous allons examiner la part que le public en général prit à ce mouvement, et comment aussi il s'intéressait au règne animal. La science proprement dite resta dans les mains des savants, particulièrement des médecins, qui semblent avoir le privilège des études scientifiques naturelles. Mais jamais les impulsions du dehors n'ont manqué à ces travailleurs spéciaux : ce sont parfois des questions pratiques qui s'imposent par elles-mêmes, parfois des découvertes dues au hasard, mais souvent aussi des résultats d'erreurs, étrangement accrédités et répandus. Quoi qu'il en soit, la science en a souvent tiré grand profit.

Examinons ici les idées générales qui avaient cours alors dans le peuple sur le monde des animaux. Ce coup d'œil dans la littérature extra-scientifique nous réserve plus d'un étonnement: d'une part une crédulité plus que naïve; de l'autre, des fables de la plus haute antiquité, encore vivaces comme au premier jour. Cette facilité à admettre tant d'histoires merveilleuses venait certainement de ce que l'on savait encore très-peu observer. Pour beaucoup de phénomènes naturels, on n'était pas préparé à bien voir, bien comprendre, et utiliser ensuite les faits d'observation; pour beaucoup de processus, on ne se doutait même pas qu'il pût y avoir une loi qui les réglât. Dans cette ignorance, on se contentait d'observations superficielles; l'erreur se glissait partout, parfois même volontaire, parce qu'elle cadrait bien avec les vues de l'esprit; on acceptait avec crédulité toutes ces merveilles sans preuve aucune. Deux choses peuvent nous expliquer cette facilité naïve dans ces premiers pas de renaissance scientifique. On ne pouvait admettre que l'univers n'eût été fait sur un plan préconçu; on n'avait encore que des observations insuffisantes et des idées fausses sur la plupart des phénomènes naturels, on manquait des bases indispensables à l'induction, et déjà l'on voulait saisir chaque fait particulier dans des règles et des lois générales. Leuwenhœck voyait dans la forme du corpuscule séminal les traits du futur embryon. C'était pour lui le vrai germe initial, avant même qu'il eût vérifié son existence dans la généralité du règne animal et établi des rapports entre sa configuration et celle de l'adulte. Peut-être ici dira-t-on, comme excuse, que cette généralisation prématurée est le fait d'un esprit entraîné par la grandeur même de sa découverte.

Mais quelle confiance avoir en l'histoire naturelle du temps, après les observations suivantes qu'on publiait alors sans ombre de critique, avec une entière dignité? Pierre Rommel[1] décrit des embryons de lièvre, trouvés libres, sans attache aucune, dans la cavité abdominale. Il tenait la chose d'un chasseur, et nous n'ajouterons pas qu'il croit fort, en pareille matière, aux dires populaires. Aujourd'hui même, il ne serait pas difficile de trouver des faits analogues. Mais plus loin

[1] Petr. Rommel, *De fœtibus leporinis extra uterum repertis*. Ulm, 1680.

il expose, avec le plus grand sérieux, qu'à Fribourg, une
femme ayant vomi s'était trouvée en présence d'un chat qu'elle
avait conçu dans son estomac « Le docteur Matthæi, de Freiberg, » ajoute-t-il, « a même possédé une oie en vie qui était
sortie de l'utérus d'une femme. » Nous citerions encore bien
d'autres travaux du même genre. Ce n'était pas la peine de
faire la guerre aux procès de sorcellerie pour retrouver la sorcellerie dans la nature.

Ce ne sont pas d'ailleurs les seules étrangetés qui avaient
cours alors; le peuple avait gardé vivaces, souvent bien sympathiques, des idées particulières sur la vie intime des animaux.
Dans Grimmelshausen, Simplicissimus, lorsqu'il veut prouver
qu'il n'est par fou, qu'il est plus sensé même que plus d'un de
ses railleurs, se fait gloire de bien connaître la vie des animaux[1]:
« Dis-moi donc qui a appris aux ramiers, aux coqs, aux merles
et aux perdrix à se purger avec des feuilles de laurier; aux
pigeons, aux tourterelles et aux poules, avec l'herbe de Saint-
Pierre? Qui montre aux chiens et aux chats à manger l'herbe
humide de rosée, pour débarrasser leur ventre engorgé? à la
tortue, à guérir sa blessure avec de la ciguë; au cerf, à échapper
à la mort grâce au dictame ou à la menthe sauvage? Qui a
instruit la belette à employer la rue pour combattre les serpents ou les chauves-souris? D'où les sangliers connaissent-ils
le lierre, les ours la mandragore? Qui les leur a indiqués comme
remèdes? Qui a conseillé à l'aigle d'employer l'aélite pour faciliter sa ponte? d'où les hirondelles savent-elles traiter les yeux
faibles de leurs petits avec de la chélidoine? Qui a instruit le
serpent à manger du fenouil pour changer de peau et s'éclaircir
la vue? Qui a appris aux cigognes à se donner des lavements;
aux pélicans, à se saigner; à l'ours, à se faire scarifier par les
abeilles?... » Nous sommes ici en pleine antiquité, en plein
moyen âge. Plus loin, les colimaçons et les grenouilles sont
classés parmi les insectes[2], et Simplicissimus raconte que les
chats conçoivent dans la douleur et mettent bas avec délices[3],
« ce qui prouve bien l'exactitude, » dit-il, « de ce que l'on
raconte des femmes, des Sylphes du Mummelsée. » « Ce qui dis-

---

[1] *Der abenteuerliche Simplicissimus*, von Grimmelshausen. Herausg. von Keller,
Stuttgart. litterar. Verein, 1er vol., p. 245.

[2] *Ibid.*, 1er vol., p. 154.

[3] *Ibid.*, 2e vol., p. 748.

tingue essentiellement l'homme de l'animal, » remarque-t-il
fort bien, « c'est la parole[1]. Bien des animaux l'emportent sur lui
par la taille, par la force, par la vue, par leur magnanimité et
leur courage, comme le lion; mais l'homme est au-dessus de
tous par la parole. Il a la raison et l'entendement, que les animaux n'ont jamais, même lorsqu'ils apprennent à parler. » Ces
citations, que nous bornerons ici, prouvent bien que, malgré
les malheurs de son état social, l'Allemand estimait déjà la
connaissance de la nature comme l'un des plus beaux joyaux de
l'humanité. L'esprit populaire montre des traces profondes et
nombreuses des relations qu'il apercevait entre le monde animal
et le monde végétal, des analogies qu'il établissait entre les
faits et gestes des animaux, les gestes et les souffrances de
l'homme.

L'esprit déiste dans lequel on concevait généralement l'univers était plutôt favorable que contraire à ce goût pour la
nature. Tout le monde collectionnait, décrivait, observait. A
la fin du xviiᵉ siècle les résultats étaient tels déjà, que la recherche d'un lien général pour tous ces faits isolés s'imposait en
quelque sorte d'elle-même. Le moment des sciences naturelles
n'était cependant pas encore venu. Malgré l'introduction de la
critique par Descartes, Spinoza, Leibniz même accordaient
trop aux idées surnaturelles; les naturalistes n'échappaient pas
à cette influence. Newton avait banni la métaphysique des
études physiques, mais cette révolution ne portait pas encore
de fruit en zoologie; la nouvelle méthode n'avait pas encore eu
d'application légitime dans les sciences qui étudient la vie et ses
organes. La zoologie cependant se constituait comme science
descriptive; l'unité, qui lui manquait encore, lui vint par des
modifications de son côté formel. A cette époque, les mouvements physiologiques, brusques et rapides comme la locomotion et la circulation, ou lents et continus comme le développement et la formation des êtres, ne fournissaient rien pour
l'explication du grand problème. Il fallait bien alors, pour donner un lien scientifique à tant de faits isolés, s'attacher d'abord à
montrer l'unité qui réside dans cette variété innombrable de
formes, établir la concordance de ces formes malgré les différences qu'elles présentent dans le détail. En créant des systèmes
exprimés formellement et non plus admis implicitement, les natu-

[1] *Ibid.*, 2ᵉ vol., p. 1052.

ralistes de cette époque ont réalisé le progrès le plus grand qui
fût à leur portée. Bien des conditions indispensables manquaient
encore : ces lacunes disparurent peu à peu devant leurs efforts.
Ray, avec la définition de l'espèce en histoire naturelle ; Linné
avec sa terminologie et la nomenclature binaire, ont réalisé les plus
importants de ces apports indispensables. Désormais, la science
pouvait marcher en avant. On dit souvent aujourd'hui que le
système résume l'ensemble des connaissances des formes animales dans l'état actuel de la science. Cela est vrai, pour nous
qui possédons le système. Mais Ray, Linné, leurs contemporains et leurs collaborateurs avaient d'abord à communiquer à
leurs faits la plasticité, — si l'on peut dire ainsi, — nécessaire
pour qu'ils pussent leur servir. Le système d'Aristote lui-même
ne redevint compréhensible que lorsqu'on eut défini des groupes
analogues aux siens, avec des formes bien reconnaissables.

La fondation du système a beaucoup servi à la zoologie, mais
d'autres circonstances ne lui ont été pas moins utiles. Grâce à
elles, on évita le danger d'avoir des classifications bien comprises, mais trop raides, sans cohésion intérieure. Il fallait surtout que dans les cadres où l'on rangeait les matériaux nouveaux
circulât un vrai souffle de vie scientifique. Les analogies d'un
grand nombre de formes animales avaient depuis longtemps
fait admettre quelques types fondamentaux. C'est ainsi que
l'on disait : les oiseaux, les poissons, etc. Les similitudes de
la vie, chez les animaux supérieurs, chez les insectes même
ou les mollusques, n'étaient pas méconnues. Mais il restait un
problème important : il fallait arriver à démontrer ou au moins
à soupçonner comment les formes les plus diverses sont rapprochées par la ressemblance de leur organisation interne ; comment, abstraction faite des parties extérieures, cette ressemblance est générale pour toutes les parties fondamentales de la
machine animale. Chaque pas vers ce but profitait à la conception de l'organisation et de la vie animale. L'observation de ces
phénomènes intimes n'a donné tous ses fruits qu'à une époque
très-voisine de la nôtre, mais ces premiers essais ont préparé
les progrès ultérieurs, ils ont d'ailleurs déjà beaucoup d'importance en eux-mêmes.

L'observation des petites espèces, l'exploration profonde de
la structure intime de l'organisme, avaient rencontré jusqu'alors
un obstacle naturel dans l'insuffisance de l'œil humain. Renverser cet obstacle, permettre au regard d'aller plus loin, c'était plus

qu'agrandir l'observation, c'était ouvrir tout un monde à l'œil du savant : chaque goutte d'eau s'animait, chaque grain de poussière, chaque fragment simple en apparence de notre corps, révélaient une complication extraordinaire. Les faits les plus simples montraient maintenant des successions nombreuses de phénomènes ; les formes organisées s'enrichissaient d'une manière extraordinaire, en même temps que les problèmes scientifiques devenaient plus nombreux et plus profonds. Les premiers micrographes n'ont naturellement pas vu dès l'abord tous ces avantages. Ce n'est que peu à peu, et au fur et à mesure du perfectionnement de ce grand instrument des temps modernes, que se sont développées les théories profondes, les aperçus nouveaux qu'il a révélés. Mais on peut les faire remonter au premier moment où l'œil ainsi armé put scruter la nature plus à fond, et où une langue appropriée traduisit d'une manière sensible la lutte énergique que l'homme entreprenait pour arracher ses secrets à la nature.

Par sa date, à la rigueur, la découverte du microscope appartient à la période précédente ; mais elle n'a porté de fruits que dans celle qui nous occupe. L'honneur n'en revient pas, comme on l'a cru pendant longtemps, à Cornélius Drebbel, d'Alkmaar. Ce furent des fabricants de verres de lunettes, Hans et Zacharias Janssen (père et fils, de Middelbourg), qui imaginèrent pour la première fois, entre 1590 et 1600 environ, de faire avec des lentilles un microscope composé[1]. Quelques faits prouveraient que les anciens connaissaient déjà les grossissements simples obtenus avec des verres ou des pierres naturelles taillés. Rien ne permet de croire que ces moyens d'observation aient été appliqués aux objets naturels antérieurement au xvie siècle. A cette époque on paraît avoir employé déjà des microscopes simples ou loupes. Ils étaient d'une forme peu commode ; l'objet à observer (*vitra pulicaria*) était d'abord fixé définitivement sous le verre grossissant, enfin on observait surtout des corps opaques à la lumière directe ; rien ne faisait prévoir alors les immenses avantages qu'offrirait plus tard cet instrument amélioré et perfectionné. Nous ne décrirons pas ces améliorations, ces perfectionnements ; il nous suffisait d'appeler l'atten-

---

[1] Pour l'histoire de la découverte du microscope, les premières formes usitées de microscopes simples ou composés, etc., voy. P. Harting, *Das Mikroskop. Theorie, Gebrauch und Geschichte, aus dem Hollandischen von F. W. Theile.* Braunschweig, 1859, p. 599 et suiv. ; p. 657 et suiv.

tion sur son emploi. En dehors des services qu'il a rendus aux
recherches scientifiques spéciales, il a encore été un objet
d'amusement entre les mains d'amateurs qui cherchaient uniquement à récréer leurs yeux. Cela ne doit pas nous étonner;
aujourd'hui encore ces deux choses si distinctes coexistent bien
souvent, grâce à l'absence des idées qui devraient diriger
l'observation.

Au xvie siècle on avait dessiné quelques petits animaux grossis
dans leur ensemble, sans chercher à pénétrer plus avant
leur structure intime. Francesco Stelluti se servit le premier
méthodiquement du microscope pour étudier et dessiner, en les
grossissant, les organes de l'abeille[1]. Son travail est, à coup sûr,
le premier qui parle expressément de faits observés au microscope. Stelluti, assez connu encore aujourd'hui en médecine,
ne paraît pas avoir eu beaucoup de succès avec son ouvrage sur
les abeilles. Deux hommes, Malpighi et Leuwenhœck, dépassèrent tellement leurs prédécesseurs, qu'on peut dire que c'est
d'eux que date l'introduction du microscope dans les sciences
naturelles. C'est eux aussi qui renversèrent ce préjugé devant
lequel Mouffet hésitait encore, qui ferait mesurer l'intérêt des
objets naturels à leur taille et refuser toute attention à ceux qui
sont trop petits. Deux autres chercheurs, Nehemiah Grew et
Robert Hooke, partagent avec eux l'honneur d'avoir doté les
sciences naturelles du microscope; ces derniers ne s'occupaient
pas spécialement de zoologie; nous aurons cependant à dire
quelques mots sur le premier de ces deux savants.

Marcello Malpighi naquit en 1628 à Crevalenore, près
Bologne; il étudia, entre autres villes, à Pise, où il devint
l'élève et l'ami d'Alfonso Borelli, son aîné de vingt ans. Il
fut ensuite quelque temps professeur à Messine; puis, en 1666,
professeur de médecine à Bologne; enfin, en 1691, médecin
particulier d'Innocent XII, à Rome, où il mourut en 1694, à
l'âge de soixante-dix-sept ans. Malpighi a fait beaucoup pour les
progrès de la zoologie. Au lieu de se borner comme ses prédécesseurs à des questions de médecine et de physiologie, il a vu
que l'organisation animale méritait d'être traitée en science
indépendante. Ses grands travaux sur l'anatomie des animaux

---

[1] *Apiarium ex frontispiciis theatri principis Federici Caerii Lyncei... de-
promptum, quo universa mellificum familia ab suis prægeneribus derivata, in
suas species ac differentias in physicum conspectum adducitur.* Franciscus Stel-
lutus Lynceus Fabriarensus microscopis observavit. Romæ, 1625.

sont conçus dans cet esprit tout nouveau. Il n'était pas tellement dégagé de toute considération étrangère, tellement libre, qu'on puisse dire qu'il a fait de la morphologie pure. Mais il a fait beaucoup pour débarrasser les études spéciales de l'influence des sciences étrangères et des idées d'applications pratiques. Son *Anatomie végétale* a esquissé les premiers traits de la théorie cellulaire des corps organisés. Les recherches ultérieures n'ont fait qu'étendre et confirmer cette théorie ; c'est elle, avec les progrès simultanés de nos connaissances sur le développement, qui nous a donné une base certaine pour la conception générale du monde organique ; elle est encore le fondement de la doctrine de la descendance, qui y trouve sa consécration théorique. Malpighi n'avait aucun but accessoire, il visait directement à la connaissance de l'organisation animale, et pour y arriver il employa tous les procédés que lui fournissait son temps. Outre le scalpel, il se servait encore de la macération préalable dans certains liquides, de la cuisson, etc. On arrivait ainsi à dissocier de plus en plus les éléments de l'organisme, au point que l'on put se demander quelles étaient les parties qui maintenaient leur union. La réponse fut fournie par un procédé nouveau, d'une portée considérable, pour la première fois : l'art de pousser des injections de matières solidifiables jusque dans les plus petits vaisseaux. L'honneur de cette invention revient à Swammerdam. Malpighi, sans avoir montré l'habileté technique qui a distingué Ruysch, a contribué à vulgariser ce procédé comme moyen d'étude ; il a également répandu l'emploi du microscope. Mais, Malpighi servait bien plus encore la méthode lorsqu'il établissait que l'analogie des animaux inférieurs peut servir à éclairer l'anatomie des animaux plus parfaits. Au lieu de ces arides exposés de différences, voici donc un ouvrage qui fait entrevoir pour la première fois, à côté de l'organisation compliquée des animaux supérieurs, une organisation plus simple s'y rattachant par degrés successifs. Suivant cette idée, Malpighi ne borna pas ses études aux insectes : il chercha des êtres plus simples, s'il était possible, les plus simples où la vie se manifestât. Il étudia donc l'anatomie des plantes, au microscope ; Robert Hooke avait déjà découvert l'organisation cellulaire des végétaux. Mais Malpighi le premier comprit toute l'importance de ce mode de constitution et décrivit la part que prennent les cellules, ou utricules, comme il les appelle, à la composition du corps végétal. Malpighi a vu loin ; c'est peut-

être précisément à cause de la grandeur de ses vues qu'il est
tombé dans un défaut qui lui cacha souvent la vérité : Malpighi
généralisait trop et trop vite. Se fondant sans doute sur des injections mal réussies, sur des objets mal vus au microscope, il
admit dans presque tous les corps des animaux de petites glandes
à sécrétion; par analogie, il considéra les étamines des plantes,
non comme des organes de reproduction, mais comme de
simples éléments sécréteurs. C'est peut-être cette erreur, se
répétant sans cesse, qui l'empêcha de découvrir la cellule
animale, dont Malpighi s'était singulièrement rapproché dans ses
études sur l'embryon, sur le cerveau et sur la moelle. La partie
périphérique de celle-ci n'était également, selon lui, qu'un
simple tissu glandulaire, tandis que Ruysch, dans un ordre
d'idées diamétralement opposé, n'y voyait qu'un lacis de vaisseaux.

Sauf l'*Anatomie des plantes*[1], les travaux de Malpighi portent
moins sur des rapports généraux que sur l'étude spéciale de
quelques organes et de quelques animaux. Dans un ouvrage sur
la structure des viscères, appliquant avec logique les conséquences de sa théorie glandulaire à la rate et au foie, il admet
que c'est la masse hépatique elle-même et non la vésicule qui
produit la bile, et devance ainsi presque tous ses contemporains. Ses Mémoires sur la langue et sur l'organe du tact révèlent
des faits plus importants encore : la couche muqueuse sous-épi-
dermique a conservé son nom; le premier il démontrait l'étroite
analogie de structure des muqueuses et du tégument externe.
Ces travaux et quelques autres sur le péritoine et le cerveau,
sans être exempts d'erreurs, ont eu pendant longtemps une
grande influence, à cause des vues générales qu'ils exprimaient.
Son ouvrage sur le bombyx à soie fut de bonne heure célèbre;
c'était la première étude anatomique complète portant sur un
arthropode. L'*Histoire des insectes,* de Swammerdam, parue
la même année (1669), donne à peine quelques détails d'anatomie; l'auteur voulait surtout décrire en détail les métamor-

---

[1] Ses travaux ont presque tous paru isolés; ils furent cependant, du vivant de
Malpighi, réunis en une seule édition, *Opera omnia*, Lugduni Bat., 1687, 2 t. in-4°,
Londini, 1686-88. Les ouvrages parus isolément sont : *De pulmonibus,* 1661; *Tetras
epistolarum (de cerebro, de lingua, de omento, de externo tactus organo),* 1665;
De viscerum structura, 1666; *De Bombyce,* Londini, 1669; *De formatione pulli
in ovo,* ibid., 1673. Presque tout ce qui a trait aux animaux se retrouve, avec les
gravures, dans Ger. Blasius, *Anatome animalium,* Amstelod., 1681.

phoses. Dans son livre sur l'*Ame des animaux* (1672), Willis, au chapitre de l'anatomie du crabe, sans passer en revue tous les systèmes, se borne à étudier le système nerveux et le système circulatoire. Malpighi montra que la respiration des insectes se fait par des trachées aboutissant aux stigmates; il décrivit le vaisseau dorsal, le système nerveux, les glandes sécrifères; montra l'apparition des organes génitaux après la métamorphose, avec les modifications simultanées des organes digestifs et nerveux. Il ne se borna pas à étudier en détail toutes les phases du développement de cette espèce, il en compara les parties les plus importantes avec les organes correspondants d'autres insectes. Ce ne sont peut-être pas des recherches microscopiques comme nous les entendons aujourd'hui, mais au XVIIᵉ siècle on avait des idées un peu différentes sur ce qui appartient à l'anatomie macroscopique et à l'anatomie microscopique. Malpighi n'aurait pu d'ailleurs poursuivre la division des trachées, la disposition des fibres musculaires sous-cutanées, sans se servir du microscope simple ou du moins de loupes. Rappelons encore que Malpighi a le premier étudié avec des instruments grossissants le développement du poulet. Il y a un progrès frappant, dans ces figures des premiers jours de l'œuf fécondé, sur celles de Coiter et de Fabricius. On y reconnaît pour la première fois le soulèvement des lames dorsales, l'apparition des segments proto-vertébraux, la division du cerveau en lobes. Quelque distance qu'il y ait d'ailleurs entre Malpighi et ses prédécesseurs, elle résulte simplement de ce qu'il a employé un nouvel instrument, la loupe ; il n'a pas tiré tout le parti possible de ses observations minutieuses sur les modifications de l'embryon dans l'œuf, parce qu'il manquait également de la notion générale du type vertébré [1]. Ce qui lui manquait surtout, c'était de connaître les phénomènes qui s'accomplissent dans l'œuf pendant les vingt-quatre premières heures. — Après tant de travaux, tant de services, par la manière surtout dont il a envisagé son sujet, Malpighi semblerait devoir

---

[1] En embryologie, Malpighi sembla avoir consacré expérimentalement la doctrine de la préexistence des germes, en démontrant que l'embryon du poulet existe tout formé dans la cicatricule avant l'incubation. — L'explication de ce fait a été donnée par M. Dareste. Malpighi observait à Bologne, au mois d'août, par une très-grande chaleur, et dans ces conditions l'embryon commence à se développer, destiné d'ailleurs à périr de bonne heure. Telle est la véritable interprétation de cette observation qui a passé longtemps pour un argument sans réplique en faveur de la préexistence des germes. A. S

être le premier représentant de la science moderne. Mais malgré les généralisations qu'on lui doit, il n'a parcouru qu'un cercle de formes assez restreint. Quoi qu'il en soit, on peut toujours saluer en lui un des observateurs les plus distingués du xviiᵉ siècle.

Dans les mains de Malpighi le microscope avait été un instrument de recherches scientifiques et de méthode; dans celles d'un autre micrographe, son contemporain et son rival, il servit plutôt à satisfaire la curiosité d'une âme enthousiaste des merveilles d'un monde inconnu. Cinquante années d'observations assidues l'amenèrent, cependant, à des découvertes nombreuses, d'une importance extrême.

Antoine de Leuwenhœck naquit à Delft en 1632. Destiné au négoce, il ne reçut pas une grande instruction (il semble même avoir ignoré le latin). Ce fut par goût qu'il fabriqua d'excellentes lentilles avec lesquelles, sans aucun plan d'études scientifiques, il observait chaque jour de nouveaux objets. La Société royale de Londres, à laquelle il communiqua le fruit de ses observations, l'admit au nombre de ses membres. Il mourut en 1723 dans sa ville natale, à l'âge de quatre-vingt-dix ans. Il fut en quelque sorte le premier de ces amateurs qui ne demandent au microscope qu'un tranquille amusement. On lui doit la connaissance d'un grand nombre d'éléments de nos tissus et la révélation de tout un monde d'êtres microscopiques. Dans le premier ordre de découvertes, il n'y a presque pas de systèmes anatomiques que Leuwenhœck n'ait enrichi de faits importants. Il a découvert les globules du sang et a vu le premier la circulation dans les vaisseaux de la queue d'un têtard [1] (Malpighi l'aurait observée avant lui dans les poumons de la grenouille, mais le fait est douteux). Il a reconnu la striation transversale des fibres musculaires, qu'il décrivit comme formées d'un faisceau de fibrilles. Il a vu les canalicules dentaires, les écailles de l'épiderme; les fibres et la triple segmentation du cristallin, etc.

Une autre découverte, très-importante aussi, n'appartient pas

---

[1] Voyez dans Harting (*Das Mikroscop*, 3ᵗᵉʳ B., S. 344.) le dessin et la description de l'appareil employé à cet effet par Leuwenhœck. On trouvera dans le même ouvrage la représentation des autres instruments dont cet auteur s'est servi. On sait que Leuwenhœck n'a pas possédé moins de 419 lentilles, dont quelques-unes en cristal de roche, et sur ce nombre 247 faisant partie de microscopes simples complets, et 172 simplement disposées entre deux plaques. Parmi les microscopes, deux étaient munis chacun de deux lentilles associées (*Doublet*), ou de trois (*Triplet*). A. S.

à Leuwenhœck, mais à un étudiant de Leyde, Louis de Hammen ou Ham, de Stettin, qui vit, en 1677, dans la semence mâle des animaux, des corpuscules paraissant jouir d'une vie propre, les corpuscules spermatiques, comme on les appela. La doctrine de l'évolution, maîtresse encore en tout ce qui regardait la génération, s'empara bien vite de cette découverte. Lorsque Leuwenhœck eut fait connaître les corpuscules spermatiques, on vit en eux le véritable point de départ de la génération et du développement. Les organes génitaux femelles n'avaient plus désormais que le rôle de poche incubatrice.

Pour les animaux inférieurs, Leuwenhœck a multiplié ses études sur les puces, les mouches, différents coléoptères, les moules, etc. Il observait soigneusement, tantôt des détails, comme les yeux à facettes des insectes, tantôt des faits relatifs à la génération et à son développement. Il a vu le premier la reproduction agame des pucerons et la formation des bourgeons sur l'hydre d'eau douce ; il a distingué les rotateurs et en a laissé une description reconnaissable. Il a surtout découvert les infusoires, dont il a représenté un grand nombre. Ce n'est pas lui qui leur a donné le nom qu'ils portent aujourd'hui, mais il avait dit que les animalcules naissent dans les infusions, et, pour trouver le nom qu'ils ont encore maintenant, il a suffi d'employer l'expression même de Leuwènhœck. Il va jusqu'à parler des membres, des pieds des infusoires, de leur accouplement, etc. Ses microscopes ne pouvaient cependant lui permettre encore de reconnaître une véritable organisation chez ces animalcules. Pour leur configuration extérieure, on ne fit guère de progrès depuis lui jusqu'à O.-F. Muller, malgré les espèces qu'ajoutèrent les travaux de Ledermuller, Schæffer, Rösel, en Allemagne ; Jobelot, Baker, Hill et autres à l'étranger [1].

Jean Swammerdam ne fut pas à proprement parler un micrographe, mais ses recherches sur les petits animaux, ses travaux

---

[1] Il n'est pas inutile de rappeler ici que c'est à Leuwenhœck que l'anatomie microscopique doit les premiers essais de conservation des préparations. « Il se distingua certainement dans l'art de faire de telles préparations, ainsi qu'il résulte non-seulement des descriptions de l'auteur lui-même, mais encore des témoignages de ceux de ses contemporains qui virent ses pièces. » Harting (*Das Mikroscop*), auquel j'emprunte ces détails, donne la liste complète des préparations microscopiques composant la collection de Leuwenhœck — On en compte se rapportant non-seulement au règne animal, mais encore aux végétaux et aux minéraux. — On ignore comment ces préparations étaient faites, mais tout porte à croire qu'elles n'étaient formées que de parties étalées avec soin sur des lames de verre et desséchées. A. S.

de micro-anatomie ont contribué largement aux progrès de la zoologie. Il n'a pas, comme Leuwenhœck, étudié indifféremment tous les objets que lui présentait le hasard ; mais, avec une parfaite connaissance de l'anatomie, il s'est efforcé de pénétrer la physiologie et le développement des animaux inférieurs, des insectes en particulier. Son œuvre porte la marque de la révolution qui s'était opérée dans les sciences anatomiques, en même temps qu'un reflet de la propre vie de l'auteur et de ses déceptions ; une sorte de mysticisme domine toutes ses conceptions scientifiques, et, dans toute la nature, le met sans cesse en face avec Dieu et sa toute-puissance [1].

Le père de Swammerdam était apothicaire dans la petite ville de Swammerdam, près d'Amsterdam ; il prit le nom de cette localité en venant s'établir à Amsterdam. Son fils, né en 1637, suivit à partir de 1661 l'enseignement de Jan de Hoorne et de Franz de la Boë (Sylvius) à Leyde ; il y fit la connaissance des Danois Nicolas Steno et Regner de Graaf. Il vint ensuite avec Steno passer quelques années en France ; il s'y lia de forte amitié avec Melchisédech Thévenot, diplomate influent, frère du célèbre voyageur. De retour à Leyde, il obtint le grade de docteur en médecine, par une thèse sur la respiration (1667) ; mais au lieu d'exercer la médecine, il se consacra entièrement à l'anatomie et à l'observation des animaux inférieurs. Son père était mécontent de le voir abandonner tout intérêt pratique pour l'étude de la nature ; lui-même souffrait de dépendre absolument de son père et de n'avoir pas encore de position à son âge ; sa santé enfin laissait beaucoup à désirer ; dans ces inquiétudes l'esprit mystique des œuvres de la célèbre Antoinette Bourignon lui apparut comme la voie du salut. Dès 1673 il était en correspondance épistolaire avec elle ; en 1675 même il l'a rejoint en Schleswig, et lorsqu'elle en fut expulsée il l'accompagna à Copenhague. De retour à Amsterdam, il refusa toutes les offres qu'on lui faisait d'acheter sa collection ; il ne voulut pas davantage des positions lucratives qu'on lui proposait. Malade,

---

[1] Cette alliance de l'observation et des idées mystiques qui obsédaient l'esprit de Swammerdam le conduisit à des conceptions étranges. Voyant dans sa découverte des métamorphoses une preuve de la préexistence, de l'emboîtement des formes les unes dans les autres, Swammerdam crut pouvoir en partir pour expliquer, par exemple, comment la faute de notre première mère a pu atteindre en elle tous ses embryons emboîtés. — De même la fin du monde, prévue et annoncée, était une nécessité qui se réaliserait le jour où le dernier germe sortirait, etc.....   A. S.

ne pouvant presque plus travailler, il s'isola de plus en plus et succomba enfin à la misère et à la maladie en 1680 [1].

La science lui doit beaucoup. Il innova en anatomie une méthode impérissable : c'est lui en effet qui imagina, dit-on, de faciliter l'étude des vaisseaux en les remplissant par injection ; on sait combien Ruysch employa cette méthode, qu'il perfectionna d'ailleurs [2]. Les travaux les plus considérables et les plus méritants de Swammerdan sont ses *Recherches sur l'anatomie et les Métamorphoses des insectes*. Ses *Observations sur les Métamorphoses*, publiées en hollandais en 1669, précédèrent le livre de Malpighi sur le ver à soie. Il y distinguait pour la première fois les métamorphoses complètes des simples changements de peau, donnant ainsi les bases de la première classification naturelle des insectes. La *Biblia Naturæ* est restée jusqu'à notre époque presque l'œuvre la plus considérable sur cette partie de la zootomie. Citons quelques-unes de ses remarques les plus intéressantes : il distingue les trois états sexuels des abeilles ; décrit l'ovaire de la reine, les organes génitaux des bourdons, l'aiguillon, les pièces buccales des abeilles ; il a fait l'anatomie de la mouche, de l'éphémère, etc. Ses études anatomiques sur quelques mollusques, les hélices, vigneronne, jardinière, la seiche, sont restées longtemps aussi des modèles remarquables. Il a fait également d'excellentes observations dans le règne des vertébrés, sur l'anatomie et le développement de la grenouille. Swammerdam vit déjà sur cet animal la fusion des conduits excréteurs des organes uro-génitaux, comme on l'a retrouvée de nos jours seulement. Malpighi et Leuwenhœck avaient contribué surtout à faire reconnaître l'identité de l'organisation chez les animaux les plus variés ; c'est à Swammerdam que l'on doit les premiers efforts pour démontrer une identité pareille dans le développement de tous les animaux. Les observations sur le rôle purement fécondant du sperme ont jeté une vive lumière sur la signification des deux éléments initiaux de la reproduction.

Outre la fécondation et la reproduction, impossibles à comprendre avant les recherches fondamentales de Spallanzani, il

---

[1] Pour plus de détails sur la vie de Swammerdam, voyez sa biographie par Boerhaave en tête de la *Bible de la Nature*.

[2] On a dit qu'avant lui Domenico de Marchettis s'était déjà servi des injections ; la vérité paraît se réduire à ceci, qu'il chercha à prouver la communication des artères et des veines, en injectant dans les artères des liquides qui sortaient par les veines.

y avait alors encore d'autres problèmes non moins intéressants. On avait fait de grands progrès dans la connaissance des rapports sexuels des animaux, et cependant il restait une foule de formes animales dont l'apparition ne semblait pouvoir s'expliquer que par la naissance spontanée[1]. Cette hypothèse, qui faisait naître du mucus, de substances en décomposition, des animaux assez compliqués, servait de voile commode pour cacher l'ignorance générale sur l'anatomie et le développement de ces êtres. S'attaquer à cette théorie, ou simplement réunir quelques faits à l'encontre, était donc rendre un grand service aux progrès de la zoologie. Les recherches de Francesco Redi, d'Arezo, ont eu le double mérite de lutter contre une erreur et de signaler le danger de croire aveuglément à une autorité sans preuve. C'est surtout dans ses *Recherches sur la génération des insectes* que Redi a montré par de nombreux exemples qu'aucun animal ne naît des corps sur lesquels on le voit apparaître, mais qu'il tire son origine de l'œuf qu'un individu femelle y a déposé. Il prouva expérimentalement qu'il ne se développait point de larves dans la viande en putréfaction bien défendue des mouches. Redi produisit des arguments analogues pour des vers vivant dans d'autres animaux ; mais ici les faits n'étaient pas assez nombreux pour qu'il pût défendre avec autant de succès l'uniformité générale du mode de reproduction. Après ses travaux, cependant, la théorie de la génération spontanée se restreignit de plus en plus aux parties les moins connues du règne animal; repoussée graduellement de partout par les progrès de la science, le terrain finit par lui manquer, et ce n'est que plus tard, lorsqu'on voulut expliquer théoriquement la variété des formes animales, qu'on l'a reprise au sérieux [2]. On doit encore à Redi d'autres travaux anatomiques, des recherches sur la vipère, sur la torpille, sur les sacs aériens des oiseaux, etc. Dans toutes ses œuvres, on trouve un libre esprit qui, sans idées préconçues, sans s'inquiéter des

---

[1] La génération spontanée, sans parents préalables, fut encore étudiée en détail dans la première moitié du XVIIᵉ siècle, par Fortunius Licetus, *De spontaneo viventium ortu*. Vicentiæ. 1618, in-4.

[2] Toutefois, on ne peut expliquer théoriquement par l'hypothèse de la génération spontanée que l'origine des êtres. Leur diversité exige qu'on mette en œuvre d'autres facteurs (habitude, sélection), et une fois ces facteurs admis, il importe peu qu'on fasse naître spontanément une ou plusieurs formes simples, parce que, si l'action du facteur est assez puissante pour tirer une seconde forme de la première, on peut concevoir que tout le règne animal, et même l'ensemble des deux règnes, dérive d'une unique souche primitive.   A. S.

traditions ni des autorités, ne demande qu'à l'observation et à
l'étude l'explication des cas difficiles.

Dans une histoire de la zoologie, il est impossible de noter
la découverte de chaque espèce nouvelle, ou de faire la chronologie de toutes les découvertes anatomiques. Mais nous
devons insister sur les résultats des nouvelles méthodes, des
nouveaux procédés qui, favorisés par plus d'indépendance,
refoulaient peu à peu les anciennes erreurs; celles-ci recu-
laient lentement devant les idées nouvelles. Un des événements
les plus considérables pour l'époque est la découverte d'Harvey,
qui renouvelait entièrement ce que l'on savait des vaisseaux.
L'étude des lymphatiques faisait aussi de grands progrès. Nous
rappellerons seulement le Danois Thomas Bartholin. Nicolas
Stenon, l'ami de Swammerdam, tout aussi méritant, montrait
que les muscles ne sont pas de simples matériaux de remplissage
ou des organes accessoires du tact (opinion encore répandue
dans la seconde moitié du xviiᵉ siècle), mais les organes
essentiels du mouvement. Il prouva que les muscles se raccourcis-
saient eux-mêmes pendant la contraction. Borelli rapporta cette
propriété fondamentale à l'élasticité du muscle, mis en activité
par l'influence des nerfs. Cette hypothèse et les autres observations et conclusions de son ouvrage donnaient les premières
bases d'une mécanique du corps animal. Nehemia Grew ajouta
à ce que l'on savait des organes digestifs, par son *Anatomie
comparée de l'estomac et des intestins*, parue en appendice à sa
description du musée de la Société royale de Londres. En
joignant à tous ces travaux ceux dont nous avons déjà parlé sur
la génération et le développement, on voit que les sciences anatomiques avaient réellement beaucoup gagné. Les études comparées proprement dites sont encore bien rares; depuis Willis
on s'est habitué à parler d'anatomie comparée, on ajoutait
même à la description du corps humain des descriptions zootomiques, comme B. Samuel Collins dans son *Système anatomique*.
On était cependant encore loin des grandes lois anatomiques
fondamentales, et dans les meilleurs ouvrages on ne faisait
qu'appliquer au plus grand nombre d'animaux possible les
données de l'anatomie humaine. A force de disséquer des animaux, de voir leurs différences, on modifiait un peu ces idées;
mais au lieu de l'unité anatomique fondamentale, on admettait
seulement l'identité des conditions physiologiques, entraînant
à sa suite les analogies de structure.

L'anatomie des animaux prenait de plus en plus d'importance ; les essais de classification systématique se multipliaient. Outre de nombreuses monographies, on peut consulter encore à cet égard deux ouvrages de compilation, qui se sont succédé à très-peu d'intervalle. En les comparant nous verrons combien on s'intéressait de plus en plus à ces travaux : le dernier, en effet, en signale un nombre bien plus considérable. Le premier en date est l'*Anatomia animalium* de Geraard Blaes [1] (Gerardus Blasius), professeur de médecine à Amsterdam ; l'auteur s'occupait beaucoup d'anatomie humaine et animale, et il avait déjà publié auparavant des *Miscellanées* anatomiques sur l'homme et les animaux. De ses propres travaux, il n'a mis dans l'*Anatomia* que quelques détails sur le tigre, la civette, la chauve-souris, la grenouille, le héron, sans faire l'anatomie complète de ces animaux. Mais ce livre, reproduisant, avec leurs illustrations, les travaux de Malpighi, de Willis, de Bartholin, de Drelincourt, et de bien d'autres auteurs anciens et modernes, était des plus utiles pour l'époque. Jusqu'au commencement de notre siècle, la littérature scientifique, même les publications périodiques où Blaes a beaucoup puisé, se répandaient difficilement ; cet état de choses augmente encore la valeur de son ouvrage. Pour certains animaux, il se contente d'indiquer où l'on trouvera tous les détails à leur sujet. Son livre est donc un répertoire, et on n'a pas de reproches à faire à l'auteur pour n'avoir pas comblé les lacunes qu'il présente par des travaux personnels.

Un autre ouvrage, fait sur le même plan, dépasse cependant en richesse celui de Blasius ; c'est le recueil de Michel-Bernhard Valentini, professeur de physique, puis de médecine à Giessen. C'est une collection considérable des travaux zootomiques du temps. L'*Amphitheatrum* donne, en latin, les dissections faites par les zootomistes de Paris (voy. plus bas), les mémoires ayant trait à l'anatomie animale, de la Société royale de Londres, de l'Académie allemande, de la Société de Copenhague, enfin un certain nombre de dissertations isolées. Cette collection est encore utile aujourd'hui pour les monographies du temps.

---

[1] C'est lui qui découvrit le canal excréteur de la parotide et le montra à Stenon, dont on lui a donné le nom. Voy. la lettre de Blaes à Thomas Bartholin, dans la dernière des *Centuriæ epistol.*, III, 43. Son *Anatomia animalium* parut à Amsterdam, **1681**, ses *Miscellanea anatomica hominis brutorumque fabricam exibentia*, Ibid , **1673**, in-80.

On n'y trouve pas les monographies trop considérables, comme celle de Calderi sur l'anatomie de la tortue, l'anatomie du chimpanzé, par Tyson, etc.; mais l'auteur a reproduit l'anatomie de l'opossum américain par Tyson, avec la figure du squelette, des os marsupiaux, des organes génitaux mâles. L'anatomie d'une méduse, par Antoine von Heide, donne pour la première fois une idée un peu satisfaisante de la structure de ces animaux, et montre qu'on commençait à s'occuper sérieusement des organismes inférieurs. Il y a encore du même Heide l'anatomie de la moule, des recherches sur les huîtres du Holstein et d'Angleterre, sur la sèche, l'argonaute, et beaucoup d'autres invertébrés (particulièrement un grand nombre d'insectes). L'*Amphitheatrum*[1] de Valentini donne donc une idée assez complète de l'état de la zoologie au commencement du siècle dernier.

On voit, d'après ces quelques indications, que les savants n'étaient plus tous réduits à des relations fortuites. Déjà quelques points de centralisation assuraient leurs rapports, facilitaient au point de vue littéraire l'élaboration et la publication de leurs œuvres; les travailleurs étaient au courant de la vie scientifique et sollicités ainsi à de nouvelles recherches. On avait déjà fondé, comme nous avons vu plus haut, des académies scientifiques. Quelques-unes ont une date assez ancienne, mais c'est surtout dans cette période que les sociétés fondées pour les sciences naturelles jouent un rôle considérable. On a cru pouvoir dire, pour les distinguer des universités, que ces sociétés avaient pour but le progrès direct de la science, par les travaux de leurs membres, tandis que le rôle des universités aurait été de répandre dans la jeunesse les résultats de ces travaux. Mais cette distinction nous ferait voir un état de choses tout moderne dans ces vieilles institutions. Alors, plus encore que de nos jours, c'étaient les universités qui marchaient à la tête du progrès; ces sociétés savantes se fondaient plutôt pour répondre à des besoins pratiques. Ces besoins n'étaient pas les mêmes partout; peut-être dans quelques cas faut-il aussi compter le désir de donner plus de relief aux gens instruits. Mais ce que l'on avait surtout en vue en fondant ces sociétés, c'était de faciliter les relations, de rendre

---

[1] Il parut sous le titre de *Amphitheatrum zootomicum* à Francfort-sur-le-Mein, en 1720, et fut réimprimé en 1742 (sous un autre titre).

plus commode la publication des travaux de chacun, de réunir
enfin les efforts dans une direction commune qui permît la
division du travail. Parmi les sociétés italiennes dont nous
avons déjà parlé, l'*Academia dei Lyncei* n'avait guère survécu
à la mort de son fondateur, le prince Cezi ; l'*Academia del
Cimento*, qui s'était spécialement vouée aux études expérimentales, ne vécut pas longtemps non plus : fondée en 1651 par
Borelli, Redi, etc., en 1667 déjà elle cessait ses travaux. De
cette époque datent trois grandes académies qui subsistent
encore et qui, malgré toutes les transformations et les révolutions de la science et de la politique, n'ont presque pas cessé de
travailler un seul jour. Ce sont les Académies allemande, anglaise et française, spécialement destinées toutes trois à l'étude
des sciences naturelles.

En 1651 déjà, Jean-Lorenz Bausch, médecin de la ville libre
de Schweinfurth, avait l'idée de fonder une académie allemande.
Le 1ᵉʳ janvier 1652, il tenait la première séance, avec les médecins Fehr, Metzger et Wohlfarth ; présentait les statuts et réa-
lisait la fondation de l'*Academia Naturæ Curiosorum*. C'étaient
des débuts bien modestes, l'Académie ne devait sa vie qu'à
quelques hommes isolés ; mais bientôt elle prit une certaine
consistance. Un premier pas fut la reconnaissance des statuts
et des privilèges de l'Académie par l'empereur Léopold, en
1677 et 1687 ; il y avait déjà quelques années qu'un de ses
membres les plus actifs, Philippe-Jacob Sachs de Lewenhaimb,
à Breslau, avait indiqué les grands avantages que l'Académie
pouvait retirer d'une pareille distinction. L'empereur Charles VII confirma ces privilèges ; l'Académie prit alors le nom
d'Académie impériale Léopoldine-Carolinienne des sciences
naturelles ; mais elle ne recevait encore aucun secours matériel
de l'empereur et de l'État. Le grand avantage des distinctions dont elle était l'objet, c'était la reconnaissance en quelque sorte officielle des sciences naturelles. Celles-ci n'apparaissaient encore que comme des sciences accessoires de la
médecine ; comme dans la plupart des facultés, leurs parties
seules qui se rapportent à la médecine semblaient dignes
d'étude. L'empereur, en reconnaissant l'Académie, lui assurait d'autres distinctions. Le président et le directeur des
Éphémérides (titre des fonctionnaires chargés des publications
de l'Académie), eurent la dignité de comte palatin ; ils la partageaient d'ailleurs avec la plupart des universités, nombre de

magistrats municipaux, quelques personnalités marquantes, les médecins de l'empereur par exemple, de célèbres juristes, etc. Cette dignité, que l'on appelait *das kleine Comitio*, comportait un certain nombre de droits impériaux. Ces droits, peu considérables même au début, perdirent peu à peu leur signification avec les progrès du droit individuel, avec la séparation des États. Après la dissolution de l'empire allemand ils n'eurent même plus leur consécration formelle, et ils auraient certainement disparu, si par ignorance de leur origine, par vanité peut-être, à raison du titre de comte palatin, on n'avait cherché à les maintenir. L'exercice de ces droits, aux débuts même de l'Académie, amena de temps à autre des désagréments ; nous rappellerons la dispute des passementiers de Nüremberg avec Wurffbain qui, en qualité de directeur des *Éphémérides*, avait légitimé une fille naturelle, à l'occasion de son mariage avec un des membres de cette corporation. On ne pouvait alors appeler les choses naturellement, simplement par leur nom ; la manie régnait, poussée jusqu'au ridicule, de tout cacher sous des signatures poétiques de mauvais goût. Les membres de l'Académie, imitant différentes sociétés allemandes (l'ordre du Cygne, par exemple) et la plupart des académies italiennes, sacrifièrent à ce travers. L'Académie prit une désignation symbolique et chacun de ses membres eut un nom en rapport avec ce symbole [1]. On compara le but à atteindre à la Toison d'Or; l'Académie au navire *Argo;* les membres devinrent les Argonautes. Les vrais Argonautes n'étant pas nombreux et le chiffre des membres étant illimité, on prit les noms d'autres Grecs célèbres ; le surnom académique n'indiqua plus guère que la direction scientifique de celui qui le portait.

Il serait injuste de nier le mérite et les efforts des fondateurs de l'Académie des Curieux de la Nature ; rien peut-être dans l'histoire ne prouve mieux l'amour inné de l'Allemand pour tout ce qui est noble et élevé, que ce zèle éclatant en faveur des sciences naturelles au lendemain d'une guerre si désastreuse, au milieu des conditions les plus déplorables qu'on eût jamais

[1] L'une des plus connues est l'*Academia della Crusca* (fondée en 1582), qui se comparait à un moulin ; son symbole était un blutoir, ses membres siégeaient sur des sacs, des meules formaient escalier pour monter à la tribune du président. L'Académie des Arcadiens fut fondée en 1688 seulement; ce n'est donc pas d'après elle que l'Académie Léopoldine donna des noms grecs à ses membres, comme l'a prétendu Cuvier. En 1661 déjà elle avait pris le navire *Argo* pour symbole et appelé ses membres des Argonautes.

vues avant ou depuis. L'exécution n'atteignit à la hauteur
ni du programme, ni des espérances. Cela tient à une circonstance contre laquelle les fondateurs ne pouvaient rien, et
dont l'importance leur échappa d'ailleurs. Il manqua à l'Académie les réunions régulières, avec les discussions et les réfutations qu'elles engendrent ; ce ne fut jamais qu'une société de
publication où la critique n'existait guère que dans la respon-
sabilité de chacun pour ses propres œuvres, et où l'on ne connut point ces luttes ardentes où le pur métal est débarrassé de
ses scories. Laplace a dit avec raison : « Le véritable avantage
des académies est de développer un esprit philosophique, qui
gagne ensuite toute la nation et s'exerce sur tous les objets. Le
savant isolé ne craint pas de dogmatiser, les réfutations n'arrivent que de loin à son oreille. Mais dans une assemblée savante,
l'examen sévère des vues dogmatiques amène bientôt leur
destruction ; le désir de s'éclairer les uns les autres conduit nécessairement tous les membres à n'accepter que les résultats de
l'observation et du calcul ». L'Académie allemande, plus ou moins
limitée aux sciences naturelles descriptives, aurait eu tout avantage à être ainsi organisée. Elle ne manifesta en somme son
existence que par ses publications. Celles-ci, avant de former
une collection régulière, comprirent un certain nombre de travaux isolés, comme il en parut encore quelque temps même
après le commencement des *Éphémérides*.

L'Académie était complètement organisée en 1652, mais il lui fallut encore près de dix ans pour rendre quelque service à la science.
La série des premières publications s'ouvre par la curieuse description de la vigne, *Ampelographia curiosa*, 1661, de Sachs.
Neuf autres mémoires vinrent après, dont trois appartiennent à
la zoologie : la *Gammarologie*, du même Sachs, 1665 ; la *Description de la licorne fossile*, de Bausch, 1666 ; et l'*Élaphogra-
phie*, de Graba, 1667. Après ces œuvres séparées, l'Académie
publia, à partir de 1670, son recueil sous le titre d'abord de
Micellanées, puis d'*Éphémérides*. En même temps que les
Éphémérides, les académiciens firent paraître vingt-sept autres
mémoires, dont douze traitent de questions zoologiques [1].

---

[1] Voici la liste de ces travaux zoologiques : Seroek, *Moschologia*, 1682 ; *Wurffbain, Salamandrologia*, 1683 ; *Paullini Cynographia*, 1685 ; *Bafo*, 1686 ; *Cœna-
rum Helena seu Anguilla*, 1689 ; *Talpa*, 1689 ; *Lagographia*, 1691 ; *Lycographia*,
1694 ; *de Asino*, 1695 ; *Garmann Oologia*, 1691 ; *Fraundoerfer, de Millepedibus*,
1700 ; Petri ab Hartenfelz, *Elephantographia*, 1723 et 1733.

De 1670 à 1722, il parut trois décuries et cinq centuries des *Éphémérides*, en tout vingt-neuf volumes. Aux *Éphémérides* succédèrent, de 1727 à 1754, les *Acta Physico-medica*, en dix volumes ; puis, à partir de 1756, les *Nova Acta*, qui paraissent encore aujourd'hui. Au point de vue scientifique, les *Éphémérides* et les dissertations parues séparément ne montrent nul indice d'un mouvement nouveau qu'aurait pu développer l'emploi du microscope et des autres moyens d'observation, aidé d'une critique plus saine. La plupart des ouvrages de l'époque sont marqués des mêmes défauts ; mais on peut surtout reprocher aux Mémoires de l'Académie allemande de traiter avec le même soin tous les détails, importants ou futiles. On s'en rendra compte d'ailleurs quand on saura que toutes les discussions se faisaient entièrement par écrit. Il devenait dès lors bien difficile de ne pas demander ses arguments à la seule érudition littéraire ; presque tous tombaient dans ce défaut.

L'académie la plus ancienne ensuite, peut-être même un peu plus ancienne que la précédente, est la Société royale de Londres. L'acte de fondation de la Société est du 15 juillet 1662 ; mais depuis 1645 déjà, quelques personnes se réunissaient d'une manière régulière, pour parler de sciences naturelles. Au début, on ne s'inquiétait guère d'histoire naturelle proprement dite, encore qu'on eût occasion d'y toucher dès les premières discussions. C'est un Allemand, Théodore Haak, du Palatinat, qui avait provoqué ces réunions; parmi les Anglais qui y prirent part, citons Wilkirs, Goddard, Ent, Glisson, Foster, etc. Vers 1648 et 1649, un certain nombre de ses membres quittèrent Londres pour Oxford, où ils continuèrent leurs réunions et s'associèrent même de nouveaux collègues, qui appartinrent plus tard également à la Société royale, comme Willis et Boyle. Les membres restés à Londres n'interrompirent pas leurs conférences et continuèrent, à ce qu'il paraît, à se réunir, sous le nom de Collège invisible, ou Gresham College. A partir de 1653 il commença à être question, au Parlement et dans des correspondances privées, d'une institution que l'on fonderait pour favoriser le développement des sciences naturelles ; elle devait en même temps servir à l'instruction de la jeunesse des classes élevées ; mais les troubles politiques empêchèrent de rien faire de ce genre. Après le retour de Charles II à Londres, Robert Moray résolut avec lord Broumker et le directeur Ward, de faire de la Société philosophique des Invisibles, dont Robert Boyle était le membre le

plus actif, une grande société fondée sur une base plus solide.
On se réunit pour la première fois, afin d'établir la constitution
de la société, le 29 novembre 1660 ; ce jour-là, Christophe
Wren lut un Mémoire d'astronomie au Gresham College.

Environ dix-huit mois plus tard, le roi reconnaissait par lettres patentes la Société royale pour l'avancement des sciences naturelles[1]. Il ressort des sujets que l'on traita dans les premières réunions que l'expression : *natural knowledge* fut surtout choisie pour son opposition à la croyance aux influences surnaturelles. Les publications de la Société parurent, dès le début par numéros (le premier est du 6 mars 1664), sous le titre de *Philosophical Transactions ;* le secrétaire les éditait à ses risques et périls, mais avec l'aide de la Société ; c'est un Allemand, H. Oldenbourg, qui remplit le premier ces fonctions de secrétaire. Les *Transactions* donnaient seulement des comptes rendus et des extraits, non de vrais mémoires comme il y en eut plus tard ; en 1681 et 1682, elles subirent une interruption par suite des mauvaises circonstances du moment ; à leur place parut la *Philosophical Collection*, par les soins de Rob. Hooke, le micrographe. Ce n'est qu'à partir du XLVIIᵉ volume (1753), que la Société se chargea elle-même de faire paraître les *Transactions,* qui se sont succédé dès lors régulièrement jusqu'aujourd'hui. Les premières publications de la Société royale ne diffèrent nullement des productions de même nature des autres pays ; on peut y reconnaître cependant les avantages des communications orales et des rapports personnels des membres ; cela est frappant, surtout pour ce qui se rattache à la distinction des forces naturelles et des forces occultes. Les questions affluaient, témoignant bien des superstitions d'alors : c'était à propos des baguettes divinatoires, des traitements sympathiques, de l'action du cœur et de la poudre de vipère, des poignards empoisonnés, etc. La Société assurait le triomphe du bon sens, en s'occupant de pareils sujets ; par des expériences péremptoires, ses membres faisaient toucher du doigt les absurdités de ces contes.

Quant aux sujets zoologiques proprement dits, il en fut peu question pendant les premières années de la Société. On remarquera l'étude de Moray sur les coquillages qui produisent des

---

[1] Voir là-dessus et pour ce qui suit, Weld, *A history of the Royal Society.* vol. I. London 1848.

oiseaux : il assure avoir vu dans ces coquilles de petits oiseaux complètement formés, mais il ajoute que ni lui-même, ni personne à sa connaissance, n'a jamais vu ces oiseaux en vie. Goddard disséqua un caméléon (Mémoire de 1683) ; Boyle institua des recherches sur la respiration (1670), etc. La Société se proposait, comme objets d'étude, des questions d'histoire naturelle indigène, l'histoire de la vipère, par exemple ; mais loin de se limiter à ce que l'on pouvait étudier à Londres et en Angleterre, elle donnait aux voyageurs et aux membres résidant à l'étranger des instructions sur une foule d'objets à voir ou à collectionner. Le roi avait donné licence à la Société d'entrer en correspondance avec les savants étrangers et tous ceux qui pourraient lui être de quelque utilité. Oldenbourg usa si largement de cette permission, qu'on le soupçonna de menées dangereuses pour l'État ; il fut même saisi et emprisonné à la Tour de Londres, dont il sortit au bout de quelques jours. Cette facilité de correspondance répandit rapidement le nom de la Société et, en faisant connaître ses louables efforts, lui valut de nouveaux appuis. Leuwenhœck lui communiqua toutes ses observations sous forme de lettres ; il lui envoya même ses microscopes. Les savants dédiaient leurs travaux à la Société et les lui envoyaient pour les imprimer : ce n'est pas un de ses moindres mérites d'avoir publié, avec des planches, le mémoire que Malpighi lui envoya sur le bombyx à soie.

La dernière des trois grandes académies fondées vers le milieu du xviie siècle est l'Académie des sciences de Paris. Son histoire, comme celle des deux autres, offre une phase d'essais préparatoires. En 1633, l'Académie française était fondée par Richelieu, pour s'occuper spécialement de la littérature et de la langue nationale ; l'Académie de peinture et de sculpture (plus tard Académie des beaux-arts), se constituait en 1688 ; on s'apperçut vite combien il était avantageux d'établir des relations personnelles par de telles réunions. Des personnes qui s'intéressaient aux sciences naturelles se réunirent alors régulièrement pour se faire part de leurs efforts, de leurs idées, de leurs travaux. Des étrangers de passage à Paris étaient admis à ces réunions, y présentaient même des travaux pour les soumettre à la critique des académiciens : nous citerons Stenon, Boccone, etc. Colbert donna à ces premiers débuts une impulsion considérable. Grâce à lui, Louis XIV constitua d'une manière officielle ces réunions d'abord entièrement privées ; l'Académie des scien-

ces, ainsi reconnue par le roi, avait dès lors un grand avantage
sur les deux autres académies dont nous venons de faire l'historique. Dans les premiers temps, comme pour l'Académie
Léopoldino-Carolinienne, aucune publication académique ne
réunissait les travaux des membres ; chacun agissait isolément,
en indiquant parfois spécialement dans le titre que ses observations avaient été soumises aux vérifications de ses collègues, à
Paris[1].

Après la réorganisation de 1699, qui répartit les membres en
différentes classes ou sections selon leurs sciences spéciales,
l'Académie publia régulièrement chaque année un volume de
Mémoires. Il n'y eut d'interruption qu'en 1790. A cette époque,
les cinq académies (aux trois premières s'étaient ajoutées l'Académie des inscriptions et l'Académie des sciences morales et
politiques) furent réunies pour former l'Institut actuel. L'Académie des sciences reprit au bout de peu de temps la publication
régulière des travaux de ses membres et des travaux proposés
ou couronnés par elle. Elle a beaucoup fait pour la zoologie et la
zootomie, comme d'ailleurs pour la plupart des sciences naturelles ; il faut dire que le gouvernement vint en aide aux savants
et leur permit, en fondant des établissements spéciaux, de ne
plus être absorbés exclusivement par la recherche des matériaux
et des ressources indispensables à leurs études. Cet appui offi-
ciel, dont on n'avait pas eu d'exemple jusqu'alors, était d'une
extrême importance dans un temps où les relations internatio-
nales, difficiles déjà par elles-mêmes, se heurtaient encore à une
foule de monopoles. L'éclat dont on entourait les sciences augmentait leur propre valeur, et en même temps faisait tomber le
reproche que leur adressait encore la multitude, de ne donner
lieu qu'à des travaux inutiles. Il était bien dans les idées de
Colbert que l'Académie dût servir aux progrès de la médecine ;
mais les membres de ce corps savant, aussi bien ceux de Paris
que ceux que Colbert appela du dehors, comme Cassini, Rœmer,
Homberg, etc., entièrement indépendants, dans leurs travaux,
des circonstances extérieures, assurèrent mieux la liberté de
leurs sciences respectives. Ceux des membres de l'Académie
française des sciences qui nous intéressent le plus sont Claude
Perrault, Duverney et Méry. Leurs recherches, dont nous par-

[1] Voir le titre des *Recherches et observations d'histoire naturelle* de Boccone,
Paris, 1671, et Amsterdam, 1674.

lerons bientôt, comptent parmi les travaux les plus importants que produisit la jeune académie dans le domaine des sciences naturelles descriptives ; ce sont même les seuls travaux de ce genre qu'elle ait produits pendant ses premières années.

D'autres villes, en France, suivirent l'exemple que leur donnait la capitale. Un certain nombre d'institutions calquées sur l'Académie de Paris se fondèrent en province dans le siècle suivant ; leur programme était plus ou moins élevé ; toutes n'ont pas survécu. Dès leur origine elles avaient d'ailleurs un désavantage marqué sur leur aînée : il leur manquait la brillante consécration du pouvoir royal. Ce n'est que plus tard que le gouvernement remédia en partie à cette infériorité, en reconnaissant comme académies royales un certain nombre de ces sociétés. Cependant quelques-unes de ces académies provinciales, d'autres sociétés, même considérables, ont rendu des services marqués. La première en date fut l'Académie d'Aix, en Provence ; fondée en 1688, elle tomba bientôt, pour se reformer quelque temps plus tard avec les mêmes attributs. Après elle vinrent successivement les académies d'Amiens, de Caen, Montpellier, Bordeaux, Lyon, Mézières, Marseille, Toulouse, Rouen, Dijon, etc., qui n'existent plus toutes.

Les conditions politiques de l'Allemagne l'empêchaient de suivre ses voisins et de fonder comme eux ces grands établissements nationaux. Mais au fur et à mesure de l'extension de l'Académie de Paris, grandissait le désir de faire quelque chose d'analogue. Il en sortit d'abord la Société des sciences, fondée en 1700 à Berlin, d'après les idées et les conseils de Leibniz ; elle a laissé, comme preuve de son activité, huit volumes de *Mélanges berlinois* (1710-1744). Dans sa première organisation elle comprenait quatre classes : physique et médecine, mathématiques, langue allemande et recherches historiques, sciences orientales et linguistique. Son premier président fut Leibniz. Après quelques années d'existence un peu précaire, la Société royale des sciences fut agrandie par Frédéric le Grand et devint l'Académie royale des sciences sous la présidence de Maupertuis. Ses *Mémoires* parurent en français de 1746 à 1804 ; à partir de cette année seulement elle les publia en allemand. L'histoire naturelle était moins favorisée dans le programme de l'Académie de Berlin que dans celle de Paris, à côté de laquelle fonctionnaient d'ailleurs d'autres grandes institutions. J.-Th. Klein, le naturaliste rival de Linné, ne fit pas partie de l'Académie, bien que sa réputation, franchissant les murs de Dantzig, l'eût fait recevoir membre des Académies de Londres, de Pétersbourg et de Bologne.

En Russie, Pierre le Grand avait voulu donner à ses sujets des objets d'étude scientifique, en fondant, par des achats faits en Hollande, de grandes collections d'anatomie et d'histoire naturelle. Il avait conçu le plan d'une Académie des sciences pour Saint-Pétersbourg; ce fut sa veuve, Catherine Iʳᵉ, qui mit son projet à exécution en 1725.

En 1739, Alström, Cederhjelm, Linné, etc., fondaient l'Académie de Stockholm. Société privée à son début, elle devint bientôt Académie royale. Linné, désigné par le sort, la présida le premier. Auparavant déjà, Sébastien Thann avait fait une dotation pour instituer, sous la surveillance de la noblesse, des cours publics de mathématiques et d'histoire naturelle. Antérieurement encore, une Société des sciences et des lettres s'était fondée à Upsal, qui commença des publications à partir de 1720; Linné prit une part considérable à ses travaux, comme secrétaire.

A Copenhague, un incendie avait ruiné l'Université et complètement détruit toutes les collections d'histoire naturelle. L'Université fut réinstallée en 1732. Dix ans après, Jean Grasse, juriste et antiquaire passionné, Pontoppidan, J.-S. Wahl et quelques autres savants se réunirent en Société pour l'avancement des sciences. Le 11 janvier 1743, Christian VI reconnaissait la Société royale.

En Italie, l'Institut de Bologne était venu s'ajouter aux académies qui existaient déjà. Manfredi le fonda en 1690, plutôt comme université destinée à répandre l'instruction. Plus tard, le comte Marsigli élargit son organisation, et à partir de 1731 elle fit paraître ses *Commentaires*.

Nous ne ferons pas ici l'historique détaillé de toutes ces sociétés savantes. Il suffit de montrer comment le principe de la division du travail, si utilement introduit dans les sciences par les premières académies, avait rapidement gagné du terrain. Un autre avantage sensible résultait encore de ces rapprochements de savants spéciaux : c'était la critique réciproque qu'ils s'imposaient forcément. Nous dirons encore que le reste de l'Allemagne ne demeurait pas indifférent à ces exemples venus du dedans et du dehors. C'est ainsi qu'en 1750 se fondaient l'Académie des sciences de Gœttingue; en 1756, l'Académic des connaissances utiles d'Erfurt, dernier souvenir de l'ancienne Université de cette ville ; en 1763, l'Académie de Munich, etc. En 1766 commencèrent les publications de l'Académie du Palatinat, fondée à Manheim par Charles-Théodore. Les institutions que nous venons d'énumérer étaient dues à des princes qui voulaient augmenter l'éclat de leur cour, en y attirant des savants ; ou, comprenant mieux l'intérêt de leurs peuples, élever le niveau intellectuel en encourageant les études scientifiques. En d'autres lieux, des associations libres et spontanées se formèrent, dans le seul but de faire progresser la science. Nous citerons particulièrement à cette époque une société à qui l'histoire naturelle doit beaucoup, qui soutint longtemps son éclat et qui, malgré les troubles de la patrie, a conservé sa vigueur jusqu'à nos jours : c'est la Société d'histoire naturelle fondée en 1747 à Dantzig. Comme Linné à l'Académie de Stockholm, nous trouvons ici son rival, souvent appelé le Linné allemand, J.-Th. Klein ; il fut un des fondateurs et un des collaborateurs les plus actifs du bulletin de la Société, qui commença en 1757 sous le titre de *Versuche und Abhandlungen*.

Grâce à ces sociétés, la science marchait ; grâce aux liens qu'elles établissaient entre leurs membres, elle ne pouvait plus retomber dans la léthargie d'autrefois. Parfois, sous la pression des événements extérieurs, une société devenait pour quelque temps silencieuse, mais l'impulsion donnée, le goût des recherches reparaissait bientôt. Presque aucune de ces associations n'a cessé d'exister définitivement. Cet intérêt pour l'histoire naturelle, si général à partir du milieu du xviie siècle, s'affirmant ainsi par la fondation de toutes ces sociétés savantes, se montrait encore dans le soin que les naturalistes apportaient à l'étude de leur propre pays. L'Angleterre peut citer un grand nombre de travaux de ce genre. Un des premiers est l'*Histoire naturelle de l'Irlande*, 1652, de Gérard Boate. Josua Childrey, chapelain du duc de Somerset, s'occupa peu des animaux dans son *Britannia Baconica*, 1662 ; ce livre parle pour la première fois de la lumière zodiacale. Le *Tableau des objets naturels d'Angleterre*, du docteur Christophe Merret, donne « les plantes, animaux et minéraux qui se trouvent dans cette île », 1667 ; 3e édit, 1704. Robert Plot, connu par sa théorie sur les sources, écrivit l'*Histoire naturelle de l'Oxfordshire*, 1677, et du *Staffordshire*, 1686 ; Charles Leigh, celle du *Lancashire*, du

Cheshire, et du *Peak* dans le *Derbyshire,* 1700 ; Robert Sibbald
un des premiers auteurs qui aient écrit sur les cétacés, donne
dans sa *Scotia illustrata,* 1684, outre l'histoire et l'archéologie,
la faune et la flore écossaises [1]. A cette époque parut la première *Histoire naturelle de la Suisse,* de Jean-Jacob Wagner,
1680 [2] ; ce fut longtemps la seule, car Scheuzer ne s'occupa que
de la géologie, avec la minéralogie et les fossiles. Pour l'Allemagne, on peut citer seulement les *Voyages* de J. Ray, 1673 ;
Behren, dans son *Hercynia curiosa,* décrit particulièrement les
cavernes et autres curiosités du Harz. Quelques détails sur
la zoologie polonaise et lithuanienne se trouvent dans l'*Histoire
naturelle de Pologne,* de Rzacyuski.

§ 1ᵉʳ. — Musées et Parcs zoologiques.

Les voyages lointains faisaient connaître chaque jour de
nouveaux objets d'histoire naturelle. Nous citerons particulièrement le *Voyage au Spitzberg et au Groënland,* de Fréd.
Martens, 1675 ; le *Voyage aux Antilles,* de Rochefort, 1658 ;
celui de Guill. Bosmar *aux Côtes de Guinée,* 1704 ; celui de
Jean Sloane *aux Indes occidentales,* 1707, etc. ; tous avec des
observations sur les animaux des pays parcourus. Citons encore
les recherches de Paolo Boccone, en Sicile, 1674 ; celles de
Scheuzer, en Suisse, 1708, etc. Pour bien juger et pour parler
de tous ces nouveaux objets, dans les sociétés savantes, il fallait
pouvoir comparer, se bien orienter au milieu des formes voisines.
Ces associations eurent donc encore pour résultat d'accumuler des
matériaux d'observation, particulièrement pour l'histoire naturelle, et aussi de faire trouver de nouveaux moyens de faciliter
les recherches. On augmenta les collections qui existaient, on en
fonda de nouvelles. L'emploi de l'alcool comme moyen de
conservation fut un grand progrès au commencement du
XVIIIᵉ siècle. On avait été limité jusque-là aux anciennes méthodes :

---

[1] Pour la France, on peut citer, avec les *Voyages* de Ray, les *Mémoires pour
l'histoire naturelle de la province de Languedoc,* Paris, 1737, de Fanc. de Plan-
tade, avocat général, bien connu comme astronome et secrétaire de l'Académie de
Montpellier.

[2] *Historia naturalis Helvetiæ curiosa,* Zurici, 1680. Cuvier a conclu à tort,
d'après l'épithète *curiosa,* que Wagner a écrit ce livre comme membre de la Léopoldine ;
il n'y fut reçu qu'en 1690, et son ouvrage était alors déjà à sa troisième édition.

dessication, insufflation, etc. Pierre le Grand, outre l'Académie de Saint-Pétersbourg, voulait encore fonder dans cette ville de grandes collections. Dès leurs débuts, les Sociétés de Paris et de Londres avaient formé des collections considérables; en France et en Angleterre, certaines collections privées se faisaient remarquer par leurs richesses (citons seulement celles d'Olaüs Wormius, de Jean Sloane). En Allemagne, les collections restèrent plus longtemps de simples cabinets de curiosités; l'une des plus anciennes, comme existence officielle, celle de Vienne, ne fut pas autre chose jusqu'à François Ier. La première collection formée en Allemagne en vue de l'enseignement fut le Musée des jésuites, dont on peut placer la fondation en 1622, année où Ferdinand II remit l'Université aux mains de l'Ordre. Les instruments de physique et d'astronomie, les objets d'astronomie qui avaient appartenu à ce musée firent plus tard retour à l'Université de Vienne, lors de la suppression de l'Ordre en 1773. Les collections du *Collège Romain* de Rome, dont Filippo Bonanni a donné une description exacte, 1705, furent également réunies par les soins des jésuites. Ces quelques mots suffiront pour montrer combien on s'intéressait aux musées.

On ne fit pas moins pour les ménageries et les parcs. Ces établissements ne permettaient pas toujours de refaire l'histoire exacte des animaux étrangers, mais ils en faisaient au moins mieux connaître l'organisation, surtout pour les animaux supérieurs. Nous ne pouvons pas, même approximativement, faire l'historique des anciennes ménageries que nous avons citées, dire quel profit la science en a retiré. Deux seulement des plus célèbres trouveront place ici. Une des plus anciennes est la ménagerie impériale de Vienne, dont Fitzinger a donné un historique très-détaillé [1]. On ne sait, des premiers temps de son existence, rien qui fasse penser qu'on ait tiré parti pour la science des riches matériaux qui s'y trouvaient. On peut en dire autant de la ménagerie de Charles II en Angleterre. A Paris, au contraire, dans la ménagerie fondée par Louis XIV, tous les animaux qui succombaient appartenaient particulièrement aux investigations des savants; la ménagerie était rattachée directement aux

[1] *Versuch einer Geschichte der Menagerien des œsterreichisch-kaiserlichen Hofes, in : Sitzungsb. d. Wien. Akad., Math. natur. Cl.*, vol. X, 1853, pp. 300-403, 626 - 710; il y a une énumération détaillée de tous les animaux de la Ménagerie.

autres collections scientifiques. Nous retrouvons ici les trois
anatomistes dont nous avons parlé plus haut : le plus jeune,
Guichard-Joseph Duverney, 1648-1730, a laissé beaucoup de
travaux zootomiques; ils parurent dans les *Mémoires pour
l'histoire naturelle des animaux* (Paris, 1676, in-fol.; puis
Paris, 3 vol. in-4, 1732-1734; enfin en traduction); quelques-
uns figurent sous le nom de Perrault, qui en a dessiné les
planches. On doit particulièrement à Duverney d'avoir mieux
fait connaître les branchies des poissons. Jean Méry (1645-1722),
s'est distingué par une série de travaux du même genre, parus
dans le même recueil, et par une théorie de la circulation fœtale.
Celle-ci lui fut suggérée par l'étude de la circulation chez les
reptiles. Claude Perrault, le plus ancien (1613-1688), et le plus
influent des trois, est connu comme physicien, comme zootomiste et comme architecte de la colonnade du Louvre. Sans
s'arrêter toujours aux résultats immédiats de leurs dissections,
Duverney et Méry ont cherché parfois à les appliquer à certaines questions générales, mais c'est Perrault qui en a tiré le
plus grand parti. Il établit en effet sur ses observations personnelles tout un système de zootomie; c'est même un système
comparatif, puisqu'il étudie ensemble les organes analogues,
sans donner, d'ailleurs, non plus que tous les systèmes du
temps, satisfaction aux rapports morphologiques. Le titre
même que Perrault a donné à la collection de ses travaux,
montre bien la direction physiologique ou plutôt téléologique de
ses idées[1]. Il voyait dans ses descriptions des matériaux pour
une mécanique animale; sans comprendre celle-ci selon nos
idées actuelles, il prenait surtout en considération, pour classer
les manifestations qu'il étudiait, le but, l'utilité des organes. En
ceci Perrault est bien de son temps; de tels travaux ne sont
cependant pas sans profit pour l'anatomie comparée, car en
multipliant les faits zootomiques, on arrive forcément à les
classer d'après les principes et les lois qu'ils remplissent forcément.

---

[1] *Essais de physique ou recueil de plusieurs traités touchant les choses naturelles.* 4 tomes, Paris, 1680-1684. Tome III: *De la Mécanique des animaux.*
Il y a dans le tome IV quelques Mémoires sur les sens extérieurs et sur le mouvement
des yeux. Les autres volumes ne contiennent que des questions de physique (**Pesanteur.
Son, Musique des anciens**, etc.).

§ 2. — Signes de Progrès.

On étudiait de plus en plus la structure intime des animaux, leur reproduction, leur développement ; le nombre des espèces augmentait toujours ; bien des erreurs avaient disparu devant l'observation ou les spéculations nouvelles, et la conception du monde animal s'était singulièrement modifiée. Des auteurs relativement récents n'étaient plus à la hauteur de ces nouvelles idées, et les méthodes anciennes se trouvaient insuffisantes devant l'éveil graduel de l'esprit critique nouveau. S'il eût suffi de dresser simplement une sorte de liste descriptive des espèces, on eût pu se servir de n'importe quelle méthode artificielle pour distinguer et reconnaître les espèces décrites. Mais l'organisation animale, avec une similitude si marquée en apparence dans les phénomènes de la vie, offrait une diversité si admirable, qu'il semblait impossible de méconnaître un plan, un but, un ordre, une adaptation préétablis. Ce plan, ce but, il fallait les comprendre dans une formule scientifique, autrement dit, trouver pour l'organisation et la vie animales des lois générales, appuyées par des expériences de détail suffisamment nombreuses. Malheureusement l'antiquité avait légué toute une collection de préjugés et de théories téléologiques. La réforme de la méthode avait déjà commencé avec Bacon, Descartes, Spinoza, Leibniz. Mais l'hypothèse d'une cause dernière surnaturelle, dont Descartes fit la base de son système, empêchait encore d'accepter sans idée préconçue l'expérience, seule source du savoir. C'était cependant le progrès le plus indispensable aux sciences naturelles. Gassendi, Hobbes et Locke ont pris une grande part à cette révolution ; ce sont leurs travaux qui montrèrent l'importance prépondérante de l'expérience sensorielle, point de départ de toutes les opérations de l'esprit, origine de toute connaissance. Les ouvrages où ces philosophes ont formulé leurs théories ont-ils eu une action directe sur les progrès de la zoologie, tels que nous les avons esquissés plus haut ? Nous n'essaierons pas de le démontrer ; nous croyons plutôt, — et c'est le fait important dans l'histoire de l'évolution scientifique, — qu'il y eut un mouvement tendant au même but chez les naturalistes et chez les philosophes : renverser la foi aveugle aux autorités, se soustraire aux généralisations métaphysiques aussi souvent inutiles que préconçues. Comme il était arrivé en anatomie microscopique et macroscopique, on hasarda moins d'hypothèses sur le monde animal; le peu de cohésion des connaissances zoologiques devint de plus en plus apparent, et les travaux se multiplièrent pour y porter remède.

Avant d'étudier en détail ce qu'ont fait les grands réformateurs de la zoologie, nous citerons un ouvrage qui se rattache à bien des égards au courant encyclopédique, mais où déjà se révèle le sentiment des besoins nouveaux. C'est l'*Onomastikon zoicon*, de Walter Charleton (né en 1619, médecin particulier du roi, mort en 1707, à Jersey)[1]. Bien qu'un des membres fondateurs les plus actifs de la Société royale de Londres, Charleton n'avait en général qu'un médiocre crédit. Contemporain de Willis, de Mayonne, de Wharton, d'Highmore, il fut un défenseur ardent des théories de Harvey. Gassendi avait soutenu contre Descartes cet axiome si important pour les études scientifiques, que toutes nos idées générales viennent par abstraction de l'expérience. Charleton semble avoir eu beaucoup de penchant pour cette théorie; il dit en effet, dès le début de son *Onomastikon,* qu'avant toute spéculation sur le monde animal, il faut bien établir d'abord ce que c'est qu'un animal et à quelles formes spéciales correspondent les divers noms d'animaux Cet ouvrage n'a fait faire aucun progrès direct ou systématique; mais il a été de quelque utilité par sa précision terminologique. Charleton visait surtout à mettre plus de clarté dans les descriptions et la synonymie. Dans un appendice très-intéressant au point de vue historique, il donne les noms des couleurs; c'est le premier essai tenté pour attribuer un sens précis à des mots servant à des descriptions d'histoire naturelle, et leur assurer ainsi une valeur technique. Sa liste des noms qui désignent les cris des animaux est également une des premières en date de l'époque moderne. On peut dire à certains égards que le livre de Charleton ouvrait la voie aux grands zoologistes.

---

[1] *Onomastikon zoicon. Oxon.,* 1668. — Deuxième édit. du même, sous le titre: *Exercitationes de differentiis et nominibus animalium. Quibus accedunt Mantissa anatomica, etc.,* ibid., 1677. Ce supplément anatomique (sur le *Lophius,* la *Rana,* et le *squale*) est tiré des Notices de Georges Ent. Un autre supplément est relatif aux noms des cris d'animaux. Ce n'est point un chapitre de physiologie, comme le ferait supposer le titre que lui donne Haller (*Biblioth. anatom.,* I, p. 440), *De voce animalium;* il est intitulé, au contraire, *Vocum naturalium ab animalibus editarum differentiæ et nomina.*

§ 3. — John Ray.

C'est un Anglais, John Ray, qui fit le premier pas pour restaurer la zoologie dans la forme scientifique qu'elle garda près de deux cents ans [1]. Fils d'un maréchal-ferrant, il naquit à Black Nottley, dans l'Essex, le 29 novembre 1628. Ses parents, gens aisés, lui firent donner une éducation libérale dont il prit les premiers éléments à l'école latine de Braintree, petite ville voisine de son lieu de naissance. Il vint à l'Université de Cambridge dans l'été de 1644, et y entra au Trinity College au commencement de 1646. Quelques années après, Francis Willoughby, un peu plus jeune que lui, devenait son condisciple et bientôt son ami intime. Destiné aux études théologiques, Ray s'appropria bien vite les connaissances préliminaires; il fut célèbre comme helléniste, et aujourd'hui encore son latin élégant et facile distingue ses œuvres de beaucoup de celles de ses contemporains. Un certain nombre de sermons qu'il prononça avant son ordination comme diacre et lecteur au Collège, publiés plus tard, reçurent un accueil des plus favorables. Son ordination eut lieu le 23 décembre 1660. Mais en 1662 la lutte entre le pays et les Stuart amenait le Parlement à passer le bill d'uniformité; Ray ne crut pas pouvoir prêter le serment exigé (dirigé contre le covenant puritain), et perdit avec treize autres membres de l'Université, également non conformistes, la place qu'il occupait au Collège. Son ami Willoughby, qui avait de la fortune, le mit libéralement à l'abri du besoin.

Depuis un certain temps déjà, Ray cultivait les sciences naturelles, particulièrement les sciences descriptives, peu en honneur dans les universités. En 1660 il avait publié une liste des plantes des environs de Cambridge; cet index, très-soigné d'ailleurs, lui donna l'idée de dresser la flore complète de la Grande-Bretagne. Il fit à cet effet nombre d'excursions, la plupart avec son ami Willoughby; dans ces courses qui le conduisirent jusqu'en Écosse, il n'étudiait pas les plantes seulement, mais aussi les animaux, les habitants et la langue du

---

[1] En arrivant à l'Université, Ray changea son nom en Wray. Dans une lettre à Lister il avoue « se eam (litteram W) olim, antiqua et patria scriptione immutata, citra idoneam rationem adscivisse.» Voy. *The correspondence of John Ray*. Edited by Edwin Lankester. *Ray Society*, London, 1848, p. 65.

pays. Beaucoup d'amis et de correspondants l'aidaient de leur
concours. Bientôt l'histoire naturelle de l'Angleterre ne suffit
plus à son activité. Il partit en 1663, avec Willoughby et deux de
ses élèves, visita les Pays-Bas, l'Allemagne, la Suisse, l'Italie,
la Sicile, Malte, et revint en Angleterre par la France, par
Montpellier (où Willoughby le quitta pour aller en Espagne), et
Paris. Les observations réunies dans ce voyage parurent en
1673. Le 7 novembre 1667 il devint membre de la Société
royale, dont les *Transactions* eurent de lui un grand nombre
d'articles. Ayant étudié à fond l'anglais et ses idiotismes, il
publia une collection de proverbes et d'expressions locales curieuses. C'est à la suite de ce travail que John Wilkins, le
savant évêque de Chester, lui demanda sa collaboration pour
son ouvrage sur le Langage universel. L'annonce et le plan
seuls ont paru sous forme d'Essai, en 1668; l'ouvrage fort
considérable où Ray avait traité des *Caractères réels des
Plantes et des Animaux*, sur les instances pressantes de
l'évêque, fut traduit par lui en latin. Le manuscrit existe encore
dans les archives de la Société royale. A partir de 1669, Ray
fit plusieurs séjours à la campagne de son ami Willoughby, à
Middleton-Hall. Il s'y fixa définitivement en 1672, après la
mort de Willoughby. Dans son testament, ce dernier avait
demandé que Ray se chargeât de l'éducation de ses deux
jeunes filles, et de la mise en ordre et de la publication de ses
manuscrits. Francis Willoughby, en qui se confondaient deux
branches d'une ancienne famille très-riche, était né en 1635.
Travailleur zélé, excellent cœur et caractère élevé, il fut bientôt
intimement lié avec Ray, à son arrivée à l'Université, où le même
collège les réunissait. Ray, déjà au courant des études botaniques, lui en inspira le goût, et ils formèrent ensemble le projet
de publier une histoire complète des plantes et des animaux.
Ray se chargea des plantes, qu'il étudiait depuis longtemps déjà;
Willoughby choisit les animaux. Pour assurer la réputation
scientifique de son ami, Ray lui a attribué tout le mérite des
travaux parus sous le nom de Willoughby. Le fait est qu'ils ont
toujours travaillé en commun et que la part de Ray est considérable dans les travaux de Willoughby. Plusieurs communications
de Ray à la Société royale prouvent d'ailleurs que dès le commencement il étudiait, avec non moins de soin que les végétaux, les animaux des différentes classes. Willoughby en mourant avait laissé à Ray une rente viagère de soixante livres,

que son fils porta plusieurs fois à soixante-douze livres; le savant put ainsi vivre indépendant. Ray se maria le 5 juin 1673 ; il put dès lors donner plus de temps à ses travaux, car sa femme le suppléa en partie dans l'éducation de ses pupilles. En 1675, Ray publia l'*Ornithologie* de Willoughby, en latin; trois ans plus tard, le même ouvrage, un peu augmenté, en anglais, avec les mêmes gravures, un peu plus pâles. La veuve de Willoughby avait subvenu aux frais de publication. Ray cependant continuait ses études botaniques, et en 1682 paraissait son *Methodus plantarum nova;* le premier tome de son œuvre capitale, son *Historia plantarum*, en trois volumes in-folio, fut imprimé en 1686. Cette même année s'achevait l'*Histoire des Poissons* de Willoughby, aux frais de la Société royale. Quelques sociétaires, en particulier le président Pepys, avaient contribué aux frais de gravure des planches. L'un d'eux, le docteur Tancrède Robinson, engagea Ray à étudier également les autres classes du règne animal. C'est ainsi que parut en 1693 le *Synopsis des quadrupèdes et des serpents*. Il reprenait en même temps à nouveau les *Oiseaux et les poissons*, mais ce travail ne vit le jour qu'après sa mort, en 1713, grâce aux soins de son biographe, M. Derham ; la négligence du libraire, qui égara le manuscrit, avait amené ce retard. Après avoir réédité quelques-uns de ses ouvrages de botanique, Ray revint au règne animal. Il voulait en compléter l'exposé systématique, en publiant les *Insectes ;* Willoughby avait déjà rassemblé des matériaux pour ce travail. Mais avant d'avoir terminé cet ouvrage, édité plus tard par les soins de Derham aux frais de la Société royale, Ray mourait, le 16 janvier 1705, dans la maison qui l'avait vu naître. Il s'y était retiré en 1678, à la mort de sa mère; la mort de la mère de Willoughby et le mariage de la veuve de son ami l'avaient dégagé de ses fonctions de précepteur à Middleton-Hall.

Bien peu, parmi les premiers naturalistes, ont eu, comme Ray, le bonheur de consacrer à leurs goûts, à leurs études, toute une longue vie exempte de ronces matérielles. Ray utilisa ses heureux loisirs avec un zèle et un bonheur peu communs. Il n'a pas atteint la grandeur de Linné, mais il lui a frayé la voie et lui a permis d'entreprendre ses beaux travaux. Nous avons dit déjà que les progrès de la zoologie portèrent à cette époque particulièrement sur son perfectionnement formel. Dans cet ordre d'idées, Ray a ouvert la marche presque partout. Il est trois choses aussi indispensables pour coordonner les notions acquises que pour leur imprimer un caractère scientifique, qui assignent aux travaux de Ray une haute valeur : introduction de la notion de l'espèce en histoire naturelle ; anatomie prise pour base principale de la classification zoologique ; précision plus nette dans les définitions d'espèces, de groupes, et dans la terminologie. A l'égard de cette dernière, nous avons déjà signalé l'influence de Charleton. Charleton était arrivé à certains résultats à force de réflexions, Ray y vint en quelque sorte d'instinct. On est frappé chez lui de la grande précision du langage et du sens exact qu'il attache à chaque terme dans ses descriptions. Mais Ray a principalement servi l'histoire naturelle descriptive en définissant le premier l'espèce, comme on la comprend aujourd'hui dans le système. D'après certains auteurs, ce mérite, car malgré tout ce fut chose utile, reviendrait à des zoologues bien plus anciens, à Albert le Grand, par exemple. Il est facile de montrer qu'avant Ray l'expression *species* n'a jamais eu qu'un sens purement logique, embrassant, selon les vues du classificateur, des groupes naturels plus ou moins étendus, des plus petits aux plus grands. On peut rapprocher des citations que nous avons faites à ce sujet, d'Albert le Grand, de Gesner, de Sperling, des passages tout à fait analogues des écrivains du xviiᵉ siècle.

Il faut bien avouer, comme nous l'avons fait pressentir tout à l'heure, qu'il eût été bon pour la science de n'avoir pas eu cette unité artificielle qu'on lui a imposée avec l'idée d'espèce. Elle fût restée libre de toutes les hypothèses indémontrées et indémontrables, des théories métaphysiques, ou mieux, surnaturelles. Cette unité était indispensable pour édifier le système, mais c'était dépasser le but que de la prendre aussi rigide ; elle deviendra la source d'un dogmatisme de plus en plus étroit, qu'on ne pourra plus combattre, même encore aujourd'hui, qu'au prix des plus grands efforts. Certes, les anciens zoologistes avaient bien moins d'idées préconçues ; ils rangeaient, d'après la seule logique, les formes animales en groupes spéciaux qu'ils ordonnaient et subordonnaient ensuite, sans qu'aucune théorie préconçue sur la nature des uns ou des autres influençât leur arrangement. Et cependant nulle autre hypothèse n'a autant contribué à faire connaître les différentes formes, à préciser leur histoire, à leur assurer des descriptions reconnaissables. Tant que le cercle des formes connues fut restreint, n'embrassant que des types généralement décrits, et que les exotiques n'offrirent rien de difficile dans leur nomenclature, la nomenclature et les théories anciennes furent suffisantes. Mais à l'époque où nous arrivons maintenant, le premier livre traitant d'animaux exotiques, on même d'insectes indigènes et de leurs métamorphoses, nous montrera combien il était besoin de recourir à une nouvelle méthode. L'*espèce*, une fois connue, il fallait encore une nomenclature mieux raisonnée ; mais après Ray, il restait peu à faire pour réaliser ce progrès. Cette double amélioration, capitale pour les sciences naturelles descriptives, s'est faite dans des conditions qu'on ne saurait imaginer plus simples. Ray cherchait le premier à embrasser dans un système critique toutes les formes connues ; il dit lui-même que l'édition augmentée qu'il donne de l'*Ornithologie* de Willoughby diffère essentiellement des *Pandectes* de Gesner et d'Aldrovande. Dans une pareille tentative, le manque d'une base solide devait vivement se faire sentir. Sans se douter peut-être de la valeur du moyen qu'il imagina, Ray se créa cette base. Il obéissait d'ailleurs moins à une idée générale qu'au besoin immédiat d'arriver à des définitions plus nettes et surtout de préciser exactement les petits groupes. Il chercha, parmi les différences qui caractérisent les formes animales, les plus tranchées et les plus constantes ; il arriva ainsi, chose remarquable, à définir et surtout, c'est là l'essentiel, à établir ce qu'il fallait considérer comme forme particulière : c'était le mot *species*, réservé aux petits groupes depuis Aristote. Ce n'est qu'à partir de Ray que cette expression et celle de *caractère spécifique* ont pris leur sens actuel.

Dans son passage le plus important, Ray vise sans doute surtout l'espèce botanique ; mais pour les plantes comme pour les animaux, c'était aux mêmes rapports qu'il devait demander de fournir des définitions exactes ; en botanique et en zoologie c'était la même spécification. Au vingtième chapitre du livre I de son *Histoire des Plantes*, Ray dit : « Chez les animaux, la différence des sexes ne suffit pas pour établir une différence spécifique ; les deux sexes, en effet, viennent de la semence d'une seule et même espèce, souvent des mêmes parents (en dépit de leurs différences accidentelles souvent nombreuses). L'identité spécifique du taureau et de la vache, celle de l'homme et de la femme, ressortent de ce fait seul qu'ils naissent des mêmes parents, souvent de la même mère. Chez les plantes également le signe le plus certain d'identité spécifique (*non aliud certius indicium convenientæ specificæ est*) est de provenir d'une plante spécifiquement ou individuellement identique. Les formes spécifiquement différentes conservent invariablement leur nature spécifique (*speciem suam*), et jamais une espèce ne naît de la semence d'une autre, ni réciproquement[1]. » Ce passage, intéressant à plus d'un égard, nous montre quel était le critérium de l'espèce, selon Ray. Ce *caractère,* ce moyen si extrinsèque en apparence, est le germe de la théorie de l'espèce qui plus tard, s'imposera comme un dogme. Chez Ray, la détermination de l'espèce garde encore le caractère artificiel ; devant toutes ces formes, similaires ou dissemblables, il remarque que de la semence d'une plante se développent de nouvelles plantes identiques ou similaires à la plante mère, et cette circonstance devient pour lui la *marque* caractéristique de l'identité ou de la dissemblance. Il y a là déjà la première conception de l'inaltérabilité des espèces (*speciem suam perpetuo servant*), mais Ray ne l'admit pas aussi absolue que ceux qui vinrent après lui. Il remarque très-bien les différences considérables qui peuvent exister entre les deux sexes, et en conclut impartialement que l'espèce a une certaine variabilité. Il va même plus loin ; tout le vingt-unième chapitre traite des variations de l'espèce chez les plantes : « Ce signe assez constant de l'identité spécifique n'est cependant pas immuable et absolu. Nos expériences nous ont appris que certaines semences dégénèrent et que, rarement il est vrai, il peut sortir d'une semence des individus différents de la forme maternelle ; autrement dit, il y a chez les plantes des variations dans l'espèce[2]. » Les expériences dont parle Ray ne tiendraient pas devant une critique un peu sérieuse. Mais il faut dire, à l'honneur de celui qui a introduit en histoire naturelle l'espèce telle qu'elle est devenue classique, qu'il n'entendait nullement que son idée pût se fortifier, pour ainsi dire, à l'abri des modifications que peut lui imprimer l'observation. Ray n'a pas saisi le genre aussi nettement que l'espèce. Il se ressent ici complètement des anciens usages, et, d'une manière générale, donne le nom de genre aux grands groupes ; il y a chez lui le

---

[1] *Historia plantarum*, tome I, 1686, p. 40.

[2] *Loc. cit.*, p. 42. Voici le passage original : « Verum nota hæc quamvis constans sit specificæ convenientiæ signum, non tamen perpetuum est et infaillibile. Semina enim nonnulla degenerare et diversæ a matre speciei plantas interdum licet rarius producere adeoque dari in plantis transmutationem specierum experimenta evincunt. »

genre ovipare, le genre vivipare, comme le genre chien, le genre cerf, le genre lièvre. Ces derniers genres se rapprochent des grands genres de Linné ; les *genera* de Ray répondent cependant plutôt aux ordres que nous avons aujourd'hui ; la division formelle de tout le système n'existait pas encore.

A la fin du moyen âge, le retour de Wotton à Aristote avait été un signe du réveil scientifique. Le même fait se reproduit avec Ray. Profitant des acquisitions de la zootomie, de la découverte par Harvey du cours du sang et des théories nouvelles sur la génération, il aborda en connaissance de cause la caractéristique anatomique des groupes animaux, et sur plus d'un point il put confirmer ce qu'avait avancé Aristote. Sa marche diffère cependant de celle du Stagirite. Aristote fait un exposé descriptif où des groupes se dessinent, caractérisés de façons très-diverses, tantôt d'après la biologie, tantôt d'après l'anatomie ; pour saisir le système zoologique d'Aristote, il faut étudier l'œuvre dans son ensemble. Ray suit une voie tout opposée. Il donne d'abord son système, en l'établissant le plus sûrement qu'il peut ; puis alors seulement, il rattache à l'énumération des espèces les faits de détail bien moins abondants ; l'utilité de cet exposé du système frappe d'autant mieux, quoiqu'il ne reste pas toujours en accord avec lui-même. Ce système se rapporte surtout à la classification des vertébrés ; en fait d'invertébrés, Ray n'a étudié que les insectes. Ceci tient en partie à son époque où nulle recherche n'avait préparé l'étude des classes inférieures ; en partie à la division du travail, telle que l'avaient adoptée les deux amis. Ray ne devait d'abord traiter que les plantes ; après la mort de Willoughby, il s'occupa aussi des animaux supérieurs et des insectes ; les vers et les mollusques furent dévolus à Martin Lister. Nous dirons plus loin quelques mots des travaux de ce dernier. Dans le *Synopsis des Mammifères et des Reptiles*, paru en 1693, Ray donne une introduction générale à la division du règne animal et traite aussi quelques-unes des questions générales qui intéressaient le plus vivement l'époque. Ici déjà la position de Ray s'accuse nettement ; c'est un contradicteur énergique de la génération spontanée ; il est partisan des ovulistes contre les spermatistes, et place l'origine du développement dans l'œuf féminin, tout en reconnaissant que le doute subsiste encore sur bien des points. La partie du *Synopsis* réservée à la classification tranche avec les infructueux essais des auteurs plus anciens, par l'exposé clair, précis, anatomiquement exact du système des vertébrés, que Linné n'aura plus qu'à perfectionner. Tout en admettant, avec la *Mérycologie* de Peyer, qu'un liquide sanguin circule chez tous les animaux (il dit même que certains anèmes inférieurs ont du sang rouge aussi bien que les animaux supérieurs, le vers de terre par exemple), il suit la division du règne animal d'Aristote, en animaux pourvus de sang et animaux qui en sont privés, comme la plus commode et la plus répandue. Ray ne tient guère à renverser pour faire du neuf. Dans la classification des anèmes, il reproduit le schéma d'Aristote, avec des citations textuelles. Il les distingue en grands et petits anèmes ; les premiers comprennent les mollusques (*Cephalopoda*), les crustacés et les testacés ; dans les autres, il n'y a que les insectes. Il ressort de sa correspondance qu'il avait recueilli beaucoup de mollusques ; l'analogie des mollusques testacés avec les mollusques nus ne lui a pas échappé ; il n'y a cependant rien de particulier sur cette classe d'animaux dans aucun des exposés synoptiques de Ray.

Le système de Ray a eu tant d'influence sur tous ceux qui l'ont suivi, qu'il nous paraît nécessaire de l'étudier d'un peu près. Les vertébrés, dit Ray, peuvent se diviser en animaux à respiration pulmonaire et animaux à respiration branchiale. Les pulmonés ont un cœur à deux ventricules ou à un ventricule seulement. Dans les pulmonés biventriculés, les uns sont vivipares (animaux à poil, terrestres ou amphibies, et cétacés ne vivant que dans l'eau) ; les autres sont ovipares (oiseaux). Les pulmonés univentriculés comprennent les grenouilles, les lézards, les serpents. Les animaux à respiration branchiale comprennent tous les poissons vrais, à sang rouge, dont sont exceptés les cétacés. Cette classification des vertébrés repose sur des caractères exacts, et concorde bien avec celle qui s'est répandue depuis Linné ; cependant Ray ne peut cacher sa crainte de paraître novateur trop hardi. Il fait remarquer que l'expression *poisson* a souvent désigné l'ensemble des animaux aquatiques ; mais après avoir, le premier depuis Aristote, défini exactement les cétacés, il n'ose pas les maintenir à leur place réelle. Préférant suivre l'appellation vulgaire, il modifie dans le *Synopsis des poissons* sa définition d'abord bien plus exacte du groupe, de manière à y faire rentrer également les cétacés ; en même temps il laisse de côté l'expression *quadrupède,* pour reporter le manati dans les autres mammifères amphibies. Les mammifères sont ensuite classés, d'après la forme des pieds, en ongulés et en onguiculés ou à griffes. Les ongulés comprennent les solipèdes, les bisulques (ruminants et non ruminants, même les suidés), et les quadribisulques (rhinocéros et hippopotame). Il ajoute encore des ongulés anormaux : le lapin, le capybara, dont il dit très-bien que la dentition ressemble à celle du lièvre, et le musc. Pour ce dernier, il reconnaît qu'il est parent des ruminants, car il manque comme eux d'incisives supérieures, mais ses énormes canines l'éloignent de ce groupe. Le chameau aux pieds fendus ouvre la série des onguiculés. Les onguiculés à doigts nombreux les ont immobiles et soudés (l'éléphant est seul du groupe), ou libres et mobiles. Les uns ont les ongles aplatis (les singes anthropomorphes, l'homme n'a pas de place dans le système de Ray); les autres ont des griffes comprimées latéralement. Ces derniers ont plusieurs incisives à chaque mâchoire, ou deux seulement, savoir : les lièvres *(genus Leporinum*, ordre des rongeurs). Parmi les premiers il y a de grandes espèces, à tête courte, arrondie, savoir : les chats (l'ours y est compris), ou à museau allongé, savoir : les chiens (chien, loup, renard, ours à trompe, blaireau, loutre, phoque, manati), et de petites espèces à petites jambes et corps grêle allongé, genre belette, avec les civettes et les ichneumons. Ray donne ensuite un groupe de formes anormales, dont quelques-unes ont présenté encore de nos jours de vraies difficultés, à cause de leur dentition. Ce sont les insectivores, sinon le groupe connu sous ce nom maintenant, au moins ses principaux représentants : hérisson, taupe, musaraigne, qu'il réunit aux tatores, édentés et chauves-souris. Ce système de mammifères, si défectueux qu'il soit, constitue pourtant un progrès réel ; tous les systèmes établis dans la suite viennent s'y rattacher.

En ornithologie, il semble d'abord difficile de distinguer ce qui revient à chacun des deux auteurs. D'après les biographes anglais de Willoughby, il faudrait attribuer à celui-ci tout ce qui a été publié sous son nom. Ray, l'éditeur de ses travaux, prodigue tant d'éloges à son ami, qu'on peut bien excuser ceux qui pensent qu'il a simplement mis en ordre les papiers laissés par Willoughby. La composition définitive, même l'arrangement systématique des oiseaux, ne sauraient guère se revendiquer pour Willoughby. Le *Synopsis ornithologique* de Ray, qui parut après sa mort, sur son propre manuscrit, donne exactement le même système ; à peine y a-t-il quelques légères différences ; au contraire, le texte même est souvent identique. Ray, toujours si vif dans l'expression de sa reconnaissance pour son ami et bienfaiteur, n'eût pas manqué ici de dire bien haut qu'il avait pris le système de Willoughby, s'il n'eût été son bien propre. D'ailleurs, dans le titre de l'*Ornithologie* de Willoughby, Ray dit expressément : *Totum opus recognovit, digessit, supplevit.* C'est donc bien lui qui a ajouté les introductions générales, comme dans le livre sur les poissons, où mention en est faite dans le titre. Ces chapitres généraux et ceux où il est question des oiseaux et des poissons observés en Angleterre, offrent une disposition absolument analogue. C'est dans ces chapitres que se trouvent les fondements du système. Ray donne d'ailleurs lui-même des preuves en faveur de notre thèse lorsqu'il dit que Willoughby a laissé beaucoup d'histoires et de descriptions d'oiseaux, de quadrupèdes, de poissons, d'insectes, rédigées avec méthode, mais pour la plupart inachevées et incomplètes. » Ray dit de plus qu'il a souvent conservé les expressions de Willoughby, surtout lorsqu'il a craint de mal comprendre. Enfin, d'après le témoignage de Ray, Willoughby, peu de temps avant sa mort, interrogé s'il publierait son *Histoire naturelle*, répondit qu'il ne désirait rien de pareil. Il est donc bien évident que Willoughby ne laissait pas d'ouvrage systématique complet, pas même de système achevé des oiseaux, comme celui qu'on lui attribue, mais seulement de nombreuses observations, ce qui est déjà un grand mérite.

On peut donc considérer le *Système des oiseaux* comme appartenant à Ray. Il partage d'abord les oiseaux en oiseaux de terre et en oiseaux d'eau. Les premiers comprennent deux divisions : oiseaux à bec crochu, munis de griffes ; oiseaux à bec petit et droit. Aux *Campsonicha* appartiennent les rapaces et les perroquets. Les premiers sont divisés en grands rapaces (aigles, vautours), et en petits rapaces. Dans ceux-ci, le groupe des nobles comprend les faucons à longues ailes et les autours à ailes courtes ; le groupe des ignavi, oiseaux sauvages, méprisés en fauconnerie, comprend des espèces européennes de grande taille : buzards et milans ; de petite taille : pies-grièches ; et des espèces exotiques : oiseaux de paradis. Dans les oiseaux à bec droit, il distingue d'abord trois grandes formes particulières : l'autruche, le casoar, le dodo ; puis fait deux grandes coupes : oiseaux de moyenne taille et oiseaux de petite taille. Il met dans les premiers des oiseaux à bec long : les corbeaux et les pics (*genus cornivum; genus picorum*), ceux-ci très-bien caractérisés d'après leurs pieds de grimpeurs, et des oiseaux à bec court : les poules à chair blanche, les pigeons et les grives à chair noire. Les oiseaux de petite taille (*Avicula*, comme il les appelle), ont le bec mince (allouettes, etc.) ou gros (gros-becs, etc.). Parmi les oiseaux aquatiques, il en est qui vivent auprès de l'eau, y cherchent leur nourriture, mais ne nagent point. Ray fait un genre particulier des grandes espèces de grues (avec le seriema), en opposition aux formes plus petites qui vivent de poissons (hérons, cigognes), d'insectes, ou cherchent leur nourriture dans la vase : bécasses, chevaliers, vanneaux, pluviers, tout le reste des échassiers actuels. Les oiseaux nageurs ont les doigts séparés, simplement bordés, comme les poules d'eau, ou bien réunis par une membrane. Ray distingue également ici un groupe anormal : flamand, avocette, etc., à jambes longues. Les autres palmipèdes ont trois doigts (pingouins, alca), ou quatre doigts. Chez ces derniers, le quatrième doigt est libre ou réuni aux trois premiers ; enfin les palmipèdes à quatrième doigt libre ont le bec mince, ou large (oies, canards). Le *Système ornithologique* de Ray contient donc, comme on voit, tous les éléments des classifications ultérieures.

Le groupe le moins approfondi par Ray est celui des reptiles. Il y a de plus dans cette partie une inconséquence qui frappe vivement, lorsqu'on se rappelle ce que l'auteur fait pour les cétacés. Sans s'arrêter à ses premières idées, bien plus exactes, il les détache des mammifères, à cause de l'absence de poils et de la forme des membres antérieurs ; pour les serpents, au contraire, il trouve qu'ils ne diffèrent des lézards que parce qu'ils manquent de pattes, et n'étant retenu par aucune appellation vulgaire, aucune opinion populaire, il ne les en sépare point. Ray ne caractérise pas les trois groupes d grenouilles (où il range les tortues), lézards et serpents, et se contente de décrire les espèces.

Ray donne le premier une définition précise du mot *poisson*, si mal employé et si élastique jusqu'alors. Il est vrai que dans la description des espèces, cette définition s'élargit assez pour admettre les cétacés ; mais alors même sa caractéristique reste naturelle et exacte pour le groupe des vertébrés. Il disait d'abord que le poisson est un animal pourvu de sang, à respiration branchiale, monoventriculé, couvert d'écailles ou à peau lisse ; plus tard, il le définit : animal aquatique apode pourvu de sang, mû par des nageoires, revêtu d'une peau écailleuse ou nue, lisse et sans poils, vivant constamment dans l'eau, et n'allant jamais volontairement à terre. Ray comparait déjà les paires de nageoires des poissons vrais aux membres des mammifères, sans s'appuyer toutefois sur aucune considération anatomique. Rondelet divisait encore les poissons d'après leur habitat ; Ray rejette avec raison cette méthode, qui sépare souvent des formes parentes ; certains poissons, en outre, habitent aussi bien l'eau douce que l'eau salée, et il est souvent difficile ou même impossible de déterminer le stationnement des espèces marines (*saxatiles*), etc.

Les cétacés, poissons pulmonés, sont distingués pour la première fois en cétacés à fanons et cétacés à dents ; la forme, la structure, la position des dents et des nageoires servent ensuite à subdiviser ces deux groupes[1]. Les poissons vrais sont divisés pour la première fois (Willoughby, édité par Ray) en vivipares et ovipares. Ray fait cependant remarquer dans le *Synopsis* que certains poissons osseux (ovipares de Ray) font leurs petits vivants, tandis que certains cartilagineux (esturgeons, baudroies, avec les lophius, antennarius, malthe, sous d'autres noms naturellement) déposent des œufs. Ni l'expression *vivipares*, ni l'expression *cartilagineux* ne sont donc rigoureusement exactes. Ray admet sous ce nom un peu arbitraire de cartilagineux un premier groupe, caractérisé par la production de gros œufs composés, analogues à ceux des oiseaux, se développant à l'intérieur de la mère ; la plupart des poissons de ce groupe sont « cartilagineux et font des petits vivants ». Les uns sont longs : squales ; les autres larges et aplatis : raies ; il y ajoute la catégorie des formes anormales citées plus haut (lophius, etc.), sous la dénomination fausse (il n'y compte pas en effet l'esturgeon) de cartilagineux ovipares.

Le deuxième groupe, de beaucoup le plus considérable, renferme toutes les espèces qui déposent de petits œufs ; ce sont pour la plupart des poissons osseux à arêtes. On y distingue des poissons plats nageant sur le côté (pleuronectides actuels) et les poissons comprimés latéralement nageant sur le ventre. Dans ces derniers, un premier genre réunit les espèces sans nageoires paires, ou seulement sans nageoires ventrales ; elles

---

[1] En **1675**, Martens avait publié le premier dessin de deux baleines du Groënland, dans son *Voyage au Spitzberg* ; en **1692**, parut le *Phalainologia nova*, de Rob. Sibbald, « livre presque classique » d'après Eschricht, qui donne les premières descriptions soignées de grands cétacés, d'après des individus échoués.

sont d'ailleurs allongées et à peau lisse (anguille et lamproie), ou de forme raccourcie et à peau rude (lophobranches et sclérodermes sous l'ancien nom d'orbes). Les poissons à deux paires de nageoires se répartissent en deux sections, d'après la consistance des rayons des nageoires : poissons à rayons mous, poissons à rayons épineux. La classification offre ici quelques légères différences dans les deux éditions. Les poissons à rayons mous ont trois nageoires dorsales (*Asellus*, les gadidés); deux dorsales plus une (*genus Truttaceum*, salmonidés), ou plusieurs (*genus Thynninum* scombéridés) petites nageoires adipeuses ; deux dorsales seulement (*Lota, Clarius, Silurus, Remora*, etc., en sont exceptés, le *Cyclopterus* et les formes voisines, à ventrales soudées), ou enfin une dorsale seulement. La dorsale unique s'étend sur tout le dos (*Coryphœna*, etc.) ; la dorsale moins longue n'existe que sur le milieu du dos, vers le centre de gravité du corps chez des espèces qui ont (harengs, etc.) ou n'ont pas de dents (cyprinidés); elle existe seulement vers l'extrémité postérieure (*Belone, Esox, Fistularia, Sturio*, et autres, avec les noms anciens ou ceux de Rondelet). Les poissons à rayons épineux ont deux nageoires dorsales (*Sphyrœna, Mugil*, le *genus duculinum* qui a des cirrhes sur ses grandes pectorales et émet des sons, *Mullus, Trigla, Trachinus*, etc., plus une série d'autres formes, *Lucioperca, Perca*, etc.); ou une dorsale seulement, dont le premier rayon, ou tous les rayons sont épineux, comme dans *Sparus, Scarus, Deutex, Savgus, Salpa*, etc. Il est presque inutile de faire remarquer que cette classification renferme déjà tous les éléments de celle de Linné et des auteurs postérieurs.

Le dernier exposé systématique de Ray est celui des insectes. (sens ancien, de tous les animaux à corps segmenté). L'*Histoire des Insectes*, avons-nous dit, ne parut qu'après la mort de l'auteur (Londres, 1710). Sur cette classe, les travaux spéciaux n'étaient pas encore nombreux; les principaux éléments utilisés par Ray sont les matériaux de Willoughby et de quelques naturalistes antérieurs. Cet ouvrage a, malgré cela, une grande importance, car Ray y tient compte pour la première fois des métamorphoses et plus généralement du mode de développement pour la classification des insectes. En négligeant certaines obscurités inévitables à une époque où l'on connaissait à peine les vers et les crustacés, on est tout surpris de voir combien les groupes principaux ont été heureusement compris et caractérisés, dans un système qui remonte à la fin du xvi° siècle.

Ray fait deux groupes dans les articulés : ceux qui ont des métamorphoses; ceux qui n'en ont point. Il dit expressément que pour les *Ametamorphota*, il a suivi principalement Willoughby; pour les *Metamorphota*, Swammerdam. Le plus grand mérite revient donc à ce dernier ; la part que Ray a prise aux progrès de l'entomologie est cependant considérable; car en basant le premier la classification du grand groupe des insectes sur leur développement, il appuyait cette conception de toute l'autorité de ses grands travaux de classification du règne entier. D'après Ray, les *Ametamorphota* sont apodes ou possèdent des pattes. Les apodes vivent, les uns sur terre ou dans les viscères d'autres animaux (ver de terre, nématode, vers rubannés), les autres dans l'eau. Ray place cependant les douves du mouton près des sangsues, abandonnant ainsi sa première classification pour satisfaire à une apparence d'affinité. Les *Ametamorphota* pourvus de pieds sont subdivisés d'après le nombre de ces organes; ici se trouve pour la première fois l'expression « pourvus de quatorze pieds », reprise aujourd'hui pour les mêmes animaux. D'abord viennent les insectes amétaboliques (pous, etc.). Après ces animaux à six pattes viennent ceux à huit pattes (scorpions, opilions et araignées), puis ceux à quatorze pattes, auxquels Ray joint, dans la partie spéciale, ceux à vingt-quatre et trente pattes; enfin viennent ceux dits à mille pieds, *Julus* et *Scolopendra*, sous la dénomination bien préférable de polypodes. Dans les insectes à métamorphose il admet le premier, d'après Swammerdam, une distinction fondée sur l'état de nymphe immobile par où passent certaines espèces; c'est de la remarque des naturalistes hollandais que devait sortir par la suite l'étrange expression de demi-métamorphoses. Le premier groupe des *Metamorphota* comprend des insectes qui ne passent pas par l'état de nymphe immobile (libellules, punaises, grillons, sauterelles, perce-oreilles). Le groupe des insectes qui passent par la forme de nymphe se divise, d'après la structure des premières ailes, en coléoptères (ailes à étuis) et en anélytres (*Anelytra*); ces derniers ont des ailes farineuses (*Farinacea*, papillon), ou membraneuses, savoir deux seulement (mouches), ou quatre (abeilles, etc.). Tout ce qu'on avait découvert dans la seconde moitié du XVII° siècle sur la vie, le développement et l'anatomie des insectes, a servi d'une manière si complète au but pratique que se proposait Ray, qu'il suffira désormais de travaux plus détaillés, mais relativement moins importants, pour mieux encadrer dans le système quelques espèces mal connues, et lui donner enfin toute la clarté désirable.

Ray n'a rien écrit lui-même sur les autres classes inférieures du règne animal. Ces formes si difficiles à observer, si rarement comprises de son temps, soit dans leur morphologie, soit dans leur physiologie, ne lui doivent donc rien. Il reste à Ray un mérite bien suffisant d'ailleurs : le premier, parmi les zoologistes des temps modernes, il a saisi d'un coup d'œil synthétique les rapports organiques des grands groupes ; le premier il a jeté les traces d'un système qui a dû, à sa méthode même, de durer presque tout près de nous. A l'époque de Ray, la différence qui sépare maintenant les systèmes naturels et artificiels n'existait pas encore aussi tranchée. On admettait en général l'idée que Césalpin avait prônée en botanique, que « toute science consiste à réunir les analogues et à séparer les dissemblables ». Ray n'avait pas plus l'idée d'un système naturel que d'un système artificiel. S'il fallait cependant caractériser celui qu'il a créé, on pourrait dire qu'il a cherché à réunir les deux sortes de systèmes. Ainsi, il range fort bien, d'après leur organisation, les cétacés parmi les mammifères, et cependant, d'après leur extérieur, leur habitat, leur forme, leur appareil locomoteur, il les met parmi les poissons, classification que Linné lui-même, soit dit en passant, a suivie pendant longtemps encore. Le groupement naturel, comme il ressort des genres de Ray, est ce qu'il y a de plus important chez lui ; il put y arriver assez bien d'ailleurs, parce que le nombre des formes à classer était encore relativement peu considérable. Un dernier et important mérite de Ray est d'avoir rompu définitivement avec la tradition des animaux fabuleux.

Il faut considérer jusqu'à un certain point comme supplément aux travaux de Ray, ceux de Martin Lister, à qui l'on doit la première carte géologique. Du même âge à peu près que Ray (1638 — 1712), Lister était avec lui en rapports très-suivis, et Ray devait avoir toute confiance dans les études de son ami. Lister utilisa le premier le nombre des yeux dans la classification des araignées. Parmi celles qui ont huit yeux, il compte presque toutes les tisseuses, divisées ensuite d'après la nature de leur toile. Il regarde les opilions comme n'ayant que deux yeux. Linné devait encore suivre en partie cette erreur. Lister donne encore de bonnes descriptions de certaines parties des araignées, mais il n'a pas réussi à bien pénétrer la physiologie de cette organisation particulière.

Les mollusques, ou plutôt les testacés, plus faciles à collectionner, grâce à leur coquille, furent l'occasion de travaux plus nombreux. Citons tout d'abord ceux où Lister a cherché, par des dissections multipliées, à approfondir la nature de ces êtres auxquels les anciens s'intéressaient déjà. On n'avait encore, comme nous l'avons fait voir, que très-peu de notions sur l'anatomie des mollusques. Lister a fort bien noté le nombre des muscles chez les bivalves, et certaines autres particularités importantes; il a étudié les patelles, les balanes, et même représenté leurs pieds articulés; mais il n'a tiré parti de ses résultats pour établir les relations de parenté d'aucune espèce, et s'est contenté de répartir les animaux à coquille en espèces de terre, de mer et d'eau douce. Il compte les mollusques nus parmi les mollusques terrestres, mais en même temps il réunit les balanes aux patelles comme coquilles univalves; les céphalopodes forment encore, comme dans Aristote, à côté des testacés, la classe spéciale de « mollusques », dans laquelle il range les espèces à coquille à côté des espèces nues, comme *Helix* à côté de *Limax*.

Philippo Bonanni, dont les vues et la classification ne valent pas celles de Lister, a cependant décrit un grand nombre d'espèces et en a donné de bonnes figures. Il n'a pris en considération que les coquilles pour établir ses classes: ce sont celles des espèces marines de Lister, dont il suit à très-peu près le système. Les testacés se répartissent d'après lui en trois groupes: les univalves non turriculés, les univalves turriculés et les bivalves. Il met dans le premier groupe les différentes espèces d'oursins, dans le dernier les lépades. Il est inutile de faire remarquer combien peu naturelle était la classification qui résultait d'une pareille méthode, impossible même à appliquer dans toute sa vigueur: les cyprées, les planorbes, en effet, ne sont pas plus turriculés que *Nautilus, Argonauta, Haliotis*. Pibbald met à peu près la même classification, en énumérant les testacés d'Écosse dans l'ouvrage dont nous avons parlé plus haut.

Un professeur de Kiel, mort en 1693, Jean-Daniel Mayor, avait déjà, antérieurement à Lister, établi une classification des testacés, dans son édition du *Traité sur la Pourpre,* de Fab. Columna (1675). Il n'étudia que les mollusques testacés, dont il exclut les oursins et les multivalves; son système est assez intéressant; il prend pour la première fois en considération le genre d'enroulement de la spire.

On peut voir par les travaux que nous venons d'énumérer,

qu'à la mort de Ray, soit par son impulsion, soit en dehors de celle-ci, toutes les classes animales dont la connaissance était assez avancée pour qu'il fût désirable d'y introduire un ordre scientifique, avaient trouvé leurs savants. Nous n'en donnerons pas la liste dans ce livre, qui n'est pas un index bibliographique. A cette époque, les grands groupes ne portaient pas encore le nom de *classe;* cette expression se rencontre bien çà et là, mais elle n'avait pas encore de valeur systématique bien rigoureuse. Rappelons encore que c'est de la fin du xviie siècle que datent l'expression *règne de la nature* et la division de la nature entière en trois *Regna*. La première fois qu'il en a été question, c'est, paraît-il, dans le *Regnum animale,* d'Emmanuel Konig, 1682. Cet ouvrage, où l'auteur a réuni tout le connu et l'inconnu du monde animal, clôt la série des derniers rejetons des encyclopédistes[1].

§ 4. — Époque de Ray à Klein

La mort de Ray fut suivie d'une sorte de repos que fait ressortir la période si riche en progrès pour la zoologie, qui vint bientôt. Ce repos ne fut cependant pas un silence complet; on ne saurait y voir non plus le contre-coup du développement plus rapide de la botanique. De tous côtés les zoologistes travaillaient avec ardeur; mais il est plus difficile en zoologie qu'en botanique de réunir les matériaux indispensables ; l'objet même de cette science : étudier les éléments du corps animal, leurs fonctions, leur répartition, est, de sa nature, beaucoup plus compliqué ; il lui faut donc pour se développer un temps beaucoup plus considérable. Très-tard seulement, les anciennes hypothèses sur des systèmes anatomiques entiers, le système musculaire, par exemple, ont fait place à la vérité. Encore en plein xviie siècle, Schneider n'a pas trop de tous les arguments possibles pour combattre la prétendue sécrétion du mucus par le cerveau. Les explications de Sacchioni d'un prétendu mouvement de la dure-mère reposaient presque toutes sur l'ancienne théorie des esprits vitaux et de leur cours à travers le cerveau. A la place de ces esprits, Glisson admettait déjà une propriété particulière, inhérente aux fibres ; c'était la

---

[1] Pour l'histoire de la conception des trois règnes de la nature, prise tout entière par Linné aux alchimistes, voyez la très-intéressante étude d'I. Geoffroy Saint-Hilaire : *Hist. nat. des règnes organiques*. Paris, 1854-1862.   A. S.

première apparition de cette *irritabilité* que Fr. Hoffmann, Gorter, et plus tard Haller, élevèrent à la hauteur d'un système physiologique ; le dynamisme qui y prédominait l'empêcha de servir au progrès. L'anatomie humaine faisait peu de progrès en Allemagne ; pendant toute cette période, on n'eut que rarement et avec difficulté des cadavres pour les dissections. Deux livres ont eu pendant cinquante ans une assez grande réputation : le *Compendium* (paru en 1717) du célèbre chirurgien Lorenz Heister, et le *Manuel* de Winslow, qui avait pu faire de l'anatomie dans des conditions meilleures à Paris. En Italie, l'anatomie brillait davantage avec Valsalva, Santorini, Morgagni ; en Hollande aussi elle était prospère, et, à Leyde, Berhard-Siegfried Albinus multipliait les dissections méticuleuses, en même temps qu'il élevait le dessin anatomique à la hauteur d'un art. Needham l'ancien (Walther), [dans son *De formato fœtu,* indiquait déjà les points principaux qui rapprochent l'œuf du mammifère de celui de l'oiseau. — Les trente premières années du XVIII° siècle n'ont vu aucune grande découverte anatomique ; mais elles ont produit de nombreux travaux qui étayaient de mieux en mieux la découverte d'Harvey ; l'erreur cédait pas à pas à la réalité des faits positifs.

Cent cinquante ans auparavant, l'anatomie humaine avait été l'occasion de grands progrès en zootomie ; le mouvement ne s'était pas arrêté. Michel Sarrasin, marchant sur les traces de Perrault, faisait l'anatomie des mammifères de l'Amérique septentrionale, et communiquait à l'Académie de Paris ses recherches sur le castor, le glouton, l'orignal, etc. Édouard Tyson donna en 1699 la première anatomie d'un singe anthropomorphe, le chimpanzé, publiée avec de bonnes figures par la Société des sciences de Londres, avec celle d'un marsupial et celle d'un dauphin. James Douglas et le célèbre chirurgien Garengeot comparaient presque en même temps le système musculaire de l'homme et du chien (1707). Patrick Blaix décrivit le squelette de l'éléphant (1710) ; son compatriote Cheselden publia plusieurs squelettes de mammifères (1733). Le premier des Jussieu s'occupa aussi d'ostéologie et décrivit le crâne de l'hippopotame. Auparavant déjà, le courant nouveau s'était affirmé dans les recherches de Charras sur la vipère (1668), dans celles de Lorenzini sur la torpille (1678). Oliger Jacobæus poursuivit le développement de la grenouille depuis l'œuf jusqu'à la transformation de la larve en animal parfait ; il fit aussi connaître l'anatomie de la salamandre et du petit draco (1686). Vallisneri donna l'anatomie complète du caméléon (1715) et de nombreuses observations sur le développement des insectes. Il est célèbre en physiologie pour avoir répondu par la théorie de l'emboîtement aux questions sur la génération; il mourut en 1730. Il a contribué aussi à vulgariser un certain nombre de formes étranges, le pipa de Surinam, par exemple[1]. Nous accorderons une mention spéciale au travail de Dufay sur la salamandre et ses métamorphoses. En 1744 parut le *Manuel d'anatomie comparée* d'Alexandre Monro, le père (1697-1767); bien des choses y manquent, mais il montre déjà combien le besoin se faisait sentir de s'aider d'ouvrages généraux. Remarquons encore l'ouvrage détaillé, quoique trop casuiste, de H. Rovarius sur la vie intellectuelle chez les animaux[2].

La connaissance des formes exotiques nouvelles était bien mieux utilisée qu'autrefois. Les travaux de Pison, Marcgrave, Bontius, etc., restaient debout; des voyages nouveaux constataient leur exactitude sur bien des points, mais ils y ajoutaient surtout considérablement. Grâce à de meilleures méthodes de conservation, de vastes collections d'objets exotiques se développèrent peu à peu; les célèbres musées de Rumph et de Seba, extrêmement riches en produits de l'Asie méridionale, servirent beaucoup à faire connaître l'histoire naturelle des Indes Orientales. Une autre collection importante appartenait à un droguiste de Londres, James Petiver, connu par la publication des *Représentations des animaux aquatiques d'Amboine* (1713). A la même époque, Engelbert Kampfer dévoilait le premier à l'Europe l'histoire naturelle du Japon; ses recherches ont porté particulièrement sur la botanique. En 1735 parut l'*Histoire naturelle de l'Égypte*, de Prosper Alpin. On peut y rattacher les Voyages en Orient et dans le Nord de l'Afrique de Tournefort (1717), de Shaw (1738), celui de Kolbe du cap de Bonne-Espérance (1719). Des espèces américaines nouvelles furent trouvées par John Brickel, Pierre Barrère et surtout Marc Catesby; on en doit aussi aux Voyages de Labat aux Indes Occidentales, et de Jean Sloane à Madère, la Jamaïque, etc. Les figures de Catesby, très-soignées et toutes faciles à reconnaître, montrent une amélioration importante : elles sont coloriées.

Le comte Luigi Ferdinando de Marsigli (1658-1730) étudia

---

[1] Les premières notions un peu exactes sur le pipa sont dues à Marie-Sibylle Merian (1705); plus tard, à Levin Vincent.

[2] H. Rovarius, *Quod animalia bruta ratione supe utantur melius homine, libri duo.* Helmstad, 1728.

une faune intéressante encore peu connue. Chargé par le gouvernement autrichien de travaux de fortification en Hongrie, il put explorer le Danube et ses affluents jusqu'à la mer Noire. Laissant le service militaire après la reddition de Brisach, il alla recueillir à Marseille des matériaux pour son *Histoire naturelle de la mer ;* il passa ensuite à Bologne, dont il réforma l'Académie (1712), et commença son ouvrage sur le Danube. Les volumes IV et V, parus en 1726, donnent les poissons et les oiseaux qui vivent dans ce fleuve et sur ses bords. La classification adoptée pour les oiseaux est celle de Willoughby et de Ray ; celle des poissons, un peu plus personnelle, distingue les espèces qui remontent de la mer dans les eaux douces (les seuls sturionidés, plusieurs espèces de *Huso, Antaceus,* plusieurs formes de *Sturio*) ; les espèces qui habitent les eaux dormantes, celles qui habitent les eaux dormantes et les eaux courantes indifféremment, enfin les poissons de roche (saxatiles), qui préfèrent les eaux vives des districts montagneux. Marsigli subdivise ces groupes d'après les caractères de la peau ; pour le quatrième seulement, comprenant la plupart des cyprins (les autres sont dans le troisième groupe) et le brochet, il prend en considération la présence ou l'absence de rayons dans les nageoires. Il oppose les sturioniens, comme cartilagineux, aux poissons à arêtes ou osseux. Les dessins sur cuivre sont très-beaux, toutes les espèces sont faciles à reconnaître. Les descriptions de Marsigli sont, avec celles de J.-L. Cysat pour les poissons de la Suisse (*Description du lac de Lucerne,* 1661), les contributions les plus importantes de l'époque à la faune ichthyologique de l'Europe centrale. Marsigli n'a donné pour les invertébrés que quelques dessins de crustacés et de mollusques.

Un coup d'œil sur les travaux consacrés à chaque classe nous montrera que l'étude des invertébrés, dont de rares auteurs s'étaient occupés, se généralise maintenant beaucoup. Swammerdam et Malpighi avaient montré combien il y avait à faire dans cette direction ; Lister et Vallisneri avaient déjà suivi la voie tracée avec succès. Pour les animaux supérieurs on peut encore citer la compilation, utile surtout comme iconographie, d'Eléazar Albin sur les oiseaux (1731-1738) ; le système adopté est celui de Willoughby-Ray. Ce qui distingue surtout cet ouvrage de ceux qui l'ont précédé, ce sont ses figures coloriées. Il y a aussi le livre également illustré du comte Zinnani sur les œufs et les nids des oiseaux, avec une classification basée sur les impressions que les oiseaux déterminent sur nos sens

(Venise, 1737). Joh. Ernst Hebenstreit, de Leipzig, en prenant possession de la chaire de physiologie (1733), décrit dans son programme d'ouverture les organes extérieurs des poissons; il développe des idées fort justes sur les groupes que l'on obtient en prenant ces organes comme bases de classification. Pour les invertébrés, cette période relativement restreinte a produit beaucoup de travaux très-importants sur différentes classes d'animaux inférieurs. — Remarquons que, pas plus qu'aux deux précédentes périodes, on ne saurait assigner à celle-ci de limites absolues; on peut admettre 1740 comme date extrême. Parmi les livres qu'elle a vus naître, un des plus intéressants par son introduction générale et les idées même qui ont présidé à sa conception est celui de Charles-Nik. Lang, médecin et conseiller de la ville de Lucerne : *Méthode nouvelle et facile de diviser les coquilles marines en classes, genres et espèces.* Lang avait déjà publié une *Histoire des pierres figurées de la Suisse* (pétrifications), dont nous aurons à dire quelques mots. Il apprend dans le titre et dans l'introduction (p. II) de sa *Méthode*, qu'il l'a composée pour faciliter la distinction et la détermination des coquilles marines pétrifiées. Il est donc dit ici en toute connaissance de cause que les pétrifications comportent les mêmes méthodes en histoire naturelle que les êtres vivants. L'introduction traite des caractères généraux des testacés, de leur reproduction ovigène, qui venait de recevoir une nouvelle confirmation des observations de l'abbé Antonio-Felice Marsilli (1683) sur les œufs des escargots, et enfin de leur développement. L'auteur enseigne rapidement la façon de se servir de sa méthode, c'est-à-dire de déterminer une coquille. Ce fait, caractéristique pour les idées du temps, prend une signification toute particulière si l'on réfléchit que Lang posait des bases pour la détermination des formes fossiles. Dans ce but, il définit ce qu'il faut entendre par classe, genre, espèce. Il ne parle pas du caractère que Ray avait attribué à l'espèce, reproduction d'individus identiques ; il s'attache seulement à certaines différences qui peuvent être communes à des espèces prises dans une autre classe, mais qui, dans un genre caractérisé par ses signes propres, séparent toutes les espèces qui le composent. Il appelle ensuite genre un certain nombre d'espèces qui ont un signe caractéristique *(nota)* commun; puis, classe, un certain nombre de genres réunis également par quelque caractéristique commune; plusieurs classes forment un ordre ou partie ; enfin l'ensemble des testacés forme ce qu'il nomme la

famille. Les expressions famille, ordre, classe, de valeur variable
d'ailleurs chez les différents auteurs du temps, sont ici en série
inverse. Lang dit, dans l'énumération des espèces, qu'il ne peut
pas tenir compte des différences de coloration, ce qui augmen-
terait trop considérablement le nombre des espèces et l'étendue
de son travail; il donne cependant un index alphabétique des
couleurs, pour assurer la concordance de la terminologie scientifique; il ne donne pas de définitions, comme Charleton en avait
ajouté à chaque nom. Son système est à peu près celui de Lister;
il donne cependant, avec Major, plus d'attention au mode d'enroulement de la spire. Il accorde même trop d'importance à ce
caractère, lorsqu'il réunit dans un même groupe les patelles et
les porcelaines, dans un autre les strombes, murex, etc.

Le système de Lister a servi à classer un certain nombre de
collections conchyologiques étendues, celle du médecin de
Breslau, J.-Ch. Kundmann, par exemple. Joh-Ernst Hebenstreit
a aussi essayé d'établir une classification des testacés. Il fait deux
groupes d'abord : les univalves et les bivalves, subdivisant ces
derniers d'après le mode d'attache des deux valves. Dans les
univalves il distingue d'abord les coquilles irrégulières lepades,
balanes et tubes vermiformes. Les coquilles régulières sont
spiralées ou non; ici l'auteur est inconséquent avec lui-même,
ou peut-être n'a-t-il pas examiné d'assez près; il met en effet
dans les non spiralées, à côté du *Dentalium,* les patelles, les
porcelaines, et les *Bulla.* Dans son système, uniquement fondé
sur la coquille, Hebenstreit a montré plus d'un détail qui a pris
place dans les systèmes ultérieurs.

La classification des testacés de Joh.-Phil. Breyn, médecin à
Dantzig, marque un nouveau progrès. C'était le fils cadet du
botaniste bien connu, Jacob Breyn (1627-1685), qui, sans appartenir à la classe instruite, eut une telle réputation scientifique,
qu'on lui offrit une chaire de botanique à Leyde. Le jeune
Breyn, connu surtout comme zoologiste et paléontologue, naquit
en 1680 à Dantzig; il aida Klein à fonder la Société des sciences
naturelles de sa ville natale, où il exerçait la médecine; il mourut
en 1764, très-connu à l'étranger (il était membre de la *Royal
Society*). Son *Système conchyologique* fut précédé d'un Mémoire sur la classe nouvellement établie par lui des polythalames (1732), où il établissait que pour bien juger ces testacés
fossiles (ammonites, lituites, orthoceras), il fallait d'abord établir
leurs relations systématiques avec les formes actuelles. Cet essai

de Breyn, de faire rentrer des formes fossiles dans un système zoologique général, est le premier en date. Breyn n'échappe pas à une faute qu'ont commise tous ses prédécesseurs, et qu'ont partagée beaucoup de ceux qui vinrent après lui : il comprend dans ses testacés tout ce qui porte coquille : balanes, anatifes, oursins, etc. Breyn fait d'abord quelques remarques de terminologie ; il appelle tubulées des coquilles plus ou moins allongées en forme de tube ; caliciformes ou en forme de vaisseau (*testa vasculosa*), des coquilles qui présentent une simple excavation : patelles, par exemple. Les coquilles à une chambre offrent une cavité unique, indivise, entièrement remplie par l'animal ; celles à plusieurs chambres (polythalames) sont cloisonnées en loges distinctes, réunies par un siphon, dont la dernière seule est occupée par l'animal. Il oppose ensuite les coquilles simples et composées, c'est-à-dire d'une seule ou de plusieurs pièces. Des remarques préliminaires aussi détaillées prouvent chez l'auteur, avec une grande précision dans les termes systématiques, une sûreté non moins grande dans ses idées sur les différentes formes ; nous n'avons pas rencontré souvent ces qualités jusqu'ici, et nous y insistons particulièrement. Breyn établit ensuite huit *classes* de testacés : 1° tubes (*Dentalium*, bélemnites) ; 2° cochlidés, coquilles unicamérées, tubulaires, coniques, spirales (*Argonauta* et toutes les coquilles en hélice, avec les haliotis, *Buccinum* et porcelaines ; 3° polythalamées, coquilles tubulaires, multicamérées coniques, droites ou spirales, avec un siphon réunissant les chambres (les trois formes fossiles indiquées plus haut) ; 4° les patelliformes (*caliciformæ*) ; Breyn emploie *Lepas* au lieu de *Patella*) ; 5° conches, coquilles bivalves, dont chaque valve est simple, cupuliforme ou caliciforme ; 6° conchoïdes, bivalves munies de petites pièces accessoires (pholades et anatifes) ; 7° balanes (glands de mer), coquilles composées de plusieurs pièces ; 8° enfin, les oursins, échinides, entièrement fermées, sauf deux ouvertures, avec des piquants mobiles. Pour un système artificiel basé uniquement sur la coquille, sans considération aucune de l'animal et de son anatomie, il eût été difficile de faire mieux ou plus complet. Rappelons aussi Giovanni Bianchi (Janus Plancus) ; il voulait trouver des coquilles vivantes analogues aux ammonites. Il en décrivit en effet de microscopiques dans son livre paru en 1739 : *Sur des coquilles peu connues*. Il avait découvert les rhizopodes ; Soldani, sans connaître l'animal de ces

petites coquilles, leur donna le même nom que le naturaliste
Breyn : aujourd'hui encore ce sont les polythalames.

Les quarante premières années du xviii⁰ siècle ont produit
beaucoup de travaux importants en entomologie. Parlons tout
d'abord de la belle œuvre iconographique de Marie-Sybille de
Mérian. Son père était graveur sur cuivre et dessinateur très-
habile ; elle fut elle-même une artiste. Elle naquit à Bâle en 1647,
épousa en 1665 le peintre J.-Andr. Graff, de Nuremberg, divorça
après vingt ans de mariage (son premier ouvrage parut sous le
nom de M.-S. Graffin). La vue des collections du bourgmestre
Witsen, d'Amsterdam[1], la détermina à partir pour Surinam, où
elle passa cinq ans à étudier la faune entomologique (1696-1701) ;
elle mourut en 1717. Les recherches de Mérian (elle reprit ce
nom après son divorce) sur les insectes indigènes, particulièrement les papillons et les mouches[2], se distinguent par un dessin
d'une délicatesse et d'un fini extrêmes. Après son séjour en
Amérique, elle fit paraître son magnifique ouvrage sur les
papillons de l'Amérique méridionale ; elle y a décrit et figuré
d'autres insectes, le *Fulgore porte-lanterne*, par exemple, et
même des animaux d'autres classes : crapauds, lézards, serpents, etc.

Il faut citer aussi, pour l'histoire des mœurs des insectes, les
dessins d'insectes d'Angleterre, par Éléazar Albin ; le petit
ouvrage du Hollandais Étienne Blankaart sur les métamorphoses
d'un certain nombre d'insectes de différents ordres, et surtout
la *Beschreibung von allerley Insecten in Deutschland* de
J.-Leonhard Frisch, recteur du gymnase des moines gris de
Berlin (1666-1743). Frisch, connu surtout comme lexicographe
allemand et français, naquit à Sulzbach, enseigna quelque temps
à Neufohl en Hongrie, voyagea ensuite plusieurs années en
Suisse, en Italie, en France et en Hollande, fut nommé professeur au gymnase précité, dont il devint recteur. Il fut membre
et plus tard directeur de la section historique de l'Académie de
Berlin. Il s'occupait d'insectes en amateur, et s'inquiéta moins
de donner beaucoup d'exactitude systématique à son livre que

----

[1] Le cabinet conchyologique de Witsen fut acheté par Klein ; les collections de ce
dernier passèrent tout entières, en 1740, aux mains du margrave de Brandebourg-
Culmbach, à Bayreuth.

[2] *Der Raupen wunderbare Verwandlung und sonderbare Blumennahrung.*
1679-1680.

d'y consigner de bonnes observations. Quand il se trompe, comme Breyn le lui reproche pour la cochenille, il le reconnaît de bonne foi, sacrifiant tout à la vérité ; on lui doit un grand nombre de descriptions minutieuses qui ont beaucoup contribué à faire connaître la vie et les métamorphoses des insectes. Sa *Beschreibung*, etc., parut en 13 parties (1720-1738), dont quelques-unes même furent rééditées ; on voit combien l'intérêt se répandait pour ces sortes d'ouvrages.

Parmi tous les entomologistes de l'époque, le plus considérable, de beaucoup, fut Réaumur. Réné-Antoine Ferchauld, seigneur de Réaumur, des Alpes et de la Bermondière, naquit à La Rochelle en 1683, vint en 1703 à Paris, où à vingt-cinq ans déjà il entrait à l'Académie des sciences ; il mourut en 1757. Il fonda un musée d'histoire naturelle, qui devint après sa mort la propriété du Jardin des plantes, où il n'y avait alors qu'un commencement de collection zoologique. Réaumur était surtout mathématicien et physicien, mais il cultiva presque toutes les branches des sciences naturelles, en particulier la zoologie. On a de lui des recherches sur l'incubation chez les oiseaux, sur la torpille ; mais ce que l'histoire naturelle lui doit de plus important se compose d'une longue série d'observations sur la vie des insectes. Elles parurent sous le titre de *Mémoires pour servir à l'histoire des Insectes,* en 6 volumes, de 1734 à 1742. Sans s'astreindre à un ordre systématique rigoureux, Réaumur réunit ses travaux d'après quelques groupes naturels ; ces *Mémoires* sont d'ailleurs des modèles de patience et de fine observation. Un extrait de cette œuvre considérable ne trouverait sa place que dans une histoire spéciale de l'entomologie. L'auteur a étudié les métamorphoses et les conditions spéciales à chaque état, et, en plus, tout ce qui se rapporte à la vie de l'insecte[1]. Il abonde en détails précieux sur la vie sociale de certaines espèces, sur les plantes qui servent à leur nourriture, sur leurs ennemis, etc. Un seul exemple suffira pour faire toucher du doigt le progrès immense qui s'était réalisé depuis les vingt-cinq dernières années du xvii° siècle. A cette époque avait paru (Erfurt, 1677) « un petit livre, ou petit traité sur les abeilles » de Andreas Picus, curé à Byholstein en Wurtemberg. Il y est dit qu'il n'y a ni mâles ni femelles parmi les abeilles ; l'auteur

---

[1] Malheureusement les espèces sur lesquelles ont porté les observations de Réaumur n'ont pas été toutes suffisamment caractérisées par lui pour qu'il soit possible de les reconnaître avec une entière certitude aujourd'hui.   A. S.

les partage en trois catégories: les rois qui naissent dans les
grandes cellules; les ouvriers qui apportent la cire, bâtissent et
font le miel; enfin les bourdons (*Fuci*) qui se procréent eux-
mêmes, ne viennent nullement, comme quelques-uns l'ont cru,
des ouvriers, et logent leur progéniture étrangère dans les
cellules. Réaumur emploie le premier, dans ses observations,
des ruches en verre pour voir travailler les abeilles. Il constate
que ce que l'on avait pris généralement pour le roi était la seule
abeille femelle de la ruche, que les ouvriers étaient des femelles
stériles, et que les *Fuci* étaient les mâles. Pour qu'une ouvrière
puisse devenir reine, il lui faut, pendant son existence larvaire,
une cellule plus grande, une nourriture plus abondante et
élaborée avec un soin tout particulier. Swammerdam avait déjà
reconnu par la dissection le véritable caractère des trois sortes
d'abeilles; ses observations furent singulièrement agrandies par
celles de Réaumur.

Un certain nombre de vers, comme nous l'avons vu, comptaient
parmi les testacés; les serpules qui vivent dans des tubes étaient
décrits et figurés sous forme de pinceaux. On ne pourrait citer
aucun essai de classification des vers marins; le rapprochement
fait par Ray entre les douves et les sangsues reste absolument
isolé. Les vers entozoaires excitaient surtout un intérêt médical; on tenait à savoir quelle était leur action sur le corps
humain. Ils semblaient aussi devoir fournir des arguments déci-
sifs pour ou contre la génération spontanée. Selon l'opinion la
plus répandue parmi les médecins de la seconde partie du xvii^e
siècle, les vers entozoaires naissaient du mucus des premières
voies. Ces parasites furent l'objet de nombreuses dissertations;
les maîtres les plus éminents, comme Fr. Hoffmann, Michel
Alberti, etc., durent exprimer leur opinion à leur égard; nous
ne citerons qu'un travail de ce genre. Joh.-Théod. Schenk,
professeur à Iena, y établit que la *causa efficiens* des vers n'est
pas la seule chaleur extérieure; il faut encore une matière analogue en quelque sorte à la semence, susceptible comme elle de
développement; la cause matérielle (notons cette persistance
des distinctions scolastiques) est le mucus qui, mal absorbé par
les vaisseaux lactés, développe une force plastique [1]. Redi lui-
même, qui pour le reste n'admettait pas la génération spontanée, croyait que les entozoaires tiraient leur existence de l'âme

---

[1] Schenk, *Ueber die Wurmer der Eingeweide*. Iena, 1670.

sensitive de leur hôte ; il faut bien dire qu'il combattit plus tard lui-même cette théorie.

Il y avait dans l'histoire de ces parasites une singulière pierre d'achoppement. D'après la Bible, la création avait été parachevée dans les six jours ; Adam devait donc avoir ses vers intestinaux dès le premier jour. Mais comment admettre qu'il ait été l'objet d'une telle infirmité avant d'avoir péché ? On finit par admettre qu'à ce moment les parasites, grâce à la nourriture plus légère de leur hôte, ne déterminaient chez lui aucune gêne, aucun symptôme morbide. La femme ayant été faite d'une côte d'Adam, on concevait facilement comment les vers avaient passé chez elle, par la grande proximité des vaisseaux lymphatiques du thorax. Les vers existent donc comme tous les autres animaux depuis le commencement du monde ; leurs germes se transmettent d'une manière inconnue, difficile au moins à saisir directement. Telles étaient les idées de Vallisneri sur la question. Nicolas Andry pense que les germes des entozoaires sont répandus partout dans l'air et dans l'eau (1700); Daniel Clericus, assez favorable aux idées de Vallisneri, craint toutefois de s'avancer et avoue sans scrupule qu'on ne sait rien encore là-dessus. Les progrès relatifs à la connaissance des espèces ont été lents également. Édouard Tyson décrit et représente la tête du ténia avec sa couronne de crochets ; il donne aussi le dessin d'un ver cystique ; les hydatides sont pour lui une espèce particulière de vers ou peut-être des animaux incomplets. On n'arriva pas à bien démêler les différentes formes, malgré les travaux de Vallisneri sur les organes génitaux des grands nématodes. Clericus distingue [1] : le *Tænia du Botriocephale*, le lombric, les ascarides, le ver de Guinée ; il rapproche de ce dernier la chica (*Pulex penetrans*), pour les symptômes analogues qu'elle détermine, mais sans s'arrêter à décrire l'animal. Il parle aussi des cirons, des vers dentaires, etc., pour les traiter expressément d'animaux fabuleux.

Le désir de bien déterminer les formes fossiles avait fait changer le mode de classement des mollusques ; ce sont aussi les échinides fossiles, dont le nombre augmentait sans cesse, qui amenèrent pour cette classe des essais de classification comprenant de même les formes fossiles et vivantes. Morton, dans son

---

[1] *Historia naturalis et medica latorum lombricorum.* Genevæ, 1715 ; Nic. Andry, *De la génération des vers.* Paris, 1700, nouv. édit. 1714 : Edw. Tyson, in *Philos. Transact.*, vol. 16, n° 193, p. 506.

Histoire naturelle du Northamptonshire et Woodward, dans
son *Catalogue des fossiles anglais,* divisèrent les oursins fossiles. Breyn s'occupa des espèces vivantes et des fossiles; les
échinides du Muséum de Klein le mettaient à même d'étudier
les unes et les autres. L'organisation rayonnée de ces animaux
n'avait encore frappé personne ; on ne se doutait même pas combien ils diffèrent de tous les autres animaux à coquilles. Réaumur
vit cependant des ambulacres au milieu des piquants; il les
compare, dans sa description, aux tentacules rétractiles des
escargots, et les reconnaît comme organes de locomotion ou
plutôt de préhension. Il renversait l'opinion de Gandolphe, qui
avait dit que les oursins se servent de leurs épines comme d'appareil locomoteur. Comme Morton et Woodward, Breyn (1732)
différencie les oursins principalement d'après le siège des deux
ouvertures, bouche et anus, puis d'après la forme aplatie ou
bombée de la coquille, la structure de son bord, etc.

L'attention se portait également pour la première fois sur les
étoiles de mer ; on admit pour elles un groupe particulier qui
a donné lieu à quelques monographies. Le premier ouvrage,
après les encyclopédistes, où il en est question, est le *Lithophy-
locium* (1699) d'Édouard Lhwyd (Luidius, son nom est attaché
à un genre d'astérie, *Luidia*); il communiqua à Breyn une lecture qu'il fit sur ce même sujet à Oxford en 1703. Barrelier,
dans son *Histoire des plantes du Sud-Ouest de l'Europe*, a décrit
des étoiles de mer. Réaumur, en voyant les mouvements des
astéries, avait trouvé leurs ambulacres, constatés par Lhwyd et
Hade ; ce dernier vit leur rapport avec les vésicules (*ampullæ*).
Linck, pharmacien à Leipzig, eut de Kade la description anatomique d'une astérie du Holstein (probablement l'*Asteracan-
theon rubeus*, bien que l'ouverture anale ait échappé à l'observateur). Jean-Henri Linck (1674-1734), étudiant, avec la sienne
propre, plusieurs autres collections, publia (1733) un ouvrage
avec d'excellentes illustrations sur les astéries ; c'est de lui que
date la connaissance de la classe. Il y ajouta en appendice la
lecture de Lhwyd, qu'il avait reçue de Breyn, deux articles de
Réaumur, traduits des *Mémoires de l'Académie de Paris* (1710
et 1712), et enfin l'*Anatomie de l'étoile de mer*, de Kade. Linck
établit deux groupes correspondant aux astéries et aux ophiures
de maintenant. Il nomme le premier *étoiles de mer sillonnées*, à
cause de la fente ambulacraire de la face inférieure des bras ; le
second, *à rayons ronds*, c'est-à-dire sans sillon inférieur ; c'est

Barrelier qui a donné à ces dernières le nom d'*Ophiurus ;* Linck n'est pas aussi heureux dans le reste de sa division. Prenant pour base le nombre des rayons, il admet une classe avec moins de cinq rayons, et une pour les astéries, qui en ont davantage ; les ophiures comprenant les vermiformes à bras ronds, entiers (ophiures); les chevelus, dont les bras portent latéralement des sortes de poils courts (*Comatula, Pentacrinus*), les deux seuls crinoïdes actuels), et les étoiles branchues ou à rayons multidivisés (euryales).

Ovide avait dit du corail :

> *Sic et corallium, quo primum contigit auras*
> *Tempore durescit, mollis fuit herba sub unddis* [1].

On crut en effet, jusqu'à peu près la fin du xvii⁰ siècle, que le corail, mou sous l'eau, durcissait seulement à l'air. Les naturalistes n'envoyaient guère que du corail sec dans les collections ; quelques-uns crurent, Boccone par exemple, que c'étaient des concrétions inorganiques. Les idées nouvelles sur cette forme particulière d'animaux inférieurs datent du retour à l'observation directe. Marsigli [2] étudia les coraux avec grand soin. Il décrit le corail rouge et en donne une excellente figure ; on y voit non seulement l'axe calcaire, mais aussi le revêtement organique, et même les polypes avec leurs tentacules épanouis. Il semble alors que l'esprit humain n'ait pas pu faire un pas si considérable que de regarder comme animal ce qui appartenait naguère aux minéraux ; on vit donc dans le corail un organisme végétal, en dépit des analyses chimiques et des phénonèmes de décomposition qui rappelaient tout à fait celle des poissons. Chaque polype devint une fleur, les sucs nutritifs figurèrent le *latex*, et Marsigli réunit tout un ensemble de formes identiques. Son ouvrage parut en italien en 1711, en français en 1725 ; auparavant déjà il avait communiqué sa découverte à l'Académie de Paris [3]. Le travail de Marsigli marque un moment important dans l'évolution des théories qui ont eu cours sur le corail. L'histoire même de cette évolution montre combien les meilleurs observateurs s'en laissent facilement imposer par les idées de ceux qui les ont précédés, s'ils

---

[1] Ovide, *Metamorphos.* IV, 749.
[2] Marsigli, *Histoire physique de la mer.* Paris, 1725.
[3] Marsigli, *Journal des savants,* 1707.

ont eu la moindre autorité. Quelque temps avant Marsigli, Georges Evert Rumph [1] avait parlé, sans s'y arrêter
d'ailleurs, des polypes « animaux qui ressemblent à des plantes » ;
ses idées avaient passé complètement inaperçues. Shaw avait également observé des polypes, et, lorsqu'il les décrit dans son
Voyage (1738), il se range aux idées de Marsigli. Réaumur, en
décrivant les coraux comme des plantes minérales, adoptait entièrement la manière de voir de Marsigli ; il chercha même à
renverser une nouvelle hypothèse qu'on lui avait communiquée
sur la nature du corail. Jean-Antoine Peysonnel observa d'abord,
en 1723, sur les côtes de Provence, plus tard sur les côtes de la
Barbarie, des pieds de corail vivant. Partageant d'abord les idées
de Marsigli, il ne tarda pas à se convaincre que la vie de ces
prétendues fleurs était tout autre que celle des végétaux ordinaires. Il vit qu'il avait à faire à des animaux, et envoya sur la question un Mémoire à Réaumur. Celui-ci accueillit fort mal cette
nouveauté ; il la communiqua à l'Académie (dans la description
citée plus haut), mais sans nommer l'auteur. Les observations et
les recherches de Trembley, dont nous parlerons plus tard,
apportèrent des progrès considérables à l'histoire de ces animaux [2].

Là ne se bornent pas les innovations heureuses qui ont marqué
cette période. On avait bien dit jadis quelquefois que les coquilles, les ossements trouvés dans la pierre sur les montagnes,
étaient vraiment des restes d'animaux ; mais ces idées, devan-
çant le moment, n'avaient servi en rien à la zoologie ; elles auraient dû, pour cela, être précédées de quelque théorie un peu
satisfaisante des révolutions de l'écorce terrestre. Personne n'a-
vait encore expliqué d'une manière plausible la présence d'animaux marins à des niveaux si différents des eaux les plus élevées :
la morphologie générale et l'anatomie n'existaient presque pas
encore. Quel crédit pouvaient donc avoir ceux qui, dans les
pierres figurées, voyaient autre chose qu'un jeu de la nature,
ou qu'un phénomène spécial du développement des minéraux ?
Nous ne prétendons pas que la théorie de Descartes, ou le *Pro-
togæa* de Leibniz aient immédiatement conduit à un système
complet de géologie. Mais grâce à ces idées, on était arrivé à

---

[1] Rumph, *Amboinschen Raritætenkammer*.

[2] Voyez pour de plus amples détails sur ce sujet le livre du professeur Lacaze Duthiers « *Le Corail,* » Paris, 1864. C'est une monographie très-complète dans laquelle
la partie historique est largement traitée.   A. S.

mieux comprendre comment certaines modifications de la surface du globe pouvaient avoir amené des habitants des mers sur les montagnes (c'était ce qui paraissait le moins explicable). Une de ces circonstances modificatrices se présentait immédiatement : c'était le déluge. Autrefois déjà on lui avait fait jouer ce rôle ; mais cette relation entre les pétrifications et les restes d'animaux abandonnés par une grande inondation ne prit quelque couleur scientifique que lorsqu'on fut bien édifié sur la nature des formes fossiles. Il fallait d'abord être bien convaincu que les pétrifications ne sont point des jeux de la nature, mais bien, selon cette expression, des êtres pétrifiés [1]. A cet égard, il y eut d'abord deux courants d'opinions différentes. Dès 1670, Agostino Scilla [2] essayait de prouver que les dents de poissons fossiles ont réellement appartenu à des poissons ; mais il n'explique pas comment les possesseurs de ces dents (pour s'en tenir au cas spécial) se trouvent dans l'intérieur des roches, singulier endroit pour des poissons.

Lister regardait encore les coquilles fossiles comme des minéraux. Édouard Lhwyd, dans l'ouvrage déjà cité (1699), cherche en quelque sorte à concilier les deux opinions dans une théorie basée sur l'inépuisable force de production de la terre. Il pense que des êtres vivants ou déjà en décomposition s'élèvent avec la vapeur de petites semences qui pénètrent dans les pores des roches et des montagnes ; elles s'y confinent avec les matériaux qu'elles trouvent dans leur intérieur et s'y développent. Les pétrifications ne représentent donc pas de vrais animaux, pas plus que de simples jeux de la nature, mais plutôt des sortes de produits de la terre fécondée par les semences animales. Cette théorie, si alambiquée, si contraire aux saines notions des phénomènes de la reproduction organique, trouva pourtant des défenseurs. On peut s'étonner de voir figurer parmi eux Charles-

---

[1] En 1696, à Tonna (duché de Gotha), on découvrit un squelette d'éléphant fossile dont Wilh.-Ernest Teutzel, professeur au gymnase de Gotha, fit la description. Pour lui, ce squelette représentait les restes d'un animal vivant. Mais le Collège médical de Gotha, devant qui fut portée la chose, déclara officiellement que c'était un simple jeu de la nature. Les étudiants de Wurtzbourg pensèrent que si la nature joue de tels jeux, ils pouvaient bien aussi s'amuser à faire des figures de pierre ; ils apportèrent au professeur Beringer toute espèce de pierres curieuses figurant des étoiles, des croix, des images de saints, etc. Le pauvre homme, trop crédule, les fit représenter dans sa *Lithographia Wirceburgensis*, 1726. Plus tard, ayant découvert le tour, il chercha à retirer son édition du public, et mourut de chagrin.

[2] *La vana speculazione disingannata dal senso*. Napoli, 1670. Pour les premières publications sur les glossopètres, voy. plus haut.

Nicolas Lang, qui avait eu, comme on l'a vu plus haut, le mérite d'introduire d'une manière raisonnée les formes fossiles dans son *Système des mollusques*. Dans un ouvrage *Sur l'origine des pierres figurées*, paru à Lucerne en 1709, il expose l'une après l'autre la théorie des « diluviens » et celle de Lhwyd, sans le nommer toutefois. « C'est cette dernière, dit-il déjà dans la préface, qui me paraît la plus recommandable. » Il réfute victorieusement toutes les objections qu'on peut faire à Lhwyd, entre autres celle de Woodward [1], basée sur cette remarque, que les coquilles fossiles montrent encore au microscope la structure du test, et conclut ainsi : « Il est donc évident que la production des pierres figurées, dans le sein de la terre, est possible, qu'elle est même vraisemblable ; cette hypothèse explique tout avec aisance et clarté, en même temps qu'elle ruine toutes les objections des diluviens. » Les « diluviens » ne restèrent pas silencieux, et deux d'entre eux attaquèrent assez vivement la théorie des germes. L'un d'eux est le docteur Jean-Jacob Scheuchzer, chanoine à Zurich (1672-1733). Dans ses *Plaintes et justification des poissons*, il porte plainte au nom des poissons contre ceux qui veulent les faire passer pour des produits minéraux de la terre et des pierres ; il accorde à ses clients le droit d'être considérés comme les ancêtres primordiaux des poissons actuels. Dans la préface de *Bildnissen verscheedener Fischen, und den Keilen welche in der Sündfluth zu Grund gegangen*, paru la même année (1708), Scheuchzer déclare qu'il a pris lui-même ces pierres figurées pour des jeux de la nature ; mais, après avoir fait de grandes collections de ces objets, ses yeux se sont dessillés. Il donne des figures d'empreintes de poissons des grès lithographiques d'Œningen, et des schistes de Glarner, localités bien connues aujourd'hui. L'autre « diluvien » adversaire de Lhwyd, est David-Sigismond-Auguste Büttner (1660-1728). Son *Rudera diluvii testes i. e. Zeichen und Zengen der Sündfluth* (1710), consacré à la réfutation de l'hypothèse de Lhwyd, établit que le déluge a été la cause des pétrifications. Büttner s'écrie : « Lecteur, ami de la vérité, de quoi faut-il s'étonner davantage dans ces écrits, de la puissance de l'imagination ou de l'impuissance du jugement ? » A l'appui de ses objections contre Lhwyd, il

---

[1] J. Woodward, *An essay towards a natural history of the Earth*. London, 1695. Cet ouvrage, où l'auteur admet franchement les pétrifications comme restes d'êtres autrefois vivants, traduit par Scheuchzer en latin (Tiguri, 1704), a contribué à répandre la théorie du déluge, la plus naturelle de celles qu'on pouvait adopter alors.

publie une lettre du célèbre Georges-Ernest Stahl, critique très-claire des impossibilités physiologiques contenues dans la théorie de Lhwyd. On cessa dès lors de voir des jeux de la nature dans les pierres figurées.

Jean-Jacob Baier, professeur à Altorf, oppose formellement les fossiles dus à la minéralisation des animaux et des plantes, aux objets appelés jeux de la nature ; il ajoute encore que cette expression « jeux de la nature » prouve seulement notre ignorance de la véritable origine de ces objets [1]. Jacob von Melle, pasteur à Lubeck, dans sa *Description des fossiles de Lubeck,* se range également à la théorie diluvienne ; ce fut bientôt la seule acceptée par tous ceux qui s'occupaient de pétrifications. En admettant le déluge mosaïque comme cause de la disparition des animaux d'autrefois, il était tout naturel de voir dans les formes fossiles les espèces actuelles. A. de Jussieu, par exemple, rapporte son hippopotame fossile à l'hippopotame actuel. Dans ces flots qui avaient englouti la création première, l'homme avait dû s'engloutir aussi. De tous côtés on rapportait en effet des ossements gigantesques à des hommes que plusieurs passages de la Bible auraient représentés comme bien supérieurs en dimension à ceux qui peuplèrent la terre après eux. Une célébrité sans pareille s'attacha au livre de Scheuchzer sur l'Homme témoin du déluge, *Homo diluvii testis,* 1726, où ce que Cuvier le premier reconnut comme le squelette d'une salamandre fossile est décrit comme les restes d'un enfant des hommes réprouvés de Dieu. Quoi qu'il en soit d'erreurs aussi considérables, la connaissance des formes fossiles avait pris rang dans la science. Ni Scheuchzer, le père de la science des pétrifications, ni ses contemporains n'ont eu la moindre conception historique des fossiles ; il faut cependant leur savoir gré des faits nombreux qu'ils ont réunis les premiers dans cette science qui devait plus tard éclairer d'une lumière si vive tant de points obscurs de la vie animale et végétale.

En un temps relativement très-court, de nombreux travaux, les uns en perfectionnant les voies déjà tracées, les autres en en frayant de nouvelles, avaient renouvelé presque entièrement la zoologie et assuré son caractère scientifique. Les éléments les plus importants pour l'édification d'un système zoologique existaient maintenant. Ray, en essayant de fixer la notion de

---

[1] *Oryctographia Vorica*, 1708.

l'espèce, avait donné le point de départ de toute classification. Des vues systématiques nouvelles s'étaient fait jour dans toutes les classes du règne animal. La nécessité s'était également fait sentir d'user dans les descriptions zoologiques de mots d'un sens rigoureusement déterminé, de véritables expressions techniques, et la terminologie commençait à sortir de l'équivoque. Enfin, le monde fossile inspirait quelque intérêt; il avait même pris place dans le cercle des études scientifiques. Seule la morphologie, cette manière de considérer l'animal, qui, vers la fin de cette période, permit à la zoologie de nouveaux progrès, manquait encore presque complètement. L'anatomie comparée existait bien, mais elle ne portait que sur l'homme et les animaux supérieurs; lorsqu'on l'appliquait à quelques animaux inférieurs, c'était pour leur imposer une organisation morphologiquement impossible. Comme nous l'avons déjà dit, on cherchait plus à différencier qu'à réunir; les connaissances spéciales augmentaient ainsi beaucoup, mais chaque acquisition nouvelle se rattachait de moins en moins à celles qui l'avaient précédée. Dans cette direction même de l'esprit du temps, il était très-important d'avoir un cadre systématique bien établi, car dans ces conditions on aperçoit sans cesse de nouveaux problèmes, soit des parentés à vérifier, soit des différences fondamentales à établir. La lenteur extrême des progrès de la morphologie pendant cette période tient principalement à ce fait, que l'histoire du développement, que l'on n'étudiait guère que dans les vertébrés supérieurs ou dans les métamorphoses des insectes, faisait partie maintenant, grâce à la théorie de l'évolution, du domaine de la physiologie. Ce fut pour cette dernière science un avantage, car on reconnut de mieux en mieux la dépendance de certains phénomènes vitaux de dispositions organiques déterminées. Les enseignements de la zootomie et de l'embryologie avaient à cet égard la même importance; mais de la sorte la zoologie était privée, sinon absolument, du moins pour un certain temps, d'une des sources les plus fécondes de vérités générales.

C'était partout le même zèle à ramasser de tous côtés de nouveaux matériaux, à résoudre de vieux problèmes, à dérober à la nature de nouveaux secrets, à tout remanier sur un ordre nouveau. C'étaient en même temps des menaces de dissolution qui sollicitaient contre elles une volonté puissante, une main hardie capable de faire de toutes ces tendances diverses un seul grand

tout, de tracer aux efforts de chacun un même but, une même
voie, et de tout faire partir d'un point de vue nouveau. Ce programme, deux hommes ont essayé de le remplir avec un bonheur divers; l'un d'eux, par un emploi ingénieux des matériaux
qu'offrait la science, sut donner à celle-ci sa forme définitive et
devint ainsi le créateur de la zoologie actuelle. Ces deux hommes
sont Klein et Linné.

§ 5. — Jacob-Théodore Klein.

Il a déjà été question de Klein à différentes reprises. Nous
aurions eu aussi occasion de parler de la part qu'il prit à l'étude
de plusieurs classes inférieures, mais il vaut mieux examiner ce
point avec tous ses autres travaux, pour se faire une idée plus
générale, plus complète de son œuvre. Son influence aurait pu
être bien plus durable; mais peu d'années après les premières
publications zoologiques de Klein, Linné, de vingt-deux ans plus
jeune, avec des vues plus nettes et une conception plus sûre du
but à atteindre, se conquit une position prépondérante. Il faut
se rappeler ici (cela n'est pas d'intérêt général, mais seulement
personnel) que Linné fut naturaliste dès sa jeunesse, et qu'à
l'âge où il publia sa première édition du *Systema naturæ*, Klein
arrivait seulement à se faire une position fixe à Dantzig.

Jacob-Théodore Klein était fils d'un magistrat distingué de
Kœnigsberg en Prusse, où il naquit lui-même le 15 août 1685.
A seize ans on le trouve étudiant le droit à l'université de sa
ville natale. En 1706, il commença un grand voyage à travers
l'Allemagne, l'Angleterre, la Hollande, le Tyrol, et ne revint à
Kœnigsberg qu'après cinq ans d'absence. Peut-être fit-il dans
ce voyage quelques connaissances qui purent lui être très-utiles
plus tard pour ses ouvrages d'histoire naturelle; mais avant tout
il s'occupa de droit, comme il ressort du fait que Charles-Phi-
lippe, comte palatin et plus tard prince électeur, le fit entrer
dans son conseil. Son père étant mort sur ces entrefaites, Klein
cessa son voyage, et en avril 1712 revint pour la première fois
à Dantzig; après un voyage fait en Suède au printemps de 1713,
il se fixa définitivement à Dantzig, au mois d'août de la même
année. Quatre mois après, en décembre, il était déjà secrétaire
de la ville, alors libre. Après son annexion à la Pologne, Dantzig

entretint un résident à la cour polonaise; c'est ainsi que Klein fut envoyé en 1714 comme secrétaire-résident à la cour de Dresde, puis de là en Pologne; enfin, en mars 1716, à Kœnigsberg, pour y saluer Pierre le Grand; il ne revint qu'en décembre de la même année à Dantzig. Il vécut dès lors tranquille au milieu de l'estime de ses concitoyens, et, renonçant à tout nouvel honneur dans les affaires publiques, il partagea son temps entre ses fonctions de secrétaire de la ville et ses études d'histoire naturelle. En 1718 il se créa un jardin botanique et commença différentes collections d'histoire naturelle. Il fut collectionneur heureux, et vers 1735 le cabinet royal de Dresde recevait de lui une collection fort riche de pièces d'ambre. Nous avons déjà cité son cabinet d'histoire naturelle, qui, en 1740, passa tout entier, avec une riche collection de dessins de quadrupèdes, de poissons et d'oiseaux, à Bayreuth[1]. Secrétaire, pendant trois ans, de la Société d'histoire naturelle, qu'il avait beaucoup contribué à fonder, il écrivit beaucoup pour elle; plus tard il en fut le directeur pendant de longues années. Il fit à la Société de nombreuses communications d'histoire naturelle, et, en 1749 même, prenant le « rôle d'un démonstrateur ordinaire », il exposa à ses collègues, « d'après la *Physique* de Wolf, les choses telles qu'elles sont dans la terre ». Klein mourut le 27 février 1759.

Le système qu'il avait édifié, malgré ses défauts et son caractère superficiel, a été une apparition très-caractéristique pour son époque et pour les objections nombreuses auxquelles il donna lieu. Ce système, on peut le dire, a tous les caractères du travail de l'amateur. Beaucoup, parmi les meilleurs travaux dont nous avons parlé, sont des travaux d'amateurs; mais il y a entre eux et ceux de Klein une différence considérable. Leurs auteurs, procédant de faits particuliers, cherchent à tirer de leur sujet même des vues générales, en procédant par induction; Klein, au contraire, dominant pour ainsi dire son sujet, n'attache qu'un intérêt très-superficiel au système et lui demande seulement un moyen facile et sûr de « reconnaître et de déterminer les animaux étrangers ou inconnus d'après des caractères faciles à saisir[2] ». Dans le passage en question, il s'élève contre la caractéristique que Linné donne des amphibies: « n'ont point de molaires », en faisant remarquer que pour s'assurer de

---

[1] Sendel, *Lobrede auf Herrn Jacob Theodor Klein*. Dantzig, 1759.

[2] Klein, *Summa dubiorum circa classes Quadrupedum et Amphibiorum* p. 25, rem. j.

ce caractère il faut employer les doigts ou le scalpel, ce qui est tout à fait contraire aux méthodes zoologiques. Il faut bien ouvrir de force la bouche d'un animal pour voir ses dents ! On chercherait vainement dans Klein quelque considération sur les espèces, quelque essai, quelque théorie sur l'existence ou le développement de groupes particulièrement aberrants. Aristote avait parfaitement saisi la parenté des lézards et des serpents, et l'avait exprimée par cette image, qu'il suffit pour avoir un serpent de se représenter un lézard sans pattes, à corps un peu allongé, et réciproquement de se figurer un serpent avec des pattes et un corps un peu raccourci pour avoir un lézard. Klein dit à ce sujet : « Voilà à quelle énormité peut arriver l'imagination d'un philosophe. Donnez du poil à un lézard, sera-ce donc une belette ? » Cette étroitesse de conception chez Klein vient sans doute de son manque de connaissances spéciales, et de son attachement à la méthode de Wolf qui, dans son dogmatisme logique embrassait et expliquait toute la nature. Klein s'opiniâtra peut-être davantage dans ses idées, par amertume contre Linné, qui ne répondit jamais à son opposition. Incapable de comprendre et les bases sur lesquelles s'appuyait Linné, et ses efforts vers un groupement aussi naturel que possible, Klein s'embarrassa de plus en plus dans son réseau artificiel; il ne comprit jamais qu'il y a autre chose que le côté formel pour donner une signification et des bases à un système zoologique. A part les insectes, Klein a donné des travaux complets sur toutes les classes du règne animal. Il n'est pas inutile de donner la liste de ses ouvrages, avec celle des éditions du système de Linné en regard[2].

C'est dans la division générale du règne animal de Klein que ressort le mieux le côté artificiel, totalement étranger à toute idée de parenté naturelle, de son système. Fidèle à cet axiome

[1]. *Tentamen Herpetologiæ*, p. 2.

[2] Klein a publié (outre un travail botanique antérieur, et ses mémoires dans les périodiques) : 1731. *Beschreibung der Meerrohren (mit den Belemniten, u. s. w.)*, 1734. *Natürliche Anordnung der Echinodermen (Seeigel)*. Linné : 1735. *Systema Naturæ*, 1re éd. 1740. *Erste Sendung zur Naturgeschichte der Fische; und Nomenclator der Figurensteine* von Scheuchzer, besorgt von Klein. 1740. *Systema*, 2me édit. Stockholm; traduction de la 1re édit. par Lange, Halle. (Comptée par Linné comme 3me édit.), 1741 et 1742. *Zweite und dritte Sendung zur Naturgeschichte der Fische*. 1743. *Summe der Zweifel über Vierfüsser und Amphibien, welche in Linne's System aufstiessen*. 1744. *Vierte Sendung zur Naturgeschichte der Fische*. 1744. *System. Natur.* Paris (4me édit., d'après Linné), par Jussieu. 1746. *Mantisse über die Laute und das Hören der Fische*. 1747. *Systema naturæ* d'Agnethler (ident. avec

de ne jamais demander au scalpel la véritable place systématique
d'un être quelconque, Klein prend pour base principale de sa
classification un caractère absolument extérieur; pour peu
cependant qu'il eût employé en même temps le critérium anato
mique, ce caractère n'eût pas été sans une certaine valeur : il
est fondé sur la présence ou l'absence des pieds. Klein partage
donc le règne entier en animaux qui ont des pieds et animaux
qui n'en ont pas. Il s'appuyait, pourrait-on croire, sur la physiologie : ainsi il appelle les oiseaux des bipèdes, mais il met les
chauves-souris dans les quadrupèdes; bien que leurs membres
antérieurs servent aussi peu à la locomotion terrestre que les
ailes des oiseaux. Klein n'a pas d'appellation constante pour les
grands groupes supérieurs aux genres; dans les ouvrages spéciaux sur chaque classe, les subdivisions principales n'ont plus
les noms qu'elles avaient dans le premier exposé général
du système. Dans cet exposé, qui se trouve comme appendice
au « *Natürlichen Eintheilung der Echinodermen* (échinides)»
1734, immédiatement au-dessus des genres viennent les classes,
à moins que celles-ci ne soient trop étendues ; dans ce cas elles
sont subdivisées en articles. Plusieurs classes forment une section ; les sections se réunissent en chapitres ou en divisions
principales. Klein a voulu faire son système aussi complet que
possible ; il prévoit même des combinaisons de caractères, possibles, pas toutes naturellement, avec cette remarque « si pareils
animaux existent. » Le premier chapitre des animaux pourvus
de pieds, sous le titre « I » sans autre nom de groupe, comprend
les quadrupèdes formant deux sections. Les quadrupèdes de la
première section ont les pieds semblables, ceux de la seconde
les ont différents. La première section renferme cinq classes,
dont l'une, la quatrième n'est qu'éventuelle, et réservée à des
animaux palmipèdes à pieds semblables. Les quatre classes

la 2ᵐᵉ éd., constitue d'après Linné la 5ᵐᵉ éd.) 1748. *Syst. nat.* Édition originale, Stockholm,
6ᵐᵉ édit. ; réimpression à Leipzig, 7ᵐᵉ édit. 1749. *Fünfte Sendung zur Naturgeschichte der Fische.* 1750. *Prodromus zur Naturgeschichte der Vogel.* 1751. *Anordnung und kurze Naturgeschichte der Vierfüsser.* 1753. *Versuch eine ostrako-
logischen Methode.* 1753. *Syst. natur.*, 8ᵐᵉ édit., Stockholm. 1754. Traduction française
de la *Classification des Échinodermes* (1734) et de la *Somme des questions
sur les Mammifères*, etc. (1743), par De La Chesnaye des Bois. 1755. *Versuch der
Herpetologie mit fortlaufenden Commentar.* 1758. *Syst. nat.*, 9ᵐᵉ édition de
Gronov; 1758, Stockholm, 10ᵐᵉ édit. de Linné lui-même. 1759. *Geschlechstafeln
der Vogel.* 1760. *Zweifel über den Bau der Seepflanzen durch Würmer.* — Deux
traductions allemandes de la *Classification des quadrupèdes*, par Reyger et F.-D
Behn.

réelles sont les « pieds entiers » (solipèdes), les « pieds fendus, » les « pieds à doigts » et les « porte-carapace » (tortues). Voici invoqué pour cette dernière classe un caractère tout discordant! Les « pieds à doigts » (digités) ont des oreilles extérieures (toute la série des mammifères qui répondent à ces caractères), ou ils n'en ont point (lézards, crocodiles, salamandres, caméléons). La deuxième section est encore plus mélangée. Les ours et les singes y figurent côte à côte pour la ressemblance de leurs pieds de devant avec les mains, et celle de leurs pieds de derrière avec les pieds de l'homme. De l'homme lui-même, le système de Klein ne parle pas. La deuxième classe comprend les taupes, dont les pieds de devant ressemblent à des mains, et ceux de derrière sont des pieds de rongeurs. La classe suivante comprend les espèces à doigts libres aux muscles antérieurs, réunis par une membrane aux membres postérieurs ; un genre comprend les formes velues (phoque, castor), un autre les formes nues (grenouille et crapaud). La quatrième classe, éventuelle, est instituée pour des animaux qui auraient des membres postérieurs à doigts libres et des membres antérieurs à doigts soudés. Le deuxième chapitre comprend, comme bipèdes, d'abord les oiseaux couverts de plumes, où Klein, pour être complet, compte des oiseaux à deux, trois, quatre, cinq, six doigts libres, des oiseaux à doigts réunis, et des oiseaux à pieds anormaux, puis le lion marin à peau nue et, enfin, le veau marin, le manati, etc., à peau velue. Le troisième chapitre, celui des animaux aux pieds nombreux, contient, dans une première section, les cuirassés, scorpions et crustacés; dans une deuxième, les insectes classés également d'après la présence et le nombre des ailes et des pieds. Les groupes des animaux sans pieds se suivent avec aussi peu d'harmonie et de liaison. Il y a les quatre chapitres des animaux rampants, animaux à nageoires, animaux rayonnés et formes anormales. Le premier, celui de ce qu'il appelle les reptiles, réunit dans une première section les vers nus et les mollusques nus ; dans une deuxième section figurent les animaux à dépouille membraneuse, ce sont les serpents ; dans une troisième les testacés. Le deuxième chapitre embrasse les poissons, distingués en pulmonés et branchifères. Dans le troisième, fondé sur la seule disposition extérieure en étoile, sans idée aucune de l'organisation rayonnée (les échinides, en effet, sont rangés dans les testacés), en même temps que les étoiles de mer, se trouvent les céphalopodes nus (l'argonaute est dans les testacés). Le quatrième chapitre enfin,

embrasse des formes qui ont à peine ou presque pas du tout les
caractères d'animaux, comme holothuries, plumes de mer, orties
de mer, etc. Il serait oiseux de démontrer scientifiquement le
peu de solidité d'un pareil système. Depuis qu'un intérêt plus
vif s'attachait aux formes animales, on désirait pouvoir les
reconnaître le plus rapidement possible. Tout arrangement qui
paraissait répondre à ce désir était accueilli avec faveur. C'est
ainsi que le système de Klein trouva des adhérents, qui le
défendirent même contre Linné ; et cependant le système linnéen
dans sa première forme déjà, qui se rapproche un peu de celui
de Ray, offrait un caractère bien plus scientifique. Un traducteur de la *Classification und kurze Geschichte der vierfüssingen
Thiere* de Klein, Friedr.-Dan. Behn (alors à Iéna, à sa mort
recteur du gymnase à Lübeck, 1804), dit en propres termes :
« Notre excellent maître Klein ne pouvait absolument pas se
contenter de la méthode linnéenne. » Behn convient que la
méthode de Ray est la plus naturelle du monde, mais il
déclare que le mérite principal de Klein est d'avoir employé des
caractères si apparents, qu'ils sautent immédiatement aux yeux
de chacun. Le passage suivant nous apprend sa façon de penser
à cet égard. « La nature procède d'ordinaire des choses les plus
simples ; quoi donc de plus naturel, pour notre naturaliste de
prendre pour sa première classe les solipèdes, pour la seconde
les bisulques,.... pour la cinquième les animaux à cinq doigts ! »
Ce qu'on voulait avant tout c'était donc un moyen commode
et facile de déterminer et de nommer les animaux. Jean-Daniel
Titius (1729-1796), professeur de mathématique et de physique à
Wittemberg, ne comprend pas non plus que Linné ait fait un
caractère de la structure du cœur ; il trouve bien encore à redire
à son système, en particulier à l'emploi de plusieurs bases de
division[1] ; pour Klein au contraire il le célèbre comme le meilleur naturaliste du temps, et, bien que différant de lui sur un
certain nombre de points, il le déclare un systématisateur bien
supérieur.

Klein, d'ailleurs, n'a pas échappé à l'influence du système

[1] *Progr. de divisione animalium generali.* Wittemberg, 1760, p. 6. « Quis,
quæso, internoscendorum animantium causa pulcerrima hæc automata destrueret et
laceratis partibus internis corda scrutaretur? » et p. 4 « Distributio nullo, certe mul-
tiplici nititur dividendi fundamento, quod utrumque bonæ divisionis regulis repugnat. »
Son propre système est naturellement artificiel aussi. Il partage les animaux en terrestres, aquatiques et amphibies. Les terrestres se meuvent au moyen de pieds seulement (quadrupèdes et multipèdes, insectes) ; au moyen de pieds et d'ailes (bipèdes :

linnéen et des perfectionnements successifs que lui fit subir son auteur ; mais ce n'est qu'à grand regret qu'il fait place, dans sa classification tout artificielle, aux parentés naturelles. Nous avons déjà parlé d'une traduction de son Abrégé de l'histoire des quadrupèdes avec leur classification, originellement publiée en latin en 1751. Cet ouvrage donne la description de tous les animaux étudiés par Klein, ou suffisamment reconnaissables dans les auteurs ; les quadrupèdes y sont divisés presque tous, comme dans Ray, en ongulés et digités. Dans les premiers, qui forment son premier «ordre», le nombre des sabots détermine la famille. Il admet des mono, bi, tri, quadri, quinquongulés (ces trois derniers sont rhinocéros, hippopotame et éléphant). Le porc, dans cette classification, figure à côté des ruminants en qualité de bisulque[1] ; c'est un fait de hasard et il n'en faudrait point conclure que Klein ait eu quelque idée des affinités naturelles de cet animal. Les digités fournissent le deuxième ordre, quadrupèdes à système pileux, avec ce correctif que leur tégument peut avoir l'aspect du cuir ou d'une carapace, et, le troisième, quadrupèdes sans système pileux. Les premiers sont tous vivipares ; l'absence de poils est un caractère constant pour les derniers, mais leur peau est nue ou couverte d'écailles, et ils sont ovipares ou vivipares. La caractéristique propre à ce groupe est donc négative. Le premier groupe ne comprend que des mammifères, divisés d'après le nombre des doigts (particulièrement ceux des pieds de devant), digité à deux doigts (chameau, comme dans Ray, et silène ou paresseux) ; à trois doigts (aï et fourmilier) ; à quatre doigts (tatou, cochon d'Inde et un porc-épic de l'Amérique du Nord) ; à cinq doigts (rongeurs, carnivores et singes) ; et enfin ceux dont les pieds sont anormaux, faits par exemple comme ceux de l'oie, autrement dits palmipèdes : loutre, castor, morse, phoque, manati. Le troisième « ordre » se divise en testudinés (tortues), cataphractes (crocodiles) et nus (lézards, salamandre et grenouille). Les serpents restent en dehors par opposition au système linnéen :

oiseaux ; quadrupèdes : mammifères volants, multipèdes : insectes ailés) ; enfin sans pieds, au moyen de muscles seulement ; reptiles : serpents et vers. Les aquatiques se meuvent avec des nageoires seulement (poissons pulmonés et branchiaux), ou avec une coquille, ou d'une manière indéterminée, le plus souvent sans quitter la place : zoophytes. Les animaux qui vivent sur terre et dans l'eau ont ou n'ont pas de pieds ; il n'y a dans cette catégorie (Titius ne donne point de noms de groupe) que les amphibies et les serpents d'eau.

[1] Il n'a pas établi de groupe sous le nom de *ruminants*, car, selon lui, non seulement le chameau, mais encore le lièvre rumine. Il représente même un lièvre cornu.

ils appartiennent à la classe des animaux rampants. Dans ce
nouveau travail, il n'y a pas non plus place pour l'homme. Dans
la partie descriptive l'auteur reproduit parfois les brèves caractéristiques de Linné, mais c'est à peine une marque de condes-
cendance pour son rival. En effet, même au sujet des quadrupèdes qu'il groupait comme nous venons de voir, et des amphibies de Linné, Klein avait exprimé des doutes, qu'il justifie
souvent d'une façon bien ridicule. Il invoque l'exemple d'Adam,
qui reconnut et nomma les animaux que Dieu lui présentait,
sans leur fouiller les dents ou les entrailles. Les objections de
Klein contre l'ordre adopté par Buffon, ou mieux, contre son
manque absolu d'ordre, sont beaucoup plus raisonnables.

Dans la première ébauche de son système, Klein, pour être
complet, admettait dans l' « Ordre » des oiseaux, jusqu'à des
formes éventuelles à six doigts ; cet « Ordre » gagna beaucoup
dans l'édition ultérieure. Klein adopte huit familles d'oiseaux :
ceux à deux doigts, autruche ; à trois doigts, casoar, outarde,
huîtrier ; à quatre doigts, dont deux antérieurs et deux postérieurs, c'est-à-dire à pied grimpeur (Klein insiste sur le rôle du
pied, de la queue et du bec chez les grimpeurs, mais il ne
dit pas quels sont les doigts postérieurs), perroquets, pics, martin-pêcheur, coucou, calao. Les oiseaux à quatre doigts, dont
trois antérieurs libres, forment la quatrième famille, la plus
noble et la plus riche ; les genres sont basés, d'ailleurs, comme
d'ordinaire, sur la forme du bec ; les tribus, subdivision de ces
grands genres, répondant par conséquent à peu près à de sous-
genres, sont établies sur les particularités de la tête ou de quelque
autre organe. La cinquième famille est celle des palmipèdes avec
un doigt postérieur libre ; la sixième, celle des palmipèdes à
pied entièrement palmé ; la septième, celle à trois doigts palmés
sans doigt postérieur ; enfin, la huitième comprend les oiseaux à
doigts libres avec feston membraneux. Sans entrer dans plus de
détails, on est obligé de reconnaître que Klein tenait ici compte
des affinités naturelles, eu égard aux formes qu'il connaissait ;
remarquons encore qu'il réunit certains groupes sous une dénomination plus générale, comme échassiers, becs plats (oies, canards), becs coniques, etc. Cela se remarque plus encore dans
les Tableaux ornithologiques, qui parurent après la mort seulement de Klein, par les soins de Titius, mais qui sont bien de lui,
ainsi que la préface. Ces tableaux d'une excellente exécution
figurent les parties qui ont servi principalement de bases à la

classification de l'auteur, la tête et les pieds. Klein s'est spécialement occupé de l'hivernage des oiseaux de passage. Les
alouettes, selon lui, passeraient l'hiver dans des trous, sous terre,
au pied des arbres, dont elles boucheraient l'entrée avec du
sable, sans en sortir pour prendre de la nourriture autrement que
par hasard. Les hirondelles au contraire hivernent sous l'eau; à
l'appui de cette opinion, il donne toute une collection d'attestations
officielles, où il est question d'hirondelles trouvées mortes sous la
glace, revenant parfois à la vie dans une chambre chauffée. Il admet le même mode d'hivernage pour les cigognes. Les idées des
anciens sur les migrations des oiseaux, et celles des modernes
comme Caterby, Zorn, ne lui paraissent ni fondées ni dignes de foi.

Dans l'édition séparée de l'*Herpétologie*, 1755, les serpents et les
vers sont toujours réunis sous le nom d'animaux rampants; mais
les mollusques nus ne figurent plus dans cette classe, et, ne pouvant naturellement non plus compter parmi les testacés, ils disparaissent tout à fait du système de Klein. Les serpents, réunis
sous la dénomination commune d'*Anguis*, sont répartis d'après la
forme de la tête et de la queue; les uns ont la tête distincte (*dis-
cretum*) et la queue pointue ou effilée; les autres, la tête non distincte et la queue tronquée. Inconséquence étrange! Klein prend
ensuite pour caractère des groupes secondaires, les particularités
de la dentition; il s'en excuse par un véritable enfantillage, disant
qu'il est dangereux, insensé même d'introduire la main dans la
gueule des mammifères, mais que les serpents montrent presque
toujours d'eux-mêmes leur langue et leurs dents. Il établit ainsi
trois genres dans la première classe : dents évidentes, *Vipera ;*
dents non évidentes, *Colubes;* sans dents, *Anodon*. La deuxième
classe comprend les genres *Scytale* et *Amphisbœna*. Il réunit
dans les différents auteurs jusqu'à 280 espèces, dont fort peu reconnaissables et bien déterminées. Les vers se subdivisent dans
les trois « classes » : *Lumbricus, Tœnia, Hirudo*. Klein soutient contre Linné la différence spécifique du lombric terrestre
et du lombric parasite de l'homme. D'accord avec Bonnet, il
tient le ver solitaire pour un animal simple. Klein s'est beaucoup occupé des entozoaires, particulièrement de leur origine,
objet de nombreuses recherches à l'époque. Il admet dans un
mémoire sur ce sujet[1], que, comme les autres parasites, les ento-

---

[1] *Von dem Herkommen und der Fortpflanzung im menschlichen Kœrper der
befindlichen Würmer*, dans *Hamburg-Magazin*, v. 18. 1747, p. 1 et p. 29.

zoaires sont particuliers à l'hôte qui les porte. Les Espagnols,
disait-on, perdaient leurs poux sous les tropiques, pour les reprendre pendant leur retour en Europe; Klein remarque là-
dessus que, « d'après cette histoire aussi, la matière première
des poux existe dans le corps humain, et le pou de l'homme
ne vient d'aucun autre animal. » Il admet la même chose pour
les vers. Bonnet, cependant[1], soupçonnait déjà le ver solitaire
de venir de l'eau potable; il propose même comme expérience
de faire boire à des chiens de l'eau où auraient macéré quelque
temps des intestins de tanche. Leuwenhœck déjà avait dit que
ces vers peuvent pénétrer en nous du dehors. Klein trouve cette
hypothèse peu soutenable, et se ralliant à l'opinion de Vallisneri,
il admet que les premiers vers ont existé déjà chez le premier
homme, non pas dès la création, mais après le péché originel.
Mais il ne s'explique nullement sur la façon dont ils auraient pénétré dans le corps à ce moment.

La classification des poissons paraît d'abord de tous les essais
de Klein le mieux travaillé, le mieux établi; un examen un peu
approfondi montre bien le contraire. Chacun des cinq « Envois
(*Missus*) pour contribuer à l'histoire naturelle des poissons »
renferme un traité sur quelque point d'anatomie ou de physiologie ichthyologique, en manière de préface ou d'appendice. Le
premier envoi donne dans la préface une étude sur l'ouïe chez
les poissons, et en appendice des remarques anatomiques sur le
Tümler (de De la Mothe, avec additions de Klein) et sur une tête
de raie; dans le deuxième envoi il y a des remarques sur les
dents de cétacés et d'éléphants, et sur de prétendus otolithes du
squale chien et du manati; pour ce dernier, Klein établit parfaitement qu'il s'agit du rocher. Le troisième et le quatrième envoi traitent des organes génitaux mâles et femelles des squales et
des raies; le cinquième, enfin, d'une dent de narval implantée
dans la paroi d'un bâtiment. Dans un travail postérieur, Klein
revient sur la question de l'ouïe chez les poissons, montre par
des preuves péremptoires que ces animaux ne sont ni sourds ni
muets, et insiste particulièrement sur les otolithes[2]. Klein ne
s'appuie sur aucun fait particulier de physiologie pour affirmer le
sens de l'ouïe chez les poissons et ses rapports avec les otolithes;

---

[1] *Mém. prés. à l'Acad. des Sc.*, t. I, p. 497. Travail où l'auteur soutient, contre
Coulet et Vallisneri, l'unité du tænia.

[2] *Versuche und Abhandlungen der natur/orch. Gesellsch. in Danzig.* 1 vol.,
1747, p. 106; le passage cité plus haut, p. 114.

il se fonde avant tout sur l'analogie des poissons avec les cétacés pour leur reconnaître la faculté d'émettre et d'entendre des sons. « La sagesse du Créateur a multiplié les espèces et les genres de poissons, en les marquant tous d'une commune ressemblance. Si les uns ont une voix, comme les baleines, il faut bien que les autres aient quelque chose d'analogue. » Aristote avait dit que chez le squale lisse les embryons tiennent à la mère par un placenta, comme chez les mammifères ; Klein le nie absolument. La classification de Klein se rattache en partie à celle de Ray, en partie à celle d'Artedi, dont Linné venait de publier le travail ; elle en diffère cependant en plusieurs points par l'adoption de caractères tout artificiels, ce qui n'affirme pas un progrès sur ces deux méthodes. Ainsi pour Klein, les cétacés sont des poissons pulmonés, répartis en baleines (tête égale au tiers du corps, avec ou sans dents), narval et dauphins (tête prolongée en bec, trois nageoires). Le reste du système comprend les poissons proprement dits, à respiration branchiale. Les branchies sont libres ou cachées. Les branchies cachées sont latérales et derrière la tête, les poissons ayant des nageoires (cinq fentes branchiales : requins ; une fente : baudroie, anguille de mer), ou n'en ayant pas (une fente branchiale : anguille ; cinq fentes : lamproie), ou situées à la face inférieure du « thorax » : raies. Les poissons à branchies libres sont répartis plus artificiellement encore en deux séries subdivisées chacune en six faisceaux. L'auteur n'établit pas d'une manière bien nette les caractères de ces séries, et tombant lui-même dans le défaut qu'il reproche à Linné, ne garde pas une base fixe de classification. Des parties extérieures spécialement remarquables et un corps anguilliforme distinguent les poissons de la première série. Celle-ci commence par le silure, poisson étrange par sa tête et son ventre ; viennent ensuite les formes à tête prolongée en bec et à bouche plus ou moins variée, esturgeon, espadon, loup de mer (*Anarrichas*), etc., puis les poissons plats qui ont des yeux à droite, à gauche, ou de l'un et l'autre côté. Le quatrième faisceau comprend les poissons à collet, les silures cuirassés, hirondelles de mer, coucous (*Mullus, Trigla*) ; le cinquième, les poissons qui se fixent par une ventouse céphalique ou ventrale (*Echeneis, Cyclopterus*) ; le sixième, les poissons anguilliformes (les vraies anguilles) ayant les branchies cachées ; Klein met ici *Ophidion, Ammodytes, Cobitis*, celui-ci sous le nom spécial d'*Enchelyopus*. La seconde série a pour caractéristique générale : poissons

écailleux, à corps allongé ou aplati, mais toujours épais, à
côtés plus ou moins incurvés, etc. Il est évident que Klein n'a
pas su trouver de caractère précis, comprenant toutes les formes.
Les faisceaux, au nombre de six également, sont établis et désignés d'après le nombre des nageoires dorsales : monoptères,
diptères, triptères ; à chacune de ces trois divisions, l'auteur en
a subordonné une autre renfermant les espèces dont les nageoires offrent quelque doute à l'appréciation ou quelque particularité de forme ; il y a donc aussi les pseudomonoptères, les
pseudodiptères, les pseudotriptères. — Certes, Klein était un
ichthyologue savant et éclairé, et cependant, il faut bien le dire,
aucun de ses autres essais systématiques, où se résume toute
son activité, ne montre aussi bien que celui-ci combien il obéissait à des idées préconçues. Très-familiarisé avec les espèces en
particulier, Klein ne le fut jamais avec la classe dans son ensemble.

Dans la classification des cétacés [1] Klein emprunte également
certaines méthodes, certains caractères à ses prédécesseurs ; il
s'en tient d'ailleurs aussi, pour justifier ses groupements, aux
seules formes extérieures. Les caractères fournis par la coquille
devaient lui paraître d'autant mieux suffisants, que, pour lui, le
jeune mollusque a, dès sa sortie de l'œuf, son nombre définitif
de tours de spire. Mais les coquilles n'offrent rien de bien assuré
à la classification, et ses premières subdivisions sont déjà très-
mal définies. Il distingue d'abord les *Cochlides* et les *Conchæ*,
comprenant sous la première désignation les coquilles canali-
formes, à croissance régulière et à développement spiroïde ; sous
la seconde, les coquilles en godet ou en coupe. Suivant cette définition empruntée à Breyn, il met les coquilles en godet (*Patella,
Colyptra, Mitra*) dans le même groupe que les huîtres, sans tenir compte des différences des animaux univalves et bivalves.
Les cochlides sont simples, à coquilles à spire unique (c'est-à-
dire une spirale simple, quel que soit le nombre de tours), ou
composés, paraissant formés de deux coquilles ; ce qui guide ici
l'auteur, c'est la formation de la bouche de la coquille. En effet,
dans les simples, il admet des cochlides plans (*Argonauta, Plan-*

---

[1] Lors de sa première publication dans le « *Natürlichen Anordnung der Echinodermen* », 1734, et déjà dans son travail sur les tubes marins (p. 10), Klein donne
comme auteur du Système Fischer de Kœnigsberg ; il s'agit de Christ.-Gabr. Fischer,
professeur à Kœnigsberg, retiré quelque temps en exil à Danzig ; mort en 1731. Il prit
part à l'édition du travail de Linck sur les étoiles de mer.

orbis), convexes (*Nerita*), en voûte, elliptiques (*Haliotis*), coniques (*Bulla Trochus*), en escargot (*Turbo species, Helix*), buccinoïdes (*Buccinum sp.*) et turbinés (*Turbo sp.*) ; puis dans les composés il établit cinq classes d'après la forme, la nature de l'ouverture, pourvue d'un bec, allongée, ovale (*Bulla Cypraea*), ailée ; le *Murex brandaris* forme la cinquième classe, avec sa coquille formée en quelque sorte par l'adossement de deux pyramides. Les coquilles bivalves sont équivalves, se fermant par application ou engrènement des bords, ou inéquivalves (*Terebratula, Chama, Arca sp., Anomia*). Les anatifes « dont la fable est connue » sont des coquilles multivalves. Klein établit une classe particulière sous le nom de « nids de coquilles » pour les *Balanus* et *Policipes,* etc. Enfin les oursins et les « tubes de mer » font partie de son système des testacés ; il les avait déjà traités dans un ouvrage spécial. Klein n'a donc pas touché à l'animal, son système est purement coquiller ; la manie de créer partout des noms nouveaux, de changer même l'acception des noms anciens, ceux de Rumph, par exemple, achève de rendre son système indigeste.

Les travaux de Klein sur les crustacés n'ont guère de suite. A ses « Questions sur les classes des quadrupèdes et amphibies » est annexée une entrée en matière sur les crustacés, de la Baltique en particulier. Klein s'arrête toujours à l'examen des formes extérieures ; il sépare les crustacés des insectes, parce que ceux-ci ont le corps entier segmenté, tandis que chez les premiers, qui ont ce qu'on appelle un céphalothorax, la segmentation n'existe plus qu'à la queue et aux pattes. Sur ces considérations, Klein divise artificiellement les malacostracés en deux « grands genres » ; dans le premier il n'y a d'articulé que la queue ; dans le second, le corps tout entier ou le thorax seulement avec les pattes sont articulés. Il est évident qu'il n'a admis ce dernier caractère qu'afin de pouvoir faire entrer le bernard-l'hermite dans son groupe des insectes. Il y met également le scorpion, *Squilla*, qu'il appelle *Eutomon, Mantis, Lygia* et formes analogues. Au premier groupe appartiennent les crabes à queue courte (*Cancri*), les décapodes à queue longue (écrevisse, *Gammari*) et *Crangon* qu'il appelle *Squilla*.

Dans la « Classification naturelle des échinodermes », au chapitre des piquants, on trouve quelques mots sur l'organisation interne de ces animaux ; il y a aussi de bonnes figures de la lanterne d'Aristote et de ses différentes parties. Klein n'a cependant guère vérifié par lui-même les assertions de ses devanciers. Ainsi, à propos de la cloison calcaire qui se trouve dans nombre d'oursins plats, il reproduit la description de Réaumur, ne se souciant pas, dit-il, de détruire les exemplaires de sa collection. Il résume en somme ce qu'Aristote, Rumph et Vallisneri avaient dit sur ce sujet. Pour cette classe également, il ne s'intéresse qu'à la coquille, comme il le montre expressément en établissant pour elle l'appellation d'échinoderme. (V. p. 11.) Le vrai caractère typique, la prédominance du nombre cinq dans la classe entière, ne semble pas l'avoir frappé, et c'est sans un mot d'étonnement qu'il décrit un oursin à six rayons[1]. Dans sa classification calquée sur celle de Breyn et de ses prédécesseurs, il admet, avec Morton et Woodward, la position de la bouche et de l'anus comme caractère principal. Mais la combinaison de ces deux caractères ne lui va pas ; il préfère établir deux systèmes basés, l'un sur la position de la bouche, l'autre sur la position de l'anus. Ce dernier lui paraît préférable, et c'est d'après lui qu'il classe les espèces. Les noms nouveaux ne manquent point. Les descriptions sont accompagnées d'illustrations, d'un dessin et d'une gravure excellents pour l'époque. Elles furent exécutées aux frais des amis et des protecteurs de l'auteur ; longtemps on les a regardées avec raison comme une source importante pour l'étude des oursins. — Négligeant toujours complètement l'étude des parties molles, Klein décrit ensuite les «tubes marins». Avec Breyn, il comprend sous ce nom les belemnites, de vrais tubes d'annélides, etc. C'est dans cette classe que ses caractéristiques sont le moins approfondies, le moins heureuses, et plus tard, dans l'édition, revue et augmentée par Klein, du Nomenclator des pierres figurées de Scheuchzer, il n'y a à noter aucun progrès. — Enfin dans un mémoire intitulé : *Zufællige Gedanken über ein obhaudenes System des fisherigen steinartigen Seegewæchse,* Klein a publié ses idées sur les polypes. Les assertions et les explications de Peissonnel et de Jussieu lui paraissent inadmissibles, et il tient toujours les coraux pour des plantes, leurs animalcules pour des fleurs.

Nous venons de tracer un aperçu complet des travaux zoologiques de Klein. Au strict point de vue de l'histoire, et en les

---

[1] Sous le nom de *Echinites Telsdorphi*, Klein décrit un oursin à six rayons, dont il avait deux exemplaires de provenance différente. Il apporte trop d'exactitude dans tous les nombres qu'il donne pour qu'on puisse croire à une erreur ; peut-être, cependant, a-t-il confondu un rayon avec un espace interambulacraire particulièrement marqué.

prenant en détail, on n'en peut pas faire beaucoup l'éloge, même en tenant compte de l'époque où Klein travaillait. Notre jugement serait un peu différent si nous nous arrêtions à l'universalité de cet homme, que nous venons d'étudier d'assez près pour avoir montré dans nos critiques que jamais il ne passa pour une gloire nationale. C'est pur orgueil de clocher, lorsque Pendel son biographe, parlant de Linné, dit qu'il fut le Klein des pays scandinaves. Rappelons-nous l'état où Klein trouva la zoologie, les besoins de celle-ci et les efforts qu'elle provoquait; rappelons-nous aussi l'influence d'idées philosophiques déterminées, et nous verrons qu'il mériterait une place à part dans l'histoire de la zoologie, même si ses travaux avaient été moins utiles encore. Bien des savants, bien des compilateurs ont voulu achever ou perfectionner les systèmes de Klein ou de Linné; aucun n'a poursuivi aussi consciencieusement cette étude du règne animal; aucun n'a essayé aussi consciencieusement une classification générale, sur des bases purement artificielles, j'ose à peine dire purement logiques; Klein, il est vrai, ne se doutait aucunement qu'il s'agissait d'établir des degrés d'affinité entre des êtres doués de vie et de développement, soumis aux conditions les plus variées de l'existence; son travail de classification est de conception pure. On peut faire de Klein une sorte d'épouvantail, mais il faut ne pas oublier que la science n'aurait pas traversé avec tant de facilité et de bonheur cette période inéluctable, si Klein n'avait pas, fatalement en quelque sorte, et dans presque toutes les classes du règne, montré l'impossibilité des systèmes qui ne tiennent pas compte de tous les caractères de l'animal. Il importe aussi de rappeler que le sentiment du véritable but scientifique en zoologie se développa assez rapidement, et que les travaux spéciaux, complètement indépendants d'abord, tendaient tous vers la création d'un système unique. Ce système était destiné, au moins en apparence, à faciliter la répartition générale des formes de plus en plus nombreuses de l'ancien et du nouveau monde; mais, dès les premiers essais, on lui demanda de grouper systématiquement, en même temps que les espèces, toutes les connaissances acquises sur elles. Klein, en établissant son système, s'astreignit pour toute critique à une distinction méthodique dont souvent même il n'observa pas les règles, et la nécessité d'une validation formelle, ou, si l'on préfère, technique, lui échappa complètement. Ray avait cependant donné l'impulsion en définissant l'idée d'espèce; Klein n'en connut rien. L'espèce est bien pour lui le plus petit groupe systématique, mais nulle part il ne la caractérise assez pour en faire une unité systématique; l'expression *genus* est également pour lui l'expression d'un simple rapport logique d'ordination.

Dans Klein déjà se trouvent les expressions allemandes *Geschlecht* et *Galtung* pour Espèce et Genre, cause d'erreur bien connue, qui subsiste encore dans les ouvrages populaires d'aujourd'hui. Pour caractériser les idées de Klein en systématique, on ne saurait mieux faire que de reproduire le passage déjà cité, où il dit que c'est le Créateur lui-même qui a réparti les animaux en « genres et en espèces; » le but de la zoologie est donc de les retrouver et d'en formuler les caractères. Enfin, au point de vue des manifestations vitales dans l'animal, Klein ne s'est même pas douté que l'anatomie est la base de l'étude de ces phénomènes, comme il a toujours ignoré qu'elle est le meilleur moyen d'arriver à découvrir leur ensemble systématique. Mais un rival de Klein, obéissant aux circonstances, allait demander à l'animal lui-même, non plus à ses manifestations extérieures, l'édification d'un système, et sentant la nécessité d'une base formelle plus solide, allait, par un judicieux emploi des connaissances acquises, et malgré les erreurs inévitables de l'époque, renouveler de fond en comble la science zoologique. Elle ne fut plus dès lors une collection de descriptions d'histoire naturelle; un système unique embrassa pour la première fois les lois synthétiques du règne entier et celles qui résultaient des études spéciales de groupes ou d'espèces; l'édifice dont Ray avait repris les fondations était resté stationnaire avec Klein; son rival l'acheva.

Charles de Linné.

Dans une famille assez nombreuse de paysans suédois, au xviie siècle, plusieurs enfants avaient embrassé des carrières libérales. Ils adoptèrent alors un nom de famille et l'empruntèrent à un tilleul (en all. *Linde*), qui se trouvait dans leur canton, entre Ionesborda et Linnhult. Une branche de la famille s'appela Tiliauder, l'autre Lindelius. Nils Engenrarsson, né en 1674, pasteur en 1705 à Rashult, en 1707 à Steubrohult en Smaland, obéissant à la même tradition, prit, en entrant à l'Université, le nom de Linnæus. A Rashult, le 2 mai 1707, naquit son fils Charles Linnæus, dont le nom fut changé en Charles de Linné par lettres de noblesse datées du 4 avril 1757, accordées en novembre 1761 et confirmées à la fin de 1762 par le Sénat [1]. Le père de Linné aimait beaucoup l'horticulture et la botanique; son fils, éveillé dès la plus tendre jeunesse au goût de la nature, étudia bientôt toutes les productions naturelles de son pays natal, les plantes en particulier. Destiné à la théologie, il fut mis à Vexio, à l'école, 1719-1724, puis au gymnase jusqu'en 1727, pour s'y préparer aux études universitaires. Mais peu de temps après son entrée au gymnase, il contenta si peu ses maîtres, que son père, pour lui assurer un gagne-pain, voulut lui faire apprendre le métier de cordonnier. Heureusement un médecin de Vexio, Jean Rothmann, s'intéressa chaudement au jeune botaniste, détourna le père de son dessein et lui persuada de laisser son fils étudier la médecine. Linné se rendit à l'Université de Lund ; Kilian Stobæus, professeur de botanique, s'intéressa à lui, favorisa ses goûts, mit à sa disposition une riche bibliothèque où Linné fortifia ses connaissances, déjà très-étendues, en botanique. C'est pendant son séjour à Lund qu'il fut atteint d'une grave maladie, causée, croyait-on, par la pénétration d'un ver fabuleux, que Linné a désigné sous le nom de *Furia infernalis*. Sur les conseils de Rothmann, Linné quitta sa famille, en automne 1728, pour se rendre, avec un peu d'argent qu'on lui avait remis une fois pour toutes, à Upsal, y étudier sous la direction d'Olaf Rudbeck. Il fut tiré de la position précaire où le mettait son manque de ressources par la bienveillance du théologien Olaf Celsius, occupé alors à la préparation de son *Hierobotanon*, qui remarqua par hasard le savoir botanique du jeune étudiant. Dès 1730, Linné suppléait Rudbeck dans ses leçons; il eut ainsi occasion de consulter beaucoup d'ouvrages de zoologie, et les dessins d'oiseaux de Suède faits par Rudbeck lui-même, dans la bibliothèque de ce professeur. Notons encore un fait important dans la vie de Linné : c'est sa liaison, dès son premier séjour à Upsal, avec un jeune homme d'à peu près son âge, Pierre Arctadius, plus connu dans la suite sous le nom d'Artedi; cette liaison est comparable à celle de Ray avec Willoughby; Linné voulait aussi réformer l'histoire naturelle, et lui et son ami se

---

[1] On peut regarder « Linnæus » comme forme latinisée de « Linné » ; quoi qu'il en soit, le célèbre Suédois s'appela non Linné, mais Linnæus jusqu'en 1762.

partagèrent également la besogne. Né en 1705, dans l'Auger-maunland, de parents pauvres comme ceux de Linné, Artedi vint, en 1724, à l'Université d'Upsal pour y étudier la théologie, qu'il abandonna bientôt, comme Linné, pour s'adonner à l'histoire naturelle. Linné voulait réformer la botanique (l'ouvrage de Vaillant sur l'organisation de la fleur fut pour beaucoup dans ce dessein), Artedi désirait en faire autant pour l'ichthyologie. Cet échange vivant de toutes leurs impressions nouvelles cessa bientôt entre les deux amis. La Société littéraire et scientifique d'Upsal désirait envoyer un voyageur en Laponie pour y observer avec soin toutes les merveilles naturelles de cette province septentrionale de la Suède. Ce fut Linné qu'on choisit pour cette mission. Le 2 mai 1732, il partait pour ce voyage, le plus pénible, disait-il plus tard, mais aussi le plus fructueux qu'il ait jamais fait. Il fut de retour à Upsal en octobre de la même année. La jalousie de l'adjoint Rosen lui avait fait perdre le droit de professer en public, mais il obtint un petit secours et put, avec ses économies, faire un voyage minéralogique à Fahlun, d'où il en fit un autre en Dalécarlie, avec un certain nombre de jeunes auditeurs, aux frais de Reuterholm. A Fahlun même il fit des leçons publiques de minéralogie et d'essai des minéraux, puis, selon la mode d'alors, pour s'assurer les moyens d'aller préparer son doctorat à l'étranger, il se fiança avec la fille du docteur Jean Moræus, à Fahlun. En 1735, il commença son voyage à l'étranger, débutant par la Hollande, où la plupart des jeunes Suédois allaient cueillir leurs lauriers médicaux; peu de temps auparavant Artedi était allé en Angleterre pour y continuer ses études ichthyologiques. Linné passa sa thèse le 13 juin à Hardewick, sur une hypothèse nouvelle sur les fièvres intermittentes. A Amsterdam, il se lia avec Jean-Frédéric Gronov, à qui le nouveau *Système de la Nature,* arrangé d'abord par Linné sous forme de tableau, dut d'être imprimé pour la première fois (1735).

La même année il préparait aussi ses *Fondamenta Botanica,* et si activement, qu'ils purent être mis sous presse l'année suivante avec la *Bibliothèque de Botanique.* Les *Principes* constituent un ouvrage d'une haute importance; car les règles que Linné posait spécialement pour la botanique et en général pour l'étude rigoureusement scientifique de la nature, il les étendait aussi à la terminologie et à la nomenclature, bien que, dans ce dernier cas, il lui fût arrivé au début de les enfreindre.

Gronov lui fit faire la connaissance de Boerhaave, qui le mit en relation avec Byrmann et Clifford. Accueilli par ces deux savants avec honneur et bienveillance, Linné travailla en Hollande à quelques-uns de ses ouvrages les plus considérables de botanique ; sur les instances de Clifford, il se rendit en Angleterre (1736), où il se trouva dans la société de Shaw, Jean Sloane, Dillenius, etc. A son retour, en 1737, il publia son *Genera Plantarum*. L'année suivante il y comprit les *Classes de Végétaux* comme deuxième partie de ses *Principes*. Jusqu'alors il s'était attaché en Hollande à faire prévaloir dans les jardins une classification et une nomenclature en rapport avec ses nouvelles vues systématiques. Un autre travail considérable relatif à la zoologie lui incomba dans des circonstances particulièrement douloureuses pour son cœur. Son ami Pierre Artedi était, sur ces entrefaites, revenu d'Angleterre ; il avait été recommandé au pharmacien Albert Séba pour décrire sa riche collection de poissons ; en se rendant un soir à la maison de Séba, il tomba dans une mare et s'y noya. Clifford obtint de l'hôte d'Artedi le manuscrit inachevé de ce dernier et en fit cadeau à Linné. Celui-ci publia, au commencement de l'année 1738, l'ouvrage, remarquable pour le temps, d'Artedi sur les Poissons. La classification que son ami avait adoptée pour cette classe, il la suivit entièrement dans la première édition du *Système de la Nature*.

En mai 1738, Linné alla à Paris ; il y lia connaissance avec les deux Jussieu, Réaumur, etc., et y fut de plus élu membre correspondant de l'Académie des sciences ; puis il revint à Stockholm. Il y fut d'abord accueilli froidement, et pour vivre dut chercher à se créer une clientèle comme médecin ; cet expédient lui réussit ; il fut introduit à la cour, où de Geer et le comte Tassin s'intéressèrent tout particulièrement à sa position, et il se maria le 26 juin 1739. En 1741 il fut nommé professeur de médecine à Upsal ; à la fin de l'année il permuta avec Rosen ; il eut ainsi la chaire de botanique et d'histoire naturelle. C'était véritablement là que Linné était à sa place ; il transforma complètement le jardin, y fonda en 1745 un musée d'histoire naturelle, et comme résultat de ses différents voyages dans les provinces suédoises, fit paraître en 1746 son travail sur la *Faune scandinave*. Devenu archiâtre en 1747, il chargea un certain nombre de ses élèves (Ternstrom, Kalm, Hasselquist, Moutin, Osbeck, etc.) d'explorer les contrées les plus différentes pour en recueillir les productions naturelles. En 1750, il rassembla et étendit dans sa *Philosophie Botanique* les règles fondamentales qu'il avait auparavant disséminées dans ses *Principes*, et des observations comprises avec beaucoup d'autres dans sa *Critique* et ses *Classes de Végétaux*. Il en fit un ouvrage qui fut pour la botanique une base nouvelle. Ses règles générales, si importantes pour la description des végétaux, il les appliqua plus tard à toutes les sciences naturelles, et y ajouta lui-même quelques développements sur la classification des articulés et des oiseaux. Longtemps après, Joh-Reinhold Forster resta fidèle aux préceptes du maître dans un petit livre où il renferma l'histoire des poissons.

L'immense valeur de Linné était sentie chaque jour davantage, non plus seulement par les étrangers, mais aussi par ses compatriotes. La satisfaction qu'il en éprouvait dans ses dernières années excitait sa prodigieuse activité. Il la dépensait à pousser plus loin l'étude générale de la nature, et surtout à mieux connaître les caractères et les affinités des différentes espèces. Il mettait toute son ardeur à revoir, en les collationnant, les diverses éditions de ses ouvrages sur les espèces végétales et celles de son *Système de la Nature*. Ce livre, modifié à chaque édition, devint, par exemple, à la dixième ou à la douzième, une œuvre entièrement nouvelle [1].

Comme professeur, son zèle n'était pas moindre : il dut même être plus vivement stimulé. Jusqu'alors l'histoire naturelle, considérée depuis la fin du moyen âge comme la science des « remèdes simples », n'avait constitué qu'une annexe de la thérapeutique : elle était exposée sèchement selon la vieille manière, mais avec plus d'érudition. Linné inaugura la méthode féconde de l'examen personnel ; il conduisit ses disciples (y compris Schreber et J.-E. Fabricius) à la conquête de la nature par une voie absolument nouvelle. On se plaisait à suivre ses leçons et à le voir présider les solennités universitaires, comme en témoigne sans doute le grand nombre de dissertations rédigées de sa propre main ou revues par lui, et plus tard réunies dans les *Amœnitates Academicæ*. En 1758 il avait acheté le domaine d'Hammarby et s'y était retiré en 1764, après avoir cédé sa chaire à

---

[1] A la note 2 de la page 373 sur les éditions du *Systema Naturæ*, nous devons ajouter que Linné, en les énumérant, a appelé 11e la 10e imprimée à Leipzig en 1762, sans mentionner l'édition très-soignée, publiée à Hall (1760). La 12e édition est donc celle de 1766-68, qui parut à Stockholm ; c'est la dernière dont Linné s'est occupé. Jean-Frédéric Gmelin en fit un 13e tirage à Leipzig en 1788.

son fils Charles. Après plusieurs graves maladies il fut atteint d'attaques d'apoplexie, à la suite desquelles il succomba le 10 janvier 1778.

On est porté de nos jours à rabaisser les mérites de Linné en zoologie et en botanique; tout au moins le considère-t-on comme un naturaliste d'une époque irrévocablement disparue, parce qu'il ne s'est que rarement ou presque point occupé des problèmes dont la science moderne poursuit tout particulièrement la solution. L'importance de ses travaux pour tout ce qui touche aux sciences naturelles et aux espèces actuelles est sans précédent dans l'histoire : elle n'a peut-être jamais été dépassée. C'est en effet des observations particulières que se dégagent les vérités générales; or, Linné comprit l'urgence de préciser tous les détails avec soin, de manière à ne laisser aucun doute sur l'objet décrit. Avant lui on était arrivé à connaître un nombre considérable d'animaux; mais il n'était au pouvoir de personne de décider avec certitude si certaines descriptions d'êtres que les anciens naturalistes ont parfaitement connus, auxquels ils ont imposé des noms, qu'ils se sont attachés à bien dépeindre, se rapportent à une seule espèce ou à plusieurs. Depuis des siècles qu'on philosophait, l'idée de ne parler qu'une langue scientifique n'était venue à qui que ce fût. On n'avait point imaginé d'employer une nomenclature nette et précise pour désigner l'espèce que l'on étudiait; on ne faisait point usage de termes techniques, aisés à comprendre, bien déterminés, n'ayant qu'un seul sens, tellement clairs enfin, qu'il suffit de les énoncer pour donner aussitôt à un homme du métier une idée exacte de la chose.

Le contraste des ouvrages d'histoire naturelle de Linné avec ceux de ses devanciers, Ray, Klein, etc., rend ce défaut de nomenclature d'autant plus sensible chez ces derniers. Les mêmes termes entraient souvent dans les définitions destinées à distinguer les espèces voisines; les expressions employées pour caractériser les espèces déjà décrites étaient trop concises, peu exactes et dans la plupart des cas insuffisantes; Linné, au contraire, choisit parmi ces expressions celles qui caractérisent complètement et exclusivement chaque espèce.

Il n'y avait pas seulement à créer une nomenclature pour les différentes espèces. Ce qui importait bien davantage, c'était l'art de décrire les divers organes, les caractères, de façon à pouvoir classer d'après leurs affinités anatomiques les animaux jusqu'alors indéterminés, dont la place était restée douteuse.

Sans doute plusieurs essais avaient été tentés, comme nous l'avons dit plus haut, en vue d'instituer une terminologie ; mais c'était toujours une entreprise sans conséquence qui ne s'étendait pas à toute la série des animaux décrits ; il n'y était point tenu compte des caractères pour établir les groupes et les distinguer nettement. Avec Linné, l'incertitude des expressions disparaît rapidement ; c'est tout une révolution qu'il opère dans les définitions ; il construit sur de nouvelles bases un système de nomenclature qu'il applique aux diverses sections de la classification. S'il est une heureuse innovation, en dehors de la reconnaissance des espèces, c'est bien celle qu'il introduisit dans la science, en faisant remarquer qu'on ne doit point imposer des noms différents suivant le caprice à des groupes de même valeur ; il jugea de même qu'à des subdivisions d'inégale importance doivent correspondre des dénominations différentes, désignant d'une façon précise les groupes et le rang hiérarchique de chacun d'eux.

Tel était le but principal des travaux de Linné : fixer et enrichir la langue scientifique. Il était donc bon et vraiment important, comme Linné le fit dans ses *Principes*, de réviser les caractères des groupes et des sections de la classification. Comme nous l'avons dit, il fit de plusieurs d'entre eux une étude spéciale qui lui permit de dresser sur la même base le tableau des autres classes. Pour chacune d'elles il esquissa un catalogue où il distribua, d'après les différences de leur organisation, les diverses espèces observées, tenant compte de leurs formes extérieures et de leurs affinités anatomiques. Il recourut dans ce travail à une notation qu'il établit une fois pour toutes, et l'appliqua à toutes les divisions de chaque classe [1]. Par ce moyen il devenait possible de caractériser les différents êtres par des définitions ou diagnoses courtes, généralement faciles à comprendre, ne donnant prise à aucune fausse interprétation. Les mots qui y entraient étaient bien déterminés et peu nombreux. C'était peut-être alors un progrès qui allait être près de s'accomplir ; mais en l'exécutant, Linné sut en faire profiter les espèces nouvellement décrites ; il ne mettait en relief que leurs plus importantes différences. A ce point de vue, l'universalité des animaux et des plantes connus dut être révisée à nouveau

---

[1] Ainsi Linné, dans sa *Faune Suédoise*, fait-il précéder le tableau des différents groupes d'une révision des caractères qui servent à les établir, sous la rubrique « Termini artis », 1746.

et avec un soin tout spécial. Les diagnoses devenaient d'autant plus difficiles, que les sections allaient toujours se multipliant dans les deux règnes ; Linné sentit la nécessité d'exprimer à l'aide d'un très-petit nombre de termes les différences de deux ou plusieurs espèces.

Le principe du système linnéen, qui divise chaque règne en classes, ordres, genres, espèces et variétés, est d'une importance encore plus grande.

Avant Linné, encore au temps de Klein, la fantaisie pure présidait à la délimitation des groupes ; on les distinguait entre eux, et on les subordonnait les uns aux autres de la façon la plus arbitraire. Leurs frontières ne furent définitivement établies que dans la première édition du *Système de la Nature*. Encore Linné fait-il remarquer que ses divisions sont sans doute artificielles, et que la découverte du véritable système naturel serait le couronnement de son œuvre. Pour la botanique, il donne en manière d'essai, dans sa *Philosophie*, le dénombrement des groupes naturels ; à la vérité il ne les y divisait pas encore en familles, cependant il y était question de toutes les sections auxquelles ce nom fut donné plus tard.

L'établissement de la notion d'espèce comme point de départ de sa méthode était d'un intérêt supérieur. Il pensait déjà, dans la première édition de son *Système de la Nature*, que le nombre des individus d'une même espèce tend toujours à s'accroître, et que si l'on remonte à leur origine, on la trouve en dernière analyse réduite à une seule paire ou à un seul individu androgyne. Il ne se produit pas, selon lui, de nouvelles espèces ; les individus semblables viennent de parents semblables.

Tels sont les principes qu'il étendra et formulera plus tard dans sa *Philosophie Botanique :* « Il y a autant d'espèces qu'il en fut créé primitivement. » Cette façon, inaugurée par Ray, d'envisager l'histoire naturelle trouve ici avec bien plus de rigueur et d'étendue son exposition doctrinale. De plus, il faut remarquer que Linné porta plus loin que Ray la lumière dans l'art de délimiter les espèces et de les distribuer en catégories : il a également montré avec clarté que ces divisions de genres, ordres et classes sont conformes aux dispositions de la nature. C'est pour la botanique qu'il fut d'abord question de ce mode de classification, la distinction des genres étant fondée sur l'anatomie et leur ressemblance indiquée par le caractère de l'ordre qui les renferme.

Cette façon d'introduire de la clarté dans la méthode appartient en propre à Linné. Les espèces étant sorties toutes faites des mains du Créateur, il résultait de cette classification qu'elles devaient se suivre harmonieusement dans tout genre établi d'après un caractère bien net : les examiner à ce point de vue était le meilleur moyen de s'assurer si les genres, les ordres et les classes rendent bien compte des relations de ressemblance que la nature a elle-même établies entre les êtres.

Dans les groupes les plus étendus, Linné s'efforce de rassembler un certain nombre de genres voisins, rattachés les uns aux autres par l'ensemble des caractères anatomiques qui trahissent leur genre de vie. De là à s'élever à la découverte des véritables groupes naturels, c'est pour lui, comme il l'explique lui-même, le but suprême de la botanique. « *La nature ne fait pas de sauts* », dit-il. Et encore : « Chaque espèce végétale est, par ses affinités, l'intermédiaire de deux autres, comme un territoire sur une carte géographique. » A ses yeux, un système et une méthode sont deux choses différentes; il n'a en vue que la méthode naturelle; le système n'est qu'une construction artificielle et provisoire au-dessus de laquelle la méthode devra s'élever. Il développe ces principes fondamentaux dans sa *Philosophie Botanique;* à l'appui de ses idées, il donne brièvement des exemples tirés du règne animal, faisant des cas particuliers l'occasion de considérations générales.

Le système introduit par Linné dans la botanique était le fil d'Ariane sans lequel cette science fût demeurée un véritable dédale, comme il le dit lui-même dans le *Système de la Nature.* Il savait combien il était nécessaire de porter remède à ce désordre. Il cite l'exemple d'une plante indienne inconnue ; un botaniste amateur pourra confondre toutes les descriptions et représentations et ne trouver le nom de l'espèce que par hasard ; au contraire, celui qui suivra son système saura bien vite s'il est en présence d'un nouveau ou d'un ancien genre. Or, dans ce cas même, la réforme systématique de Linné n'avait point pour unique objet de faciliter aux naturalistes les moyens de reconnaître rapidement les espèces décrites; il avait de plus hautes visées; il voulait indiquer leurs degrés de parenté par une classification naturelle ; aussi son système fut-il en peu de temps connu de tout le monde. Linné ne se laissait guère égarer que par les caractères d'adaptation, quand il considérait les rapports naturels des êtres. Cette sorte d'erreur, bien digne d'être remarquée, qu'il commit dans la classe des poissons, nous aurons l'occasion de la signaler encore plus tard. Linné tenait compte du genre de vie, mais se fondait sur les dispositions anatomiques pour établir ses grandes divisions. Aussi son système zoologique, tout artificiel qu'il est, n'en présente pas moins de grands groupes parfaitement naturels.

Cet avantage, qui ne constitue pas le moindre mérite de Linné dans l'exposition méthodique de l'histoire naturelle, était extraordinairement heureux. Il permettait d'appliquer aux espèces végétales et de même aux animaux une nouvelle nomenclature très-simple. Car il devenait de plus en plus incommode de se servir des longues définitions des anciens pour désigner, sans confusion possible, les espèces pour lesquelles la langue usuelle n'offrait point de termes simples. Cet embarras arrivait à être insupportable, parce que le nombre des espèces nouvelles dont il fallait parler augmentait sans cesse. On recourait à de vieux noms génériques, ou bien on en créait tout exprès, dès que l'on trouvait à ajouter une espèce à celles que l'on connaissait déjà; encore ne savait-on pas les définir brièvement. C'est alors que Linné imagina la nomenclature binaire; elle consiste à faire précéder le nom vulgaire de l'espèce de celui du genre.

La première fois que Linné en fit usage ce fut, en 1749, à l'occasion de sa dissertation *Pan Suecica* (sur toute la Suède), dans le seul but de désigner d'une façon plus concise les espèces qu'il énumérait. Deux ans plus tard, il écrivait dans sa *Philosophie Botanique :* « Peut-être est-il permis d'introduire les noms vulgaires dans la science, de la même façon que je m'en suis servi dans *Pan Suecica.* » C'est d'abord à ses espèces végétales (*Species Plantarum, 1753*) qu'il appliqua la nomenclature binaire, puis aux trois règnes dans la dixième et (particulièrement pour les minéraux) dans la douzième édition du *Système de la Nature.* La moindre attention suffit pour reconnaître quel soulagement considérable cette méthode apporta et apporte encore à la nomenclature. A ce sujet Linné avait en vue un emploi plus étendu des termes vulgaires; il lui semblait même facile d'adopter pour les noms usuels certaines terminaisons déterminées; une fois apprises, elles viendraient en aide à la mémoire et indiqueraient d'elles-mêmes à quel groupe, grand ou petit, appartient une espèce quelconque, pourvu que son nom soit établi d'après sa méthode. De là dans les différents groupes des papillons des noms d'espèces terminés en *a* ou *is,*

comme *aria, ata, alis, ella, dactyla* [1]. C'est pourtant un bien en
général que cette idée n'ait pas été suivie : la difficulté de faire
usage de signes aussi arbitraires eût fait abandonner les noms.

Linné qui, en histoire naturelle, a fondé la construction de la
langue scientifique sur des règles fixes, a lui-même donné
l'exemple dans la manière de les observer. On ne saurait nier
non plus que n'ayant à sa disposition que des termes insuffisants
ou trop concis, il ait souvent su leur faire exprimer toutes les
idées qu'ils renfermaient. De là la clarté de ses descriptions,
l'exactitude rigoureuse de ses définitions, la netteté de son discours, qui devient attachant, entraînant, séduisant comme la
poésie ; à ce point de vue, les préfaces de ses écrits, particulièrement, sont remarquables ; elles renferment des morceaux de
valeur qui appartiennent à la nouvelle littérature des sciences
naturelles [2].

Après avoir établi la signification des mots *genre* et *espèce*,
Linné les appliqua aux choses : ce fut par là qu'il commença
sa réforme systématique de l'histoire naturelle. Il se servit de
courtes diagnoses pour faire connaître les trois règnes. Dans
les dernières éditions du *Système de la Nature* parut la célèbre
définition de ces règnes : « Les minéraux croissent ; les plantes
croissent et vivent ; les animaux croissent, vivent et sentent. »
Dans les éditions postérieures, il revient sur le caractère de la
croissance ; chez les pierres elle consiste en une simple juxta-
position ; aussi nomme-t-il les minéraux *Congesta*, par opposition aux plantes et aux animaux qu'il qualifie d'*Organisata*.
Cette distinction va de pair avec le changement qu'il opéra dans
la manière de caractériser les classes dans lesquelles il distribua
le règne animal. Mais dans toutes les éditions on retrouve les
six mêmes classes : Quadrupèdes, oiseaux, amphibies, poissons,
insectes, vers.

---

[1] Linné dit : « Optandum foret, ut pari modo tota scientia potuisset institui. » Ce
qu'il entend par *scientia*, il l'explique dans l'introduction de la 10ᵉ édition : « Scientia
naturæ innititur cognitioni Naturalium methodicæ et nomenclaturæ systematicæ tan-
quam filo Ariadneo »; et il la définit ainsi : « Naturalis scientia trium regnorum
fundamentum est omnis diætæ, medicinæ, æconomiæ tam privatæ quam ipsius
naturæ . »

[2] Si difficile qu'il soit de choisir ici des exemples, rappelons cependant la peinture
des habitations humaines telle qu'elle se trouve dans la 12ᵉ édition : « Habitat inter
Tropicos Palmis lothophagus, hospitatur, extra Tropicas novercante Cerere carnivorus, »
puis la diagnose de l'espèce humaine, la description du chien. la qualification des
formes du bec chez les oiseaux (Uncus trahens, Cuneus saniens, Cribum colans,
Bacillus tentans, Harpa Colligens, Forceps excipiens).

Au début (depuis la première jusqu'à la neuvième édition du *Système de la Nature*) Linné attachait plus d'importance aux caractères extérieurs; évidemment il trouvait dans leur examen un supplément aux essais systématiques antérieurs. C'est ainsi qu'il caractérisa les *quadrupèdes* comme des animaux pourvus de poils et de quatre pieds, dont les femelles mettent au monde des petits vivants et les allaitent. Les *oiseaux* se distinguent, selon lui, par un corps emplumé, deux ailes, deux pieds, un bec osseux; leurs femelles pondent des œufs. Les amphibies ont la peau nue ou écailleuse; ils manquent de dents molaires, mais sont toujours munis des autres sortes de dents; ils n'ont pas de nageoires. Les *poissons* ne possèdent pas de pieds; ils ont de vraies nageoires, que Linné considère d'abord comme des expansions des rayons, ensuite comme les représentants des pieds; leur corps est nu ou écailleux. Les *insectes* ont un squelette tégumentaire à la place de peau; leur tête porte des antennes; enfin les *vers* sont caractérisés par ce fait que leurs muscles sont assujettis par leurs extrémités à une base solide. Ces définitions, résumées d'après les idées des anciens naturalistes, sont avantageusement remplacées dans la dixième édition du *Système de la Nature;* Linné pose à ce sujet le principe le plus fécond de la classification : « La division naturelle des animaux doit être établie, dit-il, d'après leur structure. » Et alors, à la suite de cette proposition, apparaissent les six mêmes classes, caractérisées cette fois d'après la conformation de leur cœur et la nature de leur sang : les mammifères (Linné ne dit plus quadrupèdes) ont un cœur composé de deux chambres ventriculaires et de deux chambres auriculaires; leur sang est rouge et chaud; leurs petits sont vivants en sortant de la mère; mêmes caractères pour les oiseaux, si ce n'est que ceux-ci pondent des œufs; les amphibies et les poissons ont un cœur composé d'un ventricule et d'une oreillette, le sang rouge et froid; les premiers (amphibies) respirent au moyen de poumons; les seconds (poissons) au moyen d'ouïes extérieures. Les insectes et les vers sont caractérisés par un cœur simple sans oreillette, par un liquide nourricier (*sanies*) blanc et froid; les premiers (*insectes*) ont des antennes articulées; les seconds (*vers*) des tentacules non articulés. Linné résume ces caractères en un court tableau; il y ajoute des traits plus étendus; tantôt il rappelle un facies particulier et très-prononcé, comme lorsqu'il mentionne la mobilité ou la fixité de la mâchoire; tantôt il cherche à faciliter les déterminations en mettant en relief le port et les formes extérieures. Cependant Linné n'a pas bien saisi les divers degrés d'affinité qui existent entre les quatre premières classes d'une part, et d'autre part certaines espèces de chacune des six classes.

Les modifications introduites par Linné dans les définitions de ses classes supérieures restèrent en toute manière bien inférieures au changement qu'il opéra dans la façon de les circonscrire et de classer les espèces renfermées dans chacune d'elles. C'est là qu'on peut suivre, à travers les différentes éditions du *Système de la Nature*, un véritable progrès, parfois aussi un pas en arrière. La classification de l'espèce humaine dans son système témoigne de l'ampleur des vues de Linné ; avec les yeux d'un vrai naturaliste il embrassait de son regard, sans prévention aucune, toute la nature vivante. C'est un progrès que ni Ray ni Klein n'eussent jamais hasardé et que ses successeurs, tels que Buffon et autres, n'indiquèrent qu'à contre-cœur.

Au commencement de son ouvrage, il divisait les mammifères en cinq ordres : anthropomorphes, bêtes sauvages, glires, jumentés et ruminants ; il les caractérisait principalement d'après la denture et en second lieu d'après la conformation des pieds. La délimitation des anthropomorphes resta la même jusqu'à la sixième édition, avec les genres homme, singe et paresseux ; ce dernier genre ne se retrouve plus dans la dixième édition ; à sa place figurent les semi-quadrumanes (lémuriens) et les chauves-souris, le nom de l'ordre étant changé en celui de primates. L'ordre des bêtes sauvages (*Feræ*), dans lequel il avait d'abord renfermé les carnivores, les insectivores, les marsupiaux et les chauves-souris, fut maintenu presque sans changement jusqu'à la dixième édition, si ce n'est que Linné détermina d'une façon plus nette certains genres tels que chat, phoque, hérisson, tatou. Dans la dernière édition l'ordre des *Feræ* fut limité aux genres phoque, chien, chat, viverra, belette et ours, à côté desquels un nouvel ordre, celui des *Bestiæ*, fut institué pour les cochons, les tatous, les hérissons, les taupes, les musaraignes et les marsupiaux ; Linné caractérisa ces animaux d'après le nombre encore mal déterminé des dents incisives et le nombre des canines au-dessus d'une paire. Dans la sixième édition fut institué, sous le nom d'*Agriæ*, un ordre spécial pour les fourmiliers édentés, le myrmécophage et le manis ; dans la dixième édition ces animaux furent réunis avec les éléphants, les morses, les paresseux dans le second ordre, — les brutes, — à la suite des primates. Linné distinguait ces animaux d'après l'absence des incisives à la mâchoire supérieure ou à la mâchoire inférieure. L'ordre des glires, qui au début était le troisième, comprenait, mais non sans certaines exceptions, les musaraignes et les rongeurs. Dans la sixième édition du *Système de la Nature*, Linné leur adjoignit les marsupiaux, dont alors on ne connaissait que la sarigue (*Didelphis*) d'Amérique ; enfin, dans la dixième édition, il réunit aux glires le rhinocéros, rangeant à sa place les marsupiaux et les musaraignes parmi les *Bestiæ*.

L'ordre des jumentés comprenait d'abord les genres : cheval, hippopotame, éléphant et cochon. Puis dans la sixième édition, s'y ajouta le rhinocéros qui manquait dans la première ; près de ces animaux l'ordre des *Belluæ* comprit seulement, dans la dixième édition, le cheval et l'hippopotame, distingués d'après le nombre d'incisives tranchantes à la mâchoire. La délimitation des ruminants ne fut point modifiée, si ce n'est qu'à partir de la sixième édition ils comprirent le genre particulier des chevrotains. Dans la dixième apparurent comme huitième et dernier ordre les mammifères pisciformes que, suivant l'exemple de Ray et d'Artedi, on avait jusque-là rangés parmi les poissons. Les changements apportés dans la douzième édition, la dernière dont Linné ait pris soin lui-même, consistaient en ce que le tatou y était rangé parmi les brutes à côté des fourmiliers, l'ordre des *Bestiæ* supprimé, les insectivores et les marsupiaux reportés parmi les *Feræ*, le cochon parmi les *Belluæ* qui comprirent aussi alors le rhinocéros. Enfin une espèce américaine, autrefois décrite parmi les chauves-souris, devint l'objet d'un genre spécial, supprimé plus tard, qui parut parmi les rongeurs.

Linné, dans la première édition du *Système de la Nature*, divisa la classe des oiseaux en sept ordres, qu'il distingua en se fondant exclusivement sur la forme du bec. De ces sept classes, les accipitres, les pics, les oies, les gallinacés et les passereaux conservèrent invariablement leurs limites primitives jusqu'à la douzième édition, tandis que les macrorhynques avec les genres grue, héron et cigogne, et les scolopaces avec le reste des échassiers, furent réunis sous ce dernier nom dans la sixième édition, et plus tard dans l'ordre particulier des gralles.

Quant à la place des différents genres compris dans les ordres, Linné à plusieurs reprises opéra des améliorations réellement considérables, sans parler des genres nouveaux et des es-

pèces nouvelles qu'il établit. Le genre qui commence l'ordre
des accipitres était au début le genre *Psittacus* qui, dans la
dixième édition, fut reporté parmi les pics. Tout près, nous trouvons dans la même édition le genre vautour nouvellement établi
et le genre *Lanius* parmi les oiseaux de proie, dont les espèces
avaient été rangées auparavant dans le genre *Empelis* parmi les
passereaux. Dans l'ordre des pics, d'abord uniquement caractérisés par leur bec comprimé vers le haut et légèrement arqué,
Linné distingua par des noms différents quantité de genres; il
les divisait d'après la conformation de leurs pieds, grimpeurs ou
non grimpeurs, et aussi de leur langue bifide ou complètement
simple. Parmi les oiseaux qu'il considérait comme pourvus d'une
langue bifide, on peut citer les genres sittelle et *Trochilus* qui
autrefois étaient rangés parmi les passereaux. Les nouveaux
genres établis par Linné sont : *Coracias, Merops, Crotophaga,
Gracula, Alcedo, Certhia;* antérieurement *Merops* et *Certhia*
étaient considérés comme deux espèces du genre *Ispida*. L'ancienne diagnose indiquait que les oiseaux nageurs, oies, ont les
parois intérieures de leur bec en dents de scie ; plus tard il ne
fut point tenu compte de cette définition : leur bec, comparable
à un crible (*Cribum colans*), fut décrit comme plat, recouvert
d'épiderme et s'élargissant vers l'extrémité. Dans la dixième
édition, le genre phénicoptère se trouve près du genre *Anas*
(canard) parmi les nageurs, place récemment reconnue comme
étant la plus convenable, mais que Linné n'assigna à ces oiseaux
que provisoirement et d'après les seuls caractères extérieurs.
Dans la dixième édition, le flamant figure parmi les échassiers,
auxquels fut adjoint le *Platalea*, décrit jusqu'à la sixième édition
comme une espèce du genre canard. De même *Procellaria*, qui dans
cette édition était classé parmi les passereaux, était placé ici parmi
les nageurs. Dans le neuvième genre de l'ordre des oies se trouvent, dans la dixième édition, *Diomedea, Phaeton* et *Rhyncops*.
Les trois genres de l'ordre des macrorhynques, grue, héron
et cigogne, furent plus tard réunis dans le seul genre *Ardea*.
Du surplus des échassiers énumérés dans la première édition, il
reste *Hœmatopus, Charadrius*, et *Tringa. Varanellus* fut réuni à
ce dernier; *Numenius* fut, à partir de la dixième édition, appelé
Scolopax, et *Fulica*, en passant dans la sixième édition, fut
rapproché des poules, mais restitué à l'ordre des gralles dans la
dixième édition. *Recurvirostra* fut introduit à nouveau dans la
sixième ; *Mycteria teutalus, Rallus* et *Psophia* dans la dixième.

Enfin, dans la dixième édition apparaissent aussi parmi les échassiers *Struthio* et *Otis,* qui tous deux, jusqu'à la sixième édition, avaient été classés dans les genres *Struthio, Casuarius* et *Otis,* parmi les gallinacés. Au nombre des genres qui, après cette séparation, restèrent parmi les gallinacés, on peut citer, dès la première édition du *Système de la Nature,* le paon, le dindon, la poule (plus tard le coq) et le tétras; à ce dernier genre fut réuni comme espèce le faisan.

Dans toutes les éditions jusqu'à la dixième, c'est le genre colombe qui ouvre la série des passereaux; les genres que la sixième édition introduisit dans cet ordre furent *Trochilus, Sitta* et *Procellaria* déjà mentionnés, et qui plus tard furent changés de place. Pour les autres genres, les grives, les étourneaux, les alouettes, les mésanges, les hirondelles, les *Loxia,* les *Ampelis* restent convenablement délimités comme auparavant. Mais le rossignol vit sa place changer pour la première fois à la sixième édition; il fut réuni à la bergeronnette, l'*Ampelis* et le *Lanius* aux accipitres; par contre, dans la dixième édition, l'*Emberiza* fut séparé du bouvreuil, l'engoulevent de l'hirondelle.

Bien que Linné, dans la disposition des différents genres, considérât surtout les caractères extérieurs, cependant il ne négligeait pas absolument toutes les manifestations de la vie. En font preuve l'explication qu'il apporte déjà dans la dixième édition au sujet de l'énumération des espèces de pigeons, et sa remarque pour justifier leur classement parmi les passereaux. Klein venait de les enlever aux espèces gallinacés pour les transporter chez les passereaux, en raison de certaines affinités avec ces derniers; Mœhring au contraire les réunissait complètement aux gallinacés; c'est contre cette dernière opinion que Linné s'élève. On sait aujourd'hui que ni lui ni ses adversaires n'avaient raison. — La douzième édition ne présente pas de changement dans les ordres et les genres qu'ils renferment, si ce n'est que ceux-ci sont plus naturellement groupés; aussi Linné y a-t-il entrepris une énumération de nouveaux genres, tels que *Didus* parmi les gallinacés; elle était là bien inutile, alors qu'elle pouvait à peine contribuer à compléter un tableau d'ensemble[1].

Ce sont les amphibies et les poissons qui ont subi le plus de

---

[1] Dans la 12ᵉ édition le nom de *Iyna* (ἴυγξ) est substitué à celui de *Yuna,* qui n'avait aucun sens.

changements dans le système de Linné. Évidemment il importe
peu de montrer la valeur accordée aux caractères et le parti qui
en fut tiré une fois qu'ils furent choisis. Au début, les amphibies
ne comprirent qu'un seul ordre : les *rampants* (*Serpentia*), parmi
lesquels Linné distingua les quatre genres tortue, grenouille,
lézard et serpent. Il les répartit plus tard dans les deux ordres
des *serpents* et des *reptiles*, plaçant dans le premier les différentes
espèces à corps cylindrique, avec le genre *Cæcilia,* et dans le
second les genres *Draco, Lacerta, Rana* et *Testudo.* La différence
de ces deux ordres consistait dans l'absence de pattes chez les
animaux du premier et la présence de ces membres chez ceux
du second. Mais dans la plus proche édition du *Système de la
Nature,* c'est-à-dire la dixième, Linné, — ceci est digne de
remarque, — apporta parmi les amphibiens, et sous le titre
d'*amphibiens nageurs* (!), une série de poissons qui, réunis
autrefois par Artedi aux chondroptérygiens, furent alors considérés par Linné comme des amphibiens, parce que « leurs poumons vraiment branchiformes comme ceux des poissons, mais
dépourvus de rayons branchiostèges ossifiés, s'enrichissent d'un
conduit cylindrique et flexueux, qui ne correspond que pour
la forme à celui des poissons [1].

Aucune contradiction ne s'éleva quand Linné , dans la
diagnose de la douzième édition de son *Système de la Nature,*
trouvait les branchies identiques aux poumons, sans représenter
un véritable poumon, chez les diverses espèces de poissons
décrites jusqu'alors; il ne donne à ce sujet qu'une seule indication, une observation de Garden sur un *Diodon.* Que Linné
ait pris pour des poumons les organes branchiformes particuliers
des ptéromyses, on doit moins le lui reprocher que d'avoir arbitrairement admis ces derniers parmi les raies, les squales, etc.
Dans la dixième édition apparaissent, comme amphibiens nageurs,
la lamproie de rivière, la raie, le squale, la chimère, le *Lophius*
et l'esturgeon; dans la douzième édition, Linné donna encore
toute la classification d'Artedi concernant les branchiostèges, et
alors il rangea parmi les amphibiens le *Lophius* et tous les autres
genres, les cycloptères, les balistes, les ostracions et les nouveaux genres *Tetrodon, Diodon* et *Centricus,* et même des
malacoptérygiens, le syngnathe et le pégase.

---

[1] « Pulmones horum pectinati ut Piscium, sed adnati vasi arcato cylindrico tubu-
losa absque radio osseo, nec piscium simili nisi externa figura. »

A la vérité, il fait mention des métamorphoses de certains amphibiens, limitant ceux-ci aux espèces du genre *Rana* qui pondent des œufs. Mais, dans la douzième édition, il expose les métamorphoses de quelques lézards (salamandres), et demande avec beaucoup de raison si les lézards du genre sirène sont les larves de certains lacertiliens, comme sont celles de la salamandre. On voit par là que la présence de branchies chez les jeunes salamandres, tritons, etc., lui échappait; il n'accordait d'ailleurs presque aucune valeur aux différences du développement.

Pour ce qui est des poissons, Linné prend de même modèle sur Artedi. Il adopta entièrement la classification ichthyologique de ce naturaliste dans les premières éditions de son *Système de la Nature*, jusqu'à la sixième. De même que Ray, Artedi plaçait les cétacés, sous le nom de *Plagiuri*, parmi les poissons, bien qu'il reconnût leurs étroites affinités avec les mammifères, notamment la position transversale de la queue ; il caractérisait les différents genres de cétacés, comme Linné le fit pour les mammifères, d'après leurs dents. Quant aux poissons caractérisés par la position verticale de leurs nageoires caudales, il distinguait parmi eux les chondroptérygiens, dont les rayons branchifères et le squelette sont cartilagineux, et divisait le reste en trois ordres. Les animaux du premier n'ont point de rayons osseux pour soutenir les branchies : ce sont les branchiostèges, comprenant *Lophius, Cyclopterus, Ostracion, Balistes;* les deux autres ordres sont pourvus de ces sortes de rayons, et divisés par Artedi en acanthoptérygiens et en malacoptérygiens, suivant que leurs nageoires sont pourvues ou dépourvues de piquants.

Artedi a fondé sa classification sur le détail des affinités anatomiques, et particulièrement du squelette, du système musculaire, etc. Il les expose à l'avance en vue d'établir son système. C'est sans doute l'un des premiers essais réussis pour servir de base aux observations anatomiques de groupes plus étendus. Malheureusement, Linné s'éloigna, comme nous l'avons mentionné, de la classification d'Artedi; ce fut un recul. Dans la dixième édition du *Système de la Nature*, les branchiostèges figurent encore parmi les poissons; dans la douzième, il ne reste de cet ancien ordre que le genre *Mormyrus;* ce dernier se trouve alors réuni aux abdominaux. En revenant sur les caractères mis en évidence par Artedi, Linné divisait les autres poissons uniquement d'après la position des nageoires ventrales. Et bien que ce fût un progrès morphologique important et absolument nouveau, de reconnaître l'identité qui existe entre les membres des autres vertébrés et les nageoires semblablement situées des poissons, toutefois la considération exclusive de ce caractère ne permettait d'établir pour les poissons osseux [1], — les seuls qui restassent, — qu'une classification artificielle dépourvue de base naturelle. Les groupes des apodes, des jugulaires, des thoraciques et des abdominaux furent caractérisés par l'absence des nageoires inférieures, ou bien la présence de ces organes devant, sous ou derrière les nageoires pectorales. A la vérité, ces groupes ont été maintenus à titre de sections secondaires. Néanmoins les caractères sur lesquels Linné s'est fondé pour les classer ne sauraient être considérés comme valables pour établir d'une façon définitive la distribution méthodique de toute une classe.

Les insectes, la cinquième classe de Linné, correspondent chez lui, comme chez Ray, aux *Entoma* d'Aristote; ce n'est qu'incidemment qu'il signale la disposition articulée (même seulement de l'abdomen; confér. dixième édition, page 339); cependant, il comprend, sous le nom d'insectes, toutes les classes d'arthropodes; mais assurément il ne leur accorde pas à toutes la même extension. Aux caractères ci-dessus énoncés des insectes, Linné, à partir de la dixième édition, ajouta, pour ceux de ces animaux qui sont hexapodes, des faits scrupuleusement observés, tels, par exemple, que le mouvement des mâchoires, etc. Pour l'histoire du développement et la connaissance des métamorphoses, Linné est le premier au second rang. Il s'écarte considérablement de Swammerdam et de Ray, étudiant d'une façon générale les phénomènes de la vie et en tenant compte pour décrire les animaux. Tel est l'avantage de sa classification, qu'elle a servi de type à presque toutes celles qui ont été suivies jusqu'alors, et dans lesquelles on s'est particulièrement attaché aux simples caractères extérieurs.

Édifiant sur une telle base, il fallait bien s'attendre à des erreurs dans la délimitation des différents genres; Linné cherchait à les distinguer d'après les métamorphoses des diverses séries d'espèces. Celles-ci sont chez lui moins nombreuses que celles dont il a parlé dans les autres parties de son système relatives aux vertébrés. De même que les nageoires chez les pois-

---

[1] « *Propriam tentabo viam a pedibus ante alas, sub alis, pone alis sitis.* »

sons, les ailes chez les insectes lui paraissent être des organes caractéristiques. Dans la première édition du *Système de la Nature*, il reconnaît quatre ordres : coléoptères, angioptères, hémiptères, aptères. Le premier ne répond pas absolument aux animaux que nous désignons aujourd'hui sous le nom de coléoptères ; cet ordre renferma même plus tard les orthoptères ; il les comprit en totalité dans la sixième édition, tandis qu'il ne conserve d'eux dans la douzième que le genre forficule, les autres genres : blatte, grillon et mante, étant rejetés parmi les hémiptères ; le grillon et la mante y figuraient dès la première édition sous le nom générique de grillon. Linné caractérisa les angioptères, nommés plus tard gymnoptères, comme des insectes ailés, mais privés d'élytres ; il rangea dans cet ordre les espèces qu'il distingua plus tard sous les noms ordinaux de névroptères, lépidoptères, hyménoptères et diptères. Dans les éditions suivantes, il fit précéder les gymnoptères des hémiptères, insectes chez lesquels les élytres sont seulement l'apanage de quelques rares individus. Il y comptait les genres lampyre, fourmi, en plus de ceux qu'on y a maintenus, *Cimex*, notonecte, nèpe et le genre grillon, déjà mentionné. On s'étonne de rencontrer chez Linné le scorpion classé parmi les hémiptères et considéré comme pourvu de quatre ailes molles. A partir de la sixième édition, l'ordre fut resserré à peu près à ses limites actuelles, comprenant *Coccus, Chermes, Aphis* et *Thrips*. Déjà dans la deuxième édition du *Système de la Nature* et dans la *Faune Suédoise* (1746), Linné réunissait les névroptères, les lépidoptères et les diptères ; il leur trouvait des traits communs, à cette époque où la question des métamorphoses n'était pas encore prise en suffisante considération ; au début, il n'institua qu'un très petit nombre de genres ; chez les lépidoptères, par exemple, se trouvaient seulement deux sortes de papillons, l'une diurne, *Papilio*, l'autre nocturne, *Phalœna ;* dans la dixième édition le genre sphinx y fut intercalé pour la première fois. Linné avait bien reconnu chez les *balanciers* des diptères des rudiments d'ailes inférieures, et il nommait ces animaux *haltères.*

L'ordre des aptères fut le rendez-vous de toutes les espèces que leur structure ne permettait pas de classer ailleurs. Dès la première énumération qu'il en fit, Linné attacha la plus grande importance au nombre des pieds ; il commença par les aptères à six pieds, les poux, les puces, les podures ; puis vinrent les aptères à huit pieds ou arachnides, qu'il se contentait alors de désigner sous les noms génériques d'*Acarus* (plus tard aussi *Phalangium*), araignée et scorpion. A ces aptères il réunit, à partir de la dixième édition, les insectes caractérisés par un plus grand nombre de pieds et la fusion complète de la tête et du thorax : ce furent les crustacés, divisés en *Cancer*, *Monoculus* et *Oniscus* (quatorze pieds). Les insectes munis à la fois d'un grand nombre de pieds et d'un thorax séparé de la tête, c'est-à-dire les myriapodes, scolopendres et iules, terminèrent la série.

A la fin du *Système de la Nature*, Linné réunit pêle-mêle, dans sa grande et dernière classe des vers, des animaux qui paraissent n'y avoir été placés que parce qu'on les connaissait à peine. Il semble que Linné soit ici inférieur à Aristote et au rénovateur Wotton. A la vérité, il avoue lui-même qu'au sujet de cette classe la science est comme un enfant au berceau, éloigné de sa mère nourricière. Toutefois, dans quelques cas exceptionnels, il emprunta à Aristote sa classification des animaux à corps mou, des groupes de malacostracés et d'ostréostracés ; il les circonscrivit d'une façon naturelle, et rangea à leur suite, dans l'ordre des testacés qu'il créa spécialement pour elles, des espèces voisines, peu connues et difficiles à différencier. L'ordre aristotélicien des ostracodermés comprenait d'autres espèces. Parmi ces animaux, Linné, dans la première édition du *Système de la Nature*, compta huit genres, sans en renfermer de nouveaux plus étendus ; le genre principal, *Cochlea*, comprit toutes les espèces de coquilles enroulées en spirale ; en plus il énuméra les deux genres argonaute et cyprès, qu'il cita tout spécialement ; mais il ne mentionna pas l'animal de l'argonaute ; puis suivirent les coquilles non spiralées, les genres unitestacés haliotide, patelle, dentale, et tout à la fois les coquilles bivalves sous le genre *Concha*; enfin, les multivalves sous le genre *Lepas,* qui avec les bananes termine la série des coquilles. Ce même nombre de genres fut encore maintenu dans la dixième édition du *Système ;* la série des espèces fut seule légèrement modifiée, et déjà la nature des animaux qui habitent les coquilles fut indiquée. A dire vrai, le renseignement n'était pas très précis : « L'animal est un limaçon » ou « une néréide ». Quoique vague, cette indication porte à croire que l'auteur du *Système de la Nature* avait eu l'idée de déterminer la place hiérarchique de chaque espèce, non seulement d'après la coquille, mais aussi et surtout d'après la structure et le genre de vie de l'animal. Cependant, contrairement à sa maxime que l'organisation d'un être indique sa vraie place, Linné ne donne quelques détails sur le mollusque lui-même que d'une façon accidentelle, comme on le verra par la suite.

Linné comprenait parmi les mollusques le genre *Microcosmus*, rangé auparavant parmi les zoophytes; il le désigna par ce caractère que son test se compose de matières hétérogènes bien soudées. Ce test reparaît, mais non plus sous ce nom, chez plusieurs sortes d'ascidiens. Dans la dixième et la douzième édition on retrouve ces mêmes groupes, marqués par leurs caractères généraux; d'abord les multivalves, *Chiton, Lepas* et, dans la douzième édition, *Pholas* (encore placée parmi les bivalves dans la dixième édition); puis les coquilles bivalves, les coquilles spiralées, enfin les univalves sans spire, comprenant *Patella, Dentalium, Serpula* et, dans la douzième édition, *Sabella* et *Teredo*. Ce dernier genre auparavant faisait partie des vers intestinaux. Linné s'était si peu occupé de la nature de l'animal habitant la coquille, qu'il dit du *Chiton* : « C'est un limaçon »; et, à propos du genre *Lepas,* immédiatement voisin : « C'est un triton »; il entendait par là un corps balaniforme, analogue à celui des mollusques; de même il plaçait les patelles parmi les mollusques à forme de limaçon, avec les serpules, les térebelles, les sabelles et les espèces à forme de *Nereis*. Linné comprenait aussi, sous le nom d'espèces de térebelles, les animaux du *Dentale* et du *Teredo*.

Le premier ordre de ses vers porte jusqu'à la sixième édition le nom de reptiles, et celui d'intestinaux à partir de la dixième ; à travers toutes les éditions de son ouvrage Linné les caractérise comme simplement nus et sans membres. Le genre *Limax* qui, dans la première édition, se trouvait compris dans l'ordre des vers rampants, en fut éloigné dès la sixième ; dès lors la dénomination de reptiles ne s'étendit plus qu'aux groupes supérieurs de la première édition, c'est-à-dire aux *Gordius, Tænia, Lumbricus* (deux espèces : l'*Ascalaris* et le *Lumbricus latus*) et *Hirudo*; à ces genres la première édition ajoute *Fasciola* et *Ascalaris*; mais elle n'énumère, dans aucun ordre de la classe des vers, des genres plus étendus; au contraire, la sixième édition en établit parmi les zoophytes. A la dixième, c'est à ce groupe que le *Tænia* fut rapporté; parmi les intestinaux apparurent *Myxine* et *Teredo*; la langue scientifique était cependant assez riche à l'époque de cette publication pour permettre de mieux exprimer les différences des animaux, quelles qu'elles soient, aussi bien chez une térebelle que chez n'importe quelle autre espèce de la classe des vers [1] ; cette remarque est particulièrement applicable aux bivalves, puisqu'elles avaient déjà été décrites par Adanson.

En plus des deux ordres ci-dessus mentionnés, Linné institua, dès la première édition de son ouvrage, un troisième ordre plus vaste, où il classa les vers qui n'avaient pu prendre place ailleurs : il leur donna le nom de zoophytes, mais ce groupe ne répond pas à celui que Wotton avait créé sous le même nom. Linné y renfermait les céphalopodes dans le genre *Sepia*. En plus de ces animaux et des *Microcosmus* se trouvaient encore les genres *Tethys, Echinus, Asteria* et *Medusa*. Ces genres et les précédents furent décrits simplement comme nus et pourvus de membres; à partir de la dixième édition, ils furent nommés vers mollusques ; il faut regretter, et Linné lui-même l'a blâmé, l'emploi de ce nom qu'on retrouve absolument semblable dans un groupe complètement différent.

Parmi les genres que Linné y établit, figurèrent dès 1748, d'une part de véritables vers, tels que *Nereis*, amphitrite, aphrodite; d'autre part des espèces différentes, comme *Lernæa,* l'espèce nommée triton, même l'hydre; le nombre de ces animaux s'augmenta encore, dans la dixième édition, de *Doris, Priapus, Scyllæa, Holothuria.* L'ensemble de ces genres fut l'objet d'une classification spéciale; avant la douzième édition, Linné l'établit d'après la position de la bouche, la présence ou l'absence des tentacules et des pieds. Il était ainsi impossible de classer les espèces d'une façon naturelle : les étoiles de mer sont placées à côté des ascidies, les holothuries auprès des térebelles, les seiches des tritons, les lernéens des sylléens. Seuls les vrais mollusques, *Limax, Aphysia, Doris* et *Tethys,* et les animaux rayonnés, méduses, astéries, oursins, apparaissent sans addition étrangère ; ils ne sont cependant pas réunis ensemble, comme l'indique d'ailleurs la description spéciale de chacun d'eux.

A partir de la sixième édition il y eut l'ordre des lithophytes; par suite, à la dixième édition, l'étendue du groupe des

---

[1] Linné était alors en Hollande (1735) ; il ne fut pas sans y prendre connaissance des écrits de Belkmeer (*Natuurk Verhandel, betreff. den haut. intraspende zeeworm,* Amsterdam, 1733) et de Sellius (*Hist. natur. Teredinis. Traj. ad Rhen.* 1733). Déjà Vallisneri avait décrit les animaux à coquille rudimentaire avant le genre *Teredo,* et mis en évidence la ressemblance de l'animal avec les ostracés. La relation qui en fut faite dans les journaux hollandais, avec dessins et gravures de l'animal et extraits de Vallisneri, avait été traduite en allemand en 1733.

zoophytes fut modifiée. Linné voyait dans les lithophytes des animaux agrégés, construisant eux-mêmes leur habitation de pierre. A ses yeux, les individus de ces colonies sont : chez les tubipores, des espèces de *Nereis;* chez les madrépores, des espèces de méduses; chez les millépores, des espèces d'hydres (ce qui par hasard concorde admirablement avec les récentes découvertes), et de même chez les cellépores. Ces derniers furent compris dans les lithophytes, au lieu d'être classés dans le genre *Sertularia,* parmi les zoophytes.

Toutefois, les zoophytes ne cessent pas pour Linné d'être des plantes; dans sa dixième édition, il en parle expressément comme « de plantes qui végètent, avec des fleurs animales vivantes. » Dans la douzième édition il en donne, à la vérité, cette définition : « Animaux agrégés présentant une efflorescence qui paraît semblable à celle des plantes. » Il appuie cette manière de voir d'une énumération des espèces, disant que le tronc de la colonie est constitué par de vraies plantes ; celles-ci à leurs extrémités se métamorphosent en fleurs qui présentent des parties véritablement animées. Aussi Linné commence-t-il invariablement la diagnose de ces genres par ces mots : « Les fleurs sont des hydres, » ou quelque autre phrase semblable, pour ce qui concerne les genres *Isis, Gorgone, Sertularia* et aussi *Flustra.*

Seule la diagnose des autres genres, *Tænia, Volvox, Furia* et *Chaos,* fut fondée sur la forme du corps; car en raison de leur motilité ces genres, avec *Hydra* et *Pennatula,* furent distingués des précédents qui ne renfermaient que des espèces fixes. *Chaos* forma la transition des animaux aux plantes.

Les divisions du système de Linné durent être nombreuses; elles comprenaient en effet pour la première fois d'une façon méthodique tout l'ensemble du règne animal, avec toutes ses classes, et elles s'étendaient aux espèces dont le grand naturaliste connaissait les caractères. C'est pourquoi il s'attacha d'abord à classer un grand nombre d'espèces animales faciles à reconnaître ; ce travail était de la plus haute importance pour l'histoire de ces espèces. Plus tard et encore jusqu'à ces derniers temps, tous les essais entrepris en vue d'améliorer le système linnéen, au moins la partie formelle de ce système, n'en furent que des dérivés.

La douzième édition du *Système de la Nature* est la dernière de cet ouvrage à laquelle Linné ait mis la main. Son prestige

profita néanmoins à une œuvre semblable, que Jean-Frédéric
Gmelin fit paraître comme une treizième édition et sous le nom
de Linné; chose d'autant plus remarquable que Gmelin avait
changé les mots et dénaturé les expressions de Linné dans
certaines parties plus ou moins secondaires; de plus, dans les
vingt années qui s'écoulèrent entre la publication de la douzième
édition et celle de la treizième, Gmelin enrichit la zoologie de
nouveaux apports au préjudice du système de Linné; le nom
de ce dernier eût pu figurer encore sur l'ouvrage de Gmelin, mais
avec la mention qu'il avait été complètement réformé. Tous les
changements opérés par Gmelin furent réellement des améliorations; ils furent aussi peu goûtés que mal mis en lumière, de sorte
que l'éclat que la classification de Linné devait à son autonomie,
elle le perdit bientôt par suite de son extension forcée. Disons
toutefois que dans les précédentes éditions certaines modifications
considérables de Linné lui-même n'avaient été d'aucune utilité [1].
Quand on passe en revue les différentes classes, on trouve que
Gmelin y a introduit, outre une foule d'espèces et de genres
nouveaux, les importants changements que voici :

Chez les mammifères Linné avait indiqué comme caractère
des cétacés la position des pieds et leur fusion en une nageoire
transversale en guise de queue. Gmelin ne conserve dans sa
définition que l'horizontalité de la queue; il écarte l'explication peu naturelle de la coalescence des pieds. Quant aux diverses
espèces, il classe le rhinocéros dans l'ordre des brutes, supprime
le genre *Noctilio* et décrit, sous la dénomination de *Vespertilio,* les espèces qu'il renfermait.

Dans la classe des oiseaux Gmelin sépare l'outarde de
l'autruche, faisant passer celle-ci de l'ordre des échassiers à celui
des gallinacés; en outre il met mieux à leur place certaines
espèces, par exemple le vautour harpie dans le genre faucon,
gypaètes, etc.

Gmelin revient sur la classification des amphibiens nageurs
de Linné. Quant aux autres genres d'amphibiens, il ne les
modifie aucunement. Il n'attache encore aucune importance aux
métamorphoses ou à l'existence des branchies, bien qu'il con-
naisse la description du protée de Laurent, et que Linné lui-

---

[1] Pour donner une idée de l'étendue de ces travaux, il est nécessaire d'ajouter que
le règne animal comprenait 823 pages dans la dixième édition de Linné, 1326 dans la
douzième, 3099 dans la treizième édition de Gmelin, à peu près semblablement imprimée.

même en 1766, dans une dissertation relative à un lacertilien du genre *Sirena*, ait représenté la structure réelle et éventuelle d'un méantes pour caractériser l'ordre d'après la position des branchies et des poumons. Chose incroyable, Gmelin alla jusqu'à placer la sirène dans le genre *Murena*, comme une espèce de poisson.

Dans l'ouvrage de Gmelin la classe des poissons se retrouve très nombreuse en espèces. Les branchiostèges y sont compris, ainsi que les chondroptérygiens ; parmi ceux-ci Gmelin range l'esturgeon. Dans la suite, *Mormyrus*, que Linné avait fait passer parmi les abdominaux, fut rendu à l'ordre des branchiostèges.

C'est surtout chez les insectes que Gmelin a le plus bouleversé la classification ; il a considérablement modifié l'étendue des genres et en a créé de nouveaux. Il conserva néanmoins à la classification ses traits fondamentaux. Les orthoptères ne constituèrent pas encore un ordre spécial ; on se souvient d'ailleurs que dans la douzième édition du *Système de la Nature,* ils étaient renfermés, les forficules parmi les coléoptères, et tous les autres parmi les hémiptères.

La classe des vers, dans les mains de Gmelin, a subi la plus grande et la plus profonde révolution. Pour ce qui est des intestinaux, un premier groupe, le plus grand, réunit les vers parasites vivant dans le corps d'autres animaux ; Gmelin institua pour eux en nombre convenable des genres d'après Bloch, Goez, D.-F. Muller, Zoega. Tandis que Linné, encore dans sa douzième édition, décrit les vers qui habitent en colonies dans l'intestin, et les juge absolument identiques aux ascarides, Gmelin reconnaît la légère différence des deux espèces. Mais il range myxine parmi les intestinaux, même parmi les entozoaires. Le second groupe des intestinaux comprend les genres *Gordius, Hirudo, Lumbricus, Sipunculus, Planaria ;* Linné les avait imparfaitement caractérisés, et Muller également. Gmelin maintint la classification des vers mollusques, en y admettant seulement de nouveaux genres ; ainsi *Salpa* a pris place à côté d'*Ascidia*. Parmi les astéries figurèrent les nouvelles espèces de D.-F. Muller et de Retzius, chez les échinides celles de Klein. La série des mollusques à coquille ne fut point changée ; seule la diagnose des genres fut légèrement modifiée. L'ordre des litophytes forma chez Gmelin un sous-ordre des zoophytes, et, pour en être distingué, fut caractérisé par la présence d'une tige calcaire. Les animaux à pédoncule mou ne furent plus considérés comme des fleurs animales vivantes, mais bien comme de véritables animaux n'empruntant au règne végétal que leur tige. Enfin l'ordre des infusoires fut créé, d'après D.-F. Muller, pour « les plus petits animaux connus. » Dans cet ordre furent rangés, en dehors des genres que Muller y mettait, *Verticella* et *Volvox*.

De la revue que nous venons de faire des ordres et des séries dont se compose le système de Linné, de l'exposition des principes généraux de sa méthode, il ressort sans conteste que ce naturaliste a fondé sa classification principalement sur la structure des animaux ; dans beaucoup de cas de sa systématique il lui a donné le rôle prépondérant, sans cependant y voir autre chose qu'un caractère ou un groupe de caractères distinctifs.

Linné paraît avoir été égaré par la simplicité de l'organisation des plantes, facile à pénétrer, pour ainsi dire. Il avait institué pour les végétaux son système sexuel ; il y avait mis un merveilleux esprit de suite, et, d'autre part, il avait, comme les botanistes français, l'ambition d'arriver à un système naturel en établissant une série de familles. De même il se laissa aller en zoologie à circonscrire les groupes d'après le facies général et les traits extérieurs des espèces, sans remarquer toutefois la corrélation qui existe toujours entre ces caractères superficiels et les diverses particularités de l'organisation interne. La place qu'il assigna aux cétacés dans la classe des mammifères témoigne, il est vrai, de sa perspicacité anatomique ; mais d'autres faits semblent la condamner : ainsi tous les animaux compris dans le groupe des *amphibiens nageurs*, il les considérait comme des espèces particulières de poissons. Pallas s'éleva le premier contre cette classification. Il commit aussi dans d'autres groupes des erreurs analogues, en contradiction évidente avec des faits anatomiques qu'il a dû connaître, et pour la vérification desquels il n'avait pas besoin de s'en rapporter au journal d'un observateur éloigné. Il en résulte que Linné fut seulement en chemin de concevoir la morphologie générale du règne animal ; mais, par la méthode formelle de sa systématique, il a néanmoins contribué à la réalisation du plan qu'il n'avait qu'entrevu. Voilà pourquoi Linné laissa de côté l'étude historique, pour ne pas dire généalogique, du règne animal. A la vérité, dans le tableau qu'il esquissa de son système, il ne se contenta pas de mentionner beaucoup de pétrifications ; en plus, il eut l'occasion d'en étudier un grand nombre. Mais malgré son habileté toujours croissante à reconnaître les formes animales, malgré la vulgarisation qui commençait à en être faite, il trouva aux pétrifications des rapports avec les corps que, dans la première édition du *Système de la Nature,* il avait nommés fossiles ; il s'explique à cet égard, disant qu'il voit dans ces pierres de véritables pétrifications et non des jeux de la nature ; mais, au lieu de les ranger parmi les plantes ou les animaux, il établit pour elles, parmi ses « minéraux », dans sa classe des *fossiles,* l'ordre des *Petrificata,* à côté des *Concreta* et des *Terræ.*

Veut-on savoir maintenant ce qui, dans le système de Linné, en dépit de tant d'assertions contredites par la science actuelle, et malgré les fautes qui eussent pu être évitées de son temps, a donné à la zoologie une extension et une impulsion telles, qu'on n'en a jamais connu d'aussi grandes avant ou après lui ? Qu'on examine la disposition, la perfection de son système, on peut le dire hardiment : tout son succès n'est dû qu'à l'excellente ordonnance de sa méthode. Car si le premier il institua et caractérisa plusieurs groupes naturels, ce fut le côté formel de son système qui permit de faire valoir chaque progrès accompli dans l'étude du monde animal, et d'embrasser d'une façon synthétique la totalité des espèces connues. Linné est parvenu à développer et à perfectionner progressivement son système, grâce à la rigueur qu'il apporta dans l'examen de chaque espèce ; il tenait compte et de l'aspect général, et du genre de vie, et de l'organisation, avant de donner place à un animal dans sa classification ; et c'est ainsi qu'il la porta à la hauteur d'un système naturel.

Si l'apparition d'un système aussi merveilleusement établi pour renfermer, chacune à son rang, toutes les espèces animales, dut exercer sur la science une influence incontestablement progressive, elle eut aussi un côté fâcheux. Certes la netteté de l'exposition et des descriptions, qui caractérise l'œuvre de Linné, gagna à l'histoire naturelle beaucoup d'amis ; mais bon nombre de travailleurs prirent la sévère méthode du système formel du maître pour la science elle-même. Quand ils ajoutèrent quelques animaux à la liste connue, ce fut en en donnant une description plus souvent incomplète que complète ; et ainsi ils ont apporté à l'étude de la nature un contingent d'idées fausses, malheureusement répandues jusqu'à ces derniers temps, et qui consistaient à voir dans la détermination et la description des espèces dé-

clarées invariables, l'unique mission et le but suprême de la
zoologie.

La description de l'aspect extérieur des animaux menaçait
d'étouffer l'étude scientifique de l'organisation interne ; celle-ci
fut remise en honneur par Buffon et Bonnet. Le premier, par
l'éclat de son style et la lumineuse beauté de ses descriptions,
nous dérobe la faiblesse de ses déductions et de ses principes ;
mais tous deux, Buffon aussi bien que Bonnet, qui était plus
profond, ont montré la nécessité de relier les unes aux autres
les observations zoologiques par des idées générales.

Georges-Louis Leclerc, né à Montbard en 1707, était le fils
d'un riche conseiller au Parlement de Bourgogne, Benjamin
Leclerc. Il prit plus tard, selon la coutume du temps, d'une de
ses propriétés, le nom de Buffon, nom sous lequel il fut aussi
élevé à la dignité de comte. Il se livra d'abord à l'étude des
mathématiques, et en 1733 fut reçu, en qualité de géomètre,
membre de l'Académie des sciences de Paris. Or le jardin des
Plantes de cette ville avait été extrêmement délaissé des médecins du roi chargés de le diriger ; et finalement, pour remédier
à ce mauvais état de choses, on avait préposé à l'administration
du jardin Charles-François de Cisternay-Dufay, connu comme
chimiste et physicien. Avant sa mort, Dufay désigna au minis-
tre le jeune Buffon comme le successeur qu'il désirait avoir.
Nommé intendant du jardin des Plantes en 1739, Buffon considéra dès lors comme le devoir de sa vie de développer cet établissement et de donner tous ses soins à l'histoire naturelle. Sa
myopie l'empêchant de faire continuellement des observations
personnelles, il s'adjoignit au bout de quelques années Louis-
Marie Daubenton, né en 1716 également à Montbard. Daubenton mourut à Paris en 1799. Il se chargea de la partie anatomique de la description des animaux que Buffon se proposait
d'entreprendre. Buffon était l'ennemi des systèmes sévères ; il
ne voyait qu'une violence faite à la nature dans les essais tentés
par Linné en vue de classer les êtres, d'après l'importance relative de leurs caractères, dans des groupes distincts, plus ou
moins grands, et toujours subordonnés les uns aux autres. C'est
pourquoi il résolut d'opposer à cette méthode rigoureuse un
tableau de la nature qui, par la richesse et l'abondance des descriptions, la noblesse et l'élévation des idées, donnât de nouveaux charmes à l'étude du monde, et accrût en même temps la
valeur des faits isolés.

Ce fut seulement dix ans après sa nomination d'intendant du jardin des Plantes que Buffon publia, en 1749, les trois premiers volumes de son *Histoire naturelle*. Ils renfermaient ses hypothèses relatives à la cosmogonie, la génération et la nutrition des animaux, la description de l'espèce humaine. Les volumes qui suivirent immédiatement traitèrent des animaux domestiques, des carnassiers, etc. Buffon s'y montra tellement opposé à l'application de toute méthode systématique, qu'il n'hésita pas à la déclarer nuisible. Mais lorsqu'il en vint à la description des singes, et par suite se trouva en présence de groupes riches en espèces et en genres, il ne put se passer de ranger dans un ordre méthodique les diverses espèces, et de les caractériser avec une précision systématique. Il fut aidé, pour la publication des premiers volumes, par Philibert Guéneau de Montbéliard (né en 1720 à Semur), dont le style ne se distingue guère du sien ; plus tard pour les oiseaux, qui firent l'objet d'une étude spéciale, il recourut aussi à la collaboration de l'abbé Gabriel-Léopold Bexon (né en 1748 à Remiremont). Quant aux autres classes, Buffon n'y a point mis la main : après sa mort, arrivée en 1788, son œuvre fut continuée à peu près dans le même esprit ; mais en général ce fut en satisfaisant davantage aux exigences systématiques. Cette tendance est celle du premier successeur de Buffon, Lacépède, autour duquel se groupèrent, pour compléter la grande *Histoire naturelle*, Latreille, Bosc, Sonnini et d'autres.

En résumé, Buffon doit son plus grand succès à la façon dont il a su présenter les choses. Dans ses descriptions il prend volontiers un ton chaleureux et tout à fait lyrique, sans fatiguer ses lecteurs, devenus plus nombreux, par la rigueur d'un ordre systématique. Il traite ainsi de l'univers, de la formation de la terre, etc., jusqu'aux différentes espèces animales. Et alors il ne se borne plus au culte de la forme ; il cherche à soutenir l'intérêt sur l'économie générale de la nature, en dépeignant la patrie des animaux, leurs mœurs, leur genre de vie, leurs instincts, etc. Buffon s'efforçait surtout de mettre en lumière l'harmonie qui existe entre les différents phénomènes de la nature. Ce n'est pas ici le lieu de citer ses travaux sur les époques de la terre. Son hypothèse de l'universalité de la matière organisée rentre davantage dans notre sujet : pour Buffon, une multitude de *molécules organiques* composaient les corps et tendaient toujours à l'organisation. Cette tendance rencontrait-elle des obstacles, alors les molécules, de leur nature indestructibles et invariables, ne formaient que des organismes microscopiques, tels que les germes et les infusoires découverts par Leuwenhœck. Pour constituer les animaux supérieurs, les molécules se réunissent et se disposent avec ordre dans les organes ; une force particulière qui y réside et que Buffon appelle le « moule intérieur » les groupe de façon à produire de nouveaux individus.

Buffon crut d'abord à la fixité absolue des espèces ; mais plus tard il admit la possibilité de transformations dues à la température, au climat, à la qualité des aliments, à la domestication. La nutrition engendre de nouvelles molécules organiques qui déterminent ensuite le développement des organes dans lesquels elles se sont produites [1]. Des considérations de ce genre conduisirent Buffon à déterminer les rapports des deux règnes organiques de la nature. D'après lui, en se plaçant à un point de vue général, on ne doit point apercevoir une différence très nette entre les animaux et les végétaux, puisque, dans les deux règnes, les véritables agents de la vie sont les molécules organiques ; cependant, il déclare que l'animal ne saurait exister sans organes de digestion, de circulation et de reproduction. Mais plus tard Buffon fut amené, précisément par les différents faits que lui présenta Daubenton, à comparer les rapports harmoniques des animaux et pour la première fois à appeler sur eux l'attention à un point de vue plus élevé. Il alla même trop loin dans cette voie ; dans le feu de la description, il changeait les termes de ses comparaisons, se fondant tantôt sur la forme des animaux, tantôt sur leur utilité ; il n'oubliait cependant pas d'indiquer les ressemblances morphologiques : ainsi, pour ce qui est des vertébrés, qu'il désigne d'ailleurs autrement, il les déclare construits d'après un seul plan. C'est ici aussi que l'idée des homologies du squelette chez les mammifères fait sa première apparition : Buffon compare au bras de l'homme le membre antérieur du cheval. Mais plus loin, lorsqu'il parle d'un plan unique qui se modifie insensiblement et graduellement à travers les classes inférieures, il n'appuie plus cette conception de considérations anatomiques ; il la dégage seulement des apparences extérieures de la vie. Bien qu'en parlant de plan général il ait

---

[1] Il n'est pas sans intérêt de remarquer que l'hypothèse de Buffon, rapportée ici, renferme une pensée qu'on retrouve sous une forme à peu près semblable dans une théorie soutenue de nos jours pour expliquer l'hérédité. Ce sujet rentre dans ceux dont la physiologie traite. C'est pourquoi nous ne pouvons en parler plus longuement ici.

dépassé sa pensée et n'ait été ni conséquent ni logique, il donna cependant par là à la zoologie une impulsion dont l'influence se fit sentir encore longtemps après lui.

Chose digne de remarque, Buffon a pris soin de noter la distribution géographique des espèces animales. Déjà Linné avait reconnu qu'aux différents continents correspondent des espèces différentes, et il avait tenu compte de cette observation dans son système. Buffon indique d'une façon certaine les différences de la faune caractéristiques des diverses parties du monde; il signale même la ressemblance des formes animales de l'Amérique et de l'Europe boréales, et il l'explique en disant qu'autrefois les deux continents ont pu être reliés, et que des migrations ont pu s'effectuer.

Les descriptions que Buffon nous a laissées des animaux se distinguent par un style vivant et extrêmement attrayant; mais pour la plupart elles n'ont d'autres bases que ses lectures prodigieusement nombreuses, et en petite partie ses observations personnelles. Le succès que ses écrits ont obtenu explique la résurrection d'une multitude de vieilles fables qui reprirent crédit en se présentant avec la sanction de son autorité. Mais d'autre part, grâce au bon usage qu'il sut faire des matériaux qu'il recueillait dans le jardin des Plantes, nouvellement repeuplé sous sa direction, il arriva à juger plus exactement de certaines espèces, dont la position systématique fut assurée presque contre sa volonté.

Comme Linné, Buffon inaugura son histoire de la nature vivante par l'étude de l'homme. Mais, loin de le comprendre dans le règne animal, il l'opposa à ce règne. A la vérité, il ne fit aucune recherche en vue de classer systématiquement les races; il s'étendit plutôt sur les données des anciens, relativement aux causes de la coloration de la peau et du caractère crépu de la chevelure des nègres et de certaines peuplades. Cependant c'est chez lui que l'histoire naturelle de l'homme a été, pour la première fois, l'objet d'une étude spéciale et profonde. Il est juste de dire que cette partie de son œuvre ne supporte pas plus que les autres une critique sévère, Buffon ayant puisé les faits qu'il cite dans un grand nombre de relations de voyage, sans s'assurer suffisamment de la véracité des narrateurs.

Considérés dans leur généralité, les progrès que Buffon a fait faire à la zoologie sont bien médiocres. Son mérite est d'avoir réveillé, par une exposition entraînante, l'amour fervent de l'histoire naturelle dans toutes les branches, et en particulier pour ce qui concerne les animaux. Ses hypothèses mêmes, quelquefois téméraires, ont donné le branle à une conception plus large et plus scientifique des faits positifs, dont le nombre augmentait continuellement.

Les écrits de Charles Bonnet, en histoire naturelle, eurent une influence moins durable sur la profondeur de l'esprit scientifique. Bonnet naquit à Genève en 1720; comme Buffon, il débuta par l'étude du droit; mais, avant de s'en occuper, il s'était déjà livré, dans sa jeunesse, à des recherches d'histoire naturelle, particulièrement en ce qui concerne le développement des animaux et les phénomènes de rédintégration. Il devint dans la suite membre du grand Conseil de sa ville natale; il ne s'éloigna jamais de cette cité, malgré l'indépendance que sa fortune lui assurait. Il mourut en 1793, dans sa maison de campagne de Genthod, près de Genève. L'une de ses premières découvertes fut celle de la parthénogénèse du puceron. Il la publia en 1745 dans son *Traité d'insectologie,* en même temps que ses nombreuses observations sur la rédintégration et la multiplication des polypes et des vers (*Naïs,* etc.).

Dans les années suivantes, il entreprit des recherches sur les phénomènes de la vie chez les végétaux, notamment sur l'utilité des feuilles; sur ce sujet il fit paraître un ouvrage en 1754. Ses continuelles observations au microscope lui causèrent plusieurs ophtalmies; en outre, sa position officielle l'obligeant de restreindre le temps qu'il eût voulu consacrer à ses investigations, il dut s'appliquer plutôt à édifier la théorie générale des nombreux faits particuliers que l'expérience lui avait fait connaître. Il avait acquis la conviction que la nature ne fait pas de sauts dans l'échelle des êtres, et que d'insensibles transitions les relient l'un à l'autre. Ce fut surtout cette pensée qui le conduisit à développer ses vues sur la gradation générale de la nature. De même, il part du dogme des « formes préétablies », c'est-à-dire de l'invariabilité de l'espèce, sans soupçonner le moins du monde la possibilité d'une transformation.

Ses observations sur la nature des polypes et des vers sont mieux fondées que celles de ses prédécesseurs. Cependant la base morphologique manque à ses conceptions générales; elle eût pu seule lui permettre d'indiquer nettement le degré de parenté de certaines espèces et de comprendre dans un même groupe deux types voisins. Au contraire, l'idée générale qu'il

se fait de la nature ne va pas sans une certaine latitude de préjugé. S'il avoue ne pouvoir expliquer d'une façon mécanique
l'apparition et la formation des corps organisés, et admet plutôt
une universelle dissémination des germes, s'il repousse les
forces mystérieuses et inconnues, il croit néanmoins pouvoir
attribuer les phénomènes psychiques à la mécanique des fibres
nerveuses. En somme, quoique les bases anatomiques et physiologiques lui aient fait défaut dans ses recherches préliminaires,
il est cependant le premier qui, partant d'observations positives,
ait indiqué le groupe des germes avec l'espoir d'y surprendre
les phénomènes de la vie, dans le vrai sens de ce mot.

C'est ici le lieu de rappeler les noms de Benoist de Maillet
et René Robinet, bien que ces deux hommes ne se soient pas spécialement occupés de zoologie ; mais les premiers ils ont touché
à la question de la transformation des espèces, dans leurs considérations générales sur la philosophie naturelle. Sous le nom
de Telliamed, de Maillet publia *les Entretiens d'un philosophe
indien avec un missionnaire français* ; cet ouvrage (1748-1756)
devint bientôt célèbre, car il traitait de la diminution des eaux
de la mer : ce sujet a même valu à l'auteur la réputation peu
fondée d'un athée, accusation qu'on répète encore. Il cherchait
surtout à expliquer les phénomènes naturels d'après l'ensemble
des connaissances que l'on avait acquises. Comme Buffon, il
admettait des molécules organiques primordiales. Selon lui, dès
qu'une planète se forme, ses eaux se peuplent d'animaux, auxquels succèdent les espèces anciennes, enfin les espèces terrestres. Toutes les formes dérivent les unes des autres. En considérant les causes possibles des modifications, de Maillet n'a
égard qu'en partie à celles qui sont inhérentes aux êtres vivants.
Lorsque les transformations sont subites, elles sont dues au
milieu ambiant ou à l'habitude.

Robinet se plaça au même point de vue que de Maillet dans
ses deux ouvrages intitulés : l'un *Sur la nature* (1760), l'autre,
*Observations philosophiques sur l'échelle naturelle des formes
de la vie* (1768). Seulement, ses vues étaient plus profondes.
A ses yeux, toute la matière vit ; il n'y a qu'un règne : le règne
animal. Pour la première fois, il soutient qu'il n'y a que des
individus, reliés entre eux par d'insensibles transitions. L'idée
de l'espèce ne repose que sur l'incapacité de nos sens à distinguer ces différences minimes des maillons de la grande chaîne.
Mais, pas plus que de Maillet, Robinet ne parle du rapport des

individus en raison de leurs affinités, et de l'hérédité des formes (1); d'après lui, la nature agit toujours convenablement en se servant des forces physiques et des germes primitifs.

§ 7. — Extension de la Zoologie.

La classification systématique des espèces animales, l'emploi du microscope et de méthodes de recherches plus parfaites, une conception plus large des faits isolés, l'apparition d'hypothèses généralement plus vastes, — telles étaient les causes de progrès dont l'action commune semblait devoir hâter le développement de la zoologie. Mais il fallait encore réunir dans un commun effort les tendances isolées pour les bien utiliser. C'était forcément la construction systématique qui, chez Linné, devait occuper le premier rang. Buffon n'a pas su tirer parti des matériaux nécessaires à l'édifice. Vers le milieu du XVIIIᵉ siècle, apparurent de nombreux travailleurs; d'une part, ils s'appuyèrent sur les conquêtes dues aux investigations générales de leurs devanciers, et aussi sur les collections; d'autre part, ils s'efforcèrent d'étudier plus profondément les faits particuliers en vue de perfectionner la connaissance des espèces. Si l'on ne peut naturellement exiger de tous ces hommes une idée bien claire, bien déterminée du but qu'ils poursuivaient, cependant, en se rapprochant de la forme systématique actuelle, ils ont acquis un certain droit à la critique et à l'estime. Jusqu'à cette époque, on n'avait songé qu'à l'établissement d'un système et à l'introduction des idées que la zoologie doit aux naturalistes non classificateurs. L'examen des nouvelles espèces dont les collections s'enrichissaient chaque jour devait précéder l'édification des systèmes et entraîner les progrès de l'anatomie zoologique.

Au XVIIᵉ siècle, les recherches d'histoire naturelle ne furent faites qu'accessoirement dans les grands voyages : elles n'eurent jamais alors d'autre but que la médecine. Ce fut plutôt Linné qui donna à l'étude des différentes contrées un intérêt scientifique. Tandis que dans la première moitié du XVIIIᵉ siècle les voyages d'histoire naturelle n'eurent lieu qu'isolément, les

[1] Cette assertion est en contradiction manifeste avec ce qui précède. (*Note du traducteur.*)

expéditions scientifiques de la deuxième moitié eurent pour principal objet l'étude de la nature vivante des contrées visitées. On en arriva à décrire, à nommer d'une façon précise et à bien connaître les différentes espèces. Celles-ci durent attirer d'autant plus vivement l'attention que dans chaque essai, pour les retrouver dans le système, on était arrivé, en prenant pour termes de comparaison des types bien connus, à déterminer exactement leur place et leur nom d'après des caractères certains. Linné avait déjà envoyé plusieurs de ses disciples avec la mission spéciale de faire des recherches d'histoire naturelle dans différentes contrées. Parmi eux, on peut citer : Kalm, Lœfling, Hasselquist, etc. Le zèle qui, au siècle dernier, s'éveilla pour la physique du globe, provoqua un certain nombre de grands voyages, tantôt pour observer le passage de Vénus, tantôt pour exécuter des travaux de triangulation, d'autres fois pour résoudre des questions d'hydrographie générale ; et il y eut peu de ces expéditions où la zoologie n'eût point sa part. En plus de ces grands voyages, les divers gouvernements organisaient des expéditions chargées d'une part d'étudier exactement la configuration naturelle de leurs possessions, et d'autre part de faire des recherches scientifiques sur la faune des plus petites régions de l'ancien et du nouveau monde.

Quoi qu'il en fût de cette étude zoologique dans les grands voyages et les petits, il faut bien remarquer que le progrès de la science ne réside aucunement dans la connaissance des différentes formes étrangères ou remarquables, la constatation de leurs affinités ou quelque chose d'approchant. Les découvertes n'ont de valeur qu'en raison de l'état de la science : la plupart ont besoin d'être mûries, c'est-à-dire préparées par des vues générales. Ainsi Dampier trouve en 1700 un kangouroo sur la côte ouest de l'Australie. Mais cette découverte n'exerce d'abord aucune influence sur l'idée de la distribution géographique des marsupiaux, ni sur la faune de l'Australie, ni enfin sur l'anatomie des mammifères, et la preuve, c'est que cette singulière espèce fut toute nouvelle pour les deux naturalistes Banks et Solander qui accompagnèrent Cook dans son premier voyage.

Les voyages autrefois entrepris par les Hollandais cessèrent presque complètement vers le milieu du XVIII° siècle. Ils ont enrichi nos musées d'Europe d'un grand nombre d'objets d'histoire naturelle. A ces expéditions ne s'étaient pourtant point

adjoints des naturalistes de profession, pas plus qu'aux expéditions anglaises précédemment dirigées par Byron (1764-66) et
Wallis (1766-68). Au contraire, Bougainville fut accompagné
(1766-69) par les deux investigateurs et collectionneurs Sonnerat et Commerson. Le premier a écrit lui-même son voyage,
comme firent Banks et Solander qui, ainsi que nous l'avons dit,
accompagnèrent James Cook dans son premier voyage (1768-71).
Au second voyage de ce marin, les deux Forster, Jean-Reinhold
et George, le suivirent (1772-1775) ; au troisième, Cook refusa
formellement de prendre des naturalistes avec lui. Lamanan et
Lamartinière explorèrent l'Océan Indien en compagnie de Lapérouse, et, pas plus que ce dernier, ne revirent l'Europe. Riche,
Labillardière et Ventenat, adjoints à l'expédition d'Entrecasteaux
(1791-93) à la recherche de Lapérouse, ne donnèrent pas plus
d'attention à la vie animale que les compagnons de l'infortuné
voyageur [1].

Parmi les naturalistes que nous avons nommés, Sonnerat a
décrit plusieurs animaux de la faune sud-asiatique. Mais ce
fut surtout l'aîné des Forster qui rapporta de son voyage un
butin zoologique et s'appliqua généralement à divulguer ses
observations. Les efforts de son frère, en vue de stimuler l'étude
de la nature vivante sont aussi peu appréciables que son talent
d'écrivain. Tout au plus peut-on, en passant, le signaler comme
naturaliste. On doit à son père, Jean-Reinhold Forster (né en
1729, mort en 1798), non seulement un petit traité terminologique, mais encore de meilleures classifications relatives aux
faunes de l'Amérique du Nord, des Indes Orientales et de la
Chine ; il a laissé aussi plusieurs descriptions d'espèces nouvelles, ainsi que des observations générales sur la reproduction
et les mœurs des animaux.

C'est Arthur Philippe qui a le plus fait pour l'étude de la
faune australienne ; gouverneur de la colonie pénitentiaire fondée à Botany-Bay, il voua, dans ses recherches sur la contrée,
une attention particulière à l'histoire naturelle (1789). Après lui,
Jean White mérite aussi d'être cité. Comme nous l'avons indiqué, c'est Jean Forster qui décrivit la faune nord-américaine ;

---

[1] On trouve çà et là dans les récits de voyages des observations qui ne sauraient
trouver place ici : par exemple, ce fait, rapporté par de Pagès, que les pingouins se
servent accidentellement de leurs ailes comme de pattes antérieures pour courir très
vite. (De Pagès, *Voyage autour du monde et vers les deux pôles, 1767-1776*. Paris, 1782, t. II, p. 42.)

par contre, les récits de Kalm et d'Hatchius ne se rapportent qu'accessoirement aux animaux. La faune du Groënland fut étudiée par Otto Fabricius (né en 1744, mort en 1822), qui ouvrit la série des grands naturalistes danois. Pendant dix ans, il fut attaché aux missions groënlandaises, et eut fréquemment l'occasion de faire des observations importantes. Les animaux des Indes Occidentales furent décrits par Sloane (la Jamaïque, 1725), par Patrik Browne (méduses, poissons, etc., de la Jamaïque, 1756) et Griffith Hughes (les Barbades, 1750). Sonnini fit part à Buffon des résultats de ses collections principalement ornithologiques de Cayenne. Buffon les introduisit dans son *Histoire naturelle* (1772-1775).

L'ouvrage de Gumilla sur la région de l'Orénoque ne renferme que des vues générales. Gumilla n'accorde pas un examen spécial aux différences que présentent les diverses espèces. (Il donne une figure assez peu réussie du manati.) Au contraire, le livre dans lequel Philippe Fermin a relaté ses voyages sur la Guyane hollandaise offre un butin zoologique bien plus riche. Le reste de l'Amérique du Sud avait été, dans la période précédente, plus sérieusement étudié sous le rapport zoologique ; de la période présente, il n'y a à citer que les ouvrages de Giovani-Ignace Molina. Il donne la description détaillée de plusieurs animaux qu'il observa au Chili, et l'accompagne d'une diagnose latine très concise (d'abord en 1770). Joseph Jussieu (le plus jeune frère d'Antoine et de Bernard et l'oncle de Laurent) avait pris part aux expéditions antérieures dirigées par La Condamine, Bouguer et Godin (1735-45) ; mais il ne s'était point occupé de la faune de l'Amérique du Sud. Les voyages entrepris en Orient eurent plus d'importance pour la zoologie. Parmi les explorateurs de l'Afrique, Sparrmann, qui vécut assez longtemps au Cap (1772-1786), Bruce (qui voyagea de 1768 à 1772), et surtout, pour l'ornithologie, Levaillant, déployèrent une grande activité comme collectionneurs et descripteurs. Forskal et Niebuhr explorèrent l'Asie Mineure, la Syrie et l'Arabie (1761-67) ; Niebuhr publia en 1763 les résultats des recherches zoologiques de Forskal après la mort de ce dernier. A l'instigation de Linné, Hasselquist explora la Palestine. Alexandre Roussel décrivit l'histoire naturelle d'Aleppos ; son fils Patrice Roussel décrivit plus tard les serpents indiens. Très riches en résultats furent les voyages de Charles-Pierre Thunberg, qui explora l'Afrique et l'Asie méridionales et le Japon (1770-1779). Pehr Osbeck visita les Indes Orientales de 1750 à 1752. Indépendamment de Forster, Latham et Davis établirent ensemble la faune indienne. Mais les voyages lointains les plus importants furent entrepris sous les auspices du gouvernement russe pour étudier l'histoire naturelle dans l'Asie centrale et la Sibérie. Là tous les résultats scientifiques se rattachent presque exclusivement à des noms allemands. Si le premier voyage accompli vers 1730 eut d'importants résultats, le second en eut de plus grands encore, notamment pour la zoologie, à cause de la part qu'y prit Pallas. Au premier voyage prirent part Messerschmidt, Jean-George Gmelin, Bering, Steller; parmi les descriptions qu'ils donnèrent des cétacés des mers du Nord, on remarque la première et la dernière description authentique de la vache marine (*Borkenthier*), espèce éteinte ou devenue introuvable. Dans le second voyage, outre Pallas, il y eut Samuel-Gottlob Gmelin, Falk, Guldenstaedt et Lepechin (1768-1774). Les services de Pallas sont si variés qu'il mérite une mention extraordinaire. Grâce à lui, la revue des recherches relatives aux faunes a été près d'arriver à sa fin.

Au milieu du siècle précédent, l'Islande attira aussi l'attention de l'Académie des sciences du Danemark. Elle fit faire des recherches dans cette île merveilleuse par Eggert Olafsen et Biarne Povelsen de 1752 à 1757. — En 1788, Nicolas Mohr donna une *Revue abrégée de l'histoire naturelle de l'Islande*. Après qu'Erich Pontoppidan eut décrit vers 1752 l'histoire naturelle du Danemark et de la Norwège avec de profonds détails sur la faune, et que plus tard P. Ascanius (1767 et années suivantes) eut donné encore plus d'indications, Otto-Frédéric Muller [1] étudia (en 1776 et années suivantes) la faune du Danemark, d'une façon exemplaire, bien qu'il ne pût pas achever entièrement son entreprise. La faune de la Grande-Bretagne fut décrite, à l'exception des insectes, par Thomas Pennant (1776-1777), qui avait aussi classé la faune arctique, mais d'une façon superficielle. L'histoire naturelle de Cornouailles eut un heureux descripteur dans Will. Borlase (1758). Buc'hoz donna des détails sur la zoologie de la France dans un ouvrage assez long (1776 et suiv.). Cetti décrivit la Sardaigne en 1774; Scopoli, l'Italie septentrionale en 1786; Vitaliano Donati et Olivi, la mer Adriatique, le premier en 1750, le second en 1792.

---

[1] O.-Fr. Müller naquit en 1730 à Copenhague, et y mourut en 1784, étant alors maître de conférences. Sa faune fut achevée par Pierre-Chrétien Abildgaard et Jean Rathke.

L'Allemagne aussi trouva pour plusieurs de ses provinces des descripteurs de la faune ou de l'histoire naturelle en général. C'est ainsi que Kramer décrivit la faune de la basse Autriche (1756) et que Joa. Séverin publia un Essai sur la faune hongroise en 1779. Les animaux supérieurs des environs de Mayence furent décrits par Bernh.-Seb. de Nau (1787-88), après que Philippe-Conrad Fabricius eut établi une classification des animaux de la Wetteravie, qui en est voisine.

Grâce aux travaux ci-dessus énumérés, auxquels il faut en ajouter aussi quelques autres de moindre importance, la connaissance des espèces animales fit de grands progrès. Mais nulle part on n'a cherché à démontrer la légitimité de ces progrès. Il est vrai qu'à l'exemple des prédécesseurs de Linné on embrassait sous le nom de *faune* l'ensemble des animaux d'une région déterminée; mais le rapport de cette région avec la faune des régions les plus éloignées ne fut l'objet d'aucune étude. L'ensemble des animaux que l'on connaissait dans chaque contrée était considéré comme une véritable représentation de la faune générale; il en était ainsi de la faune européenne de J.-A.-E. Goeze que Donndorf a continuée. Les nombreux faits particuliers qui furent découverts peu à peu durent être enregistrés et comparés les uns aux autres à mesure qu'on en prenait connaissance. Eberh.-Aug.-Wilh. Zimmermann (né en 1743, mort en 1815) se livra à un travail de ce genre avec de vastes vues scientifiques, mais se restreignit à l'homme et aux autres mammifères (1778). Il détermina le nombre des animaux connus non seulement d'une façon plus profonde que Buffon, mais de plus, comme ce dernier, il fut amené à se poser des questions générales, et il s'efforça de les résoudre avec plus d'indépendance et sans se laisser influencer par les hypothèses. La façon dont les grands continents se sont peuplés par suite d'immigrations partant d'un seul centre; l'existence des mêmes animaux sur les continents et sur les îles les plus rapprochées, la température inégale des grandes masses continentales et des points également rapprochés de la mer, les transformations successives des différentes espèces issues d'une même souche, — ce sont là des sujets que Zimmermann considéra dans leur ensemble et traita en connaissance de cause [1]. En même temps il soulevait à un point de vue pratique

---

[1] Déjà en 1753, Nic. Desmarets soutenait que l'existence de certains animaux en Angleterre témoigne que cette île a dû être autrefois rattachée au continent. (Voy. G. Cuvier, *Éloge de Desmarets*.)

la question de l'origine des animaux domestiques et de la possibilité de transformer certaines espèces. Si l'on ne peut prétendre que ce problème aussitôt posé fut étudié sous toutes ses faces, lesquelles sont intéressantes à considérer dans une description zoo-géographique, l'œuvre de Zimmermann offre néanmoins le premier traité scientifique relatif à cette partie de l'histoire naturelle des animaux, et, dans son genre, il est resté longtemps le seul.

§ 8. — Pierre-Simon Pallas.

Dans la seconde moitié du siècle précédent, la zoologie dut à Pallas, que nous avons déjà nommé, la grande impulsion dont nous avons indiqué la direction, et un progrès important dans d'autres voies. L'influence de Pallas sur le développement de la science eût certes été plus grande, s'il eût pu poursuivre lui-même les résultats de ses recherches si diverses et s'il n'avait pas été conduit, par la quantité des matériaux qu'il a réunis, à rédiger simultanément plusieurs grands ouvrages. Beaucoup de considérations générales, que certains côtés de l'étude du monde animal ont modifiées plus tard, ont déjà paru chez lui ou bien doivent lui être attribuées. Il est juste que nous donnions un aperçu général de son activité. Pierre-Simon Pallas naquit à Berlin le 22 septembre 1741. Fils d'un médecin, il fut, comme son père, destiné à la médecine. Mais déjà étudiant il se sentit attiré vers l'histoire naturelle et fit des observations sur la classification de plusieurs grands groupes d'animaux. Un séjour à Leyde, où il étudia sous Albinus, Gaubius et Musschenbroeck, ainsi qu'un voyage en Angleterre, affermirent en lui la résolution de se vouer entièrement à l'histoire naturelle. A l'âge de dix-neuf ans, il fut reçu docteur; sa thèse soutenue en 1760 se fait remarquer déjà par l'ampleur et la lucidité de ses vues, la profondeur de ses observations. Dans ce mémoire il décrivait plusieurs genres d'helminthes avec plus de détails qu'on n'en avait donnés jusqu'alors. Abordant le problème de l'origine des vers dans le corps d'autres animaux, il demande la solution de cette question à la recherche et à l'expérience; faisons remarquer aussi que plus tard il s'efforça de prouver que les œufs des vers viennent du dehors et s'introduisent à l'intérieur des animaux chez lesquels on les rencontre [1].

Un des résultats de ses études dans les musées et les mers de la Hollande et de l'Angleterre fut une énumération des zoophytes; il la fit paraître en 1766. Non seulement il considéra le polypier comme le produit calcaire d'une colonie d'individus cellulaires, contrairement à l'opinion qui en faisait une enveloppe externe; il sut aussi caractériser avec profondeur les genres et les espèces. En outre, son ouvrage oppose dans sa préface une réfutation à la classification sérialaire rectiligne. A la place de cette idée soutenue par Bonnet, comme nous l'avons dit, Pallas introduisit pour la première fois la conception d'un arbre se ramifiant à l'infini, et dont les branches, unies seulement à leur origine, iraient toujours en s'écartant de plus en plus l'une de l'autre. Dans la même année, il fit paraître ses *Miscellanées zoologiques*. Celles-ci renferment plusieurs descriptions d'animaux nouveaux reproduites et amplifiées plus tard dans les *Spicilèges*. Ces animaux sont surtout des mammifères. Il y a aussi toute une série de recherches sur les vers qui n'ont pas été comprises dans le dernier ouvrage mentionné. Dans ces travaux, Pallas donne une anatomie de l'aphrodite excellente pour le temps; il caractérise également plusieurs espèces de vers marins au point de vue anatomique. Mais ce qui rend surtout cet ouvrage très important, c'est le coup d'œil que l'auteur jette sur la classe des vers de Linné et la réunion non justifiée de différentes espèces animales. Pallas dénonce (page 73) l'affinité des limaces et des seiches avec les mollusques testacés, des ascidies avec les bivalves, etc. Si Linné considère ce dernier groupe comme voisin de celui qui comprend les astéries, s'il cite les méduses comme se rapprochant beaucoup des mollusques, à cette méprise qui ne repose que sur le défaut d'observations personnelles, Pallas oppose des recherches anatomiques portant sur l'ensemble des diverses espèces de vers marins, terrestres et intestinaux, qu'ils soient nus, tubulaires ou testacés.

Bientôt après l'apparition des *Miscellanées*, Pallas revint à Berlin, et là-bas entreprit la publication de ses *Spicilèges;* le premier cahier parut en 1767. Ne se trouvant pas suffisam-

---

[1] *Nouv. Nord. Supplém.*, 1781, t. I, p. 43. Goeze cherche à le réfuter dans un *Essai sur l'histoire naturelle des vers intestinaux*. 1782, p. 29.

ment soutenu dans sa ville natale, il répondit à l'appel qui lui
fut fait la même année à Saint-Pétersbourg ; l'impératrice Catherine le désigna bientôt pour faire partie de l'expédition dans la
Russie asiatique, dont nous avons déjà parlé. Avant de quitter
Berlin, il fit paraître encore quelques articles. Parmi ceux-ci se
trouve la description de deux remarquables phalènes, chez lesquelles il avait observé la reproduction parthénogésique : c'étaient
deux nouvelles psychides récemment découvertes. Il faut aussi
rapporter, comme présentant un intérêt général, ses remarques
sur la classe des poissons, remarques qui parurent en 1777.
Pallas blâme Linné d'avoir institué le groupe des amphibiens
nageurs et prouve que les espèces comprises dans ce groupe
sont de véritables poissons ; il soutient en même temps que
les amphibiens et les poissons ne peuvent être considérés que
comme sous-ordres d'une classe commune.

Son voyage éveilla souvent et vivement sa curiosité sur des
questions dont il s'efforça de chercher la solution d'une manière
scientifique. A partir de 1768, il explora la Russie d'Europe,
franchit l'Oural, vint jusqu'aux monts Altaï et au lac Baïkal,
pénétra vers le sud à travers les peuplades du centre de l'Asie
Occidentale, jusqu'à la mer Caspienne et au Caucase, et revint
en 1774 à Saint-Pétersbourg. Tandis qu'il rédigeait chaque hiver
la narration de son voyage et l'envoyait à Saint-Pétersbourg
pour l'y faire imprimer, il consacrait le reste de son temps à la
publication de ses découvertes scientifiques : en 1793 et 1794,
il explorait à ses propres frais le sud de la Russie et de la Crimée ; en 1775, il se retira dans la terre que l'impératrice lui
avait donnée en Crimée, demandant à un climat plus doux un
soulagement aux souffrances physiques que ses voyages lui
avaient causées. Mais, outre que le climat ne répondit pas à son
attente, il se trouva mêlé à des discussions de tout genre si
pénibles, que, sa santé ne se rétablissant pas, il résolut de tout
abandonner, au bout de quinze années. En 1810, il vendit sa
terre et retourna à Berlin. Il y mourut un an après, le 8 septembre 1811.

En dehors des travaux mentionnés dans cette courte biographie, les résultats de ses voyages sont très importants. D'abord,
Pallas est l'un des premiers écrivains compétents, sinon le
fondateur même de la science ethnographique. A la vérité, plusieurs descriptions, en partie approfondies, avaient déjà paru
au sujet du genre de vie, des mœurs et de la constitution orga-

nique de diverses populations, surtout à l'occasion d'expéditions scientifiques ; mais il leur manquait une vue d'ensemble reliant les uns aux autres les faits considérés. Indépendamment des nombreux vocabulaires que Pallas avait mission de recueillir et de réunir, il a de plus fourni, dans la description des différents types mongols, le premier travail détaillé d'histoire naturelle sur une race humaine. Pallas a non seulement commencé à classer la faune russe dans son immense ouvrage inachevé sur la zoologie russo-asiatique (il s'était déjà occupé des insectes à part), mais aussi il avait basé ses descriptions sur l'étude attentive de la forme et de la structure des différentes espèces, unissant en cela la façon de procéder de Buffon à la systématique de Linné. Nous avons déjà indiqué la netteté de ses observations. Ses monographies, par exemple celle des rongeurs, se distinguent de toutes les autres descriptions de son époque par la considération des rapports généraux et du milieu physique où s'écoule la vie des animaux. Dans ce travail (1), où il critique les idées de Buffon relatives à la soi-disant dégénérescence, on lui doit d'importantes remarques sur la propagation des espèces, l'influence du climat, les transformations des animaux, l'action que la domesticité exerce sur la multiplication. Avant tout, ses recherches imprimèrent une direction nouvelle à l'histoire de la croûte terrestre. Les découvertes géologiques projetèrent sur la zoologie une lumière nouvelle en introduisant les fossiles dans la faune. A la vérité, Pallas essayait d'expliquer d'une façon qu'on ne peut admettre aujourd'hui la présence en Sibérie de restes d'animaux dont les congénères habitent actuellement le sud de l'Asie. Cependant, ses observations sur les fossiles révèlent en paléontologie un progrès dans deux directions. Il compara les formes éteintes dans leur succession historique aux espèces actuelles et expliqua l'existence de leurs débris, non plus comme d'autres l'avaient fait en admettant des cataclysmes universels, mais en tenant largement compte des phénomènes locaux et des changements qui ont pu s'accomplir dans les diverses régions.

---

[1] Dans son important mémoire sur la variation des animaux (*Acta Petropol.*, 1780, t. II, p. 69), il est dit pour la première fois que plusieurs animaux domestiques ont perdu le caractère de leur espèce et ne présentent plus que des masses impossibles à déterminer.

§ 9. — Progrès de la Systématique et de la Connaissance des différentes classes.

Des deux tendances opposées de Linné et de Buffon, tendances que peu de naturalistes ont réunies, la première était, au siècle précédent, de beaucoup la plus répandue. Elle conduisit peu à peu au changement qui commença à s'opérer à la fin de cette période. Cependant, bien que la plupart des travaux de détails se rattachassent exclusivement à Linné, il n'y eut rien de bien important à signaler dans les améliorations dont la classification des animaux fut l'objet. Parmi le grand nombre de traductions et de commentaires du *Système de la nature*, aucun ne donne une plus grande extension au plan de Linné. Mais il n'eût pas été naturel que la critique scientifique favorisée par l'extension des connaissances ne se fût pas exercée sur le système pour le développer. Aussi convient-il de citer plusieurs essais assez importants tentés en vue d'améliorer la classification. Le premier essai de ce genre que Linné ait consulté avec quelque profit fut publié en 1756 par le préparateur de Réaumur, Mathurin-Jacques Brisson, né en 1723, mort en 1806, professeur de physique. Les animaux que Linné distribuait en six classes, Brisson les comprenait en neuf, fondant sa classification sur les mêmes caractères. Il sépara les cétacés des poissons, mais ne les réunit pas encore aux mammifères ; il les plaça à la suite de ceux-ci comme une classe spéciale. Brisson isole complètement l'homme des mammifères. Les oiseaux et les reptiles forment la troisième et la quatrième classe. Les poissons cartilagineux précèdent comme classe spéciale les poissons proprement dits, de même que les crustacés sont séparés des insectes et caractérisés par la présence d'au moins huit paires de pattes. Les vers, comme chez Linné, forment la dernière classe. On voit donc que l'élan a été donné à l'étude des affinités naturelles. En dehors de changements survenus postérieurement et même déjà indiqués par Ray au sujet des cétacés, les classes de Brisson n'offrent que peu d'améliorations au système de Linné, dont nous ne cherchons pas à nier la valeur inégale.

Jean-Pierre Eberhard (né à Altona en 1727, mort en 1779), professeur de physique à l'Université de Halle, fit un essai assez intéressant sur la classification du règne animal. Après avoir écarté l'homme de son système, il divise les animaux en deux groupes : le premier comprend les animaux dont les organes des sens ressemblent à ceux de l'homme ; le second les autres ; au premier appartiennent les quadrupèdes, les oiseaux, les poissons et les serpents (car Eberhard comprend les tortues, les crocodiles, les lézards et les grenouilles parmi les quadrupèdes). Il distingue les cétacés, poissons pulmonés, des autres habitants des eaux pourvus de branchies. A la vérité, il prend les branchies des requins et des lamproies pour des poumons et, par suite, réunit ce groupe à celui des cétacés.

La seconde division du règne animal comprend, d'après Eberhard, quatre classes : insectes, vers, animaux à coquilles et zoophytes. On verrait dans cette classification un plus grand progrès si l'auteur s'était toujours fondé sur des bases anatomiques ; mais il lui est arrivé, par exemple, d'éloigner des limaçons les limaces, en raison de l'absence de coquille chez ces dernières. Le professeur du corps des Cadets de Berlin, Jean-Samuel Halle (1727-1810), donne, dans son *Traité d'histoire naturelle* (1), relatif aux mammifères et aux oiseaux, des extraits des ouvrages les plus lus de son temps, sans essayer de contribuer au développement de la science par des additions personnelles.

Jean-Frédéric Blumenbach suivit généralement Linné dans son excellent manuel d'histoire naturelle, qui est vraiment remarquable par sa grande clarté et la netteté de son exposition ; il le suit même jusque dans ses excentricités : c'est ainsi qu'il admet l'ordre des amphibiens nageurs, tout en rangeant les cétacés parmi les mammifères. Il n'y a que le groupe des vers qu'il a cherché à exposer en détail en le partageant en différents ordres. Cependant, sa classification en mollusques testacés, annelés, coraux et zoophytes n'est ni naturelle ni supérieure à celle de Linné. Les vers intestinaux sont rangés avec les autres vers parmi les mollusques, les polypes nus parmi les zoophytes ; les polypes à polypiers parmi les coraux. L'ordre des vers cartilagineux renferme les échinodermes qui, à la vérité, n'ont pas de cartilages, au sens ordinaire du mot. Le système zoologique de Nathan.-Gottfried Leske (1784) se rattache à peu près à celui de Linné, avec les amphibiens nageurs et autres, bien qu'enrichi des infusoires de Müller. Il importe de faire remarquer

---

¹ C'est par erreur qu'on a mis le nom de Haller sur le premier tome.

qu'Auguste-Jean-George-Charles Batsch [1] entreprit le premier
de réunir sous le nom d'animaux osseux les quatre classes de
Linné, aujourd'hui désignées sous le nom de vertébrés. Les
caractères de ce groupe sont parfaitement définis. Batsch fait
bien voir les différences de structure qui caractérisent, d'une
part les vertébrés, et d'autre part les mollusques et nos articulés actuels. Ces deux groupes se composent, d'après Batsch, des
animaux parfaits, qu'il oppose aux animaux imparfaits, dans la
classification et la description desquels il a été moins heureux.

Un ouvrage bien fait et qui doit être compté à l'avoir des
progrès modernes, c'est le *Manuel d'Histoire naturelle* de Jean-
Aug. Donndorf (1793). Ce dernier eut le mérite de faire, sous
forme de répertoire, le dénombrement des nouvelles espèces,
dans le but d'étendre les connaissances zoologiques. Dans son
Manuel, Donndorf, par son respect scrupuleux de la langue scientifique, qu'il renonce d'ailleurs à enrichir lui-même, initie progressivement le lecteur à l'histoire naturelle. (Maurice-Balthazar
Borkhausen avait aussi pris grand soin des termes scientifiques.)

Il est inutile d'énumérer d'une façon plus étendue cet exposé
général [2], vu qu'il témoigne uniquement de l'importance croissante des études zoologiques, et non pas toujours de leurs progrès continus. Cependant, nous ne saurions passer sous silence
le nom de Jean Hermann, qui compta parmi les plus savants
zoologistes du dernier quart du siècle précédent : il naquit
en 1738 à Barr, en Alsace, et mourut en 1800, professeur d'histoire naturelle à Strasbourg. Comme Pallas l'avait déjà fait avec
beaucoup de raison, il s'élève, dans son *Tableau des affinités
zoologiques,* contre la disposition du règne animal en une série
linéaire et rectiligne. Il examine les différents groupes, et prouve
que l'appréciation des rapports que présentent entre eux les
différents ordres et les classes dépend des caractères dont on
fait choix pour fonder sa classification. Mais il propose de distribuer les animaux suivant les courbes d'un réseau [3]. De plus il

---

[1] *Essai d'une introduction à la connaissance et à l'histoire des animaux et
des minéraux*, 1788. — Batsch naquit à Iéna en 1761, et y mourut en 1802, professeur de botanique.

[2] Par exemple, des travaux de Borowski, Lenz, Suckow, etc.

[3] On voit dans les écrits de Hermann que le botaniste Necker (Charles-Joseph)
(1729-1793) s'est occupé des affinités relatives des végétaux. Son ouvrage, qu'il intitula *Table généalogique*, semble n'avoir pas été répandu au delà d'un cercle très
restreint d'amateurs. Ce serait la première fois que cette manière de comprendre les
affinités a été exprimée. (*Tabula affinitat. animal*, p. 13.)

est, depuis Aristote, le premier naturaliste qui ait considéré, dans ce qu'ils ont de commun, les différents caractères des animaux. Il est vrai qu'il ne formule pas encore la loi de la corrélation des formes ; mais il dit expressément que la forme d'une partie du corps détermine celle des autres parties. Si Hermann eût eu plus de matériaux à sa disposition, ses observations, extrêmement intéressantes et grosses de progrès, auraient en tout cas été plus utiles. Ses écrits ont en général été trop peu connus. On lui doit aussi un volume d'observations zoologiques avec la description d'animaux nouveaux ou peu connus. Il y a beaucoup de bonnes choses dans les recherches qu'il a dirigées sur les aptères, mais qui n'ont été publiées qu'après sa mort par son fils Jean-Frédéric, qui mourut jeune.

Enfin, il faut mentionner, relativement à la conception générale du règne animal, que le goût de l'histoire naturelle se répandit à la suite des brillants travaux que nous avons énumérés. Il manquait encore une vue d'ensemble bien nette de la formation et du genre de vie des animaux, vue dont la science moderne s'applique à reculer l'horizon. Alors on se prit d'admiration pour la beauté et l'utilité de la nature ; on la considéra au point de vue esthétique ; on y chercha aussi une édification religieuse. De toute façon on avait soif d'idéal, et l'on demandait à l'histoire naturelle la satisfaction de ce besoin, auquel les considérations historiques, vu leur insuffisance, ne pouvaient répondre. Mais tout cela ne constituait aucun progrès pour la science. Ce sentiment touchant de candeur qui apparaît de temps en temps est surtout intéressant au point de vue du développement de la culture intellectuelle. Nous ne nous étendrons pas sur l'énumération suivante. Le philosophe bien connu Jean-George Sulzer (1720-1779) écrivit non seulement des considérations morales sur les œuvres de la nature (1741), mais aussi un livre spécial sur la beauté de la nature. Henri Sander, professeur au gymnase de Carlsruhe (né en 1754, mort en 1782), s'employa de la même manière à faire ressortir la beauté de la nature et les sages lois qui la régissent. Le plus zélé de ces auteurs était le pasteur de Nordhaus, Frédéric-Chrétien Lesser (1692-1754) : il s'efforça de donner un sens religieux à l'étude de la nature. Il écrivit non seulement une *Lithothéologie,* mais chercha aussi à développer le sentiment religieux de la nature par une *Insectothéologie* (dissertation latine, 1735; allemande, 1738) et une *Testacéothéologie* (1744). Pour les autres classes d'animaux, nous citerons enfin Jean-Henri Zorn (*Petinothéologie,* considérations religieuses sur les oiseaux, 1742), et Jean-Godefroy Ohnefalsch-richter (*Ichtyothéologie,* 1754), qui suivirent l'exemple du pasteur de Nordhaus.

Le besoin d'une transformation dans la manière d'envisager le règne animal ne se faisait sentir que dans certains cas isolés ; plus tard seulement un grand changement s'est opéré après avoir été progressivement préparé par des recherches minutieuses sur les différentes classes. Non que ces recherches en aient été la cause unique : les vues générales ont pu aussi y être pour quelque chose, indépendamment des observations de détail. Quoi qu'il en fût, les progrès n'apparurent que plus tard dans toute leur grandeur, comme conséquence des découvertes particulières.

L'histoire naturelle de l'homme trouva dans Pallas le premier écrivain scientifique. Les travaux de Cornelis de Pauw sur les Américains, les Chinois et les anciens Grecs sont plutôt du genre historique : ils n'ont guère porté fruit, étant conçus sous l'empire d'idées systématiques et de préjugés dont l'auteur ne sut point s'affranchir. A la même époque fut fondée sur des bases anatomiques la science des races humaines. En 1775, en effet, parurent pour la première fois les écrits de Blumenbach sur les différences innées des races humaines : les divers types y sont décrits comme races ou variétés d'une espèce unique. Blumenbach s'efforce de les caractériser d'une façon naturelle. Parmi les Européens, il compte les Asiatiques occidentaux jusqu'à l'Obi, la mer Caspienne et le Gange ; les autres Asiatiques, dont la peau est d'un brun jaune, forment la seconde variété : les nègres aux cheveux crépus forment la troisième ; les Américains la quatrième ; les Polynésiens et les Australiens, enfin, la dernière. Pour les désigner, Blumenbach introduisit les expressions généralement admises de races caucasique, mongolique, éthiopienne, américaine et malaise. La délimitation de ces races, qui, suivant Blumenbach, ne peut être faite que d'une façon artificielle, est basée sur l'apparence extérieure. Ces races représentent une extension de la classification de Linné, à laquelle Kant lui-même se rallia, de même que la division des races par Jean Hunter est basée sur la couleur de la peau. Blumenbach suivit au début les anciens errements, et déclara par exemple que la chaleur des tropiques rend la peau du nègre noire et ses cheveux crépus. Plus tard, il chercha une base plus solide de ces

différences, sans s'inquiéter de les expliquer. On peut le considérer comme le fondateur de la craniologie ethnographique.

On avait déjà comparé les diverses parties du squelette des
animaux aux organes correspondants de l'homme. Jean-Glob.
Haase (1766) s'occupa dans ce sens de la clavicule, et Bernh.-
Glob. Schreger (1787) du bassin. Au-dessus de toutes les autres
parties, le crâne prit une importance qui resta prédominante.
J.-Ch. Fabricius accepta l'opinion généralement accréditée, qu'il
y a une étroite parenté entre les singes et les nègres et que ces
derniers dérivent de l'union des hommes et des singes. De là le
rang accordé aux singes comme à des êtres intermédiaires entre
l'homme et l'animal. Pour combattre ce préjugé, Pierre Camper
fit l'anatomie de l'orang-outang, indiqua sa véritable place parmi
les bêtes et de plus releva en détail les caractères distinctifs qui
l'éloignent de l'espèce humaine. Parmi ces caractères il s'attache surtout à l'angle facial, et le premier se livre à la mensuration du crâne ; il continua plus tard cette méthode et l'appliqua
dans ses travaux sur les différences que présentent les diverses
têtes humaines. Chrétien-Frédéric Ludwig résuma (1795), dans
une langue littéraire très élégante, tout ce que l'on savait à
la fin du xviiie siècle sur l'histoire naturelle de l'homme.

La classification des mammifères, dont les cétacés n'étaient
plus séparés, fut de diverses façons l'objet de nouveaux travaux ;
mais ceux-ci étaient loin d'être constamment dirigés d'une
manière bien scientifique. La classification de Linné était fondée
en première ligne sur la dentition ; Brisson chercha à l'améliorer.
Il n'arriva qu'à un groupement artificiel et forcé, en tirant exclusivement ses caractères de la présence des dents, de leur
nombre et de la forme des membres. Dès 1775 Jean-Chrétien-
Daniel Schreber (né en 1739, mort en 1810 professeur à Erlangen) publia les premières livraisons de sa grande *Mammalogie,*
qui ne fut terminée qu'en 1824. Suivant la manière de Buffon,
il attache la plus grande importance à la description soignée et
détaillée, à la peinture des différentes espèces, sans tenir compte
de leur classification. Thomas Pennant voulut, d'abord en 1771,
puis en 1781, examiner les caractères généraux des espèces
voisines ; mais sa classification devint aussi un système artificiel, vu qu'il s'attacha trop exclusivement à la forme des pieds
et, en second lieu, aux dents et aux autres caractères pour
délimiter ses groupes. Cependant Pennant s'est souvent vu forcé
d'abandonner son plan pour respecter les affinités naturelles ;

de sorte que les places respectives qu'occupent dans sa classification les différents genres sont bien plus naturelles que le choix des caractères sur lesquels ses ordres sont fondés. Bien plus artificiel encore est le système que Jean-Antoine Scopoli (1723-1788) établit en 1777 ; il s'attache exclusivement à l'habitat, à la marche plantigrade ou digitigrade, et, se basant sur cette distinction, sépare par exemple la loutre de la belette, le castor des autres rongeurs, etc. — Jean-Chrétien-Polycarpe Erxleben (né en 1744 mort en 1777 professeur à Gœttingue), s'est fait remarquer dans la description qu'il donna des diverses espèces, tout en renonçant à pousser plus loin les divisions des classes ; il institua une série de genres, commençant comme Scopoli par l'homme, et donnant aux dents la principale importance ; il lui arriva aussi et quelquefois avec bonheur de considérer les mœurs. Dans les descriptions il suit l'exemple de Linné, se servant souvent des mêmes expressions ; il donne de nombreux synonymes et les noms vulgaires. Par suite son ouvrage fut pour le temps un livre utile à consulter (1777) ; mais il ne renferme que peu de progrès saillants.

Tandis que l'homme est exclu de la classification de Brisson et de celle de Pennant, c'est au contraire par l'homme que Blumenbach (1779) ouvre la série des mammifères : il le caractérise comme privé d'armes naturelles, d'instinct et de toison. Quant aux autres ordres, Blumenbach en reconnut d'abord douze ; plus tard il diminua ce nombre. Il s'est laissé influencer par la considération de l'aspect extérieur et les caractères d'adaptation, car il réunit par exemple le hérisson au porc-épic en raison des analogies du système pileux ; le castor à la loutre à cause de leurs doigts palmés ; la souris, la musaraigne et le rat du Brésil à la belette et au blaireau dans le même ordre, et dans cette manière de caractériser les espèces nous voyons appliquée pour la première fois la considération de la marche, plantigrade ou digitigrade [1]. Gottlieb-Conrad-Chrétien Stow, professeur d'histoire naturelle à Tubingue (né en 1748, mort en 1721) donne, dans son *Prodome d'une méthode mammalogique*, une classification bien plus naturelle. Dans sa dissertation parue en 1780, Stow partage la classe des mammifères en trois ordres : le premier comprend les espèces dont la locomotion est terres-

---

[1] Non, ce n'est pas la première fois. C'est Pennant, comme il est dit plus haut, qui est l'auteur de cette distinction. (Note du traducteur.)

tre ; le second celles qui possèdent des pieds palmés pour nager ;
la troisième les amphibies pourvus de nageoires. S'il sépare les
phoques des genres voisins, cependant il circonscrit d'une
façon naturelle les plus petits groupes de son premier ordre :
ce n'est pas sans raison que les caractères d'adaptation y figurent au premier plan. Par exemple le castor et la loutre sont
à leur vraie place, le premier parmi les rongeurs, le second
auprès de la belette et du putois. Aux animaux munis d'un
appareil complet de mastication il applique, dans sa plus large
acception, le nom tout linnéen de primates. La première division de ses primates comprend, à titre d'espèces pourvues de
mains, l'homme, les singes et les didelphes (connus encore longtemps après sous le nom de pédimanes). Stow tint compte aussi
de la position du pied dans la locomotion et vit dans la marche
plantigrade un caractère important.

Batsch déclare n'avoir apporté au système de Linné que de
très légères modifications; mais en réalité il a introduit dans la
classification des mammifères beaucoup d'améliorations. Il inter-
cala entre l'ordre et les genres la division systématique des
familles, les différenciant nettement dans chaque ordre. Il partagea les carnassiers en quatre familles : chats, chiens, ours et
mustélus. Le premier il employa comme nom d'ordre l'expression de rongeurs pour désigner les trois familles des taupes, des
chauves-souris et des didelphes. Parmi les taupes il comprenait
les genres musaraigne, taupe et hérisson ; aux chauves-souris il
donnait aussi le nom de ptéropodes employé dans le même sens
par Ch. Bonaparte ; il appliqua le premier aux didelphes le nom
de *marsupiaux*, mais il séparait de ces rongeurs les mammifères
désignés sous ce nom depuis Vicq d'Azyr, les glires de Linné,
ces animaux dont la souris est le type. Il les distribuait en
quatre familles : rats, lapins, écureuils et castors.

Les rongeurs sont les seuls mammifères qui aient trouvé des
historiens spéciaux. C'est ici le cas de mentionner l'excellente
monographie que Pallas nous a donnée de rongeurs nouveaux
ou peu connus (1778); elle est accompagnée de l'anatomie de la
plupart des animaux cités. Le travail de Blaise Merrem (1), qui
à certains égards n'est pas sans valeur, mérite aussi de ne pas

---

[1] Dans ses Dissertations variées sur l'histoire naturelle. Gœttingue, 1781. Merrem
naquit à Brême, 1761, fut privat-docent à Gœttingue de 1781 à 1784, puis professeur
à Duisbourg et, à partir de 1804, à Marbourg, où il mourut en 1824.

être oublié. Enfin Guillaume Josephi, prosecteur à Gœttingue,
a commencé à décrire l'anatomie des mammifères; mais il n'a
pu traiter que des singes. L'ouvrage renferme peu de variété.

La classification des oiseaux était plus difficile à améliorer
que celle des mammifères; car les différences des oiseaux sont
en général très sensibles et consistent dans l'inégalité de leurs
dimensions. Il fallait ici tenir compte de particularités de second
ordre, et cette étude toute de détails ne retenait pas l'attention
sur les caractères communs à tout un groupe. En se basant
principalement sur les différences du plumage et du genre de
vie minutieusement observé, Paul-Henri-Gerhard Mohring (né
en 1720 à Dantzig, mort en 1792 à Jever) publia une nouvelle
classification des oiseaux (1752). Son attention se porta sur la
manière dont les pieds sont emplumés, la peau disposée sur les
parties nues et sur le développement des ailes. Ce fut sur les
différences que les divers oiseaux présentent à cet égard qu'il
fonda sa classification. Puisant des groupes de caractères dans
les classifications publiées avant lui, Brisson établit un système
plus éclectique (1760); le grand nombre de ses ordres (26) comparé à ceux de Mohring (4) indique déjà combien l'appréciation
des divers groupes est différente quand les points de vue saillants
font défaut. Jean-Ésaü Sibberschlag (né en 1721, mort à Berlin
en 1791 membre du consistoire supérieur et conseiller privé
d'architecture) fut conduit par ses recherches sur le mécanisme
du vol à observer très exactement les ailes. Elles lui parurent
offrir des caractères très nets pour classer les oiseaux, d'après
leur longueur, leur forme et leur envergure. Cependant il ne
donna sur ce sujet qu'un simple aperçu, sans tenter une recherche
profonde.

Blumenbach a fait remarquer en 1779 que la classification des
oiseaux offre moins de difficultés que celle des mammifères,
vu que la structure plus simple des oiseaux permet de fonder
les divisions de cette classe sur les caractères de certaines parties,
telles que le bec et les pieds. Parmi ses nouveaux ordres se
trouve celui des lévirostres, oiseaux dont le bec est très grand,
mais creux (perroquets, toucans, cassiques).

Jean Latham (né en 1740, mort en 1837) recueillit d'une
façon éclectique le meilleur de ce que ses devanciers avaient mis
au jour : il partagea les oiseaux en neuf ordres (en 1781, puis
en 1790 et plus tard), les divisant tout d'abord, suivant l'exemple
de Ray, en terrestres et en aquatiques. En général il conserva la

classification de Linné, à laquelle il joignit encore les pigeons, les autruches et les pinnatipèdes de Klein ayant les doigts palmés. Le mérite de Latham est d'avoir soigneusement décrit les espèces.

Batsch oppose précisément aux observations de Blumenbach ce fait que plus la structure des oiseaux est uniforme, plus il est difficile de distribuer méthodiquement les genres dans une classification. Car alors les traits particuliers s'effacent devant la ressemblance générale. Il oppose le condyle occipital simple des oiseaux aux deux condyles occipitaux des mammifères, mentionne la disposition des plumes en quinconce, etc. Ses nouveaux ordres ne répondent pas à ceux de Blumenbach, auquel il a emprunté cependant les lévirostres. Il réunit les corneilles aux passereaux, les pigeons aux gallinacés. Mais il ne met pas les pies à leur vraie place. En général Batsch se donne les airs d'un observateur perspicace et profond.

George Edwards (1693-1773) s'occupa d'étendre la connaissance des espèces nouvelles ou rares. Dans son ouvrage spécialement consacré aux oiseaux (1743-51), qui fut continué par Pierre Brown (1776), comme aussi dans ses recueils, il offrit des dessins de nouveaux oiseaux ou d'oiseaux qui jusqu'alors n'avaient pas été représentés. Pour ce qui concerne les groupes, Merrem décrivit soigneusement les caractères distinctifs des aigles et des faucons. Merrem donna dans son introduction le premier dessin détaillé du système musculaire d'un oiseau (l'aigle à tête blanche).

La découverte du *Proteus anguinus* fut d'une grande importance pour éclairer les différences de la classe des reptiles et de la classe des amphibies. Elle frappa vivement le descripteur Joseph-Nicolas Laurenti : ce naturaliste, ayant reçu de Hohenwort un protée provenant du lac Zirkniz, fut étonné d'observer sur ce sujet l'existence simultanée de branchies et de poumons ; par suite il sentit la nécessité de tenir compte du développement dans la classification. Il divisa les reptiles (1768) en sauteurs, coureurs et rampants. Cependant la métamorphose n'est pas assez apparente dans les deux premiers ordres pour que les premières espèces de marcheurs (*Gradientia*), caractérisées comme tardigrades, soient remarquables par leurs métamorphoses. Au nombre de ces dernières il compte, outre le protée, les tritons et les salamandres, qui se distinguent des lézards par la position de l'anus. La couleuvre reste toujours placée parmi les serpents. On n'utilisa pas l'indice contenu dans le système de Laurenti, quoique, au point de vue anatomique (considéré entre autres par Zinn dans son examen des organes génitaux), les rapports de la grenouille et de la salamandre aient été mis en lumière. Blumenbach supprime l'ordre linnéen des méantes, prenant les sirènes pour une forme larvaire; mais il maintient les grenouilles entre les tortues et les lézards comme reptiles pourvus de pattes; il termine par les deux autres ordres de Linné : les rampants et les nageurs. Batsch abandonna, comme plus tard Blumenbach, cette dernière classification; il fit des batraciens un groupe spécial, mais rangea parmi les lézards les tritons et les salamandres pourvus de queue.

Le système de Bernard-Germain-Étienne, comte de Lacépède (1746-1825) ressemble à celui de Linné, en ce qu'il n'est établi que sur les caractères extérieurs, sans tenir compte des différences de structure et du genre de vie. Cependant son ouvrage (1788) doit être considéré comme le complément de l'*Histoire Naturelle* de Buffon : il est surtout remarquable par la description soigneuse des diverses espèces. Mais ses travaux sur les différents groupes n'eurent relativement qu'une faible influence sur les progrès de l'herpétologie[1]. Il faut surtout citer les écrits du philologue et zoologiste bien connu, Jean-Gottlob Schneider[2], qui se font remarquer par une science profonde; néanmoins ils ne contribuèrent guère à accroître nos connaissances sur les reptiles. Schneider considère la sirène et le protée comme des larves de salamandres, mais il n'accorde aucune importance aux métamorphoses et place, comme ses prédécesseurs immédiats, la salamandre parmi les lézards. Les tortues trouvèrent plusieurs descripteurs. Outre Schneider, Jean-David Schœpf (né en 1752, mort à Baireuth en 1800) commença à décrire les tortues, comme Schreber l'avait fait pour les mam-

---

[1] L'ouvrage de Lacépède sur l'herpétologie porte le titre d'*Histoire naturelle des quadrupèdes ovipares et des serpents*, et fut publiée en 1788 et 1790. L'auteur admet la classification suivante :

1° Quadrupèdes ovipares pourvus d'une queue (tortues et lézards); 2° Quadrupèdes ovipares sans queue (grenouilles et crapauds); 3° Bipèdes ovipares munis de deux pieds, d'écailles et d'une queue; 4° Serpents. L'auteur a publié en outre divers mémoires sur les genres nouveaux dans les Archives du Muséum. A. S.

[2] Jean-Gottlob Schneider naquit en 1750 à Collm, près Hubertusburg en Saxe. Plus tard il prit le nom de Saxo. Après ses études sur la philologie et plus tard, à Strasbourg, sur l'histoire naturelle, il devint professeur de littérature grecque à Francfort-sur-l'Oder en 1776, puis à Breslau en 1811. Il mourut en 1822.

mifères, dans un ouvrage orné de gravures sur acier. Mais il ne parut que six livraisons [1]. Plusieurs espèces furent décrites en 1782 par Jean-Jules Wallbaum (né en 1724 à Wolfenbüttel, mort en 1799 médecin à Lubeck). Le docteur Christophe Gottwald, mort à Danzig en 1700, nous a laissé une description anatomique du caret, qui fut publiée en 1781 [2]. Sur les serpents ont écrit entre autres Charles Owen et Patrick Russel dont nous avons déjà parlé. Auguste-Jean Rœsel de Rosenhof a publié d'abord en 1750 l'histoire naturelle des batraciens de son pays [3]; Schreber donna de cet ouvrage une seconde édition en 1800 [4]. Rœsel était graveur. Il naquit en 1705, près d'Arnstadt, à Augustenburg, ville maintenant rasée; il mourut en 1759 à Nuremberg, où s'était écoulée sa carrière scientifique. Il était de ces excellentes natures qui trouvent des jouissances et des délices incomparables dans l'examen des merveilles de la création, étudiant avec une patience à toute épreuve les plus petits, les plus infimes des êtres, présentant modestement et naïvement les résultats de leurs recherches pour mettre en lumière l'harmonie de l'univers et la sagesse de son auteur, et contribuant ainsi à accroître nos connaissances relativement aux animaux. Comme son ouvrage sur les insectes, dont nous parlerons plus tard, celui qu'il publia sur les batraciens est rempli d'observations profondes sur le genre de vie de ces animaux et les diverses phases de leur développement. Mais il n'apporte que peu de faits nouveaux à la physiologie et à l'anatomie.

Pour ce qui concerne les poissons, la classification d'Artedi et de Linné prédomina jusqu'à la fin du siècle. L'ouvrage d'Artedi fut réédité par Jean Wallbaum; sa synonymie le fut également par J.-G. Schneider, accompagnée de commentaires littéraires très étendus. Blumenbach conserve les amphibiens nageurs de Linné (1779); au contraire Batsch (1788) les réunit aux poissons, mais il a soin d'exclure de cette classe les cétacés. Ses travaux anatomiques renferment quelques nouveautés : c'est ainsi qu'il signale l'absence de sternum chez les poissons, contrairement

[1] Schœpf. *Historia testudinum iconibus illustrata*, Erlangœ, 1792-1801, 6 fasic. avec 3 planches.

[2] Gottwald, *Physikalisch anatomisch. Bemerkungen uber die Schildkrœten, aus dem latein. ubersetzt.* Nurnberg, 1781, in-4.

[3] Rœsel von Rosenhof, *Historia naturalis Ranarum nostratium.* Nurnberg, 1758.

[4] Neue Auflage, von J.-C.-D. Schreber, Nurnberg, 1800-1815, in-fol. avec 48 planches.

aux assertions de Gouan. Il ne donne sa classification des poissons qu'à titre d'essai et en ayant soin de faire remarquer que
les matériaux lui ont manqué. Laurent-Théodore Gronov
suivit au début la méthode de Linné dans la description de son
riche cabinet d'histoire naturelle (1764); mais plus tard il réunit
les cétacés et les amphibiens nageurs à la classe des poissons (1781). Antoine Gouan (1733-1821, Montpellier) donna
en 1770 une Histoire des poissons en langue latine, de laquelle
il exclut les amphibiens et les poissons cartilagineux; outre la
caractéristique détaillée des genres, il donne des indications
anatomiques, à la vérité assez brèves et auxquelles il serait témé-
raire de se fier aveuglément. Ici c'est le point de vue zootomique qui paraît dominer. Gouan tient pour inutile et presque
impossible la description des os de la tête; il dit que les
narines communiquent avec le pharynx par l'intermédiaire du
palais, etc. Son ouvrage est précédé d'une introduction sur la
« Philosophie Ichthyologique »; il y expose avec une terminologie spéciale les caractères distinctifs des différentes régions
du corps des poissons. Il émet au moins en partie une idée que
Jacob-Christian Schæffer[1] avait déjà exprimée en 1760 dans
une circulaire relative à une méthode à la fois plus facile et
plus sûre d'étudier l'ichthyologie.

Le système institué par Schæffer lui-même, l'auteur d'une
description des poissons de Ratisbonne[2], se rapproche le plus
du système de Klein : ce n'est d'ailleurs qu'une ébauche, traitée

---

[1] Jacob-Christian Schæffer naquit en 1718 à Querfurt, et mourut en 1790, intendant
supérieur évangélique à Ratisbonne. Son frère, Jean-Gottlieb Schæffer, né en 1720 à
Querfurt, mort en 1795, médecin à Ratisbonne, avait deux fils : Jacob-Chrétien-Gottlieb
né en 1752, mort en 1826, médecin à Ratisbonne, auteur d'une Description topogra-
phique de Ratisbonne au point de vue médical. Il n'avait pas de fils; une de ses filles
épousa Adam-Élie de Siebold (né en 1775 à Wurzburg, mort à Berlin en 1828), fils de
Charles-Gaspard de Siebold (né en 1736 à Nideggen en Juliers), qui fut anobli en Autriche en 1801, et mourut professeur en 1808. Les fils d'Élie de Siebold naquirent à
Wurzburg; ce sont Édouard-Charles-Gaspard né en 1801, mort en 1861 à Gœttingue, et Charles-Théodore-Ernest né en 1804, zoologiste à Munich. L'autre fils de Jean-
Gottlieb Schæffer fut Jean-Ulrich-Gottlieb; il naquit en 1753, mourut en 1829, médecin à Ratisbonne. Celui-ci également n'eut que des filles. L'une d'elles épousa le
médecin Herrich, de Ratisbonne. Les fils de ce dernier, tous deux médecins à Ratisbonne, furent Gottlieb-Auguste-Guillaume, l'entomologiste, né en 1799, mort en 1861,
et Charles Herrich (né en 1808, mort en 1854). D'après le vœu de leur grand-père,
ceux-ci, ainsi que les petites-filles de Jacob-Chrétien, ajoutèrent à leur nom celui de
Schæffer, après la mort de ce dernier : de là le nom de Herrich Schæffer. — On trouvera, dans la Bibliothèque entomologique de Hagen, une notice de Schæffer qui confirme
l'exactitude des données dues à Édouard de Siebold.

[2] J.-C. Schæffer, *Piscium bavarico ratisbonensium pentas*. Ratisbonæ, 1761, in-4.

légèrement et qui embrasse les cétacés et les poissons cartilagineux. Les conclusions de Schæffer concernent la terminologie et l'illustration des systèmes par le dessin.

Duhamel [1] et Broussonet [2] donnèrent des descriptions très soignées des figures de poissons. Il faut surtout citer Mark-Eliezer Bloch [3] qui naquit en 1723 à Ausbach, vécut à Berlin et mourut en 1799 à Carlsbad. Ce naturaliste, par la fidélité de ses descriptions et de ses dessins, en partie aussi par l'observation des détails anatomiques, inaugura une nouvelle manière d'étudier les poissons tant allemands qu'exotiques (1782-1795). Il faut aussi citer avec éloges la *Représentation et l'histoire des poissons* que Jean-Christophe Heppe a fait paraître de 1787 à 1800 en cinq cahiers désignés sous le nom d'éditions. Ils se font remarquer par un trait soigné, un bon coloris et un format commode. De la même façon que Bloch, mais en accordant plus d'importance à la question de système, Lacépède publia son *Ichthyologie* comme complément de l'œuvre de Buffon (1798-1805) [4]. Les naturalistes français y trouvèrent une base solide.

En même temps que se développaient la systématique et l'art de décrire les détails, l'anatomie des poissons faisait aussi des progrès. Comparées aux notices anatomiques relatives à la structure des systèmes ou aux travaux plus importants de Gouan, l'*Anatomie et la physiologie des poissons* d'Alexandre Monro (né en 1733, mort en 1817) forme un ouvrage capital, fondé sur les découvertes de ses prédécesseurs et sur les siennes propres. Ce livre parut en 1785 [5] et fut traduit en allemand par J.-G. Schneider, avec des notes de P. Camper (1787) ; Monro y tenait compte des travaux plus anciens de Duvernoy, Laurenzini, Koelreuter, etc., aussi bien que des découvertes plus

---

[1] Duhamel du Monceau, *Traité général des pêches maritimes, des rivières et des étangs, et histoire des poissons qu'elles fournissent*. Paris 1769-1782, 3 vol. avec planches in-fol.

[2] Broussonet. *Ichthyologia sistem piscium descriptiones et icones*, Decas I. Londini et Parisiis, 1782.

[3] Bloch. *Allgemeine Naturgeschichte der Fische*, Berlin, 1782-1795, 12 part. avec 432 pl., traduit en français sous le titre : « *Ichthyologie ou Histoire naturelle générale et particulière des poissons*, avec des figures enluminées, dessinées d'après nature. Berlin 1785-1797, 12 vol. avec 432 pl. coloriées.

[4] Forme les tomes LXXVIII à LXXXVIII de l'*Histoire naturelle* de Buffon, édition de l'imprimerie royale. On cite encore l'édition de Paris, an VI-XI (1798-1805), 6 vol. en 5 tomes avec 129 planches in-4.

[5] A. Monro. *The structure and physiology of Fishes, explained and compared with those of Man and other animals*, Edinburgh, 1785, with. 44 plates in-folio.

récentes de Hewson et de Hunter. Le traducteur profita en outre des études de Vicq d'Azyr. Mais tous les systèmes de ces savants ne furent pas considérés au même point de vue. Ainsi les chapitres consacrés au système nerveux et aux organes de la génération sont très courts; de même aucune mention n'est faite du squelette et du système musculaire. On y trouve une description anatomique très complète d'un oursin; mais, pour ce qui est de la seiche, il y a un vrai recul. L'art grandissant du dessin anatomique témoigne également de progrès évidents. Enfin citons comme d'une grande importance l'ouvrage de Philippe Cavolini (1756, mort en 1810) sur le développement des poissons (et des écrevisses); l'auteur traite de la fécondation des œufs en dehors du corps de la mère et fait plusieurs communications relatives à l'embryologie [1].

Le groupe des mollusques ne trouva des descripteurs que vers la fin du siècle dernier ; alors les naturalistes adoptèrent pour ces animaux la classification de Linné. Les remarques de Pallas sur les affinités naturelles des diverses espèces de cette classe passèrent inaperçues; elles ne furent appréciées que plus tard. Cependant Adanson (né en 1727, mort en 1806) s'était placé à un point de vue plus rationnel que Linné, en ce que dans ses descriptions [2] il ne s'arrête pas seulement à la coquille, mais décrit aussi le corps et toutes les parties visibles de l'animal [3]. En tout cas il est arrivé à faire, des mollusques testacés, un groupe indépendant, et il les sépare des mollusques nus. Il divise les testacés en *Uni*, *Bi*, et *Multi-Valves*. Il est à regretter qu'Adanson, par suite de son appréciation trop sévère de ses devanciers, ait laissé de côté la nomenclature de Linné pour en adopter une autre dans laquelle il a emprunté à ce naturaliste des mots dont il a changé l'acception.

Jean Dezallier d'Argenville [4] a établi une classification con-

---

[1] Cavolini. *Memoria sulla generazione dei Pesci e dei Granchi*. Napoli, 1787, con 3 tavole in-4.

[2] Adanson, *Histoire naturelle du Sénégal. Coquillages*. Paris, 1757, in-4, avec 19 pl.

[3] Adanson ne faisait qu'appliquer là son système d'investigation de tous les caractères dont il a laissé un si remarquable monument dans ses Familles des plantes. Son nom appartient surtout à la botanique ; mais, outre l'ouvrage spécial sur les coquillages dont il est ici question, on a de lui des *Leçons sur l'histoire naturelle* en 2 volumes, renfermant une exposition élémentaire de la zoologie descriptive. A. S.

[4] Dezallier d'Argenville, l'*Histoire naturelle éclaircie dans une de ses parties principales, la conchyliologie, qui traite des coquillages de mer, de rivières et de terre, augmentée de la zoomorphose ou représentation des animaux u*

chyliologique particulière; elle ne dénote ni une conception rationnelle des caractères, ni un sentiment bien profond de la distribution des ordres.

Louis-Étienne Geoffroy s'occupa de l'anatomie externe dans sa *Description des Mollusques des environs de Paris* [1].

Jean-Guillaume Bruguière (né à Montpellier en 1750), parcourut les mers du sud pendant deux ans avec Kerguelen; en 1793 il visita la Turquie et la Perse avec Olivier, et à son retour mourut à Ancône en 1798 [2]; il travailla au *Dictionnaire encyclopédique des Mollusques* (1789) et y suivit d'assez près la classification de Linné; à la vérité il exclut des mollusques les oursins et les étoiles de mer, mais y réunit quelques espèces étrangères [3].

Un progrès fut fait par Joseph-Saverio Poli (né en 1746, mort à Naples en 1825); ce naturaliste [4] partagea les mollusques, d'après leurs organes de locomotion, en *céphalopodes* ou pourvus de bras, *gastéropodes* ou *rampants*, *acéphales* ou *sautants*. Il ne s'est pas occupé des tuniciens [5]. Ses noms d'espèces ne répondent pas toujours à ceux de Linné.

En dehors des travaux rigoureusement systématiques sur les mollusques, beaucoup d'efforts ont été tentés en vue de décrire les diverses espèces, et de publier sur elles des monographies. Le plus zélé des conchyliologistes était le prédicateur du chapitre de Weimar, Jean-Samuel Schrœter (né en 1735, mort superintendant à Buttstadt en 1808). Outre ses différents écrits sur la classe des mollusques [6], il publia un journal spécial de conchyliologie (comprenant également la paléontologie) qui parut

coquilles avec leurs explications. Paris, 1742, in-4, 2 parties, avec 33 pl. — *La conchyliologie ou histoire naturelle des coquilles de mer, d'eau douce, terrestres et fossiles, avec un traité de la zoomorphose.* 3e édition par de Favanne. Paris, 1780, 2 vol. in-4, avec 80 pl.

[1] Geoffroy, *Coquilles tant fluviatiles que terrestres qui se ʼ ʼuvent aux environs de Paris.* Paris, 1767. 1 vol. in-12, avec 3 pl.

[2] Bruguière, Lamarck et Deshayes, *Histoire naturelle des vers, des mollusques et des coquillage.* Paris, 1792-1832, 4 vol. in-4, avec 488 pl.

[3] Bruguière fonda en 1792 le premier *Journal d'histoire naturelle* de France. Cette feuille cessa de paraître quand il entreprit son voyage en Turquie. A partir de l'année 1794 les *Comptes rendus de l'Académie (Observations physiques)* publiés par l'abbé Rozier prirent le titre de journal.

[4] Il convient de faire remarquer que Batsch déclare que les ascidies appartiennent au groupe des mollusques, de même que les limaces sont voisines des escargots.

[5] Poli, *Testacea utriusque Siciliæ, corumque historia et anatome.* Neapoli, 1791-1826, 3 tomes en 4 vol. in-fol., avec 57 pl.

[6] Schrœter, *Musei Gottwaldiani Testaceorum, stellarum marinarum, et coralliorum quæ supersunt tabulæ.* Nuremberg, 1782, in-fol. avec 49 pl.

de 1774 à 1781 ; ce journal forme une collection de 12 volumes [1].

L'ouvrage le plus important fut le Nouveau cabinet de conchyliologie systématique commencé par Martini [2], terminé par Chemnitz [3], formant 11 volumes, de 1769 à 1795. A d'excellentes gravures sont jointes des descriptions en partie exemplaires pour l'époque [4]. Gmelin et plus tard Lamarck puisèrent à cette source.

Deux graveurs de Nuremberg se sont acquis une grande réputation en contribuant à l'extension de la conchyliologie. Georges Wolfgang Knorr (né en 1705, mort en 1761) donna dans son « Plaisir des yeux et de l'esprit [5] » ainsi que dans la collection des coquilles publiées sous le même titre, des gravures et des descriptions excellentes. François-Michel Regenfuss (né en 1713, mort graveur du roi à Copenhague en 1780) publia sa collection de dessins [6]; Kratzenstein Spengler et Ascanius prirent soin de la description, tandis que Chrétien Cramer, professeur de théologie à Kiel, écrivit la préface au point de vue historique, systématique et anatomique (1754); Jean-Baptiste Bohadsh (1718-1768), professeur à Prague, fit de bonnes observations sur plusieurs mollusques, les œufs des seiches, les ascidies et quelques autres animaux invertébrés.

De tous les animaux ce furent les articulés, notamment les insectes, qui éveillèrent le plus la curiosité et suscitèrent le plus de naturalistes. Ils furent l'objet d'un journal spécial qu'un li-

[1] Schrœter, *Journal für die Liebhaber des Steinreichs und der Conchyliologie.* Weimar, 1774-1780, 6 tomes en 3 vol. in-12. — *Journal für die Litteratur und Kenntniss der Naturgeschichte sonderlich der Conchylien und der Steine.* Weimar, 1782, 2 vol. in-8 avec 1 pl.

[2] Frédéric-Henri Martini (né en 1729 à Ohrdruff, mort médecin à Berlin en 1778) a droit à notre reconnaissance pour avoir contribué à intéresser à l'histoire naturelle ; il publia aussi le *Magasin Berlinois* et différents articles. C'est également lui qui fonda à Berlin l'Académie des Curieux de la Nature.

[3] Jean-Jérôme Chemnitz naquit à Magdebourg en 1730 et mourut aumônier militaire à Copenhague en 1800.

[4] Martini et Chemnitz, *Neues systematische Conchylien Cabinet.* Nurnberg. 1769-1788, 10 vol. in-4, avec 367 pl. et table des 10 vol. par Schrœter. — *Systematisches Conchylien Kabinet*, fortgesetzt von Schubert und J.-A. Wagner. Nouvelle édition complétée par Kuster, Philippi, Pfeiffer et Dunker. Nurnberg, 1837-1879, livraisons 1 à 250.

[5] Knorr, *Les délices des yeux et de l'esprit ou collection générale des différentes espèces de coquillages que la mer renferme.* Nuremberg, 1760-1773, 6 parties en 3 vol. in-4, avec 190 pl.

[6] Regenfuss, *Recueil de coquillages, de limaçons et de crustacés.* Copenhague, in-fol., avec 12 pl.

braire de Zürich, Jean-Gaspard Fuessli (né en 1741, mort
en 1780) fit paraître d'abord sous le titre de *Magasin*, puis sous
celui d'*Archives*[1]. Cet ouvrage fut continué par Jean-Jacques
Rœmer (botaniste qui s'occupa particulièrement de la faune suisse,
né en 1763, mort en 1819) et par Jean-Frédéric-Guillaume Herbst
(né en 1743, mort prédicateur à Berlin en 1807). A cette
publication se joignirent Louis Glieb, Scriba et David-Henri
Schneider (1790-91), dont les journaux venaient d'être sup-
primés après une courte apparition. De même que Rœmer illustra de gravures (1789) le système de Linné et celui de Fabricius[2]
dont nous parlerons plus loin, de même Jean-Henri Sulzer (né
en 1739, mort médecin à Winterthur en 1814) et Godefroy-Bénédict Schmiedlein (né en 1739, mort médecin à Leipzig en 1808)
travaillèrent et commentèrent le premier de ces systèmes[3].
Jean-Auguste-Éphraïm Goeze[4] y ajouta des suppléments entomologiques particuliers, et Charles Clerck des dessins d'insectes
rares qu'il classe d'après le système de Linné.

Charles-Gustave Jablonsky (né en 1756, mort en 1787) entreprit une description plus étendue des insectes d'après le système de Linné ; les Coléoptères et les Lépidoptères parurent
seuls[5]; ces deux ordres ont été continués par Herbst (1785-1806).
Grâce au grand nombre d'amateurs et de classificateurs, ce furent
surtout les caractères extérieurs plus facilement accessibles qui
furent considérés de préférence ou même exclusivement en vue
de la description et des idées systématiques ; mais l'histoire générale des mœurs des insectes devint pour plusieurs observateurs,
comme elle l'avait été pour Réaumur[6], l'objet d'une étude
passionnée ; aucun n'a été plus profond dans ses remarques que
Rœsel dont nous avons déjà mentionné les travaux. Ses bulletins
mensuels d'entomologie ne témoignent pas seulement de son

---

[1] Fuessli, *Archives de l'Histoire des Insectes,* traduites en français. Winterthur,
1794, in-4, avec 54 pl. col.

[2] Rœmer, *Genera Insectorum Linnæi et Fabricii iconibus illustrata.* Vitoduri,
1788, in-4, avec 37 pl. col.

[3] Schmiedlein, *Specimen faunæ Insectorum.* Lipsiæ, 1790, in-12.

[4] Né en 1731, à Aschersleben, mort en 1793 prédicateur à Quedlinbourg frère de
Joseph-Melchior Goeze, connu par sa querelle avec Lessing.

[5] Jablonsky, *Natursystem aller bekannten in und ausländischen Insekten.* Berlin, 1785-1806, 21 vol. avec planches coloriées. Tomes I à X : Coléoptères ; tomes XI
à XXI, Lépidoptères.

[6] Réaumur, *Mémoires pour servir à l'Histoire des Insectes.* Paris, 1734-1742,
6 vol. in-4, avec pl. — *Concordance systématique servant de table des matières à
l'ouvrage,* par J.-N. Vallot. Paris, 1802, in-4.

grand talent d'observation, mais de plus ils constituent un riche trésor de découvertes sur les mœurs et les métamorphoses des insectes et des animaux inférieurs[1].

Le baron Charles de Geer (né en 1720, mort en 1778 à Stockholm) publia aussi une riche série d'observations étendues[2]. Les recherches du susnommé Schæffer, parues isolément, mais réunies plus tard[3], sont moins étendues, mais les animaux sur lesquels elles portent furent étudiés avec plus de profondeur. Son système, exposé dans ses Éléments parus en 1780, est fondé sur les ailes et le nombre des articles du tarse[4]. Rœsel n'avait pas l'intention d'établir un nouveau système. Dans son introduction à ses Observations il ne fait qu'esquisser une ébauche; il y considère les insectes principalement au point de vue de l'habitat et des métamorphoses.

Au contraire, de Geer institua un nouveau système différant de celui-ci et de celui de Linné, quant à la disposition des divers ordres; les hémiptères y sont divisés en plusieurs familles, mais non d'après un plan naturel. Ét.-L. Geoffroy[5] adopta une classification qui se rattache au moins en apparence à celle de Linné. Il y considère pour la première fois comme caractère distinctif le nombre des articles du tarse[6].

Jean-Chrétien Fabricius (né en 1745 à Tondern, mort en 1808 professeur à Kiel) imprima une direction différente à la systématique des animaux articulés. A la vérité on avait déjà avant lui prêté quelque attention à la formation des diverses parties de la bouche; on avait seulement remarqué qu'elles pouvaient constituer des organes de succion ou de mastication. Fabricius les étudia tout particulièrement et s'en servit, dans sa classification, comme de caractères prépondérants[7]. Il divise donc tous

---

[1] Rœsel von Rosenhof, *Monatlich herausgegebene Insectenbelcerstigungen.* Nurnberg, 1746-1760, in-4.

[2] Ch. de Geer, *Mémoires pour servir à l'histoire des insectes.* Stockholm, 1752, 1778, 7 vol. en 8 tomes avec 238 planches in-4.

[3] Schæffer, *Opuscula entomologica.* Regensburg, 1764, in-4

[4] Schæffer, *Elementa entomologica*, edit. III, cum appendice (latine et græce), cum 140 tabulis aeneis color in-4. Ratisbonæ, 1780.

[5] Étienne-Louis Geoffroy était le fils du chimiste Étienne-François et neveu du botaniste Claude-Joseph Geoffroy, né en 1725, mort en 1810.

[6] Geoffroy, *Histoire abrégée des insectes qui se trouvent aux environs de Paris, dans laquelle ces animaux sont rangés suivant un ordre méthodique.* Paris 1762-1764. 2 vol. in-4. Nouvelle édition, augmentée d'un supplément. Paris, an VII (1799).

[7] Fabricius, *Entomologia systematica cum supplemento et indicibus.* Hafniæ, 1792-1799, 7 parties reliées en 5 vol. in-8. — *Index alphabeticus in Entomologiam*

les arthropodes en deux grands groupes : dans le premier la bouche est disposée pour la mastication ; dans le second, pour la succion. Fabricius comprend dans son premier groupe 4 ordres : les *Insectes masticateurs*, les *Araignées*, les *Scorpions* et les *Crustacés;* son second groupe ne renferme que des *Insectes*. Fabricius ne put arriver à trouver la loi de l'unité de composition de toutes les pièces de la bouche ; cependant ses recherches spéciales aidèrent au progrès de cette question.

Il convient de dire ici que Jean-Charles-Guillaume Illiger (né en 1775, mort en 1815) s'efforça (1798) de faire disparaître les défauts du système de Fabricius en le fondant avec celui de Linné. Il le fit très heureusement en général, sans pour cela négliger les caractères de l'un et de l'autre, la structure des ailes et de la bouche, comme base de classification.

Si l'anatomie des insectes fut soigneusement étudiée dans les ouvrages ci-dessus énumérés, un livre témoigne surtout de l'ardeur du temps à pénétrer les profondeurs de l'organisation : c'est celui de Pierre Lyonet (1707-1789) sur la Chenille du saule [1].

L'apparition de différentes faunes entomologiques et de grands ouvrages sur les divers ordres met en évidence l'intérêt puissant qui s'attachait alors de toutes parts à l'étude des Insectes. Nous ne pouvons citer parmi les Faunes spéciales que les écrits de Charles de Billers et de P. Joseph Buc'hoz sur les Insectes de la France [2], de G. Wolgang, François Panzer sur ceux de l'Allemagne [3], de Moyse Harris sur ceux de l'Angleterre [4], de Charles Pierre Thunberg sur ceux de la Suède, de Scopoli sur ceux de la Carniole, de Kœlreuter sur ceux de l'Amérique, de Gustave de Paykull sur les Coléoptères suédois [5], faunes qui presque sans exception peuvent être consultées encore aujourd'hui pour ce qui est des espèces et de leur extension géographique.

systematicam. Hafniæ, 1796, in-8, 175 p. — *Philosophia entomologica, sistem scientiæ fundamenta.* Hamburgi, 1778, in-8. — *Mantissa insectorum.* Hafniæ, 1787, 2 vol. in-8.

[1] Lyonet, *Traité anatomique de la chenille qui ronge le bois de saule.* La Haye, 1762, in-4 avec 18 pl. — *Recherches sur l'anatomie et les métamorphoses des différentes espèces d'insectes,* publiées par M. de Haan. Paris, 1832, 2 parties in-4 avec 54 pl.

[2] Buc'hoz, *Histoire générale des insectes qui habitent la France,* Paris, 1784, in-4.

[3] Panzer, *Faunæ insectorum Germaniæ initia. Deutschlands Insekten.* Hefte 1 à 100, 1793-1823. Continué par G.-A.-W. Herrich-Schæffer, Hefte 111 à 190, in-16. Regensburg, 1829-1844.

[4] Harris, *An exposition of English insects.* London, 1776, in-4 avec 50 pl.

[5] Paykull, *Fauna Suedica : Insecta.* Upsaliæ, 1798-1800, 3 vol. in-8.

Quant aux travaux sur les différents ordres, il suffit de rappeler les ouvrages de Gaspar Stoll [1] sur les Hémiptères et les Orthoptères (tous deux traduits en allemand), puis les Lépidoptères d'Esper [2], les Coléoptères de J. Eus. Voet [3]; l'Entomologie de Guillaume-Antoine Olivier [4] est un ouvrage aussi très important sur ce dernier ordre.

Les classes non encore reconnues des Arachnides et des Crustacés, types pourtant distincts, trouvèrent, la première dans Clerck et Herbst, la seconde dans Herbst [5] des auteurs spéciaux. O. F. Müller donna une description spéciale des Araignées d'eau du Danemark [6]; il décrivit aussi certains Crustacés inférieurs auxquels il donna le nom d'*Entomostracés*, à cause de leur test en manière de coquille. Brisson fit des Crustacés une classe spéciale, séparée des Insectes. Brisson, *Le règne animal* divisé en 9 classes, Paris 1756, avec 1 planche. En établissant ses classes il manqua d'une base morphologique, et de même pour les Crustacés. Müller ne les considérait que comme une division des Insectes, de même qu'il appliquait nettement le nom d'*Insecta Testatea* aux Entomostracés, avec la traduction de son nouveau nom.

Cavolini fit d'importantes recherches (1787) sur la production et le développement de quelques Crustacés.

Comme on comprenait généralement encore sous le nom d'« *Insectes* » un bien plus grand groupe d'animaux au sens de Linné, ainsi les Vers de ce zoologiste furent reconnus comme formant un ensemble très-hétérogène, mais ne furent pourtant point l'objet d'une classe spéciale. Pallas n'avait pu exécuter son dessein qui consistait à séparer les espèces jusqu'alors réunies. O. F. Müller fit de bons essais sur différentes classifica-

[1] Stoll, *Représentation exactement coloriée d'après nature des cigales et des punaises dans les quatre parties du monde.* Amsterdam, 1780-1788, 2 vol. in-4 avec 70 pl.

[2] Esper, *Die Europaischen Schmetterlinge in abbildungen nach der natur mit Beschreibungen.* Heraus gegeben von Toussaint von Charpentier, 84 Hefte oder 5 Theile in 7 Banden und Supplemente. Erlangen 1777-1805. *Die auslændische Schmetterlinge.* Erlangen, 1801, 2 vol. in-4 avec 63 pl.

[3] Voet, *Catalogus systematicus Coleopterorum*, latin-français. La Haye, 1806, 2 vol. in-4 avec 105 pl. col.

[4] Olivier, Latreille et Guérin, *Entomologie ou histoire naturelle des crustacés, des arachnides et des insectes, de l'encyclopédie méthodique.* Paris, 1789-1830, 7 vol. in-4 avec 2 atlas de 397 pl.

[5] Herbst, *Natursystem der ungeflugelten Insekten.* Berlin, 1797, in-4.

[6] Müller, *Hydrachnæ in aquis Daniæ palustribus.* Lipsiæ, 1781, in-4 avec 11 pl.

tions, mais ne trouva pas moyen de distribuer convenablement les « Vers ». Pour lui les mollusques font toujours partie des Vers; il en est de même des Polypes. Les genres des Vers étaient à proprement parler peu connus, mais on connaissait cependant des représentants des différentes classes. Le groupe des Naïades suscita le plus grand étonnement. Ce fut Abraham Trembley (né en 1700 à Genève, mort en 1784) qui le premier fit sur ces êtres des observations qu'il publia à l'occasion de ses recherches sur les Polypes [1]. Après lui il n'y eut que Bonnet et Rœsel qui furent témoins des mêmes phénomènes malgré les nombreuses recherches qui furent faites sur ces Vers. Müller fit la description très exacte de l'anatomie des naïades, mais pas complètement et observa avec beaucoup de soins la réintégration après la division naturelle ou artificielle du corps [2].

Les Vers intestinaux furent l'objet d'une étude moins soignée que les Vers libres. Néanmoins on commença à s'occuper d'eux. La discussion sur l'origine des Helminthes tourna presque entièrement à l'avantage de l'opinion qui attribuait leur formation au corps à l'intérieur desquels ils vivent. Aux idées de Pallas on opposait des raisons valables, notamment l'impossibilité qu'éprouveraient des animaux uniquement organisés pour la vie parasitaire à se développer dans l'eau ou en général en dehors de leurs hôtes habituels; il n'était point non plus vraisemblable que leurs œufs, destinés à la température du corps où ils séjournent, pussent poursuivre leur évolution au dehors. La question fut considérée comme tellement importante que l'Académie des Sciences du Danemark la mit au concours (1780). Deux travaux parurent dignes du prix : l'un de M. E. Bloch [3], qui pénètre au cœur du sujet sans toutefois traiter de l'histoire naturelle et des différences des diverses espèces d'Helminthes, l'autre de J. A. E. Goeze [4] qui continua son ouvrage imprimé et publia la première monographie importante sur les Helminthes. Dans son Essai entrepris dans ces circonstances

---

[1] A. Trembley, *Mémoires pour servir à l'histoire d'un genre de polypes d'eau douce à bras en forme de cornes.* Leyde, 1744, in-4 avec 13 pl.

[2] O. Müller, *Von Wuermern des sussen und salzigen Wassers.* Kopenhagen, 1771, in-4 avec 15 pl.

[3] Bloch, *Traité de la génération des vers des intestins.* Strasbourg, 1788, in-8, avec 10 pl.

[4] Goeze, *Versuch einer Naturgeschichte der Eingeweidewurmer thurischer Koerper.* Blankenberg, 1782, in-4 avec 44 pl. — *Nachtrag.* Leipzig, 1800, in-4, avec 6 pl.

sur « l'*histoire naturelle des Vers Intestinaux* (1789) », Goeze
se prononce comme Bloch contre l'introduction des Vers et
pour leur formation dans le corps des animaux. Au sujet des
diverses espèces il rapporte les opinions de ses devanciers s'appuyant sur une critique qui, eu égard à son temps, est aujour-
d'hui considérée comme douteuse. Pallas et Müller sont les plus
importants de ses prédécesseurs. Les descriptions anatomiques
des animaux observés éclaircissent peu à peu les considérations
théoriques.

Il n'entreprend pas encore la classification des vers intestinaux, mais il rapproche les formes par familles. Il faut remarquer
qu'il réunit les vers rubanés aux vers vésiculeux et ne distingue
leurs espèces des autres que comme un groupe particulier d'hydatides, c'est-à-dire de vers qui vivent dans les intestins et non
dans les tuniques digestives. Aussi lorsque J. G. Henri Zeder
établit, dans son premier supplément à l'histoire naturelle de
Goeze (1800) les cinq classes que Rudolphi[1], plus tard, adopta
et vulgarisa dans leur dénomination gréco-latine commune,
un pas décisif fut fait en arrière : les cestodes rubanés furent
séparés des cestodes vésiculeux, comme appartenant à une
classe particulière.

La nature des Polypes, appartenant aux vers, selon Linné,
n'a pas été jugée de même par tous ceux qui l'ont étudiée. L'Anglais John Hill (né en 1716, mort en 1775) célèbre par ses
recherches microscopiques, et primitivement Job Baster[2], n'é-
taient pas certains de la nature animale des coraux ; ils ne pouvaient du moins se résoudre à considérer des polypiers calcaires
comme faisant partie des animaux qui se trouvaient en eux ou sur
eux. Les observations faites sur les polypiers d'eau douce furent
de la plus haute importance, et Abr. Trembley[3] fut le premier à
connaître sûrement leur nature animale et les remarquables phénomènes vitaux qu'ils présentaient[4]. Rœsel et aussi J.-Chr. Schæf-

---

[1] Rudolphi, *Entozoorum sive vermium intestinalium historia naturalis.* Amste-
lodani, 1808, 3 vol. in-8, avec 12 pl. — *Entozoorum Synopsis, cui accedunt Mantissa duplex et indices locupletissimi.* Berlin, 1819, in-8, avec 2 pl.

[2] Baster, *Opuscula subseciva, observationes miscellaneæ de animalculis et
plantis quibusdam marinis.* Harlemi, 1759-1765, 2 tomes en 1 vol. in-4, avec 29 pl.

[3] Les Mémoires de Trembley, 1744, furent traduits par le pasteur J.-A.-E. Gœze.
que nous avons déjà nommé, 1775.

[4] Le plus remarquable de ces phénomènes serait celui du retournement de l'hydre,
constatant l'égale aptitude physiologique aux fonctions de nutrition et de relation du
tegument externe et du tégument interne de l'hydre. La constitution anatomique différente de ces feuillets ne pouvait permettre de croire à leur indifférence fonction-

fer confirmèrent les observations de Trembley, sans faire davantage connaître l'importance de ces animaux intéressants. On n'étudia pas d'abord le rapport des Polypes de mer et des Polypes d'eau douce. On ne faisait de progrès que dans la connaissance de ces derniers.

A côté de Donati [1], que nous avons cité plus haut, ce fut surtout John Ellis (1710-1776) qui fit connaître ces animaux et leurs différentes formes. Son ouvrage, qui fut classé par le Suédois Daniel Solander (né en 1736 dans le Nordland, mort en 1782 à Londres, compagnon de Cook) parut seulement en 1786 [2].

Dans l'intervalle Joseph Gaertner (né en 1732, mort en 1791, père du botaniste fameux par ses tentatives de croisements), l'abbé J-Fr. Dicquemare (1733-1789) et quelques autres savants avaient étudié la nature de ces actinies. Les excellentes recherches de Fil. Cavolini [3] firent connaître davantage et les formes et l'anatomie des Polypes, aussi bien des Polypes hydraires que des Polypes proprement dits [4]. Il est vrai que Cavolini prit des Ascidies pour des animaux polypiaires.

En présence des progrès évidents contenus dans les ouvrages que nous venons de nommer, les doutes qui çà et là subsistent sur la nature des coraux, par exemple ceux de Ph. Louis Statius Müller, se dessinent assez nettement. C'est une opinion généralement admise, dit-il en effet, que la nature ne fait pas de sauts, pas même du règne végétal au règne animal; on ignore donc les intentions de la nature et l'on devrait mettre de côté toutes considérations à ce sujet. Les « Zoophytes » gravures sur cuivre de Esper [5], et dont la publication a duré jusqu'à une date relativement récente, contribuèrent beaucoup à répandre la connais-

---

nelle. Les essais récemment tentés en vue de vérifier les assertions, si exactes d'ordinaire de Trembley, ont établi que le retournement était impossible et les conclusions de Trembley erronées. A. S.

[1] Donati, *Essai sur l'histoire naturelle de la mer Adriatique.* La Haye, 1758. in-4, 72 p. avec 11 pl.

[2] Ellis, *The natural history of many curious and uncommon zoophytes.* London, 1786, in-4, avec 62 pl.

[3] Cavolini, *Memorie per servire alla storia dei Polipi marini.* Napoli, 1785, 3 parties en 1 vol. in-4, avec 9 pl.

[4] Dans un travail précédent sur les polypes, publié en 1785, les *Memorie postume* de Stefano-Delle Chiaje, 1833, contiennent des conclusions et des additions importantes.

[5] Esper , *Die Pflanzenthiere in Abbildung nach der Natur mit Farben erleuchtet.* Nurnberg, 1788-1830. 3 vol. in-4 et 2 suppléments de texte avec 443 pl.

sance des formes. On ne savait que peu de chose sur les méduses; on les confondait généralement avec les Actinies. Les observations de Cavolini (méduses Ombellifères, Cténophores, Siphonophores) ne furent publiées que longtemps après sa mort.

Enfin, on a classé parmi les vers tous les animaux microscopiques. Leeuwenhœk les avait déjà désignés comme prenant naissance dans les infusions. Le nom d'Infusoires fut d'abord employé par Martin Frobenius Ledermuller (né en 1719 à Nuremberg, jurisconsulte, préparateur quelque temps au cabinet d'histoire naturelle de Baireuth, mort à Nuremberg en 1769) qui, comme beaucoup de ses contemporains, cherchait dans l'étude des sciences naturelles un délassement à ses occupations et le trouva dans les observations microscopiques. D'autres formes ont été découvertes par le baron Fréd. Guill. de Gleichen [1], (appelé Rusworm du nom de sa femme, né en 1717 à Baireuth, mort en 1783 à Greiffenstein) chercheur infatigable au microscope; par le pasteur Conrad Eichhorn (né en 1718, mort à Dantzig en 1790) et d'autres savants. La question de savoir quelle était l'origine des Infusoires donna lieu à un grand nombre de recherches. Tubervill Needham avait admis en 1750 qu'un principe de fécondité se trouvait dans le liquide même et faisait naître ces animalcules soumis encore à de nombreuses transformations. Henri Auguste Wrisberg [2], médecin fameux, avait conclu d'un grand nombre d'expériences (1765) que l'eau, l'air, la chaleur et une substance animale ou végétale quelconque étaient nécessaires à la génération des organismes. Il avait eu occasion de faire bien des remarques aussi bien sur certaines formes que sur les phénomènes vitaux, tels que la scissiparité et la conjugation. Spallanzani (voir plus loin) croyait que dans les infusions il devait y avoir des germes ou des œufs, et prétendait, d'accord avec cette théorie, que la formation des animalcules devait être différente suivant les matières employées aux infusions [3]. Mais tout cela avait quelque chose d'incertain tant que les formes de ces animaux n'étaient pas suffisamment caractérisées.

[1] Gleichen, *Dissertation sur la génération des animalcules spermatiques et ceux d'infusoires, avec des observations microscopiques sur le sperme et sur différents infusoires*, trad. de l'allemand. Paris, an VII, in-4, avec 34 pl.

[2] Wrisberg, *Observationum de animalculis infusoriis natura*, etc. Gottingœ, 1765, in-8, avec 2 pl.

[3] Spallanzani a mis l'un des premiers en lumière l'influence des agents physiques sur la vie par la découverte et l'étude du curieux phénomène des animaux reviviscents. A. S.

Aussi les recherches sur les infusoires ne trouvèrent-elles momentanément une conclusion que dans le grand ouvrage classique de O. Fr. Müller qui fut publié après sa mort (1788), aux frais de sa veuve, par O. Fabricius[1]. Ce livre est remarquable par le grand nombre de formes pour la première fois décrites et reconnaissables, comme par les observations détaillées sur leur vie. Les espèces dont il est question dans cet ouvrage représentent les infusoires dans le même cadre que celui auquel s'arrête plus tard Ehrenberg ; elles sont donc en partie des plantes et en partie des rotateurs. L'histoire de la plupart d'entre eux commence à Müller.

Il nous reste un mot à dire sur la connaissance des formes des animaux fossiles. Comme nous l'avons dit plus haut, on avait renoncé à prendre les pétrifications pour des jeux de la nature. Mais on ne croyait pas encore à la différence entre les fossiles et les formes vivantes. Cette démonstration fut réservée aux temps à venir où l'on découvrit également bon nombre de formes différentes de celles connues jusque-là. On ne prit plus garde aux doutes isolés pareils à ceux qu'émit Blumenbach en 1779. On s'intéressait en général aux pétrifications. G.-W. Knorr, que nous avons nommé plus haut, publia une riche collection de gravures, auxquelles le professeur I. Er, Emmanuel Walch (1755-1778) de Iéna, ajouta des descriptions[2]. Bruguière, lui aussi, offrait de riches matériaux dans son exposition générale des vers. Il serait trop long d'énumérer ici tous les travaux isolés faits sur ce sujet. Rappelons seulement les ouvrages de I. F. Bander (1711-1791) négociant d'Altdorf, ceux de Casimir Chr. Schmidel (1718-1792) d'Erlangen, ceux de l'historiographe Cosmas Alex. Colini qui, de naissance florentine, vécut en Allemagne (mort en 1806). Tous ces savants ont su, par leurs collections, leurs descriptions ou la recherche de certaines pétrifications, en favoriser la science. Mais Jean Samuel Schœrter se distingua par son activité à vulgariser la connaissance des Fossiles. Nous avons du reste fait mention plus haut de son journal.

[1] O.-F. Müller, *Animalcula infusoria fluviatilia et maritima quæ detexit, systematice descripsit et ad vivum delineari curavit*, Hafniæ et Lipsiæ.
[2] Knorr, *Lapides ex celeberrimis, sententia diluvii universalis testes quos in ordines ac species distribuit, suis coloribus exprimit, ærique incisas in lucem mittit*. Nuremberg, 1755-1773. Traduit en français sous le titre : *Recueil des monuments des catastrophes que le globe de la terre a essuyées, contenant des pétrifications et d'autres pierres curieuses*. Nuremberg, 1768-1778; 3 tomes en 5 vol. in-fol., planches coloriées.

§ 10. — Anatomie comparée.

Le coup d'œil que nous venons de jeter en arrière nous montre que vers la fin du siècle dernier, presque toutes les classes du règne animal, accessibles à l'étude, furent l'objet de travaux soignés. On les enrichit d'un grand nombre d'espèces nouvelles et on les ordonna, dans une certaine mesure, suivant leur liaison naturelle. Mais ce qui a fait défaut, c'est la clef nécessaire à l'intelligence des différences des parties isolées des classes plus grandes, aussi bien que de la conformité des classes entières entre elles. On suivait encore plus ou moins fidèlement les opinions de Bonnet sur la gradation telle que la discutèrent et la commentèrent plus tard P. B. Chr. Graumann de Rostock, et le botaniste H. Fr. Link et d'autres. Comme nous l'avons déjà dit, ce fut Bastch qui le premier entreprit la réunion des grands groupes d'après leurs analogies de conformation. Quels qu'aient été le nombre et la variété des recherches anatomiques, il manquait une pensée dirigeante. La collection de squelettes que publia le graveur I. Dan Meyer (1748-56), et pour laquelle Ch. Jacq. Trew (médecin à Nuremberg, né en 1695, mort en 1769) avait livré des matériaux, ne saurait être qualifiée d'anatomie comparée, pas plus que les autres travaux sur l'anatomie générale ou particulière, elle mit seulement en lumière des faits dans une certaine direction. Les descriptions anatomiques de l'éléphant, du renne, du rhinocéros, etc., par P. Camper[1], sont des représentations vivantes de la structure de ces animaux. Mais si l'on voulait établir un rapport entre les travaux de Camper et la renaissance de l'anatomie comparée, ses ouvrages ne sauraient en fournir l'occasion, et ses considérations sur les analogies de la structure de l'homme avec celle des autres vertébrés, s'adressent plutôt aux artistes qu'aux zoologistes. Toujours est-il que les travaux que nous venons de nommer, ses recherches sur l'organe de l'ouïe, études approfondies par Monro, assurent à Camper la reconnaissance des savants pour les progrès qu'il fit faire à la zootomie. Il s'est particulièrement rendu célèbre par la découverte de

---

[1] En 1772 Camper naquit à Leyde et mourut en 1789 à la Haye. Il doit sa réputation d'anatomiste bien plus à ses vues générales et à un admirable talent d'exposition et d'élocution qu'à des recherches scientifiques proprement dites.

la pneumaticité des os des oiseaux et du rapport de leurs branches avec leurs poumons. A la même époque, et tout à fait indépendamment de Camper, I. Hunter faisait la même découverte.

A côté de ces ouvrages spéciaux, qui semblaient concentrer tout l'intérêt sur les animaux disséqués, d'autres études encore plus détaillées furent faites sur l'anatomie des animaux, mais à un tout autre point de vue. Comme on avait prétendu jadis que par l'étude de l'anatomie du corps humain on ne saurait arriver à la connaissance de son organisation, le nombre immense de phénomènes vitaux, tels que les présentait le règne animal, invitait de lui-même à tenter l'explication de la physiologie humaine par l'examen de la vie d'êtres qui offraient tant de ressemblances. C'est surtout depuis que Albert de Haller, créateur de la physiologie expérimentale, eut déclaré que la physiologie prenait sa source bien plus dans l'anatomie des animaux que dans celle de l'homme, que l'on comprit la seule et unique tâche de l'anatomie générale qui est d'expliquer les phénomènes vitaux ou d'en faciliter l'intelligence. Haller lui-même, en dehors de quelques compositions sans importance, n'a laissé aucun ouvrage spécial de zootomie. Mais ses écrits physiologiques se rapportent aux nombreuses dissections anatomiques qu'il a faites. Par l'élan qu'il donna à la physiologie, les recherches zootomiques prirent une direction qui les rendit absolument dépendantes de la physiologie, en leur ôtant leur importance particulière. Cet état de choses s'oppose encore aujourd'hui à la propagation d'une juste opinion sur la nature et l'importance de l'anatomie comparée ; de même à son époque le développement de la zoologie fut arrêté, car on détourna ainsi l'attention d'une tâche immédiate, c'est-à-dire de l'explication des formes animales et de leurs différences, pour la porter sur une tâche médiate, qui était l'explication générale des phénomènes de la vie.

L'influence de cette direction se manifeste clairement dans la façon dont fut envisagée l'anatomie des animaux par les savants qui, vers la fin du siècle dernier, entreprirent d'en faire progresser la science. Et tout d'abord, il faut ici rendre hommage aux travaux de deux hommes qui, à la vérité, ne contribuèrent pas directement au progrès de la zoologie, mais lui furent d'une immense utilité en posant les bases des doctrines modernes de génération et d'évolution. Lazaro Spallanzani (né en 1729 à Scandiano, près de Modène, mort en 1799 à Pavie), soumit à un examen plus minutieux les phénomènes de

la génération et de la reproduction. D'après des recherches antérieures sur la nature des spermatozoïdes, sur les phénomènes
étonnants de la reproduction chez les vertébrés et les invertébrés, il publia, en 1785, dans son ouvrage sur la génération,
des démonstrations expérimentales de la fécondation par la
semence. Comme les évolutionnistes, il considérait l'évolution
même comme le développement du germe de l'embryon contenu dans l'œuf. De même que Spallanzani avait posé le principe de la théorie de la fécondation, de même Gaspar Fréd.
Wolff (né en 1735 à Berlin, mort en 1794 à Saint-Pétersbourg)
fut le premier fondateur de l'histoire moderne du développement. Il démontra l'inconsistance des théories de l'évolution et
fit valoir celle de l'épigénèse, en recherchant, pour la première
fois, en 1764, la disposition primitive des organes isolés dans
l'œuf couvé, leurs formes et leurs rapports avec ceux de
l'animal développé [1]. La démonstration de l'épigénèse ouvrait
la voie à de nouvelles recherches sur les éléments qui entrent
dans la structure du corps animal.

Jean Hunter et Félix Vicq d'Azyr, quoique dominés par
l'esprit de Haller, qui pénétra la science de la nature organique
malgré son indépendance dans les détails, ne doivent pas être
oubliés parmi les anatomistes célèbres. Jean Hunter (né en 1728
à Kilbride, dans le comté de Lanark, mort en 1793 à Londres)
était le plus jeune frère du célèbre anatomiste Guillaume Hunter,
premier fondateur du Museum que lui-même agrandit et dis-
posa avec ordre. Ce sont principalement les raisons du plan qu'il
adopta pour son Museum, telles qu'elles furent imprimées d'a-
près un manuscrit [2], d'accord avec le caractère de ses écrits, qui
lui assurent un rang distingué parmi les savants qui se sont
occupés de physiologie comparée. Si certains de ses travaux
(sur les cires, les os des oiseaux, les poissons électriques, etc.)

---

[1] Ce sont les recherches de Wolff sur la formation du tube digestif qui ont créé l'embryologie. On sait que ce travail est demeuré longtemps inconnu et que c'est Meckel qui
l'a vulgarisé par la traduction qu'il en fit du russe en allemand. En même temps que
Wolff entrait dans la voie féconde de l'observation des premiers rudiments du germe,
il s'élevait à des considérations générales de la plus haute portée, dans lesquelles Kœlliker peut dire avec raison que la théorie actuelle des feuillets blastodermiques était
contenue en germe. Wolff est l'auteur véritable de la théorie des métamorphoses des
organes végétaux appendiculaires. Il a pressenti aussi la composition du corps animal
par des cellules. Voyez pour plus de détails l'introduction de l'*Embryologie de l'homme
et des animaux supérieurs*, par Kœlliker. Édition française. A. S.

[2] *Catalogue of the Museum of the royal College of Surgeons of England. Physiological series of comparative anatomy.* 5 vol. in-4.

portent le caractère spécial de l'anatomie, le fond de son travail est l'examen de l'économie animale[1]. Il fut assurément, de tous les savants du siècle dernier, celui dont les études zootomiques furent les plus approfondies. Il ne s'est du reste pas exclusivement occupé des vertébrés; mais comme le prouvent le catalogue de son musée et les remarquables dessins qui y furent exposés, il disséqua un grand nombre d'animaux de classes inférieures et sut en concevoir une idée généralement juste. Malheureusement peu de ces choses furent connues de son vivant, bien que ses cours aient excité une vive attention. Mais chez lui tout se concentrait sur la fonction. Comme Hunter classe les organes d'après le rôle de chacun d'eux (en organes qui servent à la conservation de l'individu et de l'espèce, et en organes destinés aux relations avec le monde extérieur) son musée, dont il a fait en quelque sorte la personnification de ses idées sur la nature vivante et pour lequel il entreprit presque tous ses travaux, a été ordonné d'après ce point de vue. En parcourant le cadre des fonctions organiques, il démontre combien leurs agents anatomiques sont simples chez les animaux des classes inférieures, et comme ils forment des organes et des groupes d'organes de plus en plus compliqués, suivant le rôle plus spécial qu'ils doivent jouer. Il classe donc les faits zootomiques non pas d'après la parenté des animaux, mais d'après l'importance des fonctions organiques. — La même voie fut suivie par Félix Vicq d'Azyr (né en 1748, à Valognes, mort à Paris en 1794); mais il semble se mettre à un point de vue morphologique en ce sens que, partant de l'idée de l'unité dans la structure des animaux, il compare d'abord les organes d'animaux différents, puis les parties du même animal. Or, comme il supposait l'existence de cette unité pour tout le règne animal et qu'il ne rencontra de véritables ressemblances anatomiques que chez les vertébrés, il en dissimulait le défaut chez les autres animaux par la conformité physiologique. L'homme lui sert de point de départ. En attendant, il confesse lui-même qu'il serait plus logique, pour sa comparaison, de passer du simple au composé au lieu de faire le contraire. Dans ses tableaux synoptiques, faits avec tant de soin, il y a, comme chez Hunter, des groupes d'animaux qui se ressemblent dans

[1] J. Hunter, *Works*, London, 1835, 4 vol. *Œuvres complètes*, traduites avec des notes, par G. Richelot, Paris, 1839-1842, 4 vol. in-8 et atlas in-4.

le développement d'une fonction déterminée et des organes qui
s'y rapportent. Et tout d'abord le point de vue physiologique
seul l'amène à comparer l'avant et l'arrière train des animaux,
ce qui l'oblige absolument à parler de l'importance de chaque
partie. Il n'en est pas ainsi lorsqu'on adopte le plan de l'unité
chez les animaux; c'est là ce qui lui fit découvrir l'os intermaxillaire chez l'homme, la clavicule du lièvre, etc. Ses recherches sur les muscles des mammifères et des oiseaux sont très
approfondies, aussi bien que celles qu'il a faites sur le cerveau,
sur l'anatomie des poissons [1]. Pour réaliser son plan de dépeindre
physiologiquement et anatomiquement toute la nature organique, il n'avait évidemment pas à faire l'examen anatomique
de toutes les formes. Dans le choix, aussi bien que dans le
travail, il fut secondé en partie par Daubenton dont il avait
épousé la nièce; mais ce fut surtout Claude-Ant.-Gasp. Riche
(né en 1762, à Montpellier, compagnon d'Entrecastreaux, mort
en 1797) qui l'aida puissamment. De même qu'au début de sa
carrière il avait eu beaucoup à souffrir de collègues envieux,
de même un sort jaloux ne lui permit pas de mener à bonne fin
l'œuvre qu'il avait entreprise.

On finit par s'arrêter attentivement à la vie de l'âme des
animaux. Et si l'examen de cette question difficile ne dépassa
pas, en général, la forme de l'exposé de quelques faits, certaines
vues philosophiques sur les animaux provoquèrent des théories
particulières qui firent naître des débats stériles parce qu'elles
étaient souvent inconciliables avec les traditions religieuses.
Mais, de même qu'une pensée dirigeante manquait encore aux
recherches anatomiques, de même, sur le terrain de la psychologie
comparée, la méthode et la critique faisaient absolument défaut;
et c'est peut-être la discordance de faits, relatés comme des
anecdotes, qui discrédita les études faites sur cette matière et
en ralentit le progrès, bien plus qu'on ne saurait l'expliquer par
l'état de la méthode scientifique. Hermann-Samuel Reimarus
(né en 1694, mort à Nuremberg en 1768) a recherché les
manifestations de l'âme des animaux dans son ouvrage sur les
Instincts des Animaux. Mais il n'est pas arrivé à préciser la
question, s'étant mis lui-même à un point de vue en partie
théologique et en partie téléologique. Just.-Ch. Hennings,

---

[1] Vicq d'Azyr. *Œuvres*, recueillies et publiées avec des notes, par J.-L. Moreau de
la Sarthe, Paris, an XIII (1805), 6 vol. in-8 et atlas in-4.

professeur à Iéna (né en 1751, mort en 1813), apporte des faits à l'appui de cette opinion, que les animaux sont capables de déduire des conséquences ; mais il n'admet pas qu'ils aient en partage la raison et l'intelligence, comme le prétendait J.-G. Krüger, dans sa théorie expérimentale de l'âme, en s'appuyant sur des faits semblables. Charles-G. Leroy, dans son ouvrage si substantiel et si digne de confiance, ne corrige pas les erreurs commises par les autres savants [1].

On songea, à son époque, à fonder des sociétés savantes qui publieraient leurs travaux. Rappelons ici l'apparition d'un nouvel expédient, plus propre à vulgariser les communications savantes, qui contribua pour une large part à la publication de faits nouveaux, à l'explication de vues plus larges, et qui dépassa en quelque sorte dans ses résultats les espérances qu'on en avait conçues. Je veux parler des revues périodiques. On peut les considérer comme une invention des Allemands. Car si en Italie et en France il a été fait des publications de ce genre, provoquant ainsi la communication plus rapide des faits scientifiques, ou bien elles émanaient de sociétés savantes, ou bien elles étaient publiées par quelques savants sous forme de rapports réguliers. Vers la fin du siècle dernier, au contraire, il y avait en Allemagne environ vingt revues périodiques [2]. Elles étaient exclusivement consacrées aux sciences naturelles et à celles qui s'y rapportent. Les savants y publiaient leurs travaux pour les faire plus rapidement connaître. C'est avec raison que Cuvier se plaît à y voir la marque de la patience infatigable des écrivains allemands et l'amour des classes moyennes pour les études sérieuses [3]. Assurément, au moyen de ces publications, on comprit mieux ce qui manquait encore. Pour ce qui concerne le règne animal, aucune considération possible ne resta sans examen. Il était réservé à l'époque suivante d'ouvrir des voies nouvelles sur quelques points particuliers, en introduisant des considérations et des méthodes plus exactes.

[1] Le livre de Charles-G. Leroy a été publié d'abord sous le titre de *Lettres sur les animaux* par le physicien de Nuremberg. On y a joint plus tard des lettres sur l'homme, le portrait et le nom de l'auteur qui a fait ses observations en qualité d'intendant des chasses de Versailles. Flourens a analysé ces observations dans son livre sur l'*Instinct et l'Intelligence*, auquel le lecteur peut recourir. On y trouve aussi un nom qui aurait peut-être pu figurer ici, celui de Dupont de Nemours, auquel on doit quelques observations sur le sujet, dont plusieurs sont connues de tout le monde. A. S.

[2] Voyez Engelmann, *Bibliotheca historico-naturalis*. Leipzig, 1846.

[3] G. Cuvier, éloge de Bruguière, dans le *Recueil des Éloges*, tome II, 1819, p. 439.

ARTICLE III

PÉRIODE DE LA MORPHOLOGIE

Si l'on considère les études qui, jusqu'à la fin du siècle dernier, avaient été faites sur la zoologie en général, on peut se convaincre que les connaissances scientifiquement certaines étaient infiniment peu nombreuses. Mais deux choses décisives permirent de risquer sûrement la fondation d'une théorie particulière du règne animal : d'abord la description sûre des objets par des noms sans équivoque et une classification provisoire; puis la conviction qu'en zoologie aussi, on ne pouvait acquérir de connaissance vraie que sur les voies adoptées dans les autres sciences naturelles. Mais la forme systématique domina d'abord ces efforts; avec elle ne fit que se raffermir la notion, arbitrairement introduite et artificiellement déterminée de l'espèce animale. Comme la zoologie manquait encore de vues indépendantes et d'un rôle personnel, les observations toujours de plus en plus nombreuses sur les individus isolés, ne furent qu'imparfaitement utilisées et rattachées à des cercles de connaissances coordonnées. Au premier plan apparurent les phénomènes de la vie des animaux, lesquels, par leurs complications croissantes, arrivèrent jusqu'à l'homme. Celui-ci fut considéré au point de vue pratique et théorique comme le plus digne objet d'une explication nécessaire. Mais ce qui saute aux yeux chez les animaux, c'est leur forme, aussi bien la figure extérieure que l'ordre intérieur des parties, conditions de la configuration totale. Le but d'une science est d'expliquer les phénomènes qui se présentent dans son cadre. Pour la zoologie, les rapports des formes animales apparaissent d'autant plus comme tels, que la physiologie démontre mieux l'harmonie essentielle des actes des corps des animaux avec les procédés de la nature inanimée. Mais un phénomène ne saurait être expliqué que si l'on connaît déjà les moindres détails de sa manifestation. Newton n'a pu expliquer les phénomènes de mouvement du système solaire que parce que Keppler avait indiqué la forme des orbites planétaires. Le caractère du temps que nous allons décrire est que la zoologie prit pour tâche, toujours mieux comprise et toujours mieux remplie, la connaissance sûre des lois de l'organisation animale. Ici encore un trait caractéristique de la tendance de l'esprit humain à demander une conclusion de ses recherches : avant la solution définitive de ce problème, on avait tenté l'explication des formes animales, c'est-à-dire de prouver leur dépendance nécessaire de certaines conditions.

Les premiers travaux d'anatomie comparée faits à cette époque portent encore clairement la trace d'influences antérieures. L'idée d'un plan unique et général, émise par Bonnet et Buffon, ne fut reconnue par quelques savants, préoccupés surtout des faits, que comme admissible dans les fonctions : mais Etienne Geoffroy et Gœthe, après lui, l'étendirent aussi à la forme, fortifiant ainsi considérablement la méthode comparée. D'autre part l'exposition de plusieurs types pour tout le règne animal, jette une nouvelle lumière sur tous les faits zootomiques. Si la théorie des formes animales, que le système devait suivre désormais prit ainsi une voie sur laquelle, par induction, elle pouvait s'affermir de plus en plus, d'autre part le vif mouvement philosophique provoqué par Kant et par les amplificateurs obscurs de ses théories grandioses, ce vif mouvement parut être une excroissance propre de la considération de la nature, en un mot de la philosophie naturelle de Schelling et de Oken. Si on lui a attribué une influence active, ce n'est pas à ses principes philosophiques ni à sa forme qu'elle le doit, mais bien plutôt à cette circonstance qu'elle a été la première tentative faite pour ordonner philosophiquement des faits fournis par l'expérience. Comme tel ce système trouva un écho; on saisit le premier lien qui se présenta pour rattacher les faits qui s'entassaient toujours. Voilà tout; Oken a-t-il contribué indirectement à l'idée de l'histoire de l'évolution? ce n'est point l'effet logique de sa philosophie. La philosophie particulière de cette école n'a fait que nuire; comme elle ne tirait son origine que de la philosophie et de la conception générale du monde et de la vie, sans être en rien fondée sur le développement des sciences naturelles, parfois elle a fait naître chez des chercheurs calmes et sensés l'illusion, que des phrases superficielles, mystérieuses ou inintelligibles contenaient un sens philosophiquement profond. Ce prétendu « trésor d'esprit » a conduit finalement, grâce à l'absence complète de vérités, à négliger toute considération philosophique et surtout à faire méconnaître les principes métaphysiques, ceux même de la zoologie, et la nécessité de leur intelligence. D'un autre côté les recherches physiologiques se continuèrent grâce à l'activité qui fut apportée aux études zoologiques. Aussi eurent-elles des conséquences utiles. C'est d'abord à l'impulsion donnée à la physiologie (et à la pathologie) qu'il faut rapporter la création de l'anatomie comparée, qui, se développant de plus en plus, nous a conduits à la connaissance des corps des animaux dans la formation de leurs éléments semblables. De plus, des aperçus de même nature se rattachaient étroitement à la conception téléologique, qui, encore méconnue dans l'importance de sa méthode, contribua à la découverte de plusieurs vérités morphologiques, par la démonstration d'une influence mutuelle ou plutôt de rapports communs entre les organes isolés. Des faits nombreux prouvent combien dans l'ensemble on-se laissa influencer par l'importance de fonctions isolées et de groupes de fonctions. Ce fut le point de départ de Cuvier; l'ordre qu'il adopta pour traiter ces matières dans son cours sur l'anatomie comparée repose là-dessus; et jusqu'aux époques les plus modernes le même ordre a été suivi, soit à cause d'une vieille habitude, soit pour la commodité des besoins de la physiologie, dans les exposés généraux d'anatomie comparée. Longtemps, en effet, on a cru qu'il ne pourrait être établi de comparaison qu'en se mettant à ce point de vue.

§ 1. — La Philosophie naturelle en Allemagne.

Si le rôle de la philosophie est de rechercher la source des vérités générales et d'en faire connaître la cause nécessaire et l'harmonie dans l'esprit humain, que l'on suppose chez lui une organisation qui stipule cette nécessité ou non, il est bien évident que toute somme de connaissances isolées, dans un ordre déterminé de phénomènes, ne peut se passer de la philosophie, dès qu'elle veut, par la recherche des vérités générales qui y sont contenues, s'élever au rang d'une science développée en système. A diverses époques on a senti la nécessité de recherches philosophiques pour les différentes branches des sciences naturelles parce qu'on ne crut pas toujours à l'existence de vérités générales nécessaires et que longtemps on s'était contenté de dire, pour expliquer la nature vivante, qu'elle émanait directement du créateur. Mais plus s'élargissait le cadre dans lequel des explications physiques rendaient intelligibles les phénomènes du monde animé, plus on se sentait porté à essayer, d'une part, de ramener aussi la vie et ses phénomènes dans le domaine des forces et des lois fournies par la nature inanimée, et d'autre part, d'étendre aussi à ce domaine les formes générales de la connaissance métaphysique.

F.-G.-I. Schelling pouvait donc, à bon droit, s'imposer la tâche de représenter comme un tout organique le système entier de la nature, depuis la loi de la pesanteur jusqu'à l'instinct de formation des organismes. Mais le succès de cette entreprise n'était assuré qu'à deux conditions, l'une de fait, l'autre de forme : la première que l'on connût parfaitement tous les phénomènes de la nature elle-même, la seconde, que tous les accidents qui surviennent en dehors des règles fussent logiquement classés et réunis en un système par une saine dialectique. La première de ces conditions n'était pas encore remplie ; aujourd'hui même n'ignore-t-on pas la nature d'un grand nombre de faits ? Mais à l'époque où Schelling apparut avec sa philosophie naturelle, c'est à peine si pour un grand nombre de faits, qui, aujourd'hui du moins, sont reconnus pour des phénomènes de la nature, on soupçonnait un vague rapport avec les lois de la nature. Une philosophie naturelle, telle dans son cadre et dans son esprit que l'avait conçue Schelling, était chose prématurée pour son époque. Aujourd'hui même on ne saurait la former. En général, elle ne serait possible qu'autant que l'on connaîtrait tout. Mais déjà, à cette époque, elle ne pouvait prétendre au mérite d'une invention, car elle voulait démontrer trop de choses à la fois et les principes découverts n'étaient ni logiquement développés ni en rapport avec les explications ou les déductions à fournir.

On ne pouvait cependant ni se rendre compte de tous les phénomènes de la nature, vu l'état général des sciences naturelles, ni même réaliser des progrès extraordinaires dans une branche quelconque. Ce mouvement vint uniquement du côté de la philosophie. La vieille contradiction entre la réalité reconnue des objets sensibles et la vérité purement rationnelle, purement reconnue par la pensée, subsistait encore. Aristote avait déjà montré que la notion d'un nécessaire immuable où Platon cherchait la vérité de la connaissance humaine, ne conduisait jamais à la réalité, car le général seul est nécessairement vrai, mais il n'a d'autre existence que celle d'une abstraction. Les sciences inductives montraient, il est vrai, que la réalité subsiste dans la subordination du réel au nécessaire ; mais l'induction ne peut nous conduire qu'à des principes sans faire découvrir des vérités nécessaires Il est vrai que Locke attribuait à toutes les idées une origine empirique ; mais il négligea trop la démonstration du rapport des formes métaphysiques fondamentales de la connaissance avec les idées, pour ne pas amener les ennemis de l'empirisme à une doctrine opposée. D'un autre côté la différence des objets et de l'idée de ces objets attira l'attention et provoqua une solution ; on croyait encore nécessaire de prouver que les objets et leurs idées pouvaient s'accorder et de quelle façon. Leibnitz, à ce sujet, profita de l'opinion que la connaissance générale était innée au moins comme prédisposition, et il découvrit ensuite l'hypothèse de l'harmonie préétablie, entre le corps et l'âme. La question aurait pu trouver une solution par la méthode de Kant, lorsqu'il indiquait la différence du commencement et de la source de la connaissance, ce qui donnait aussi l'explication certaine de l'expression douteuse d'*a priori*. Mais en faisant la différence entre une connaissance métaphysique et une connaissance purement philosophique ou transcendante, ce qui l'amenait à confondre une abstraction psychologique avec une abstraction métaphysique, il donna lieu à une confusion entre le principe anthropologique et le principe logique, ce qui conduisit aux deux erreurs extrêmes, dont l'une allait se perdre dans les steppes de la scholastique et l'autre dans les obscurités pénibles du mysticisme néoplatonicien, qui apparaît d'abord chez Fichte. Nous retrouvons les deux chez Schelling. Égaré par la méprise de Kant, trompé par l'amphibologie des notions réflexes, il tombe en plein vide d'abstraction et bâtit tout son système sur de creuses formules logiques dont la dernière est l'indifférence totale de l'identité absolue. Là repose d'après Schelling le lien nécessaire entre le sujet et l'objet, et c'est là ce qu'il appelle la connaissance personnelle de Dieu. De là l'identité de la nature et de l'esprit, et philosopher sur la nature c'est créer la nature. Il s'est, à la vérité, posé un principe plus élevé ; mais au lieu de l'éprouver par l'expérience et de donner une substance aux conceptions et aux déductions isolées, il cherche à faire entrer dans un système stérile de spéculations métaphysiques, des faits peu nombreux qu'il traite en général très superficielle-

ment. Disons-le seulement en passant, il a méconnu l'idée de
l'absolu et son importance comme limite de la connaissance
humaine ; il la considéra comme une notion facile à déterminer.
C'est la conséquence de tout son système de s'être rendu impossible l'application, même l'intelligence d'une théorie mathématique naturelle, ici où il pouvait s'agir d'abord d'appliquer ou
de faire servir sa philosophie à l'étude du règne animal.

§ 2. — Philosophie naturelle de Oken.

La philosophie de Oken lui est absolument semblable, et
tout ce que cet homme, dont les connaissances sur la nature
animée étaient bien différentes de celles de Schelling, a
su produire de véritablement intéressant, ne provient pas
de sa philosophie, mais de sources étrangères. Lorenz Oken
naquit à Bohlsbach, dans l'Ortenau (Bade) en 1779, prit ses
grades à Göttingen, fut nommé professeur à Iéna en 1807,
donna sa démission en 1819 à cause de sa revue l'*Isis,* et y vécut
dès lors dans la vie privée. En 1827, il alla à Munich où il fut
nommé professeur de physiologie en 1828. Comme un nouveau
déplacement pour une autre université de Bavière, parce que là
aussi il était devenu incommode, ne lui plaisait pas, il accepta
une chaire à Zurich en 1833 et y mourut en 1851. Riche en
connaissances de détails acquises par des recherches sérieuses,
mais qui ne furent jamais exemptes de parti pris, doué d'une
imagination mobile nécessaire à un esprit créateur, il acquit
des vues générales sur les phénomènes de la nature, mais il se
laissa entraîner à des généralisations trop promptes dans lesquelles l'absence de connaissances théoriques générales ne lui
inspira aucune prudence, et l'application de pensées rigoureusement logiques ne l'amena pas à la clarté de l'exposition. On
trouve chez lui aussi peu de sagacité philosophique que de
méthode, à moins qu'on ne veuille considérer comme telles sa
conséquence dans la poursuite de ses idées fantaisistes. Les
défenseurs de Oken disent encore comme lui que sa philosophie
a été un élément important dans le développement de l'anatomie comparée. Ceci est une erreur, comme la suite le prouve.
Pour le naturaliste qui pense de même que pour la raison
humaine, cela seul est en général réel qui est percetible aux

sens ; ce n'est que par abstraction et par la voie de la pensée
qu'on peut en voir l'union et l'accord avec le reste. Ainsi on
arrive d'abord à des lois générales objectives, valables pour les
phénomènes du monde, et puis ensuite à des principes métaphysiques. Le fait de conscience que ces lois et ces principes sont
reconnus donne, il est vrai, la possibilité psychologique d'en
faire l'expérience, mais non pas la preuve de leur valeur objective. Revenant au système de Spinoza, Schelling et avec lui Oken
adoptèrent ces dernières vues. Celui-là crée la nature en faisant
des théories philosophiques. Oken est apparemment plus mo-
deste et arrive, par de nombreuses abstractions, à se former
l'idée de Dieu. Sur cette voie, il arrive d'abord à des formules
de comparaisons générales tout à fait creuses, et finalement à
l'idée du néant. Comme ce fut là sa pensée la plus élevée, elle
devait aussi renfermer pour lui l'idée générale la plus grandiose.
celle de l'éternelle vérité. Par là s'éclaircirent toutes les discussions. Mais la connaissance des sens soulève des objections:
la réponse dépasse la possibilité de la connaissance. Les limites
de la dernière sont déterminées par l'idée de l'absolu. Oken a
donc été obligé de pénétrer dans l'absolu comme le firent Schelling et Hegel. Voilà pourquoi il considère le néant comme
l'absolu, et l'éternel comme Dieu. Rien n'existe que le néant,
que l'absolu. Mais le néant reste éternellement néant. Pour
philosopher sur la nature, il avait cependant besoin de la
nature. Aussi Oken a-t-il été forcé de faire du néant quelque
chose, c'est-à-dire tout ; alors il a recours à la tournure dialectique de l'ordre qui ne dit rien par elle-même, mais qui doit
donner ici, outre l'image, une idée générale indéterminée qui
cependant ne lui fournit rien de plus que le néant. Cependant,
au moyen de l'ordre, il tire du néant l'unité. « L'absolu,
le néant, en s'ordonnant eux-mêmes, donnent naissance au
réel, à la variété, au monde. La création de l'univers n'est autre
chose qu'un acte de la conscience, de la propre apparition de
Dieu. » De formules aussi vides de sens, aussi absurdes et
aussi ridicules, il faut maintenant déduire le principe sur
lequel la nature en général peut être comprise. Admettre que
Dieu se transforme éternellement dans le monde visible, ou
l'idée d'un tout qui subsiste pour lui-même et qui est représenté dans ses parties, voilà le principe duquel il faut partir
(comme le pense Blainville) pour sentir, définir et formuler la
science de l'organisation. Ce qu'on pourrait donc trouver dans

la prétendue philosophie de Oken repose sur des erreurs de logique, contient des sophismes arbitraires et fantastiques et jure avec la langue comme avec la raison. Il est donc impossible d'attribuer à cette philosophie une influence féconde ou active.

Ce que nous avons dit de cette philosophie en général n'est pas moins vrai de ses parties ; ses exposés généraux de physiologie, d'anatomie comparée, d'après des bases philosophiques, sont absolument faux. Et si quelques-unes de ses indications se sont trouvées vraies ou susceptibles d'un plus grand développement, cela doit être attribué au hasard (comme on pourrait le prouver pour les vertèbres du crâne), ou bien elles émanaient de sources étrangères à sa philosophie. Ses principes généraux de physiologie sont les suivants : L'absolu se divise en trois idées originelles : la première, la substance = O, c'est l'essence de toutes les essences ; dans la seconde apparaît la substance même qui se décompose en + et — c'est-à-dire l'activité intérieure première, l'entéléchie de Dieu ; dans la troisième idée la substance est entéléchielle, le néant supposé immobile et actif tout à la fois ; cette espèce d'être et de pensée en Dieu, c'est la forme. Toutes les forces sont maintenant des entéléchies ; il n'y a donc pas de force simple dans le monde, chacune est une formule de + — c'est-à-dire une polarité. Il n'y a pas d'autre force vitale que la polarité galvanique. « La vie repose sur les entéléchies des trois éléments terrestres (terre, eau, air) qui deviennent les trois sources fondamentales de la vie (élément terrestre ou de nutrition, élément aqueux ou de digestion, élément aérien ou de respiration); ils constituent ensemble le galvanisme. » Chaque mouvement repose sur une opération galvanique. L'opération d'un mouvement personnel est identique à l'opération vitale.

La capacité des corps organisés, de recevoir des mouvements polaires, c'est l'irritabilité. Le mouvement, c'est le rapport du centre à la circonférence ; la sensation, c'est le rapport de la circonférence au centre. Voilà bien assez d'exemples de l'emploi de stériles formules de comparaison pour expliquer systématiquement des faits réels. Pour ce qui concerne les principes généraux d'anatomie, Oken s'attribue, comme on le sait, d'avoir deviné la théorie de la cellule. L'organisme, image d'une planète, doit avoir la forme correspondante, celle de la sphère. Le mucus originel a la forme sphérique, mais se compose d'une infinité de points. Par la sollicitation de l'air une opposition du liquide et du solide se produit dans le point organique, et forme un globule. Le globule primitif, petit, glaireux, prend le nom d'infusoire. Les plantes et les animaux sont des métamorphoses d'infusoires. Tous les organismes sont composés d'infusoires (c'est-à-dire de points glaireux sans individualité) et se décomposent en tels en se séparant. La substance fondamentale de l'animal c'est la substance de ce point. On pourrait croire que puisque l'animal est un globule en fleur (globule sexuel sensible), la forme de globule ou de cellule devrait être son élément fondamental : mais il n'en est pas de même que dans les plantes. Ce globule animal est un globule déjà organisé, un organe et non plus une partie d'un système anatomique. Voilà pourquoi ce globule ne peut pas entrer dans le tissu de la masse animale. « Les animaux de la plus basse échelle sont composés d'une masse de points. » Au moyen de ces données il explique la ressemblance exigée de la partie élémentaire nécessaire au développement des tissus. — Les vues systématiques de Oken se fondent aussi sur des déductions de ses principes élevés, auxquels il ajoute une quantité de sentences solennelles, dont on cherche vainement l'explication. Il veut, il est vrai, essayer de déduire les formes et les opérations supérieures des éléments et des faits élémentaires. Voilà pourquoi on lui a attribué une espèce de doctrine de transmutation, sans qu'il ait jamais entrepris d'expliquer autrement que par la philosophie les transformations des formes. En attendant il considère le règne animal comme le corps humain décomposé dans ses parties, de même que dans ses fantaisies morphologiques générales il ne s'occupe pas du type des vertébrés, et veut aussi expliquer les animaux articulés d'après le corps humain. Le principe de sa division[1] c'est l'apparition successive des organes isolés, « l'acte par lequel les organes individuels se détachent du corps de l'animal parfait. » Il obtient d'abord des animaux uniquement composés de viscères, dont le développement n'a pas dépassé celui des intestins ; puis des dermoptères dont les intestins sont couverts de peau, et qui sont ou des animaux à poils, ou des animaux articulés ; enfin il arrive aux vertébrés, animaux charnus et pourvus d'une tête, et qui sont les animaux proprement dits. Chaque subdivision indique la répétition de l'état antérieur ou un développement de cet état ; c'est ainsi que les animaux unique-

[1] Traduction anglaise de A. Tulk, publiée en 1847 par la Ray Society.

ment composés de viscères, par exemple, se divisent en animaux à matières cellulaires, à matières sphériques, à matières fibreuses, à matières formées de points — les animaux à tête, en animaux à face et couverts de peau, à face et à intestins, à face et articulés, et à face complète. Dans la dernière révision de sa *Philosophie naturelle* [1], Oken abolit les quatre grands systèmes anatomiques d'une façon à peu près semblable et divise le règne animal en animaux à intestins, à viscères, en animaux qui respirent et en animaux vertébrés ; il classe les derniers d'après les quatre organes les plus importants des sens, en animaux pourvus de langue, de nez, d'oreille et d'yeux [2], malgré tout ce qu'il en dit, on ne voit aucune trace de la conception d'un plan de construction animale et des différents degrés générateurs de cette construction. Dans la première édition de son histoire naturelle, il s'obstine, il est vrai, dans toutes ses subdivisions, à appliquer à toutes les classes la division en quatre établie par lui pour les animaux inférieurs, et par là il pousse à l'extrême une classification aussi artificielle que anti-naturelle. En 1793, Kielmeyer avait déjà déclaré que l'embryon des classes supérieures d'animaux subissait les mêmes transformations que celui des classes inférieures ; ce mérite ne doit donc pas être attribué à Oken. Cette idée n'est véritablement féconde que lorsqu'on en tient compte dans les observations de développement par rapport à des types isolés ; aller plus loin c'est jouer avec des analogies.

C'est à un enfantillage de ce genre en matière de philosophie naturelle qu'il faut attribuer la découverte de Oken, qui prétendait que le crâne était composé de vertèbres. Ses recherches sur la vésicule ombilicale l'amenèrent à la pensée de comparer la moitié postérieure du corps de l'animal (ceci n'est dit que des mammifères) comme animal sexuel, avec la moitié antérieure où se trouve le cerveau ; et il remarque, en 1805, que le bassin reproduisait tout le système osseux de la tête de l'animal. Il poursuit cette comparaison dans sa *Philosophie naturelle* : « L'animal, dit-il, se compose de deux animaux réunis par leurs ventres, » etc. « Le pubis est la mâchoire inférieure et

---

[1] Oken, *Lehrbuch der Naturphilosophie*, 3 Fr. Auflage, Zurich. 1843, in-8.
[2] « Chaque classe d'animaux et chaque espèce d'animaux est déterminée par la possession exclusive de certains organes. » C'est ainsi qu'il introduit le premier « développement systématique scientifique des animaux. » Voyez Oken et Kieser, *Beiträge zur vergleichenden Zoologie, Anatomie, Physiologie*, Bamberg.

le menton; l'ischion, la mâchoire supérieure, mais sans os intermaxillaire. Derrière l'anus, le sacrum se termine en matrice
dans les vertèbres de la queue; ceci correspond aux vertèbres du
cou. » Alors, il eut la pensée que ce cou postérieur se termi-
nant par des vertèbres, le crâne, qui n'est autre chose que la
répétition de cette partie, devait par conséquent être, de même,
composé de vertèbres. Comme précisément il avait limité sa
comparaison aux mammifères, et qu'il avait pris pour point de
départ la position relative des organes uro-génitaux, il paraît
évident que cette comparaison a été, comme par force, dé-
duite de ses principes, et que, de plus, il ne connaissait pas
tout d'abord la loi de l'unité de la base génératrice du crâne
chez tous les vértébrés. C'est ainsi qu'il en est venu à confondre
chez les oiseaux l'extrémité du tube intestinal et ses deux
cacums avec la vessie. C'est par un pur hasard qu'il a été
amené à certaines questions qui, grâce à une méthode différente, ont pu devenir pleines d'intérêt. Du reste, on était arrivé
à peu près aux mêmes résultats par d'autres moyens. Pierre
Frank avait déjà mis en avant la pensée que le crâne était composé de vertèbres, et Vicq d'Azyr avait introduit la comparaison
de différentes parties d'un même individu entre elles.

Bien souvent, pour prendre la défense de Oken, on a fait
valoir que ses formules, vides de sens, étaient un langage imagé,
comme il l'aurait dit lui-même, paraît-il, dans la préface de sa
Philosophie naturelle. Mais un langage imagé doit cependant
laisser entrevoir d'une façon compréhensible quelconque, le
rapport entre l'objet que l'on compare et l'objet comparé, ou
du moins la ressemblance de deux choses avec une troisième.
Mais il est infiniment rare de trouver chez lui la trace de chose
semblable. Oken a lui-même donné la preuve expresse qu'il ne
voulait pas consacrer sa *Philosophie naturelle* à élargir la
connaissance, mais, qu'à son avis, la connaissance était déjà fixée
dans l'esprit et n'avait plus besoin que d'être considérée et
développée intuitivement. C'est ce que démontre son idée de
la « méthode. » Il n'entend point par là une forme inventive
quelconque de la pensée, mais seulement une manière de présenter les choses, qui devient dogmatique dans son sens le plus
absolu. Il s'explique : « J'ai toujours mis de côté la méthode
logique. L'autre méthode tient de la *Philosophie naturelle* que
je me suis créée pour faire ressortir la ressemblance des objets
isolés avec le divin, etc., par exemple, que l'organisme étant

l'image des planètes doit avoir, par conséquent, une forme
sphérique, etc. » Cette méthode n'est pas, en réalité, de dé-
duction, mais une méthode qui s'impose dans une certaine
mesure; les conséquences en découlent sans qu'on sache comment. A côté de cette méthode qui, d'après Oken, appartient à
l'essence de toute la science, il se sert encore parfois de la
méthode positive, laquelle appartient à l'essence de chaque
objet isolé; par exemple, il dit dans la *Philosophie de la nature :* « Ce qui est organique doit être un globule, parce que c'est
l'image d'une planète; » dans sa *Méthode positive,* il dit : « Ce
qui est organique doit devenir un globule, parce que c'est un
principe galvanique qui ne peut se présenter que parmi les
éléments. » On le voit, les deux méthodes aboutissent à la
même fin. Il y est aussi peu question d'une reconnaissance des
formes logiques du jugement et de l'importance du sujet, que
d'un examen de la valeur réelle des suppositions dans ces jugements hypothétiques d'après la forme logique.

Oken a cependant eu une influence qui réagit fortement
contre le mal qu'il avait fait avec sa philosophie naturelle. Cette
influence ne reposait qu'infiniment peu sur ses recherches personnelles; car elles furent toujours troublées par ses idées préconçues et ses partis pris. Par ses recherches sur le nombril,
par exemple, il confirma à la vérité partiellement les indications de Wolff et les fit mieux connaître; mais il les présenta
sous un jour si douteux, qu'il ne réussit pas à les expliquer suffisamment. Sa critique de l'étude que fit Pander sur le poulet
prouve bien que, malgré ses recherches embryologiques, il ne
pouvait mettre tout parti pris de côté pour reconnaître les faits.
Ici il dit brièvement et d'un ton décidé : « Toutes ces choses ne
peuvent être ainsi. Le corps se compose de globules et non plus
de feuillets. » Le mérite de Oken a consisté à reconnaître le principe que les formes organiques sont dans un perpétuel mouvement de régénération. De même, il a contribué à répandre l'intérêt scientifique pour l'histoire naturelle, résultat qu'il obtint
en partie par son histoire naturelle et en partie par son journal
l'*Isis*[1]. Abstraction faite des singularités qui résultent de ses
erreurs philosophiques, son histoire naturelle a permis d'élargir
le cadre des connaissances générales et spéciales en cette matière,

---

[1] *Isis, Encyclopœdische Zeitschrift, vorzuglich für Naturgeschichte, verglei-
chende Anatomie und Physiologie,* Jahrg. 1817-1845. Leipzig, in-4.

et a donné naissance à de nouveaux travaux et à de nouvelles conceptions[1]. Longtemps l'*Isis*,[2] par une critique souvent peu saine et par sa direction encyclopédique, a dissimulé un besoin auquel il n'a pas encore été satisfait d'une manière suffisante.

On se demande bien comment la philosophie, qui s'opposait si directement au développement de la science par induction, trouva des partisans et des apôtres. Il faut pour cela considérer d'abord quelles furent les circonstances qui rendirent possibles les bizarreries de la philosophie de Fichte et de Schelling et en furent la condition. Dans toute la littérature allemande, la guerre de Trente ans avait laissé des traces de tristesse qui subsistèrent longtemps. Avec la joyeuse conscience de sa nationalité, on avait aussi perdu l'amour des ouvrages de l'esprit. La langue et la forme des compositions étaient empruntées à l'étranger. Il est vrai que l'intérêt se réveillait parfois à la vue de la nature. Mais on laissa le monde agir sur le cœur et l'esprit sans aller à sa rencontre avec la ferme volonté de concevoir et d'expliquer. De plus, la réaction était une téléologie obscure, noyée dans le piétisme, qui n'invitait pas à la science et ne satisfaisait pas formellement, à cause de l'absence d'un goût national ayant sa direction et son originalité. La philosophie de Leibnitz avait d'autant moins d'influence sur la science de la nature vivante qui se dérobait à l'application de considérations mathématiques, que la forme logique scholastique que Wolff lui donna en particulier ne laissait voir que distinctions et définitions ; du reste, pour expliquer les phénomènes de la vie, l'opinion que Dieu est la base du monde n'offrait-elle pas moins de points d'arrêt que le spectacle des lois générales de la nature ? A la vérité, « le siècle des lumières » et de la liberté de conscience permit de fixer l'attention sur un champ plus vaste en quittant ses occupations et en cessant de peser et de mesurer. Cet élargissement des vues ne devint fertile que lorsque les productions intellectuelles subirent l'influence d'un goût formé par la critique et le réveil du sentiment national, lorsque avec les progrès de ce goût le sentiment et l'imagination purent, comme la raison, prendre part aux créations de l'esprit. Ici apparut le système de Kant, qui devait guider en donnant des principes. Mais le déve-

---

[1] Oken, *Allgemeine Naturgeschichte für alle Stænde.* Stuttgart, 1833-1841, 13 vol. ou 90 livraisons in-fol., complétées par trois livraisons supplémentaires.

[2] Le principe de Oken en matière de critique est très caractéristique. « Favorable à un ami, défavorable à un ennemi, impartial pour une personne indifférente. »

loppement de son système eut à souffrir du caractère individuel de son époque. La philosophie de Kant, développée dans son idéal par Fichte, devait inspirer l'enthousiasme à un peuple qui assistait, non pas insensible, mais impuissant, aux humiliations de la patrie. Mais, chez les savants, la part prise aux choses extérieures et l'activité intellectuelle se changèrent en divagations philosophiques. A l'exemple de Schelling, Oken créa de lui-même, non pas seulement son monde, mais tout le monde réel, renouvelant dans le domaine de l'abstraction la période appelée celle des « puissants esprits », sans s'inquiéter davantage de la valeur de ses principes antérieurs. Ils ne rencontrèrent tous deux, ni dans le peuple ni dans le monde savant, des adversaires sérieux de leurs fantaisies effrénées. Mais lorsque des savants cherchaient à s'attacher quelques-uns de leurs objets isolés, tout le système pâlissait sous le contrôle de l'expérience ; la forme seule subsista, laquelle, d'après l'esprit de chacun, prêtait à la contemplation du monde une forme théosophique ou bien, à l'exposé des faits, un vêtement idéal plus ou moins esthétique. En général, le fait que les phénomènes de la nature vivante n'étaient surtout soumis qu'à une considération philosophique, avait excité les esprits à cette époque d'effervescence nationale et poétique. On commença à penser. Mais ce qui fut un malheur, c'est qu'une philosophie de ce genre fut produite. Comme elle était absolument stérile et qu'elle sut, à peine une fois et par hasard, rencontrer dans une de ses images un rapport réel entre deux phénomènes, tout ce travail intellectuel se consuma en paroles sonores mais totalement inintelligibles, et, malgré leur profondeur apparente, ne signifiant rien ou à peu près rien de neuf et de fécond; c'est ce qu'on remarque dans un nombre considérable d'ouvrages d'histoire naturelle et de médecine, publiés dans les quarante premières années de notre siècle. La causalité qui devait présider aux formes animales et à leur diversité ne fut pas même indirectement étudiée. Par contre, on rechercha une conformité aux lois idéales plus élevées, c'est-à-dire l'importance des formes et des parties du corps des animaux dans un sens plus élevé, sans préciser davantage ce que c'étaient que ces lois, cette importance et ce sens plus élevé. Enfin ce fut une des conséquences de la philosophie de Oken que la théorie des types animaux, si faussement comprise de tant de manières, et ces types furent adoptés comme causes de la formation du corps.

§ 3. — Schubert, Burdach, Carus, Gœthe.

Si l'on retranche des partisans de la philosophie naturelle de
Schelling et de Oken des savants comme Schelver[1] et autres,
qui n'ont eu aucune influence, les trois branches de la science
dont nous parlons (abstraction faite des philosophes et des
médecins) se trouvent représentées par trois hommes qui, sans
maintenir tout le système, présentèrent plus ou moins sensiblement la forme particulière de la philosophie de Oken avec ses
défauts. Gotthilf-Henri Schubert[2] fut le représentant de la doctrine mystique théosophique. Dans ses ouvrages sur l'histoire
générale de la vie[3] et sur l'histoire naturelle[4], il ne touche au
monde animal que d'une manière fantastique ou enfantine, sans
faire avancer la science d'un pas, par la démonstration de faits
nouveaux ou la comparaison des faits connus. Charles-Frédéric
Burdach[5] partit d'un principe moins mauvais. Il considérait les
connaissances physiologiques acquises par l'expérience dans un
jour idéal et comme inspirées par la philosophie naturelle ; mais
il contribua sensiblement[6] à faire mieux connaître la vie des ani-

---

[1] François-Joseph Schelver naquit en 1778, à Osnabrück ; prit ses grades universitaires à Iéna en 1802, et mourut à Heidelberg en 1832. Son « Essai d'une histoire
naturelle des organes des insectes et des vers » est une réunion des faits alors connus, avec une teinte téléologique, mais sobre. Ses écrits postérieurs appartiennent
complètement à la philosophie naturelle.

[2] Gotthilf-Henri Schubert naquit en 1780 à Honstein, en Saxe ; étudia d'abord la
théologie ; en 1800 il s'adonna à la médecine, et à Iéna, sous Schelling, à la philosophie. En 1803 il fut médecin à Altenberg, en 1805 à Freiberg, en 1806 à Dresde,
en 1809 directeur de l'École polytechnique à Nuremberg. En 1816 il fut nommé précepteur des enfants du grand-duc héritier de Mecklembourg-Schwerin, en 1819, professeur d'histoire naturelle à Erlangen, en 1827 à Munich, où il se retira en 1855 et mourut en 1860.

[3] Schubert, *Ahndungen einer allgem. Geschichte des Lebens*. Leipzig, 1806-1820.
1 und 2 ter Theil.

[4] Schubert, *Handbuch der Naturgeschichte*. Nuremberg, 1813-1823, 5 Theile.
*Allgemeine Naturgeschichte oder Andeutungen zur Geschichte und Physiogno-
mik der Natur*. Erlangen, 1826. *Die Geschichte der Natur*. Erlangen, 1835-1837,
3 baende.

[5] Charles-Frédéric Burdach naquit à Leipzig en 1776, y professa en 1807 ; fut
nommé professeur d'anatomie et de physiologie en 1811, à Dorpat, en 1814 à Kœnigsberg, où il mourut en 1847.

[6] Burdach, *Traité de physiologie considérée comme science d'observation*, avec
des additions, par les professeurs Baer, Moser, Meyer, J. Müller, Ratke, Siebold,
Valentin, Wagner, traduit de l'allemand sur la deuxième édition par A.-J.-L. Jourdan.
Paris, 1837-1841, 9 vol. in-8 avec planches.

maux. Charles-Gustave Carus[1] s'est acquis parmi les disciples de la philosophie naturelle une grande célébrité en matière d'anatomie comparée[2]. C'était un homme d'un esprit remarquable, qui chercha à reporter sur la nature vivante les lois idéales de la beauté et de la perfection artistique qu'il avait connues par une riche expérience. C'était une personnalité puissamment intelligente ; riche en impressions précoces et doué d'un sens artistique très vif et très actif, il put embrasser le monde de ce regard qui permet de résoudre avec calme tous les doutes qui s'élèvent, en puisant à une source de vérité plus élevée ; mais il est trop enclin à déprécier les faits et à se contenter d'abstractions générales empruntées à l'esthétique.

C'est aussi le moment de parler de Gœthe et de ses travaux d'anatomie comparée[3]. Mais il est bien difficile de ne pas se laisser influencer par l'admiration qu'inspire ce génie quand on veut porter un jugement précis et historique sur ses ouvrages relatifs à cette matière. Le temps est encore trop proche où il excitait l'enthousiasme par ce génie poétique dont il animait toutes ses communications et cette forme artistique à laquelle on n'était pas accoutumé. C'est presque une hérésie de demander froidement ce qu'il a fait, sur quelle voie il a créé, dans quel sens a agi l'impulsion qu'il a donnée et surtout quand cette impulsion a pu se produire. Cependant l'admiration si bien méritée par les autres productions de ce héros de l'intelligence humaine, qui semblent nous le montrer dans toutes ses études aussi grand et aussi fécond, amène l'embarras que nous éprouvons à poser cette question et à rechercher l'ordre chronologique. Gœthe n'a pas été un naturaliste philosophe dans le sens de l'école dont nous parlons ; mais il se rapproche de la voie suivie par elle en ce qu'il part de l'unité pour arriver, non pas au général, mais au tout, c'est-à-dire, pour parler méthodiquement, il ne procède

[1] Charles-Gustave Carus naquit à Leipzig en 1789, y prit ses grades en 1811 pour l'anatomie comparée ; fut nommé en 1814 professeur d'accouchement à l'Académie de médecine de Dresde, en 1827 médecin du roi et mourut en 1869.

[2] Carus, *Traité d'anatomie comparée*, traduit de l'allemand sur la deuxième édition et précédé d'une esquisse historique et bibliographique de l'anatomie comparée par A.-J.-L. Jourdan, Paris, 1835, 3. vol. avec atlas de 30 planches.

[3] Gœthe, *Zur Naturwissenschaft überhaupt besond, zur Morphologie*. Stuttgart, 1817,1723. Œuvres d'histoire naturelle comprenant divers Mémoires d'anatomie comparée, de botanique et de géologie, traduit de l'allemand et annoté par Ch. Martins, avec un atlas in-fol. Paris, 1837. M. Faivre, professeur à la Faculté des sciences de Lyon, en a publié une traduction plus récente. Paris, 1862, in-8 avec 4 planches.

point par induction, mais il essaye, passant sur les doctrines
isolées qui relient les faits entre eux, de prouver les principes
auxquels on était arrivé jadis par intuition. Il trouva, à peu près
à la même époque d'ailleurs que Vicq d'Azyr, (qui, du reste,
indique la chose comme intelligible par elle-même) l'os intermaxillaire chez l'homme; mais il arriva à cette découverte,
non pas en comparant la structure des vertébrés, mais en cherchant un type général pour tous les animaux. Sa préface à l'anatomie comparée prouve combien peu, malgré des études constantes, il avait réussi à connaître les lois de la structure des animaux. Il ne trouve pas ici d'autre moyen d'accommoder le
détail de l'anatomie descriptive avec la morphologie qui se présentait à lui incertaine, que dans l'indication d'un type primitif
pour tous les animaux, qu'il ne définit pas et dont il ne rend la
conception possible par aucune indication plus générale. Un
type de ce genre, complet dans son propre tout, était pour
Gœthe un besoin esthétique et non scientifique. La forme avait
excité son intérêt dès le début; et de même que pour l'incar-
nation artistique de certains caractères idéaux, par exemple
dans les statues, il étudiait ce qu'il y avait de spécialement
typique dans la forme, de même il se passionna pour les études
physiognomiques de Lavater, et pensa trouver ainsi pour la
forme des animaux un type idéal qui de tant de variétés pût
former un tout artistique. Cette fusion de la conception de la
nature et de l'amour de la beauté artistique chez Gœthe agit
puissamment sur ses contemporains et ses disciples, malgré
la publication tardive de ses observations. Cette influence
s'explique plus facilement, si l'on se représente l'écho que dût
avoir le sensualisme français encore naissant, l'influence de la
Révolution française, les malheurs de la France retombant aussi
sur l'Allemagne, et si l'on songe à la joie qui devait naître à
la vue d'un poète, le plus grand du monde, concentrant sur
l'étude de la nature un génie poétique et idéal. Car avant 1817
on n'avait rien imprimé de ses ouvrages scientifiques [1], si ce n'est
un écrit sur la métamorphose de plantes [2] et une étude, contenue

---

[1] Sœmmering en fait mention dans la seconde édition de sa théorie des os, et
Tiedemann dans sa zoologie, 1 vol., p. 234. Remar. (1808.) D'après la dernière citation
il semblerait que le travail avait été publié.

[2] Traduit de l'allemand sur l'édition originale de Gotha (1790), par Frédéric de Gin-
gins-Lassavay, Genève, 1829, in-8. Une autre traduction française par Frederic
Soret a paru à Stuttgart en 1831, in-8.

dans une lettre, sur l'os intermaxillaire de l'homme ; ses opinions n'étaient connues que dans un petit cercle d'amis, sans
être ni enseignées ni publiées ; aussi a-t-il passé sous silence et
avec intention bien des choses. Par contre il faut se rappeler
qu'avant 1817 les travaux de Geoffroy sur les makis [1], les crocodiles [2], le crâne des poissons, etc., avaient déjà paru de même
que les ouvrages de Lamarck [3] et de Cuvier qui montrèrent à la
science le chemin à suivre. Mais comme on ne peut attribuer
une découverte à qui que ce soit avant de savoir qui l'a faite,
on ne saurait mettre sur le compte de Gœthe d'avoir donné l'impulsion à des considérations générales, et d'en avoir été le premier chef, alors qu'il n'avait publié une seule ligne sur ces matières. Il est donc absolument douteux, au point de vue historique, si les opinions de Gœthe concordent véritablement avec
celles qui furent publiées en attendant. Tout admirateur de
Gœthe, tout Allemand, doit se réjouir qu'en un certain sens les
vues de Gœthe soient en harmonie avec les idées de l'époque.
La chose a donc son importance dans l'histoire du développement de la personnalité de Gœthe, mais non pour celui de la
science qui voyait, avec une douce émotion, le favori du
peuple allemand s'attacher à ses pas.

§ 4. —Suite des progrès de l'anatomie comparée. Kielmeyer, Et. Geoffroy Saint-Hilaire.

Les travaux de zootomie du commencement de la période
précédente avaient été influencés par la physiologie. Il était naturel, aucune autre pensée dirigeante n'étant survenue, que cette
direction restât toujours plus ou moins dominante. Mais plus
s'élargissait le cadre des matières à traiter, plus la différence de
la formation devait donner à réfléchir en face de la question à
peine entrevue de l'égalité ou de l'inégalité de la fonction. Ceci
conduisit à la recherche minutieuse de l'endroit où prennent
naissance les organes dans les groupes isolés d'animaux, de leur
position, de leur union respective et de leurs transformations

---

[1] Et. Geoffroy Saint-Hilaire, *sur les rapports naturels des makis et description des nouvelles espèces* (Magasin encyclopédique, tome VII, 1796).
[2] Et. Geoffroy Saint-Hilaire, *Observations anatomiques sur le crocodile du Nil* (*Annales du Muséum d'hist. nat.*, t. II, 1803).
[3] Lamarck, *Philosophie zoologique*. Paris, 1809, 2 vol. in-8.

progressives; c'est ainsi qu'on apprit à connaître, d'un côté, le plan détaillé de la structure des différents groupes, de l'autre, des lois de formation encore plus générales. Les deux directions trouvèrent des défenseurs, et la plupart étaient encore sous l'hypothèse de l'importance physiologique des organes. — Charles Henri Kielmeyer[1] fut l'un des hommes les plus influents dans cette voie. Il fut un des premiers à réunir de riches matériaux pour « fonder l'étude de la zoologie sur l'anatomie comparée et la physiologie, et pour établir, aussi parfaitement que possible, une comparaison des animaux entre eux d'après leur constitution et d'après la différence de leur système organique et de ses fonctions. » Bien qu'il n'ait publié que peu de chose, son influence comme professeur fut si heureuse dans ce sens, que l'on est en droit de lui attribuer une grande part dans le développement de la science pendant les premières années de notre siècle. Cuvier lui-même l'appelle souvent « son maître[2]. » On l'a parfois considéré comme le précurseur de la philosophie naturelle; mais il n'a de commun avec les disciples de celle-ci que la forme extérieure de ses généralisations, lesquelles diffèrent essentiellement de celles des philosophes naturalistes par des matières beaucoup plus importantes. Il a de même une logique beaucoup plus claire et des abstractions plus raisonnables. Il compare les fonctions chez les différents groupes d'animaux et expose leur état respectif dans des propositions générales; elles ne présentent pas avec précision la structure progressive des animaux (structure composée de systèmes organiques) et leur diversification ultérieure, mais font connaître cependant pour la première fois l'apparition constante de certaines formes sous l'influence de certaines conditions organiques. Dans ses déductions il arrive à comparer les développements primitifs d'animaux plus élevés avec ceux d'animaux inférieurs[3]. Mais comme il igno-

---

[1] Charles-Henri Kielmeyer naquit en 1765 à Bebenhausen, vint en 1773 à l'école de Charles, y enseigna en 1785 l'histoire naturelle aux élèves des sciences économiques et forestières; en 1790 il fut nommé professeur de zoologie et directeur du Muséum de Stuttgart, en 1796 professeur de chimie, en 1801 professeur de botanique, de pharmacie et de matière médicale à Tübingen. En 1816 il est nommé directeur des collections scientifiques de Stuttgart, se retire en 1839 de cette charge et meurt en 1844.

[2] Voir plus loin les rapports de Cuvier et de Kielmeyer. La réputation que sut acquérir ce dernier est prouvée par cette circonstance entre autres, que Alex. de Humboldt lui dédia ses Recherches zoologiques.

[3] En 1794 Kielmeyer avait commencé à faire imprimer une introduction générale à la zoologie, que Pfaff appelle « un développement magistral du petit discours sur les

rait encore l'histoire du développement, il n'arrive pas à rendre féconde cette proposition.

A Paris, un homme un peu plus jeune que Kielmeyer, commença, à la même époque et indépendamment de ce dernier, à établir des comparaisons détaillées entre les conditions d'organisation de différents animaux, et à appliquer, avec intention, certains principes généraux pour obtenir les résultats qu'il se proposait ; cet homme c'était Étienne Geoffroy Saint-Hilaire, parent des deux Geoffroy qui, dans le siècle précédent, s'étaient fait un nom, l'un comme chimiste, l'autre comme botaniste [1]. Après s'être de préférence occupé de botanique et de minéralogie, il fut nommé professeur de zoologie à l'âge de 21 ans ; c'est alors, il l'avoue lui-même, qu'il fut obligé d'acquérir les éléments de l'histoire naturelle en classant et en ordonnant la collection du Jardin des plantes. L'arrivée à Paris de Cuvier en 1795 fut très-importante pour lui ; il vécut et travailla paisiblement en sa société jusqu'au jour où leurs principes, prenant des directions différentes, s'accentuèrent davantage. Cuvier prétendait que le but de toute méthode doit être de réduire une science à son expression la plus simple, c'est-à-dire, de classer tous les faits sous des caractères génériques toujours plus élevés. Geoffroy aboutit au même résultat, mais il fait des propositions générales la base de toute explication, tandis qu'elles ne doivent être considérées comme principes probants que par induction. Il les explique comme les ayant déduites de faits réels, mais il dit ailleurs qu'il les a trouvées par inspiration. Séduit par l'attrait de propositions générales embrassant des groupes entiers de faits, et prenant le sens métaphysique de chaque expression pour de la philosophie, il appelle philosophique la voie qu'il poursuit. Il se considère lui-même comme le fondateur d'une « philosophie anatomique spéciale », et ses disciples partagent la même opinion. Ses lois et ses principes auraient pu devenir très féconds, s'il les avait utilisés à côté de principes nécessaires coordonnés. C'est à défaut de ces derniers que ses travaux prirent une mauvaise direction et produisirent des résultats

---

rapports des forces organiques. » Il en interrompit l'impression après la 20ᵉ feuille. Ce qui est imprimé reste malheureusement introuvable.

[1] Fils d'un jurisconsulte, Jean-Gérard Geoffroy naquit en 1772 à Étampes, fut l'élève de Haüy et de Daubenton ; sauva en 1792 Haüy déjà condamné, et fut par lui chaudement recommandé à Daubenton ; celui-ci, en 1793, lui procura au Muséum une chaire de zoologie à côté de Lamarck. De 1798 à 1802, il fit avec Napoléon la campagne d'Égypte. Il mourut en 1844.

absolument faux. Ses principes sont : la théorie des analogies, d'après laquelle les mêmes parties doivent se trouver chez tous les animaux, lors même qu'elles auraient une forme et un développement différents ; la théorie des connexions, d'après laquelle les mêmes parties se trouvent toujours dans les mêmes positions et liaisons respectives ; la loi de l'équilibre des organes, d'après laquelle la masse du corps animal demeure en quelque sorte égale à elle-même, de telle façon qu'un organe ne peut se développer ou diminuer que si un autre diminue ou se développe[1]. Ces propositions auraient pu guider la pensée comme elles le firent du reste en d'autres mains, d'autant plus qu'elles furent établies par la comparaison des organes composants du corps, abstraction faite de leurs fonctions. Mais on était en droit de ne s'en servir qu'en tenant compte de l'histoire du développement et en limitant l'idée de l'uniformité de composition aux plans de structure admis par expérience. Pour ce qui concerne le premier point, Geoffroy a indiqué que chez les jeunes oiseaux la boîte du cerveau était formée de pièces isolées qui correspondaient aux os du crâne chez les mammifères[2], mais il n'approfondit pas suffisamment la cause de ce développpement et il ne l'étudia qu'avec des idées préconçues ; il déclare, par exemple, que la vertèbre primitive est un tuyau ou un anneau, et, s'appuyant sur cette interprétation, il pense trouver des vertèbres même chez les animaux articulés. Comme il lui manquait la clef principale nécessaire à l'explication de certaines parties du squelette, ses interprétations furent souvent très vagues. Ainsi il déclare que les opercules des ouïes ne sont que des os pariétaux détachés et inutiles pour la formation de la boîte du cerveau ; plus tard ce sont d'après lui des pièces analogues aux osselets de l'oreille. Mais ce qu'il y a de plus choquant, c'est la faute qu'il commet dans ses généralisations lorsqu'il veut étendre l'idée de l'unité du plan non seulement aux vertébrés, que seuls il avait étudiés au début, mais encore aux animaux articulés et aux mollusques. En 1822, dans une dissertation sur les vertébrés, il essaye de prouver que le corps des insectes et celui des écrevisses

---

[1] *Philosophie anatomique*, Paris, 1818-1823, 2 vol. in-8 avec planches, t. I, 1818, p. 15. Blainville avait déjà mieux compris la véritable signification de l'appareil de l'opercule des ouïes. *Bull. Soc philom.*, 1817, p. 104. — *Sur le principe de l'unité de composition organique*, discours servant d'introduction aux leçons professées au Jardin du Roi, Paris, 1828, in-8.

[2] *Annales du Muséum d'histoire naturelle*, t. X, 1807, p. 345.

sont construits sur le même plan que celui des vertébrés ; et en 1830 il donne son adhésion à cette opinion que les céphalopodes sont construits comme les vertébrés, ce que Meyranx et Laurencet croyaient avoir prouvé dans une communication faite à l'Académie des sciences. Ceci donna lieu à la lutte, devenue fameuse, entre Cuvier et Geoffroy ; celui-ci, il est vrai, retira les termes « d'unité de structure » pour adopter ceux « d'analogie de constitution » apparamment moins captieux, mais sans pour cela renoncer à son erreur fondamentale. Ceci doit être principalement attribué à ce que, persuadé de la ressemblance des phénomènes de la vie chez les animaux, il se laissa entraîner à prendre l'harmonie des qualités des organes pour une preuve de leur ressemblance morphologique ; ainsi il ne distinguait pas suffisamment les deux termes d'analogie et d'homologie, dont le sens avait été si bien fixé par Owen, quelque sévérité qu'il mette à faire ressortir cette différence. Cependant ce fut un des mérites de Geoffroy d'avoir établi, au moyen de ses principes, des lois générales de formation, et d'avoir essayé de les appliquer par exemple aux vices de conformation, qui jusque-là avaient été négligés pour la science ; mais dans l'établissement et dans le développement de ces lois, il eut le tort de ne pas s'en tenir suffisamment aux faits.

Les communications de Kielmeyer, de Geoffroy et auparavant celles de Hunter, de Vicq d'Azyr et d'autres, montraient bien que l'on commençait dans une certaine mesure à apprécier théoriquement les faits zootomiques. Mais comme ceux-ci n'étaient en général mis ensemble que dans l'intérêt d'autres études, ou jugés au point de vue de ces dernières études, ou souvent employés à étayer des généralisations déjà renversées, ils ne donnèrent qu'une conception imparfaite de la structure des animaux, aussi bien par rapport à l'ordre des parties dans les classes isolées, que par rapport à la forme du développement des organes.

§ 5. — Léopold-Christian-Frédéric-Dagobert Cuvier (Georges Cuvier).

En dehors des savants que nous avons nommés plus haut, vers la fin du siècle dernier, apparut un homme qui, jeune encore, connaissant les travaux antérieurs et ceux de son époque, ne vit pas seulement les fautes et les lacunes dont ils étaient remplis, mais sut trouver lui-même, au moyen de recherches exemptes de parti pris, leur point de départ; il transforma et reconstruisit presque à neuf non seulement l'anatomie comparée, mais encore les théories qui en découlent sur la succession des développements et sur les rapports de parenté réciproque entre les animaux. Léopold-Christian-Frédéric-Dagobert Cuvier qui, du jour où il apparut comme écrivain, se nomma Georges Cuvier, naquit le 24 août 1769 à Montbéliard. Ses parents avaient suivi la réforme et étaient devenus protestants ; par suite des persécutions religieuses ils s'étaient réfugiés à Montbéliard, petite ville, alors Wurtembergeoise, du Jura français. Par son travail et sa persévérance, le jeune Cuvier montra dès le plus bas âge une grande inclination et un goût particulier pour les sciences naturelles ; c'est ainsi que, trouvant un livre de Buffon, il s'amusait à copier et à colorier les gravures d'après la description de l'animal. Il échappa au danger d'être envoyé à Tubingen pour y étudier la théologie grâce à la jalousie d'un professeur ; alors la princesse Frédérique le recommanda à son beau-frère le duc Charles qui lui donna une bourse à la célèbre école de Charles. Il y arriva le 4 mai 1784. Après avoir consacré une année à l'étude des sciences préparatoires, il choisit entre les cinq facultés celle de l'administration, car elle lui fournissait l'occasion de cultiver ses goûts pour les sciences naturelles. Ses amis furent d'abord Kielmeyer, puis Pfaff, Marschall et Leupold. En 1788, pour subvenir à l'entretien de sa famille il accepta une place de précepteur chez le comte d'Héricy à Fiquainville près de Caen ; cette place avait été occupée avant lui par le physicien Parrot qui fut d'abord élève de l'école de Charles, puis de l'université de Dorpat. C'est là qu'il posa les bases de ses importants travaux ; en effet, les brachiopodes fossiles lui donnèrent l'idée de comparer les espèces fossiles avec les espèces vivantes, tandis que d'autre part, la mer lui présentait des céphalopodes et des formes marines de gastéropodes ; c'est en se livrant sur eux à des recherches anatomiques, qu'il fut pour la première fois amené au projet d'analyser les vers de Linné. En 1794, l'abbé Tessier, qui pendant la Terreur s'était réfugié à Fécamp et remplissait les fonctions de médecin en chef dans un hôpital militaire, pria Cuvier de faire un cours de botanique à ses jeunes médecins. Celui-ci réussit parfaitement bien, de telle sorte que Tessier le recommanda à ses amis de Paris et l'invita à envoyer quelques-uns de ses travaux à Geoffroy, à Olivier, (qui venait de fonder un journal d'histoire naturelle) et à d'autres savants ; déjà alors il déclarait qu'il était impossible d'avoir un meilleur professeur d'anatomie comparée (à la place de l'ancien Mertrud dont le remplacement était prévu). En 1794 Cuvier se décida, sur les vives instances de Geoffroy, à venir à Paris ; mais comme il n'avait pas encore une entière confiance dans sa nouvelle carrière, il y vint accompagné de son jeune disciple dont il se sépara l'année suivante. Alors, après avoir reçu un emploi passager dans la Commission des arts, il fut nommé professeur d'histoire naturelle dans les écoles centrales, et vit ouverte devant lui la véritable carrière qu'il poursuivait, lorsque Mertrud le proposa pour son successeur et que le 2 juillet il entra en possession de sa chaire. A la fin de la même année, il fut nommé membre de l'Institut, en 1800 professeur d'histoire naturelle au collège de France, en 1802, après la mort de Mertrud, professeur d'anatomie comparée au Jardin des plantes, en 1803, secrétaire perpétuel de l'Académie des sciences, ce qui le fit renoncer aux fonctions d'inspecteur de l'instruction publique. En 1808 une nouvelle organisation de l'instruction publique l'amena de nouveau à faire partie de l'administration, après avoir remis à l'empereur, au printemps de la même année, un rapport sur le progrès des sciences. En 1814, il fut nommé conseiller d'État, en 1819, président de division au ministère de l'Intérieur, en 1824, directeur des cultes non catholiques, et en 1831, pair de France. G. Cuvier mourut le 13 mai 1832.

Bien que d'origine française, Cuvier se considéra comme allemand jusque dans les premières années de l'âge mûr. En juillet 1789 il déclare qu'il est comme Pfaff, étranger à la France ; interrogé par Pfaff sur la Révolution française, il dit en décembre 1790 : « Moi, qui comme étranger, vois les choses d'un œil plus froid.... » Il se réjouit de ce que « son duc » n'ait pas eu besoin de faire marcher contre les Liégeois. Un certain parti pris semble même se dessiner chez lui contre les Français, lorsqu'il dit en 1788 que les Français commencent à l'ennuyer et lorsqu'en octobre 1788 il dit en se moquant : « Les Français sont ainsi faits, qu'une comédie, une chansonnette, guérissent leurs plus profondes blessures. » Mais avant tout ce fut l'influence de la science allemande qui l'amena à se sentir étranger à la France. « En vérité, les sciences ont un bien petit nombre de dignes représentants en France, » écrit-il en 1788. Par

contre, non-seulement dans plusieurs circonstances, il reconnaît
Kielmeyer pour son maître, mais il dit clairement que c'est de
lui qu'il a pris ses premières leçons de dissection. En 1791 et
1792, il entretient une correspondance avec Kielmeyer, qui lui
donne un aperçu de son cours dont plusieurs extraits lui sont
envoyés par Pfaff. La critique de la théorie de Kielmeyer, contenue dans ses lettres, montre clairement qu'il a été déterminé
par ses propositions générales à poursuivre, à travers le règne
animal, les changements, les complications progressives des organes et des systèmes isolés. En dehors de quelques petits travaux entomologiques, ses premières recherches qui furent publiées tendent à faire connaître l'anatomie, particulièrement
celle des vers de Linnée, si imparfaitement connue. En 1792
parut son « anatomie du limaçon à coquille » ; en 1795 parurent ses ouvrages[1] sur l'anatomie et les rapports de parenté des
vers ; dans ces derniers écrits il parle surtout des mollusques ; en
1797, il publie l'anatomie des Lingula et des Ascidies, en 1798,
celle des acéphales et des insectes, en 1800 l'anatomie des méduses
(Rhizostoma)[2], et les deux premiers volumes de son cours sur
l'anatomie comparée ; là, il expose non-seulement les travaux
qu'il avait publiés jusqu'alors sur les vertébrés (machoire inférieure des oiseaux, 1795 et 1798, organes de l'ouïe et de l'odorat chez les cétacés, 1796 et 1798, cerveau des vertébrés, 1799),
mais encore une quantité de recherches détaillées sur les systèmes
des os, des muscles, des nerfs et des sens, études inconnues jusque là et classées par lui dans un ordre méthodique. Les trois
derniers volumes qui parurent en 1805, et auxquels on a ajouté
une quantité assez considérable de figures caractéristiques et
très-instructives, complétèrent cette œuvre unique jusqu'alors[3].
En 1812 parut d'abord son ouvrage sur les ossements fossiles[4] ;

---

[1] Le premier dans la « *Décade philos. litt. et polit.*, tome V, an III (1795),
p. 385, le second dans le *Magasin encyclopédique* de Millin, 1795, tom. II, p. 433.

[2] Les *Mémoires pour servir à l'histoire et à l'anatomie des mollusques* ont
été d'abord imprimés dans les *Annales du Muséum d'histoire naturelle*. L'auteur,
en les rassemblant, les a complétés par quelques Mémoires nouveaux. Paris, 1816,
in-4 avec 35 planches.

[3] Une deuxième édition des *Leçons d'anatomie comparée* a été publiée par
Duméril, Laurillard et Duvernoy, Paris, 1835-1845, 9 vol. in-8.

[4] La première édition des *Recherches sur les ossements fossiles*, publiée en 1812,
4 vol. in-4, n'est qu'une réunion des Mémoires insérés successivement par l'auteur
dans les *Annales du Muséum d'histoire naturelle*, auxquels il a cherché seulement à donner une liaison au moyen d'articles supplémentaires et qu'il a précéder d'une introduction. La seconde édition, entièrement refondue, (1821), est non

il y retrace les recherches qu'il a entreprises depuis 1795 sur la structure des espèces animales éteintes en les comparant avec les espèces vivantes.

Mais, ce n'est pas cette activité à disséquer et surtout à rassembler les faits zootomiques, qui valurent à Cuvier le titre de créateur de l'anatomie comparée ; ce fut bien plus cette circonstance, qu'il détourna l'attention de la fonction de l'organe pour la porter sur l'animal, dans l'intérêt duquel cette fonction s'accomplissait. Il ne s'agissait plus en effet, comme jusqu'à cette époque, de préciser les fonctions d'un certain organe, et de démontrer le rapport de ces fonctions par leur simplicité ou par leur complication ; aussi Cuvier suppose-t-il ces choses connues et recherche-t-il l'apparition des divers systèmes anatomiques dans leurs modifications dépendantes et graduées. C'est ainsi qu'il décrit l'organe respiratoire des mammifères. Il indique le mécanisme par lequel ces animaux reçoivent et chassent l'air, et dessine la forme des conduits respiratoires, etc. Il démontre ensuite comment chez les insectes la respiration ne se trouve pas localisée dans certains organes, mais se fait à l'aide d'un système qui traverse tout le corps ; puis, comment chez les crustacés, le sang, à la surface du corps, sert en quelque sorte à la respiration, jusqu'à ce qu'enfin chez les animaux de la plus basse échelle, et dont la constitution est la plus simple, toute la peau respire. Par cette manière de comparer, que l'on a sans raison appelée une méthode particulière, Cuvier a été amené à deux propositions générales, qui ne furent pas seulement d'une grande utilité pour ses recherches personnelles, mais encore pour le progrès de toute la science. L'exemple choisi établit clairement que dans un organe une modification ne se produit jamais isolément ; elle est toujours accompagnée d'autres modifications dans d'autres organes. Si la respiration a lieu dans un organe particulier, le sang devra y affluer ; là où se trouve localisé l'organe de la respiration, il doit aussi y avoir un système développé de vaisseaux ; si celui-ci fait défaut, ce n'est plus le sang qui a besoin de rechercher l'air, mais c'est l'air qui vient chercher le sang[1].

---

seulement disposée, d'après un plan plus méthodique, mais encore augmentée de beaucoup de nouvelles observations ; elle forme 5 tomes en 7 volumes in-4 avec 316 planches gravées.

[1] Cet axiome si souvent employé se trouve déjà dans la première des deux dissertations citées dans la remarque 14, p. 389 : « Le sang ne pouvant plus aller chercher l'air, il a fallu que l'air vînt le chercher. »

Il y a donc une corrélation entre les modifications qui se présentent dans les organes différents. « Chaque organisme, » dit Cuvier, « forme un tout uni et fermé, dans lequel une partie isolée ne saurait être modifiée, sans amener des modifications dans toutes les autres parties. » On peut donc d'une seule tirer des conclusions pour toutes. C'est la loi de la corrélation des parties, laquelle, entre les mains de Cuvier, devint si féconde, principalement dans la reconstruction des animaux fossiles, qui ne devaient être connus que pièce par pièce. Elle se base aussi sur les conditions nécessaires à l'existence sans lesquelles il serait impossible à l'animal de vivre. Par suite des expressions usitées dans l'application de cette loi, on a cru remarquer dans sa conception la tentative d'une explication téléologique ; c'est à tort. Car la liaison de certaines formes d'organes, celle, par exemple, des griffes des pattes et de la mâchoire des carnivores, s'accomplit de toute nécessité, sans qu'on puisse l'attribuer à une cause mécanique identique. L'observation des modifications simultanées et correspondantes amena Cuvier à croire que tous les organes sont dépendants les uns des autres, sous le rapport de leur développement, de leur apparition, de leur forme ; mais que dans certains groupes d'animaux, tous les organes ne subissent pas la même quantité de changements, et que certains systèmes, comparés à d'autres, offrent moins d'indécision dans leur forme, etc.

Puisqu'il semble certain que les organes les plus importants sont les plus constants dans leur forme, Cuvier pensa que, possédant la « subdivision des signes distinctifs » (subordination des caractères), il avait la clef nécessaire non seulement à l'intelligence de certains faits zootomiques, mais encore à l'application des résultats de l'anatomie comparée à la systématique, conformément à son but. Il se rendit compte cependant que la notion de la subdivision est purement artificielle, et que la « signification, » c'est-à-dire l'importance d'un organe, ne peut être déterminée que par l'observation de sa constance ; mais il n'en suit pas moins ce principe et tombe naturellement dans l'incertitude qui l'amène à un classement artificiel des formes, d'après un signe distinctif. C'est ainsi qu'il désigne, en 1795, les organes de la génération, à l'activité desquels l'animal doit sa vie, et les organes de la nutrition, sur lesquels repose la conservation individuelle de l'animal, comme les plus importants ; tandis qu'en 1812, suivant l'exemple de Virey, il fait du système nerveux un centre dont la conservation est le but propre de tous les autres systèmes. Nous aurons à parler plus tard des autres résultats de cette série d'observations.

Il s'agit ici, tout d'abord, du point de vue auquel se mettait Cuvier en anatomie comparée. En contradiction avec son contemporain Geoffroy, et avec les innombrables successeurs et disciples de Bonnet, qui se représentaient toute la richesse des formes du règne animal comme une chaîne non interrompue, Cuvier se met à l'œuvre sans théorie préétablie. Tout d'abord il rejette l'idée de l'unité de type ou de structure et toutes les généralisations antérieures, comme des rêves métaphysiques. Il réunit des faits pour arriver ainsi à des propositions générales, qu'il cherche à démontrer de plus en plus par induction. S'il n'arrive ainsi que jusqu'à un certain point, et s'il ne considère le classement d'un animal que comme dépendant uniquement du plan de structure qui se révèle en lui, ce que nous aurons bientôt à approfondir, ceci résulte de ce fait, qu'à son époque l'intelligence de l'histoire du développement des animaux n'était pas suffisamment avancée. Au contraire, nous trouvons déjà chez Cuvier la prise en considération de la composition semblable de certains organes et de la nature des tissus qui sont la condition de l'action propre à chacun d'eux.

Cuvier ne pouvait donner que des indications à ce sujet, car de nouveaux travaux particuliers l'éloignèrent de cette direction. Mais ce qui prouve sa pénétration, c'est que l'importance de ces considérations ne lui échappa nullement. Lui-même ne les a pas menées plus loin. C'est à l'époque de ses plus importantes communications qu'apparaît le fondateur véritable de cette nouvelle doctrine, Marie-François-Xavier Bichat (1771-1802). Bichat reçut de Pinel ses premiers conseils, et il essaya d'abord de ramener les formes de maladies pathologiquement et anatomiquement analogues à la nature analogue des formes des tissus. Par son *Traité des membranes* (1800) et son *Anatomie générale* (1802), il a donné un point de départ à cette série de recherches qui ont finalement amené la science à reconnaître pour tous les animaux une composition élémentaire analogue.

Tandis que l'anatomie comparée trouvait dans Cuvier un réformateur, qui sut profiter le mieux possible des collections immenses du Jardin des Plantes, et qui les fit servir à la science, en Allemagne, excités par l'impulsion donnée par Cuvier, plusieurs savants se livrèrent à l'étude des mêmes matières.

Blumenbach, à la vérité, avait fait des cours réguliers sur certains sujets d'anatomie comparée depuis 1777 et surtout depuis 1785. Mais ce ne fut qu'en 1805 qu'il publia son premier *Manuel*, arrivé en 1824 à sa troisième édition. Blumenbach avoue qu'il a été obligé de faire un choix parmi les énormes matériaux zoologiques dont il disposait et qu'il a dû se laisser guider aussi bien par la physiologie et par l'histoire naturelle des animaux, que par la facilité plus ou moins grande de se les procurer. Les vertébrés y occupent de beaucoup la place principale, et l'ostéologie y est surtout développée.

Une nouvelle impulsion fut donnée par Ignaz Dœllinger (né en 1770, mort en 1841), qui, dans un programme publié en 1814, fit ressortir la valeur et l'importance de l'anatomie comparée comme science auxiliaire de la médecine.

Peu après, en 1817, C.-Fr. Bürdach, dans une composition académique sur « *le Rôle de la morphologie*, fait connaître la tâche de l'anatomie comparée ; il est vrai qu'il embrasse d'abord le rôle important de la morphologie dans son rapport avec les besoins du praticien et sous une teinte de philosophie naturelle, mais avec un pressentiment dont il se rend compte. Il est intéressant d'observer que ces deux hommes firent connaître l'importance qu'ils attachaient à l'anatomie comparée et surent en déterminer le but qui, peu d'années après, fut si ardemment poursuivi à Wurzburg et à Kœnigsberg, d'où partait leur influence.

Ici apparaissent déjà des travaux isolés, qui doivent être considérés comme des pierres de construction nécessaires à bâtir le grand édifice de la morphologie, dont le plan semblait indécis.

Le premier, d'après le rang, fut Gotthilf Fischer (anobli du titre de « de Waldheim, » né en 1771 dans cette ville, mort à Moscou en 1853, où, depuis 1804, il était directeur du Muséum et de la Société des études scientifiques); en 1795, il fit une publication sur la vessie des poissons; en 1800, sur l'os intermaxillaire ; en 1804, une anatomie des makis, tandis que ses travaux postérieurs furent principalement consacrés à l'entomologie, à la géologie et à la paléontologie.

Dans l'ordre chronologique lui succéda Dœllinger, qui, en 1805, chercha à éclaircir quelques points de l'anatomie des poissons.

Sur l'instigation de Sœmmerring, Frédéric Tiedemann (1781-

1860), devenu célèbre depuis comme physiologiste, se livra de bonne heure à l'étude de la zoologie. A Paris, il étudia sous la direction de Cuvier et publia, dans son *Anatomie du cœur des poissons* (1809, où il dépeignait déjà la différence des valvules chez les poissons osseux et cartilagineux), dans son *Anatomie du dragon* (1811), dans ses *Descriptions du cerveau du singe*[1] et spécialement dans sa *Monographie anatomique de l'holoturie, de l'ostérie et de l'oursine*, des communications zootomiques importantes. De même, l'*Introduction à la zoologie*, dont la publication commença en 1808[2], mais resta inachevée, contient-elle des généralités fécondes.

Louis-Henri Bojanus, quoique plus âgé, ne fut connu que plus tard comme écrivain. (Il naquit à Buchsweiler, en Alsace, 1776, fut nommé professeur d'anatomie vétérinaire en 1806, en 1814 professeur d'anatomie comparée à Wilna, et mourut à Darmstadt en 1827, où il s'était retiré depuis 1824.) De même que Bojanus s'est montré chercheur plein de capacité dans de petits travaux isolés, et qu'il se distingua dans les questions relatives à la morphologie et à l'embryologie par une grande clarté et par la sûreté de son jugement, de même a-t-il fait de son anatomie de la tortue un modèle de monographie, tel qu'il n'en existait jusqu'alors sur aucun animal[3].

Comme nous l'avons déjà dit, Charles-Gustave Carus s'est acquis de grands mérites par ses ouvrages d'anatomie comparée. Professeur spécial d'anatomie comparée à une université allemande, ce n'est pas seulement par son enseignement oral qu'il sut gagner de nouveaux amis et intéresser à cette étude encore en butte à de nombreux préjugés, mais autant par la publication d'une série d'ouvrages qui, grâce à son talent, mettaient un grand nombre de faits en lumière. Ne citons ici que la *Description comparée du système nerveux*, la *Recherche de la circulation chez les insectes*, le *Développement des muscles* et l'*Anatomie des Ascidies*. Dans l'ouvrage, plus considérable, sur les *Parties primitives de la charpente osseuse et écailleuse*[4], il sut, plus conséquent que les autres, étendre la théorie des vertébrés à tous les sclérodermes; et, en cette matière, il n'a pas seulement dé-

[1] Heidelberg, 1821.
[2] Landshut, 1808.
[3] Bojanus, *Anatome Testudinis Europaeæ*, 2 fascic. Wilnæ, 1819-1821, in-folio avec 40 pl.
[4] Carus, *Von den Ur theilen des Knochen u. Schalengerüstes*. Leipzig, 1828, in-folio.

passé les bornes des objets véritablement comparables entre eux,
mais il a encore étendu la notion de la vertèbre jusqu'à en faire
une absurdité. C.-G. Carus fut ausssi le premier à éveiller l'intérêt
général pour la zoologie, en publiant un *Traité* dans lequel toutes
les classes du règne animal étaient également étudiées, en grands
détails; ainsi il contribua puissamment à en propager la connaissance. Cet ouvrage parut en 1818; une seconde édition parut
en 1834; la première fut traduite en anglais, la seconde en
français[1]. Bien que l'on y rencontre quelques considérations de
philosophie naturelle, il est écrit à un point de vue essentiellement scientifique. Dans une dissertation publiée en 1826, Carus
qualifie expressément ce travail de philosophique, par opposition à l'anatomie descriptive et simplement comparée. Son
Traité contient grand nombre d'observations vraiment morphologiques, lesquelles ne furent immédiatement ni reconnues,
ni employées, parce que plus tard seulement on apprit à connaître
sûrement et en détails les différents types. Ce n'est pas le moindre
mérite de ce *Traité* de contenir un atlas que Carus dessina
lui-même, et qui, dans la première édition, parut gravé de sa
propre main; c'était le premier exemple d'un ensemble choisi
de gravures destinées à l'enseignement et à l'instruction. Plus
tard Carus publia des gravures détaillées, qui, ordonnées d'après
un système anatomique, n'offraient pas dans le sens morphologique le même coup d'œil général que son petit atlas si bien
approprié à son but; mais elles devinrent cependant un moyen
puissant de répandre certaines connaissances zootomiques[2].

Par son activité en anatomie comparée, par le grand nombre
de ses disciples, Jean-Frédéric Meckel devint le restaurateur de
l'anatomie comparée en Allemagne; car dans les premières années
de notre siècle il fut l'homme le plus riche en connaissances zootomiques et celui qui contribua le plus efficacement à donner à
tous les faits une forme scientifique[3]. De 1804 à 1806 il tra-

---

[1] Carus, *Traité élémentaire d'anatomie comparée*, traduit de l'allemand par
A.-J.-L. Jourdan. Paris, 1835, 3 vol. et atlas.

[2] Carus, *Tabulæ anatomiam comparativam illustrantes*. Lipsiæ, 1826-1855,
9 livraisons in-folio.

[3] Il était le petit-fils du célèbre anatomiste Jean-Frédéric Meckel, l'ainé (aussi il a
été appelé le jeune), qui mourut à Berlin en 1774, et le fils de Philippe-Frédéric
Meckel, professeur à Halle. Celui-ci mourut en 1803, laissant deux fils, Jean-Frédé-
déric Meckel, né en 1781, mort en 1833, et Albert Meckel, anatomiste, qui mourut à
Berne en 1829. Le 11 juillet 1682, la famille avait reçu de l'empereur des lettres de
noblesse et avait pris le nom de Meckel de Hemsbach. Les trois fils reprirent ce

vailla à Paris sous la direction de Cuvier et fut en 1806 nommé professeur d'anatomie à Halle. Là son influence de professeur et de chercheur passionné dura un quart de siècle. Son muséum, fondé par son aïeul, entouré de soins par son père, devint, grâce à son intelligence et à ses sacrifices, un monument que nulle autre collection particulière ne pouvait égaler en Allemagne. Ses *Archiv* lui valurent une grande influence dans le progrès de la science. A la place des *Archiv* de Reil et de Autenrieth dont la publication avait pris fin en 1815, il fit paraître les siennes, d'abord sous le titre d'*Archives allemandes pour la physiologie*[1] et plus tard sous celui d'*Archives pour l'anatomie et la physiologie*[2]. Un seul volume de toute cette série ne contient aucune composition de Meckel; dans les autres, il s'en trouve quelquefois plusieurs; ce sont ou des travaux détaillés ou de courtes notices et parfois des communications littéraires. Auparavant déjà, dans ses travaux sur l'anatomie comparée de 1808 à 1812[3], auxquels son frère Albert avait fait quelques additions, il avait publié une série de travaux très importants. En 1826 paraît un traité de morphologie plus considérable sur les *Ornithorhynques*. L'intérêt que Meckel avait su réveiller chez ses auditeurs pour l'anatomie comparée, semble prouvé par la quantité de dissertations zootomiques dans lesquelles furent publiées et ses propres observations (p. ex. chez Fouquet, Kosse, Leue) et les recherches faites sous sa direction (p. ex. celles de Arsaky)[4]. Les principales matières qu'il traita dans ses compositions générales, et ses travaux isolés sur mille sujets, furent réunis par lui dans son *Système d'anatomie comparée*, lequel parut de 1821 à 1835 et resta inachevé[5]. Cet ouvrage devait prendre la place des Cours

titre de noblesse avec l'autorisation de l'État. L'un d'eux, connu par quelques travaux de zoologie et spécialement versé dans la pathologie, Jean-Henri Meckel de Hemsbach, naquit en 1821 à Berne, et mourut à Berlin en 1856.

[1] *Deutsches Archiv fur die Physiologie*, 1815-1823, 8 vol.

[2] *Archiv fur Anatomie und Physiologie*, 1826-1832, 6 vol.

[3] *Beiträge zur vergleichenden Anatomie*. Leipzig, 1808-1812.

[4] Il faut remarquer tout particulièrement que les sujets de dissertations furent aussi bien empruntés aux classes animales inférieures qu'aux vertébrés. Rappelons seulement les ouvrages de Schalk sur les *Ascidies*, de Konrad sur les *Astéries*, de Kosse sur les *Ptéropodes*, de Leue sur les *Pleurobranches*, de Lœwe sur les *Organes de la respiration chez les insectes*, de Feider sur les *Haliotides*, d'Arsaky sur le *Cerveau des poissons* (1813, nouvelle édition en 1836), de Mertens sur les *Batraciens*, de Lorenz sur le *Bassin des reptiles*, de Fouquet sur les *Organes de la respiration dans le règne animal*.

[5] Traduit en français sous le titre : *Traité général d'anatomie comparée*. Paris, 1829-1838, 10 vol. in-8.

de Cuvier, terminés en 1805, et rendre compte des découvertes qui avaient été faites depuis. Ce double but fut atteint; mais pendant et après sa publication, des changements si importants survinrent dans les conceptions générales de la structure du corps animal, qu'en somme on ne consulte que fort peu cet ouvrage. Le premier volume est d'un grand intérêt, d'autant plus qu'il contient des manières de voir qui, peu d'années après, furent parfaitement justifiées. Il est vrai qu'on peut prendre ce qu'il dit pour une abstraction philosophique, lorsqu'il désigne, dans ses développements, les différences des formes animales comme soumises à une loi particulière de diversité, loi à laquelle il oppose celle de la réduction. Mais cette forme de généralisation se rapporte davantage à la forme de représentation ; Meckel entre ici dans des faits généraux de formation, lesquels peuvent à juste titre être considérés comme des lois générales de formation. Par la loi de diversité il comprend aussi la différence des types rangés par Cuvier; il ne le fait pas, il est vrai, avec la rigueur que l'on mit plus tard à les embrasser et à les préciser strictement, mais il les approfondit assez cependant pour qu'on puisse y retrouver l'indication des différences qui surviennent dans le développement des types. C'est là ce que plus tard de Baer-fit remarquer comme très important. Les opinions de Kielmeyer sur l'harmonie des degrés de développement des animaux supérieurs avec ceux des classes moins élevées, y trouvent leur application convenable dans les limites d'une juste mesure. Meckel approfondit surtout l'histoire du développement, et par la traduction du livre de Wolff sur la *Formation du tube digestif,* ouvrage presque oublié, il tenta d'expliquer les faits relatifs au développement. Ceci l'amena à rattacher les monstres, pour les expliquer, à l'histoire du développement normal, terrain sur lequel il rencontra Geoffroy.

A côté de l'influence de Meckel, se faisait sentir celle de Charles-Asmund Rudolphi. En 1810, appelé à Berlin, il créa le Muséum zootomique tout entier, et donna à l'étude de l'anatomie comparée un puissant élan. Il était né à Stockholm de parents allemands, en 1777, et fit ses études à Greiswald. Là, en 1793 et 1795, il reçut les grades de docteur en philosophie et de docteur en médecine pour deux thèses sur les vers intestinaux. En 1808, il fut nommé professeur titulaire. Il faut rapporter à cette époque ses travaux sur les helminthes et l'anatomie des plantes, ses traités physiologiques et anatomiques, dans lesquels il faisait connaître plusieurs faits zootomiques, ouvrages qui tous contribuèrent puissamment à établir sa réputation[1]. Plus tard, il se livra tout entier à l'anatomie des vertébrés, de même que tous les travaux faits sous sa direction ou à l'occasion de ses études ne traitent que des sujets tirés de l'anatomie des vertébrés[2]. Rudolphi eut pour disciple Jean Müller; celui-ci déclare que ce fut ce maître qui lui inspira pour jamais l'amour de l'anatomie.

Ernest-Henri Weber (né en 1795), dont les principaux ouvrages traitent des sujets différents, sut, par plusieurs écrits remarquables (car il succéda tout d'abord à Carus comme professeur d'anatomie comparée) faire progresser la science, particulièrement par son étude comparée du grand sympathique et ses recherches sur l'*organe de l'ouïe* (1817 et 1820). A cette époque, l'influence de Martin-Henri Rathke commence à s'accentuer; il cherche à approfondir la morphologie et l'histoire du développement. Nous aurons, du reste, à reparler de lui dans la suite.

Si l'on compare les études faites en Allemagne, dans les trente premières années de notre siècle, en matière de zoologie, avec les productions des autres pays, on voit l'Allemagne l'emporter de beaucoup sur l'étranger. A Gœttingen, l'influence de Blumenbach se continuait toujours, et grand nombre d'ouvrages, aujourd'hui fort estimés, durent à son impulsion d'avoir vu le jour. Dœllinger à Wurzburg, Oken à Iéna, Autenrieth et Emmert à Tubingen, Tiedemann à Heidelberg, Heusinger à Marburg (d'abord à Wurzburg), C.-E. de Baer à Kœnigsberg, fixaient l'attention de la jeunesse sur les mines précieuses qu'il y avait encore à explorer. A côté des *Archiv* de Reil et d'Autenrieth, Christian-Rodolphe-Guillaume Wiedemann créa, à Brunswick, dans ses *Archiv de zoologie et d'anatomie*[3], un nouvel organe pour les travaux de ce genre; plus tard, les *Revues physiologiques* de Tiedemann et des deux Tréviranus[4], de même que la *Revue organo-physique* de Heusinger[5], vinrent s'y joindre.

---

[1] Rudolphi, *Grundriss der Physiologie*, Berlin, 1821-1828.

[2] Jean Müller fait mention des travaux de Rudolphi comme des dissertations de Reimann sur l'*hyène*, de Breger sur le *pipa*, de Wolff sur l'*Organe de la voix chez les mammifères*, de Massalien sur les *Yeux des poissons*. Il faut encore nommer, comme ayant été faits sous l'influence et la direction de Rudolphi, les travaux de Jaffé, de Mohring, de Massmann, de Tuch, de Pommerèche, etc., etc.

[3] *Archiv für Zoologie und Zootomie*, 1800-1806.

[4] Gottfried Reinhold Tréviranus naquit à Brême en 1776 et y mourut en 1837. Observateur distingué et chercheur intrépide, il fit preuve, dans sa Biologie et dans ses travaux d'anatomie comparée, d'une érudition profonde et d'une connaissance admirable de ces matières.

[5] *Zeischrift für Physiologie*. Darmstadt, 1824-1829. Heidelberg, 1831-1835.

A cette époque ne parurent en Angleterre que le *Manuel* inachevé de Harwood (traduit par Wiedemann)[1] et les cours d'Everard Home (1756-1832), qui tira parti des papiers laissés par John Hunter, son beau-père[2], tandis que le nombre des travaux isolés était en comparaison plus petit, beaucoup plus petit, que celui des zoologistes systématiquement actifs.

Gius. Jacopi et Stephano delle Chiaje, dont nous aurons à reparler plus tard, excitèrent en Italie, par leurs ouvrages, un vif intérêt pour les études d'anatomie comparée (1808 et 1822).

En France, en dehors de Cuvier et de son frère (né à Montbéliard en 1773, mort à Paris en 1838), Georges-Louis Duvernoy (1777-1855), également de Montbéliard; son frère commença la traduction allemande des cours de Cuvier Duméril l'aîné, plus tard Antoine Dugès, Audouin, Henri Milne-Edwards, Blainville[3] et d'autres, se distinguèrent par leurs études zootomiques[4]. Nous aurons à revenir sur les travaux de ceux que nous avons nommés en commençant.

Ajoutons cependant quelques mots sur Blainville. Marie-Henri Ducrotay, qui prit le nom de Ducrotay de Blainville, était le fils d'un certain Pierre du Crotay, lequel se disait descendant d'un gentilhomme écossais. Il était né en 1777 à Arques, en Normandie, entra d'abord dans une école militaire, puis, en 1796, dans une école de dessin à Rouen, car il avait l'intention d'entrer dans le génie. Enfin il vint à Paris. Là, après avoir dissipé la fortune que ses parents lui avaient laissée à leur mort, il se consacre d'abord aux arts, puis aux sciences. Encouragé et poussé par Cuvier, il fut, en 1812, nommé professeur de zoologie et d'anatomie comparée à la Faculté, et obtint, en 1830, une des chaires du Muséum pour y exposer l'étude des. animaux inférieurs, mollusques et polypes. Son orgueil et sa susceptibilité le mirent en lutte avec ses collègues

---

[1] *Zeitschrift für organ. Physik*, 1827-1828.

[2] Home, *Lectures on comparative Anatomy, in which are explained the preparations in the Hunterian Collection.* London, 1814-1829, 6 vol. in-4.

[3] Blainville, *De l'organisation des animaux ou principes d'anatomie comparée.* Strasbourg, 1822, tome I, Morphologie et Histéiologie. — *Cours de physiologie générale et comparée*, publié par Hollard. Paris, 1835, 3 vol. in-8°.

[4] Edwards, *Éléments de zoologie ou leçons sur l'anatomie, la physiologie, la classification et les mœurs des animaux.* Paris, 1834-1837, 2° édition, 1840-1843, 4 vol. in-8. — *Leçons sur la physiologie et l'anatomie comparée de l'homme et des animaux faites à la Faculté des sciences de Paris*, tomes I à XII (en cours de publication).

et surtout avec Cuvier, dont il avait peine à reconnaître la supériorité. A la mort de ce dernier, Blainville prit possession de sa
chaire au Muséum; mais il ne sut pas maintenir la collection à
son véritable niveau, et c'est à lui qu'il faut attribuer sa décadence momentanée. Dans les ouvrages d'anatomie comparée,
dont nous aurons à entretenir ici le lecteur, Blainville combat,
en général, l'idée de Buffon, qui croyait à une gradation dans le
règne animal. Il cherche à rester entre Cuvier et Geoffroy, ce
qui lui réussit assez bien, en ce qu'il essaye, et non pas d'une
façon absolument condamnable, d'accommoder le point de
vue physiologique au point de vue morphologique. Il reconnut
aussi la nécessité d'étudier le développement des organes, sans
pour cela en tirer grand profit. Il excède assurément, lorsque,
traitant de la forme générale de l'animal, ce qu'il appelle la *morphologie*, il considère la peau comme l'organe qui limite dans
l'espace le corps de l'animal. Toute son exposition donne naissance à une conception téléologique, laquelle ne trouve pas,
comme dans la loi de corrélation de Cuvier, une application dans
une certaine mesure morphologique. Mais il est bien regrettable
que le premier volume de son *Anatomie comparée, peau et sens*,
1822, ait seul paru. Son *Ostéographie,* qu'il publia plus tard[1],
contient des lithographies très remarquables d'os et de squelettes, bien qu'elles ne soient pas aussi bien exécutées que
les gravures de Pander et d'Alton, dont l'ouvrage est cependant
beaucoup moins précieux.

§ 6. — Théorie des types animaux.

Il faut nous arrêter ici pour décrire les trois influences essen-
tielles qui contribuèrent au développement de l'anatomie comparée en une morphologie animale, et pour dépeindre la *théorie
des types*, l'*histoire du développement* et la *théorie de la cellule.*
Comme au début l'anatomie comparée partait de la comparaison de la structure humaine avec celle des animaux qui d'abord
s'en rapprochaient le plus, pour indiquer, dans une certaine
mesure, ce qui pouvait être regardé comme comparable; Linné,
par sa classification du règne animal, avait tellement jeté à l'ar-

---

[1] Blainville, *Ostéographie ou description iconographique comparée du squelette et du système dentaire des mammifères récents et fossiles.* Paris, 1839-
1864, publié en 26 livraisons, 4 vol. in-4 de texte et 4 vol. in-folio de 323 planches.

rière-plan la division d'Aristote, que c'est tout au plus (par suite d'un malentendu général) si l'on embrassait les insectes et les vers parmi les animaux à sang blanc. Nous l'avons dit plus haut, Ratsch fut le premier à réunir les quatre classes supérieures de Linné sous la dénomination d'animaux osseux. Mais ce pas fut à peine remarqué.

En 1798, dans son *Tableau élémentaire,* Cuvier fait la nomenclature des classes des vertébrés, une à une, et n'en sépare, pour les ranger avec les mollusques, les insectes, les vers et les zoophytes, que les animaux de classe inférieure introduits par lui parmi les animaux à sang blanc, tenant compte de la forme et de la présence du cœur et du système nerveux.

En 1797, Lamarck fournit une nouvelle occasion d'étudier plus avant les types des différentes classes, lorsqu'il divisa les animaux à sang blanc en vertébrés et en invertébrés, introduisant ainsi les expressions d'animaux à vertèbres et sans vertèbres, et détacha des polypes les échinodermes. Quoique son nom se trouve fréquemment mêlé à la fondation et à la création des types, ce n'est cependant qu'aux deux influences citées plus haut qu'il faut attribuer ce mérite. Dans sa *Philosophie zoologique,* qui parut en 1809, il divise le règne animal en quatorze classes et six subdivisions ; elles ne reposent pas sur une connaissance approfondie et une notion plus large de la forme animale, mais en général sur des motifs de division inspirés par la structure et principalement déterminés par les indications de Cuvier. C'est ainsi, par exemple, qu'il caractérise la deuxième subdivision, qui embrasse les échinodermes et les vers, par l'absence de cordons ganglionnaires allongés et de vaisseaux sanguins, et la présence, à leur place, de « certains autres organes intérieurs en dehors de ceux de la digestion. » Ce n'était pas un anatomiste distingué, mais il avait une grande intelligence et plus tard une connaissance extraordinaire des formes.

Jean-Baptiste-Pierre-Antoine de Monet, nommé plus tard chevalier de Lamarck, était le fils d'un sieur Pierre de Monet ; il naquit en 1744 dans un village de la Picardie. En 1760 il entra dans l'armée ; après la paix, en garnison à Monaco, il fut atteint d'une maladie de la gorge et obligé de revenir à Paris pour y subir une opération. Arraché ainsi à sa carrière, il en était réduit à vivre misérablement d'une petite pension et à chercher une autre position. Il commença ses études médicales tout en travaillant dans une maison de banque. Son amour pour l'observa-

tion des plantes datait de Monaco, et quelle ne fut pas la sur-
prise du public lorsqu'en 1779 il publia trois volumes sur la
Flore de France. En 1779 il fut nommé membre de l'Académie
et se livra désormais avec une prédilection marquée à l'étude de
la botanique ; il ne négligea cependant ni la chimie ni la physique,
sans jamais faire d'expériences, il était naturellement en opposition avec Lavoisier et toute l'école moderne. De 1799 à 1818, il
publia tous les ans un almanach, dont les prophéties météorologi-
ques ne se réalisèrent jamais. Comme il avait toujours été obligé
de travailler pour les éditeurs à cause de sa situation précaire, Labillardière, successeur de Buffon, chercha à lui procurer une place
de gardien à l'herbarium, mais il faut dire qu'il se trouva face à
face avec une vigoureuse opposition. En 1793, par suite de la
réorganisation du Muséum, Lamarck obtint au Jardin des Plantes
la chaire vacante des insectes et des vers de Linné. De ces derniers il ne connaissait que quelques coquilles de mollusques ; il
en avait parlé avec Bruguières et s'en était fait une petite collection. Mais il se mit avec ardeur à l'étude de la zoologie, et sut y
acquérir un nom fameux, comme profond connaisseur des formes, par son système des animaux sans vertèbres[1] et ses études
sur les restes fossiles des malacozoaires. Il mourut en 1829.

G. Cuvier suivit l'impulsion donnée par Lamarck à la division
des animaux en vertébrés et en invertébrés ; aussi les quatre
classes supérieures de Linné furent-elles réunies par lui comme
ayant des vertèbres, à la classe des vertébrés. Il fit ainsi ce qu'a-
vait déjà fait Ratsch (dans ses *Cours d'anatomie comparée*, vol. I,
1800, page 65), et ce fut dans l'intention de dessiner un plan
de structure, tandis que Lamarck n'avait fait ressortir que la
différence[2].

En 1812 parut l'important travail sur un nouveau lien à établir entre les différentes classes d'animaux[3].

[1] Lamarck, *Système des animaux sans vertèbres*. Paris, 1815-1822, 7 vol. —
2e édition revue et augmentée de notes et additions présentant les faits nouveaux
dont la science s'est enrichie jusqu'à ce jour par G.-P. Deshayes et H. Milne Edwards.
Paris, 1635-1843, 11 vol. in-8.

[2] Dans le *Système des animaux sans vertèbres*, Paris, 1801, p. 6 (*Discours
d'ouverture* de 1800), il dit : « Tous les animaux connus peuvent donc être distingués d'une manière remarquable : 1° en animaux à vertèbres ; 2° en animaux sans
vertèbres. La division en six degrés, donnée dans la *Philosophie zoologique*, 1809,
t. I, p. 277, dont deux comprennent les vertébrés, s'éloigne absolument de la conception des types. »

[3] *Sur un nouveau rapprochement à établir entre les classes qui composent
le règne animal. (Ann. du Muséum d'hist. nat., t. XIX, 1812, p. 73.)*

Cuvier déclare ici et avec raison, que la division du règne animal doit être la plus simple expression de la somme des connaissances et que les particularités d'organisation doivent se trouver renfermées dans les caractères de chaque groupe. Il prétend que le défaut principal des divisions antérieures est l'importance inégale desdites classes et fait ressortir que sa classe des mollusques correspondait presque à toute la série des animaux à vertèbres. C'est principalement à la suite de ses observations sur le système nerveux, auquel il attribue, comme nous l'avons dit, une influence dominante sur la structure des animaux, qu'il rattache les classes isolées à des groupes naturels plus grands; il trouve qu'il y a dans le règne animal quatre grandes branches ou formes principales ou « plans généraux, d'après lesquels tous les animaux semblent être modelés, et dont les subdivisions, de quelque façon que les désignent les naturalistes, n'offrent cependant que de légères modifications dans le développement ou le rapprochement de quelques parties, mais dans lesquelles rien n'est changé à l'essence même du plan. » Cuvier dit aussi clairement que les classes isolées de ces principales branches sont placées indépendamment l'une à côté de l'autre, sans former une suite continue et sans être soumises à aucun ordre de subordination entre elles. Ces quatre plans principaux sont, d'après Cuvier, les *vertébrés*, les *mollusques*, les *animaux articulés* (auxquels il ajoute en dehors des trois classes d'arthropodes le groupe des vers à sang rouge désignés par Lamarck sous le nom d'*annélides*) et les *zoophytes* ou *radiaires*. Il ajoute au dernier type les *vers intestinaux* (employant le terme de Linné *vermes intestini* dans une signification nouvelle) et les *infusoires*. En présence de cette rigoureuse désignation de l'essence et des bornes d'un plan fondamental de ce genre chez Cuvier, remarquons seulement que Lamarck divise les animaux sans vertèbres en sept classes, lesquelles jointes aux quatre classes des vertébrés en forment onze, ce qui est, d'après lui, la classification de tout le règne animal[1]; il n'y est pas question d'un plan ou d'un type; ces classes forment une série qui contribue à simplifier encore la construction. Mais il faut faire ressortir que Lamarck le premier entreprend de monter du simple au composé.

Remarquons que Blainville introduisit le premier le terme de *type* employé plus tard si couramment. En 1816 il indiqua les

[1] *Système*, etc., 1801, p. 35.

traits principaux d'une *nouvelle classification du règne ani-mal*, dans laquelle (en dehors du mot radiaire usité primitive-ment) il fut tenu compte, pour la première fois, de la structure générale des animaux, comme caractère des grandes divisions. Blainville ordonne le règne animal tout entier, en trois grandes classes : les *zygomorphes* ou *artiomorphes*, les *actinomorphes* ou animaux rayonnés et les *amorphes* ou *hétéromorphes*, c'est-à-dire animaux sans forme régulière. La première classe est divisée en deux types, *animaux osseux* et *non osseux;* la seconde en radiaires *articulés* et *non articulés;* la troisième comprend les *éponges* et les *infusoires* qui ne sont rangés sous aucun type. Les radiaires non articulés semblent, à cette place, déplaire à Blainville; aussi dans une seconde classification il les joint aux entomozoaires. Dans cette classification, Blainville a eu dans l'esprit une certaine série ou gradation de parenté ; il dit que les amorphozoaires ne se rapprochent pas autant des radiaires que ceux-ci des animaux symétriques. Le système de Meckel est purement descriptif ; cet auteur ne reconnaît que le type des vertébrés; il range ensuite dans différentes classes tous les animaux ne possédant point de vertébrés ; il exclut donc ainsi les malacozoaires et les articulés.

Si l'on considère les types dont Cuvier a donné la descrip-tion, il saute tout d'abord aux yeux, que dans le dernier il n'a fait mention que de formes précises et qu'il n'a pas tenu compte de la variabilité de ces signes distinctifs; il n'a donc pas connu le type dans son entier. Plus tard Cuvier s'élève énergique-ment contre une disposition régulière des classes dans les types ; il dit même des subdivisions, « qu'il n'y a rien qui puisse justi-fier la primauté de l'une d'elles sur les autres ». Les formes iso-lées sont pour lui comme des étapes pour arriver jusqu'aux types. Aussi ne s'en préoccupe-t-il nullement. Pour avoir une juste notion des formes réunies dans les types et de leur posi-tion respective, chose que Cuvier avait laissée indécise, il fallait encore trouver les points qui caractérisaient le type dans les groupes isolés.

Ce défaut, un embryologiste seul pouvait le sentir et le corriger. Charles-Ernest de Baer, dont l'influence fut si remarquable, réso-lut ce problème [1]. Il blâme avec raison la disposition des types de

[1] *Sur les rapports d'analogie de forme entre animaux inférieurs.* 7. Con-tingent pour la connaissance des animaux inférieurs dans *Nova acta Acad.*

Cuvier et lui reproche d'exiger des animaux articulés et des mollusques (on pourrait ajouter des vertébrés), en dehors du type de leur organisation, un certain degré de développement, ce qui ne devrait être exigé que pour les classes isolées. Il ajoute fort judicieusement : « La conséquence est que tous les animaux de basse organisation retombent dans la forme des radiaires, bien que beaucoup d'entre eux n'aient pas du tout cette structure. » De Baer fait alors une proposition que l'on tend à admettre de jour en jour : il veut, en effet, que l'on distingue les différents types d'organisation des différents degrés du développement. Cette proposition importante, très féconde pour les progrès de la morphologie animale, de Baer la fonde sur des considérations qui, pour la première fois, précisent nettement la signification des types. Toutes les fonctions du corps animal parfait constituent la vie. Mais dans un animal inférieur, la substance primordiale vit également par la même plénitude des fonctions ; celles-ci s'accomplissent simultanément comme dans les autres animaux. Le développement plus élevé de l'animal consiste donc dans la division plus grande et l'indépendance plus parfaite de ces fonctions, auxquelles se rattache une division plus marquée du corps en systèmes organiques et de ces systèmes en parties isolées plus individuelles. La façon dont ces organes de l'animal sont unis entre eux est tout à fait dépendante du développement et nous appelons type cette liaison des parties isolées. « Chaque type est susceptible de se montrer dans des degrés élevés ou inférieurs, car le type et le degré de développement sont à la fois déterminés par les formes isolées. Ceci donne donc des degrés de développement pour chaque type, degrés qui çà et là semblent former séries, lesquelles ne sont jamais pareilles dans la suite non interrompue du développement et jamais à travers tous leurs degrés. »

J'ai cité textuellement ce passage pour montrer comment les germes des principes fondamentaux pour la conception moderne des rapports de parenté dans le règne animal, peuvent se ramener au travail si important de de Baer. Les exemples qu'il donne pour expliquer sa manière de voir la rendent précieuse à bien des points de vue ; ses opinions subissaient évidemment l'influence des notions peu étendues que l'on avait encore de la structure

---

Leop. Carol., t. XIII, part. II. 1827, p. 747. Voyez aussi la *Dissertation sur les rapports réciproques des diverses formes persistantes d'animaux*, dans son ouvrage sur l'*Histoire du développement des animaux*, t. I, p. 206, 1828.

et surtout du développement des êtres inférieurs. De Baer adopte quatre types, mais il ajoute prudemment que quatre types seulement semblent se dessiner : le type *à forme allongée, animaux articulés;* le type des *radiaires,* le type des *mollusques,* qu'il appelle *massif* (massig), et le type des *vertébrés.* « Ces derniers possèdent les organes animaux et végétatifs du type articulé et du type mollusque. » De Baer semble battre en brèche le principe qu'il vient de poser, lorsqu'il admet des formes différentes entre les types principaux; ces formes intermédiaires paraissent formées en partie sur un type et en partie sur un autre. Si la liaison des organes isolés forme avec toute la structure de l'animal ce que nous appelons un type (ce que de Baer reconnaît dans sa description du type), il ne peut se faire que dans un animal une moitié soit pourvue d'organes du type mollusque, tandis que l'autre moitié se rapprocherait du type radiaire. Les transitions de ce genre ne peuvent avoir lieu qu'entre certains types. Les exemples fournis par de Baer font reconnaître la source de cette idée de types intermédiaires; cette source, c'est la limitation mal définie des types principaux, par défaut soit de démonstrations anatomiques, soit surtout de démonstrations embryologiques.

Ce travail important sur la zoologie générale, publié dans la première moitié de notre siècle, ne fonda pas seulement d'une façon sûre la théorie des types, mais lui donna avant tout une forme qui permit de l'utiliser davantage dans la science. Mais c'est à peine si on avait ébauché la tâche si précise maintenant de l'anatomie comparée et de toutes les autres branches de la zoologie. L'histoire du développement en était encore presque à sa création. C'est dans ces études que s'illustra plus que jamais de Baer.

§ 7. — Histoire du Développement.

Les changements auxquels sont soumis les animaux, depuis leur naissance jusqu'à leur complet développement, semblaient devoir fournir des conclusions à la théorie de la vie animale. On était parti des différences constitutionnelles de l'homme à ses différents âges, et l'on avait d'abord étudié les changements survenus dans des organes isolés. Mais on étudia également les métamorphoses spontanées, comme celles des insectes, par exemple, et l'on démontra leur rapport constant avec certains ordres de formes. L'étude plus approfondie des dispositions primitives de l'œuf et des développements qui plus tard surviennent dans les systèmes anatomiques, eut pour cause première l'ignorance que l'on avait encore de la structure progressive du corps et particulièrement de la formation de l'œuf humain. Les recherches faites depuis Haller et Wolff jusqu'à Oken, Bojanus et d'autres savants de cette époque, avaient pour but principal les changements de forme des corps; elles s'adressèrent aussi à l'histoire de la formation du cœur, des grands vaisseaux, de l'intestin, et de la participation de l'œuf à cette formation. La physiologie avait espéré tirer grand profit de l'anatomie comparée et de l'observation des différents développements d'un seul et même organe de l'individu et du développement de différents animaux; aussi commença-t-elle à produire de nombreux travaux embryologiques. On reconnut bientôt que les faits de l'histoire du développement, — à côté des points qui expliquaient ou cherchaient à expliquer la production des phénomènes vitaux principalement de nature dynamique, — étaient là presque sans aucun ordre. Mais l'anatomie comparée elle-même pouvait en tirer des explications inattendues. Ainsi fut déterminée d'elle-même la direction prise par les études sur l'histoire du développement. Les conditions empiriques, dans lesquelles apparaissent certains systèmes anatomiques ou certains organes, furent établies pour quelques groupes d'animaux. On y ajouta dans la suite des recherches sur le développement de ces systèmes à travers des séries d'animaux supérieurs, et d'autre part, des recherches sur le plan général, fondement de tout le développement de ces séries. Puis on remonta au point de départ de tout développement, c'est-à-dire à l'œuf lui-même dont il fallut connaître la nature, la conformation, afin de pouvoir ensuite, d'accord avec la théorie de la cellule, poser la dernière pierre à la théorie de l'unité du règne animal.

On étudia d'abord l'embryon et les membranes de l'œuf des vertébrés, et particulièrement des mammifères. On pensait expliquer ainsi les faits analogues, si diversement interprétés, qui se présentent chez l'homme, tandis que l'observation plus facile d'un poulet pouvait fournir d'utiles conclusions sur les changements progressifs du corps et de ses diverses parties. Dans ses cours sur le développement de cet animal, Éverard Home offre une série de représentations desquelles on ne peut conclure qu'une seule chose, c'est que le poulet augmente peu à peu de volume. Mais à côté de cela parurent d'autres démonstrations plus importantes. Oken étudia l'œuf des mammifères, et malgré plusieurs fausses interprétations, son travail détermina sur plusieurs points la voie qu'il fallait suivre, et réveilla chez un grand nombre de chercheurs l'intérêt pour cette question. Parmi eux, nous ne nommerons que ceux dont les travaux ont eu pour but les faits les plus généraux.

Les recherches sur les membranes de l'œuf et le placenta, publiées par Dœllinger et Samuel, Dutrochet, Cuvier, G. Hunter, Alessandrini et autres, donnèrent une description exacte des membranes qui enveloppent l'œuf. A la question longuement débattue de savoir s'il y a chez l'homme une vésicule ombilicale ou une vésicule de l'œuf, question traitée par G. Hunter en 1802, se joignirent des recherches plus approfondies sur la formation de l'intestin par cette vésicule. Ces recherches furent continuées par Oken, par Emmert (avec Burgatzky et Hochsteller), poussées plus avant par Bojanus et par le comte de Tredern dans un travail dont nous aurons à parler. D'autres recherches furent faites sur les particularités et le développement individuel des vertébrés appartenant aux classes supérieures; tels sont les travaux de Tiedemann et de Meckel sur *le développement du cerveau*, de Kieser sur *l'œil*, de Rosen Müller sur *les corps de Wolff*, 1802 ; de Oken, 1806, (Jacobson appela plus tard les corps de Oken les éléments primitifs des reins), et de J.-Fréd. Meckel (1815, avec J.-C. Muller). En 1811, Meckel tira de la double origine de l'aorte la conclusion que, même chez les vertébrés qui respirent, il existait des arcs branchiaux, comme on l'avait déjà supposé. Las tructure de la face, les ouvertures du nez et de la bouche furent étudiées avec une scrupuleuse attention par le comte Louis-Sébastian de Tredern[1], dont nous avons parlé plus haut ; il donna dans sa thèse des figures remarquables, où il faisait ressortir les changements qui surviennent dans le développement de ces parties.

Mais en 1817 seulement commence la véritable histoire du développement des vertébrés par la publication des recherches

---

[1] *Diss. inaug. med. sist. ovi avium historiæ et incubationis prodromum.* Iéna, 1808, in-4. L'auteur, Esthonia Rossus, dont la vie est absolument ignorée, donne ici un extrait d'une série de recherches plus grandes établies par lui à Gœttingen sous la direction de Blumenbach. Le livre, auquel il renvoie, n'a pas été publié.

de Christian-Henri Pander. Elles furent d'abord publiées en latin comme dissertations doctorales; puis on en fit un ouvrage indépendant, écrit en allemand et augmenté de gravures; en dehors de cela, Pander fit paraître dans certains articles de l'*Isis* (1818, pag. 512) des remarques explicatives (occasionnées par la critique de Oken) et des dessins. Dœllinger fit faire des recherches sur le poulet; il dit, en effet, à C.-E. de Baer, qui, sous sa direction, s'occupait de travaux zoologiques, combien il serait désirable qu'un jeune homme se livrât à l'observation la plus minutieuse du développement du poulet, à partir de son incubation. De Baer trouva son compatriote Pander tout prêt à faire cette étude [1].

D'Alton l'aîné consentit à s'occuper aussi de cette recherche et à rendre compte des découvertes qui seraient faites. Ainsi parut un travail, qui se rattachait, il est vrai, à certains faits relatés par Wolff, mais dont la composition générale était si neuve et provoqua un si grand bouleversement de toutes les idées adoptées jusque là, que Oken lui-même, si versé dans les recherches embryologiques, ne voulut pas se fier à la solution donnée à ce problème, comme nous l'avons dit plus haut. D'après les recherches de Pander, la formation du corps des oiseaux est déterminée par la séparation du germe en trois feuillets, et la marche propre des modifications de chacun d'eux est au moins indiquée.

Malgré l'importance de l'œuvre de Pander, comme première preuve du mode de formation du corps des oiseaux, pressentie par Wolff, cette théorie n'atteignit toute sa valeur et son influence que grâce aux développements et à l'extension que lui donna C.-E. de Baer, et par l'emploi théorique qu'il en fit. Charles-Ernest de Baer, né le 28 février 1792 à Piep, en Esthonie, fit ses études à Dorpat, depuis 1810, où il fut auditeur de Burdach; en 1814, il y prit le grade de docteur, puis alla à Vienne et à Wurzburg en 1815, pour s'occuper d'anatomie comparée, sous la direction de Dœllinger. Là il fut témoin des recherches commencées par Pander sur le développement du

---

[1] Christian-Henri Pander naquit à Riga en 1794, fit ses études à Iéna et à Wurzburg; en 1820 il accompagna l'ambassade russe à Bokhara comme naturaliste, fut adjoint en 1822, en 1823 membre de l'Académie de Saint-Pétersbourg dans la section de zoologie; mais il donna sa démission en 1828. Après avoir en 1821 enrichi, de concert avec d'Alton, de figures superbes la Théorie comparée des os, il se consacra à la géologie et à la paléontologie. Il mourut en 1865.

poulet. Après avoir passé à Berlin l'hiver 1816-1817, il fut, dans l'été 1817, nommé prosecteur à l'établissement anatomique fondé à Kœnigsberg, sous la direction de Burdach; en 1819, il y fut privat-docent, et en 1822 professeur titulaire d'histoire naturelle, spécialement de zoologie, en remplacement de Schweigger [1]. Après un court séjour à Saint-Pétersbourg, 1830, de Baer partit en 1834 pour la ville où il avait été nommé membre de l'Académie des sciences. Aujourd'hui, après une activité si féconde, vouée à la théorie de l'évolution, il goûte en paix une vieillesse exempte de soucis à l'endroit même où il fit les premiers pas dans les sciences, à Dorpat [2].

Pander avait indiqué par des esquisses comment la forme du corps du poulet se développe progressivement des feuillets du germe, et comment la séparation du germe en trois feuillets est le premier pas de ce développement. De Baer n'étendit pas seulement ses recherches embryologiques aux autres classes des vertébrés, mais, tout en faisant ressortir la régularité du développement, il détermina les changements nombreux qui surviennent dans l'œuf. Il détermina la formation des trois feuillets blastodermiques comme la première modification de l'œuf; il fit aussi cette remarque si féconde en résultats ultérieurs, que l'embryon possédait deux tendances immédiates, l'une au changement morphologique, l'autre au changement histologique; de Baer donna la démonstration des modifications morphologiques de l'embryon. Il montra, en effet, comment les feuillets de l'œuf se transforment d'une manière particulière pour produire dans le corps des vertébrés l'axe rachidien et le canal intestinal; il fit voir comment sur les parties centrales viennent se greffer, par le développement de bourgeons isolés, des parties dont les fonctions restent toujours sous la dépendance de la fonction fondamentale de l'organe principal. De Baer étudia la différenciation des organes des sens, et établit le mode de développement de l'appareil respiratoire, du foie, de l'allantoïde et aussi des cavités bucale et pharingienne, du gros et du petit intestin. Ces considérations générales sur la morphologie des vertébrés, dé-

---

[1] Depuis, M. de Baer est mort.

[2] Parmi les ouvrages faits sous sa direction, il faut nommer : l'*Anatomie du ver de terrre* par Léo, 1820 ; la *Langue des mammifères et des oiseaux*, de Reuter, 1820 ; l'*Anatomie du chameau*, de Richter, 1824 ; l'*Œil de la taupe*, par Koch, 1828 ; l'*Ovaire des testacés*, de Neumann, 1827 ; la *Vessie natatoire des poissons* par Berlack, 1834 ; les *Vaisseaux sanguins des grenouilles*, par Burow, 1834, etc.

duites de l'histoire du développement des classes isolées, sont de la plus haute importance. En partant de ce point de vue, le type des vertébrés fut embrassé, pour la première fois, dans une conception génétique minutieusement exposée. On ne saurait trop faire ressortir que de Baer indiqua fort bien la différence du développement chez les vertébrés d'ordre supérieur et d'ordre inférieur, et qu'il fit remarquer l'absence de l'amnios et de l'allantoïde ainsi que l'apparition d'un appareil respiratoire extérieur qui remplace l'allantoïde dans l'embryon des vertébrés. Ainsi fut établie la division des vertébrés en deux grands groupes, division qui commence à peine à être généralement admise. De même que de Baer admet une forme morphologique primordiale et des différenciations secondaires, de même il admet au début de l'évolution embryologique des éléments historiques semblables, lesquels, subissant des modifications parallèles à celles des organes, se changent dans les divers tissus de l'animal. Il se rapproche donc de la conception moderne des parties élémentaires plutôt que de la théorie de Schwann, en ce qu'il s'abstient de schématiser les différentes formes des phénomènes. Cependant il lui a manqué la preuve de la continuité génétique des parties élémentaires, bien qu'il ait fait à ce sujet une série d'observations précieuses, dont nous aurons à parler bientôt.

L'ardeur avec laquelle fut étudiée dès le commencement du siècle l'histoire du développement, et la connaissance qui s'en suivit des lois présidant à la structure animale, provoquèrent, en même temps que celle de Baer, l'activité d'un homme qui fraya le chemin à la morphologie des vertébrés et à toute la science. Martin Henri Rathke naquit le 25 août 1793 à Danzig, il fit ses études à Gœttingen de 1814 à 1817, alla ensuite à Berlin et y reçut le grade de docteur l'année suivante. Après avoir pratiqué plusieurs années dans sa ville natale et y avoir étudié avec ardeur l'histoire du développement et l'anatomie comparée, il fut en 1829 nommé professeur d'anatomie à Dorpat; mais en 1835 il retournait déjà à Kœnigsberg pour y professer la zoologie et l'anatomie à la place de de Baer. Il y mourut le 15 septembre 1860, le jour même où il devait saluer les naturalistes allemands réunis à Kœnigsberg. Les ouvrages de Rathke sont d'une importance d'autant plus grande qu'ils ont été composés avec une intelligence profonde de la tâche à remplir, et qu'ils ne présentent pas seulement les matériaux dans une suite décousue, mais dépeignent des faits soigneusement coordonnés. Si plus tard l'étude a été poussée plus avant sur certains points, Rathke a presque toujours montré la voie à suivre dans les recherches qu'il a faites. Dans ses nombreuses publications il se montre fidèle à cette méthode de toujours baser les recherches morphologiques sur l'histoire du développement des animaux. L'embryologie et l'anatomie comparée des vertébrés lui doivent spécialement de nombreuses démonstrations ; par exemple, celle de l'importance des corps de Wolff, la présence des ventricules du larynx chez les embryons des vertébrés, même les plus élevés ; grâce à ses recherches on connut mieux certains points de l'histoire du développement des poissons. A ces travaux commencés ou terminés pendant sa résidence à Danzig, viennent se joindre des ouvrages composés plus tard et qui complètent les études faites par lui sur le développement des vertébrés. Son *Histoire du développement chez la couleuvre, la tortue et le crocodile*, termine ses recherches sur ce domaine.

Les travaux de Jean Müller sur les organes génitaux et les glandes firent progresser l'histoire du développement chez les vertébrés, tandis que la découverte des arcs branchiens fut faite par Émile Kluschke, confirmée et approfondie par de Baer. On n'avait point encore pour les invertébrés de travaux analogues à ceux de Pander, sur le développement du vitellus chez les vertébrés. Ces travaux, Rathke les entreprit, et pour être moins approfondis, ils n'en sont pas moins importants. Ce que l'on savait sur les papillons avait été complété par Hérold [1] en 1815, dans ses études sur la transformation de certains organes pendant l'existence de la larve. Cependant, par ses recherches sur le développement de l'œuf de l'araignée (1824), il n'arriva pas, malgré les frais énormes occasionnés par ce travail, à constater autre chose que la position différente de l'embryon vis-à-vis du jaune d'œuf, de celle occupée par l'embryon des vertébrés. En 1820, L. Jurine fit connaître des changements de forme étonnants pendant le développement des crustacés inférieurs. En face de ces expériences particulières, Rathke vint encore tracer la voie par son ouvrage sur le *Développement de l'écrevisse d'eau courante* (1829). En étendant ses recherches aux crustacés inférieurs, il fut amené à la pensée des méta-

---

[1] Jean David Hérold, né en 1790 à Ilmenau, fit ses études à Iéna, et y fut professeur ; en 1812, il fut nommé professeur à Marburg, où il mourut en 1862.

morphoses génétiques des articulés, ce qui ne fut pour l'intelligence des faits qu'une transition, mais qui devint d'une utilité essentielle à leur connaissance plus approfondie.

L'histoire du développement des animaux non vertébrés fut aussi recherchée par plusieurs savants ; mais on fut bien plus long à trouver les lois et les complications étonnantes de la structure des types isolés qu'on ne l'avait été pour faire la même étude au sujet des classes précédemment citées. C.-G. Carus et de Baer fournirent les premières données à l'embryologie des acéphales, après qu'en 1815 Sal. Fréd. Stiebel eut poursuivi le développement de certains gastéropodes, et qu'en 1815 Rob.-Édm. Grant eut fait quelques études de détails à ce sujet (ciliés. embryons). En 1828, Henri Milne Edwards fit la description des formes étonnantes des cercaires des ascidies composées [1], pendant leur jeunesse, tandis qu'à la même époque C.-G. Carus publiait quelques faits particuliers sur l'histoire du développement des ascidies simples. Déjà, en 1819, Adalbert de Chamisso avait dépeint le merveilleux changement de forme dans les salpes, changement qui se reproduit régulièrement à chaque troisième génération, sans avoir attiré pour cela l'attention des chercheurs. De Baer avoue lui-même plus tard, que ces communications de Chamisso lui avaient paru tout à fait étranges. Ce fut encore C.-E. de Baer qui, pour les animaux inférieurs, réunissant les recherches isolées, établit d'abord les types différents de développement et reconstitua d'une manière sérieuse le rapport de l'histoire du développement avec la morphologie.

Deux autres séries d'observations importantes pour la conception générale des phénomènes de développement appartiennent aussi à cette époque. Il s'agissait, en effet, tout d'abord, d'apprendre à mieux connaître la structure de l'œuf, point de départ de tout développement, et à en préciser les rapports avec les formes des parties du corps développé. On connaissait les œufs des oiseaux, des grenouilles, des poissons, de même que ceux de plusieurs animaux inférieurs ; mais on ne se rendait pas compte exactement de l'importance des substances contenues dans l'œuf. Il manquait surtout la preuve de l'identité de la première formation et de la forme primordiale de l'œuf. En découvrant l'œuf des mammifères, C.-E. de Baer fit faire à la science un pas immense pour préciser le jugement sur cette matière.

---

[1] *Annal. d. scienc. nat.*, t. XV, 1825, p. 10.

Plusieurs savants, dans leurs recherches (Kuhlmann, 1750 ; G. Cruikshank, 1797 ; Prévost et Dumas, 1822, etc.), avaient vu s'entr'ouvrir, après l'accouplement, les follicules de l'ovaire, décrits par Regner de Graaf et confondus par lui avec les œufs véritables. G. Cruikshank, Prévost et Dumas avaient vu aussi probablement l'œuf véritable, après sa sortie du follicule, dans l'ovaire même. Mais on pensait généralement que le germe proprement dit n'était formé sous l'influence du sperme humain que dans les conduits et par le contenu du follicule sorti de l'ovaire. En 1827, de Baer parut avec la preuve que l'œuf était à l'intérieur du follicule et montra que, chez les mammifères, l'œuf, formé d'avance, était contenu dans l'ovaire et qu'ainsi la même loi de formation était générale pour tout le règne animal. La découverte de la tache germinative dans l'œuf de l'oiseau, faite par Purkinje en 1825, contribua à étendre la connaissance de la nature de l'œuf. En 1827, de Baer démontra l'existence de cette tache dans les œufs des grenouilles, des mollusques, des vers, des articulés ; Purkinje la retrouva même chez les entozoaires et les arachnides, et en 1834 Coste fit la même observation pour les mammifères, observation confirmée peu après par Wharton Jones. De Baer ne l'avait pas reconnue là d'une manière certaine. Enfin, en 1835, Rodolphe Wagner découvrit la chalaze et démontra sa présence dans les œufs d'une grande quantité de classes d'animaux. D'autres détails sur la connaissance de l'œuf des mammifères sont fournis par Valentin (dans la dissertation d'Ad. Bernhardt, 1835) et par K. Krause, qui découvrit d'abord l'enveloppe du vitellus, 1837. Peu à peu se préparait l'explication de ces différents phénomènes. Tout d'abord on fit une découverte d'une importance toute particulière ; on n'en reconnut pas aussitôt toute la portée par rapport à la théorie de la structure du corps animal ; quelque temps elle fut reléguée au second plan par la théorie de Schwann sur la formation de la cellule ; mais elle compléta d'une façon étonnante les connaissances acquises sur la nature et la composition de l'œuf, et ses rapports avec les formes ultérieures élémentaires du corps animal ; je veux parler de la découverte de la segmentation. Ces phénomènes furent d'abord étudiés par Prévost et Dumas sur l'œuf de la grenouille en 1824 et approfondis par de Baer en 1834. Rusconi en

---

[1] *Ann. d. scienc. nat.*, t. II, p. 110.

1836 découvrit la segmentation dans les œufs des poissons et démontra ainsi le principe de la segmentation partielle.

Quant aux animaux sans vertèbres, la présence du même principe est simplement indiquée dans certaines communications de E.-H. Weber sur la sangsue, jusqu'à ce qu'en 1837 C.-Th.-E. de Siebold l'observa chez un grand nombre de vers intestinaux. Toutes ces découvertes pouvaient désormais servir de base à l'intelligence plus précise de l'état des parties élémentaires pendant le développement des animaux. Il ne manquait plus qu'un rapprochement méthodique pour en faire une théorie féconde. Mais celle-ci n'était possible qu'autant qu'une opinion précise était adoptée sur les parties élémentaires. Il faudra donc en quelques mots rappeler le développement de la théorie de la cellule.

§ 8. — Théorie de la cellule.

Bichat a démontré que le corps animal est composé de tissus semblables, comparativement peu nombreux, mais réunis et ordonnés de façons différentes. La propagation des études microscopiques a contribué à faire connaître plus sérieusement les éléments de formation contenus dans ces tissus. Aussi longtemps que, grâce à l'imperfection des instruments d'optique, des images trompeuses se présentèrent aux regards de l'observateur, que, par exemple, toutes les parties microscopiques semblèrent être des séries de globules, l'explication des objets étudiés resta soumise à l'intelligence progressive de ces erreurs. Et lorsque plus tard on apprit à connaître dans les parties les plus diverses des filaments, des lames, des noyaux, des cellules, on ne pouvait encore expliquer l'union génétique de ces formes entre elles, avant de démontrer la forme fondamentale du développement de toutes ces séries. Comme nous l'avons dit, de Baer avait adopté des éléments histologiques sans préciser davantage la forme et les qualités de leurs phénomènes vitaux. Par contre, on était depuis lonptemps accoutumé à parler de cellules lorsqu'il était question de la structure des plantes ; on savait que les plantes sont composées de parties élémentaires dont la subtance vivante propre est renfermée dans une membrane et qui est généralement appelée *cellule*. Jean Müller, en 1835, attira l'attention sur l'analogie des cellules de la colonne vertébrale avec celles des plantes, et il ajouta aux premières, comme étant des tissus analogues, les cellules du cristallin, de la choroïde et les cellules adipeuses; il vit aussi le noyau des cellules cartilagineuses. P. Valentin découvrit le noyau des cellules de l'épiderme; J. Henle poursuivit l'étude de la structure cellulaire de l'épithélium, dont Purkinje avait déjà décrit quelques formes. Werneck reconnut le système cellulaire dans le cristallin.

Nous ne pouvons reproduire ici en totalité les communications isolées faites eu ce genre; nous dirons seulement que l'année 1838 vit apparaître la théorie de M. J. Schleiden sur les phénomènes vitaux des cellules végétales. Cette théorie, qui faisait de la cellule l'origine de toutes les parties de la plante, fut d'une grande importance pour le développement de la théorie de l'évolution animale.

Ce fut le mérite de Théod. Schwann[1], d'avoir non seulement rassemblé les recherches faites sur les cellules animales, mais encore d'avoir étudié par lui-même le développement de beaucoup de tissus provenant des cellules, et d'avoir déduit, de tous ces faits, une théorie de la cellule animale. En 1839 il déclara « qu'il y a un principe de développement commun aux parties élémentaires les plus différentes des organismes, et que la formation de la cellule est ce principe de développement ». Malgré l'exactitude générale de ce jugement, Schwann alla trop loin sur deux points de ses généralisations théoriques. Schleiden représente la formation cellulaire des plantes comme se passant à l'intérieur des cellules déjà existantes. Schwann au contraire admet la possibilité d'une formation cellulaire en dehors de toute cellule, et prétend que ce mode de formation, qui est même le plus fréquent d'après lui, est le suivant : « il existe d'abord une substance amorphe à l'intérieur ou entre des cellules déjà existantes, et c'est dans cette substance que, suivant certaines lois, les cellules prennent naissance. » Autrement dit, il apparaît d'abord un corpuscule central, autour duquel se forme le noyau; enfin autour de ce dernier se développe la cellule. L'autre point se rapporte à la forme des cellules, pour laquelle Schwann établit le principe que chacune d'elles est composée d'une membrane, d'un contenu, d'un noyau et de un ou plusieurs nucléoles intérieurs. En présence de cette étroite définition, dans laquelle

_____

[1] Naquit à Neuss, près de Dusseldorf; de 1834 à 1839 il fut préparateur de Jean Müller au Muséum anatomique de Berlin; de 1839 à 1814, professeur à Lœwen et depuis à Lüttich.

on voulait renfermer la notion de la cellule, nous ferons remarquer que Félix Dujardin avait fait connaître avant Schwann. en 1835, dans sa description du « sarcode », des animaux inférieurs, l'existence d'une forme de substance vivante qui avait été ! peu remarquée et qui ne pouvait s'accorder avec la théorie de Schwann. Des études ultérieures sur cette substance (études qui, soit dit en passant, amenèrent à exagérer la contractibilité des cellules), préparèrent peu à peu l'opinion, généralement admise aujourd'hui, que la cellule est d'origine protoplasmique. Ce protoplasma, resserré dans des limites moins étroites que ne le voulait la théorie, se rapproche beaucoup de l'élément histologique tel que l'entendait de Baer : Il ne faudrait pas cependant l'identifier avec la cellule, telle qu'on la conçoit aujourd'hui. Souvenons-nous, d'autre part, des nombreuses tentatives qui furent faites pour assimiler les formes singulières des infusoires au protoplasma cellulaire, point de départ de toute organisation animale. Non moins importantes furent les recherches entreprises sur la genèse des cellules et sur les rapports qui existent entre les tissus de l'animal parfait avec les productions cellulaires qui se passent dans l'œuf. Aussi le phénomène de la segmentation devait-il plus particulièrement attirer l'attention. L'histoire du développement du lapin (Bischoff), de la grenouille (Reichert), fit voir comment les cellules embryonnaires donnaient naissance aux tissus par l'intermédiaire des cellules de segmentation. Mais en 1842, C. Vogt, dans son histoire du développement du crapaud accoucheur, essaya de démontrer que ces cellules de segmentation se dissolvaient, et que, dans la matière amorphe ainsi constituée, de nouvelles cellules prenaient naissance d'après les lois établies par Schwann. Mais Albert Kœlliker en 1844, à la suite de recherches sur le développement des tissus chez les céphalopodes, refusa d'admettre cette interruption de la série génésique ; il avait fait de nombreuses observations sur la transformation des cellules de segmentation en tissus cellulaires chez les animaux des différentes classes, et, comme Reichert, il démontra la relation suivie des formes cellulaires depuis les cellules de l'œuf jusqu'aux tissus développés de l'animal parfait.

Les recherches histologiques auxquelles Schwann apporta une conclusion momentanée n'établirent pas seulement une des lois générales les plus importantes pour juger de la structure primitivement analogue des animaux les plus différents ; elles donnèrent encore une forte impulsion à l'étude minutieuse des faits embryologiques et des différences histologiques, décrits par de Baer. La direction de ces études fut déterminée par la théorie de Schwann sur la formation des cellules. L'étude plus approfondie de la structure microscopique des organes eut pour conséquence immédiate la connaissance plus complète de la morphologie générale des animaux supérieurs et inférieurs. En 1822, Charles Frédéric Heusinger avait déjà décrit, dans son *Histologie*[1], les tissus; il partageait l'opinion de Bichat. Les progrès sur cette matière dépendaient de l'état de l'anatomie comparée. La comparaison, qui d'abord ne s'étendait qu'aux vertébrés, avait reçu un plus grand développement, et plus on avait amené de formes inférieures dans son cadre, plus on voyait se simplifier les divisions organologiques et la structure animale s'identifier. L'opinion que le règne animal reproduit dans ses types inférieurs les formes embryonnaires des animaux supérieurs fut par là fortifiée. Mais de nombreuses observations microscopiques démontrent que l'analogie de structure ne se rapporte qu'à un état particulier de l'embryon des vertébrés, et que là où disparaît la segmentation, surtout extensive en organes et en systèmes, se révèle une propriété pour ainsi dire intensive de la substance animale. En effet, les phénomènes vitaux les plus importants sont toujours les mêmes. La division plus complète des fonctions et l'organisation particulière qui en est la conséquence, voilà ce qui caractérise les animaux inférieurs, chez lesquels la différenciation dans les tissus des organes, moins nombreux, devait jusqu'à un certain point compenser ce qui leur manquait en développement organique. C'est ainsi que l'étude du développement des cellules en tant qu'éléments histologiques donna la clef de la connaissance de la structure et de la vie des animaux les plus simples.

§ 9. — Morphologie et anatomie comparée. Henri Rathke, Jean Müller.

En comparant les formes animales entre elles, on avait vu la concordance parfaite des principes qui régissent le développement de certaines fonctions. Bientôt Cuvier, par sa notion des types, de Baer par ses données embryologiques, imprimèrent

[1] Le mot *histologie* fut employé pour la première fois par Aug.-Franç.-Joseph-Ch. Mayer à Bonn, 1819.

une direction toute scientifique aux recherches comparatives. On apprit à mieux connaître le développement de la structure élémentaire des animaux ; ce progrès, joint à celui de la dissection proprement dite, fit voir les points qu'il restait à éclaircir, et prépara une interprétation plus précise de ce qu'on devait appeler forme animale. Mais plus les faits se multipliaient sous les influences que nous venons de dire, plus il devenait naturel que cette grande quantité de matériaux ralentît un peu le progrès général. De nouvelles méthodes dans les recherches avaient mis en lumière une grande quantité de faits jusqu'alors inconnus. On se contentait de les connaître, de les rassembler d'après les lois naturelles et historiques et de les ordonner. On vit apparaître alors une période de représentations encyclopédiques, qui permit d'utiliser les théories précédentes en les systématisant. On publia des travaux basés sur des études précises, incontestables progrès scientifiques : ces études peignent bien la marche que le fleuve paisible de la science suit et a suivie sans s'égarer, quelle que fût la hauteur de ses vagues. L'importance de ces travaux consiste donc dans le rapport de leur but avec celui de la science ; ils parlent pour eux-mêmes : mais, de plus, ces vastes encyclopédies ont eu un mérite qu'il ne faut pas déprécier. Sans doute les matériaux qu'on y trouve rassemblés se rapportent plutôt à la zootomie qu'à l'anatomie comparée proprement dite ; il le faut avouer cependant, ces matériaux ont servi de base à la théorie de la morphologie animale ; c'est aussi en s'appuyant sur eux que l'on a pu faire avancer, dans une direction nouvelle, une science voisine, j'entends la physiologie.

Parmi les types animaux, celui des vertébrés ne fut pas seulement le premier reconnu et le mieux étudié, mais encore celui qui, grâce à ses limites relativement étroites et faciles à saisir, invita le plus à un examen scientifique approfondi. Au début on ne songea pas du tout à un rapport avec les autres types. L'histoire du développement des représentants d'ordres isolés avait déjà été étudiée de bonne heure. La possibilité de ramener, les uns aux autres, les rapports de structure des différentes classes, parut offrir moins de difficultés que chez d'autres types. Ces études étaient toutes différentes chez les animaux sans vertèbres ; aussi pouvait-on dire qu'une anatomie comparée, rigoureuse, n'était possible que pour les vertébrés. Quant à expliquer la régularité de la structure des vertébrés, cette question fut d'abord traitée par Henri Rathke. Déjà ses travaux embryologiques cités plus haut ont leur importance morphologique. D'autres vinrent se joindre à eux; en général il part du développement pour rechercher comparativement les différents états de formation des organes isolés ou même toute l'organisation de certains animaux, et souvent il arrive à de justes explications. C'est ainsi qu'il a donné l'anatomie de- plusieurs poissons (par exemple celle des priacanthes et de l'amphioxus étudié encore par J. Müller), le développement des organes génitaux, des artères, des veines, du sternum, du crâne, etc. Tous les ouvrages de Rathke sont très importants, grâce à la clarté avec laquelle il dépeint ce qu'il a vu, et parce qu'il laisse de côté tous les points de vue étrangers à la morphologie pure.

A la même époque se faisait sentir à côté de de Baer, de Rathke et de Cuvier l'influence d'un homme qui fut considéré comme un des chercheurs les plus remarquables dans le domaine de la nature vivante, et qui, dans notre siècle, contribua le plus à faire progresser la zoologie ; cet homme, c'est Jean Müller. Il donna à la physiologie une forme toute nouvelle ; sa critique fondée sur une véritable érudition, ses importantes recherches personnelles, ainsi que celles de E.-H. Weber, furent la cause de l'indépendance et du développement actuel de cette science. C'est aussi grâce aux travaux de ce savant que la morphologie prit le rang qu'elle devait occuper.

Jean Müller naquit le 14 juillet 1801 à Coblentz, et étudia la médecine à Bonn de 1819 à 1822 ; il prit le grade de docteur cette même année, vécut quelque temps à Berlin où il fut principalement encouragé par Rudolphi ; il prit à Bonn, en 1824, des grades pour la physiologie et l'anatomie comparée, et y fut nommé professeur extraordinaire en 1826, puis professeur titulaire en 1830. Après la mort de Rudolphi, il vint à Berlin en 1833 comme professeur d'anatomie et de physiologie ; en 1834, il fut nommé membre de l'académie des sciences de Prusse et mourut subitement le 28 avril 1858. Comme du Bois-Reymond le fait justement remarquer [1], plusieurs circonstances avaient contribué à rendre la situation de Müller très favorable, lors de son rappel à Berlin. Cuvier était mort en 1832 et J. Fr. Meckel en 1833. La mort de ce dernier interrompit la publication de ses *Archiv* et peu après celle des revues de Tiedemann et des deux Tréviranus. Les *Archiv*, qui passèrent aux

_____

[1] Du Bois-Reymond, *Oraison funèbre de Jean Müller*; 1860, p. 67.

mains de Müller, et qui plusieurs années furent entièrement consacrées aux sujets qu'il traita, devinrent un moyen puissant de faire progresser le nouvel esprit scientifique dont il était le fondateur, spécialement par les rapports mensuels composés par lui. A côté de cela, il obtint la libre jouissance des trésors réunis par Rudolphi dans son *Muséum anatomique*. Mais peu d'hommes ont su profiter des circonstances qui s'offraient à eux pour faire avancer la science comme le fit Müller, avec sa capacité énorme de travail, son activité étonnante et sa profonde pénétration. Au début, la voix enchanteresse de la philosophie naturelle l'avait séduit (ses dissertations sur les phénomènes de la locomotion chez les animaux en font foi) ; mais il abandonna bientôt cette fausse direction. Déjà en 1824 il met en garde contre la fausse philosophie naturelle dans un écrit déjà mentionné sur le développement des organes génitaux ; mais il ne repoussa point pour cela la conception philosophique des faits. Le point de vue scientifique de Müller est bien déterminé lorsqu'il prétend que la tâche du naturaliste empirique n'est pas seulement de bâtir des théories, mais encore de décider de leur justesse. Aussi, dans la lutte célèbre de Cuvier et de Geoffroy, prend-il un rôle accommodant ; il ne doute pas, en effet, que la méthode de Cuvier ne donne à la science des fruits durables et réels ; mais il admet que sur certains points Cuvier a dépassé plusieurs fois la limite. « Il est vraiment indiscutable que la nature, dans chaque grande division du règne animal, ne s'écarte jamais d'un certain plan de création et de composition des parties, soit différentes, soit analogues [1]. » Müller a d'abord cherché à déterminer ce plan pour les vertébrés, et à en connaître les détails dans son ouvrage classique sur l'anatomie comparée des Myxinoïdes, dont le titre ne laisse pas soupçonner qu'il contient le code de la morphologie des vertébrés. Parmi les types sans vertèbres, ce furent les Radiaires que Müller étudia ensuite ; il fit mieux connaître leurs particularités, leur développement individuel et par classe, et détermina leurs justes limites. Tandis que Müller publiait sur ces deux groupes d'animaux une série de recherches qui semblaient épuiser la matière, il faut à peine faire mention d'une classe de vertébrés dont la connaissance anatomique fut moins approfondie par lui. A son ouvrage sur les Myxinoïdes viennent se joindre ses recherches sur le développement de certains squales, puis un

---

[1] *Müller's Archiv*; 1834, p. 3.

travail systématique sur les Plagiostomes, sur les Ganoïdes et sur l'Amphioxus. La découverte des lymphatiques du cœur chez les amphibies et les reptiles ne fut pas seulement importante pour la connaissance des phénomènes de la vie chez les animaux, mais encore pour la représentation qui se rattache à la forme anatomique d'un cœur. La nature des Cécilies, comme Amphibies, fut déterminée par Müller lorsqu'il découvrit les ouvertures branchiales. Ses recherches sur l'organe de la voix chez les passereaux, sur les organes sexuels mâles des oiseaux huppés, ont contribué à faire comprendre la conformité typique de ces parties chez les oiseaux et à réformer le système des oiseaux. Si parmi les travaux de Müller nous ne trouvons qu'un ouvrage sur les zeuglodontes, travail uniquement consacré à l'étude des classes des mammifères, ses recherches sur la morphologie des vertébrés dans « l'anatomie des Myxinoïdes » est cependant d'une importance fondamentale pour cette classe. L'anatomie des vertébrés est divisée par Müller en plusieurs points (structure de l'œil, système nerveux intestinal, organe de l'ouïe chez le Gryllus). Müller, amené aux formes proprement dites des Rhizopodes par la pêche soi-disant pélagique qui d'abord s'appliquait aux formes de larves pélagiques, a donné une forme nouvelle à l'aspect de cette classe en fondant la division des Radiolaires. Ses travaux se rapprochent tellement de l'état des connaissances actuelles, que nous aurons à en faire mention à chaque groupe.

Ce qui les distingue tous et leur a donné une si grande influence, c'est que Müller a toujours observé les rapports des faits isolés avec des groupes entiers de phénomènes de même nature, et qu'ainsi il a rarement cité une observation comme simple document. Il a quelque chose de large dans ses expositions; non pas que cela tienne à la lâcheté de son style, mais parce qu'il cherche à présenter ses découvertes, sous un jour spécial, pour élargir le cadre des connaissances déjà acquises par les nouvelles. Si en cela Müller a été souvent imité par ses successeurs, cette largeur chez eux ne peut être attribuée qu'à un défaut ; la forme ne répond plus au fond, qui se compose généralement de faits matériels dont il est fait, en quelque sorte, une simple énumération, et qui, au point de vue scientifique, ont besoin d'être retravaillés.

§ 10. — Richard Owen, Lelorgne de Savigny, Huxley, Sars.

Pendant que Jean Müller, en Allemagne, par ses recherches et sa pénétration des faits, conduisait l'anatomie comparée au delà des limites dans lesquelles elle était renfermée jusqu'alors, Richard Owen, en Angleterre, par un examen approfondi des faits qui sont la base des ressemblances et des rapports anatomiques, et par un développement des notions générales, contribua essentiellement aux progrès scientifiques de la morphologie. Faisons ici une observation générale. On entend dire parfois que le mot de *morphologie* est un terme nouveau qui représente une chose ancienne. Mais la forme qui fut donnée par J. Müller et R. Owen aux représentations d'anatomie comparée, prouve clairement que désormais quelque chose de nouveau et d'indépendant était venu se joindre aux comparaisons. Car s'il était digne de mention que les comparaisons faites jadis à un point de vue principalement physiologique n'étaient destinées qu'à l'explication des objets comparés, il manquait jusqu'à présent aux représentations comparées un rapport avec des lois de formation. Mais leur intelligence ne devenait possible qu'avec la preuve des types animaux. L'apparition d'idées générales de ce genre rendait nécessaires certaines bases formelles générales. Owen fit le premier pas important à ce sujet.

Richard Owen naquit en 1803 à Lancaster, et exerça la médecine à Londres ; dans les premières séances de la Société zoologique de Londres il fut nommé prosecteur pratique. A ce titre il devrait avoir aujourd'hui de beaucoup la plus grande expérience, car ses recherches ne s'étendirent pas seulement, pendant de nombreuses années, sur les animaux du jardin zoologique de ladite Société, sur les vertébrés ordinaires et supérieurs, mais encore sur une foule de formes importantes de vertébrés et d'invertébrés inférieurs. Nommé d'abord conservateur, puis professeur de physiologie comparée au Muséum de Hunter à l'école de chirurgie (il échangea plus tard cette place contre celle de directeur de la section d'histoire naturelle au British Museum), il s'illustra par l'anatomie du Nautilus, par la description anatomique des Brachiopodes, dont la structure avait été peu étudiée jusque-là, etc. Mais avant tout il faut citer ses travaux systématiques sur les animaux fossiles ; non seulement il y

expose, d'une manière admirable, l'importance d'une comparaison minutieuse pour bien reconnaître et reconstruire les animaux éteints, parvenus jusqu'à nous en morceaux, mais il se
livre encore à des considérations importantes pour expliquer
les lois qui président à la structure des animaux. Ce qui lui
assure en cette matière une place à côté de J. Müller et de Rathke,
c'est la tentative, faite par lui, de développer, dans une exposition complète, et avec une sagacité extraordinaire et une logique
rigoureuse, les formes fondamentales des différents systèmes
anatomiques des vertébrés, d'après leurs transformations diverses;
et tout d'abord il traite, et en grands détails, du système osseux.
Si Owen a négligé un peu l'histoire du développement, et si une
partie de ses divisions théoriques générales n'est pas soutenable, celles par exemple qui ont trait à l'importance de certains os et de tout le crâne, ses travaux ont cependant fait
progresser la science; car c'est en eux que, pour la première
fois, on put trouver, dans une rare abondance, des faits matériels réunis d'après une théorie déterminée. On y trouva un
excellent moyen de s'orienter, ce qui rendait plus intelligibles
d'autres explications, sans avoir à craindre l'influence de faits
erronés, arrêtant le développement scientifique [1].

A côté de la lumière qui fut jetée sur le type des vertébrés par
les travaux embryologiques et morphologiques, les invertébrés
restèrent relativement plus longtemps dans l'ombre. On n'avait
étudié que le type des arthropodes; c'était peut-être à cause de
l'intérêt si généralement provoqué par l'histoire merveilleuse
de la vie des insectes. Mais tandis que les efforts de Oken, de
Geoffroy, de Carus et d'autres savants, faits dans l'intention
de rattacher, d'une façon quelconque, les arthropodes à la structure des vertébrés, dépassèrent les véritables limites d'une
comparaison raisonnable, en 1846 déjà Savigny établit une
théorie de la structure des vertébrés, qui servit de point de
départ à tous les travaux ultérieurs sur cette division.

Marie-Jules-César Lelorgne de Savigny naquit en 1778 à
Provins, fit l'expédition d'Egypte avec Napoléon, fut nommé
membre de l'Institut d'Égypte, revint en France, et travailla
d'abord à mettre en ordre ses collections rapportées de la mer

---

[1] « Les faits erronés sont très nuisibles au progrès des sciences; car souvent ils
sont longtemps accrédités. Mais des opinions fausses, appuyées sur quelques démonstrations, sont moins préjudiciables, car chacun trouve un certain plaisir à
démontrer leur fausseté. » Darwin, *Origine de l'homme*. Traduct. 2 vol., p. 339.

Rouge et de la Méditerranée; enfin, en dehors de quelques autres monographies, il publia les deux volumes de ses traités célèbres sur les invertébrés ; mais il perdit la vue de bonne heure et mourut en 1851 à Versailles. Après que Fabricius eut fait[1] une étude approfondie sur les différentes parties de la bouche, Savigny donna par ses descriptions le moyen de comprendre ces formes. Tout d'abord, il est vrai, ses interprétations furent exclusivement relatives aux appendices articulés du corps des invertébrés, et il chercha à rattacher les unes aux autres les différentes formes qu'ils revêtent chez les différentes classes. Mais ainsi il établit naturellement le rapport des segments d'une classe qui porte ces attaches avec les segments correspondants dans les autres classes. Dans le détail, bien des choses lui ont échappé ; mais son principe de la réduction a été confirmé depuis. La relation des arachnides vis-à-vis des crustacés ne fut pas complètement saisie par lui ; mais, comme Latreille, il fait ressortir chez les premiers l'absence d'une tête proprement dite. En 1848 la morphologie de la section dite des Arthropodes par de Siebold (au lieu de l'appellation des *Condylopodes* introduite par Latreille en 1825) fut poussée plus avant par des chercheurs allemands ; nommons Guill.-Fréd. Erichson (né en 1809 à Stralsund, mort en 1848 à Berlin où il était professeur et conservateur du Muséum entomologique), qui établit, en 1840, avec les données de Savigny, une théorie complète sur les rapports des membres. Guillaume Zenker (1854), s'appuyant sur des raisons anatomiques, modifia cette théorie ; Rodolphe Leuckart (1848), se plaçant à un point de vue anatomique, avait soumis la morphologie des arthropodes à une nouvelle investigation, et Ernest Gustave Zaddach (né à Danzig en 1817, professeur à Kœnigsberg) avait, en prenant l'embryologie pour guide, modifié partiellement les opinions sur la morphologie de ces groupes. Si les opinions des morphologistes diffèrent sur certains points, on retrouve cependant, chez Savigny, la base de la théorie nouvelle sur la structure animale des articulés. Longtemps la morphologie des mollusques resta dans l'oubli. On avait encore affaire au classement extérieur et à la composition générale des différents groupes, dont les rapports anatomiques et embryologiques ne furent connus que peu à peu. En 1816, Savigny constata qu'une grande quan-

---

[1] Fabricius, *Systema entomologiæ*. Flensburgi, 1775, et *Entomologia systematica*. Hofniæ, 1792-1794, 4 vol.

tité d'animaux, pris jusque-là pour des Polypes, n'étaient autre chose que des ascidies composées, et agrandit ainsi le cadre des formes. Henri Milne-Edwards (1836) et Arthur Farre (1839) avaient déclaré que les bryozoaires se rattachaient aux ascidies, tandis que P.-J. van Beneden (1845), partant d'une opinion un peu différente, avait essayé de ramener les deux formes à une seule; cette tentative fut confirmée par Georges-James Allman (1852). Quant à la morphologie des mollusques proprement dits, le développement des céphalopodes d'après Albert Kœlliker (1844) était de la plus haute importance ; il rendait possible, en effet, la preuve d'un plan unique pour ce type.

En 1848, Sven-Louis Loven (né en 1809) esquissa au sujet des lois qui président au développement de ce type une représentation suivie, principalement fondée sur l'histoire du développement; ce même savant avait, en 1839, traité en plus grands détails quelques points de cette question.

Rodolphe Leuckart lui succéda (1858) et fit ressortir davantage certains rapports anatomiques.

En 1853, Thomas-Henri Huxley[1] chercha à développer le plan commun aux mollusques céphalopodes; dans la même année, j'entrepris moi-même d'y ramener les céphalophores.

Quant au groupe des radiaires, ce furent les recherches relatives à l'histoire de leur développement qui furent le point de départ des observations morphologiques. Le type des échinodermes, dans la série déjà mentionnée des recherches de Jean Müller, avait été l'objet d'une étude qui devait être la base de recherches nouvelles. Parmi les zoologistes, qui dévancèrent Müller dans la découverte des formes appartenant au cycle évolutif de ces animaux, Sars contribua le plus à préparer les voies d'une conception nouvelle de ce développement.

Michel Sars naquit le 30 août 1805 à Berlin, étudia la théologie, et fut curé de 1830 à 1840 à Kind, et de 1840 à 1855 à Manger, près de Bergen. Dans cette dernière année, il fut nommé, par décision de la Chambre de Norwège, professeur de zoologie à Christiania; il se voua désormais tout entier à

---

[1] Huxley naquit le 4 mai 1825 à Caling, près de Londres, étudia la médecine (spécialement comme élève de Wharton Jones), alla comme médecin de vaisseau en Australie et à la Nouvelle Guinée avec Macgillivray, à bord du *Rattlesnake*, sous les ordres du capitaine Owen Stanley. Revint en 1850, fut nommé professeur d'histoire naturelle à l'École des mines, et en 1863 professeur d'anatomie comparée au collège des Chirurgiens.

cette science, dont jusque-là il ne s'était occupé qu'autant que
sa profession le lui avait permis. Si ses travaux furent de grande
importance pour faire connaître la vie des animaux marins inférieurs, ses efforts furent couronnés par la découverte d'un cri-
noïde vivant au fond des mers. Il mourut le 22 octobre 1869.
Par la découverte d'une forme remarquable de larve d'une
étoile de mer, et du développement relativement simple de
deux astérides, Sars connut par hasard les deux formes extrêmes
du développement des échinodermes. Ses recherches importantes sur le développement des méduses et des polypes allèrent plus loin. En 1829, il découvre une forme de polype
étonnante et la nomme *Strobila;* en 1835 et 1837, il établit
le rapport qui existe aussi bien entre elle et une autre, appelée
syphistoma, qu'entre elle et les méduses qui s'en détachent;
en 1841, il déclare que le développement de ces animaux a cela
de commun avec les salpes de A. de Chamisso; que c'est non
pas la larve, mais l'être né de la larve, la progéniture et non
pas l'individu qui se métamorphosent. En 1836, S. Loven avait
observé les boutons médusiformes d'une syncoryne, et avait
pressenti qu'ils étaient destinés à se détacher pour vivre d'une
vie libre. Enfin, depuis les recherches de Bonnet, qui, en 1815,
avaient été confirmées dans leurs plus grands détails par Jean
Fréd. Kyber, on connut la propagation asexuelle des pucerons.

En 1842, Jean-Japheth Smith Steenstrup (né en 1813) publia,
à Copenhague, un écrit, dans lequel, sous le nom de *génération
alternante*, il réunissait ces différents modes de développement
au mode analogue de développement des vers intestinaux trématodes qu'il avait decouvert; c'est ainsi qu'il donne à ces
phénomènes une forme qui rendait possible des études plus
approfondies. Ce fait étonnant que, dans plusieurs cas d'alternance de génération[1], une multiplication du nombre d'individus se produit, bien qu'un seul œuf soit le point de départ du
cycle évolutif, phénomène interprété par Streenstrup pour la
conception de la génération alternante comme une forme d'incubation, donna lieu à des recherches pour préciser davantage
ce qu'on devait entendre par individu.

En 1827, Henri Milne-Edwards[2] avait déjà introduit dans

---

[1] Dans un travail publié en 1869, R. Owen appelle l'alternance de génération
Métagenèse, terme généralement usité depuis.

[2] *Dictionn. class. d'hist. natur.* Art. ORGANISATION DES ANIMAUX. — Henri Milne-
Edwards naquit en 1800; il était le frère cadet du physiologiste William Fréderic Edwards.

le domaine de la physiologie le principe fécond de la division du travail. En harmonie avec cette pensée, R. Leuckart, en 1851, qualifia de *polymorphisme des individus* les différences qui, par suite de ce partage des fonctions, s'appliquaient aux différents individus d'une espèce, telles qu'elles se rencontrent de mille manières chez les animaux vivant en colonie. On en vint ainsi à expliquer certaines formes particulières (par exemple, celles des siphonophores) dont la conception naturelle avait offert beaucoup de difficultés. La question biologique qui, à la suite de cette considération de l'individualité, semblait venir prendre place au premier rang, amena Leuckart à ne voir dans le changement de génération qu'un polymorphisme produit par la division du travail dans le domaine de l'histoire du développement. Huxley, au contraire, partant d'un point de vue semblable, désigna sous le nom d'*individu*[1] le résultat du développement d'un seul œuf; mais ceci l'obligea à consacrer un terme spécial aux animaux qui apparaissent pendant le développement avec la métagenèse d'individus isolés; il choisit le mot «*Zooïde*». Mais en dehors des points de vue précédents la question de l'individualité offrait aussi un côté morphologique auquel j'essayai de me placer en 1853, en déterminant d'une façon plus précise l'idée qu'on s'en faisait, après avoir, en 1851, défini d'une manière plus exacte les modes de développement par métamorphose et avec alternance de génération.

Dans les travaux dont nous venons de parler, l'observation morphologique avait été dirigée sur les types isolés et sur les formes les plus importantes des phénomènes du développement. En 1853, j'entrepris[2] d'établir méthodiquement l'importance de la morphologie et les problèmes qui en découlent; j'essayai de corriger, autant que possible, l'incertitude des opinions et des expressions, en déterminant, d'une façon précise et logique, les notions générales. Une conséquence nécessaire fut la tentative d'établir des lois générales pour la structure du corps des animaux, telles qu'elles se présentent indépendamment du développement individuel des types isolés. L'approbation unanime obtenue par les considérations générales qui y furent

---

né en 1776, à la Jamaïque; en 1838 il fut nommé professeur suppléant et en 1844 succéda à Et. Geoffroy Saint-Hilaire dans sa chaire du Muséum, au Jardin des Plantes.

[1] « On appelle *individu* tout ce qui procède d'un œuf, pris ensemble. » *Institut Royal de Londres*, vol. I (1852), 1854, p. 188.

[2] *Système de la morphologie animale.*

exposées pour la première fois, et l'admission des termes qui
se basaient sur elles, prouvent bien que ce travail profita à la
science au moins dans une certaine mesure.

A côté de ces études qui cherchaient à faire connaître non
seulement les divers phénomènes du règne animal, mais encore
la structure des animaux, se développa un zèle ardent pour la
connaissance toujours plus approfondie des rapports anatomiques des êtres. Nous rappellerons, en parlant des groupes
isolés d'animaux, ce qu'il y eut de plus important dans les travaux zootomiques, lesquels se répandirent dans les revues et
les monographies. Mais encore faut-il mentionner ici les descriptions générales de zootomie et d'anatomie comparée, dont
nous avons déjà parlé plus haut; en [effet, elles ne témoignent
pas seulement du vif intérêt provoqué par l'anatomie des animaux, mais elles contribuèrent essentiellement à entretenir et
à accroître cet intérêt. Se rattachant au mode de conception de
Blainville, Henri Hollard, en 1835, réunit les faits zootomiques,
tandis qu'en 1842 Hercule Straus Dürckheim, qui, dans sa
description anatomique du *hanneton* et du *chat*, scrupuleusement exacte, faisait connaître l'anatomie d'un représentant des
vertébrés et des non vertébrés, répond, dans son Manuel, surtout aux questions pratiques.

En Angleterre, Robert-Edmond Grant (1835-41), Thom. Rymer Jones (1841, nouvelle édition 1855) et Richard Owen
(invertébrés, 1843, nouveau tirage, 1855, poissons, 1846) publièrent des représentations de l'anatomie générale des animaux,
s'appuyant en partie (comme l'anatomie des poissons de Owen)
sur des recherches personnelles approfondies.

En Allemagne, Charles-Auguste-Sigismond Schultze avait
commencé, en 1828, à décrire l'anatomie comparée d'après un
vaste plan; mais il ne publia que la partie générale. Partant
d'un point de vue physiologique, Rodolphe Wagner établit l'anatomie comparée d'après les organes et les systèmes (1834-35);
les sections morphologiques promises à ce sujet ne parurent
point. Par contre, il changea, dans un nouveau travail, son
mode de présentation, et, par suite, le titre, en celui d'anatomie
des plus grands groupes isolés; Henri Frey et Rodolphe Leuckart se chargèrent de dépeindre l'anatomie des invertébrés.
Jean-Bernhard Wilbrand, philosophe naturaliste, partit également d'un point de vue physiologique dans ses travaux.
Après avoir, en 1809, représenté «l'organisation tout entière»,

il esquissa en 1833 et 1839 une *Physiologie* et une *Anatomie comparée* à l'usage des physiologistes et des médecins. Le *Manuel de zootomie* de C.-Ch.-E. de Siébold et de Hermann Stannius (1845 et 1846) contient un trésor remarquable de recherches approfondies et de critiques. (Dans la première édition, ce manuel avait été appelé *Manuel d'Anatomie comparée.*)

Henri Milne-Edwards a commencé à étudier l'ensemble général de la structure et des fonctions du corps animal; dans ce travail, le point de vue physiolgique auquel s'est placé l'auteur et sa profonde érudition apparaissent d'une manière caractéristique. A la fin de cette période, les bases que Charles Gegenbaur donna à l'anatomie comparée marque l'introduction définitive de la méthode scientifique dans l'anatomie des animaux.

Enfin nous devons citer comme ayant essentiellement contribué aux progrès de la science, surtout en faisant connaître des faits constatés, les rapports annuels, tels qu'ils furent commencés par Jean Müller, dans ses *Archiv*, suivant l'exemple de Berzelius.

§ 11. — Paléontologie.

L'intérêt scientifique pour les découvertes fossiles se rattachait jadis principalement à la connaissance de leur véritable origine animale. Après que la science eut démontré la fausseté de cette opinion, émise çà et là, que les animaux fossiles ne sont qu'un jeu de la nature, il s'agissait de les déterminer dans un sens systématique. On croyait parfois que ces restes appartenaient à des animaux dont l'espèce durait toujours et l'on espérait découvrir dans les terres qui n'avaient pas encore été fouillées, les supports vivants des os et coquillages que l'on avait trouvés pétrifiés. G. Cuvier (1796) eut le mérite, par ses recherches, de prouver, conformément à un plan, la différence des animaux fossiles avec les espèces vivantes; il le fit d'abord d'une manière plus générale et par des comparaisons anatomiques approfondies, bien qu'avant lui quelques savants, tels que Camper, Blumenbach et autres eussent affirmé cette différence. Tandis que Cuvier s'occupa uniquement des restes d'animaux à vertèbres, Lamarck détermina comme étrangers aux espèces vivantes les coquillages du bassin tertiaire de Paris. Mais le mérite de Cuvier ne se

borna pas à cette démonstration. Après que Werner eut divisé
les différentes espèces de montagnes superposées, en montagnes
primitives, montagnes de transition et montagnes stratifiées, les
caractérisant minéralogiquement et racontant l'histoire de leur
formation successive, William Smith (1769-1839), le « père de
la géognosie anglaise », essaya de déterminer ces différentes
formations par les restes qu'elles contenaient. Ici apparaît au
premier plan l'intérêt pour la géologie, de même que depuis, la
connaissance des pétrifications fut considérée comme faisant
partie de la géologie. Avec la théorie de plusieurs révolutions
terrestres, dans lesquelles la vie animale disparut quelque temps
pour renaître plus tard sous des formes nouvelles, Cuvier fixa
l'attention sur la forme et la structure des espèces animales
éteintes ; il les rattacha justement au système zoologique sans
expliquer suffisamment comment il les y rattachait.

Dorénavant la paléontologie eut une double influence sur le
progrès des connaissances zoologiques ; elle élargit la notion des
différentes formes, dont un grand nombre ne pouvaient sans peine
être classées parmi les groupes établis jusque-là, et qui commencèrent ainsi à changer la face des considérations systématiques.
D'autre part, les restes d'animaux vertébrés provoquèrent les
recherches comparatives les plus profondes, rappelèrent souvent
les observations anciennes sur l'histoire du développement,
et mirent ainsi dans un nouveau jour les rapports d'analogie réciproque. Comme en comparant les formes anciennes
et plus récentes avec celles des animaux existant encore, on
comprit que les plans anatomiques, subsistant actuellement dans
le règne animal, avaient aussi présidé aux formes animales à
l'époque de leur apparition sur la terre ; on pensa trouver dans ce
fait une base sur laquelle reposerait l'harmonie de la création,
qui, malgré les changements successifs du monde animal, permettait cependant de réunir en un seul grand système les formes
fossiles et les formes vivantes. Ce nouveau point de vue donna
un nouvel intérêt aux faits d'anatomie comparée, car on adoptait
de moins en moins l'opinion que, dans les formes d'animaux appartenant à un grand groupe il y eût une série de développements
des formes qui portent en elles plutôt le caractère commun de
la grande subdivision, se spécialisant et s'éloignant de plus en
plus. Cette dernière considération devait naturellement ressortir
surtout pour les vertébrés, plus accessibles à une comparaison
approfondie, bien que des recherches ultérieures aient amené des

conceptions analogues pour d'autres espèces d'animaux. A côté
des travaux de Cuvier, dont les résultats importants se trouvent
démontrés dans la reconstruction des mammifères fossiles, les
recherches de Louis Agassiz[1] sur les poissons fossiles tracèrent
la voie à suivre. D'une façon à peu près analogue, Richard Owen
fournit des bases aux recherches comparatives par ses descriptions des restes fossiles des vertébrés appartenant à la classe des
reptiles, des amphibies et des oiseaux ; il détermina ces animaux de la manière la plus précise, et établit les comparaisons les plus minutieuses entre la structure microscopique des
dents de toutes les classes des vertébrés[2]. Parmi les travaux sur
les invertébrés vinrent se joindre, en un bon rang, aux descriptions que Lamarck donna des coquilles fossiles[3], les descriptions de coquillages fossiles italiens de Giov. Batt. Brocchi[4], et
la « conchyliologie minérale de l'Angleterre » par James
Sowerby[5]. Les crustacés fossiles furent étudiés avec intelligence par Alexandre Brongniart[6] et Ans.-Gaët. Desmarets, tandis que les insectes furent observés par Ernest-Fréd.-

[1] Louis Agassiz naquit, en 1807, à Mottier, canton de Fribourg; étudia la médecine
à Zurich, Heidelberg et Munich ; dans cette dernière ville, il commença à s'occuper
des poissons, publia en 1829 les espèces recueillies au Brésil par Spix et Martius, et
passa ensuite aux poissons fossiles. De 1833 à 1842, il publia sur ce sujet des
ouvrages classiques. En 1833, il fut nommé professeur d'histoire naturelle à Neufchâtel ; partit en 1846 pour l'Amérique du Nord et professa à Cambridge (Massachussets).

[2] Owen, *Odontography, a treatise on the comparative anatomy of the Teeth,
their physiological relations, mode of development and microscopic structure
in the vertebrate animals*. London, 1840-1845.

[3] Lamarck, *Recueil de planches de coquilles fossiles des environs de Paris,
avec leurs explications*. Paris, 1823, in-4, avec 30 planches.

[4] Brocchi, *Conchyliologia fossile subapennina*. Milano, 1814, 2 vol. con tavole.

G.-B. Brocchi naquit en 1772 à Bassano, entra au service de l'Égypte en 1821 et
mourut en 1826 à Chartum.

[5] Sowerby, *The mineral Conchyliology of Great Britain*. London, 1812-1830,
6 vol. in 104 numbers contain. 609 colour. pl. in-8. — Traduct. française revue, corrigée et augmentée par L. Agassiz. Neufchâtel, 1838-1844.

James Sowerby naquit à Londres en 1757, et mourut en 1822; son fils, James de
Carle Sowerby (mort en 1787) continua l'œuvre commencée par le père. Son second
fils, George Brettingham Sowerby (1788-1854), étudia la conchyliologie et travailla de
concert avec Vigors et Horsfield à la publication du *Zoological Journal*. Son fils,
George Brettingham Sowerby (né en 1812), est également connu comme conchy-
liologiste.

[6] Brongniart et Desmarets, *Histoire naturelle des crustacés fossiles, sous les
rapports zoologiques et géologiques*. Paris, 1822, in-4, avec 11 pl.

Alexandre Brongniart naquit en 1770 et mourut en 1847 à Paris, où il était professeur de minéralogie au Muséum. Il était le père d'Adolphe-Théodore Brongniart (né
en 1801), célèbre par ses études sur les plantes fossiles. Aug.-Gaët. Desmarets est
le fils de Nicolas Desmarets que nous avons nommé plus haut; il naquit en 1784 et
mourut en 1838, professeur de zoologie à l'École vétérinaire d'Alfort.

Germar, Georg.-Charl. Berendt (forme d'ambre), F. Onger, et surtout récemment par Oswald Heer[1]. L'ouvrage de J.-S. Miller sur les Crinoïdes[2] fut le point de départ des travaux entrepris pour faire connaître les Échinodernes fossiles. Ch. Gottfried Ehrenberg décrivit la plus grande partie des formes fossiles de Protozoaires[3]. Un ensemble général des espèces fossiles fut d'abord établi par James Parkinson[4] (1804, nouveau tirage 1833), par Ernest Fr. de Schlotheim (1820), spécialement connu en Allemagne pour avoir répandu la connaissance des plantes fossiles[5] (il vécut de 1764 à 1833 à Gotha), et par Fred. Holl (1829), tandis que Georg.-Aug. Goldfuss publia avec le concours précieux du collectionneur Georges comte de Munster (1776-1844 à Baireuth) une œuvre splendide sur les animaux fossiles de l'Allemagne[6]. Le *Traité de paléontologie* de Jules Pictet (première édition 1844-46, dernière édition 1853-56)[7] est également plein de mérite.

Les progrès de la géologie firent négliger peu à peu la théorie des révolutions subites du globe ; alors on put établir les rapports qui existent entre les classes animales des différentes couches. Nous montrerons plus tard comment, après ce changement des idées sur l'apparition des différents degrés, la série de développement servit à les expliquer. En parlant des progrès faits dans la connaissance des différentes classes nous dirons ce qui concerne leurs fonctions ; le profit que la géologie tira de certaines pétrifications comme intermédiaires fossiles n'a, avec ces derniers, qu'un rapport extérieur et ne supprime pas ce fait, que

[1] Heer, *Die Insekten Fauna der Tertiärgebilde von Oeningen und von Radoboy in Croatien* (*Neue Denkschriften der allgem. Schweizer-Gesellschaft,* Band VIII, XI, XIII, 1847-1853).

[2] Miller, *A natural History of the Crinoidea or lily-shaped animals.* Bristol, 1821, with colour. lithogr. plates, in-4.

[3] Ehrenberg, *Mikrogeologie. Das Erden und Felsen schaffende Wirken des unsichtbar kleinen selbständigen Lebens auf der Erde.* Leipzig, 1854, in-folio.

[4] Parkinson, *The organic Remains of a former World. An examination of the mineralized Remains of vegetables and animals of the antediluvian world.* London, 1804-1811, 3 vol. with 55 colour. plates.

[5] Schlotheim, *Beschreibung merkwürdiger Kräuterabdrücke und Pflanzenversteinerungen.* Gotha, 1804, in-4. — *Die Petrefaktenkunde durch die Beschreibung seiner Sammlung versteinerter und fossiler Ueberreste des Thier und Pflanzenreichs der Vorwelt erläutert.* Gotha, 1820-1823.

[6] Goldfuss, *Petrefacta Germaniæ iconibus et descriptionibus illustrata.* Dusseldorf, 1826-1844, in-folio avec 205 planches.

[7] Pictet, *Traité de paléontologie, ou Histoire naturelle des animaux fossiles considérés dans leurs rapports zoologiques et géologiques.* 2e édition. Paris, 1853-1856, 4 vol. avec atlas de 110 planches.

la connaissance d'un animal, même pétrifié, appartient à la zoologie. Si la science doit à des géologues la description des restes de beaucoup d'animaux et de beaucoup de plantes, cette opinion se répand pourtant de plus en plus, que c'est la tâche des botanistes et des zoologistes de faire connaître les trésors contenus dans les pétrifications botaniques et zoologiques ; on ne peut, en effet, arriver à l'intelligence des formes zoologiques, aujourd'hui vivantes, si l'on ignore les degrés fossiles du développement.

§ 12. — Développement de la connaissance des animaux par les voyages et les faunes.

Tant qu'il a manqué à la zoologie un point de vue scientifique pour la diriger, c'était développer la connaissance des animaux que d'en décrire un plus grand nombre d'espèces ; ceci, du reste, n'avait aucune influence sur les progrès de la science. Cependant des questions importantes avaient surgi dans les dernières années du siècle précédent, et l'on ne pouvait y répondre que par un examen, le plus général possible, du règne animal : c'était, par exemple, de trouver, à l'état vivant, dans d'autres continents, des animaux qui, dans le monde ancien, n'apparaissent que sous la forme fossile ; puis de combler certaines lacunes survenues dans le système, qu'on admette ou non un classement du règne animal ; enfin de reconnaître les lois qui semblent présider à l'extension géographique des animaux. En dehors de ces points de vue généraux, certaines questions spéciales firent voir quel serait le prix d'observations faites sur les lieux mêmes, pour apprendre à connaître la vie des animaux pélagiques, les bancs de polypes, etc. L'état de la zoologie provoqua donc un intérêt toujours croissant pour les résultats des grands voyages, bien qu'il faille observer une chose, c'est que la transformation de la conception générale du règne animal, l'introduction des types par Cuvier, s'opérèrent tout à fait indépendamment des voyages.

Naturellement il est impossible, dans le coup d'œil rapide que nous allons jeter sur les voyages qui ont mis en lumière des faits zoologiques, de s'attacher aux détails. Les résultats scientifiques seront mentionnés lorsque nous ferons la description de la connaissance des différentes classes. Et si aucune grande expédition n'a été exclusivement entreprise en faveur des sciences naturelles, dans la plupart d'entre elles cependant, à côté des problèmes qu'il s'agissait de résoudre sur la géographie et la physique du globe, on accorda une certaine attention au règne animal, souvent même au moyen de naturalistes chargés de cette étude. Aussi de nouvelles expéditions furent-elles entreprises, en dehors de celles dont il a été question plus haut, chez les différentes nations. Il ne paraît donc pas inutile de faire ici mention des voyages qui, par la publication de découvertes zoologiques, offrent aussi un intérêt littéraire.

Les entreprises des Français furent les premières et les plus fécondes. Le premier voyage dont nous avons à parler ici fut d'une importance très grande par la multitude des observations faites et des animaux rapportés de l'étranger. En 1800 les navires *le Géographe*, *le Naturaliste* et *la Casuarina* commandés par Nicolas Baudin, ayant Freycinet pour lieutenant de vaisseau, quittèrent la France. Le directeur de la partie scientifique de l'expédition était Jean-Bapt. Marcellin baron Bory de Saint-Vincent (né en 1780, mort en 1846), qui cependant ne fit qu'une partie du voyage, car il se sépara de ses compagnons et publia ses découvertes isolément (1801-1802)[1]. Les zoologistes étaient François Péron (né et mort à Cérilly, 1775-1810) et Charles-Alex. Lesueur[2], d'abord occupé comme dessinateur. Le voyage suivant fut fait de 1817 à 1820, sous les ordres de Louis-Claude Desaulses de Freycinet, sur les navires *Uranie* et *Physicienne* ; les zoologistes Jean-René-Constant Quoy et Jean-Paul Gaimard furent adjoints à cette expédition[3]. Le voyage autour du monde de la *Coquille*, sous les ordres de Louis-Isidore Duperrey, de 1822 à 1825, eut une grande importance[4]. En dehors des observations sur la physique de la terre, cette expédition, grâce aux deux naturalistes René Primevères Lesson (né en 1794 à Rochefort, mort en 1849 dans la même ville[5]) et

---

[1] Bory de Saint-Vincent, *Voyage dans les quatre principales îles des mers d'Afrique, fait pendant les années IX et X* (1801 et 1802) *avec l'histoire de la traversée du capitaine Baudin jusqu'au port Louis de l'île Maurice*. Paris, 1803, 3 vol. in-8 et atlas in-4.

[2] Lesueur naquit en 1778 au Havre, partit pour l'Amérique avec le géologue Maclure, retourna au Havre en 1837 et mourut en 1846.

[3] De Freycinet, *Voyage autour du monde sur les corvettes* l'Uranie *et* la Physicienne, *pendant les années 1817-1820*. Paris, 1824-1844, 8 vol. in-4 et 4 atlas in-folio. La *Zoologie* publiée en 1824 forme 2 vol. avec un atlas de 96 planches.

[4] Duperrey, *Voyage autour du monde sur la* Coquille *pendant les années 1822-1825*. Paris, 1828-1838, 4 sections in-4 et atlas de 352 planches.

[5] La *Zoologie* rédigée par Lesson et Garnot forme 2 vol. avec atlas de 157 planches in-folio.

Son frère, Pierre-Adolphe Lesson (né en 1805), publia, avec A. Richard, la bota-

Prosper Garnot (né en 1794, mort en 1838), fut très féconde en découvertes zoologiques [1]. De 1826 à 1829, Quoy et Gaimard, dont nous avons déjà parlé, accompagnèrent Dumont-d'Urville dans son voyage sur l'*Astrolabe*[2]. De 1830 à 1832 le botaniste Charles Gaudichaud Beaupré, qui avait déjà fait le tour du monde sur l'*Uranie*[3], s'embarqua en qualité de naturaliste sur l'*Herminie* et fit encore un autre voyage sur la *Bonite*[4]. Ce dernier vaisseau fit le tour du monde sous les ordres de Aug.-Nic. Vaillant de 1836 à 1837 ; il était monté par les deux zoologistes F.-Th. Eydoux et Souleyet [5]. Les résultats zoologiques obtenus de 1836 à 1239 dans les voyages entrepris sous la direction de Abel Dupetit-Thouars furent plus tard retravaillés par des zoologistes parisiens [6]. La dernière expédition française dont nous ayons à faire mention est celle de Dumont-d'Urville au pôle sud, entreprise sur les navires l'*Astrolabe* et *la Zélée*[7]. Les naturalistes Hombron et Honoré Jacquinot (né en 1814, frère de Charles-Hector Jacquinot, capitaine de la *Zélée*) y accompagnèrent Dumont-d'Urville.

Viennent ensuite les voyages des Anglais, auxquels se rattache un intérêt important. C'est d'abord un voyage au pôle sud entrepris de 1823 à 1824 par un pêcheur de baleines James Weddell. De 1823 à 1828, le capitaine Beechey qui, sur le navire *Blosson*, devait, par le détroit de Béring, aller à la rencontre de John

nique de *l'Astrolabe*. Il a été prétendu dans certains ouvrages que Duperrey fit en 1833 une nouvelle expédition avec Lesson. Cela est faux.

Puis vint l'expédition du jeune Bougainville sur le *Thétys* et l'*Espérance*, 1824-1826; elle eut surtout des résultats pour la physique.

[1] En 1830-1832 eut lieu l'expédition de la *Favorite,* commandée par Cyrille-Pierre-Théodore Laplace, qui, en 1837-1840, fit le tour du monde sur l'*Artémise.*

[2] Dumont-d'Urville, *Voyage de la corvette* l'Astrolabe *pendant les années 1826-1829.* La *Zoologie* par Quoy et Gaymard forme 4 vol. in-8 avec atlas de 193 planches in-folio.

[3] Gaudichaud a rédigé la botanique du *Voyage de l'*Uranie, 1 vol. avec atlas de 120 planches.

[4] La partie botanique du *Voyage de la* Bonite forme 4 vol. avec atlas de 150 pl.

[5] Vaillant, *Voyage autour du monde exécuté pendant les années 1836 et 1837 sur la corvette* la Bonite. Paris, 1839-1844, 14 vol. in-8 accompagnés de 3 atlas in-folio. La *Zoologie,* rédigée par Eydoux et Souleyet, forme 2 vol. avec atlas de 100 planches.

[6] Abel Dupetit-Thouars, *Voyage autour du monde sur la frégate* la Vénus, 11 vol. in-8 et 4 atlas in-folio. La *Zoologie,* comprenant les mammifères, les oiseaux, les reptiles et les poissons, est accompagnée d'un atlas de 179 planches.

[7] Dumont-d'Urville, *Voyage au pôle sud et dans l'Océanie sur l'*Astrolabe *et la* Zélée *pendant les années 1837-1840.* Paris, 1842-1854, 22 vol. et 5 atlas. La *Zoologie,* rédigée par Hombron et Jacquinot, a été publiée de 1846 à 1854 et forme 5 vol. avec atlas de 140 planches.

Franklin venant du côté est, entreprit une expédition plus
longue, dont les résultats eurent leur importance pour la zoologie [1]. Frédéric Debell Bennett (né en 1809, mort en 1859, frère
de Georges Bennett, né en 1804, qui visita l'Australie comme
zoologiste) fit le tour du monde de 1830 à 1833 avec un pêcheur
de baleines [2]. De 1826 à 1830, Philippe Parker King et Robert
Fitzroy (mort en 1865) firent le tour du monde sur les navires
Adventure et *Beagle*, et rapportèrent des faits zoologiques
importants [3] ; le capitaine Rob. Fitzroy était à la tête de l'expédition et Charles Darwin l'accompagnait comme naturaliste [4]. Si
les résultats immédiats de ce voyage furent de grand prix, et
pour l'attester ne citons que la faune des Galapagos, la nature et
la formation des îles de corail, la faune fossile de l'Amérique du
sud, etc., cette expédition a spécialement été remarquable par ce
fait que Darwin y conçut une théorie célèbre, qui ne devait pas
seulement s'étendre à la zoologie, mais à toutes les branches scientifiques de la nature vivante. Rich. Brinsley Hinds fut adjoint
comme naturaliste à l'expédition de sir Edw. Belcher sur le *Sul-*
phur 1836 à 1842 [5]. Sous les ordres de sir James Clark Ross les
deux navires *Erebus* et *Terror* furent envoyés à la recherche
des forces magnétiques de la région antarctique et, s'il était
possible, à la découverte du pôle sud magnétique [6]. R. M. Corninck et le botaniste Jos. Dalton Hooker accompagnèrent cette
expédition. Arthur Adams, qui fit une étude spéciale des mollusques, s'adjoignit comme naturaliste au capitaine Henri Kellett,
lorsque celui-ci (1845-1850) entreprit un voyage au tour du
monde et trois voyages dans les mers polaires à la recherche de
John Franklin. Enfin, de 1846 à 1850, Thom. H. Huxley prit
part, comme nous l'avons dit, à l'expédition du *Rattlesnake*
sous les ordres du capitaine Owen Stanley.

---

[1] Beechey, *Zoology of the Voyage to the Pacific of H.-M.-S.* Blosson *in*
1825-1828. London, 1839, in-4, with 44 pl.

[2] F.-D. Bennett, *Narrative of a whaling voyage round the globe from the*
years 1833 to 1836. London, 1840, 2 vol. in-8.

[3] Fitzroy and Darwin, *Voyage in the* Beagle. Zoology. London, 1838-1843, 5 vol.
in-4, with 166 plates.

[4] Darwin, *Journal of researches into the natural History and Geology of the*
countries visited during the voyage of H.-M.-S. Beagle *round the world*. New
edition. London, 1860.

[5] *Voyage of H.-M.-S.* Sulphur *during the years 1836-1842*. Edited and super-
intended by R.-B. Hinds. London, 1844.

[6] Ross, *Voyage of H.-M.-S.* Erebus *and* Terror *during the years 1839-1843*.
London, 1844-1848, in-4.

Les Russes commencèrent de bonne heure, en envoyant des naturalistes prendre part aux expéditions lointaines, à rendre ces voyages utiles à la science. Le premier voyage autour du monde que nous avons à citer ici fut poursuivi de 1803 à 1806 sur le *Radjeschda* commandé par Adam-Jean de Krusenstern ; Guillaume Gottlieb Tilésius (né en 1769 à Mulhausen en Thüringen, plus tard anobli par le gouvernement russe, mort dans sa ville natale en 1857) [1] et Georg.-Henri de Langsdorf [2] y prirent part comme savants. Otton de Kotzebue fit deux expéditions autour du globe, de 1815 à 1818 et de 1823 à 1826 [3]. Dans son premier voyage sur le bâtiment *Rurick* il eut à bord comme naturalistes Adalbert de Chamisso, devenu depuis célèbre poète allemand (né en 1781, mort en 1838), et Jean-Fréd. Eschsholtz (né à Dorpat en 1793, mort dans la même ville en 1831). Cette expédition est devenue importante, car pour la première fois on observa la génération alternante des Salpes, observation décrite plus tard par Chamisso [4]. Eschscholtz prit part comme zoologiste à la seconde expédition faite sur la *Predprijatie* (entreprise) ; dans ces deux voyages il rassembla les matériaux qu'il exposa plus tard dans son travail sur les Méduses, ouvrage dont nous aurons à parler [5]. La dernière expédition russe, importante au point de vue géographique, fut le voyage autour du monde de Fréd.-Benj. de Lutke sur le *Senjawin*, de 1826 à 1829, monté par les naturalistes Ernest Lenz, Alex. Postels et F.-H. de Kittlitz, botaniste et ornithologiste.

Si des naturalistes allemands se joignirent aux expéditions

[1] Tilesius, *Naturhistor. Früchte der ersten kaiserl. russ. Erdumsegelung.* Saint-Pétersbourg, 1813, in-4.

On joignit à cette expédition le peintre Louis Choris, d'origine allemande. On trouve quelques récits de Chamisso dans son *Voyage pittoresque autour du monde.* Paris, 1822.

[2] Langsdorf, *Bemerkungen auf einer Reise um die Welt in den Jahren 1803-1807.* Frankfurt a M., 1813, 2 Bænde in-8.

Langsdorf naquit en 1774 ; en 1807, il se sépara au Kamtschatka de l'expédition de Krusenstern et alla à Saint-Pétersbourg (1808). Plus tard, il alla au Brésil comme consul russe et visita ce pays de 1825 à 1829. Depuis 1831, il vécut à Fribourg-en-Brisgau, où il mourut en 1852.

[3] Kotzebue, *Reise um die Welt in den Jahren 1823, 1824, 1825, 1826.* Weimar, 1830, 2 Bände. Eschscholtz a rédigé pour cet ouvrage : *Uebersicht der zool. Ausbeute.*

[4] Chamisso, *De animalibus quibusdam e classe vermium linneana, in circumnavigatione terræ, duce O. de Kotzebue, annis 1815 ad 1818 peracta.* Fasc. I, de Salpa. Berolini, 1819.

[5] Eschscholtz, *System der Acalephen, Ausführliche Beschreibung aller medusenartigen Strahlthiere.* Berlin, 1829, in-4.

russes, aucun voyage important ne fut entrepris par l'Allemagne. Georg.-Adolphe Erman (né en 1806 à Berlin) fit le tour du monde, à ses frais, sur une frégate russe *le Krotkoi*, de 1828 à 1830. Les observations physiques furent le plus important résultat de son voyage; le règne animal y fut cependant l'objet d'une étude attentive[1]. De 1830 à 1832, Franç.-Jul.-Ferd. Meyen (né en 1804 à Tilsitt, mort à Berlin en 1840) accompagna le capitaine Wendt dans le voyage qu'il fit autour du monde sur le vaisseau marchand prussien *la Princesse-Louise*[2]. L'expédition de la *Novara,* entreprise par le gouvernement autrichien sous les ordres de Wüllerstorf-Urbair, de 1857 à 1859, à laquelle prirent part, comme naturalistes, Ch. Scherzer et Georg. Frauenfeld (né en 1807 à Vienne), n'a pas encore terminé la publication de ses découvertes[3]. Il faut rapporter à cette même époque le travail sur les découvertes scientifiques faites dans le voyage de la frégate suédoise *Eugénie,* commandée par le capitaine Virgin (1851-1853).

Enfin, par suite des travaux auxquels ils donnèrent lieu sur différentes classes d'animaux, les voyages d'exploration organisés par les États-Unis de l'Amérique du Nord et faits sous les ordres du capitaine Charles Wilkes de 1838 à 1842 eurent une grande importance. Prirent part à l'expédition : Charles Pickering, Jos.-P. Couthony, James-D. Dana, T.-R. Peale et Horatio Hale[4]. Parmi les savants que nous venons de nommer, Dana se distingua par ses travaux scientifiques sur les collections.

Dans cette nomenclature il nous était impossible de dire les pays visités par chacun de ces voyageurs. Dans le tableau que nous allons donner des travaux sur la faune et des voyages entrepris pour cette étude, nous ne pourrons faire mention de tous les voyageurs qui se sont occupés de collectionner et d'observer des animaux; nous ne rapporterons que les faits

---

[1] Erman, *Verzeichniss von Thieren und Pflanzen, welche auf einer Reise um die Erde gesammelt wurden.* Berlin, 1835, in-folio, mit 17 Tafeln.

[2] Meyen, *Reise um die Erde in den Jahren 1830, 1831 und 1832.* Berlin, 1834-1835, in-4.

[3] *Reise der österreichischen Fregatte* Novara *um die Erde in den Jahren 1857, 1858, 1859, unter den Befehlen des Commodore B. von Wüllerstorf-Urbair.* Wien, 1861-1879, in-4.

[4] Wilkes, *Narrative of the United States exploring Expedition around the world.* New-York, 1844; new edition, New-York, 1856, 5 volumes in-8.

Les *Reports of the scientific Results of the Expedition* forment les volumes VI et suivants publiés in-4 avec planches. Dana est l'auteur des volumes consacrés aux zoophytes (1846), à la géologie (1849), aux crustacés (1855).

les plus importants. La plupart des voyageurs naturalistes, visitèrent l'Amérique du Sud dans la première moitié de notre siècle. L'ingénieur Don Félix de Azara (né en 1746, mort en 1811), chargé par le gouvernement espagnol de la délimitation des frontières du Paraguay, rapporta des observations importantes sur les conditions de la faune dans une partie de l'Amérique du Sud [1]; il passa du reste vingt années dans le pays et l'étudia à fond, 1781 à 1801 [2]. De 1799 à 1804 Alexandre de Humboldt visita l'Amérique du Sud avec Aimée Bonpland. Si de Humboldt n'a pas contribué à enrichir la zoologie par la découverte d'espèces nouvelles, ses descriptions de la vie animale sont cependant très remarquables [3]. L'étude de la géographie animale, profita de ses travaux parce qu'il rattacha l'apparition des différentes espèces aux conditions générales de la nature. L'histoire naturelle du Brésil trouva un observateur zélé et un narrateur fidèle dans le prince Maximilien-Alexandre-Philippe Wied-Neuwied (né en 1782, mort en 1867), qui visita le pays de 1815 à 1821 [4]. En 1817 les naturalistes autrichiens Jean-Emmanuel Pohl (botaniste, 1782-1834), Jean-Chr. Mikan (1769-1844) [5] et Jean Natterer (1787-1840) allèrent au Brésil à la suite d'une grande-duchesse, et y firent principalement des collections. Jean-Bapt. Spix et Ch.-Fréd.-Phil. Martius [6], sur l'invitation de Max Joseph Ier, roi de Bavière, se joignirent à eux et visitèrent le pays pendant trois ans. Tandis que le dernier rendit son voyage fort important par ses recherches sur les palmiers, Spix [7] élargit essentiellement la connaissance de la faune brési-

[1] Azara, *Apuntamientos para historia natural de los Quadrupedos del Paraguay y Rio de la Plata.* Madrid, 1802, 2 vol. in-4. — Traduit en français par L.-E. Moreau de Saint-Méry. Paris, an IX (1801), 2 vol. in-8.

[2] Azara, *Voyages dans l'Amérique méridionale,* publiés d'après les manuscrits de l'auteur par C.-A. Walckenaer; suivis de l'histoire naturelle des oiseaux du Paraguay, trad. par Soumini. Paris, 1809, 4 vol. in-8 et atlas in-folio.

[3] De Humboldt et Bonpland, *Recueil d'observations de zoologie et d'anatomie comparée faites dans un voyage aux Tropiques.* Paris, 1811-1832, 2 vol. in-4 avec 57 planches.

[4] Maximilian, Prinz von Wied, *Recueil de planches coloriées d'animaux du Brésil.* Weimar, 1822-1831, 15 livraisons in-folio.—*Beitræge zur naturgeschichte von Brasilien.* Weimar, 1825-1833, 4 vol. in-8.

[5] Mikan, *Delectus floræ et faunæ Brasiliensis.* Vindobonae, 1820-1825, fasc. I à IV, in-folio.

[6] Martius, *Reise in Brasilien.* München, 1823-1831, 3 parties in-4.

[7] Spix naquit en 1781 à Hochstaedt; étudia la théologie, puis la médecine et mourut à Munich en 1826. Martius (anobli plus tard) naquit à Erlangen en 1794 et mourut à Munich en 1868. Il était le fils du pharmacien Ernest-Guillaume Martius.

lienne par ses descriptions de formes nouvelles [1] (à l'exception
des animaux articulés, décrits par Max Perty [2], et des poissons
que L. Agassiz étudia spécialement) [3]. Jean-Rodolphe Rengger (né
en 1795 à Aarau, mort dans la même ville en 1832) visita l'Amérique du Sud de 1818 à 1826 et fit une étude approfondie du
règne animal du Paraguay [4]. Alcide Dessalines d'Orbigny (né en
1802, mort en 1857, à Paris, professeur de paléontologie au
Jardin des plantes) visita l'Amérique du Sud de 1826 à 1833; il
vit en grands détails la partie sud du continent, et son voyage fut
d'une grande utilité à la zoologie et à l'ethnographie [5]. Édouard
Pœppig (né en 1798 à Plauen, mort à Leipzig en 1868) se distingua par la forme artistique donnée au récit de son voyage; en
effet il parcourut l'Amérique de 1822 à 1832, en commençant
par Cuba, et la Pensylvanie; en 1827 il alla dans le Pérou, le
Chili et le pays des Amazones. Il n'a lui-même fait que de courtes
descriptions de ses collections zoologiques. Le Français Claude
Gay (né en 1800) visita l'Amérique du Sud de 1828 à 1842
aux frais du gouvernement chilien [6]. L'ethnographie et la faune
du Pérou furent l'objet des travaux de Jean-Jacques de Tschudi
(né en 1818 à Glanes) qui fit un séjour de cinq ans dans ce pays
(1838-1842) [7]. De 1844 à 1847, le comte Francis de Castelnau
entreprit dans l'Amérique du Sud un voyage scientifique organisé
par le gouvernement français et qui fut très profitable à la
zoologie [8]. Le nord de l'Amérique du Sud, et principalement la
Guyane, furent visités par les deux frères Robert Schomburgk [9]

---

[1] Spix, *Serpent. bras. sp. novæ.* 1 vol. avec 26 pl. color. *Avium sp. novæ.* 2 vol.
avec 222 pl. color. *Lacert. sp. novæ.* 1 vol. avec 28 pl. *Testudinum et Ranar.
sp. novæ.* 1 vol. avec 39 pl. color. *Testacea.* 1 vol. avec 29 pl. color.

[2] Perty, *Delectus animal. articul.* Monachii, 1830-1831, 1 vol. avec 40 pl. color.

[3] Agassiz, *Selecta genera et species piscium.* Monachii, 1829-1831, in-folio, avec
100 planches.

[4] Rengger, *Naturgeschichte der Säugethiere von Paraguay.* Basel, 1830, in-8.

[5] D'Orbigny, *Voyage dans l'Amérique méridionale, exécuté dans le cours des
années 1826 à 1833,* 90 livraisons in-4 avec 415 planches.

[6] Gay, *Historia física y política de Chile.* Paris, 1844-1854. La partie zoologique forme 8 vol. in-8 et atlas in-fol. publiés de 1847 à 1854.

[7] Tschudi, *Untersuchungen über die Fauna Peruana auf einer Reise in Peru
wæhrend den Jahren,* 1838-1842. Saint-Gallen, 1844-1847, in-4.

[8] De Castelnau, *Expéditions dans les parties centrales de l'Amérique du Sud,
de Rio-Janeiro à Lima, et de Lima au Para, exécutées pendant les années 1843
à 1847.* La zoologie forme 3 vol. in-4 avec 180 planches.

[9] Robert-Hermann Schomburgk naquit en 1804 à Fribourg. De 1834 à 1839, il fit
un voyage à la Guyane aux frais de la Société géographique de Londres; de 1840 à
1844, il fit dans ce pays un nouveau séjour avec l'autorisation du gouvernement anglais; en 1865, il mourut à Berlin. Pendant sa résidence à Siam, comme consul général

et Richard Schomburgk [1] qui en étudièrent les conditions naturelles. Enfin Hermann Burmeister fit des études approfondies sur la faune du Brésil [2]. Les trésors immenses que rapportèrent de leurs voyages Alfred Russell Wallace [3], H.-G. Bater et L. Agassiz [4], nous prouvent combien sont inépuisables les richesses de l'Amérique du Sud. L'expédition astronomique envoyée dans l'Amérique du Sud par les États-Unis, sous le commandement du capitaine Gilliss, eut aussi des résultats pour la zoologie (1849-1852) [5]. Parmi les îles de l'ouest de l'Inde, Cuba fut l'objet des recherches scientifiques de Ramon de la Sagra (né en 1798, directeur du jardin botanique de la Havane depuis 1823) ; des savants de Paris se chargèrent d'étudier la partie zoologique de ses découvertes [6]. Félipe Poey a également décrit la nature de cette île [7], et, en dehors des voyageurs mentionnés plus haut, plusieurs autres, tels que Jean Gundlach, Aug. Sallé, etc., y firent des collections.

Pour ce qui est de la faune de l'Amérique du Nord, ce furent principalement des indigènes qui l'étudièrent. Parmi les savants Américains, les deux Bartram, Jean (1701-1779) et William (1739-1823), de même que Ben. Smith Barton (1766-1815) méritent d'être nommés [8]. Les mammifères furent étudiés par Rich. Harlan [9] et Audubon [10] qu'il ne faut pas oublier ;

anglais, sa santé avait été profondément affaiblie. Son frère, Maurice-Richard, l'avait accompagné à la Guyane, sur l'invitation du roi de Prusse en 1840.

[1] Richard Schomburgk, *Reisen in British Guiana in den Jahren, 1840-1844. Nebst einer Fauna und Flora Guiana's.* Leipzig, 1847-1848. Theile in-8.

[2] Burmeister, *Physikalische Beschreibung der argentinischen Republik.* Buenos-Ayres, 1875-1880, tome I à V. Trad. de l'allemand par E. Maupas, 1875-1879.

[3] A.-R. Wallace, *Travels on the Amazon and Rio-Negro,* new edition. London, 1870, in-8.

[4] Agassiz, *Scientific Results of a Journey in Brazil,* 1870, in-8.

[5] Gilliss, *United States' naval astronomical Expedition to the Southern Hemisphere during the years 1849-1852.* Washington, 1856, in-4.

[6] Ramon de la Sagra, *Historia física, política y natural de la isla de Cuba.* Paris, 1838-1858, in-4. A été également publié en français sous le titre : *Histoire physique, politique et naturelle de l'île de Cuba, 1840-1858.*

[7] F. Poey, *Memorias sobre la historia natural de la Isla de Cuba.* Habana, 1851-1858, in-8 avec planches.

[8] Barton, *New Views of the origin of the Tribes and Nations of America.* Philadelphia, 1797, in-8. — *Fragments of the natural History of Pennsylvania.* Part. I. Philadelphia, 1799, in-folio.

[9] Harlan, *Fauna americana : being a description of the mammiferous Animals inhabiting north America.* Philadelphia, 1825, in-8. — *American Herpetology.* Philadelphia, 1827, in-8.

[10] Audubon and Bachman, *The Quadrupeds of north America.* Philadelphia, 1843-1849, 3 vol. avec 150 planches.

en dehors de Harlan, Jean-Édouard Holbrook (né en 1795,
étudia les reptiles[1]; les poissons furent l'objet des travaux
de Jer.-V.-C. Smith[2], de Humphrey David, de Horace Robert Storer[3] et de Ed. Hitchcock[4] (né en 1793), J.-Ed.-Hol-
brook approfondit aussi cette question[5]. Les oiseaux furent
décrits par Alex. Wilson (né en 1766 en Écosse, émigra en
Amérique en 1794, mourut en 1813)[6] et par John James Audubon (1780-1857), observateur minutieux et peintre de talent[7]. Il faut y joindre Const.-Sam. Rafinesque Schmalz, né
en Sicile (à Galata, 1783), qui alla plus tard en Amérique, fit
des études spéciales sur les poissons de l'Ohio et mourut à Phi-
ladelphie en 1840[8]. Lesueur contribua également à répandre la
connaissance des poissons. Charles-Lucien Bonaparte (né en
1803, fils de Lucien, vécut longtemps en Amérique, revint en
Europe en 1830 et y mourut en 1857) compléta l'ornithologie
de Wilson[9]. Le prince Maximilien de Wied-Neuwied visita
aussi certaines parties de l'Amérique du Nord et en étudia le
règne animal[10]. L'histoire naturelle de l'État de New-York fut
l'objet d'une étude soignée; James-Edw. de Kay (mort en 1851) se
chargea de la zoologie[11] et James Hall (né en 1811) de la paléontologie. Les expéditions entreprises dans ces derniers temps

[1] Holbrook, *North american Herpetology*. Philadelphia, 1843, 5 vol. in-4 avec planches.
[2] J.-V.-C. Smith, *Natural History of the Fisches of Massachusetts*. Boston, 1833.
[3] Storer, *A Synopsis of the Fishes of north America* (Mem. Amer. Acad., vol. II, new series, 1846). — *A History of the Fishes of Massachusetts* (Mem. Amer. Acad., vol. V, new series, 1853-1855).
[4] Hitchock, *Report on the geology, mineralogy, botany and zoology of Massachusetts*, 1833, in-8 et atlas.
[5] Holbrook, *Ichthyology of South Carolina*. Charleston, 1855, in-4, avec planches color.
[6] A. Wilson, *American Ornithology*. Philadelphia, 1808-1814, 9 vol. in-4, se-conde édition. New-York, 1828, 3 vol. in-4, plates in-folio.
[7] Audubon, *The Birds of America*. New-York, 1828-1840, 4 vol. in-fol. avec 500 planches color. New édit., New-York, 1840-1844, 7 vol. in-8 avec 300 planches color. — *Ornithological Biography*. New-York and Edinburg, 1831-1849, 5 vol. in-8. — *Scènes de la nature dans les États-Unis et le nord de l'Amérique*, trad. par Eugène Bazin, 2 vol. in-8.
[8] Rafinesque-Schmaltz, *Icthyologia ohioensis*. Lexington, 1820, in-8.
[9] Bonaparte, *American Ornithology or the natural History of Birds inhabiting the United-States not given by Wilson*. Philadelphia, 1825-1833, 4 vol. in-4.
[10] Maximilian, Prinz von Wied, *Reise durch nord-America*. Coblentz, 1838-1843, 2 Bænde.
[11] *Natural History of New-York*. Albany, 20 vol. in-4, avec planches. La Zoo-logie, rédigée par J.-E. de Kay, forme 5 vol. La Paléontologie, rédigée par James Hall, forme 3 vol.

pour l'établissement d'un chemin de fer qui traverserait le continent ont fait faire des découvertes importantes sur la faune [1].
Spencer F. Baird (né en 1823) eut le mérite d'ordonner et
de traiter toutes ces matières. Dans sa collaboration à l'histoire
naturelle de l'Amérique du Nord [2], L. Agassiz ne traita jusqu'à
présent que les tortues et les méduses [3]. La faune de la partie
nord du continent a été l'objet des travaux de sir John Richardson (né en 1787, mort en 1865) [4]; deux fois il avait accompagné
John Franklin dans ses expédions au pôle nord (de 1819 à 1822
et de 1825 à 1827) et en avait rapporté des collections qui servirent à ses études. En 1845, il conduisit lui-même une expédition
à la recherche de John Franklin ; il a aussi publié les travaux
zoologiques faits pendant le voyage de sir Edw. Belcher au pôle
nord [5].

John White [6] et Jean-Edw. Smith firent des communications
sur les découvertes faites sur le règne animal de l'Australie et
dont nous avons déjà parlé [7] ; George Shaw (1751-1813) commençait déjà en 1794 à écrire une faune de l'Australie [8]. Flinders, il est vrai, était accompagné par le botaniste Robert Brown ;
mais il ne fit pas mieux connaître la faune de ce pays.
De 1818 à 1822, Phil. Parker King visita une partie des côtes
et rapporta en Europe des matériaux zoologiques [9]. Comme
nous l'avons dit, George Bennett voyagea en Australie et en
différentes régions du sud de l'Asie, de 1832 à 1834, comme

[1] *Reports of Explorations and Surveys, to as certain the most praticable
and economical Route for a Railroad from the Mississipi River to the Pacific
Ocean.* Washington, 1855-1858, in-4.
[2] S.-F. Baird, *Birds of north America.* Washington, 1870, 2 vol. in-4, with an
Atlas.
[3] Agassiz, *Contributions to the natur. hist. of the Acalephæ of north America.* Cambridge, 1849. — *Contributions to the natur. Hist. of the United States
of America.* Boston, 1857 et années suiv., 6 vol. in-4 avec planches.
[4] J. Richardson, *Fauna boreali-americana or the Zoology of the Northern
parts of british America.* London, 1829-1836, in-4.
[5] Belcher, *The last of the Artic Voyages ; being a narrative ot the Expedition
in H. S. M.* Assistance *in search of Sir John Franklin, during the years 1852-
1854.* With notes on the natural History by Sir John Richardson, R. Owen, Th. Bell,
J.-W. Salter and Lowell Reeve. London, 1855, in-8.
[6] J. White, *Voyage à la Nouvelle-Galles du Sud, à Botany-Bay et au Port
Jackson, en 1787-1789,* traduit de l'anglais avec des notes par Ch.-Jos. Pougens.
Paris, 1795 et an V (1798), in-8.
[7] J.-E. Smith, *Specimen of the Botany and Zoology of New Holland.* London, 1793-1794, in-4.
[8] Shaw, *Zoology of New Holland.* London, 1794, vol. I.
[9] King, *Narrative of a Survey of the intertropical and western coasts of
Australia performed between the years 1818 and 1822.* London, 1827, 2 vol. in-8.

naturaliste [1]. Les plus belles découvertes sur les animaux supérieurs furent rapportées par John Gould (né en 1804) qui, en 1838, partit en Australie pour plusieurs années [2].

Des Anglais, tels que sir Stanford Raffles (1781-1826), Thomas Horsfield (né en 1773 en Pensylvanie, mort à Londres en 1859) [3], visitèrent d'abord les îles de l'est de l'Inde ; plus tard ce furent des Hollandais, tels que Gasp.-Georg.-Ch. Reinwardt (1773-1854), Salomon Muller et J.-J. van Hasselt. Puis Conr.-Jac. Temminck (1778-1858) décrivit dans un grand ouvrage le règne animal des possessions transatlantiques des Pays-Bas [4].

L'histoire naturelle du continent et de l'Inde, pour laquelle on fonda des journaux spéciaux comme on l'avait fait pour l'étude de l'histoire naturelle des îles, fut presque exclusivement étudiée par les Anglais; parmi un grand nombre de savants que nous ne pouvons tous nommer ici, se distinguèrent T.-C. Jerdon, Ed. Blyth, John M'Clelland et Horsfield. Le voyage du baron Ch.-Alex.-Ans. de Hugel (né en 1796, mort en 1870) à Kaschmir et dans le pays des seikhs fut très fécond en bons résultats. Charles Bélanger fit aussi quelques communications isolées [5] ; de 1825 à 1829 il alla par terre dans l'est de l'Inde et revint en Europe par l'île de Java, l'île Maurice et le Cap. Hugh Falconer (naquit en 1808, vécut dans les Indes de 1830 à 1843 et de 1848 à 1855, mourut en 1865) s'illustra par ses études sur l'histoire des fossiles de l'est de l'Inde [6]. C'est à Philip. Franç. de Siébold [7] que la science doit les notions les plus étendues sur la faune du Japon [8]; c'est principalement en Europe que ce savant a appris à connaître le Japon.

---

[1] G. Bennett, *Gatherings of a naturalist in Australasia.* London, 1860, in-8. — *Wanderings in New South Wales, Batavia Pedircoast, Singapore and China.* London, 1844, 3 vol. in-8.

[2] Gould, *The Birds of Australia.* London, 1840-1848, 36 livr. in-folio. Suppléments 1, 2, 3. London, 1851-1856.

[3] Horsfield, *Zoological Researches in Java.* London, 1821-1828, 2 vol. in-4.

[4] *Verhandelingen over de naturlijke Geschiedenis der Nederlandsche overzeesche beziltingen.* Leyden, 1840-1848, 3 vol. in-folio.

[5] Ch. Bélanger. *Voyage aux Indes orientales pendant les années 1825 à 1829,* 3 parties ou 8 vol. in-8 avec atlas in-4. Paris, 1831-1844.

[6] Falconer and Cautley, *Fauna antiqua Sevalensis, being the fossil zoology of the Sewalik Hills in the India of north.* London, 1845-1851, in-folio, avec planches lithogr.

[7] Philip.-Franç. de Siébold est le fils de Christophe de Siébold, mort en 1878 à Wurzbourg, où il était professeur.

[8] Siebold, *Voyage au Japon, exécuté pendant les années 1823 à 1830,* édition franç. rédigée par A. de Montry et E. Frayssinet. Paris, 1838, gr. in-8 et atlas in-fol.

Julien-François Desjardins (1799-1840) [1] et Victor Sganzin [2] firent connaître le règne animal des îles Maurice et Madagascar; déjà précédemment Bory de Saint-Vincent dans son voyage à travers les quatre mers africaines, avait donné la description de quelques formes [3].

Le sud de l'Afrique fut visité de 1804 à 1806 par Martin-Ch.-Henri Lichtenstein, qui, natif de Hamburg, partit pour le Cap, comme médecin, au service de la Hollande; en 1811, il fut nommé professeur de zoologie à Berlin et mourut dans un voyage entre Korsœr et Kiel.

Andrew Smith décrivit la faune du sud de l'Afrique [4]. D'autres détails sur elle ont été donnés par Chr.-Ferd.-Fréd. Krauss (né en 1812, vécut au Cap de 1837 à 1840); le Suédois J.-A. Wahlberg, etc.

Tandis que les voyages de Frédéric Hornemann (né en 1766 à Hildesheim, disparu en 1800) et de Mungo Park (né en 1771 à Selkirk en Écosse, mort en 1805 sur le Niger) ne firent faire que quelques découvertes zoologiques, James Kingston-Tuckey rapporta de son voyage au Congo (1816) de riches matériaux pour étudier la faune de ce pays. Les expéditions faites par Hugh Clapperton, Dixon Derham et Walter Oudley dans l'ouest de l'Afrique centrale furent aussi fécondes en résultats.

La côte est fut visitée de 1844 à 1848 par Guill.-Ch.-Hartw. Peters (né en 1815, successeur de Lichtenstein à Berlin) [5]; et peu après par Carlo Fornasini, tous deux naturalistes observateurs et collectionneurs. Les découvertes de ce dernier furent étudiées à Bologne par Gius. Bertoloni [6] et Gian.-Gius.-Bianconi (né en 1809) [7].

— *Fauna Japonica.* Lugduni Batavorum, 1833-1852, in-folio. — *Nippon, Archiv zur Beschreibung von Japan und dessen Neben-und Schutzländern.* Leiden, 1834-1846, in-folio.

[1] Desjardins, *Rapports sur les travaux de la Société d'histoire naturelle de l'île Maurice.*

[2] Sganzin, *Notes sur les mammifères et l'ornithologie de l'île de Madagascar.* Strasbourg, 1840, in-4.

[3] Bory de Saint-Vincent, *Voyage dans les quatre principales îles des mers d'Afrique.* Paris, 1803, 3 vol. in-8.

[4] A. Smith, *Illustrations of the Zoology of South Africa.* London, 1838-1857, 5 vol. in-4 avec pl. color.

[5] Peters, *Naturwissenschaftliche Reise nach Mossambique in den Jahren. 1842-1848.* Berlin, 1852-1870, in-4 avec pl.

[6] Bertoloni, *Illustratio rerum naturalium Mozambici.* (Novi commentarii Academia di Bologna. 1850 et 1853.)

[7] Bianconi, *Specimina zoologica mozambicana.* (*Memorie dell' Academia di Bologna*, 1850-1858.)

Les voyages entrepris par les savants allemands contribuèrent puissamment à faire connnaître le règne animal du
nord de l'Afrique. Après l'expédition française d'Égypte, à
laquelle prirent part, comme nous l'avons dit, les zoologistes Ét.-
Geoffroy et J.-C. Savigny[1], Fréd.-Guill. Hemprich (né en 1795,
mort en 1825 en Égypte) et Chr. Gottfried Ehrenberg (né en
1795) étudièrent l'histoire naturelle de l'Égypte et de la mer
Rouge, et obtinrent de superbes résultats zoologiques[2]. A partir
de 1822, Pierre-Édouard Ruppell (né en 1794) étudia, dans
différents voyages, l'Abyssinie et le Dongola[3]. Ses voyages
importants pour la géographie ne furent pas moins utiles à la
connaissance du règne animal de l'Afrique. Les voyages entrepris de 1835 à 1840 dans le nord de l'Afrique et de la Syrie par
Joseph Russegger (né en 1802), accompagné par le botaniste
Théod. Kotschy (né en 1813, mort en 1866), furent également
féconds en résultats[4]. Théophile Lefèbvre conduisit de 1839 à
1843 une expédition française en Abyssinie[5]. Récemment
encore Théodore de Heuglin (né en 1824) rapporta bien des
choses nouvelles de son voyage dans le nord-est de l'Afrique
(1852 à 1853); de même les différentes expéditions faites dans les
vingt dernières années à l'intérieur de l'Afrique firent faire des
découvertes zoologiques intéressantes. Après que Moritz Wagner
(né en 1807, frère du physiologiste Rodolphe Wagner) eut
visité dans un but scientifique la régence d'Alger de 1836 à
1838[6], le gouvernement français organisa des commissions
spéciales, chargées d'étudier ce pays au point de vue scientifique, de 1840 à 1843[7].

---

[1] *Description de l'Égypte*, Histoire naturelle, texte 2 vol. et atlas, 2 vol. in-folio.
[2] Ehrenberg et Hemprich, *Symbolæ physicæ, seu icones et descriptiones Mammalium, Avium, Insectorum et Animalium evertebratorum quæ ex itinere per
Africam borealem et Asiam occidentalem redierunt*. Berolini, 1828-1845. in-fol.
avec planches.
[3] Ruppell, *Atlas zu der Reise im nördl. Afrika*. Zoologie. Frankfurt a/ M.,
1826-1831, in-fol. avec pl. — *Neue Wirbelthiere zu der Fauna von Abyssinien
gehörig.* Frankfurt a/M., 1835-1840, in-folio. — *Syst. Uebersicht der Vögel Nord-
Ost-Afrika's.* Frankfurt a/M., 1845, gr. in-8.
[4] Kotschy, *Abbildungen und Beschreibungen neuer und seltener Thiere und
Pflanzen in Syrien und im westlichen Taurus.* Stuttgart, 1843-1849, avec planches.
[5] *Voyage en Abyssinie, exécuté pendant les années 1839, 1840, 1841, 1842 et
1843* par une Commission scientifique composée de Théoph. Lefebvre, A. Petit et
Quartin-Dillon. Paris, 1845-1850, 6 vol. in-8 avec 2 atlas in-fol. de 202 pl.
[6] M. Wagner, *Reisen in der Regentschaft Algier in den Jahren, 1836-1838,
nebst einem naturhist. Anhang.* Leipzig, 1841, 3 vol. in-8 et atlas in-4.
[7] *Exploration scientifique de l'Algérie pendant les années 1840, 1841, 1842.*
Paris, 1846-1860. La Zoologie comprend l'histoire naturelle des mollusques par Des-

Les îles Canaries, dont Alexandre de Humboldt avait, en passant, analysé les conditions physiques et géologiques (cette étude fut faite plus tard par Léopold de Buch),[1] furent décrites de 1835 à 1844 par les naturalistes Barker-Webb et Sabin Berthelot (né à Marseille en 1794)[2]. La faune de Madère fut l'objet des recherches de R. T. Lowe[3], Osw. Heer et de T. Vernon Wollaston[4], etc.

Les recherches de Edward Forbes dans la mer Méditerranée eurent une grande importance pour faire connaître la distribution bathymétrique des animaux. L'histoire naturelle de la Grèce fut étudiée de 1829 à 1831 par une Commission scientifique française, à la tête de laquelle se trouvait Bory de Saint-Vincent[5]. Stephen-And. Rénier (1759-1830) étudia la faune de la mer Adriatique[6]. La faune de Naples fut décrite par Stefano delle Chiaje[7] et Oronzio Gabriele Costa (plus tard en collaboration avec son fils Achille)[8]. Ch.-Lucien Bonaparte fit une faune de l'Italie[9].

Une commission, dirigée par Mariano della Paz Graells, s'est mise à l'étude dans ces derniers temps pour approfondir les faits relatifs à la zoologie de l'Espagne ; des entomologistes allemands et des conchyliologistes avaient auparavant visité la presqu'île ibérienne.

Après que J.-A. Risso (1777-1845) eut, depuis 1810, étudié les poissons, les mollusques et les crustacés des côtes du sud de la France[10], une société de zoologistes français entreprit en 1820 de

hayes ; Mammalogie, Ornithologie, par Vaillant ; Erpetologie, Icthyologie, par Guichenot ; Animaux articulés par Lucas.

[1] L. de Buch, *Description physique des îles Canaries,* trad. de l'allemand par C. Boulanger. Paris, 1836, in-8 et atlas in-folio.

[2] Barker-Webb et Berthelot, *Histoire naturelle des îles Canaries.* Paris, 1835-1850 (publié en 106 livraisons), 6 vol. in-4 avec 438 planches.

[3] Lowe, *Primitiæ faunæ et floræ Maderæ et Portus Sancti.* Cambridge, 1831, in-4; new edition. 1851. — *Fishes of Madeira,* 1843-1860, 5 parts with 28 pl.

[4] Wollaston, *Insecta Maderensia.* London, 1854, in-4 with plates.

[5] Bory de Saint-Vincent, *Expédition scientifique en Morée.* Paris, 1832-1835, 3 vol. in-4 et atlas in-fol.

[6] Renier, *Osservazzioni postumi di zoologia adriatica*. Venezia, 1847, in-folio, con 16 tav. col. e 16 tav. nere.

[7] Delle Chiaje, *Memorie sulla storia e notomia degli animali invertebrati del Regno di Napoli.* Napoli, 1823-1829, 5 vol. in-4 et atlas de 175 pl. in-fol. ; nuova edizione, Napoli, 1841-1844, 8 vol. in-4.

[8] Costa, *Fauna del Regno di Napoli.* Napoli, 1829-1878, in-4 avec planches.

[9] Ch.-L. Bonaparte, *Iconografia della Fauna italica.* Roma, 1832-1842, 3 vol. in-fol.

[10] Risso, *Histoire naturelle des principales productions de l'Europe méridionale et principalement de celles des environs de Nice et des Alpes maritimes.* Paris et

faire la description systématique de la faune de France[1]. Cette
entreprise, à laquelle prirent part Vieillot, Blainville, Walke-
naer et d'autres savants, n'est pas encore terminée. Récemment
encore Paul Gervais commençait à décrire les vertébrés fossiles et vivants de la France[2]. Mich.-Édm. de Selys-Longchamps,
dans sa faune belge, ne parle aussi que des vertébrés[3]; P.-J. van
Beneden[4], Barth.-Charles Dumortier (né en 1777)[5] et d'autres
savants ajoutèrent des communications importantes à la partie
marine. Le règne animal de la Suisse fut décrit par Henri-Rod.
Schinz[6] (né en 1777, mort en 1861), Osw. Heer[7] (né en 1809),
Jean Charpentier[8] (1786-1855), Jean-Jacq. de Tschudi (le voyageur), etc., qui se partagèrent l'étude des différentes classes;
tandis que Fréd. de Tschudi, parent de celui que nous venons
de nommer, fit des descriptions fort intéressantes de la vie des
animaux supérieurs de la Suisse[9].

Jacq. Sturm (1771-1848), graveur à Nuremberg, contribua
beaucoup à faire connaître la faune allemande. En effet, de con-

---

Strasbourg, 1826-1827, 5 vol. in-8, avec 46 planches. — *Icthyologie de Nice*. Paris,
1810, in 8 avec 11 planches. — *Hist. nat. des crustacés des environs de Nice*.
Paris, 1816, in-8.

[1] *Faune française*, par Vieillot, Blainville, Desmarest, Audinet-Serville, Lepelletier
de Saint-Fargeau, Walckenaer, 29 livraisons contenant 290 planches coloriées.

[2] Gervais, *Zoologie et Paléontologie françaises;* nouvelles recherches sur les
animaux vertébrés dont on trouve les ossements enfouis dans le sol de la France, et
sur leur comparaison avec les espèces propres aux autres régions du globe. Paris,
1850, in-4, avec atlas de 80 planches; 2° édition, Paris, 1859, in-4, avec un atlas de
84 planches.

[3] Selys-Longchamps, *Faune belge*, 1re partie, indication méthodique des Mammifères, Oiseaux, Reptiles et Poissons observés jusqu'ici en Belgique. Liège, 1842, in-8,
avec 11 planches.

[4] Van Beneden, *Anatomie du Pneumodermon violaceum*, 1837. — *Sur l'Argonaute*, 1838. — *Sur le Limnaeus glutinosus*, 1838. — *Exercices zootomiques*,
1838-1839. — *Embryogénie des Tubulaires*, 1844. — *Embryogénie des Sépioles*,
1841. — *Limnæcina artica*, 1841. — *Embryogénie des Limaces*, 1841. — *Sur les
campanulaires de la côte d'Ostende*, 1843. — *Sur les bryozoaires qui habitent
la côte d'Ostende*, 1845. — *Sur l'organisation des Laguncula*, 1845. — *Recherches
sur la faune littorale de la Belgique : les vers cestoïdes*, 1850. — *Polypes*, 1866.
— *Recherches sur les bdellodes ou hirudinées et les trématodes marins* (avec
C.-E. Hesse), 1863. — *Ostéographie des cétacés vivants et fossiles* (avec P. Gervais), 1868-1878.

[5] Dumortier, *Évolution de l'Embryon dans les mollusques gastéropodes*, 1837.

[6] Schinz, *Verzeichniss der in der Schweiz vorkommenden Wirbelthiere*. Solo-
thurn, 1837.

[7] Heer, *Die Käfer der Schweiz*, 1 Theil, hiefer, 1-3 et 2 ter Theil, hief. 1.

[8] Charpentier, *Catalogue des Mollusques terrestres et fluviatiles de la Suisse*,
in-4, avec 2 planches.

[9] Tschudi, *Les Alpes, description pittoresque de la nature et de la faune
alpestres*. Berne, 1859, in-8.

cert avec George Wolfgang François Panzer [1] (1755-1829), Jean Wolf (1765-1824), de Voith et G. Hartmann de Hartmannsruthi, et secondé par ses fils Jean-Henri, Chr.-Fréd. et Jean-Guill. Sturm, il commença à publier des gravures de la faune allemande ; à ces figures furent ajoutées des descriptions[2]. D'autres tentatives furent faites encore pour représenter le règne animal de l'Allemagne ; elles se bornèrent en général ou à des groupes géographiques isolés, comme par exemple l'ouvrage de Ch.-Louis Koch sur les mammifères et les oiseaux de la Bavière, ou bien à des classes isolées.

Plus riche en connaissances sur sa propre faune est l'Angleterre. A l'ancien ouvrage de Pennant viennent se joindre les écrits remarquables de John Fleming [3] et de Léon Jenyns [4] (ce dernier ne parle que des vertébrés). George Johnston [5] (1797-1855), Edw. Forbes [6], Thom. Bell (né en 1792) [7] et Guill. Yarrell (1780-1856) [8], publièrent une série d'ouvrages très importants sur la faune anglaise. Mais certains districts furent plus minutieusement étudiés ; ainsi Jonathan Couch et son fils R.-Q. Couch se distinguèrent par leurs travaux sur la faune de Cornwall, tandis que Guill. Thompson s'adonna à la faune Irlandaise [9]. La faune de la presqu'île scandinave fut décrite par C. Quensel (vertébrés) et par Sven Nilsson [10] (1787-1856) ; mais déjà, au commencement de notre siècle, And.-J. Retzius (1742-1821) avait fait de nouvelles recherches au moins sur les vertébrés de la faune suédoise de Linné. Les travaux de M. Sars, de J. Koren et de Dan.-C. Danielssen, contribuèrent à répandre

---

[1] Panzer, *Faunæ Insectorum Germaniæ initia. Deutschlands Insecten.* Heft 1-110 Nurnberg, 1793-1823. — Fortgesetzt von Herrich-Schaeffer, Heft 111-190. Regensburg, 1829-1845, in-16.

[2] Sturm, *Deutschlands Fauna.* Nurnberg, 1797-1856.

[3] Fleming, *A History of British Animals.* Edinburgh, 1828, in-8.

[4] Jenyns, *A Manual of British vertebrale Animals.* Cambridge, 1835.

[5] G. Johnston, *A History of the British Zoophytes.* Edinburgh, 1838. —*British Sponges and Litophytes.* Edinburgh, 1842.

[6] Ed. Forbes, *A History of British Star-Fishes, Sea Urchins and other animals of the class Echinodermata.* London, 1841. — Forbes and Hanley, *A History of British Mollusca and their shells.* London, 1848-1853, 4 vol.

[7] T. Bell, *A History of the British stalk eyed Crustacea.* London, 1853. — *A Hist. of Brit. Reptiles.* London, 1849.

[8] Yarrell, *A Hist. of Brit. Fishes,* 3° edit. edited by J. Richardson. London, 1869.

[9] W. Thompson, *The Natural History of Ireland.* London, 1849-1856, 4 vol. in-8. — *Natural Hist. of the Birds of Ireland.* London, 1849-1851, 3 vol. in-8.

[10] Nilsson, *Skandinavisk Fauna.* Lund, 1820-1842; 1847-1858. — *Illuminerade Figurer till Skandinaviens Fauna.* Lund, 1831-1840.

la connaissance de la faune marine [1]. De 1838 à 1840, une commission française visita la Laponie et le Spitzberg [2]; la même, en 1835 et 1836, était allée en Islande et dans le Groënland et Paul Gaimard l'avait suivie en qualité de zoologiste [3]. Enfin, pour ce qui est de la faune russe, la science est encore redevable de travaux zoologiques importants à A. de Humboldt qui, en 1829, visita la Russie d'Asie avec Ehrenberg. Un grand nombre de voyageurs rapportèrent des faits zoologiques intéressants des différentes parties du grand empire. Le prince Anatole Demidoff visita le sud de la Russie [4], et Ed. Eichwald (né en 1795), le Caucase[5]; l'expédition dirigée par Ernest Hofmann, envoyé par la Société de géographie pour explorer les monts Ourals, rapporta des découvertes zoologiques [6]. Mais le plus important de tous les voyages fut celui d'Alex.-Théod. de Middendorff (né en 1815) à l'extrémité nord-est de la Sibérie (1843 à 1844) [7]. Les recherches de Léopold de Schrenk (1854 à 1856) dans les régions du fleuve Amour viennent également s'y joindre [8].

En étudiant le règne animal de mers et de pays différents, on en vint à réunir des faits encore plus nombreux sur l'apparition de certaines espèces telles que Zimmermann les eut à sa disposi-

---

[1] Sars, Koren, Danielssen, *Fauna littoralis Norvegiæ*. Christiania, 1846, 1re livr.; Bergen, 1856, 2e livraison in-folio.

[2] *Voyage de la Commission scientifique du Nord, en Scandinavie, en Laponie, au Spitzberg et aux Feröe pendant les années 1838, 1839 et 1840 sur la corvette la* Recherche. 20 vol. grand in-8 et 7 atlas grand in-folio contenant ensemble 516 planches. Paris, 1842-1845.

[3] *Voyage en Islande et au Groënland, exécuté pendant les années 1835 et 1836 sur la corvette* la Recherche, *commandée par M. Tréhouart, dans le but de découvrir les traces de la* Lilloise. Paris, 1840-1844, 6 vol. grand in-8 accompagnés de 3 atlas, ensemble de 250 planches.

[4] An. Demidoff, *Voyage dans la Russie méridionale et la Crimée, par la Hongrie, la Valachie, la Moldavie, exécuté en 1839.* Ouvrage illustré de 65 gravures et d'un album de 78 planches et d'un atlas de 80 planches coloriées d'histoire naturelle. Paris, 1839.

[5] C.-E. Eichwald, *Reise auf dem Caspischen Meere und in dem Caucasus.* Stuttgart, 1834-1836, Band I, Abtheil. 1, 2. — *Fauna caspio-caucasia nonnullis observationibus illustr.* Petropoli, 1841. in-folio, cum 40 tabl.

[6] E. Hofmann, *Der Nordliche Ural und das Kusten-gebirge Pai-Choï, untersucht und beschrieben von einer in den Jahren 1847, 1848 u. 1850 durch die kaiserl. russische geographische Gesellschaft ausgerusteten Expedition.* Saint-Pétersbourg, 1853-1856, in-4.

[7] A.-Th. Von Middendorff, *Reise in den aeussersten Norden und OstenSiberiens waehrend der Jahre 1843 und 1844.* Saint-Pétersburg, 1847-1869, 4 Bände mit lithogr. Taf.

[8] Schrenk, *Reisen und Forschungen im Amur Lande in den Jahren 1854-1856.* Saint-Pétersburg, 1858-1878, 4 vol. in-4 avec planches.

tion dans sa première tentative d'une géographie zoologique [1] (voir pag. 425). Mais ici encore, s'il est permis de s'exprimer de la sorte, des matériaux trop nombreux eurent une influence plutôt écrasante, comparable à celle que nous avons indiquée plus haut en parlant des faits zoologiques en général. On ne chercha donc d'abord qu'à mettre un certain ordre dans les indications recueillies ; on procéda par statistique ; on détermina, par des tableaux et des cartes, la population de certains pays, l'apparition de certaines espèces animales dans ces régions, et la fréquence de leur apparition. G.-R. Tréviranus approfondit quelques points traités par Zimmermann, sans donner cependant une explication plus précise des faits zoo-géographiques [2]. Il en fut de cette question comme de la plupart des phénomènes naturels compliqués. On ne connaissait pas encore bien leurs formes et l'on cherchait tout d'abord à en obtenir une représentation exacte. Des tentatives de ce genre furent les travaux de Illiger (1811) [3] et de And. Wagner (1844-1846), sur la distribution géographique des mammifères [4], de de Loven sur celle des oiseaux, de H. Schlegel sur celle des serpents, et de Louis Agassiz sur les poissons, etc. On obtint de bons résultats par la comparaison des différentes faunes ; on constata ainsi les particularités du règne animal de l'Australie, la différence étonnante de la faune asiatique et de la faune australienne, qui semblent toutes deux séparées par une ligne qui traverse les îles du sud de l'Asie ; Sars étudia la faune marine de la Méditerranée et celle de la mer du Nord, etc. Mais tout ceci n'offre qu'une connaissance toujours plus minutieuse des conditions empiriques de la distribution. Et lorsque Louis Agassiz établit la notion d'un centre de création, cette expression ne contient cependant qu'un aperçu très court de la fréquence de l'apparition de certaines espèces et de leurs limites, sans aider à les expliquer. Les ouvrages de Charles Pickering et de Louis Schmarda [5] ont été composés au seul

---

[1] Zimmermann, *Specimen Zoologiæ geographicæ, quadrupedum domicilia et migrationes sistens.* Lugduni Batavorum, 1777, in-4.

[2] Tréviranus, *Neue Untersuchungen über die organischen Elemente der thierischen Körper und deren Zusammensetzungen.* Bremen, 1835. — Tafeln, 1838.

[3] Illiger, *Prodromus systematis Mammalium et Avium, add. terminis Zoographicis utriusque classis.* Berolini, 1811. — *Ueberblick der Säugethiere nach ihrer Vertheilung über die Welttheile.* Berlin, 1815, in-4.

[4] J.-A. Wagner, *Die geographische Verbreitung der Saugethiere.* München, in-4, mit Karten.

[5] Pickering, *The geographical distribution of Animals and Plants.* Boston,

point de vue de la statistique. — Une nouvelle conception de la parenté des animaux et de la succession géologique des formes animales, telle que l'avait préparée la découverte en Europe de didelphes fossiles, devait être d'une grande importance pour l'explication de la distribution géographique des animaux. — Jusque là on avait principalement étudié les animaux terrestres et aériens; tout au plus s'occupa-t-on quelque peu des poissons; quant au reste de la faune marine, c'est à peine si on y prit garde. L'établissement par Sars (1835) de différentes zones de profondeur, contribua à étendre les faits zoo-géographiques; à cette même fin venait aboutir la série des recherches que Edward Forbes (né en 1815 dans l'île de Man, mort en 1854), fit de 1841 à 1843, à bord du « *Beacon* » dans la mer Égée sur la division métrique de profondeur des organismes, recherches confirmées plus tard par l'étude de la distribution des animaux marins fossiles et la démonstration de certains filons homozoaires [1]. Enfin le travail de Anders-S. Oersted (né en 1815) sur les lois de la division des couleurs chez les animaux des différentes profondeurs de la mer, ne resta pas sans importance.

§ 13. — Développement du système

Cuvier, en établissant les types, rendit un si grand service à toute la conception du règne animal, que la systématique elle-même devait subir une transformation complète. Cependant cette influence ne se faisait sentir que lentement, et jusqu'aux derniers temps il ne manqua pas de systèmes qui tantôt divisaient les animaux d'après différents signes distinctifs, sans égard au plan de structure, et tantôt subordonnaient les types à des groupes de valeur plus élevée dans lesquels ils venaient s'aligner. Cuvier lui-même n'arriva à la conception de ses quatre types que par des considérations de pure classification. La subordination des caractères, qu'il cherchait à établir partout, l'amena à reconnaître l'importance inégale des classes de Linné, et à constater par exemple qu'entre les différentes formes de mollusques il y a

1854, in-4 (United-States exploring Expedition). — Schmarda, *Die geographische Verbreitung der Thiere*. Wien, 1853.
[1] E. Forbes, *On a new Map of the geological Distribution of marine Life and on the homoiozoic belts* (*Reports of the British association for the advancement of Science*, 22th meeting, 1852.

des modifications de structure analogues à celles des quatre classes de vertébrés. Ce fut donc tout d'abord une nécessité méthodique qui l'amena à fonder des divisions primaires d'égale importance. En 1795 il déclare que la nature a travaillé d'après un plan déterminé, et qu'elle a subordonné certains organes à d'autres. Il établit comme point de départ d'une division, que là où il y a un cœur et des branchies, il y a aussi un foie ; à côté des organes génitaux, les organes de la circulation sont les caractères de première importance ; les organes de la relation, des nerfs, des sens et de la locomotion sont ceux de seconde. Réunissant ces deux groupes de signes distinctifs, il divise la classe des vers et des insectes de Linné en mollusques, crustacés, insectes, vers (c.-à-d. vers annelés), échinodermes et zoophytes. Dans son *Tableau élémentaire* (1798) il fait une grande subdivision des insectes et des vers ; il compare les vers aux larves des insectes et les divise en vers qui portent des soies et en vers nus, ce qui l'amène à joindre les parasites aux autres formes. En même temps il fait un groupe principal des échinodermes, des polypes et des infusoires et l'appelle celui des zoophytes. En 1798 et 1800, dans l'introduction de ses cours, il dit que la base de la division précédente est la présence ou l'absence d'un squelette et la composition du sang, et il déclare que le règne animal peut avant tout se diviser en deux grandes familles : les vertébrés à sang rouge, et les invertébrés à sang blanc. En 1812, il établit les quatre types invertébrés : mollusques, articulés, zoophytes ou échinodermes comme groupes principaux, et pose ainsi, malgré quelques erreurs, la base morphologique de toutes les tentatives systématiques ultérieures de cette époque.

Daubenton, Lamarck, Blainville, Voigt, Schweigger, Wilbrand, etc.

Nous avons dit plus haut que Batsch avait réuni les quatre classes de Linné sous la dénomination d'*animaux osseux*. De même, dans son esquisse du système, Daubenton oppose les vertébrés comme animaux osseux aux insectes et aux vers, animaux dépourvus d'os (1796). Il sépare les cétacés des mammifères et les serpents des quadrupèdes ovipares, de telle sorte qu'il obtient six classes de vertébrés. Quant aux animaux qui n'ont pas d'os il croit que l'on peut bien se demander, vu leur structure si différente, si ce sont de véritables animaux comme ceux qui ont des os. Le système établi par Constant Duméril (1774-1860) dans sa *Zoologie analytique*, est à peu près analogue à celui dont Cuvier faisait la base de ses cours ; mais il s'en écarte au sujet des formes attribuées aux zoophytes, en joignant à ces derniers, les Helminthes que Cuvier avait rangés parmi les autres vers, non sans hésiter quelque peu. Lamarck, dans son premier cours, avait établi cinq classes d'invertébrés ; mollusques, insectes, vers, échinodermes et polypes ; en 1796 il changea le nom d'Échinodermes en celui d'animaux rayonnés, afin de pouvoir y rattacher les méduses. En 1800 il établit la classe des Arachnides ; Cuvier, en 1798, en avait fait une division des insectes sous le nom d'araneïdes ; en 1802 Lamarck fit des vers à sang rouge de Cuvier la classe des Annélides. Aussi dans son *Système sur les invertébrés,* publié en 1801, les divise-t-il en sept classes : mollusques, crustacés, arachnides, insectes, vers, animaux rayonnés et polypes (animaux à rayons, rotateurs et amorphes), tandis que, dans sa *Philosophie zoologique*, il fait des cirrhipèdes, des annélides et des infusoires, des classes distinctes (1809). Ils les ordonne de telle sorte que les infusoires et les polypes représentent le premier degré de l'organisation ; ils n'ont pas de nerfs, pas de vaisseaux ; ils sont pourvus seulement de l'organe de la digestion ; le second degré est formé par les échinodermes et les vers qui n'ont ni moelle nerveuse allongée, ni vaisseaux, mais « quelques autres organes intérieurs en dehors de celui de la digestion. » Les arachnides et les insectes forment le troisième degré ; ils ont des nerfs et des trachées pour la respiration, mais la circulation est nulle ou imparfaite. Enfin, quatrième degré, viennent les crustacés, les annélides, les cirrhipèdes et les mollusques ; ils se distinguent par un cerveau, un cordon nerveux longitudinal, des branchies, des artères et des veines. Dans l'*Histoire naturelle des invertébrés* (1815) il réunit les infusoires, les polypes, les échinodermes et les vers, comme « animaux apathiques » ; ils n'ont ni cerveau, ni moelle allongée, ni organes des sens ; leur forme est différente ; ils ont rarement des membres. Les six autres classes d'invertébrés forment ses « animaux sensibles » ; ils n'ont pas de colonne vertébrale ; ils ont un cerveau et le plus souvent une moelle allongée, quelques sens appréciables ; les organes de la locomotion se trouvent sous la peau ; leur forme est latéralement symétrique. A côté de ces deux groupes, représentant la formation progressive des derniers, viennent les vertébrés, « animaux intelligents », ayant une

colonne vertébrale, un cerveau, une moelle épinière et des sens
distincts ; les organes de la locomotion sont adaptés chez eux à
des parties intérieures du squelette ; leur corps est latéralement
symétrique. C'est ainsi que Blainville, considérant, comme nous
l'avons dit, les formes générales du corps, établit trois subdivisions ; une première pour les vertébrés, les articulés et les malacozoaires, latéralement symétriques ; une seconde pour les échinodermes ; une troisième pour les animaux dont la structure
est irrégulière ; elle comprend les éponges, les infusoires et les
coraux [1]. En 1817 Frédéric Sigismond Voigt (né en 1784 à Gotha,
mort en 1850 professeur à Iéna, traduisit le règne animal de
Cuvier) donna une classification qui reposait en général, comme
celle de Cuvier, sur l'établissement de groupes autant que possible de même importance ; mais elle n'avait pas le mérite principal de celle de Cuvier, car elle n'expliquait pas les vers de Linné.
Dans les points principaux d'une histoire naturelle (1817) dont
nous aurons à parler plus tard, il divise les animaux en animaux
gélatineux et mous, en articulés et cuirassés, et en animaux ayant
un squelette. Ces deux dernières subdivisions correspondent
aux vertébrés et aux articulés de Cuvier, les animaux mous aux
vers de Linné ; il est vrai qu'il distingue neuf classes (animaux
simples, zoophytes nus, coraux, vers intestinaux, annélides,
échinodermes, mollusques à coquille, et mollusques nus avec
sepia et clio, etc.), mais il ne reconnaît aucun autre rapport
entre elles.

Parmi les classifications qui reposent dans une certaine mesure
sur des systèmes organiques isolés, faisons mention de celui de
Aug.-Fréd. Schweigger [2], dans lequel les organes de la respiration
et la respiration même sont la base principale de la division. Dans
son histoire naturelle des animaux sans squelette et sans articulation (1820), ouvrage plein d'érudition et d'un jugement très
sain, il indique un système zoologique d'après lequel les animaux
se divisent d'abord en deux groupes ; celui des animaux qui n'ont
pas de vaisseaux, ou quelques vaisseaux isolés seulement, ou des
systèmes de vaisseaux séparés et sans squelette ; et celui des
animaux pourvus d'un système de vaisseaux intérieurs, s'éten-

---

[1] Le système sur lequel reposent les *lettres zoonomiques* de Burmeister est tout à
fait semblable (1856) ; celui, au contraire, qui a été developpé par lui dans son *Histoire
naturelle* a une teinte marquée de philosophie naturelle.

[2] Naquit à Erlangen en 1783, professeur à Königsberg en 1909, fut assassiné à Pa-
lerme par son guide, en 1821.

dant sur tous les organes, et ayant une double circulation. Il subdivise encore ces deux groupes, selon que ces animaux respirent de l'eau ou de l'air. Les animaux sans squelette et sans vaisseaux, respirant l'eau, sont les zoophytes (infusoires, éponges, polypes), les vers intestinaux, les méduses et les échinodermes (actinies) ; les animaux sans squelette qui respirent de l'air sont les insectes et les arachnides. Schweigger range parmi les animaux qui respirent de l'air et sont pourvus d'une double circulation, les crustacés, les annélides, les cirrhipèdes, les mollusques et les poissons ; les trois classes supérieures de vertébrés font partie d'après lui des animaux à squelette qui respirent de l'air. L'anomalie de cette classification saute immédiatement aux yeux et fait voir combien il est mal à propos de choisir un caractère d'adaptation, quand on a à faire choix d'un caractère unique pour base d'une classification. Ce défaut est moins choquant chez Wilbrand qui, dans son système, ne fait que développer celui de Linné. Il indique la composition du fluide sanguin (1814) et divise les animaux en animaux à lymphes froides, à sang rouge froid et à sang rouge chaud. Les animaux à lymphes froides ont, ou bien des lymphes blanches et pas de cœur (vivant libres : les zoophytes ; vivant dans d'autres animaux : les vers intestinaux), ou des lymphes rouges et pas de cœur (les annélides), ou des lymphes blanches et les premières traces d'un cœur (insectes et mollusques). Les animaux qui ont du sang sont les vertébrés[1].

Les systèmes qui reposaient sur la nature et la distribution du système nerveux eurent plus de consistance et trouvèrent plus de partisans. Dans la même année où Cuvier, en caractérisant ses types, déclara que le système nerveux déterminait en quelque sorte toute la structure animale, Rudolphi classa le règne animal d'après ce système nerveux[2]. Il divisa les animaux en animaux ayant des nerfs libres, « phaneroneura », et en animaux dont le système nerveux est mêlé à la masse du corps en apparence homogène. Tandis que les zoophytes forment la dernière division, celle des cryptoneura, la première se compose de diploneura, c'est-à-dire d'animaux pourvus d'un cerveau, d'une moelle épinière et d'un

---

[1] J. Hunter établit une division du règne animal prenant pour base la structure du cœur ; d'après lui il y a quatre groupes, suivant que le cœur a une, deux, trois ou quatre cavités, il y ajoute un cinquième groupe, qui comprend les animaux dont la cavité abdominale est à la fois cœur et estomac.

[2] *Suppléments à l'Anthropologie et à l'Histoire naturelle générale*, 1812, p. 81.

système ganglionnaire (vertébrés) et de haploneura, c'est-à-dire d'animaux qui n'ont que le système ganglionnaire. La série des myeloneura appartenant au dernier groupe (ayant une colonne vertébrale ou une moelle épinière, crustacés, insectes, annélides) et celle des ganglioneura (ayant un système nerveux correspondant au système ganglionnaire des vertébrés) marchent de front et ne se succèdent donc pas comme on l'a indiqué dans tous les systèmes précédents. — Cette classification dans une série unique se retrouve dans le système de Ehrenberg; il base au moins les deux divisions principales sur la forme du système nerveux (1835). L'homme est à la tête de tout le système, mais séparé des animaux et formant une classe indépendante. Ces animaux se divisent en myeloneura et en ganglioneura. Ehrenberg subdivise ensuite les myeloneura, vertébrés, d'après la manière dont se comportent les parents vis-à-vis des petits; il réunit les mammifères et les oiseaux comme nutrientia, les poissons et les reptiles comme orphanozoa. Puis il divise les ganglioneura en sphygmozoa ou cordata, avec un cœur et des vaisseaux contractiles et en asphycta ou vasculosa, animaux pourvus de vaisseaux sans pouls. A la première subdivision appartiennent les articulés dont le corps est pourvu de membres et d'une chaîne de ganglions, et les mollusques dont les ganglions sont séparés et qui n'ont pas de membres; à la dernière appartiennent les tubulata, sans membres, animaux dont l'intestin est un simple tuyau ou un sac (bryozoaires, une partie des polypes, des vers et des échinodermes) et les racemifera dont l'intestin est divisé en fourches ou en branches (astéries, méduses, anthozoaires, vers à suçoires ou vers plats et les infusoires). — Grant aussi a basé sur le système nerveux sa division du règne animal (dans Todd's *Cyclopædia of anatomy*, 1835). Elle se rapproche davantage des types de Cuvier et est caractérisée par la forme du système nerveux. R. Owen procéda de la même façon. Ainsi d'après Grant, les échinodermes deviennent les cycloneura, les articulés sont les diploneura (d'après la paire de cordons nerveux qui réunit les ganglions; autrement donc que Rudolphi); d'après Owen, les articulés sont les homogangliata; d'après Grant, les mollusques sont les cyclogangliata; d'après Owen les heterogangliata; les vertébrés, d'après Grant, des spinicerebrata; d'après Owen, des myelencephala.

Oken, Goldfuss, Burmeister, Mac Leay, Kaup, Agassiz, van Beneden, Vogt.

Au commencement de notre siècle l'influence de la philosophie naturelle s'étendit également à la systématique. Il faut donc, avant de traiter de la direction moderne de la classification, dire quelques mots sur les systèmes de philosophie naturelle. Ici, toutes les tentatives faites pour classer le règne animal sont caractérisées par l'arbitraire avec lequel on rangeait les formes animales sous certaines rubriques engendrées par des abstractions, sans tenir un plus grand compte de la structure animale que ne le permettaient des analogies générales. On eut donc, d'un côté, la pensée de retrouver dans le règne animal le corps humain divisé dans ses différents organes, de l'autre, de reconnaître dans certains groupes d'animaux la répétition de principes de structures non animales, ou bien enfin d'établir une manière de compter qui ne s'appuyerait que sur des abstractions étrangères. Oken lui-même, après avoir souvent retravaillé son système, part, dans sa *Zoologie,* de ce principe que « chaque règne de la nature a son influence et forme, d'après lui, une certaine quantité d'animaux ». Ainsi il obtient les animaux élémentaires (animaux visqueux, infusoires), les animaux terrestres (animaux de pierre, coraux, qui se divisent conformément à la classification des minéraux en animaux de terre, de sel, de pyrite et d'airain), les animaux plantes (qui se divisent en animaux racines, tiges, feuilles et fleurs), et les animaux proprement dits. Dans le dernier « règne » les quatre classes inférieures sont répétées dans un ordre supérieur; les animaux visqueux sont ici les méduses; les animaux pierres d'une classe plus élevée, sont les animaux à coquille; les animaux plantes du degré supérieur sont les insectes; enfin les animaux proprement dits sont les vertébrés. Mais Oken fait intervenir ici un point de vue physiologique en appelant les vertébrés animaux charnus et tous les autres, animaux sans chair. D'après des systèmes anatomiques et suivant leur différente importance il divise les vertébrés en *Geschlechtsthiere* ou *Weichenthiere* (poissons), en animaux à intestins (Reptiles), en animaux à poumons ou poitrine (oiseaux) et en animaux pourvus de sens ou de tête (mammifères). Des analogies et des comparaisons semblables avec les germes et les œufs déterminent la classification des animaux non charnus. — Geoeg.-Aug. Goldfuss (1782-1844) croit aussi que le règne animal n'est autre chose que l'homme divisé dans ses systèmes organiques. D'après lui les classes doivent être considérées comme les degrés fixes du développement de l'animal le plus élevé. Chacune d'elles correspond au système génital, à celui de la digestion, de la respiration ou des sens. Ainsi trois classes restent toujours au même niveau de développement relatif. Goldfuss soutient avec tant de logique la division en quatre pour les grands et les petits groupes, que dans son *Tableau synoptique* il laisse encore de la place aux formes qui n'ont pas été trouvées. Pour la subdivision inférieure qui correspond à la phase de l'œuf et du germe, il introduit le terme de *protozoaires* qui s'étend aussi aux polypes et aux méduses. — Le système de C.-G. Carus est étroitement lié à celui de Oken. Il divise les animaux en animaux à œufs, chez lesquels l'importance de l'œuf humain est prédominante (Infusoires, polypes, méduses, echinodermes), en animaux à tronc, chez lesquels l'élément végétatif, c'est-à-dire le groupe des organes du tronc est particulièrement développé, — ils sont ou des animaux pourvus de ventre et d'intestins (mollusques, *gasterozoa*), ou des animaux ayant une poitrine et des membres articulés (*Articulata* s. *Thoracozoa*), — et en animaux à cerveau ou à tête (vertébrés). Dans ce système aussi on tente d'introduire la division en quatre. Comme nous l'avons dit plus haut, le système de Burmeister se ressent un peu de la philosophie naturelle (*Manuel d'histoire naturelle*, 1837). Il se croit d'autant moins autorisé à tenir compte du type des formes que le développement du système des animaux doit partir des systèmes organiques animaux. Il obtient ainsi trois grandes divisions : en animaux à ventre (Gastrozoa), avec des organes végétatifs prédominants, sans organes symétriques de locomotion et qui n'ont pas de sens développés; en animaux articulés (Arthrozoa), avec des organes symétriques de locomotion et des membres extérieurs, mais des sens imparfaits; et en animaux à tête ou à colonne vertébrale (Osteozoa). En seconde ligne apparaît la conception des types de formes de Blainville avec la division en quatre. Léop.-Jos. Fitzinger (né en 1802) donna de même pour base à son système (1843) la prédominance du développement des différents systèmes organiques, pour les invertébrés celle des organes végétatifs, pour les vertébrés celle des organes animaux à côté d'un système végétatif (par exemple chez les poissons, système nutritif et osseux, chez les reptiles, systèmes génital et musculaire). Ce que l'emploi des différents systèmes organiques présente d'abord à notre méditation et ce qui détruit entièrement la confiance qu'on pourrait avoir en classifications de ce genre, c'est que la même classe est caractérisée par différents organes suivant les différents auteurs[1]. — Ceci démontre l'inconvénient de s'arrêter à des conditions numériques déterminées. Nous pouvons citer parmi les systèmes qui reposent sur un chiffre déterminé les systèmes quinaires de Guillaume Scharp Mac Leay et de Jean-Jacques Kaup. Les principes de Mac Leay sont, que le règne animal forme une série circulaire revenant sur elle-même; que ces séries circulaires peuvent seules être considérées comme des groupes naturels; qu'il y a cinq grandes divisions des animaux lesquelles sont reliées entre elles par cinq plus petites, et qu'un des cinq groupes, dans lesquels chaque grand cercle a été partagé, présente des analogies avec tous les autres et forme un type à part. Cette dernière proposition devait naturellement amener une grande quantité de ressemblances; aussi attribue-t-on souvent à Mac Leay le mérite d'avoir démontré la différence qui existe entre des analogies et de véritables parentés. En attendant, il s'en rapporte à Fries qui établit dans sa théorie sur les champignons des analogies et des parentés; Linné lui-même fait des rapprochements de ce genre lorsqu'il trouve des analogies entre le perroquet et le singe, les oiseaux de proie et les animaux carnassiers, de même que F.-S. Voigt compare les poules aux ruminants, etc. Oken lui-même se complaît dans ces descriptions. Le système qui trouva des partisans zélés dans Guill. Swainson et Rich. Aylward Vigors, et un critique remarquable dans Hugh Edw. Strickland, est un des moins naturels, et laisse voir, lorsqu'on l'examine de plus près, qu'il est un véritable enfantillage. D'après lui le règne animal n'a ni commencement ni fin. Les vertébrés conduisent aux mollusques par les céphalopodes; les mollusques amènent aux « *Acrita* » (polypes, helminthes, infusoires) par les tuniciers; ceux-ci par les zoanthides aux

---

[1] Les systèmes de Aug. Streubel, et de Max Perty (tous deux 1846) méritent à peine d'être mentionnés. Le premier caractérise les trois groupes d'animaux (animaux à tête, à membres et à tronc) par leurs tempéraments; les animaux qui ont un tronc sont mélancoliques; les animaux à membres sont sanguins; les animaux à tête sont phlegmatiques et bilieux.

Echinodermes ; ces derniers par les cirrhipèdes aux articulés; enfin les articulés ramènent aux vertébrés par les annélides. L'application rigoureuse de la division en cinq a conduit plus tard à établir des groupes d'importance tout à fait différente et, en poussant l'emploi de ce nombre jusque dans les divisions ultimes, à séparer des formes alliées comme à réunir des formes étrangères. En face de la déclaration de Mac Leay que Cuvier a complètement méconnu les premiers principes du système naturel, l'observation de Kaup que le système est cabalistique mérite toutefois quelque attention. Les propositions sur lesquelles repose le système de Kaup ne sont pas moins obscures, fausses et forcées. « Le corps animal se décompose en cinq régions : tête, poitrine avec le cou et les membres supérieurs, tronc avec vertèbres, ventre avec queue et estomac, bassin et extrémités postérieures. » Elles correspondent aux systèmes anatomiques indiqués. Il en est de même pour les cinq sens : « les yeux correspondent aux nerfs, l'oreille aux organes de la respiration, le nez aux os, la langue aux organes musculaires ou de nutrition, les organes de la génération (comme cinquième sens!) aux systèmes de la peau ou du sexe. » Ici le corps humain décomposé dans ses parties joue également son rôle. Mais « un de ces systèmes anatomiques, un de ces sens, une de ces régions sont arrivés à un développement prédominant dans une des cinq classes animales de chacun des trois sous-règnes. » Le premier sous-règne pour obtenir cinq classes, comprend les quatre classes de vertébrés et les mollusques.

A l'exception des dernières tentatives que nous avons mentionnées, les types de Cuvier devinrent de plus en plus le point de départ de la systématique. Sur des point isolés, il y eut des inégalités dans la conception; selon que certains zoologistes étudièrent davantage les vertébrés ou les articulés, les grands ou les petits groupes; selon que, dans les subdivisions approfondies, les différences devinrent plus tranchées à mesure que l'on connaissait mieux les formes, — ces zoologistes étaient d'autant plus enclins à diviser ces cercles en groupes moindres et à démolir la solidité des subdivisions systématiques. Les divers classements des mollusques et des articulés en fournissent des preuves; ceci apparaît encore, par exemple, dans la nouvelle classification de L. Agassiz [1], qui divise les mollus-

---

[1] Agassiz. *Contributions to the Natural History of the United States of North*

ques en trois classes, les animaux articulés (y compris les vers)
en trois et les vertébrés en huit. Nous avons déjà dit plus haut
que de Baer avait ajouté à la conception des types le complément important du degré de développement ou de perfection
organique. Il montra qu'un plan de développement particulier
correspondait à chaque type, le développement rayonné au type
rayonné, le développement contourné au type massif des mollusques, le développement symétrique au type étendu des articulés, et le développement doublement symétrique au type des
vertébrés. Dans la description des derniers, de Baer, comme nous
l'avons déjà dit, avait indiqué l'existence des branchies sur les
arcs pharyngiens chez les vertébrés inférieurs et le développement d'une allantoïde chez les supérieurs et en avait fait le
point de départ de la division du type. Mais, tandis que de Baer
n'avait vu dans la forme du développement qu'une nouvelle
confirmation des types, d'autres firent de la forme du développement le point de départ de nouvelles classifications, et il advint
là ce qui est arrivé chaque fois qu'on a fait reposer le système
sur un caractère exclusif, comme par exemple sur tel ou tel
groupe d'organes, à l'exclusion des autres, le système cessa d'être
naturel. Kölliker n'établit que l'existence de certains modes
de développement chez les Céphalopodes, sans cependant passer
de là à une division de tout le règne animal. P.-J. van Beneden,
C. Vogt fondent leurs systèmes sur les rapports du vitellus et de
l'embryon. Van Beneden se base principalement sur la position
de chacune de ces parties; il distingue les vertébrés Hypocoty-
lés, chez lesquels le vitellus s'insère au-dessous du corps : les
Epicotylés, chez lesquels l'insertion du vitellus est dorsale; et
les Allocotylés, chez lesquels l'insertion du vitellus se fait en
tout autre point. Quant à Vogt il suit dans ses principales divisions le plan de Kölliker, et revient à celui de van Beneden lorsqu'il s'agit des classes. Cependant, dans les détails, il s'écarte de
ces deux auteurs. Il admet que chez les vertébrés, les annelés et
les Céphalopodes il y a une distinction nette entre l'embryon et
le vitellus, tandis que chez les autres animaux le vitellus se
change en embryon. Comme van Beneden, il adopte les caractères tirés de la position relative du vitellus (vertébrés : insertion
sous le ventre; annelés : insertion sur le dos; céphalopodes : in-

---

America. Essay on classification. Boston, 1877, in-4, 232 p. — *De l'espèce et des
classifications* traduit de l'anglais par Vogeli. Paris, 1869, in-8.

sertion sur la tête). Vogt distingue ensuite les groupes qui appartiennent à la division des Céphalopodes par la disposition des
organes; cette disposition est irrégulière chez les mollusques,
rayonnée chez les Radiaires, bilatérale chez les vers. Les Protozoaires (Infusoires et Rhizopodes) viennent clore cette série.

H. Milne Edwards, de Siébold, R. Leuckart, van der Hœven.

La systématique ne pouvait faire de véritables progrès que si
la connaissance des types et de leurs conditions anatomiques et
embryologiques recevait un développement suffisant. On prit
quelquefois des degrés différents de développement pour des différences typiques. Henri Milne-Edwards a eu spécialement égard
à cette différence; ses divisions font voir d'une manière précise
quelle était la portée de la théorie des types et de son application au système. Les caractères qu'il attribue aux quatre types
contiennent à peu près ce qu'on en pouvait attendre. D'après les
phénomènes particuliers signalés par de Baer dans le développement des vertébrés, Milne-Edwards divise ces derniers en allantoïdiens et anallantoïdiens; il établit deux groupes pour les
annelés suivant qu'ils ont ou non des appendices articulés; il
distingue les mollusques en mollusques proprement dits et en molluscoïdes, et les zoophytes en rayonnés et en sarcoïdes. Siébold
fit faire un nouveau progrès à la science en séparant des zoophytes rayonnés les Infusoires et les Rhizopodes, comme étant
des protozoaires, n'ayant aucun lien de parenté avec les premiers. Mais il commet une faute quand il détache des vers les
annelés pourvus de membres articulés; pour ces derniers il avait
introduit le nom d'Arthropodes, et il eut le tort de placer entre
ces deux classes tout le groupe des mollusques. Enfin R. Leuckart et Frey indiquèrent l'existence de deux degrés d'organisation essentiellement différents chez les zoophytes; ils établirent
les deux groupes des Cœlentérés et des Échinodermes. Si l'on
accorde aux derniers l'importance de types, alors le système
comprend les groupes principaux suivants : protozoaires, cœlentérés, échinodermes, annelés (y compris les vers et les arthropodes), mollusques (molluscoïdes et mollusques proprement
dits) et vertébrés.

Aujourd'hui cette division sert de base aux descriptions générales du règne animal; mais les détails ont été quelque peu mo-

difiés. Des conceptions différentes sur les types virent, il est vrai, le jour; mais toutes reviennent finalement aux types de Cuvier. C'est ainsi, par exemple, que Ed. Eichwald décrivit la marche du développement du règne animal; il établit seize degrés; l'homme, d'après lui, forme le dix-septième. Revenant sur les descriptions d'Aristote, il sépare les polypes des Radiaires (méduses et échinodermes), les Entozoaires des annélides, les mollusques (ostrakodermes) des Céphalopodes (malaka), et les Sélaciens des autres poissons. En 1829, il réunit ces divisions en six types, qui ne diffèrent de ceux de Cuvier que par le nom; de plus il fait des Céphalopodes (Podozoaires) et des polypes (Phytozoaires) des types distincts des mollusques (Thérozoaires) et des zoophytes (Cyclozoaires). En 1843, R. Owen donna encore les quatre types de Cuvier; plus tard, en 1855, il subdivisa les Zoophytes en Radiaires, Entozoaires et Infusoires; il avait compris que leur réunion ne correspondait à aucun type naturel. Jean-Louis-Christian Gravenhorst (1777-1857. Breslau) fait reposer sa classification sur celle de Cuvier; il introduit cependant quelques modifications. Janus van der Hœven fit une description remarquable du règne animal; il tient compte et des conditions typiques et des modifications introduites par les recherches nouvelles; il joint à une riche expérience et à une admirable érudition un jugement critique très développé. Disons enfin que les publications capables de pousser à l'étude de la zoologie, les manuels, les livres scientifiques, se rattachent principalement à Cuvier; nommons Wiegmann, Bronn, Agassiz, Schlegel, Carpenter, Osc. Schmidt, Haldemann, Baird, etc. Quelques auteurs choisirent d'autres formes de représentations; Arnold Ad. Berthold (1803-1861) divisa le règne animal en animaux ayant une tête et en animaux ayant un corps (Corpozoa!); Jean Leunis (né en 1802), dans sa Synoptique, si utile et si justement répandue, maintient les groupes de Burmeister, Gastrozoaires, Arthrozoaires et vertébrés.

§ 14. — Progrès de la connaissance des différentes classes.

Dans ces derniers temps, les progrès de la systématique revêtirent une forme littéraire; ils dépendaient, en effet, d'une conception exacte de la classification des différents groupes. Tant qu'aucun autre point de vue n'eut l'influence dominante, il s'agissait uniquement d'approfondir toujours d'avantage l'étude de la vie et la connaissance des formes. Donc, pour comprendre le bien fondé de plusieurs des considérations systématiques dont nous avons parlé plus haut, il est bon de jeter un coup d'œil sur les travaux qui traitent des grands et des petits groupes.

Protozoaires. — Ce nom est pris ici dans le sens que lui a donné Siébold, c'est-à-dire comme s'appliquant aux formes que l'on englobait jadis sous l'épithète générale d'Infusoires ; c'est l'œuvre de Müller qui fut le point de départ de leur étude et de leur classification. En aucune matière les progrès ne dépendaient davantage du perfectionnement des moyens d'investigation. Aussi les premiers travaux de la période actuelle sur les Protozoaires se bornent-ils à faire connaître un plus grand nombre de formes et à quelques observations isolées sur la vie et l'organisation de ces êtres sans modifier profondément les idées sur la position des groupes. Telles sont les communications de Fr. de Paule Schrank (1747-1835), de Fr. de Paule Gruithuisen (1774-1852), de Chr.-Louis Nitzsch (1782-1837) et de Bory de Saint-Vincent. Déjà en 1812, René Joachim Henri Dutrochet (1776-1847) fit remarquer l'organisation plus élevée des rotateurs ; il les appela Rotifères ; il voulut les séparer des Infusoires pour les rapprocher des ascidies. En 1829, Chr.-Godefroy Ehrenberg étudia les Infusoires avec un zèle admirable ; en possession d'une quantité immense de faits concernant la forme et la distribution géographique et géologique des organismes microscopiques, il fonda les recherches sur des bases nouvelles. Si la science doit à Ehrenberg la connaissance de la majeure partie des formes des infusoires, elle a cependant à lui reprocher d'avoir, sous l'empire d'idées préconçues, assigné aux infusoires une organisation aussi élevée qu'à tous les autres animaux. Il conserve, en partie, la division établie par Dutrochet entre les Rotateurs et les Infusoires ; il prétend que ces derniers ont une construction analogue, un estomac, des glandes, etc. ; suivant qu'ils ont ou non un intestin et un anus, il les sépare en Anentera et en Enterodela. En dehors des Infusoires d'eau douce, on avait déjà décrit depuis longtemps un grand nombre d'organismes microscopiques, appelés par Breyn « Polythalames ». On ne connaissait en réalité que leurs coquilles, mais leur forme permettait de croire à une organisation qui rapprochait ces animaux des Céphalopodes ayant des coquilles semblables. Blainville révoquait la chose en doute (1825) ;

il ne fut pas écouté, car il ne savait que mettre à la place d'une structure dont il niait l'existence. En 1826, A. d'Orbigny donna à ces formes le nom de Foraminifères, à cause des trous excessivement fins dont leur coquille est percée ; il les opposa aux Céphalopodes. S'appuyant sur des matériaux recueillis en Europe et en Amérique, le premier il fit la description systématique du groupe. En 1835, il se fit un mouvement général vers l'étude des Protozoaires. Félix Dujardin (né à Rennes, mort en 1860), observa les Foraminifères vivants ; il vit que leur corps est composé d'une substance contractile homogène, dans laquelle aucun organe ne se détache ; il l'appela sarcode et donna à ces animaux le nom de Rhizopodes (après avoir retiré la dénomination de symplectomères, laquelle reposait sur une forme pluriloculaire). Dans la description que Dujardin fait de la structure des Rhizopodes, non seulement il bat en brèche la fausse opinion qui attribuait à ces êtres la nature des Céphalopodes, mais il fait encore ressortir l'inadmissibilité des indications données par Ehrenberg sur la polygastrie des Infusoires. S'il a dépassé les limites au début, en disant que les Infusoires n'ont jamais de bouche, c'est lui cependant qui, le premier, apprit à connaître la nature de ces animaux ; il base ses divisions sur les organes de la locomotion. Aux théories d'Ehrenberg s'opposèrent en Allemagne Gust. Wold. Focke et Meyen ; en Angleterre Rymer Jones et Edw. Forbes. En 1839, Meyen exprima le premier l'idée que les infusoires ressemblent pour les traits généraux aux cellules des plantes ; cela fit naître la théorie de Siébold sur l'unicellularité des Protozoaires. La pensée dirigeante était celle-ci : de même que le développement des animaux supérieurs a pour principe des cellules isolées, de même les degrés inférieurs du règne animal sont-ils composés de formes qui réprésentent des cellules isolées. Les différenciations qui se présentent à l'intérieur du corps des infusoires et son développement, encore incomplètement connu, contredisent cette opinion[1]. Fr. Stein (né en 1818) fit les rcherches les plus approfondies sur la structure et le développement des Infusoires ; il entreprit, dans un ouvrage resté inachevé, l'étude systématique de tout ce groupe[2]. Jean Lachmann (né en 1832, mort en 1861) et J.-Louis-René-Antoine-Ed. Claparède (né en 1832, mort en 1871),

[1] Cette opinion est pourtant celle qui paraît devoir l'emporter et qui compte le plus grand nombre d'adhérents depuis les travaux d'Engelmann et de Bükchli. A. S.

[2] L'auteur n'a pas déserté l'étude de ces organismes pourtant, et à la date de l'année

tous deux élèves distingués de Müller, contribuèrent à répandre la connaissance des Infusoires. Mais non seulement les opinions d'Ehrenberg sur la structure des infusoires ne subsistèrent pas, mais encore les limites qu'il avait données à ce groupe furent modifiées. En 1832, A.-Fr.-A. Wiegmann (1800-1841) sépara les rotateurs des protozoaires et les joignit aux vers; c'est aussi la place qui leur fut assignée par Siébold, Rymer Jones et R. Leuckart. Milne-Edwards, en 1836 (dans la seconde édition de Lamarck), appela l'attention sur leur parenté avec les articulés; en 1837, Burmeister rangea les rotateurs dans la classe des crustacés; les recherches de Fr. Leydig en 1855 confirmèrent cette manière de voir. Plus tard, lorsque Thuret (1840) et F. Unger (1843) eurent démontré l'existence de cellules végétales mobiles et de zoopores agiles, on sépara des infusoires, pour les ranger parmi les plantes, presque tous les Anentera de Ehrenberg, à l'exception des Amoèbes. Les Polythalames faisaient défaut chez Ehrenberg; il les avait considérés comme alliés aux Bryozoaires, parce qu'il n'y a pas d'infusoires à coquille calcaire; au contraire, il prit pour des polygastres la nouvelle famille des Polycystinies, établie par lui, parce qu'il n'y a pas de Polythalames à coquille siliceuse. En France, les découvertes de Dujardin furent confirmées par G. Deshayes, et H. Milne-Edwards; en Angleterre, par H. - Carter, Guill.-E. Crawfurd Williamson et Will.-B. Carpenter; en Allemagne, M.-S. Schultze (né en 1825) publia une monographie de la structure des Rhizopodes; il appuie et développe la conception de Dujardin. Le dernier ouvrage de J. Müller donnait des détails sur les Rhizopodes en général; il démontre en particulier les liens de parenté qui existent entre les Polycystines et les Polythalames, et établit le groupe des Radiolaires pour recevoir ces formes, ainsi que les Thalassicolles observées par Meyen et récemment par Huxley. La comparaison des coquilles fossiles des Rhizopodes, particulièrement des Nummulites, conduisit à l'étude minutieuse de la formation des coquilles chez les foraminifères vivants, laquelle fut spécialement étudiée par Carpenter. — Enfin n'oublions pas les éponges. Longtemps elles furent rangées parmi les polypes (par Lamarck, par Schweigger); on les classa d'après leur forme extérieure. J. Fleming fit reposer la division des différentes formes

dernière il publia un nouveau volume consacré aux flagellés avec de magnifiques planches. A. S.

sur la nature des parties dures (éponges cornées, calcaires); Blainville, Nardo, G. Johnston adoptent ce principe. En 1826, Grant ouvrit la voie à une connaissance plus intime de l'organisme Éponge. Dujardin déclare qu'elles sont composées de sarcodes. L'éponge d'eau douce fut minutieusement étudiée par H. J. Carter, Jean Scott Bowerbank et N. Lieberkühn. Dans ces derniers temps l'étudede ces animaux a été poussée plus avant. A.-S.-Oersted n'admet pas que les Protozoaires forment un groupe à part; il les joint aux plantes ou aux vers. Agassiz lui-même ne voit en eux que des embryons d'animaux supérieurs, et malgré la simplification de leur organisation il les répartit dans les différentes classes correspondantes.

Cœlentérés. — De Baer fait remarquer à juste titre que Cuvier a rapporté à la forme rayonnée tous les animaux d'organisation inférieure. En effet, à la conception du type se rattachait dans son esprit l'idée d'un degré déterminé de développement dans l'organisme. Le type des zoophytes avait donc besoin d'une étude plus approfondie. Après avoir mis de côté les protozoaires, au sens restreint mentionné plus haut, il restait encore des radiaires et des vers intestinaux réunis ensemble. Parmi les animaux que l'on devait étudier tout d'abord, on mit surtout en avant cette forme rayonnée si caractéristique. Lamarck réunit les échinodermes aux méduses et leur donne le nom de radiaires; il appela les méduses « radiaires molasses »; en 1837 Burmeister adopte cette division. A ces deux groupes furent opposés les polypes; le caractère distinctif de ces derniers était une couronne de tentacules. Audouin et Milne-Edwards établirent, en 1828, deux formes différentes chez les polypes; dans l'une nous retrouvons un intestin, une bouche, un anus; ils la considèrent étroitement alliée aux animaux à tuniques (Ascidies). En 1829 cette même opinion est émise par G. Rapp (1794-1865). Jean Vaughan Thompson (1830) donna à ce groupe le nom de Polyzoa; Ehrenberg l'appela celui des Bryozoaires, mais il comprend tous les autres polypes sous la dénomination d'Anthozoaires. Déjà, en 1828, Audouin et Milne-Edwards avaient reconnu parmi ces polypes deux formes différentes par leur organisation; l'une pourvue d'une cavité digestive, simplement creusée dans le parenchyme du corps, n'ayant pas de parois propres, ni vaisseaux, ni organes de respiration; l'autre ayant un tube stomacal s'ouvrant dans la cavité générale du corps. Ehrenberg appela les premiers dimorphaea; de Steenstrup, s'appuyant sur les observations de Siébold et de Sars, relatives à leur développement a montré qu'entre eux et les méduses il existe une relation génésique des plus intimes ; ce sont les hydroïdes ; les autres sont les polypes proprement dits auxquels on a laissé le nom d'Ehrenberg. Ce dernier s'est illustré par ses travaux systématiques sur cette matière en appelant l'attention tout d'abord sur l'organisation des animaux et surtout sur les rapports numériques des tentacules. Les divisions précédentes établies par J.-Vict. Lamouroux (1779-1825) et par Lamarck, avaient eu pour base la présence ou l'absence, la nature et la forme des parties dures ; ils s'appuyaient de même sur la faculté ou l'impuissance chez ces animaux de remuer librement (d'après lui les Pennatulides, abstraction faite des rotateurs qu'il place ici, sont capables de se mouvoir ; aussi les appelle-t-il polypes nageurs, *Polypi natantes*). Schweigger établit, avec de légères modifications, des principes analogues (1819). Les systèmes de G. Johnston (1842) qui étudia les polypes de la Grande-Bretagne et de Jam. Dwight Dana, qui étudia ceux de l'Amérique du Nord dans son voyage autour du monde, partent, il est vrai, de la forme et de la structure des polypiers ; mais ils tiennent compte également de la structure des animaux. Rapp attachait une grande importance à ce point et particulièrement à la formation de l'œuf. H. Milne-Edwards, secondé par son élève Jul. Haime (1824-1856), mort prématurément, a étudié, il y a quelques années à peine, toute cette classe. — Dans ses ouvrages sur les coralliaires, Ehrenberg a expliqué la nature du polypier ; il a donné ainsi une base sûre aux théories sur la formation des îles et des bancs de corail. Tandis que Forster l'aîné, Flinders et Péron prétendaient que les polypes commençaient à bâtir très profondément, opinion partagée par Chamisso qui fit seulement remarquer, et à juste titre, que les polypes les plus forts bâtissent à la partie extérieure des bancs, Quoy et Gaimard prétendirent que les polypes ne pouvaient vivre qu'à un niveau déterminé. Ehrenberg fit observer l'excessive lenteur de la croissance des coraux et croyait que jamais ils ne pouvaient former une couche de dimension considérable. Ce fut le grand mérite de Darwin de rattacher la formation des îles et des bancs aux conditions géologiques des terrains sur lesquels bâtissent les polypes. A ses recherches viennent se joindre celles de J.-D. Dana. — Déjà, en 1799, Cuvier avait tracé la voie à suivre pour arriver à la connaissance anatomique des méduses. Péron et Lesueur firent connaître beaucoup de formes nouvelles. Henri

Mor. Gaede et Ch.-Guill. Eysenhardt cherchèrent à élucider quelques points d'anatomie. En 1829 Eschscholtz établit un système dont les points essentiels sont reconnus aujourd'hui même pour être d'une justesse parfaite. Les classes établies par lui (Eschscholtz) sont celles-là mêmes que Edw. Forbes dans sa description des méduses gymnopthalames de la Grande-Bretagne et Gegenbauer dans son système des méduses, ont érigées avec des limites presque identiques en portant des caractères différents. Le développement des Discoméduses fit reconnaître un rapport intime entre elles et les polypes hydraires. De Siébold et Sars avaient conclu de leurs observations que les méduses traversent pendant leur développement une période de nature polypienne. S.-L. Loven, P.-J. van Beneden, F. Dujardin et Arm. de Quatrefages avaient signalé chez les polypes hydraires des bourgeons médusiformes, et Aug. Krohn avait appris à connaître tout le développement d'une méduse de cette espèce. Ainsi la conception morphologique et systématique des deux groupes subit une transformation complète. Les siphonophores surtout (dont la connaissance fut avancée dans ces derniers temps par Milne-Edwards, Kölliker, Gegenbauer, Leuckart et Vogt), par le polymorphisme des individus très nettement développé chez eux, firent naître l'idée, formulée tout d'abord par Gegenbauer, que les diverses formations qui se présentent aussi bien chez les siphonophores que chez les polypes hydraires, montrent un développement analogue, ce qui permet de reconnaître en elles des individus équivalents bien qu'arrivés à des degrés très inégaux de constitution. — Les liens de parenté de tous les animaux appartenant à ces classes furent établis par H. Milne-Edwards, comme nous l'avons dit, d'après les particularités des cavités du corps, qu'il nomma appareil gastro-vasculaire. Cette conception devenait la base de la réunion des Polypes aux méduses sous la dénomination bien choisie par Frey et Leuckart des Cœlentérés, tandis que Huxley les désigna sous le nom de Nématophores d'après les organes urticants de la peau, lesquels sont ici très développés. Les autres progrès faits plus tard et qui ne sont pas arrivés encore au terme définitif, se rapportent spécialement à la démonstration des conditions génésiques des différentes formes.

Échinodermes. — Klein introduisit le mot d'Échinodermes pour dénommer la classe des Échinides, et Bruguières comprit les Astéries sous la même appellation. Cuvier réunit alors les Holothuries à ces deux groupes et forma du tout une division primaire. Le genre des Comatula fut généralement jointe aux étoiles de mer. En 1829, F.-S. Leuckart émit l'opinion qu'elles se détachaient d'une tige. Cette manière de voir fut confirmée en 1836 par John Vaughan Thompson, qui démontra que le *Pentacrinus europæus*, décrit jadis par lui, était une Comatula à l'état naissant. Quant aux Encrinites, qui avaient été classés par Cuvier entre les Astéries et les Échinides, mais dont ce dernier n'avait pas fait un ordre à part, ils formèrent, d'après J.-S. Miller la famille des Crinoïdes (1821) ; Edw. Forbes fit de ce groupe une subdivision des Échinodermes. Dans son intéressante histoire des étoiles de mer de la Grande-Bretagne, il ordonne la classe entière d'après les organes de la locomotion, et la divise en pinnigrades (Crinoïdes), spinigrades (Ophiures), cirrhigrades (Astéries), cirrhispinigrades (Échinides), cirrhivermigrades (Holothuries), et vermigrades (Siponcles). En 1820, Thom. Say découvrit des formes fossiles se rapprochant des Encrines et des Astéries ; c'étaient les Pentermites. En 1828, I. Fleming créa pour elles une famille sous le nom de Blastoïdes. Enfin, en 1845, Léopold de Buch sépara le groupe des Cystidés des autres Crinoïdes pourvus de bras. Pendant que l'on complétait ainsi le cadre des Échinodermes, les Siponcles restaient encore compris dans les Holothuries des anciens systèmes. En 1818, Blainville exprima quelques doutes au sujet de ce classement. Enfin, en 1849, Em. Blanchard les réunit aux vers sous le nom de Géphyriens, donné en 1847 par Quatrefages. La classification des Échinodermes ne présente des variations qu'en ce que l'union intime établie par Lamarck entre les Échinides, les Astéries et les Méduses, fit mieux distinguer les Holothuries des autres formes. En 1837, Burmeister adopta cette division, et il donna à cette classe le nom de Scytodermes. D'un autre côté, les Ophiures et les Astéries furent distinguées par Forbes comme formant des ordres indépendants, tandis que dans la plupart des autres systèmes, les deux groupes sont réunis en une même classe. La connaissance des Échinides, vivantes et fossiles, est due à L. Agassiz et à E. Desor (1837). En 1805, les Astéries furent classées par And.-Jean Retzius. En 1842, Jean Müller et F.-Hermann Troschel publièrent à ce sujet une monographie remarquable. En 1833, Guill.-Ferd. Jaeger fit une excellente dissertation anatomique et systématique sur les Holothuries ; peu après, en 1835, Jean-Fr. Brandt les éleva à la dignité d'ordre et en donna la classification. Dans l'ouvrage cité précédemment, F. Tiedemann

publia l'anatomie de plusieurs formes d'Échinodermes. Delle
Chiaje contribua à faire connaître quelques points de l'anatomie
des Échinides, laquelle fut ensuite traitée dans son ensemble par
G. Valentin en 1842. Hunter fit connaître quelques particularités sur l'anatomie des Holothuries. Quatrefages disséqua les
Synapta. Mais c'est à J. Müller surtout que la science est redevable des recherches les plus importantes sur la morphologie
des Échinodernes. Des observations sur l'histoire du développement avaient déjà été publiées par M. Sars, Danielsen, Koren,
Dufossé et Aug. Krohn. Par une série de recherches très remarquables, Müller apprit à connaître les conditions typiques de
développement de toutes les classes d'Échinodermes, et sut
représenter l'anatomie de tout ce groupe si parfaitement, que ses
travaux marquent le premier pas vers la connaissance définitive
de la morphologie des Échinodermes.

Vers. — Chez Cuvier c'étaient les zoophytes qui formaient le
groupe dans lequel on ne comprenait pas seulement les animaux
les plus simples, mais dans lequel étaient aussi jetés pêle-mêle
tous ceux qu'on ne connaissait pas ; chez Linné c'est la classe des
vers qui joue ce rôle. Elle renferme chez lui toute cette troupe
d'invertébrés qu'il a été impossible de placer ailleurs d'une façon
naturelle et qu'on a ainsi réunis en un groupe artificiel. Nous
avons dit, plus haut, que Pallas distingue parmi eux des formes
différentes, et nous avons indiqué quels étaient les efforts de la
systématique nouvelle pour établir un certain ordre dans cette
grande classe. Lorsqu'on eut écarté les trois groupes dont nous
avons parlé, il ne resta plus que des animaux qui correspondent
assez exactement à la division que l'on a comprise sous le nom
de vers. Ici encore Cuvier fit le premier pas vers un classement
naturel auquel il ne resta cependant pas fidèle. En effet, tandis
que Linné avait rangé ces formes ou dans sa classe des Intestina
ou dans celle des Échinodermes et des Mollusques, Cuvier en
1798 [1] réunit tous les vers en une classe intimement liée à celle
des Arthropodes, et y opposa les vers proprement dits aux
helmynthes. Pour les premiers, il indiqua la présence de vaisseaux sanguins (1803, sang rouge) comme signe caractéristique ;
Lamarck, qui (1801) [2] s'arrêta aux opinions de Cuvier, les appela

---

[1] Cuvier, *Tableau élémentaire de l'Histoire des animaux.* Paris, an VI.
Lamarck, *Système des animaux sans vertèbres ou Tableau général des classes des ordres et des genres de ces animaux.* Paris, 1801.

plus tard Annélides. Dans ses cours d'anatomie comparée, Cuvier réunit, il est vrai, les deux groupes (1800) ; mais il ajoute, en parlant des vers intestinaux, qu'on ne les connaît pas encore suffisamment pour savoir avec certitude s'il faut les réunir aux autres vers ou aux zoophytes. Constant Duméril, en 1806 (dans sa *Zoologie analytique*), se prononça sur cette matière, en joignant les vers intestinaux aux zoophytes ; il fut imité par Cuvier et Lamarck (dont les animaux apathiques correspondent exactement aux zoophytes), et plus tard par Goldfuss, Schweigger, Latreille, Wiegmann et Van der Hoeven. Le classement plus minutieux des vers dépendait désormais de la façon dont on jugerait les vers intestinaux. Rudolphi prétendait déjà que ce groupe, semblable à une faune, embrassait les animaux vivant dans des parties déterminées de l'intérieur d'autres animaux. De Baer ne reconnaît pas non plus l'autonomie de ce groupe. Blainville opposa aux vers pourvus de soies (ses Chaetopodes) les vers sans pieds, parmi lesquels il rangeait les sangsues et les vers intestinaux ; mais il reconnut ce que le dernier groupe avait d'anormal. Leuckart fut celui qui poussa le plus loin le démembrement du groupe des Helminthes en en repartissant les fractions dans des classes différentes, en distinguant parmi eux des Helminthes-polypes, des Helminthes-acalèphes, des Helminthes-trématodes, des Helminthes-échinodermes et des Helminthes-annelés, et il s'étonne de ne pas trouver des vers intestinaux que l'on puisse ranger parmi les mollusques. En 1837, Burmeister forma des Echinorhynques, des vers rubanés et des vers vésiculeux, une subdivision des Helminthes ; réunit la sangsue, les Trématodes et les Planaires au groupe des Trématodes, et joignit les Némertines avec les Nématodes aux vers ronds qui n'ont pas de pieds. En 1844, A.-S. Oersted, a fait d'une façon très particulière des vers qui n'ont ni pieds ni soies quatre groupes qui correspondent aux subdivisions des Helminthes. Rod. Leuckart suit l'opinion de Burmeister (1848) ; il appelle ses Helminthes Anentérés, ses Trématodes (y compris les Némertines), Apodes ; mais il intercale entre ces derniers et les annelés le groupe des Ciliata pour les rotateurs, dont nous avons plus haut décrit la position, et les Bryozoaires. En 1851, C. Vogt divisa les vers en vers plats, et les vers ronds en vers rubanés (cestoïdes) ; ce classement a prévalu jusqu'à nos jours dans ses traits généraux. — Après Cuvier qui, en 1798, avait déjà décrit les vaisseaux sanguins de la sangsue et avait approfondi l'anatomie des vers,

Savigny, Audouin et M.-Edwards firent progresser l'étude de
l'anatomie et de la forme extérieure des Annélides ; ils firent aussi
mieux connaître leur systématique. A eux se joignirent plus tard
Quatrefages, Blanchard et Ad.-Ed. Grube, qui, par des recherches
importantes, déterminèrent davantage le cadre des formes. Fr.
Leydig expliqua l'anatomie des Hirudinées ; Alfred Moquin-
Tandon les étudia au point de vue systématique[1], après que Spix
et Quatrefages eurent déjà traité cette question. La connaissance
de la propagation asexuelle des Syllides, observée déjà par O.-F.
Müller, fut approfondie par Quatrefages, Krohn et M. Schultze.
Sars, Loven, Kölliker et J. Müller étudièrent l'histoire du développement des vers. — Cuvier avait classé les vers d'après leurs
soies, et, en 1800, d'après leurs branchies extérieures, caractères
qui n'ont pas cessé d'être employés depuis. Duméril (1806) se
servit du premier de ces caractères et Lamarck l'adopta aussi
dans son système et dans sa philosophie (1809). Dans l'*Histoire
naturelle des invertébrés,* Lamarck adopta une division des
Apodes pour les Hirudinées et les Echiures (avec le lombric),
et classa le reste des vers dans les deux groupes des Antennés et
des Sédentaires. Ces trois sections semblent correspondre assez
exactement aux classes établies par Cuvier (1817) dans son *Règne
animal :* Abranches, Dorsibranches et Tubicoles. Savigny prit
pour base les soies, les antennes, les yeux, etc., et divisa les
annélides (1820) en quatre groupes : Néréides, Serpulées, Lombricinés et Hirudinées. A la première division de Cuvier se rattache celle de Latreille (1825) ; il divise les vers qui sont pourvus
de branchies en Dorsibranches, Céphalobranchiens et en Mésobranchiens ; ceux qui n'ont pas de branchies sont les Entero-
branchiens. Dans sa classification des annélides, Blainville prit
pour base la plus ou moins grande uniformité des segments.
Milne-Edwards part d'un point de vue indiqué par Lamarck
(vivant vaguement dans les eaux, etc.), et donne en 1834 les noms
de Errantes aux Néréides de Savigny, de Tubicoles aux Serpu-
lés, de Terricoles aux Lombricinés, de Suceuses aux Hirudinées ;
pour le res. ., il attache la plus grande importance aux appendices
mous du corps. Bien que Edwards eût proposé, en 1838, un
nouveau classement (en Apodes et en Chetopodes, d'après Blainville, ces derniers en Céphalobranchiens et en Mésobranchiens),

---

[1] A. Moquin-Tandon, *Monographie des Hirudinées ;* 2ᵉ édition, Paris, 1846, in-8,
avec Atlas de 14 pl.

son premier classement est resté d'un usage assez général ; A.-S. Oersted, par exemple, qui n'en exclut que les Hirudinées, l'adopta, ne changeant que le nom d'Errantes en celui de Maricolae. Le système de Grube (1851) repose sur une connaissance très approfondie de la forme ; les deux groupes des vers à branchies y sont réunis en une classe (*Appendiculata polychaeta);* entre ces derniers et les Lombricinés et les Hirudinées (qu'il appela *Oligochaeta et Discophora*), il plaça deux subdivisions de Tomoptères et de Péripatus. Cuvier avait mis à côté des Hirudinées les vers dont la peau est couverte de cils vibratiles, généralement négligés dans ces systèmes (Ehrenberg, en 1831, les appelait dans un sens plus large, les Turbellaria). Récemment encore (1848), Burmeister et Leuckart les réunirent aux Hirudinées; mais il était plus juste de les joindre aux Annélides comme le fit C. Vogt; cette opinion fut suivie depuis par Gegenbauer. Les vers intestinaux, leur forme, leur structure, leur développement, furent principalement étudiés par les savants de l'Allemagne ; ils eurent le mérite de lever le voile qui planait encore sur un si grand nombre de phénomènes de la vie de ces animaux. Ici, nommons avant tout C.-A. Rudolphi, qui non seulement tripla le nombre des Helminthes connus de ses prédécesseurs (Zeder donne 391 espèces, Rudolphi en donne 993), mais fonda sur des bases nouvelles la systématique et l'anatomie de ces groupes. A sa suite, viennent Jean-Godefroy Bremser (Vienne, 1767-1827)[1], Bojanus, Fr.-Chr.-Henri Creplin (à Greifswald), Nitzsch, Édouard Mehlis (mort à Clausthal en 1832), C.-E. de Baer, C.-Mor. Diesing, C.-Th.-E. de Siébold. Ils apprirent à connaître non seulement l'anatomie et les différents degrés du développement des Helminthes, mais ils écartèrent l'idée d'une génération primitive de ces animaux, opinion à laquelle Rudolphi même n'avait pas renoncé. Ils jetèrent les bases de l'édifice qui fut continué par Rod. Leuckart, Ant. Schneider et d'autres savants. Parmi les étrangers, nommons Alexandre de Nordmann (mort en 1866, à Helsingfors), Rich. Owen, D.-F. Eschricht, F. Dujardin et P.-J. van Beneden. Abstraction faite de cette particularité que les Helminthes furent compris dans le système des vers, la classification des intestinaux par Rudolphi (qui adopta, comme nous l'avons dit, les opinions de Zeder) resta

---

[1] Bremser, *Traité zoologique et physiologique des vers intestinaux de l'homme,* traduit de l'allemand. Paris, 1837, 1 vol. in-8, avec Atlas in-4 de 15 pl.

toujours en usage. On fit un progrès essentiel par rapport aux vers vésiculeux. Goeze les avait représentés comme des vers rubanés vivant dans des viscères autres que l'intestin. Ce point de vue, abandonné quelque temps, parce que Rudolphi, dans son système, établissait un ordre à part pour les vers vésiculeux, à côté des Nématodes, des Acanthocéphales, des Trématodes et des Cestodes, reprit de nouveau le premier rang. Wiegmann prétendait (1832) que les vers vésiculeux n'étaient autre chose que des formes imparfaites des Bothriocéphales (Gruben-Kœpfe) et des vers rubanés. Depuis Rudolphi on connaissait déjà la migration de quelques cestoïdes qui, des poissons, passent dans le corps des oiseaux aquatiques et y subissent un degré de plus de développement. Siébold (1844) démontra la migration qu'accomplissent les différentes formes du cycle évolutif des Trématodes, formes que déjà Baer avait décrites et que Steenstrup avait désignées comme se rattachant à un développement par génération alternante. En même temps, il fit ressortir la nécessité de la migration d'autres Helminthes, des Nématodes et particulièrement des vers rubanés ; il prouva directement l'identité du cysticerque de la souris avec le tænia du chat. C'était donner une impulsion aux recherches expérimentales sur cette question ; elle fut d'abord traitée par Fr. Kuchenmeister (1851), puis par Siébold, et résolue dans le sens des prévisions de ce dernier. Peu auparavant, une série nombreuse de formes de vers rubanés avait été observée par van Beneden ; celui-ci, poussé par la connaissance de leur développement, déclara de nouveau qu'ils sont de véritables colonies animales. Fil. de Filippi et J.-J. Moulinié contribuèrent puissamment à faire connaître le développement des Trématodes, tandis que Fr. Stein, Guido R. Wagner et R. Leuckart étudièrent les vers rubanés dans leurs détails.

Arthropodes. — Après les vertébrés ce furent les Arthropodes qui se firent le plus grand nombre d'amis et rencontrèrent les travailleurs les plus sérieux. Vers le milieu du siècle dernier, la littérature entomologique prit un vif essor : les ouvrages sur les insectes sont une fois plus nombreux que ceux, par exemple, qui traitent des oiseaux et des mollusques. A la place des Revues dont nous avons parlé plus haut, d'autres journaux parurent et plusieurs d'entre eux subsistent encore (Illiger, Germar et Zincken, Thon, Silbermann, Thomson). Des sociétés savantes furent formées pour faire progresser la connaissance des animaux articulés, bien que la classe privilégiée fût celle des insectes : en France (1832), en Angleterre (1833), en Allemagne (Stettin, 1857), en Hollande (1857).

Avant de décrire le type des Arthropodes, on avait essayé de limiter plus exactement le cercle des formes dans le type ; ceci conduisit naturellement à classer les groupes. Pierre-André Latreille (né en 1762 à Brives, mort à Paris en 1833), à l'exemple de Fabricius, comprit tous les ordres dans son premier classement des Arthropodes (1796), sous la dénomination d'Insectes, et les divisa en classes également importantes. Les quatre dernières seules comprennent les autres Arthropodes ; les dix premières se rapportent aux insectes. Là parurent d'abord les Arachnides comme animaux sans tête, et pour la première fois il fut question des Myriapodes (avec quelques crustacés). Ce ne fut que lorsqu'en 1800 Cuvier eût séparé les crustacés des autres groupes comme formant une classe indépendante, et qu'en 1801 Lamarck eût pris la même mesure pour les Arachnides, que l'expression d'Insectes s'appliqua uniquement aux Arthropodes à six pieds, auxquels, en 1832, Latreille opposa les autres classes comme Apiropodes. Ainsi l'on donna aux quatre classes la forme qui leur est encore conservée aujourd'hui. Seule la position des Myriapodes n'était pas déterminée ; Latreille lui-même la changea souvent ; Will.-Elford Leach (mort en 1836) en fit une classe particulière, tandis que la plupart des savants les réunirent aux insectes : Erichson et de Siébold les joignirent aux crustacés. Jusque-là, presque tous les systèmes reposaient sur la conformation des ailes et des parties de la bouche ; il en fut ainsi même chez Will. Kirby (1759-1850), fameux par ses études entomologiques ; son *Introduction à l'Entomologie*, faite de concert avec Will. Spence (1783-1860), porta des fruits nombreux. Leach, il est vrai, tint compte du développement, mais il établit son classement d'après les ailes et les mâchoires. Oken, dans son système des insectes divisé en quatre parties, eut égard aux métamorphoses ; mais il introduisit, plus tard (1821), l'idée inadmissible d'une métamorphose imparfaite ou demi-métamorphose. En 1837, Burmeister lui-même adopta cette expression, bien qu'il eût auparavant (1832, *Manuel d'Entomologie*) désigné, à juste titre, les formes en question comme amétaboliques. C'est bien une conséquence de la philosophie naturelle, de voir ce même entomologiste déclarer que tous les vertébrés étant des animaux vivant sur terre, dans l'eau et dans l'air (c'est-à-dire, vers, araignées et myriapodes, insectes), et de glisser un groupe de transition (Crustacés) entre les animaux terrestres et les animaux marins, parce que ce passage de l'eau à la terre lui paraît trop brusque. — Mais jusqu'à la publication de la seconde édition du règne animal de Cuvier, il était difficile de déterminer les limites du type des articulés. Ceci vint enfin. Les cirrhipèdes étaient placés à côté des mollusques, et bien que Lamarck, en 1802, les désignât comme des crustacés à tests, que Latreille les joignît aux Annélides pour en former un groupe entre les mollusques et les Arthropodes, Cuvier (1830) les rangea parmi les mollusques. Dans cette même année, J.-V. Thompson fit connaître leur nature crustacée, démontrée par leur développement; cette opinion fut confirmée par Burmeister en 1834, plus tard, par C. Spence, Bates (1851); mais elle fut particulièrement approfondie par Ch. Darwin, dans sa monographie du groupe (1851). On prit aussi les Lernées pour des vers intestinaux. Blainville, il est vrai, en fait des articulés, et Latreille les range parmi les Helminthes qui simulent des animaux articulés. Mais Alexandre de Nordmann fut le premier à faire connaître leur développement et à leur assigner une place auprès des crustacés. Enfin, en 1853, T.-D. Schubaert découvrit le développement des Pentastomes et éloigna ainsi cette forme du cercle des Helminthes. Grand nombre de travailleurs firent progresser l'étude de l'anatomie des articulés; parmi eux, il convient de nommer (abstraction faite des auteurs des manuels d'anatomie comparée dont nous avons parlé plus haut) : F. Guill. L. Suckow (1828 et 1829), Straus-Durkheim (1829), Léon Dufour (né en 1782), dont les recherches scientifiques eurent pour objet principal l'étude des Arachnides et des insectes; G.-R. Tréviranus et Jean-Fréd. Brandt qui, par la *zoologie médicale,* à laquelle il travailla avec J.-Th.-Ch. Ratzeburg, de même que par un travail sur les nerfs splanchniques des invertébrés, contribua puissamment à faire connaître l'anatomie des arthropodes. En dehors de ces travaux généraux, il faut mentionner quelques mémoires sur des points isolés d'anatomie, tels que les recherches importantes de Jean Muller sur les nerfs; il faut y joindre la description qu'en fit Émile Blanchard et la démonstration que G. Newport donna de la différence qui existe dans les fonctions des cordons nerveux chez les Myriapodes. Puis viennent des études sur les yeux, par J. Muller, C.-Mor. Gottsche, J.-G.-Fr. Will et Fr. Leydig; sur l'organe de l'ouïe, par de Siebold et R. Leuckart; sur la circulation du sang, par C.-G. Carus et Blanchard; sur les organes de sécrétion, par Henri

Meckel, ce qui provoqua la découverte, intéressante au point de vue histologique, de glandes unicellulaires ; enfin, sur les organes génitaux, par de Siebold, F. Stein (Insectes, Myriapodes) ; à ces travaux se joignent les recherches de G. Meissner et de R. Leuckart sur l'appareil microphylaire de l'œuf des insectes. Il faut encore citer la démonstration qui fut faite par de Siebold de l'existence de capsules séminales (appelées spermatophores par Milne Edwards, 1840) chez les crustacés inférieurs. Les considérations sur le squelette cutané eurent une bien plus grande portée ; une première impulsion leur fut donnée par Eschscholtz et de Baer ; Audouin et surtout Straus-Durkheim les portèrent plus loin. La découverte de la chitine dans la peau des Arthropodes, faite en 1823 par Odier, approfondie par Lassaigne en 1842, et spécialement par C. Schmidt en 1845, compléta cette étude. Comme on connaissait mieux la forme générale et la structure des différents groupes d'articulés, les découvertes que l'on fit sur ces deux points contribuèrent à mieux faire connaître le type. Le point essentiel qu'il fallait éclaircir, c'était, avant tout, la position respective des grands et des petits groupes, et les liens de parenté qui existent entre les classes et les ordres. La solution de ce problème fut commencée d'abord par des recherches anatomiques sur des groupes isolés. Pour les crustacés, il faut citer les travaux de Audouin et de M. Edwards, de Louis Jurine (1751-1819), de Ch. Aug. Ramdohr. N'oublions pas la découverte des mâles rudimentaires des crustacés inférieurs par A. de Nordmann, et surtout les recherches embryologiques de Rathke, Nordmann, Baird, Bates, Loven, Philippi, Steenstrup et Fr. Muller. Elles ont été le point de départ de nouvelles opinions sur tout le type. L. Dufour, Newport et J.-Fr. Brandt, contribuèrent surtout à l'étude de l'anatomie des Myriapodes ; G.-R. Tréviranus, Dufour, E. Blanchard, J. Muller, Brandt, A. Dugès et Doyère, à celle des Arachnides. Quant aux ouvrages concernant l'anatomie des insectes, il faut citer, à côté des travaux dont nous avons déjà parlé, les recherches de Ch. Aug. Ramdohr (1811) sur l'organe de la digestion, et la démonstration faite par Rengger (1817) et Wurger des vaisseaux de Malpighi tenant lieu de reins (1818 ; déjà, en 1816, Brugnatelli avait trouvé des acides uriques dans les excréments, sans désigner plus précisément l'organe). Les recherches faites par les deux Huber (François, 1750-1831 ; Jean-Pierre, 1777-1840), sur les fourmis et les abeilles, furent très intéressantes : viennent se joindre à ces travaux des études sur les phénomènes de la propagation. Les observations sur les pucerons, dont nous avons déjà parlé, entraînèrent des recherches importantes plus approfondies sur la génération des vierges et les merveilleuses conditions de propagation chez les abeilles. Sur ces deux points la science est surtout redevable aux efforts de Siebold d'avoir, non seulement constaté par des observations soignées faites sur les Psychides que la parthenogénèse existait aussi chez les Arthropodes, mais d'avoir fondé, sur des faits, la théorie de l'état des abeilles, établie récemment par leur observateur le plus minutieux, Jean Dzierzon (né en 1811), curé à Karlsmark, en Silésie.

Les progrès de la systématique marchaient de front avec ces efforts qui tendaient à pousser plus avant la connaissance des formes. Les ouvrages de Latreille sur les Crustacés furent de grande importance ; ses considérations furent suivies, aussi bien des représentations antérieures de la classe entière, par L.-Aug.-Guill. Bosc (1759-1828) et G.-A. Desmarest, que des représentations plus récentes, parmi lesquelles l'ouvrage de H. Milne-Edwards, fut la base de recherches ultérieures. Les nouvelles classifications de Dana et d'Alph. Milne-Edwards s'écartent de cette base et n'en déterminent pas plus exactement pour cela les limites des groupes. En 1817, Latreille avait précisé le groupe des Arachnides ; sa division, d'après les organes de la respiration, dont R. Leuckart rectifia plus tard l'interprétation, fut aussi le principe fondamental de systèmes ultérieurs. Parmi eux, celui de Van der Hœven se base, pour la division principale de la classe, sur un fait que Dugès avait déjà fait ressortir chez les Acariens, et qui est la segmentation des diverses régions du corps. J. Blackwal attira l'attention sur la valeur systématique des yeux chez les araignées ; il se rendit célèbre par la connaissance des araignées anglaises. Walckenaer et P. Gervais, de même que C.-W. Hahn (né en 1836) et C.-L. Koch donnèrent une représentation générale de la classe entière. Parmi les innombrables travaux qui firent progresser la systématique et la connaissance des formes et des différents groupes d'insectes, faisons avant tout mention de l'introduction à la nouvelle classification, par Jam.-Obad. Westwood (né en 1805, professeur à Oxford) ; elle venait compléter, au point de vue systématique, l'ouvrage vieilli de Kirby et de Spence. La classification, elle-même, fut raffermie par Burmeister, qui la fit reposer sur le mode de développement. Les nouveaux progrès se rapportent uniquement à l'indépendance ou à la subordination relatives de quelques groupes (p. ex., des Strepsiptères et des Dictyoptères) et à la position plus ou moins élevée dans le sens du développement d'une seule série, position donnée, par exemple, aux Hyménoptères ou aux Coléoptères : ces questions perdront de leur importance en face des changements généalogiques futurs du système. Les documents faunistiques accumulés en si grand nombre n'ont été utilisés en vue d'établir les lois de la distribution géographique que pour des groupes isolés. H. Milne-Edwards et Dana firent cette étude pour les crustacés; Latreille, Brami, H. Hagen, Th. Lacordaire, F.-W. Maeklin, pour les insectes ; quant aux papillons, Adolphe et Auguste Speye rentreprirent des recherches importantes.

Mollusques. — Après avoir fait des Mollusques d'abord une classe puis un type indépendant, Cuvier posa les bases nécessaires à leur connaissance plus précise et à leur division naturelle. En 1795 déjà, ayant égard aux conditions du manteau, des ouïes, etc., il les divisait en Céphalopodes, en Gastéropodes et en Acéphales. En 1804, il sépara les Ptéropodes des Gastéropodes; en 1818 Lamarck en fit autant pour les Hétéropodes, tandis qu'en 1806 Duméril faisait un groupe indépendant des Brachiopodes et Lamarck des Tuniciers (1801). Le progrès que l'on a fait dans la connaissance de ces animaux a démontré que ces divisions étaient en général naturelles. Les tentatives faites par Denys de Montfort (mort en 1810), Jean-Ch. Megerle de Mühlfeldt (1765-1840) et Fr.-Ch. Schumacher (1757-1830), pour baser les groupes et les liens de parenté, qui les relient entre eux, sur les caractères des coquilles sans égard aux animaux, entraînèrent à des erreurs de synonymie; de même Gius. Saverio Poli (1746-1825), fameux par ses recherches sur l'anatomie des Mollusques, a-t-il malencontreusement donné aux animaux des noms différents de ceux sous lesquels étaient désignées leurs coquilles. Meckel, réunissant les Ptéropodes et les Hétéropodes aux Gastéropodes, en fit un groupe sous le nom de Céphalophores; Siebold l'imita. A la conception de Lamarck qui faisait des Hétéropodes une subdivision des Gastéropodes, vient se joindre celle de S.-L. Loven; elle en diffère seulement en ce qu'elle prend comme caractère primaire la présence ou l'absence d'une langue. J.-G. Gray apporta de nombreux changements à son système sans lui donner pour cela une base plus sûre. Les

systèmes de d'Orbigny et de Deshayes[1] reconnaissent en général
les groupes principaux mentionnés ci-dessus. En 1850 H. Milne-
Edwards fit le pas le plus important dans la systématique générale, en réunissant les Tuniciers, les Brachiopodes et les Bryozoaires en un seul groupe, celui des Molluscoïdes, formant un
sous-embranchement des Mollusques. A ces trois ordres C. Vogt
joignit les Cténophores, sans que personne cependant fût de son
opinion. L. C. Kiener[2], Lovell Reeve, les Sowerby déjà nommés, Rod.-Amand Philippi (né en 1808), Louis Pfeiffer (né en
1805) et H.-C. Kuster qui par un nouveau remaniement du cabinet de conchyliologie de Martini (voyez page 446,) avait essayé
de réunir les faits éparpillés, contribuèrent à la collection de
nouvelles espèces et les rendirent plus abordables. — Cuvier
déploya toute son activité en faveur de l'anatomie des Mollusques ; ses traités (plus tard rassemblés avec soin) ont été le
point de départ de toutes les recherches ultérieures. A côté de
D. Poli dont nous avons déjà parlé, des descriptions des mollusques du sud de l'Italie par Delle Chiaje contribuèrent à en faire
connaître l'anatomie. Les recherches de H. Milne-Edwards
furent de la plus haute importance ; elles mirent en lumière la
forme particulière de l'appareil circulatoire dans ce type. D'ailleurs Cuvier avait déjà, en 1796, décrit les lacunes veineuses
chez les Mollusques. Edwards lui-même, Eydoux et Souleyet
repoussèrent le soi-disant phlébentérisme que Quatrefages
opposait à cette description, au moins pour un petit groupe.
Van Beneden, Leydig, Gegenbaur, Leuckart, Krohn et quelques
Anglais, parmi lesquels il faut nommer Owen, Huxley, Joshua
Adler, Albany Hancock et Rob. Templeton firent des recherches précieuses sur l'anatomie de plusieurs ordres de Mollusques.
— Pour ce qui concerne les différents groupes, Edwards, Agassiz, van Beneden et la plupart des savants modernes assimilèrent
les Bryozoaires aux Molluscoïdes. Dumortier, G. Busk et parti-

---

[1] Ferussac et Deshayes, *Histoire naturelle générale et particulière des mollusques, tant des espèces qu'on trouve aujourd'hui vivantes que des dépouilles
fossiles de celles qui n'existent plus, classées d'après les caractères essentiels
que présentent les animaux et leurs coquilles.* Paris, 1820-1851, 4 vol. in-folio,
dont 2 vol. de texte et 2 vol. comprenant 247 pl. col.

[2] Kiener, *Species général et iconographie des coquilles vivantes, comprenant
la collection des Muséums d'histoire naturelle de Paris, la collection Lamarck,
celle du prince Masséna et les découvertes récentes des voyageurs,* continué par
le Dr P. Fischer. Ouvrage complet en 165 livraisons. Paris, 1834-1880, 12 vol. in-8,
avec 902 pl. col.

culièrement Georg.-Jam. Allman contribuèrent à les faire connaître. Les Brachiopodes qui s'en rapprochent furent étudiés au
point de vue anatomique par Owen, C. Vogt, Huxley et A. Hancock, tandis que Léopold de Buch, d'Orbigny et surtout Thomas
Davidson et E. Suess s'illustrèrent en classant les groupes fossiles. Les Tuniciers furent minutieusement étudiés par H. Milne-
Edwards et Delle Chiaje. C.-P. Carus, Eysenhardt, Agassiz et
Ch. Girard apprirent à connaître la nature des Ascidies simples ;
après Savigny ce fut surtout H. Milne-Edwards qui répandit la
connaissance des Ascidies composées. Des formes particulières
d'Ascidies furent étudiées et décrites par Lesueur, Rathke,
Quoy et Gaimard, Huxley, Krohn et Gegenbaur, tandis que
Chamisso le premier, Dan.-Fr. Eschricht, Sars, Krohn, Huxley
et Henri Müller (1820-1864) développèrent la connaissance des
salpes.

Quant aux coquillages bivalves, Lamarck avait déjà fait
remarquer en 1807 la différence de leurs empreintes musculaires
et les avait divisées en monomyaires et en dimyaires. Plus tard
on y joignit l'empreinte du manteau. Mais tandis que Lamarck
comprenait les brachiopodes sous la dénomination d'acéphales,
en 1822, Blainville appela les derniers Lamellibranches et les
premiers Palliobranches. Bien que ces termes soient d'origine
hybride, le premier s'est très répandu. G.-P. Deshayes, Edw.
Forbes et S. Hanley, S.-P. Woodward et les deux frères Henri
et Arthur Adams contribuèrent essentiellement à perfectionner
le système. L'anatomie fut approfondie par Gius. Mangili,
Rob. Garner, H. Milne-Edwards, H. Lacaze-Duthiers et d'autres
savants. Après ceux que nous avons déjà nommés, Quatrefages
et Loven étudièrent le développement. Ajoutons que l'on
s'occupa aussi des moules perlières et byssoïdes; les premières
furent l'objet des travaux de Fil. de Filippi, de H.-Alex.
Pagenstecher, de Th. de Hessling et de C. Moebius. Dans ces
derniers temps on joignit aux Acéphales les Dentalites que
Cuvier avait rangés parmi les vers. H. Lacaze-Duthiers plaça
ces formes à côté des lamellibranches comme étant des solé-
noconques. Les recherches de van Beneden, de Eschricht et de
Gegenbaur établirent l'indépendance des ptéropodes; Gegenbaur
en étudiant leur développement détermina la place qu'ils
devaient occuper parmi les mollusques. Les hétéropodes, dont
les premières formes ont été décrites par Forskal, furent
observés au point de vue anatomique par Delle Chiaje, plus tard

par Souleyet[1] et récemment par Huxley, Gegenbaur et Leuckart ;
ces deux derniers, auxquels il faut joindre Krohn, ont décrit leur
développement. Cuvier, Lamarck et Blainville qui appelle ces
animaux des nucléobranchiens en font une subdivision des Gastéropodes ; de Siebold, Gegenbaur et d'autres savants en font
un groupe d'égale valeur à ceux des gastéropodes et des ptéropodes. Les gastéropodes proprement dits, après les essais précités de Cuvier, Lamarck et Deshayes, ne furent repris que tout
récemment par Milne-Edwards qui établit sur leur anatomie la
subdivision en groupes naturels ; la division admise par lui a
graduellement engendré la classification actuellement en vigueur.
Au milieu de l'immense variété des formes de ce groupe dont,
pendant longtemps, on n'avait recueilli et classé que les coquilles,
ce furent surtout des recherches anatomiques approfondies qui
permirent de se retrouver. En dehors des travaux de Cuvier et de
H. Milne-Edwards, il faut mentionner ici, sous ce rapport, les
voyages importants de Quoy et de Gaimard, de Eydoux et de
Souleyet. Parmi le nombre immense d'ouvrages spéciaux qui
furent écrits à cette époque il faut citer, à cause de leur
influence, ceux de van Beneden, de Moquin-Tandon[2], de Lacaze-
Duthiers, de Leydig, de Ed. Claparède. Lorsqu'en 1836 Troschel
eut signalé l'importance systématique de l'armature de la langue,
Henri Lebert l'étudia minutieusement ; ensuite ce furent Loven
et Troschel qui l'approfondirent et en firent l'application à la
classification. A côté des coquilles contournées des céphalopodes
fossiles on mesura et calcula la forme géométrique des coques
de gastéropodes ; ces recherches furent entreprises par H. Mose-
ley et Ch.-Fr. Naumann.

L'embryologie de ces animaux eut une grande importance
pour la conception systématique et morphologique des différents
groupes ; parmi les savants qui s'intéressèrent à cette étude il
faut nommer Dumortier (1837), van Beneden (1841), Loven (1841),
C. Vogt (1845), A. de Nordmann (1845), Leydig (1850), Koren
et Danielssen (1851), Gegenbaur (1852) et J.-D. Macdonald (1855).
Après les travaux de Cuvier et de Delle Chiaje l'anatomie du nautilus par Owen (1832) donna une impulsion nouvelle à la connais-

---

[1] Souleyet, *Zoologie du voyage de* la Bonite.
[2] Moquin-Tandon, *Histoire naturelle des mollusques terrestres et fluviatiles de
France, contenant des études sur leur anatomie et leur physiologie, et la description particulière des genres, des espèces et des variétés.* Paris, 1855, 2 vol.
gr. in-8, avec Atlas de 54 pl. col.

sance des céphalopodes. Avec elle commence la division naturelle
de toute la classe. Nous avons déjà mentionné les travaux embryologiques de Kœlliker. Ce dernier avait considéré les hecto-
cotyles comme ayant rapport à la reproduction des Céphalopodes et même il en avait fait les mâles de ces animaux. Henri
Müller découvrit le véritable mâle des argonautes. J.-B. Verany,
C. Vogt et Steenstrup démontrèrent depuis la présence de l'hec-
tocotyle chez plusieurs céphalopodes.

La découverte que fit Owen des restes de parties molles de
céphalopodes fossiles eut une grande importance ; on put expliquer ainsi leurs liens de parenté. La monographie de d'Aude-
bard de Férussac et d'Alcide d'Orbigny [1] embrasse des formes
vivantes et fossiles. Quant aux dernières, il était difficile d'expliquer l'existence de l'aptychus, jusqu'à ce qu'en 1829, Ed. Ruppell
donna l'interprétation généralement admise aujourd'hui que
c'étaient des corps durs à l'intérieur. — Les nombreuses indications faunistiques sur les mollusques n'avaient encore que peu
servi à guider l'intelligence de leur distribution géographique.
Les ouvrages de d'Orbigny, d'Ed. Forbes et de Loven contribuèrent puissamment à faire connaître ce dernier point.

Vertébrés.— Si le classement systématique de certains groupes
d'invertébrés est plus ou moins soumis à l'arbitraire, l'importance de plusieurs phénomènes n'étant pas encore précisée, chez
les vertébrés, qui furent plus étudiés, le système est l'expression
de la connaissance générale des différents groupes et tout progrès nouveau dans la classification est la proclamation d'une
vérité scientifique. Si l'on voulait par exemple réunir aujour-
d'hui les amphibies et les reptiles en une seule et même classe,
ce serait méconnaître le développement, la structure et les affinités entre les deux classes dont ces deux ordres de faits sont
les indices.

En 1796, Daubenton, il est vrai, et Lacépède, après lui, firent
des baleines une classe distincte des mammifères ; ils joignirent
les amphibies aux reptiles et séparèrent les serpents des quadrupèdes ovipares ; c'était donc un progrès de voir Cuvier accepter
la division des vertébrés en quatre classes, telle que Linnée
l'avait établie. Mais déjà en 1799, Alex. Brongniart appliqua aux

---

[1] Férussac et D'Orbigny, *Histoire naturelle générale et particulière des céphalopodes acétabulifères vivants et fossiles.* Paris, 1836-1848, 3 vol. in-fol., dont un
de 144 pl. col.

reptiles la loi de Cuvier sur la subordination des caractères et en vint à dire que les amphibies, appelés par lui batraciens, devaient être opposés aux autres divisions. Blainville le premier sépara ces deux classes en 1816, appela les reptiles vrais ornithoïdes, leur donna dans la classification le nom d'écailleux et leur opposa les amphibies, sous le nom d'animaux nus pisciformes. S'appuyant sur des recherches anatomiques, Blainville ajouta les cécilies aux amphibies. En 1820, Merrem, il est vrai, fait des amphibies et des reptiles, des batraciens et des polidotes deux classes, (c'est-à-dire deux subdivisions) du grand groupe des amphibies ; il maintient cependant les différences qui existent entre elles et la position des cécilies dans la première classe (Michel Oppel en fait autant). F.-S. Leuckart sépare également les deux groupes comme des subdivisions auxquelles il donne le nom de dipnoaires et de monopnoaires (1821). En 1825 Latreille sépare les deux classes, crée pour les amphibies les termes hybrides de caducibranches et de perennibranches, et réunit les cécilies aux serpents. Jean Wagler met les amphibies et les reptiles ensemble ; mais, entre les mammifères et les oiseaux, il place l'ordre des griffons pour les monotrèmes et les reptiles fossiles. En 1831 et 1832, J. Müller fixa la position des cécilies en déterminant leurs ouvertures branchiennes ; par des recherches anatomiques approfondies il établit la différence des deux classes. Latreille fit des cartilagineux une classe distincte des autres poissons, et sépara les monotrèmes des autres mammifères. Mais cette façon de voir ne fut pas accréditée ; de même la division des vertébrés en 8 classes, division établie par L. Agassiz, resta sans succès. Jusqu'à ce jour il n'y a de scientifiquement constituées que les 5 classes décrites par de Baer et dont Milne-Edwards a formé deux groupes, celui des allantoïdiens et celui des anallantoïdiens, désignés par C. Vogt sous le nom de vertébrés inférieurs et vertébrés supérieurs.

La direction morphologique donnée par les travaux de Rathke, de J. Müller et de R. Owen à l'étude anatomique des vertébrés, fit mieux connaître leur structure. D'innombrables recherches faites sur les différentes formes et les différentes parties de ces animaux fournirent des matériaux dont on ne tira pas de suite tout le parti possible. Parmi les savants qui poussèrent plus avant l'anatomie des différentes classes de vertébrés, nommons G.-L. Duvernoy, Ant. Alessandrini, Ed. d'Alton, H.-Leop. Barkow, A.-F.-J.-C. Mayer, G.-R. Treviranus, et Will. Vrolik. L'opinion

de Oken que le crâne se compose de vertèbres donna lieu à des
discussions très vives auxquelles Bojanus, Spix, A.-L. Ulrich
et D. Hallmann prirent une part active. La découverte d'un
crâne primordial précédant le crâne osseux faite par Jacobson à
la suite des recherches de Rathke, eut une influence essentielle
sur ces discussions ; ainsi on mit en avant le point de vue génétique signalé précédemment par Reichert, et qui est resté la base
des nouvelles tentatives pour expliquer le crâne, de celles par
exemple de Huxley[1] et de Kœlliker. Le cerveau fut aussi l'objet
d'une étude approfondie. En dehors de C.-G. Carus, nommons
E.-R.-A. Serres (1824), Laurencet (1825), Fr. Leuret (1839)[2],
N. Guillot (1844) ; G.-R. Tréviranus et d'autres savants étudièrent comparativement le cerveau d'animaux appartenant à des
classes différentes ; Gilbert Breschet étudia minutieusement les
organes des sens et particulièrement celui de l'ouïe[3]. Les recherches angiologiques de Rathke, de Fr. Bauer et de Barkow furent
très importantes, bien qu'elles se rapportent à des classes isolées.
Faisons aussi mention des travaux embryologiques à cause de
leur influence générale. E.-J.-P. Coste décrivit les phénomènes
du développement de plusieurs classes de vertébrés et déclara
qu'il avait déjà observé la segmentation chez les oiseaux. C.-E. de
Baer[4], Fil. de Filippi et C. Vogt firent progresser la connaissance de l'embryologie des poissons. C.-B. Reichert étudia le
développement des amphibies ; ses recherches sur les arcs pharyngiens contribuèrent à mieux faire connaître d'une façon générale le développement des vertébrés ; la même étude fut poursuivie par C. Vogt, Mauro Rusconi et Ant. Dugès[5] qui tint
spécialement compte des métamorphoses successives des systèmes osseux et nerveux. A.-G. Volkmann et H. Rathke étu-

---

[1] Huxley, *La place de l'homme dans la nature*. Paris, 1868, 1 vol. in-8. — *Éléments d'anatomie comparée des animaux vertébrés*. Paris, 1875, 1 vol, in-18 jésus.

[2] Leuret et Gratiolet, *Anatomie comparée du système nerveux, considérée dans
ses rapports avec l'intelligence*. Paris, 1839-1857, 2 vol. in-8, avec Atlas de 32 pl.
coloriées.

[3] Breschet, *Recherches anatomiques et physiologiques sur l'organe de l'ouïe et
sur l'audition dans l'homme et les animaux vertébrés*. Paris, 1836, in-4, avec
13 pl. — *Recherches anatomiques et physiologiques sur l'organe de l'ouïe des
poissons*. Paris, 1838, in-4, avec 17 pl.

[4] Baer, *Histoire du développement des animaux*, trad. par G. Breschet. Paris,
1826, in-4.

[5] Dugès, *Mémoire sur la conformité organique dans l'échelle animale*. Paris,
1832, in-4, avec 6 pl. — *Recherches sur l'ostéologie et la myologie des batraciens*.
Paris, 1834, in-4, avec 20 pl.

dièrent le développement des reptiles. Depuis Pander les recherches sur le développement du poulet furent considérées comme très importantes ; elles résumaient, en effet, toutes les considérations générales sur le développement des vertébrés. N'oublions pas de citer ici l'œuvre classique de Rob. Remak (mort en 1865). Les travaux de Th.-L.-G. Bischoff[1] sont la base des études sur le développement des mammifères ; ils se rapportent à des mammifères d'ordres différents (lapin, chien, cochon d'inde, chevreuil, homme) et sont le point de départ de nouveaux ouvrages sur le développement de la forme du corps et des enveloppes de l'œuf. Une des découvertes les plus importantes en cette matière fut celle de Owen qui constata chez les didelphiens un développement dépourvu de placenta.

A côté de la division des poissons établie par Cuvier (poissons cartilagineux et poissons osseux) et adoptée par Latreille, Duméril, Blainville, Lacépède, Wiegmann et la plupart des autres savants, la classification introduite par L. Agassiz fut un pas important vers l'établissement d'un système naturel. Il y fit entrer en ligne de compte (1833) les poissons fossiles et la basa principalement sur la forme des écailles dont il avait fait l'objet de recherches particulières. La forme que ce système a graduellement atteinte, grâce aux travaux de J. Müller, et de R. Owen, et que van der Hoeven, entre autres, a encore perfectionnée, paraît dès maintenant devoir être considérée comme définitive. L'ouvrage principal de Cuvier et de Valenciennes[2] ne traite qu'une partie des poissons osseux. Dans son anatomie des myxinoïdes et par les modifications qu'il introduisit au système d'Agassiz, J. Müller a donné le cadre dans lequel se font aujourd'hui les différents travaux. Rathke et J. Müller avaient donné des bases nouvelles à l'anatomie des poissons ; parmi les savants qui ont pris part à cette étude, nommons Jos. Hyrtl et Hermann Stannius. On décrivit aussi les différents systèmes. Le squelette fut l'objet des études de G. Bakker et de F.-C. Rosenthal (mort en 1829) ; Arsaky, Gottsche, Philipeaux, Vulpian et Stannius s'occupèrent du système nerveux ; E.-H. Weber concentra ses recherches sur l'organe de l'ouïe. F. Leydig indique un nouvel et sixième organe dans les canaux latéraux. Et. Geof-

---

[1] Bischoff, *Traité du développement de l'homme et des mammifères.* Paris, 1843, 1 vol. in-8.

[2] Cuvier et Valenciennes, *Histoire naturelle des poissons.* Paris, 1829-1849, 22 vol. in-8, avec 3 volumes d'Atlas, comprenant 650 pl. col.

froy, Matteucci [1], Pacini, Th. Bilharz et M.-S. Schultze étudièrent les poissons électriques sur lesquels Alex. de Humboldt avait déjà appelé l'attention. Agassiz dans son œuvre principale répandit la connaissance des poissons fossiles; il donna des indications sur leur distribution géographique dont l'étude avait été préparée par de nombreux travaux faunistiques. Les amphibies, que l'on avait séparés des Reptiles, comme nous l'avons déjà dit, furent, conjointement avec ces derniers, l'objet d'un travail systématique de la part de Duméril et Bibron. Plus tard cette même matière fut approfondie par Aug. Duméril, fils du précédent. Ce qui contribua le plus à répandre la connaissance de l'anatomie des amphibies, ce fut ce fait, que la grenouille étant devenue le sujet ordinaire des experimentations physiologiques [2], on apprit à connaître chez elle des particularités qui se retrouvèrent dans d'autres animaux de la classe étudiés plus tard (L'abeille et la grenouille sont les deux animaux sur lesquels on a le plus écrit). Les études sur le système des vaisseaux lymphatiques eurent une importance générale. M. Rusconi et Bart. Panizza approfondirent cette question. A l'occasion de l'axolotl rapporté en Europe par Alexandre de Humboldt, des recherches anatomiques sur les « reptiles douteux » furent entreprises par Cuvier. F.-S. Leuckart, Configliachi et Rusconi étudièrent le Proteus, Jeffreys Wyman le Menobranchus, Luigi Calori l'Axolotl, R. Harlan l'amphiuma et le Menopoma, et van der Hoeven le cryptobranchus. Rich. Owen, H.-A. Lambotte, Ch. Morren et d'autres savants se vouèrent à l'étude des différents systèmes anatomiques. J. Müller étudia l'organe de l'ouïe qui avait aussi son emploi dans la systématique. Hermann de Wittich découvrit le développement merveilleux des organes génitaux. Parmi les monographes, nommons Adolphe Fr. Funk qui décrivit la salamandre (1826). Les changements qui surviennent dans la structure du corps pendant le développement, avaient déjà attiré l'attention sur ce groupe; Rusconi, de Siebold, G.-J. Martin Saint-Ange et d'autres savants l'étudièrent, en ayant spécialement égard aux organes de la respiration et de la circulation. J. Higginbottom

---

[1] Matteucci, *Traité des phénomènes électro-physiologiques des animaux, suivi d'études sur le système nerveux et sur l'organe électrique de la torpille*, par P. Savi. Paris, 1844, 1 vol. in-8.

[2] Voyez Const. Duméril, *Notice historique sur les découvertes faites dans les sciences d'observation par l'étude de l'organisation des grenouilles* (*Bulletin de l'Académie de Médecine*, Paris, 1840, tome IV). — Claude Bernard, *Leçons de Physiologie opératoire*. Paris, 1879, 1 vol. in-8.

rechercha l'influence si importante des conditions extérieures
sur le développement. La vie des crapauds emprisonnés dans
des pierres ou inclus artificiellement dans d'autres substances,
fut l'objet d'expériences réitérées. Le classement des amphibies
avait été établi d'une manière très juste par Cuvier; il les divisait
en grenouilles, salamandres et sirènes (1800). Duméril, tenant
compte de l'absence ou de la présence de la queue (1806), les
divisait en Anoures et en Urodèles. Latreille combina ces deux
manières de voir ; il opposa les amphibies pourvus d'ouïes
caduques que Duméril avait divisés en anoures et en urodèles,
aux amphibies pourvus de branchies permanentes. En 1832 Jean
Müller fit des cécilies une subdivision, celle des gymnophiones.
Suivant qu'ils ont ou non des ouïes extérieures, il divisa les
Pérennibranches en derotrèmes et protéides, et obtint ainsi cinq
ordres. Hermann Stannius les réduisit à trois (1856), urodèles,
batraciens (c.-à.-d. anoures) et gymnophiones (cécilies),et il établit ainsi les conditions de parenté de la manière la plus naturelle. Il est vrai qu'il joint les amphibies comme Dipnoa aux
reptiles monopnoaires. A côté de Cuvier, R. Owen et C.-E.-H.
de Meyer (né en 1801, mort en 1869) étudièrent les amphibies
fossiles. Le prétendu *Homo diluvii testis* de Scheuchzer n'était
(Cuvier le démontra anatomiquement) qu'une salamandre, comme
Camper et Kielmeyer l'avaient déjà soupçonné. Les reptiles, qui
le plus souvent ont été étudiés de front avec les amphibies,
furent divisés en trois groupes établis par Brongniart : tortues,
lézards, serpents. En 1820 Merrem avait déjà signalé la distinction à faire entre le crocodile qui est, en quelque sorte, recouvert d'une cuirasse, et les animaux qui sont couverts d'écailles;
le serpent est une subdivision de ces derniers. Wagler aussi
distingue le crocodile du lézard; mais à côté de cela il fait
de l'orvet le représentant d'une classe spéciale. En 1810
C.-D.-G. Lehmann avait déjà reconnu par la structure que cet
animal est un saurien, et Blainville de même que Oppel l'avaient
rangé parmi les lézards; mais cette question ne fut résolue que
par Jean Müller (1832). Il déclare en outre que le crocodile doit
être considéré comme formant un ordre à part. On arriva ainsi à
diviser les reptiles en quatre ordres et Stannius confirma ce
classement par ses recherches anatomiques. Pour ce qui est de la
connaissance de ces différents ordres, C. Duméril et H. Schlegel[1]

---

[1] Schlegel, *Essai sur la physionomie des serpents*. Amsterdam, 1837, 2 vol. in-8,
et Atlas de 5 tableaux et 21 pl.

étudièrent les serpents. Nommons aussi Harald-Oth. Lenz (1799-1870), travailleur infatigable et observateur fidèle. L'anatomie des serpents fut l'objet des recherches de Calori, de Hyrtl, de Duméril, de C. Mayer, de J. Müller, de Owen. L'anatomie du saurien fut complétée par les travaux de Rathke et de J.-G. Fischer (né en 1819 à Hambourg); l'orvet et les amphisbènes furent rangés dans la classe de cet animal. J. Müller et van der Hoeven persistèrent, il est vrai, à faire de l'amphisbène un serpent; mais Stannius a fixé par des faits anatomiques sa place dans les sauriens; du reste, ce classement était adopté par C. Duméril [1], par Gervais et par d'autres savants. On décrivit aussi, et en grands détails, le caméléon; sa langue étrange et les changements de couleur propres à sa peau semblaient être autant de sujets intéressants. On étudia avec un grand soin la reproduction de la queue de nos lézards indigènes. Owen, J. Müller, Peters étudièrent l'anatomie des chéloniens; Rathke fit connaître leur développement; Th. Bell, J.-E. Gray et d'autres décrivirent leurs différentes formes. Nommons aussi R. Owen et P. de Meyer qui prirent une part très active au développement de la connaissance des reptiles fossiles; n'oublions pas Goldfuss, A. Wagner, William Buckland (1784-1856), G. A. Mantell (1790-1852) et Will.-Dan. Conybeare.

Les oiseaux trouvèrent de nombreux amis, grâce aussi bien à la diversité de leurs formes qu'à l'animation enchanteresse qu'ils savent donner à la nature entière. On observa les lieux qu'ils choisissent pour y séjourner et leur manière de vivre; mais quand il s'est agi de leur classement, leur structure fit naître de nombreuses difficultés. En 1798 Cuvier établit six ordres d'importance égale (accipitres, passereaux, grimpeurs, poules, palmipèdes et nageurs); entre les poules et les palmipèdes, il glissa, comme se rapprochant de ces deux classes, les oiseaux qui ne peuvent pas voler (autruche et dronte). Par contre on essaya (et ces tentatives doivent être principalement attribuées à la philosophie naturelle) de diviser les oiseaux en deux groupes, d'après l'état dans lequel ils laissent leurs œufs; les uns gardent, les autres fuient leurs nids, et d'après la capacité de leur vol et les différentes modifications de leur structure. C.-L. Nitzsch, fameux par ses recherches sur l'anatomie des oiseaux, suivit la division

---

[1] Duméril et Bibron, *Erpetologie générale ou histoire complète des reptiles.* Paris, 1835-1853, 9 tomes en 10 volumes in-8, avec pl.

de B. Merrem (en ratitæ et en carinatæ) ; il étudia aussi la distribution des plumes sur le corps des oiseaux (pterylographie), et en fit l'application à leur systématique. Récemment encore ce classement a trouvé des partisans zélés ; mais la plupart des ornithologistes suivent, avec quelques réserves cependant, le système de Cuvier. On ne diffère d'opinion que sur la question de savoir quel ordre il faut placer à la tête du groupe , quand même on ne songerait pas à établir une série généalogique. Cuvier met en première ligne les oiseaux de proie, Blainville les perroquets (il les sépare des autres grimpeurs), Goldfuss les oiseaux chanteurs (que Sundevall appela oscines en 1835), Ranzani les autruches (comme se rapprochant le plus des mammifères). Si, d'une part, la forme générale de la classification des oiseaux se trouvait ainsi soumise à la discussion, de l'autre, les progrès réalisés par les spécialistes étendaient la notion d'espèces pour ce groupe. Le pasteur Ch.-L. Brehm (1787-1864) célèbre parmi les savants allemands par ses travaux sur les oiseaux, fit faire un progrès immense à cette branche de la zoologie. En effet, il fit de l'espèce une unité d'ordre assez élevé déjà, en réunissant comme sous-espèces les individus les plus remarquables. — Le vif intérêt qu'avait fait naître l'ornithologie donna lieu à la publication de revues spéciales. Elles furent dirigées, en Allemagne, d'abord par F.-A.-L. Thienemann (1793-1858) et le curé E. Baldamus (né en 1812), plus tard par Jean-Louis Cabanis (né en 1816 à Berlin), et, en Angleterre, par P. Lutley Sclater (né en 1829). Parmi les savants qui ont observé la vie des oiseaux, nommons Ch.-L. Brehm et son fils Alfred-Edmond Brehm (né en 1829)[1], J.-M. Bechstein (1757-1822, qui introduisit en Allemagne l'œuvre de Latham) ; Naumann (Jean-André, 1744-1826, et son fils Jean-Frédéric 1780-1857) et Constant Gloger. Temminck (de concert avec Meiffren Laugier de Chartrouse) répandit par des gravures sur cuivre la connaissance des espèces[2] ; il voulut continuer dans une nouvelle collection les gravures de Buffon (édition de Paris, 1778) ; O. des Murs fit la même tentative ; C.-G. Hahn et H.-C. Kuster donnèrent des représentations moins

---

[1] A.-E. Brehm, *Les merveilles de la nature, l'homme et les animaux : les oiseaux.* Édition française, revue par Z. Gerbe. Paris, 1880, 2 vol. in-8, avec 500 fig. et 40 pl.

[2] Temminck et M. Laugier, *Nouveau recueil de planches coloriées d'oiseaux, pour servir de suite et de complément aux planches enluminées de Buffon.* Paris, 1822-1838, 5 vol. in-folio, avec 600 pl. col.

considérables des oiseaux. Fr. Levaillant, J. Gould, Audubon, J. Will. Lewin, J. Prideaux Selby, L.-P. Viellot et de Naumann se rendirent à jamais célèbres par leurs superbes ouvrages faunistiques; J.-B. Audebert et Vieillot, R.-P. Lesson, J. Gould, Alfr. Malherbe et Sclater firent les monographies des différentes familles. G.-Rob. Gray (mort en 1872, frère de Jean-Edouard Gray) donna une représentation du système accompagné de belles planches des caractères génériques; Henri-Gust.-Louis Reichenbach (né en 1793), qui a tant contribué à étendre nos connaissances en ornithologie et à perfectionner le système, a de même consacré un manuel à l'exposé de la classification des oiseaux. Le développement du système fut ardemment poursuivi par Ch.-L. Bonaparte, H. Schlegel [1], J. Cabanis, Hugh Edwin Strickland (1811-1853), J. Cassin (né en 1812) et F. Spencer Baird (né en 1823); ce dernier s'adonna, et avec succès, à l'étude des riches matériaux d'une ornithologie de l'Amérique du nord. Gustave Hartlaub (né en 1815) se distingua par ses études générales sur la faune, par ses rapports annuels ornithologiques et par ses descriptions d'espèces nouvelles.

On s'occupa aussi des œufs au point de la distinction des espèces; Thienemann, des Murs, C. Jennings et Will. C. Hewitson les étudièrent minutieusement et en donnèrent la description systématique. L'anatomie des oiseaux fut l'objet des travaux de Fr. Tiedemann; Tréviranus, J.-Fr. Brandt (dans des ouvrages trop négligés malheureusement), Nitzsch, C.-J. Sundevall et Jean Müller éclaircirent certains points en les traitant d'une manière tout à fait remarquable. Depuis les travaux de Cuvier sur les restes fossiles, aucune œuvre n'a fait époque autant que la reconstruction de l'oiseau géant de la Nouvelle Zélande faite par Owen d'après le corps du fémur; cette trouvaille devient d'autant plus intéressante que l'on découvrit sur la même île des oiseaux vivants, dépourvus d'ailes; elle jette ainsi une lumière nouvelle sur les mythes orientaux, comme le fit la découverte des restes de l'æpyornis dans l'île de Madagascar.

Quant à la conception du type des mammifères, la découverte de deux formes echidna et ornithorhynchus, faite à la fin du siècle dernier, fut de la plus haute importance. Elle devait changer entièrement nos idées sur les limites des classes, sur l'importance systématique des ordres admis jusque-là et sur la

---

[1] Bonaparte et Schlegel, *Monographie des Loxiens*. 1850, in-4, avec 54 pl. col.

valeur des différents groupes de signes distinctifs. Il est vrai que Storr et Batsch avaient réuni les didelphiens en un seul groupe. Mais à mesure que l'on faisait connaissance avec de nouvelles formes, cette division paraissait moins bonne. Dans leur ouvrage si important pour l'histoire de la systématique des mammifères (1795) Cuvier et Geoffroy déclarent que les caractères primaires devant tenir le premier rang, sont donnés par les organes de la circulation et de la génération ; mais ils n'appliquent cette règle qu'à la division des vertébrés ; car les pédimanes comprennent, il est vrai, les didelphiens insectivores, mais les kangouroos sont classés parmi les rongeurs et ces deux ordres sont placés entre les ongulés. Bien que cette forme primitive du système ait absolument vieilli, et malgré les recherches qui, dans les trente dernières années, furent faites sur l'anatomie et l'histoire du développement des monotrèmes et des didelphiens, on en a cependant conservé quelques points de détails. Ici, comme le fit Pennant, on établit trois groupes d'après la structure des doigts de pieds (les doigts de pieds à cause de la permanence des caractères qu'ils fournissent sont placés avant les dents) : mammifères marins, hoplopodes et ongulés (Giebel aussi, 1855); les premiers comprennent les cétacés et les phoques (Giebel de même); les seconds comprennent les animaux qui ont un, deux ou plusieurs sabots comme les pachydermes ; les derniers enfin comprennent les édentés, les paresseux (compris parmi les précédents par Giebel), les rongeurs (confondus par Cuvier avec les kangouroos), les carnivores, ravisseurs, vermiformes et plantigrades (réunis en un ordre par Giebel), les chéiroptères, les pédimanes (marsupiaux, rangés par Giebel entre les rongeurs et les ravisseurs) et enfin les quadrumanes. Les monotrèmes qui, en 1795, n'étaient pas encore découverts, sont rangés, dans le système de Cuvier (1817, de même que par Giebel) parmi les édentés. Le système de Illiger (1811) n'est qu'une légère modification de celui de 1795; cependant, l'homme y forme le premier ordre. On fit, il est vrai, des monotrèmes un ordre spécial ; la même mesure fut prise pour les kangouroos, considérés comme sauteurs ; mais les autres didelphiens, ayant un pouce, formèrent un ordre avec les singes et les Lémuriens. Cuvier n'introduisit des améliorations dans son système qu'en rangeant les phoques parmi les animaux carnassiers, qui, d'après lui, comprenaient aussi les chauves-souris et les didelphiens. Geoffroy fut le premier à introduire dans le système des modifications rationnelles ; en 1796 il réunit à nouveau les marsupiaux et établit en 1803 l'ordre des monotrèmes (plus tard il voulut même leur donner toute l'importance d'une classe particulière de vertébrés). Blainville imita Geoffroy; en 1812 il étudia la position systématique qu'il convenait de donner aux échidnés et aux ornithorhynques dont l'étude fut entreprise par Shaw d'abord et approfondie ensuite (1800) par Blumenbach en 1826 (J.-Fr. Meckel en donna la monographie). Dans le système que Blainville établit en 1816, il divise les mammifères en deux séries, les monodelphiens et les didelphiens, et à ces deux ordres il en ajouta un troisième en 1839, celui des Ornithodelphes, pour recevoir l'ornithorynque. La division en deux ne fut scientifiquement justifiée que par les travaux de Owen qui, d'après les différents modes de développement (1841) distinguait les mammifères en deux catégories suivant qu'ils ont ou non un placenta. Les recherches de Et. Geoffroy, de Emm. Rousseau, de Fr. Cuvier et de Owen sur les conditions typiques des dents, l'étude du squelette, les travaux comparés de Owen sur la formation du cerveau, et, en général, l'anatomie entière servirent à justifier cette division. Les ouvrages de C. E. de Baer contribuèrent puissamment à développer le classement naturel des mammifères; leur influence, il est vrai, ne se fit sentir que plus tard. C. E. de Baer, en effet, signale dans ses études sur les connexions vasculaires qui existent entre la mère et son fruit, les différentes formes sous lesquelles se présente cette liaison. En 1837, Eschricht confirma et approfondit cette étude; en 1844 H. Milne-Edwards, et plus tard P. Gervais, et C. Vogt la traitèrent au point de vue systématique. Mais, à la vérité, sans faire entrer en ligne de compte le caractère si important de la formation d'une caduque chez la mère, les tentatives faites par G. R. Waterhouse et Owen pour classer les mammifères d'après la structure du cerveau, échouèrent devant les mêmes difficultés que présente la classification des parties isolées. Les recherches de C. Dareste et de Pierre Gratiolet démontrèrent que les circonvolutions du cerveau ne sont pas seulement un phénomène qui dépend de la position systématique des animaux, mais encore de leur grandeur, de leur âge, etc.

La classe des mammifères fut représentée par des figures dans l'ouvrage de Schreber, continué jusqu'en 1845 par J.-A. Wagner (1797-1861) et par Et. Geoffroy et Fr. Cuvier qui donnèrent aussi des représentations de ce genre. J.-B. Fischer, Fr.-Ferd.-Aug. Ritgen, H.-R. Schinz essayèrent de développer la systématique et jetèrent la lumière sur différents points. Waterhouse entreprit une description générale, mais ne publia que celle des didelphiens et des rongeurs. Beaucoup d'autres ouvrages furent composés pour répandre la connaissance des différents ordres. Citons encore le nom de A.-B. Brehm[1]. Guill. Rapp étudia l'anatomie des édentés, tandis que Blainville[2] et Owen contribuèrent par leurs recherches sur les formes fossiles à donner une juste conception de l'ordre. Après que certains points de l'anatomie des cétacés eurent été élucidés par Cuvier, de Baer, Duvernoy, Rapp, une série de recherches précieuses sur cet ordre fut publiée par Eschricht. Cuvier avait voulu classer les pachydermes d'après le nombre des doigts de pied. Pour les hoplopodes Owen exécuta ce projet et rendit ainsi un service important à la science. Il réussit à démontrer le rapport qu'en 1795 Cuvier avait établi entre les cochons et les ruminants, et il y parvint surtout par la comparaison minutieuse des formes fossiles qu'il avait décrites de concert avec Cuvier. Les rongeurs furent décrits par J.-Fr. Brandt, les quadrumanes par Etienne (à partir de 1796) et Isidore Geoffroy Saint Hilaire; leur anatomie fut étudiée par Owen, van der Hœven, Schrœder van der Kolk et Will. Vrolik, qui tous contribuèrent par leurs différentes monographies à les mieux faire connaître Il ne faut pas omettre Audubon et Gould qui s'illustrèrent par leurs travaux faunistiques; nommons à côté d'eux A. Smith, F.-S. Baird, J.-Fr. Brandt, J.-H. Blasius (1809-1848), et Al. comte de Keyserling. J. Minding et J.-A. Wagner s'occupèrent de la distribution géographique des mammifères. Will. Buckland (1784-1856) découvrit que les formes les plus anciennes des mammifères étaient des didelphiens; cette découverte fut confirmée en 1823 par Cuvier et Owen et son importance fut grande pour l'histoire des mammifères.

L'homme. — On perdit bientôt de vue le but immédiat de l'anthropologie; cette science a pour objet de faire connaître l'histoire naturelle de l'homme. Linné avait voulu ranger l'homme dans l'ordre des primates. La philosophie réclamait

[1] A.-E. Brehm, *Merveilles de la nature, l'homme et les mammifères.* Édition française, revue par Z. Gerbe. Paris, 1880, 2 vol. in-8, avec 500 fig. et 40 pl.

[2] Blainville, *Osteographie ou description iconographique composée du squelette et du système dentaire des mammifères récents et fossiles, pour servir de base à la zoologie et à la géologie.* Paris, 1839-1863, 4 vol. in-4 de texte et 4 vol. in-fol. de planches, comprenant 323 planches.

une âme spirituelle dont la vie fût non pas indépendante du
corps, mais personnelle. On s'occupa donc de tout un ensemble
de phénomènes vitaux apparaissant chez l'homme, sans se rendre
compte dans quelle mesure ces fonctions pouvaient trouver leur
explication dans la forme et la structure organiques. C'est ainsi
que l'homme fut exclu de nouveau du système des animaux.
Ce fut le mérite de Blumenbach d'avoir non seulement donné
suite à la conception systématique de Linné, mais d'avoir le
premier tracé la voie à une histoire naturelle de l'homme.
Comme nous l'avons dit, il rangea l'homme parmi les mammifères et en fit un ordre spécial; Cuvier, Duméril, Illiger, Dugès
l'imitèrent sur ce point; Bonaparte et J.-B. Fischer firent de
l'homme un sous-ordre, tandis que J.-E. Gray (1825 dans
son premier système) et J. Godmann (1826) appelèrent familles
les genres de Linné (Homo, Simia, Lemus). Isidore Geoffroy
Saint-Hilaire, qui, en 1837, déclara d'une manière précise qu'il
était d'autant plus facile d'approfondir l'étude de l'homme que
l'on connaissait mieux les animaux domestiques, établit de
nouveau un règne humain pour lui. Ainsi il en fait l'objet des
recherches scientifiques naturelles, mais ce n'est plus à la
zoologie qu'il demande la solution de ce problème. Cependant
l'anthropologie est redevable de données importantes à l'histoire
naturelle. En effet, il s'agissait tout d'abord de rechercher la position systématique de l'homme, de juger l'importance systématique de ses différentes formes, puis d'étudier son histoire comme
produit de la nature. Les travaux faits dans la période dont nous
parlons servirent de base à la solution de ces deux problèmes.
James Cowles Prichard (1786-1848)[1] et Jan van der Hœven donnèrent au sujet du premier des vues d'ensemble qui étaient le
résultat de recherches scientifiques naturelles sur l'homme; c'est
aussi grâce à leurs travaux que le terme « histoire naturelle de
l'homme » se répandit et·fut accrédité. Nommons aussi Josiah
C. Nott, Georges R. Gliddon, Sam. Georges Morton (1799-1851)
et Charles Pickering. Quant aux différences de races elles furent
étudiées par R. Gordon Latham, le comte A. de Gobineau et
A. Fr. Pott. Dans tous ces travaux on s'occupa de la question si
fréquemment soulevée de savoir, si l'origine de l'espèce humaine

---

[1] Prichard, *Histoire naturelle de l'Homme, comprenant des recherches sur l'influence des agents physiques et moraux, considérés comme cause des variétés qui
distinguent entre elles les différentes races humaines.* Traduit de l'anglais par
F. Roulin. Paris, 1842, 2 vol. in-8, avec 40 pl. col. et 60 fig.

est une ou multiple. Ce qui fut avant tout une cause de progrès pour la connaissance de l'histoire naturelle de l'homme, c'est l'assiduité avec laquelle on mesura les divers crânes humains. Ici encore il faut nommer C. E. de Baer et André Retzius qui cherchèrent à déterminer la forme du crâne plus exactement qu'on ne l'avait fait jusqu'alors. A eux viennent se joindre beaucoup d'autres savants chercheurs, Jacquart, Broca, Quatrefages et Hamy[1], qui perfectionnèrent de plus en plus les méthodes de mensuration du crâne. Ensuite on mesura toutes les autres parties du corps et ce fut un nouveau pas dans la voie du progrès; cette méthode avait été développée et répandue par les savants Scherzer et Schwarz qui accompagnaient la *Novara*. — De même que Cuvier niait encore l'existence fossile du singe, de même on considérait l'apparition de l'homme sur la terre comme si récente, que toutes les données antérieures relatives à des restes fossiles humains étaient de prime abord rejetées comme fausses. Toutes ces données ne tiennent pas devant un examen approfondi; par contre de nouvelles recherches ont attribué à l'homme une origine plus ancienne qu'on ne l'avait cru jusqu'alors. Ici l'étude de l'antiquité et les études d'histoire naturelle se donnent la main. Boucher de Perthes eut le mérite de signaler l'existence de productions artistiques certainement antérieures aux temps historiques. Nous devons nous borner ici à mentionner simplement les recherches qui ont conduit à admettre un âge de pierre, d'airain et de fer. Elles trouvèrent un appui important dans la découverte de constructions lacustres que F. Keller (1853) fit à Meilen dans le lac de Zurich; il signala encore d'autres indices de la présence de l'homme. Steenstrup les consacra au point de vue scientifique.

Enfin la découverte de différents restes de squelettes fut une preuve nouvelle de l'existence préhistorique de l'homme. Les trouvailles nombreuses faites dans des cavernes, et les fouilles pratiquées dans des dépôts plus récents, démontrèrent que l'homme a été au moins le contemporain de l'ours des cavernes, du mammouth et du rhinocéros à toison[2].

[1] A. de Quatrefages et Hamy, *Crania ethnica, les crânes des races humaines décrits et figurés d'après les collections du Muséum d'Histoire naturelle de Paris, de la Société d'Anthropologie de Paris et les principales collections de la France et de l'étranger.* Paris, 1880, in-4, avec 100 pl.

[2] Lyell, *L'ancienneté de l'homme prouvée par la géologie et remarques sur les théories relatives à l'origine des espèces par variation.* 2e édition augmentée d'un *Précis de Paléontologie humaine* par E. Hamy. Paris, 1870, 1 vol in-8, avec 183 fig.

§ 15. — Zoologie historique.

En présence des progrès que l'on a faits dans la connaissance des animaux vivants et fossiles, eu égard à la facilité avec laquelle on peut étudier le règne animal et dissiper les doutes qui peuvent naître dans certains cas, lorsque toutefois les moyens d'observation permettent de résoudre ces difficultés, la manière dont les anciens ont jugé les animaux n'offre plus qu'un intérêt secondaire. Et cependant, cette connaissance présente quelque chose de plus qu'un simple intérêt de curiosité littéraire. Ce fut d'abord une considération d'exégèse qui fit entreprendre la tâche de déterminer les animaux dont les auteurs faisaient mention. Nous avons déjà dit quelles difficultés se rattachaient à cette étude. Mais on peut aussi par la comparaison de ce qui a été dit il y a mille ou deux mille ans sur certains animaux, à supposer qu'on puisse les reconnaître sûrement, avec ce qu'ils sont aujourd'hui, jeter quelque lumière sur les variations qu'ils ont pu éprouver. Au commencement de ce livre nous avons signalé les questions, qui, se rattachant à différents animaux, ont été traitées dans des notices remontant à l'antiquité ou au moyen-âge. Nous pouvons donc dire maintenant quelle part ont pris à ces recherches les zoologistes, les philologues et les historiens de notre époque. Du reste, nous ne tiendrons compte que des ouvrages spéciaux, car l'étude de toute la littérature exégétique nous entraînerait trop loin.

En ce qui touche tout d'abord les tentatives faites pour arriver à la détermination des animaux fabuleux, les traditions tératologiques de Berger de Xivrey (1836) méritent d'être citées à côté des ouvrages qui ont été précédemment mentionnés. On trouve dans ce livre, entre autres choses, un traité *De monstris et belluis*, analogue à celui qu'a donné récemment Mor. Haupt en l'accompagnant d'un commentaire assez bref et sans s'occuper de ce que la littérature au moyen âge a dit à ce sujet. En 1818, Amoureux fit une étude approfondie de la licorne, et en 1852, J. Guill., baron de Müller en fit l'objet d'un travail spécial ; A.-F.-A. Meyer confondit le Reem de la Bible avec la licorne. Outre Pallas et le comte Veltheim, Fr. Graefe, J.-Fr. Brandt, J. Zacher et A. Keferstein crurent retrouver dans l'odontotyrannus les fourmis qui déterrent l'or. De Olfers (1839) remonta à la source des opinions accréditées dans l'est de l'Asie sur des animaux géants qui remontent aux premiers âges et dont on a retrouvé çà et là quelques restes. Mannhardt, Grohmann, Rochholz et d'autres savants partirent d'un point de vue historique plutôt que zoologique dans leurs recherches sur les animaux de la mythologie. Nous manquons encore sur les animaux de la Bible d'un travail qui allierait à l'ardeur et à l'éminente érudition d'un Bochart, la connaissance des nouvelles conquêtes de la philologie et des sciences naturelles. C.-Pierre Thunberg (1825) décrivit les mammifères et les oiseaux de la Bible; Archibald Gorrie (1829) expliqua les noms d'animaux employés dans les livres saints; Dav. Scot (1829) aussi bien que les septantes, confond le « Kath » biblique avec le pélican; Thomas Thompson (1835) chercha à identifier le Léviathan au Behemot. H.-O. Lenz publia une série de passages tirés d'auteurs classiques et se rapportant à l'histoire de différents animaux; il les classa d'après le système animal, mais sans y ajouter un examen critique. Marcel de Serres (1834) étudia les animaux de la mosaïque de Préneste (voy. plus haut, p. 40, rem. 2). A.-A-.H. Lichtenstein (1791) fit des recherches sur les singes connus des anciens, C.-F. Heusinger sur la pourpre et A. Keferstein sur plusieurs animaux. H.-C.-E. Köhler (né en 1765 à Wechselburg, mort en 1838 à Saint-Pétersbourg) publia une minutieuse étude sur la pêche des anciens et sur la préparation du « Tarichos ». Ceci est d'autant plus intéressant que, d'après les indications de de Humboldt, les Indiens de l'Amérique du Sud préparent encore aujourd'hui une manioca de pescados [1] qui rappelle absolument le Tarichos; ils exercent de même la pêche au « Barbaco » (Verbascum? πλομος, Buglossa, voy. pag. 150, rem. 1). Georges-Phil.-Fr. Groshans (1839 et 1843) fit une faune se rapportant aux œuvres d'Homère et d'Hésiode. G.-C. Hurry s'occupa de différents animaux mentionnés par Hérodote. Les données zoologiques de Pline furent développées par B. Merrem. D'autre part on étudia en détail la zoologie d'Aristote. A côté des ouvrages de J.-B. Meyer et de G.-H. Lewès, il faut encore faire ressortir que les écrits zoologiques d'Aristote furent maintes fois retravaillés. C'est ainsi que A. de Frantzius a donné une édition du traité « sur les parties animales », Aubert et Wimmer publièrent ceux sur la génération et le développement; tous deux éditèrent

---

[1] *Relation historique*, II, p. 563.

aussi plus tard « l'Histoire des animaux » qui avait déjà été
traduite par Strack. B.-F.-A. Wiegmann et L. Sonnenburg
expliquèrent différents passages et rectifièrent des opinions entièrement fausses. Mais on s'occupa aussi et de certains animaux
en particulier et de certains groupes d'animaux. H.-J. de Köhler
(né en 1792, docent à Dorpat jusqu'en 1850) a fait un écrit sur
les Céphalopodes d'Aristote (1821); E. Eichwald étudia les Sélaciens du même auteur (1819). J. Muller ne se borna pas à pousser
directement ou indirectement à la publication des nouvelles
éditions que nous venons de citer, mais encore il réunit lui-
même les données des auteurs anciens relatives à la voix des
poissons et reconnut dans le squale l'espèce dont Aristote avait
parfaitement décrit le développement, comme s'effectuant par un
placenta, donnée que personne n'avait confirmée depuis, avant
Muller. Enfin H.-L.-J. Billerbeck fit une étude très approfondie
des oiseaux d'Aristote et de Pline. Malheureusement, à cause du
sort fatal qu'ont eu les ouvrages des auteurs classiques, la connaissance du règne animal, depuis les premiers âges jusqu'à nos
jours, est souvent interrompue. Mais comme au moyen âge de
nouvelles sources commencent à jaillir, et que les auteurs de
cette époque ont puisé dans les ouvrages des anciens, il est
important d'étudier les animaux dont parlent les principaux
écrivains des xii° et xiii° siècles. Mais jusqu'à présent cette étude
a été peu approfondie. Ch. Jessen a signalé la réserve avec laquelle
il fallait lire les éditions les plus répandues des œuvres d'Albert-
le-Grand ; Edouard de Martens (né en 1831) ajouta des observations sur plusieurs mammifères d'Albert. Mais personne encore
ne s'est occupé de donner une révision approfondie et critique
des animaux des différents auteurs ; il faudrait surtout examiner
les sources au point de vue historique et linguistique en se rapportant aux manuscrits.

§ 16. — Développement du règne animal et origine des espèces.

On a encore entrepris l'étude d'une histoire nouvelle ; non pas
celle de la connaissance des animaux, mais l'histoire même des
animaux ; en effet, on a cherché à se rendre compte de la manière dont s'est constituée la grande variété du règne animal,
telle qu'elle existe aujourd'hui. Rappelons ici que malgré des
opinions différentes, non seulement toutes les tentatives systé-

matiques, mais encore toutes les considérations sur la structure
et sur les liens de parenté dont elle est l'expression, reposaient
sur la conception de l'espèce, telle qu'elle avait été établie par
Ray et Linné dans les sciences naturelles descriptives. Sous
cette forme, la notion d'espèces était frappée de stérilité; incapable de se prêter à toute autre considération, elle n'ouvrait
le champ à la discussion que sur le point de savoir à quel caractère il fallait accorder dans sa définition la première place. Linné
mettait en avant la ressemblance des formes; Buffon y ajoutait,
suivant en cela l'exemple de Ray, le caractère tiré de la génération du semblable par le semblable; Blumenbach comprend dans
l'espèce les animaux semblables ou ceux dont les différences
peuvent être expliquées par une dégénération. Daubenton voit
aussi dans l'espèce une certaine quantité d'individus qui se ressemblent entre eux plus qu'à d'autres animaux. Illiger définit
l'espèce « l'ensemble des animaux dont les petits se ressemblent ».
Cuvier ne prend que l'essence de toutes ces définitions, et il
faut dire que sa manière de caractériser l'espèce est la meilleure
au point de vue systématique. D'après lui l'espèce c'est « la
collection de tous les êtres organisés nés les uns des autres ou
de parents communs, et de tous ceux qui leur ressemblent autant
qu'ils se ressemblent entre eux ». Pour ce qui concerne les rapports d'animaux fossiles avec les animaux vivants de forme
analogue, il déclare expressément que ce ne sont pas des variétés
d'une espèce, mais bien des espèces différentes, indépendantes et
éteintes. Bien que Linné ait émis dans un endroit l'idée qu'au
début il n'a dû exister que des germes avec un petit nombre
d'espèces et que le plus grand nombre d'espèces est né de
l'abâtardissement d'espèces moins nombreuses, que Buffon soit
finalement arrivé à l'hypothèse que le type de chaque animal, du
moins dans les espèces de grande taille, s'est conservé intact,
mais que les formes inférieures surtout ont dû éprouver l'influence de toutes les causes de dégénération; malgré ces sortes
de pressentiments antérieurs, c'est Lamarck qui le premier a
déclaré brusquement que l'expérience quotidienne contredit cette
supposition presque généralement admise que les corps vivants
forment, grâce à des signes distinctifs invariables, des espèces différentes qui seraient aussi anciennes que le monde. Il admet les
espèces, il est vrai, mais il ne leur accorde qu'une durée limitée : elles peuvent subsister, d'après lui, aussi longtemps que les
conditions de milieu ne changent pas. Mais Lamarck ne s'est

pas contenté de rejeter l'ancienne conception de l'espèce et de nier absolument sa constance; il cherche encore à expliquer le changement des formes et le développement successif du règne animal à l'aide de phénomènes sinon connus, du moins accessibles. Parmi les agents qu'il fait intervenir il met en première ligne les habitudes et la manière de vivre des animaux; mais il attribue aussi aux influences extérieures et à l'hérédité la faculté de fixer peu à peu les modifications naissantes. C'est ainsi, par exemple, qu'il explique l'augmentation de volume du poumon des oiseaux et les prolongements qui en partent pour constituer les réservoirs aériens et pour pénétrer dans les os par ce fait que les oiseaux enflent outre mesure leurs poumons afin d'augmenter leur légèreté spécifique. La dégradation qui se produit ici, et que plus tard quelques écrivains on voulut considérer comme le principe adopté par Lamarck, n'explique rien à ses yeux; il parle, en effet, de la disparition progressive et de l'anéantissement de la colonne vertébrale, du système nerveux, des sens, des organes génitaux. Mais il dit expressément que c'est là un fait qui ne se manifeste que quand, pour comparer les animaux entre eux, on procède des supérieurs aux inférieurs, et il ajoute que la nature a procédé en sens inverse. Sa manière de voir est clairement émise dans ces deux passages : « Tout concourt donc à prouver mon assertion, savoir : que ce n'est point la forme, soit du corps, soit de ses parties, qui donne lieu aux habitudes et à la manière de vivre des animaux ; mais que ce sont, au contraire, les habitudes, la manière de vivre et toutes les autres circonstances influentes qui ont, avec le temps, constitué la forme du corps et des parties des animaux. Avec de nouvelles formes, de nouvelles facultés ont été acquises, et peu à peu la nature est parvenue à former les animaux tels que nous les voyons actuellement. » Il dit plus loin : « Comme la nature donne aux corps qu'elle a créés elle-même les facultés de se nourrir, de s'accroître, de se multiplier et de conserver les progrès acquis dans leur organisation — comme elle transmet ces mêmes facultés à tous les individus régénérés organiquement avec le temps et l'énorme diversité des circonstances toujours changeantes, les corps vivants de toutes les classes et de tous les ordres ont été, par ces moyens, successivement produits. » La variabilité des espèces étant illimitée, les modifications que leur font éprouver le changement d'habitudes et les influences extérieures, sont fixées par l'hérédité, et la divergence des formes en est la suite nécessaire. Pour

les formes les plus simples, Lamarck admet la génération spontanée c'est ainsi qu'il donne au règne animal deux points de
départ : les vers intestinaux et les infusoires. Dans l'esprit de
Lamarck, il ne s'agissait pas seulement ici de la forme des corps,
mais encore du développement de tous les phénomènes vitaux, et
aussi de l'âme. Il est d'une logique rigoureuse quand il entreprend d'expliquer le changement des espèces en s'appuyant sur
des faits de la nature, et qu'il en fait autant pour l'âme. Il dit
expressément : « Je ne vois dans cet être factice, dont la nature ne
m'offre aucun modèle, qu'un moyen imaginé pour résoudre les
difficultés que l'on n'avait pu lever, faute d'avoir étudié suffisamment les lois de la nature. »

D'après ces différents passages, Lamarck est bien le fondateur
de cette théorie de l'origine des espèces qui porte aujourd'hui
le nom de théorie de la descendance. Si ses considérations
n'embrassent pas encore les points principaux qui plus tard en
ont été la base, il indique cependant qu'il n'y a que des individus, que le temps est sans limite, que par conséquent toute
latitude est laissée à la lente transformation des êtres, que par
l'usage, les organes sont fortifiés tandis qu'ils s'atrophient par
l'inactivité. Les idées de Goethe sur un type primitif qui aurait
fourni tous les animaux, sont trop vagues pour qu'on puisse y trouver autre chose qu'un indice de la tendance des esprits vers une
seule direction. Quant au tableau que Oken nous fait de l'évolution
du règne animal qui, des eaux, s'étend sur la terre et s'élève dans
les airs, c'est une conception sans aucun lien avec les phénomènes
naturels. Si donc Oken et Goethe peuvent être considérés comme
les précurseurs de cette théorie, c'est à Lamarck cependant que
revient le mérite de l'avoir assise sur un terrain véritablement
scientifique. F.-S. Voigt mérite d'être cité comme représentant
d'une théorie à peu près analogue ; dans son histoire naturelle il
approche souvent de la vérité (1817). Il admet, il est vrai, que
les changements principaux sont d'abord survenus chez les animaux les plus simples, avant que le genre ait été développé ; il
nie ainsi la possibilité de tous changements ultérieurs. Mais d'un
autre côté il renvoie aux animaux domestiques et aux résultats
obtenus par l'élève. Il croit qu'il y eut d'abord une création
générale plus simple d'où se formèrent ensuite, par d'autres
influences puissantes, des subdivisions particulières qui forment
les espèces actuelles. Il indique clairement combien il est difficile
d'expliquer les organes rudimentaires et sans fonctions, si l'on

n'accepte pas ces données ; et lorsqu'il parle de la formation des races, il dit que cette formation des variétés est importante pour le praticien, qui peut découvrir par là une espèce nouvelle, et pour le théoricien à qui elle révèle la raison de cette formation spécifique. Voigt admet qu'aujourd'hui encore il y a ou il peut y avoir production d'animaux, que cette production revendique comme causes immédiates des conditions physiques, c'est-à-dire des substances et des formes qui peuvent encore de nos jours venir en présence « et que la répétition d'une marche analogue de développement dans les êtres actuellement produits est l'indice de ce qui s'est passé une première fois. »

Etienne Geoffroy Saint-Hilaire ne croit pas à l'invariabilité des espèces ; il pense, au contraire, qu'elles peuvent se modifier jusqu'à changer de genre. Mais plus loin il déclare que les formes fossiles ont conduit aux formes aujourd'hui existantes par une suite non interrompue de générations. Tandis que Lamarck attribue une influence très grande aux habitudes, à l'acclimatation, etc., Geoffroy prétend que les changements du monde ambiant doivent être considérés comme de la première importance. Ceci l'amène à croire qu'une espèce ne subira aucune modification tant que les conditions extérieures resteront les mêmes. Isidore Geoffroy Saint-Hilaire partage la même opinion. Il n'admet qu'une variabilité limitée. Les caractères d'une espèce nouvelle « sont pour ainsi dire les résultats de deux forces opposées », l'une conservatrice et l'autre modificatrice. On n'émit que quelques opinions isolées sur la nature particulière des influences modificatrices. Wells, le premier, déclara, en 1818, que certaines variétés sont plus aptes à supporter certaines conditions d'existence, ce qui fait qu'elles se maintiennent de préférence aux autres et ce premier aperçu de ce que Darwin a appelé plus tard la « sélection naturelle », Wells le formula à propos de la résistance très inégale que les différentes races d'hommes montrent vis-à-vis de certaines maladies. En 1853, le comte de Keyserling fit une hypothèse singulière pour expliquer ces métamorphoses ; il prétendit que des molécules d'une constitution particulière, capables d'altérer les éléments des germes se répandent de temps à autre sur notre planète. Mais il n'explique ici ni la variabilité des individus, ni l'apparition constante de variétés nouvelles. A côté de ces considérations sur l'origine première, disons qu'un progrès immense fut fait en ce que le nombre des partisans de la variabilité des espèces devint tous les jours plus grand.

La théorie publiée par Ch. Darwin, en 1859, apporte la conclusion à toutes les études sur les espèces, leur variabilité, leur origine et leur importance ; elle a le mérite, non seulement de coordonner une foule de faits particuliers et un nombre plus considérable que tout ce qu'on avait vu jusqu'alors d'observations en apparence isolées et désunies sur les phénomènes de la vie ; non seulement de leur donner un sens, une signification intelligente ; mais encore celui d'ouvrir une voie et de donner un guide aux recherches sur la vie. C.-R. Darwin naquit en 1809 à Schrewsbury ; il était fils de Robert Waring Darwin et neveu d'Erasme Darwin, auteur de *la Zoonomie*. Après avoir étudié à Edimbourg et à Cambridge, il accompagna l'amiral Rob.-Fitzroy dans son second voyage de 1830 à 1836 (voy. pag. 534). L'observation de certains faits relatifs à la distribution géographique des êtres organisés qui peuplent l'Amérique méridionale, l'étude des rapports qui existent entre les habitants éteints et les habitants actuels de ce continent, le poussèrent à réunir, en 1837, tous les faits qui peuvent se rattacher par un point quelconque à la question de l'origine des espèces. En étudiant ces données avec méthode, il arriva à constituer sa théorie qui tous les jours devenait plus claire (1844). Les lois biologiques générales et spéciales y sont expliquées : les phénomènes de la nature vivante, non seulement ceux qui se rapportent aux sciences naturelles descriptives, mais encore ceux qui concernent les vues générales sur le monde animé, voilà autant de points traités par lui, et qui ont valu à son œuvre l'influence transformatrice qu'elle a eue. Les lois qui constituent l'essence même de sa théorie et qui régissent d'après lui toute la nature vivante, sont : « l'accroissement par la reproduction ; la transmission héréditaire se confondant presque avec la reproduction ; la variabilité, effet direct ou indirect des conditions extérieures de la vie, de l'usage ou du non-usage des parties ; la multiplication rapide qui entraîne à sa suite la lutte pour la vie et la sélection naturelle, laquelle produit à son tour la divergence des caractères et l'extinction des formes moins parfaites. Comme avec l'origine du monde des formes Darwin établit la domination des lois fixes, — comme, de plus, le principe de la sélection naturelle ou de la survivance du plus fort signifie simplement que cela seul reste vivant qui est capable de vivre, — la théorie de Darwin exclut toute téléologie ; de même la variabilité générale, combinée avec ce principe, conduit nécessairement à une complication toujours plus grande ou à un perfectionnement de structure, ce qui exclut tout plan prédéterminé de développement.

A la même époque que Darwin, Alfr. Russell Wallace, qui, par l'étude de l'histoire naturelle des îles de la Malaisie, avait été conduit à des considérations générales analogues, développa le principe de la sélection naturelle, et son influence sur l'origine des espèces.

CONCLUSIONS

L'homme a commencé à étudier la nature dont il se sentait membre avec une sorte de piété enfantine ; mais graduellement il s'est élevé à un point de vue objectif et s'est placé en dehors d'elle pour la connaître, et il a alors trouvé à pénétrer toujours davantage, par son intelligence, dans les secrets de la nature animale ; ainsi, en apprenant à mieux connaître des lois dont on n'avait jusqu'alors que soupçonné l'existence, il lui était réservé de goûter les joies qu'entraîne à sa suite la conception des vérités générales. Mais le but que l'on se propose ne sera atteint que dans un avenir éloigné. Et même, y parviendra-t-on jamais ? Espérons-le, puisque toutes les science naturelles, souvent sans le savoir, apportent des matériaux à l'édifice d'une doctrine unique sur la vie. Au début d'une période nouvelle pour l'histoire de la zoologie, il convient, ce me semble, d'en déterminer à grands traits l'état actuel et de signaler la tâche qui incombe à la science dans l'avenir. Nous avons vu que depuis le commencement du moyen âge on a cherché à représenter la connaissance des animaux dans un ordre qui n'était pas toujours déterminé par leur nature même. A mesure que l'on apprenait à mieux connaître la forme et la structure animale, on sentit le besoin d'introduire un ordre systématique dans l'immense variété de ce règne. Afin de rendre le système plus naturel on étudia les détails pour établir des groupes de signes distinctifs. On connut ainsi la forme intérieure et extérieure de l'animal, son développement et sa propagation, son histoire dans le temps et dans l'espace ; on put établir des comparaisons. Cuvier s'aperçut alors qu'à côté d'une grande variété de formes extérieures, il n'y avait qu'un petit nombre de plans généraux de structure. La période dont nous venons de parler a fixé ces types, leurs limites et leurs conditions réciproques. La conception qui faisait de ces types autant de puissances en quelque sorte personnelles, la tendance à voir en eux des lois idéales qui règlent et dirigent la structure des animaux, ont servi bien plus à ralentir qu'à hâter le progrès. On ne peut assez dire de quelle importance a été l'établissement des types ; mais il faut ajouter que les types ne contiennent que la description des faits qui se manifestent dans la structure correspondante de certains groupes d'animaux, ou bien encore qu'ils servent à les ranger sous certaines désignations collectives générales. Il appartient à la science d'expliquer les faits, c'est-à-dire de démontrer les causes desquelles ils proviennent nécessairement. Le type ne peut remplir ce rôle, à moins qu'on veuille se contenter de cette formule de rhétorique : la force dominante d'un type. Revenons à une comparaison que nous avons déjà faite : l'établissement des types correspond à la découverte des lois de Keppler, c'est-à-dire que les types déterminent la forme des phénomènes qui se présentent dans le règne animal, de même que les lois de Keppler tracèrent les voies à suivre pour apprendre à les connaître. On peut bien appeler Cuvier le Keppler de la zoologie, mais on ne saurait dire de Darwin qu'il en a été complètement le Newton. La théorie de Darwin ouvre une période nouvelle ; on saura mieux désormais la tâche qui incombe à la science ; il ne s'agira plus seulement en zoologie de décrire les phénomènes de la nature, mais encore de les expliquer.

TABLE DES MATIÈRES

Pages.

PRÉFACE.   V

INTRODUCTION.   1

CHAPITRE PREMIER. — CONNAISSANCES ZOOLOGIQUES DE L'AN-
TIQUITÉ.   8

   ARTICLE PREMIER. — *Temps primitifs*   8

      § 1er. — Preuve linguistique des premières connais-
        sances zoologiques.   9
      § 2. — Introduction des animaux dans le cercle des
        idées religieuses.   13
      § 3. — Ancienneté et extension de la fable animale.   15
      § 4. — Monuments écrits de l'époque antéclassique.   19

   ARTICLE II. — *L'antiquité classique.*   22
      § 1er. — Formes animales connues.   27
      § 2. — Animaux domestiques des Grecs et des Ro-
        mains.   29
      § 3. — Formes animales connues des anciens. . . .   33
      § 4. — Connaissance de l'organisation animale. . . .   46
      § 5. — Essai de systématisation.   61
      § 6. — Idées sur la distribution géographique des
        animaux et sur les animaux fossiles.   70
      § 7. — Fin de l'antiquité.   72

CHAPITRE DEUXIEME — LA ZOOLOGIE AU MOYEN AGE.   77

   ARTICLE PREMIER. — *Période de silence jusqu'au* XIIe *siècle.*   77
   ARTICLE II. — *État de la science et de la civilisation à la*
   fin du XIIe *siècle..*   117

Pages.

ARTICLE III. — *La zoologie des Arabes.* 122

§ 1er. — Caractère historique de la civilisation arabe. 122
§ 2. — Travaux originaux des Arabes 127
§ 3. — Traductions des Arabes 137

ARTICLE IV. — *Le xiiie siècle.* 143

§ 1er. — Progrès de la zoologie spéciale 143
§ 2. — Retour d'Aristote. 161
§ 3. — Les trois œuvres capitales du xiiie siècle. . 169
    I. Thomas de Cantimpré. 169
    II. Albert le Grand. 178
    III. Vincent de Beauvais. 190
§ 4. — Autres signes d'activité littéraire. 194

ARTICLE V. — *Fin du moyen âge.* 198

CHAPITRE TROISIÈME. — LA ZOOLOGIE DES TEMPS MODERNES. 206

ARTICLE PREMIER. — *Période encyclopédique.* 206

§ 1er. — Extension des connaissances zoologiques spéciales 255
§ 2. — Travaux monographiques. 268
§ 3. — Zootomie et anatomie comparée. 296

ARTICLE II. — *Période de la systématique.* 304

§ 1er. — Musées et parcs zoologiques. 332
§ 2. — Signes de progrès 335
§ 3. — John Ray. 337
§ 4. — Époque de Ray à Klein. 353
§ 5. — Jacob-Théodore Klein. 371
§ 6. — Charles de Linné. 386
§ 7. — Extension de la zoologie. 420
§ 8. — Pierre-Simon Pallas. 426
§ 9. — Progrès de la systématique et de la connaissance des différentes classes. 430
§ 10. — Anatomie comparée. 456

ARTICLE III. — *Période de la morphologie.* 462

§ 1er. — La philosophie naturelle en Allemagne. . . . 464
§ 2. — Philosophie naturelle de Oken. 467
§ 3. — Schubert, Burdach, Carus, Gœthe. 476
§ 4. — Suite des progrès de l'anatomie comparée.
Kielmeyer, Étienne Geoffroy Saint-Hilaire. . . . 479
§ 5. — Léopold-Cristian-Frédéric-Dagobert Cuvier
(Georges Cuvier). 483
§ 6. — Théorie des types animaux 497

                                                              Pages.
§ 7. — Histoire du développement   503
§ 8. — Théorie de la cellule.   512
§ 9. — Morphologie et anatomie comparée. Henri
        Rathke, Jean Muller   515
§ 10. — Richard Owen, Lelorgne de Savigny, Hux-
        ley, Sars.   520
§ 11. — Paléontologie   527
§ 12. — Développement de la connaissance des ani-
        maux par les voyages et les faunes   531
§ 13. — Développement du système.   550
        I. Daubenton, Lamarck, Blainville, Voigt,
           Schweigger, Wilbrand, etc.   551
       II. Oken, Golfuss, Burmeister, Mac Leay, Kaup,
           Agassiz, Van Beneden, Vogt   556
      III. H. Milne-Edwards, de Siebold, R. Leuckart,
           van der Hœven.   561
§ 14. — Progrès de la connaissance des différentes
        classes.   562
§ 15. — Zoologie historique.   597
§ 16. — Développement du règne animal et origine
        des espèces   595

CONCLUSIONS.   606

TABLE ALPHABÉTIQUE

DES AUTEURS ET DES MATIÈRES

	Pages.		Pages.
Abailard	144	Académie des sciences de Gœttingue.	330
Abbatius (Baldus Angelus)	280	Académie des sciences de Padoue.	207
Abdallatif	129-138	Académie des sciences de Paris.	327
Abeilles (les)	151	Académie des sciences de Saint-Pé-	
Aboru Zakerija Jahia ben Masoweih.	128	tersbourg.	330
Abou Ali Hasan ben Haithem.	138	Acosta (José d').	257
Abou Ali Isa ben Zara	138	Activité littéraire (Signes d') au XIIIe	
Abou Hakim Sahl Ben Mohammed el		siècle.	194
Sedschitani	128	Adams (Arthur).	534
Abou Othman Amru el Kinani el		Adanson.	444
Dschahif.	128	Adelard de Bath	144
Abou Saïd Abdelmalik Ben Koris el		Adelardus Anglicus.	144
Asmaï.	128	Adler (Joshua)	580
Abou Saïd Honein ben Ishak.	138	Agassiz (Louis). 529-538-539-549-559-	
Abulfaradsch Abdullah ben Attaueb.	131	562-569-581-586	
Abulfaradsch Dschordschis	138	Agricola (Jean-Georges).	273
Academia dei Lyncei	207-322	Albert le Grand.	178
Academia del Cimento	322	Albin (Eléazar).	356-360
Academia della Crusca	323	Aldrovande (Ulysse).	229-232-230
Academia Naturæ Curiosorum	322	Allman (Georges-James)	523-581
Academia secretorum naturæ,	207	Alpin (Prosper).	263-355
Académie de Berlin.	329	Alton (Ed. d').	584
Académie de Bologne	330	Amarakosha.	21
Académie de Copenhague.	330	Amoureux (P.-F.).	597
Académie d'Erfurt.	331	Anatomie comparée. 296-456-479-515	
Académie de Mantoue.	207	Anaxagoras.	49
Académie de Munich.	331	Ancienneté de la fable animale	15
Académie platonicienne.	207	Anciens (Formes animales connues	
Académie Pontani à Naples.	207	des).	33
Académie royale de Stockholm.	330	Andry (Nicolas).	363

Pages.

Animaux (Développement de la connaissance des) par les voyages et
les faunes.   531

Animaux domestiques.   153

Animaux domestiques des Grecs et
des Romains   29

Animaux fossiles dans l'antiquité. .   70

Antiquité (Connaissances zoologiques
de l'), 8. — Antiquité Classique.   22

Apulée (L.).   60

Aquapendente (Fabricius Hieronymus)   299

Arabes (Zoologie des), 122. — (Travaux originaux des), 127. — (Traductions des).   137

Aristote. 24-36-51. Son système.   63
Son retour.   161-381

Arsaky   586

Artedi (Pierre).   387

Ascanius (P.).   424

Aubert (H.).   598

Audouin (Jean-Victor). . .   566-571-576

Audubon (John-James).   539-540

Autenrieth.   459

Averroës.   125-139

Avicenne   129

Azara (Félix de)   537

Bacon (François).   209

Bacon (Roger).   157

Baer (Charles-Ernest de). . . .   495-501
Sa vie. . .   506-511-565-570-573-577

Baier (Jean-Jacob).   369

Baird (Spencer F.). . . .   541-562-577

Bakker (Georges)   586

Baldus Angelus Abbatius   280

Bander (J.-F.).   455

Banks (Joseph).   422

Barker-Webb.   545

Barkow (H. Léopold).   584

Barrelier.   364

Barrère (Pierre).   355

Bartholin (Thomas).   319

Bartholomœus Anglicus.   195

Barton (Ben-Smith).   539

Bartram (Jean).   539

Bartram (William).   539

Baster (Job).   452

Bate (C. Spence).   575-576

Bater (H.-G.).   539

Pages.

Batsch (Auguste - Jean - Georges-
Charles).   432-439

Bauer (Fr.).   584

Bausch (Jean-Lorenz).   322-324

Beaupré (Charles-Gaudichaud) . . .   533

Bechstein (J. Matth.).   590

Beda.   86

Beechey.   533

Behn (Frédéric-Daniel).   376

Behren.   332

Bélanger (Charles).   542

Belcher (Edward).   534-541

Belinas ou Belinus   141

Bell (Thomas)   547-587

Belon (Pierre). 263-274-275-281-282-291

Ben Attaüeb.   138

Ben Corra.   129

Beneden (P.-J. van). 523-546-560-567-573
580-582

Bénédictins (Les)   81-82

Bennett (Frédéric-Debell).   534

Bennett (George).   541

Berendt (George-Charles).   530

Berger de Xivrey   597

Bering (Veit).   424

Bernard Palissy.   296

Berthelot (Sabin)   545

Berthold (Arnold-Ad.).   562

Bertoloni (Gius.).   543

Bexon (Gabriel-Léopold)   415

Bianchi (Giovanni).   359

Bianconi (Gian-Gius.).   543

Bibron (G.)   586

Bichat (Marie-François-Xavier). . .   489

Billerbeck (H.-L-J.)   597

Billers (Charles de).   449

Bischoff (Th. Louis-Guillaume). . .   585

Blackwal (J.).   577

Blaes (Geraard).   320

Blainville (Marie-Henri Ducrotay). 496-
500-546-551-553-565-568-570-571-583-
588

Blanchard (Émile). . .   569-571-575-576

Blankaart (Étienne).   360

Bloch (Mark-Eliézer).   443

Blœmart (Adrien).   253

Blumenbach (Jean-Frédéric). .   431-434-
490-495-527

Blyth (Édouard).   542

Boate (Gérard).   331

Pages.

Boccone (Paolo).   332-365

Bochart (Samuel).   250

Boëthius.   83

Bohadsh (Jean-Baptiste).   446

Bojanus (Louis-Henri) . . . 491-572-585

Bolonius.   141

Bonaparte (Charles-Lucien). . . 540-545

Bonnet (Charles). . 380. — Sa vie
   et ses ouvrages.   418

Bonpland (Aimé).   537

Bontius (Jacob). 260-262-355

Borelli (Alfonso)   310-319

Borlase (William).   424

Bory de Saint-Vincent (Jean-Bap-
   tiste-Marcellin) . . . 532-543-545-563

Bosc (Louis-Auguste-Guillaume) . .   577

Bosman (Guillaume).   332

Bougainville.   422

Bowerbank (Jean-Scott).   565

Boyle (Robert).   325-327

Brami   578

Brandt (Jean - Frédéric). 569-575-576-
                                    597

Brehm (Christian-Louis)   590

Bremser (Jean-Godefroy)   572

Breschet (Gilbert).   584

Breydenbach (Georges).   262

Breyn (Jean-Philippe). 358. — Ses
   travaux. 359-364-563

Brickel (John).   355

Brisson (Mathurin-Jacques). . 430-450

Brocchi (Giov.-Batt.).   529-583

Brongniart (Alexandre).   529

Bronn (H.-G.).   562

Broussonet.   443

Brown (Robert)   541

Browne (Patrick).   423

Bruce.   423

Brugnatelli.   577

Bruguière (Jean-Guillaume).   445

Bruyn (Abraham de).   253

Bruyn (Nicolas de).   253

Buch (Léopold de).   568-580

Buc'hoz (P.-Joseph)   424-449

Buckland (William).   588

Buffon (Georges-Louis Leclerc). . .   414

Burdach (Charles-Frédéric). . . 476-490

Burmeister (Hermann). . 539-555-557-
             564-566-569-570-574-575

Büttner (David-Sigismond-Auguste).   368

Pages.

Cabanis (Jean-Louis).   590

Camerarius (Joachim).   292

Camper (Pierre).   527

Carpenter (William B.). 562-565

Carter (H.-J.).   565

Cartner (H.-J.).   565

Carus (Charles-Gustave). 477-491-557-
                                    576-581

Castelnau (Francis de).   538

Catesby (Marc).   355

Cavolini (Philippe) 444-453

Cellule (Théorie de la)   512

Cetti (Francesco).   424

Chamisso (Adalbert de). 510-535

Charleton (Walter).   336

Charpentier (Jean).   546

Charras (Moyse).   354

Chemnitz (Jean-Jérôme).   446

Cheselden (William).   534

Cheval (le) dans les temps primitifs,
   10. — Dans la mythologie. 15. —
   A l'époque antéclassique, 21. —
   Animal domestique, 30. — Au
   moyen âge, 145 et 158. — Aux
   XVIᵉ et XVIIᵉ siècles.   274

Childrey (Josua)   331

Civilisation (État de la) à la fin du
   XIIᵉ siècle.   117

Civilisation arabe (Caractère historique de la).   122

Claparède (Jean-Louis-René-Antoine-
   Édouard).   546

Clapperton (Hugh).   543

Classes (Progrès de la connaissance
   des différentes). 430-562

Clerck (Charles).   450

Clericus (Daniel).   363

Clusius (Charles).   256

Cœlius.   39

Coiter (Volcher)   298

Colini (Cosmas-Alexandre).   455

Collaert ou Collard (Adrien).   253

Collins (Samuel)   319

Columna (Fabius) 274-291-296

Commerson.   422

Conclusions   606

Configliachi (P.).   587

Connaissances zoologiques de l'antiquité, 8. — De l'organisation animale, 46. — (Extension des). . .   255

Pages.

Corninck (R.-M.). 534
Costa (Gabriele Oronzio). 545
Coste (P.). 584
Couch (Jonathan). 547
Couch (R.-Q.). 547
Couthony (Jos.-P.) 536
Creplin (Fr.-Chr.-Henri).. 572
Cruikshank (Guillaume). 511
Cuvier (Georges). 483-500-527-559-568-
                           570-572-575
Cuyx (Jacob). 254

Dana (James-Dwight). 536-566-567-577-
                                  579
Danielsson (Daniel C.). . . 547-569-582
Darwin (Charles). 534-604
Daubenton (Louis-Marie). . 414-551-583
Davis (Henri). 424
Delle Chiaje (Stephano). . 496--545-580
Demidoff (Anatole). 548
Démocrite. 50
Denys de Montfort 578
Derham (Dixon) 543
Deshayes (G.). 565
Desjardins (Julien-François). . . . 543
Desmarets (Anselme-Gaëtan). . 529-577
Desor (Éd.). 569
Dessalines d'Orbigny (Alcide). . 538-563
Développement (Histoire du) 503
Développement du règne animal . . 599
Développement du système 550
Dezallier d'Argenville (Jean). . . 444
Dicquemare (Jacques-François). . . 453
Diezing (C.-Mor.). 572
Distribution géographique des ani-
    maux 70
Dodo (le), d'après Clusius, 257.
    — D'après Bontius, 262. —
    D'après Ray. 346
Doellinger (Ignaz) 490-495
Donati (Vitaliano). 424
Donndorf (Jean-Auguste). . . . 425-432
D'Orbigny (Alcide Dessalines d'). 538-563
Douglas (James). 354
Douzième siècle (État de la science
    et de la civilisation à la fin du). . 117
Doyère. 577
Dufay 355
Dufossé. 569
Dufour (Léon) 575-576

Pages.

Dugès (Antoine) 576-577-585
Duhamel du Monceau (Henri-Louis). 443
Dujardin (Félix). 514-563-565-567-573
Dumas (Jean-Baptiste). 511
Duméril (Auguste) 587-588
Duméril (Constant). . . 570-571-578-586
Dumont d'Urville. 533
Dumortier (Barthélemy-Charles). 546-580-
                                  582
Duperrey (Isidore). 532
Dupetit-Thouars (Abel) 533
Dutrochet (René-Joachim-Henri). . 563
Duverney (Guichard-Joseph). . 328-334
Duvernoy (Georges-Louis) . . . 496-584
Dydelphis (le). 257
Dzierzon (Jean). 577

Eberhard (Jean-Pierre) 430
Edrisi. 133
Edwards (Alphonse-Milne). . . . 577
Edwards (George). 439
Edwards (Henri-Milne). 510-523-524-
    527-560-564-565-566-567-571-576-577-
                                  578-580
Ehrenberg (Christian-Gottfried). 530-544-
                          548-563-566-567
Eichhorn (Conrad). 454
Eichwald (Ed.). 548-561-599
El Aschari. 124
El Asmaï. 128
El Damiri. 131
El Dimeschki. 136
El Farabi 124
El Hanefi. 131
El Isztachri. 132
Ellis (John). 453
El Madschriti. 129
El Masoudi. 132
El Sedschitani. 128
Éléphant (l') dans la mythologie, 15.
    — Chez les anciens, 39. —
    D'après le Physiologus, 99. —
    D'après Marco-Polo, 159. — Au
    xvie siècle, 271. — Son sque-
    lette. 354
Emmert. 495
Empédocle. 48
Époque antéclassique (Monuments
    écrits de l') 19
Erichson (Guillaume-Frédéric). 522-574

Pages.

Erman (George-Adolphe). 536
Erxleben (Jean-Chrétien-Polycarpe). 436
Eschricht (D.-F.). 573
Eschscholtz. 535-567-576
Espèce (l'), d'après Aristote, 28. — D'après Adelardus Anglicus, 144. — D'après ,Albert le Grand, 186. — D'après Ray, 341. — D'après Lang, 357. — D'après Linné. . . 393
Espèces (Origine des). 599
Esper (Eugène-Jean-Christophe). . 450
Essai de systématisation 61
Eustachio (Bartholomeo). 297
Eydoux (F.-Th.). 533-580-582
Eysenhardt (Charles-Guillaume). 567-581

Faber (Johann). 258
Fabius Columna. 274-291-296
Fable animale (Ancienneté et extension de la) 15
Fabricius (Georges). 290
Fabricius (Jean-Chrétien). 435
Fabricius (Otto). 423
Fabricius (Philippe-Conrad). 425
Fabricius d'Aquapendente. 299
Falconer (Hugh). 542
Falk. 424
Farré (Arthur). 523
Faunes (Développement de la connaissance des animaux par les) . 531
Fermin (Philippe). 423
Filippi (Fil. de) 573-581-585
Firens (Pierre) 254
Fischer (Jean-Gustave). 587
Fischer de Waldheim (Gotthilf) . . . 490
Fitzinger (Léopold-Jos.). 333-557
Fitzroy (Robert). 534
Flamen (Albert). 254
Fleming (John). 547-565-568
Flinders. 567
Focke (Gustave Wold.). 564
Forbes (Edward) . . . 545-547-564-567
Fores (Conrad) 227
Formes animales connues. 27
Forskal (Jean-Georges). 422
Forster (George). 423
Forster (Jean-Reinhold). 422-567
Frantzius (A. de). 596
Franz (Wolfgang). 248
Frauenfeld (Georges) 536

Pages.

Frey (Hermann-Henri). . . 247-526-561
Freycinet (Louis-Claude Desaulses). 532
Frisch (J.-Léonhard). 360
Fuessli (Jean-Gaspard). 447
Funk (Adolphe Fr.). 596

Gaede (Henri-Mor.). 568
Gaertner (Joseph). 453
Gaimard (Jean-Paul). 532-548-567-582
Garengeot. 451
Garnot (Prosper). 533
Gaudichaud Beaupré (Ch.) 533
Gaza (Théodore). 204
Gay (Claude). 538
Geer (Charles de). 389-448
Gegenbauer (Charles). 527-567-580-582
Geoffroy (Louis-Étienne). . . . 445-448
Geoffroy-Saint-Hilaire (Étienne). 479-481-600
Geoffroy-Saint-Hilaire (Isidore). . . 601
Géographie zoologique 70
Germar (Ernest-Frédéric). . . . 529-574
Gervais (Paul) 546-577
Gervasius Tilboriensis. 153
Gesner (Conrad) . . . 217-232-291-295
Gilliss. 539
Giovio (Paolo). 290
Gleichen (Frédéric-Guillaume, baron de). 454
Gliddon (Georges R.). 595
Glieb (Louis). 447
Glisson 353
Gloger (Constant). 589
Gmelin (Jean-Frédéric) 410
Gmelin (Jean-George). 424
Gmelin (Samuel Gottlob) 424
Gobineau (A. de). 594
Goddard (Jonathan) 327
Goedart (Jan) 294
Goethe (Jean Wolfgang de). 477
Goeze (Jean - Auguste - Ephraïm). 425-447-451
Goldfuss (George-Auguste). 530-555-556-570-589
Gorrie (Archibald). 596
Gottsche (C.-Mor.). 576-586
Gottwald (Christophe). 441
Gouan (Antoine). 442
Gould (John) 542
Graaf (Régnier de). 511

Pages.

Graba 324

Graells (Mariano della Paz). 345

Grant (Robert-Edmond). 510-526-555-565

Grasse (Jean) 330

Gravenhorst (Jean-Louis-Christian). 562

Gray (J.-E.). 588

Gray (J.-G.). 579

Grew (Nehemiah) 310-319

Grohmann 598

Gronov (Laurent-Théodore). 442

Groshans (Georges-Philippe-Frédéric) 598

Grube (Ad.-Ed.) 571-572

Gruithuisen (François de Paule). . . 562

Guéneau de Montbéliard (Philibert). 415

Guillaume de Normandie 95

Guillot (Natalis). 585

Guldenstaedt 424

Gumilla (Pierre-Joseph). 423

Gundlach (Jean). 539

Gyllius (Pierre). 215-271

Haak (Théodore). 325

Haase (Jean-Gottlob.). 435

Hagen (H.). 578

Hahn (C.-W.) 577

Haime (Jul.). 567

Haldemann (S.-S.). 562

Hale (Horatio). 536

Hall (James). 540

Halle (Jean-Samuel). 431

Haller (Albert de). 457

Hallmann (Ed.). 584

Hammen du Ham (Louis de) 315

Hancock (Albany). 580

Harlan (Richard). 539

Harris (Moyse). 449-586

Hartmann de Hartmanns-Ruthi (Guillaume) 547

Harwood (Benjamin). 496

Hasselquist (Fr.) 423

Hasselt (J.-J. van) 542

Haupt (Mor.) 597

Hebenstreit (Johann-Ernst). . . 357-358

Heer (Oswald). 530-545-546

Heide (Antoine de). 321

Hemprich (Frédéric-Guillaume). . . . 544

Henle (J.) 513

Hennings (Just-Chrétien) 460

Heppe (Jean-Cristophe). 443

Herberstein (Sigismond de). 267

Herbst (Jean-Fréd.-Guillaume). 447-450

Hermann (Jean). 432

Hérodote 35-36

Hessling (Théodore de). 581

Heuglin (Théodore de) 544

Heusinger (Charles-Frédéric). 495-515-598

Heusslin (Rodolphe). 227

Higginbottom (J.). 587

Hildebertus Cenomanensis. 91

Hill (John) 45

Hinds (Richard Brinsley). 534

Hippocrate. 51

Histoire du développement 503

Hitchock (Ed.) 540

Hœfnagel. 255

Hœvel (Henri de). 242

Hoeven (Jan van der). . 560-562-570-577-586-587

Hofmann (Ernest). 548

Holbrook (Jean-Edouard) 540

Holl (Frédéric). 530

Hollard (Henri) 526

Hombron 533

Home (Éverard). 496

Homme (l') chez les anciens, 36.

— Au moyen-âge. 161

Hooke (Robert) 310

Hooker (Jos. Dalton). 534

Horn (Gaspard). 271

Hornemann (Frédéric). 543

Horsfield (Thomas) 542

Hrabanus Maurus. 86

Huber (François) 577

Huber (Jean-Pierre). 577

Hugel (Charles-Alexandre-Anselme de) 542

Hughes (Griffith). 423

Humboldt (Alexandre de). . . . 537-548

Humphrey (David). 540

Hunter (Jean). 458-569

Hurry (Guillaume-C.). 598

Huxley (Thomas-Henri). 520-523-525-534-568-580

Hyrtl (Joseph) 585-589

Ibn Abul Asch'ath. 129

Ibn Batuta. 133

Ibn El Beitar 131
Ibn El Doreihim. 130
Ibn El Wardi 130
Ibn Sina. 125-139
Ibn Wahschijah. 129
Idées religieuses (Introduction des
    animaux dans le cercle des) . . . 13
Illiger (Jean-Charles-Guillaume) . . 449
                                   549-574
Insectes (les), d'après Wotton, 212.
    — D'après Aldrovande, 234. —
    D'après Mouffet, 292. — D'après
    Ray, 349. — D'après Mérian, 360.
    — D'après Frisch, 360 et 361. —
    D'après Linné 404
Introduction. 1
Introduction des animaux dans le
    cercle des idées religieuses. . . . 13
Isidore de Séville. 84

Jablonsky (Charles-Gustave). 447
Jacobaeus (Oliger). 354
Jacopi (Guis.). 496
Jacquinot (Honoré). 533
Jaeger (Guillaume-Ferdinand). . . . 569
Jahja Ibn Albatrik. 138
Janssen (Hans et Zacharias). 309
Jean Amylianus de Ferrare 272
Jean-Léon. 263
Jenyns (Léon). 547
Jerdon (T.-C.). 542
Jérémie 105
Jessen (Charles). 597
Johannes Scotus Erigena. 86
Johnston (George). 547-565-566
Johnston (John). 236
Jones (Thomas-Rymer) 526-564
Jones (Warthon) 511
Josephi (Guillaume). 438
Jurine (Louis). 509-576
Jussieu (Antoine). 354-369
Jussieu (Joseph). 423

Kampfer (Engelbert). 355
Kaup (Jean-Jacques). 555-558
Kay (James-Edward de). 540
Kay (John). 271
Kazwini. 134
Keferstein (Ad.). 595-596
Kellett (Henri). 534

Keyserling. 601
Kielmeyer (Charles-Henri). . . 479-480
Kiener (L.-C.). 580
Kilian Stobaeus. 387
King (Philippe Parker). 534-541
Kingston-Tuckey (James). 543
Kirby (William). 574
Kircher (Athanasius). 251
Kittlitz (F.-H.). 535
Klein (Jacob-Théodore). 371. —
    Ses ouvrages. 373-568
Knorr (Georges Wolfgang) . . . 446-455
Koch (Charles-Louis). 547-577
Koehler (H.-C.-E.) . . . , ... 596
Koehler (H.-J. de). 599
Koelliker (Albert). 514-560-567-571-583
Koelreuter. 449
Kolbe (Pierre). 355
Koren (J.). 547-569-582
Kotschy (Théodore). 544
Kotzebue (Otton de). 535
Kramer (Guillaume-Henri). 425
Krause (K.). 511
Krauss (Chr.-Ferdinand-Frédéric). 543
Krohn (Auguste). 567-569-571
Kruger (J.-G.). 461
Krusenstern (Adam-Jean). 535
Kuchenmeister (Fr.). 573
Kundmann (J.-Ch.). 358
Kuster (H.-C.). 580
Kyber (Jean-Frédéric). 524

Labat (Jean-Baptiste). 355
Lacaze-Duthiers (Henri) 581
Lacépède (Bernard-Germain-Étienne,
    comte de). 440-583
Lachmann (Jean). 564
Lacordaire (Th.) 578
Laet (Jean de). 259-260
Lama (le). 261
Lamanan (Robert de Paul). 422
Lamarck (Jean-Baptiste-Pierre-An-
    toine de Monet). 498-527-551-552-
                566-570-571-600-602-603
Lamartinière. 422
Lambotte (H.-A.). 587
Lamouroux (J.-Vict.-Fél.) 566
Lang (Charles-Nicolas) 357-368
Langsdorf (George-Henri de). 535
Lassaigne. 576

Pages.

Latham (Jean). 424. — Son système. 438

Latham (Robert-Gordon) 594

Latreille (Pierre-André). 570-574-575-577-578-584

Laurencet 584

Laurenti (Joseph-Nicolas). 439

Leach (William Elford). 574

Lebert (Henri). 582

Ledermuller (Martin Frobenius). . . 454

Lefebvre (Théophile). 544

Leigh (Charles). 331

Lennis (Jean). 562

Lenz (Ernest). 535

Lenz (H.-O.) 598

Leonicenus (Nicolaus). 280

Lepechin. 424

Leroy (Charles-Georges). 461

Leske (Nathan-Gottfried). 431

Lesser (Frédéric-Chrétien). 433

Lesson (René Primevère) 532

Lesueur (Charles-Alexandre). 532-540-567

Leuckart Fr.-G) 580-582-586

Leuckart (Rodolphe). 522-523-525-526-560-561-564-567-571-573-576-577-578.

Leuwenhœck (Antoine de) . . . . . 314.

Levaillant (François). 423

Leydig (François). 564-571-576-580-582-586

Leydig (J.-G. Frédéric-William). . 576

Lhwyd (Édouard). 364-367

Lichtenstein (A.-A.-H.). 596

Lichtenstein (Martin-Charles-Henri). 543

Lieberkuhn (Nath.). 565

Linck (Jean-Henri) 364

Linguistique (Preuve) des premières connaissances zoologiques. 8

Linné (Charles de). Sa vie, 386.
— Ses ouvrages. . . . . . 373 et 374

Lipsius (Justus). 271

Lister (Martin). 343-351-356

Longolius (Gilbert). 275

Lonicer (Adam). 217

Loven (Sven-Louis). 523-524-549-567-571-576-578

Lowe (R.-T.). 545

Ludwig (Chrétien-Frédéric). 435

Luidius (Ed.) 364

Lutke (Frédéric-Benjamin). 535

Lyonet (Pierre). 449

M'Clelland (John) 542

Macdonald (J.-D.). 582

Mac Leay (Guillaume Scharp). . 555-558

Maeklin (F.-W.). 578

Maillet (Benoist de). 419

Major (Jean-Daniel). 352

Malpighi (Marcello). 310, — Ses ouvrages. 312

Mammifères (les), d'après Aristote, 65.
— D'après Wotton, 211 et 212,
— D'après Aldrovande, 234 et 235. — D'après Johnston, 240.
— D'après Ray, 344. — D'après Klein, 377. — D'après Linné, 397. — D'après Brisson, 435. D'après Schreber, 435. — D'après Pennant, 435. — D'après Scopoli, 436. — D'après Erxleben, 436. — D'après Blumenbach, 436. — D'après Storr, 436. — D'après Batsh. 437

Mannhardt. 598

Marcgrav (Georges). 259-260-355

Marsigli (Luigi Ferdinando de). 355-365

Marsilli (Antonio Felice). 357

Martens (Edouard de). 597

Martens (Frédéric). 332

Martin Saint-Ange (Gaspard-Joseph). 586

Martini (Frédéric-Henri). 446

Martius (Charles-Frédéric-Philippe). 537

Matteucci 586

Maundeville (John de). 161

Mayer (A.-F.-J.-C.) 584-589

Mayerne (Théodore de). 292

Meckel (Henri). 576

Meckel (Jean-Frédéric). 492-505

Mégasthène. 35-39

Megenberg (Conrad de). 198

Megerle de Muhlfeld (Jean-Charles). 578

Mehlis (Édouard). 572

Meïer (Florian). 273

Meissner (G.). 576

Melle (Jacob de). 369

Menabeni (Apollonio). 271

Mérian (Marie-Sybille de). 360

Merrem (Blaise) . . . 437-582-588-598

Merret (Christophe). 331

Méry (Jean). 328-334

Messerschmidt. 424

Mesuë. 128

Pages.

Meyen (François-Jules-Ferdinand). 536-564

Meyer (Jean-Daniel). 456

Michel Scotus. 139-166

Michovius (Matthias). 266

Middendorff (Alexandre-Théodore de). 548

Mikan (Jean-Chr.). 537

Miller (J.-P.). 530-568

Milne-Edwards. . 510-523-524-527-560-564-565-571-576-577-578-580

Mizaldus. 214

Moebius (Charles). 581

Mœrbeke (Guillaume de). 167

Mœrlandt (Jacob de). 198-200

Mohr (Nicolas). 424

Mohring (Paul-Henri-Gerhard). . . . 438

Molina (Giovani-Ignace). 423

Monro (Alexandre l'aîné) 355

Monro (Alexandre) 443

Montfort (Denys de). 578

Monuments écrits de l'époque anté-classique. 19

Moquin-Tandon (A.). 572

Moray (Robert). 325-326

Morphologie (Période de la). . . 462-515

Morren (Charles). 587

Morris. 92

Morton (Georges-Samuel). 595

Morton (John). 363

Mouffet (Thomas). 292

Moulinié (J.-J.). 573

Moyen âge (La zoologie au), 77. — (Fin du) 198

Muller (Frédéric). 576

Muller (Henri). 581

Müller (Jean), 495-512-515. — Sa vie, 517. — Ses travaux, 518-523-565-569-571-575-576-586-587-588

Muller (Jean-Guillhume, baron de). 597

Muller (Otton-Frédéric). . 424-450-571

Muller (Philippe-Louis-Statius). . . 453

Müller (Salomon) 542

Mungo Park. 543

Munster (Georges, comte de) . . . 530

Musées zoologiques. 332

Nardo. 565

Natterer (Jean). 537

Nau (Bernhard-Sébastien de). . . . 425

Naumann (Charles-Frédéric). . 582-590

Naumann (Jean-André). 590

Needham (Turbervill). 454

Newport (G.). 575-576

Niebuhr. 423

Niedermayer (François). 259

Nillsson (Sven). 547

Nitzsch (Christian-Louis). 562-572-589

Nordmann (Alexandre de). 573-575-576-

Nott (Josiah-C.). 595

Odier 576

Oersted (And.-S.). 550-565-571

Ohnefalschrichter (Jean-Godefroy) . 434

Oiseaux (les), d'après Aristote, 65. — D'après Wotton, 211. — D'après Aldrovande, 233. — D'après Ray, 345. — D'après Klein, 378. — D'après Linné, 399. — D'après Moehring, 438. — D'après Brisson, 438. — D'après Blumenbach, 438. — D'après Latham, 438. — D'après Batsch. 439

Oken (Lorenz). . . . 467-495-555-574

Olafsen (Eggert). 424

Olaüs Magnus on Olaf Stor. 265

Olaüs Worm. 270

Oldenbourg (Henri). 326

Olfers (Ed. de). 597

Olivi (Gius.) 424

Olivier (Guillaume-Antoine). 450

Onger (F.). 530

Oppel (Michel) 587

Orbigny (Alcide-Dessalines d') . 538-563

Organisation animale (Connaissance de l') 46

Origine des espèces. 599

Osbeck (Pehr). 423

Oudley (Walter). 543

Oviedo y Baldy (Gonzalo Fernandez). 257

Owen (Richard). . 520-526-529-555-561-572-580-585-587

Pacini 586

Pagenstecher (H.-Alexandre) 581

Paléontologie 527

Palissy (Bernard). 296

Pallas (Pierre-Simon), 424. — Sa vie et ses ouvrages, 426, 427, etc. 569

Pander (Christian-Henri). 506

Panizza (Barthélemy) 586

Pages.

Panzer (George-Wolfgang-François). 449-
547
Parcs zoologiques 332
Paré (Ambroise). 298
Park (Mungo). 543
Parkinson (James). 530
Pausanias. 40
Pauw (Cornélis de). 434
Paykull (Gustave de). 449
Peale (T.-R.). 536
Penn (Thomas). 292
Pennant (Thomas) 424-435
Période de silence jusqu'au XIIᵉ
siècle 77
Période encyclopédique, 206. — De
la systématique, 304. — De la
morphologie. 462
Péron (François). 532-567
Perrault (Claude). 328-334
Perty (Max). 538
Peters (Guillaume-Charles-Hartw). . 543
Petiver (James). 355
Peyer (Jean-Conrad). 344
Peysonnel (Jean-Antoine). 366
Pfeiffer (Louis) 580
Philipeaux. 586
Philipp (Arthur). 422
Philippi (Rodolphe-Armand). . . 576-580
Philosophie naturelle en Allemagne,
464. — De Oken. 467
Physiologus. 87
Pickering (Charles). 536-550-594
Pictet (Jules). 530
Picus (Andréas). 361
Pigafetta. 274
Piso (Guillaume). 256-259-260
Plater (Félix). 296
Pline. 26-68
Plot (Robert). 331
Poeppig (Edouard). 538
Poey (Félipe). 539
Pohl (Jean-Emmanuel). 537
Poissons (les). — Poissons connus
des anciens, 42. — D'après Aris-
tote, 66. — Au moyen âge, 148.
—D'après Wotton, 211. — D'après
Aldrovande, 234. — D'après Jons-
ton, 239. — D'après Ray, 347. —
D'après Klein, 380.—D'après Linné,
403. — D'après Gouan . . 441 et 442

Pages.

Poli (Joseph-Saverio) . . . 445-578-580
Polybe. 51
Pontoppidan (Erich). 424
Postels (Alexandre). 535
Pott (A.-Fr.) 594
Povelsen (Biarne). 424
Preuve linguistique des premières
connaissances zoologiques 9
Prévost (Jean-Louis). 511
Purkinje (Jean). 511-513

Quatrefages (Armand de). 567-569-571
Quensel (C.) 547-582
Quoy (Jean-René-Constant). . . 532-567

Raffles (Stanford) 542
Rafinesque-Schmalz (Constant-Sa-
muel). 540
Ramdohr (Charles-Auguste). . . . 576
Ranzani (Camille) 590
Rapp (Guillaume) 566
Rathke (Martin-Henri). 508-515-517-576-
585-586-589
Ratzeburg (J.-Th.-Christian) . . . 575
Ray (John), 332. — Sa vie, 337. —
Ses ouvrages. 338
Réaumur (René-Antoine Ferchauld,
seigneur de) 362-364
Redi (Francesco) 318
Règne animal (Développement du) . 599
Regenfuss (François-Michel). . . . 446
Reichert (C.-B.). 584-585
Reimarus (Hermann-Samuel). . . . 460
Reinwardt (Gaspard-Georges-Charles) 542
Rengger (Jean-Rodolphe). . . . 538-577
Rénier (Stephen-André). 545
Reptiles (les) d'après Ray, 347. —
D'après Klein, 379. — D'après
Linné, 401 et 402. — D'après Lau-
renti, 439. — D'après Lacépède. 440
Retzius (André-Jahan) . . 547-569-596
Richard de Fournival 94
Richardson (John). 541
Riche (Claude-Antoine-Gaspard) . . 460
Riolan (le jeune). 298
Risso (J.-A.). 545
Robinet (René) 419
Rochefort. 332
Rochholz 596
Roesel de Rosenhof (Auguste-Jean) 441-447

Pages.

Rolfink (Werner) 273

Rommel (Pierre) 305

Rondelet (Guillaume) 285-291

Rosenthal (Fr.-Christian) 586

Roussel (Alexandre) 423

Roussel (Patrice) 423

Rovarius (Henri) 355

Rudolphi (Charles-Asmund). 494-
570-572-573

Ruini (Carlo) 274

Rumph (Georges-Evert) 366

Ruppell (Pierre-Édouard) 544-583

Rusconi (Mauro) 511-585-587

Russegger (Joseph) 544

Ruysbrœck 157

Rymer Jones 526-564

Sachs de Lewenhaimb (Philippe) . . 322

Sagra (Ramon de la) 539

Sallé (Auguste) 539

Salviani (Hippolyte) 283

Salzmann (Jean-Rodolphe) 270

Sander (Henri) 433

Sarrasin (Michel) 354

Sars (Michel). 520-523-547-550-
566-567-569-571

Savigny (Marie-J.-César Lelorgne de)
520-521-544-571

Saxo Grammaticus 153

Say (Thomas) 568

Schaeffer (Jacob-Christian) 424

Schelling (F.-G.-J.) 465

Schelver (François-Joseph) 476

Schenk (Jean-Théodore) 362

Scherzer (Charles) 536

Scheuchzer (Jean-Jacob) 368-369

Schinz (Henri-Rodolphe) 546

Schlegel (Hermann) . . . 549-562-588

Schleiden (M.-J.) 513

Schlotheim (Ernest-Frédéric) 530

Schmarda (Louis) 550

Schmidel (Casimir-Christophe) . . . 455

Schmidt (C.) 576

Schmidt (Oscar) 562

Schmiedlein (Godefroy-Bénédict) . . 448

Schneider (Antoine) 573

Schneider (David-Henri) 447

Schneider (Jean-Gottlob-Saxo). 33-
155-165-440

Schoepf (Jean-David) 440

Pages.

Schomburgk (Richard) 539

Schomburgk (Robert) 538

Schönfeld (Stephan von) 290

Schrank (François de Paule) 562

Schreber (Jean-Chrétien-Daniel) . . . 435

Schreger (Bernhard-Gottlob.) 435

Schrenk (Léopold de) 548

Schroeter (Jean-Samuel) 445-455

Schubaert (T.-D.) 575

Schubert (Gotthilf-Henri) 476

Schultze (Charles - Auguste - Sigismond) 526

Schultze (Maximilien-Sigismond). 565-571
587

Schumacher (Fr.-Ch.) . . . . , 578

Schwann (Théodore) 513

Schweigger (Auguste - Frédéric).
551-553-566-570

Schwenckfeld (Gaspar) 267

Science (État de la) à la fin du XIIᵉ
siècle 117

Scilla (Agostino) 367

Sclater (Philippe-Lutley) 591

Scopoli (Jean-Antoine), 424. — Son
système 436-449

Scot (David) 598

Scot Erigène 86

Scriba 447

Séba (Albert) 355-389

Sélys-Longchamps (Michel-Edmond). 546

Sennert (Daniel) 252

Serenus Sammonicus 79

Seriema (le) 261

Serra (le) 101

Serres (E.-R.-A.) 584

Serres (Marcel de) 596

Séverin (Jean) 425

Severino (Marc-Aurelio) 280-300

Sextus Placitus 79

Sganzin (Victor) 543

Shaw (George) . . . . , 541

Shaw (Thomas) 355-366

Sibbald (Robert) 332

Siébold (C.-Th.-E. de). 512-527-
560-564-566-567-572-574-576

Siébold (Philippe-François de) . . . 542

Silbermann 574

Silberschlag (Jean-Esaü) 438

Sloane (Jean) 332-355

Smith (Andrew) 543

Pages.   Pages.

Smith (Jérémie-V.-C.).   540   Temps modernes (Zoologie des) . .   206
Smith (John-Edward).   541   Temps primitifs (Zoologie des). . .   8
Smith (William).   528   Théobald.   91
Société royale de Londres.   325   Théorie de la cellule 512
Solander (Daniel). 422-453   Théorie des types animaux   497
Solmani   134   Thévenot.   274
Sonnenburg (Louis).   596   Thienemann (Fv.-A.-L.).   589
Sonnerat (Pierre)   422   Thomas de Cantimpré. . . 169-181-188
Souleyet.   533-580-582   Thomasius (Jacob).   269
Sowerby (James)   529   Thompson (Guillaume).   547
Spallanzani (Lazaro) 454-457   Thompson (Jean Vaughan). 566-568-575
Sparrmann (André)   423   Thompson (Thomas).   596
Spence (William)   574   Thomson (James).   574
Sperling (Jean).   243   Thon.   574
Speyer (Adolphe).   578   Thunberg (Charles-Pierre) . 423-449-598
Speyer (Auguste).   578   Thuret.   564
Spigel (Adrien)   295   Tiedemann (Frédéric). . . . 490-495-569
Spix (Jean-Baptiste). . . . 537-571-584   Tilésius (Guillaume-Gottlieb). . . . 535
Stannius (Hermann) . 527-586-588-589   Titius (Jean-Daniel).   376
Steenstrup (Jean-Japheth-Smith).   Tournefort.   355
                         524-566-576   Travaux originaux des Arabes, 127.
Stein (Fr.) 564-573-576   — Monographiques.   268
Steller (Georges-Guillaume). . . .   424   Treizième siècle (Le)   143
Stelluti (Francesco).   310   Trembley (Abraham).   366-451
Stenon (Nicolas).   319   Tréviranus (Gottfried Reinhold). 495-549-
Stiebel (Sal.-Frédéric).   510   575-576-584
Stoll (Gaspar).   450   Trew (Christophe-Jacques).   456
Storer (Horace-Robert).   540   Troschel (Fr.-Hermann). . . .   569-582
Storr (Gottlieb-Conrad-Chrétien) . .   436   Tschudi (Frédéric de).   546
Strauss Durckheim (Hercule). 526-575-576   Tschudi (Jean-Jacques de). . .   538-546
Strickland (Flugh-Edward).   558   Tulp (Nicolas).   269-295
Sturm (Charles-Frédéric)   547   Turner (William).   275
Sturm (Jacques).   546   Types animaux (Théorie des). . . .   497
Sturm (Jean-Guillaume).   547   Tyson (Edouard).   354-363
Sturm (Jean-Henri)   547
Suckow (F.-Guillaume-L.).   575   Ulrich (Auguste-Léopold).   584
Suess (E.).   540   Unger (F.).   564
Sulzer (Jean-Georges).   433
Sulzer (Jean-Henri)   447   Vaillant (Auguste-Nicolas). 533
Swainson (Guillaume).   558   Valentin (Guillaume).   511-569
Swammerdam (Jean), 315-316. —   Valentin (P.).   513
   Ses travaux. 317-362   Valentini (Michel-Bernard).   320
Sylvester Giraldus.   134   Vallisneri (Antoine).   354-356-363
Systématique (Période de la). . . .   304   Verany (Jean-Baptiste)   582
Systématisation (Essai de).   61   Vesalius (Andreas).   297
                                                Vicq d'Azyr (Félix).   458
Tapir (le).   264   Vieillot.   546
Temminck (Conrad-Jacob). . . 542-588   Vigors (Richard-Aylward).   558
Tempesta (Antonio).   254   Vincent de Beauvais.   190
Templeton (Robert).   580   Vinci (Léonard de).   295

Pages.

Voet (J.-Eus.). 450

Vogt (Charles) . 514-560-567-571-
580-582-585

Voigt (Frédéric-Sigismond). . 551-553-
555-558-602

Voith (de). 547

Volkmann (A.-Guillaume). 585

Voyages (Développement de la connaissance des animaux par les). . 531

Vrolik (William). , ... 584

Vulpian 586

Wagner (André) 549-588

Wagner (Jean-Jacob). 332

Wagner (Moritz). 544

Wagner (Rodolphe). 511-526-573

Wahlberg (J.-A.). 543

Walch (J.-E.-Emmanuel). 455

Walckenaer 577

Waldung (Wolfgang). 270

Wallace (Alfred Russell). 539

Wallbaum (Jean-Jules). 441

Weber (Ernest-Henri). . . 495-512-586

Weddell (James). 533

Welsch (G.-H.). 295

Werneck 513

Werner. 528

Westwood (James Obad.). 578

Wharton Jones 511

White (John). 422-541

Wied-Neuwied (Maximilien-Alexandre-
Philippe). 537-540

Wiedemann (Christian-Rodolphe-
Guillaume). 495

Wiegmann (Arend-Frédéric-Auguste).
562-564-570-573-599

Wilbrand (Jean-Bernhard). 526-551-554

Wilkes (Charles). 539

Williamson (Guillaume-Crawfurd). . 565

Willis (Thomas). 302

Willoughby (Francis). 341-345

Wilson (Alexandre). 540

Wimmer (Fv.) 598

Wittich (Hermann de). 586

Wolf (Jean). 547

Wolff (Gaspar-Frédéric). 458

Wollaston (T. Vernon). 545

Woodward (John). 364-368

Wotton (Édouard). 211

Wren (Christophe). 326

Wrisberg (Henri-Auguste). 454

Wurger. 577

Xivrey (Berger de). 597

Yarrell (Guillaume). 547

Zacher (J.) 597

Zaddach (Ernest-Gustave). 522

Zeder (Jean-Georges-Henri). . . 452-572

Zenker (Guillaume). 522

Zimmermann (Eberhard-Auguste-
Guillaume). 425

Zincken. 574

Zinnani. 356

Zoologie dans l'antiquité, 8. — Au
moyen âge, 77. — Des Arabes, 122.
— Des temps modernes, 206. —
(Extension de la) 420

Zoologie historique. 597

Zoologie spéciale (Progrès de la) au
XIIIᵉ siècle 443

Zootomie 296

Zorn (Jean-Henri). 433

Paris. — Imp. Motteroz, 54 bis, r. du Four.

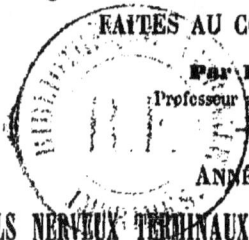

NOUVEAUX ÉLÉMENTS
D'ANATOMIE PATHOLOGIQUE, DESCRIPTIVE ET HISTOLOGIQUE
Par le docteur J.-A. LABOULBÈNE
Professeur agrégé de la Faculté de médecine, médecin de la Charité

Paris, 1879, in-8 de 1078 pages, avec 298 figures. Cartonné. — 20 fr.

NOUVEAUX ÉLÉMENTS
D'ANATOMIE DESCRIPTIVE ET D'EMBRYOLOGIE
PAR LES DOCTEURS

H. BEAUNIS
Professeur de physiologie à la Faculté de médecine de Nancy

ET

A. BOUCHARD
Professeur d'anatomie à la Faculté de médecine de Bordeaux
Troisième édition, revue et augmentée.

Paris, 1880. 1 vol. in-8 de 1072 p., avec 456 fig. noires et col. Cart. — 20 fr.

Trois éditions de cet ouvrage en peu d'années témoignent qu'il répond au besoin des élèves qui veulent se livrer aux dissections et aux médecins en leur rappelant leurs premières études.

PRÉCIS
D'ANATOMIE DESCRIPTIVE ET DE DISSECTION
Par H. BEAUNIS et A. BOUCHARD
1 vol. in-18, 450 pages................ 4 fr. 50

NOUVEAUX ÉLÉMENTS DE PHYSIOLOGIE HUMAINE
COMPRENANT
LES PRINCIPES DE LA PHYSIOLOGIE COMPARÉE ET DE LA PHYSIOLOGIE GÉNÉRALE

Par H. BEAUNIS
Professeur de physiologie à la Faculté de médecine de Nancy
Deuxième édition, corrigée et augmentée.

Paris, 1880, 1 vol. in-8 de 1200 pages, avec 300 figures. Cartonné. — 20 fr.

ANATOMIE DES CENTRES NERVEUX
Par le docteur G. HUGUENIN
Professeur à l'Université de Zurich.

TRADUIT DE L'ALLEMAND PAR LE DOCTEUR TH. KELLER,
Ex-aide d'anatomie à la Faculté de médecine de Strasbourg.

ANNOTÉ PAR LE DOCTEUR MATHIAS DUVAL,
Professeur agrégé à la Faculté de médecine de Paris.

Paris, 1879, in-8 de 368 pages avec 149 figures intercalées dans le texte. — 8 fr.

De toutes les branches de la biologie, l'étude du système nerveux est sans contredit une de celles qui ont été depuis longtemps l'objet du plus grand nombre de recherches. Dans ces dernières années, la physiologie et la pathologie des centres nerveux, en nous révélant des faits inattendus, ont rendu plus actives encore les investigations anatomiques; c'est ainsi que, notamment pour les centres supérieurs, pour les hémisphères cérébraux, la notion nouvelle des *localisations fonctionnelles* dans les parties grises, ou tout au moins dans la substance blanche, nous donne l'idée la plus complète de ce qu'on est aujourd'hui en droit de demander à l'anatomie : *Une nomenclature et une détermination exacte des parties, dans leurs rapports de contiguïté, et, s'il est possible, dans ceux de continuité.*

Cet ouvrage vient combler cette lacune en appelant l'attention sur des faits rigoureusement observés qui éclairent l'anatomie des centres nerveux.

ENVOI FRANCO CONTRE UN MANDAT SUR LA POSTE.

LEÇONS SUR LES PHÉNOMÈNES DE LA VIE

COMMUNS AUX ANIMAUX ET AUX VÉGÉTAUX

COURS DU MUSÉUM D'HISTOIRE NATURELLE

Par Claude BERNARD

Membre de l'Institut de France (Académie des sciences),
Professeur de physiologie au Collège de France et au Muséum d'histoire naturelle.

Paris, 1878-1879, 2 vol. in-8, avec fig. interc. dans le texte et 4 pl. gravées.   15 fr.

Séparément :

Tome II. Paris, 1879, 1 vol. in-8, de 550 pages, avec 3 pl. et fig. — 8 fr.

LEÇONS
DE PHYSIOLOGIE OPÉRATOIRE

Par Claude BERNARD

Paris, 1879, in-8 de 640 pages, avec 116 figures. — 8 fr.

LA SCIENCE EXPÉRIMENTALE

Par Claude BERNARD

Progrès des sciences physiologiques. — Problèmes de la physiologie générale.
La vie, les théories anciennes et la science moderne.
La chaleur animale. — La sensibilité. — Le curare. — Le cœur. — Le cerveau.
Discours de réception à l'Académie française.
Discours d'ouverture de la séance publique annuelle des cinq Académies.

Deuxième édition.

Paris, 1878, 1 vol. in-18 jésus de 449 pages, avec 24 figures. — 4 fr.

BERNARD (Claude). Leçons de physiologie expérimentale appliquée à la méde-
cine, faites au Collège de France. Paris, 1855-1856, 2 vol. in-8, avec 100 fig. 14 fr.
— Leçons sur les effets des substances toxiques et médicamenteuses.
Paris, 1857, 1 vol. in-8, avec 32 figures.   7 fr.
— Leçons sur la physiologie et la pathologie du système nerveux. Paris,
1858, 2 vol. in-8, avec 79 figures.   14 fr.
— Leçons sur les propriétés physiologiques et les altérations pathologiques des
liquides de l'organisme. Paris, 1859, 2 vol. in-8, avec fig.   14 fr.
— Introduction à l'étude de la médecine expérimentale. Paris, 1865, in-8
de 400 pages, avec figures.   7 fr.
— Leçons de pathologie expérimentale. Paris, 1871, 1 vol. in-8 de 604 p. 7 fr.
— Leçons sur les anesthésiques et sur l'asphyxie. Paris, 1874, 1 vol. in-8
de 520 pages, avec figures.   7 fr.
— Leçons sur la chaleur animale, sur les effets de la chaleur et sur la fièvre.
Paris, 1876, 1 vol. in-8 de 471 pages, avec figures.   7 fr.
— Leçons sur le diabète et la glycogenèse animale. Paris, 1877, 1 vol. in-8
de 576 pages.   7 fr.
— Précis iconographique de médecine opératoire et d'anatomie chirur-
gicale. *Nouveau tirage.* Paris, 1873, 1 vol. in-18 jésus, 495 pages, avec 113 plan-
ches, figures noires. Cartonné.   24 fr.
— Le même, figures coloriées. Cartonné.   48 fr.

BEAUNIS. Claude Bernard. Paris, 1878. In-8.   1 fr.
FERRAND. Cl. Bernard et la science contemporaine. Paris, 1879. In-8. 1 fr.

ENVOI FRANCO CONTRE UN MANDAT SUR LA POSTE.

ANATOMIE ET PHYSIOLOGIE CELLULAIRES

ou des cellules animales et végétales,

du protoplasma et des éléments normaux et pathologiques qui en dérivent,

Par Ch. ROBIN

Professeur d'histologie à la Faculté de médecine de Paris, membre de l'Institut
et de l'Académie de médecine.

Paris, 1873, 1 vol. in-8 de XXXVIII-640 pages avec 83 figures. Cartonné : 16 fr.

TRAITÉ DU MICROSCOPE ET DES INJECTIONS

DE LEUR EMPLOI

De leurs applications à l'anatomie humaine et comparée,

à la pathologie médico-chirurgicale,

à l'histoire naturelle animale et végétale et à l'économie agricole,

Par CH. ROBIN

Deuxième édition revue et augmentée

1877, 1 vol. in-8 de 1100 pages, avec 336 figures et 3 planches.

Cartonné : 20 fr.

LEÇONS SUR LES HUMEURS NORMALES ET MORBIDES

DU CORPS DE L'HOMME

professées à la Faculté de médecine de Paris

Par CH. ROBIN

Seconde édition, corrigée et augmentée.

Paris, 1874, 1 vol. in-8 de 1008 pages, avec fig. Cartonné : 18 fr.

ROBIN (Ch.). **Mémoire sur le développement embryogénique des hirudinées.** 1876, in-4, 472 pages avec 19 planches lithographiées.   20 fr.

— **Mémoire sur l'évolution de la notocorde,** des cavités des disques intervertébraux et de leur contenu gélatineux. In-4 de 212 pages, avec 12 pl.   12 fr.

— **Histoire naturelle des végétaux parasites** qui croissent sur l'homme et les animaux vivants. In-8 de 700 pages, avec atlas de 15 pl. en partie coloriées. 16 fr.

— **Programme du cours d'histologie** professé à la Faculté de médecine de Paris. Deuxième édition, revue et développée. Paris, 1870, in-8 de XL-416 pages.   6 fr.

— **Mémoire sur les objets qui peuvent être conservés en préparations microscopiques,** transparentes et opaques. Paris, 1856, in-8.   2 fr.

— **Mémoire contenant la description anatomo-pathologique des diverses espèces de cataractes** capsulaires et lenticulaires. Paris, 1859, in-4 de 62 p. 2 fr.

— **Mémoire sur les modifications de la muqueuse utérine** pendant et après la grossesse. Paris, 1861, in-4 avec 5 planches lithogr.   4 fr. 50

ROBIN (Ch.) et VERDEIL. **Traité de chimie anatomique et physiologique,** normale et pathologique, ou des principes immédiats normaux et morbides qui constituent le corps de l'homme et des mammifères. 3 forts volumes in-8, avec atlas de 46 planches en partie coloriées.   36 fr.

3ᵉ Série. — Nᵒ 187.   Mars 1879.

BULLETIN MENSUEL DES PUBLICATIONS
DE LA LIBRAIRIE J.-B. BAILLIÈRE ET FILS
Rue Hautefeuille, 19, près le boulevard Saint-Germain.

LES INSECTES

TRAITÉ ÉLÉMENTAIRE D'ENTOMOLOGIE

COMPRENANT :

L'HISTOIRE DES ESPÈCES UTILES ET DE LEURS PRODUITS
DES ESPÈCES NUISIBLES ET DES MOYENS DE LES DÉTRUIRE
L'ÉTUDE DES MÉTAMORPHOSES ET DES MŒURS
LES PROCÉDÉS DE CHASSE ET DE CONSERVATION

Par Maurice GIRARD
Docteur ès sciences naturelles
Professeur de zoologie appliquée à l'École d'horticulture de Versailles
Ancien président de la Société entomologique de France, etc.

Tome Iᵉʳ : Introduction. Coléoptères. Paris, 1873, 1 vol. in-8 de 840 p., avec 60 pl.

Tome II, 1ʳᵉ partie : Orthoptères, névroptères, hyménoptères. Paris, 1876, in-8 de 576 pages, avec 8 planches.

Tome II, 2ᵉ partie : Hyménoptères porte-aiguillon. Paris, 1879, in-8 de 320 pages, avec 7 planches.

Prix des tomes I et II, avec 75 planches gravées, figures noires.... 50 fr.
Le même, figures coloriées................................. 90 fr.
Séparément, le tome II, 1ʳᵉ partie, figures noires.............. 10 fr.
Le même, figures coloriées................................. 16 fr.
Séparément, le tome II, 2ᵉ partie, figures noires.......... .... 10 fr.
Le même, figures coloriées .... 14 fr.

Ce livre contient à la fois l'étude minutieuse des caractères descriptifs des insectes, et l'exposé des applications si nombreuses et si intéressantes de l'Entomologie.

L'auteur a eu soin, à mesure que les principaux genres se présentent à leur place méthodique, d'insister avec détail sur toutes les applications.

Les insectes utiles sont le sujet d'un développement étendu.

Les espèces les plus nuisibles sont suivies dans leurs mœurs, de manière à en déduire les seuls procédés rationnels et efficaces de destruction. L'auteur fait connaître tous les moyens de ce genre essayés ou proposés, car c'est ce qui intéresse surtout l'agriculteur et l'horticulteur, et souvent aussi, les industriels et les ingénieurs, pour la conservation soit des matières premières, soit des produits manufacturés.

En outre, les espèces curieuses au point de vue de la biologie, de l'anatomie, de l'habitat, etc., figurent dans l'ouvrage, on a eu soin de réunir les meilleures descriptions des métamorphoses dans tous les ordres.

Ce *Traité d'Entomologie*, conservant la forme didactique, peut être utile aux jeunes gens qui désirent commencer le classement d'une collection, relative à l'ordre des insectes, objet de leurs préférences. Les espèces principales des environs de Paris sont citées et caractérisées en peu de mots, de façon cependant à permettre de les reconnaître et de les nommer.

Une introduction à l'entomologie est placée au début; elle ne suppose absolument chez le lecteur que les connaissances générales et très-élémentaires d'histoire naturelle résultant de l'enseignement secondaire.

L'auteur a ajouté une indication complète de la chasse et de la récolte des différents ordres d'insectes, et il expose comment on doit disposer méthodiquement les collections, ainsi que les moyens de conservation conformes aux données les plus récentes de la science pratique.

ENVOI FRANCO CONTRE UN MANDAT SUR LA POSTE.

La plus grande partie des planches de l'ouvrage proviennent de l'*Iconographie du Règne animal* de G. Cuvier, publiée par M. Guérin-Méneville. Elles ont été retouchées en certaines parties, pour quelques sujets défectueux. Des insectes non retrouvés dans les catalogues les plus récents ont été remplacés par des espèces bien authentiques. Les détails anatomiques et le coloriage ont été revus sur nature.

Enfin des planches nouvelles ont été ajoutées, soit pour l'anatomie, soit pour les figures d'insectes récemment découverts et curieux, inconnus à l'époque où a paru la publication du savant entomologiste, notamment pour les espèces cavernicoles.

LES ABEILLES

ORGANES ET FONCTIONS — ÉDUCATION ET PRODUITS — MIELLE ET CIRE

Par Maurice GIRARD

Paris, 1878, 1 vol. in-18 jésus de 280 pages, avec une planche coloriée et 20 figures dans le texte. — 4 fr. 50

AMYOT. **Entomologie française.** Rhyncotes. Paris, 1848, in-8 de 500 pages, avec 5 planches. 8 fr.

AUDOUIN (V.) et BRULLÉ. — **Description des espèces nouvelles ou peu connues de la famille des Cicindelètes,** par Victor Audouin, professeur au Muséum, et Brullé. Paris, 1839. In-4 de 28 pages, avec 3 planches coloriées. 3 fr. 50

AUDOUIN (V.) et EDWARDS (H. Milne). — **Description des Crustacés** nouveaux ou peu connus, 1841. In-4 de 40 pages. 4 fr.

BALBIANI. **Études sur la maladie psorospermique des vers à soie.** Paris, 1867, gr. in-8 avec 1 pl. 1 fr. 25

BERCE. **Faune entomologique française.** Papillons (Lépidoptères). Paris, 1867-1873, t. I à V, in-18, 64 planches, fig. col. 45 fr.

BLAIN (F.). **De l'acclimatation en France du Bombyx cynthia et de son éducation en Anjou.** Angers, 1861, gr. in-8, 27 pag. et 2 pl. 2 fr.

— **Rapport sur une éducation en Anjou du ver de Chêne,** ou Bombyx Yama-maï, faite en 1863. Gr. in-8, 20 pag. et 3 pl. 2 fr. 50

BLAINVILLE (H. M. D. de). **Rapport sur le Ciron de la Gale.** In-4, 20 pag. 1 fr.

BOISDUVAL (J.-A.). **Étude sur une monographie des Zygénides,** suivi du tableau méthodique des Lépidoptères d'Europe. Paris, 1829, in-8, avec 8 pl. col. 12 fr.

— **Faune entomologique de l'Océanie,** comprenant les Coléoptères, les Hémiptères, les Névroptères, les Hyménoptères, les Diptères. Paris, 1835, grand in-8, 703 pages. 10 fr.

BOISDUVAL (J.-A.) et GUENÉE. **Histoire naturelle des insectes,** spécies général des Lépidoptères : **Diurnes,** t. I. Paris, 1836, in-8, avec 2 livrais. de pl. noires. 14 fr.

    Le même. — fig. col. 21 fr.

— **Nocturnes,** tome I, avec une livraison de pl. ; tomes V à X, avec 5 livraisons de planches, fig. noires. 70 fr.

    Le même. — fig. col. 91 fr.

BONNET (C.). **Mémoire sur la puce pénétrante ou chique.** Paris, 1867, in-8, 102 p., 2 pl. 2 fr. 50

BONVOULOIR. **Monographie de la famille des Eucnémides,** par le comte H. de Bonvouloir. Paris, 1870, 1 vol. in-8, 908 p., avec 42 pl. 24 fr.

ROULLENOIS (F. de). **Conseils aux nouveaux éducateurs** de vers à soie. Paris, 1842, gr. in-8. 3 fr.

BREMER et GREY (W.). **Beiträge zur Schmetterlings fauna** des nördlichen China. Petersburg, 1853, gr. in-8. 2 fr.

ENVOI FRANCO CONTRE UN MANDAT SUR LA POSTE.

CANTENER (L.-P.). **Histoire naturelle des Lépidoptères rhopalogères** ou papillons diurnes des Haut et Bas-Rhin, de la Moselle, de la Meurthe et des Vosges. Paris, 1834, in-8, 166 p., avec 39 pl. col.   25 fr.

— Le même, avec pl. noires.   12 fr.

— **Catalogue des Lépidoptères du département du Var.** Paris, 1833, in-8, 29 pages.   1 fr. 50

CHARPENTIER (T. de). **Horæ Entomologicæ.** Vratislaviæ, 1825, in-4, avec 9 pl. col.   20 fr.

— **Libellulinæ europeæ descriptæ ac depictæ.** Lipsiæ, 1840, in-4, avec 48 pl. col.   40 fr.

— **Orthoptera descripta et depicta.** Lipsiæ, 1841-1845, in-4, avec 60 pl. col.   40 fr.

COQUEBERT. **Illustratio iconographica insectorum** quæ in Musæis Parisinis observavit et in lucem edidit J.-C. FABRICIUS. Paris, 1799, in-4, avec 30 pl. fig. noires (sans texte).   15 fr.

— Le même, figures coloriées.   20 fr.

COSTA (O.-G. ed A.). **Fauna del Regno di Napoli.** Crustacei. In-4, 32 feuilles de texte, 25 pl. col.   47 fr. 20

— **Aracnidi e Anellidi.** In-4, 6 feuilles 1¦4, 6 pl. col.   11 fr.

— **Coleotteri.** In-4, partie I, 47 feuilles, 24 pl. ; partie II et supplément, 19 feuilles, 11 pl. col.   75 fr.

— **Ortotteri.** Napoli, 1836, in-4, 15 feuilles, 11 pl. — **Nevrotteri.** Napoli, in-4, 8 feuilles, 6 pl. col.   32 fr. 50

— **Imenotteri.** In-4, parties I et II, 26 feuilles et 20 pl. ; partie III, avec 20 pl. col.   77 fr. 80

— **Emitteri.** 5 feuilles de texte, 3 pl. col. - - **Lepidotteri.** Napoli, 1832-1836, in-4, part. I, 41 feuilles 1¦4 et 24 pl. ; partie II, 15 feuilles, 15 pl. col.   77 fr.

DEJEAN. **Species général des Coléoptères.** Paris 1825-1831, 5 vol. in-8, reliés.   50 fr.

— Séparement, tomes I à IV, br.   35 fr.

— **Catalogue de la collection des Coléoptères** de M. le baron Dejean. Paris, 1821, in-8, 436 p.   3 fr.

— Le même, 3e édition, augmentée. Paris, 1837, in-8.   12 fr.

DELAFOND (O.) et BOURGUIGNON (H.). **Traité pratique d'entomologie et de pathologie** comparées de la psore ou gale de l'homme et des animaux domestiques. Paris, 1862, in-4, 7 pl. (30 fr.)   12 fr.

DESMAREST (A.-G.). **Considérations générales sur la classe des Crustacés** et description des espèces de ces animaux qui vivent dans la mer, sur les côtes ou dans les eaux douces de la France. Paris, 1825, in-8 de XIX-446 pages, 56 pl. et 5 tabl. (25 fr.).   20 fr.

DOURS (A.). **Catalogue synonymique des Hémiptères de France.** Amiens, 1874, gr. in-8, de 230 pages.   3 fr. 50

DROUET (H.). **Coléoptères açoréens.** Paris, 1859, in-4, 22 p.   1 fr. 50

DUFOUR (L.). **Recherches anatomiques et physiologiques sur les Hémiptères,** accompagnées de considérations relatives à l'histoire naturelle et à la classification de ces insectes. Paris, 1833, in-4, 333 pag. avec 19 pl. grav.   25 fr.

— **Description des métamorphoses du Stenocorus inquisitor.** Paris, 1839, in-8, 6 p., avec 1 pl.   1 fr.

— **Trois Hémiptères européens** nouveaux ou mal connus. Paris, 1833, in-8, 17 p., avec 1 pl.   1 fr.

— **Histoire des métamorphoses de l'Elodona agaricicola** de Latreille. Histoire des métamorphoses du Diaperis Boleti. Gr. in-8, 9 p., 1 pl.   1 fr.

— **Vaisseaux biliaires** ou le foie des insectes. Gr. in-8, 37 p., 4 pl.   3 fr.

— **Histoire anatomique et physiologique des scorpions.** Paris, 1856, in-4, 97 pages.   4 fr.

DUFOUR (L.) et PERRIS (Ed.). **Mémoire sur les Insectes hyménoptères** qui nichent dans l'intérieur des tiges sèches de la ronce. Paris, 1839, in-8, 50 p. avec 3 pl.   1 fr. 50

DUMÉRIL (A.-M.-Const.). Considérations générales sur les classes des insectes. Paris, 1823, in-8, avec 60 pl., fig. noires.   15 fr.
— Le même, avec pl. coloriées.   35 fr.
— **Dissertation sur les moyens** que les insectes emploient pour conserver leur existence. Paris, in-8, 48 pag.   4 fr.
— **Exposition d'une méthode naturelle** pour la classification et l'étude des insectes. Paris, 1800, in-18, 42 pag. et 1 tableau.   1 fr.

DURIEU DE MAISONNEUVE. Apparition subite et invasion rapide d'une Puccinie exotique. Bordeaux, 1873, gr. in-8.   1 fr. 50

EDWARDS, BLANCHARD et LUCAS. Catalogue de la collection entomologique du Muséum d'Histoire naturelle de Paris. Coléoptères, 2 parties. Paris, 1850, in-8, 240 p.   6 fr.

EDWARDS (H. Milne) et LUCAS (H.). Description des Crustacés nouveaux ou peu connus. Paris, 1841, in-4, avec 5 planches coloriées.   6 fr.
— **Note sur quelques crustacés** nouveaux ou peu connus. Paris, 1854-55. In-4 de 48 pages, avec 8 planches.   8 fr.

ERICHSON (G.-F.). Genera et species Staphylinorum, insectorum Coleopterorum familiæ. Berolini, 1840, in-8 avec 5 pl.   18 fr.

ERNST et ENGRAMELLE. Papillons d'Europe, peints d'après nature. Paris, 1779-93, 8 tom. en 6 vol. in-4, avec 350 pl. coloriées, cart. non rognés.   200 fr.

FABRE (J.-H.). Faune avignonaise. 1er fascicule : Insectes coléoptères. Avignon, 1870, in-8, 162 pages.   4 fr.

FABRICIUS (J.-C.). Entomologica systematica, cum supplemento et indicibus. Hafniæ, 1792-1799, 7 part. rel. en 5 vol. in-8.   40 fr.

FUESSLY (J.-G.). Archives de l'histoire des insectes, traduites en français. Winterthour, 1794, in-4, 186 pages avec 54 pl. col.   15 fr.

FUMOUZE (Ar.). De la cantharide officinale. Paris, 1867, in-4, 58 pag. et 5 pl. dont 1 coloriée.   3 fr. 50

GAUBIL. Catalogue synonymique des Coléoptères d'Europe et d'Algérie. Paris, 1849, 1 vol. in-8. (12 fr.)   6 fr.

GEOFFROY. Histoire abrégée des insectes. An IX (1800), 2 vol. in-4, avec 22 pl. noires, reliés.   24 fr.

GEOFFROY SAINT-HILAIRE (Et.). Mémoires sur l'organisation des insectes (3 mémoires). Paris, 1820, in-8, ensemble 64 pag.   2 fr. 50

GERVAIS (P.). Remarques sur la famille des scorpions et description de plusieurs espèces nouvelles. Paris, 1844, in-4, 40 pages, avec 2 planches.   2 fr. 50

GIRARD (M.). Les auxiliaires du ver à soie. Conférence faite au Jardin d'acclimatation. Paris, 1864, gr. in-8, 30 pages.   1 fr. 25

GODARD (J.-B.) et DUPONCHEL (P.-A.-J.). Histoire naturelle des Lépidoptères, ou Papillons de la France. Paris, 1821-1845 ; ouvrage complet, 11 tomes en 13 vol. in-8, publié en 192 livraisons, contenant 396 planches coloriées. Seulement les tomes I, II, III, IV, VI, VII, XI.   100 fr.

GOUREAU (Ch.). Les insectes nuisibles aux arbres fruitiers, aux plantes potagères, aux céréales et aux plantes fourragères, avec supplément. Paris, 1862-1863, 2 parties in-8. Ensemble XXI-454 pages.   6 fr.

GORY (H.) et PERCHERON (A.). Monographie des Cétoines et genres voisins. Paris, 1832-1836 ; a été publié en 15 livraisons formant 1 vol, in-8 de 410 pages, avec 77 pl. coloriées, cart.   60 fr.

GUÉRIN-MÉNEVILLE (F.-E.), Insectes du Magasin de Zoologie. Paris, années 1831 à 1842, en 3 vol. in-8, avec 350 pl. col., rel.   120 fr.
— **Revue de sériciculture comparée.** Paris, 1863-1866, 5 vol. in-8.   20 fr.
— Séparément, les années 1863, 1865 et 1866. Chaque année.   4 fr.
— **Rapport sur les travaux entrepris pour introduire le ver à soie** de l'Aylanthe en France et en Algérie. Paris, 1860, gr. in-8, 100 pages.   2 fr.
— **Progrès de la culture de l'aylanthe** et de l'éducation du ver à soie. 2 parties. Paris, 1860-1862. Gr. in-8, ensemble 204 pages, avec pl.   4 fr.

2ᵉ Série. — N° 120.   Mars 1877.

BULLETIN MENSUEL

DES NOUVELLES PUBLICATIONS

DE LA LIBRAIRIE J.-B. BAILLIÈRE ET FILS

19, rue Hautefeuille, près le boulevard Saint-Germain.

DESCRIPTION DES ANIMAUX SANS VERTÈBRES

DÉCOUVERTS DANS LE BASSIN DE PARIS

POUR SERVIR DE SUPPLÉMENT A LA DESCRIPTION DES COQUILLES FOSSILES DES ENVIRONS DE PARIS

Comprenant une revue générale de toutes les espèces actuellement connues

Par G.-P. DESHAYES

Professeur au Muséum d'histoire naturelle, Membre de la Société géologique de France et de Londres,

OUVRAGE COMPLET PUBLIÉ EN 50 LIVRAISONS

3 vol. in-4 de texte et 2 vol. d'atlas, comprenant 195 pl. lith. cart. 250 fr.

DESHAYES (G.-P.). **Conchyliologie de l'île de la Réunion** (Bourbon). Paris, 1863, gr. in-8, 144 p., avec 14 pl. coloriées. . . . . 10 fr.
— **Coquilles fossiles des environs de Paris**. Paris, 1824-1837, 166 planches seules avec texte explicatif, en 2 volumes in-4 cartonné. (Quelques exemplaires seulement.). . . . . 120 fr.
— **Description de quelques espèces de Mollusques** nouveaux ou peu connus, envoyés de Chine par l'abbé David. Paris, 1875, grand in-4, 17 pages et 1 planche coloriée. . . . . 4 fr.
— **Mémoire sur les Mollusques nouveaux du Cambodge**, envoyés par le Dr Jullien. Paris, 1875, in-4, 40 pages et 4 planches. . . . . 8 fr.

GÉOLOGIE ET PALÉONTOLOGIE DE L'ASIE MINEURE

Par P. de TCHIHATCHEF

Correspondant de l'Institut de France

Avec le concours de MM. D'ARCHIAC, DE VERNEUIL, FISCHER, BRONGNIART ET UNGER

4 volumes grand in-8 jésus, accompagnés d'une *grande carte géologique du Bosphore*, jointe aux textes ; de 2 *très-grandes cartes géologique et itinéraire de l'Asie Mineure* sur papier double in-plano colombier en dehors des textes, et un magnifique *atlas* grand in-4, représentant des coquilles, des animaux et des végétaux fossiles.
Ensemble. . . . . 130 fr.

Séparément :

LA PALÉONTOLOGIE, par MM. D'ARCHIAC, DE VERNEUIL, P. FISCHER, BRONGNIART et UNGER, 1 vol. très-grand in-8, et un *Atlas* très-grand in-4, composé de 20 pl. . . . . . 70 fr.
LA GÉOLOGIE, 3 vol. grand in-8 très-forts et les cartes géologiques, exécutées à Gotha, par Justus Perthes, sous la surveillance de M. KIEPERT. . . . . 70 fr.

ÉLÉMENTS DE GÉOLOGIE ET DE PALÉONTOLOGIE

Par CH. CONTEJEAN

Professeur d'histoire naturelle à la Faculté des sciences de Poitiers

1874, 1 vol. in-8 de xx-748 pages avec 467 figures. Cart : 16 fr.

Les matières ont été distribuées en quatre parties : la PREMIÈRE est une *Description générale de l'univers*, où l'on indique les relations de la terre avec les autres astres et la place qu'elle occupe dans le grand Tout ; la DEUXIÈME est consacrée à la *Description physique du globe* ; la TROISIÈME, à l'*Étude des phénomènes qui se manifestent actuellement à sa surface ou dans son intérieur*, et dont la connaissance est une préparation indispensable à l'étude des phénomènes anciens, auxquels la terre doit son état actuel. Ceux-ci font l'objet d'une QUATRIÈME et dernière partie.

ENVOI FRANCO CONTRE UN MANDAT SUR LA POSTE.

TRAITÉ DE PALÉONTOLOGIE VÉGÉTALE

OU LA FLORE DU MONDE PRIMITIF DANS SES RAPPORTS
AVEC LES FORMATIONS GÉOLOGIQUES ET LA FLORE DU MONDE ACTUEL

Par P.-V. SCHIMPER

Professeur de géologie à la Faculté des sciences et directeur du Musée d'histoire naturelle de Strasbourg

Paris, 1869-1874, 3 vol. grand in-8

avec atlas de 110 planches grand in-4 lithographiées. — 150 fr.

Le tome III, 1874, gr. in-8 de 880 p. avec atlas de 20 planches. — 50 fr.

Dans ces dernières années la paléontologie végétale a fait de grands progrès, et le nombre des espèces connues a été plus que quadruplé. Les flores des terrains crétacés et tertiaires, à peine connues, il y a vingt ans, dans leurs traits généraux, ont fourni depuis lors des matériaux étendus et de la plus grande importance scientifique.

Les flores des époques plus anciennes ont été aussi enrichies par des découvertes et des publications incessantes en Angleterre, en Allemagne, en Italie, en Portugal, aux Indes, etc.

Cet ouvrage peut être considéré comme le complément du *Traité de paléontologie* du professeur Pictet; toutefois le plan en est un peu différent, car il donne non-seulement les caractères distinctifs des genres, mais aussi ceux des espèces.

L'histoire naturelle spéciale des végétaux fossiles est précédée d'une introduction étendue, et suivie du *Tableau synoptique des diverses flores indiquant l'ordre de leur succession chronologique et leur mode de distribution dans les formations auxquelles elles appartiennent.*

L'atlas donne les principaux types des végétaux fossiles décrits dans l'ouvrage et les détails nécessaires à l'interprétation de la nervation des organes foliaires pris sur les plantes de l'époque actuelle.

Les figures sont ou empruntées aux meilleures sources ou dessinées d'après nature.

GÉOLOGIE DES ENVIRONS DE PARIS

ou
DESCRIPTION DES TERRAINS ET ÉNUMÉRATION DES FOSSILES QUI S'Y RENCONTRENT
Suivie d'un Index géographique des localités fossilifères
COURS PROFESSÉ AU MUSÉUM D'HISTOIRE NATURELLE

Par STANISLAS MEUNIER

AIDE-NATURALISTE AU MUSÉUM D'HISTOIRE NATURELLE, DOCTEUR ÈS SCIENCES

1875, in-8°, 510 pages accompagnées de 112 figures intercalées dans le texte, 10 fr.

Un nouveau travail d'ensemble sur la géologie des environs de Paris était nécessaire. Recueillant les matériaux épars dans les recueils scientifiques, mettant à profit l'expérience acquise par lui dans l'enseignement au Muséum d'histoire naturelle et dans des excursions géologiques, M. S. Meunier apporte sur toutes les questions son tribut d'observations précises et d'aperçus importants.

Le plan qu'il a suivi dans son exposition consiste simplement à décrire successivement les assises du terrain parisien dans l'ordre décroissant de leur ancienneté. Pour chacune d'elles, il a fait connaître les allures des couches au moyen de coupes locales et cherché à définir l'étendue géographique qu'elles recouvrent. Une place très-importante a été donnée à l'énumération des vestiges fossiles de tous les âges. Outre de nombreuses coupes dessinées d'après les croquis de M. Meunier, on trouvera dans ce livre la représentation de coquilles caractéristiques faite d'après les échantillons du Muséum d'histoire naturelle. On y trouvera également le catalogue des Mollusques et fluviatiles des environs de Paris à l'époque quaternaire, dressé par M. Bourguignat.

ENVOI FRANCO CONTRE UN MANDAT SUR LA POSTE.

CRANIA ETHNICA
LES CRANES DES RACES HUMAINES

DÉCRITS ET FIGURÉS

D'APRÈS LES COLLECTIONS DU MUSÉUM D'HISTOIRE NATURELLE DE PARIS
DE LA SOCIÉTÉ D'ANTHROPOLOGIE DE PARIS
ET LES PRINCIPALES COLLECTIONS DE LA FRANCE ET DE L'ÉTRANGER

PAR MM.

A. de QUATREFAGES	Ernest T. HAMY
Membre de l'Institut (Académie des sciences), Professeur d'anthropologie au Muséum d'histoire naturelle	Aide-naturaliste d'anthropologie au Muséum d'histoire naturelle

OUVRAGE ACCOMPAGNÉ DE PLANCHES LITHOGRAPHIÉES D'APRÈS NATURE

Par H. FORMANT

Et illustré de nombreuses figures intercalées dans le texte

En vente, livraisons 1 à V gr. in-4 :

TEXTE, feuilles 1 à 28 ou pages 1 à 184. — Explication des planches, feuille 1 et 2.
— PLANCHES 1 à 50.

Prix de chaque livraison : 14 francs.

Cet ouvrage formera un volume d'environ 500 pages de texte descriptif et raisonné avec nombreuses figures sur bois intercalées dans le texte et 100 planches lithographiées. Il sera publié en 10 livraisons, chacune de 5 à 6 feuilles de texte et de 10 planches environ; 5 sont publiées que nous annonçons. Prix de chaque livraison : 14 fr.

« La science manquait d'un travail qui, résumant toutes les données éparses dans les publications diverses, constituât une véritable monographie du crâne de l'homme.

» L'ouvrage est une œuvre unique en son genre. Elle résume les travaux modernes, les contrôle, et fixe définitivement leur place dans la science en même temps qu'elle les fait entrer dans une vaste conception synthétique qui leur donne un intérêt tout nouveau.

» Les auteurs entrent d'emblée dans la description des crânes ethniques, et leur premier chapitre est consacré aux races humaines fossiles. Elles ne sont guère connues depuis plus d'une douzaine d'années. Leur étude a depuis lors été poursuivie avec une grande activité, et les nombreuses découvertes qui se sont succédé ont enrichi la science de nombreux débris de l'homme *quaternaire* ou postpliocène. L'étude du crâne de ces ancêtres éloignés, contemporains du mammouth, s'imposait donc au début de l'ouvrage. MM. de Quatrefages et Hamy ont réussi à reconstituer trois races quaternaires au moins.

» Toutes les pièces propres à éclairer l'étude de la plus vieille des races humaines connues sont successivement l'objet d'une description minutieuse et précise, accompagnée de gravures dans le texte et de planches dessinées directement sur la pierre en projection géométrique à l'aide du diagraphe de Gavard. De cette manière l'esquisse est géométriquement exacte, et l'on y peut prendre, comme sur la pièce elle-même, les mesures. Les auteurs trouvent dans l'étude anatomique de ces fragments la preuve non douteuse qu'ils ont tous appartenu à une seule et même race. A la suite de cette partie descriptive, MM. de Quatrefages et Hamy passent à une étude des plus intéressantes et éminemment originale. On peut avancer, sans dépasser la vérité, que cet important ouvrage fera époque dans la science anthropologique. »

FOLEY (A.-E.). **Histoire naturelle de l'homme** (quatre années en Océanie) et des sociétés qu'il organise. Paris, 1866-1876, 2 vol. in-8 avec planches...... 7 fr.

ENVOI FRANCO CONTRE UN MANDAT SUR LA POSTE.

SPECIES GENERAL ET ICONOGRAPHIE

DES COQUILLES VIVANTES

COMPRENANT LA COLLECTION D'HISTOIRE NATURELLE DE PARIS
LA COLLECTION LAMARCK
CELLE DU PRINCE MASSÉNA (APPARTENANT A M. B. DELESSERT)
ET LES DÉCOUVERTES RÉCENTES DES VOYAGEURS

Par L.-C. KIENER

Conservateur des collections du Muséum d'histoire naturelle

Par le docteur P. FISCHER

Aide-naturaliste au Muséum d'histoire naturelle

LIBRAIRIE J.-B. BAILLIÈRE ET FILS

Le *Spécies et Iconographie des Coquilles*, de KIENER, continué par M. P. FISCHER, continue à paraître par livraisons. 140 livraisons sont en vente.

Prix de la livraison grand in-8° raisin, figures coloriées. . 　6 fr.
La livraison in-4° vélin, figures coloriées. . . . . 　12 fr.

Les livraisons 139 et 140 contiennent le texte complet du genre *Turbo*, rédigé par M. FISCHER, 128 pages et 6 planches nouvelles.

Voici la liste des monographies parues, avec le nombre de pages et de planches dont elles se composent, et le prix auquel chaque famille, chaque genre, se vendent séparément format grand in-8° :

FAMILLE DES ENROULÉES

2 vol.

	Pages	Pl.	Prix
G. Porcelaine (*Cypræa*, LIN.). .	166	57	57 fr.
— Ovule (*Ovula*, BRUG.). . . .	26	6	6
— Tariere (*Terebellum*, LAM.). .	3	1	1
— Ancillaire (*Ancillaria*, LAM.).	29	6	6
— Cône (*Conus*, LIN.)	379	111	111
			181

FAMILLE DES COLUMELLAIRES

1 vol.

	Pages	Pl.	Prix
G. Mitre (*Mitra*, LAM.).	120	34	34
— Volute (*Voluta*, LAM.). . .	69	52	52
— Marginelle (*Marginella*, LAM.)	44	13	13
			99

FAMILLE DES AILÉES

1 vol.

	Pages	Pl.	Prix
G. Rostellaire (*Rostellaria*, LAM.)	14	4	4
— Ptérocère (*Pterocera*, LAM.)	15	10	10
— Strombe (*Strombus*, LIN.). .	68	34	34
			48

FAMILLE DES CANALIFÈRES

3 vol.

	Pages	Pl.	Prix
G. Cérite (*Cerithium*, BRUG.). .	104	52	52
— Pleurotome (*Pleurotoma*). .	84	27	27
— Fuseau (*Fusus*, LAM.). . . .	62	31	31
— Pyrule (*Pyrula*, LAM.). . . .	34	15	15
— Fasciolaire (*Fasciolaria*, LAM.)	18	13	13
— Turbinelle (*Turbinella*, LAM.)	50	21	21
— Cancellaire (*Cancellaria*). .	44	9	9
— Rocher (*Murex*, LAM.). . . .	130	47	47
— Triton (*Triton*, LAM.). . . .	48	18	18
— Ranelle (*Ranella*, LAM.). . .	40	15	15
			228

FAMILLE DES PURPURIFÈRES

2 vol.

	Pages	Pl.	Prix
G. Cassidaire (*Cassidaria*, LAM.)	10	2	2 fr
— Casque (*Cassis*, LAM.). . . .	40	16	16
— Tonne (*Dolium*, LAM.). . . .	16	5	5
— Harpe (*Harpa*, LAM.). . . .	12	6	6
— Pourpre (*Purpura*, ADANS). .	151	46	46
— Colombelle (*Columbella*, LAM.)	65	16	16
— Buccin (*Buccinum*, ADANS). .	108	51	51
— Eburne (*Eburna*, LAM.). . . .	8	3	3
— Struthiolaire (*Struthiolaria*).	6	2	2
— Vis (*Terebra*, LAM.).	42	14	14
			141

FAMILLE DES TURBINACÉES

1 vol.

	Pages	Pl.	Prix
G. Turritelle (*Turritella*, LAM.).	46	14	14
— Scalaire (*Scalaria*, LAM.). .	22	7	7
— Cadran (*Solarium*, LAM.) . .	12	4	4
— Roulette (*Rotella*, LAM.). .	10	3	3
— Dauphinule (*Delphinula*, LAM)	12	4	4
— Phasianelle (*Phasianella*). .	11	5	5
— Turbo (*Turbo*, MONTF.). .	IV-128	43	50
— Troque (*Trochus*, LIN.). (En cours de publication, sera terminé par M. Fischer). .	»	56	»

FAMILLE DES PLICACÉES

	Pages	Pl.	Prix
G. Tornatelle (*Tornatella*, LAM.).	6	1	1
— Pyramidelle (*Pyramidella*) .	8	2	2
			3

FAMILLE DES MYAIRES

	Pages	Pl.	Prix
G. Thracie (*Thracia*, LEACH) . .	7	2	2

Prix des 140 livraisons parues in-octavo, 840 fr.

Prix d'une reliure de luxe, dos en maroquin, les planches montées sur onglet, tranche supérieure dorée, 6 fr. le volume in-octavo.

On peut acquérir chaque famille, chaque genre, format in-4° au double du prix indiqué ci-dessus pour l'édition in-8°.

ENVOI FRANCO CONTRE UN MANDAT SUR LA POSTE.

2ᵉ Série. — N° 188.   Avril 1879.

BULLETIN MENSUEL DES NOUVELLES PUBLICATIONS
DE LA LIBRAIRIE J.-B. BAILLIÈRE ET FILS
19, Rue Hautefeuille, près du boulevard Saint-Germain, à Paris.

COURS ÉLÉMENTAIRE DE BOTANIQUE
Par D. CAUVET
Professeur à la Faculté de médecine de Lyon.

Paris, 1879. 1 vol. in-18 jésus, IV-672 pages, avec 617 figures. — 7 fr.

Cet ouvrage est un véritable *vade-mecum* pour les excursions botaniques et les herborisations, en même temps qu'il est d'une utilité indispensable aux jeunes gens qui se préparent aux examens.

LE GUIDE DU BOTANISTE HERBORISANT
CONSEILS SUR LA RÉCOLTE DES PLANTES
LA PRÉPARATION DES HERBIERS — L'EXPLORATION DES STATIONS DE PLANTES
PHANÉROGAMES ET CRYPTOGAMES ET LES HERBORISATIONS AUX ENVIRONS DE PARIS
DANS LES ARDENNES — LA BOURGOGNE — LE DOUBS — LA PROVENCE
LA CORSE — LE LANGUEDOC — LES PYRÉNÉES — L'ISÈRE — LES ALPES — L'AUVERGNE
LES VOSGES
AU BORD DE LA MANCHE — DE L'OCÉAN ET DE LA MER MÉDITERRANÉE
Par M. Bernard VERLOT
Chef de l'École de botanique au Muséum d'histoire naturelle de Paris.

Paris, 1879. 1 vol. in-18, XIV-740 pages, avec 32 fig. Cartonné. — 6 fr.

GUIDE DU NATURALISTE PRÉPARATEUR
ET DU NATURALISTE COLLECTIONNEUR
POUR LA RECHERCHE, LA RÉCOLTE
L'EMPAILLAGE, LE MONTAGE, LA CONSERVATION ET L'EXPÉDITION DES ANIMAUX
VÉGÉTAUX, MINÉRAUX ET FOSSILES
Par G. CAPUS
Licencié ès sciences naturelles, attaché au Muséum d'histoire naturelle.

Paris, 1879. 1 vol. in-18 jésus, 300 pages, avec 100 fig. Cartonné. — 3 fr. 50

ÉLÉMENTS DE BOTANIQUE
comprenant
L'ANATOMIE, L'ORGANOGRAPHIE,
LA PHYSIOLOGIE DES PLANTES, LES FAMILLES NATURELLES
ET LA GÉOGRAPHIE BOTANIQUE
Par P. DUCHARTRE
Membre de l'Institut (Académie des sciences), professeur de botanique à la Faculté des sciences
DEUXIÈME ÉDITION

Paris, 1877. 1 fort vol. in-8 de 1772 pages, avec 544 fig. Cartonné. — 20 fr.

NOUVEAU DICTIONNAIRE DES PLANTES MÉDICINALES
DESCRIPTION, HABITAT ET CULTURE, RÉCOLTE, CONSERVATION
PARTIE USITÉE, COMPOSITION CHIMIQUE, FORMES PHARMACEUTIQUES ET DOSES
ACTION PHYSIOLOGIQUE ET TOXIQUE, USAGES DANS LE TRAITEMENT DES MALADIES
(Étude des organes et étude de la vie)
Par A.-F. HÉRAUD
Professeur d'histoire naturelle médicale à l'École de médecine navale de Toulon.

Paris, 1875. 1 vol. in-18 jésus de 600 pages, avec 261 fig. Cartonné. — 6 fr.

ENVOI FRANCO CONTRE UN MANDAT SUR LA POSTE.

FLORE DE LA CHAINE JURASSIQUE

Par M. Ch. GRENIER

Professeur de botanique à la Faculté des sciences de Besançon.

Paris, 1865-1875, 3 parties en 1 vol. in-8 de 1092 pages. — Cart.   12 fr. »
Séparément : 2e partie, pages 347 à 1002................   6 fr. »
— 3e partie, 92 pages ....   3 fr. 50

Contributions à la flore de France, par Ch. GRENIER. Paris, 1876, ensemble 10 mémoires formant 1 vol. in-8 de 187 pages, avec 1 planche.   3 fr. 50

Monographia de Cerastio, par Ch. GRENIER. Vesontione, 1841, gr. in-8, 96 pages, avec 9 planches.   3 fr. 50

Tableau analytique des familles de la Flore de France, par Ch. GRENIER. Paris, 1874, in-8 de 27 pages.   1 fr.

TRAITÉ DE PALÉONTOLOGIE VÉGÉTALE

OU LA FLORE DU MONDE PRIMITIF DANS SES RAPPORTS
AVEC LES FORMATIONS GÉOLOGIQUES ET LA FLORE DU MONDE ACTUEL

Par F.-V. SCHIMPER

Professeur d'histoire naturelle à la Faculté des sciences et directeur du Musée d'histoire naturelle de Strasbourg.

Paris, 1869-1874, 3 vol. grand in-8 avec atlas de 110 planches grand in-4 lithographiées. — 150 fr.

Le tome III, complément de l'ouvrage, avec tables et bibliographie. Paris, 1874, gr. in-8 de 880 pages, avec atlas de 20 planches. — 50 fr.

Dans ces dernières années la Paléontologie végétale a fait de grands progrès, et le nombre des espèces connues a été plus que quadruplé. Les flores des terrains crétacés et tertiaires, à peine connues, il y a vingt ans, dans leurs traits généraux, ont fourni depuis lors des matériaux étendus et de la plus grande importance scientifique, dont M. SCHIMPFER a mis à contribution pour son ouvrage, qui présente l'état actuel de la science.

Cet ouvrage peut être considéré comme le complément du *Traité de paléontologie* du professeur Pictet ; toutefois le plan en est un peu différent, car il donne non-seulement les caractères distinctifs des genres, mais aussi ceux des espèces. L'histoire naturelle spéciale des végétaux fossiles est précédée d'une introduction étendue, et suivie du *Tableau synoptique des diverses flores indiquant l'ordre de leur succession chronologique et leur mode de distribution dans les formations auxquelles elles appartiennent*. L'atlas donne les principaux types des végétaux fossiles décrits dans l'ouvrage et les détails nécessaires à l'interprétation de la nervation des organes foliaires pris sur les plantes à l'époque actuelle. Les figures sont ou empruntées aux meilleures sources ou dessinées d'après nature.

ANGREVILLE (J.-E. D'). La Flore valaisane. Genève, 1863, in-18, VIII-218 p.   3 fr.

ARRONDEAU. Histoire naturelle du Morbihan. Botanique. Vannes, 1876, grand in-8.   2 fr.

AUBLET. Histoire des plantes de la Guyanne française. Paris, 1775, 4 vol. in-4. avec 392 planches.   40 fr.

BARLA (J.-B.). Flore illustrée de Nice et des Alpes-Maritimes. Iconographie des Orchidées. Nice, 1868, in-4 de 32 pages, avec 60 planches coloriées.   80 fr.
—Les champignons de la province de Nice, et principalement les espèces comestibles, suspectes et vénéneuses. Nice, 1859, in-4 oblong, avec 48 planches lithographiées et coloriées, relié.   85 fr.
—Description et figures du *xanthium spinosum*. Lambourde épineuse, spécifique contre l'hydrophobie. Nice, in-4, 6 pages, avec 1 planche col.   3 fr. 50

BÉCLU. Nouveau manuel de l'herboriste, ou traité des propriétés médicinales des plantes exotiques et indigènes du commerce. Paris, 1872, 1 vol. in-12, XIV-256 p. avec 55 figures.   2 fr. 50

BELLYNCK (A.). Cours élémentaire de botanique, 2e édition, revue et augmentée, 1875, in-8 de 680 pages, avec 900 figures. 10 fr.

BESCHERELLE (E.). Prodromus bryologiæ mexicanæ ou Énumération des mousses du Mexique, avec description des espèces nouvelles, gr. in-8 de 112 p. 6 fr.

— Florule bryologique de la Nouvelle-Calédonie. Paris, 1874, in-8, 62 pages, avec 1 planche. 3 fr. 50

— Florule bryologique des Antilles françaises, ou énumération et description des mousses nouvelles recueillies à la Guadeloupe et à la Martinique. Paris, 1876, grand in-8 de 95 pages. 5 fr.

BOISSIER (Edmond). Flora orientalis, sive Enumeratio plantarum in Oriente a Græcia et Ægypto ad Indiæ fines huc usque observatarum. Basileæ, 1867-75, tomes I, II, III, et IV, 1re partie, 4 vol. gr. in-8, ensemble 3500 p. 76 fr.

— Séparément : Tome II, 1872, 25 fr. — Tome III, 1875, 25 fr. — Tome IV, 1re partie, 1875. 6 fr.

— Voyage botanique dans le midi de l'Espagne. Paris, 1836-45, 2 vol. grand in-4, avec 206 planches, fig. noires. 150 fr.

— Le même, fig. col. 300 fr.

BOMMER. Les platanes et leur culture. Bruxelles, 1869, in-8 de 24 pages avec 2 planches. 1 fr. 50

— Monographie de la classe des fougères, classification. Bruxelles, 1867, in-8 de 108 pages, avec 6 planches. 5 fr.

BORY DE SAINT-VINCENT. Botanique de l'expédition scientifique en Morée. 1 vol. in-4, 367 p. avec atlas in-folio de 38 pl., dont 2 col. (103 fr.) 50 fr.

BOUDIER (Em.). Des champignons au point de vue de leurs caractères usuels, chimiques et toxicologiques. Paris, 1865, in-8, 140 p., 4 pl. 3 fr. 50

BOUISSON (A.-J.). Synopsis analytique des plantes vasculaires du département des Bouches-du-Rhône et éléments de botanique, Paris, 1879, 1 volume in-18 jésus de 454 pages, avec 105 fig. 8 fr.

BRAS (A.). Catalogue des plantes vasculaires du département de l'Aveyron. Villefranche, 1877, 1 vol. grand in-8 de XLIV-553 pages, avec une carte. 8 fr.

BRÉBISSON (A. de). Flore de la Normandie (phanérogames et cryptogames semivasculaires). Quatrième édition. Caen, 1869, in-18 jésus de 423 pages. 6 fr.

— Description de quelques nouvelles diatomées observées dans le guano du Pérou formant le genre Spatangidium. Caen, 1857, in-8, 8 pages et 1 pl. 1 fr.

— De la structure des valves des diatomacées. Caen, 1872, in-8, 16 pages. 1 fr.

— Diatomacées renfermées dans le médicament vermifuge connu sous le nom de Mousse de Corse, 1872, grand in-8 de 11 pages, avec 1 planche. 1 fr.

BRISSON (T.-P.). Lichens de la Marne, 1875, in-8, 132 pages, avec 4 planches coloriées. 5 fr.

BRONGNIART (A.). Énumération des genres de plantes cultivées au Muséum d'histoire naturelle de Paris, suivant l'ordre établi dans l'École de botanique. Deuxième édition, avec une *Table générale alphabétique*. Paris, 1850, in-12. 3 fr.

— Essai d'une classification naturelle des champignons. Paris, 1825, in-8, 99 pages, avec 8 pl. 4 fr.

— Observations sur la structure intérieure du Sigillaria elegans, comparée à celle des Lepidodendron et des Stigmaria, et à celle des végétaux vivants. Paris, 1839, in-4, 58 pages, avec 11 planches coloriées. 10 fr.

— Examen de quelques cas de monstruosités végétales, propres à éclairer la structure du pistil et l'origine des ovules. Paris, 1844, in-4, 22 p. avec 2 pl. 2 fr. 50

BRONGNIART (Ad.) et **GRIS** (Ad.). Description de quelques plantes remarquables de la Nouvelle-Calédonie. Paris, 1869, in-4, 48 p., avec 15 pl. 12 fr.

BUREAU (Ed.). Monographie des bignoniacées, 1re partie, généralités, organogénie, organographie. Paris, 1863, grand in-4, 216 pages, avec 31 pl. 30 fr.

CARUEL (Th.). Statistica botanica della Toscana, ossia saggio di studi sulla distributione geografica delle piante Toscane. Firenze, 1871, 1 vol. in-8 de 375 p. avec 1 planche coloriée. 15 fr.

— La morfologia vegetale. 1 vol. in-8, 433 p., avec 87 fig. 8 fr.

CASSINI (Henri). Opuscules phytologiques. Paris, 1826-1834, 3 vol. in-8 avec 12 planches. 15 fr.

CHATIN (G.-A.). Anatomie comparée des végétaux. Paris, 1856-1867, se publie par livraisons de 48 pages et 10 planches, grand in-8. Les livraisons 1 à 13 sont en vente. Prix de la livraison. 7 fr. 50

— De l'anthère. Recherches sur le développement, la structure et les fonctions de ses tissus. Paris, 1870. 1 vol. grand in-8 de 135 pages, avec 36 pl. 25 fr.

— Le Cresson. Paris, 1866, 1 vol. in-12 de 128 pages. 2 fr.

CHATIN (J.). Du siége des substances actives dans les plantes médicinales, 1876, in-8 de 173 pages, avec 2 planches. 3 fr. 50

— Études botaniques, chimiques et médicales sur les valérianées. 1 vol. grand in-8 de 147 pages, avec 14 planches gravées sur acier. 10 fr.

CHAUBARD et BORY DE SAINT-VINCENT. Nouvelle flore du Péloponèse et des Cyclades. Paris, 1838, in-fol., 90 p. avec 42 pl. 50 fr.

COSSON (E.). Instruction sur les observations et les collections à faire dans les voyages. Paris, 1872, in-8 de 30 pages. 1 fr.

COSSON, BORY DE SAINT-VINCENT et DURIEU DE MAISONNEUVE. Exploration scientifique de l'Algérie, Botanique. Paris, 1846-1867. Ouvrage complet, publié en 20 livraisons in-4, avec planches coloriées. 300 fr.

COUTANCE. Histoire du chêne dans l'antiquité et dans la nature, les applications à l'industrie, aux constructions navales, aux sciences et aux arts, etc. Paris, 1873, 1 vol. in-8 de 558 pages. 8 fr.

DECAISNE (J.). Plantes de l'Arabie Heureuse. Paris, 1841, in-4, 138 pages avec 3 pl. 10 fr.

— Mémoire sur la famille des Lardizabalées. Paris, 1839, in-4, 72 p., avec 4 pl. 4 fr.

— Botanique du voyage autour du monde de la frégate *la Vénus*. Paris, 1841-1844, 1 vol. in-8, avec atlas in-follo de 21 pl. 50 fr.

DE CANDOLLE (A.-P.). Collection de mémoires pour servir à l'histoire du règne végétal. Paris, 1828-1838, in-4°, avec 96 planches gravées. 50 fr.

Cette importante publication, servant de complément au *Prodromus regni vegetabilis*, comprend :

1. Famille des Mélastomacées, avec 10 pl.; — 2. Famille des Crassulacées, avec 13 pl.; — 3 et 4. Famille des Onagrariées et des Paronychiées, avec 9 pl.; — 5. Famille des Ombellifères, avec 10 pl.; — 6. Famille des Loranthacées, avec 12 pl.; — 7. Famille des Valérianées, avec 4 pl.; — 8. Famille des Cactées, avec 12 pl.; — 9 et 10. Famille des Composées, avec 19 planches.

DESFONTAINES. Flora Atlantica, sive Historia plantarum quæ in Atlante, agro Tunetano et Algeriensi crescunt. Paris, an VII. 2 vol. in-4, avec 261 pl. 70 fr.

DESMOULINS (Ch.). État de la végétation sur le pic du Midi de Bigorre. Bordeaux, 1844, in-8, 111 pages, avec 1 pl. 3 fr.

DIERBACH (J.-H.). Flore mythologique ou Traité de la connaissance des plantes dans leurs rapports avec la mythologie et la symbolique des Grecs et des Romains, traduites par Louis MARCHANT. 1867, in-8 de 200 pages. 4 fr.

DUMOLIN (J.-B.). Flore poétique ancienne, ou Étude sur les plantes les plus difficiles à reconnaître des poètes anciens, grecs et latins. Paris, 1856, in-8°, 320 p. 6 fr.

DUMORTIER. Bouquet du littoral belge. Gand, 1869, in-8 de 58 pages. 2 fr. 50

— Monographie des roses de la flore belge. Gand, 1867, in-8 de 68 pages. 3 fr.

— Hepaticæ Europæ, jungermannideæ Europæ, post semiseculum recensitæ, adjunctis hepaticis, 1 vol. in-8 de 203 p., avec 4 planc. color. 8 fr.

DUVAL-JOUVE. Histoire naturelle des Equisetum de la France. Paris, 1864, in-4, VIII-296 pages, 10 planches gravées, en partie coloriées, avec 33 fig. 20 fr.

— Étude histotaxique des Cypérus de France. Paris, 1874, in-4 avec planches. 6 fr.

— Étude anatomique de quelques graminées, et en particulier des Agropyrum de l'Hérault. Paris, 1870, in-4, 96 pages, 5 planches noires et coloriées. 8 fr.

— Etude anatomique de l'arête des graminées. Paris, 1871, in-4 de 80 pages et 2 planches coloriées. 4 fr.

— De quelques Juncus à feuilles cloisonnées et en particulier des *J. Lagenarius* et *Fontanesii Gay* et du *J. striatus* Schsb. 1872, in-8, avec 2 pl. 2 fr. 50

— Diaphragmes vasculifères des monocotylédones aquatiques. Paris, 1873, in-4 de 28 pages et 1 pl. 2 fr.

— Essai phytotomique sur les trachées des végétaux. Paris, 1874, in-8 de 14 p. 60 c.

FRIES (Elias). Hymenomycetes europæi sive Epicriseos systematis mycologici editio altera. 1874, in-8 de 756 pages. 22 fr. 50

GAUDICHAUD. Botanique du voyage La Bonite, plantes de l'Amérique méridionale, de l'Océanie, de la Chine, de la Cochinchine et de l'Inde, comprenant : 1° Cryptogames cellulaires et vasculaires (lycopodinées), par MM. Montagne, Léveillé et Spring. Paris, 1844-46, 1 vol. in-8, 356 pages. — 2° Botanique, par M. Gaudichaud. Paris, 1851, 2 vol. in-8. Ensemble 800 p. — 3° Atlas de 150 planches in-fol. — 4° Explication et description des planches de l'Atlas, par M. Ch. d'Alleizette. Paris, 1866, in-8, 186 pages. — Prix réduit   80 fr.
— Séparément : Explication et description des planches de l'Atlas. Paris, 1866, in-8.   6 fr.

GERMAIN DE SAINT-PIERRE (E.). Nouveau dictionnaire de botanique comprenant : La description des familles naturelles, les propriétés médicales et les usages économiques des plantes, la morphologie et la biologie des végétaux. 1 vol. grand in-8 de 1400 pages, avec 1640 figures.   25 fr.

GILLET. Les Champignons (Fungi, hymenomycètes) qui croissent en France. Description et iconographie, propriétés utiles ou vénéneuses, 3 parties. Paris, 1878, 1 vol. in-8, 828 pages, avec 133 pl. col. Ensemble 2 vol. cartonné.   68 fr.
Séparément : 3° partie, in-8, pages 561 à 828, avec 34 pl. coloriées. 17 fr. 50

GODRON (D.-A.). De l'espèce et des races dans les êtres organisés, et spécialement de l'unité de l'espèce humaine. *Deuxième édition.* Paris, 1872, 2 vol. in-8.   12 fr.
— Flore de Lorraine, 2e édition. Paris, 1861, 2 vol. in-18 jésus.   12 fr.

GRISEBACH (A.). La végétation du globe d'après sa disposition, suivant les climats, esquisse d'une géographie comparée des plantes, ouvrage traduit de l'allemand avec l'autorisation et le concours de l'auteur, par P. de Tchihatchef, avec des annotations du traducteur, accompagnée d'une carte générale des domaines de végétation. Paris, 1877-78, 2 vol. in-8 de 700 pages chacun.   30 fr.
— Séparément, tome II, 1 vol. in-8.   15 fr.

GROGNOT. Plantes cryptogames cellulaires du département de Saône-et-Loire. Autun, 1863, 1 vol. in-8, 296 pages.   6 fr.

GUILLAUD. Les Ferments figurés, études sur les schyzomicètes, levûres et bactériens, 1876, in-8 de 117 pages.   2 fr. 50

GUILLEMIN (J.-B.-A.). Icones lithographicæ plantarum Australasiæ rariorum. Paris, 1827, in-folio, avec 20 pl.   6 fr.

HARDOUIN, RENOU et LECLERC. Catalogue des plantes vasculaires croissant dans le département du Calvados, 1849, in-18.   3 fr. 50

HERPIN (J.-Ch.). Recherches sur le son ou l'écorce du froment et des autres graines céréales. Paris, 1833, in-18, 36 pages.   1 fr.
— Sur la cuscute, plante parasite qui attaque le lin, le trèfle, etc. Paris, 1850, in-8, 23 pages.   1 fr.

HEURCK (H. van). Le microscope, sa construction, son maniement et son application aux études d'anatomie végétale. 2e édition. Anvers, 1869, in-18 jésus, avec figures.   3 fr. 50

HOOKER (J.). Species Filicum, being descriptions of the Known Ferns. London, 1846-1864, 5 vol. in-8, avec 304 planches. — Cartonné.   100 fr.

HUMBOLDT. De distributione geographica plantarum, secundum cœli temperiem et altudinem montium. Parisiis, 1847, in-8, avec carte coloriée.   6 fr.

HUMBOLDT et KUNTH. Distribution méthodique de la famille des Graminées. Paris, 1835, 2 vol. in-folio, avec 220 pl.   300 fr.

JARDIN. Enumération de nouvelles plantes phanérogames et cryptogames découvertes dans l'ancien et le nouveau continent. 1875, in-8 de 95 pages.   2 fr. 50

JOURDAN (P.). Essai phytographique d'une chloris vichysoise. Flore de Vichy. Vichy, 1872, in-18, 372 pages avec 12 planches à 2 teintes.   3 fr. 50
— Mosaïque de florules rudérales du centre de la France. 1872, in-8.   2 fr.

JUSSIEU (Adrien). Principes de la méthode naturelle des végétaux. Paris, 1824, in-8, 51 pages.   1 fr.
— Monographie de la famille des Malpighiacées. Paris, 1843, 1 vol. in-4 de 400 pages, avec 23 planches noires et coloriées.   30 fr.

KIRSCHLEGER. Flore vogéso-rhénane, ou Description des plantes qui croissent naturellement dans les Vosges et dans la vallée du Rhin. Paris, 1870, 2 vol. in-18 jésus.   15 fr.

LAMOTTE. Catalogue des plantes vasculaires de l'Europe centrale, comprenant la France, la Suisse, l'Allemagne. Paris, 1847, in-8 de 104 pages, petit texte à deux colonnes.   2 fr. 50

LANESSAN (J.-L.). Mémoire sur le genre Garcinia (clusiacées) et sur l'origine et les propriétés de la gomme-gutte. Paris, 1872, in-8 de 144 pages et 1 pl. 2 fr.

LAURENT (P.). Études physiologiques sur les animalcules des infusions végétales comparées aux organes élémentaires des végétaux. Nancy, 1854-1858, 2 vol. in-4 avec 46 planches lithographiées.   15 fr.
— Séparément le tome II, 1858, in-4, avec 24 planches.   9 fr.

LAVALLÉE (A.). Arboretum Segrezianum. Énumération des arbres et arbrisseaux cultivés à Segrez (Seine-et-Oise). Paris, 1 vol. in-8, XLVIII-318 p.   8 fr.

LECOQ (H.). Etudes sur la géographie botanique de l'Europe, et en particulier sur la végétation du plateau central de la France. Paris, 1854-58, 9 vol. grand in-8, avec 3 planches coloriées.   45 fr.

LECOQ (H.) et JUILLET (J.). Dictionnaire raisonné des termes de botanique et des familles naturelles, contenant l'étymologie et la description détaillée de tous les organes, leur synonymie et la définition des adjectifs qui servent à les décrire. Paris, 1831, 1 vol. in-8 (9 fr.).   3 fr.

LEGRAND. Statistique botanique du Forez. 1 vol. in-8, 292 pages.   6 fr.

LEMAIRE (C.). Cactearum aliquot novarum ac insuetarum in horto Monvilliano cultarum accurata descriptio. Lutetiæ Parisiorum, 1838, in-4, avec 1 pl. 1 fr.

LÉVEILLÉ (J.-H.). Champignons. Voyez PAULET.

LLOYD (J.). Flore de l'ouest de la France, ou description des plantes qui croissent spontanément dans les départements de : Charente-Inférieure, Deux-Sèvres, Vendée, Loire-Inférieure, Morbihan, Finistère, Côtes-du-Nord, Ille-et-Vilaine, 3e édition. Nantes, 1876, in-18, CXXIV-408 pages.   7 fr.

LOISELEUR-DESLONCHAMPS (J.-L.-A.). Flora Gallica, seu Enumeratio plantarum in Gallia sponte nascentium, secundum Linnæanum systema digestarum. Editio secunda, Paris, 1828, 2 vol. in-8, cum tabulis 31.   4 fr. 50
— Nouvel herbier de l'amateur, contenant la description, la culture, l'histoire et les propriétés des plantes rares et nouvelles cultivées dans les jardins de Paris. 1 vol. in-8, avec 52 planches coloriées.   40 fr.
Le même, in-4.   50 fr.

MAGET (G.). Notice sur les végétaux les plus vulgaires de l'Archipel japonais. In-8, 23 pages   1 fr.

MAISONNEUVE. Etude sur la structure et les produits du camphrier de Bornéo ou Dryobalanops aromatica. 1876, in-8 de 64 pages, avec une planche.   2 fr.

MARTINET (J.-B.-H.). Enumeracion de los generos y especies de plantas que deben ser cultivados ó conservados en el jardin botanico de la Facultad de Medicina de Lima, coo la indicacion sumaria de su utilidad en lo medicina, la industria y la economia. Lima. 1873, 1 vol. gr. in-8 de XLIV-460 pages.   8 fr.

MARTINS (Ch.). Du Spitzberg au Sahara, étapes d'un naturaliste au Spitzberg, en Laponie, en Ecosse, en Suisse, en France, en Italie, en Orient, en Égypte et en Algérie. 1 beau vol. in-8 de 700 pag.   8 fr.

MARTRIN-DONOS. Florule du Tarn, ou Énumération des plantes qui croissent spontanément dans le département du Tarn. Toulouse, 1864, 1 vol. in-8.   5 fr.

MICHALET. Histoire naturelle du Jura ; botanique. Paris, 1864, 1 vol. in-8 de 400 pages.   5 fr.

MIRBEL. Notes sur le cambium. Paris, 1839, in-4, 34 pages, avec 3 pl.   3 fr.

MONTAGNE. Sylloge generum specierumque cryptogamarum, quas in variis operibus descriptas iconibusque illustratas, nunc ad diagnosim reductas, nonnullasque novas interjectas, ordine systematico disposuit. Parisiis, 1856, in-8 de 500 pages.   12 fr.
— (Histoire naturelle des îles Canaries, par P. Barker Webb et S. Berthelot). Plantes cellulaires. Paris, 1840, in-4, 208 pages, 9 pl. col.   10 fr.

MOQUIN-TANDON. Éléments de botanique médicale, contenant la description des végétaux utiles à la médecine et des espèces nuisibles à l'homme, vénéneuses ou parasites, précédés de considérations sur l'organisation et la classification des végétaux. 3e édition. Paris, 1876, 1 vol. in-18 jésus, avec 133 figures.   6 fr.

MORREN (Ch.). Mémoire sur la formation de l'indigo dans les feuilles du Polygonum tinctorium ou Renouée tinctoriale. Bruxelles, 1838, in-4, 33 p., 1 planche coloriée. 2 fr. 50
— Recherches sur le mouvement et l'anatomie de Stylidium graminifolium. Bruxelles, 1837, in-4, 22 pages, avec 1 pl. 2 fr.
— Recherches sur le mouvement et l'anatomie des étamines du Sparmania africana. Bruxelles, 1841, in-4, 42 p. et 1 pl. col. 2 fr.

MOUSNIER (J.). Les champignons dans le département de la Charente-Inférieure. 1873, in-8 de 74 pages, avec figures intercalées dans le texte. 2 fr.

NAUDIN (Ch.). Les espèces afflnes et la théorie de l'évolution. Paris, 1875, grand in-8 de 33 pages. 1 fr.

PALUN. Catalogue des plantes phanérogames qui croissent spontanément dans le territoire d'Avignon. Avignon, 1867, in-8 de 150 pages. 1 fr. 50

PARLATORE (Ph.). Études sur la géographie botanique de l'Italie. Paris, 1878, gr. in-8 de 76 p. 3 fr. 50

PAULET (J.-J.). Iconographie des champignons, recueil de 217 planches dessinées d'après nature, gravées et coloriées, accompagné d'un texte nouveau présentant la description des espèces figurées, leur synonymie, l'indication de leurs propriétés utiles ou vénéneuses, l'époque et les lieux où elles croissent, par J.-H. Léveillé. Paris, 1855, 1 vol. in-folio de 135 pages, avec 217 pl. col., cart. 170 fl.
— Séparément le texte, par M. Léveillé, petit in-fol. de 135 pages. 20 fr.
— Séparément chacune des dernières planches in-fol. col. 4 fr.

PICOT DE LAPEYROUSE. Histoire abrégée des plantes des Pyrénées, et itinéraires des botanistes dans ces montagnes. Toulouse, 1818, 2 vol. in-8, avec 1 pl. 16 fr.

PLÉE (F.). Glossologie botanique, ou vocabulaire donnant la définition des mots techniques usités dans l'enseignement. Paris, 1854, 1 vol. in-12. 1 fr. 25
— Types de chaque famille et des principaux genres de plantes qui croissent spontanément en France. Paris, 1844-64, ouvrage complet, publié en 166 livraisons. 2 vol. in-4, 160 pl. col. 220 r.
— Séparément, les dernières livraisons. Prix de chaque. 1 fr. 25

RASPAIL. Nouveau système de physiologie végétale et botanique. Paris, 1837, 2 vol. in-8, et atlas de 60 planches. 30 fr.
— Le même ouvrage, figures coloriées. 50 fr.

REGUIS (J.-F.-M.). Nomenclature franco-provençale des plantes qui croissent spontanément dans notre pays ou qui y sont l'objet de grandes cultures. Paris, 1877, in-8, de 186 pages. 3 fr. 50

RENAULT. Contributions à la paléontologie végétale, études sur le Sigillaria spinulosa et sur le genre Myelopteris, Paris, 1875, in-4° de 52 pages, avec 12 planches noires et coloriées. 10 fr.

REQUIEN. Catalogue des végétaux ligneux qui croissent naturellement en Corse ou qui y sont généralement cultivés. Avignon, 1868, gr. in-8 de 21 pages. 1 fr.

RICHARD (O.-J.). Catalogue des Lichens des Deux-Sèvres, gr. in-8, xvii-50 p. 2 fr. 50

ROUMEGUÈRE. Bryologie du département de l'Aube. Carcassonne, 1870, grand in-8 de 100 pages, avec 1 planche. 3 fr. 50
— Cryptogamie illustrée, ou Histoire des familles naturelles des plantes acotylédones d'Europe. Famille des champignons. Paris, 1870, in-4, 154 pages, avec 1700 fig.—Index synonimyque de la famille des champignons. 1873, in-4, 20 p. 30 fr.
— Séparément : Index. 2 fr.
— Statistique botanique du département de la Haute-Garonne. Paris, 1876, in-8 de 102 pages. 3 fr.
— Nouveaux documents sur l'histoire des plantes cryptogames et phanérogames des Pyrénées. Correspondances scientifiques inédites échangées par Picot de Lapeyrouse, A.-P. de Candolle, Léon Dufour, C. Montagne, A. Saint-Hilaire et Endress, avec P. de Barrera, Coder et Xatart; mises en lumière et annotées par C. Roumeguère. Paris, 1876, in-8, 164 pages, avec portraits. 7 fr.

SAINT-GAL. Flore des environs de Grand-Jouan. Nantes, 1874, in-18. 3 fr. 50

SAINT-HILAIRE (Auguste). Plantes usuelles des Brasiliens. Paris, 1824-1828, in-4 avec 70 planches. Cartonné. 36 fr.

SAUZÉ (J.-C.) et **MAILLARD** (P. N.). Flore du département des Deux-Sèvres. Niort, 1872-1878. 3 vol. in-18 jésus. 10 fr. 50

SCHOUSBOE. Observations sur le règne végétal au Maroc, Édition française-latine, avec planches, établie d'après l'édition danoise-latine de Copenhague (1800), par le docteur E.-L. BERTRAND, et augmentée de la synonymie actuelle, par le professeur J. LANGE. Paris, 1874, in-8 de XVI-202 p.   6 fr.

SECRÉTAN (L.). Mycographie suisse. Genève, 1833, 3 vol. in-8.   20 fr.

SEYNES (J. de). Essai d'une flore mycologique de la région de Montpellier et du Gard. Paris, 1863, gr. in-8, 152 p., avec 5 pl. et une carte coloriée.   8 fr.

— De la germination. Paris, 1863, in-8.   2 fr. 50

SPRING (A.). Monographie de la famille des Lycopodiacées. Bruxelles, 1842-1849, 2 parties in-4, 110-358 pages.   18 fr.

STENFORT (F). Les plus belles plantes de la mer. Méthode à suivre dans la recherche et la récolte des algues. Description des familles et des espèces. *Deuxième tirage.* Paris, 1877, 1 vol. in-8, avec spécimens de 50 algues naturelles. cart. 25 fr.

TARRADE. Des principaux champignons comestibles et vénéneux de la flore limousine. 2e édition. Paris, 1874, in-12 de 138 p., avec 6 pl. col.   4 fr.

TCHIHATCHEF (P. de). Asie-Mineure. Description physique de cette contrée. Ouvrage complet.   360 fr.

Il est divisé en quatre parties :

Première partie. — Géographie physique comparée. Paris, 1866, 1 vol. gr. in-8 de 600 pages, accompagné de 12 planches, d'une grande carte de l'Asie-Mineure en 2 feuilles in-plano jésus et d'un atlas in-4 de 28 planches.   100 fr.

Deuxième partie. — Climatologie et Zoologie. Paris, 1866, 1 vol. gr. in-8 de 900 pages, avec 4 planches.   50 fr.

Troisième partie.—Botanique. Paris, 1866, 2 vol. gr. in-8 de 600 pages chacun, avec un atlas in-4 de 44 planches gravées d'après les dessins de Riocreux.   80 fr.

Quatrième et dernière partie.—Géologie. 3 vol. Paléontologie avec le concours de MM. d'Archiac, de Verneuil, Fischer, Brongniart et Unger. 1 vol. — Ens. 4 vol. gr. in-8, accompagnés de 3 cartes in-plano colombier et atlas in-4 de 21 pl. 130 fr.

TENORE. Essai sur la géographie physique et botanique du royaume de Naples. Naples, 1827, 1 vol in-8.   4 fr. 50

THIELENS (A.). Flore médicale belge. Bruxelles, 1862, 1 vol. in-12, 355 p.   5 fr.

TIMBAL-LAGRAVE (E.). Reliquiæ pourretianæ. Toulouse, 1875, 1 vol. grand in-8, 149 pages, avec un portrait et 1 planche.   4 fr.

TRÉMEAU DE ROCHEBRUNE et SAVATIER. Catalogue raisonné des plantes phanérogames qui croissent spontanément dans le département de la Charente. Paris, 1861, in-8, 294 pages.   5 fr.

TULASNE. Légumineuses arborescentes de l'Amérique du Sud. Paris, 1844, in-4 de 136 pages avec 5 planches.   7 fr.

— Podostemacearum monographia. Paris, 1852, in-4, 208 pages, avec 13 pl. 15 fr.

— Monographia Monimiacearum. Paris, 1856, in-4 de 264 p., avec 10 pl.   15 fr.

VAILLANT (Séb.). Botanicon parisiense. Leyde, 1727, in-fol., avec 33 pl.   15 fr.

VANDERCOLME (Ed.). Histoire botanique et thérapeutique des Salsepareilles. 1870, grand in-8, avec 4 planches coloriées.   3 fr. 50

VERLOT (B.). Production et fixation des variétés dans les plantes d'ornement. Paris, 1865, in-8.   2 fr. 50

VERLOT (J.-B.). Catalogue raisonné des plantes vasculaires du Dauphiné. Grenoble, 1872, 1 vol. in-8 de VIII-408 pages.   12 fr.

WATELET (Ad.). Description des plantes fossiles du bassin de Paris. 1866, 1 vol. in-4, 264 p., avec atlas de 60 pl., cartonné.   60 fr.

WEDDELL (H.-A.). Histoire naturelle des quinquinas. Paris, 1848, 1 vol. in-folio avec une carte et 32 planches, dont 3 coloriées.   60 fr.

— Monographie de la famille des Urticées. Paris, 1857, in-4 de 592 pages, avec 20 planches.   30 fr

— Mémoire sur le Cynomorium coccineum, parasite de l'ordre des Balanophorées. 1861, in-4 de 40 pages, avec 4 planches coloriées.   6 fr.

WILLKOMM et LANGE. Prodromus floræ hispanicæ Stuttgartiæ. 1861-1878. Tome I, 316 pages. Tome II, 680 pages. Tome III, part. I, II et III, 736 pages. — Ensemble, 8 parties, in-8.   67 fr.

— Séparément tome III, part. I, II et III, 736 pages, in-8.   37 fr.

Le gérant : H. BAILLIÈRE.

PARIS. — IMPRIMERIE E. MARTINET, RUE MIGNON, 2.

ENVOI FRANCO CONTRE UN MANDAT SUR LA POSTE.

GENRES TROQUE ET TURBO

La monographie du genre *Turbo* a été commencée il y a plusieurs années par M. Kiener, qui avait fait graver trente-six planches représentant la plus grande partie des espèces connues.

M. P. Fischer a rédigé le texte du genre *Turbo*, et complété la série de planches qui s'y rapportent. Cette monographie est maintenant terminée.

M. Fischer a apporté tous ses soins à la description et surtout à la synonymie des espèces, qui est généralement laissée de côté dans la plupart des grandes publications iconographiques; il s'est également attaché à la distribution géographique, dont il est impossible aujourd'hui de ne pas tenir compte, et, dans ce but, il a mis à contribution les sources les plus multipliées.

Les livraisons 139 et 140 contiennent le texte complet du genre *Turbo* rédigé par M. Fischer, IV-128 pages et 6 planches nouvelles. Prix des deux livraisons in-8, 12 fr.

La monographie complète du genre *Turbo*, avec 43 planches, est en vente au prix de 50 fr.

Les livraisons 141 à 152 contiennent le texte du genre *Troque*, feuilles 1 à 12 ou pages 1 à 192 et jusqu'à la planche 86 (5 planches complémentaires et nouvelles).

GODRON. **De l'espèce et des races** dans les êtres organisés et spécialement de l'unité de l'espèce humaine. Deuxième édition. Paris, 1872, 2 vol. in-8... 12 fr.

PRICHARD (J.-C.). **Histoire naturelle de l'homme** comprenant des recherches sur l'influence des agents physiques et moraux comme causes des variétés qui distinguent entre elles les différentes races humaines. Membre de la Société royale de Londres. Traduit de l'anglais par F.-D. Roulin, 2 vol in-8, avec 40 planches coloriées et 90 figures... 20 fr.

DE LA PLACE DE L'HOMME DANS LA NATURE
Par Th. HUXLEY
Membre de la Société royale de Londres.

Traduit, annoté et précédé d'une introduction par le docteur E. DALLY

AVEC UNE PRÉFACE DE L'AUTEUR POUR L'ÉDITION FRANÇAISE

1 vol. in-8 avec 67 figures. — 7 fr.

L'ANCIENNETÉ DE L'HOMME PROUVÉE PAR LA GÉOLOGIE
Par sir CHARLES LYELL.
Membre de la Société royale de Londres.

TRADUIT AVEC LE CONSENTEMENT ET LE CONCOURS DE L'AUTEUR
Par M. Maurice CHAPER

Deuxième édition, revue et annotée

Augmentée d'un précis de paléontologie humaine
Par E. T. HAMY

1870, 1 vol. in-8 de près de 1000 pages avec 182 figures dans le texte et 2 planches sur papier teinté. — Cartonné en toile : 16 fr.

SÉPARÉMENT : PRÉCIS DE PALÉONTOLOGIE HUMAINE
Par E. T. HAMY

1 vol. in-8 de 376 pages avec 114 figures. — 7 fr.

ENVOI FRANCO CONTRE UN MANDAT SUR LA POSTE.

TRAITÉ DE PALÉONTOLOGIE

OU HISTOIRE NATURELLE DES ANIMAUX FOSSILES

CONSIDÉRÉS DANS LEURS RAPPORTS ZOOLOGIQUES ET GÉOLOGIQUES

Par F. J. PICTET

Professeur de zoologie et d'anatomie comparée à l'Académie de Genève, etc.

DEUXIÈME ÉDITION

Paris, 1853-1857, 4 vol in-8 avec atlas de 110 planches gr. in-4. — 80 fr.

TOME Ier. — 1re partie. Considérations générales sur la paléontologie, sur la manière dont les fossiles ont été déposés, leurs apparences diverses, l'exposition des méthodes qui doivent diriger dans la détermination et la classification des fossiles. — 2e partie. Histoire naturelle spéciale des animaux fossiles. — I. Vertébrés. 1° Mammifères ; 2° Oiseaux ; 3° Reptiles.
TOME II. — 4° Poissons. — II. Articulés ou Annelés. 1° Insectes ; 2° Myriapodes ; 3° Arachnides ; 4° Crustacés ; 5° Annélides. — III. Mollusques. 1° Céphalopodes.
TOME III. — 2° Gastéropodes ; 3° Acéphales.
TOME IV. — 4° Brachiopodes ; 5° Bryozoaires ; — IV. Zoophytes ou Rayonnés. 1° Échinodermes 2° Acalèphes ; 3° Polypes ; 4° Foraminifères ; 5° Infusoires ; 6° Spongiaires. — 3e partie. Applications de la paléontologie à l'histoire du globe. Table alphabétique des quatre volumes.

†—**Matériaux pour la paléontologie suisse**, publiés par F. J. PICTET. Genève, 1854-1872. 1re série, 4 parties publiées en 11 livraisons, avec 64 pl. in-4..   95 fr.
2e série, 2 parties, publiées en 12 livraisons formant 2 vol. in-4, avec 55 planches géologiques et atlas de 7 pl. in-folio .... 125 fr.
3e série, publiée en 16 livraisons in-4 avec planches.................... 136 fr.
4e série, publiée en 11 livraisons in-4 avec planches.................... 95 fr.
5e série, publiée en 8 livraisons in-4 avec planches.................... 68 fr.
6e série, publiée en 10 livraisons in-4 avec planches.................... 84 fr.

— **Mélanges paléontologiques**, destinés à la publication de travaux monographiques, qui, par leur nature, ne peuvent pas trouver place dans les matériaux pour la paléontologie suisse. Genève, 1863-1868, tome Ier publié en 4 livraisons in-4 avec 44 planches........................... 58 fr. 50

BARROIS (Ch.). **Recherches sur le terrain crétacé supérieur** de l'Angleterre et de l'Irlande. Paris, 1877, grand in-4, de 232 pages avec 3 cartes et 15 figures intercalées dans le texte........................... 12 fr
BEAUMONT (Élie de). **Leçons de géologie pratique**, professées au collége de France. Paris, 1845-1849, 2 vol. in-8........................... 14 fr.
Séparément le tome II .... 5 fr
BERNARDI. **Monographie des genres Galatea et Fischeria**. In-4, 48 pages avec 9 pl. coloriées........................... 15 fr.
— **Monographie du genre Conus**. In-4, 24 pages, 2 pl. col. (6 fr.)..... 4 fr.
BIANCONI. **La théorie darwinienne et la création dite indépendante**. Lettre à M. Charles Darwin, par J. Joseph Bianconi, ancien professeur à l'université de Bologne. Bologne, 1874, in-8 de 342 pages avec 21 planches et figures intercalées dans le texte........................... 15 fr.
BODWICH (E.-E.). **Excursions dans les îles de Madère et de Porto-Santo**, traduit de l'anglais, avec notes de MM. Cuvier et de Humboldt. Paris, 1826, 1 vol. in-8 et atlas in-4 de 22 pl. (25 fr.)........................... 10 fr.
BOURGUIGNAT. **Les Spicilèges malacologiques**. In-8 avec 15 pl. color... 25 fr.
BREBISSON (Alf. de). **Aperçu géologique des terrains de l'arrondissement de Falaise**, considérés dans leurs rapports avec l'agriculture et l'industrie. 1864, in-8 de 29 pages........................... 1 fr. 25
BROT (A.). **Matériaux pour servir à l'étude de la famille des Mélaniens**. Catalogue systématique des espèces qui composent la famille des Mélaniens. Genève, 1862, in-8 de 72 pages........................... 3 fr.
— **Additions et corrections** au Catalogue systématique des espèces qui composent la famille des Mélaniens. Genève, 1868, in-8 de 64 pages, avec 3 pl. col... 6 fr.

BROT (A.). **Notice sur les Mélanies** de Lamarck, conservées dans le musée Delessert et sur quelques espèces nouvelles ou peu connues. Genève, 1872, grand in-8, de 57 pages avec 4 planches..................................... 5 fr.

CASTELNAU (F.-D.). **Essai sur le système silurien de l'Amérique septentrionale.** 1 vol. in-4 avec 27 pl. (25 fr.)........................ 15 fr.

Commission géologique du Portugal, ouvrage publié en français et en portugais :

1° *Notice sur les squelettes humains découverts au cabaço d'Arruda*, par PEREIRA DA COSTA. Lisbonne, 1865, gr. in-4 de 40 pages et 7 pl................. 6 fr.

2° *Flore fossile du terrain carbonifère des environs de Porto*, Serra do Bussaco, et moinho d'Ordem près d'Alcacerdo Sat, par A. GOMÈS. 1865, gr. in-4, 46 p. et 6 pl. 6 fr.

3° *Description du terrain quaternaire des bassins du Tage et du Sado*, par C. RIBEIRO, Lisbonne, 1866, gr. in-4, 166 p. et une grande carte.................. 8 fr.

4° *Notice sur les grottes de Césareda*, par J.-S. DELGADO. Lisbonne, 1867, grand in-4. 127 pages et 3 planches................................ 8 fr.

5° *Gastéropodes des dépôts tertiaires du Portugal.* Lisbonne, 1866-1867, grand in-4. ensemble 258 pages et 22 planches.......................... 24 fr.

Congrès international d'anthropologie et d'archéologie préhistorique. Compte rendu de la cinquième session à Bologne, 1871, in-8 de 540 pages avec planches et figures intercalées dans le texte.......................... 20 fr.

— 6° session tenue à Bruxelles, 1871, gr. in-8 de 600 pages avec 90 pl..... 30 fr.

COQUAND (H.). **Monographie du genre Ostrea.** Terrain crétacé. Marseille, 1869, gr. in-8 de 215 p. et atlas de 65 pl. gr. in-4........................ 80 fr.

— **Traité des roches.** Paris, 1857, 1 vol. in-8 de 423 p. avec 72 figures... 7 fr.

— **Description physique, géologique, paléontologique et minéralogique du département de la Charente.** Besançon, 1858 ; Marseille, 1862, 2 vol. in-8, avec figures et une carte coloriée........................... 24 fr.

Séparément, le tome II... 12 fr.

— **Géologie et paléontologie de la région sud de la province de Constantine.** Marseille, 1862, 1 vol. in-8 de 343 pages avec 40 planches....... 40 fr.

— **Monographie paléontologique de l'étage aptien de l'Espagne.** Marseille, 1866, in-8, 222 pages, avec atlas grand in-8 de 28 planches.......... 30 fr.

CUVIER. **Les Mollusques** décrits et figurés d'après la classification de G Cuvier, mis au courant des progrès de la science, (par G.-P. Deshayes). 1 vol. in-8 avec 36 pl. contenant 520 fig. noires.................................... 15 fr.

— *Le même*, figures coloriées................................... 25 fr.

CZYSKOWSKI (S.). **Coup d'œil général** sur la nature et le gisement des minerais de fer en Algérie et considérations générales sur les gisements métallifères (Algérie), Pyrénées, Corbières, Montagne noire, région de Huelva (Espagne), Cevennes (zone d'Alais). Essai de classification des gites minéraux. Thalwegs métallifères. Alais, 1876, grand in-8 de 73 pages et 4 planches..................... 5 fr.

D'ORBIGNY. **Coquilles et Échinodermes fossiles de Colombie** (Nouvelle-Grenade). 1 vol. in-4 avec 6 pl. (15 fr.)................................ 7 fr. 50

DUPONT. **L'Homme pendant les Ages de la pierre,** dans les environs de Dinant-sur-Meuse, par E. Dupont. Bruxelles, 1872, 1 vol. gr. in-8 de 250 pages, avec 41 gr. 4 pl. et un tableau synoptique.............................. 7 fr. 50

FÉRUSSAC et DESHAYES. **Histoire naturelle générale et particulière des Mollusques,** tant des espèces qu'on trouve aujourd'hui vivantes que des dépouilles fossiles de celles qui n'existent plus. *Ouvrage complet.* 4 vol. in-folio dont 2 vol. de chacun 400 pages de texte et 2 volumes contenant 247 planches gravées et coloriées (1250 fr.)... 490 fr.

— *Le même.* 4 vol. gr. in-4 avec 247 planches noires. Au lieu de 600 fr..... 200 fr.

JULIEN. **Des phénomènes glaciaires dans le plateau central de la France,** en particulier dans le Puy-de-Dôme et le Cantal, par Alph. JULIEN, professeur à la faculté des sciences de Clermont-Ferrand. Paris, 1869, in-8 de 104 pages, avec une planche.. 2 fr. 50

KONINCK (L. de). Description des animaux fossiles qui se trouvent dans le terrain carbonifère de Belgique. Liége, 1844, 2 vol. in-4 dont un de 69 pl. . . . .   60 fr.

Supplément 1851, in-4, 76 pages, avec 5 planches. . . .   8 fr.

Cet important ouvrage comprend : 1° les Polypiers ; 2° les Radiaires ; 3° les Annélides ; 4° les Mollusques céphales et acéphales ; 5°. les Crustacés ; 6° les Poissons, divisés en 85 genres et 434 espèces. C'est un des ouvrages que l'on consultera avec le plus d'avantage pour l'étude comparée de la géologie et de la conchyliologie.

— Recherches sur les animaux fossiles : 1re PARTIE. — Monographie du genre *Productus*. Liége, 1847, in-4 de 278 p. avec un atlas in-4 de 17 pl. . . . . . .   30 fr.

2e PARTIE. — Monographie des *Fossiles carbonifères de Bleiberg* en Carinthie. Bruxelles, 1873, in-4 de 116 pages avec 4 pl. . . . .   10 fr.

LAMARCK. Histoire naturelle des animaux sans vertèbres. *Deuxième édition*, par G.-P. Deshayes et H. Milne Edwards. 11 vol. in-8 . . . .   60 fr.

LARTET et CHRISTY. Reliquiæ aquitanicæ, being contributions to the archæology and palæontology of Perigord and the adjoining provinces of southern France, par Ed. LARTET et CHRISTY. Paris, 1865-1875, 1 vol. in-4 de 506 pages, avec 90 planches lithographiées et 132 figures dans le texte. . . . .   72 fr. 25

— Le même, relié. . . . .   85 fr.

Ouvrage complet, publié en 77 livraisons, composées chacune de 3 feuilles de texte et 6 planches.

LECANU. Éléments de géologie, par L.-B. Lecanu, professeur à l'École supérieure de pharmacie de Paris. *Seconde édition*, 1857, 1 vol. in-18 jésus. . . . .   3 fr.

LECOQ. Des glaciers et des climats, ou des causes atmosphériques en géologie, 1847, in-8 de 556 pages (7 fr. 50). . . . .   4 fr.

MICHELIN. Iconographie zoophytologique. Description par localités et terrains de polypiers fossiles de France et des pays environnants. 1845. *Ouvrage complet.* 2 vol. gr. in-4 dont 1 de 79 planches lithographiées. . . . .   35 fr.

Séparément, *Bassin parisien*, groupe supracrétacé. 1845, in-4 avec 4 pl. (5 fr.).   2 fr.

MOQUIN-TANDON. Histoire naturelle des Mollusques terrestres et fluviatiles de France, contenant des études générales sur leur anatomie et leur physiologie, et la description particulière des genres, des espèces, des variétés. *Ouvrage complet.* 2 vol. gr. in-8 de 450 pages avec atlas de 54 planches, figures noires. . . . . . .   42 fr.

OMALIUS D'HALLOY. Des races humaines, ou éléments d'ethnographie, 1 volume in-8 (3 fr. 50). . . . .   2 fr.

POTIEZ et MICHAUD. Galerie des Mollusques, ou catalogue descriptif et raisonné des mollusques et coquilles du Muséum de Douai. 2 vol. gr. in-8, atlas de 70 planches. . . . .   12 fr.

RAYNEVAL (comte de). Coquilles fossiles de monte Mario, terrains tertiaires des environs de Rome. In-4, de 2 planches lithographiées. . . . .   3 fr. 50

REYNÈS. Essai de géologie et de paléontologie aveyronnaises. Paris, 1868, gr. in-8 de 110 pages avec 7 pl. . . . .   6 fr.

RIVIÈRE (Émile). Découverte d'un squelette humain de l'époque paléolithique. dans les cavernes de Baoussié-Roussé, dites grottes de Menton. Menton, 1873, in-4 de 64 p. et 2 photographies. . . . .   8 fr.

VIDAL (don Luis-Mariano). Datos para el conocimiento del Terreno garni-sumense de Cataluna. Madrid, 1874, grand in-8 de 39 pages avec 8 pl.   6 fr.

Société géologique de France (Mémoires de la). 2e série, tomes I, II, III, publiés chacun en 2 parties grand in-4, avec cartes, coupes et planches de fossiles. 1840-1850. Les 3 volumes (90 fr.). . . . .   36 fr.

Cette série contient d'importants travaux de MM. Rozet, Pila, Thovent, Cornuel. Viquesnel, Studer, Leymerie, d'Avohiac, Semuel Peace Pratt, Raulin, Delbos, J. Marcou. Boué, Saint-Ange de Roissy, Coquand, Rouault. . . . .

Chaque volume séparément (30 fr.). . . . .   15 fr.

LE PROPRIÉTAIRE-GÉRANT : H. BAILLIÈRE.

PARIS. — IMPRIMERIE DE E. MARTINET, RUE MIGNON, 2.

ENVOI FRANCO CONTRE UN MANDAT SUR LA POSTE.

GUÉRIN-MÉNEVILLE (F.-E.) et PERCHERON (A.). **Genera des insectes**, ou Exposition détaillée de tous les caractères propres à chacun des genres de cette classe d'animaux. Paris, 1835-1838, in-8 avec 60 planches coloriées. 20 fr.

GUYON. **Histoire naturelle et médicale de la chique** (Rynchoprion penetrans). Paris, 1865, in-8, 138 p. et 3 pl. 2 fr. 50

HAAN (W. de). **Mémoires sur les métamorphoses des Coléoptères.** 1re liv. Paris, 1835, in-4, 40 p. avec 10 pl. 4 fr.

HEER (O.) **Fauna Coleopterorum helvetica**, pars I. Turici, 1841, in-12, 652 p. 12 fr.

— **Die Insektenfauna der Tertiargebilde von Œningen** und von Radeboj in Croatien. Leipzig, 1849, in-4, 2e partie, 264 p. et 17 pl. 15 fr.

— **Beiträge zur Insektenfauna Œningens.** Coleoptera. In-4, 90 p. et 7 pl. 8 fr.

HERPIN (de Metz). **Destruction économique de l'alucite et du charançon** vivant renfermés dans l'intérieur des grains. Paris, 1850, in-8, 12 pag. 50 c.

— **Sur l'alucite ou teigne des blés.** Paris, 1860, gr. in-8, 27 p. 1 fr.

— **Mémoire sur divers insectes nuisibles à l'agriculture** et plus particulièrement au froment, au seigle, à l'orge et au trèfle. Paris, 1843, 2 parties in-8, 81 p. et 6 pl. coloriées. 2 fr. 50

— **Note sur divers moyens propres à la destruction de la pyrale de la vigne.** Paris, 1845, in-8. 50 c.

HOFFMAN et BLEKMAN (F.). **Sur la culture du ver à soie sauvage au Japon.** Paris, 1864, in-8, 16 pages. 1 fr.

KOCH (C.-L.). **Die Myriapoden getreu nach der Natur abgebildet und beschrieben.** Halle, 1863, 2 vol. in-8, avec 119 pl. coloriées. 115 fr.

KOLENATI (Fr.-A.). **Meletemata entomologica.** Petropoli, 1845-1846, V fasc. in-8, 19 pl. col. (36 fr.). 30 fr.

LATREILLE (P.-A.). **Histoire naturelle, générale et particulière des Crustacés et des insectes.** Paris, ans XII-XIII, 14 vol. in-8 avec 112 pl. noires, br. 40 fr.

— **Genera Crustaceorum et Insectorum secundum ordinem naturalem disposita** Parisiis, 1806-1809, 4 vol. in-8, avec 14 pl., fig. noires. 24 fr.

— **Considérations générales sur l'ordre naturel des Crustacés, des Arachnides et des Insectes.** Paris, 1810, in-8. 4 fr.

— **Introduction à la géographie générale des Arachnides et des insectes,** ou des climats propres à ces animaux. 1815, in-4, 31 pages. 1 fr. 50

— **Mémoires sur divers sujets de l'histoire naturelle des insectes.** Paris, 1819, in-8. 4 fr.

— **Des insectes peints ou sculptés sur les monuments antiques de l'Égypte.** Paris, 1819, in-4, 21 p., 1 pl. 1 fr. 25

— **Des rapports généraux de l'organisation extérieure des animaux invertébrés articulés** et comparaison des Annélides avec les Myriapodes. 1820, in-4, 26 p. 1 fr.

— **Cours d'entomologie** ou de l'histoire naturelle des Crustacés, des Arachnides, des Myriapodes et des Insectes. Paris, 1831, in-8, avec 1 atlas de 24 pl. 15 fr.

— **Histoire naturelle des fourmis.** Paris, 1802, 1 vol. in-8, avec 12 pl., fig. noires. 10 fr.

— **De la formation des ailes des insectes.** Paris, 1819, in-8, 44 p. 1 fr. 25

— **Organisation extérieure et générale des animaux articulés et à pieds.** Paris, 1822, in-4, 34 p. 1 fr. 25

— **De l'origine et des progrès de l'entomologie.** Paris, 1822, in-4, 22 pag. 1 fr. 25

— **De quelques appendices particuliers du thorax de divers insectes;** affinités des Trilobites. In-4, 32 p. 1 fr. 25

— **Insectes vivant en société.** Paris, 1817, in-4, 20 p. 1 fr.

— **Distribution méthodique et naturelle des genres de diverses tribus d'insectes coléoptères de la famille des Serricornes.** In-8, 57 p. 3 fr.

— **De l'organisation extérieure et comparée des insectes de l'ordre des Thysanoures.** In-4, 28 p. 1 fr. 50

— **Insectes coléoptères de la tribu des Denticrures**, famille de Brachélytres. In-4, 16 p. 1 fr.

— **Observations sur quelques guêpes.** — Description d'une larve et d'une espèce inédite du genre des Cassides. Paris, in-4, 12 pag. et 1 pl. 1 fr.

LÉPELLETIER DE SAINT-FARGEAU (Am.). **Monographia Tenthredinetarum**, synonymia extricata. Parisiis, 1823, in-8, XVIII, 176 pages. 3 fr.

LICHTENSTEIN (J.). **Histoire du phylloxera**, précédée de considérations générales sur les pucerons, et suivie de la liste des personnes qui se sont occupées de la question du phylloxera. Paris, 1878, gr. in-8, 39 pages avec pl. 4 fr.

— **Considérations générales sur la génération des pucerons** (homoptères monoïques). Paris, 1878, in-8, avec 2 planches. 2 fr.

LUCAS (H.). **Animaux articulés de l'exploration scientifique de l'Algérie.** Paris, 1849, 3 vol. in-4 de texte et 1 atlas de 122 pl. col., cart. 300 fr.

— **Histoire naturelle des Lépidoptères d'Europe.** 1 vol. in-8, avec 80 pl., fig. col., cart. 25 fr.

— **Histoire naturelle des Lépidoptères exotiques.** Paris, 1835, 1 vol. gr. in-8, avec 80 pl. col. 25 fr.

LUNEL. **Iconographie des papillons de l'Europe centrale** et particulièrement de la Suisse et des Alpes. 1879. Livraisons 1 et 2 composées chacune d'une feuille de texte gr. in-8 et de 6 planches dessinées d'après nature et imprimées en chromolithographie.
Prix de chaque livraison. 5 fr.
Cet ouvrage sera publié en 32 à 34 livraisons, avec 200 planches, et sera complété par des tableaux spéciaux de chacune des grandes familles.

LYONET (L.-L.). **Recherches sur l'anatomie et les métamorphoses de différentes espèces d'insectes.** Paris, 1832, 2 vol. in-4, avec 54 pl. 15 fr.

MACQUART. **Histoire naturelle des insectes diptères.** Paris, 1832-1834, 2 vol. in-8, avec 24 pl., fig. noires. 21 fr.
— Le même, fig. col. 28 fr.

— **Diptères exotiques nouveaux ou peu connus.** Paris, 1838-1843, 2 vol. br. en 5 part. in-8, avec pl., fig. noires. 42 fr.
Séparément t. II, part. III, 36 pl., fig. noires. 10 fr.
Séparément : Supplément I, fig. noires, 7 fr. 50. — Supplément IV, fig. col. 14 fr.
— Supplément V, fig. noires, 3 fr. — Supplément V, fig. col., 5 fr.

MARTIN-SAINT ANGE. **Mémoires sur l'organisation des Cirrhipèdes** et sur leurs rapports naturels avec les animaux articulés. Paris, 1835, in-8, avec planches 2 fr. 50

MÉNÉTRIÈS. **Essai d'une monographie du genre Anacolus**, de la famille des Longicornes. 1839, in-4, 20 p. et 1 pl. col. 2 fr.

MULSANT (E.). **Lettres à Julie sur l'entomologie**, suivies d'une description de la plus grande partie des insectes de la France. Lyon, 1830, 2 vol. in-8, 15 pl. col. 16 fr.

NICOLET. **Histoire naturelle des Acariens** qui se trouvent aux environs de Paris. Paris, 1854-55, in-4, 100 pages avec 10 planches noires et coloriées. 12 fr.

NUNEZ (J.). **Étude sur le venin de la tarentule**, précédée d'un résumé sur le tarentisme et le tarentulisme, trad. par J. Perny. Paris, 1866, in-8, 268 pag., avec 2 fig. 4 fr.

NYSTEN (P.-H.). **Recherches sur les maladies des vers à soie.** Paris, 1808, in-8 2 fr. 50

OCHSENHEIMER (Ferd.). **Die Schmetterlinge von Europa.** Leipzig, 1807-1835, 10 tomes en 3 vol. gr. in-8, rel. 36 fr.

OLIVIER. **Entomologie ou histoire naturelle des insectes**, avec leurs caractères génériques ou spécifiques, leurs description, leur synonymie et leur figure enluminée : Coléoptères. Paris, 1789-1808, 6 vol. de texte et 2 atlas contenant 363 pl. color. ; ensemble 8 vol. in-4, rel. 350 fr.

OLIVIER, LATREILLE et GUÉRIN. **Entomologie**, ou Histoire naturelle des Crustacés, des Arachnides et des Insectes, de l'Encyclopédie méthodique. Paris, 1789 1830, 7 vol. in-4, avec 2 atlas, contenant 397 pl., rel. 80 fr.

OZANAM (Ch.). **Étude sur le venin des arachnides** et son emploi en thérapeutique, suivie d'une dissertation sur le tarentisme et le tigretier. Paris, 1856, in-8 de 88 p. 2 fr. 50

PASSERINI (C.). **Due insetti nocivi** ; il Lytta verticalis c l'Apate sexdentata. Firenze, 1840, in-8, 28 p., 1 p. 1 fr. 50

— **Osservazioni sulle larve, ninfe, e abitudini della Scolia flavifrons**. Pisa, 1840, gr. in-4, 23 p. et 2 pl. 2 fr.

PAYKULL. **Fauna Svecica**. Insecta. Upsaliæ, 1800, 3 vol. in-8, br. 15 fr.
— **Monographia Staphylinorum**. Upsalia, 1789, in-8. — Monographia Caraborum. Upsalia, 1790, in-8, reliés en 1 vol. 6 fr.
— **Monographia Staphylinorum**. Upsalia, 1789, in-8. 3 fr.

PERCHERON. **Bibliographie entomologique**. Paris, 1837, 2 vol. in-8. (14 fr.) 4 fr.

— **Monographie des Passales**. Paris, 1844, in-8, 13 p. et 2 pl. 1 fr. 25

PERRIS (Ed.). **Observations sur les insectes** qui habitent les galles de l'Ulex nanus et du Papaver dubium. Paris, 1839, in-8, 11 p. avec 1 pl. 1 fr.

PICTET (A.-Ed). **Synopsis des Névroptères d'Espagne**. Paris, 1865, in-8, 124 p. avec 14 pl. coloriées. 20 fr.

PLANCHON (J.-E.). **Le Phylloxera en Europe et en Amérique**. Paris, 1874, gr. in-8, 56 p. 1 fr. 50

PLANCHON (J.-E.) et LICHTENSTEIN (J.). **Le Phylloxera** (de 1854 à 1873). Montpellier, 1873, gr. in-8, 40 pages. 1 fr. 50

— **Le Phylloxera**, faits acquis et revue bibliographique. Montpellier, 1872, gr. in-8, 121 pag. et 1 pl. 3 fr.

RAMBUR (P.). **Catalogue systématique des lépidoptères de l'Andalousie**. Paris, 1858-66, 2 parties, gr. in-8,a vec 22 pl. col. 16 fr.

RÉAUMUR. **Mémoire pour servir à l'histoire des insectes**. Paris, 1734-1742, 6 vol. in-4, figures, rel. 50 fr.

ROBINEAU-DESVOIDY. **Recherches sur l'organisation vertébrale des Crustacés**, des Arachnides et des insectes. Paris, 1828, in-8, avec 1 pl. 6 fr. 50

ROSNY (Léon de). **Traité de l'éducation des vers à soie du Japon**. Deuxième édition. Paris, 1869, 1 vol. in-8, 229 pag. avec 12 pl. 8 fr.

SAY (Th.). **The complete writings of Th. Say**, on the entomology of the United States. Edited by J. Leconte. New-York, 1859, 2 forts vol. in-8, avec 54 pl. col., cart. 80 fr.

SCHÆFFER (J.-Ch.). **Apus pisciformis insecti aquatici, species noviter detecta**. Norimbergæ, 1752, 1 vol. in-4, pl. col., rel. 3 fr.

— **Icones insectorum circa Ratisbonam indigenorum**. Regensburg, 1766-1770, 3 part. rel. en 5 vol. in-4, avec 280 pl. col. 80 fr.

— Nova editio a G. Fr. Panzero. Erlangæ, 1804, 4 vol. in-4, avec 280 planches coloriées. 120 fr.

— Le même, les planches en partie découpées et les figures enlevées, rel. en 3 vol. in-4. 20 fr.

— I Ex., t. II et III, avec 88 pl. col., rel. en deux vol. in-4, maroq. plein du Levant et dorés sur tranches. 40 fr.

SCHELLENBERG (J.-R.). **Genres de mouches diptères**, représentées en XLII pl. projetées et dessinées par Schellenberg, et expliquées par deux amateurs de l'entomologie. Zurich, 1803, 1 vol. in-8, cart., avec pl. col. 15 fr.

SCHŒNHERR (C.-J.). **Synonymia insectorum**. Genera et species Curculionidum ; ouvrage comprenant la synonymie et la description de tous les Curculionides connus. 1833-1845, 8 tomes en 16 part. Ouvrage complet. 144 fr.

SEPP (J.-C.). **Histoire naturelle des papillons de Surinam avec leurs méta-morphoses.** Amsterdam, 1848-1852, 2 vol. in-4, 328 p. avec 152 pl. col. (en français et en hollandais). 300 fr.

SHUCKARD (W.-E.). **Elements of British entomology.** London, 1839, 1re part. (seule publiée), in-8, avec 50 fig. 10 fr.

SIMON (Eug.). **Monographie des espèces européennes de la famille des Attides.** Paris, 1869, in-8 de 262 p. avec 3 pl. 6 fr.

SPINOLA (Max.). **Essai sur les insectes hémiptères,** rhyngotes ou hétéroptères. Paris, 1840, in-8. 7 fr.

— **Essai monographique sur les Clérites,** insectes coléoptères. Gênes, 1844, 2 vol. gr. in-8, avec 47 pl. color., rel. 60 fr.

SPRY (W.) et SHUCKARD (W.-E.). **The British Coleoptera.** London, 1861, in-8, avec 94 pl., cart. 20 fr.

STOLL (C.). **Représentation exactement coloriée d'après nature des Cigales et des Punaises** dans les quatre parties du monde. Amsterdam, 1780-1788, 2 vol, in-4, avec 70 pl. col. 70 fr.

STRAUCH (Al.). **Catalogue systématique de tous les coléoptères** décrits dans les *Annales de la Société entomologique.* Halle, 1861, in-8, 100 p. 5 fr. 50

STURM (Jac.). **Deutschland's Fauna.** Abtheil. V, die Insecten. Nurnberg, 1805-1851, 22 tomes en 10 vol. in-12, avec 375 pl. col. 150 fr.

SWAMMERDAM (J.). **Biblia naturæ, sive historia insectorum,** in classes certas redacta. Leyde, 1737, 2 vol. in-fol., avec 53 pl. 40 fr.

— Le même, Lugduni Batavorum, 1735, in-4, xvi-212 pages et 13 pl., cart. non rogné. 7 fr.

THOMPSON (James). **Archives entomologiques,** par J. Thompson. Paris, 1857-1860, 2 vol. gr. in-8, avec 35 pl. grav. et col. 75 fr.

TIGNY. **Histoire naturelle des insectes.** Paris, an X, 10 vol. in-18, avec 109 pl. col. 35 fr.

VANDER LINDEN (P.-L.). **Monographiæ libellulinarum europæarum specimen.** Bruxelles, 1825, in-8, 42 p. 1 fr. 50

VERLOREN (H.). **Phénomène de la circulation dans les insectes.** Bruxelles, 1845, in-4, 96 p. avec 7 pl. col. (7 fr.) 4 fr.

VILLA (L. et G.). **Catalogo dei Coloptteri della Lombardia.** Milano, 1844, gr. in-8, 78 p. 5 fr. 50

VOET (J.-M.). **Catalogus systematicus Coleopterorum** (latin-français). La Haye, 1806, 2 vol. in-4, avec 105 pl. col. 45 fr.

WALCKENAER (C.-A.). **Faune parisienne :** Insectes, ou histoire abrégée des insectes des environs de Paris. Paris, 1802, 2 vol. in-8 avec fig. 12 fr.

— **Faune française.** Araneïdes, 1 vol. in-8, avec 6 pl. noires. 3 fr.

— Le même, avec 10 pl. dont 1 coloriée. 3 fr. 50

WALCKENAER (C.-A.). et GERVAIS (P.). **H. istoire naturelle des insectes.** Aptères. Paris, 1837-1847, 4 vol. in-8 avec 52 pl., fig. noires. 45 fr. 50

— Le même, figures coloriées. 63 fr.

WENCKER (J.) et SILBERMANN (G.). **Catalogue des Coléoptères de l'Alsace et des Vosges.** Strasbourg, 1866, gr. in-8, 142 p. 4 fr.

WOLFF (J.-F.). **Icones Cimicum descriptionibus illustratæ.** Erlangæ, 1800, in-4, avec 20 pl. col. 20 fr.

ZETTERSTEDT. **Diptera Scandinaviæ disposita et descripta,** t. I. Lundæ, 1842, in-8, 440 p. 5 fr.

Le gérant : H. BAILLIÈRE.

1325. — PARIS. — IMPRIMERIE DE E. MARTINET, RUE MIGNON, 2

ENVOI FRANCO CONTRE UN MANDAT SUR LA POSTE.

PRÉCIS DE TECHNIQUE MICROSCOPIQUE ET HISTOLOGIQUE

OU INTRODUCTION PRATIQUE A L'ANATOMIE GÉNÉRALE

Par le docteur Mathias DUVAL

Professeur agrégé à la Faculté de médecine de Paris, professeur d'Anatomie à l'École des beaux-arts,
Membre de la Société de biologie.

AVEC UNE INTRODUCTION PAR LE PROFESSEUR CH. ROBIN.

1 vol. in-18 jésus avec 43 figures. — 4 fr.

LA VIE

ÉTUDES ET PROBLÈMES DE BIOLOGIE GÉNÉRALE

Par P. E. CHAUFFARD

Professeur de Pathologie générale à la Faculté de médecine, inspecteur général de l'Université

Paris, 1878, 1 vol. in-8 de 526 pages. — 7 fr. 50

LEÇONS SUR LA PHYSIOLOGIE COMPARÉE

DE LA RESPIRATION

Par Paul BERT

Professeur de physiologie comparée à la Faculté des sciences.

Paris, 1870, 1 vol. in-8 de 588 pages, avec 150 figures. — 10 fr.

TRAITÉ D'ANATOMIE COMPARÉE DES ANIMAUX DOMESTIQUES

Par A. CHAUVEAU

Directeur de l'École vétérinaire de Lyon.

Troisième édition, revue et augmentée,

Avec la collaboration de S. ARLOING, professeur à l'École vétérinaire de Lyon.

Paris, 1879, 1 vol. gr. in-8, avec 400 fig. intercalées dans le texte,
noires et coloriées. — 24 fr.

TRAITÉ DE PHYSIOLOGIE COMPARÉE DES ANIMAUX

CONSIDÉRÉE DANS SES RAPPORTS AVEC LES SCIENCES NATURELLES
LA MÉDECINE, LA ZOOTECHNIE ET L'ÉCONOMIE RURALE

Par G. COLIN

Professeur à l'École vétérinaire d'Alfort, membre de l'Académie de médecine.

DEUXIÈME ÉDITION.

Paris, 1871-1873, 2 vol. in-8, avec 206 figures. — 26 fr.

MÉCANISME DE LA PHYSIONOMIE HUMAINE

OU ANALYSE ÉLECTRO-PHYSIOLOGIQUE
DE L'EXPRESSION DES PASSIONS

Par le docteur G.-B DUCHENNE (de Boulogne)

Deuxième édition.

Paris, 1876, 1 vol. gr. in-8 de XII-264 pages, avec 9 planches photographiées
représentant 144 figures et un frontispice. — 20 fr.

— Le même, édition de luxe. 2e *édition.* Paris, 1876, 1 vol. gr. in-8 de XII-264 pages,
avec atlas composé de 82 planches photographiées et de 9 planches représentant
144 figures et un frontispice. Ensemble, 2 vol. in-8, cartonnés.   68 fr.
— Le même, grande édition in-folio, dont il ne reste que peu d'exemplaires, formant
84 pages de texte in-folio à 2 colonnes, et 82 planches tirées d'après les clichés
primitifs, dont 74 sur plaques normales, représentant l'ensemble des expériences
électro-physiologiques.   200 fr.

DUCHENNE [de Boulogne] (G.-B.). De l'électrisation localisée et de son application
à la pathologie et à la thérapeutique par courants galvaniques interrompus et continus.
3e *édition.* Paris, 1872, 1 vol. in-8 de XII-1120 pages, avec 255 fig. et 3 planches
noires et coloriées.   18 fr.

DUCHENNE [de Boulogne]. **Physiologie des mouvements** démontrée à l'aide de l'expérimentation électrique et applicable à l'étude des paralysies et des déformations. Paris, 1867, 1 vol. in-8 de XVI-872 pages, avec 101 fig.   14 fr.

— **Anatomie microscopique du système nerveux.** Recherches à l'aide de la photo-autographie sur pierre ou sur zinc. Paris, 1868, gr. in-8, 14 pages, avec 4 planches.   3 fr.

— **Du pied plat valgus** par paralysie du long péronier latéral, et du pied creux valgus par contracture du long péronier latéral. Paris, 1860, in-4, 42 pages.   2 fr.

— **Contributions à l'étude du système nerveux** et du système musculaire, au point de vue physiologique et pathologique. Paris. 1 vol. in-8, cartonné.   6 fr.

— **De la paralysie musculaire** pseudo-hypertrophique ou paralysie myo-sclérotique. Paris, 1868. 1 vol. in-8 cartonné.   4 fr.

BIMAR (A.). **Structure des ganglions nerveux.** Anatomie et physiologie. Paris, 1878, in-8, 68 pages.   2 fr.

BIOT (C.). **Étude clinique et expérimentale sur la respiration de Cheyne-Stokes.** Paris, 1878, gr. in-8 de 96 pages.   3 fr.

— **Contribution à l'étude du phénomène respiratoire de Cheyne-Stokes.** Grand in-8, 23 pages.   1 fr.

BYASSON (Henri). **Des matières amylacées et sucrées,** leur rôle dans l'économie. Paris, 1873, gr. in-8 de 112 pages.   2 fr. 50

CADIAT (O.). **Cristallin,** anatomie et développement, usages et régénération. Paris, 1876, in-8 de 80 pages, avec 2 planches.   2 fr. 50

— **Étude sur l'anatomie normale et les tumeurs du sein** chez la femme. Paris, 1876, in-8 de 60 pages, avec 3 pl. et 20 fig. lithog.   2 fr. 50

CUFFER. **Recherches cliniques et expérimentales sur les altérations du sang** dans l'urémie, et sur la pathogénie des accidents urémiques. De la respiration de Cheyne-Stokes dans l'urémie. Paris, 1878, gr. in-8, 80 pages.   2 fr.

DALTON. **Physiologie et hygiène des écoles,** des collèges et des familles, par J. C. DALTON, professeur au Collège des médecins et des chirurgiens de New-York. Paris, 1870, 1 vol. in-18 jésus de 536 pages, avec 68 fig.   4 fr.

DONNÉ (A.). **Cours de microscopie** complémentaire des études médicales, anatomie microscopique et physiologique des fluides de l'économie. In-8 de 550 p.   7 fr. 50

DONNÉ (A.) et FOUCAULT (L.). **Atlas du cours de microscopie,** exécuté d'après nature au microscope daguerréotype, par le docteur A. DONNÉ et L. FOUCAULT. 1 vol. in-folio de 20 planches gravées, avec un texte descriptif.   50 fr.

DUCLOS (F.). **La Vie. Qu'es-tu? D'où viens-tu? Où vas-tu?** In-12 de 204 p.   2 fr.

DURAND (A. P.). **Étude anatomique sur le segment cellulaire contractile et** le tissu connectif du muscle cardiaque. Paris, 1879, grand in-8, 115 pages, avec 3 planches.   3 fr. 50

DUTROCHET. **Mémoires pour servir à l'histoire anatomique et physiologique des végétaux et des animaux.** Paris, 1837, 2 vol. in-8, avec atlas de 30 planches.   6 fr.

FLOURENS (P.). **Recherches expérimentales sur les fonctions et les propriétés du système nerveux** dans les animaux vertébrés. 2e édition. Paris, 1841, in-8.   3 fr.

— **Cours de physiologie comparée.** De l'ontologie ou étude des êtres. Paris, 1856, in-8.   1 fr. 50

— **Mémoires d'anatomie et de physiologie comparées,** contenant des recherches sur : 1° les lois de la symétrie dans le Règne animal; 2° le mécanisme de la rumination; 3° le mécanisme de la respiration des Poissons; 4° les rapports des extrémités antérieures et postérieures dans l'Homme, les Quadrupèdes et les Oiseaux. Paris, 1844, gr. in-4 avec 8 planches coloriées.   9 fr.

— **Théorie expérimentale de la formation des os.** Paris, 1847, in-8, avec 7 planches n. et col.   3 fr. 50

— **Anatomie générale de la peau et des membranes muqueuses.** 1843, in-4, 104 pages, avec 6 planches coloriées.   6 fr.

— **Recherches sur le développement des os et des dents.** 1841, in-4, 146 p., avec 12 pl. col.   10 fr.

GIBOUX. **Le microphone et ses applications en médecine.** Paris, 1878, in-8, 48 pages, avec fig. intercalées dans le texte.   3 fr.

HANNOVER (A.). **La Rétine de l'homme et des vertébrés**, mémoire histologique et physiologique. 1876, in-4, 214 pages avec 6 pl. gravées. 25 fr.

HUXLEY (Th.). **Éléments d'anatomie comparée des animaux vertébrés**, traduit de l'anglais, revu par l'auteur et précédé d'une préface par Ch. ROBIN. Paris, 1875, 1 vol. in-18 jésus de VIII-530 pages, avec 122 figures. 6 fr.

— **Les sciences naturelles et les problèmes qu'elles font surgir** (*Lay Sermons*), édition française publiée avec le concours de l'auteur et accompagnée d'une préface nouvelle. Paris, 1877. 1 vol. in-18 jésus de 500 pages. 4 fr.

KUSS et DUVAL (Mathias). **Cours de physiologie**, d'après l'enseignement du professeur KUSS. Quatrième édition, 1880. 1 vol. in-18 de VIII-624 pages, avec 152 fig. Cart. 8 fr.

LANNEGRACE (Paul). **Terminaisons nerveuses dans les muscles de la langue** et dans sa membrane muqueuse. Paris, 1878, in-8, 88 pages. 2 fr. 50

LEBLOIS (P.). **La vie et le moi**. Paris, 1878, in-18, 72 pages. 2 fr.

— **Études psychologiques**. Paris, 1880. In-8, 71 pages. 1 fr.

LEGROS. **Des nerfs vaso-moteurs**. Paris, 1873. 1 vol. in-8 de 112 pages. 2 fr. 50

MANDL (L.). **Anatomie microscopique**, par le docteur L. MANDL. Ouvrage complet, Paris, 1838-1857, 2 volumes in-folio avec 92 planches. 200 fr.

Le tome 1er, comprenant l'HISTOLOGIE, est divisé en deux séries : *Tissus et organes, Liquides organiques*, est complet en 26 livraisons, avec 52 planches.

Le tome II, comprenant l'HISTOGENÈSE, ou Recherches sur le développement, l'accroissement et la reproduction des éléments microscopiques, des tissus et des liquides organiques dans l'œuf, l'embryon et les animaux adultes, est complet en 20 livraisons, avec 40 planches.

Séparément les livraisons 10 à 26 du tome 1er.

Prix de chaque livraison, composée de 5 feuilles de texte et 2 planches. Prix de la livraison. 5 fr.

MEYER (P.). **Études histologiques** sur le labyrinthe membraneux et plus spécialement sur le limaçon. 1876, 192 p., avec 5 planches coloriées. 10 fr.

MOITESSIER (A.). **La photographie appliquée aux recherches micrographiques**. Paris, 1867, 1 vol. in-18 jésus, 340 pages, avec 30 figures et 3 planches photographiées. 7 fr.

MULLER. **Manuel de physiologie**, par J. MULLER, traduit de l'allemand par A. J. L. JOURDAN, 1° édition, par E. LITTRÉ, avec 320 fig., et de 4 pl. 2 vol. gr. in-8. 20 fr.

PATRIGEON (G.). **Recherches sur le nombre des globules rouges et blancs du sang à l'état physiologique** (chez l'adulte) et dans un certain nombre de maladies chroniques. In-8 de 100 pages, avec 20 pl. de tracés. 4 fr.

POINCARÉ. **Le système nerveux** au point de vue normal et pathologique. Leçons de physiologie professées à Nancy. 2e édit. Paris, 1877, 3 vol. in-8 avec fig. 18 fr.

POUCHET (F. A.). **Théorie de l'évolution spontanée** et de la fécondation dans l'espèce humaine et les mammifères, basée sur l'observation de toute la série animale, par F. A. POUCHET, professeur au Museum d'histoire naturelle de Rouen. Paris, 1847. 1 vol. in-8, 600 pages avec Atlas in-4 de 20 planches coloriées. 36 fr.

SCHIFF. **De l'inflammation et de la circulation**, par le professeur M. SCHIFF, traduction de l'italien par le docteur R. GUICHARD DE CHOISITY, médecin adjoint des hôpitaux de Marseille. Paris, 1873, in-8 de 96 pages. 3 fr.

— **La pupille considérée comme esthésiomètre**, traduit de l'italien, par le docteur R. GUICHARD DE CHOISITY. Paris, 1875, in-8 de 34 pages. 1 fr. 25

SCHWARTZ (Ch. Ed.). **Recherches anatomiques et cliniques sur les gaines synoviales** de la face palmaire de la main. Paris, 1878, gr. in-8 de 110 pages, avec 3 planches. 3 fr. 50

SERRES (E.). **Anatomie comparée transcendante, principes d'embryogénie**, de zoogénie et de tératogénie. Paris, 1859, 1 vol. in-4 de 942 p., avec 26 pl. 16 fr.

ZIEGLER (Martin). **Atonicité et Zoïcité**, applications physiques, physiologiques e médicales. Paris, 1874, in-12, 182 pages. 3 fr. 50

— **Lutte pour l'existence** entre l'organisme animal et les algues microscopiques. Paris, 1878, in-8, 81 pages. 2 fr. 50

LE CORPS HUMAIN

STRUCTURE ET FONCTIONS

Formes extérieures, Régions anatomiques, Situation, Rapports et Usages
des Appareils et Organes qui concourent au mécanisme de la vie,

DÉMONTRÉS A L'AIDE DE PLANCHES COLORIÉES, DÉCOUPÉES ET SUPERPOSÉES

DESSINS D'APRÈS NATURE

Par Édouard CUYER
Lauréat de l'École des Beaux-Arts.

TEXTE

Par G. A. KUHFF
Docteur en médecine, préparateur au laboratoire d'Anthropologie de l'École des Hautes Études.

1 vol. grand in-8 de xvi-370 pages de texte, avec Atlas de 27 *planches* coloriées.

Ouvrage complet, cartonné en 2 vol. — 75 fr.

Pl. I. LE CORPS HUMAIN.
  II. TRONC ET CAVITÉ THORACIQUE (face antérieure).
  III. TRONC (face postérieure).
  IV. TRONC (face latérale).
  V. CAVITÉ ABDOMINALE.
  VI. TÊTE.
    Fig. 1. — *Face antérieure.*
    Fig. 2. — *Face postérieure.*
  VII. TÊTE.
    Fig. 1. — *Face latérale.*
    Fig. 2. — *Base du crâne.*
  VIII. COU (face antéro-externe).
  IX. MEMBRE THORACIQUE.
    Fig. 1. — *Bras.*
    Fig. 2. — *Avant-bras.*
  X. MEMBRE THORACIQUE (face postérieure).
    Fig. 1. — *Bras.*
    Fig. 2. — *Avant-bras.*
  XI. MEMBRE THORACIQUE (face interne).
    Fig. 1. — *Bras.*
    Fig. 2. — *Avant-bras.*
  XII. MEMBRE THORACIQUE (face externe).
    Fig. 1. — *Bras.*
    Fig. 2. — *Avant-bras.*
  XIII. MAIN.
    Fig. 1. — *Os du carpe* (face antérieure).
    Fig. 2. — *Os du carpe* (face postérieure).
    Fig. 3. — *Main* (face palmaire).
    Fig. 4. — *Main* (face dorsale).

Pl. XIV. MEMBRE ABDOMINAL (face antérieure).
    Fig. 1. — *Cuisse.*
    Fig. 2. — *Jambe.*
  XV. MEMBRE ABDOMINAL (face postérieure).
    Fig. 1. — *Cuisse.*
    Fig. 2. — *Jambe.*
  XVI. MEMBRE ABDOMINAL (face interne).
    Fig. 1. — *Cuisse.*
    Fig. 2. — *Jambe.*
  XVII. MEMBRE ABDOMINAL (face externe)
    Fig. 1. — *Cuisse.*
    Fig. 2. — *Jambe.*
  XVIII. PIED.
    Fig. 1. — *Os du tarse* (face supérieure).
    Fig. 2. — *Os du tarse* (face inférieure).
    Fig. 3. — *Pied* (face dorsale).
    Fig. 4. — *Pied* (face plantaire).
  XIX. ENSEMBLE DES VAISSEAUX ET DES NERFS.
  XX. ENCÉPHALE (face supérieure).
  XXI. ENCÉPHALE.
    Fig. 1. — *Face latérale.*
    Fig. 2. — *Cervelet.*
  XXII. APPAREIL VISUEL (face latérale).
  XXIII. APPAREIL VISUEL; PAUPIÈRES ET VOIES LACRYMALES.
  XXIV. APPAREIL AUDITIF.
  XXV. APPAREILS DE L'OLFACTION, DU GOUT ET DE LA VOIX.
  XXVI. ORGANES GÉNITAUX DE L'HOMME.
  XXVII. ORGANES GÉNITAUX DE LA FEMME.

SÉPARÉMENT :

LE CORPS HUMAIN, 1 vol. gr. in-8 de texte, xvi-314 pages, avec atlas de 25 planches coloriées. Ensemble 2 vol. gr. in-8, cartonnés.   70 fr.
LES ORGANES GÉNITAUX DE L'HOMME ET DE LA FEMME, in-8, 56 pages, avec 56 figures et 2 planches coloriées.   7 fr. 50

PARIS. — IMPRIMERIE E. MARTINET, RUE MIGNON, 2.

ENVOI FRANCO CONTRE UN MANDAT SUR LA POSTE.

Défauts constatés sur le document original

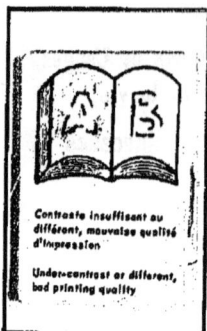

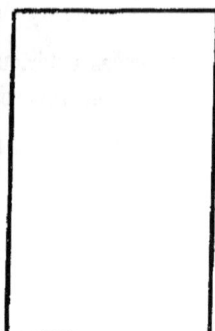

Contraste insuffisant ou différent, mauvaise qualité d'impression

Under-contrast or different, bad printing quality |

Anomalie de pagination

Wrong paging | | |

www.ingramcontent.com/pod-product-compliance
Lightning Source LLC
Chambersburg PA
CBHW031450210326
41599CB00016B/2177